Informatik-Fachberichte 270

Herausgeber: W. Brauer
im Auftrag der Gesellschaft für Informatik (GI)

H.-J. Appelrath (Hrsg.)

Datenbanksysteme in Büro, Technik und Wissenschaft

GI-Fachtagung
Kaiserslautern, 6.-8. März 1991

Proceedings

Springer-Verlag

Berlin Heidelberg New York London
Paris Tokyo Hong Kong Barcelona

Herausgeber

Hans-Jürgen Appelrath
Universität Oldenburg, Fachbereich Informatik
Postfach 2503, D-2900 Oldenburg

CR Subject Classification (1987): D.2.6, H.2-3, H.4.1, I.2.1, I.2.3-4, I.3.5, J.6

ISBN-13: 978-3-540-53861-5   e-ISBN-13: 978-3-642-76530-8
DOI: 10.1007/978-3-642-76530-8

2133/3140-543210 – Gedruckt auf säurefreiem Papier

Vorwort

Nach drei erfolgreichen Tagungen zum Thema "Datenbanksysteme in Büro, Technik und Wissenschaft" (kurz: BTW) in Karlsruhe (1985), Darmstadt (1987) und Zürich (1989) treffen sich Datenbankforscher und -praktiker im März in Kaiserslautern zum vierten Mal, um auf der BTW 91 Entwicklungsstand und Perspektiven sogenannter Nicht-Standard-Datenbanksysteme zu diskutieren.

Heute verfügbare, als Standard bezeichnete und in konventionellen Anwendungsbereichen eingesetzte Datenbanksysteme basieren auf dem relationalen, mitunter auch noch netzwerkartigen oder hierarchischen Datenmodell und unterscheiden sich in ihrer Systemarchitektur nicht wesentlich.

Neue, bislang nicht zufriedenstellend durch Datenbanksysteme unterstützte Applikationen, insbesondere in den Einsatzgebieten Büro, Technik und Wissenschaft, fordern differenzierte Arten der Objektorientierung, die Integration von Konzepten semantischer Datenmodelle, die Aufgabe eines zu starren Konsistenz- bzw. Transaktionsbegriffes und die Berücksichtigung von Zeit- und Versionenaspekten, um nur die wichtigsten Anforderungen zu nennen.

Parallel zu diesen durch Anwendungen motivierten Anforderungen an Schnittstellen und Funktionalität zukünftiger Datenbanksysteme treten durch technologische Entwicklungen forciert weitere Forderungen auf, welche die Architektur konventioneller Systeme noch verstärkend in Frage stellen. Man spricht z.B. von Systemen mit verteilter Datenhaltung, von eng kooperierenden Datenbanksystemen in Workstation-Server-Umgebungen, von Hauptspeicher-Datenbanksystemen oder auch von Datenhaltungssystemen mit neuartigen Ein-Ausgabe-Architekturen (optische Speichermedien, erweiterte Halbleiterspeicher).
Neue Anwendungen müssen auch durch angepaßte Transaktionskonzepte unterstützt werden. Das hierbei zu berücksichtigende Spektrum reicht von langen Entwurfstransaktionen bis zu verschiedenen Arten geschachtelter Transaktionen, die als Einheit der Verteilung oder der parallelen Ausführung, z.B. in einem Mehrprozessorsystem, dienen können.

Vor diesem Hintergrund stellen sich für Datenbank-Forschung, -Entwicklung und -Einsatz interessante Aufgaben und Praxisanforderungen in den oben genannten *Anwendungsbereichen*, für die Tagungsbeiträge für die BTW 91 eingegangen sind:

- *Büro*, z.B. Modellierung, Verwaltung und Retrieval von Dokumenten, Multimediale Systeme und Datenbanksysteme zur Unterstützung und Steuerung von Bürovorgängen;
- *Technik*, z.B. CAD/ CAM-Datenbasen, Datenverwaltung bei der Softwareentwicklung, Datenhaltung in Verfahrenstechnik, Medizin und Naturwissenschaften;
- *Wissenschaft*, z.B. Verwaltung geometrischer und geowissenschaftlicher Daten, Bildverarbeitung und Mustererkennung.

Einerseits haben die aufgezählten Anwendungsbereiche auf einer konzeptuellen Ebene häufig unterschiedliche Sichten miteinander zu verbinden oder sie zu integrieren. Andererseits erfordern sie oft verteilte Systemkonzepte im Rahmen von Rechnernetzen und Server-Workstation-Umgebungen sowie eine Einbettung in komplexe, wissensbasierte Systeme, wobei durch die Integration von Datenbank- und Expertensystem-Komponenten eine verbesserte Daten- bzw. Wissensrepräsentation erreicht werden soll.

Neben vorrangig durch Applikationsanforderungen motivierten Beiträgen enthält dieser Band deshalb auch Arbeiten zu folgenden, eher anwendungsneutralen *methodischen und konzeptionellen Fragen:*

- *Entwurf*, z.B. Entwurf verteilter Datenbanken und Informationssysteme, Integration betriebswirtschaftlicher und technischer Datenbankaspekte;
- *Modellierung*, z.B. Datenbanksprachen, semantische und objektorientierte Datenmodelle, Transaktions- und Konsistenzerhaltungsmechanismen;
- *Wissensbasierung*, z.B. Datenbankunterstützung für wissensbasierte Systeme, Integration von Datenbank- und Expertensystem-Komponenten, Repräsentation von Wissen;
- *Verteilung und Parallelität*, z.B. Datenbanken in Rechnernetzen und Workstation-Server-Umgebungen, Mehrprozessorsystem-Unterstützung;
- *Systemarchitektur*, z.B. erweiterbare Datenbanksysteme, Hauptspeicher-Datenbanksysteme, Frontends konventioneller Datenbanksysteme;
- *Evaluation*, z.B. Leistungsanalysen und Systemvergleiche, Implementierungs- und Einsatzerfahrungen.

Insgesamt wurden 71 Beiträge eingereicht, eine seit 1985 bei allen bisherigen BTWs nahezu konstante Größenordnung. Auch in Kaiserslautern wird es wieder Vorträge von Autoren begutachteter Lang- (17) und Kurzbeiträge (16) sowie von eingeladenen Referenten (3) geben.

Für die bisherige Unterstützung der Tagungsvorbereitung möchte ich mich herzlich bedanken
- bei den Autoren aller angenommenen und abgelehnten Beiträge für ihre Mühe und Arbeit sowie für die Disziplin bei der Erstellung der druckfertigen Manuskripte,
- bei den eingeladenen Referenten für die mit der Ehre der Einladung übernommene Bürde eines eher grundlegenden Tagungsbeitrags,
- beim Tagungsleiter, Herrn Kollegen Härder, für die gute und freundschaftliche Zusammenarbeit,
- bei den Mitgliedern des Programmkomitees (siehe nächste Seite) für ihre wertvolle Unterstützung,
- bei den zusätzlichen Gutachtern der Beiträge (siehe übernächste Seite),
- bei den unterstützenden Institutionen für ihre Hilfe und
- beim Springer-Verlag für die Zusage der schnellen Erstellung der Proceedings.

Besonderer Dank gilt den Mitgliedern des Organisationskomitees unter Leitung von Herrn Dipl.-Inform. F.-J. Leick und den Helfern und Helferinnen des Tagungsbüros, für die ein großer Teil Arbeit ja noch anfallen wird. Ebenso bin ich dankbar für die Hilfe in meiner direkten Umgebung, aus der ich meinen Mitarbeiter Dr. R. Zimmerling wegen seiner ausgezeichneten Unterstützung nennen möchte.

Die seit Ende 1989 eingetretenen politischen Veränderungen in Deutschland hinterlassen auch in der BTW-Entwicklung erfreuliche Spuren. Wir haben erstmals ein Mitglied im Programmkomitee, einen eingeladenen Vortrag und eine Reihe von Tagungsbeiträgen aus den fünf neuen Bundesländern.
Ich freue mich, daß wir diese Öffnung nun auch bei den "Datenbänklern" erleben dürfen.

Oldenburg, im Januar 1991   Hans-Jürgen Appelrath

Tagungsleitung

Prof. Dr. T. Härder, Uni Kaiserslautern

Programmkomitee

Prof. Dr. H.-J. Appelrath, Uni Oldenburg (Vorsitz)
Prof. Dr. G. Barth, DFKI Kaiserslautern
Dr. H. Biller, Siemens AG
Prof. Dr. P. Dadam, Uni Ulm
Prof. Dr. K. Dittrich, Uni Zürich
Prof. Dr. H.-D. Ehrich, TU Braunschweig
Prof. Dr. G. Gottlob, TU Wien
Prof. Dr. U. Güntzer, Uni Tübingen
Prof. Dr. T. Härder, Uni Kaiserslautern
Dr. K. Küspert, IBM Deutschland GmbH
Prof. Dr. G. Lausen, Uni Mannheim
Prof. Dr. R. Marti, ETH Zürich
Prof. Dr. H.-J. Schek, ETH Zürich
Prof. Dr. G. Schlageter, FernUni Hagen
Prof. Dr. D. Schubert, TU Dresden
Prof. Dr. W. Stucky, Uni Karlsruhe
Prof. Dr. R. Studer, Uni Karlsruhe
Dipl.-Inform. H. Thoma, Ciba-Geigy AG
Prof. Dr. R. Wagner, Uni Linz

Organisationskomitee

F.-J. Leick (Vorsitz), V. Bohn, M. Burkart, S. Deßloch,
L. Gauß, A. Grasnickel, W. Käfer, H. Neu, M. Profit,
H. Schöning, B. Sutter (alle Universität Kaiserslautern)

Als weitere Gutachter standen dem Programmkomitee zur Verfügung

J. Angele
P. Becker
C. Beierle
A. Bernardi
R. Bleisinger
P. Böhnlein
S. Böttcher
V. Brosda
A. Dengel
H. Eirund
R. Erbe
B. Freitag
N. Fuhr
A. Geppert
V. Goebel
R. Götze
A. Grasnickel
U. Herrmann
F. Hönes
M. Hofmann
C. Hübel
U. Jaeger
M. Jasper
W. Johannsen
D. Karagiannis
M. Kempf
U. Keßler

C. Klauck
A. Kotz-Dittrich
V. Linnemann
E. Loibl
Th. Ludwig
D. Mahling
N. Mattos
R. Mittermeir
K.-H. Müller
T. Nemeth
V. Obermeit
A. Oberweis
M. Pawlowski
P. Peinl
E. Rahm
R. Richter
D. Rösner
P. Sander
S. Scherrer
M. Scholl
H. Schütz
D. Seipel
M. Strobel
H. Thöne
J. Werner
R. Zimmerling

Inhaltsverzeichnis

Die Architekturkonzeption eines DBMS aus pragmatischer Sicht

Jürgen Bittner
SYBASE GmbH
Geschäftsstelle Dresden
Franklinstraße 20-22
O-8020 Dresden

1. Einleitung

Seit Anfang der 70er Jahre gab es in der ehemaligen DDR eine Entwicklung von Datenbank-Software. Initiiert wurde sie wie vielerorts in der Welt durch die Probleme bei der Verwaltung von Daten der technologischen Vorbereitung der Produktion. Ein Hauptvertreter war das Datenbankbetriebssystem/Robotron (DBS/R) /BitKra78/, ein typisches Mainframe-DBMS der ersten Generation. Ausgeprägte Merkmale waren u.a. das stark verfeinerte Netzwerkdatenmodell, ein Dictionary System und ein Integritätssystem mit den Recovery-Verfahren R1 bis R4 /Reuter81/.

DBS/R erreichte mehr als 250 Installationen, von denen etwa 50% der Verwaltung von Fertigungsdaten dienten. Die Betreuung erfolgte direkt durch den Entwickler. Das bewirkte einen intensiven Erfahrungsrückfluß, der die 12jährige Weiterentwicklung zum überwiegenden Anteil beeinflußte. Die DBS/R-Sprache erhielt dabei in funktioneller wie auch in progammiertechnologischer Hinsicht eine zunehmende Vielfalt. Einfache und komplexe Zugriffsoperationen, Operationen zur Ablaufsteuerung, Verarbeitung von Inputfiles und Report-Erzeugung ermöglichten sowohl die self-contained als auch die embedded Programmierung.

Alle Verbesserungen der Funktionalität betrachteten die Anwender in Verbindung mit dem Leistungsverhalten und stellten Performance-Verbesserungen in den Vordergrund, was sich bis heute als verbreitete Erscheinung erweist /Reuter90/.

Die revolutionierenden Potenzen der relationalen DBMS und der Sprache SQL wurden natürlich auch von Anfang an erkannt und im Maße der Verfügbarkeit genutzt. In der Konfrontation mit den eigenen Erfahrungen stellten sich jedoch einige nach wie vor ungenügend berücksichtigte Probleme heraus und neue wurden sichtbar. Die Auseinandersetzung mit diesen Problemen führte zur Konzipierung eines neuen DBMS, dessen Entwicklung 1987 durch Robotron-Projekt Dresden und Zentrprogrammsistem Twer unter der Bezeichnung INTERBAS begonnen wurde /Bit87/.

Abschnitt 2 des Beitrages charakterisiert einige dieser Probleme und leitet daraus Schlußfolgerungen ab, die Abschnitt 3 mit einem Überblick zum Architektur-Entwurf des DBMS widerspiegelt.

2. Probleme der DBMS-Anwendung

2.1. Koexistenz der Datenmodelle

Entscheidungen über die Anwendung eines bestimmten DBMS wurden schon frühzeitig als sehr fundamental gesehen. Die Mehrheit der Unternehmen wollte mit der Entscheidung für ein einziges DBMS die Einheitlichkeit seiner Datenverwaltung sichern, wie auch in /JonBur83/ empfohlen, u.a. um Aufwand für Qualifizierung und Entwicklung zu sparen und die langfristig schrittweise Integration einzelner Anwendungsprojekte zu erleichtern.

Insofern sah man sich in einer Konfliktsituation, die darin bestand, daß die relationale Funktionalität als Voraussetzung für Programmierkomfort und decision support und die stärker performance-orientierte Funktionalität in getrennten Produkten existierte.

Weitere Kritikpunkte in diesem Zusammenhang waren:

- Auch wenn man in Kauf nimmt, Systeme beider Klassen entsprechend ihrer vorrangigen Eignung für die jeweilige Anwendung zu benutzen, bleibt das Problem des Zugriffs auf gemeinsame Datenbasen durch relationale Anfragen und zeitkritische Online-Transaktionen ungenügend gelöst.

- Komplizierte Zugriffsabläufe, wie z.B. voneinander abhängige Zugriffe mit dynamischen Bedingungen lassen sich mit SQL nur schwer programmieren. Davon sind in starkem Maße Programme zur Stücklistenauflösung, insbesondere Variantenstücklisten betroffen, die in Produktionsdatenbanken eine entscheidende Rolle spielen. Hierfür bevorzugen die Anwender solche DBMS, die eine navigierende Programmierung gestatten.

Das Koppeln von DBMS der ersten und zweiten Generation als eine Lösung nach dem Vorbild der großen Hersteller wurde im betrachteten Anwendungsumfeld überwiegend abgelehnt, weil damit ein erhöhter Bedarf an Hardware und Software, Aufwand für Datenaustausch und umfangreiche Doppelspeicherungen verbunden sind. Die geschilderte Situation dürfte mit dazu beigetragen haben, daß die Installationen von DBMS der ersten Generation weltweit immer noch überwiegen und sogar als Zugpferde für Produktionsanwendungen auch in den nächsten Jahren bezeichnet werden /Haderle90/.

Fortschritte sind auf verschiedenen Wegen erreichbar, die sich nicht ausschließen müssen:

1. Naheliegend ist die Verwendung neuer oder verbesserter Implementierungskonzepte innerhalb der SQL-Funktionalität, um solche Steigerungen der Performance zu erreichen, die die Eignung der relationalen DBMS für Online Transaction Processing in breitem Maße bewirken. DB2 im Mainframe-Bereich und SYBASE für Workstations und PCs sind hierbei schon sehr erfolgreich /Haderle90/.

2. Sollen relationale Systeme ihren Charakter als DBMS mit einem
   einzigen Datenmodell behalten, gleichzeitig aber alle noch
   vorhandenen wichtigen Vorteile vorhergehender DBMS aus-
   gleichen, dann sind auch noch weitere Ergänzungen der SQL-
   Funktionalität erforderlich.

   Für den Bereich der Fertigungsdaten mit seinen Struktur-
   Auflösungsproblemen (Stücklisten u.ä.) sind hierzu zwei
   Entwicklungsrichtungen denkbar:

   - komplexe mengenorientierte Operationen, die eine rekursive
     Join-Operation einschließen, um das Auflösen mehrstufiger
     Strukturen zu ermöglichen

   - eintupelorientierte Operationen, die eine navigierende
     Arbeitsweise gestatten

3. Das DBMS realisiert zusätzlich zum relationalen Datenmodell
   ein Netzwerk-Datenmodell, das einen zweiten Zugang zur
   gleichen Datenbasis für performance-kritische Anwendungs-
   programme gestattet. Vorschläge dazu sind auch in /AFLNP85/
   dargestellt.

Die zweite Richtung wurde aus folgenden Gründen nicht verfolgt:

- Bei DBS/R hatten sich die sehr komplexen Funktionen für die
  genannte Anwendung als funktionell zu inflexibel und in Folge
  dessen zu wenig performant erwiesen, während mit Hilfe navigierender Ein-Record-Operationen sehr leistungsfähige anwen-
  dereigene Verfahren gestaltet werden konnten.

- Man muß befürchten, daß durch eine Erweiterung des SQL mit
  navigierenden Ein-Tupel-Operationen der Charakter der Sprache
  zu stark gestört wird.

- Die SQL-Entwicklung im Rahmen des Projektes sollte sich am
  jeweils geltenden Standard orientieren.

In unserer Konzeption erhielt deshalb die dritte Richtung
Vorrang. Auch im Hinblick auf die 3. DBMS-Generation scheint die
Koexistenz verschiedener Datenmodelle in einem DBMS als
prinzipielle Zielstellung unumgänglich zu sein. Hierfür spricht
einerseits die dauerhafte Notwendigkeit eines einfachen, all-
gemeingültigen Datenmodells neben spezifischen, auf Nicht-
Standard-Anwendungen orientierten Modellen und andererseits die
Möglichkeit des schrittweisen Übergangs von der 2. zur
3. Generation beim einzelnen Anwender /LoKeMo90/. Die in
/MANIF90/ gestellte Forderung, daß die 3. Generation der DBMS die
2. Generation einschließt, sollte auch in diesem Sinne gelten.

2.2. Verbesserung der Datenunabhängigkeit

Mit dem View-Table Konzept und der zugriffspfadunabhängigen
Programmierung hat SQL eine wesentliche Erhöhung der Datenunabhängigkeit gebracht. Oft wird gesagt, daß damit die Datenunabhängigkeit an sich gegeben ist.

Auf der anderen Seite impliziert das Definieren einer Base Table
bei den bekannten Systemen die Definition eines Speicherrecords.

Will man aus Performance-Gründen im Rahmen des Database-Tuning die Struktur der Speicherrecords ändern, dann betrifft das die Definition der Base Tables, was sich auf Update-Programme, Trigger und View-Table-Definitionen auswirkt. In kleineren und mittleren Datenbanken wird sich diese Datenabhängigkeit kaum nachteilig äußern.

In großen Datenbanken bzw. Tables mit großer Spalten- und Zeilenanzahl und Spalten sehr großer Länge kann z.B. sehr bald der Wunsch entstehen, im Rahmen einer Table:

- häufig benutzte Spalten von selten benutzten zu trennen

- an Clustern zur performanten Darstellung komplexer Objekte beteiligte Spalten von solchen zu trennen, die nicht an komplexen Objekten beteiligt sind

- bestimmte Spalten auf unterschiedliche Medien zu speichern

- Spalten unterschiedlicher Lokalitäten eines verteilten Systems zuzuordnen

Die daraus entstehenden Nachteile können abgewendet werden, wenn die 3-Ebenen-Architektur gemäß /ANSI75/ konsequent realisiert wird.

Aus SQL-Sicht erfordert das die Einführung einer internen Ebene, deren Objekte die Speicherrecords sind. Ihre Struktur darf von der Struktur der Base Tables mehr oder weniger abweichen, natürlich nur in soweit, daß die den Base Tables innewohnende Semantik nicht gestört wird. Dazu gehört eine sprachliche Möglichkeit zur Abbildung eines Schemas, das aus Base Table-Beschreibungen besteht, auf ein Schema, das aus Speicherrecord-Beschreibungen besteht.

Das Erreichen dieser Datenunabhängigkeit entspricht dem Konzeptualisierungsprinzip /Griet82/. Erst dadurch ist die Voraussetzung gegeben, die Ebene der Base Tables als konzeptuelle Ebene zu bezeichnen.

Im Projekt wurde die 3-Ebenen-Architektur als generelles Konzept festgelegt. Damit war gleichzeitig ein Rahmen für die Realisierung der Datenmodellkoexistenz gegeben. Insofern muß jedes der Datenmodelle bezüglich seiner Zielstellung als externes, konzeptuelles und/oder internes Modell gestaltet und eingeordnet werden.

2.3. Bessere Voraussetzungen für den Datenbank-Entwurf

Die Anwendung der Datenbank-Software war immer wieder von Fehlern im Datenbank-Entwurf begleitet, die teilweise sogar die Akzeptanz der DBMS gefährdeten. Die Forderung nach Werkzeugen zur Unterstützung des Datenbank-Entwurfs wurde nach der Performance etwa mit gleicher Wichtung wie die Datenunabhängigkeit gestellt. Trotz weltweit umfangreicher Forschung haben Ergebnisse wenig Eingang in die kommerziellen Produkte gefunden. Hierfür sind verschiedene Ursachen zu sehen.

Aus der Sicht der Anwender und DBMS-Entwickler befanden sich diese Ergebnisse in zu großer Distanz zu den konkreten DBMS und betrafen oft nur Teilschritte, die schwer integrierbar schienen.

Versuche mit dem System Datenbank-Entwurfshilfe (DBEH) /DBEH81/, einem Produkt das der Methode von DBDA /DBDA75, Hubb79/ folgte, führten wegen des großen Zusatzaufwandes, den der Anwender vor Beginn der eigentlichen Anwendungsentwicklung leisten muß, nicht zum Erfolg.

Auf der anderen Seite boten bisher die DBMS mit ihrer Architektur zu wenig Ansatzpunkte für eine Integration des Datenbank-Entwurfs.

Die im Punkt 2.2 genannte Architektur-Entscheidung bewirkt in dieser Hinsicht folgende Verbesserung:

- Der konzeptuelle Entwurf erhält im DBMS seine Darstellungsform, die unumgänglich ist und sich zwangsläufig in Konsistenz
  mit der Datenbasis befindet.

- Der in vielen Darstellungen zum Entwurfs-Prozeß vorhandene
  Unterschied zwischen dem konzeptuellen Schema und dem
  logischen Datenbank-Schema wird aufgehoben.

- Das integrierte konzeptuelle Schema ist bei geeigneter Normal-
  isierung als Träger einer Benutzungsstatistik verwendbar, die
  den internen Entwurf bzw. das Tuning des Internen Schemas
  unterstützt.

Weiterhin soll die Architektur des Projekts den Datenbank-Entwurf auch mit der Gestaltung ihrer externen Ebene fördern. Eine Schnittstelle für Anwendungsprogrammierung gestattet das Beschreiben von Benutzersichten (externe Schemas). Das Datenmodell dieser Schnittstelle soll speziell den Anforderungen von Anwendungsprogrammierern entsprechen /Bit83/ und ihre Kenntnis zum jeweiligen Diskursbereich für den Datenbank-Entwurf verfügbar machen /Bit84/. Eine hinreichend umfangreiche Sammlung von externen Schemas dient dann als semantische Quelle für den Entwurf eines konzeptuellen Schemas auf dem Wege eines interaktiven Integrationsprozesses.

Angaben zur Kardinalität der Objekte der einzelnen externen Schemas sowie zu den Benutzungshäufigkeiten unterstützen nach entsprechender Integration den Entwurf des internen Schemas.

2.4. Anforderungen der Nicht-Standard-Anwendungen

Anforderungen der Nicht-Standard-Anwendungen äußern sich zu einem großen Teil in Richtung neuer Datenmodelle, die wie in 2.1. bemerkt in Koexistenz zu dem existierenden treten sollen. Ein Ansatz zur Unterstützung komplexer Objekte ist deshalb in der im vorigen Abschnitt genannten Schnittstelle für die Anwendungs-programmierung enthalten. Die Architektur des DBMS sollte jedoch so beschaffen sein, daß sie der schwer überschaubaren Entwicklung möglichst lange standhält. Mit der Entscheidung für die 3-Ebenen-Architektur ergibt sich somit die Frage nach der Einordnung objektorientierter Datenmodelle. Im allgemeinen geht man davon

aus, daß komplexe Objekte anwendungsbezogen aus einfachen
Objekten verschiedener Typen zusammengesetzt sind, wobei die
einfachen Objekte an komplexen Objekten eines oder mehrerer Typen
beteiligt sein können.

Infolgedessen hängt die Speicherungsstruktur der einfachen
Objekte nicht willkürlich von einem einzigen komplexen Objekt ab,
sondern sie muß der Gesamtheit mit optimaler Performance
entsprechen, wobei Umfang und Benutzungshäufigkeit der komplexen
Objekte von Bedeutung sind /SchöSi89/. Das schließt nicht aus,
daß einzelne Typen komplexer Objekte redundante Speicherungsstrukturen erfordern.

Insofern muß die Beschreibung der Speicherungsstruktur von der
Beschreibung des einzelnen komplexen Objekts unabhängig sein.

Weiterhin ist zu beachten, daß Integritätsbedingungen, die für
die einfachen Objekte innerhalb eines komplexen Objekts gelten,
globalen Integritätsbedingungen nicht widersprechen dürfen, was
man am besten auf der Ebene eines normalisierten Schemas
kontrollieren kann.

Beide Aspekte veranlassen zu der Annahme, daß es zweckmäßig ist,
die Behandlung komplexer Objekte im Rahmen der 3-Ebenen-
Architektur zu modellieren, das heißt die Semantik, Integrität
und externe Darstellung der komplexen Objekte ist Gegenstand der
externen Ebene, die Semantik und Integrität der einfachen Objekte
ist Gegenstand der konzeptuellen Ebene und die interne
Realisierung der einfachen Objekte unter Beachtung der durch die
komplexen Objekte gegebenen Anforderungen ist Gegenstand der
internen Ebene.

Für die Architektur des DBMS ist weiterhin von großer Bedeutung,
daß die Behandlung der externen Ebene, das heißt auch die
materialisierte Darstellung der komplexen Objekte bereits im Kern
des DBMS und nicht nur in der Anwendungsschicht erfolgt, was als
Kern-Architektur bezeichnet wird /HärReu85/. Andernfalls würden
die zur Darstellung der komplexen Objekte notwendigen Zugriffe
auf einfache Objekte über die Schnittstelle von der
Anwendungsschicht zum DBMS-Kern angefordert und bedient, was zu
einem ungenügenden Leistungsverhalten besonders in einer Client-
Server-Umgebung führen würde /HHMM87/.

Hinsichtlich der Performance-Wirkung ist die Kern-Architektur gut
vergleichbar mit dem Konzept der Stored Procedures in SYBASE
/SYB89/, das schon eine breite praktische Bestätigung gefunden
hat.

In Anbetracht noch zu erwartender Probleme bei der Optimierung
zur Darstellung komplexer Objekte sollte die Architektur eines
künftigen DBMS Kernprozeduren zulassen, im Extremfall auf der
internen Ebene, die im Verlauf weiterer Fortschritte entfallen
können.

2.5. Ausbaufähigkeit, Offenheit

Angesichts der bisher dargestellten Zielstellung wäre bereits zu
befürchten, daß die vom Anwender schon früher kritisierte Schwer-

fälligkeit der DBMS auf Grund ihrer Größe und des monolithischen Charakters noch stärker in Erscheinung tritt.

Das gesamte DBMS wurde deshalb von Anfang an als eine Baustein-Struktur entworfen, wie auch in /LoKeMo90/ für notwendig erachtet, die dem Anwender je nach Anforderung unterschiedliche Konfigurationen gestattet.

Dabei waren folgende Gliederungsaspekte maßgebend:

- Trennung der Benutzerschnittstellen und Werkzeuge vom DBMS-Kern

- Trennung der Datenverwaltungsfunktionen von den Funktionen zur Aufgabenverwaltung

- Gliederung der Datenverwaltungsleistungen auf der Grundlage der Architektur und der Datenmodelle

Die daraus abgeleiteten Funktionskomplexe enthalten jeweils entweder alternativ einsetzbare oder funktionserweiternde Bausteine. Das Hauptproblem dieser Vorgehensweise ist die Bestimmung der Schnittstellen, die die Paßfähigkeit gleichzeitig oder nacheinander zu entwickelnder Bausteine sichern müssen.

Während der größere Teil dieser Schnittstellen zunächst nur entwicklerintern festgelegt wurde, sollte die Schnittstelle zum Kern offen dokumentiert werden, um speziellen Software-Partnern die Entwicklung leistungsfähiger Werkzeuge zu ermöglichen, wie es beim Open Client Interface von SYBASE der Fall ist. SYBASE ist in Richtung auf eine offene Architektur noch einen großen Schritt weiter gegangen. Mit dem Open Server Interface besteht die Möglichkeit, systemfremde Datenverwaltungssysteme, Datenlieferanten oder -verbraucher in einer verteilten Architektur zu integrieren.

3. Architektur und Hauptprodukte

Aus den beschriebenen Anforderungen leitete sich die im Bild 1 dargestellte Architektur ab.

Die Datenverwaltung wird im folgenden näher betrachtet. Sie umfaßt alle datenmodellspezifischen Funktionen sowie die Funktionen zur Benutzung des Data Dictionary. Dagegen befindet sich der Zugriffsdienst in der Systemverwaltung.

Die Datenverwaltung kann unterschiedlich konfiguriert werden. Im Minimalfall enthält sie neben dem Data Dictionary nur eins der beiden Systeme der internen Ebene, den Netzwerk-Prozessor oder den Flat-File-Prozessor, die sich in einer Installation wechselseitig ausschließen.

Auf der konzeptuellen Ebene kann zwischen dem SQL Base Table Prozessor und dem Entity-Relationship-Prozessor gewählt werden - unabhängig davon, welches der Systeme auf der internen Ebene ausgewählt wurde.

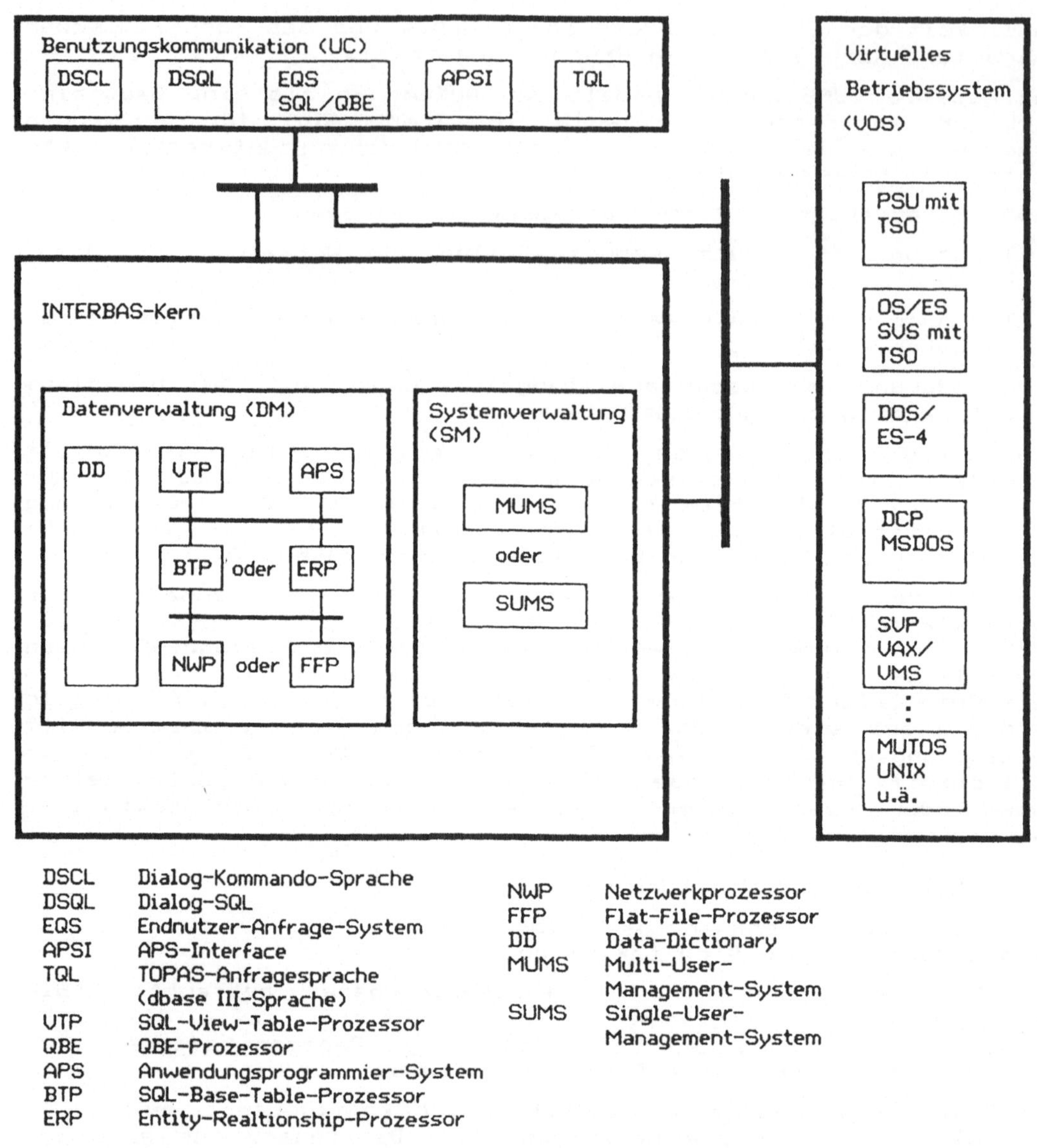

DSCL	Dialog-Kommando-Sprache
DSQL	Dialog-SQL
EQS	Endnutzer-Anfrage-System
APSI	APS-Interface
TQL	TOPAS-Anfragesprache (dbase III-Sprache)
VTP	SQL-View-Table-Prozessor
QBE	QBE-Prozessor
APS	Anwendungsprogrammier-System
BTP	SQL-Base-Table-Prozessor
ERP	Entity-Realtionship-Prozessor

NWP	Netzwerkprozessor
FFP	Flat-File-Prozessor
DD	Data-Dictionary
MUMS	Multi-User-Management-System
SUMS	Single-User-Management-System

Bild 1: Architektur und Hauptprodukte des DBMS INTERBAS-1

Für die externe Ebene stehen der SQL-View-Table-Prozessor und das
Anwendungsprogrammier-System zur Verfügung, auch sie sind unabhängig davon anwendbar, welches konzeptuelle System installiert
wurde.

Netzwerk-Prozessor

Für performance-kritische Datenbasen sollen Speicherungsstrukturen nutzbar sein, deren Modell aus dem CODASYL-Vorschlag

abgeleitet wurde. Abweichend von anderen CODASYL-Implementierungen wurden einige Vereinfachungen vorgenommen, die daraus resultieren, daß der Netzwerk-Prozessor hauptsächlich zusammen mit höheren Systemen verwendet wird (z.B. Weglassen der insertion und retention clause).

Auf der anderen Seite wurde großer Wert darauf gelegt, differenzierte Set Modi zu realisieren, um neben dem Definieren von Clustern weitere Möglichkeiten des performanten Zugriffs zu Record-Mengen nutzen zu können, was im Hinblick auf komplexe Objekte von Bedeutung ist. Nicht-Standard-Anwendungen werden außerdem durch einen Datentyp zum Speichern sehr langer Felder unterstützt.

Zwei weitere Effekte einer leistungsfähigen Set-Implementierung sind für SQL erreichbar:

- Wenn ein erweiterter SQL-Optimizer Sets als bereits implementierte Join-Prädikate erkennt, können diesbezügliche Joins eventuell schneller realisiert werden. (Im SQL-Optimizer müßten die üblichen Methoden nested loop- und merge scan join durch "set implemented join" ergänzt werden.)

- In ähnlicher Weise ist eine Unterstützung der Referenzintegrität möglich.

Die Benutzung des Netzwerk-Prozessors durch den Datenbank-Administrator oder Systemprogrammierer erfolgt mit Hilfe der Internen Datenbeschreibungssprache IDDL bzw. der Internen Datenmanipulationssprache IDML, die in C, COBOL, FORTRAN und MODULA-2 einzubetten ist. Höhere Systeme der Datenverwaltung sowie ausführbare IDML-Programme benutzen die Interne Systemsprache ISL, die eine Ein-Record-Schnittstelle zur Bedienung der Programmausführung darstellt.

Flat-File Prozessor

Der Flat-File Prozessor ist eine eingeschränkte Version des Netzwerk-Prozessors, bei dem auf alle Set-bezogenen Bestandteile verzichtet wurde. Er steht für Installationen mit weniger hohen Leistungsanforderung zur Verfügung.

SQL-Base Table Prozessor

Der Basis-Tabellen Prozessor liefert die einfachste Form zur Darstellung eines konzeptuellen Schemas, wofür der entsprechende Teil von SQL einschließlich einer Beschreibung der Referenzintegrität benutzt wird.

Ein solches Schema sollte im allgemeinen aus einer minimalen Anzahl von Tabellen in 3. Normalform bestehen, so daß eine gute Ausgangsbasis für den Entwurf des internen Schemas und die Abbildung auf das interne Schema gegeben ist.

Der Base Table Prozessor liefert weiterhin die Sprache zur Abbildung einer Base Table in ein Internes Schema, das ein Netzwerk- oder Flat File Schema sein kann.

Die Anfragetransformation des Base Table Prozessors benutzt die gespeicherte Form dieser Abbildung um base-table-orientierte

Anfragen in record-orientierte Anfragen zu überführen. Anschließend erzeugt der Optimierer den Zugriffsplan, wobei er im Falle des Netzwerk-Schemas Sets einbeziehen sollte. Darauf folgt dann die Erzeugung der ausführbaren Form der Anfrage.

Sollte der Base Table-Prozessor gemeinsam mit dem Flat File Prozessor installiert werden, so kann wahlweise auf das Definieren von Records des internen Schemas und der Abbildung auf diese verzichtet werden, um eine Arbeitsweise traditioneller SQL-Systeme zu gewährleisten.

Bei Anwendung des Netzwerk-Prozessors ist das explizite Definieren eines internen Schemas und der Abbildung auf dieses notwendig. Ein automatisches Generieren des internen Schemas durch ein Entwurfswerkzeug könnte diesen Vorgang unterstützen, Entscheidungen des Datenbank-Administrators müssen aber die Priorität erhalten.

Entity-Relationship-Prozessor

Da die Anforderungen an ein konzeptuelles Schema meist das Niveau eines Base Table-Schemas übersteigen /Griet82/, sollte eine höherwertige Alternative realisiert werden, die aber die Funktion des Base-Table-Schemas einschließt. Aus der Vielfalt der Vorschläge wurden bei der Gestaltung des Datenmodells Konzepte ausgewählt, die eine hohe Praxisrelevanz aufweisen und insgesamt noch einfach genug erscheinen, um vom Praktiker akzeptiert zu werden.

Folgende Aspekte waren bestimmend:

- Bei den Anwendern hat sich das Objekt-/ Beziehungs-Denken stark ausgeprägt, wobei eine klare Unterscheidung von Objekt und Beziehung bevorzugt wird. Es wurde deshalb ein Entity-Relationship-Modell benutzt, dessen Relationship im Unterschied zu klassischen ERM /Chen76/ keine Attribute für Relationships zuläßt (Bild 2)

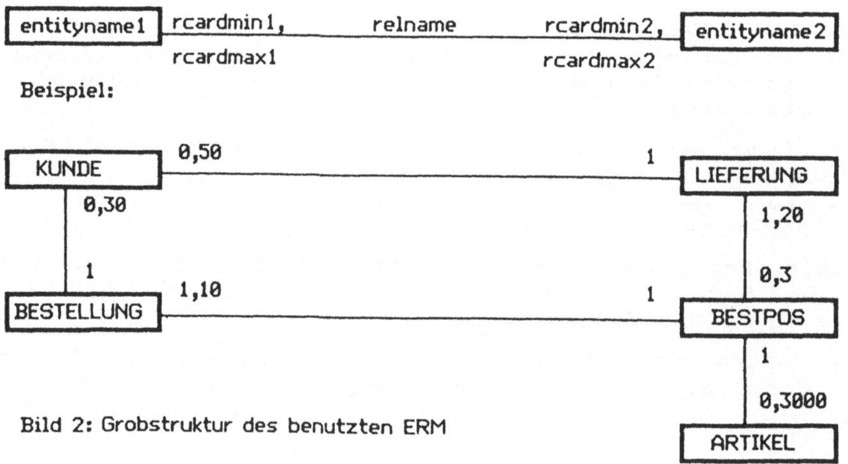

Bild 2: Grobstruktur des benutzten ERM

- Relationships sind zweistellig, was manchmal als Nachteil erscheint, der aber auf Grund der Attributfreiheit der Relationships kaum relevant ist.

- Neben der Benennung des Relationship-Typs wird seine Integrität als wichtiges Konzept gesehen, wobei die Relationship-Kardinalität (minimale und maximale) bezüglich beider Entity-Typen von Bedeutung ist. Sie gibt gleichzeitig Abhängigkeiten zwischen Entities an.

- Die Integrität der Attribute und die Rationalität ihrer Beschreibung erfordern das Domänen-Konzept.

- Als nützlich werden weiterhin Generalisierungshierachien und die Ordnung von Relationships betrachtet.

Ein späterer Ausbau dieser Modellkonzeption sollte der Verallgemeinerung von Praxis-Anforderungen folgen.

Entity-Typen und Relationship-Typen sind ähnlich wie Base Tables in das jeweilige interne Schema abgebildet.

Die Funktionalität des Entity-Relationship-Prozessors umfaßt hauptsächlich folgende Komplexe:

- die Funktionalität des SQL-Base Table-Prozessors

- erweiterte Integritätssicherung gemäß Datenmodell

- Transformation navigierender Ein-Tupel-Operationen auf die interne Ebene

Zur Realisierung der SQL-Funktionalität gilt folgende Interpretation des Entity-Relationship-Schemas:

- Entity-Typen entsprechen Base Tables

- Relationship-Typen mit maximaler Relationship-Kardinalität beider Seiten >1 entsprechen einer Base Table, deren Spalten aus dem Primärschlüsseln der beiden beteiligten Entity-Typen bestehen.

- Relationship-Typen mit mindestens einer maximalen Relationship-Kardinalität =1 entsprechen einem Fremdschlüssel in der Base Table für den betreffenden Entity-Typ.

SQL-View Table-Prozessor

Der View Table-Prozessor entspricht den vergleichbaren Funktionskomplexen in anderen SQL-Systemen. Er übernimmt Anforderungen von solchen Systemen wie Precompilern, Dialog-SQL, Endnutzer-Systemen u. ä. und transformiert diese in Anforderungen an die konzeptuelle Ebene. Seine einzige Besonderheit besteht darin, daß sich View Table-Definitionen und das entsprechende Transformieren von Anforderungen auf ein Entity-Relationship-System beziehen dürfen.

Anwendungsprogrammier-System

Die Motivation für die APS-Entwicklung umfaßt drei Teile:

1. Aus der Sicht der Anwendungsprogrammierung bilden die SQL-Einbettung und die IDML-Einbettung einen ziemlichen Gegensatz bezüglich Datenunabhängigkeit und Performance. Für spezielle Anwendungen wird datenunabhängige Anwendungsprogrammierung benötigt, die den Programmierer noch einen Einfluß auf die Performance gestattet.

2. Wie in 2.3. bereits dargestellt, soll das Entwerfen von APS-Schemas als Teil der Anforderungsanalyse für den Entwurf der Datenbank dienen. Der Entwurf solcher externen Schemas soll in Wechselwirkung mit dem Programmentwurf und einem Domänen-speicher ermöglicht werden.

3. Zur Unterstützung von Nicht-Standard-Anwendungen soll die Entwicklung von Programmen der anwendungsunterstützten Schicht ermöglicht werden /HHMM87/.

Das Datenmodell von APS ist dem des Entity-Relationship-Prozessors in formeller Hinsicht sehr ähnlich. Ein Wesens-unterschied ergibt sich aus seinem Charakter als externes Modell:

- Die Objekte des externen Schemas existieren im Anwendungs-programm, d.h. Records in Arbeitsbereichen, Relationships als "logische Zugriffspfade".

- Ihre Struktur kann von den Objekten der konzeptuellen Ebene abweichen, da sie anwendungsbezogen definiert werden.

Seinem Zuschnitt auf Anwendungsprogrammierer entsprechend heißt das merkmaltragende Objekt hier Record. Über Record- und Relationship-Typen eines APS-Schemas sind Complex-Record-Typen definierbar.

Die Operationen des APS sind record-orientiert in Verbindung mit einem Navigieren im Record-Relationship-Netz. Die Operationen FIND, GET, OBTAIN, STORE, MODIFY, DELETE, CONNECT, DISCONNECT erinnern natürlich stark an das Netzwerk-Modell, unterscheiden sich aber von diesem durch ihren externen Charakter und die Relationship-Orientierung anstelle der Set-Orientierung.

Ahnlich wie im Netzwerk-Modell wird hier ein Currency-Konzept benutzt.

Ein weiteres sehr wichtiges Konzept ist das Speicherebenen-Konzept, das darauf gerichtet ist, den Tranportaufwand von Daten über die verschiedenen System-Ebenen zu minimieren.

In diesem Zusammenhang unterscheidet APS zwei Typen von Transaktionen.

1. In konventionellen Transaktionen steuert FIND das Selektieren von Records in der (virtuellen) APS-Datenbasis, die real auf die interne Ebene abgebildet ist, während GET die APS-Records im Arbeitsbereich des Anwendungsprogramms bereitstellt.

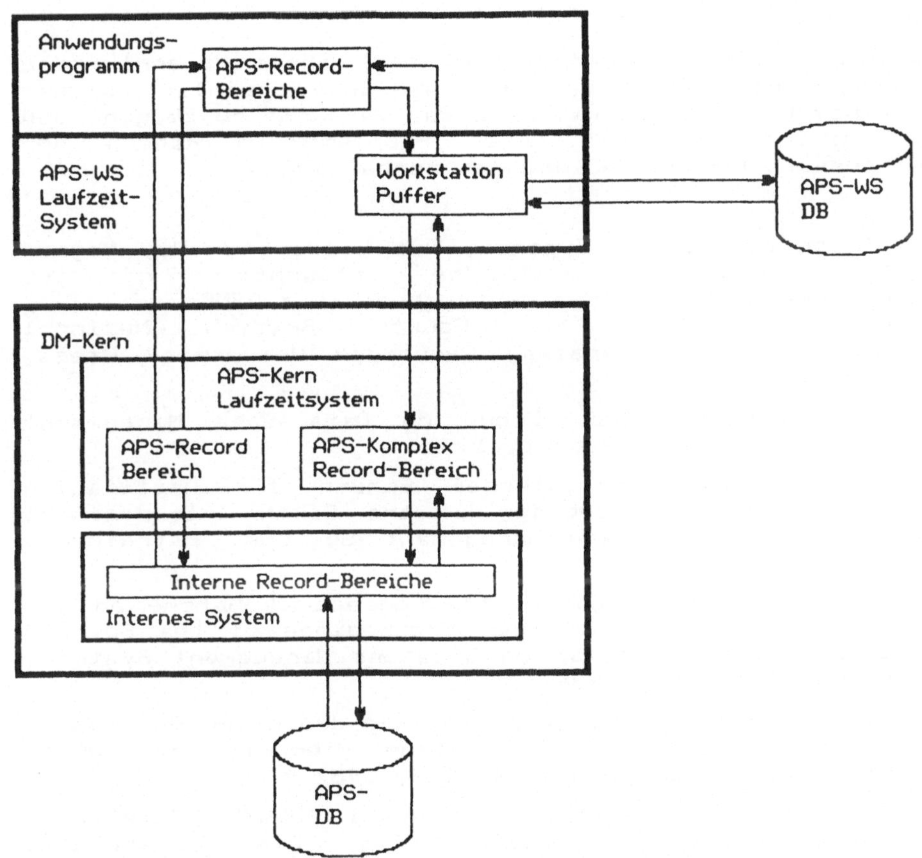

Bild 3: Zusammenhang der Speicherebenen im APS

2. In Transaktionen, die komplexe Records verarbeiten, hat sich eine Pufferung der komplexen Records als notwendig erwiesen /HHMM87/. Der APS-Programmierer arbeitet hierbei mit den gleichen Anweisungen im Workstation-Puffer (Bild 3). Darüberhinaus benutzt er CHECKOUT und CHEKIN-Prozeduren, um den Transport von komplexen Records zwischen der APS-Datenbasis und dem Workstation-Puffer zu realisieren. Die dazu notwendigen Zugriffe in der APS-Datenbasis können ebenfalls durch die APS-Anweisungen realisiert werden.

Da das Anwendungsprogrammiersystem in der dargestellten Architektur auch zum Base Table-Prozessor kompatibel sein soll, muß dieser die Fähigkeit zur Transformation Cursor-gesteuerter Ein-Tupel-Operation erhalten.

4. Schlußbemerkung

Obwohl die "alte" 3-Ebenen-Architektur nach ihrem Bekanntwerden große Zustimmung gefunden hat, wurde sie wahrscheinlich bisher noch nicht konsequent realisert. Es wurde versucht zu zeigen, daß auch heute einige der wichtigsten Probleme im Rahmen der Architektur bessere Lösungsbedingungen enthalten.

Literatur

AFLNP85   D´Appollonio, V.; Fugetta, A.; Lazzarini, P.; Negri, M.; Pelagatti, G.: The Integration of the Network and Relational Approaches in a DBMS Proceedings of the Fourth British National Conference on Databases, Cambridge University Press, 1985

ANSI75   ANSI/X3/SPARC Study Group on Data Base Management Systems: Interim Report, 1975

Bit83   Bittner, J.: An External Scheme for Application Programmers, Proceedings of the Sixth International Seminar on Database Management Systems, Matrafüred, Hungary, 1983

Bit84   Bittner, J.: Design of the Conceptual Scheme on the Base of External Schemes, Proceedings of the Seventh International Seminar on Database Management Systems, Varna, Bulgaria, 1984

Bit87   Bittner, J.: Zur Aufgabenstellung des neuen Datenbank-betriebssystems INTERBAS, Neue Technik im Büro, Nr.3/87, Verlag Technik Berlin, 1987

BitKra78   Bittner, J.; Krah, P.; u.a.: DBS/R Datenbank-betriebssystem Robotron, Verlag Die Wirtschaft, Berlin, 1978

Chen76   Chen, P. P.: The entity-relationship model: Towards a unified view of data, ACM Transactions on Database Systems Vol. 1, 1976

DBDA75   Data Base Design Aid - General Information Manual, IBM 1975

DBEH81   Anwendungsbeschreibung DBEH Datenbank-Entwurfs-hilfe für DBS/R, VEB Leitzentrum für Anwendungs-forschung, Berlin, 1981

Griet82   van Griethuysen, J. J.: Concepts and Terminology for the Concepetual Schema and the Information Base, ISO TC97/SC5/WG3 1982

Haderle90 Haderle, D. J.: Database Role in Information Systems: The Evolution of Database Technology and its Impact on Enterprise Information Systems, Database Systems for the 90s, Lecture Notes in Computer Science, Springer-Verlag, 1990

HärReu85   Härder, T.; Reuter, A.: Architektur von Datenbank-
            systemen für Non-Standard-Anwendungen in: Proc. GI-
            Fachtagung "Datenbanksysteme in Büro, Technik und
            Wissenschaft", Karlsruhe, IFB 94, 1985

HHMM87   Härder, T.; Hübel, Ch.; Meyer-Wegener, K.; Mitschang,
            B.: Coupling Engineering Workstations to a Database
            Server, University Kaiserslautern, SFB 124, 1987

Hubb79   Hubbard, G.: Computer-assisted logical database
            design, IPC Business Press Volume 11 No 3, 1979

JonBur83   Jones, G.; Burchett, R.: Database software selections
            for the large IBM mainframe installation, DBMS - a
            technical comparsion, State of the Art Report 11:5,
            Pergamon Infotech Limited, 1983

LoKeMo90   Lockemann, P. C.; Kemper, A.; Moerkalk, G.: Future
            Database Technology: Driving Forces and Directions,
            Database Systems for the 90s, Lecture Notes in
            Computer Science, Springer-Verlag, 1990

MANIF90   Stonebraker, M.; Rowe, L. A.; Lindsay, B.;
            Gray, J.; Carey, M.; Brodie, M.; Bernstein, P.; Beech,
            D.: Third-Generation Database System Manifesto

Reuter81   Reuter, A.: Fehlerbehandlung in Datenbanksystemen,
            Carl Hanser Verlag, München, 1981

Reuter90   Reuter, A.: Performance and Reliability Issues
            in Future DBMSs, Database Systems for the 90s, Lecture
            Notes in Computer Science, Springer-Verlag, 1990

SchöSi89   Schöning, H.; Sikeler, A.: Cluster Mechanismus
            Supporting the Dynamic Construction of Complex
            Objects, University Kaiserslautern, SFB 124, 1989

SYB89   SYBASE: SQL Server, Technical Overview, 1989

Evolution of Relational DBMSs Toward Object Support:
A Practical Viewpoint

Hamid Pirahesh
IBM Almaden Research Center
San Jose, CA 95120, USA.
pirahesh@ibm.com

C. Mohan
IBM Almaden Research Center
San Jose, CA 95120, USA.
mohan@ibm.com

Abstract

Object-oriented data base management systems (OO DBMSs) have been the focus of intense research and commercial development activities in the last few years. Yet, many problems remain to be solved. In this paper, we discuss some aspects of supporting the object-oriented paradigm. In particular, we deal with type and collection hierarchies, complex objects, constraints and field level types. We argue in favor of modifying a relational data base management system in order to support OO features rather than building an OO DBMS from scratch. In so doing, we have tried to benefit from the implementation and user experiences gained from the different implementations of the relational model. We also discuss some issues that are not currently being given as much importance by the OO DBMS developers as they deserve.

1   Introduction

While the mainstream data processing community has finally begun to believe in and convert to relational data base management systems (RDBMSs), object-oriented data base management systems (OODBMSs) have become extremely popular in the research and commercial arenas in the last few years. Some of the commercial systems are GemStone [BMO*89,MS87,PSM87], ObjectStore [Atw89], Vbase [And90], VERSANT [Rot90,Ver90] and VISION [CS88][1]. Some of the research prototype systems are Galileo [AGO88], Iris [WLH90], Mneme [MS88], ORION [JWKL90,KGBW90], O_2 [BCD89,OD90], O++ [AG89,ABGS91] and ZEITGEIST [FJL*88]. Of course, the major proponents of the OO approach have been customers that are struggling with nontraditional applications like computer-aided design and manufacturing (CAD/CAM) and computer-aided software engineering (CASE). The major distinguishing characteristic of these applications compared to the traditional data processing applications (like inventory control, airline reservations, payroll, ...) is that with the former the complexity of the applications is much higher. There is a significant need for supporting multimedia data and data with very demanding evolutionary characteristics. The application data has more structure and variations to it. The reader can learn more about these applications and the demands that they place on the DBMS by reading the many excellent collections of papers that have been published recently as books [ABE88,BE90] or [CE90,KE89,ZM90]. [Man89] provides a very nice summary of the developments in the OODBMS area.

---

[1] VERSANT is a trademark of Versant Object Technology Corp. O_2 is a registered trademark of Altair. Object Design and ObjectStore are registered trademarks of Object Design,Inc.

In this paper, we consider some of the extensions that need to be made to RDBMSs to provide some features that are present in OODBMSs. The features that we consider are type hierarchies, complex objects, constrain and field level types. In the process of discussing these extensions, we also point out some of the missing and/or inadequately designed features of OODBMSs.

Evolution vs. Revolution: Here, we argue as to why it is better to extend relational systems to provide OO features than it is to design an OODBMS from scratch. The former approach has been suggested in [Com90] also. RDBMSs have evolved over a long period of time. During this period, several techniques have been developed for storage management, concurrency control, recovery, query optimization, utilities (like loading, reorganizing, image copying, generating statistics, ...), query execution, etc. for use in RDBMSs. These are the results of several trial and error attempts. It would be highly cost effective to exploit these techniques as much as possible, rather than ignoring them, and starting from scratch and making the same or similar mistakes. Some of the OODBMS developers have ignored the experiences from the development of RDBMSs: for example, the need for partial rollbacks, locking-based concurrency control rather than optimistic concurrency control, need for fine-granularity locking and different degrees of consistency (repeatable read, cursor stability, ...), need for operation logging, access methods supporting very high concurrency, support for high level query languages, partitioned tables, views, lock escalation, ...

We will consider lock escalation as an example. In OODBMSs which acquire locks on object IDs (OIDs) and where the OIDs do not include class IDs, it would be extremely difficult and/or expensive to support lock escalation, unless at least the lock name includes the class ID. Otherwise, the system would have to keep track of the number of locks acquired on a per class basis and then when a threshold is reached, examine each lock, do a look up to determine whether the corresponding lock relates to an object of that class and then, if the object belongs to that class then release the object ID lock after the appropriate lock is obtained on the class as a whole. We have not seen any discussion about lock escalation in the OODBMS literature.

The capability to do partial rollbacks is very important for supporting statement-level atomicity and for providing savepoints at the user level. This is also generally not discussed in the OODBMS literature, even though some systems claim to provide support for savepoints and/or nested transactions.

Developers of some of the OODBMSs have decided to exploit the features of some relational data managers: e.g., O_2 and Iris. Unfortunately, the WiSS data manager that O_2 uses is not a state of the art data manager (e.g., it supports only page as the smallest granularity of locking and it has no special support for utilities). While it is well known that the force policy is not a good one, ORION implements it.

The commercial RDBMSs like DB2 and NonStop SQL have many industrial-strength features in them. These relate to the robustness of the systems, failure tolerance, high performance for SQL accesses and for utilities, tools for monitoring performance, application development tools, good integration with the operating systems' features, variety of storage management options, bulk I/O capabilities, exploitation of multiprocessors and, possibly, intra-transaction parallelism, different degrees of isolation (repeatable read, cursor stability etc. It would be prudent to build OO features on such a firm foundation. Customers would also like to migrate their existing applications to exploit OO features in a graceful fashion.

To take an example, the issue of providing high-performance utilities for performing a variety of tasks like loading, unloading, reorganizing, index building, image copying (dumping) and updating statistics has not been addressed in the context of OODBMSs. In systems like DB2, a low-level interface is provided for the utilities to access the data so that these operations might be performed efficiently. Developing such utilities requires a nontrivial amount of effort. The problems to be dealt with become even more complicated if the system should provide concurrent access to the data while such utilities are in execution.

Needless to say, most of the current commercial RDBMSs lack many functions which would be useful for the traditional data processing community, let alone the users with nonstandard applications. These include support for user-defined functions and data types. Researchers working on extensible DBMSs have been working on this problem for some time now and slowly their impact is being felt in the commercial arena also (e.g., in INGRES). If the DBMS were to invoke from the lowest levels of the DBMS user-defined functions specified in the predicates of the query, then dramatic performance improvements can be obtained compared to a situation where they are only invoked by the higher levels of the DBMS.

2   Architectural Viewpoint

In this section, we study how an OO system can use a relational DBMS as a component. Alternatively, one may view this as an integration of relational and OO models. However, this alternative viewpoint must include a unified OO model acceptable for different application environments, an elusive goal considering the current state of the art. One major function of DBMSs is providing sharing among different applications. Extending this concept to OO models requires sharing not only data, but also behavior of the data. This basically says that different user environments sharing data must also agree on a unified type system, including semantics of subtyping, inheritance, method resolution, etc. In this paper, we argue that in building an OO system, it is valuable to use relational DBMS as a component. This approach also helps us in better understanding the features of a unified Object Oriented/Relational model.

Figure 1 shows a way of integrating a relational DBMS with an OO system. The interface between OO applications and the OO system is through a seamless interface. The OO language processor can interact with the relational DBMS through languages such as (extended) SQL. In this scenario, SQL queries are generated by the OO language compiler, and the SQL language may not necessarily be the end-user language. In a multiuser, shared database environment, there are numerous applications which depend on SQL to use the database. Hence, SQL support is important in an OO system. The importance of this is recognized, for example, in the VERSANT OODBMS [Ver90]. The requirement for the generation of SQL queries already exists in the current use of relational DBMSs. Ad hoc interactions with the new generation DBMSs are commonly performed through high-level user interfaces, allowing complex queries to be specified very easily by users. These user interfaces interact with relational DBMSs by generating SQL queries. At the same time, other applications concurrently use the database directly using SQL. Further, it is clear that there is no single language that is suitable for all applications that want to share data. Therefore, by translating an application language to a database language we can support many seamless application languages.

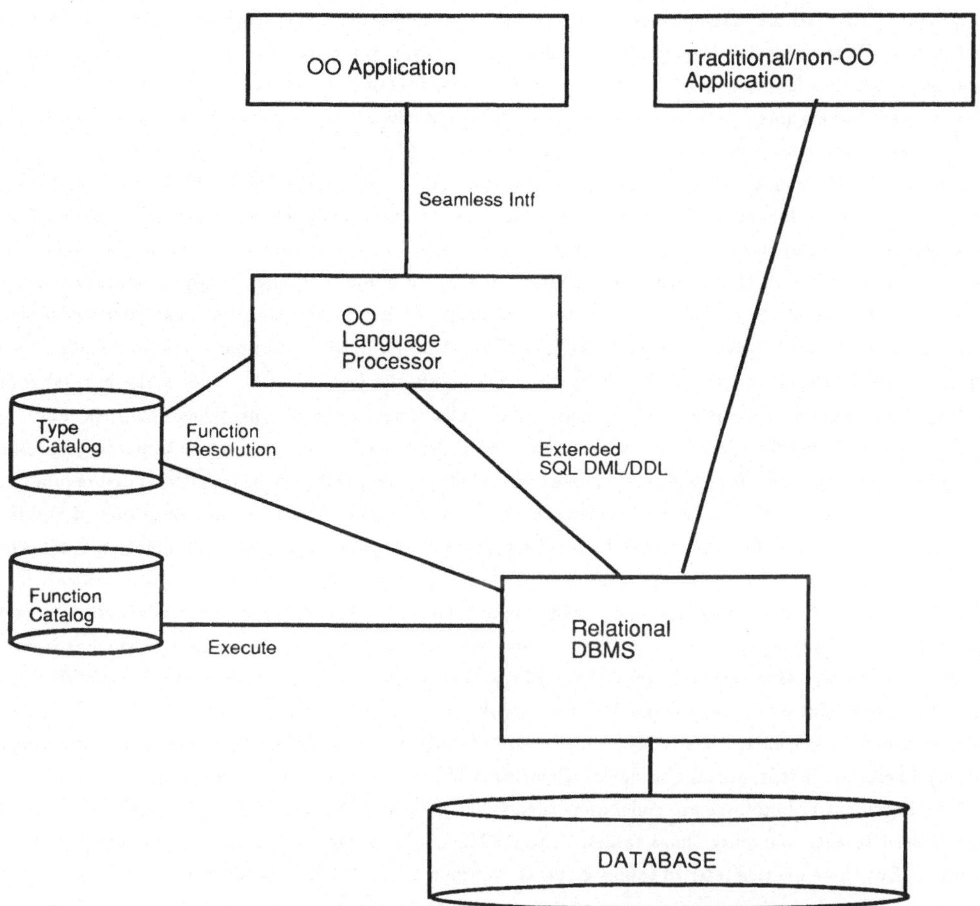

Figure 1: Relational DBMS as a component of an OO system.

In Figure 1, the OO language processor captures the type definition and stores them in the type catalog. The function library contains all the runtime code of all the functions (methods). During compilation or execution, a call to a function must be resolved to an actual function in the function library. Let's look at the case where the arguments of functions refer to columns of a single (logical) tuple. This is in contrast to the case where functions have collection types as arguments. At some point, function (method) resolution must be invoked to choose an actual function to be executed based on the argument types. For the case in which function resolution can be done at compile time, the OO language processor can generate SQL queries containing references to actual functions. The DBMS invokes these functions during execution of these queries. Support of this requires extension of SQL to allow functions to appear wherever scalar expressions are allowed. Such an extension has been proposed in [ISO90], and has been implemented in relational systems such as Starburst and POSTGRES [HFLP89,SRH90]. Suppose function f refers to a field of a tuple having field type t. If t does not have a subtype (which is the case in the current SQL DBMSs), then function resolution can be done at compile time. Even if type t has subtypes, and the function is defined only for type t, then also function resolution can be done at compile time. In general, it is not always possible to do function resolution at compile time (e.g., subtypes of type t also define function f). Runtime function resolution requires access to type structure information during execution of queries. One way to solve this is for the DBMS to invoke a function dispatcher, which does function resolution by accessing (a cached version of) the type catalog. Good performance of the dispatcher is critical. The dispatcher may have to be called for every predicate evaluation. Industrial-grade relational DBMSs, such as DB2, have paid special attention to attaining good performance for predicate evaluation since it is done extremely frequently. One reason is that the predicate evaluation may have to be done for qualified and unqualified data. For example, the DBMS may apply the predicates to a million tuples, of which only 10 are returned to the user. (See [PMC*90] for more details on costs of query processing in a relational DBMS.) Therefore, it is important to devise algorithms to reduce the cost of dispatching.

If the argument of functions are collections (i.e., tables), then within the body of the function, an SQL query is used to access/modify those tables. The DBMS needs to compile/optimize these queries before execution. But these queries refer to tables given as arguments, and the actual tables are known only when the function is invoked. Such queries cannot be optimized in general until the actual tables are known. If function resolution and the actual tables can be determined at the time of compilation of an application, then the DBMS can optimize the queries for the given actual tables. Otherwise, these queries must be dynamically compiled/optimized at runtime.

Handling of Object Identifiers (OID) requires special attention. Various methods for implementing OIDs are discussed in [KC89]. Other discussions concerning OIDs can be found in [CK86,SAM89]. ORION uses extendible hashing to manage the mapping from OIDs to RIDs (record IDs) [KGBW90]. The ORION paper does not discuss the concurrency control and recovery methods to be used for this mapping data structure itself. Perhaps a modified version of the methods presented in [Moh90] could be used. Since ORION'S OIDs include class IDs, ORION does not permit migration of an object from one class to another. O_2 uses the RIDs themselves as OIDs, thereby avoiding the need for maintaining the mapping information. But they have not discussed the implications of this on operations like data base reorganization. Furthermore, when the user at a workstation does an object insert only a temporary ID is assigned to the inserted object. The actual RID is assigned only at transaction commit time at which time any instances of the temporary ID would have to be replaced with the actual RID. This approach was taken to reduce the number of interactions between the workstation and the server [OD90]. Under these conditions, it is not clear as to how O_2 will prevent the user from stashing away the temporary ID outside of the data base and later on attempting to use the same to retrieve the object.

OID management would get particularly complicated in a parallel or distributed DBMS environment, unless care is taken to decentralize the OID assignment activity. If object migration from one location to another is allowed, then reuse of OIDs will be very difficult to manage, unless a concept like the birth site idea of R* is used [Lin81].

3   Types and Extensions

In this section, we will review some of the key elements of types, instances, and collections (or sets) that instances may be part of. We try to use the concepts defined by OO models such as those of O2 [BCD89], ORION [Kim89,KGBW90], extension of DAPLEX [Day89] and EXODUS[VD90], etc.

Types roughly capture the generalization hierarchy, as exemplified in [Kim89]. The structure of a complex object is defined by an aggregation hierarchy. Figure 2 shows an example presented in [Kim89]. The aggregation hierarchy (called attribute/domain link in Figure 2) shows a vehicle is composed of *id*, *color, drivetrain*, and *manufacturer*. *Drivetrain* is composed of *engine* and *transmission*. The type/subtype hierarchy (called class/subclass in Figure 2) shows that *Vehicle* type has as subtypes *Auto* and *Truck*. One can create instances of these types/subtypes. Instances of types *Auto* and *Truck* are also instances of type *Vehicle*. However, the reverse may not be true. A boat is a vehicle but it is not of type *Auto* or *Truck*.

3.1   Separation of Types And Extensions

In OO models such as those of O2 [BCD89] and ORION [Kim89,KGBW90], all instances of a type are inserted into a collection associated with that type. Collections map to tables in the relational model. Therefore, each type has a base table associated with it. Let's call this type-extension.

This model does have some drawbacks in practice and we do not believe it must be enforced always. The user must have the option of specifying what collection an instance of a type must be inserted into. Here, we give several examples to make a case for such an extension to the model.

- Let's consider the following scenario. We define a type called project. In the relational model, we define two tables containing project tuples: public_projects and top_secret_projects. We create the instance city_park_project and insert it into the public_projects table. We create the instance top_secret_project and insert it into the top_secret_projects table. The security constraints require us to physically separate the top_secret_projects from the rest of the projects, and even store them in a separate storage device. This storage device may have to be detached from the system and put in a secure place during off-hours. In this scenario, obviously, we do not want to mix the tuples of public_projects and top_secret_projects into one collection, as is the case with type_extensions.

TYPE/SUBTYPE HIERARCHY

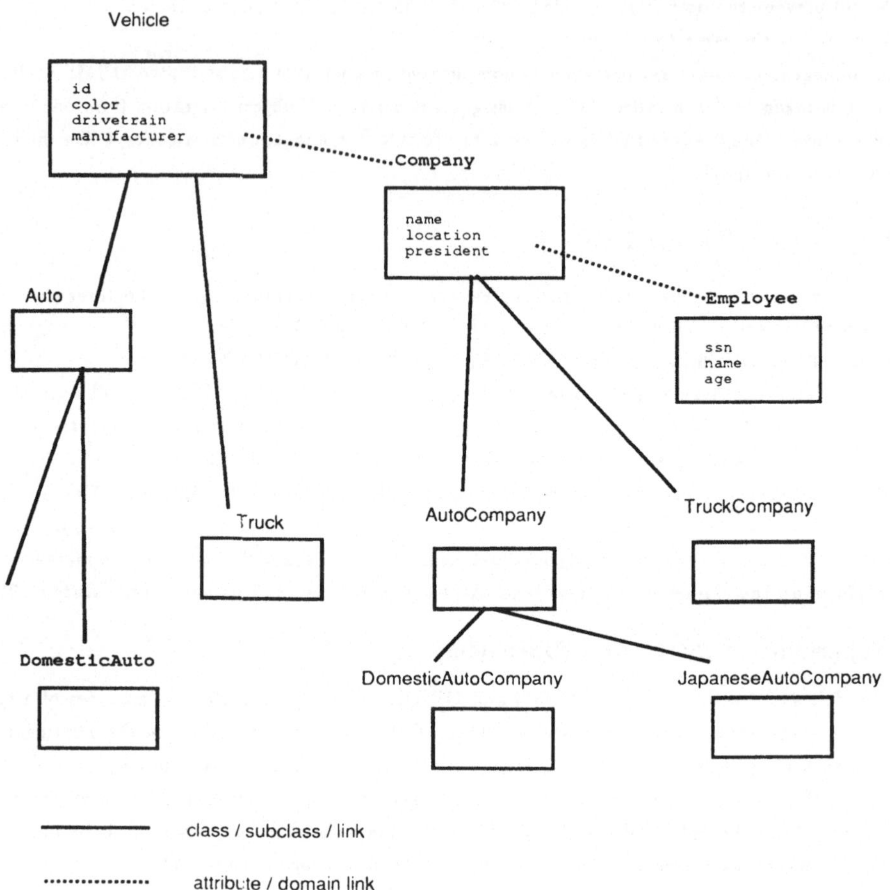

Figure 2: An Example of Subtyping and Aggregation.

Note that there may be nothing in the type specification which distinguishes top_secret and public projects.

Basically, we want the option of having user-managed collections, where the user controls which collection a tuple is placed in. OO models with mandatory type-extension cannot support the above scenario.

- Type-extensions can become very large. In relational databases, tuples of many tables may have the same type. For instance, employee tuples of different divisions of a company may be placed in different tables, even though all of them have the same type. In this case, the type-extension is the union of all these tables. Hence, it may become very large. The size of a table often plays an important role in determining the performance of an access to the table. Data managers scan the entire table when no indices are available. Under these conditions, the cost of the search for a set of tuples in a table goes up linearly with the size of the table. The cost of locking may also go up. Under cursor stability, each tuple (or page) is locked during the scan. To avoid excessive locking, lock escalation may be used [DB288,Gra78,MHL*91]. The levels of locking are typically tuple or page and then tablespace (defined as a space containing a set of tables). Therefore, lock escalation locks the whole table. In the above example, after lock escalation at most tuples of one division would be locked. In the type-extension case, after escalation all tuples of all divisions would be locked.

  The cost of locking may be avoided if tuples are not supposed to be shared. [ABC*76] has the concept of private database-spaces, which may contain many private tables. Private database spaces are not used concurrently. Hence, no locking is required for private tables, hence the cost of locking is eliminated. This requires the facility using which users are able to specify that their tuples be placed in such tables.

- There is a concern about having type-extensions in large federated databases. In such databases, when an instance is created, it is given to a particular database node which is **responsible** for its access control, durability, recovery, etc. In this model, a type-extension is a horizontally partitioned table, one partition per database node. An instance must be placed in the partition of the type-extension that is **responsible** for that instance. That is, the user must specify where, i.e., what DBMS node (what partition of a type-extension), a tuple must be inserted into. Therefore, the concept of user-managed collections must be supported (to some extent).

We should emphasize that relational DBMSs can accommodate the notion of type-extensions. For example, we can create a table for each type which contains all the tuples of that type. If such an approach is not taken and we still want to have access to all extensions of a type, then we can create a view which is the union of all the collections into which instances of a type are inserted.

3.2 Separation of Type Hierarchy and Collection Hierarchy

In OO models such as that of ORION [Kim89], collections associated with type-extensions include the collections associated with the subtypes. Hence, in Figure 2, Vehicle collection includes Auto collection, which includes DomesticAuto collection. As argued above, we would like to separate the concept of types and collections, and allow many collections to have tuples of the same type. This leads to the separation of type hierarchies and collection hierarchies.

First, we go through an example. Suppose we define subtypes of type vehicle, as shown in Figure 2. Now let's create a set of collections based on these types. These collections are shown in Figure 3. Collection Auto_US_Civilian contains all the U.S. civilian automobiles. Collection Truck_US_Civilian contains all the U.S. civilian trucks. Collection Vehicle_US_Civilian contains all the U.S. civilian vehicles. This collection includes the U.S. civilian automobiles and trucks, and all the civilian vehicles which are not automobiles or trucks. We call Auto_US_Civilian a subcollection of Vehicle_US_Civilian. Auto_US_Civilian has as its subcollections Auto_US_Civilian_luxury and Auto_US_Civilian_utility. Another set of collections with similar structure is defined for U.S. military vehicle (names have the suffix US military). Note that U.S. military does not have luxury cars. This underlines the fact that not all subcollection structures must have the same structure. We define a set of collections for Russian civilian and military vehicles with a similar structure as well. In the case of Russian Autos, there is no distinction between luxury and utility cars.

The concept of subcollection has the inclusion property. For instance, if we add an object to Auto_US_Civilian, it is automatically added to Vehicle_US_Civilian. The representation that satisfies this property in the relational model can easily be accommodated by views [Kun90]. Let's assume a straightforward representation for these collections. As we will see later, many other representations are possible, and choosing an optimal one is part of a Data Base Administrator's (DBA's) function. For Vehicle_US_Civilian, we create table Vehicle_US_Civilian_O which contains only the U.S. civilian vehicles that do not belong to any subtype of type vehicle. Likewise, we create tables Auto_US_Civilian_O and Truck_US_Civilian_O. We define Vehicle_US_Civilian as a view which is the union of Vehicle_US_Civilian_O, Auto_US_Civilian and Truck_US_Civilian. That is, for each collection/subcollection structure node, we define a view which is the union of the collection associated with that node and its subcollections (if any). Now, whenever a tuple is added to a subcollection, it is automatically added to the super collection, satisfying the inclusion property. A node collection/subcollection structure may have many super nodes and many subnodes. These nodes may have the same or different types. For example, Russian military trucks may have 1970s and 1980s models. Different authorization constraints may be defined for these collections.

One can create many other collections from these sets of collections. For instance, we can create a collection of super-powers military vehicles, which is the union of U.S. and Russian military vehicles. We can create a collection of super-powers trucks. Note that access to any of these collections must satisfy authorization constraints.

One can even define collections of different types of objects, such as (outer) union [ISO90] of U.S. trucks and Russian automobiles. An Auto tuple gets null values for Truck attributes and a Truck tuple gets null values for Auto attributes.

Basically, we used the power of views to express all this. Union is the major operator used in defining such collections. We want to be able to apply operations (e.g., changing attribute values, deletion) on tuples of these collections. Relational systems often do not allow such operations on such views. This problem is solvable for the views defined above. The reasons are: (1) The union operator with the *all*

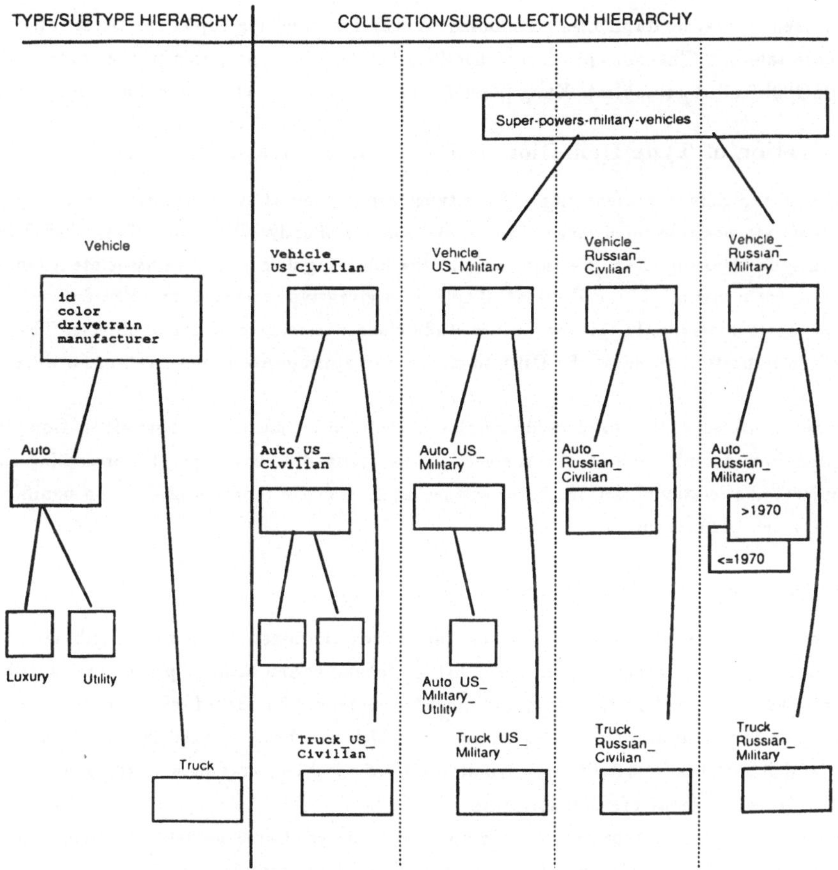

Figure 3: An Example of Collection/Subcollection.

attribute is used; hence, no duplicates are eliminated. (2) The resulting tuples can be directly mapped to tuples in base tables. The concept of subcollections has also been proposed in the context of the SQL standard [ISO90] (called subtables). Kung [Kun90] uses the power of views to define subcollections.

3.3 Separation of Type Definition and Type Representation

In OO DBMSs, typically, representations of the types are defined at type-definition time. Usually, many representations are possible for a given type, as we will see shortly. We believe it is crucial to give the DBA flexibility in choosing the representations. In the following discussion, we associate a representation to a collection (or partitions of a collection). Tuples of a given type inserted into different collections may get different representations. In this section, we study choices in representation of objects. Then, we argue as to why it is important to allow the DBA to choose the appropriate representation for different object instances.

We categorize objects into atomic and complex. Atomic objects exist by themselves. Complex objects are composed from atomic objects. In this section, we study different ways of representing atomic and complex objects in a relational DBMS. As we will see later, choice of representation has a significant impact on complexity and performance.

3.3.1 Representation of Atomic Objects

Atomic objects have a set of attributes. An example of such an object is *part* with attributes *partnumber*, *partname* composed of (*category, subcategory*), list of *nicknames* and array of *price, date*. Attributes of an object do not have independent existence, and must be referenced as part of references to the object. This is in contrast to the components of complex objects which can be referenced independently. An object has a type which specifies its attributes. An attribute of an object may be a single value, a structure, a (multi)set, a list, or an array of other attributes. [2]

There are many ways to represent atomic objects in the relational model. We divide them into the following categories: transparent, semi-transparent and non-transparent.

- Transparent Representation:

  We represent an object by one tuple. We map all the attributes to one (character) field. [3] Only selector methods associated with the type of this object can extract the attributes. For instance, *category(partname(part))* returns the category part of the name of *part*.

- Semi-Transparent Representation:

  We map the attributes of an object to several fields in one or more tuples. Let's consider the following cases for mapping an attribute to a field:

  - An attribute has a single value (e.g., *partno*). In this case, the mapping is straightforward.

---

[2] In general, one may think of other structures such as queues and stacks. Here, we listed the structures that are considered to be common [ZM90].

[3] This is a long field if the size is large.

- An attribute is a structure with single valued attributes as leaves (*partname* in the above example). We map each single value attribute to a field. We have to be careful in the handling of the field names. Names of attributes of two (sub) structures may be the same since hierarchical naming of components of structures disambiguates them. Two fields of a tuple cannot have the same name. One solution is to extend the relational model to support multi-part field names.

- An attribute may be a (multi)set, a list or an array. We can map such attributes to (long) fields. Further support is needed to access and manipulate such fields (see [VD90] for more details).

  * We need to support methods to perform operations such as: return an element of an array given an index, enumerate elements of a list, search lists or arrays based on predicates, project columns of fields of arrays, group and aggregate values, insert, delete and update (variable length) elements. The set of these operations is usually a superset of the set of operations on tables.

  * Such methods are simple when the size of these attributes is small. If size is large,[4] then we need to have support for indices, efficient storage methods (including partitioning for parallel access), etc. Such support is not very different from the support that we need for handling of tables. Hence, there is an incentive to extend and reuse the relational data management functions for this purpose. One idea is to extend the relational model to support ordered tables as a unifying concept for lists and arrays. With ordered tables, order of insert is significant (like lists) and one can refer to the nth tuple (like arrays). [5] Better storage methods and tuple representations are needed for more efficient support of such attributes, particularly fixed size arrays.

The non-transparent representation case is the extreme version of the semi-transparent case, where all attributes are stored in fields of tuples. In the semi and full transparent cases, the DBA can choose among many alternatives of mapping an object to relations. The lesser the transparency, the more is the separation between type definition and type representation, and the more is the flexibility that the DBA has in choosing a representation.

3.3.2 Representation of Complex Objects

Complex objects are composed from simple objects. As discussed earlier, sharing and multi-object views are important in support of complex objects, and they play an important role in their representations. Sharing has two aspects: (1) an object may be part of the composition of many other objects; (2) information about an object must be accessible to non-complex object applications (e.g., inventory control and bill of material) using a language such as SQL. Let's consider the following possibilities for the representation of complex objects.

- Non(Semi)-Transparent Representation:

---

[4] Megabyte sized arrays are common in applications such as process control.
[5] Ordered tables are also useful in the handling of versions and temporal data.

We store each atomic object separately as explained above. Then, we join the atomic objects (and complex objects) to form complex objects. Different compositions yield different complex objects from a given set of atomic objects. It should be obvious as to how this technique supports sharing and complex object views. Performance of the join operator is a key factor in the feasibility of this approach. The join operator has always been a key operator in relational DBMSs, and there has been considerable work to support it efficiently. The dependency on performance of the join operator is also increasing in the area of complex query processing (e.g., in the context of decision support applications). Some major points for better support of join in the context of complex objects are as follows. We benefit from clustering children with their parents to reduce the number of I/Os. Objects that are shared among many parents can only be clustered under one of the parents. One way to solve this is to replicate objects and cluster them under different parents. Keeping different replicas consistent is a concern, particularly when data is updated frequently. Parallelism plays a key factor in reducing the elapsed time of joins. Parallel adaptive algorithms that efficiently use main memory to speed up joins are very useful (see, e.g., [ZG90]). Join techniques that reduce the pathlength and the number of I/Os are important. Examples are [CSL*90] where parent child relationships are represented by links for fast access, [Val87] where join indices are used to access parent and children through one index, and [CHH*91] which uses set oriented processing to reduce number of I/Os.

- Transparent Representation:

We store complex objects in long fields and manage them separately. To manage such a representation, we need to replicate a significant amount of the DBMS functionality to provide efficient access (e.g., via indices), storage management (including support for insert, update, delete and data load), concurrency control, etc. Note that this data is used by complex object applications, as well as traditional applications, such as inventory control. Support of such a wide spectrum of applications is non-trivial. Generally, this kind of a representation is not a good one, unless it is used for small complex objects with special structures that are not supported well by the DBMS.

- Complex objects, such as documents and engineering drawings (such as blue prints), often require fast browsing. Usually, the response time of composing such objects at the time of access is not satisfactory. One solution is caching the result of a composition of a complex object and using it for fast access. We define the following types of caches:

  * Snapshot: In this model, the cache is not automatically updated when the underlying data changes. Instead, a user command, or some other signal initiates the refresh of the snapshot. Representation of a snapshot may be in the form of a main memory structure which is kept in a long field in the database. For browsing, it is loaded into memory of a workstation and displayed[6].

    Efficient refresh of snapshots may be possible by using techniques such as the one described in [LHM*86]. If non-transparent representation is used both for the original and snapshot

---

[6]The representation must be relocatable.

data, then differential refresh of [LHM*86] may be applicable. This approach requires the transformation of the snapshot data from the table form to the form required for display.

* Materialized view: This form of cache is automatically maintained when the underlying data changes. This approach might be expensive if the data is changed frequently and/or large number of caches are maintained (similar to the trade-offs relating to the handling of replicated data).

We argued for semi-transparent representation for complex objects. Hence, instances of a given complex object type can have different representations. Note that the methods are using the DBMS selector functions to access the attributes. It is the responsibility of DBMS selector functions to accommodate different representations. As mentioned before, the data is shared among complex object applications and traditional applications. Flexibility in physical database representation is well established for traditional applications. Complex object handling emphasizes this flexibility further. Choices in representation includes clustering, partitioning and distribution of the data, creation of join indices, etc. Such flexibility is also important for atomic objects where the attributes may contain large size sets, lists or arrays. Even for atomic objects with single valued attributes flexibility in representation is important. Suppose we have a set of types each represented by a tuple. Many tuple collections (tables) containing tuples of these types may be created. Physical design of these collections and tuples in them may involve one or more of the following steps:

- The DBA may decide to vertically partition a table. Tuples with large number of attributes are common in practice. In fact, DBMSs have been increasing the maximum limit on the number of columns.[7] Often these columns have widely different access frequencies, some fields are accessed very frequently, and some are accessed very rarely. We want to vertically partition the table, separating the highly accessed fields from rarely accessed fields. This reduces I/O because less number of pages are required to store the highly accessed portions of the tuples. Note that the frequency of access of tuples of the same type may be very different, requiring different vertical partitioning for different collections having tuples of the same type. Frequency of access of fields may change through time. Hence, vertical partitioning may have to be adjusted. Such a change is purely a matter of physical representation, and does not affect the data types.

  Vertical partitioning is even more important for subtyping. Suppose we define type A and type B as subtype of A with extra attributes. Suppose extra fields of B have size α and are accessed with probability β. Depending on the values of α and β different vertical partitionings are desirable. Suppose tuples of both types are uniformly accessed. Further, suppose it is desirable to cluster tuples of type A and B together if possible (e.g., tuples of type A and B are employees of departments, and we want to cluster employees of a department together). If β is low and α is high then the following design is appropriate. Create two collections. One collection contains tuples of type B and only the extra attributes of B. Another collection contains tuples of type A and type B with only the A attributes. This way, we are able to cluster the data (of type A and type B), and avoid accessing the

---

[7] IBM's premier relational DBMS DB2 V2 R2 supports 750 columns per table (compared with 300 in previous releases).

extra attributes of B, which are rarely used, while we are accessing the A attributes. This approach is used in [Kun90]. If α is low (regardless of value of β), we create one collection containing tuples of type A and B. Tuples of only type A have (special) null values for the type B only attributes. This technique has been used commonly in relational DBMSs (Alter table command [ISO90]). If β is high and α is high then more detailed costing is required to decide how to partition these tables.

- DBA decides on the horizontal and vertical partitioning of a table across many devices or nodes of a distributed system. This is crucial for performance in parallel DBMSs [PMC*90].

- DBA decides on the clustering of the data. For example, employees of a department are clustered together. Tuples of different kinds that are joined together frequently may be clustered together. Another kind of clustering is separation of hot data from the rest of the database. This is particularly important as cost of memory and disks go down. Users keep large amount of data online (in the range of terabytes), even if the data is seldom accessed. However, in many cases, the frequently accessed data, called hot data, fits into memory. We would like to cluster the hot data in a set of pages and keep them in memory. The hot data may have many different data types. Even, only some attributes of a tuple belonging to a tuple type may be hot, hence those attributes should be separated and kept in memory.

  One may choose the representation of tuples of a type differently for in-memory databases, disk based databases, archival databases, etc.

- DBA decides on the locking strategy, for example, tuple level, page level or tablespace level locking. Better still, the collection may be declared private, thereby eliminating all locking.

3.4 Multi-Collection Membership

We want an object to participate in an arbitrary number of collections. There are two categories of collections: extensional collections (counterpart of base tables in the relational model) and intensional collections (counterpart of views in the relational model). Both intensional and extensional collections allow an object to be part of multiple collections. Collection membership of an object is user managed in extensional collections and is automatically maintained in intensional collections.

Importance of multi-collection membership is recognized in OO systems such as O2 [BCD89] and Gem-Stone [BMO*89]. However, O2 supports only extensional collections. O2 allows an object to participate in any number of collections in addition to the type-extension. In GemStone, a class defines the structure of its instances, but rarely keeps track of all those instances. Instead, collection objects - arrays, sets, bags - serve to group those instances. An object may belong to more than one collection. In the relational model, many extensional collections can be defined, each having one column which is the object id of its members. Object id can be used in a join to obtain full information about the object. Concept of objects playing different roles [RS90] is also related to the concept of providing different views of an object.

Intensional collections are defined by a formula (query) over other (extensional or intensional) collections. The formula can be an arbitrary query, involving predicates, aggregation, join, etc. Hence, membership of tuples in intensional collections are automatically maintained. For example, in Figure 2, we can form a collection of all land vehicles, which is the union of automobiles, trucks, etc. We can form a collection of long vehicles, expensive vehicles, etc. The concept of intensions (views) has proven to be very important to applications of relational DBMSs. Complex applications frequently use abstractions provided by intensions to reduce the complexity of query specification. The details of intensional collections are hidden from their users, providing levels of abstraction. Other applications of intension collections are: authorization, specialization (external schema), hiding of schema changes and facilitating schema evolution. Intension collections may contain not only the tuples (objects), they may also contain result of expressions. For instance, an intension collection may contain a vehicle and average price for that category of vehicles.

3.5 Integrity Constraints

In the relational model, we can specify integrity constraints to partially ensure correctness of committed data. For instance, the DBMS guarantees that committed data in the database satisfies the constraint *wage > minwage*. In OO models, methods are responsible for correctness of the data they encapsulate. Obviously there is an overlap between methods and integrity constraints. In this section, we examine intra-object, inter-object and deferred constraints.

3.5.1 Intra-Object Constraints

Suppose we define *employee* object, and we define methods *hire*, *promote* and *relocate* on this object, and we must observe *wage > minwage*. The methods *hire*, *promote* and *relocate* each can enforce this constraint. Alternatively, we can define this as a database integrity constraint. Basically, we have factored out a fragment of code of these methods and specified it as a constraint. The designer of a type must decide what needs to be handled by constraints and what needs to be handled by the programs of the methods.

Here, we explain some of the advantages of using constraints:

- Constraints are declarative.[8]. This provides a major advantage: DBMS can optimize execution of constraints. For instance, in a complex object, we may have a referential integrity (RI) constraint between parents and children. Referential integrity is an important constraint in the relational model, and relational DBMSs try to have a strong support for it (see, e.g., [EP89]). Further, parallel execution of RI with significant speed-up is possible mainly due to its declarativeness. We argue that there is strong incentive to separate constraints, such as RI, from methods and let the DBMS handle them.

  Typically, we populate a database in two ways: one is through the insert command (or invocation of methods such as *hire*), and another is bulk data load (using load utility). The latter is used mainly for data reorganization or import of data from other sources. Performance achieved by using the load utility versus the repeated invocations of the insert command could be orders of magnitude

---

[8]Here, we are using the definition of constraints given in [ISO90]. In general, constraints may be enforced by triggered procedures which are not necessarily declarative. By definition, these are called triggers.

better. When we load the database with imported data, we must make sure that the constraints are satisfied. The DBMS checks all the constraints specified in the schema. For complex constraints, such as RI, checking the constraints is even more complicated (e.g., RI constraints may have mutual dependencies; hence checking of RI may have to be deferred until the load of multiple tables is completed. See [DB288] for more details). This is yet another reason why it is desirable to use DBMS supported constraints as much as possible. In the papers on OO DBMSs, there is no discussion of how certain utilities, such as the ones used for loading, unloading, reorganizing of the data would work. It is not clear how we guarantee the consistency of the data if the constraints are embedded in the methods instead of being specified at the schema level. This requires further research.

- Use of constraints make the methods simpler. For example, instead of methods *hire, promote* and *relocate* each specifying (or invoking) the minimum wage constraint, we can specify it once as part of the database schema and let the DBMS invoke it automatically.

3.5.2 Inter-object Constraints

In the relational model, one can define tables A1, ..., Am and define many RI constraints among them. Further, later on, one might define tables B1, ..., Bn and define new RI constraints among the B tables and the A tables. Suppose tuples of A1, ..., Am are of type TA1, ..., TAm. In this case, constraints cannot be handled by methods, because scope of each method only encompasses tuples of one table. Specifying such constraints as database constraints is very desirable.

3.5.3 Deferred Constraints

Database constraints can be deferred and asserted at a later time (see [ISO90] for more details). The need for such a capability is well known, particularly in the context of RI. Suppose projects must have employees working on them and employees must have a project to work on. Such a constraint must be checked after creation of a project and assignment of employees to it. Methods *project_create* and *hire* cannot individually check such a constraint. Suppose we are relocating and promoting an employee. After relocation (say to another country), the minimum wage constraint may be violated, but invocation of method *promote* may fix that. Checking of the constraint as part of method *relocate* may be premature, and we would like to defer this constraint's enforcement after these methods are applied.

3.6 Garbage Collection

In OO models, we may want to delete an object when the last reference to it is deleted. Deletion of a parent object results in deletion of orphan children objects that this object refers to. In relational databases, referential integrity (RI) with cascaded delete is typically used for garbage collection. When a parent is deleted, all its children are deleted regardless of being an orphan or not. To support the OO models, RI must be extended so that only orphan children are deleted.

4 Conclusion

In this paper, we discussed some aspects of supporting the object-oriented paradigm for databases. In particular, we dealt with type hierarchies, complex objects, constraints and field level types. We argued in favor of modifying a relational data base management system in order to support OO features rather than building an OO DBMS from scratch. In so doing, we have tried to benefit from the implementation and user experiences gained from the different implementations of the relational model within and without IBM. We also discussed some issues that are not currently being given as much importance as they deserve. The approaches that are being taken in the Starburst extensible DBMS in order to provide support for user-defined types are discussed in [LH90]. In this paper, we did not present a concrete solution for extending relational DBMSs to support OO features. The current effort in Starburst to add OO features and work in the Melampus project [CHR*90] will provide us a better perspective in this regard.

5 Acknowledgements

We would like to thank Bruce Lindsay for reading parts of this paper and giving very helpful comments, and for keeping us on track by pointing out some of the important problems that need to be addressed. We also wish to acknowledge Peter Pistor and Rakesh Agrawal for many discussions on types, and Bruce Lindsay, Bernhard Mitschang, Peter Pistor, Norbert Sudekamp and George Wilson for work on the XNF model and a language for complex objects from which we benefited. We would also like to thank Rakesh Agrawal and John McPherson for their comments on parts of this paper. Our colleagues in the Starburst project and the data base technology institute (DBTI) deserve a special thanks for providing a very stimulating environment for doing research in the data base management area. The existence of DBTI has given us opportunities to meet with customers with widely varying requirements and learn about the importance of various issues.

References

[ABC*76]   M. Astrahan, M. Blasgen, D. Chamberlin, K. Eswaran, J. Gray, P. Griffiths, W. King, R. Lorie, P. McJones, J. Mehl, G. Putzolu, I. Traiger, B. Wade, and V. Watson. System R: Relational approach to database management. *ACM Transactions on Database Systems*, 1(2), June 1976.

[ABE88]   M. Atkinson, P. Buneman, and R. Morrison (Eds.). Data Types and Persistence. Springer-Verlag, 1988.

[ABGS91]   R. Agrawal, S.J. Buroff, N. Gehani, and D. Shasha. Object Versioning in ODE. In *Proceedings of the Seventh IEEE International Conference on Data Engineering, Kobe, Japan*, April 1991.

[AG89]   R. Agrawal and N. Gehani. Rationale for the Design of Persistence and Query Processing Facilities in the Database Programming Language O++. In *Proceedings of 2nd International Workshop on Database Programming Languages, Gleneden Beach*, June 1989.

[AGO88]   A. Albano, G. Ghelli, and R. Orsini. The Implementation of Galileo's Persistent Values, In **Data Types and Persistence**. In *M. Atkinson, P. Buneman, R. Morrison (Eds.), Springer-Verlag, 1988* , 1988.

[And90]   T. Andrews. The Vbase Object Database Environment. In *Research Foundations in Object-Oriented and Semantic Database Systems, A. Cardenas, D. McLeod (Eds.), Prentice-Hall, Inc.*, 1990.

[Atw89]   T. Atwood. Architectural Issues in Implementing a High Performance OO-DBMS, Position Statement for Panel on Architectural Alternatives for OODBMS. In *Proceedings of the Conference on Object-Oriented Programming Systems, Languages, and Applications (OOPSLA), New Orleans*, October 1989.

[BCD89]   Francois Bancilhon, S. Cluet, and C. Delobel. A Query Language for the O_2. Object-Oriented Database System. In *Proceedings of 2nd International Workshop on Database Programming Languages, Gleneden Beach*, June 1989.

[BE90]   F. Bancilhon and P. Buneman (Eds.). **Advances in Database Programming Languages**. ACM Press and Addison-Wesley Publishing Company, 1990.

[BMO*89]   R. Bretl, D. Maier, A. Otis, J. Penney, B. Schuchardt, J. Stein, H. Williams, and M. Williams. The GemStone Data Management System, In , Object-Oriented Concepts, Databases, and Applications. In *W. Kim, F. Lochovsky (Eds.), ACM Press and Addison-Wesley*, 1989.

[CE90]   A. Cardenas and D. McLeod (Eds.). **Research Foundations in Object-Oriented and Semantic Database Systems**. Prentice-Hall, Inc., 1990.

[CHH*91]   Josephine Cheng, Donald Haderle, Richard Hedges, Bala Iyer, Theodore Messinger, C. Mohan, and Yun Wang. An Efficient Hybrid Join Algorithm: a DB2 Prototype. In *Proceedings of the Seventh IEEE International Conference on Data Engineering, Kobe, Japan*, April 1991.

[CHR*90]   F. Cabrera, L. Haas, J. Richardson, P. Schwarz, and J. Stamos. *Toward and Omniscient Computing System*. Research Report, RJ 7515, IBM Research Division, Computer Science, Almaden Research Center, San Jose, California 95120-6099, June 1990.

[CK86]   G. Copeland and S. Khoshafian. Identity and Versions for Complex Objects. In *Proceedings of Workshop on Persistent Object Systems: Their Design, Implementation and Use*, August 1986.

[Com90]   Committee for Advanced DBMS Function. Third-Generation Data Base System Manifesto. In *Memorandum No. UCB/ERL M90/28, University of California, Berkeley*, April 1990.

[CS88]   M. Caruso and E. Sciore. The VISION Object-Oriented Database Management System. In *F. Bancilhon, P. Buneman (Eds.), ACM Press and Addison-Wesley Publishing Company* , 1988.

[CSL*90]   Mike Carey, Eugene Shekita, George Lapis, Bruce Lindsay, and John McPherson. An Incremental Join Attachment for Starburst. In *Proceedings of the Sixteenth International Conference on Very Large Databases (VLDB), Brisbane, Australia*, August 13-16 1990.

[Day89]   U. Dayal. Queries and Views in an Object-Oriented Data Model. In *Proceedings of 2nd International Workshop on Database Programming Languages, Gleneden Beach*, June 1989.

[DB288]   *IBM Database 2 System and Database Administration Guide.* IBM, December 1988. Number: IBM SC26-4374.

[EP89]   R. Eberhard and V. Panlasigui. DB2 Referential Integrity Performance. *Info DB*, 4(1):13–19, Spring 1989.

[FJL*88]   S. Ford, J. Joseph, D. Langworthy, D. Lively, G. Pathak, E. Perez, R. Peterson, D. Sparacin, S. Thatte, D. Wells, and S. Agarwala. ZEITGEIST: Database Support for Object-Oriented Programming. In *Proceedings 2nd International Workshop on Object-Oriented Database Systems, Bad Muenster am Stein-Ebernburg* , September 1988.

[Gra78]   Jim Gray. Notes on Data Base Operating Systems, In **Operating Systems - An Advanced Course.** In *R. Bayer, R. Graham, and G. Seegmuller (Eds.), Lecture Notes in Computer Science, Volume 60, Springer-Verlag* , 1978.

[HFLP89]   Laura M. Haas, J. C. Freytag, Guy M. Lohman, and Hamid Pirahesh. Extensible Query Processing in Starburst. In *Proceedings of ACM SIGMOD 1989 International Conference on Management of Data, Portland, OR*, pages 377–388, May 1989.

[ISO90]   ISO_ANSI. ISO-ANSI Working Draft: Database Language SQL2 and SQL3; X3H2/90/398; ISO/IEC JTC1/SC21/WG3. 1990.

[JWKL90]   P. Jenq, D. Woelk, W. Kim, and W.-L. Lee. Query Processing in Distributed ORION. In *Proceedings of the International Conference on Extending Data Base Technology, Venice, Italy*, March 1990.

[KC89]   S. Khoshafian and G. Copeland. Object Identity. In *Proceedings of ACM SIGMOD 1989 International Conference on Management of Data, Portland, OR*, pages 253–262, May-June 1989.

[KE89]   W. Kim and F. Lochovsky (Eds.). Object-Oriented Concepts, Databases, and Applications. ACM Press and Addison-Wesley Publishing Company, 1989.

[KGBW90]   W. Kim, J. Garza, N. Ballou, and D Woelk. Architecture of the ORION Next-Generation Database System. *IEEE Transactions on Knowledge and Data Engineering*, 2(1), March 1990.

[Kim89]   Won Kim. A Model of Queries For Object-Oriented Databases. In *Proceedings of the Fifteenth International Conference on Very Large Databases (VLDB), Amsterdam, Holland*, 1989.

[Kun90]   Chenho Kung. Object Subclass Hierarchy in SQL: A Simple Approach. *Communications of the ACM*, 33(7):117–125, 1990.

[LH90]   Bruce Lindsay and Laura Haas. Extensibility in the Starburst Experimental Database System. In *A. Balser, G. Goos and J. Hartmanis (Eds.), Lecture Notes in Computer Science, Volume 466, Springer-Verlag* , 1990.

[LHM*86]   Bruce Lindsay, Laura Haas, C. Mohan, Hamid Pirahesh, and Paul Wilms. A Snapshot Differential Refresh Algorithm. In *Proceedings of ACM SIGMOD 1986 International Conference on Management of Data, Washington D. C.*, pages 53–60, May 1986.

[Lin81]   B. Lindsay. Object Naming and Catalog Management for a Distributed Database Manager. In *Proc. 2nd International Conference on Distributed Computing Systems ه*., *Paris*, April 1981.

[Man89]   F. Manola. *An Evaluation of Object-Oriented DBMS Developments*. Technical Report TR-0066-10-89-165, GTE Laboratories, 1989.

[MHL*91]   C. Mohan, Don Haderle, Bruce Lindsay, Hamid Pirahesh, and Peter Schwarz. ARIES: A Transaction Recovery Method Supporting Fine-Granularity Locking and Partial Rollbacks Using Write-Ahead Logging. *ACM Transactions on Database Systems*, 1991.

[Moh90]   C. Mohan. *ARIES/LHS: A Concurrency Control and Recovery Method Using Write-Ahead Logging for Linear Hashing with Separators*. Research Report, IBM Research Division, Computer Science, Almaden Research Center, San Jose, California 95120-6099, December 1990.

[MS87]   D. Maier and J. Stein. Development and Implementation of an Object-Oriented DBMS, In. In *Research Directions in Object-Oriented Programming, B. Shriver, P. Wegner (Eds.), MIT Press*, 1987.

[MS88]   E. Moss and S. Sinofsky. Managing Persistent Data with Mneme: Designing a Reliable, Shared Object Interface. In *Proceedings 2nd International Workshop on Object-Oriented Database Systems, Bad Muenster am Stein-Ebernburg* , September 1988.

[OD90]   et al. O. Deux. The Story of O2. *IEEE Transactions on Knowledge and Data Engineering*, 2(1), March 1990.

[PMC*90]   Hamid Pirahesh, C. Mohan, J. Cheng, T.S. Liu, and Patricia Selinger. Parallelism in Relational Data Base Systems: Architectural Issues and Design Approaches. In *Second International Symposium on Databases in Parallel and Distributed Systems*, IEEE-ACM, July 2-4 1990.

[PSM87]   J. Penney., J. Stein, and D. Maier. Is the Disk Half Full or Half Empty?: Combining Optimistic and Pessimistic Concurrency Mechanisms in a Shared, Persistent Object Base. In *Proceedings of Workshop on Persistent Object Systems: Their Design, Implementation and Use, Appin*, August 1987.

[Rot90] K. Rotzell. Transactions and Versioning in an ODBMS. In *Proceedings of OODBTG Workshop, Ottawa*, October 1990.

[RS90] Joel Richardson and Peter Schwarz. *Aspects: Extending Objects to Support Multiple, Independent Roles*. Research Report, RJ 7657 (71104), IBM Research Division, Computer Science, Almaden Research Center, San Jose, California 95120-6099, 1990.

[SAM89] J. Stein, L. Anderson, and D. Maier. Mistaking Identity. In *Proceedings of 2nd International Workshop on Database Programming Languages, Gleneden Beach*, June 1989.

[SRH90] M. Stonebraker, L. Rowe, and M. Hirohama. The Implementation of POSTGRES. *IEEE Transactions on Knowledge and Data Engineering*, 2(1), March 1990.

[Val87] Patrick Valduriez. Join Indices. *ACM Transactions on Database Systems*, 12(2):219–246, June 1987.

[VD90] Scott Vandenberg and Dave DeWitt. *An Algebra for Complex Objects with Arrays and Identity*. Technical Report 918, Computer Sciences Department, Univ. of Wisconsin-Madison, March 1990.

[Ver90] Versant. VERSANT Product Profile. 1990.

[WLH90] K. Wilkinson, P. Lyngbaek, and W. Hasan. The Iris Architecture and Implementation. *IEEE Transactions on Knowledge and Data Engineering*, 2(1), March 1990.

[ZG90] Hansjorg Zeller and Jim Gray. An Adaptive Hash Join Algorithm for Multiuser Environments. In *Proceedings of the Sixteenth International Conference on Very Large Databases (VLDB), Brisbane, Australia*, August 13-16 1990.

[ZM90] Stanley Zdonik and David Maier. Fundamentals of Object-Oriented Databases. In *Readings In Object_oriented Database Systems (Eds.), Series in Data Management Systems, Morgan Kaufmann Publishers, INC.* , 1990.

Erweiterbarkeit, Kooperation, Föderation von Datenbanksystemen

Hans–Jörg Schek, Gerhard Weikum

ETH Zürich
Institut für Informationssysteme – Datenbanken
CH–8092 Zürich
E–Mail: {schek,weikum}@inf.ethz.ch

*Jedenfalls ist es besser,
ein eckiges Etwas zu sein als ein rundes Nichts.
(F. Hebbel)*

Zusammenfassung

Wir diskutieren die Rolle der Erweiterbarkeit, Kooperation und Föderation von Datenbanksystemen in ihrem Wechselspiel mit verschiedenen Anwendungssystemen. **Erweiterbarkeit** vereinfacht die Zusammenarbeit zwischen Anwendungssystem und Datenbanksystem. Wir zeigen auf, inwieweit durch den Ansatz extern definierter Typen (EDTs) und Verallgemeinerungen ein wünschenswerter Grad an Autonomie bei den Anwendungssystemen belassen wird und inwieweit die Verwendung von Datenbanksystem–Funktionalität dennoch möglich ist. **Kooperation** von Datenbanksystemen ist die Integration von Sub-Datenbanksystemen zu einem Super–Datenbanksystem sowohl in Bezug auf die Objektverwaltung (globales Schema) als auch in Bezug auf die Transaktionsverwaltung. Wir stellen hier dar, welche Konsequenzen das Belassen von mehr Autonomie in den Subsystemen hat, und zeigen, daß man die größere Autonomie zwischen Anwendungssystem und Datenbanksystem gut kombinieren kann mit einer größeren Autonomie bei der Kooperation von Datenbanksystemen. Eine **Föderation** von Datenbanksystemen gibt den beteiligten Subsystemen insbesondere die Autonomie, weiterhin lokale Anwendungen zu bedienen, die dem globalen Super-Datenbanksystem nicht bekannt gemacht werden. Bezüglich der Transaktionsverwaltung führt dies insbesondere zu dem Problem der Koexistenz von globalen Transaktionen und lokalen Transaktionen. Wir diskutieren verschiedene Lösungsansätze, ausgehend von Mechanismen zur Erweiterbarkeit der Transaktionsverwaltung und zur Kooperation mehrerer Transaktionsverwaltungen.

1 Einleitung

Wir folgen einer von Härder und Reuter [HR85] begonnenen Tradition, in einem eingeladenen Vortrag auf Forschungsgebiete hinzuweisen, die für Datenbanken in Büro, Technik und Wissenschaft u. E. wichtig sind, ohne dabei ausgearbeitete Lösungen vorstellen zu müssen. Wir nehmen also in Anspruch, auch weniger Ausgereiftes beitragen zu können.

In der Datenbankforschung der letzten Jahre hat man sich intensiv um Datenbanksysteme für Nicht-Standardanwendungen gekümmert und das Datenbanksystem (DBS) allein und ausschließlich in den Vordergrund gestellt. Es scheint, als ob wir versuchten, alles unter unsere Kontrolle zu bringen, sogar in doppelter Bedeutung: Wir als DBS-Forscher und das DBS selbst als Kontrollinstanz. Das DBS ist zentrale und verbindliche Basis der Anwendungen. Selbst für den CIM-Bereich als Paradebeispiel für die verschiedensten komplizierten Daten und vielen sowohl heterogenen als auch autonomen Systemen wird diese Forderung gestellt [Scho88].

Wir haben in der Vergangenheit tatsächlich einiges unter unsere DBS-Kontrolle gebracht. Logiksprachen sind integriert in deduktiven Datenbanken. Die objektorientierte Programmierung ist in integrierten objektorientierten Datenbanken einbezogen. Das DBS wird so zur zentralen Kontrollinstanz, unter der alle Anwendungsmethoden, so komplex sie auch sein mögen, ablaufen. Selbst FEM-Pakete oder Bildanalyse schließt man ein.

Warum eigentlich nicht? Gibt es Probleme, die durch diese integrierende und "vereinnahmende" Konzeption nicht gelöst sind? Wir stellen einige Gesichtspunkte hierzu zusammen:

- Die praktische Realität mit ihrer **Heterogenität** spricht dagegen. Wir haben seit jeher verschiedene Datenbanksysteme auf verschiedenen Rechnern von verschiedenen Herstellern. Datenmodelle sind aus geschichtlichen, aber auch aus prinzipiellen Gründen verschieden, wie es Programmiersprachen sind.
- Zur Vermeidung des Engpasses bei der Entwicklung von Software sollte ausgetestete **bestehende Software** auch in neuen Umgebungen wiederverwendet werden können.
- Die **Zerlegung** großer Arbeiten in kleinere überschaubare Einheiten ist ein anerkanntes Prinzip. Teilaufträge können besser kontrolliert werden, Alternativen können definiert werden, und Parallelität kann genutzt werden.
- Je grösser die **Autonomie** in der Art der Durchführung eines Auftrages ist, um so unabhängiger und lokal optimierbarer ist ein Teilauftrag. Autonomie erlaubt dedizierte Systeme oder spezielle Dienste.

Die Folgerung daraus muß sein, das DBS in seiner Umgebung zu betrachten, seine Rolle in dieser zu überdenken. Im Rahmen dieser Arbeit wollen wir die Umgebung auf Anwendungssysteme und andere DBS begrenzen und Fragen der Kopplung mit Betriebssystemen und mit der Kommunikationskomponente ausklammern. Es geht uns um die Aufgabenteilung und Zuständigkeiten, wenn Anwendungssysteme mit einer oder mit mehreren Datenbanken gekoppelt werden zur Durchführung eines komplexen Auftrages. Es interessiert uns, in welche Teilaufträge ein Auftrag zerlegt werden soll, was von einem Anwendungssystem und was von einem der beteiligten Datenbanksysteme ausgeführt werden soll und wie die dazu nötige Form der Zusammenarbeit ist (vgl. [Li89]).

Dies sind keine Fragen für den Endbenutzer. Dieser wird vorbereitete Aufträge erteilen und sich nicht für deren Realisierung interessieren. Es geht uns um den Anwendungsprogrammierer, dessen Aufgabe es ist, bestehende Komponenten zu verwenden, zu ändern oder neue zu erstellen. Dieser hat großes Interesse daran, daß nicht alle Anwendungen neu realisisert werden müssen, weil ein (anderes) DBS eingesetzt werden soll. Unser Problem besteht in der Öffnung sowohl des Datenbanksystems als auch des Anwendungssystems für eine reibungslosere Kooperation.

Als Ziel des Beitrages wollen wir die Rolle der Erweiterbarkeit, Kooperation und Föderation von DBS in ihrem Wechselspiel mit Anwendungssystemen erklären und versuchen, Unterschiede deutlich zu machen. In DBS sind die Begriffe Verteilung, Heterogenität und Autonomie nicht einheitlich. Wir folgen der Sprechweise in [OV91]. Demnach sind dies orthogonale Eigenschaften der DBS–Architektur (Abb. 1). Systeme, bei denen Autonomie, etwa in der Wahl von Ausführungsstrategien, in der Wahl der Modellierung oder sogar bei der Wahl der Annahme von Aufträgen auftritt, heißen "föderierte DBS" (siehe hierzu auch [DE89]; weitere, allgemeine Aspekte zu föderierten DBS findet man bei [BDD85, HM85, Li89, LMR90, Scheu90, SL90, OV91]).

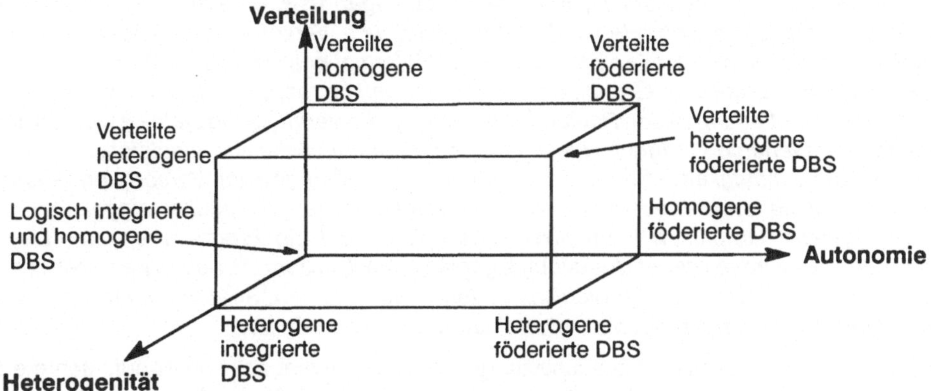

Abb. 1: Architekturvarianten von DBS nach [OV91]

Wir wollen im folgenden zwischen Anwendungssystem (kurz: A–System) und Datenbanksystem (kurz: D–System oder DBS) unterscheiden. Ein A–System verarbeitet Daten aus einem D–System. Es hat keine eigene Datenhaltung für gemeinsame persistente Daten. Diese sind in einem oder in mehreren der D–Systeme. Ein A–System, das nur mit einem D–System Daten austauscht heißt lokal. Andere A–Systeme, die mit mehr als einem D–System gekoppelt sind, heißen global. In Abb. 2 sind A1 und A4 lokal, A2 und A3 sind global. Daten werden nicht zwischen zwei A–Systemen ausgetauscht, sondern immer unter Zwischenschaltung eines D–Systems.

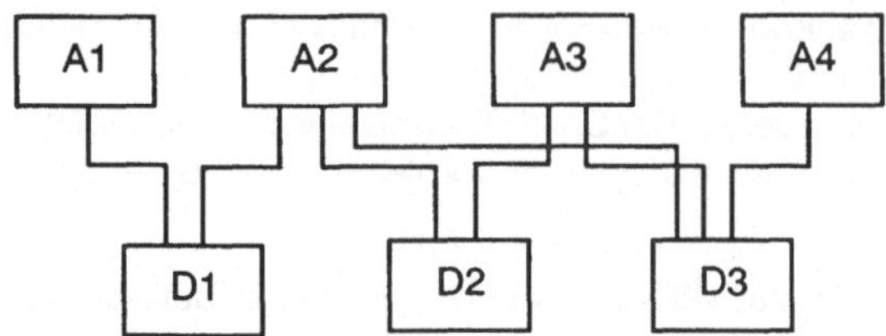

Abb. 2: Kopplung mehrerer A–Systeme mit mehreren D–Systemen

Die Struktur des Papiers ist wie folgt: In jedem der folgenden Kapitel x wird jeweils im Kapitel x.1 der Fall mehrerer A–Systeme und eines D–Systems, in Kapitel x.2 der Fall eines A–Systems und mehrerer D–Systeme und in x.3 der allgemeinste Fall diskutiert. Kapitel 2 enthält einige Anwendungsszenarien für diese Fälle. Danach werden die zwei Hauptbereiche eines DBS genauer analysiert, nämlich die Verwaltung von **Objekten** in Kapitel 3 und von **Transaktionen** in Kapitel 4.

2 Einige Anwendungsszenarien und resultierende Problemstellungen.

Wir wollen uns anhand einiger konkreter Anwendungsszenarien davon überzeugen, daß die in der Einleitung angesprochenen Problemkreise existieren und praktisch relevant sind.

2.1 Kopplung mehrerer Anwendungssysteme mit einer Datenbank

Dies der Standardfall heutiger Datenbankanwendungen. Die Integration mehrerer Anwendungen mit einer gemeinsamen Datenbank ist die Hauptmotivation schlechthin für den Einsatz von Datenbanken. Wir koppeln also seit jeher mehrere Anwendungen mit einer Datenbank. Trotzdem ergeben sich angesichts der Heterogenität von Nichtstandard–Anwendungen Probleme. Die Kopplung ist zu primitiv, der Datenaustausch zwischen Anwendung und Datenbank ist zu mühsam. Wir betrachten hierzu ein erstes Anwendungsszenario:

Beispiel 1 :   Kartenerstellung, Grundstücksverwaltung

Zur Visualisierung großer Datenmengen werden thematische Karten erstellt, aus denen z.B. Veränderungen der Bevölkerungsstruktur, Industrieansiedlungen usw. ablesbar sind. Karten sind auch im Gebrauch für die verschiedenen Kataster (Grundbuch, Versorgungsleitungen) und für die Topographie. Wir sind also im großen Bereich der Landinformationssysteme (LIS) [Ba88]. Wir konzentrieren uns zunächst auf eine Grundstücksdatenbank und betrachten folgende Anwendungen: Im Rahmen der Erschließung neuen Baulandes findet eine Neuvermessung statt. Es werden dabei bestehende Grenzverläufe korrigiert. Hierzu gibt es Programmpakete zur Ausgleichung geodätischer Netze und Genauigkeitsanalyse. Es werden neue Straßen geplant, Versorgungsleitungen erweitert und an bestehende angeschlossen. Grundstücke werden in Parzellen aufgeteilt. Hierzu gibt es ein System "Graphisch–Interaktiver–Arbeitsplatz" und ein Programmsystem "Liegenschaftskataster". Es wird ein neuer Übersichtslageplan erstellt, in dem die neuen Parzellen zusammen mit der Geländeinformation (Schichtlinien, Verlauf von Bächen, Straßen, öffentliche Plätze) ersichtlich sind. Hierzu verwendet man einen kartographischen Editor.

Dieses Szenario weist fraglos die Voraussetzungen für einen Datenbankeinsatz auf. Mehrere Anwendungen greifen lesend und ändernd auf gemeinsame Daten zu. Also wollen wir ein Datenbanksystem (DBS) einsetzen und müssen folgende Fragen beantworten: Welche Arbeitsteilung soll zwischen Anwendungen und DBS erfolgen? Welche Operationen sollen im Datenbanksystem ausgeführt werden, welche geometrischen Objekte soll das DBS kennen? Wenn das bestehende System "Liegenschaftskataster" übernommen werden soll: Wie kann ein DBS eingesetzt werden zur Speicherung der in diesem System verwendeten Objekte? Wie können von diesem Datenbanksystem heraus die Daten für den kartographischen Editor extrahiert werden und möglichst "mundgerecht" den dort vorhandenen Graphikprogrammen für die Überlagerung von Karten übergeben werden?

Diese und andere Fragen führten vor einigen Jahren zur Forschung in Nichtstandard–DBS. Im besonderen rückte die mangelnde Unterstützung komplexer Objekte und die mühsame Kopplung mit Programmiersprachen in das Bewußtsein vieler Forschungsgruppen.

Ein weiteres Indiz für die Unangepasstheit heutiger Systeme ist die häufig angewandte sogenannte "Blob"–Lösung (deutsche Übersetzung: Klecks; oder auch "Binary large object"). Dabei wird das DBS zum Bytespeicher degradiert und der "Long–Field–Manager" erfährt eine unangebracht hohe Bedeutung. Da das DBS keine Semantik dieser Bytes kennt, ist selbst die primitivste Integrität Sache der Anwendungen, und von einem "mundgerechten" Verfügbarmachen von Daten, eventuell sogar in verschiedenen Repräsentationen, kann auch keine Rede sein.

2.2 Kopplung mehrerer Datenbanken in einer globalen Anwendung

Auch hier löst die Überschrift vielleicht Erstaunen in zweierlei Hinsicht aus. Der eine mag denken, daß die Kopplung mehrerer Datenbanken in einer Anwendung a priori unsinnig sei. Sie steht ja im krassen Gegensatz zur Integration und verletzt somit eine der Grundvoraussetzungen bei Datenbanken. Bei einem anderen überrascht die Frage vielleicht deswegen, weil er kein Problem vermutet. Schließlich konnte man ja schon immer in einem Anwendungsprogramm mehrere Dateien ansprechen. Warum sollte das bei Datenbanken anders sein? Betrachten wir dazu folgende zwei Anwendungsszenarien:

Beispiel 2.1 "Universitätsinformationssystem"

Zur Verwaltung der Universität sind mehrere unabhängige Datenbanken eingerichtet worden. Eine erste (SDB) enthält administrative Daten über Studenten wie Datum der Immatrikulation, Fachrichtung, Beurlaubungen, abgelegte Prüfungen usw. Eine zweite Datenbank (BDB) wird von der Zentralbibliothek unterhalten. Sie dient der Verwaltung der Bücher für die Beschaffung, Kreditverwaltung, Ausleihen und Katalogverwaltung. Schließlich unterhält auch das Rechenzentrum eine Datenbank (RZDB) für die Verwaltung der Rechenanlagen und ihrer Benutzer. In den beiden letztgenannten treten auch Studenten auf in der Rolle als Benutzer der Rechenanlagen und der Bibliothek. Für sie gelten, im Gegensatz zu festangestellten Mitarbeitern der Universität, spezielle Restriktionen für die Zuteilung der Ressourcen. Die verschiedenen Datenbanken sind auf verschiedenen Rechnern installiert. Die Datenbanksysteme sind von verschiedenen Herstellern und für die Pflege und Weiterentwicklung der Systeme sind verschiedene Personen in verschiedenen organisatorischen Einheiten zuständig. Alle Rechner sind vernetzt, aber die drei Datenbanken werden unabhängig voneinander betrieben. Die meisten Anwendungen sind lokal. Allerdings möchte man für einige Anwendungen auf zwei oder alle drei Datenbanken gleichzeitig zugreifen. An folgende konkrete Beispiele denken wir:

Exmatrikulation: Ein Student hat alle Prüfungen abgelegt. Es soll ein Zeugnis erstellt werden mit Daten der SDB. Allerdings soll dies nur dann erfolgen, wenn der Student alle ausgeliehenen Bücher zurückgebracht hat. Er soll dann auch als Bibliotheksbenutzer gelöscht werden. Daher sind Änderungen auf der BDB erforderlich. Außerdem müssen die Ressourcen auf den ihm zugeteilten Rechenanlagen gelöscht werden. Also muß auch auf der RZDB eine Änderung durchgeführt werden.

Ausleihgewohnheiten: Für statistische Zwecke und Ausbauplanung der Bibliothek wird eine Aufstellung gewünscht, aus der hervorgeht wie häufig Studenten einer bestimmten Fach– oder Vertiefungsrichtung ein bestimmtes Buch ausgeliehen haben.

Beispiel 2.2: "Risikomanagement einer Bank"

Eine internationale Großbank führt ein Risikomanagementsystem zur bankweiten Kontrolle kritischer Geschäftspositionen ein. Beispielsweise möchte man jederzeit feststellen können, wieviele US Dollar die Bank besitzt, und zwar unter Berücksichtigung der aktuellen Tagesgeschäfte aller internationalen Niederlassungen und aller Geschäftssparten (Wertschriftenhandel, Devisenhandel, Zahlungsverkehr, etc.). Da es praktisch unmöglich ist, eine solche Query online über mindestens ein Dutzend weitgehend unabhängig voneinander betriebener Datenbanken auszuführen, wird eine spezielle Risikomanagement-Datenbank (RMDB) eingerichtet, in der bestimmte Geschäftspositionen in aggregierter Form geführt werden. Diese Redundanz gegenüber den Produktions-Datenbanken der verschiedenen Sparten und verschiedenen Niederlassungen wird auf folgende Art und Weise kontrolliert. Geschäftstransaktionen, die eine bestimmte Größenordnung übersteigen, werden grundsätzlich über das bankweite Risikomanagementsystem abgewickelt. Dort unterliegen sie bestimmten Prüfungen, und bei Abschluß der Transaktion werden die entsprechenden Positionen sowohl in der RMDB als auch in der Datenbank der betroffenen Sparte und Niederlassung aktualisiert. Alle anderen Geschäftstransaktionen werden aus Aufwandsgründen nur in den spartenspezifischen Datenbanken erfaßt. Ihre Auswirkungen auf kritische Geschäftspositionen werden in akkumulierter Form täglich in die RMDB übertragen.

Das Beispiel zeigt erneut, daß für bestimmte Anwendungen datenbankübergreifende Transaktionen nötig sind. Die Redundanz ist aus Leistungsgründen sinnvoll, auch wenn die Konsistenz der redundanten Daten untereinander nicht hundertprozentig gewährleistet werden kann. Die Aktualisierung der abgeleiteten Daten erfolgt teilweise synchron innerhalb einer "globalen Transaktion" und teilweise asynchron und verzögert (vgl. [Ja90, IBM90]).

Die Beispiele haben uns davon überzeugt, daß unser Problem real ist. Ein Blick in die Benutzerinformation von gerade auf den Markt kommenden Zusatzprodukten von DBS-Herstellern (unter Namen wie DBS-Star, DBS-Open, DBS-Net) bestätigt uns weiter [LMR90, Th90].

Wegen der Wichtigkeit des Themas wollen wir eine Art Benchmark für die Beurteilung von solchen "Multidatenbank-Produkten" aufstellen. Wir setzen voraus, daß zwei relationale Datenbanken D1 und D2 auf zwei verschiedenen Knoten eines Rechnernetzes betrieben werden. In D1 befinde sich eine Relation R1, in D2 ist die Relation R2. Auf beiden Datenbanken gibt es lokale Anwendungen. Unsere globale "Benchmark"-Anwendung (wir können dabei an den Abgleich zweier unabhängig voneinander entstandenen Adressenverwaltungen denken) wird auf einem der beiden Knoten oder auf einem dritten gestartet und greift auf Tupel in R1 und in R2 zu, wobei die Fälle Gi und GLi, $i = 1,..,4$, unterschieden werden, je nachdem ob lokale Anwendungen zulässig sind (GLi) oder nicht (Gi):

- G1, GL1 (Nur Lesen von mehreren Datenbanken):
  Vergleichen der Tupel von R1 mit denen in R2. Feststellen der gemeinsamen Tupel. Es können zwei SQL-Anweisungen innerhalb einer Transaktion verwendet werden.

- G2, GL2 (Lesen mehrer, Ändern nur einer Datenbank):
  Wie G1, aber mit Ändern der gemeinsamen Tupel in R1 innerhalb einer Transaktion.

- G3, GL3 (Lesen mehrerer Datenbanken in einer Anweisung):
  Berechnen des Durchschnittes von R1 und R2 in einer SQL-Anweisung und Ausgabe des Ergebnisses.

- G4, GL4 (Lesen und Ändern von mehreren Datenbanken):
  Berechnung der gemeinsamen Tupel in R1 und R2. Ändern dieser Tupel in R1 und in R2 in einer Transaktion.

Wir werden erkennen, daß gerade die lokalen Transaktionen die Pobleme entscheidend erschweren. Sie sollen ja unter Umgehung einer für globale Anwendungen eingerichteten integrierten globalen Schicht und unabhängig von dieser autonom von den lokalen DBS verarbeitet werden dürfen. Welche Mechanismen erlauben unter welchen Voraussetzungen einen korrekten Ablauf und was heißt korrekt?

Bei den Fällen ohne lokale Transaktionen erwarten wir, daß die Mechanismen verteilter Datenbanken helfen. Jedoch bedenken wir, daß wir dennoch aus bestehenden Datenbanken heraus eine Integration der lokalen Schemata vornehmen müssen. Dies ist auch im Fall G3 angesprochen, weil man bei diesem Fall globale Sichten definieren möchte. Ebenso müssen wir aus den lokalen Transaktionsverwaltungen die Verwaltung globaler Transaktionen aufbauen.

2.3 Kopplung mehrerer Anwendungssysteme mit mehreren Datenbanken

Dies ist die naheliegende Kombination aus den oben besprochenen Fällen aus 2.1 und 2.2. Es geht um den Aufbau **komplexer Anwendungssysteme** unter Verwendung mehrerer A- und mehrerer D-Systeme wie in Abb. 2 dargestellt. Paradebeispiele solcher Konfigurationen findet man im CIM-Bereich [Scho88]. Im Rahmen dieser Darstellung bleiben wir bei unserem LIS-Beispiel, wo wir die gleiche Problematik finden, wenn wir es nur etwas realistischer darstellen:

Beispiel 3: Landinformation (LIS)

Es liegen mehrere Datenbanken vor, die in verschiedenen Institutionen gepflegt werden. Die erste Datenbank (GDB) wird im Grundbuchamt als Liegenschaftskataster geführt. Sie enthält Daten über die Grundstücke, deren Bebauung und Nutzung, über Eigentümer und Grundschulden. Eine weitere Datenbank (EDB) existiert beim Elektrizitätswerk. Dort werden unter anderem Leitungskataster geführt. Es handelt sich um die Angaben, welche Leitungen wo liegen, wo Verteiler sind, wie und wo die Hausanschlüsse liegen. Getrennt und unabhängig gibt es Angaben über die Verbraucher und ihre Stromabrechnungen. Unabhängig von der elektrischen Versorgung wird eine Datenbank (WDB) als Leitungskataster für die Wasserversorgung betrieben mit ähnlicher Information wie für die Stromversorgung. Das Vermessungsamt verwaltet kleinmaßstäbliche Karten in der Topografischen Datenbank (TDB). Unter "Datenbank" ist hier nicht immer eine relationale gemeint. Es gibt Spezialsysteme für räumliche Daten, die oft intern wieder aus einem klassischen Datenbanksystem und einem Zusatzsystem für geometrische Daten bestehen. Es gibt neben den im Beispiel 1 erwähnten eine große Anzahl von Anwendungstools, etwa für das Scannen und Editieren von Karten, für die Auswertung von photogrammetrischen Aufnahmen oder Satellitenbilder. Sicher sind diese Systeme nicht alle von einem Hersteller, weder die A- noch die D-Systeme. Trotzdem sollen sie für einige übergreifende Anwendungen gekoppelt werden. Als Beispiele betrachten wir die Anschlußerweiterung und die Kartenerstellung.

Anschlußerweiterung:
Der bestehende elektrische Anschluß an ein Gebäude soll geändert werden, und gleichzeitig soll seine Kapazität erhöht werden. Dazu muß man wissen, wo der neue Anschluß am Gebäude erfolgen soll und von welchem Verteiler aus die gewünschte Kapazität genommen werden kann. Neben Daten aus der EDB ist hierzu offensichtlich die neueste Information aus der GDB erforderlich, um festzustellen, welche Grundstückseigner zusätzlich betroffen sind und welches die aktuellen Grenzpunktkoordinaten sind. Bei der Festlegung der Linienführung der neuen Zuleitung ist es auch erforderlich, die geometrischen Angaben von anderen in der Nähe liegenden Leitungen (Wasser, Abwasser usw.) zu kennen. Also benötigt man Daten aus der WDB. Es muß ja vermieden werden, daß bei den nötigen Grabarbeiten bestehende Leitungen beschädigt werden. Nach Abschluß der Arbeiten müssen die geänderten Daten in allen betroffenen Datenbanken eingefügt werden. Dies ist in unserem Beispiel sicher die EDB, aber auch alle anderen Datenbanken, wie etwa die GDB oder WDB müssen geändert werden, wenn sie Angaben über Anschlußwert oder Anschlußstelle des elektrischen Anschlusses mitführen.

Kartenerstellung:
Die Änderungen sollen in verschiedenen Plänen sichtbar gemacht werden durch Überlagerung verschiedener Daten aus der TDB, WDB, EDB und GDB mittels eines graphischen Editors. Das Ergebnis des Editors ist ebenfalls aufzuheben und soll in der TDB gespeichert werden.

Hier treten also beide bisher besprochenen Probleme gemeinsam auf. Zum einen wollen wir Daten zwischen einem D-System und einem A-System bequem austauschen. Die nötigen Konversionen sollen automatisch erfolgen. Die etwaigen verschiedenen Repräsentationen ein und desselben Objektes in verschiedenen D-Systemen sollen automatisch konsistent gehalten werden. Dies soll jetzt gerade durch die Überlegungen des zweiten Bereiches erleichtert werden. Durch die Kopplung mehrerer Datenbanken in **einer** Transaktion einer Anwendung soll die Konsistenz gesichert werden.

3 Verwaltung von Objekten

Wir untersuchen verschiedene Arten der Kopplung mindestens zweier Systeme, in denen Daten und Operationen ausgetauscht werden. Unterscheidungsmerkmale werden die Art und die Enge der Kopplung sein und die Fähigkeit eines (Sub-) Systems, autonom zu bleiben.

3.0 Voraussetzungen bezüglich des Datenaustausches

Wir setzen voraus, daß mehrere A-Systeme Ai, i = 1,..n, und D-Systeme Dj, j = 1,..,m vorliegen. In den betrachteten Ai und Dj können unabhängig voneinander Datentypen (Objekte) definiert werden. Hierzu bietet jedes System einen Vorrat an Basistypen und Typkonstruktoren an, die das Definieren neuer Typen mittels der bereits definierten Typen erlauben. Bei Basistypen mitgeliefert und verfügbar sind Basisoperationen. Bei konstruierten Typen bekommen wir ebenfalls "generische" Operationen, wie die Komponentenselektion für jeden Recordtyp einer Programmiersprache einer A-Umgebung oder eine Selektion, die auf jede Relation im Relationenmodell einer D-Umgebung anwendbar ist. In einem D-System nennen wir die Typkonstruktoren und die generischen Operationen kurz das "Datenmodell".

Der Austausch von Daten zwischen einem A- und einem D-System, die "Wirtsprachenkopplung" heutiger Systeme, erfolgt über Basistypvariable, die in beiden Umgebungen vorhanden sind (siehe INTO-Klausel in SQL). Dabei erfolgt automatisch eine Konversion, z.B. zwischen einem A-Integer und einem D-Integer und umgekehrt. Die Extraktion einer größeren Datenmenge verlangt daher viele D-Schnittstellenüberquerungen und einen höheren Programmieraufwand für Umstrukturierung. Eine erste Erweiterung ist als "Portals"-Vorschlag bekannt geworden [SR84]. Dort werden mit der Transformation einer Relation der D-Umgebung in einen Array-of-Record der A-Umgebung auch konstruierte Typen beider Umgebungen aufeinander abgebildet. In weiterer Verallgemeinerung wurden von verschiedenen Gruppen Objektpuffer eingeführt (z.B. [Ab87, HMMS87, KDG87, SPSW90]). Objektpuffer enthalten komplexe Objekte als Hauptspeicherstrukturen, häufig als mehrfach verkettete Listen. Sie erlauben die direkte Weiterverarbeitung eines komplexen Objektes in der A-Umgebung. Die Struktur ergibt sich aus der D-Anfrage. Daher können, je nach Anfrage, verschieden strukturierte A-Repräsentationen für unterschiedliche A-Programme erzeugt werden.

Bezeichnend ist, daß bei diesen Ansätzen die D-Umgebung und die Extraktion von großen D-Strukturen im Vordergrund steht. Fraglos erreicht man dadurch eine geringere Anzahl von D-Schnittstellenüberquerungen, jedoch ist die Datenrepräsentation fest und nicht immer für eine bequeme Weiterverarbeitung in der A-Umgebung geeignet. Eine Verbesserung kann mit dem ADT/EDT-Ansatz erzielt werden, der im folgenden Abschnitt besprochen wird.

3.1 ADTs / EDTs: Von Erweiterbarkeit zu Kooperation

Bei Datenbanksystemen spricht man von einem ADT-Konzept [OH86, St86, Sch86], wenn nicht nur die Basistypen, sondern auch vom Benutzer definierte ADTs in den Typkonstruktoren des D-Systems für die Definition von D-Typen verwendet werden können. Neben den "Konkreten Typen" stehen dann "Abstrakte Typen" zur Verfügung, die nur über wohldefinierte Funktionen angesprochen werden und so die Realisierung transparent und austauschbar machen. Das Datenbanksystem ist daher erweiterbar. Paradebeispiel hierfür ist die Unterstützung geometrischer Typen mit einigen Grundoperationen wie 'inside" oder "intersect" für Prädikate oder "clip" und "cut" für projektionsähnliche Operationen. Das erste Anwendungsszenario im vorigen Kapitel liefert konkrete Beispiele. Für die weitere Diskussion ist die Unterscheidung wichtig, ob sich die Realisierung des ADT auf das D- oder das A-System abstützt.

3.1.1 ADT-Realisierung im Typsystem der Datenbank

Dies ist die naheliegende Vorgehensweise. Bei der Realisierung stützt man sich auf die bislang vorhandenen D-Typen und auf weitere bereits realisierte ADTs ab. Die Implementierung der Operationen wird daher Datenbankoperationen enthalten. Häufig benötigt man aber auch zusätzlich eine Programmiersprache, da ja das Datenmodell eines D-Systems allein nicht die volle Berechnungsmächtigkeit hat. Daher braucht man zur Implementierung der ADT-Operationen Kenntnisse über die Darstellung der Datenbanktypen in der zu verwendenenden Implementierungssprache [LH90]. In AIM [LKD88] und im Braunschweiger Projekt [LNE89] wird durch eine feste Transformation von gewissen D-Typen in die Wirtsprache (Pascal bzw. Modula), ähnlich der Objektpufferdarstellung, die Programmierung erleichtert.

Festzuhalten bleibt, daß die Realisierung eines ADTs bei diesen Ansätzen auf die (Neu-)Programmierung aller ADT-Operationen hinausläuft. Mit Blick auf geometrische Objekte als dem Paradebeispiel für den ADT-Ansatz ist dies ein Nachteil, da man nicht bereits zahlreich vorhandene und ausgetestete Realisierungen übernehmen kann. Außerdem wollen wir einen "Wert" eines D-ADTs in eine A-Umgebung zur Weiterverarbeitung übergeben, ähnlich wie wir es für die normalen Basistypen gewohnt sind. Er soll ja nur im DBS ein ADT sein und nicht auch automatisch in der A-Umgebung. Bei diesem erwünschten Übergang muß daher eine A-Struktur als Behälter für einen D-ADT festgelegt und offengelegt werden. Im allgemeinen wird diese Struktur aber nicht direkt für A-Weiterverarbeitungsprogramme passen. Ein Anwender muß daher die aus dem DBS extrahierten Daten selbst umstrukturieren. Wenn wir also eine gute Kopplung mehrerer Typsysteme zum Ziel haben, erscheint diese Richtung zu mühsam.

3.1.2 ADT-Realisierung in einem zweiten Typsystem: EDTs

Hier steht im Vordergrund, daß Objekte in Anwendungen bekannt sind und dort manipuliert werden und daß die Datenbank im Sinne einer Aufgabenteilung nur ein "Grundverständnis" über Objekte benötigt. Dieses soll ausreichen, um für Persistenz zu sorgen, um allgemein anerkannte Integritätsbedingungen zu überwachen und um schnelle Zugriffe zu ermöglichen. Die Details der Objekte sollen dem DBS fremd bleiben können, das DBS soll sie als "Fremdobjekte" beherbergen [WSSH88, DSW90].

Konkret heißt das, solche Objekte dem DBS wie oben als ADTs bekannt zu machen, aber als Realisierung die dem DBS fremde Realisierung aus der Anwendung zu übernehmen. Hierzu muß offensichtlich die Übergabe eines ADT-Wertes aus der Anwendung in eine DBS-Repräsentation realisiert werden. Da dieser für das DBS gekapselt sein muß, verwendet man üblicherweise einen (variabel langen) Bytestring, auf dem aber die (wenigen) generischen DB-Operationen (Extraktion von Bytefolgen, Ändern solcher) unzulässig sind. Im Gegensatz zu Kapitel 3.1.1 gehen wir ja hier von einer Realisierung in der Anwendung aus und ordnen die DBS-Realisierung dieser unter. Insofern hat diese Lösung Ähnlichkeit mit der in Kapitel 2.1 erwähnten "Blob"-Lösung. Allerdings gehen wir hier weiter und erlauben die Verwendung von ADT-Operationen in der D-Umgebung. Dies sind die hierfür von der Anwendung zur Verfügung gestellten, idealerweise schon vorhandenen Module ("Foreign Functions" [WLH90]), die zu ihrer Ausführung auch die Anwendungsdarstellung der Eingangsobjekte benötigen und das Resultat in Anwendungsdarstellung abliefern. Ein EDT ist daher ein ADT im D-System mit (externer) Realisierung in einem A-System.

Es kommt daher zu folgendem Ablauf im DBS. Sei dabei x ein Objekt in A-Darstellung, F eine Operation, die aus x ein Objekt y (in A-Darstellung) erzeugt. Wenn F als Fremdfunktion in der DBS-Umgebung aufgerufen werden soll, muß vorher aus der D-Repräsentation x' die A-Repräsentation x

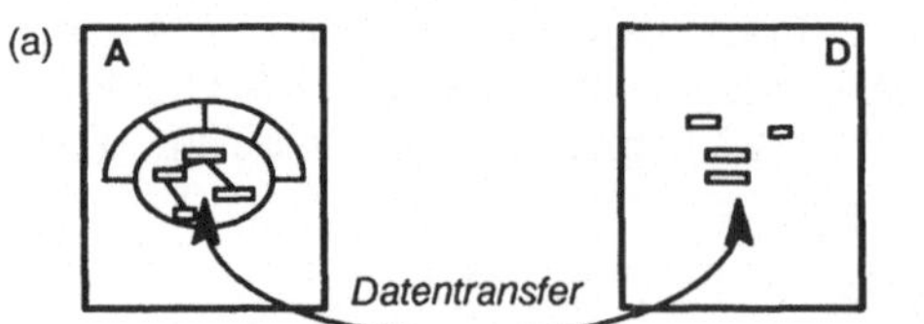
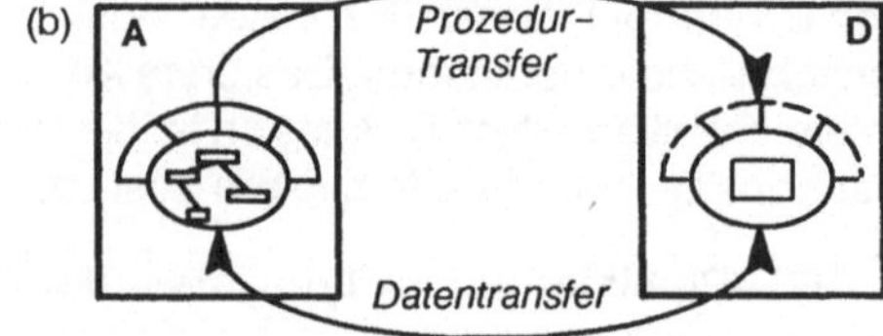

Abb. 3: Klassische A–D–Kopplung (a) und Verbesserung durch den EDT–Ansatz (b)

erzeugt werden und nach Aufruf der Funktion F muß das Ergebnis in die DBS–Darstellung transformiert werden. Hierfür benötigen wir eine Funktion DtA ("D_to_A") und die Umkehrfunktion AtD ("A_to_D"), welche zwischen der D– und A–Umgebung transformiert und umgekehrt.

$$x\text{---}> F(x) = y$$
wird somit realisiert als
$$x'\text{--}>DtA(x') = x \text{---}>F(x) = y \text{--}>AtD(y) = y'$$

Mit anderen Worten, es muß anstatt F eine Funktion $F' = DtA \circ F \circ AtD$ aufgerufen werden. Wichtig ist, daß wir es vermeiden, eine Funktion F' implementieren zu müssen. Vielmehr wird F unverändert übernommen und F' wird aus F, DtA und AtD erzeugt. Jede der ADT–Funtionen F kann so unverändert, nur durch DtA und AtD umklammert, in der DBS–Umgebung verwendet werden. Die Konversionsfunktionen selbst können weitgehend automatisch aus den A–Tydefinitionen generiert werden [Wo89].

Greifen wir das A–System "Liegenschaftskataster" (LK) aus dem ersten Szenario (Beispiel 1) auf. Für die geometrische Beschreibung eines Grundstückes gibt es in LK eine Datenstruktur vom Typ G und Operationen, die einen Wert g dieses Typs als Eingangsparameter benötigen, etwa die Operation *Display* zur graphischen Ausgabe der Grundstücksgrenzen und die Operation *Area*, die den Flächeninhalt berechnet. Obwohl Grundstücksgrenzen relativ einfache geometrische Objekte sind, ist dennoch die Implementierung der Funktion *Display* und *Area* nicht trivial. Es kommen Grundstücke vor, die aus mehreren nicht zusammenhängenden Teilen bestehen können, getrennt durch einen öffentlichen Weg oder es liegt ein fremdes Grundstück innerhalb eines anderen, zugänglich durch einen privaten Weg. Der Datentyp G wird daher aus mehreren verketteten Listen von Grenzpunkten bestehen und Angaben über deren Interpretation wie Umlaufsinn, Baugrenzen oder Grünflächen. Daher lohnt es sich, bestehende Datenstrukturen und Programme in der Datenbank zu übernehmen, um so in der DB nach Grundstücken einer bestimmten Größe suchen zu können.

Wir generieren also aus der A–Typdefinition G die Funktion AtD und DtA und können so auf jeden Fall einmal G–Werte des A–Systems in der DB speichern und aus der DB extrahieren. GB sei eine entsprechende Relation mit dem Schema

    GB(Gnr:INT, Besitzer:STRING, Geo:G–EDT)

Der Typ G–EDT ist als externer Typ mit seinen Funktionen *Area*, AtD und DtA eingeführt. Bei den folgenden beiden in SQL–Syntax dargestellten DB–Anweisungen werden diese Funktionen implizit benötigt:

    insert (Gnr, Geo) into GB values (:nr,:g)
    select (Gnr, Geo) from GB into :nr, :g where Gnr = :nr

Bei *insert* wird ein Tupel t in GB eingefügt mit den Tupelwerten

    Gnr(t) = nr ,   Geo(t) = AtD(g)

Beim folgenden *select* werden aus dem durch den Schlüssel Gnr identifizierten Tupel t der DB die A–Variablen nr und g mit

    nr = Gnr(t),   g = DtA(Geo(t))

gefüllt und können im Programm direkt weiterverarbeitet werden, z..B. mit dem Aufruf *Display(g)* zur graphischen Ausgabe. Die Funktion *DtA* rekonstruiert also die kompliziert strukturierte Variable *g*, als ob sie in der Programmiersprache angelegt worden wäre. Man beachte, daß die Funktionen *AtD* und *DtA* beim Austausch von Basistypwerten ebenfalls implizit vorhanden sind bei der oben erwähnten Wirtssprachenkopplung. Für jedes A–System, das Daten mit einem D–System austauscht, muß die Typkonversion bekannt sein. Die *AtD*– und *DtA*–Funktionen sind überladen.

Wir wollen aber nicht nur Daten austauschen, sondern müssen aus Effizienzgründen auch Fremdoperationen in der D–Umgebung verwenden, um die Menge auszutauschender Daten zu begrenzen. Betrachten wir hierzu in Fortsetzung des Beispiels die folgende SQL–Anweisung, in der wir nach Grundstücken fragen, deren Größe 1000 Quadratmeter übersteigt

select Gnr from GB where Area > 1000

Das Prädikat ist eine Kurznotation. Seine Auswertung erfordert für jedes Tupel *t* die Berechnung

AtD(Area(DtA(Geo(t)))) > 1000

Im oberen Beispiel wird mit *Geo(t)* die D–Repräsentation der Grundstücksgrenze angesprochen und mit *DtA* in die A–Umgebung konvertiert. Dann kann die Funktion *Area* ausgeführt werden, deren Funktionswert nach der (trivialen) Transformation von der A–Umgebung (Typ *A–REAL*) in die D–Umgebung (Typ *D–REAL*) mit der D–Konstanten 1000 verglichen wird.

3.1.3 Mehrere Anwendungs–Repräsentationen

Bisher haben wir stillschweigend vorausgesetzt, daß in einem A–System immer ein und dieselbe Repräsentation eines Objektes verwendet wird und daß sich mehrere A–Systeme auf eine A–Repräsentation geeinigt haben. Dies ist aus mehreren Gründen unrealistisch. Verschiedene Algorithmen benötigen unterschiedliche Datenstrukturen. In unserem LIS–Szenario gibt es Vektordarstellungen oder Rasterdarstellungen, lokale oder globale Koordinaten, koordinatenfreie Darstellungen. Dazu kommt, daß man zwischen allgemeineren und spezielleren Objekten unterscheidet. Die Repräsentation eines Rechtecks und die Operationen darauf sind einfacher als die für allgemeine geschlossene Linienzüge. Schließlich müssen wir auch davon ausgehen, daß bereits ein A–System nicht in einer Programmiersprache realisiert ist, sondern sich aus Subsystemen zusammensetzt, die in verschiedenen Sprachen geschrieben wurden und daher auch verschiedene Objektrepräsentationen gewählt haben, je nach der Verfügbarkeit von Typen und Typkonstruktoren.

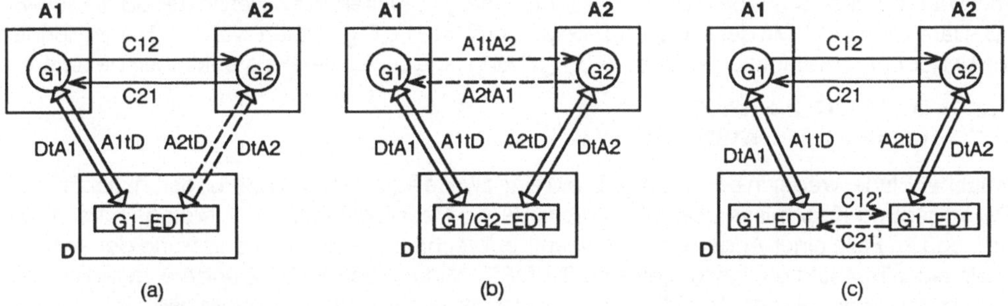

(a)   (b)   (c)

**Abb.4: Mehrere Objektrepräsentationen mit
(a) G1–EDT, (b) hybridem G1/G2–EDT, (c) unterschiedlichen G1–EDT und G2–EDT**

Ein direkter Austausch von Objekten zwischen mehreren A–Systemen ist nicht vorgesehen, vielmehr soll das D–System die zentrale Basis sein. Wir wollen auch am EDT–Gedanken festhalten. Dadurch übernimmt das D–System die Objekte als ADTs, wobei die Realisierung extern in einem oder in mehreren der A–Systeme Ai erfolgt oder in mehreren Realisierungen in einem der Typsysteme Ai vorliegt. Betrachten wir daher zwei Typen *G1* und *G2* und zwei Konversionsfunktionen *C12* und *C21*. *C12* führt einen Wert *g1* vom Typ *G1* in die äquivalente Darstellung *g2* vom Typ *G2* über.

C21 transformiert zurück. Wenn diese Typen in die D–Umgebung gebracht werden sollen, müssen die Funktionen *A1tD*, *DtA1*, *A2tD* und *DtA2* vorhanden sein. Falls wir in der D–Umgebung nur eine Repräsentation speichern, z.B. *G1_EDT*, bekommen wir die Konversionen *A2tD* und *DtA2* für *G2* aus folgenden Gleichungen

$$DtA2 = DtA1 \circ C12$$
$$A2tD = C21 \circ A1tD$$

Falls wir dagegen in der D–Umgebung eine "hybride" *G1/G2–EDT*-Darstellung wählen, auf der beide *DtA*-Funktionen in beide A–Systeme definiert sind, können wir die Konversionsfunktionen zwischen den A–Typen ausdrücken durch

$$A1tA2 = A1tD \circ DtA2$$
$$A2tA1 = A2tD \circ DtA1$$

Die *AtD*– und *DtA*-Funktionen können aber in diesem Fall nicht automatisch generiert werden.

Wir bekommen also, in Verallgemeinerung auf n Anwendungssysteme, die im Prinzip nötigen n(n–1) Konversionsfunktionen mit ihren Inversen durch die 2n Funktion *AitD* und *DtAi*. Diese benötigen wir ja ohnehin für die Kooperation mit der DB. Dies überrascht auch nicht weiter, weil die D–Repräsentation von *G1* in die Rolle eines neutralen File–Austauschformats schlüpft [Scho88]. In unserem so verallgemeinerten EDT–Ansatz steckt aber mehr, wie im folgenden gezeigt wird.

Wir können die D–Repräsentation, die nur intern ist, ausschließlich aus Kostenüberlegungen wählen und auch dynamisch ändern, es ist nicht nötig, ein für allemal eine Standardrepräsentation zu normieren. Vielmehr werden wir intern eine Repräsentation so wählen, daß die häufigste Anwendung durch einen geringen *AtD*– und *DtA*-Aufwand gut unterstützt ist. In unserem Beispielszenario werden wir eher eine linearisierte Rasterdarstellung speichern, wenn diese häufig für grafische Operationen in einem A–System A1 benötigt wird. Dann ist der *A1tD*– und *DtA1*-Aufwand gering. Die Konversion dieser D–Darstellung in eine seltener benötigte Vektordarstellung in einer Anwendung A2 oder ebenfalls in A1 ist dann mit den Funktion *A2tD* und *DtA2*, die eine Rasterdarstellung in eine Vektordarstellung konvertieren und umgekehrt, sicher aufwendig aber möglich.

Wir können noch einen Schritt weitergehen. Wird auch eine zweite Darstellung häufig benötigt und sind Änderungen selten, so können wir intern sogar zwei D–Repräsentationen vorhalten, die dann bei Updates automatisch gewartet werden. Nehmen wir an, *g1* wurde mit *DtA1* extrahiert, geändert und mit *A1tD* zurückgeschrieben. Die D–Darstellung sei *g1'*. Weiterhin existiert in der DB die äquivalente D–Darstellung *g2'*. Mit der Änderung von *g1'* muß auch *g2'* geändert werden. Hierzu können wir, wie bei jeder Fremdfunktion aus der A–Umgebung eine D–Konversionsfunktionen generieren:

$$C12' = D1tA1 \circ C12 \circ A2tD2$$
$$C21' = D2tA2 \circ C21 \circ A1tD1$$

Wir brauchen daher weder in der A–Umgebung eine zweite äquivalente Änderungsfunktion noch in der D–Umgebung Kenntnisse über die verschiedenen Repräsentationen. Allerdings müssen wir fordern, daß im Falle einer Änderung der einen Repräsentation eine Folgeänderung der anderen innerhalb einer Transaktion erzwungen wird [DKM85]. Mindestens muß die andere invalidiert werden, um spätestens bei erneutem Zugriff die Änderung automatisch zu erzwingen.

3.1.4 Vor- und Nachteile des ADT/EDT-Ansatzes

Es wird häufig als nachteilig empfunden, daß hier ein grosser Konversionsaufwand betrieben werde oder daß die *AtD*– und *DtA*-Funktionen kompliziert zu implementieren und trickreich seien, wenn der Konversionsaufwand gering sein soll. In der Tat möchte man das Bewegen von Daten und explizite Umstrukturieren möglichst vermeiden und einen Speicherbereich nur entsprechend uminterpretieren, etwa als Bytefolge in der D–Umgebung und als Array oder Record in der A–Umgebung. Dies ist einfach im Falle statischer (pointerloser) Datentypen. Im Falle dynamischer Typen wird man tatsächlich trickreiche Realisierungen suchen. Dies kann soweit gehen, daß eine DtA–Funktion Bereiche im Heap einer A–Umgebung anlegt, die danach aus der A–Umgebung ansprechbar sind. Dies zeigt, daß diese Funktionen nicht von einem Programmierer geschrieben werden sollten, sondern möglichst durch ein Programm generiert werden müßen [Wo89].

Der Konversionsaufwand wird auch häufig als Argument für integrierte objektorientierte Datenbankprogrammiersprachen mit identischen Repräsentationen für persistente und transiente Objekte gesehen [CFW90]. Dann nämlich gilt wegen A = D immer $AtD = DtA = id$. Unser allgemeinerer Ansatz enthält diesen speziellen, läßt aber auch mehrere Repräsentationen zu und trägt damit der Realität mehrerer Programmiersprachen und verschiedener Algorithmen und unterschiedlicher Datenstrukturen Rechnung.

Als weiterer Nachteil wird gesehen, daß eine fehlerhafte Fremdfunktionen, im Adressraum des DBS aufgerufen, zum Absturz dieses und zur Zerstörung von Datenbankdaten führen kann. Dieser Einwand ist ernster. Er tritt immer dann auf, wenn eine (Fremd–) Funktion zu den Daten geschickt wird und nicht die Daten zur Funktion. Offensichtlich tritt bei letzterem Vorgehen ebenfalls ein Problem wegen des fehlerhaftem Programmcodes auf. Dieses ist aber auf einen Adreßraum lokalisiert, der von dem des DBS getrennt ist und daher nicht gemeinsame Daten zerstört. Dafür bezahlen wir mit vielen Datenbewegungen. Deswegen wollen wir aus Performance–Gründen eigentlich lieber die Ausführung einer Funktion im DBS oder "in der Nähe" zulassen und aufwendigen Transport der Daten auf dem Hin– und Rückweg sparen.

Das Problem ist noch nicht befriedigend gelöst. Im Starburst–Projekt werden deswegen überhaupt keine Fremdfunktionen im DBS zugelassen. Es wird die D–Repräsentation mit den D–Funktionen in der A–Umgebung zugänglich gemacht [LH90]. Daneben gibt es die zweite Möglichkeit, A–Objekte als EDTs zu speichern, aber unter Verzicht des Aufrufes von A–Funktionen. Diese Vorschläge gehen u.E. am eigentlichen Anliegen, nämlich dem Verwenden bestehender Software vorbei. Wir untersuchen in unserem COAX–Projekt [SSW90], wie man auf der Seiten– oder Bytebereichsebene einen zweiten Adreßraum für die Ausführung der Fremdfunktionen schnell mit den nötigen Daten versorgen kann.

3.2 Kopplung mehrerer Datenbanken in einer Anwendung – Multiple Repräsentationen und Sichten

Während wir oben die Kopplung mehrerer Anwendungen aus dem sogenannten Nichtstandardbereich mit einer Datenbank diskutiert haben, greifen wir jetzt die im Kapitel 2.2 angesprochenen Probleme auf. Es soll jetzt eine klassische Anwendung A1 mit mehreren Datenbanken Dj gekoppelt werden. Die eigentliche Anwendung wird dabei fast vergessen, weil sie nur eine kleine Rolle spielt. Vielmehr geht es um die Kopplung mehrerer Datenbanken und um die wenigstens partielle Integration der Schemata und um die Transformation der Operationen. Dies ist ein klassisches Datenbankproblem (siehe z.B. [BLN86, Lo89, SP90]), welches derzeit einige neue Impulse erfährt, wenn man OODBS miteinbeziehen möchte. Man erhebt dabei nicht den Anspruch eines für den Benutzer voll transparenten, intern verteilten Datenbanksystems, sondern möchte die einzelnen Datenbanken in einer loseren Föderation belassen [HM85, OV91].

Für die folgenden Betrachtungen setzen wir voraus, daß Sj (j = 1,2,...,m) die Schemata der m Datenbanken Dj sind. Unser Problem ist die Definition eines virtuellen konzeptuellen Schemas V für eine Anwendung, die mehr als ein Si benötigt. Dafür wollen wir die DDL und DML eines der betreffenden Systeme Dj verwenden und die entsprechenden Sichten einrichten. Wir unterscheiden die folgenden Fälle:

1) homogene DBS,
2) schwach heterogene DBS und
3) stark heterogene DBS.

Bei (1) sind alle Sj relational und in mehreren Installationen desselben DBS vorhanden, bei (2) sind die Sj relational aber in verschiedenen DBS vorhanden, und bei (3) sind unter den Sj relationale und nicht-relationale, z.B. auch objektorientierte DBS.

Selbst im einfach erscheinenden Fall (1) müssen wir bedenken, daß die Datenbanken unabhängig voneinander entstanden sind. Beispielsweise ist es im Studenteninformationssystem unseres Anwendungsszenarios 2.1 ziemlich wahrscheinlich, daß die Repräsentation eines Studenten in den drei betroffenen Datenbanken unterschiedlich ist. Im günstigeren Fall ist der Student jeweils durch die Matrikelnummer identifiziert, aber das entsprechende Attribut wird mit großer Wahrscheinlichkeit nicht nur unterschiedlich heißen, sondern auch mit verschiedenen Datentypen modelliert sein. Im ungünstigeren Fall sind die Bibliotheksbenutzer mit einer eigenen Benutzernummer registriert und die Studenten sind als spezielle Benutzer gesondert verwaltet. Ebenso unterschiedlich können die Studenten in der Rechenzentrumsdatenbank verwaltet werden

Wir können zwar unter der einfachen Voraussetzung (1) ein für die Ausleihgewohnheiten (siehe Beispiel 2.1) geeignetes Schema V einfach als Vereinigung aller Relationen der Einzelschemata Si ansprechen, indem wir lediglich den Namen der Datenbank an die gewünschten Relationen anhängen (siehe z.B. [Ora]). In unserem Beispiel können wir die Relation *STUD@SDB* oder *NUTZER@BDB* und *LEIH@BDB* verwenden, wenn die Relationen *STUD(Mnr,Vertiefung,...)* in *SDB* und *NUTZER(Nr,...)* sowie *LEIH(Nr,Bnr)* in *BDB* vorhanden sind. Wir können diese Relationen auch in mehren getrennten oder sogar in einer Anweisung ansprechen. Daher sind die Fragetypen G1 und G3 unseres Benchmarks aus Kapitel 2.2 im Prinzip unterstützt, sehen wir einmal von Aspekten der Transaktionsverwaltung ab.

Dennoch müssen wir als Anwender vieles mühsam selbst erledigen, wie das folgende Beispielprogrammfragment für die Ausleihgewohnheiten von IS-Vertiefern zeigt:

```
select x.Mnr, y.Bnr from STUD@SDB x, LEIH@BDB y
where x.Mnr =  y.Nr and x.Vertiefung = 'IS'
```

Der SQL-Ausdruck soll für jeden Studenten der IS-Vertiefungsrichtung die ausgeliehenen Bücher liefern. Hierzu wird ein Join zwischen den betreffenden Relationen verwendet. Die Formulierung liefert jedoch nicht das gewünschte Resultat, wenn die Darstellung der Matrikelnummer (*Mnr*) in *STUD* verschieden ist von der in *LEIH* (*Nr*). Dann werden keine Join-Partner gefunden. Daher müssen wir in diesem Fall, falls wir nicht eine "Built-in"-Funktion anwenden können, den Join ausprogrammieren, die Matrikelnummer aus der einen Relation extrahieren, im Programm konvertieren und als Suchbedingung an die zweite Relation weitergeben. Dies ist bereits recht umständlich. Noch komplizierter liegen die Verhältnisse, wenn wir die Matrikelnummer nicht direkt als Suchbedingung für die *LEIH*-Relation verwenden können. Dann müssen wir uns zunächst aus der *NUTZER*-Relation mittels anderer in beiden Datenbanken gespeicherter Eigenschaften die Berechtigungsnummer (*Nr*) besorgen.

Wir erkennen, daß uns bereits im einfachsten Fall die unterschiedlichen Repräsentationen Probleme verursachen und daß man dafür Umstrukturierungshilfen und Konversionsroutinen benötigt. Diese müssen insbesondere für Sichtdefinitionen verfügbar sein. Dazu kommt die heute noch in verfügbaren Systemen unterentwickelte Änderbarkeit von Sichten.

Im zweiten und dritten Problemkreis (2,3) treten sicher die unter (1) genannten Probleme ebenfalls, hier sogar verstärkt auf. Bei (2) kommt die Übersetzung in verschiedene SQL-Dialekte hinzu, sowohl was die Datendefinition als auch die Datenmanipulation anbetrifft. Für den Umgang mit (eher schwach) heterogenen Multi-Datenbanken bieten Hersteller sogenannte Gateways an [HR90, LMR90, SB90, Th90], die dann innerhalb eines verteilten DBS die nötigen Transformationen – transparent für den Anwender – zwischen dem Primärdatenbanksystem und dem Fremddatenbanksystem besorgen. Allgemeine Mechanismen für die Entwicklung von Gateways bietet z.B. [Sy].

Wir halten fest, daß selbst bei klassischen (relationalen) Anwendungen einige Transformationen und Konversionen durchzuführen sind, und wir erwarten, daß wir dies noch stärker ausgeprägt für

Nichtstandard-Anwendungen vorfinden werden. Wir haben oben bewußt die schwach heterogenen DBS abgegrenzt von solchen, die vielfach als unverträglich mit allen bisherigen Datenbanksystemen gelten. Die Rede ist von den objektorientierten DBS [Mai89]. Neuere Arbeiten auf diesem Gebiet aber bemühen sich, bewährte Konzepte aus relationalen DBS zu übernehmen. Insbesondere definiert man generische Operationen, mit denen objektspezifische, anwendungsbezogene Methoden leichter zu realisieren sind. Dazu gehört auch ein Sichtkonzept, mit dem man wie bisher verschiedene Sichten auf ein und dasselbe Objektbankschema erlaubt. Sichten sind aber, wie wir gesehen haben, auch wichtig, wenn wir mehrere Objektbanken verbinden wollen. Wenn man auch relationale Datenmodelle als Spezialfall einschließen kann, ist eine Kooperation zwischen den vermeintlich unverträglichen relationalen und objektorientierten DBS möglich. Im Rahmen des COSMOS-Projektes beschäftigen wir uns mit dem Problem der Datenmodellevolution [SS90a, SS90b, SS90c] und mit Sichten in OODBS [SLT91].

Ein kleines Beispiel aus dem zweiten Szenario soll die Überlegungen veranschaulichen. In einer Syntax, wie sie ähnlich in O2 [Ban89] oder IRIS [WLH90] vorkommt, sind folgende Objektklassen definiert:

    STUD(Mnr:INT,...) @ SDB
    BUCH(Bnr:INT,...) @ BDB
    LEIH(Ausleiher:STUD,Geliehen:BUCH,Frist:Datum) @ BDB

Mit der Kurzschreibweise *@SDB* bzw. *@BDB* haben wir angedeutet, daß die Objektklassen aus verschiedenen Objektbanken kommen, nämlich aus der SDB einerseits und der BDB andererseits. Wir wollen eine D-systemübergreifende Sicht definieren, welche die Menge der von jedem Studenten ausgeliehenen Bücher unmittelbar zeigt. Hierzu führen wir eine Sicht *STUDB* ein, die neben den für *STUD* definierten Funktionen (Attribute) die zusätzliche Funktion *Bücher* mittels der generischen D-Funktion *extend* definiert:

    create view STUDDB : =
    extend s in STUD by Bücher as select l in LEIH where Ausleiher(l) = s

In dieser Definition ist *Bücher* eine (abgeleitete) Funktion, deren Funktionswert eine Menge von *LEIH*-Objekten ist. Abb. 5 zeigt die Zusammenhänge in einer üblichen grafischen Darstellung. *STUDB* ist (als Sicht) ein Subtyp von *STUD*. Zu beachten ist, daß wir mit der Funktion *Bücher* eine Sicht über zwei D-Systeme hinweg definiert haben. Bereits in *LEIH* war Ausleiher eine (externe) Referenz von *BDB* nach *SDB*. Ohne weitere Vorkehrungen wären in diesem Beispiel lokale Anwendungen in *SDB* und *BDB* nur eingeschränkt möglich, denn die *BDB* benötigt die *SDB* und umgekehrt.

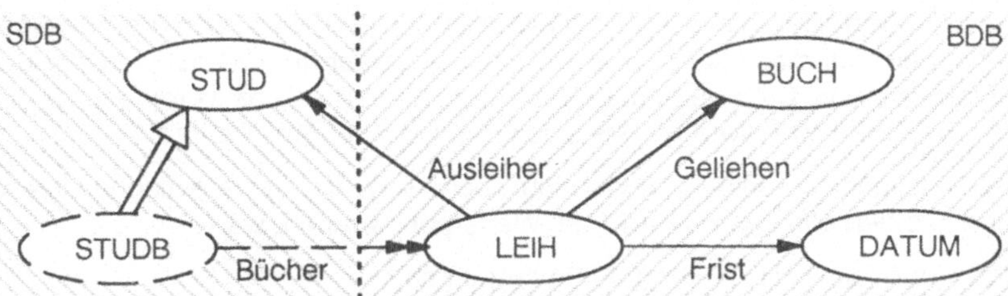

Abb. 5: Sichtdefinition in OODBS

Was generische Operationen und Sichtdefinitionen auf **einem** D-System anbetrifft, gibt es eine große Anzahl von interessanten Vorschlägen, beispielsweise [SN88, BB89, Be89, Ma89, SO89, SZ89b, HFW90, KLW90]. Wir wollen diese Betrachtungen hier nicht vertiefen. Es scheint jedoch, als ob die Föderationsaspekte etwas unterentwickelt seien. Dies drückt sich darin aus, daß die betreffenden Datenbanksysteme untergeordnet innerhalb eines integrierenden Schemas, das für alle Anwendungen verbindlich ist, betrieben werden. Erst mit der Idee, auch weiterhin (lokale) Anwendungen zuzulassen, rückt das Arbeiten mit mehreren Repräsentationen und den damit verbundenen Konversions– und Umstrukturierungskomponenten stärker ins Bewußtsein [Ma89].

3.3 Kopplung mehrerer Anwendungssubsysteme und mehrerer Datenbanken

Wie bereits im Kapitel 2.3 angedeutet, geht es hier um die Entwicklung von komplexen Anwendungen, bei denen nicht nur mehrere Objektrepräsentationen in den Anwendungssubsystemen Ai existieren, sondern auch mehrere Objektrepräsentationen in verschiedenen Datenbanksystemen Dj modelliert und gespeichert werden. Hierzu stellen wir zunächst Überlegungen zur Extraktion von Daten aus Objekten dar und verallgemeinern danach den in Kapitel 3.1 beschriebenen EDT–Ansatz.

3.3.1 Generische DtA–Funktionen

Auch bei objektorientierten DBS wird in letzter Zeit verstärkt die Kooperation mit anderen Systemen betont. Es sollen auch dort Methoden, die nicht in der integrierten und objektorientierten Datenbankprogrammiersprache realisiert sind, angeschlossen werden können [KD90]. Damit sind wir erneut beim Umgang mit mehreren Repräsentationen und mehreren (Anwendungs–) Umgebungen. Unser Ziel ist der Aufbau von mehreren A–Datenstrukturen aus Objekten, die aus einem oder mehreren D–Systemen extrahiert werden sollen. Zur Verfügung stehen uns die Konversionsfunktionen *DtA* für Basistypwerte und die EDT–spezifischen *DtA*–Funktionen. Wenn wir jetzt – ähnlich wie beim Objektpuffer – eine Standardrepräsentation für D–Mengen in der A–Umgebung festlegen, etwa eine Liste, so können wir mit einem Ausdruck der Form (*X* sei eine Objektmenge, *x* ein Element)

> extract F1(x), F2(x), ..., Fk(x) from x in X

eine A–Liste von Records generieren, deren Komponenten Ci definiert sind durch

> $Ci = DtA_{Fi} (Fi(x))$ für $i = 1, ..., k$.

DtA_{Fi} ist dabei die für den Typ des Funktionswertes von *Fi* zuständige Konversionsfunktion. Umgekehrt gesehen können daher in einer Extraktion nur solche Funktionen verwendet werden, für deren Funktionswert eine DtA–Funktion existiert. Sonst müssen wir die *extract*–Funktion wiederholt anwenden, wie das folgende Beispiel zeigt. Wir wollen aus der in Kapitel 3.2 definierten Sicht *STUDB* für jeden Studenten die Nummer und die Frist aller geliehenen Bücher in eine A–Umgebung extrahieren:

> sb := extract Mnr(s), (extract Bnr(b), Frist(b) from b in Bücher(s))
> from s in STUDB

Der Funktionswert *Bücher(s)* konnte nicht direkt extrahiert werden, da es sich um eine Menge von *LEIH*–Objekten handelt. Auf diese kann aber ein zweites *extract* angewandt werden, denn *Bücher(s)* ist eine Objektmenge. Die A–Struktur *sb* ist entsprechend unserer Vereinbarung eine Liste von *Mnr*–Werten. Zu jedem *Mnr*–Wert gibt es eine Liste von *Bnr-Frist*–Paaren.

Eine andere A–Darstellung (derselben Information), bei der wir in *lb* eine einfache Liste von Records, bestehend aus den *Mnr-*, *Bnr-* und *Frist*–Werten bekommen, wäre

> lb := extract Mnr(Ausleiher(l)), Bnr(Geliehen(l)), Frist(l)
> from l in LEIH

Diese verschiedenen A–Darstellungsmöglichkeiten sind sicher sehr nützlich, da sie eine große Menge von Daten zwischen D– und A–Systemen austauschen.* Unser Ziel ist aber dennoch nicht ganz erreicht, denn häufig wird die generierte Darstellung nicht in der Form sein, die direkt für A–Algorithmen brauchbar ist. Daher wollen wir den EDT–Ansatz wieder ins Spiel bringen. Die Idee ist, für ein Objekt **zwei Darstellungen** zuzulassen: eine in der D– und eine in der A–Umgebung, wobei

---

* Wir besprechen das Problem der Umkehrung von *extract*, also eine generische *AtD*–Funktion hier nicht.

eine davon als D–Sicht aus der anderen definiert wird. Wir wollen mit "Dualen Objekttypen" arbeiten.

3.3.2 Duale Objekttypen

Wir haben in Kapitel 3.1 die Vielseitigkeit des EDT–Konzeptes dargestellt. Allerdings ist zu bedenken, daß bei einem reinen EDT–Konzept **alle** Operationen durch Fremdfunktionen in der A–Umgebung realisiert werden müssen. Eine weitere wichtige Beobachtung ist, daß wir keine Beziehungen zwischen EDTs haben.

Betrachten wir hierzu unser Beispiel aus dem LIS– Szenario. Wir hatten in Kapitel 3.1 die Grundstücksgrenze eines Grundstückes als einen EDT–Wert eingeführt, weil wir die Funktionen *Area* zu Berechnung der Grundstücksfläche und *Display* für die graphische Darstellung als häufig benutzte A–Funktionen in die DB übernommen bzw. aus der DB heraus gut unterstützen wollten. Wir müssen aber zusätzlich in der DB festhalten, welche Grundstücke zu welchen anderen benachbart sind, wenn wir nicht nur ein einzelnes Grundstück isoliert, sondern – realistischer – in seiner Nachbarschaft zu anderen betrachten. Zwei Grundstücke sind dann benachbart, wenn ihre Grenzen eine gemeinsame Linie, ihre Grenzlinie, aufweisen. Seien *g1* und *g2* also zwei benachbarte Grundstücksgrenzen vom Typ *G*. Die EDT–Funktion *Grenzlinie: G x G --> L* liefert die Grenzlinie l vom Typ *L* für *g1* und *g2*. Umgekehrt ist die Grenze eines Grundstückes rekonstruierbar aus den Grenzlinien zu allen Nachbarn. Unsere erste Modellierung mit EDTs vom Typ *G* weist daher Redundanz auf, denn eine Grenzlinie kommt immer in genau zwei Grundstücken vor. Im Falle von Grenzkorrekturen sind daher immer die Nachbargrundstücke betroffen. Dies ist leider Sache des Anwenders, das DBS weiß nichts davon.

Eine bessere Modellierung wäre daher die folgende.

    GB(Gnr:INT, Besitzer:STRING),
    GL(Glnr:INT, Glinie:L–EDT, Lg: GB, Rg:GB)

Wir haben hier mit *GL* Linienobjekte eingeführt, die neben einer Liniennummer vor allem durch ihren geometrischen Verlauf *Glinie* als (Linien–) EDT beschrieben sind sowie durch Referenzen auf das linke (*Lg*) bzw. rechte (*Rg*) Grundstück. Wir verwenden also wieder ein strukturell–objektorientiertes Modell, jetzt kombiniert mit EDTs, hier für die Grenzlinien. Der Vorteil dieser Darstellung ist nun, daß etwaige Grenzänderungen nur die *GL*–Objekte betrifft.

Auf den ersten Blick ist auch die Ermittlung des vollständigen Grenzverlaufes *Gv* eines Grundstükkes einfach. Wir definieren hierzu eine Sicht *GBV*, bei der die zusätzliche Funktion *Gv* wie folgt definiert wird

    GBV : = extend gs in GB by Gv as select l in GL where Rg(l) = gs or Lg(l) = gs

Damit bekommen wir für jedes Grundstück neben den für *GB* definierten Funktionen mit der neuen Funktion *Gv* die Menge seiner Randlinienobjekte. Zusätzlich zu einem *g* vom Typ *G* in der A–Umgebung ist *Gv* ist eine zu *g* **duale** Darstellung der Grundstücksgrenze in der D–Umgebung. Wenn wir objekterhaltende Sichten verwenden, wie in [SLT91] vorgeschlagen, können wir sogar Grenzänderungen über diese Sicht vornehmen.

Nach den Vorbereitungen in Kapitel 3.1 ist es auch leicht, diese Darstellung der Grundstücksgrenze für ein bestimmtes Grundstück *gs* in die A–Umgebung zu bekommen:

    gl : = extract Glnr(l), Glinie(l) from l in Gv(gs)

Allerdings ist *gl* eine Menge von Daten in einer A–Darstellung, die zwar für Liniénoperationen günstig ist, denn die Grenzlinien werden automatisch mit der entsprechenden *DtA*–Funktion in die A–Darstellung konvertiert, nicht aber für Operationen auf einer ganzen Grundstücksgrenze. Die Funktionen *Area* und *Display* sind nicht ohne zusätzliche Umstrukturierungen durch den Anwender benutzbar. Daher sind wir wieder am gleichen Problem angelangt, was wir durch EDTs vermeiden wollten.

Was wir eigentlich brauchen sind die Grundstücksgrenzen als Typ G, also als G–EDT **und** auch in der DB–Umgebung weiter ausmodelliert. Wir können dann in der einen Anwendung die Funktionen *Area* und *Display* verwenden **und** für Änderungen in einer anderen Anwendung auf die bequemere duale Darstellung *Gv* in *GBV* zurückgreifen. Dies erreichen wir mit der Sicht *GB'(Gnr:INT, Besitzer:STRING, Geo:G–EDT)*, in deren Definition wesentlich Gebrauch gemacht wird von Konversionsfunktionen:

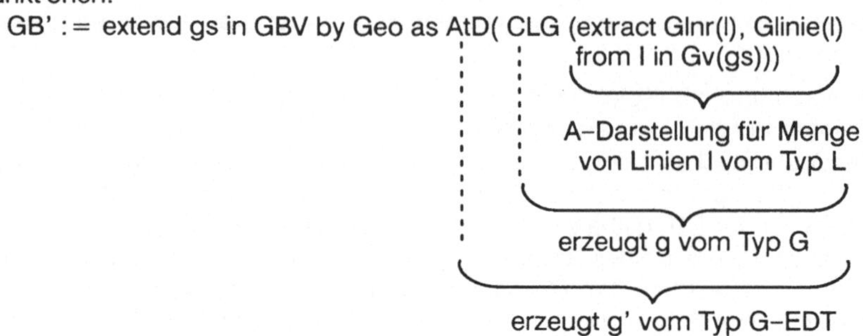

An zentraler Stelle tritt die Funktion *CLG* auf. Dies ist eine A–Funktion, die aus der mit *extract* erzeugten A–Darstellung der Menge der Linienelemente und aus der A–Darstellung der Linien (Typ *L*) die Darstellung der Grundstücksgrenze (Typ *G*) erzeugt. Das Ergebnis muß danach mit der entsprechenden *AtD*–Funktion (für Typ *G*) von der A– in die D–Umgebung konvertiert werden (Abb. 6).

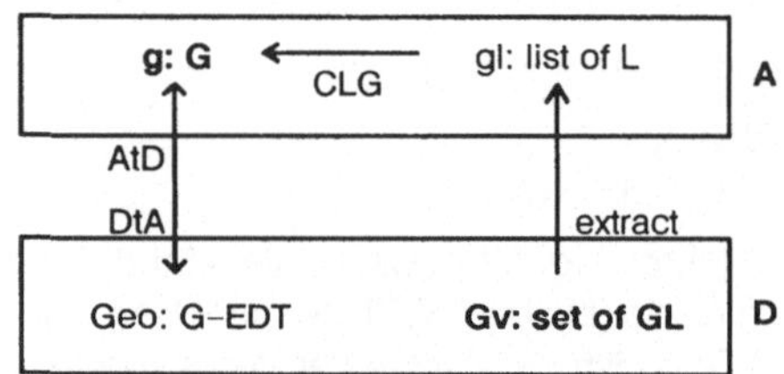

Abb.6 : Duale Objektdarstellungen g und Gv

Betrachten wir, wie jetzt die Extraktion von Grundstücken mit mehr als 1000 Quadratmeter abläuft. Der Ausdruck

extract Gnr(gs) Besitzer(gs) from gs in GB' where Area(Geo(gs)) > 1000

erfordert für die Evaluierung des Prädikates das Einsetzen der Sichtdefinitionen. Es ergibt sich

Area(DtA(AtD(CLG(extract Glnr(l),Glinie(l) from l in
select x in GL where Rg(x) = gs or Lg(x) = gs))))) > 1000

Schon dieses einfache Beispiel zeigt, daß hier einiges durch algebraische Optimierung vereinfacht werden muß. Beispielsweise ist *DtA* ∘ *AtD* = *id*, die Konversionen sind unnötig. Das *extract* kann mit *select* zusammengefasst werden. Das Beispiel zeigt auch, daß es in sauberer Art und Weise möglich ist, auch in diesem Fall die Fremdfunktion *Area* in der DB–Umgebung zu verwenden und das Implementieren einer zweiten *Area*–Funktion für die D–Darstellung oder für die A–Darstellung des *extract*–Ergebnisses zu vermeiden. Wieder ist es vorteilhaft, daß mit einer weiteren Konversionsfunktion (hier *CLG*) gleich eine Reihe von A–Funktionen in der A–Umgebung, aber auch in der D–Umgebung direkt unterstützt werden.

3.3.3 Objekte in mehreren D– und A–Systemen

Hier können wir jetzt die Vorbereitungen aller vorausgehenden Teilkapitel nützen: Mit den Überlegungen in Kapitel 3.1 waren wir bereits in der Lage, mehrere A–Repräsentationen mit einer D–Umgebung zu koppeln. Aus der dualen D–Darstellung eines Objektes und den schon in Kapitel 3.2 geforderten Konversionsfunktionen für die Definition von D–Sichten, können wir jetzt die gewünschte Föderation mehrerer A– und D–Systeme erzielen. Hierzu benötigen wir als wesentliche zusätzliche Funktionalität die in Kapitel 3.2 geforderte Sichtdefinition über D–Systemgrenzen hinweg und die generische *DtA*–Konversion. Abb. 7 nimmt Bezug auf das oben diskutierte Beispiel, wobei aber jetzt mehrere D–Systeme vorhanden sind.

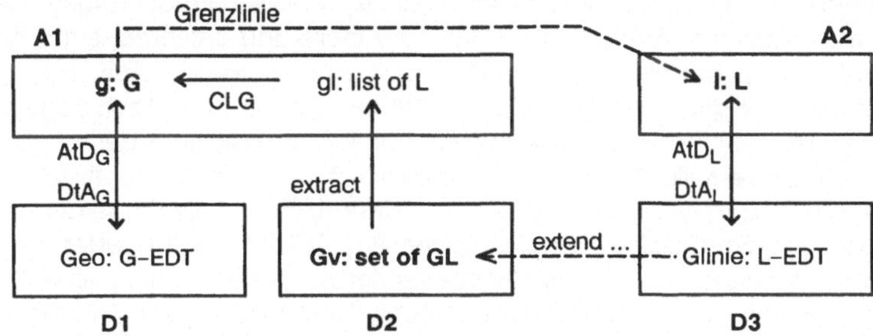

Abb.7 : Duale Objektdarstellungen in mehreren D– und A–Umgebungen

A1 ist eine Anwendung, die Daten aus D1 und D2 benötigt. D1 enthält G–Objekte als EDTs und unterstützt damit direkt A–Operationen, die Daten vom Typ G benötigen. Diese sind als Sicht definiert mittels der in D2 vorhandenen Funktion Gv für GL–Objekte. Aus Performance–Gründen kann die Sicht G_EDT materialisiert sein. Updates werden in A1 über Gv vorgenommen. Falls $G–EDT$ materialisiert wurde, muß ein neuer Wert mittels der Funtionen *extract*, *CLG* und *AtD* von D2 aus in D1 erzeugt werden. Updates auf G_EDT werden nicht zugelassen, weil die Funktion *extract* i.a. nicht umkehrbar ist. Wir haben ja auch Gv gerade für die notwendigen Änderungen eingeführt! Gv selbst ist als Sicht definiert, die D2 und D3 umfasst. In D3 befinden sich die L–Objekte als EDTs und bedienen die Anwendung A2 direkt. Da A2 von A1 verschieden ist, kann oder muß für die *extract*-Operation eines Gv–Wertes nach A1 eine andere *DtA*–Funktion für den $L–EDT$ in D3 verwendet werden, je nachdem ob gleiche Programmiersprachen verwendet werden oder nicht. Für unser LIS-Szenario (Beispiel 3) könnte D1 die GDB, D2 die EDB und D3 die TDB sein. A1 entspräche dann teilweise der Anschlußerweiterung, und A2 wäre ein Teil der Kartenerstellung.

Worin besteht nun die angestrebte Föderation von Systemen, wo ist Autonomie? Was die Objekt-Verwaltung anbetrifft geht es vor allem um das Belassen spezifischer Strukturen. Über EDTs können wir den A–Systemen Autonomie in der Ausführung "ihrer" Operationen belassen. Das D–System hat dagegen Autonomie abgegeben, denn die EDT–Operationen sind nicht ohne A–System möglich. Mit dualen Objekten geben die A–Systeme wieder etwas Autonomie auf und profitieren dafür stärker von den im D–System angebotenen Operationen. Die Verteilung der Objekte auf mehrere D–Systeme erlaubt es, gewisse (lokale) Anwendungen stärker an ein D–System zu koppeln und autonom von anderen A–D–Systemkopplungen zu betreiben. Für die Unterstützung von globalen Anwendungen benötigen wir dann Konversionsfunktionen, die bei D–System–übergreifenden Sichten verwendet werden müssen. Die Autonomie erfordert daher höhere Kosten wegen den Konversionen. Falls wir Sichten materialisieren, bezahlen wir mit Mehrkosten bei Änderungen. Wir benötigen dann verstärkt D–Sytem–übergreifende Transaktionen zur Durchführung dieser Änderungen, mindestens aber zur Invalidierung von Materialisierungen.

4 Verwaltung von Transaktionen

In diesem Kapitel wird der Bereich der Transaktionsverwaltung im Hinblick auf die Aspekte Verteilung, Heterogenität und Autonomie diskutiert. Analog zu Kapitel 3 betrachten wir dabei Lösungsansätze in den folgenden drei Stufen: Erweiterbarkeit der Transaktionsverwaltung, Kooperation mehrerer Transaktionsverwaltungen und Föderation mehrerer Transaktionsverwaltungen unter Wahrung der lokalen Autonomie. Ziel dieses Kapitels ist es aufzuzeigen, inwiefern einerseits die im Zusammenhang mit Non–Standard–Anwendungen verfolgten neuartigen Konzepte der Transaktionsverwaltung zu Lösungsansätzen beitragen können und welche (bislang wenig beachteten) Probleme andererseits praktikablen Lösungen im Wege stehen.

4.1 Erweiterbarkeit der Transaktionsverwaltung

Die Beobachtung, daß die klassischen Konzepte der Transaktionsverwaltung [BHG87] für viele Non–Standard–Anwendungen inadäquat sind [HR85], hat zu intensiven Forschungsanstrengungen geführt, mächtigere und/oder flexiblere Transaktionsmodelle und entsprechende Konzepte der Transaktionsverwaltung zu entwickeln. Wegen der qualitativen Vielfalt der Anwendungen, die man innerhalb eines Anwendungsbereichs mit ein– und demselben DBS und z.T. sogar auf ein– und derselben DB realisieren möchte, ist es jedoch unwahrscheinlich, daß eines der vorgeschlagenen Transaktionsmodelle universelle Akzeptanz finden wird. Man kann nun entweder in Top-down–Manier nach einem "maximalen" Transaktionsmodell streben und die Frage der effizienten Implementierbarkeit wichtiger Spezialfälle danach angehen (vgl. [CR90, WR90]); oder man kann in evolutionärer Bottom–up–Weise die Frage nach einer erweiterbaren Transaktionsverwaltung und den zugrundeliegenden universell brauchbaren Basismechanismen stellen. Wir diskutieren im folgenden einen Ansatz der letzteren Kategorie, da sich dieser auch auf den Fall der Kooperation und Föderation von weitgehend autonomen Subsystemen übertragen läßt. Wir betrachten dazu zunächst die Aspekte, die anwendungsspezifisch erweiterbar sein müssen und daher nicht in einem Basissystem festgeschrieben sein dürfen, und anschließend die Aspekte, die ohne Einschränkungen der Flexibilität durch ein generisches Basissystem effizient realisierbar sind.

Gegenüber dem ACID–Paradigma [HR83] der klassischen Transaktionsverwaltung benötigen Non–Standard–Anwendungen vor allem die folgenden beiden Erweiterungen (weitere Aspekte werden z.B. in [Ke88, US89, ELLR90, WR90, WS91] diskutiert):

- Es soll möglich sein, die strenge Isolation zwischen parallelen Anwendungstransaktionen aufzuweichen, indem die Anwendung mehr Kontrolle über die Sichtbarkeit von Änderungen (noch nicht beendeter Transaktionen) erhält. Eine flexiblere Behandlung der Isolation kann durch die folgenden beiden sich synergetisch ergänzende Mechanismen erreicht werden:

  1) **die Verwendung semantisch reicherer Sperrmodi** und
  2) **die Ausführung von Anwendungsoperationen als Subtransaktionen**.

Zu 1): Durch die Verwendung semantisch reicherer Sperrmodi für komplexe Anwendungsoperationen können Änderungen für kompatible Operationen paralleler Transaktionen sichtbar gemacht werden. Dabei kann die Kompatibilität von Operationen mittels zustandsunabhängiger oder zustandsabhängiger Kommutativität [O'N86, We88] oder zusätzlich unter Berücksichtigung anwendungsspezifischer Spielräume bezüglich der Datenkonsistenz [Ga83, SZ89a, Vo90] spezifiziert werden. Ein erster Schritt in diese Richtung wäre schon die Verwendung von Prädikatsperren statt extensionaler Objektsperren (vgl. [Wed89]).

Zu 2): Eine notwendige Voraussetzung bei diesem Vorgehen ist, daß einzelne Anwendungsoperationen untereinander isoliert sind; nur unter dieser Voraussetzung darf die semantische Kompatibilitätsspezifikation der Anwendungsebene von den Ausführungsdetails im zugrundeliegenden DBS (Indexzugriffe, Wartung abgeleiteter Daten, etc.) abstrahieren. Diese Voraussetzung wird durch die Ausführung von Anwendungsoperationen als Subtransaktionen erfüllt. Datensperren im klassischen Sinn werden dabei nur für die Dauer einer Subtransaktion gehalten (sofern die Anwendung nicht von sich aus eine restriktivere längere Sperrdauer spezifiziert). Solche Subtransaktionen bilden die Bausteine einer "**offen geschachtelten Transaktion**" [Da78, Gr81, BSW88, Wei88]. Wenn alle Anwendungsoperationen untereinander kommutieren bzw. semantisch kompatibel sind, erhalten wir den in vielen klassichen Anwendungen praktizierten Spezialfall, daß eine lange Transaktion als sogenannte "Saga" in eine Sequenz kurzer Transaktionen zerlegt wird [GS84, GS87]. Man beachte, daß die Methode der offen geschachtelten Transaktionen mit der Serialisierbarkeitstheorie einen wohlfundierten Unterbau hat

[BBG89] (siehe auch [MGG86, Wei86a, Wei87, RGN90]. Das Korrektheitskriterium ist nach wie vor die Serialisierbarkeit; die Anwendungssemantik wird über die Konfliktdefinition zwischen Anwendungsoperationen berücksichtigt.

- Durch die Sichtbarkeit von Änderungen vor Abschluß einer Transaktion wird die klassische Methode zur Sicherstellung der Transaktions–Atomarität, das Zurücksetzen auf einen früheren Zustand, inkorrekt. Vielmehr müssen Subtransaktionen, deren Effekte für parallele Transaktionen sichtbar waren, durch entsprechende **Kompensations–Subtransaktionen** rückgängig gemacht werden [MGG86, Wei87, BSW88, KLS90]. Eine implementierungstechnische Voraussetzung dazu ist, daß sowohl reguläre Subtransaktionen als auch Kompensations–Subtransaktionen selbst wiederum atomar ausgeführt werden.

  Man beachte, daß eine Kompensations–Subtransaktion nicht unbedingt die exakte Inverse der entsprechenden Anwendungsoperation sein muß. Beispielsweise wird bei der Stornierung einer Bestellung nicht notwendigerweise eine bei der Bestellung eventuell erfolgte Aufstockung des Lagers rückgängig gemacht. Anwendungsoperationen, die grundsätzlich nicht kompensierbar sind, müssen zwingend bis zum Abschluß der Anwendungstransaktion verzögert werden [Pau88, Wed89] (vgl. auch die Behandlung von Ausgabenachrichten in einem DB/DC–System [Me88]). Dies kann u.U. auch aus Performancegründen sinnvoll sein, dann nämlich, wenn eine Kompensation wesentlich teurer wäre als ein eventuelles Redo nach einem Systemausfall während der Transaktionsbeendigung (vgl. [Io89, BHM90]).

Direkt in einem generischen Basissystem realisierbar sind demgegenüber die folgenden Aspekte:

- Die Persistenz der gesamten Anwendungstransaktion sowie die Persistenz von anwendungsspezifizierten Savepoints während einer Transaktion können durch Protokollierung von Redo-Information, kurz: Redo-Logging, auf der Seitenebene des DBS gewährleistet werden. Sofern die subtilen Wechselwirkungen zwischen Redo und dem Undo mittels Kompensation korrekt berücksichtigt werden [MHLPS89, WHBM90], ist für das Redo keine Kenntnis der Anwendungssemantik nötig. Im Vergleich zu einem Redo auf der Anwendungsebene, bei dem Anwendungsoperationen wiederholt werden, verkürzt das Redo auf der Seitenebene den Warmstart nach einem Systemausfall drastisch und erhöht damit die Verfügbarkeit der Datenbank.

- Die Isolation und die Atomarität der Subtransaktionen müssen im Basissystem (typischerweise mittels Sperren und Logging) gewährleistet werden, um die Voraussetzungen für die Verwendung semantischer Sperren und die Kompensation von Subtransaktionen auf der Anwendungsebene zu erfüllen. Dabei können dedizierte Sperrverfahren im Basissystem für spezielle Indexstrukturen wie Grid–File u.ä. hinter dem Aufruf einer Subtransaktion für eine entsprechende Indexoperation verborgen und damit austauschbar gemacht werden.

- Alle Sperrkontrollblöcke einschließlich derjenigen für die semantischen Sperren der Anwendungsebene können durch das Basissystem verwaltet werden. Damit obliegen dem Basissystem alle buchhalterischen Aufgaben wie z.B. Deadlockerkennung, Berücksichtigung von Warnsperren bei Granularitätshierarchien, Behandlung von Sperrkonversionen, Sperreskalationen, etc. Die notwendige semantische Information muß dem Basissystem in Form von Kompatibilitätstabellen für die semantischen Sperrmodi, Konversionsregeln für die Vereinigung von Sperren, etc. zur Verfügung gestellt werden. Für Sperren, die beim Konflikttest zustandsabhängige Informationen benötigen, sind weitere Maßnahmen zu treffen [O'N86].

- Alle Logpuffer und Logdateien können durch das Basissystem verwaltet werden. Damit braucht sich die Anwendung nicht um die relevanten Schreibzeitpunkte für Logsätze zu kümmern, und das Basissystem hat Freiheiten bzgl. des Zusammenfassens von Log-I/Os (z.B. Group-Commit). Der Inhalt eines für eine eventuelle Kompensations–Subtransaktion erzeugten Logsatzes muß allerdings von der Anwendung (vor der Beendigung der entsprechenden Subtransaktion) geliefert werden. Ebenso muß die kompensierende Anwendungsoperation selbst von der Anwendung zur Verfügung gestellt werden.

- Beim Warmstart nach einem Systemausfall sollte das Basissystem die Buchhaltung über Undo und Redo nichtidempotenter Subtransaktionen betreiben, um beispielsweise sicherzustellen, daß für eine Anwendungsoperation, deren Effekte durch den Systemausfall verlorengegangen sind oder bereits bei einem früheren Warmstart bzw. bei einer Transaktions–Rücksetzung kompensiert worden sind, keine (weitere) Kompensations–Subtransaktion gestartet wird [MHLPS89, WHBM90].

Die skizzierte Architektur einer erweiterbaren Transaktionsverwaltung folgt im wesentlichen den Prinzipien der Mehrschichten–Transaktionsverwaltung [Wei87, Wei88]. Abb. 8 illustriert die Abbildung einer Anwendungstransaktion auf das Basissystem. Eine solche Architekur eignet sich für

- die Realisierung einer Non–Standard–Anwendung als Zusatzschicht auf einem existierenden DBS, beispielsweise eines Filing–and–Retrieval–Service für Bürodokumente [WS84],
- die Ausnutzung von Transaktionsdiensten des Betriebssystems für das DBS [Wei86b],
- die Ausnutzung von Parallelität innerhalb einer Anwendungstransaktion [HPS90, Pros90, HW91], indem aus Sicht der Anwendung unabhängige Subtransaktionen parallel ausgeführt werden, und
- die Integration mehrerer Subsysteme mit Transaktionsverwaltung unter einer subsystemübergreifenden Transaktionsverwaltung, wobei die Subtransaktionen einer Transaktion in den verschiedenen Subsystemen weitgehend unabhängig voneinander ausgeführt werden [Wa85, Wei87].

Speziell mit der Integration unabhängiger Subsysteme befassen wird uns im nächsten Kapitel näher.

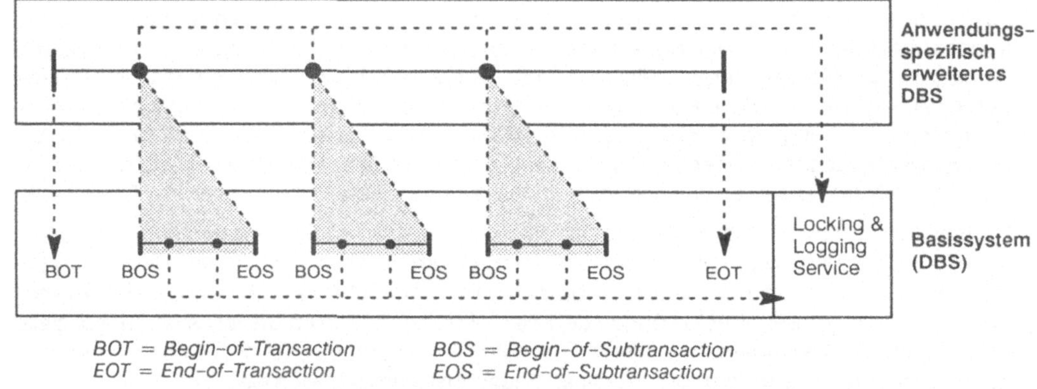

BOT = Begin-of-Transaction BOS = Begin-of-Subtransaction
EOT = End-of-Transaction EOS = End-of-Subtransaction

Abb. 8: Architektur einer erweiterbaren Transaktionsverwaltung

4.2 Kooperation mehrerer Transaktionsverwaltungen

In Kapitel 4.1 haben wir die anwendungsspezifische Erweiterung einer entsprechend konzipierten Basis–Transaktionsverwaltung betrachtet. Hier nun wollen wir die Situation diskutieren, bei der eine Anwendungstransaktion auf Daten mehrerer DBS zugreift und diese DBS jeweils eine eigenständige, vorgegebene Transaktionsverwaltung besitzen. Beispielsweise könnte eine Transaktion im Devisenhandel einer Bank auf eine Kursinformations–DB, eine DB zur Erfassung der Devisengeschäfte (DDB) und eine bankweite Risikomanagement–DB (RMDB) zur Prüfung globaler Limiten zugreifen (vgl. Beispiel 2.2). Die Abwicklung einer solchen Transaktion ist relativ problemlos, wenn alle beteiligten DBS eng kooperieren, also alle dasselbe Sperrprotokoll befolgen, sich gegenseitig über Wartebeziehungen informieren, und ein gemeinsames verteiltes Commit–Protokoll durchführen. In anderen Worten: Globale Transaktionen im oben skizzierten Sinn sind (aus Sicht der Forschung) problemlos, wenn sie in einem verteilten DBS ablaufen. Probleme entstehen allerdings, wenn die beteiligten DBS heterogen sind, indem sie etwa verschiedene Concurrency–Control–Verfahren verwenden, oder wenn die beteiligten Systeme unabhängig voneinander administriert werden, indem sie etwa kein verteiltes Commit–Protokoll unterstützen und somit die potentielle Gefahr von Transaktionsblockierungen durch Ausfälle anderer Systeme vermeiden.

In den zuletzt genannten Situationen betrachten wir die für eine Anwendung relevanten DBS als **Subsysteme eines Super–DBS** (kurz: SDBS). Die Ausführung einer globalen, d.h. subsystem-übergreifenden Transaktion ist in Abb. 9 illustriert. Wie in Kapitel 4.1 können wir die jeweils in einem Subsystem ausgeführten Anwendungsoperationen als Subtransaktionen ansehen. Nimmt man a priori lediglich an, daß alle Subsysteme transaktionsfähig sind, und trifft keine weiteren Annahmen über die Kooperationsfähigkeit der verschiedenen Transaktionsverwaltungen, dann entsprechen die Subtransaktionen eigentlich eher eigenständigen Transaktionen, die auf der Anwendungsebe-ne zu einer "Supertransaktion" [Pu88] zusammengesetzt werden (vgl. [Wa84, WS84, GS87, JLRS88, BW89, Vei90, WR90]). Mit Supertransaktionen in diesem Sinne wird man beispielsweise auch bei der Implementierung von Mehrschichten–Transaktionen auf einem existierenden DBS [Wei87, BW89] oder bei der Realisierung von ConTracts aus vorgegebenen Steps [WR90] konfron-tiert.

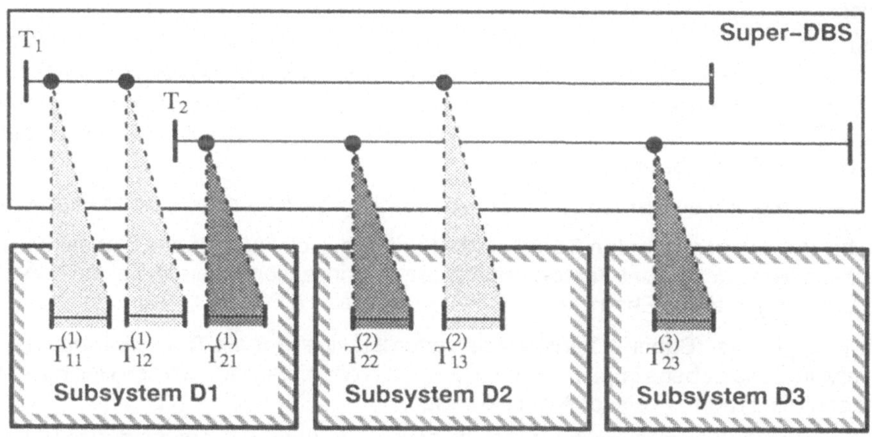

Abb. 9: Parallele Transaktionen in einer Super–DBS–Umgebung

Die bei globalen Transaktionen auftretenden Probleme wollen wir anhand der generischen Trans-aktionstypen G1 bis G4 aus Kapitel 2 näher erläutern. Wir nehmen dabei an, daß es *keine globale Transaktionsverwaltung* gibt, sondern lediglich die lokalen Transaktionsverwaltungen der einzel-nen Subsysteme.

- *Fall G1*
  (eine Transaktion vom Typ G1 parallel zu anderen Transaktionen beliebigen Typs):
  In diesem Fall würde man typischerweise annehmen, daß die Transaktion nicht unbedingt eine konsistente Sicht auf beide Datenbanken zugleich benötigt. Dies bedeutet, daß an Stelle der Serialisierbarkeit die sogenannte "Cursor Stability" oder auch "Level–2–Consistency" als Kor-rektheitskriterium genügt. Da die einzelnen SQL–Anweisungen jeweils nur auf eine DB zugrei-fen, kann die globale Transaktion somit in Form von zwei unabhängigen Transaktionen ausge-führt werden.

- *Fall G2*
  (eine Transaktion vom Typ G2 parallel zu anderen Transaktionen beliebigen Typs):
  Da in diesem Fall Änderungen auf der Grundlage einer nur jeweils lokal konsistenten Sicht durchgeführt werden, ist das Kriterium der "Cursor Stability" hier fragwürdig. Wenn man statt-dessen Serialisierbarkeit (d.h. "Repeatable Read" im Jargon kommerzieller DBS) verlangt, er-halten wir dieselbe Problematik wie bei Transaktionstyp G3.

- *Fall G3*
  (eine Transaktion vom Typ G3 parallel zu anderen Transaktionen beliebigen Typs):
  Da hier auf beide Datenbanken in einer einzigen SQL–Anweisung zugegriffen wird, würde man
  in jedem Fall eine konsistente Sicht auf beide Datenbanken erwarten, was auf die Forderung
  nach der Serialisierbarkeit globaler Transaktionen hinausläuft. Würde man in diesem Fall die
  globale Transaktion in Form zweier unabhängiger Subtransaktionen G31 und G32 ausführen
  und hätte dabei keine zusätzliche globale Transaktionsverwaltung, dann könnte bei paralleler
  Ausführung von Änderungstransaktionen die folgende Situation, analog zu der in Abb. 9 gezeigten, entstehen. In einem Subsystem könnte Subtransaktion G31 vor der entsprechenden
  Subtransaktion einer Änderungstransaktion serialisiert werden, während Subtransaktion G32
  in einem anderen Subsystem in der Serialisierungsreihenfolge hinter der entsprechende Subtransaktion derselben Änderungstransaktion liegt. In Abb. 9 ist diese Situation bezüglich der
  globalen Transaktionen T1 und T2 in den Subsystemen D1 und D2 gegeben. Obwohl also jedes
  Subsystem die Serialisierbarkeit seiner Subtransaktionen sicherstellt, führt die Inkompatiblität
  der verschiedenen Serialisierungen zu einer potentiell inkonsistenten Sicht der globalen Transaktionen.

- *Fall G4*
  (eine Transaktion vom Typ G4 parallel zu anderen Transaktionen beliebigen Typs):
  Gegenüber den Fällen G2 und G3 ergibt sich hier die zusätzliche Schwierigkeit, die in mehreren
  DBS durchgeführten Änderungen zusammen atomar einzubringen. Dazu ist ein globales verteiltes Commit–Protokoll unabdingbar.

Es treten also bei globalen Transaktionen im wesentlichen die folgenden beiden Probleme auf:

- die Sicherstellung der **globalen Serialisierbarkeit**, d.h. Isolation globaler Transaktionen, und
- die Sicherstellung der **globalen Atomarität** globaler Transaktionen, die in mehr als einer Datenbank Änderungen durchführen.

Die Verwaltung globaler (Super–) Transaktionen erfordert eine **globale Transaktionsverwaltung**,
die – als verteilte Zusatzebene implementiert – die existierenden Subsysteme so weit wie nötig integriert. Die zentrale Frage bei dieser Architektur ist:

> Welche Eigenschaften müssen die Transaktionsverwaltungen der verschiedenen Subsysteme
> eines SDBS für ihre jeweiligen (Sub–) Transaktionen garantieren und welche Informationen
> müssen sie zur Verfügung stellen, damit die globale Transaktionsverwaltung die gewünschten
> Eigenschaften einer globalen (Super–) Transaktion gewährleisten kann?

Im folgenden diskutieren wir diese zentrale Problemstellung für die beiden Aspekte der globalen
Serialisierbarkeit und der globalen Atomarität.

4.2.1 Globale Serialisierbarkeit

Zur Sicherstellung der globalen Serialisierbarkeit in einem SDBS mit vorgegebenen Subsystemen
sind die folgenden Lösungsansätze denkbar und in der Literatur diskutiert worden (z.B. [GP86,
AGS87, JLRS88, Pu88, BO89, DE89, BST90, ED90, Vei90, OV91, SWS91]):

ohne Modifikation von Subsystemen:

GS1) Alle Subsysteme eines SDBS verwenden dasselbe Concurrency–Control–Protokoll und stellen sicher, daß die jeweiligen lokalen Serialisierungen mit der Reihenfolge der globalen Commit–Zeitpunkte kompatibel sind (vgl. [ED90]). Dies ist beispielsweise dann der Fall, wenn alle
Subsysteme striktes Zweiphasen–Sperren (2PL) verwenden, wobei Sperren jeweils bis zum
Ende der globalen Transaktion gehalten werden [BST90].
Ein Problem bei dieser Lösung ist allerdings, daß die Subsysteme sich gegenseitig oder eine
globale Instanz über lokale Wartebeziehungen informieren müssen, um globale Deadlocks
erkennen zu können. Dazu müßten jedoch typischerweise existierende Subsysteme modifiziert werden. Eine Alternative, die ohne solche Modifikationen auskommt, ist die in den mei-

sten verteilten DBS praktizierte "Timeout"-Methode zur Deadlockvermeidung. Ein performance-kritischer Punkt in einer SDBS-Umgebung ist dabei allerdings die Sensitivität des Timeout-Wertes in Verbindung mit der gegenüber einem verteilten DBS noch problematischeren Nichtvorhersagbarkeit von Verzögerungen.

GS2) Die Subsysteme des SDBS gewährleisten lediglich die Serialisierbarkeit der unter ihrer Kontrolle laufenden Subtransaktionen, und die globale Serialisierbarkeit wird durch die globale Transaktionsverwaltung auf der Anwendungsebene sichergestellt. Bei diesem Mehrschichten-Concurrency-Control-Ansatz ist es allerdings zwingend erforderlich, daß eine Konfliktdefinition zwischen den jeweils einer Subtransaktion entsprechenden Anwendungsoperationen gegeben ist. Unter dieser Voraussetzung können die – bei Verwendung eines Sperrverfahrens – in einem Subsystem gehaltenen Sperren sogar schon beim Ende einer Subtransaktion freigegeben werden.

Steht der globalen Transaktionsverwaltung keine Anwendungs-Konfliktdefinition (unter Berücksichtigung der Anwendungssemantik) zur Verfügung, so müssen die Konfliktdefinitionen der Subsysteme auf die Anwendungsebene übernommen werden. Da man sich dabei nicht auf subsystem-interne Zugriffe beziehen kann (also z.B. Seitenzugriffe), kann dieser Ansatz zu einer sehr restriktiven Konfliktdefinition führen: beispielsweise dazu, daß immer nur eine Transaktion auf einem "Tablespace" zugelassen wird. Immerhin kommt man aber in jedem Fall ohne Modifikation existierender Subsysteme aus.

mit Modifikation von Subsystemen:

GS3) Die Subsysteme des SDBS melden ihre jeweiligen Serialisierungsreihenfolgen vor dem Commit einer globalen Transaktion an die globale Transaktionsverwaltung. Nur wenn alle lokalen Serialisierungen miteinander kompatibel sind, wird das globale Commit durchgeführt [Pu88]; andernfalls wird die globale Transaktion zurückgesetzt. Bei diesem Lösungsansatz können verschiedene Subsysteme verschiedene Concurrency-Control-Protokolle verwenden, beispielsweise klassisches 2PL in Subsystem A und ein Mehrversionen-Sperrverfahren in Subsystem B. Da das Exportieren der lokalen Serialisierungsreihenfolge in praktisch keinem existierenden DBS vorgesehen ist, kommt man allerdings kaum ohne Modifikation von Subsytemen aus.

Unser Favorit unter diesen drei prinzipiellen Lösungsansätzen ist eindeutig Methode GS2, da hierbei gleichzeitig durch Ausnutzung der Anwendungssemantik die Parallelität gesteigert werden kann. Gegenüber den beiden anderen Lösungsansätzen setzt Methode GS2 außerdem weniger Kooperationsbereitschaft der Subsysteme voraus und erfordert insbesonders keine Modifikationen von Subsytemen. Ein Subsystem kann dabei jedes beliebige konflikterhaltend-serialisierbare oder ordnungserhaltend-serialisierbare Concurrency-Control-Verfahren verwenden [BSW88], und es müssen keinerlei Zustandsinformationen an die globale Transaktionsverwaltung gemeldet werden. Die Methode der Mehrschichten-Transaktionsverwaltung basiert ausschließlich auf der Isolation und Atomarität der Subtransaktionen.

4.2.2 Globale Atomarität

Falls mindestens ein an einer globalen Änderungstransaktion mit Datenänderungen beteiligtes Subsystem nicht zu einem SDBS-weiten verteilten Commit-Protokoll fähig ist, muß ein solches Commit-Protokoll in der globalen Transaktionsverwaltung realisiert werden. Dabei gibt es die folgenden beiden grundsätzlichen Alternative [MR91]:

GA1) Subtransaktionen einer globalen Transaktion werden erst nach dem Übergang in den globalen Commit-Zustand in den jeweiligen Subsystemen beendet [BST90, BO90, WV90]. Falls zwischen dem globalen Commit und dem lokalen Commit einer Subtransaktion das entsprechende Subsystem ausfällt, muß die Subtransaktion später wiederholt werden. Dazu muß die globale Transaktionsverwaltung entsprechende Redo-Information protokollieren, etwa in Form der in der Subtransaktion ausgeführten SQL-Anweisungen mit ihren aktuellen Parametern.

Ein Problem dabei ist, daß der Zeitpunkt eines Subsystemausfalls nicht exakt feststellbar ist. Wenn ein "Commit Work"-Auftrag an ein Subsystem den Returncode "System is unavailable" bzw. keinen Returncode erhält, kann dies durchaus bedeuten, daß das Subsystem erst nach Schreiben des "Commit"-Logsatzes ausgefallen ist. Nur wenn das Schreiben des Logsatzes und das Zustellen des Returncodes – wie bei einem DB/DC-System – zusammen atomar abgewickelt werden, können Zweifel über das Schicksal der Subtransaktion immer ausgeräumt werden. Andernfalls müßte man nach dem Wiederhochfahren des Subsystems den Status der Subtransaktion vor dem Systemausfall abfragen können, was bei existierenden kommerziellen DBS praktisch nicht möglich ist; oder es müßte sichergestellt sein, daß die einer u.U. fälschlich wiederholten Subtransaktion entsprechende Anwendungsoperation idempotent ist.

GA2) Alle Subtransaktionen einer globalen Transaktion werden vor dem Übergang in den globalen Commit-Zustand per "Commit"-Auftrag an die jeweiligen Subsysteme beendet [MR91]. Erst nach Erhalt aller positiven Returncodes vollzieht die globale Transaktionsverwaltung das globale Commit. Fällt in diesem Fall eines der beteiligten Subsysteme vor dem globalen Commit aus, so wird die gesamte Transaktion zurückgesetzt. Da dann schon eine oder mehrere Subtransaktionen beendet sein können, müssen – wie in Kapitel 4.1 skizziert – entsprechende Kompensations-Subtransaktionen gestartet werden. Aus demselben Grund wie bei Lösungsansatz GA1 muß dabei der Status einer Subtransaktion feststellbar sein, damit keine Kompensation einer bereits durch das entsprechende Subsystem zurückgesetzten Subtransaktion versucht wird; oder es muß sichergestellt sein, daß eine solche fälschlich gestartete Kompensations-Subtransaktion keinerlei Effekte hat.

Von diesen beiden Lösungsansätzen favorisieren wir Methode GA2, da sie den Vorteil einer frühen Sperrfreigabe in den Subsystemen bewahrt und somit gut mit Lösungsansatz GS2 für das Problem der globalen Serialisierbarkeit kombinierbar ist. Bei der ersten Methode GA1 werden demgegenüber alle lokalen Sperren erst nach dem Übergang in den globalen Commit-Zustand freigegeben. Das beiden Lösungsansätzen gemeinsame Idempotenz-Problem bzw. das Problem der Ermittlung des Status einer Subtransaktion erfordert eine gewisse Kooperationsbereitschaft zwischen den Subsystemen und der globalen Transaktionsverwaltung. Bei der Gestaltung zukünftiger, kooperativer DBS-Generationen sollte dieser Anforderung Rechnung getragen werden.

4.2.3 Diskussion

Die in diesem Kapitel angesprochenen Probleme bei der Kooperation mehrerer existierender DBS zur Durchführung globaler Transaktionen sind real und lassen sich an fast allen kommerziell relevanten DBS demonstrieren. Man könnte allerdings durchaus ins Feld führen, daß es sich dabei "lediglich" um Unzulänglichkeiten der heutigen Produktversionen handelt, die schon in der nächsten Version eliminiert sein sollten. ISO-Standards wie RDA und CCR [BFP87, PHEL87], De-facto-Standards wie LU6.2 [Du87] oder jetzt aufkommende offene Client-Server-Architekturen [Du90, LMR90, Th90] könnten das Commit-Problem globaler Transaktionen in naher Zukunft entschärfen; und die Tatsache, daß 2PL als Standardmethode in praktisch allen kommerziell wichtigen DBS verwendet wird, relativiert das Problem der globalen Serialisierbarkeit um einiges.

Ohne daß wir uns mit dieser Argumentationslinie hier im Detail auseinandersetzen wollen, glauben wir aus folgendem Grund, daß die Kooperation zwischen mehreren Transaktionsverwaltungen auch langfristig ein wichtiges Problem sein wird, das wesentlich fundamentaler angegangen werden sollte. Weder 2PL noch eines der üblichen 2-Phasen-Commit-Protokolle sollten nämlich auf Dauer als exklusive Lösungen zementiert werden; dies hieße ja geradezu, neue Forschungsresultate in diesen Bereichen zu ignorieren. Die heutige Dominanz von 2PL etwa erklärt sich zum einen aus den Charakteristika der in heutigen Produktionsumgebungen dominanten Transaktionslasten, aber auch aus der zeitlichen Verzögerung, mit der neue Konzepte und Algorithmen Eingang in Produkte finden. Immerhin gibt es heute schon mindestens ein kommerziell weit verbreitetes DBS, das für bestimmte Transaktionstypen ein Mehrversionen–Concurrency–Control–Protokoll verwendet. Analoges gilt für verteilte Commit–Protokolle, bei denen etwa Tradeoffs zwischen Kommunikationskosten und der Blockierungswahrscheinlichkeit der Protokolle (also beispielsweise die Nachteile und Vorteile eines 3–Phasen–Commit–Protokolls) abgewogen werden müssen.

Auf lange Sicht bedeutet dies, daß die Koexistenz mehrerer Protokolle für dasselbe Problem im selben oder in verschiedenen Subsystemen wünschenswert und letztendlich unvermeidlich sein wird. Schon die Kombinierbarkeit zweier relativ ähnlicher Protokolle ist aber häufig ein großes Problem (siehe z.B. [Mo89] zur Problematik, das Commit–Protokoll von LU6.2 mit dem "Presumed–Abort"–Protokoll zu kombinieren). Das Ziel einer offenen Architektur mit einer Vielfalt von Subsystemen führt somit zwangsläufig zu den in diesem Kapitel diskutierten Problemen, und nur eine auf der Kooperation von Subsystemen beruhende neuartige Gesamtarchitektur kann unseres Erachtens zu einer auch langfristig befriedigenden Lösung führen.

4.3 Föderation mehrerer Transaktionsverwaltungen

Im letzten Kapitel wurde gezeigt, daß die verschiedenen Transaktionsverwaltungen eines SDBS kooperieren müssen, um globale Transaktionen korrekt ausführen zu können. Typischerweise stellen solche globalen Transaktionen aber nur einen Teil der Anwendungen in einem "gewachsenen" SDBS dar, da die verschiedenen Subsysteme nach wie vor existierende "lokale" Anwendungen bedienen. In einem solchen **föderierten DBS** (kurz: FDBS) kooperieren Subsysteme zum Zweck der Ausführung globaler Transaktionen, behalten sich aber gleichzeitig auch die Autonomie vor, lokale Transaktionen auszuführen, die nicht von einer globalen Transaktion initiiert sind und die daher der globalen Transaktionsverwaltung nicht bekannt sind. Die **Koexistenz von globalen Transaktionen und lokalen Transaktionen** bereitet zusätzliche Probleme, die in diesem Kapitel anhand der vier Fälle GL1 bis GL4 aus Kapitel 2 diskutiert werden.

- *Fall GL1*
  (Globale Transaktionen vom Typ G1 und beliebige lokale Transaktionen):
  Da in diesem Fall typischerweise keine globale Serialisierbarkeit verlangt wird (siehe Kapitel 4.2.1), bilden die zusätzlichen lokalen Transaktionen kein Problem. "Cursor Stability" für globale Transaktionen wird bereits durch die lokale Serialisierbarkeit erreicht.

- *Fälle GL2 und GL3*
  (Globale Transaktionen vom Typ G2 oder G3 und beliebige lokale Transaktionen):
  In diesen Fällen können die zusätzlichen lokalen Transaktionen die globale Serialisierbarkeit der globalen Transaktionen beeinträchtigen (siehe unten). Komplikationen bezüglich des globalen Commit treten aus folgendem Grund nicht auf. Da es nämlich maximal eine ändernde Subtransaktion in einer globalen Transaktion gibt, kann diese Subtransaktion das lokale und gleichzeitig das globale Commit direkt durchführen, ohne daß dazu die globale Transaktionsverwaltung beteiligt sein muß.

- *Fall GL4*
  (Globale Transaktionen vom Typ G4 und beliebige lokale Transaktionen):
  Über den Fall GL2 hinaus besteht hier die Notwendigkeit eines globalen Commit–Protokolls. Beide in Kapitel 4.2.2 dazu diskutierten Lösungsansätze haben potentielle Probleme aufgrund der zusätzlichen lokalen Transaktionen. Das Problem resultiert daraus, daß zwischen dem Ausführen einer globalen Subtransaktion und einem eventuell später notwendigen Redo oder einer Kompensation der Subtransaktion eine lokale Transaktion laufen könnte. Dieser Umstand wiederum könnte die globale Serialisierbarkeit beeinträchtigen oder die Vorbedingungen ändern, unter denen das globale Commit einer globalen Transaktion zustandekam.

Im folgenden diskutieren wir die durch lokale Transaktionen zusätzlich verursachten Probleme bei der Gewährleistung der globalen Serialisierbarkeit und der Durchführung des globalen Commit genauer.

4.3.1 Globale Serialisierbarkeit unter Berücksichtigung lokaler Transaktionen

Abb. 10 zeigt ein Beispielszenario, bei dem es zu unerwünschten Wechselwirkungen zwischen globalen Transaktionen und lokalen Transaktionen kommt. Nehmen wir in Anlehnung an Beispiel 2.2 an, daß im Devisenhandel einer Bank die Gesamtposition einer als kritisch geltenden Währung ausschließlich in der Risikomanagement–DB (RMDB) geführt wird, während die meisten Währungen primär in der Devisenhandels–DB (DDB) geführt werden und nur größere Geschäfte auch in der RMDB direkt geprüft und registriert werden. Abb. 10 zeigt zwei Devisengeschäfte, die als globale Transaktionen GT1 und GT2 ausgeführt werden. Parallel zu diesen beiden globalen Transaktionen läuft auf der DDB eine lokale Transaktion LT3, die einem kleineren Devisengeschäft entspricht. Bei dem in Abb. 10 gezeigten Ablauf tritt folgende Anomalie auf: Obwohl die Subtransaktionen der beiden globalen Transaktionen in beiden Subsystemen sequentiell in derselben Reihenfolge ausgeführt werden (GST11 vor GST21 und GST12 vor GST22) und obwohl in beiden Subsystemen die entsprechenden lokalen Abläufe serialisierbar sind, entspricht der gesamte Ablauf im FDBS keiner serialisierbaren Ausführung der globalen Transaktionen. Das Problem resultiert aus der Wechselwirkung zwischen globalen Subtransaktionen und lokalen Transaktionen in der DDB. Wegen der lokalen Transaktion LT3 ist dort nämlich die einzige lokale Serialisierungsreihenfolge GST21 – LT3 – GST11, womit diese lokale Serialisierung inkompatibel zu der Serialisierungsreihenfolge GST12 – GST22 in der RMDB ist.

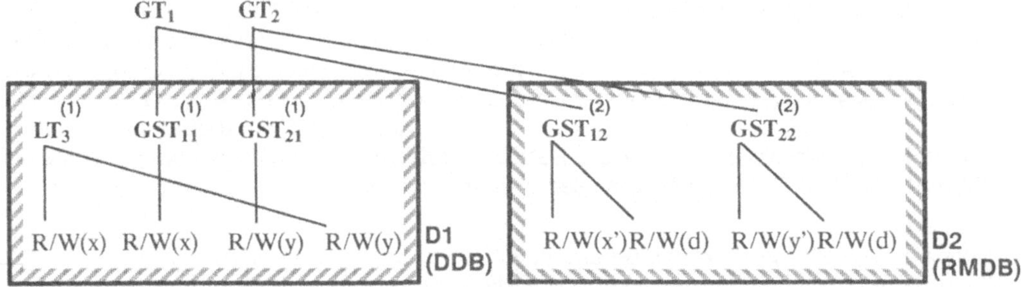

Abb. 10: Wechselwirkung zwischen globalen und lokalen Transaktionen in einem FDBS

Dieses in einem föderierten DBS auftretende Problem hat in den letzten Jahren zunehmende Beachtung in der Literatur gefunden [BO89, DE89, BST90, OV91], ohne daß man es als gelöst betrachten könnte. Insbesondere wurde diskutiert, ob globale Serialisierbarkeit überhaupt ein adäquates Korrektheitskriterium für die diskutierte Situation ist, und stattdessen wurde die sogenannte **Quasi–Serialisierbarkeit** als Korrektheitskriterium vorgeschlagen [DE89].

Quasi–Serialisierbarkeit kann als Variante der Mehrschichten–Serialisierbarkeit angesehen werden [SWS91]. Konzeptuell werden die sich aus den jeweiligen lokalen Konflikten der Subsystem–Ebene ergebenden Abhängigkeiten an die globale Transaktionsverwaltung gemeldet. Die globale Transaktionsverwaltung prüft dann, ob die gemeldeten Abhängigkeiten mit der sich aus den (semantischen) Konflikten der Anwendungsebene resultierenden Serialisierungsreihenfolge kompatibel ist, d.h. ob eine globale (Mehrschichten–) Serialisierung existiert. Dabei müssen jedoch nicht alle lokalen Abhängigkeiten beachtet werden; gemeldete Abhängigkeiten zwischen semantisch konfliktfreien Anwendungsoperationen sind irrelevant (die Serialisierbarkeit der Subtransaktionen vorausgesetzt). Quasi–Serialisierbarkeit entspricht dann dem Postulat, daß nur lokale Abhängigkeiten zwischen Subtransaktionen globaler Transaktionen relevant sind, die direkt bestehen oder sich transitiv über lokale Transaktionen ergeben, die in der Ausführungsreihenfolge zwischen den betroffenen Subtransaktionen liegen. Der in Abb. 10 gezeigte parallele Ablauf ist quasi–serialisierbar. Abb. 11 dagegen zeigt einen Ablauf, der nicht quasi–serialisierbar ist, obwohl alle lokalen Abläufe serialisierbar sind. In Abb. 10 sind die Abhängigkeiten LT3 –> GST11 und GST21 –> LT3 irrelevant, während in Abb. 11 die lokale Transaktion LT3 zu einer relevanten transitiven Abhängigkeit zwischen GST11 und GST21 führt. Die Intuition hinter dieser Argumentation ist, daß lokale Transaktionen nur dann zu einer echten Wechselwirkung zwischen globalen Transaktionen führen, wenn sie gewissermaßen Information von einer globalen Subtransaktion zu einer anderen globalen Subtransaktion transportieren. In Abb. 11 liest LT3 den von GST11 veränderten Wert von x und verändert den Wert von y, den wiederum GST21 liest. Damit hat GST11 die Wirkung von GST21 indirekt beeinflußt.

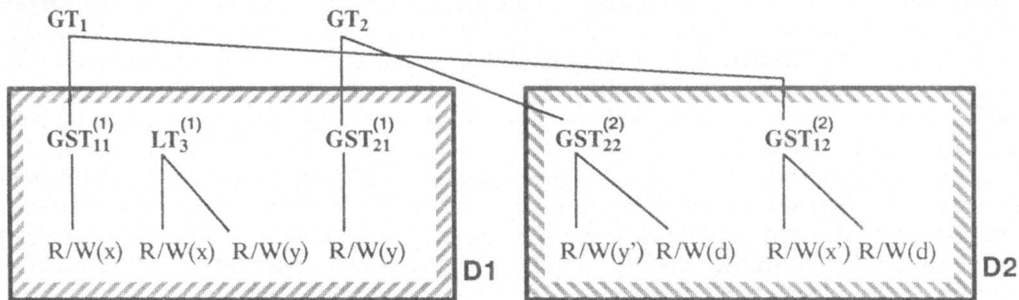

Abb. 11: Verletzung der Quasi-Serialisierbarkeit

Der von uns in Kapitel 4.2 favorisierte Ansatz der Mehrschichten–Transaktionsverwaltung kann um die Behandlung lokaler Transaktionen erweitert werden [SWS91]. Die Grundidee der Realisierung dabei ist, lokale Transaktionen, die zu relevanten transitiven Abhängigkeiten zwischen globalen Subtransaktionen führen könnten, abzublocken (vgl. [RMWHB91]). Da die lokalen Transaktionen der globalen Transaktionsverwaltung nicht bekannt sind, muß eine solche Blockierung durch das betroffene Subsystem erfolgen. Zu diesem Zweck fordern wir von jedem Subsystem, daß es die Sperren einer globalen Subtransaktion auch nach Beendigung der Subtransaktion in einem speziellen "Retained"–Modus hält. Diese "Retained"–Sperren werden erst nach dem globalen Commit freigegeben. Bezüglich der Konfliktdefinition sind dann zwei Fälle zu unterscheiden:

1) Eine "Retained"–Sperre einer globalen Subtransaktion ist unverträglich mit Sperranforderungen lokaler Transaktionen, die auf dasselbe Objekt mit einer unverträglichen Operation (Read oder Write) zugreifen wollen. Die lokalen Transaktionen müssen in diesem Fall bis zum globalen Commit der globalen Transaktion warten.
2) "Retained"–Sperren einer globalen Subtransaktion sind mit den regulären Sperranforderungen anderer globaler Subtransaktionen verträglich (ebenso mit den späteren Konversionen in den "Retained"–Modus).

Dabei wird vorausgesetzt, daß globale Subtransaktionen nur bei Konfliktfreiheit auf der Anwendungsebene von der globalen Transaktionsverwaltung zur Ausführung im entsprechenden Subsystem zugelassen werden und daß die lokalen Transaktionsverwaltungen zwischen globalen Subtransaktionen und lokalen Transaktionen unterscheiden können (z.B. aufgrund der Benutzerkennungen). Ein solches oder ähnliches kooperatives Verhalten der Subsysteme und der globalen Transaktionsverwaltung ist die Voraussetzung für die Koexistenz effizient ausgeführter globaler und lokaler Transaktionen in einem FDBS. Die in unserem Vorschlag beim Konfliktfall auftretende Benachteiligung lokaler Transaktionen gegenüber globalen Transaktionen ist freilich wenig wünschenswert. An dieser Stelle zeigt sich deutlich das Spannungsfeld zwischen Kooperation und Autonomie.

4.3.2 Globales Commit unter Berücksichtigung lokaler Transaktionen

Das Problem läßt sich bereits an dem vermeintlich einfachsten Fall demonstrieren: der Verwendung von striktem 2PL in allen Subsystemen (Lösungsansatz GS1 für globale Serialisierbarkeit) in Verbindung mit Subtransaktions–Redo im Fehlerfall (Lösungsansatz GA1 für das globale Commit). Wenn nämlich bei diesem Protokoll ein Subsystem nach der Ausführung mehrerer globaler Subtransaktionen ausfällt und dann vor dem durch die globale Transaktionsverwaltung initiierten eventuell notwendigen Redo einer der Subtransaktionen eine lokale Transaktion ausgeführt wird, können weder globale Serialisierbarkeit noch Quasi-Serialisierbarkeit gewährleistet werden. Ein analoges Problem tritt bei der mit Kompensations-Subtransaktionen arbeitenden zweiten Methode zur Durchführung des globalen Commit ebenfalls auf.

Ein Beispiel für die Problematik ist in Abb. 12 gezeigt. Das Beispiel ist deshalb noch nicht einmal lokal serialisierbar, da beim Subtransaktions-Redo nur die ändernden Operationen wiederholt werden. Würde man die Leseoperationen und den gesamten Anwendungscode ebenfalls wiederholen (im Beispiel also zusätzlich R(x)), d.h. die globale Subtransaktion vollständig neu ausführen, dann könnte man wohl die globale Serialisierbarkeit sicherstellen, jedoch gibt es noch ein weiteres Problem. Eine lokale Transaktion zwischen der ersten und der wiederholten Ausführung einer globalen Subtransaktion könnte nämlich die Vorbedingungen ändern, unter denen das globale Commit ursprünglich zustandekam. In Abb. 12 könnte beispielsweise GT1 eine Devisenhandelstransaktion sein, die nach erfolgreicher Prüfung lokaler Limiten und der in der Risikomanagement-DB verwalteten bankweiten Limiten ein Geschäft abschließt. Wenn nun die lokale Transaktion LT2 dazu führt, daß ein lokales Limit bezüglich der Währung z überschritten wird, dann hätte eigentlich GT1 kein Commit durchführen dürfen.

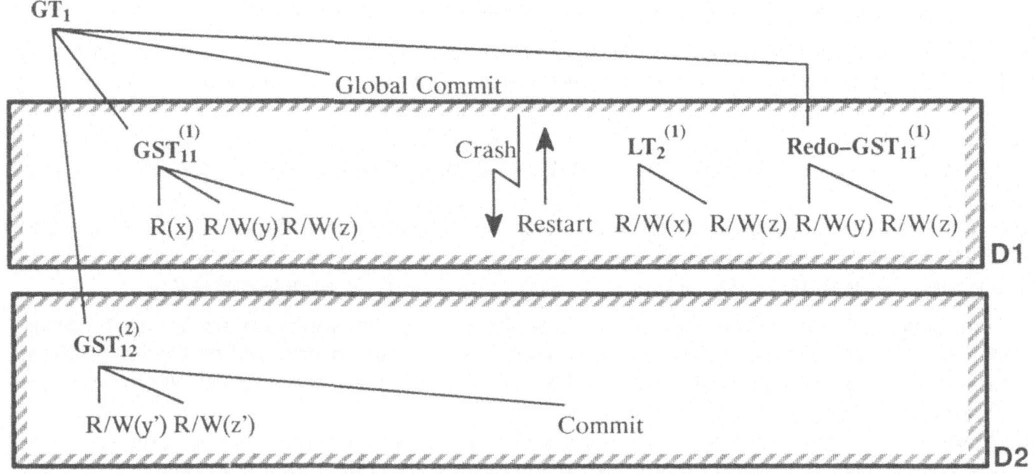

Abb. 12: Einfluß lokaler Transaktionen auf die Recovery

Wie in [BST90] vorgeschlagen wird, besteht ein möglicher Ausweg darin, Änderungen lokaler Transaktionen auf denjenigen Daten zu verbieten, die potentiell von globalen Transaktionen geändert werden dürfen. Dies bedeutet, daß die gesamten Daten des FDBS in lokal änderbare und global änderbare Daten partitioniert werden. Darüber hinaus muß man sogar auch verbieten, daß globale Subtransaktionen, die Änderungen durchführen, Daten lesen, die durch lokale Transaktionen geändert werden dürfen. Solche administrative Restriktionen gehen aber natürlich auf Kosten der Anwendungsfunktionalität und der Anwendungsentwicklungsproduktivität in einer FDBS-Umgebung.

Ein anderer, in [BO90] vorgeschlagener Ausweg besteht darin, nach dem Ausfall und Wiederhochfahren eines Subsystems so lange keine lokalen Transaktionen zuzulassen, bis die entsprechenden Recovery-Maßnahmen (Redo von Subtransaktionen oder Kompensation von Subtransaktionen) der globalen Transaktionsverwaltung abgeschlossen sind. Dies ist erneut eine Beschränkung der Autonomie.

5 Ausblick

Wir haben in diesem Beitrag die Aspekte der Verteilung (von Aufträgen) sowie der Heterogenität und Autonomie (der an einem Auftrag beteiligten Anwendungs- und Datenbanksysteme) betrachtet und verschiedene Lösungsansätze diskutiert. Insbesondere haben wir dabei versucht, die Zusammenhänge zwischen der Erweiterbarkeit von DBS, der Kooperation von DBS und der Föderation von DBS aufzuzeigen.

Die an sich erstrebenswerte Autonomie bei der Verwaltung von Objekten bedeutet das Beibehalten spezifischer Objekte und Operationen für lokale Anwendungen und erfordert höhere Kosten bei globalen Anwendungen. Für letztere sind ja Konversionen durchzuführen, wenn globale Sichten verwendet werden. Materialisiert man Sichten, so treten ebenfalls Mehrkosten auf, weil Änderungen propagiert werden müssen. Letztlich ist daher die Festlegung des Autonomiegrades ein interessantes und relevantes Forschungsproblem.

Bezüglich der Transaktionsverwaltung resultieren die schwierigsten Probleme aus der Koexistenz globaler und lokaler Transaktionen. Die Quintessenz der Diskussion ist, daß eine funktionierende Föderation mehrerer Transaktionsverwaltungen ohne eine gewisse Einschränkung der lokalen Autonomie nicht möglich zu sein scheint. Andererseits liegt zwischen völliger Autonomie und vollständiger Integration (im Sinne eines einzigen verteilten DBS) ein breites Spektrum von Möglichkeiten, kooperative Subsysteme zu einer Föderation zusammenzuschließen. Dieses Spektrum gilt es besser zu verstehen, um zu lebensfähigen Systemlösungen zu gelangen.

Danksagung

Wir möchten an dieser Stelle folgenden Personen herzlich danken: Werner Schaad und Andreas Wolf für die Hilfe bei der technischen Gestaltung des Papiers, Peter Muth, Thomas Rakow, Dr. Marc Scholl und nochmals Andreas Wolf für wertvolle Hinweise sowie Prof. Rudolf Marty für die Unterstützung bei der Diskussion des hypothetischen Bankbeispiels.

Literatur

[Ab87] Abramowicz, K., Dittrich, K.R., Gotthard, W., Längle, R., Lockemann, P.C., Raupp, T., Rehm, S., Wenner, T., Datenbankunterstützung für Software-Produktionsumgebungen, BTW87, Springer, IFB 136

[AGS87] Alonso, R., Garcia-Molina, H., Salem, K., Concurrency Control and Recovery for Global Procedures in Federated Database Systems, IEEE Database Engineering Vol.10 No.3, 1987

[Ba88] Bartelme, N., GIS Technologie, Geoinformationssysteme, Landinformationssysteme und ihre Grundlagen, Springer, 1988

[Ban89] Bancilhon, F., Query Languages for Object-Oriented Database Systems: Analysis and a Proposal, BTW89, Springer, IFB 204

[Be89] Beeri, C., Formal Models for Object-Oriented Databases, Int. Conf. on Deductive and Object-Oriented Database Systems, North-Holland, 1989

[BB89] Biskup, J., Brüggemann, H.H., An Object-Surrogate-Value Approach for Database Languages, Tech. Rep. 4/89, Hildesheimer Informatik-Berichte, Universität Hildesheim, 1989

[BBG89] Beeri, C., Bernstein, P.A., Goodman, N., A Model for Concurrency in Nested Transactions Systems, Journal of the ACM Vol.36 No.1, 1989

[BDD85] Brägger, R.P., Diener, A., Dudler, A., The Presentation of Private and Shared Data in a Federative Database Server, BTW85, Springer, IFB 94

[BFP87] Bever, M., Feldhoffer, M., Pappe, S., OSI Services for Transaction Processing, 2nd Int. Workshop on High Performance Transaction Systems, 1987, Springer, LNCS 359

[BHG87] Bernstein, P.A., Hadzilacos, V., Goodman, N., Concurrency Control and Recovery in Database Systems, Addison-Wesley, 1987

[BHM90] Bernstein, P.A., Hsu, M., Mann, B., Implementing Recoverable Requests Using Queues, ACM SIGMOD Conf., 1990

[BLN86] Batini, C., Lenzerini M., Navathe, S.B., A Comparative Analysis of Methodologies for Database Schema Integration, ACM Computing Surveys, Vol 18 No. 4, 1986

[BO89] Barker, K., Ozsu, M.T., Concurrent Transaction Execution in Multidatabase Systems, Technical Report TR89-29, Department of Computer Science, University of Alberta, Edmonton, 1989

[BO90] Barker, K., Ozsu, M.T., Reliability of Transactions on Multidatabase Systems, Technical Report TR-90-10, Department of Computer Science, University of Alberta, Edmonton, 1990

[BST90] Breitbart, Y., Silberschatz, A., Thompson, G.R., Reliable Transaction Management in a Multidatabase System, ACM SIGMOD Conf., 1990

[BSW88] Beeri, C., Schek, H.-J., Weikum, G., Multi-Level Transaction Management, Theoretical Art or Practical Need?, 1st Int. Conf. on Extending Database Technology, 1988, Springer, LNCS 303

[BW89] Bohn, V., Wagner, T., Transaktionsketten – Konzept und Implementierung, 4. GI/ITG/GMA-Fachtagung über Fehlertolerierende Rechensysteme, 1989, Springer, IFB 214

[CFW90] Copeland, G., Franklin, M., Weikum, G., Uniform Object Management, 2nd Int. Conf. on Extending Database Technology, Springer, LNCS 416

[CR90] Chrysanthis, P.K., Ramamritham, K., ACTA: A Framework for Specifying and Reasoning about Transaction Structure and Behavior, ACM SIGMOD Conf., 1990

[Da78] Davies, C.T., Data Processing Spheres of Control, IBM Systems Journal Vol.17 No.2, 1978

[Du87] Duquaine, W., LU 6.2 as a Network Standard for Transaction Processing, 2nd Int. Workshop on High Performance Transaction Systems, 1987, Springer, LNCS 359

[Du90] Duquaine, W.V., Mainframe DBMS Connectivity via General Client/Server Approach, IEEE Data Engineering Vol.13 No.2, 1990

[DE89] Du, W., Elmagarmid, A.K., Quasi Serializability: A Correctness Criterion for Global Concurrency Control in InterBase, VLDB Conf., 1989

[DKM85] Dittrich, K.R., Kotz, A.M., Mülle, J.A., Basismechanismen fuer komplexe Konsistenzprobleme in Entwurfsdatenbanken, BTW85, Springer, IFB 94

[DSW90] Dröge, G., Schek, H.-J., Wolf, A., Erweiterbarkeit in DASDBS, Informatik Forschung und Entwicklung Vol.5 No.4, 1990

[ED90] Elmagarmid, A.K., Du, W., A Paradigm for Concurrency Control in Heterogeneous Distributed Database Systems, IEEE Data Engineering Conf., 1990

[ELLR90] Elmagarmid, A.K., Leu, Y., Litwin, W., Rusinkiewicz, M., A Multidatabase Transaction Model for InterBase, VLDB Conf., 1990

[Ga83] Garcia-Molina, H., Using Semantic Knowledge for Transaction Processing in a Distributed Database, ACM TODS Vol.8 No.2, 1983

[Gr81] Gray, J., The Transaction Concept: Virtues and Limitations, VLDB Conf., 1981

[GP86] Gligor, V.D., Popescu-Zeletin, R., Transaction Management in Distributed Heterogeneous Database Management Systems, Information Systems Vol.11 No.4, 1986

[GS84] Gifford, D., Spector, A., The TWA Reservation System, Comm. of the ACM Vol.27 No.7, 1984

[GS87] Garcia-Molina, H., Salem, K., Sagas, ACM SIGMOD Conf., 1987

[HFW90] Heuer, A. Fuchs, J., Wiebking, U., OSCAR: An Object-Oriented Database System with a Nested Relational Kernel, ERM Conf., 1990.

[HM85] Heimbigner, D., McLeod D., A Federated Architecture for Information Management, ACM Transactions on Office Information Systems Vol. 3 No. 3, 1985

[HMMS87] Haerder, T., Meyer-Wegener, K., Mitschang, B., Sikeler, A., PRIMA – A DBS Prototype Supporting Engineering Applications, VLDB Conf., 1987

[HPS90] Härder, T., Profit, M., Schöning, H., Supporting Parallelism in Engineering Databases by Nested Transactions, Technical Report, Universität Kaiserslautern, 1990

[HR83] Haerder, T., Reuter, A., Principles of Transaction-Oriented Database Recovery, ACM Computing Surveys Vol.15 No.4, 1983

[HR85] Härder, T., Reuter, A., Architektur von Datenbanksystemen für Non-Standard-Anwendungen, BTW85, Springer, IFB 94

[HR90] Harris, P., Reiner, D., The Lotus DataLens Approach to Heterogeneous Database Connectivity, IEEE Data Engineering Vol.13 No.2, 1990

[HW91] Hasse, C., Weikum, G., Multi-Level Transaction Management for Complex Objects: Implementation, Performance, Parallelism, Technical Report, ETH Zurich, 1991

[Io89] Iochpe, C., Database Recovery in the Design Environment: Requirements Analysis and Performance Evaluation, Ph.D. Thesis, University of Karlsruhe, 1989

[IBM90] Data Propagator MVS/ESA, General Information, IBM Corp., Order No. GC26-4735-00, 1990

[Ja90] Jablonski, S., Datenverwaltung in verteilten Systemen, Springer, IFB 233, 1990

[JLRS88] Johannsen, W., Lamersdorf, W., Reinhardt, K., Schmidt, J.W., Der DURESS-Prototyp einer föderativen Datenbankarchitektur und seine globale Transaktionsbehandlung, 18. GI-Jahrestagung Band 2, 1988, Springer, IFB 188

[Ke88] Kelter, U., Transaktionskonzepte für Non-Standard-Datenbanksysteme, Informationstechnik Band 30 Heft 1, 1988

[KD90] Kotz-Dittrich, A. Dittrich, K.R., Studienaufenthalt zum Thema "Objektorientierte Datenbanktechnologie", Reisebericht, 1990

[KDG87] Kuespert, K., Dadam, P., Guenauer, J., Cooperative Object Buffer Management in the Advanced Information Management Prototype, VLDB Conf., 1987

[KLS90] Korth, H.F., Levy, E., Silberschatz, A., Compensating Transactions: A New Recovery Paradigm, VLDB Conf., 1990

[KLW90] Kifer, M., Lausen, G., Wu, J., Logical Foundation of Object-Oriented and Frame-Based Languages, Techn. Bericht 3/1990, Reihe Informatik, Universität Mannheim, 1990

[Li89] Litwin, W., A Model for Computer Life, NSF Workshop on Heterogeneous Databases, Evanston, 1989

[Lo89] Lockemann, P.C., Sichtintegration in objektorientierten Datenbanken: Mehr Unterstützung durch mehr Semantik, Informatik-Kolloquium an der ETH Zürich, Juni 1989

[LH90] Lindsay, B., Haas, L., Extensibility in the Starburst Experimental Database System, in: Database Systems of the 90's (ed. A. Blaser), Springer, LNCS 466, 1990

[LKD88] Linnemann, V., Kuespert, K., Dadam, P. et al., Design and Implementation of an Extensible Database Management System Supporting User-Defined Data Types and Functions, VLDB Conf. 1988

[LMR90] Litwin, W., Mark, L., Roussopsoulos, N., Interoperability of Multiple Autonomous Databases, ACM Computing Surveys Vol.22 No.3, 1990

[LNE89] Lohman, F., Neumann, K., Ehrich, H.-D., Entwurf eines Datenbank-Prototyps für geowissenschaftliche Anwendungen, BTW89, Springer, IFB 204

[Ma89] Manola, F. Object Model Capabilities for Distributed Object Management, Techn. Rep. TM-0149-06-89-165, GTE Laboratories, June 1989

[Mai89] Maier, D., Why isn't there an Object-Oriented Data Model?, Techn. Rep. CS/E-89-002, Oregan Graduate Center, Beaverton, 1989

[Me88] Meyer-Wegener, K., Transaktionssysteme, Teubner, 1988

[Mo89] Mohan, C., LU6.2 and Presumed Abort: A Marriage Made in Heaven?, 3rd Int. Workshop on High Performance Transaction Systems, 1989

[MGG86] Moss, J.E.B., Griffeth, N.D., Graham, M.H., Abstraction in Recovery Management, ACM SIGMOD Conf., 1986

[MHLPS89] Mohan, C., Haderle, D., Lindsay, B., Pirahesh, H., Schwarz, P., ARIES: A Transaction Recovery Method Supporting Fine-Granularity Locking and Partial Rollbacks Using Write-Ahead Logging, IBM Research Report RJ6649, San Jose, 1989, to appear in: ACM TODS

[MR91] Muth, P., Rakow, T.C., Atomic Commitment for Integrated Database Systems, IEEE Data Engineering Conf., 1991

[Ora] Oracle RDBMS Administrator's Guide Version 6.0, Oracle Corp., 1988

[O'N86] O'Neil, P.E., The Escrow Transactional Method, ACM TODS Vol.11 No.4, 1986

[OH86] Osborn, S.L., Heaven, T.E., The Design of a Relational Database System with Abstract Data Types for Domains, ACM TODS, Vol. 11 No. 3, 1986

[OV91] Ozsu, M.T., Valduriez, P., Principles of Distributed Database Systems, Prentice-Hall, 1991

[Pau88] Pausch, R., Adding Input and Output to the Transaction Model, Ph.D. Thesis, Carnegie Mellon University, 1988

[Pros90] Duppel, N., Gugel, D., Maier, J., Reuter, A., Schiele, G., Proc. PROSPECT Workshop, IPVR, Universität Stuttgart, 1990

[Pu88] Pu, C., Superdatabases for Composition of Heterogeneous Databases, IEEE Data Engineering Conf., 1988

[PHEL87] Pappe, S., Heil, H.-L., Effelsberg, W., Lamersdorf, W., Datenbankzugriff in offenen Rechnernetzen, BTW87, Springer, IFB 136

[PSSW87] Paul, H.-B., Söder, A., Schek, H.-J., Weikum, G., Unterstützung des Büro-Ablage-Service durch ein Datenbankkernsystem, BTW87, Springer, IFB 136

[RGN90] Rakow, T.C., Gu, J., Neuhold, E.J., Serializability in Object-Oriented Database Systems, IEEE Data Engineering Conf., 1990

[RMWHB91] Rakow, T., Muth, P., Weikum, G., Hasse, C., Brössler, P., Semantic Concurrency Control in Object-Oriented Database Systems, Manuscript, 1991

[Sch86] Schek, H.-J., Datenbanksysteme für die Verwaltung geometrischer Objekte, 16. GI-Jahrestagung 1986, Springer, IFB 126

[Scheu90] Scheuermann, P. et al., Report of the Workshop on Heterogeneous Database Systems, Evanston, 1989, in: ACM SIGMOD Record Vol.19 No.4, 1990

[Scho88] Scholz, I.B., CIM-Schnittstellen, Konzepte, Standards und Probleme der Verknüpfung von Systemkomponenten in der rechnerintegrierten Produktion, Oldenbourg, 1988

[St86] Stonebraker, M., Inclusion of New Types in Relational Database Systems, IEEE Data Engineering Conf., 1986

[Sy] Sybase Open Server Reference Manual Rel. 1.0, Sybase Inc., 1989

[SB90] Simonson, D., Benningfield, D., INGRES Gateways: Transparent Heterogeneous SQL Access, IEEE Data Engineering Vol.13 No.2, 1990

[SL90] Sheth, A.P., Larson, J.A., Federated Databases: Architectures and Integration, ACM Computing Surveys Vol.22 No.3, 1990

[SLT91] Scholl, M.H., Laasch, C., Tresch, M., Updatable Views in Object-Oriented Databases, Techn. Bericht 148, ETH Zürich, Departement Informatik, 1991

[SN88] Schrefl, M., Neuhold, E.J., Object Class Definition by Generalization Using Upward Inheritance, IEEE Data Engineering Conf., 1988

[SO89] Straube, D.D., Ozsu, M.T., Queries in Object-Oriented Databases: An Equivalent Algebra amd Calculus, Techn. Rep. TR89-16, Dept. of Comp. Science, University of Alberta, Edmonton, 1989

[SP90] Spaccapietra, S., Parent, C., View Integration: A Step Forward in Solving Structural Conflicts, Rapport de Rech., EPFL Lausanne, 1990

[SPSW90] Schek, H.-J., Paul, H.-B., Scholl, M.H., Weikum, G., The DASDBS Project: Objectives, Experiences, and Future Prospects, IEEE Transactions on Knowledge and Data Engineering Vol.2 No.1, 1990

[SR84] Stonebraker, M., Rowe, L.A., Database Portals: A New Application Program Interface, VLDB Conf., 1984

[SS90a] Scholl, M.H., Schek, H.-J., A Relational Object Model, 3rd Int. Conf. on Database Theory, 1990, Springer, LNCS 470

[SS90b] Schek, H.-J., Scholl, M.H., Evolution of Data Models, in: Database Systems of the 90's (ed. A. Blaser), Springer, LNCS 466, 1990

[SS90c] Scholl, M.H., Schek, H.-J., A Synthesis of Complex Objects and Object-Orientation, Proc. IFIP TC2 Working Conf., Windermere 1990, to be published by North-Holland/Elsevier

[SSW90] Schek, H.-J., Scholl, M.H., Weikum, G., From the Kernel to the COSMOS: The Database Research Group at ETH Zurich, Technical Report 136, Computer Science Dept., ETH Zurich, 1990

[SWS91] Schek, H.-J., Weikum, G., Schaad, W., A Multi-Level Transaction Approach to Federated DBS Transaction Management, Int. Workshop on Interoperability in Multidatabase Systems, Kyoto, 1991

[SZ89a] Skarra, A.H., Zdonik, S.B., Concurrency Control and Object–Oriented Databases, in: W. Kim, F.H. Lochovsky (eds.), Object–Oriented Concepts, Databases, and Applications, ACM Press, 1989

[SZ89b] Shaw, G., Zdonik S., An Object Oriented Query Algebra, IEEE Data Engineering Vol. 12 No. 3, 1989

[Th90] Thomas, G., Thompson, G.R., Chung, C.-W., Barkmeyer, E., Carter, F., Templeton, M., Fox, S., Hartman, B., Heterogeneous Distributed Database Systems for Production Use, ACM Computing Surveys Vol.22 No.3, 1990

[US89] Unland, R., Schlageter, G., Ein allgemeines Modell für Sperren in nicht–konventionellen Datenbanken, BTW89, Springer, IFB 204

[Vei90] Veijalainen, J., Transaction Concepts in Autonomous Database Environments, GMD–Bericht Nr. 183, Oldenbourg, 1990

[Vo90] Vossen, G., Transaktionsverarbeitung in Datenbanksystemen unter Ausnutzung semantischer Information, Hüthig–Verlag, 1990

[Wa84] Walter, B., Nested Transactions with Multiple Commit Points: An Approach to the Structuring of Advanced Database Applications, VLDB Conf., 1984

[Wa85] Walter, B., Multi–Level Synchronization and Nested Transactions in Advanced Information Systems, BTW85, Springer, IFB 94

[We88] Weihl, W.E., Commutativity–based Concurrency Control for Abstract Data Types, IEEE Transactions on Computers Vol.37 No.12, 1988

[Wed89] Wedekind, H., Eine logische Analyse des Verhältnisses von Anwendungs– und Datenbanksystemen, BTW89, Springer, IFB 204

[Wei86a] Weikum, G., A Theoretical Foundation of Multi–Level Concurrency Control, ACM PODS Conf., 1986

[Wei86b] Weikum, G., Pros and Cons of Operating System Transactions for Data Base Systems, in Proc. of: ACM IEEE Fall Joint Computer Conf., Dallas, 1986

[Wei87] Weikum, G., Principles and Realization Strategies of Multi–Level Transaction Management, Technical Report DVSI–1987–T1, TH Darmstadt, 1987, to appear in: ACM TODS

[Wei88] Weikum, G., Transaktionen in Datenbanksystemen, Addison–Wesley, Bonn, 1988

[Wo89] Wolf, A., Extern definierte Datentypen und Prozeduren in DASDBS, BTW89, Springer, IFB 204

[WHBM90] Weikum, G., Hasse, C., Brössler, P., Muth, P., Multi–Level Recovery, ACM PODS Conf., Nashville, 1990

[WLH90] Wilkinson, K., Lyngbaek, P., Hasan, W., The Iris Architecture and Implementation, IEEE Transactions on Knowledge and Data Engineering Vol.2 No.1, 1990

[WR90] Wächter, H., Reuter, A., Grundkonzepte und Realisierungsstrategien des ConTract–Modells, Informatik Forschung und Entwicklung Vol.5 No.4, 1990

[WS84] Weikum, G., Schek, H.-J., Architectural Issues of Transaction Management in Layered Systems, VLDB Conf., 1984

[WS91] Weikum, G., Schek, H.-J., Multi–Level Transactions and Open Nested Transactions, IEEE Data Engineering Vol.14 No.1, 1991

[WSSH88] Wilms, P.F., Schwarz, P.M., Schek, H.-J., Haas, L.M., Incorporating Data Types in an Extensible Database Architecture, 3rd Int. Conf. on Data Kowledge Bases, Jerusalem, 1988

[WV90] Wolski, A., Veijalainen, J., 2PC Agent Method: Achieving Serializability in Presence of Failures in a Heterogeneous Multidatabase, PARBASE Conf., 1990

A Model to Support Routine Office-Work

Jens Behrmann-Poitiers
NTE NeuTech - Neue Technologien Entwicklungsgesellschaft mbH & Co KG
Ost-West-Straße 49, 2000 Hamburg 11

Jürgen Edelmann
PU - Partnerschaftliche Unternehmensberatung GmbH
Steindamm 9, 2086 Ellerau

Abstract

In most offices complex routine work, called cases, has to be dealt with. Characteristic is, that cases have a predefined structure that can be split into tasks to be shared between different persons carrying out their parts in a cooperative manner. The handling of cases can be supported by an electronic system if the structure of cases is formally described and thus made interpretable. This article outlines data structures needed for an electronic case-handling system and sketches an execution model for arbitrary cases that fits into the architecture of current office-information systems. It is assumed throughout this article that all case data are held in a relational database since the nature of case handling requires concurrent access to all data under control of a RDBMS.

1   Motivation

A great part of office work can be characterized by its repetetive nature, the time it takes to perform the work, its complexity, and the fact that the whole work is shared between several cooperating persons [15]. Thus characterized work is called a **case** throughout this article. The repetetive and pre-known structure of cases allows to define so-called **case types,** i.e. classes of cases with the same structure but differing data.

Nowadays available office-information systems (OIS) can merely cover parts of such office work, since they are constructed like a toolbox serving for single tasks as e.g. the preparation, electronic interchange, or archiving of a document. Thus they lack in their problem orientation since they do not advise how the work should be carried out and how to perform it most efficiently by choosing the appropriate tool.

In order to actually support case handling, it is necessary to specify a **case plan.** (For the terminology compare e.g. [13].) It fixes the complete process taking place when a particular case of a given type is handled. This includes at least the persons performing single actions, the operations to be performed, and the data to be handled plus the ordering of all actions to sequences, alternatives, and cycles. A **case-handling system** (CHS) has to provide tools for the design, maintenance, and system-mediated execution of thus specified case types.

Compared to an OIS, the additional functionality of a CHS allows to achieve the following benefits:

- The time and costs to be spent for communication and harmonization processes for solving a problem are minimized, since the structure of these processes is analyzed and fixed once for a case type.

- Cases are automatically forwarded to the next responsible office worker ensuring that the relevant data is at the place where it is needed without explicit transportation or delays because of retrieval times.

- The data propagation between software tools avoids media breaks since multiple filling-in of data becomes obsolete. Therefore typing errors are minimized.

- An overview of currently handled cases is available at every time. This allows

  o to forward incoming documents or telephone calls to the office worker currently handling the corresponding case

  o to answer a client's enquiries about the status of his case

  o to gain statistics, e.g. of the number of cases finished in a given time interval, and further management-information requests

  o to automatically balance the work load in groups of office workers with the same responsibilities by forwarding cases accordingly.

- The office worker gets an overview of all cases which have to be handled by him. Thus no case can be overlooked.

- Provided that an office worker has chosen a particular case, the system assists in selecting the correct action on the basis of the case type and the case's current status, and controls all accesses to needed data. Instead of guessing which tool could be appropriate for the desired purpose and invoking it manually, the system picks the correct tool and lets the office worker concentrate on solving the particular problem.

- Handling of a case can easily be interrupted due to unavailabilities, telephone calls, or similar, without loss of data.

Summarizing, a CHS leads to faster and more precise processing of routine work with the effects, that clients are more satisfied and office workers with the same responsibility get an equivalent work load.

Even in a typically decentralized hardware architecture of OISs, it is useful to have a central instance controlling the case handling. This instance

- keeps track of all available case types,

- knows the status of currently open cases, and

- controls the forwarding of cases over the network by inspecting its internal tables of the organizational structure. (See below)

By centralizing the storage of all case-type descriptions and all data about open cases (note: not data of cases, which will be spread over the network), it becomes easily possible to provide the mentioned functionalities, like searching the office worker currently handling a particular case. Though this architecture can be implemented as a client-server system with the server functioning as central instance, it is also possible to decentralize data about cases in a distributed database as long as on the logical level a centralized view can be applied.

It is obvious that this data collection should be stored in a relational database since concurrent accesses to data are best controlled by a RDBMS also guaranteeing consistency and robustness of data. Furthermore, an interactive SQL-like interface helps to extract data for ad-hoc queries as they are needed in a CHS.

Enhancements of SQL according to e.g. the NF² model [20] or the MAD model [16] could doubtless benefit this RDBMS application. They would allow to represent a complete case-type description as one object.

Nevertheless, a CHS will only be used in practice if at least the following two aspects are regarded:

♦ The data structures for a CHS must be defined in standardized terms to allow an organization applying the CHS for using its preferred DBMS. A corollary is, that the DBMS to be chosen has to be commercially available.

♦ Since a CHS is viewed in this article as adding functionality to an already installed OIS (cf. section 7), it is suggesting to make use of the DBMS installed as component of the OIS. Beside the benefit, that the end-user can operate on an already introduced system, the whole software package becomes smaller and cheaper, since only one DBMS and one license is needed.

A CHS implementation as in [4], [12], or [17] proves that this approach results in fact in the above mentioned benefits. It also shows that the functionality of RDBMSs is sufficient for a CHS justifying to apply a RDBMS for the purpose described in this article. The transformation to data models like NF² or MAD is delayed to the introduction of these data models to commercially available RDBMSs.

2 Elements of a case-handling model

Case handling is an organizational activity that incorporates work procedures within the organization dealing with documents. The support of case handling by electronic means therefore has to be based on a model capturing different relevant organizational entities and their mutual dependencies.

The following components form a case-handling model (see fig. 1):

♦ An **organizational structure** delineates

o different **organizational units,** like departments or projects, and their hierarchies, o different existing **roles,** i.e. functional positions in the organization, like department leader,

o **workshop places** combining existing roles with organizational units, and

o the **employees** owning some workshop places.

Since the integration of the organizational structure into case handling is an essential feature of electronic case-handling support that has not been adequately covered yet (compare e.g. FileNet's WorkFlo software [23]), it is elaborated in detail in section 3.

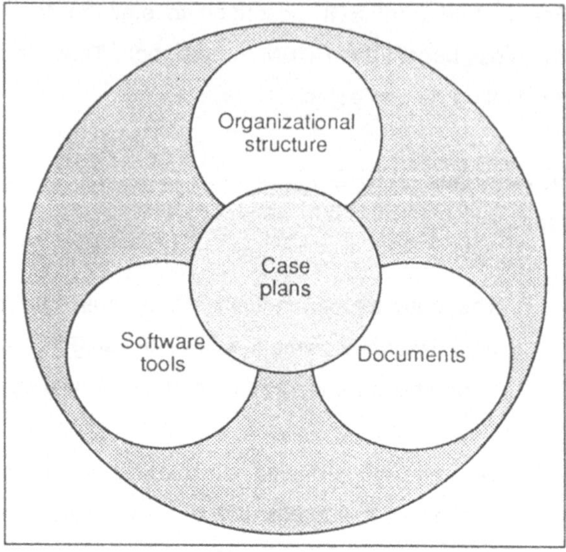

Fig. 1: Components of a case-handling model

♦ **Software tools** that are applied during case handling. These tools are the components of an already installed OIS. Though these tools are assumed to exist independently of the CHS, they are linked to it to be available during case handling. Therefore an interface for invoking these tools from within the CHS is required.

A second aspect about tools concerns their **execution rights:** Since not everybody in the organization can be permitted to apply each existing tool, execution rights with respect to roles have to be specified for each software tool. This aspect is especially important for security-sensitive tools, like access to personnel databases, editors for special documents, and, most important, for authorization approaches like electronic signatures.

To provide employees with a help functionality when using software tools, also some information concerning the applicability of the respective tools on the available devices should be integrated into the modelling of the tools.

♦ The third component of the case-handling model concerns the **documents** involved in case handling. It is useful to distinguish documents containing case-relevant data, called **case documents,** from **resource documents** functioning as help text or guidelines for the handling of cases. In the following, only case documents are looked at. These can be either unstructured letters from the outside, pre-structured business letters, or forms primarily used internally within the organization as a concept for structuring the work procedure. The document model is discussed in section 4.

♦ The last but most important component of the case-handling model comprises the modelling of different case types by **case plans.** These case plans fix the ordering of actions taking place during the processing of a case of a given type under consideration of possible alternatives. The following information is ascribed to each action:

o a single or a group of responsible office workers

o the software tool to be applied

o the case documents to be manipulated by this tool.

For the modelling of case types different solutions are conceivable. One solution regulating the work flow (cf. [6]) is described in detail in sections 5 to 6.

In the following, the mentioned components are outlined in more detail. To illustrate them, their data structures are graphically presented by slightly modified entity-relationship diagrams. These diagrams consist of entities represented by rectangles and relationships represented by labeled arcs showing the relationship's name and kind. Attributes are omitted in the figures to avoid overcrowding.

3 Integration of the organizational structure into case handling

For an integration of a CHS into an organization different aspects of the organizational structure have to be modeled. This includes different **organizational units, roles** as functional positions within the organization, and the organization's **employees.** These three components are combined by the artificial concept of **workshop places** that is applied to assign actions to particular roles within a given organizational unit, independent of the employee currently being responsible for the job. The complete organizational structure is shown in fig. 2 and discussed in the following.

Organizational units are used to model the organization's hierarchical structure in sub units. These can be structural groups, like departments and workgroups, or functional units, like projects, that probably exist temporarily. Each employee is normally member of more than one organizational unit, namely of one structural and at least one functional unit. The organizational units are partially ordered according to relationship **Sub-unit**. F.i. a department consists of several groups and the whole organization is built up by a number of departments.

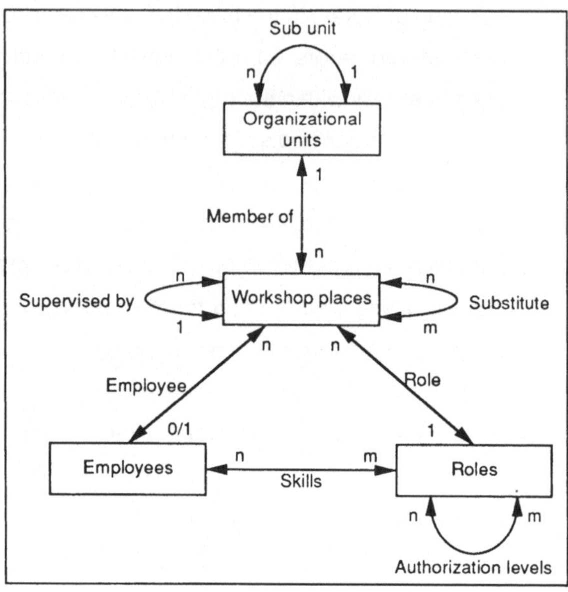

Fig. 2: The organizational structure

As mentioned earlier, roles are applied to describe the positions and responsibilities within an organization, as e.g. secretary or department leader. Again these roles are separated into those relating to structural organizational units and those relating to functional units. This approach enables the separation of responsibilities of an employee with respect to his current activity, for example as a group member or a project leader. Roles can be ordered by relationship **Authorization-levels** to define e.g. that a group leader has at least the same permissions as a group member.

The third basic component circumscribes employees. This component contains data about a person that is independent of a particular position within the organization. Relationship **Skills** between the entities Employees and Roles gives in addition the opportunity to specify a person's skill for a particular role, also independent of the current employment. The component could be linked to the personnel database residing on a mainframe.

To enable a flexible usage of the knowledge about the organization, two important aspects have to be kept in mind: The representation has to be independent of a particular case type and of a particular person currently performing a job, i.e. filling a role within an organizational unit. To capture these requirements, the concept of workshop places is applied. A workshop place combines an organizational unit with a role and an employee being responsible for the job. Relationship Employee can be left unspecified if a currently open position is to be captured, as it may be necessary if f.i. a new project team is to be set up without already knowing the actual members.

Following this approach one employee can be assigned to several workshop places relating to different tasks in different organizational units, e.g. as a department leader and as a steering-group member of several projects, not necessarily in the own department. A similar technique can be found in [12].

By assigning workshop places to actions of a case type, the case-plan description becomes independent of the employee currently relating to the workshop place. This indirection is needed to keep case types unmodified and running when the personnel changes. Also sets of workshop places can be identified by naming either a role, an organizational unit, or a combination of both. To define a step in a case plan all four kinds of responsibility assignments can be applied to the specified action depending on the actual requirements.

To enable still more flexibility with respect to the person responsible for a task, the relationships **Supervised by** and **Substitute** can be applied. The former can be used to model delegation hierarchies within an organization. These hierarchies are independent of roles and organizational units. The latter is applied to workshop places on the same level of competence to specify the substitute of a particular workshop place in case of unavailabilities, e.g. due to illness. The relationship Substitute is of n:m kind since it is not transitive. (F.i. the department leader's substitute could be a group leader who is substituted by a group member. This group member will not be allowed to substitute the department leader.) Consequently alternative substitutes have to be specified which requires an n:m relationship.

The benefits for a CHS achievable by the integration of such an organizational structure are shown by the following simplified example plan:

As a first action, an incoming document may be scanned. This can be performed by each member of workgroup mail room. Second, the document image may be read by an arbitrary clerk who also produces an answering document. Finally the organization's only managing clerk shall sign the outgoing document produced earlier. For this action the clerk's workshop place can be specified.

It can easily be seen that this plan with

♦ an organizational unit given in the first action,

♦ a role assigned to the second action, and

♦ a workshop place bound to the third action

remains intact even when the personnel changes.

To give an idea about the whole concept of the organizational structure: The organigram of an organization can be realized by recursively building up a graph of relationship Sub-unit starting from the top structural unit, i.e. the organization itself. For each unit the leader's role and the assigned employee is found by looking for the workshop place that is not supervised within the unit.

4   Case documents

To support case handling by a CHS it is most convenient to separate the **logical** from the **layout view** to case data. The logical view depicts relevant information units, called **data objects,** as independent objects, while the layout view specifies their visualization on arbitrary documents. This approach allows to store a data object only once although it can be represented on different documents as often as needed. F.i. the client's name of a particular case is a database entry relating to almost every document concerning the case.

The distinction between logical and layout view permits the application of a relational database for data objects. Based on the logical data description, rules for the data manipulation specified in case plans, like data-value constraints, can be separated from the data presentation on forms or other documents. Additionally it enables the assignment of resource documents to the respective data objects for advice giving during the processing of a case, or as help text for filling-in of forms.

To cover the layout view of the whole scope of case documents involved in case handling, a document model has to be applied that enables the electronic processing and interchange of documents. This is problematic since not all documents are available in an electronic form. With current OCR technology it can not be assumed that a transformation of paper documents into electronic forms can be achieved automatically for all incoming letters, especially hand-written ones. These documents could be dealt with as images, especially if they have a more informational purpose. Data stemming from these documents that must be available in electronic form has to be manually entered into the CHS.

To delineate the layout view, an approach seems to be most convenient that allows to represent structured documents as well as to interchange them between different branches of the organization or with their clients. A possible solution that emphasizes the form-oriented structure of case documents is the ISO standard for electronic data interchange **EDI** [7]. In addition, a concept for capturing incoming unstructured documents handled as an image has to be integrated. Therefore storing of document images, e.g. on optical disks, is most appropriate where logical and layout view coincide. To integrate also images of documents into a common document model, the office document architecture **ODA** and its interchange format **ODIF** could be applied [11].

Special emphasis has to be put on the modelling of multiple occurring data objects within one case and their representation on documents. Therefore a hierarchical approach for groups of relating data objects should be applied that is used to define which data-objects can be presented on the same document, and how to establish new document components caused by new data objects of a certain type. This is worked out for a single form in [24]. In this way an unambiguous representation of different multiple-occurring data objects on the same document can be achieved.

It has to be mentioned that this approach enables to apply documents and their respective data objects independent of a particular case type, although most forms will typically be designed especially for a certain case type.

5   Data structures to describe case plans

In this section data structures needed by an execution model for case plans are outlined. Following the terminology of [6], this approach is work-flow oriented compared to an approach regulating work content as in [3]. Though this approach is clearly relating to Petri nets [18], it is set forth in this article in a more problem-oriented terminology as in the relating fundamental reports.

The data structures are easiest explained in two steps: first, information of a case type and its controlling elements forming a case plan, second, information about a single action to be carried out during the handling of a case.

The concepts needed to describe a case plan are shown in fig. 3.

The case-plan structure consists of two entities, namely

♦ **Case types** containing information of cases of this type as a whole. This includes a case identifier, and e.g. a time-limit of the whole case, or its priority.

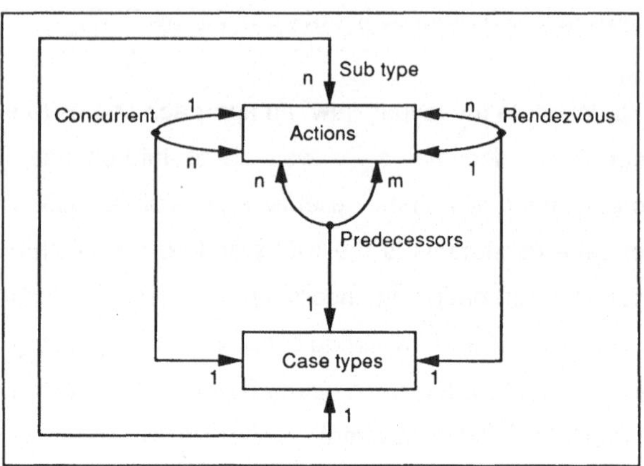

Fig. 3: The ordering of actions

♦ **Actions** containing information of the steps to be performed. It is looked at in more detail below.

Furthermore, one binary and three ternary relationships are needed to define possible orderings of actions in a case plan.

♦ Relationship **Predecessors** defines sequences of actions. If more than one entry occurs either as preceding or following action, each entry denotes an alternative path.

♦ Relationship **Concurrent** is needed to represent the start of paths that can be carried out in parallel.

♦ Similar does relationship **Rendezvous** for the reuniting of concurrent paths. The rendezvous feature leads to a suspension of the work flow until all concurrent paths reunited at this point are completed. (See the execution rules in the next section.)

♦ An entry in relationship **Sub-type** indicates that instead of invoking one software tool when the action is to be performed, an entire separately defined sub plan will be started.

Fig. 4 shows the main relationships around entity Actions needed to specify one action.

The main elements are:

* Relationship **Operations** indicates which software tool shall be invoked in order to perform a partic-ular action.

* The responsible office worker is ascribed to the action by the relationships **Role, Organizational un-it,** or **Workshop place** in the following way:

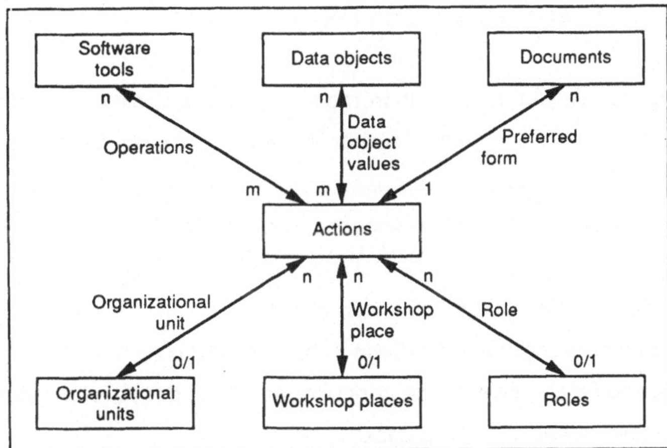

Fig. 4: Data structures specifying one action

o If everybody is allowed to perform the action, all relationships are left empty.

o For an action that can be performed in all organizational units by persons with a given responsibility, only a role has to be specified.

o An action that can be performed by each member of a particular organizational unit owns an entry in relationship Organizational-unit.

o If an action can only be performed by members of a particular organizational unit with a given role, entries in both relationships are filled in.

o If an action shall be unambiguously assigned to a workshop place, relationship Workshop-place should be filled.

* Furthermore, two relationships are associated with case documents for each action:

o **Data-object values** allows to specify the logical view of a case document, i.e. the data to be manipulated.

o **Preferred form** defines the layout view of a case document, i.e. the kind of visualization of case data on a form.

6   Brief overview of an execution model

In this section an execution model for case-handling applications is briefly described. It is not intendend to judge an optimal solution in this article but rather to give an idea of how the discussed modelling approach can be applied. Other solutions for modelling and supporting structured routine office-work are given in [1], [9], [10], [14], [17], and [22].

The complete though minimal process of handling a case outlined here concentrates on showing the aim of the main database enquiries. For brevity's sake, asynchronously issued queries are omitted that gain management information on cases for status requests, or determine the current office worker of a given case.

The process consists of the following steps:

◆   First of all, an office worker logging-in to the system either starts a new case or picks the next action he is responsible for of an earlier started case.

◆   The system keeps in a log that a new action has been started.

◆   Then the system determines the operation to be performed and invokes the attributed tool.

◆   After the application's completion the next action is determined by the system. (See below)

◆   The office worker responsible for the next step is then found out. In case of ambiguities a spread even function will help to decide for one office worker.

◆   Finally the action is finished which is recorded in the system log, and either the entire case can be finished, or the case is forwarded to the next office worker, if necessary.

The most complex task in this process is to determine the next action to be performed. One basic rule is, that each case owns one explicit start element and at least one stop element. Whether a further action is executable is fixed by the following rules:

◆   An action can only be started if at least one of its immediately preceding actions has been finished.

- Despite of the previous rule, an action following a rendezvous can only be started if all immediately preceding actions of this rendezvous have been finished.

- Loops can be defined via relationship Predecessor having the effect that each action can be executed more than once. A loop is exited via an alternative path.

- Each case can be interrupted whenever an action has been finished, independently of whether the case has to be forwarded or proceeded by the same office worker.

If one action can uniquely be chosen, it will be picked up by the system. Otherwise, e.g. at the start of alternative paths, the office worker is asked to select one of the executable actions listed by the system. It should be noted that this execution model allows to perform actions in parallel if they are specified as being concurrent. This requires a transaction concept based on concurrency-control mechanisms of a RDBMS as worked out in [19] or [8].

7   Case-handling systems in practice

Currently evolving OISs, like HP's NewWave [5] or Philips' AllRound [21], own a similar open architecture like given in fig. 5. That is, the **basic layer** is formed by the operating system plus a RDBMS and dedicated programs controlling all accesses to the hardware available in the network. The **application layer** consists of a customizable set of modules providing most often needed functionalities like text and graphics processing (often combined in one

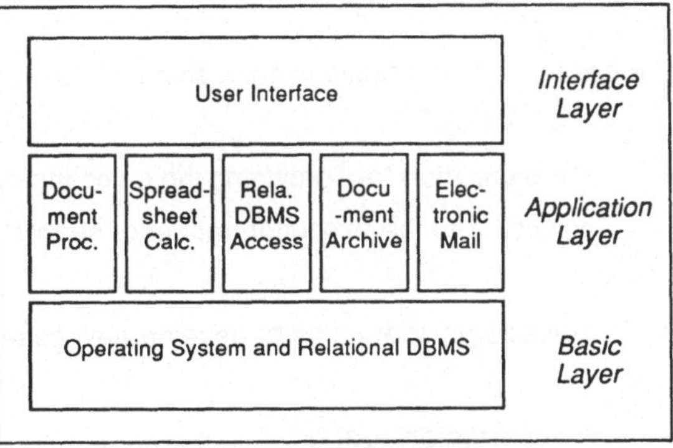

Fig. 5: Typical OIS architecture

module), spreadsheet calculation, customer-specific routines manipulating databases, an archiving system, and communication facilities like e-mail. The **interface layer** offers a homogeneous access mechanism to all these modules, mostly via a graphical display plus mouse.

In order to handle cases, it is easiest to add a further module to the application layer as shown in fig. 6. This module makes use of already existing tools and ties them together via case types such that their invocation is put in the right order and their data is propagated from tool to tool as needed. New tools adding new functionalities or replacing older releases of tools become available by merely updating the list of software tools in the case-handling module thus preserving the openness of the complete system.

The method to upgrade a running OIS to a CHS by utilizing existing functionality also justifies the work flow oriented execution model introduced

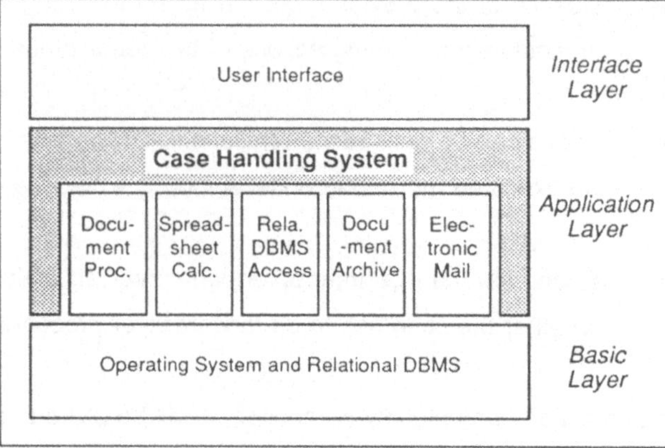

Fig. 6: OIS enriched by a case-handling module

above, compared to alternative approaches regulating the work content that are mostly applied in stand-alone systems like [17].

This system architecture allows to handle office work with assistance of the CHS whenever possible. If non-routine work has to be performed, i.e. if no case types exist that can be followed, the OIS's full functionality is still at hand.

The case-handling module itself is split into the following tools:

- The **execution tool** providing the functionality outlined in this article supports case handling according to the execution model of section 6.

- The **design tool** helps to develop new case types.

- A **supervision tool** gains statistics on open and closed cases, helps to find the currently responsible office worker of a particular case, and collects similar management information.

- With a **customization tool** system tables are maintained which contain data about the organizational structure, available software tools, documents, and a library of actions.

These tools are applied by different employees of the organization. Especially the design and customization tools indicate the need of a new role in an organization, namely a case designer being responsible for the mapping of organizational guidelines to formal case types [3].

Acknowledgements

Fundamentals of this work have been partly elaborated during the author's stays at the Philips GmbH Forschungslaboratorium Hamburg (See [2]). The authors wish to thank all colleagues at this lab for the good cooperation while developing the ideas included in this article.

References

[1]   ASH - Eine wissensbasierte, benutzerprogrammierte Ablaufsteuerung.
        MEMA EDV-Organisation und -Planung GmbH, 1989 (in German).

[2]   Behrmann-Poitiers, J., Edelmann, J.: Organizational Knowledge for Case-Handling
        Systems.
        Philips GmbH Forschungslaboratorium Hamburg, MS-H 4756/90, 1990.

[3]   Behrmann-Poitiers, J., Elixmann, M.: CAST: Ein System zur Entwicklung Computer-
        unterstützter Büroabläufe.
        Software-Ergonomie '89: Aufgabenorientierte Systemgestaltung und Funktionalität.
        Hamburg, 1989 (in German).

[4]   DOCUMAN User's Guide.
        Philips Business Centre Financial Industry, Customer Support - Documentation,
        S-162 86 Vällingby, Sweden, Manual No. M 120 A, 1989.

[5]   Dreller, T.: HP System-Integration via NewWave Computing.
        in: Karcher, H.B. (ed.): OA '90. FIBA Publikationen, München, 1990, pp. 57-79 (in German).

[6]   Dyson, E.: Why Groupware is Gaining Ground.
        Datamation, March 1990, pp. 52-56.

[7]   Electronic Data Interchange for Administration, Commerce, and Transport (EDIFACT)
        ISO 7372: Trade data elements dictionary. 1985.
        ISO 9735: Application Level Syntax Rules. 1987.

[8]   Ellis, C.A., Gibbs, S.J.: Concurrency Control in Groupware Systems.
        Proc. Intern. Conf. on the Management of Data. Portland, Oregon, ACM SIGMOD Record
        Vol. 18, No. 2, 1989, pp. 399-407.

[9]   Flores, F., et al.: Computer Systems and the Development of Organizational Interaction.
        ACM Trans. on Office Information Systems, Vol. 6, No. 2, 1988, pp. 153-172.

[10]   Holt, A.W.: Diplans: A New Language for the Study and Implementation of Coordination.
        ACM Trans. on Office Information Systems, Vol. 6, No. 2, 1988, pp. 109-125.

[11]   Information Processing - Text and Office Systems - Office Document Architecture (ODA)
        and Interchange Format.
        ISO 8613, Parts 1-8, 1988.

[12]   Karbe, B., Ramsperger, N.G.: Influence of Exception Handling on the Support of Cooperative Office Work.
Proc. IFIP WG8.4 Conf. on Multi-User Interfaces and Applications. Heraklion, Crete, 1990.
and:
Karbe, B., Ramsperger, N.G., Weiss, P.: Support of Cooperative Work by Electronic Circulation Folders.
Proc. Conf. on Office Information Systems. Cambridge, MA, 1990.

[13]   Kreifelts, Th., Seuffert, P., Woetzel, G.: Ausnahmebehandlung, Verteilung und Adressierung im Vorgangssystem DOMINO.
in: 17. GI-Jahrestagung. Hamburg, Springer Verlag, Informatik Fachberichte 156, 1987, pp. 682-696 (in German).

[14]   Lum, V.Y., et al.: OPAS: An office procedure automation system.
IBM Systems Journal, Vol. 21, No. 3, 1982, pp. 327-350.

[15]   March, J.G., Simon, H.A.: Organizations.
J. Wiley & Sons, Inc., New York, 1958.

[16]   Mitschang, B.: Extending the Relational Algebra to Capture Complex Objects.
in: Apers, P.M.G., Wiederhold, G. (eds.): Proc. 15th Intern. Conf. on Very Large Data Bases. Amsterdam, The Netherlands, 1989, pp. 297-305.

[17]   MOVE: Software für die Verwaltung; Modulares Vorgangsbearbeitungs- und Entwicklungssystem.
Landesversorgungsamt Hessen, Adickesallee 36, 6000 Frankfurt am Main 1, 1990 (in German).

[18]   Peterson, J.L.: Petri Nets.
ACM Computing Surveys, No. 3, 1977, pp. 223-252.

[19]   Sahlender, F.: Ein Transaktionskonzept im Rahmen einer Implementierung regelbasierter Büroprozeduren in einem Datenbank-System.
Universität Kiel, Institut für Informatik, Diploma thesis, 1989 (in German).

[20]   Schek, H.-J., Scholl, M.: Die NF^2-Relationenalgebra zur einheitlichen Manipulation externer, konzeptueller und interner Datenstrukturen.
in: 13. GI-Jahrestagung. Hamburg, Springer Verlag, Informatik Fachberichte 72, 1983, pp. 113-133 (in German).

[21]   Spengler, J., Klaßen, S.: Philips Office Automation Concept.
in: Karcher, H.B. (ed.): OA '90. FIBA Publikationen, München, 1990, pp. 173-204 (in German).

[22]   Staffware User Manual.
FCMC plc, London, 1989.

[23]   WorkFlo® Quick Reference Guide.
FileNet GmbH, Bad Homburg, Manual-No. Q01-009-0889-00, 1989 (in German).

[24]   Yao, S.B., et al.: FORMANAGER: An Office Forms Management System.
ACM Trans. on Office Information Systems, Vol. 2, No. 3, 1984, pp. 235-262.

Handling Integrity in a KBMS Architecture for Workstation/Server Environments

Stefan Deßloch
University of Kaiserslautern
P.O. Box 3049, 6750 Kaiserslautern
Federal Republic of Germany
e-mail: dessloch@informatik.uni-kl.de

Abstract

This paper presents the concepts and mechanisms for maintaining semantic integrity of complex applications, which are provided by the knowledge base management system KRISYS. We discuss the integration of integrity maintenance into the global architecture of the system which is based on a workstation/server environment. As a result of our elaborations, we argue that semantic integrity should be handled in the knowledge model (at the workstation), leaving only basic consistency tasks for the data model (at the server).

1. Introduction

The efficient and effective support of applications with increasing complexity, such as engineering design, expert, and knowledge-based systems or office automation, has been a major concern in database research over the last few years. In this context, the provision of semantically enriched data or knowledge models for coping with the enhanced complexity of the application domains is an important issue. Besides such data or knowledge modeling requirements, the design of an appropriate system architecture supporting these applications has to take into consideration typical processing characteristics and hardware environments. In general, these applications run on workstations supplied with sufficient processing 'power', main memory, and private disk space, which are dedicated to single users and connected to a central server component, whose task is to provide and control access of centralized information. Among others, failure isolation, extensibility, and scalability of the whole complex can be considered as key advantages of such system architectures.

With these goals in mind, a prototype of a knowledge base management system (KBMS), called KRISYS, was developed at the University of Kaiserslautern [Ma89]. KRISYS provides the application with a powerful knowledge model, called KOBRA, offering flexible constructs for describing the application domain, such as object-oriented concepts for integrating behavior into the application model, abstraction concepts (generalization, classification, aggregation, and association) for representing organizational structures, general reasoning facilities for performing deductions, and several constructs for maintaining the semantic integrity of the knowledge base (KB). In order to fit into the above described processing environment, KRISYS is architecturally divided into two main parts (see Figure 1.1(a)). A database management system (DBMS) located at the server concentrates on efficient and reliable data management, whereas the second part residing on the workstation side supports the "nearby application locality" concept in order to efficiently implement the KOBRA model and its query language.

The architecture of KRISYS can be compared to the so-called DBMS-kernel architecture for non-standard database systems [HR85] depicted in Figure 1.1(b). This approach enables the support of different application classes by distinct application-specific layers residing on the workstations together with the application programs. The kernel, which is designed to run on the central server, is defined to be application independent, offering neutral, yet powerful data manipulation services (e.g. storage techniques, flexible representation and access techniques, etc.) that may be utilized by the application-specific layers. In fact, the current implementation of KRISYS utilizes as DBMS the PRIMA system [HMMS87], which is a DBMS-kernel prototype developed at our university. For this reason, from an abstract point of view, KRISYS may be seen as a specific implementation of this architecture, where the application-specific layer corresponds to the implementation of KOBRA (in reality, KOBRA is a general purpose knowledge model and not restricted to an application class).

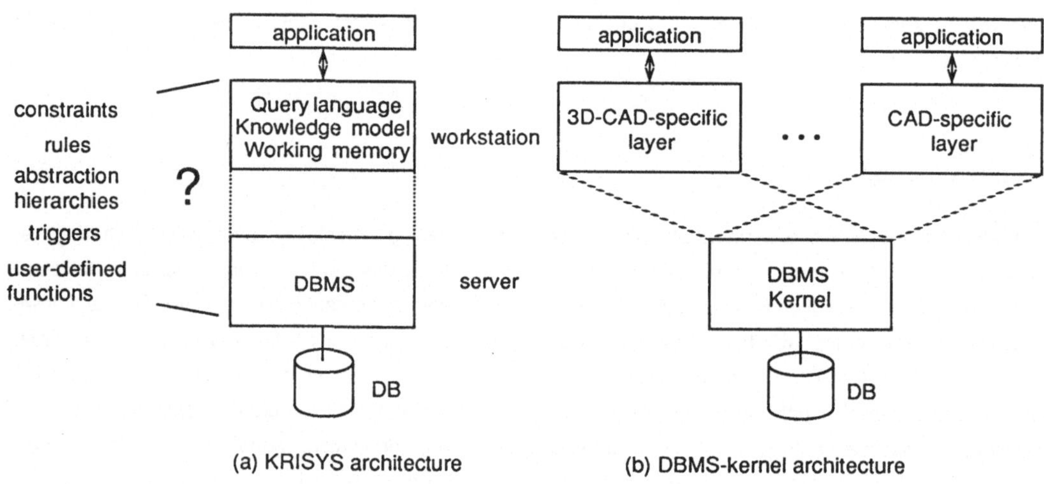

Figure 1.1: Architectural approaches considering a workstation/server environment

When considering the underlying workstation/server environment, the coupling between the workstation component and the DBMS becomes a performance-critical issue. Among other considerations, minimizing communication traffic between server and workstations emerges as a primary goal within the overall design of the system. One step towards this goal is taken by integrating an application buffer (called working-memory in KRISYS) into the workstation component in order to exploit locality of references [HHMM88]. In an engineering design system, for example, operations are usually addressed to one or several specific design objects under consideration. This fact can be exploited to retrieve all information relevant to the desired object from the DBMS and fix it in the application buffer. Manipulations of the object can then be accumulated in the buffer, being propagated to the DBMS only at the end of a design phase, when the object is discarded from the working memory and stored back into the DB.

The concept of an application buffer may be considered as important, but not as sufficient for the minimization of the workstation/server communication. An appropriate DBMS interface plays a crucial role in this context as well, since the functionality provided at the server side (e.g. trigger mechanisms, execution of user-defined operations, etc.) influences the amount of processing that is performed at both server and workstation. If the functionality of the server is enhanced, a lot of processing is shifted from the workstation to the server, because the operations performed by the server become more complex. On the other hand, less server functionality tends to leave more processing at the workstation and suggests the usage of the data model interface for data transfer purposes only. Therefore, it is important to decide very carefully by which system component each of the provided modeling constructs (e.g. abstraction concepts, integrity constraints, etc.) should be supported.

In this paper, we will concentrate on the constructs of KRISYS for semantic integrity maintenance in order to discuss the questions and problems arising in this context. We will show that integrity control should be almost completely dedicated to the workstation. As a consequence, the corresponding services to be provided by the server are only of a basical nature and restricted to mechanisms without any kind of application semantics. Since the arguments used in our discussion do not rely on specific modeling constructs of KRISYS, they can be easily generalized to conclude that most of the current research efforts to increase the modeling power of data models at the server side to improve application support are useless in system architectures for workstation/server environments.

In order to provide an understanding of the problems sketched above, we will first give an overview of the mechanisms provided by KRISYS for integrity enforcement. Subsequently, the consequences of a possible delegation of integrity maintenance to the server will be elaborated. Finally, we will conclude with a presentation of results achieved throughout our discussion.

2. Semantic Integrity Enforcement in KRISYS

After a short description of the basic modeling concepts provided by KRISYS, we give an overview of the mechanisms for maintaining the semantic integrity of an application. We will, however, concentrate on the principal issues (a more detailed description can be found in [De90]). The examples for illustrating the modeling constructs presented are taken from the area of architectural design.

2.1 Basic Concepts of the Knowledge Model

KOBRA, the knowledge model of KRISYS, embodies an **object-centered representation** of the application world. That is, every entity of the application is represented by a **schema** which may have attributes to describe its characteristics and is clearly identified by its name. A schema corresponds to a frame or unit in other knowledge representation systems and must not be confused with a DB-schema. Attributes are either **slots**, which can have multiple values representing properties of an object or relationships to other objects, or **methods** describing its behavior. In order to characterize an object in more detail, attributes can be further described by **aspects**. The schema 'room1' in figure 2.1, for example, represents a certain room of a house, described by the slots orientation, position, sides, size, and neighbors, together with the corresponding values. The 'size'-attribute is further described by the 'unit'-aspect, which fixes 'square meters' as unit for the size of the room. The schema 'room 1' is also characterized by the method 'add-neighbors' used for establishing a neighborhood relationship between 'room 1' and another room, which may, for example, involve certain recalculations of the position or orientation of a room.

```
room 1

orientation          -
position             -
sides                4, 4
size                 16
            unit  square-meters
neighbors            room 2, room 4
add-neighbors        "procedure-code"
```

Figure 2.1: Sample schema description

For structuring the KB, KOBRA allows to employ the **abstraction concepts** of classification, generalization, association, and aggregation [Ma88]. These concepts are seen as special, predefined relationships between objects, specifying the overall organization of a KB as a kind of complex network of objects. KRISYS supports an **integrated view** of KB objects: there are no separate representations for classes, sets, instances, complex objects, etc. The same schema can, for example, represent a class with respect to one object, and a set or even an instance with respect to another. As a consequence, the difference between data and meta-data, which is usually apparent in existing data models, is eliminated in KRISYS, so that **meta-information is integrated into the KB**.

A partial view of our example KB is given in figure 2.2. The schema 'room 1', for example, is defined as an instance of parent-bedrooms (i.e. classification), which is a subclass of bedrooms (i.e. generalization), which in turn is again a subclass of rooms, etc. The concept of aggregation is required for expressing that 'room 1' is part of the 'private area', and contains furnishings like 'bed 1' and 'wardrobe 1'. During the design of the house, the system exhibits an active behavior, offering possible solutions for design problems or proposing additional furnishings for the rooms of the house. In order to distinguish furnishings already owned by the user from those which are proposed by the architectural system, we use the concept of association, which allows possibly heterogeneous objects to be grouped together, and introduce two object sets ('users-furnishings' and 'proposed-furnishings'). Because an integrated view of the abstraction concepts is supported by KRISYS, the schema 'bed 1', for example, plays three different roles at the same time: it is an instance of 'beds', an element of 'users-furnishings', and a component of 'room 1'.

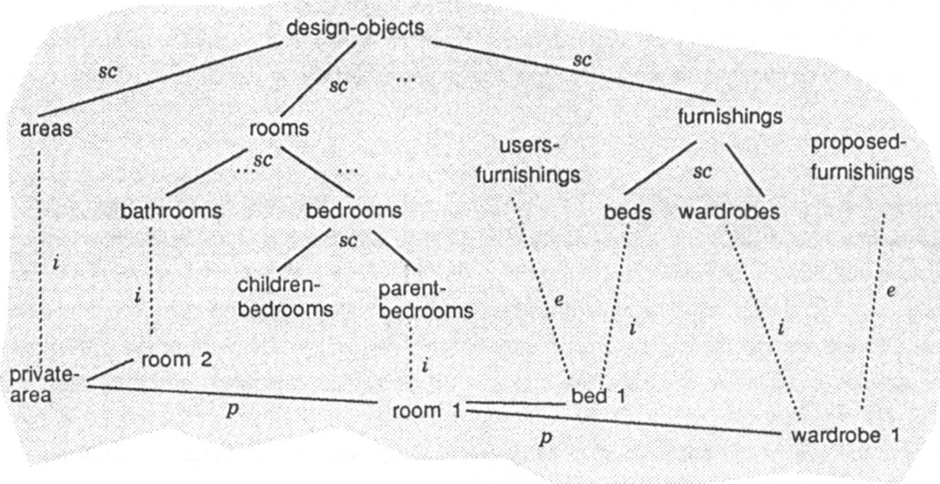

sc: subclass-of (generalization)   e: element-of (association)
i : instance-of (classification)   p: part-of (aggregation)

Figure 2.2: A partial view of the example KB

2.2 Integrity Constraints Supporting the Abstraction Concepts

The abstraction concepts introduced above can be regarded as the basic constructs provided by KRI-SYS for modeling an application domain. For this reason, it is necessary that the semantics of these concepts are fully guaranteed by the system in order to keep the KB in a consistent state. For example, based on the notion of transitivity inherent in the abstraction concepts, the introduction of cycles (e.g. by establishing 'room 1' or 'parent-bedrooms' as a superclass of 'design-objects') or other ambiguities (e.g. by making 'room 1' an instance and a subclass of 'parent-bedrooms' at the same time) clearly contradicts the meaning associated with the abstraction concepts and, therefore, has to be prevented by the system. Of course, the association and aggregation concepts have to be controlled in a similar way.

In KOBRA, each abstraction concept is represented by a pair of system defined, symmetric slots (e.g., 'subclass-of' and 'has-subclasses' for the generalization concept). Upon modifications of abstraction hierarchies, the symmetry of the relationships is automatically maintained by the system, i.e., the corresponding inverse slots are automatically updated.

Classification / Generalization

According to the generalization/classification relationships, inheritance needs to be supported. However, in order to keep the KB consistent, inheritance has to be viewed not only as a means for passing on information in order to save typing efforts, but as a constraint on the structure of objects: subclasses and instances have to contain all attributes of their superclasses. For this reason, an attempt to delete an inherited attribute (e.g., 'neighbors' in 'bedrooms') has to be rejected by the system. Modifications of classes (e.g., deleting the slot 'neighbors' in 'rooms' where it was defined, or introducing new attributes) have to be dynamically propagated to existing subclasses and instances.

Association

In order to support the semantics of the association concepts, KRISYS allows the specification of so-called membership stipulations and set properties [Ma89]. Membership stipulations represent necessary conditions that have to be fulfilled by objects in order to become elements of a set (e.g., all elements of the set 'user-furnishings' have to have the user's name as value of the attribute 'owner'). Objects that do not fulfil the membership stipulations are automatically rejected as elements of the corresponding set. Set properties characterize the set itself and can be derived or computed from properties of its elements. For example, the value of the attribute 'total-price' of the set 'proposed-furnishings' corresponds to the sum of the prices of all of its elements. When elements of the set are deleted, added, or changed, the value of the set property will then be automatically updated by the system.

Aggregation

Analyzing the aggregation relationships in our example, we notice that some properties of the objects involved can be characterized as monotonic. For example, the size of a room is always smaller than the size of the area, in which it is contained. The size of a piece of furniture is again smaller than the size of the room where it is placed. This characteristic can be described by means of implied predicates in KO-BRA. We may denote the property 'size' as monotonically decreasing, with regard to the aggregation hierarchy which enforces the system to prevent the violation of the monotony constraint. For example, changing the attribute 'size' of a room will only be permitted if the new size is smaller than the area size and greater than the size of the rooms furniture.

It is the support of these constraints as part of the knowledge model of KRISYS that guarantees the consistent and complete support of all four abstraction concepts. With respect to this issue, KRISYS is clearly superior to existing knowledge representation languages or expert system tools (e.g., [FK85, FWA85, In87, SB86]), since even the basic constraints associated with these concepts are usually ignored by such systems (see [De90] for details).

2.3 Integrity of Attribute Values

Basic requirements of applications concerning semantic integrity are usually associated with the values of attributes. In KRISYS, the domain and the cardinality of attributes may be specified by means of two predefined aspects ('possible-values' and 'cardinality'). If the operations of the user violate these constraints, they are rejected. Using the possible-values aspect, a constraint similar to the referential integrity in relational DBMS can also be enforced by restricting the values of an attribute to identifiers of objects belonging to certain classes. For example, in order to allow only rooms as neighbors of a room, we simply need to specify "instance-of rooms" as the domain description of the 'neighbor'-slot in 'rooms'. In this case, the system ensures, that only identifiers of instances of rooms can be inserted as slot values. Similarly, the deletion of a room from the KB is only allowed, if the object is not referenced by any attributes of other objects. Additionally, it is possible to construct more complex domain specifications from simple ones by means of logical operators (and, or, not). For example, to ensure that the neighbors of parents-bedrooms have to be either bathrooms or children-bedrooms, we specify "instance-of bathrooms or instance-of children-bedroom" as a value of the possible-values aspect for the neighbors-slot in parents-bedrooms.

Of course, it is required that the attribute domain and cardinality constraints strictly follow the semantics of the generalization concept. Therefore, the attribute domain and cardinality restrictions of a class can only be restricted by its subclass, i.e., they are never allowed to be more general than those in the superclass.

2.4 Demons

The constructs introduced above are sufficient for the description of the basic integrity constraints of an application domain. However, they cannot handle complex constraints that involve computations or represent dependencies among several attributes or even objects. In our architectural application, it is, for example, necessary to ensure that the size of a room is always represented correctly with respect to the lengths of its sides. In KRISYS, this can be accomplished by means of a so-called demon, i.e. a procedure attached to the relevant attributes (see figure 2.3). The complexity of dependencies involved in such kinds of constraints usually requires a high degree of flexibility and power for an appropriate integrity mechanism:

- Several attributes possibly associated with more than one object are involved (e.g., changing one side affects the size of a room and consequently influences the positions of neighbor-rooms).

- The power of a high-level programming language is required in order to carry out computations.

- Flexible reactions to the violation of constraints should be possible (e.g., changing the length of one side of the room could either result in rejecting the operation or in recalculating the area).

- An extensional as well as an intensional representation of the constraint should be possible (i.e., the dependency of the area and the sides of the room is assured by either recalculating the area when changes on the 'sides'-attribute are made, or by determining the area only when the value is required).

- Transitional constraints characterizing not only consistent states but also correct state transitions need to be supported.

The demon mechanism in KRISYS offers all of the above required power and flexibility and permits a detailed and flexible specification of activation conditions. Demons are attached to the attributes of objects, in order to react on all kinds of events in which the attributes are involved.

The activation events that can be defined for a demon (put, add, retract, get, send) correspond to the basic types of attribute access that are supported by generic KRISYS operations. For example, the demon in figure 2.3, which is attached to the slot 'sides', would contain 'put' as a proper activation condition, meaning that the demon is to be activated immediately upon an update operation on the slot. Each event specified for a demon can be related to a different action in order to provide individual reactions of the demon according to the events. Such actions may check complex constraints that might be invalidated by the event and take appropriate steps, if they are no longer satisfied. The scope of the actions is not limited to the attributes of objects involved in the attachment of the demon, but may involve arbitrary parts of the KB. Additionally, the time of activation (before or after the event is actually performed) may also be specified.

In KRISYS, demons are simply represented as objects of the KB containing certain methods that embody their reactions on events. A demon is therefore simply defined by creating a new object as an instance of a predefined class 'demon' and filling in the code of the methods inherited from the demon class (e.g. put-before, put-after, etc.) in order to specify actions to be invoked before or after the occurrence of certain events. The demon may then be attached to attributes of other objects using the (predefined) 'demon'-aspect of the attributes. This is accomplished by specifying the name of the demon as the aspect value (see figure 2.3). Therefore, a demon may easily be attached to several attributes (of probably distinct objects or object types) using the mechanism described above.

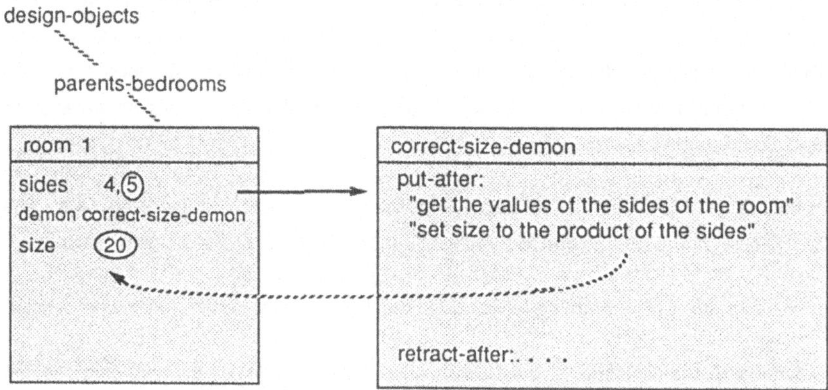

Figure 2.3: Using demons for preserving integrity

The demon mechanism of KRISYS described above certainly shares its basic intention and some of its properties with trigger facilities that can be found in existing database systems [Ko89,SYB88]. Nevertheless, there are some important differences:

- The actions supported by triggers are usually limited to a sequence of DML statements, whereas demons in KRISYS may also utilize the computational power of a high-level programming language (Common Lisp) for the specification of conditions as well as actions.

- Upon the activation of a demon, the system automatically supplies additional environmental information of the event (e.g. names of the involved attribute and object, attribute values, method parameter values, etc.), that may be utilized by the operations for accessing all objects and attributes that are actually involved in the integrity constraint to be checked or guaranteed by the demon. This information supplied to the demon also contains the old as well as the new values of modified attributes in order to permit the maintenance of transitional integrity constraints by the actions of the demon.

- Upon the detection of inconsistencies, several kinds of reactions are possible: the appropriate action of the demon may for example perform certain operations to reestablish the constraint (as, for example, in figure 2.3), notify or interact with the user, or it may cancel the operation that caused the event in order to keep the KB in a consistent state.

- Besides the above described extensional maintenance of integrity, which either rejects operations leading to inconsistencies or takes appropriate actions to reassure consistency, the demon mechanism alternatively allows an intensional maintenance of integrity, since actions may also be triggered by a read access to attributes. In this case, the demon will automatically provide the correct attribute value using the integrity constraint for its computation.

- The alternative ways of maintaining integrity and the various types of reactions that may be utilized by the demon are supported by further options of the operations specified as a reaction for an event (see figure 2.3): operations that are carried out before the actual event takes place (e.g., to compute a value upon a read event or to prevent an inconsistent update) are distinguished from those that are executed after the event (e.g., reestablishing a consistent state, as described in ons example).

- From a conceptual point of view, there are also differences between triggers and demons: Triggers are only capable of reacting to exactly one specified event, and, therefore, several triggers are usually defined in order to maintain one integrity constraint (e.g., there are distinct triggers for insert and another for update of a data element). In contrast to this approach, a demon unites all events involving an attribute and all reactions on the events into one conceptual object that guards all operations performed on the attribute.

2.5 Regarding methods as units of integrity

Similar to a transaction in DBMS, a method is viewed in KRISYS as a unit of integrity. This notion is supported by a mechanism that allows the effects of a method to be undone - e.g. as a reaction to a constraint violation. Since methods may activate other methods and, as a consequence, activations of methods may be arbitrarily nested, different levels of consistency can be defined (see Figure 2.4). Similar to nested transactions, undoing the effects of a method also removes the effects of all the methods that were called by it. For example, resetting method m2 in Figure 2.4 as a reaction to an integrity violation also removes the effects of m4. In many cases, it is certainly not desirable, as the effects of a method are undone upon a consistency violation, to recursively reset all the calling methods as well. For this reason, a send operation within a method can be issued with the request to handle integrity violations that might occur in the called methods. Then, after resetting the effects of the called method upon detecting inconsistencies, the system returns the control to the calling method which may handle the situation appropriately and proceed with its work. For example, method m1 in Figure 2.4 has issued the request to handle integrity violations of both m2 and m3. Therefore, control is returned to m1 upon a violation occuring in the scope of these methods after their effects are undone. This request has not been issued by the method m3. Since an integrity violation detected at the end of m6 cannot be handled by m3, control is automatically returned to m1 after undoing the effects so far provoked by m3, m5 and m6.

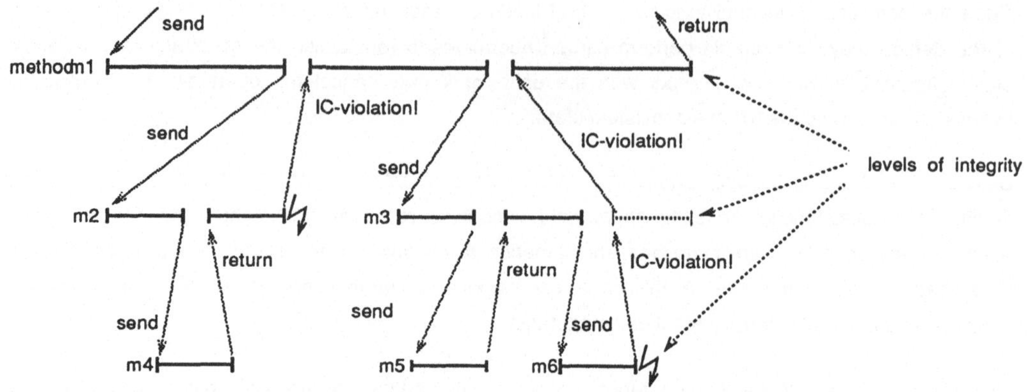

Figure 2.4: Methods as units of integrity

The notion of methods as units of integrity and the consideration of different levels of integrity is additionally supported by the possibility to attach demons to methods. A demon attached to a method may contain different operations to be carried out either before or after the execution of the method, supporting the specification of some kind of 'preconditions' or 'postconditions' for the method. Upon the detection of inconsistencies, the demon may, among other possible reactions, initiate an abort operation with respect to the method to which it is attached. For example, the integrity violations sketched in Figure 2.4 could all be detected by demons attached to the methods, which are activated at the end of the method execution.

Although the attachment of demons to methods may seem rather questionable at the first sight, since all actions performed by the demon could also be integrated into the method as additional operations, there are several advantages that motivate this approach:

- A demon can be easily attached to several distinct methods, that require the same integrity checks.

- Integrity constraints are not hidden within the code of the method but explicitly separated from the methods by the definition of an appropriate demon. This is a prerequisite for the support of schema extensibility or schema evolution.

- Especially when constraints involving several attributes of different objects are considered, the notion of object modularity is supported. Methods may concentrate on the realization of object behavior without the necessity to consider additional operations involving other objects in order to support consistency.

Note that the attachment of demons to methods and, above all, the notion of a method as a unit of integrity is completely unknown in knowledge representation languages or expert system tools. As a consequence, integrity violations that cannot be immediately detected automatically lead to inconsistent KBs. In these systems, inconsistencies have to be either tolerated or compensated by the user.

2.6 Rules

Although demons can be regarded as a flexible and powerful mechanism for checking or improving consistency, there are a lot of cases where a more declarative representation of integrity constraints is required. Consider for example, that we want to allow changes which will affect the area of a room even if the position of its neighbors are already fixed. We then also need to automatically change the positions of these rooms thereby reorganizing the whole house - a process which may involve architectural expertise. This kind of information can be represented more appropriately by means of rules.

Rules, as means for supporting general reasoning facilities, can be employed in two different ways: Their activation may lead either to the derivation of intensional information (e.g., via a backward chaining process) or modify the state of the KB using a forward chaining mechanism. Both alternatives may be exploited for preserving the consistency of the KB. For example, the constraints for placing the rooms in our house, which we have represented as rules, can be assured by initiating a forward chaining process each time a side of one of the rooms is modified. This process will then change the positions of the rooms (i.e., modify the KB) during the rearrangement process. Alternatively, we could decide to maintain the constraints by representing the positions of the rooms as intensional properties, i.e., we will derive the positions by using our set of rules in a backward chaining process each time the positions of the rooms are needed.

When comparing demons and rules in KRISYS, certain commonalities appear: both mechanisms may be used for intensional and extensional integrity enforcement, and the scope of the constraints describable by them may transitively reach arbitrary attributes, objects, and abstraction relationships within the KB. A comparison, on the other hand, reveals several important differences concerning the method of activation and the language for the description of constraints: conditions and reactions for demons are formulated using a programming language allowing the integration of extensive computations into the consistency checks, whereas the definition of rules is based on a declarative, predicate-based language. Also, in contrast to demons, which are activated automatically on certain events, rules are activated explicitly. This is especially useful for certain technical applications, like CAD, where complete consistency of a design object is usually not permanently required, but tested explicitly by the engineer as the design reaches a certain stage. An additional difference is based on the fundamental difference between the procedural and rule-based programming paradigms [Ba88]. When specifying actions for demon in a procedural programming language, the control structures determining the exact sequence of operations to be carried out are explicitly fixed in the specification of the actions. For rules, on the contrary, control structures need not to be specified, since the overall control of the inference process is inherent in the inference and problem solving strategies, allowing the definition of rules to be performed in a more abstract manner.

2.7 The representation and organization of integrity constraints

The enormous complexity of non-standard applications is usually also revealed by the increasing number of dependencies or integrity constraints. A support not only of flexible and powerful integrity control mechanisms, but also of means for organizing and maintaining the constraints during the design or prototyping phase of the application is therefore strongly required. The organization of constraints remains important even after the application has been completely designed, since changes in the application world have to be reflected in the KB and may also affect integrity constraints.

Therefore, rules and demons are represented in KRISYS as regular objects of the KB, which leads to the following advantages. Firstly, new language constructs for the definition of rules and demons do not have to be introduced, since the regular KRISYS operations can be used, i.e., creating objects, connecting them as instances to classes, changing attribute values, etc. Secondly, the KB-designer may employ the modeling constructs of KRISYS to extend the description of rules and demons. For example, additional slots can be defined for demons as well as for rules or rule sets in order to give a better characterization of the constraints realized by them. In our architectural design system, for example, certain constraints leading to design restrictions are related to statutes that have to be obeyed when a house is built. The rules and demons can therefore be described by an additional slot that contains the number of the relevant statutes they are related to.

In order to organize demons and rules into class or set hierarchies according to their different tasks, the abstraction concepts may be used. For example, in our architectural KB, we can define a set 'determine-correct-positions' which contains all the rules involved in the placing of rooms in order to organize all constraints relevant for the correct position of rooms into one conceptual object. We may further include this set in an association hierarchy containing all constraints relevant for rooms (see figure 2.5). In order to distinguish constraints that are only defined between different attributes within one instance of 'rooms' from those that describe dependencies between different rooms, we introduce appropriate sets as subsets of 'room-constraints'. Note that the association hierarchy does not only contain rule sets. The demon 'correct-size-demon', for example, which has been introduced in figure 2.3, is regarded as an element of 'constraints-within-room'. The constraints related to rooms are, of course, only a small subset of all integrity constraints describing our architectural application. Consequently, the association hierarchy introduced above only forms a subhierarchy of the set 'architectural-constraints', that has all integrity constraints of our application as its elements.

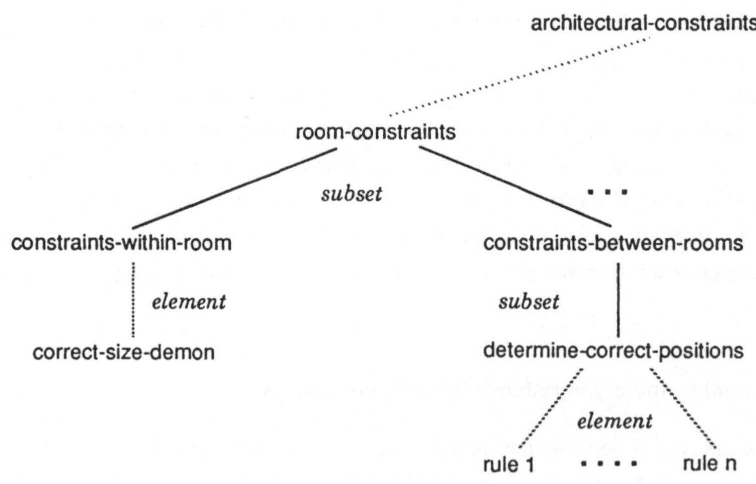

Figure 2.5: The organization of constraints

The representation of demons and rules as objects of the KB makes it possible to ask queries with respect to the set of constraints. Therefore, it is easy to locate all constraints that correspond to a certain statute with a single query.

The representation of constraints as objects and the applicability of the abstraction concepts offer a high degree of modularity, flexibility, and extensibility, which is a prerequisite for dealing with the evolution of an application and easily supports modifications of integrity constraints caused by changes in the application domain. For example, when a new statute passes legislation, it is straightforward to define new constraints and include them into the organization shown in figure 2.5. When statutes change, the corresponding constraints can simply be determined by a query and are easily deleted or modified.

3. The Impact of a Workstation/Server Environment on Semantic Integrity Maintenance

When considering the integrity maintenance of an application, the overall architecture of KRISYS (see Figure 1.1) gives rise to the question as to whether the constructs for integrity enforcement described above can be supported by or delegated to the DBMS component. Apparently, the underlying workstation/server environment plays an important role in the overall discussion of this question. In order to provide the necessary basis for the discussion, we will first give a more detailed description of the MAD model [Mi88], the data model provided by the DBMS, and show how information is mapped from the representation supported by KOBRA to the MAD representation. Subsequently, we will discuss a possible delegation of integrity maintenance to the DBMS from several points of view. At the end of the chapter, we will summarize the general results of our discussion and show implications for the services required from the DBMS.

3.1 The MAD Model and Its Support of KOBRA

The DBMS used by KRISYS, called PRIMA, embodies the MAD (Molecule-Atom-Data) model, a structurally object-oriented data model offering dynamic definition and handling of complex objects. A detailed description of the MAD model and a general motivation of its design (which is certainly beyond the scope of this paper) can be found in [Mi88].

The basic modeling construct of the MAD model is the atom (or atom type), corresponding to a tuple (or relation) in the relational model. A direct and symmetric representation of different kinds of relationships (1:1, 1:n, n:m) between atoms is provided by means of links, which allow the DB to be viewed as a complex network of atoms. Structural object-orientation is achieved dynamically by the definition of so-called molecules, specifying a graph with certain atoms and relationships as a sub-graph of the database.

In order to realize the application-oriented view of a domain, which is represented in terms of the modeling constructs of KOBRA (chapter 2.1), it becomes necessary to map KOBRA objects into an appropriate MAD representation, which is sketched in Figure 3.1. A schema in KOBRA described by its at-

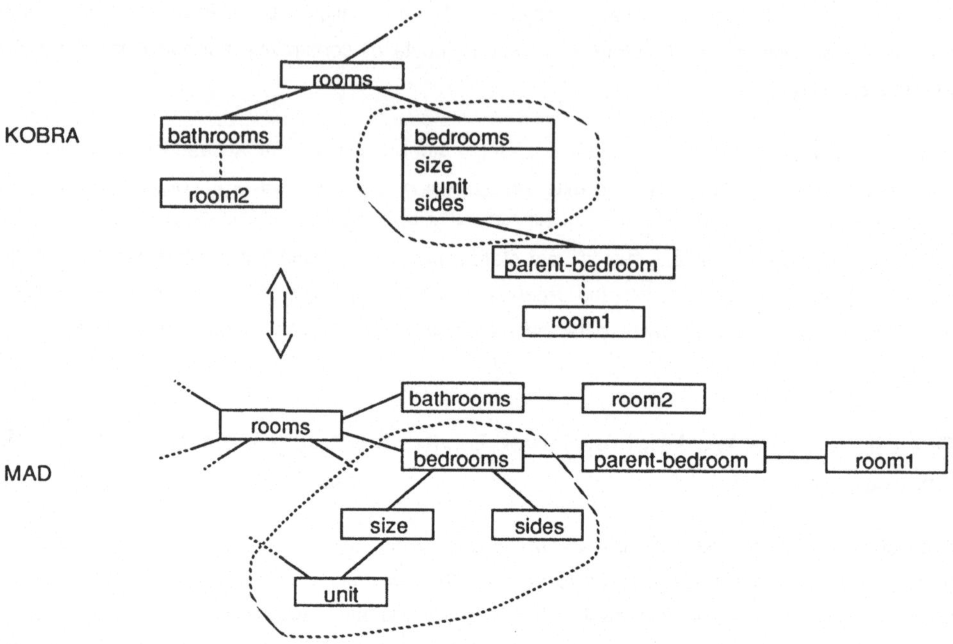

Figure 3.1: Mapping KOBRA ↔ MAD

tributes and aspects corresponds to a molecule of the three atom types 'schema', 'attribute' and 'aspect' in MAD. The abstraction concepts are represented as (recursive) relationships between schema-atoms. This mapping process is performed automatically at the workstation, whenever objects are stored into or discarded from the application buffer of KRISYS, so that the buffer representation already embodies the semantics of the KOBRA model.

In order to realize KOBRA operations, the query language of MAD, called MQL, can be directly employed. For example, the definition of a new attribute for a class, which requires the dynamic inheritance of the attribute in order to guarantee the model-inherent integrity of the generalization concepts, can be supported by an MQL statement that selects all relevant object classes and instances by recursively following the apropriate references (i.e., has-instances and has-subclasses) [HM90]. The selected part of the generalization hierarchy may then be modified within the application buffer in order to carry out the operation.

The generic mapping schema sketched above is very flexible and therefore especially appropriate for supporting the design process or prototyping phases of an application, where object definitions and abstraction hierarchies are frequently changed or extended. For application processing, where this flexibility is usually no longer required, more specific mappings, which are optimized for the application requirements, may lead to significant gains in performance [Ma90]. For example, the attributes of an object, which are represented as separate atoms of the respective molecule in the generic mapping, could all be represented as attributes of a single atom in the specific mapping. In order to exploit such specific mapping schemas, the transformation process of KOBRA objects into MAD atoms must not be fixed to a certain mapping scheme (e.g., the one described above), but has to be performed in such a way, that it can be guided by some kind of heuristics or meta-information, which describe an optimal mapping scheme supporting the structures and processing characteristics of a specific application [Ma90].

3.2 Discussing the Delegation of Integrity Maintenance

In the following, we will discuss from different points of view the consequences of a partial delegation of the integrity maintenance from the application-oriented component of the system to the DBMS.

Implications of processing characteristics

Two basic approaches can be identified, by means of which the delegation across the hardware boundary between workstation and server component could be accomplished:

- All modifications of objects are not accumulated in the application buffer, but immediately reflected at the server side. In this case, the DBMS could generally maintain the integrity of the application. Of course, this case can be immediately outruled, since it clearly contradicts our efforts to support locality of references by an application buffer and multiplies communication between the components.

- All integrity checks are deferred to the end of the complex design transaction. Then, the DBMS must check the integrity upon check-in of the application buffer contents. This assumption clearly restricts the notion of integrity provided at the workstation component. Especially in the area of engineering applications, where the design process is considered a long-term activity and therefore long-duration design transactions are required, integrity has to be checked repeatedly within the transaction at iteratively performed design steps in order to ensure a consistent design. The nesting of operations may additionally lead to different levels of integrity checking (see chapter 2.5), which cannot be accumulated into one single level. Furthermore, the application may require certain integrity constraints to be checked immediately (e.g. consistency of abstraction hierarchies, value class checks, ...), which contradicts the deferred case. Moreover, the violation of constraints may require flexible reactions, that are, for example, provided by the demon concept involving interactions with the user who may again wish to change or refine the design object under consideration, leading to additional check-ins or communication overhead. Therefore, an approach to defer integrity checks to the end of the design transaction will cover only a small amount of the semantic integrity constraints of the application and does not deliver the flexibility necessary in the considered application domains.

Note that these implications are not limited to KRISYS, since they are generally based on processing characteristics of the applications and not on modeling constructs. Therefore the same arguments apply to the DBMS-kernel architecture in general, where application-orientation is achieved by different mechanisms (e.g. ADTs) provided at the workstation.

Considering the different semantic levels of the components

With respect to the modeling constructs provided, MAD and KOBRA can be clearly associated with different semantic levels. An interconnection between the two levels is established by a transformation or mapping process (chapter 3.1). The integrity constraints describing the application domain are, as we have seen in chapter 2, strongly tied to the semantics of other modeling constructs, as for example, the abstraction concepts, and are therefore more easily maintained at a level where the semantics of these constructs is controlled. A delegation of integrity constraints to the MAD model would require the constraints to be also included into the transformation process, meaning that integrity constraints specified in KOBRA would have to be mapped to semantically equivalent constraints specified in an appropriate language based on the MAD model. Consequently, the resulting MAD constraints would be very complex even for simple KOBRA constraints, since they would have to mimic in some sense the transformation process necessary to achieve the KOBRA semantics. Additionally and most importantly, errors and results of integrity checks requiring the interaction with the user would have to be appropriately reinterpreted at the higher level.

Efforts to introduce generally modeling constructs of KOBRA (e.g., abstraction concepts, rules, user-defined functions, etc.) into MAD in order to make the model more powerful and close the semantic gap between the two models would not offer solutions, but only shift the problems into the MAD model. The implementation of a new data model, which is now located at a higher semantic level, would certainly rely on an internal interface supporting similar semantics and providing the same services as in the existing MAD model. For such a new data model, the question would arise, where the borderline between server and workstation should be drawn. If the borderline is attached to the internal interface, then we are basically considering the same architecture as provided by KRISYS, and therefore all arguments elaborated in this paper may be equally well applied. If the borderline is attached to the enhanced data model interface, the additional functionality is completely integrated into the server. As a consequence, the additional semantics of the new data model either has to be repeated at the workstation (implying, that the enhancement of the DBMS is not necessary), or the server is hopelessly overloaded with additional processing, since the execution of methods, control of integrity, as well as rule based processing would now be shifted together with the abstraction concepts to the server. Workstation oriented processing, on the other hand, would be limited to a minimum of capacity, leading to a more or less centralized processing environment, that neglects the advantages provided by a workstation/server environment.

Implications of a flexible mapping process

The problems associated with the mapping of integrity constraints from one semantic level to another become even harder, if a flexible transformation process, which has been described in chapter 3.1, is considered in order to support mappings tailored to a specific application. Depending on the characteristics of the specific mapping process, the constraints may have different forms or can be specified only in some cases, but not in all. This is due to the fact that the same KOBRA construct may be mapped to different MAD constructs depending on the mapping process (e.g., a slot may be mapped to an atom, or to a specific attribute of an atom). The mapping process as a whole therefore becomes extremely difficult. For example, the cardinality constraint of a slot in KOBRA can be directly mapped to MAD, if the slot is represented in MAD as an attribute of an atom. This is, however, not possible if the slot is mapped to an atom.

As a consequence, either some integrity constraints have to be checked at different levels, depending on the mapping, or the variety of mappings is restricted to those that allow the mapping of integrity constraints as well.

Summary

Let us summarize the results of the above discussion. Considering the underlying processing characteristics, the delegation of semantic integrity maintenance to the server would either restrict the types of integrity to be specified for the application domain, or lead to an increased communication between workstation and server. As far as the semantic levels of the two components of KRISYS are concerned, the control of integrity is more easily performed at the KOBRA level, since it supports the semantics necessary for the specification or control of the constraints. Maintaining application-dependent integrity at the MAD level requires an appropriate transformation process for integrity constraints, resulting in complex constraints that mimic part of the semantics of KOBRA. Additionally, the flexibility required for mapping information between the two levels additionally increases the complexity of the transformation required for the constraints. In all cases, a significant amount of processing is shifted from the workstation to the server, thereby neglecting the advantages of a workstation/server environment.

We therefore conclude that the maintenance of the semantic integrity of an aplication should be performed at the workstation and not delegated to the server. It is of course necessary that a certain amount of consistency is maintained by the server, taking into account the constraints inherent in the DBMS data model. Otherwise the basic structural consistency of the database can not be guaranteed. Additionally, consistency considerations related to multi-user operation at the server and the synchronization of rollback operations, at the server and the workstation require additional concepts. Nevertheless, additional facilities for maintaining user-defined constraints at the DBMS are superfluous.

3.3 Consistency Support of the DBMS

First of all, the information contained in the DB has to be consistent with respect to the data model of the server, i.e., it has to obey the model-inherent constraints of the MAD model. In this context, the main task of the DBMS is to guarantee the basic structural consistency of the objects represented in the MAD model, i.e., the referential integrity and the cardinality restrictions used to model relationships between objects has to be preserved. This task is performed by the DBMS in a self-correcting manner [Sch90], meaning that the deletion of objects or modification of links automatically lead to correcting modifications in symmetric link attributes. Since abstraction relationships between objects are directly transformed into referential links at the server, the symmetry of the abstraction relationship attributes addressed as a model-inherent constraint in chapter 3.2 is directly reflected by the model-inherent consistency of the MAD model, thereby making the transformation process safer and easier to implement.

The most significant support for integrity provided by the server is, however, related to the structure inherent in the workstation processing. As already described in chapter 2.5, methods are regarded as nested units of processing which carry application semantics (e.g., expressed as certain levels of integrity). Demons and rules can be viewed in the same sense, since the activities performed by a demon may lead to the activation of other demons or require other kinds of integrity checks. If a constraint violation occurs in one of the actions provoked by a demon, which cannot be appropriately handled, the effects of the actions already performed have to be undone. Similarly, a rule-based inference process can be viewed as consisting of nested units of processing, since it may activate, as part of a reasoning process, other reasoning processes on different sets of rules or lead to the activation of demons when accessing attributes. For example, a forward chaining process may additionally incorporate backward chaining processes for determining certain subgoals.

Because the operations performed at the workstation may in some cases request additional services from the server (e.g., in order to fetch additional objects into the buffer), the units of processing at the workstation implicitly correspond to units of processing or data exchange at the server. The specific semantics of the processing unit is, however, not relevant to the server. It is necessary to appropriately coordinate the processing units of the workstation and the server, otherwise the effects of undoing the workstation operations cannot be reflected appropriately at the server. This coordination has to reflect especially the nesting of the units of processing (e.g., in the sense of nested transactions).

4. Conclusions

In this paper, we have described the maintenance of semantic integrity in KRISYS, a KBMS designed for supporting complex applications in a workstation/server environment. KRISYS is architecturally divided into two main parts: the DBMS, located at the server, performs data management tasks in an efficient manner, providing as its interface the MAD model, which supports dynamic definition and handling of complex objects as well as basic structural consistency (e.g., key uniqueness, referential integrity) of a database. The second part, which is placed at the workstation, realizes KOBRA, the knowledge model of KRISYS, which offers semantically enhanced modeling constructs (abstraction concepts, behavioral object-orientation, rules) as well as mechanisms for maintaining complex integrity constraints (e.g., model-inherent constraints, attribute-value restrictions, demons, etc.).

Considering semantic integrity issues, it has to be determined, whether the maintenance of integrity can to some extent be delegated to or supported by the DBMS. We have discussed this question from different points of view. An examination of the relevant processing characteristics reveals that a possible delegation would either multiplicate the communication overhead between workstation and server or restrict the flexibility of integrity maintenance in an unacceptable way. From a semantic point of view, the different levels at which KOBRA and MAD can be located suggest that integrity should be maintained at the KOBRA level, because the integrity constraints rely on the semantics of the knowledge model (e.g., certain conditions of the constraints may be based on abstraction relationships). A delegation to the MAD level requires a complex transformation process for integrity constraints and additionally shifts considerable amounts of work to the server side. In the same sense, the enhancement of the MAD model by KOBRA modeling constructs (e.g. abstraction concepts, object behavior, etc.) may overload the data model with application-specific aspects.

We therefore conclude that the semantic integrity of an application should be maintained at the workstation. The support provided for this task by the server can only be of a basic nature. As a consequence of this approach, not only local consistency (i.e., consistency of objects located in the application buffer of the workstation), but also global consistency of the knowledge model, involving relationships to other objects stored in the server, has to be checked at the workstation. Of course, our architectural philosophy in such cases requires the transfer of additional data affected by the constraints from the server to the workstation, but on the other hand avoids cumbersome mappings of integrity constraints as well as interpretation of low-level error reports in the case of a failure, and allows integrity to be checked step by step, timed with the requirements of the application. When processing at the workstation is finished and the relevant data is checked in, the DBMS only has to guarantee constraints inherent in its data model.

Summarizing, our conclusions consolidate the architecture of KRISYS and the DBMS-kernel approach in general, since they follow the above described architectural philosophy. An appropriate alternative to this architectural philosophy can only be developed for an environment not based on workstation/server cooperation. Since we consider a workstation/server environment as necessary in the support of complex application, current efforts to increase the modeling power of data models without considering the above philosophy (e.g. [DKM85, KDM88, Sch89, Sch90]) tend to lead into the wrong direction.

Following the design decision which have been motivated in this paper, we will use KRISYS for more thorough investigations concerning integrity maintenance in a workstation/server environment. From this future work we will hopefully gain a deep understanding of the requirements addressed to both server and workstation and of the tasks they have to perform, leading to a redesign or refinement of the KRISYS prototype, which has been implemented in a more or less "ad-hoc" fashion.

Acknowledgement

N. M. Mattos has contributed to clarify and improve the description of important issues of the paper. Also acknowledged are the useful hints of T. Härder.

References

[Ba88]   Barth, G. (ed.): Informationstechnik it, Vol. 30, No. 6, 1988, Schwerpunktthema: Nicht-prozedurale Programmierung.

[BTW85]   Blaser, A., Pistor, P. (eds.): Proc. Datenbank Systeme für Büro, Technik und Wissenschaft, GI-Fachtagung, Klarsruhe, März 1985.

[De90]   Deßloch, S.: Enforcing Integrity in the KBM KRISYS, to appear in: Proc. of the Second Int. Worksthop on Foundations of Models and Languages for Data and Objects, Aigen, Austria, September 1990.

[DKM85]   Dittrich, K.R., Kotz, A.M., Mülle, J.A.: DAMASCUS - ein Datenhaltungssystem für den VLSI-Entwurf, in: [BTW85], pp. 70-72.

[FK85]   Fikes, R., Kehler, T.: The Role of Frame-based Representation in Reasoning, in: Communications of the ACM, Vol. 28, No. 9, September 1985, pp. 904-920.

[FWA85]   Fox, M., Wright, J., Adam, D.: Experience with SRL: An Analysis of a Frame-based Knowledge Representation, Technical Report CMU-CS-81-135, Carnegie-Mellon University, Pittsburgh 1985.

[HHMM88] Härder, T., Hübel, Ch., Meyer-Wegener, K., Mitschang, B.: Processing and transaction concepts for cooperatino of engineering workstations and a database server, in: Data and Knowledge Engineering 3 (1988), pp. 87-107.

[HMMS87] Härder, T., Meyer-Wegener, K., Mitschang, B., Sikeler, A.: PRIMA - A DBMS prototype supporting engineering applications, Proc. 13th Int. Conf. on VLDB, Brighton, 1987, pp. 433-442.

[HR85]   Härder, T., Reuter, A.: Architektur von Datenbanksystemen für Non-Standard-Anwendungen, in: [BTW85], pp. 253-286.

[In87]   Inference Corporation: ART Reference Manual, Version 3.0, Inference Corporation, Los Angeles, CA, 1987.

[KDM88]   Kotz, A., Dittrich, K.R., Mülle, J.A.: Supporting Semantic Rules by a Generalized Event/Trigger Mechanism, in: Schmidt, J.W., Ceri, S., Missikoff, M. (eds.): Advances in Data Base Technology - Proc. of the Int. Conf. on Extending Data Base Technology, Venice, Italy, 1988, pp. 76-91.

[Ko89]   Kotz, A.: Triggermechanisms in Database Systems (in german), IFB 201, Springer-Verlag, Berlin, 1989.

[Ma89]   Mattos, N.M.: An Approach to Knowledge Base Management - requirements, knowledge representation and design issues, Dissertation, Fachbereich Informatik, Universität Kaiserslautern, April 1989.

[Ma90]   Mattos, N.M.: An Approach to DBS-based Knowledge Management, in: Proc. 1. Workshop Informationssysteme und Künstliche Intelligenz, Ulm, März 1990.

[Mi88]   Mitschang, B.: A Molecule-Atom Data Model for Non-Standard Applications - Requirements, Data Model Design, and Implementation Concepts (in German), IFB 185, Springer-Verlag, Berlin, 1988.

[SB86]   Stefik, M., Bobrow, D.G.: Object-Oriented Programming: Themes and Variations, in: AI-Magazine, Vol. 6, No. 4, Winter 1986, pp. 40-62.

[Sch89]   Scholl, M.: A synthesis of complex objects and object orientation, in: Proc. Workshop on Foundations of Object Models and Languages, Lessach, September 1989.

[Sch90]   Schöning, H.: Preserving Consistency in Nested Transactions, in: Proceeding of the 23rd Annual Hawaii Int. Conf. on System Sciences (HICSS-23).

[SYB88]   SYBASE-DateServer, product information, SYBASE Inc., Berkeley, 1988.

Abfrageoptimierung in Archivsystemen für multimediale Dokumente

Helmut Eirund
Universität Oldenburg
Fachbereich Informatik
Postfach 2503
2900 Oldenburg

Abstrakt:

Für multimediale Dokumentinhalte existieren eine Vielzahl von günstigen Zugriffsverfahren, die in Archivsystemen zum Einsatz kommen. In gegebenen Anwendungsumgebungen ist daraus die Auswahl optimaler Verfahren möglich. Hinsichtlich der Optimierungsaspekte wurde noch wenig das Zusammenspiel mehrerer solcher Zugriffsverfahren der Abfragebearbeitung untersucht: zu welchem Zeitpunkt der Abarbeitung kommen welche Verfahren zum Einsatz und welche vom System angebotenen Alternativen sollen eingesetzt werden. In diesem Papier wird ein universelles, nicht an eine bestimmte Konfiguration von Verfahren gebundenes Optimierungsschema in sechs Schritten vorgestellt, das anhand der gegebenen Verfahrenscharakteristika und Zustandsinformationen zu einer Abfrage eine optimierte Bearbeitung steuert. Alle Schritte werden an einem Beispiel erläutert.

1. Einleitung

Dokumente sind die zentralen Informationseinheiten in der Büroumgebung. Elektronische Dokumente, die auch nicht-textuell dargestellte Informationen beinhalten können (z.B. Rasterbild, Graphik, Sprachanmerkungen) werden <u>multimediale Dokumente</u> genannt. Beispiele für multimediale Dokumente sind Formulare (streng formatiert), Angebotsschreiben (freiformatiert), Prospekt (mit Bildkomponenten), Statistik (unformatiert, mit Graphik und alpha-num. Anteilen), medizinische Aufnahmen (mit eingesetzten Datenfeldern und Sprachanmerkungen).

Eine Basisoperation auf elektronisch gespeicherten Dokumenten ist die Ablage bzw. der (Wieder-)Zugriff. Der Zugriff auf Dokumente motiviert sich aus verschiedenen Anwendungen: Sammeln von Informationen zu einem Sachgebiet, Zugriff bei der Bearbeitung von Bürovorgängen, Extrahieren von Fakten-Informationen, Manipulation von Dokumenten auf dem elektronischen Schreibtisch, Vorführung von Dokumentserien zu Schulungszwecken, etc. .

Aus den verschiedenen Ablage- und Zugriffsformen lassen sich drei Klassen von Zugriffs-verfahren unterscheiden (in [Eiru89] wird darauf genauer eingegangen):

(1) direkter Zugriff über Dokument-Identifikatoren,

soweit bekannt oder benutzerkontrolliert, oder nach Ermittlung der Identifikatoren durch ein Verfahren aus (2) oder (3).

(2) Zugriff über die aus dem Inhalt eines Dokumentes abgeleitete Beschreibung,

wobei die Beschreibung verschiedene Abstraktionsebenen erreichen kann: Von der Zeichen- und Pixle-Ebene für Text und Bild bis hin zu semantisch reichen Repräsentationen der Dokumentaussage. Dies kann durch eine Menge von Deskriptoren bis hin zu komplexen Strukturen gemäß einem Dokumentenmodell erfolgen, die die Inhaltsteile abstrahieren und in Beziehung setzen.

(3) Zugriff über die Zusammenhänge zwischen Dokumenten,

wobei die Identifikation eines Dokumentes die Identifikation anderer, mit diesem Dokument in einer vereinbarten Beziehung stehender Dokumente oder Teile ermöglichen kann. Anwen-dungen finden sich in Hypertext-Systemen [Trig86] und Systemen, die gemeinsam genutzte Objekte verwalten.

Im folgenden geben wir zu diesen drei Klassen Beispiele für Zugriffstechniken und Optie-mierungen an. Diese Beispiele repräsentieren jeweils eine bestimmte Ansatzrichtung und erheben nicht den Anspruch einer vollständigen Übersicht.

Die Optimierung des Dokumentzugriffs erfolgt für Verfahren aus (1) auf der Betriebs-systemebene. In [Härd87] werden verschiedene Pufferungskonzepte vorgestellt und [Weik87] geht speziell auf den Zugriff komplexer Objekte durch "queued I/O-Technik" ein. Der Zugriff auf Objekte durch Verfahren aus (3) erfolgt durch die Berechnung eines implizit gegebenen Zusammenhangs (z.B. Vergleich von Eigenschaften bei der Join-Bildung in Relationalen DBMS) oder durch Navigation über explizit gegebene Verweise. In RDBMS wird eine Optimierung durch die Wahl einer möglichst effizienten Abarbeitung der Join-Sequenz erreicht. Eine Übersicht über Verfahren zur Join-Bildung gibt [Blas76] und [Jark84]. Verfahren zur Berechnung von Joins über komplexen Objekten in objektorientierten Systemen finden sich in [Kemp90], die spezielle Zugriffsstrukturen vorschlagen und [Sun90], die eine günstige Join-Abfolge dynamisch berechnen.

Bedingt durch die vielen zugrundeliegenden Inhaltsmedien und deren unterschiedliche Charak-teristika finden sich zu der in (2) beschriebenen Klasse von Zugriffsarten eine Vielzahl von Verfahren. Diese Verfahren sind bei der Untersuchung der Zugriffsmethoden auf multimediale Dokumente von besonderem Interesse. Im folgenden wird ein kurzer Überblick über Verfahren zu unterschiedlichen Inhaltsmedien gegeben (Übersichten geben [Lock88] und [Falo85]):

Für die bekannten atomaren Wertebereiche kann auf die aus DBMS bekannten Methoden zurückgegriffen werden (Hashing, Invertierte Listen und B-Baum-Suche etc.). Für die Wortsuche im Wertebereich 'Text' kommen neben Invertierungsverfahren auch Varianten der Textsignatur-Methoden zum Einsatz. Eine Textsignatur ist eine Komprimierung eines Textes, die sequentiell auf ein Suchwort oder auch effizient auf Mengen von Wörten getestet werden kann. Das Signaturverfahren und seine Varianten beschreibt [Falo85]. Die Signatur-Methode zeigt ein günstiges Verhalten bei häufigem Update der Datenbasis - eine Situation, die oft in Büroarchiven anzutreffen ist.

Auch für den Zugriff auf Bilder gibt es verschiedene Methoden, die in bestimmten Anwendungsumgebungen ein günstiges Verhalten aufweisen [Oren88]. Ein Verfahren für Bildvergleiche auf Pixle-Ebene, wie sie typischerweise in der Medizin vorgenommen werden, beschreibt [Hach87]. Zugriff auf Bilder, die in ihrer topologischen Repräsentation vorliegen (z.B. Kartographie - Stadt, Fluß; Konstruktionszeichnung - Bauelemente), stellen [Chan81], [Chan87] und [Rabi87] vor. Graphik kann als eine (perfekte) topologische Repräsentation (d.h. ohne deren ungenaue Erzeugung) angesehen werden und ist entsprechend zugreifbar. Joinsequenzen können hier in komplexen Zugriffsoperationen benutzt werden, sind aber in der Anwendung nicht explizit formulierbar und damit kein Gegenstand der Optimierung einer konkreten Abfrage. Für Bilder mit unscharfer Bildeinteilung eignen sich Rasterdarstellungen [Choc81]. Bei der Animation (bewegte Graphik) und Video (bewegte Bilder) läßt sich das Einzelbild/-graphik und die Bewegungsdynamik qualifizieren (z.B. Bewegungsvektoren in Straßenszenen).

Audiographische Inhaltsteile (z.B. Sprachanmerkungen) eignen sich wenig für die Qualifikation von Dokumentzugriffen. Neben dem Speicherproblem sind Mustererkennungsverfahren hier sehr aufwändig. Der Inhalt kann durch Transformation effizienten Verfahren zugänglich gemacht werden (Deskribierung oder textuelle Darstellung des Inhalts).

In Archivsystemen für multimediale Dokumente ist die Auswahl effizienter Zugriffsverfahren für die auftretenden Wertebereiche von Interesse. Optimierungsuntersuchungen bei der Integration verschiedener Verfahren ("zu welchem Zeitpunkt der Berechnung kommt welches Verfahren mit welchen Parametern günstig zur Anwendung") wurden allerdings nur für wenige und spezielle Verfahren vorgenommen (z.B. Verfahren für atomare Wertebereiche und Textsignaturverfahren in [Bert88]). Einen regelbasierten Ansatz zeigt das erweiterbare MDBMS EXODUS auf [Care88]. Da nicht für alle Zielanwendungen eine Abfrageoptimierung angeboten werden kann, verfügt das System über einen generischen Optimierer, der bei der Erweiterung um jede neue Zugriffsmethode um Optimierungsregeln erweitert werden muß.

<u>In diesem Papier</u> wird ein Optimierungsschema vorgestellt, daß aus der Charakterisierung der verwendeten Zugriffsverfahren die optimierte Auswahl der Verfahren zur Berechnung der Abfrage steuert. Dadurch können sehr einfach neue Zugriffsverfahren in einem erweiterbaren System im Optimierungsprozess berücksichtigt werden oder günstige Kombinationen von Verfahren bei mehreren unterstützten alternativen Verfahren zu einem Wertebereich ausgewählt werden.

Das Papier gliedert sich wie folgt: In Kapitel 2 werden zunächst die für obige Optimierungsentscheidungen wichtigen Eigenschaften von Zugriffsverfahren klassifiziert. Die Eigenschaften der in einer Anwendung dann konkret vorliegenden Verfahren bilden dann zusammen mit einer Abfrage die Grundlage für das in Kapitel 3 vorgeschlagene Optimierungsschema zur Bearbeitung der Abfrage. In einem Beispiel wird dann in Kapitel 4 die Wirkungsweise an einer gegebenen Abfrage und einer Auswahl von angebotenen Zugriffsverfahren gezeigt. Das Beispiel entspricht der in [Bert88] gewählten Konfiguration und zeigt, daß die dort getroffenen Optimierungsentscheidungen gerade eine Konkretisierung dieses Optimierungsschemas sind. Kapitel 5 enthält eine Zusammenfassung und allgemeine Anmerkungen.

2. Klassifikation von Eigenschaften bei Zugriffsverfahren

In diesem Abschnitt werden als Vorbetrachtung zur Optimierung Zugriffsverfahren in Archivsystemen bzgl. verschiedener aufwandsbeeinflussender Eigenschaften ihrer Abarbeitung klassifiziert. Bei den Eigenschaften handelt es sich gerade um diejenigen, die in dem Optimierungsschema Beachtung finden. Das entwickelte Optimierungsschema nimmt dann bei der Auswahl der Strategien zur iterativen Abarbeitung einer Abfrage auf diese Eigenschaften Bezug.

Eine *Abfrage* ist eine mit UND und ODER gebildete logische Verknüpfung von *Suchtermen*, in denen jeweils eine Bedingung an Dokument-Inhaltsteile oder -Repräsentationen formuliert ist. Eine Dokumentmenge, die während der Berechnung einer Konjunktion von Suchtermen die dadurch qualifizierten Dokumente aufnimmt, nennen wir den *Scope* für die Evaluierung der weiteren Suchterme dieser Konjunktion.

Die aufwandsbeeinflussenden Eigenschaften von Zugriffsverfahren mit den angegebenen beobachtbaren Ausprägungen, die in dem Optimierungsschema beachtet werden (Kombinationen von Ausprägungen sind möglich), gibt Tabelle 1 wieder:

1. <u>Wie</u> findet die Qualifikationsprüfung eines Datenobjekts bzgl. eines Suchterms statt:

    (a)   vor dem Zugriff auf Datenobjekt, über eine bereitgestellte Zugriffsstruktur

            (z.B. Überprüfung einer Index-Struktur)

    (b)   sequentiell nach dem Zugriff auf ein Datenobjekt

            (d.h. alle qualifizierten und nichtqualifizierten Objekte werden überprüft)

    (c)   Möglichkeit der effizienten Selektion über mehrere Suchterme in einer UND-Verknüpfung

            (z.B. in Hashverfahren mit "Superimposing" - bei Textsignatur-Methode)

    (d)   Möglichkeit der effizienten Selektion über mehrere Suchterme in einer ODER-Verknüpfung

            (z.B. Wort-Patternmatch in Textteilen)

    (e)   Überprüfung eingrenzbar auf gegebene Menge von Objekten (Scope, s.o.)

            (d.h. effiziente Implementierung einer Schnittoperation des Ergebnisses mit dem Scope in

            dem Verfahren selbst)

2. <u>Auf was</u> wird zur Untersuchung eines Suchterms <u>zugegriffen</u>:

    (a)   Original der Repräsentation des Datenobjekts

            (z.B. Strukturbeschreibung oder Deskriptormenge eines Dokuments)

    (b)   Originalinhalt des Datenobjekts

            (z.B. Text- oder Bild-Anteile)

    (c)   Cluster von Datenobjekten mit bestimmtem logischen Merkmal

            (z.B. elektronischer "Ordner", Cluster "ähnlich deskribierter" Dokumente)

    (d)   Zugriffsstruktur über einem Wertebereich

            (z.B. Attribut-Invertierung durch Liste der auftretenden Werte mit Objektreferenz)

3. <u>Was liefert</u> die Untersuchung eines Suchterms als Ergebnis:

    (a)   ein qualifiziertes Datenobjekt pro Zugriff

    (b)   die Gesamtmenge der qualifizierten Objekte

    (c)   ein möglicherweise qualifiziertes Objekt (Kandidat)

    (d)   eine Präferenzfolge von qualifizierenden Objekten (Ranking-Verfahren)

<u>Tab. 1:</u>   Die aufwandsbeeinflussenden Eigenschaften und ihre Ausprägungen

<u>Schreibweise</u>: Im folgenden sollen *Klassen von Zugriffsverfahren* dadurch beschrieben werden, das ihre notwendigen und ausschließenden Eigenschaften (letztere durch "-" markiert) angegeben werden. Eigenschaftsvarianten werden mit "/" markiert.

Beispiele:

[1a,-1cde,2d,-3cd]   - gängige B-Baum Verfahren für Single-Attribute Suche
[1bcde, 2b, 3a]   - Word-Match in Textdokumenten
[1ac,-1de,2d,3b]   - Gridfile-System
[1e,2c,3b]   - Element-Beziehung mit effizienter "∩"-Bildung (z.B. über Bitlisten)

Weitere Beispiele von Verfahrensklassen finden sich in Kapitel 4.

3.   Ein allgemeines Optimierungsschema

Als Ausgangspunkt der Optimierung wird vorausgesetzt, daß die Abfrage in konjunktive Normalform überführt ist: disjunktiv verknüpfte Konjunktionen, die aus atomaren Suchausdrücken (Termen) bestehen. Jedem atomaren Ausdruck ist eine entsprechende Kombination von Zugriffsoperatorsymbolen zugeordnet (aus [2c/d], falls angeboten; sonst aus [2a/b]).

Wir werden im folgenden stets eine Konjunktion mit K, einen Suchterm mit T und das zugeordneten Zugriffsoperatorsymbol mit Z(T) bezeichnen (ggf. geeignet indiziert). $T_{i,m}$ bezeichnet den m-ten Term in der i-ten Konjunktion. Die Markierung "x" eines Operatorsymbols $Z_x(T)$ identifiziert die Zugriffsstruktur, die dem Verfahren zugrunde liegt (z.B. Textsignaturdatei sig für Z_{sig}). Weiter wird die Einführung eines Zwischenergebnisses (Scope) als Resultat einer Berechnung mit "->S", der Zugriff auf S durch ein Verfahren Z durch "Z(S)" markiert.

Die generelle Abarbeitung einer Abfrage besteht aus verschiedenen Expansionsschritten (i.f. markiert mit EX), die weitere elementare Zugriffsoperationen in die Abarbeitung einsetzen, und aus zusammenfassenden Schritten (COMP), die gemeinsame Zugriffe mehrerer Operationen auf das gleiche Ziel zu einer Operation zusammenfassen. In jedem Optimierungsschritt wird entweder eine der i.f. beschriebenen <u>Ersetzungen</u> in der Operatorenfolge vorgenommen und / oder Zwischenergebnissmengen durch Zugriffsoperatoren <u>berechnet</u> (beide Aktionen sind im folgenden Schema markiert).

Ranking-Verfahren aus [3d] werden im Optimierungsschema nicht berücksichtigt. Wir glauben, daß ihre Beachtung prinzipiell analog den Verfahren aus [3abc] möglich ist, aber durch die Handhabung von Zwischenergebnislisten (statt Mengen) technisch schwieriger zu beschreiben ist.

Die folgenden Unterabschnitte geben die Schritte des *Optimierungsschemas* wieder. Die Aktionen und Reihenfolge der einzelnen Schritte wird durch <u>drei Prinzipien</u> festgelegt:

(i)   In jedem Schritt werden die durch die Abfrage bestimmten Verfahren der Klasse ausgeführt, für die es in späteren Schritten keine Optimierungsmöglichkeit mehr gibt, und

(ii)   Verfahren aus [1e] (d.h. Menge der zu untersuchenden Datensätze ist effizient auf Scope eingrenzbar) werden erst ausgeführt, wenn alle anderen Verfahren, die einen Beitrag zur Reduzierung des Scope liefern, ausgeführt worden sind (in 3.6, 3.6a,b).

(iii)   Auf jeden Datensatz einer Zugriffsstruktur oder der Datenbasis wird nur einmal zugegriffen (in 3.1, 3.3, 3.4, 3.6b).

Dort, wo der Berechnungsaufwand nach diesen Prinzipien zustandsabhängig nicht immer minimiert wird, werden in den betroffenen Optimierungsschritten unterschiedliche Alternativen überprüft. Diese Überprüfung stützt sich auf dynamisch ermittelte Zustandsparameter (z.B. Scope-Größe, noch nicht berechnete Suchterme in Abfrage) und gegebenen Aufwandskonstanten (z.B. Aufwand pro Zugriff bei Einsatz eines bestimmten Verfahrens aus [1b]) ab (in 3.4 und Bemerkung 3.7-1).

3.1   Globale Zwischenergebnisse ermitteln (EX, COMP):

Verfahren aus [1a,-1de,2c/d], die in allen Konjunktionen für den gleichen Suchterm ausgeführt werden müssen, werden nur einmal **berechnet** und die Aufrufe durch einen effizienten Zugriff auf dieses für alle Konjunktionen globale Zwischenergebnis 'S_{global}' **ersetzt** (aus [1ae,2c,3b]).

Dieser Schritt folgt den Prinzipien (i) und (iii).

3.2   Effiziente Zugriffsverfahren anwenden (COMP):

In jeder Konjunktion werden die effizient zu berechnenden Mengen durch Zugriffsverfahren aus [1a,-1cde,2c/d] **berechnet** und bilden als Schnitt mit 'S_{global}' den *Scope der Konjunktion* .

Da hier Verfahren aus [-1e] betrachtet werden, ist Prinzip (ii) nicht relevant. Wegen den Eigenschaften [1a,-1cd] entfällt die Möglichkeit der zusammenfassenden Berechnung nach Prinzip (iii).

3.3   Zusammenfassen der Berechnung von Teilergebnissen (EX):

Seien die Vergleichsterme T_1 und T_2 in Konjunktion K gegeben. Wenn die Zugriffsoperationen $Z_x(T_1)$ und $Z_x(T_2)$ beide aus [1c,-1e,2d] auf der gleichen Zugriffsstruktur 'x' arbeiten, dann wird in K ersetzt: $Z_x(T_1 \wedge T_2)$.

Zusammenfassungen von Suchtermen werden auf Grund von Eigenschaft [1c] vorgenommen, aber wegen der nicht ausgeschlossenen Eigenschaft [1d] nicht vor dem Schritt 3.4, der diese Eigenschaft berücksichtigt, ausgeführt.

3.4 Wiederverwendbare Teilergebnisse ermitteln (EX, COMP):

Seien (o.B.d.A.) $T_{1,i1}$ ... $T_{n,in}$ alle Suchterme in Konjunktionen K_1 ... K_n, deren Zugriffsoperationen $Z_x(T_{1,i1})$ bis $Z_x(T_{n,in})$ aus [1bd,-1e,2d] auf der gleichen Zugriffsstruktur 'x' arbeiten. Dann wird 'x' nur einmal sequentiell (da [1b]) durchlaufen, und dabei die Disjunktion der Suchterme überprüft (da [1d]). Die Menge der tatsächlich durch eine Konjunktion $K_{1<m\leq n}$ qualifizierten Dokumente wird durch eine spätere Überprüfung mit einem Verfahren $Z(T_{m,im})$ aus [1e,2a/b] (also auf den "Original"-Inhalten bzw. Repräsentationen) berechnet. Eine Verzögerung der Auswertung von Z_x zur weiteren Reduktion des Scope ist hier nicht angebracht (da [-1e]). Also:

Es wird ersetzt

    (a) in K_1: $Z_x(T_{1,i1})$ durch: $Z_x(T_{1,i1}V...VT_{n,in})$->S1' , $Z(T_{1,i1})$, und

    (b) in allen $K_{1<m\leq n}$: $Z_x(T_{m,im})$ durch: $Z(S1')$, $Z(T_{m,im})$

In S1' werden "Kandidaten" für die Qualifikation in den Konjunktionen gesammelt und $Z(T_{m,im})_{1\leq m\leq n}$ aus [1e,2a/b] übernimmt die "Original"-Überprüfung. Falls Zx aus [3c], dann entfällt der Zusatz von $Z(T_{m,im})_{1\leq m\leq n}$, da dieser Zugriff bereits in den Konjunktionen enthalten sein muß.

S1' wird berechnet.

Im folgenden erläutert Bemerkung (3.4-1) einen vereinfachenden Sonderfall. Die Bemerkung (3.4-2) gibt das allgemeine Berechnungsverfahren für die Anwendbarkeit dieses zustandsabhängigen Optimierungsschrittes an und Bemerkung (3.4-3) zeigt einen Sonderfall dieses Verfahrens an.

Bemerkung (3.4-1):

    Wenn festgestellt wird, daß in einer Konjunktion K_k gilt: $(T_{1,i1}V...VT_{n,in} <=>T_{k,ik})$ gilt,

    dann entfällt Berechnung von $Z(T_{k,ik})$

    (Beispiel: n=2 und in K_1, K_2 gilt: $T_{1,1}$ ="A<100", $T_{2,1}$ ="A<200")

Bemerkung (3.4-2):

Sei: $|x|$=Häufigkeit der Zugriffe auf x, $|T_{1,i1}v...vT_{n,in}|$=Anzahl der qualifizierten Objekte, O_x=Aufwand pro Zugriff in Zugriffsstruktur 'x', O_{orig}=Aufwand pro Objekt bei Verwendung von $Z(T_{m,im})_{1<m\leq n}$ (wie oben definiert).

Die Anwendbarkeit des Optimierungsschrittes 3.4 ist <u>dynamisch festzustellen</u>:

Seien: $|x|$ = Häufigkeit der Zugriffe auf 'x'

     $| T |$ = Anzahl der durch Suchterm T qualifizierten Objekte

     O_x, O_x^+ = Aufwand pro Zugriff in Zugriffsstruktur 'x' (+: mehrere Suchterme)

     O_{orig} = Aufwand pro Zugriff auf Original

     fd   = 1, falls Z_x aus [-3c], 0 sonst (fd : "false drop test").

Schritt 3.4 wird durchgeführt

    <=> $n* |x| * O_x > 1* |x| * O_x^+ + fd*(|T_{1,i1}v...vT_{n,in}| * O_{orig})$

Beispiel: (einmaliger oder mehrfacher Signaturdatei-Test (aus [1bcd,-1e,2d,3c]); n=2 Konj.)

    Seien: 'x' Signaturdatei und $|x| = 0.1*m$ (bei m Textobjekten); also fd=0;

               $O_x = 0.2; \quad O_x^+ = 0.25; \quad O_{orig} = 1.0$

               $|T_{1,1}vT_{2,1}| = 0.03*m;$

    Dann ist: $2 * 0.1*m * 0.2 > 0.1*m * 0.25$

    und damit ist einmaliger Signaturdatei-Test vorzuziehen.

Bemerkung (3.4-3):

Ein Suchterm T kann durchaus aus einem zusammengefaßtem Term nach (3.3) entstanden sein. In diesem Fall werden die Aufwandskonstanten O_x und O_{orig} aus (3.4-2) entsprechend neu zu berechnen sein

3.5   Zwischenergebnisse reduzieren durch weitere Selektion (COMP):

Verfahren aus [1a/b,-1e,-2ab,2d] werden hier **berechnet**, und Folgen von Zwischenergebnisszugriffen in einer Konjunktion werden **berechnet** und ersetzt durch Zugriff auf Schnittmenge der Zwischenergebnisse. Diese Schnittmengen werden **berechnet**.

Hier greift Prinzip (i), da es sich um die restlichen, den Suchtermen zugeordneten Verfahren handelt, die auf Zugriffsstrukturen operieren (da [2d]), aber nicht durch einen Scope profitieren (da [-1e]).

3.6 Scope reduzieren durch Subtraktion redundanter Teile (EX, COMP):

Jede Konjunktion enthält jetzt nur noch eine Operation aus [1a,2c,3b] für den Zugriff auf den Scope der Konjunktion, sowie eine Folge von ("ineffizienten") Operationen aus [1be,2a/b] (d.h. sequentieller, durch Scope einschränkbarer Zugriff auf Original). Folgendes Vorgehen wird nun verzahnt und iterativ für jede Konjunktion ausgeführt, um (a) den Scope durch Auswertung von Suchtermen weiter einzuschränken (Prinzip (ii)) und (b) mehrfachen Zugriff auf die selben Datenobjekte zu vermeiden (Prinzip (iii)).

Die Reihenfolge der Anwendung dieser beiden Schritte (falls sie beide anwendbar sind) und die Auswahl der dann auszuwertenden Suchterme können im Sinne von Prinzip (ii) einen Einfluß auf eine günstige Reduktion des Scope haben, werden hier aber nicht betrachtet.

3.6a Auswertung zur Einschränkung des Scope:

<u>Wenn</u> gilt: In einer Konjunktion K_i tritt eine Zugriffsoperation auf Datenmengen auf, die nur dort in einem Suchterm qualifiziert worden sind (z.B. einzige Operation auf Dokument-Textinhalten, aus [2b]),

<u>dann</u>: kann für diesen Zugriff keine Optimierung durch Zusammenfassen von Suchtermen (nach 3.6b) durchgeführt werden (entsprechend Prinzip (iii)) und der Zugriff wird **berechnet**.

Falls Konjunktion K_i vollständig abgearbeitet ist, dann fasse das Ergebnis in einem *Teilergebnis* E_i zusammen und **ersetze** alle Scope-Zugriffe $Z(S_k)$ in den anderen Konjunktionen $K_{k \neq i}$ durch den Zugriff auf das Ergebnis der **Berechnung** $Z(S_k) \setminus Z(E_i)$ (entsprechend Prinzip (ii)).

3.6b Auswertung von Suchterm-Disjunktionen ohne mehrfachen Objektzugriff:

<u>Wenn</u> gilt: In den Konjunktionen $K_1,..,K_n$ treten nur die Zugriffsoperation (aus [1bde,2a/b]) auf einer gleichen Datenobjektmenge auf (z.B. nur Operationen aus [2b] auf den Originalinhalten der Objekte), d.h. diese Konjunktionen enthalten außer diesem Zugriff und dem Zugriff auf ihren Scope keine weiteren Zugriffsoperationen;
Das Ziel ist (entsprechend Prinzip (iii)), auf kein Objekt in der Vereinigung all dieser Scopes mehrfach zuzugreifen. Dies träfe aber zum <u>Beispiel</u> auf die Objekte aus $S_1 \cap S_2$ zu, die bei der Bearbeitugn von K_1 auf $T_{1,k1}$ und danach bei der Bearbeitung von K_2 auf $T_{2,k2}$ überprüft würden.

Sei $T_{i,ki}$ der zugehörige Suchterm zu K_i und S_i der bereits ermittelte Scope in $K_i, \forall 1 \le i \le n$;
<u>dann</u>: **berechne** für jede Teilmenge $M_{i1,..,im}$ der Scopes die Menge, die dem Ausdruck $T_{i1,..,im}$ genügen (mit: $1 \le i_k \le n, \forall k \le m, \forall m : 1 \le m \le n$);
wobei: $M_{i1,..,im} = S_{i1} \cap .. \cap S_{im} \setminus \bigcup_{(S \in \{S_1,..,S_n\} \setminus \{S_{i1},..,S_{im}\})} S$
und: $T_{i1,..,im} = T_{i1,ki1} \vee .. \vee T_{im,kim}$ ist.

Es werden also alle möglichen *kleinsten Teilmengen* durch "$\cap$" und "/" gebildet, und die Objekte dieser Teilmengen dann auf mehrere Suchausdrücke gleichzeitig überprüft. Die Objekte aus M, die dem Suchausdruck $T_{i1,..,im}$ genügen, werden als Teilergebnis $E_{i1,..,im}$ in jeder betroffenen Konjunktion $K_{i1},..,K_{im}$ abgelegt.

Das *Teilergebnis* E^*_i zu K_i ist dann die Vereinigung dieser Teilergebnisse $E_{i1,..,im}$ zu K_i. K_i wird entsprechend **ersetzt** durch die Zugriffsoperation auf das Teilergebnis E^*_i zu K_i. **Ersetze** (wie in 3.6a) alle Scope-Zugriffe $Z(S_k)$ in den anderen Konjunktionen $K_{k \ne i}$ durch den Zugriff auf das Ergebnis der **Berechnung** $Z(S_k) \setminus Z(E_i)$ (entsprechend Prinzip (ii)). Beachte: E^*_i ist nicht das Ergebnis aus K_i, sondern ein Teil des Endergebnisses (siehe Bsp. in (3.6-2).

Bemerkung(3.6-1):

Die beschriebenen Teilmengen sind gerade alle Teilmengen von Scopes, die durch Schitt- und Differenz-Operationen mit anderen Scopes entstehen.

Die linke Graphik zeigt für n=3 alle sieben entstehenden Teilmengen (M_1, M_2, M_3, $M_{1,2}$, $M_{2,3}$, $M_{1,3}$, $M_{1,2,3}$) bei gegebenen Scopes S_1, S_2, S_3 (jeweils für Konjunktion K_1, K_2, K_3).

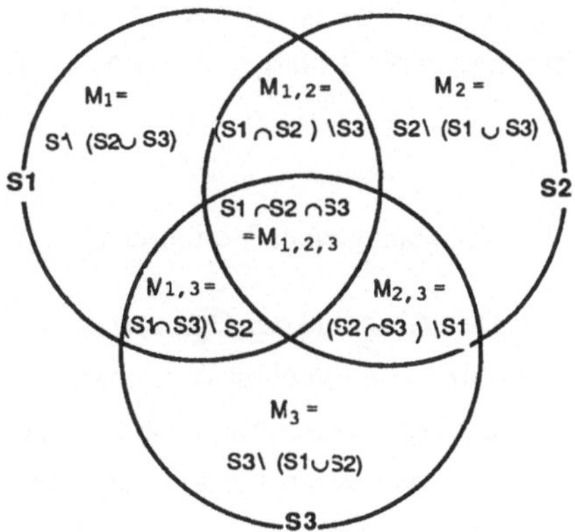

Bemerkung(3.6-2):

Die Objekte aus $M_{i1,..,im}$, die einen Teil des Endergebnisses in den Konjunktionen $K_{i1},..,K_{im}$ bilden, werden genau durch den Suchausdruck $T_{i1,..,im}$ qualifiziert, da nach Voraussetzung keine weiteren Suchausdrücke in den $K_{i1},..,K_{im}$ auftreten (siehe Grafik). In der Graphik rechts sind für den Fall n=2 die Teilergebnisse $E_{i1},..E_{im}$ $1{\leq}m{\leq}n$, dargestellt. Für K_1 ergibt sich $E^*_1=E_1{\cup}E_{1,2}$ und für K_2 ist $E^*_2=E_2{\cup}E_{1,2}$.

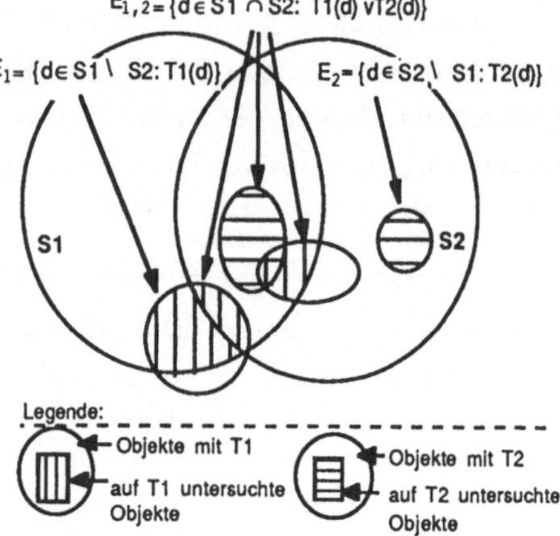

Wenn weder (3.6a) noch (3.6b) zutreffen, dann **berechne** eine Zugriffsoperation in einer Konjunktion und bilde den Schnitt mit dem Scope dieser Konjunktion.

Nach (3.6) ist die Berechnung abgeschlossen. Das *Ergebnis* **berechnet** sich aus der Vereinigung der Teilergebnisse E* aller Konjunktionen.

3.7 Ersetzung eines Verfahrens aus [2d] durch ein Verfahren aus [2a/b]

Zum Abschluß der Optimierungsuntersuchungen soll noch die Situation betrachtet werden, die sich ergibt, wenn in einer Konjunktion bei hinreichend kleinem Scope statt der möglichen Berechnung durch ein Verfahren aus [-1e,2d] eine sequentielle Überprüfung des Scope durch ein entsprechendes Verfahren aus [1e,2a/b] effizienter ist. Die folgenden Bemerkungen geben dazu Auskunft:

Bemerkung (3.7-1): Ersetzung eines Verfahrens aus [-1e,2d] durch ein Verfahren aus [1e,2a/b]

<u>Sei</u> in einer Konjunktion die Zugriffsoperatorenfolge $Z_1,.., Z_k,Z_{k+1},..,Z_m$, mit $1{\leq}k{\leq}m$ gegeben, und $Z_1,.., Z_k$ aus [-1e,2d] (also effiziente Verfahren mit Zugriffsstruktur), $Z_{k+1},.., Z_m$ aus [1e,2a/b] (Verfahren auf Original-Datenobjekten, scope-fähig).

Dann kann die <u>Situation</u> entstehen, daß der Aufwand durch die Berechnung von $Z_{i{\leq}k}$ größer ist als der durch die Berechnung von Z'_i. Dabei ist Z'_i das entsprechende Verfahren aus [1e,2a/b], das den zu Z_i gehörenden Suchterm T_i für die Objekte des Scope auf den originalen Daten überprüft.

<u>Also</u>: ist jedem in einer Systemrealisierung[1] angebotenen Verfahren aus [-1e,2d] und seinem entsprechenden Verfahren aus [1e,2a/b] in der Charakterisierung des Verfahrens ein *Aufwandswert* zuzuordnen, der es ermöglicht festzustellen, wann bei gegebener Scope-Größe das Verfahren aus [-1e,2d] durch das entsprechende Verfahren aus [1e,2a/b] zu **ersetzen** ist.

Bemerkung (3.7-2): Anwendung von (3.7-1) im Optimierungsschema

Im Optimierungsschema ist eine Ersetzung von Verfahren gemäß (3.7-1) in den Schritten (3.1), (3.2), (3.5) möglich. Dies bedingt allerdings, das in einer Realisierung zu dem betreffenden Verfahren aus [-1e,2d] auch ein entsprechendes Verfahren aus [1e,2a/b] unterstützt wird.

Falls die Situation aus (3.7-1) in Schritt (3.4) bei allen betrachteten Konjunktionen vorliegt, so wird (3.4) nicht angewandt.

4. Optimierung einer Abfrage - ein Beispiel

In diesem Abschnitt wollen wir zu einer gegebenen Abfrage und einer konkret vorliegenden Konfiguration von Zugriffsverfahren die Anwendung der sechs Schritte des Optimierungsschemas demonstrieren. Damit die Schritte des Optimierungsschemas weitgehend angewendet werden können, soll die Situation aus (3.7-1) nicht vorliegen.

Wir beziehen uns auf keine konkrete Abfragesprache (Abfragesprachen für Objekte mit Text, Bild und komplexen Strukturen finden sich z.B. in [Bert88], [Oren88], [Rowe87]). Um die Formulierung der Abfrage auch ohne Einführung einer Abfragesprache verständlich zu halten, werden Dokumente hier nur durch Eigenschaften über atomaren Wertebereichen und Text qualifiziert.

Es eignen sich die folgende <u>Abfrage</u> und <u>Konfiguration</u> von angebotenen Zugriffsverfahren (mit Klassifizierung nach Kapitel 2)) auf ein Archiv, um die Anwendung des Optimierungsschemas zu demonstrieren:

"Gesucht sind alle Dokumente aus dem Ordner 'wichtige Papiere', die ein Angebot vom 12.12.89 beinhalten oder ein System als 'Computer' und 'PC' beschreiben oder der in dem das Produkt 'AT' als 'ergonomisch' beschrieben wird "

---

[1] Die Realisierung legt die Art der Suchterme durch eine Abfragesprache fest und bietet eine Konfiguration von Zugriffsverfahren an.

Die angebotenen Zugriffsverfahren seien hier:

Set (Idf)   Mengenzugriff; hier: auf die schon gegebene Menge der 'wichtigen Papiere', und auf die entstehenden Scopes in den Konjunktionen. [1a,2c,3b]

Ix (Attr,Val) Indexzugriff auf atomaren Wertebereich; hier: verfügbar für 'Datum' und 'Produktname'. [1a,-1cde,2d,3b]

Sg (Abschnitt; StrList,..,StrList)   Signaturzugriff für (Voll-)Textsuche, wobei Text-Abschnitt alle Strings aus einer gegebenen 'StrList' enthalten muß; hier: für 'Beschreibung'. [1bcd,-1e,2d,3c]

ORepr (DkrList,..,DkrList) Zugriff auf originale abstrakte Repräsentation des Dokuments, die hier Deskriptoren beinhaltet; hier: 'Angebot' ist ein Teil dieser Repräsentation. [1bcde,2a,3a]

OInh (Abschnitt; StrList,..,StrList) Zugriff auf originalen (textuellen) Dokumentinhaltsabschnitt; hier: für 'Beschreibung'. [1bcde,2b,3a]

Schreibweisen:

Wir wollen die Abfrage (bzw. ihre entsprechende Repräsentation durch Zugriffsverfahren mit Suchtermen) als Mengen von Mengen notieren. Die Elemente einer inneren Mengen sind die Zugriffsoperationssymbole mit den entsprechenden atomaren Suchtermen einer Konjunktion, die Elemente der äußeren Menge repräsentieren die Konjunktionen der disjunktiven Normalform der Abfrage. Die aus dem Optimierungsschritt σ ($\sigma \in \{3.1,..,3.6\}$) hervorgehende Abfragerepräsentation wird mit Q_σ bezeichnet, der Scope der i-ten Konjunktion mit S_i, ihr (Teil-)Ergebnis mit E_i. Q_{global} repräsentiert den für alle Konjunktionen globalen Suchausdruck in obiger Form.

Ersetzungen durch Optimierungsschritte finden in dieser Mengenstruktur statt.

Berechnungen werden durch die Funktion EVAL ermöglicht. EVAL führt zu einem Operationssymbol mit Argumentliste den entsprechenden Zugriff aus und liefert eine (Zwischen-)Ergebnismenge, die in einer Mengenvariablen verfügbar gemacht werden kann (z.B. Scope:=EVAL (Ix(Datum,12.12.89))). Mit EVAL ist außerdem die Berechnung der üblichen Mengenoperationen möglich (z.B. EVAL (S $\cap$ Ix(Datum,12.12.89))).

<u>Abfragebearbeitung nach dem Optimierungsschema:</u>

Voraussetzung: Konjunktive Normalform und Zuordnung von Zugriffsoperator-Symbolen:

Q_{global} = { {Set(wichtige Papiere)} }
Q = { { Set(Q_{global}), Ix(Datum; 121289), ORepr(Angebot) },
      { Set(Q_{global}), Sg(Beschreibung; (("Computer"))), Sg(Beschreibung; (("PC"))),
        OInh(Beschreibung; (("Computer"))) OInh(Beschreibung; (("PC"))) },
      { Set(Q_{global}), Ix(Name; "AT"), Sg(Beschreibung; (("ergonomisch")) }
        OInh(Beschreibung; (("ergonomisch"))) }

(3.1)   Globale Zwischenergebnisse berechnen und einsetzen:

S_{global} := EVAL (Set(wichtige Papiere))
Q_1 = { { Set(S_{global}), Ix(Datum;121289), ORepr(Angebot) },
      { Set(S_{global}), Sg(Beschreibung; (("Computer"))), Sg(Beschreibung; (("PC")))},
        OInh(Beschreibung; (("Computer"))) OInh(Beschreibung; (("PC"))) },
      { Set(Q_{global}), Ix(Name; "AT"), Sg(Beschreibung; (("ergonomisch")) }
        OInh(Beschreibung; (("ergonomisch"))) }

(3.2)   Effiziente Zugriffsverfahren anwenden:

S_1 := EVAL(Ix(Datum;121289) $\cap$ Set($Scope_{global}$)) und

S_3 := EVAL(Ix(Produktname; "AT") $\cap$ Set($Scope_{global}$))

Q_2 = { { Set(S_1), ORepr(Angebot) },
      { Set(S_{global}), Sg(Beschreibung; (("Computer"))), Sg(Beschreibung; (("PC")))},
        OInh(Beschreibung; (("Computer"))) OInh(Beschreibung; (("PC"))) },
      { Set(Q_{global}), Sg(Beschreibung; (("ergonomisch")) }
        OInh(Beschreibung; (("ergonomisch"))) }

(3.3)   Zusammenfassen der Bedingungen von Teilergebnissen:

Q_3 = { { Set(S_1), ORepr(Angebot) },
        { Set(S_{global}), Sg(Beschreibung; (("Computer", "PC"))) },
        { ySet(S_3),   Sg(Beschreibung; (("ergonomisch"))) } }

(3.4)   Wiederverwendbare Teilergebnisse ermitteln:

(Es bestehe die Situation aus dem Beispiel in (3.4))
S_2 := EVAL(Sg(Beschreibung; (("Computer", "PC"),("ergonomisch")))$\cap$Set(S_{global})) und

S_3 := EVAL(Set(S_3) $\cap$ Set(S_2))

Q_4 = { {Set(S_1), ORepr(Angebot) },
        {Set(S_2), OInh(Beschreibung; (("Computer", "PC"))) },
        {Set(S_3), OInh(Beschreibung; (("ergonomisch"))) } }

(3.5)   Zwischenergebnisse reduzieren durch weitere Selektion:
        (auf Q_4 keine Anwendung mehr möglich)

(3.6a) Auswertung zur Einschränkung des Scope:

$$E^*_1 := \text{EVAL}(\ \text{Set}(\ S_1) \cap \text{ORepr}(\ \text{Angebot}\ )\ ) \quad \text{und}$$
$$S_2 := \text{EVAL}(\ \text{Set}(\ S_2\ ) \backslash \text{Set}(\ E^*_1)\ ) \quad \text{und}$$
$$S_3 := \text{EVAL}(\ \text{Set}(\ S_3\ ) \backslash \text{Set}(\ E^*_1)\ )$$
$$Q_{6a} = \{\ \ \{ \text{Set}(\ E^*_1)\ \},$$
$$\{ \text{Set}(S_2\ ),\ \text{OInh}(\ \text{Beschreibung};\ ((\text{"Computer"},\ \text{"PC"}))\ )\ \},$$
$$\{ \text{Set}(\ S_3\ ),\ \text{OInh}(\ \text{Beschreibung};\ ((\text{"ergonomisch"}))\ )\ \}$$

(3.6b) Auswertung von Suchterm-Disjunktionen ohne mehrfachen Objektzugriff:

(zur Zusammensetzung der Teilergebnisse E siehe auch Grafik in (3.6-2))
$$E_{21} := \text{EVAL}(\ (\text{Set}(\ S_2) \backslash \text{Set}(\ S_3)\ ) \cap \text{OInh}(\ \text{Beschreibung};\ ((\text{"Computer"},\ \text{"PC"}))\ )\ \ \text{und}$$
$$E_{31} := \text{EVAL}(\ (\text{Set}(\ S_2) \backslash \text{Set}(\ S_3)\ ) \cap \text{OInh}(\ \text{Beschreibung};\ ((\text{"ergonomisch"}))\ )\ \quad \text{und}$$
$$E_{22} := E_{32} := \text{EVAL}((\text{Set}(S_2) \cap \text{Set}(S_3)) \cap \text{OInh}(\text{Beschreibung};\ ((\text{"Computer"},\ \text{"PC"}),(\text{"ergonomisch"})))$$
$$E^*_2 := \text{EVAL}(\ \text{Set}(\ E_{21}) \cup \text{Set}(\ E_{22})\ ) \quad \text{und}$$
$$E^*_3 := \text{EVAL}(\ \text{Set}(\ E_{31}) \cup \text{Set}(\ E_{32})\ )$$
$$Q_{6b} = \{\ \{ \text{Set}(\ E^*_1)\ \},\ \{ \text{Set}(\ E^*_2)\ \}, \{ \text{Set}(\ E^*_3)\ \}\ \}$$

Ende: $\text{EVAL}(\ Q_{6b}) = \text{EVAL}(\ \text{Set}(\ E^*_1) \cup \text{Set}(\ E^*_2) \cup \text{Set}(\ E^*_3)\ )$

5.   Zusammenfassung

In diesem Papier wurde ein Optimierungsschema für die Bearbeitung assoziativer Abfragen vorgestellt. Es berücksichtigt Zustandsinformationen und Charakteristika der von dem Archivsystem angebotenen Zugriffsverfahren und ist an keine feste Konfiguration von Verfahren gebunden. Es ist damit besonders geeignet für den Einsatz in Archivsystemen für multimediale Dokumente, in denen viele Zugriffsverfahren für die verschiedenen Inhaltsmedien nebeneinander zur Anwendung kommen.

Die Berücksichtigung von Erweiterungen eines Archivsystems um neue / andere Zugriffsverfahren erfolgt problemlos. Die optimierungsrelevanten Charakteristika der Verfahren müssen lediglich gemäß einem angegebenen Klassifizierungsschema beschrieben und dem System zugänglich gemacht werden.

Wie alle zustandsabhängigen Optimierungsverfahren benutzt dieses Optimierungsschema Schätzwerte (für die Selektivität von Suchausdrücken) und Aufwandskonstanten, die über die Auswahl alternativer Zugriffsverfahren entscheiden. Damit kann nicht immer die beste Bearbeitungsfolge garantiert werden, ineffiziente Bearbeitungen werden aber vermieden.

In der Beschreibung der Schritte des Optimierungsschemas wurde bereits auf Lücken in der Optimierung hingewiesen (Auswahl von Verfahren und Suchtermen in (3.6), Untersuchung von

Rankingverfahren). Auch wurden die berücksichtigten Eigenschaften von Verfahren auf die in Kapitel 2 aufgeführten Charakteristika beschränkt (lohnend wäre z.B. auch die Betrachtung der physischen Eigenschaften der benuzten Speichermedien, wie CD-ROM-Jukebox). Zukünftige Untersuchungen werden das Optimierungsschema in dieser Richtung ergänzen.

Literatur:

Bert88   E. Bertino, F. Rabitti, S. Gibbs, *Query Processing in a Multimedia Document System*, ACM ToOIS, 6/ 1, Jan. 1988

Blas76   M.W. Blasgen, K.P. Eswaran, *A Comparison of Four Methods for the Evaluation of Queries in a Relational Data Base System*, ACM ToDS, Vol. 1 / P2, 1976

Care88   M.J. Care, D.J. DeWitt, S.L. Vandenberg, *A Data Model and Query Language for EXODUS*, Proc. ACM SIGMOD Conf., 1988

Chan81   S.-K. Chang, T.L. Kunii, *Pictorial Database Systems* , Computer Vol. 14 / 11, 1981

Chan87   S. Chang, Q. Shi, C. Yan, *Iconic Indexing by 2-D strings*, IEEE Transactions on Pattern Analysis and Machine Intelligence, Vol. 9/3, Mai 1987

Choc81   M. Chock, A.F. Cardenas, A. Klinger, *Manipulating Data Structures in Pictorial Information Systems*, Computer Vol.14 / 11, 1981

Cons86   P. Constantopoulos, H. Eirund, K. Kreplin, F. Rabitti, C. Thanos et al., *Office Document Retrieval in MULTOS*, Proc. 3rd ESPRIT Tech. Week, North-Holland 1986.

Eiru89   H. Eirund, *Integration Orthogonaler Zugriffsverfahren in Dokumentarchiv-Systemen*, Proc. 2nd Conf. Sun-User-Group, Wiesbaden, 1989

Falo85   C. Faloutsos, *Access Methods for Text*, Computing Surveys, vol. 17/1, ACM, 1985

Hach87   K. Hachimura, *A Prototype PACS with the Capability of Retrieval by Image Data* , Proc. Computer Assited Radiology, Springer-Verlag, 1987

Härd87   T. Härder, *Realisierung von operationalen Schnittstellen*, in: P.C. Lockemann, J.W. Schmidt(ed.), *Datenbank-Handbuch*, GI-Informatik-Handbücher, Springer-Verlag, 1987

Jark84   M. Jarke, J. Koch, *Query Optimization in Database Systems*, ACM Comp. Surveys, Vol. 16/2, 1984

Kemp90   A. Kemper, G. Moerkotte, *Access Support in Objekt Bases* , Proc. ACM SIGMOD,1990

Lock88   P. C. Lockemann, *Multimedia Databases: Paradigm, Architecture, Survey and Issues*, Interner Bericht 15/88, Universität Karlsruhe, 1988

Oren88   J.A. Orenstein, F.A. Manola, *PROBE Spatial Data Modeling and Query Processing in an Image Database Application* , IEEE ToSE Vol. 14 / 5, 1988

Rabi87   F. Rabitti, P. Stanchev, *An Approach to Image Retrieval from Large Image Databases*, Proc. ACM SIGIR Conf., New Orleans, 1987

Rowe87   L.A. Rowe, M.R. Stonebraker, *The POSTGRES Data Model* , Proc. 13th VLDB, 1987

Sun90   W. Sun, W. Meng, C, Yu, *Query Optimization in Object-Oriented Database Systems*, Proc. Database and Expert System Applications DEXA 90, Wien, Springer-Verlag, 1990

Trig86   R.H. Trigg, M. Weiser, *TEXTNET: A Network-Based Approach to Text Handling*, ACM ToOIS, 4 / 1, Jan. 1986

Weik87   G. Weikum, B. Neumann, H.-B. Paul, *Konzeption und Realisierung einer mengenorientierten Seitenschnittstelle zum effizienten Zugriff auf Komplexe Objekte*, in: Proc. Datenbanksysteme in Büro, Technik und Wissenschaft, IF 136, Springer-Verlag, 1987

Adäquatheit im FORMAD-Modell als eine Voraussetzung zur Datenbankunterstützung für wissensbasierte Systeme.

Thorsten Gorchs

Technische Universität Dresden, Fakultät für Informatik
Institut für Datenbanken und künstliche Intelligenz
8027 Dresden, Mommsenstr. 13

Kurzfassung

Es wird das FrameORientierte Molekül-Atom-Datenmodell als eine Erweiterung des Molekül-Atom-Datenmodells zur Unterstützung wissensbasierter Systeme beschrieben. Dazu werden in das Datenmodell Mittel integriert, die eine adäquatere Darstellung komplexer Strukturen und die Vererbung von Eigenschaften in Objekthierarchien gestatten. Die Erhöhung der semantischen Ausdruckskraft wird am Beispiel der Modellierung von Frames gezeigt.

Abstract

This paper describes the FrameORiented-Molecule-Atom-Data-Model as an extension of the Molecule-Atom-Data-Model aimed at supporting knowledge based systems. For this purpose mechanisms allowing an adequate representation of complex objects and inheritance in object hierarchies are integrated. The increase of semantical expressiveness is shown for the example of frame modelling.

1. Einleitung

Die Entwicklung der Datenbanksysteme (DBS) und der zugrundeliegenden Datenmodelle ist auf eine Integration der Eigenschaften 'Objektorientierung', 'Wissensverarbeitung' und 'effiziente Datenverwaltung' gerichtet. Dabei erhält die evolutionäre Entwicklung jeder dieser drei Eigenschaften den Vorrang. Aus der Sicht der Datenbanktechnologie sind dafür solche Datenmodelle Voraussetzung, die die Integration der genannten Eigenschaften gestatten. Ein erster Schritt zur Schaffung integrierter informationsverarbeitender Systeme ist die Erarbeitung solcher Datenmodelle und DBS, die neben der effizienten Verarbeitung traditioneller Daten die Modellierung und Verwaltung komplexer Objekte realisieren. Solche DBS werden auch als Non-Standard-Datenbanksysteme (NDBS) /Härder 85/ bezeichnet. Die Entwicklung von NDBS läßt sich in folgende drei Abschnitte einteilen, wobei die Realisierung der entsprechenden Systeme teilweise zeitlich parallel verläuft: NDBS zur Modellierung und Verwaltung komplex strukturierter Objekte, DBS zur Modellierung und Verwaltung von abstrakten Datentypen, Objektbanksysteme. Als notwendige Merkmale für die verhaltensmäßige Objektorientierung in voll objektorientierten DBS können die Unterstützung komplexer Objekte, Objektidentität, Objektkapselung, Klassen und Typen, Klassen- und Typhierarchien, dynamisches Binden, Vollständigkeit, Erweiterbarkeit, Objektpersistenz und externe Objektverwaltung, Multiuser- und Recoveryfähigkeit und Existenz einer Anfragesprache /Manifesto 89/ angesehen werden. In einem nächsten Entwicklungsschritt sind dann implizite Wissenselemente zur Charakteristik gesetzmäßiger Zusammenhänge im Diskursbereich, mit denen die Arbeit in gleicher Weise wie mit explizit vorhanden Daten erfolgen muß, und Inferenzverfahren in die Informationssysteme mit einzubeziehen. Voraussetzung für den Übergang zu derartigen Informationssystemen ist jedoch eine vollständig adäquate und vor allem effiziente Verarbeitung komplexer Objekte.

2. Adäquatheit in Non-Standard-Datenbanksystemen

Die Adäquatheit ist eine Eigenschaft der Abbildung eines Diskursbereiches auf
ein Datenbankschema. Diese Eigenschaft wird in NDBS wesentlich von der
Fähigkeit des Datenmodells bestimmt, komplexe Objekte der Realität in der
Datenbasis darzustellen. Eine Abbildung eines bestimmten Ausschnittes der
Realität mit Hilfe eines semantischen Datenmodells heißt adäquat, wenn jede
selbständig existierende Einheit der Realität durch genau ein Objekt darge-
stellt ist und die betrachteten Objekte und ihre Beziehungen untereinander
sich widerspruchsfrei zu anderen Informationen über den betrachteten
Realitätsausschnitt verhalten. Diese Widerspruchsfreiheit ist durch
Bedingungen über den Realitätsausschnitt zu kontrollieren. Die adäquate
Erfassung der Semantik von Non-Standard-Diskursbereichen wird durch folgende
Merkmale charakterisiert:
- Erfassung der Eigenschaften komplexer Objekte,
- Erfassung der Beziehungen zwischen komplexen Objekten und der zu ihrer
  Abbildung notwendigen Operationen,
- Erfassung der für die betrachteten komplexen Objekte und ihre Be-
  ziehungen zutreffenden Integritätsbedingungen.

2.1. Eigenschaften komplexer Objekte

Komplexe Objekte werden durch Attribute oder Gruppen von Attributen, die den
Objekten bzw. komplexen Objekten Elemente von Wertemengen zuordnen, sowie
durch strukturelle, temporale, prozedurale und Vieweigenschaften beschrieben.
Attribute oder Kombinationen von Attributen können Schlüsseleigenschaft haben. Für einfache Wertemengen sind neben den üblichen Basismengen Konstruk-
tionen notwendig, die es erlauben, durch Reihung, Aufzählung und ähnliche
Operationen weitere Wertemengen zu definieren. Struktureigenschaften beschreiben den Aufbau eines komplexen Objektes aus Objekten (Unterobjekten),
die miteinander in Beziehung stehen können. Unterobjekte können ebenfalls
strukturierte Objekte sein, so daß auf diese Weise Objekthierarchien entstehen können. Nach /Batory 84/ sind bei den strukturellen Eigenschaften
die Nichtdisjunktheit und die Rekursivität von Objekttypen besonders wesentlich. Bei den strukturellen Eigenschaften werden weiterhin topologische
Eigenschaften hervorgehoben. Darunter sind solche Eigenschaften zu verstehen,
die die Lage von Objekten im Raum (absolute Koordinaten), die Lage von Objekten bzw. komplexen Objekten bezüglich anderer Objekte (relative Koordinaten) und den Aufbau geometrischer Objekte kennzeichnen. Temporale Eigenschaften charakterisieren die Art und Weise und die zeitliche Abfolge
der Entstehung eines (komplexen) Objektes. Dabei kann zwischen einem Ge-
schichts- und einem Versionenmodell unterschieden werden. Prozedurale Eigenschaften kennzeichnen Vorgänge und Abläufe, die notwendig sind, um die
Dynamik, d.h. die Veränderung des betrachteten komplexen Objektes umfassend
zu charakterisieren. Die Vorgänge und Abläufe werden durch Prozeduren beschrieben. Wenn der Vorgang oder Ablauf an Bedingungen geknüpft ist, werden
diese prozeduralen Eigenschaften als anwendungsspezifische semantische Integritätsbedingungen (oder in Wissensrepräsentationssystemen als Regeln)
bezeichnet. Vieweigenschaften kennzeichnen die Art und Weise der Sicht auf
ein komplexes Objekt. Unterschiedliche Anwendungen von komplexen Objekten
eines Diskursbereiches bedingen unterschiedliche Sichten auf die komplexen
Objekte selbst.

2.2. *Beziehungen zwischen komplexen Objekten*

Die Verfügbarkeit leistungsfähiger Abstraktionsprinzipien ist eine Grund-
voraussetzung für die Abbildung der Beziehungen zwischen komplexen Objekten.
Die Abstraktion ist Mechanismus und Ergebnis der adäquaten Objektabbildung.
Die in der Praxis auftretenden Beziehungen zwischen komplexen Objektstrukturen lassen sich auf einige wenige Typen zurückzuführen. Typen semantischer
Beziehungen sind: Klassifizierung, Generalisierung, Aggregation und Assoziation. Neben der Forderung der Bereitstellung der wesentlichsten Abstraktionsmechanismen wird die Forderung unterstrichen, komplexe Objekte auch von
unterschiedlichen Abstraktionsebenen zu betrachten. Abstraktionsebenen kennzeichnen den Grad der Auflösung einer Sicht auf das komplexe Objekt. Damit
stehen die Abstraktionsebenen in enger Beziehung zu den Vieweigenschaften
komplexer Objekte, da die Sicht ein Abstraktionsmittel zur Untersuchung von
bestimmten Details eines komplexen Objekts ist. Es sind Operationen auf drei
Klassen von Abstraktionsebenen erforderlich: auf Strukturen als Ganzes, auf
Substrukturen und auf Einzelelemente. Bei diesen Operationen werden bezüglich
der Art und Weise der Verarbeitung zwei Zugriffstechniken unterschieden: der
vertikale und der horizontale Zugriff.

2.3. *Integritätsbedingungen*

Als datenmodellinhärente Integritätsbedingungen werden in /Codd 79/ für
klassische Datenmodelle (relationale) die Objektintegrität und die referentielle Integrität formuliert. Neben diesen Integritätsbedingungen ist für die
Konsistenz komplexer Objekte und ihrer Beziehungen mindestens die Überprüfung
der Abbildungs- und der Wertebereichsintegrität als Bestandteil des Datenmodells erforderlich. Die Einhaltung der Abbildungsintegrität erfordert die
Überprüfung der minimalen und maximalen Anzahl miteinander in einer bestimmten Beziehung stehender Objekte unterschiedlicher Objekttypen. Die Kontrolle
der Wertebereichsintegrität beinhaltet die Überprüfung der Werte eines Merk-
mals auf Übereinstimmung mit den in der Datendefinition angegebenen Bereichen bzw. Werten. Zur Formulierung diskursbereichsabhängiger Integritätsbedingungen muß ein NDBS entsprechende effektive Sprachelemente bereitstellen. Aus den relationalen Datenmodellen sind drei wesentliche Konzepte zur
Sicherung der Integrität bekannt, die jedoch aus Effizienzgründen und Um-
setzungsproblemen in kommerziellen Systemen nicht oder nur in ungenügendem
Maße realisiert wurden: die Definition von Integritätsbedingungen als Bestandteil der Objekttypdefinition, die Definition von Integritätsbedingungen
mittels spezieller Klauseln (Assert-Klauseln, Trigger u.a.) und die Nutzung
von Screenhandlern. Für Non-Standard-Datenbanksysteme steht zuerst die Aufgabe, diese Möglichkeiten der Integritätssicherung zu realisieren. Darüber
hinaus existieren Integritätsprobleme, die sich aus den speziellen Anforderungen von Non-Standard-Diskursbereichen (insbesondere aus dem Bereich CAD)
ableiten lassen. Wesentliche Aufgabe von NDBS ist es dabei, während langer
Transaktionen lokale Konsistenzen bei zeitweilig globalen Inkonsistenzen zu
gewährleisten.
Bei Gewährleistung dieser Anforderungen an die Adäquatheit ist eine Ersetzung
integrierter Programmsysteme mit eigener Datenverwaltung durch (Non-Stan-
dard-) Datenbanksysteme nur dann möglich, wenn gleichzeitig eine hohe
Effizienz und Akzeptanz erreicht wird /Gorchs 90/.

3. *Die Integration von Eigenschaften des Frame - Wissensrepräsentationsmodells in das Molekül - Atom - Datenmodell*

Die Analyse vorhandener Datenmodelle für NDBS /Gorchs 90/ zeigt, daß diese nicht oder in nicht ausreichendem Maße für die Modellierung von Non-Standard-Diskursbereichen geeignet sind und damit auch nicht als Basis für zu entwickelnde Wissensbankbetriebssysteme dienen können. Eine Neuentwicklung erscheint in Anbetracht der Fülle vorhandener Ansätze nicht ratsam. Das Molekül-Atom-Datenmodell /Mitschang 88/ besitzt gegenüber den anderen semantischen Datenmodellen bei der Beschreibung komplexer Objekte wesentliche Vorteile:

a) Die Modellierung komplexer Objekte wird zum integralen Bestandteil des Datenmodells. Dies wird durch den Übergang von der Tupelverarbeitung zur Molekülverarbeitung erreicht. Objekte der Verarbeitung sind nunmehr nicht nur homogene Sätze sondern auch Mengen heterogener Sätze. Die Bildung von Molekülen kann statisch und dynamisch erfolgen. Es ist möglich, sowohl zum gesamten komplexen Objekt als auch zu Subobjekten in einheitlicher Art und Weise zuzugreifen.

b) Das MAD - Modell ist in der Lage sowohl disjunkte als auch nichtdisjunkte Mengen von Objekten abzubilden. Ebenso ist es möglich, rekursive Objektstrukturen darzustellen.

c) Das MAD - Modell erlaubt die direkte und symmetrische Modellierung komplexer Objekte und die Modellierung von Netzwerkstrukturen.

d) Es ist möglich die Typen semantischer Beziehungen direkt (Klassifizierung, Aggregation, Assoziation) oder indirekt (Generalisierung) zu modellieren.

e) Die an SQL angelehnte Sprache MQL bietet einfache Möglichkeiten zur Verarbeitung von Atomen und Molekülen.

f) Das MAD - Modell ist eine konsequente Erweiterung des relationalen Datenmodells (Erweiterung der relationalen Algebra zu einer Algebra komplexer Objekte) und besitzt im Vergleich zu anderen semantischen Datenmodellen eine geringe Anzahl von Grundkonzepten, die es auch dem weniger geübten Modellierer gestatten konzeptuelle Modelle aufzubauen.

In Anbetracht der Entwicklung zu 'mehr Objektorientierung' ist es notwendig, im Rahmen des MAD-Modells Voraussetzungen zu schaffen, die eine möglichst einfache Abbildung von Programmierumgebungen mit persistenten Objekten auf entsprechende Datenbanksysteme gestattet. Zu diesem Zweck und zur Erhöhung der Adäquatheit der Abbildung komplexer Diskursbereiche sind zusätzlich folgende Eigenschaften in das MAD-Modell integrierbar:

- direkte Abbildung des Beziehungstyps Generalisierung/ Spezialisierung,
- Abbildung aller betrachteten Objekte unabhängig von ihrer Komplexität durch genau ein Objekt des Datenmodells,
- nähere Erläuterung bestimmter Eigenschaften einzelner Attribute (z.B. Default-Werte),
- gezielte Beschreibung spezieller Eigenschaften gesamter Atomtypen,
- Behandlung von Objektgeschichten und -versionen,
- Charakteristik der Beziehungen zwischen Objekten durch Eigenschaften.

Dazu wurden Eigenschaften des Frame-Wissensrepräsentationsmodells (insbesondere die Möglichkeiten zum Aufbau von Objekthierarchien) und des MAD-Modells (insbesondere die statische und dynamische Molekültypdefinition zur Realisierung der Aggregation und Assoziation) im FrameORientierten Molekül-Atom-Datenmodell zusammengefaßt /Gorchs 90/. Als Anfragesprache wurde die FORMAD-Query-Language FQL entwickelt und implementiert. Gleichzeitig wurden Möglichkeiten zur Effizienzerhöhung in einem entsprechendem DBS erarbeitet und getestet /Bruns 90/ /Gorchs 90/.

Zur Erläuterung der neu eingeführten Eigenschaften wird folgendes Beispiel aus dem Bereich der Produktdatenmodellierung benutzt. Das Produktdatenmodell eines zu fertigenden technischen Objektes untergliedert sich nach /Eberlein 84/ in drei Teilmodelle: in das geometrische, das technologische, organisa-

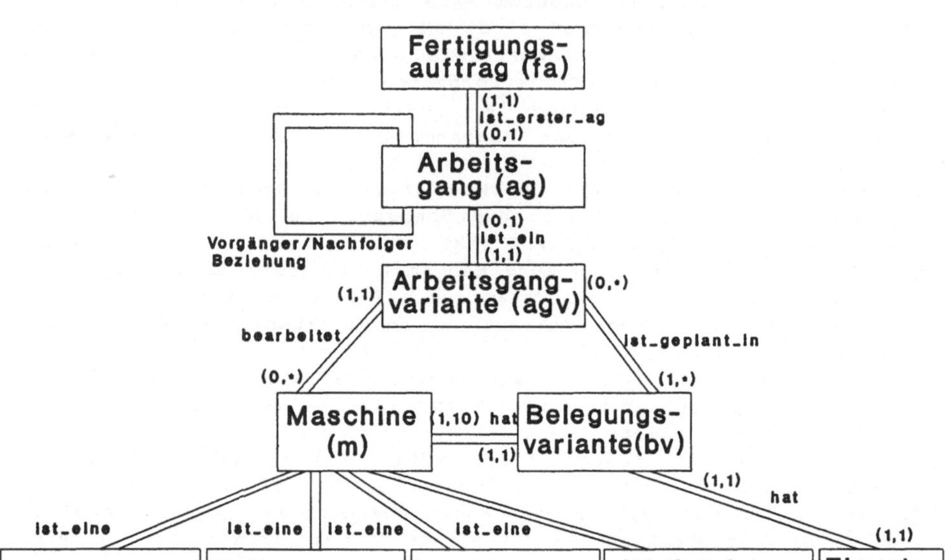

Abb 1: MAD-Schemadiagramm des technologischen Modells

torische und das Produktstrukturmodell. Hier wird ausschließlich das technologische Teilmodell betrachtet. Es kennzeichnet die Art und Weise der Fertigung eines Teils und enthält Informationen über mögliche technologische Fertigungsalternativen, zugeordnete Maschinen und andere notwendige Daten zur Realisierung eines Fertigungsauftrages, von denen eine im Planungsprozeß in Abhängigkeit von der Produktionssituation ausgewählt wird. Eine Variante der Darstellung in einem MAD - Schema zeigt Abbildung 1.
Im FORMAD - Modell wurden im Vergleich zum MAD - Modell folgende wesentliche Erweiterungen vorgenommen.

3.1. Atomtyphierarchien

Neben dem für jeden Atomtyp obligatorischen Merkmal zur Identifikation der zugehörigen Objekte werden vordefinierte Merkmale zum Aufbau von Klassenhierarchien eingeführt. Diese Merkmale sind nicht obligatorisch; sie werden nur dann angegeben, wenn der entsprechende Atomtyp Bestandteil einer Generalisierungshierarchie ist. Diese ausgezeichneten Merkmale tragen eine Standardbezeichnung:
Super kennzeichnet die Beziehung zum übergeordneten Atomtyp,
Sub kennzeichnet untergeordnete Atomtypen.
Nach den Schlüsselwörtern Super/Sub werden die Namen der über- bzw. untergeordneten Atomtypen angegeben. In der obersten bzw. untersten Stufe der Atomtyphierarchie ist die Angabe von NIL anstelle der Atomtypnamen zur Kennzeich-

nung des Nichtexistenz über- bzw. untergeordneter Atomtypen notwendig. Super/Sub sind nur Bestandteil der DDL-Anweisungen für generalisierende/ spezialisierende Atomtypen und haben keine Auswirkungen auf die Ausprägungs- ebene. Daher erscheinen diese Merkmale bei der Arbeit mit der DB nicht expli- zit; sie sind Bestandteil der Metadatenbasis. Atomtypen können vollständig und disjunkt spezialisiert werden; dies wird durch das Verknüpfen der zu einer Partitionierung gehörenden Atomtypen durch das Zeichen '+' gekennzeich- net. Im anderen Fall werden die Atomtypen durch '-' verknüpft. Durch diese Art der Kennzeichnung wird eine Überprüfung der Korrektheit der Spezialisie- rung im Datenbanksystem ermöglicht. Bei der Modellierung von Klassen und Subklassen werden Attribute immer dem Klassenatomtyp zugeordnet, für den sie allgemein gültig sind, das heißt dem Atomtyp, dessen generalisierende Eigen- schaft sie repräsentieren. Die spezialisierenden Atomtypen erben (außer den Atomtypeigenschaften) alle Eigenschaften der generalisierenden Atomtypen. Jeder Klassenatomtyp hat entweder genau einen oder keinen Superklassenatom- typ. Die Datenelemente eines Atoms werden entsprechend ihren Merkmalen den einzelnen Klassen bzw. Subklassen zugeordnet und stellen damit keine Objekte (Instanzen) auf der untersten Spezialisierungsstufe dar. Die Mengen der Attribute aller Klassen/Subklassen einer Generalisierungshierarchie verhalten sich zueinander disjunkt. Damit ist festgelegt, daß ein Attribut nur in genau einem Atomtyp einer Generalisierungshierarchie auftritt. Diese Festlegung ist durch die Existenz einer großen Anzahl von Ausprägungen zu relativ wenig Strukturen bestimmt. Damit gestaltet sich die Vererbung von Eigenschaften in Atomtyphierarchien einfach; Vererbungsrollen, wie sie aus Wissensrepräsenta- tionssystemen bekannt sind, entfallen. Im FORMAD-Modell kennzeichnen Ver- erbungsregeln die Art und Weise der Übertragung von Attributen von Klassen- atomtypen zu Subklassenatomtypen. Auf Grund der dargestellten Festlegungen ergeben sich für das FORMAD - Modell folgende Regeln für die Vererbung:
1. Die in generalisierenden Atomtypen enthaltenen Attribute werden vollstän- dig an die spezialisierenden Atomtypen vererbt.
2. Die spezialisierenden Atome erben die systemvergebenen Identifikatoren der in generalisierenden Atomtypen enthaltenen Atome.
3. Der spezialisierende Atomtyp enthält weitere ihn näher beschreibende Attribute. Das Anfügen von Attributen an den spezialisierenden Atomtyp mit derselben Bezeichnung wie im generalisierenden Atomtyp ist (vorerst) aus Effizienzgründen untersagt. (Dies hätte die Einführung von Vererbungsrollen und damit einen 'ständigen Verbund' zwischen spezialisierenden und genera- lisierenden Atomtyp bei fast jeder Anfrage zur Folge.)
4. Spezialisierende Atomtypen können mit anderen Atomtypen (außer dem gene- ralisierenden Atomtyp) weitere Beziehungen eingehen.

Unter Ausnutzung der dargestellten Möglichkeiten zur Einführung von Atomtyp- hierarchien vereinfacht sich im benutzten Beispiel die Definitionsanweisung für den Atomtyp Maschine erheblich.

DDL-Anweisung für den Atomtyp Maschine im MAD-Modell:

```
CREATE ATOM_TYPE maschine
( maschinen_id :      IDENTIFIER,
  bezeichnung   :     CHAR (15),
  bearbeitet    :     SET_OF(REF_TO(ag_variante))(0,*),
  hat           :     SET_OF(REF_TO(bel_varianten))(1,10),
  ist_drehma    :     SET_OF(REF_TO(drehmaschine))(0,1),
  ist_fraesma   :     SET_OF(REF_TO(fraesmaschine))(0,1),
  ist_intma     :     SET_OF(REF_TO(intakte_maschine))(0,1),
  ist_nichtint  :     SET_OF(REF_TO(nicht_intakte_maschine))(0,1),
) KEYS_ARE (masch_nr);
```

DDL-Anweisung für den Atomtyp Maschine im FORMAD-Modell:

```
        CREATE ATOM_TYPE maschine
        ( maschinen_id :     IDENTIFIER,
                        .
                        .
          bearbeitet    :    SET_OF(REF_TO(ag_variante))(0,*),
          hat           :    SET_OF(REF_TO(bel_varianten))(1,10),
                        .
          schutzprfg_am:     TIME,
        )
        SUPER           :    NIL,
        SUB             :    (intakte_maschnine + nicht_intakte_maschine,
                              dreh_maschine - fraesmaschine),
        KEYS_ARE (masch_nr);
```

3.2. Atomtypeigenschaften

Als weiteres neues Element werden Charakteristika eingeführt, die sich auf
die gesamte Menge der einem Atomtyp zugeordneten Atome beziehen. Diese Möglichkeit wird von den in Frame-Modellen definierten klasseneigenen Merkmalen
(Klassenslots, Ownslots) abgeleitet. Diese einen gesamten Atomtyp charakteri-
sierenden Merkmale werden im FORMAD - Modell als ATF (Atom Type Feature)
bezeichnet und sind Bestandteil der Definitionsanweisung für einen Atomtyp.
Die ATF werden ebenfalls in der Metadatenbasis abgespeichert, da sie einen
Atomtyp näher beschreiben. Bezogen auf Datenbanksysteme sind klassenbe-
schreibende Werte, hier als ATF bezeichnet, Anfragen, deren Ergebnis im Ar-
beitsprozeß sofort abrufbar, d.h. permanent ist. Daraus ergibt sich die Notwendigkeit der ständigen Aktualisierung der ATF bei Änderung von Werten eines
Atomtyps. Aus Effizienzgründen sollte auf eine minimal notwendige Anzahl von
ATF geachtet werden. ATF werden ebenso wie die Deklaration von Schlüsseln
nach der schließenden Klammer der Attributdefinition in einem Atomtyp aufgeführt.
Als mögliches Beispiel einer ATF-Klausel kann für den Atomtyp Maschine
diejenige Maschine definiert werden, die den am weitesten zurückliegenden
Zeitpunkt einer Arbeitsschutzüberprüfung besitzt:

```
                        .
                        .
            ATF_IS      :    ( arbeitsschutzüberprüfung_notwendig_bei:
                              SELECT masch_nr WHERE schutzprfg_am =
                              SELECT MIN (schutzprfg_am)),
                        .
                        .
```

3.3. Aspekte

Aspekte enthalten zusätzliche Informationen zu den Merkmalen eines Atomtyps.
Im FORMAD-Modell sind folgende Aspekte definiert:
NULL   gestattet/verbietet die Möglichkeit unbelegter Merkmale,
DEFAULT stellt einen   Standardwert für ein nicht mit einem Wert belegtes
        Merkmal eines Atoms bereit,
MEASURE gibt die Maßeinheit für eine Größe an,
CHECK   kontrolliert die Einhaltung einer bestimmten Bedingung bezüglich der
        Datenwerte.

Weiterhin ist ein Aspekt des Typs PROCEDURE vorgesehen. Diese Prozedur, deren
Name nach dem Schlüsselwort angegeben ist, realisiert bestimmte Folgeopera-
tionen nach dem Lesen oder Schreiben der Datenelemente. Mit diesem Aspekt
können Fragen der Dynamik (z.Bsp. Trigger) realisiert werden, wobei diese
Problematik genauerer Untersuchung bedarf. Damit wird ein den Dämonen (z.B.
if_needed, if_changed) des Frame - Modells äquivalentes Mittel bereitgestellt. Die Angabe von Aspekten ist optional. Da sie ein Attribut in seiner
Gesamtheit näher charakterisieren, sind die Aspektwerte Bestandteil der Metadatenbasis.
Im Atomtyp Maschine des betrachteten Beispiels sind folgende Aspekte möglich:

```
                      .
                      .
                      .
    farbe         :   (C'rot'C,C'gruen'C,C'gelb'C)   #D:C'grau'C,
    masse         :   INTEGER                        #M:C'kg'C,
                      .
                      .
```

Damit lautet die vollständige Definition dieses Atomtyps in der FQL - Daten-
definitionssprache:

```
    CREATE ATOM_TYPE maschine
    ( maschinen_id :     IDENTIFIER,
      bezeichnung  :     CHAR (15),
      masch_nr     :     INTEGER,
      farbe        :     (C'rot'C,C'gruen'C,C'gelb'C)   #D:C'grau'C,
      bearbeitet   :     SET_OF(REF_TO(ag_variante))(0,*),
      hat          :     SET_OF(REF_TO(bel_varianten))(1,10),
      masse        :     INTEGER                         #M:C'kg'C,
      schutzprfg_am:     TIME,
    )
    SUPER            :   NIL,
    SUB              :   (intakte_maschnine + nicht_intakte_maschine,
                          dreh_maschine - fraesmaschine),
    ATF_IS           :   (arbeitsschutzüberprüfung_notwendig_bei:
                            SELECT masch_nr WHERE schutzprfg_am =
                                SELECT MIN (schutzprfg_am)),

    KEYS_ARE (masch_nr);
```

Zur Verdeutlichung der Mechanismen zur Verarbeitung von FQL - Anfragen ist
ein einfaches Beispiel zum oben modellierten Diskursbereich gegeben. Dazu
sind Ausprägungen (in Tabellenform) aufgeführt. Die Anfrage spezifiziert die
Fräsmaschinen, deren Fräslänge größer 1000 ist. Als Ergebnis werden die geforderten Attribute des betrachteten Atomtyps und die aller generalisierenden
(hier Maschine) Atomtypen angegeben.

```
Maschine
+--+----------+------+---+-----+------------+---------------+
|id| masch_nr |farbe |...|masse|schutzprfg_am|.....          |
|  |          |D:grau|   |M:kg |             |               |
+--+----------+------+---+-----+------------+---------------+
|Arbeitsschutzpruefung_notwendig_bei:0815                    |
+--+----------+------+---+-----+------------+---------------+
|m1| 0813     | gruen|   | 1290| 06_08_87   |               |
|m2| 0815     | grau |   | 1968| 04_03_86   |               |
|m3| 0879     | grau |   | 1234| 12_22_88   |               |
+----------------------------------------------------------+


Fräs_M
+--+---------------------------------------------------+--------+
|id|        max_fraesgroesse                           | ...    |
|  +------------+-------------------+----------------+  |        |
|  | laenge     | breite            | hoehe          |  |        |
|  | M:mm       | M:mm              | M:mm           |  |        |
+--+------------+-------------------+----------------+--------+
|m1|   500      | 100               | 50             |  |        |
|m3| 1200       | 250               | 150            |  |        |
|........                                                        |
+---------------------------------------------------+--------+
```

Anfrage: SELECT ALL_BUT masse
           FROM Fräs_M
           WHERE max_fraesgroesse.laenge>1000 ;

Ergebnis: masch_nr: 0879
          farbe: grau
          schutzprfg_am: 12_22_88
          max_fraesgroesse.laenge: 1200
          max_fraesgroesse.breite: 250
          max_fraesgroesse.hoehe: 150

3.4. Semantische Adäquatheit und Effizienzprobleme

Um die Aussage über die Erhöhung der semantischen Ausdruckskraft zu unter-
setzen, wird die Modellierung von Frames im MAD - Modell (nach /Härder,
Mattos, Mitschang 87/) und im FORMAD - Modell gegenübergestellt.

Modellierung von Frames im MAD - Modell

```
CREATE ATOM_TYPE units
( unit_id          :IDENTIFIER,
  name             :CHAR_VAR,
  ist_subklasse_von:SET_OF(REF_TO(units.hat_als_subkl.))(0,*),
  hat_als_subklasse:SET_OF(REF_TO(units.ist_subkl._von))(0,*),
  unit_beschreibung:SET_OF(REF_TO(slots.ist_slot_von))(1,*)
) KEYS_ARE (name);
```

```
CREATE ATOM_TYPE slots
( slot_id            :IDENTIFIER,
  name               :CHAR_VAR,
  typ                :(M,K),
  kennung            :(E,G),
  werte              :BYTE_VAR,
  ist_slot_von       :REF_TO(units.unit_beschreibung),
  slot_beschreibung:REF_TO(aspekte.ist_aspekt_von)
) KEYS_ARE (name,ist_slot_von);

CREATE ATOM_TYPE aspekte
( aspekt_id          :IDENTIFIER,
  comment            :CHAR_VAR,
  wertemenge         :BYTE_VAR,
  cardinality_min    :INTEGER,
  cardinality_max    :INTEGER,
  einheit            :CHAR_VAR,
  default            :BYTE_VAR,
  ist_aspekt_von     :SET_OF(REF_TO(slots.slot_beschreibung))(0,*));
```

Modellierung von Frames im FORMAD - Modell

```
CREATE ATOM_TYPE unitname
(ident               :IDENTIFIER,
 memberslotname 1:memberslotdatentyp 1 aspekttyp11:aspektwert11,
                                        .         .
                                       aspekttyp1n:aspektwert1n,

 memberslotname m:memberslotdatentyp m aspekttypm1:aspektwertm1,
                                        .         .
                                       aspekttypmn:aspektwertmn)
ATF_IS    (klassenslotname 1 :klassenslotwert 1 ),
                  .                   .
ATF_IS    (klassenslotname p :klassenslotwert p ),
SUPER  : ( unitname ),
SUB    : ( liste_von_unitnamen ),
KEYS_ARE ( memberslotnamen );
```

Tab.1: Gegenüberstellung von MAD- und FORMAD - Modell bei der Modellierung
       von Frames

MAD - Modell	FORMAD - Modell
- alle einzelnen Units werden mit Hilfe von 3 Atomtypen dargestellt, - zur Selektion eines Units ist mindestens ein 'join' über drei Atomtypen erforderlich, - die Vererbung entlang der Generalisierungshierarchie erfolgt als Rekursion über dem Atomtyp 'units'.	- jedes (Klassen-) Unit wird einem Atomtyp zugeordnet, Units, die Entities dieser Klasse repräsentieren, werden dem Atomtyp als Atome zugeordnet, - zur Selektion von Instanzen muß nur ein Atomtyp angesprochen werden, - Vererbung erfolgt wie in Frame-basierten WRS entlang von Atomtyphierarchien.

Damit wird eine natürliche Modellierung von Frames erreicht (vgl. auch Tabelle 1), wobei jedoch zwei Faktoren zu beachten sind:
- Die Zuordnung von Atomtypen zu Units bedingt eine hohe Anzahl von Atomtypen im Vergleich zu den einzelnen Atomen; es müssen dafür effektivitätsfördernde Maßnahmen getroffen werden.
- Die Einschränkung auf maximal einen Superatomtyp gebietet die Verlagerung komplizierterer Vererbungsvorgänge (z.B. multiple Vererbung) in Schichten höheren Abstraktionsniveaus.

Durch die vorgestellten Erweiterungen im FORMAD - Modell ergeben sich einige neue Anforderungen an das Datenbankbetriebssystem bezüglich der Realisierung von FQL- Operationen:
- Select-Klausel: Es werden bei der nichtdeterminierten Anforderung von Werten Select all.. oder Select all_but.. alle Merkmalswerte des spezifizierten Atomtyps sowie aller generalisierenden Atomtypen unter der Beachtung der Aspekte ausgegeben.
- Insert-Klausel: Beim Einfügen von Werten in einen generalisierenden Atomtyp kann die Aufnahme von Werten in einen spezialisierenden Atomtyp durch die Anwendung eines Aspektes vom Typ Prozedur erzwungen werden. Dabei wird der systemvergebene Identifier - Wert vom generalisierenden auf den spezialisierenden Atomtyp vererbt. Des weiteren kann eine Überprüfung des einzugebenden Wertes durch die CHECK-Klausel erfolgen.
- LDL-Anweisungen: Werden durch die Angabe von Super/Sub-Merkmalen Atomtyphierarchien aufgebaut, so wird automatisch eine entsprechende Anweisung der LDL generiert, die generalisierende und spezialisierende Atomtypen physisch geclustert in der Form statischer Moleküle abspeichert, um eine höhere Effizienz der (relativ häufig zu erwartenden) join-Operationen zwischen generalisierenden und spezialisierenden Atomtypen zu erreichen.

Die Integration von Objekttyphierarchien in strukturell objektorientierte Datenbanksysteme erfordert spezielle Untersuchungen zur Effizienzerhöhung in diesen Systemen, die auch für voll objektorientierte Datenbanksysteme von Bedeutung sind (vgl. /Demuth u.a. 90/). Unter Ausnutzung der sich neu ergebenen Optimierungsmöglichkeiten in Generalisierungshierarchien kann z.B. in Auswertung von /Spudulyte 91/ die folgende Regel (in Erweiterung der Optimierungsregeln von /Härder 78/) zur Optimierung in Operatorbäumen definiert werden:

Vertauschen von Selektion und Vereinigung in Operatorbäumen
Erfolgt in disjunkten oder nichtdisjunkten Subatomtypen eines gemeinsamen Superatomtyps eine Selektion über verschiedene Merkmale und anschließend eine Vereinigung der Ergebnisatommengen, so ist zuerst die Vereinigung der betrachteten Subatomtypen und dann die Selektion über beide Selektionsmerkmale zu vollziehen.

Der Optimierungseffekt wird durch die Tatsache erreicht, das die Subatomtypen eines Superatomtyps in jedem Fall geclustert vorliegen und damit eine Vereinigung auf physischem Niveau im Prinzip schon vollzogen ist. Die Anzahl der physischen Zugriffe erhöht sich ohne Optimierung erheblich, da zuerst zwei Selektionen durchgeführt werden müssen (zweimal Zugriff auf Cluster) und anschließend die Vereinigung (erneuter Clusterzugriff). Im optimierten Operatorbaum erfolgt nur ein Clusterzugriff zur Realisierung der Selektion in der physisch schon vorhandenen Vereinigungsmenge der Atome.
Auf die Definition meherer übergeordneter Objekttypen wurde in der ersten Entwicklungsstufe des FORMAD - Datenbanksystems FDBS bewußt verzichtet, um die komplizierten Vorgänge der multiplen Vererbung zu umgehen. Multiple Vererbungsprozesse sollten aus Effizienzgründen entweder den strukturell

objektorientierten FDBS - Systemteil übergeordneten Schichten vorbehalten oder generell nur in voll objektorientierten DBS realisiert werden.
Neben der Anfrageoptimierung wurden im Speicherserver weitere Mittel zur Effizienzerhöhung integriert /Bruns 90/:
- physische Clusterung logisch zusammengehöriger Strukturen,
- Realisierung unterschiedlicher Modi zur Abbildung variabel langer Attribut- ausprägungen,
- Verwendung unterschiedlicher Scantypen u.a..
Ein alternatives Angebot unterschiedlicher Zugriffspfadtechniken ist vorgesehen. Gegenwärtig ist ein Hashverfahren implementiert.

4. Zusammenfassung FORMAD - Modell

Das FORMAD - Modell realisiert durch die Integration von Eigenschaften von Datenbank- und Wissensrepräsentationssystemen eine hohe Stufe der semantisch adäquaten Darstellung von Diskursbereichen auf Datenbanksysteme. Dies zeigt die Abbildung 2 sowie die Gegenüberstellung der Begriffe in Tabelle 2. Mit dem FORMAD-Modell wird erstmalig im Bereich der Datenbanktechnologie eine 4-stufige Beschreibung der Gegebenheiten eines Diskursbereiches erreicht: komplexer Objekttyp-Objekttyp-Merkmale-Aspekte.

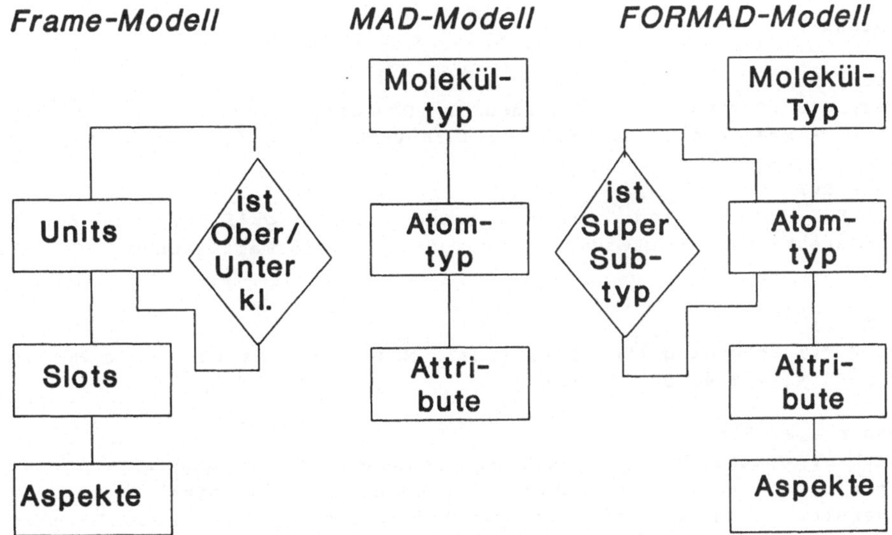

Abb 2: Entity-Relationsship-Diagramme vom Frame-,MAD-und FORMAD-Modell

Tab.2: Begriffe in Daten- bzw. Wissensrepräsentationsmodellen

	EERM	MAD-Modell	Frame-Modell	FORMAD-Mod.
Beziehung	Relationship	symmetrische Referenz	Relation_to	symmetrische Referenz
Objekt	Entity	Atom	Unit	Atom
Objekttyp	Entity-Set	Atomtyp	Unit	Atomtyp
Superklasse	Gattungs-entity-Set	-	Unit	Superatomtyp
Subklasse	Artentity-Set	-	Unit	Subatomtyp
Aspekt	-	-	-	Aspekt

Weitere Arbeiten konzentrieren sich neben der Qualifizierung einer Implementierung auf folgende Schwerpunkte:

1. Einbeziehung von implizitem Wissen und Erreichen eines höheren Grades der Objektorientierung.
2. Untersuchungen zu Verfahren der Effizienzerhöhung in neueren Datenbankbetriebssystemen, dabei insbesondere:
   - Parallelisierung von Datenbankoperationen,
   - Query - Optimierung in objektorienierten Datenbanksystemen.

Literatur

/Batory 84/
Batory,D.S.;Buchmann,A.P.: Molecular Objects, Abstract Data Types and Data Models: A Framework. In: Proc. of 10th VLDB Conf., Singapore,1984, pp.172-184

/Bruns 90/
Bruns,K.: Entwurf und Implementierung eines Zugriffssystems für Non-Standard-Datenbanken. - Dresden, Techn. Univ., Informatikzntrum, Abschlußarbeit, 1990.

/Codd 79/
Codd,E.F.: Extending the Relational Model to Capture More Meaning. - In: ACM TODS 4(1979)4, S. 397 - 434

/Demuth u.a. 90/
Demuth,B; Gorchs,Th.; Müller,K.H.; Schoenefeld,F.; Spudulyte,E.: Interfaces of the optimizer in the NooDLE Object System. - Technical Report, Technische Universität Dresden, Fakultät für Informatik, Institut für Datenbanken und Künstliche Intelligenz, 1990, - 23 p.

/Dittrich 86/
Dittrich,K.R.: Object Oriented Database Systems. - In: Fifth International Conference on Entity - Relationship Approach. November 1986, Dijon, France. - Proceedings. Amsterdam:North Holland, 1987, S. 51-66

/Eberlein 84/
Eberlein,W.: CAD - Datenbanksysteme. Berlin, Springer Verlag, 1984, - 289 S.

/Gorchs 90/
Gorchs,Th.: Untersuchungen zur Modellierung und Verwaltung komplexer Objekte in Datenbanksystemen. - Dresden, Techn. Univ., Dissertation (Manuskript), 1990.

/Härder 85/
Härder,T.;Reuter,A.: Architektur von Datenbanksystemen für Non-Standard-Anwendungen. - IFB 136, S.253-286

/Härder, Mattos, Mitschang 87/
Härder,T.;Mattos,N.;Mitschang,B.:Abbildung von Frames auf neuere Datenmodelle. - Kaiserslautern: ZRI, Univ., 1987. - 17 S.

/Manifesto 89/
Atkinson,M.;Bancilhon,F.;DeWitt,D.;Dittrich,K.;Maier,D.;Zdonik,S.:The Object-Oriented Database System Manifesto. - In: Proc. of the First Int. Conf. on Deductive and Object-Oriented Databases. 1989, Kyoto, Japan, pp. 40 - 57

/Mitschang 88/
Mitschang,B.: Ein Molekül - Atom - Datenmodell für Non - Standard - Anwendungen. - IFB 185 , Springer-Verlag, 1988. - 230 S.

/Spudulyte 91/
Spudulyte,E.: Algebraische Optimierung in objektorientierten Datenbanksystemen. - Dresden, Techn. Univ., Diplomarbeit, 1991.

/Härder 78/
Härder,T.: Implementierung von Datenbanksystemen. - München, Wien, Carl Hauser Verlag, 1978. - 322 S.

Austausch komplexer Datenbank-Objekte in einer heterogenen Workstation-Server-Umgebung

J. Günauer, W. Manus

IBM Wissenschaftliches Zentrum
Tiergartenstraße 15
6900 Heidelberg

Überblick

Das Kernproblem beim Austausch komplexer Datenbank-Objekte in einer heterogenen Workstation-Server-Umgebung bildet die Darstellung der zwischen den Kommunikationspartnern auszutauschenden Daten. Dazu werden unter Berücksichtigung der Normierungsvorschläge von ISO (International Organization for Standardization) und CCITT (Comité Consultatif International Téléphonique et Télégraphique) bezüglich der Darstellungsschicht 6 (Presentation Layer) im OSI-7-Schichten-Modell am Beispiel des Non-Standard-Datenbanksystems AIM-P Lösungsmöglichkeiten untersucht. Schließlich wird ein Verfahren vorgestellt, das basierend auf der Datenbeschreibungssprache ASN.1 (Abstract Syntax Notation One) einen anwendungsneutralen Datenaustausch ermöglicht und somit auch einen Zugang von Nicht-AIM-P-Workstations auf AIM-P-Server eröffnet.

1.0 Einleitung

Die Entwicklung immer leistungsfähigerer Workstations und PC's führt in Verbindung mit den steigenden Informationsmengen dazu, daß die Daten nicht mehr grundsätzlich zentral auf Großrechnern verarbeitet werden müssen und können. Die **Dezentralisierung** der EDV-Leistung wird sich in Zukunft noch verstärken, zumal die Entwicklung im Großrechnerbereich leistungsmäßig wesentlich langsamer voranschreitet als im Bereich kleinerer Systeme. Dabei ist allerdings zu beachten, daß eine zu starke Dezentralisierung bei der Daten*haltung* zu Problemen bei der Konsistenz führen kann, wenn jede Anwendung eine *private* Kopie von Daten hält, ohne daß in bestimmten Abständen ein Abgleich erfolgt.

Im Rahmen dieser Arbeit sollen am Beispiel von AIM-P [DaLi89] Möglichkeiten untersucht werden, wie ein Server-Datenbanksystem mit einer Workstation in **heterogener Systemumgebung** kooperieren kann, wenn also Server und Workstation auf *unterschiedlichen* Hardware- und Software-Systemen basieren. Das Kernproblem bildet dabei die *Darstellung der zwischen beiden Kommunikationspartnern auszutauschenden (komplexen) Daten.* Dazu werden einige Lösungsmöglichkeiten vorgeschlagen, einander gegenübergestellt und bewertet.

In der aktuellen Realisierung der Workstation-Server-Kooperation in AIM-P werden sowohl der Server als auch die Workstation durch je eine Virtuelle Maschine unter dem Betriebssystem VM/CMS dargestellt, es handelt sich also um eine **homogene Systemumgebung**. Beim Übergang auf **heterogene Systeme** (z.B. Server unter VM, Workstation unter AIX) ist diese Vorgehensweise ohne Datenkonvertierung nicht mehr möglich, da sich die interne Datenrepräsentation in beiden Systemen grundlegend unterscheidet. Eine AIX-Workstation kann also die vom VM-Server erzeugten Daten nicht mehr direkt interpretieren, da sie die Kodierregeln nicht kennt, nach denen die Daten erzeugt wurden.

In die folgenden Überlegungen werden die Vorschläge der Normungsgremien ISO und CCITT bezüglich der Darstellungsschicht 6 (Presentation Layer) im OSI-7-Schichten-Modell [EfFl86] mit einbezogen. Dabei handelt es sich im wesentlichen um die Datenbeschreibungssprache ASN.1 [ISO8824, GoSp87] und die zugehörigen Basic Encoding Rules [ISO8825], wo ein Mittel zur transparenten Beschreibung von

Daten und deren einheitlicher Kodierung entwickelt wurde. Diese Sprache hat sich im Zusammenhang mit den Standardisierungsbemühungen zur Kommunikation offener Systeme (OSI - Open Systems Interconnection) als Standard etabliert.

Einen weiteren Aspekt bildet die Möglichkeit des Zugriffs von Nicht-AIM-P-Workstations auf Daten eines AIM-P-Servers. Dies läuft auf eine universelle Schnittstelle hinaus, worauf jedoch nur kurz eingegangen werden kann.

Nach einer kurzen Vorstellung der aktuellen Realisierung in AIM-P (Kapitel 2) folgt in Kapitel 3 die Gegenüberstellung möglicher Alternativen zu einer Transferdarstellung in *heterogenen* Systemumgebungen. Kapitel 4 beschäftigt sich mit den in diesem Zusammenhang erforderlichen Grundlagen von OSI und der Datenbeschreibungssprache ASN.1, die als Basis für den Entwurf einer konkreten Transferdarstellung herangezogen wird (Kapitel 5).

2.0 Der Advanced Information Management Prototype (AIM-P)

Am Wissenschaftlichen Zentrum der IBM in Heidelberg wurde das Non-Standard-Datenbanksystem AIM-P entwickelt, in dem neue Konzepte aus dem Bereich der Datenbank-Forschung prototypisch implementiert werden. Dies sind u.a.:

- Unterstützung des *erweiterten* NF^2-Relationenmodells
- Versionen-Verwaltung
- Text-Verwaltung
- Benutzerdefinierbare Datentypen und Operationen
- Workstation-Server-Kooperation

Darüber hinaus bietet AIM-P eine Bildschirm-Schnittstelle (On-Line Interface) für Ad-hoc-Anfragen interaktiver Benutzer [LPS90] und eine Anwendungsprogramm-Schnittstelle (Application Program Interface, API), mit der Datenbank-Zugriffe aus Anwendungsprogrammen heraus möglich sind [ESW88]. Basierend auf SQL wurde die Sprache HDBL (Heidelberg Data Base Language) [LPS90] entwickelt, die über den SQL-Standard hinaus auch Konstrukte zur Unterstützung der neuen Konzepte und des erweiterten NF^2-Relationenmodelles anbietet.

2.1 Das erweiterte NF^2-Relationenmodell (eNF^2-Modell)

Eine Relation im klassischen Datenbanksinn ist definiert als eine *ungeordnete* Menge von Tupeln. Dies bezieht sich sowohl auf das Relationenmodell als auch auf das reine NF^2-Modell [SS86]. Beim *erweiterten* NF^2-Relationenmodell wurde diese Restriktion aufgehoben, und es werden zusätzlich auch *geordnete* Mengen zugelassen [PiAn86]. Geordnete und ungeordnete Mengen von Tupeln sollen nachfolgend unter dem Begriff *Tabelle* zusammengefaßt werden. Eine *geordnete Tabelle* wird in diesem Zusammenhang als *Liste* bezeichnet. Tabelle 1 zeigt eine solche (ungeordnete) eNF^2-Tabelle zur Abbildung von Abteilungsdaten.

Jedes DEPARTMENTS-Tupel hat neben den atomaren Attributen DEP_NO, DEP_MGR und DEP_DESCR die Sub-Tabellen PROJECTS und EQUIPMENT. PROJECTS hat eine weitere (geordnete) Subtabelle (EMPLOYEES), in denen die Daten aller Mitarbeiter des Projektes gespeichert sind. Die geschweiften Klammern bei den nicht-atomaren Attributen geben an, daß es sich um *Mengen* handelt, im Gegensatz zu geordneten Listen, die durch spitze Klammern angedeutet werden.

{DEPARTMENTS}							
DEP_ NO	DEP_ MGR	{PROJECTS}				{EQUIPMENT}		DEP_DESCR
		PRO_ NO	LEADER	<EMPLOYEES>		EQ_ NO	EQ_ DESCR	
				EMP_ NO	NAME			
314	Jim	17	John	11	David	1001	PC/AT	Research
				22	Joe	1002	IBM/370	
				33	Donald	1003	chair	
		23	Mary	55	Jane			
				66	Diane			
218	Mike	25	Ray	111	George	2000	RISC/6000	Development
				122	Jenny	2100	PS/2	
				133	Willie	2101	PS/2	
						2103	PC/RT	

Tabelle 1. eNF^2-Tabelle zur Darstellung von Abteilungsdaten

2.2 Die Workstation-Server-Kooperation in AIM-P

Wie in der Einführung bereits angedeutet, ist mit der Verfügbarkeit preiswerter, leistungsfähiger PC's, Workstations und Kleinrechner ein wachsender Trend zur *Dezentralisierung der EDV-Leistung* zu erkennen. Dies erfordert allerdings Maßnahmen, um die Vorteile einer zentralisierten DV zu erhalten. Dazu zählen z.B. die Wahrung der Konsistenz und die Sicherung des Datenbestandes durch regelmäßige Datensicherungen. Eine Verteilung der Last eines zentralen Rechners auf einen Verbund aus Server und "intelligenten" Workstations hat u.a. folgende Vorteile [DGKOW86]:

- Flexibilität bezüglich Erweiterungen des Gesamtsystems
- Anwendungsbezogene Auswahl der Hard- und Software der Workstations
- Erhöhung der Gesamtleistung des Systems
- Entkopplung der Anwendungen von einem zentralen Rechner

Aufgabe des Servers ist in diesem Zusammenhang im wesentlichen die *Bereitstellung* und *zentrale Verwaltung* des Datenbestandes, während auf den Workstations die Daten weitgehend autonom *verarbeitet* werden. Es liegt also nicht notwendigerweise eine verteilte Datenbank vor, die *Datenhaltung* bleibt nach wie vor zentralisiert, während deren *Verarbeitung* dezentral durchgeführt wird. Das Extrahieren von Daten aus der Server-Datenbank wird auch als **Check-Out**, das Einbringen von auf der Workstation durchgeführten Änderungen mit **Check-In** bezeichnet.

Voraussetzung für die *Effizienz* einer solche Vorgehensweise ist allerdings, daß die auf einer Workstation durchgeführten Änderungen beim Wiedereinbringen in den zentralen Datenbestand nicht auf DML-Ebene[00] vollständig im Server "nachgefahren" werden müssen, sondern auf einer möglichst *niedrigen* Ebene eingebracht werden können. In diesem Fall spricht man auch von einer *engen Kopplung* von Workstation und Server. Bei einer *losen Kopplung* auf DML-Ebene würde es sich nicht um eine echte Kooperation zwischen Workstation und Server handeln; die Workstation müßte lediglich die einzelnen Änderungen auf DML-Ebene protokollieren und zum Wiedereinbringen an den Server senden (siehe hierzu auch [DGKOW86]).

Ein etwas anderer Weg wird im Rahmen der Standardisierung des **Remote Database Access Protocol (RDAP)** eingeschlagen [ECMA84]. Hier geht es im wesentlichen um die Koordination des Zugriffs auf Daten innerhalb eines Rechnernetzes, unabhängig von deren Speicherung in einem konkreten Datenbank-Management-System. Es handelt sich also *nicht* um eine Workstation-Server-Kooperation im Sinne von AIM-P. Lesender und schreibender Zugriff erfolgen bei RDAP über die gleiche logische Ebene in Form von DML-Statements, d.h. *Daten* werden auf dem Weg von der *Workstation zum Server* nur innerhalb von INSERT- oder UPDATE-Operationen übertragen (in SQL-Syntax). Im Gegensatz dazu werden in AIM-P die Änderungen zunächst lokal auf der Workstation ausgeführt und zu einem späteren Zeitpunkt auf einer internen Ebene an den Server zurückgeschickt, der sie direkt in die Datenbank einbringen kann, ohne in aufwendiger Weise DML-Statements interpretieren zu müssen.

2.2.1 Die Result-File-Darstellung komplexer Objekte in AIM-P

Das Problem bei der *Übertragung* eines komplexen Datenbank-Objektes an einen *anderen Rechner* gleichen Typs besteht u.a. darin, daß dabei die Datenbankadressen (etwa TID's) im Regelfall ihre Gültigkeit verlieren [LoS87]. Lediglich dann, wenn eine Übertragung auf *Seiten-Ebene* in Verbindung mit der Umsetzung der Seitennummern auf dem Zielsystem erfolgt, bleibt der Tuple-Identifier (TID) auch auf diesem gültig [DGKOW86, DGW85, DeOb87].

Für AIM-P wurde eine spezielle Darstellung von eNF^2-Objekten entworfen, die *Result-File-Darstellung*. Die Ziele beim Entwurf dieser Struktur waren:

- Übertragung eines Anfrageergebnisses vom Server an die Workstation
- lokale Verarbeitung auf der Workstation
- Einbringung von Änderungen nach der Rückübertragung zum Server

Dies führte zu einer kompakten, aber auch recht komplexen Kontrollstruktur, die nachfolgend kurz erläutert werden soll (siehe auch [KDG87]).

Ein **Result-File** ist eine Datei mit Record-Struktur, welche eine Menge komplexer Objekte, z.B. als Ergebnis einer HDBL-Anfrage, enthält. Für jedes komplexe Objekt erfolgt eine strenge *Trennung von Beschreibungsinformation und Daten*. Innerhalb des Datenbereiches stehen die Nutzdaten zu diesem Objekt in dicht gepackter Form, sie werden über Distanzangaben (Offsets) adressiert. AIM-P unterscheidet intern zwischen Anfragen mit Lese- und Lese-Schreib-Zugriff (updateable bzw. non-updateable query). Ein Teil der nachfolgend erläuterten Beschreibungsinformationen dient zum Einbringen geänderter Daten in den zentralen Server (Check-In), insbesondere diverse Änderungs-Flaggen (change-flags), mit deren Hilfe auf einer relativ hohen Ebene innerhalb eines komplexen Objekts schon erkannt werden kann, ob sich in einem Unterobjekt etwas verändert hat oder nicht.

Jedes eNF^2-Objekt wird durch eine recht komplexe Datenstruktur beschrieben. Diese gliedert sich in zwei Blöcke, den Main-Block und den Instance-Block. Im **Main-Block** stehen Informationen, die sich auf das gesamte komplexe Objekt beziehen. Dies sind z.B. diverse Zeitmarken und Informationen über den Aufbau des Instance-Blockes. Der **Instance-Block** enthält u.a. in einer Liste Informationen über die Ausprägungen aller Unter-Objekte wie z.B. Tupel, Mengen, etc.. Hierin wird eine umfangreiche Verkettung aller Unterobjekte realisiert, die zur effizienten Navigation innerhalb eines komplexen Objektes dient. Eine detaillierte Beschreibung der Datenstrukturen im AIM-P-Result-File kann [Man90] entnommen werden.

Wie leicht zu sehen ist, resultiert die Komplexität dieser Beschreibungsstruktur im wesentlichen daraus, daß sie sich nicht nur zur *Übertragung* der Daten, sondern auch zu deren *Verarbeitung* auf der Workstation eignen muß.

Die Struktur des Beschreibungs-Teils bleibt bei Änderungen weitgehend stabil. Erfolgt nun eine Änderung an einem beliebigen Datenobjekt (bzw. Unterobjekt), so wird die neue Ausprägung an das *Ende* des Datenbereiches *angehängt*, selbst wenn es von der Größe her in den ursprünglichen Bereich passen würde

---

[1] Data Manipulation Language

(kein Update-In-Place). Im Beschreibungs-Teil muß lediglich der Offset an die neue Position gesetzt werden. Damit wird erreicht, daß nach Abschluß aller Änderungen auf der Workstation der Beschreibungs-Teil zusammen mit dem *geänderten* Daten-Teil an den Server zurückgesendet werden kann. Die Übertragung der *alten* Daten kann auf diese Weise unterbleiben, was insbesondere bei dem häufig anzutreffenden Fall *selektiver* Änderungen innerhalb *sehr komplexer* Objekte sinnvoll ist.

2.2.2 Der Katalog

Die sowohl der Workstation als auch dem Server zugänglichen Daten sind *allein* nicht direkt interpretierbar, sondern nur in Verbindung mit weiteren System- und Strukturinformationen, die im *Katalog* abgelegt sind. Dies ist eine interne Datenstruktur, die von allen DBVS-Komponenten referenziert wird. Neben diversen systemspezifischen Informationen enthält er u.a. den Namen, Erzeuger und das Erstellungsdatum der Original- bzw. Resultats-Tabelle sowie einen Eintrag für jedes *Attribut*. Dieser wiederum enthält Name und Typ des korrespondierenden Attributes, Zeiger zur internen Verwaltung der Datenstruktur und weitere von den jeweiligen Komponenten benötigte Informationen [Li88].

2.3 Die Verarbeitung von Daten mit Hilfe des Walk-Konzeptes

Die Verarbeitung von Daten auf der Workstation mit Hilfe der Anwendungsprogrammschnittstelle (API) erfolgt bei AIM-P in Form des **Result-Files**. Soll ein Attribut auf einer tieferen Ebene geändert werden, so muß dem Anwendungsprogramm die Möglichkeit gegeben werden, an diese Stelle zu "navigieren". Zu diesem Zweck wird durch den **Result-Walk-Manager** [Küs87] eine Menge von Funktionen zur Verfügung gestellt, mit denen die lokale Verarbeitung von AIM-P-Daten möglicht ist.

Ein *Walk*[2] korrespondiert mit einem Cursor, wie er in vielen Systemen auf Basis des flachen Relationenmodelles in Verbindung mit eingebettetem SQL. angeboten wird (z.B. in DB2, SQL/DS oder auch in anderen Systemen). Jeder gültig positionierte Walk (*auf* einem Objekt bzw. Subobjekt) bestimmt einen *Ausschnitt der Daten (Unterbaum)*, der über ihn "erreichbar" ist.

3.0 Alternativen bei der Wahl einer Transfer-Darstellung in einer heterogenen Umgebung

Bei der Übertragung der im Result-File enthaltenen Informationen (einschließlich des Katalog-Eintrages) muß gewährleistet sein, daß trotz unterschiedlicher Basissysteme (z.B. VM/CMS - AIX) kein Informationsverlust zwischen Sender und Empfänger auftritt. Dies stellt in homogener Systemumgebung kein Problem dar, da keinerlei Konvertierungen an den übertragenen Daten durchgeführt werden. In heterogener Umgebung hingegen läßt sich eine Konvertierung der Daten nicht vermeiden.

3.1 Prinzipielle Möglichkeiten

Für die Darstellung der Daten *während* der Übertragung zwischen einem Server und einer Workstation (in beiden Richtungen) wird folgende grobe Klassifikation vorgeschlagen (vgl. Abbildung 1):

* Übertragung in der Darstellung des Servers
* Übertragung in der Darstellung der Workstation
* Übertragung in einem zu definierenden neutralen Zwischenformat

Unter der *Darstellung* des Servers bzw. der Workstation wird in diesem Zusammenhang die Abbildung von Datenstrukturen im Speicher sowie die interne Kodierung elementarer Datenobjekte im Rechner verstanden.

---

[2] Walks werden einem AIM-P-Anwendungsprogramm in Form von Cursor-Operationen angeboten

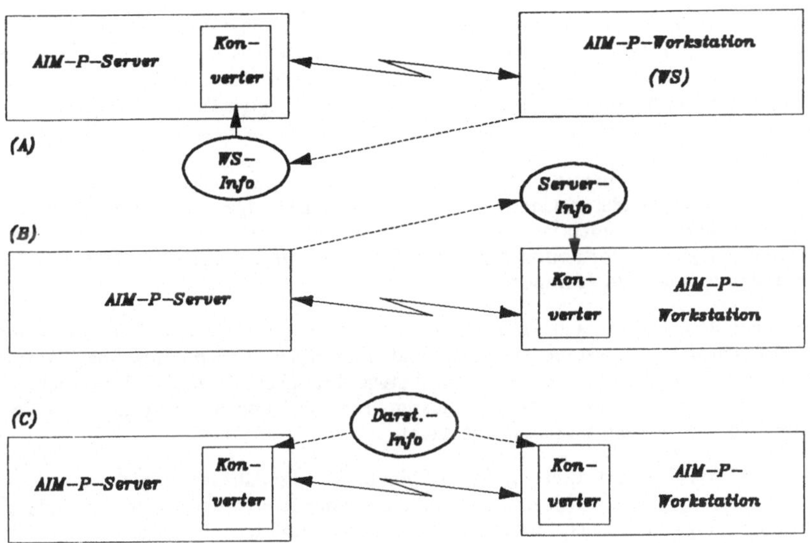

Abbildung 1. Übertragung des Result-Files in der Darstellung des Servers (A), der Workstation (B) oder neutral (C)

Jede dieser drei Varianten soll nachfolgend mit ihren Vor- und Nachteilen kurz beschrieben werden, die beiden ersten Fälle gemeinsam, da sie sich bezüglich ihrer Vor- und Nachteile nicht wesentlich unterscheiden.

3.1.1 Übertragung des Result-Files in der Darstellung des Servers bzw. der Workstation

In diesem Fall verhält sich jeweils eine der Komponenten so, als würde sie mit einem Partner unter dem gleichen System kommunizieren. Es ist *genau eine* Konvertierung notwendig, die entweder auf dem Quell- oder dem Zielsystem durchgeführt werden kann. Wird sie von der Workstation übernommen, so führt dies zu einer Entlastung des Servers, was grundsätzlich zu begrüßen ist, da es der Zielsetzung des Workstation-Server-Konzeptes entspricht.

Abbildung 1 (A) und (B) zeigt schematisch diese beiden Varianten, wobei davon ausgegangen wird, daß die Konvertierung in einem getrennten Schritt durchgeführt wird und nicht schon *während* der Generierung des Result-Files. Unter der Server- bzw. Workstation-Info wird in diesem Zusammenhang die Gesamtheit aller Darstellungsregeln für Datenelemente verstanden, die zu deren korrekter Interpretation erforderlich sind.

In jedem Fall entsteht auf diese Weise eine *Abhängigkeit vom jeweils zugrundeliegenden System*. Diejenige Komponente, die für die Datenkonvertierung zuständig ist (in Abbildung 1 der Konverter), muß alle Details der internen Datenrepräsentation aus dem jeweils anderen System kennen. Dazu gehören u.a.:

- Wie bildet der verwendete Compiler Datenstrukturen im Speicher ab?
- Welche Kodierung (ASCII, EBCDIC) wird für Zeichen verwendet ?
- Wie werden Gleitkommazahlen und andere numerische Werte dargestellt ?

Gravierendster Nachteil dieser Variante ist, daß zur Portierung von Workstation- bzw. Server-Komponente auf eine *neue* Systemumgebung Änderungen an den Komponenten der bisherigen Systeme erforderlich werden. Sollen z.B. *mehrere verschiedene* Workstations (verschiedener Hardware- und/oder Software-Plattformen) mit einem Server kommunizieren und erfolgt die Übertragung in der Workstation-Darstellung, so müssen im Server die Darstellungsregeln *mehrerer* Workstations gespeichert sein, von denen je nach aktuellem Kommunikationspartner die jeweils benötigten Regeln zur Transformation verwendet werden. Die Einbindung einer *neuen* Workstation erfordert demnach auch die Erweiterung dieses Regelsatzes im Server.

Bei der Portierung der *Server*-Komponente in dieser Konstellation ist ein vollständiger neuer Regelsatz für die Umsetzung der dort verwendeten Darstellung in die jeder beliebigen Workstation erforderlich, was mit erheblichem Aufwand verbunden ist. Analoges gilt für die Übertragung in Server-Darstellung (⇒ Workstation konvertiert); eine Portierung der Server-Komponente in eine neue Systemumgebung erzwingt hier Änderungen in allen WS-Komponenten.

Grundsätzlich ist zu beachten, daß je nach aktueller Workstation-Server-Konstellation *unterschiedliche* Darstellungsformen für *einen* Datenbestand existieren und übertragen werden. Eine Spezifikation der verwendeten Repräsentation ist so nur mit erheblichem Aufwand möglich, da alle in der aktuellen Konstellation möglichen Varianten einbezogen werden müssen. Eine Öffnung in bezug auf beliebige Anwendungen wird damit von vornherein unmöglich gemacht.

Im konkreten Fall der AIM-P-Implementierung kommt hinzu, daß die Adressierung der einzelnen Datenfelder innerhalb des Result-Files auf *Offsets* basiert, die bei einer Konvertierung in eine andere Darstellung unter Umständen ungültig werden. Bildet z.B. ein Compiler auf dem einen System einen Record in gepackter Darstellung ab, so kann sich dessen Größe auf dem Zielsystem von der auf dem Quellsystem unterscheiden, wenn dieses nicht packt (so etwa VS-PASCAL auf VM/CMS bzw. PC RT AIX). Damit verschieben sich aber auch alle Adressen der nachfolgenden Datenelemente, so daß die Offsets zu deren Adressierung nicht mehr stimmen. Ein Konverter müßte demnach nicht nur den *Typ* eines Datenelementes kennen, sondern auch dessen *Semantik* innerhalb der gesamten Datenstruktur voll verstehen. Im Falle von Offsets würde dies bedeuten, daß deren Wert ggf. dynamisch zum Konvertierungszeitpunkt neu berechnet werden muß. Dadurch gestaltet sich der Entwurf und die Implementierung eines solchen Konverters äußerst aufwendig. Desweiteren werden mit jeder auch noch so kleinen Änderung an der internen Struktur des Result-Files umfangreiche Anpassungen am Konverter notwendig.

3.1.2 Übertragung in einem zu definierenden neutralen Zwischenformat

In dieser Variante ist eine netzweit eindeutige neutrale **Transferdarstellung** zu entwerfen, in der alle im Result-File enthaltenen Informationen *während* der Übertragung zwischen Workstation und Server repräsentiert werden. Dies erfordert allerdings, daß der Sender die Daten zunächst in die globale Transferdarstellung überführt und der Empfänger aus dieser die lokal verwendete Darstellung erzeugt, also jeweils 2 Konvertierungsschritte. Eine Verarbeitungssequenz im Workstation-Server-Betrieb erfordert also folgende Konvertierungen (siehe Abbildung 1 Variante C):

1. lokal (Server) → global
2. global → lokal (Workstation)   } Check-Out
3. lokal (Workstation) → global (nur für Datenänderungen)
4. global → lokal (Server)   (nur für Datenänderungen)   } Check-In

Bei der Konvertierung in das Transferformat werden die Daten um zusätzliche *Metainformationen* angereichert, die dem Empfänger eine eindeutige Interpretation und Dekodierung jedes einzelnen Datenelementes ermöglichen, wodurch sich die zu übertragende Datenmenge vergrößert.

Diesen beiden Nachteilen (doppelte Konvertierung, zusätzliche Metainformationen) stehen allerdings diverse Vorteile gegenüber. Zunächst erreicht man eine *Entkopplung* von Sender und Empfänger derart, daß jedes System die Daten in einer Form darstellt, die *unabhängig* vom System des jeweiligen Kommunikationspartners ist. So muß z.B. der Server nicht "wissen", ob er mit einer VM-, AIX- oder sonstigen Workstation kommuniziert. Er kodiert das Result-File in dem netzweit eindeutig festgelegten Format und sendet es über ein transparentes Übertragungsprotokoll an den jeweiligen Empfänger. Wichtig ist in diesem Zusammenhang, daß durch das Protokoll eine *binäre Übertragung* gewährleistet ist, bei der keinerlei Konvertierungen (z.B. ASCII-EBCDIC) durchgeführt werden.

Eine Entkopplung führt weiterhin dazu, daß sowohl die Workstation- als auch die Server-Komponente grundsätzlich in jede Systemumgebung portiert werden kann, zu der eine solche transparente Verbindung existiert. Dies erfordert keinerlei Änderungen an den bestehenden Komponenten wie in der vorher beschriebenen Variante.

Neben diesen Aspekten eröffnet eine solche Vorgehensweise eine weitere interessante Möglichkeit. Werden die im Result-File enthaltenen eNF²-Objekte in einer *standardisierten Darstellung* übertragen, so kann unter Umständen auch eine Nicht-AIM-P-Workstation auf Daten eines AIM-P-Servers zugreifen, sofern sie über ein gewisses "Mindestverständnis" bezüglich des zugrundeliegenden Datenmodelles und dessen Darstellung verfügt. Dies läuft auf eine *universelle AIM-P-Schnittstelle* hinaus, mit deren Hilfe eine Öffnung von AIM-P für andere Systeme und Anwendungen ermöglicht wird. Allerdings muß sich eine solche Schnittstelle im Falle von Datenänderungen auf die DML-Ebene begeben, da für ändernde Transaktionen die Pflege von AIM-P-systemspezifischen Informationen erforderlich wäre, was von einer Workstation-Komponente in einer solchen offenen Umgebung nicht verlangt werden kann.

3.1.3 Auswahl einer Variante

In Anbetracht der Tatsache, daß die Übertragung des Result-Files in der Darstellung eines der Kommunikationspartner (entweder Sender oder Empfänger) eine starke Systemabhängigkeit hervorruft, erscheint die Einführung eines neutralen Transferformates als günstigste Lösung. Auf diese Weise wird weiterhin gewährleistet, daß bei einer Portierung in eine neue Systemumgebung die bestehenden Komponenten nicht wesentlich zu erweitern sind, wie dies im anderen Fall erforderlich würde.

In homogener Systemumgebung sind bei AIM-P die übertragene und die auf der Workstation verarbeitete Darstellung *identisch*. Gerade die Tatsache, daß sich diese Darstellung nicht nur zur Übertragung, sondern auch für die effiziente Verarbeitung auf der Workstation und für die Rückübertragung von Änderungen zum Server eignen mußte, *erforderte* die Einführung eines so komplexen Formates, in dem die einzelnen Elemente über vielfältige Zeigerstrukturen referenzierbar gemacht wurden. Erfolgt nun vor und nach der Übertragung eine *Konvertierung*, so kann die übertragene Struktur wesentlich einfacher aufgebaut sein. Sie muß lediglich gewährleisten, daß alle beim Empfänger benötigten Daten korrekt interpretierbar sind. Ein möglichst effizienter Zugriff ist hingegen nicht notwendig, da die gesamte Struktur nur jeweils einmal bei der Konvertierung sequentiell durchlaufen wird.
Den zusätzlich erforderlichen Typinformationen steht der Wegfall zugriffsunterstützender Metadaten in der Object-Description entgegen, so daß der Gesamtumfang der zu übertragenden Daten sogar geringer wird. Eine *doppelte Konvertierung* der Daten beim Sender *und* beim Empfänger wird bewußt in Kauf genommen, zumal der dazu erforderliche Aufwand in Relation zu der durchschnittlichen Dauer einer solchen (langen) Transaktion (Check-Out-/Check-In-Phase) kaum ins Gewicht fällt.

3.2 Trennung von Ergebnisdaten und systemspezifischen Informationen

Das Result-File enthält grundsätzlich alle Informationen, die zur eindeutigen Interpretation der übertragenen Ergebnisdaten erforderlich sind. Ein nicht unerheblicher Anteil dieser Informationen dient dazu, den *Zugriff* auf die einzelnen Elemente eines komplexen Objektes zu unterstützen.

Durch die Einführung einer Transferdarstellung besteht nun die Möglichkeit, bei der *Datenübertragung* von dieser vorgegebenen Datenstruktur zu abstrahieren und sie erst auf dem jeweiligen Zielsystem wieder aufzubauen. Die übertragene Struktur muß lediglich alle Informationen enthalten, die zum *Aufbau* der ursprünglichen Struktur benötigt werden, allerdings nicht alle, die darin wirklich *enthalten* sind. Zu den Informationen, die beim Aufbau der Zielstruktur *auf dem Zielsystem berechnet* werden können, zählen die meisten Offsets und Indizes, die eine umfangreiche Verkettung der Tupel in allen Richtungen ermöglichen und dadurch die Traversierung der Struktur wesentlich erleichtern. Die *zu übertragenden* Informationen lassen sich in folgende **Klassen** unterteilen:

1. Nutzdaten
2. Strukturdaten
3. AIM-P-systemspezifische Informationen

Unter den **Nutzdaten** werden in diesem Zusammenhang die Datenelemente des HDBL-Anfrageergebnisses vor oder nach einer Manipulation durch die Workstation verstanden, losgelöst von ihrer strukturellen Einbindung in ein komplexes Objekt. Dabei handelt es sich z.B. um numerische Werte, Strings etc., die in einer genau festgelegten Weise kodiert werden.

Die **Strukturdaten** beschreiben die Beziehungen der einzelne Datenelemente zueinander. Mit den Struktur- und Nutzdaten zusammen kann ein komplexes Objekt mit all seinen Elementen eindeutig interpretiert werden, ohne allerdings seine *semantische Bedeutung* zu kennen. Dies bedeutet, daß unter Kenntnis des zugrundeliegenden erweiterten NF^2-Datenmodelles und dessen Kodierung zwar erkannt werden kann, daß es sich z.B. um ein Tupel bestehend aus einem Integer-Attribut und zwei String-Attributen handelt, die Bedeutung dieser Attribute und des Tupels muß allerdings anderweitig bereitgestellt werden. Dazu dient dann der **Katalog**, der u.a. aussagt, daß es sich um eine Abteilungs-Tabelle mit den Attributen Abteilungsnummer, Name des Managers und Abteilungs-Beschreibung handelt.

Zu den **AIM-P-systemspezifischen Informationen** zählen Daten, die zur Verwaltung der Objekte in der AIM-P-Datenbank benötigt werden, aber nicht zu den eigentlichen Struktur- oder Nutzdaten zu rechnen sind. Beispiele hierfür sind z.B. Datenbankadressen der korrespondierenden Tupel im Server (TID's) und Änderungs-Informationen (change-flags). Sie werden bei *ändernden* Zugriffen benötigt, um die hier realisierte *enge Kopplung* zwischen Workstation und Server beim Check-In zu unterstützen.

Die Idee ist nun, die AIM-P-systemspezifischen Informationen von den Struktur- und Nutzdaten *getrennt* zu übertragen. Auf diese Weise entsteht ein klarer und sauberer Aufbau, der nicht durch AIM-P-systeminterne Informationen "belastet" wird. Alle Daten, die zur Verwaltung in AIM-P benötigt werden, können in eine eigenständige Datei geschrieben und getrennt übertragen werden. Abbildung 2 zeigt diese Vorgehensweise graphisch. Die gestrichelten Pfeile sollen jeweils andeuten, daß die Konvertierung im Fall einer homogenen Systemumgebung aus Effizienzgründen umgangen wird. COMMGR und USRCOM sind die AIM-P-Kommunikationskomponenten im Server bzw. in der Workstation.

Das **Sysinfo-File** (System-Informations-File) enthält AIM-P-systemspezifische Informationen, während das **Transfer-Result-File** (in Abbildung 2 mit Daten bezeichnet) die Nutz- und Strukturdaten beinhaltet. Bei der Dekodierung im Empfänger liest der Konverter das Transfer-Result-File und das Sysinfo-File parallel und baut daraus die lokale Result-File-Struktur auf. Die Zuordnung der Daten in der Sysinfo-Datei zu den Elementen in der eigentlichen Ergebnisdatei (Transfer-Result-File) ist durch deren vorgegebene Verarbeitungsfolge (Inorder-Traversierung) implizit gegeben.

Weiterhin ist von Vorteil, daß bei einer Anbindung von Nicht-AIM-P-Workstations die Übertragung des Sysinfo-Files einfach unterbleibt und nur das Transfer-Result-File übertragen wird. Eine hinreichend "intelligente" Schnittstelle kann allein aus den Struktur- und Nutzdaten die gewünschten Informationen entnehmen, sofern ihr die semantische Bedeutung der einzelnen Datenfelder bekannt ist.

4.0 Das OSI-Referenzmodell und die Datenbeschreibungssprache ASN.1

Eines der Kernprobleme bei der Kommunikation zwischen *heterogenen* Rechnersystemen bildet die **Darstellung** der zu übertragenden **Datenelemente** auf dem Übertragungsmedium derart, daß eine eindeutige Interpretation ohne Informationsverlust auf der jeweiligen Empfängerseite ermöglicht wird.

Grundlage von Normungsvorschlägen bildet das **7-Schichten-Modell für OSI**, in dem eine logische Struktur als flexible Basis für die Entwicklung von OSI-Anwendungen definiert wird [CCITT87, EfFl86].

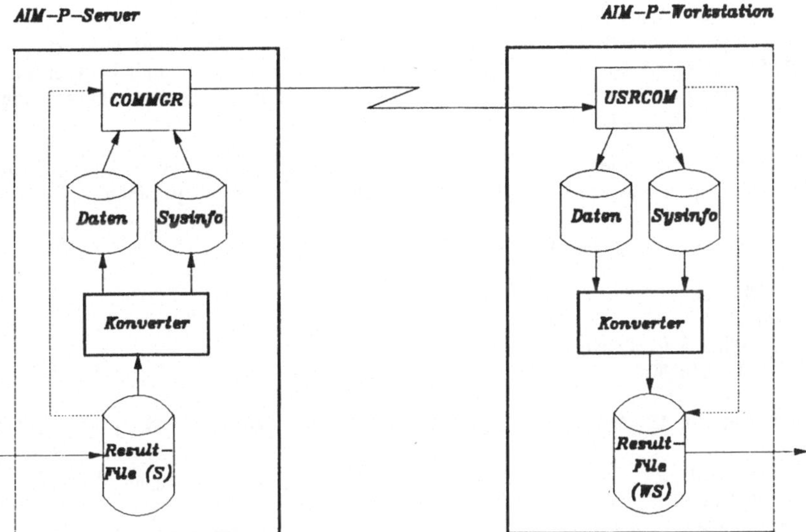

Abbildung 2. Getrennte Übertragung der AIM-P-systemspezifischen Informationen

Im Rahmen der vorliegenden Arbeit ist lediglich die **Darstellungsschicht 6** (Presentation Layer) von Interesse. Diese Schicht hat innerhalb des OSI-Modelles u.a. die Aufgabe, die Transformationen zwischen der Transfersyntax und der jeweils verwendeten lokalen Syntax (Darstellung) durchzuführen. Dies ist erforderlich, um Daten aus der Anwendungsschicht in die für die Übertragung erforderliche Darstellung zu bringen und umgekehrt. Hierbei müssen sich u.a. beide Anwendungen zunächst in einem wechselseitigen Prozeß auf eine bestimmte Darstellungsform "einigen" (option negotiation), in dem festgelegt wird, welche Form die zu übertragenden Daten einnehmen sowie ob und an welcher Stelle Transformationen erforderlich sind.

Objekt der Aushandlung ist eine sog. **Abstrakte Syntax,** in der die Gesamtheit der zur Übertragung in Frage kommenden Datenstrukturen unter Anwendung der Sprache ASN.1 beschrieben wird. Die **bitweise Kodierung** der in einer Abstrakten Syntax beschriebenen Objekte wird in der **Konkreten Transfersyntax** festgelegt. Für ASN.1 wurde dazu eine Richtlinie in Form der **Basic Encoding Rules for ASN.1** entwickelt, die für alle von ASN.1 bereitgestellten Konstrukte eine eindeutige Kodierung vorschlägt. Unter der **Abstrakten Syntax** ist in diesem Zusammenhang die **Abbildung der innerhalb der AIM-P-Workstation-Server-Kooperation ausgetauschten Daten mit Hilfe von ASN.1-Konstrukten** zu verstehen.

4.1 Das Typkonzept in ASN.1

Der **Typ** eines Datenelementes in ASN.1 wird durch die **Tag-Klasse** und die **Tag-Nummer** innerhalb dieser Klasse charakterisiert. Die Tag-Klasse bestimmt den Geltungsbereich (scope) des Typs, während die Tag-Nummer ihn innerhalb dieser Tag-Klasse eindeutig identifiziert. Folgende Tag-Klassen werden unterschieden:

Tag-Klasse   *Geltungsbereich (scope)*

UNIVERSAL   Der Typ des Datenelementes ist im ASN.1-Standard selbst definiert. Dazu zählen z.B. die Standardtypen INTEGER, BOOLEAN, SEQUENCE etc.

APPLICATION   Typen dieser Klasse werden außerhalb von ASN.1 definiert.
PRIVATE   Typen dieser Klasse werden nur innerhalb von Anwendungen definiert.
CONTEXT-SPECIFIC Diese Klasse dient zur Spezifikation von Typen, die lediglich innerhalb eines genau definierten Kontextes gültig sind, so z.B. als Komponenten einer SEQUENCE oder eines SET.

Dieses Konzept soll am Beispiel eines Datentyps < Department > erläutert werden. Die nachfolgende ASN.1-Beschreibung korrespondiert mit einem Objekt aus Tabelle 1 (ohne < Equipment >).

```
Department ::= [APPLICATION 0] IMPLICIT SEQUENCE
    {
        dep_no     INTEGER,
        dep_mgr    OCTETSTRING,
        projects   SEQUENCE OF Project,
        dep_descr OCTETSTRING
    }
Project ::= [APPLICATION 1] IMPLICIT SEQUENCE     Employee ::= [APPLICATION 2] IMPLICIT SEQUENCE
    {                                                 {
        pro_no     INTEGER,                               emp_no INTEGER,
        leader     OCTETSTRING,                           name   OCTETSTRING
        employees SEQUENCE OF Employee                }
    }
```

Die Datenstruktur < Department > ist als ASN.1-SEQUENCE definiert und besitzt die Tag-Nummer 0. Der Zusatz IMPLICIT sagt aus, daß die SEQUENCE nicht mehr explizit kodiert wird, sondern daß der Empfänger beim Auftreten des Tags [APPLICATION 0] "weiß", daß es sich hierbei um eine SEQUENCE handelt. < projects > und < employees > sind über den Reihungstyp SEQUENCE OF definiert, mit dem sich eine (homogene) Liste bzw. Menge im Sinn des eNF²-Modelles abbilden läßt. Die Tag-Klassen [CONTEXT-SPECIFIC] und [PRIVATE] werden in diesem Zusammenhang nicht benötigt.

4.2 Unterstützte Datentypen im Überblick

ASN.1 bietet eine Reihe von Standard-Datentypen an, die innerhalb der Tag-Klasse UNIVERSAL eine eindeutige Tag-Nummer besitzen. Hierbei wird zwischen elementaren (PRIMITIVE) und zusammengesetzten (CONSTRUCTOR) Typen unterschieden. Mit Hilfe dieser Typen können nahezu alle im Rahmen des eNF²-Modelles möglichen Datenstrukturen abgebildet und in einer heterogenen Systemumgebung übertragen werden.

Die im Zusammenhang mit der vorliegenden Anwendung der Übertragung von eNF²-Objekten erforderlichen **Basistypen** (PRIMITIVE) sind:

BOOLEAN   Logische Werte TRUE bzw. FALSE
INTEGER   Ganze Zahlen
OCTETSTRING Folge von 8-Bit-Sequenzen

Zu den verwendeten **Typkonstruktoren** (CONSTRUCTOR) zählen:

SEQUENCE   Liste mit *fester* Anzahl von Elementen *beliebigen* Typs
SEQUENCE OF Liste mit *variabler* Anzahl von Elementen *gleichen* Typs
CHOICE   Auswahl eines Elementes aus einer Liste von Alternativen

4.3 Die Basic Encoding Rules for ASN.1

Mit den **Basic Encoding Rules for ASN.1** wurde ein Standard für die **Konkrete Transfersyntax** definiert. Er enthält Richtlinien zur Kodierung aller in ASN.1 definierten Typen und Typkonstruktoren, so z.B. für

Integer-Zahlen, alphanumerische Zeichen und Sequenzen. Alle Objekte werden in Form einer Sequenz aus Typ, Länge und Wert abgebildet. Für jede dieser Komponenten wurden Konventionen entwickelt, nach denen sich alle Protokolle auf dieser Ebene zu richten haben.

4.4 Probleme im Hinblick auf den Einsatz von ASN.1 für den AIM-P-Datentransfer

Die innerhalb des ASN.1-Standards definierten elementaren Datentypen reichen für die vorliegende Anwendung in AIM-P nicht aus. So fehlen z.B. Richtlinien für die Darstellung von Gleitkommazahlen, die allerdings in der nächsten Version des Standards mit einbezogen werden sollen. Eine weitere Lücke im derzeitigen Standard ist, daß keine Einschränkung des Wertebereiches, z.B. für Integer-Zahlen, oder feste bzw. maximale Längen von Octet-Strings möglich sind. Eine *Empfehlung* innerhalb der Norm läuft darauf hinaus, dies in Form von Kommentaren zu notieren, was aber für die automatische Verarbeitung bzw. Übersetzung nicht geeignet ist, allenfalls für einen Benutzer [GoSp87].

5.0 Entwurf einer Transferdarstellung für das AIM-P-Result-File

5.1 Zielsetzung

Ausgehend von der Entscheidung für ein neutrales Übertragungsformat ist nun eine Transferdarstellung zu entwerfen, die folgende Eigenschaften besitzen bzw. ihnen möglichst nahekommen sollte:

1. Unabhängigkeit von der aktuellen AIM-P-Implementierung (den internen Kontrollstrukturen)
2. Orientierung an Standards im Bereich der Kommunikation offener Systeme (OSI)
3. Bedingte Unterstützung von Nicht-AIM-P-Workstations

Diese Punkte sollen nachfolgend näher erläutert und Ansätze zu ihrer Realisierung aufgezeigt werden.

5.1.1 Unabhängigkeit von der aktuellen Implementierung

Wie bereits erwähnt, ist die AIM-P-Result-File-Darstellung hinsichtlich mehrerer Kriterien optimiert. Hauptaspekt ist die **Unterstützung des wahlfreien Zugriffs** auf beliebige Subobjekte innerhalb eines komplexen Objektes auf der Workstation. Durch die jetzt notwendig gewordenen **Transformationen** vor und nach der eigentlichen Verarbeitung fällt dieses Optimierungskriterium für die *Transferdarstellung* aus. Diese Darstellung kann daher wesentlich einfacher und kompakter gestaltet werden, zumal ein nicht unerheblicher Anteil der enthaltenen Metainformationen bei entsprechender Implementierung *berechenbar* wird und nicht mit übertragen werden muß.

Eine vollkommene Unabhängigkeit der beiden Darstellungen ist verständlicherweise nicht möglich, da beide letztendlich die gleichen Informationen repräsentieren sollen und so zwangsläufig in gewissem Maße voneinander abhängig sind. Ziel muß allerdings sein, daß die Transferdarstellung nicht bei den kleinsten Änderungen an der lokalen Repräsentation vollständig "zusammenbricht", so daß ein neuer Entwurf erforderlich wird.

5.1.2 Orientierung an Standards im Bereich der Kommunikation offener Systeme (OSI)

Aus den Vorschlägen der Normungsgremien (ASN.1) können für die Darstellung der zu übertragenden Daten eine Menge wertvoller Anregungen übernommen werden. Eine vollkommen ASN.1-konforme Darstellung bei den systemspezifischen Informationen ist allerdings insofern nicht unbedingt erforderlich, als es sich bei Nutzung der Check-In-Möglichkeiten um ein *in sich geschlossenes System* aus Workstations und Server-Systemen handelt. Dies beruht auf der gewählten *engen Kopplung* von Workstation und Server auf einer Ebene, die detaillierte Kenntnisse über die AIM-P-Interna erfordert. Für die nicht im Standard definierten Basistypen ist eine Erweiterung erforderlich, z.B. in bezug auf die Abbildung von Gleitkommazahlen. Eine universelle Erweiterung des Standards für alle potentiellen Anwendungen wird hier nicht angestrebt, sondern eine möglichst günstige Lösung der Problemstellung unter der Berücksichtigung der mit ASN.1 verfolgten Grundsätze.

5.1.3 Bedingte Unterstützung von Nicht-AIM-P-Workstations

Durch die Orientierung an einem Standard im Bereich der Datendarstellung ergibt sich eine neue Möglichkeit, die im bisherigen AIM-P-System innerhalb der homogenen Umgebung noch nicht bestand. In Verbindung mit der Abspaltung und getrennten Übertragung systemspezifischer Informationen im Sysinfo-File kann nun prinzipiell jedes System die Daten eines AIM-P-Servers zumindest syntaktisch korrekt lesen. Dazu ist allerdings ein gewisses "Mindestverständnis" bezogen auf das Datenmodell erforderlich, andernfalls erscheinen die Daten als willkürliche Ansammlung von Zahlen und Zeichen, die zwar ihrem Typ entsprechend korrekt gelesen und ggf. auch konvertiert werden können (z.B. ASCII-EBC-DIC), allerdings nicht sinnvoll interpretierbar sind.
Zu diesem Zweck muß zumindest der ebenfalls im Transfer-Result-File übertragene *Katalogeintrag* (bzw. die wesentlichen Informationen daraus) dekodiert und interpretiert werden können, über den die semantische Zuordnung der gelesenen Daten durchgeführt wird.

Aufgrund der engen Kopplung von Server und Workstation auf einer Stufe *unterhalb* der DML-Ebene muß sich dies allerdings auf *lesenden Zugriff* beschränken, d.h. eine lokale Verarbeitung mit anschließendem Zurücksenden der geänderten Daten ist nicht realisierbar. Sollen trotzdem Änderungen durchgeführt werden, so muß dies auf der DML-Ebene geschehen, womit allerdings die Vorteile der gewählten engen Kopplung nicht genutzt werden können. Die Workstation fungiert in diesem Fall wie ein SQL-Frontend in einem gängigen Datenbank-Management-System mit Client-Server-Architektur.

5.2 Abbildung komplexer eNF²-Objekte mit Hilfe von ASN.1-Konstrukten

5.2.1 Klassifikation der AIM-P-Datentypen (Attributklassen)

AIM-P unterstützt eine große Zahl sowohl atomarer als auch zusammengesetzter Datentypen [LPS90], die sich grob in die 3 Klassen **atomar, quasi-atomar** und **nicht-atomar** unterteilen lassen.

5.2.1.1 Atomare Attribute

Alle Datentypen, die sich nur als Ganzes verarbeiten lassen und keine weitere interne Struktur besitzen, heißen atomar. Für die vorliegende Problemstellung soll zunächst nur ein Teil der in AIM-P möglichen atomaren Typen berücksichtigt werden, die Erweiterung auf zusätzliche Typen ist unproblematisch. Zu den hier betrachteten atomaren AIM-P-Datentypen zählen:

- BOOL
- CHAR
- Integer-Typen mit verschiedenen Wertebereichen (AimInteger)
- Real-Typen mit verschiedenen Wertebereichen (AimReal)

5.2.1.2 Quasi-atomare Attribute

Bei dieser Klasse handelt es sich um einen Spezialfall des nicht-atomaren Attributs, falls dieses aus *Sequenzen atomarer Werte* besteht. Sie werden in AIM-P ähnlich kompakt und effizient wie atomare Attribute abgelegt. Zu den quasi-atomaren Attributen in AIM-P zählen:

- STRING
- TEXT
- LIST (bestehend aus *atomaren* Werten)

Der Typ STRING eignet sich zur Speicherung beliebiger alphanumerischer Zeichenfolgen, während TEXT zur Speicherung von Text-Dokumenten vorgesehen ist und diese auch durch einen speziellen Index unterstützt [KSW79]. Mit dem Datentyp LIST läßt sich etwa eine Folge von Werten eines atomaren Datentyps abbilden, z.B. ein Vektor fester oder variabler Länge aus ganzzahligen Elementen.

5.2.1.3 Nicht-atomare Attribute

Nicht-atomare Attribute können in AIM-P tupel-, mengen- oder listenwertig sein mit beliebig tiefer Schachtelung "nach unten" (z.B. Mengen von Tupeln, Listen von Listen etc.). Sie dienen zur Abbildung komplexer, geschachtelter Datenstrukturen in AIM-P.

5.2.2 Kodierung atomarer Attribute

Die Darstellung atomarer Attribute kann im wesentlichen mit den von ASN.1 bereitgestellten Datentypen über die Basic Encoding Rules erfolgen. Da AIM-P wesentlich mehr Datentypen anbietet, als in ASN.1 definiert sind [LPS90], erfolgt für diese eine Abbildung auf geeignete ASN.1-Typen. Zusammen mit den Informationen aus dem Katalog kann dann durch den Empfänger eine korrekte Rücktransformation in den ursprünglichen AIM-P-Datentyp durchgeführt werden. Im Anschluß wird für jeden atomaren AIM-P-Datentyp dessen Abbildung mit Hilfe von ASN.1 beschrieben und die Kodierung (Konkrete Transfersyntax) erläutert.

5.2.2.1 Integer-Typen

AIM-P kennt insgesamt 9 verschiedene Integer-Typen, die sich in ihrem zulässigen Wertebereich unterscheiden [LPS90]. Bei der Übertragung zwischen Server und Workstation werden alle AIM-P-Integer grundsätzlich auf den ASN.1-Typ INTEGER abgebildet, dessen Wertebereich lediglich dadurch begrenzt ist, daß die 2-Komplement-Darstellung eines Wertes maximal 2^{1008} Bytes benötigt. Vom praktischen Standpunkt aus ist diese Obergrenze also irrelevant. Der Empfänger kann den korrespondierenden AIM-P-Datentyp mit Hilfe des Katalogeintrages feststellen und die Dekodierung dementsprechend durchführen. Die Kodierung wird in den Basic Encoding Rules folgendermaßen vorgeschrieben:

- gepackte Speicherung (Unterdrückung führender Null-Bytes)
- 2-Komplement-Darstellung
- höchstwertiges Byte zuerst

Als Tag ist im ASN.1-Standard [UNIVERSAL 2] definiert, die Syntax in ASN.1 lautet:

```
AimInteger ::= INTEGER
```

5.2.2.2 Real-Typen

Bei den Gleitkommazahlen wird in AIM-P intern zwischen 2 Typen unterschieden, die mit den PASCAL-Typen REAL und SHORTREAL korrespondieren.

Allgemein wird eine Gleitpunktdarstellung durch Basis, Wertebereich des Exponenten sowie Länge und Darstellung der Mantisse beschrieben. Für die **Transferdarstellung** wird eine Repräsentation gewählt, die an der IBM/370-Gleitkommadarstellung orientiert ist. Der Inhalt einer solchen Gleitpunktzahl soll wie folgt kodiert werden:

- 1 Byte Vorzeichen, 0 für positiv, 1 für negativ
- 1 Byte für den Exponenten zur Basis 16 in 2-Komplement-Darstellung
- 7 bzw. 3 Bytes für die Mantisse, je nachdem, ob es sich um einen Real- oder Shortreal-Typ handelt (erkennbar am Längenfeld)

Zu beachten ist an dieser Stelle, daß je nach Darstellung im Quell- und Zielsystem *Rundungsfehler* bei der Umrechnung in Kauf genommen werden müssen, was aufgrund unterschiedlicher Darstellungsgenauigkeiten nicht vermeidbar ist. Da es sich hier nicht um einen innerhalb des ASN.1-Standards definierten Typ handelt, muß an dieser Stelle ein *Tag* vergeben werden. Betrachtet man AIM-P als standardisierte Anwendung, so können APPLICATION-Tags vergeben werden (UNIVERSAL-Tags sind dem Standard ASN.1 vorbehalten). Dem spricht nichts entgegen, weshalb an dieser Stelle dem hier definierten Typ AimReal das Tag [APPLICATION 4] zugewiesen wird, die Abbildung erfolgt auf einen ASN.1-Octetstring. Die ASN.1-Syntax für die Real-Typen aus AIM-P lautet demnach:

```
AimReal ::= [APPLICATION 4] IMPLICIT OCTETSTRING
```

5.2.2.3 Der Typ BOOL

Die Abbildung des AIM-P-Datentyps BOOL kann direkt auf den korrespondierenden ASN.1-Typ BOOLEAN erfolgen. Entsprechend den Basic Encoding Rules wird ein FALSE-Wert durch ein 0-Byte, TRUE durch jeden anderen Wert dargestellt. Das zugehörige Tag ist [UNIVERSAL 1].

5.2.2.4 Der Typ CHAR

Mit Hilfe des AIM-P-Typs CHAR kann ein alphanumerisches Zeichen aus einem bestimmten Zeichensatz dargestellt werden. In homogener Systemumgebung ist dies immer der vom aktuellen Rechnersystem unterstützte Zeichensatz, z.B. der EBCDIC-Zeichensatz für Rechner mit IBM/370-Architektur oder ASCII für IBM RS/6000. Beim Übergang auf heterogene Umgebungen muß ein zur Übertragung verwendeter Zeichensatz für alle Systeme verbindlich festgelegt werden, wofür an dieser Stelle EBCDIC verwendet werden soll. Ein einzelnes Zeichen wird von ASN.1 nicht gesondert unterstützt, sondern muß in Form eines Strings der Länge 1 kodiert werden (vgl. nächster Abschnitt).

5.2.3 Kodierung quasi-atomarer Attribute

Hier ist zu unterscheiden zwischen Folgen von Zeichen (CHAR) und Folgen anderer atomarer Datentypen. Zeichenfolgen (AIM-P-Typen STRING und TEXT) werden durch einen ASN.1-OCTET-STRING abgebildet, während Folgen anderer atomarer Datentypen in Form einer ASN.1-SEQUENCE dargestellt werden, deren Elemente als atomare Attribute kodiert werden, also jeweils mit Typ- und Längenfeld. Die Längenbegrenzung der gesamten SEQUENCE erfolgt über ein End-Of-Contents-Zeichen, da die einzelnen Elemente im Regelfall keine konstante Größe haben (z.B. durch Unterdrückung führender Nullen beim Typ INTEGER) und eine Berechnung der Gesamtlänge im voraus unnötigen Aufwand verursacht, ohne aber gravierende Vorteile zu bringen.

Die Abstrakte Syntax in ASN.1 lautet:

```
ENF2QAtomicAttribute ::= CHOICE          ENF2AtomicAttribute ::= CHOICE
    {                                        {
      string    OCTETSTRING,                   BOOL,
      text      OCTETSTRING,                   CHAR,
      list      SequenceOfAtoms                AimInteger,
    }                                          AimReal
                                             }


SequenceOfAtoms ::= SEQUENCE OF ENF2AtomicAttribute
```

Eine Kodierung, in der die bei allen Elementen eines quasi-atomaren Attributes gleiche Typkennung *vorgezogen* wird, ist prinzipiell zwar möglich, erscheint aber aus konzeptionellen und implementierungstechnischen Gründen nicht sinnvoll. Die Ersparnis eines Bytes für das korrespondierende Tag je Element rechtfertigt *nicht* die Einführung einer Vielzahl neuer Kodierregeln und damit auch Prozeduren zur

Transformation. Auf diese Weise würden für ein und denselben Datentyp zwei Kodierungen erforderlich, je nachdem, in welchem Kontext er verwendet würde (einmal als atomares Attribut und einmal als Element eines quasi-atomaren Attributes). Ein weiterer Aspekt ist, daß die einzelnen Elemente trotz gleichen Typs in ASN.1 unterschiedlich lang sein können, da z.B. INTEGER-Werte ohne führende Nullen abgespeichert werden müssen.

Würde ASN.1 z.B. direkt einen Typ INTEGER1 der Länge 1 Byte unterstützen, so wäre die Einführung spezieller Vektor-Typen zu überlegen, da so für einen Vektor aus INTEGER1-Typen je nach Größe eine Einsparung von bis zu 66 % an Speicherplatz gegenüber der hier vorgeschlagenen Kodierung erzielt werden könnte (Typkennung und Längenfeld vorgezogen). Dies würde allerdings zu einer solchen Vielfalt von Datentypen führen, daß der Grad der Akzeptanz des Standards möglicherweise leiden könnte.

5.2.4 Kodierung nicht-atomarer Attribute

Im Fall einer eNF²-Tabelle handelt es sich um Typen wie SET, LIST und TUPLE, mit denen nicht-atomare Datenstrukturen definiert werden. Um nun in heterogener Systemumgebung auf Empfängerseite eine eNF²-Tabelle wieder rekonstruieren zu können, muß für jedes empfangene Datenelement dessen hierarchische Position innerhalb der Tabelle bekannt sein, also z.B. die Zuordnung eines INTEGER-Elementes zum Attribut < PRO_NO > in einem bestimmten Projekt einer Abteilung (vgl. Tabelle 1).

Die Darstellung einer eNF²-Tabelle im Transfer-Result-File basiert auf einer **Inorder-Traversierung**, wenn man die Tabelle als Baumstruktur betrachtet. Die Blätter des Baumes sind Ausprägungen atomarer bzw. quasi-atomarer Attribute, während die inneren Knoten nicht-atomare Attribute darstellen. Dies soll am Beispiel einer kleinen eNF²-Tabelle dargestellt werden (Tabelle 2). Die dazu äquivalente Baumdarstellung zeigt Abbildung 3, wobei Tupel durch senkrechte Striche und mengen- bzw. listenwertige Attribute durch runde Klammern angedeutet werden.

{MINIDEPT}			
DEP_NO	DEP_NAME	< EMPLOYEES >	
		EMP_NO	EMP_NAME
1	Vertrieb	101 102 103	Hansi Max Moritz
2	Entwicklung	150 151	Franz Josef

Tabelle 2.   **Einfache eNF²-Tabelle für Abteilungsdaten**

In jedem Fall benötigt der Empfänger außer den ASN.1-Strukturdaten (Tags und Längenfelder) wesentliche Informationen aus dem **Katalog,** der innerhalb des Transfer-Result-Files mit übertragen wurde (siehe "Spezifikation einer Abstrakten Syntax für den Katalog").

Alle **konstruierten Typen** (nicht-atomare Attribute) werden auf den ASN.1-Datentyp SEQUENCE bzw. SEQUENCE OF abgebildet, mit dessen Tag einem Empfänger zunächst ein *Wechsel der hierarchischen Position* innerhalb der gerade verarbeiteten Daten angezeigt wird, z.B. von einem Tupel auf ein darin enthaltenes nicht-atomares Attribut. Über den Eintrag im Katalog kann dieser nun feststellen, um welchen Typ es sich genau handelt und die Verarbeitung dementsprechend fortsetzen.

Die Ergebnisdateien (Transfer-Result- und Sysinfo-File) müssen immer simultan mit dem korrespondierenden Katalogeintrag verarbeitet werden, d.h. der Empfänger muß zu jeder Zeit wissen, an welcher Stelle innerhalb der eNF²-Tabelle er sich gerade "befindet", um auf die zugehörigen Kataloginformationen zugreifen zu können.

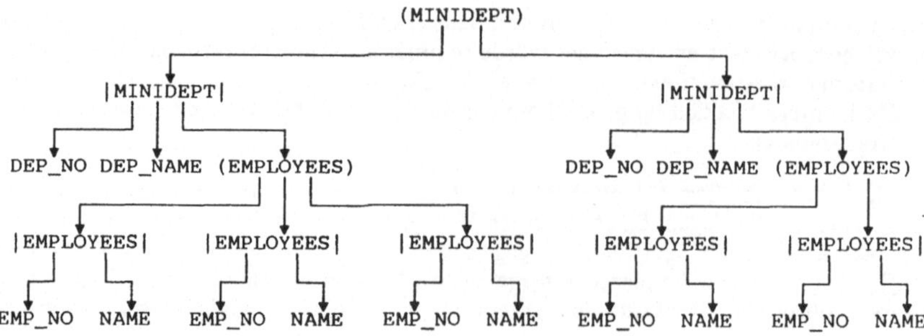

Abbildung 3. Baumdarstellung der Beispiel-NF²-Tabelle

Eine weitere Unterteilung der konstruierten Datentypen schon im Transfer-Result-File in TUPLE, SET und LIST macht insofern wenig Sinn, als der Katalog in jedem Fall erforderlich ist, um die übertragenen Daten korrekt dekodieren und verarbeiten zu können.

Zur Beschreibung nicht-atomarer Attribute in ASN.1 wird in Verbindung mit den bereits definierten Beschreibungen für atomare und quasi-atomare Attribute folgende Syntax vorgeschlagen:

```
ENF2Object ::= CHOICE                    ENF2Tuple ::= SEQUENCE
   {                                         {
      ENF2Tuple,                                ENF2Object,
      ENF2SetOrList,                            ENF2Object OPTIONAL,
      ENF2QAtomicAttribute,                     ...
      ENF2AtomicAttribute                       ENF2Object OPTIONAL,
   }                                         }


ENF2SetOrList ::= SEQUENCE OF ENF2Object
```

Gewisse Abweichungen von ASN.1 sind also auch in diesem Zusammenhang nicht zu vermeiden, da die *vollständige Struktur* (etwa die Attributnamen) nicht ausschließlich in der Abstrakten Syntax, sondern *zusammen mit dem Katalogeintrag* beschrieben wird.

5.3 Getrennte Übertragung systemspezifischer Informationen

In Kapitel "Trennung von Ergebnisdaten und systemspezifischen Informationen" wurde die Aufspaltung des zu übertragenden Datenbestandes in systemspezifische Informationen einerseits und Struktur- sowie Nutzdaten andererseits motiviert und beschrieben. An dieser Stelle soll nun der eigentliche Aufbau des Sysinfo-Files, das die systemspezifischen Informationen enthält, näher erläutert werden. Dazu sei gesagt, daß sich die folgenden Ausführungen der Einfachheit der Darstellung halber auf das *reine* NF²-Modell beziehen, eine Übertragung auf das *erweiterte* NF²-Modell ist aber prinzipiell genauso möglich.

Das **Sysinfo-File** besteht aus einer Folge von Informationsblöcken, die jeweils ganz bestimmten Tupeln, Attributen bzw. der ganzen übertragenen NF²-Tabelle zugeordnet sind. Sie enthalten Informationen, die zum Aufbau eines lokalen Result-Files auf dem jeweiligen Zielsystem neben den im Transfer-Result-File übertragenen Struktur- und Nutzdaten benötigt werden. Es handelt sich dabei um folgende Blöcke:

- TABLE-INFO-Block
- MAIN-INFO-Block
- INST-INFO-Block
- CHILD-INFO-Block

- ATTR-INFO-Block

Der **TABLE-INFO-Block** enthält Informationen, die sich auf die gesamte übertragene NF²-Tabelle beziehen. Im **MAIN-INFO-Block** stehen Informationen, die jeweils ein komplexes Objekt betreffen, also ein NF²-Tupel auf oberster Hierarchiestufe. Ein **INST-INFO-Block** bezieht sich auf genau eine Tupel-Ausprägung, gleich welcher hierarchischen Ebene. Dies bedeutet insbesondere, daß für komplexe Objekte als Ganzes sowohl ein INST-INFO- als auch ein MAIN-INFO-Block existieren. Mit einem **CHILD-INFO-Block** werden alle in Verbindung mit einem *nicht-atomaren Attribut* benötigten Informationen innerhalb eines Tupels abgebildet. Als letztes bleibt noch der **ATTR-INFO-Block**, der der Ausprägung eines atomaren oder quasi-atomaren Attributes zugeordnet ist.

Die *Kodierung* dieser Informationsgruppen erfolgt prinzipiell nach den gleichen Grundsätzen wie bei den Nutzdaten. Jedem Block ist ein *Tag* vorangestellt, an dem der Empfänger erkennen kann, um welchen Typ es sich handelt. Da die Blöcke eine feste Struktur haben und ausschließlich von AIM-P gelesen werden, kann auf die Kodierung eines Längenfeldes nach ASN.1-Konventionen verzichtet werden; das Ende eines Blockes ist implizit dann erreicht, wenn die letzte seiner Komponenten vollständig verarbeitet ist. Die einzelnen Felder innerhalb eines Blockes sind allerdings analog zu den Nutzdaten in dieser Form kodiert, da sie auf den gleichen Datentypen, im wesentlichen INTEGER, basieren.

5.4 Spezifikation einer Abstrakten Syntax für den Katalog

Für den Katalog wurde eine am Transfer-Result-File orientierte Darstellung entworfen. Er wird als NF²-Tupel den Daten vorangestellt und enthält anstelle von Attribut*ausprägungen* bestimmte *Informationsgruppen*, die genau dasjenige Attribut beschreiben, an dessen Stelle sie auftreten. Im einzelnen handelt es sich dabei um die Gruppen *TableInfo, ColumnInfo* und *AttributeInfo*, deren genauer Inhalt an dieser Stelle nicht von Bedeutung ist.

Für die Abbildung der Katalogstruktur mit Hilfe von ASN.1-Konstrukten wird der gesamten Datenstruktur das Tag [APPLICATION 1] zugeordnet, mit dessen Hilfe sie eindeutig bestimmt ist. Alle weiteren innerhalb des Kataloges vergebenen Tags gehören der Klasse PRIVATE an, sie sind nur innerhalb dieser Struktur gültig.

Die Abstrakte Syntax der zur Übertragung des Kataloges eingesetzten Datenstruktur kann in ASN.1 wie folgt spezifiziert werden:

```
CatalogEntry ::= [APPLICATION 1] IMPLICIT SEQUENCE
                    {
                        table_info    TableInfo,
                        attr_seq      AttributeSequence
                    }

TableInfo ::= [PRIVATE 0] IMPLICIT SEQUENCE
                    {
                        /* table-specific information */
                    }

ColumnInfo ::= [PRIVATE 1] IMPLICIT SEQUENCE
                    {
                        /* column-specific information */
                    }

AttributeSequence ::= [PRIVATE 2] IMPLICIT SEQUENCE OF Attribute

Attribute ::= CHOICE
                    {
```

```
atom      Atom,
subtable AttributeSequence
}
```

```
Atom ::= [PRIVATE 3] IMPLICIT ColumnInfo
```

Der Aufbau der einzelnen Informations*gruppen* ist am aktuellen AIM-P-Katalog orientiert. Sollten zu einem späteren Zeitpunkt Änderungen an dieser interne Katalogdarstellung durchgeführt werden, so sind in der ASN.1-Syntax in der Regel nur die beiden Informationsgruppen < TableInfo> und < ColumnInfo> entsprechend anzupassen sowie die zu deren Transformation erforderlichen Prozeduren innerhalb des Konverters. Die prinzipielle Darstellung bleibt genauso wie der eigentliche Verarbeitungsalgorithmus davon normalerweise unberührt, es sei den, im Katalog werden vollkommen neue Informationen eingeführt, die sich in keine der Gruppen einordnen lassen. Wichtig ist an dieser Stelle die Unterscheidung zwischen < TableInfo> aus dem Katalog-Eintrag und dem TABLE_INFO-Block innerhalb des Sysinfo-Files. Ersterer enthält alle Katalog-Informationen, die die gesamte Tabelle betreffen und wird nur in einer Richtung vom Server an die Workstation übertragen, während der TABLE_INFO-Block immer der erste Block des Sysinfo-Files ist und in jedem Fall übertragen wird. Er dient u.a. dazu, eine Tabelle eindeutig zu identifizieren und im Server den zugehörigen Katalog-Eintrag anzufordern.

5.5   Erläuterung der entworfenen Darstellung anhand eines Beispiels

Die beschriebene Transferdarstellung, speziell der Aufbau des **Transfer-Result-Files** soll nun in Abbildung 4 unter Verwendung eines komplexen Objektes aus Tabelle 1 näher erläutert werden. Dazu vorab einige Erklärungen:

- Die linke Spalte beschreibt die bei Verarbeitung des korrespondierenden Elementes gelesenen Info-Blöcke aus dem **Sysinfo-File**, wobei T für Table-, M für Main-, I für Inst-, C für Child- und A für Attr-Info-Block steht.
- Mit "SEQ (" wird der Beginn der Ausprägung eines zusammengesetzten Typen (SEQUENCE) angezeigt. Dies entspricht dem ASN.1-Tag für den Konstruktor-Typ SEQUENCE bei der Kodierung.
- INT und STR stehen für die Tags der ASN.1-Typen INTEGER und OCTETSTRING.
- END steht für das End-Of-Contents-Zeichen bei Verwendung der variablen Form für die Länge. Sie kommt bei nicht-atomaren Attributen zum Einsatz und zeigt das Ende der gerade verarbeiteten (Sub-) Tabelle an.
- In spitzen Klammern stehen die Ausprägungen der atomaren Attribute.
- Die runden Klammern dienen nur der Übersicht.

6.0   Zusammenfassung

Ausgehend von einem Datenbanksystem mit Workstation-Server-Architektur für *homogene Systemumgebungen* wurden verschiedene Möglichkeiten vorgeschlagen und diskutiert, um den Übergang auf *heterogene Umgebungen* zu ermöglichen. Dies erfolgte insbesondere unter Berücksichtigung der Standardisierungsbemühungen von ISO und CCITT im Bereich der Darstellung von Daten in offenen Systemen

Für den Entwurf einer konkreten Transferdarstellung wurde eine Variante ausgewählt, in der die zu übertragenden Daten unabhängig von deren Repräsentation in einem bestimmten System abgebildet werden. Auf diese Weise erreicht man, daß sowohl die Server- als auch die Workstation-Komponente des Datenbanksystems grundsätzlich auf eine beliebige Hardware- und Software-Plattform portiert werden können, ohne daß dies wesentliche Änderungen an den Komponenten unter anderen Systemen erfordert. Kernpunkt bei der Transferdarstellung ist die Orientierung an der Datenbeschreibungssprache ASN.1 und den zugehörigen Kodierungs-Regeln, die als Standard weite Verbreitung gefunden haben.

Einen weiteren wichtigen Aspekt bildet die getrennte Behandlung von AIM-P-systemspezifischen Informationen, die aus der hier realisierten engen Kopplung von Server und Workstation resultieren. Neben

```
T   SEQ (                                /* table DEPARTMENTS    */
M,I      SEQ (                           /* tuple DEPARTMENTS    */
A            INT <314>                   /* attribute DEP_NO     */
A            STR <Jim>                   /* attribute DEP_MGR    */
C            SEQ (                       /* subtable PROJECTS    */
I                SEQ (                   /* tuple PROJECTS       */
A                    INT <17>            /* attribute PRO_NO     */
A                    STR <John>          /* attribute LEADER     */
C                    SEQ (               /* subtable EMPLOYEES   */
I                        SEQ (           /* tuple EMPLOYEES      */
A                            INT <11>    /* attribute EMP_NO     */
A                            STR <David> /* attribute NAME       */
                         )
I                        SEQ (           /* tuple EMPLOYEES      */
A                            INT <22>    /* attribute EMP_NO     */
A                            STR <Joe>   /* attribute NAME       */
                         )
I                        SEQ (...        /* tuple EMPLOYEES      */
                         END             /* end of subtable ..  */
                         )               /* ... EMPLOYEES        */
                     )
I                    SEQ (...            /* tuple PROJECTS       */
                     END                 /* end of subtable ..  */
                     )                   /* ... PROJECTS         */
C            SEQ (                       /* subtable EQUIPMENT   */
I                SEQ (                   /* tuple EQUIPMENT      */
A                    INT <1001>          /* attribute EQ_NO      */
A                    STR <PC/AT>         /* attribute EQ_DESCR   */
                 )
I                SEQ (...               /* tuple EQUIPMENT       */
                 END                    /* end of subtable ..   */
                 )                      /* ... EQUIPMENT         */
A            STR <Research>             /* attribute DEP_DESCR   */
         )
     END                                /* end of table ...     */
     )                                  /* ... DEPARTMENTS       */
```

Abbildung 4. Beispiel für die Transferdarstellung eines komplexen Objektes

einer klaren Darstellung ergibt sich hierdurch die Möglichkeit, grundsätzlich auch Nicht-AIM-P-Workstations den Zugriff auf Daten eines AIM-P-Servers zu ermöglichen, sofern sie über ein gewisses "Mindestverständnis" bezogen auf das zugrundeliegende erweiterte NF^2-Relationenmodell verfügen.

Das hier vorgeschlagene Verfahren wurde am derzeitigen AIM-Prototyp zunächst auf einem Rechner IBM/370 unter dem Betriebssystem VM/CMS implementiert und wird derzeit u.a. auf das System RS /6000 unter AIX 3.0 portiert [Man90]. Der Konverter besteht gegenwärtig aus etwa 10.000 Zeilen PASCAL-Code, aufgeteilt auf 4 Komponenten für die Umsetzung zwischen globaler und lokaler Darstellung. Die Implementierung verfügt über eine Schichtenarchitektur bestehend aus einer oberen, systemunabhängigen Schicht und einer unteren Schicht als Schnittstelle zum lokalen System. Die obere Schicht enthält u.a. die Verarbeitungsalgorithmen zur Traversierung der Resultatstabelle, Synchronisation von Sysinfo- und Transfer-Result-File und zur Verarbeitung des Kataloges. In der unteren Schicht wird die Kodierung und Dekodierung elementarer Datenobjekte wie etwa Integer- und Gleitkommazahlen sowie alphanumerischer Zeichen durchgeführt. Diese Schicht ist bei der Portierung auf ein neues System der dort verwendeten Datenrepräsentation anzupassen.

7.0 Literaturverzeichnis

CCITT87   **Comité Consultatif International Téléphonique et Télégraphique:** *CCITT-Empfehlungen der V-Serie und der X-Serie, Band 5, Datenübermittlungsnetze - Offene Kommunikationssysteme, Systembeschreibungstechniken,* R. v. Decker's Verlag, G. Schenk, 5. erweiterte Auflage, Heidelberg 1987

DaLi89   **P. Dadam, V. Linnemann:** *Advanced Information Management Prototype: Advanced Database Technology for Integrated Applications,* IBM Systems Journal, Vol. 28, No. 4, 1989

DeOb87   **U. Deppisch, V. Obermeit:** *Tight Database Cooperation in a Server-Workstation Environment,* in: Proc. International Conference on Distributed Computing Systems, 1987

DGKOW86 U. Deppisch, J. Günauer, K. Küspert, V. Obermeit, G. Walch: *Überlegungen zur Datenbank-Kooperation zwischen Server und Workstations,* Tagungsband der 16. GI Jahrestagung, Springer-Verlag Berlin, Oktober 1986

DGW85   **U. Deppisch, J. Günauer, G. Walch:** *Speicherungsstrukturen und Adressierungstechniken für komplexe Objekte des NF^2-Relationenmodells,* BTW '85, Informatik-Fachberichte 94 (Hrsg.: A. Blaser, P. Pistor), Springer-Verlag, Berlin Heidelberg, 1985, S. 441-459

ECMA84   **European Computer Manufacturers Association:** *Standard ECMA-DB Remote Database Access Protocol, Fifth Draft,* September 1984, ECMA/TC22/84/29

EfFl86   **W. Effelsberg, A. Fleischmann:** *Das ISO-Referenzmodell für offene Systeme und seine 7 Schichten* Informatik-Spektrum, Band 9, Heft 5, 1986

ESW88   **R. Erbe, N. Südkamp, G. Walch:** *Advanced Information Management Prototype, Application Program Interface, User Manual,* IBM HDSC Technical Report TN 8803, 1988

GoSp87   **W. Gora, R. Speyerer:** *Abstract Syntax Notation One,* Datacom 4/87 pp. 78 - 85

ISO8824   **International Standardization Organization:** *ISO Draft International Standard, Information Processing Systems, Open Systems Interconnection, Specification for ASN.1,* 1986

ISO8825   **International Standardization Organization:** *ISO Draft International Standard, Information Processing Systems, Open Systems Interconnection, Basic Encoding Rules for ASN.1,* 1986

KDG87   **K. Küspert, P. Dadam, J. Günauer:** *Cooperative Object Buffer Management in the Advanced Information Management Prototype,* Proceedings of the 13th International Conference on Very Large Data Bases, Brighton, Sept. 1987, pp. 483-492

Küs87   **K. Küspert:** *Advanced Information Management Prototype - Result-Walk: External Interface Description,* IBM HDSC Technical Note TN 87.01

KSW79   **D. Kropp, H.-J. Schek, G. Walch:** *Text Field Indexing,* HDSC Technical Report TR 79.09.007

Li88   **V. Linnemann, K. Küspert, P. Dadam, P. Pistor, R. Erbe, A. Kemper, N. Südkamp, G. Walch, M. Wallrath:** *Design and Implementation of an Extensible Database Management System Supporting User Defined Data Types and Functions,* Proceedings of the 14th VLDB Conference Los Angeles, California, 1988, pp. 294-304

LoS87   **P. C. Lockemann, J. W. Schmidt:** *Datenbank-Handbuch,* Springer Verlag, 1987

LPS90   **V. Linnemann, P. Pistor, N. Südkamp:** *User Manual for the Online-Interface of the Heidelberg Data Base Language (HDBL) Prototype Implementation,* IBM HDSC Technical Note TN 90.01, Jan. 1990

Man90   **W. Manus:** *Entwurf und Implementierung der Übertragung komplexer AIM-P-Datenbankobjekte in heterogenen Systemumgebungen,* Diplomarbeit Technische Hochschule Darmstadt, IBM Wissenschaftliches Zentrum Heidelberg, 1990

PiAn86   **P. Pistor, F. Andersen:** *Designing A Generalized NF^2 Model With An SQL-type Language Interface,* Proceedings of the Twelfth International Conference on Very Large Data Bases, Kyoto, August 1986

SS86   **H.-J. Schek, M.H. Scholl:** *The Relational Model with Relation-Valued Attributes,* in: Information Systems, Vol. 11, No. 2, 1986

Anbindung einer räumlich clusternden Zugriffsstruktur für geometrische Attribute an ein Standard-Datenbanksystem am Beispiel von Oracle*

A. Henrich, A. Hilbert, H.-W. Six,
FernUniversität Hagen
Lehrgebiet Praktische Informatik III
D-5800 Hagen

P. Widmayer
Universität Freiburg
Institut für Informatik
D-7800 Freiburg

Zusammenfassung

Erweiterungen relationaler Datenbanksysteme um geometrische Frontends haben sich bisher gegenüber spezialisierten Geodatenbanksystemen meist als ineffizient erwiesen. In dieser Arbeit zeigen wir, daß eine gute Performance möglich ist, wenn mit der geometrischen Erweiterung der Einsatz einer nach räumlichen Gesichtspunkten clusternden Zugriffsstruktur einhergeht. Am Beispiel der Anbindung der geometrischen Zugriffsstruktur LSD-Baum an das RDBMS Oracle belegen wir, daß sich bei einem derartigen Vorgehen erhebliche Performanceverbesserungen im Vergleich zu einer konventionellen Verwaltung der Geodaten erzielen lassen. Dabei ist hervorzuheben, daß die Zugriffsstruktur weitestgehend vom RDBMS verwaltet wird, ohne daß Eingriffe in das RDBMS selbst nötig sind. Die Performanceergebnisse werden durch ausführliche Messungen belegt.

1. Einleitung

Konventionelle Datenbanksysteme sind ausgelegt für die Arbeit mit alphanumerischen Daten, wie sie im normalen Geschäftsalltag vorherrschend sind. Für die Verwaltung geometrischer Daten werden weitere Datentypen und Operationen benötigt, die von Standard-Datenbanksystemen nicht angeboten werden. Bei den zur Lösung dieses Problems verfolgten Ansätzen lassen sich im wesentlichen zwei Richtungen unterscheiden: vollständige Neuentwicklung erweiterbarer Geodatenbanksysteme (z.B. [SPSW90, Güt89]) und Ausbau kommerzieller (meist relationaler) DBMS um spezielle Frontends für geometrische Anwendungen. Die letztgenannte Richtung, der auch unser Ansatz zuzuordnen ist, ist hauptsächlich durch pragmatische Gründe motiviert:

1. rasche Verfügbarkeit wegen relativ geringen Entwicklungsaufwands;
2. Nutzung ausgereifter Datenbanktechnologie;
3. Wunsch vieler Anwender, ein bereits vorhandenes relationales Datenbanksystem auch für geometrische Anwendungen nutzen zu können.

Bereits 1977 entwickelten Berman und Stonebraker [BeS77] ein Ingres-Frontend zur Abspeicherung und Verwaltung von Karten. Zwar zeigte sich, daß sich ein RDBMS grundsätzlich um geometrische Datentypen und Operationen erweitern läßt, doch die Performanceprobleme waren erheblich. Zu einem ähnlichen Ergebnis kam auch Appelrath mit der Implementierung eines applikationsneutralen geographischen Datenbanksystems als Ingres-Frontend [App85].

In Bezug auf CAD-Anwendungen haben Guttman und Stonebraker 1982 einen direkten Performancevergleich zwischen einem CAD-System und einer entsprechenden Ingres Anwendung durchgeführt [GuS82]. Wie erwartet war Ingres hierbei um den Faktor 5 langsamer, bei der Ausgabe eines Bildausschnitts sogar um den Faktor 45. Die Autoren weisen darauf hin, daß bei der Bewertung dieses Ergebnisses zwei Dinge zu berücksichtigen sind: Zum einen ist ein spezialisiertes System aufgrund des geringeren Funktionsumfangs grundsätzlich schneller als ein allgemeines DBMS. Zum anderen ist das schlechte

* Gefördert durch die DFG im Rahmen des Schwerpunktprogramms "Datenstrukturen und effiziente Algorithmen", Projekte Si 374/1 und Wi 810/2.

Abschneiden beim Bildausschnitt auf das Fehlen einer geeigneten Zugriffsstruktur zurückzuführen. Die Autoren schlagen deshalb vor, einen entsprechenden Index in einer derartigen DB-Erweiterung einzusetzen.

Eine solche Indexstruktur verwenden Abel und Smith bei der Realisierung eines Geo-Frontends [AbS83, AbS84, Abe88]. Sie entwickeln einen linearen geometrischen Index, der als Kern eine spezielle Verschlüsselung der geometrischen Objekte gemäß ihrer räumlichen Lage enthält. Als Schlüssel wird der kleinste, das Objekt umfassende Quadtree-Block verwendet. Die lineare Codierung erfolgt mittels bit-interleaving. Die Schlüssel werden zusammen mit Verweisen auf die eigentlichen Objekte in einer gesonderten Relation abgelegt, über die ein Standardindex (B*-Baum) angelegt wird.

Der Vorteil dieses Ansatzes besteht in der weitgehenden Ausnutzung der von einem RDBMS angebotenen Operationen. Performancenachteile rühren jedoch daher, daß nur ein Sekundärindex verwendet wird, also keine Clusterung der Objekte selbst erfolgt. Sekundärindexe sind in erster Linie für die Selektion einzelner Objekte geeignet und werden bei der Selektion größerer Teile des Datenbestandes, wie sie bei geometrischen Bereichsanfragen durchaus häufiger vorkommen, sehr schnell ineffizient. (Siehe hierzu auch die Performancemessungen und ihre Diskussion in Abschnitt 4.) Darüber hinaus ist die Approximation der geometrischen Objekte durch Quadtree-Blöcke ungenau. Auch die Verbesserungsvorschläge [AbS84] bieten noch keine zufriedenstellende Performance, vor allem wenn nicht-rechteckige, also z.B. polygonale Anfragebereiche in Bereichsanfragen auftreten.

Das Problem spezieller Indexstrukturen wird auch von Waugh und Healey [WaH86] behandelt, die einen weiteren Entwurf für ein geographisches DB-Frontend vorlegen. Sie diskutieren drei verschiedene Möglichkeiten: eine Gridfile Variante, eine Variante des Abelschen Ansatzes und eine Verschlüsselung der Objekte über ihre minimalen umgebenden Rechtecke. Bei letzterem Vorgehen werden die Koordinaten als Attributwerte abgelegt, so daß eine Bereichsabfrage dann mit den Standardmöglichkeiten des DBMS, d.h. über einen Vergleich der Koordinatenwerte der Objekte mit denen des Suchbereichs, erfolgen kann. Unter Berücksichtigung des Speicherplatzbedarfs und der zu erwartenden Performance vermuten die Autoren, daß der Ansatz der minimalen umgebenden Rechtecke am effizientesten sei. Implementierungsergebnisse liegen allerdings nicht vor.

Zusammenfassend läßt sich festhalten, daß bisher vorgestellte geometrische Frontends für Standarddatenbanken vor allem zeitintensive raumbezogene Zugriffe nicht effizient genug unterstützen. Solche Zugriffe sind aber in Geodatenbanksystemen besonders wichtig. Typische Beispiele sind *"Liefere die fünf Hotels mit drei Sternen, die am nächsten zum Tagungsort liegen"*, oder *"Nenne alle Bundesstraßen, die durch Karlsruhe führen"*. Sofern überhaupt geeignete Indexe mit implementiert wurden, handelt es sich um Sekundärindexe ohne physische Clusterung der Objekte, die bei derartigen Anfragen gegenüber physisch clusternden Zugriffsstrukturen deutliche Performancenachteile aufweisen.

In dieser Arbeit stellen wir die nachträgliche Anbindung einer geometrischen Zugriffsstruktur an ein RDBMS vor, bei der erstmalig nicht nur die geometrischen Schlüssel, sondern auch die Objekte selbst nach räumlichen Gesichtspunkten geclustert abgespeichert werden. Aus Gründen der Verfügbarkeit haben wir uns für den LSD-Baum [HSW89] als Zugriffsstruktur und für Oracle als Datenbanksystem entschieden. Neben den klaren Performancevorteilen dieses Ansatzes bei raumbezogenen Zugriffen ist besonders hervorzuheben, daß die Daten der Zugriffsstruktur vollständig durch Oracle verwaltet werden, obwohl keine Eingriffe in das DBMS selbst erforderlich sind. Sämtliche Eigenschaften von Oracle hinsichtlich Recovery, Rollback, Multi-User-Fähigkeit usw. werden somit auf die Daten der Zugriffsstruktur übertragen.

Die Arbeit ist wie folgt aufgebaut. Im nächsten Kapitel wird der LSD-Baum kurz vorgestellt. Kapitel 3 stellt die Anbindung des LSD-Baumes vor, wobei verschiedene Anbindungsvarianten behandelt werden. Messungen zur Performance der Oracle Erweiterung werden in Kapitel 4 vorgestellt und diskutiert. Kapitel 5 beinhaltet eine kurze Zusammenfassung und einen Ausblick auf mögliche weitere Entwicklungen.

2. Der LSD-Baum – eine Zugriffsstruktur für geometrische Objekte

Bei geometrischen Objekten muß grundsätzlich zwischen punktförmigen und ausgedehnten Objekten – wie z.B. Polygonen – unterschieden werden. Der LSD-Baum (Local-Split-Decision-Baum) [HSW89] ist von seiner Konzeption her zunächst eine Zugriffsstruktur für punktförmige geometrische Objekte. Mit Hilfe des Transformationsansatzes, auf den wir am Ende dieses Abschnitts kurz eingehen werden, können in einem LSD-Baum aber auch ausgedehnte geometrische Objekte verwaltet werden.

Um räumlich nah beieinanderliegende geometrische Objekte im Speicher gemeinsam abzulegen, unterteilt der LSD-Baum – wie fast alle Punktzugriffsstrukturen – den Datenraum in disjunkte Teilräume. Diesen Teilräumen sind dabei jeweils Speicherblöcke fester Größe zugeordnet, in denen die Punkte abgespeichert werden, die in dem entsprechenden Teilraum enthalten sind. Die Speicherblöcke werden dabei im allgemeinen als Buckets und die zugehörigen Teilräume als Bucketregionen bezeichnet.

Das grundlegende Problem besteht nun darin, wie der Datenraum am günstigsten in Bucketregionen aufgeteilt werden kann. Um aufzuzeigen, in welcher Weise dieses Problem beim LSD-Baum gelöst wird, betrachten wir das sequentielle Einfügen mehrerer Objekte in einen LSD-Baum:

Zunächst ist dem ganzen Datenraum genau ein Bucket zugeordnet. Tritt dann nach einigen Einfügungen die Situation ein, daß dieses Bucket aufgrund seiner beschränkten Kapazität das neue Objekt nicht mehr aufnehmen kann, so wird eine achsenparallele Splitlinie bestimmt, auf deren Grundlage die Objekte über zwei Buckets verteilt werden. In einem Bucket werden dabei die Objekte abgelegt, die auf der einen Seite der Splitlinie liegen, und in dem anderen Bucket die Objekte, die auf der anderen Seite der Splitlinie liegen. Nach weiteren Einfügungen wird dann zu einem späteren Zeitpunkt der Fall eintreten, daß eines der beiden so entstandenen Buckets erneut überläuft. Dann bestimmt man eine Splitlinie, die die Bucketregion dieses Buckets aufteilt, und speichert die Objekte, die bisher in diesem Bucket abgelegt waren, in zwei Buckets ab. Dieses Verfahren kann dann offensichtlich in der gleichen Weise fortgeführt werden.

In der Abbildung 2.1, in der wir den zweidimensionalen Fall betrachten, erfolgte der erste Split in der Dimension 1 an Position 50, danach wurde Bucket 2 in Dimension 2 an Position 60 in die Buckets 2 und 3 aufgeteilt usw.

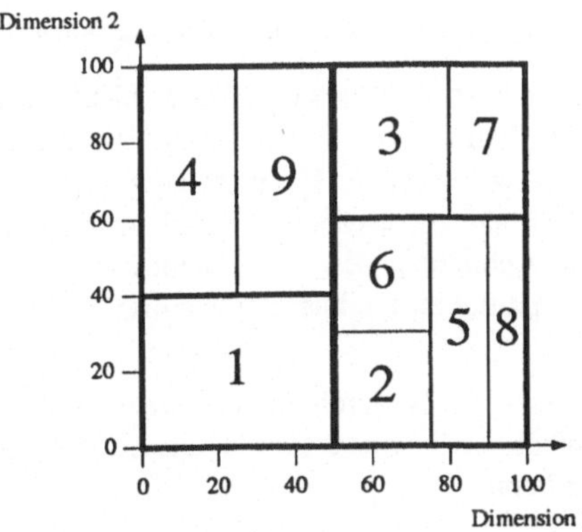

Abbildung 2.1: Beispiel für die Aufteilung des Datenraumes in Bucketregionen durch einen LSD-Baum

Die Splitlinien werden dabei in einem Directory verwaltet. Dazu wird ein verallgemeinerter k-d-Baum [Ben75] verwendet. Für jeden Split wird ein neuer Knoten in den Baum eingefügt, der die Splitlinie – charakterisiert durch Splitposition und Splitdimension – enthält. Die Blätter des Directory enthalten Verweise auf die Buckets, in denen die eigentlichen Daten abgelegt sind. Für die in Abbildung 2.1 dargestellte Aufteilung des Datenraumes ergibt sich damit der in Abbildung 2.2 dargestellte Baum.

164

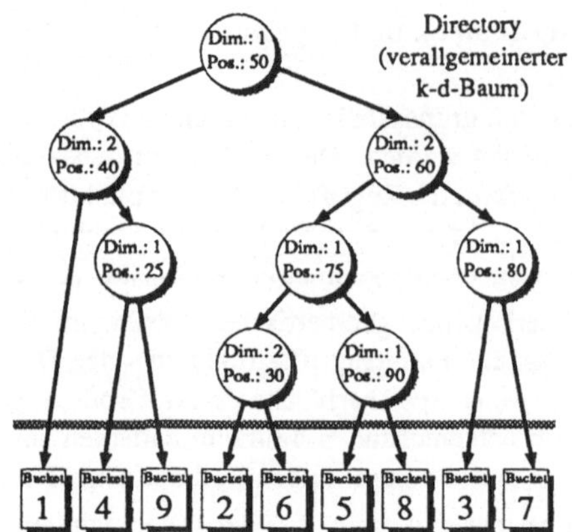

Abbildung 2.2: Zu der in Abbildung 2.1 dargestellten Bucketeinteilung gehörender LSD-Baum

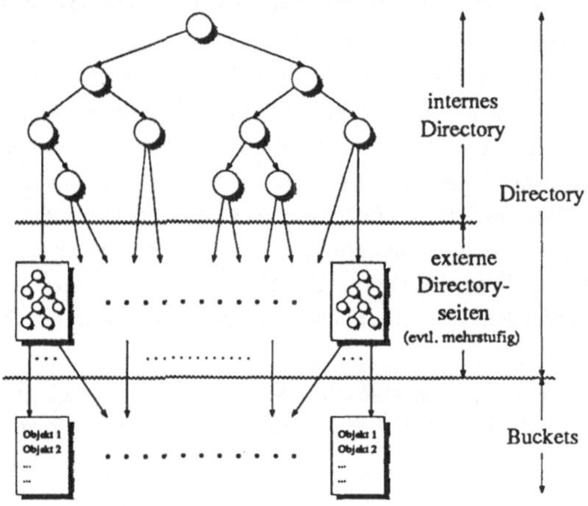

Abbildung 2.3: Gesamtstruktur eines LSD-Baumes

Offensichtlich kann das Directory so groß werden, daß es nicht mehr vollständig im Hauptspeicher verwaltet werden kann. In diesem Fall werden Teilbäume auf externe Seiten ausgelagert, während der Teil des Baumes nahe der Wurzel weiterhin im Hauptspeicher verbleibt. Der Algorithmus, der diese *partielle Paginierung* realisiert, soll hier nicht näher beschrieben werden. Eine ausführliche Darstellung findet sich in [HSW90]. Für die Anbindung des LSD-Baumes an Oracle ist lediglich von Bedeutung, daß der LSD-Baum aufgrund der partiellen Paginierung aus drei Teilen besteht:

1. *internes Directory*
   Dieses interne Directory – dessen Größe durch die maximale Anzahl interner Knoten vorgegeben ist – wird in einem Array verwaltet, das in einem Schritt auf den Hintergrundspeicher geschrieben bzw. von diesem gelesen werden kann.
2. *externe Directoryseiten*
   Bei den externen Directoryseiten handelt es sich – wie bei den Buckets – um Speicherblöcke fester Größe, in denen Teilbäume des Directory abgelegt sind.
3. *Buckets*
   Die Buckets enthalten die eigentlichen Objekte bzw. Tupel.

Die Dreiteilung des LSD-Baumes wird in der Abbildung 2.3 verdeutlicht.

Eine Bereichsanfrage wird auf einem LSD-Baum wie folgt bearbeitet: Man beginnt bei der Wurzel des LSD-Baumes, die immer im internen Directory enthalten ist, und ermittelt durch Vergleiche mit dem Anfragebereich, ob nach links oder nach rechts verzweigt werden muß, oder ob beide Teilbäume untersucht werden müssen. Im letzteren Fall wird einer der beiden Teilbäume ausgewählt, während der andere zur späteren Bearbeitung auf einem Stack zwischengespeichert wird. Das Verfahren wird dann rekursiv weitergeführt.

Wir wollen nun kurz erläutern, wie ausgedehnte geometrische Objekte durch den LSD-Baum gespeichert werden.

Würde man ausgedehnte geometrische Objekte in der gleichen Weise wie punktförmige Objekte verwalten, dann ergäben sich durch die disjunkte Zerlegung des Datenraumes zwangsweise Situationen, in denen ein ausgedehntes Objekt mehrere Bucketregionen schneidet. Würde man dies auflösen, indem man jedes Objekt in jedem Bucket abspeichert, mit dessen Bucketregion es einen nichtleeren Schnitt aufweist, so würde dies u.U. zu einer erheblichen Redundanz und damit zu Performanceeinbußen führen.

Man verwendet deshalb den sogenannten Transformationsansatz [Hin85, SK88]. Dabei werden ausgedehnte Objekte zunächst durch minimale umschließende achsenparallele Rechtecke approximiert. Diese Rechtecke werden dann in Punkte überführt, indem man die Unter- und die Obergrenzen in den einzelnen Dimensionen des Datenraumes als unabhängige Dimensionen im Bildraum betrachtet. Man gewinnt so aus d-dimensionalen ausgedehnten Objekten $2d$-dimensionale Punkte, die ohne Probleme in einem entsprechenden LSD-Baum verwaltet werden können. Neben den Unter- und Obergrenzen der Rechtecke kann man dabei alternativ auch deren Mitten und Ausdehnungen betrachten. Die Einzelheiten des Transformationsansatzes und insbesondere die Bearbeitung von Bereichsanfragen auf ausgedehnten Objekten, die mit Hilfe des Transformationsansatzes verwaltet werden, sind in [HSW89] und [Hen90] ausführlich dargestellt.

3. Anbindung des LSD-Baumes an Oracle

Die globalen Ziele, die wir bei der Anbindung des LSD-Baumes an das relationale Datenbanksystem Oracle verfolgt haben, sind einerseits eine Steigerung der Performance bei geometrischen Anfragen und andererseits die weitestgehende Verwaltung der Zugriffsstruktur durch das RDBMS, ohne Eingriffe in dieses selbst vorzunehmen. Diese Ziele sind natürlich unabhängig von der konkreten Ausprägung der Zugriffsstruktur und des RDBMS.

Im einzelnen sind folgende Ziele zu nennen:

1. Durch räumliche Clusterung der geometrischen Objekte die Performance des Systems bei geometrischen Anfragen deutlich zu verbessern.
2. Die Verwaltung der geometrischen Zugriffsstruktur soweit wie möglich vom Standard-Datenbanksystem übernehmen zu lassen.
3. Die Verwaltung der Standardattribute vollständig in der Zuständigkeit des Standard-Datenbanksystems zu belassen.
4. Die Datenbankschnittstelle für Standardoperationen unverändert zu übernehmen.

Im weiteren werden wir bei der Anbindung des LSD-Baumes an Oracle zunächst die Verwaltung der Daten und danach die Gesamtarchitektur des Anbindungsansatzes betrachten.

3.1 Die Verwaltung der Daten

Gemäß dem Ziel, die Verwaltung des LSD-Baumes soweit wie möglich vom Standard-Datenbanksystem vornehmen zu lassen, werden die Daten, die der LSD-Baum normalerweise in Dateien ablegt, in entsprechenden Relationen verwaltet. Zu diesen Daten gehören das interne Directory, die externen Directoryseiten, die Buckets und Verwaltungsinformationen wie die Anzahl der Dimensionen, die maximale interne Knotenzahl usw. Wir erhalten also vier Relationen:

- In der ersten Relation wird für jedes Bucket des LSD-Baumes ein Tupel angelegt. Die Tupel haben jeweils zwei Attribute: die Bucketnummer und einen Bytestring, in dem das eigentliche Bucket abgelegt wird.

- In der zweiten Relation wird für jede externe Directoryseite ein Tupel angelegt. Der Aufbau der Relation ist dabei analog zu der Relation für die Buckets.
- Die dritte Relation dient der Aufnahme des internen Directory. In ihr wird nur ein Tupel abgelegt, dessen einziges Attribut das interne Directory als Bytestring enthält.
- Die vierte Relation nimmt die Verwaltungsinformationen des LSD-Baumes auf.

Die Abbildung 3.1 verdeutlich den Sachverhalt, wobei im oberen Teil die Modularisierung des LSD-Baumes (vereinfacht) dargestellt ist. Die Pfeile innerhalb dieser Modularisierung repräsentieren die Aufrufhierarchie, während die Pfeile zwischen dem LSD-Baum und dem Datenbanksystem die Zugriffe auf die referierten Relationen angeben.

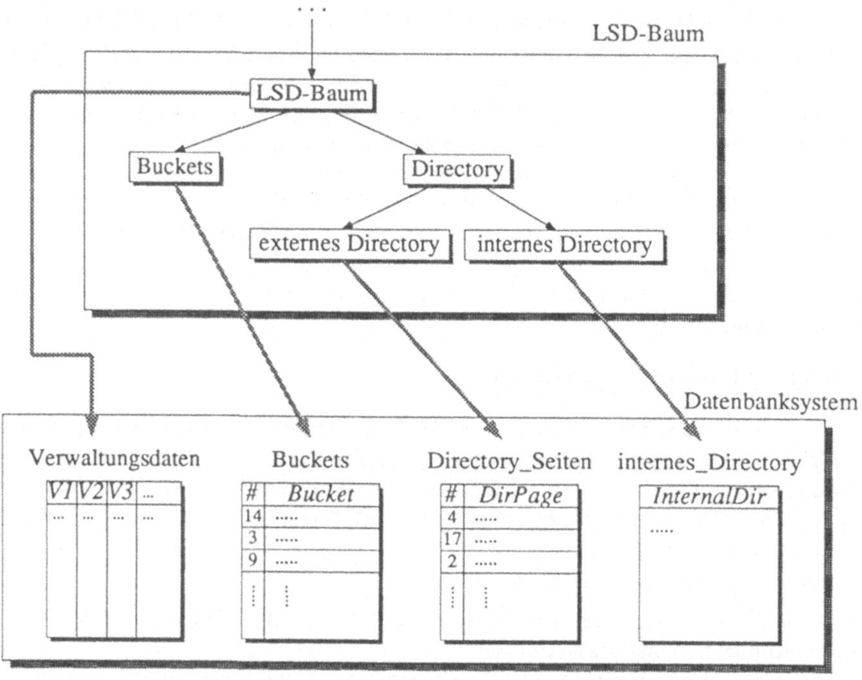

Abbildung 3.1: Eine Möglichkeit zur Ablage der externen Daten des LSD-Baumes in einem Datenbanksystem

Ein Bucketzugriff erfolgt dann mit Hilfe einer wie folgt strukturierten Anfrage an das Datenbanksystem:

```
SELECT Bucket
FROM Buckets
WHERE # = <Bucketnummer>
```

Für die Zugriffe auf Directoryseiten, auf das interne Directory und auf Verwaltungsdaten ergeben sich analoge Anfragen. Man wickelt also letztlich alle Zugriffe auf externe Daten des LSD-Baumes über das Datenbanksystem ab. Darüber hinaus ergeben sich an der Zugriffsstruktur keine Änderungen.

Dieses Anbindungsprinzip kann man hinsichtlich der Aufteilung der Kontrolle über die einzelnen Attribute der zu verwaltenden Tupel in drei Stufen weiterentwickeln. Die Abbildung 3.2 stellt die vier möglichen Varianten dar. Dabei wird davon ausgegangen, daß es sich bei dem geometrischen Attribut um ein Polygon handelt. Handelt es sich um einen Punkt oder um ein Rechteck, so entfällt das in der Abbildung aufgeführte Attribut *BBox*, das zur Aufnahme des minimalen umschließenden Rechtecks dient, und aus dem Attribut *Polygon* wird ein Attribut *Point* bzw. *Rectangle.* Damit entfällt dann auch die unter *3.* angegebene Variante.

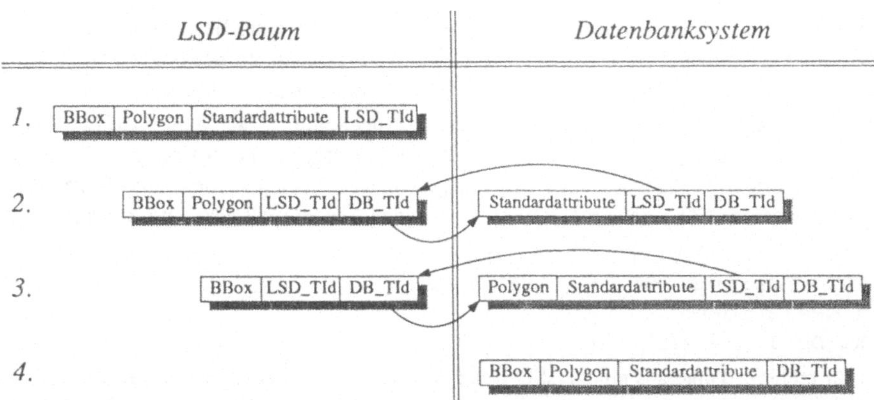

Abbildung 3.2: Verteilung der zu verwaltenden Daten zwischen LSD-Baum und Datenbanksystem

Im folgenden werden die in der Abbildung 3.2 dargestellten vier Varianten genauer beschrieben. Dabei werden wir uns exemplarisch auf die konkreten Gegebenheiten bei einer Anbindung an das Datenbanksystem Oracle beziehen.

1. Vollständige Verwaltung der Tupel im LSD-Baum

Speichert man in den Buckets des LSD-Baumes die gesamte Objektinformation ab, so erhält man die in Abbildung 3.2 unter *1.* dargestellte Situation, die der Abbildung 3.1 entspricht. In diesem Fall übernimmt der LSD-Baum auch die Verwaltung der in den Tupeln enthaltenen Standardattribute. Die Funktion des Datenbanksystems wird bei dieser Anbindungsvariante praktisch auf die Funktion eines Dateiverwaltungssystems reduziert. Dies läuft natürlich dem Ziel entgegen, Standardoperationen soweit wie möglich über das Datenbanksystem abzuwickeln.

Ein weiterer Nachteil dieser Variante ist, daß die Buckets relativ groß sein müssen ($\geq$ 1000 Byte), um eine hinreichende Bucketkapazität zu gewährleisten. Dies kann u.U. zu Problemen führen, weil die Buckets ja als ein Attribut in einer Relation abgelegt werden sollen. Datenbanksysteme wie Oracle können zwar Attributwerte dieser Größe verwalten, doch dann sind gewisse Optionen wie z.B. das Clustern mehrerer Relationen nach einem einheitlichen Schlüssel (*cluster key*) nicht mehr möglich. Das Problem der *"zu langen"* Buckets kann man aber umgehen, indem man ein Bucket auf mehrere normale Attribute (in Oracle mit max. 240 Byte) aufteilt. Die Relation, in der die Buckets abgelegt werden, hat dann nicht mehr zwei, sondern $1 + \left\lceil \frac{\text{Bytes pro Bucket}}{240} \right\rceil$ Attribute. Neben einem gewissen programmtechnischen Aufwand ergeben sich wegen der festen Bucketgröße aber keine weiteren Probleme.

Der wichtigste Vorteil der vollständigen Verwaltung der Tupel im LSD-Baum ist, daß die gesamte Information eines Objektes – also ein Tupel – zusammenhängend gespeichert ist. Diese zusammenhängende Speicherung der Tupel erspart zusätzliche Datenbankzugriffe. Auch bleibt die räumliche Clusterung der Objekte gemäß der Datenraumeinteilung des LSD-Baumes voll erhalten. Beides wirkt sich positiv auf die Performance aus. Trotzdem erscheint diese erste Variante nicht sinnvoll, weil ein großer Teil der Funktionalität des Datenbanksystems im LSD-Baum noch einmal implementiert werden muß.

2. Verwaltung der Standardattribute im Datenbanksystem

Bei der zweiten in Abbildung 3.2 dargestellten Variante werden die Standardattribute eines Tupels ausgegliedert, so daß nur noch das geometrische Attribut vom LSD-Baum verwaltet wird. Im Datenbanksystem ist somit zusätzlich zu den in Abbildung 3.1 dargestellten Relationen noch eine weitere Relation vorhanden, in der die Standardattribute der Tupel abgelegt sind. Die Verbindung zwischen den beiden Teilen der Tupel erfolgt über Tupelidentifikatoren.

Der größte Vorteil dieser Variante im Vergleich zur ersten Variante liegt darin, daß hier Anfragen, die sich nur auf Standardattribute beziehen, unabhängig vom LSD-Baum bearbeitet werden können. Der Preis hierfür ist, daß die einzelnen Tupel nicht mehr zusammenhängend abgespeichert sind.

Ein Beispiel mag diese Problematik verdeutlichen. Angenommen, wir führen auf einem LSD-Baum eine Bereichsanfrage durch, um die Namen aller Städte zu erfragen, die in Nordrhein-Westfalen liegen. Dann muß für jedes mit Hilfe des LSD-Baumes gefundene Tupel über den zugehörigen *DB_TId* der Name ermittelt werden. Für jedes im LSD-Baum gefundene Tupel muß also eine Anfrage der folgenden Art auf dem Datenbanksystem gestartet werden:

```
SELECT <Attributname1>, ...
FROM <Relationenname>
WHERE DB_TId = <DB_TId>
```

Wenn für mehrere Tupel aus einem LSD-Baum-Bucket die Standardattribute gesucht werden müssen, wird dabei im allgemeinen für jedes Tupel ein Externzugriff erforderlich. Dies führt offensichtlich zu erheblichen Performanceproblemen.

Diese Probleme kann man aber vermeiden, wenn es gelingt, jedes Bucket des LSD-Baumes physisch zusammen mit den zugehörigen Tupeln, die von der Datenbank verwaltet werden, abzuspeichern. In Oracle ist dies möglich. Man muß dazu bei jedem von der Datenbank verwalteten Tupel als weiteres Attribut die Bucketnummer des Buckets einführen, in dem der zugehörige Eintrag im LSD-Baum liegt. Im allgemeinen wird diese Bucketnummer sowieso im *LSD_TId* enthalten sein. Mit Hilfe dieses zusätzlichen Attributes kann man dann die Relation mit den Buckets und die Relation, in der die Standardattribute der Tupel verwaltet werden, physisch über die Bucketnummern clustern. Oracle geht dabei so vor, daß für jede Ausprägung des sogenannten *cluster keys* – in unserem Fall also für jede Bucketnummer – ein *cluster block* angelegt wird. Die Größe dieser Blöcke kann man in gewissen Grenzen frei wählen. Können nicht alle zu clusternden Tupel mit der gleichen Ausprägung des *cluster keys* in einem *cluster block* abgelegt werden, so legt Oracle einen verketteten Block an.

Die Abbildung 3.3 veranschaulicht die Ablage der Daten in einem *cluster block*. Dabei ist berücksichtigt, daß Oracle innerhalb eines *cluster blocks* den entsprechenden *cluster key* nur einmal ablegt.

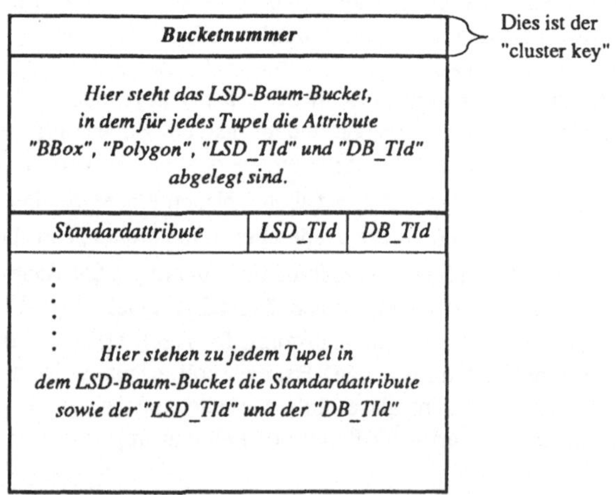

Abbildung 3.3: Aufbau eines Blocks bei physischer Clusterung der Buckets des LSD-Baumes mit den zugehörigen Standardattributen

Ein Bucketsplit, d.h. das Aufteilen eines Buckets bei Überlauf, wird bei dieser Vorgehensweise dadurch realisiert, daß man ein neues LSD-Baum-Bucket mit einer neuen Bucketnummer und entsprechendem Inhalt erzeugt und bei den zugehörigen Standardattributen die Bucketnummer ändert. Der Cluster-

Mechanismus von Oracle bewirkt dann automatisch, daß ein neuer *cluster block* angelegt wird, der das neue LSD-Baum-Bucket und die zugehörigen Standardattribute enthält.

Ein gewisses Problem bereitet die Frage, wann ein Bucket gesplittet werden soll. Splittet man wie bisher, wenn das Bucket des LSD-Baumes überläuft, dann kann der *cluster block*, der dieses Bucket und die zugehörigen Standardattribute enthält, schon vorher übergelaufen sein, was zur Entstehung eines verketteten Blockes führt. Dies ist zwar prinzipiell unproblematisch, beeinträchtigt aber die erwünschte physische Clusterung. Da man nur schwer kontrollieren kann, wann die Einfügung eines weiteren Tupels einen *cluster block* zum Überlaufen bringt (Oracle bietet keine entsprechende Systemfunktion an), erscheint folgende Vorgehensweise sinnvoll:

Man wählt das Verhältnis zwischen der Größe eines LSD-Baum-Buckets und der Größe eines *cluster blocks* so, daß nur in ca. 10 % aller Fälle der *cluster block* vor dem Bucket des LSD-Baumes überläuft, und splittet immer dann, wenn ein LSD-Baum-Bucket überläuft. Damit wird im allgemeinen ein guter Kompromiß zwischen dem benötigten Programmieraufwand, der Speicherplatzauslastung und der Qualität der physischen Clusterung erreicht.

Ein weiterer Aspekt betrifft die Grundlaufzeit, die für jede noch so einfache Datenbankanfrage anfällt – also auch für jede Anfrage nach den Standardattributen eines im LSD-Baum gefundenen Tupels. Zur Reduzierung dieser Grundlaufzeit sollten mehrere Tupelzugriffe zu einer Anfrage zusammengefaßt werden:

```
SELECT <Attributname1>, ...
FROM <Relationenname>
WHERE DB_TId IN (<DB_TId1>, ...)
```

Insgesamt ist die beschriebene zweite Variante wesentlich günstiger zu beurteilen als die erste.

3. Verwaltung der Standardattribute und des Polygons im Datenbanksystem

Bei der dritten Variante wird auch das Polygon vom Datenbanksystem verwaltet. Der LSD-Baum arbeitet hierbei nur noch mit den minimalen umschließenden Rechtecken.

Die Ablage des Polygons im Datenbanksystem kann mit Hilfe eines variabel langen Bytestrings geschehen, dessen Semantik nur dem LSD-Baum bekannt ist. Ein gewisses Problem ergibt sich dabei aus der Tatsache, daß Oracle bei Verwendung des Cluster-Mechanismus nur maximal 240 Byte lange Attribute verwalten kann. Dieses Problem kann aber umgangen werden, indem mehrere Attribute für die Aufnahme des Polygons angelegt werden. Benötigt man dann zur Ablage eines Polygons mehr als 240 Byte, so kann das Polygon auf mehrere dieser Attribute verteilt werden. Aufgrund der variablen Speicherverwaltung von Oracle entsteht durch diese Vorgehensweise kein zusätzlicher Speicherplatzbedarf – nicht belegte Attribute (NULL-Werte) werden von Oracle physisch nicht abgespeichert.

Durch die Verlagerung des Polygons in das Datenbanksystem ergeben sich für den LSD-Baum programmtechnische Vorteile. Nachteilig ist aber, daß jetzt jeder Zugriff auf das Polygon eines Tupels über eine Datenbankanfrage laufen muß. Für eine Bereichsanfrage mit einem polygonalen Anfragebereich können sich daraus Performanceeinbußen ergeben, wie die folgende Überlegung zeigt:

Bei einer Bereichsanfrage mit polygonalem Anfragebereich muß für die Polygone, deren minimales umschließendes Rechteck den Anfragebereich schneidet, ohne vollständig in diesem enthalten zu sein, ein zusätzlicher Test mit dem Polygon selbst durchgeführt werden. Für Polygone, die den Anfragebereich nicht schneiden, wird damit ein zeitintensiver Datenbankzugriff durchgeführt, der bei den beiden ersten Varianten nicht anfällt.

4. Vollständige Verwaltung der Tupel im Datenbanksystem

Bei der vierten Variante werden die Tupel vollständig vom Datenbanksystem verwaltet. Die physische Clusterung der in einem LSD-Baum-Bucket liegenden Tupel wird dabei durch die Clusterung über die Bucketnummer gewährleistet, die bei jedem Tupel als zusätzliches Attribut abgelegt ist.

Ein Bucketzugriff erfolgt bei dieser Variante durch eine Anfrage über die Bucketnummer:

```
SELECT <Attributname1>, ...
FROM <Relationenname>
WHERE Bucketnummer = <Bucketnummer>
```

Dabei wird ausgenutzt, daß Oracle bei geclusterten Relationen automatisch einen B*-Baum als Index über den *cluster key* (in unserem Fall also die Bucketnummer) anlegt.

Die Frage, wann ein Bucket gesplittet werden muß, kann wieder auf verschiedene Weise beantwortet werden. Zum einen kann man die Anzahl der Tupel, die sich maximal in einem Bucket befinden dürfen, so festlegen, daß nur in ca. 10 % aller Fälle verkettete Blöcke angelegt werden müssen. Zum anderen kann man mit einem gewissen Aufwand berechnen, wann Oracle einen verketteten Block anlegen würde, um dann rechtzeitig einen Bucketsplit vorzunehmen, und zum dritten kann man nach einer Einfügung jeweils ermitteln, ob der betroffene *cluster block* übergelaufen ist. Ist dies der Fall, so wird die Einfügung durch ein Rollback rückgängig gemacht und nach einem Bucketsplit wiederholt.

Von den vier beschriebenen Anbindungsvarianten ist die vierte zweifellos die eleganteste. Oracle gewährleistet dabei die Clusterung gemäß der Bucketeinteilung des LSD-Baumes, ohne daß der LSD-Baum mit der Verwaltung der Attribute belastet wird. Da diese Variante neben dem Vorteil der strukturellen Einfachheit auch den geringsten Programmieraufwand erfordert, ist sie in den meisten Anwendungen den anderen Alternativen vorzuziehen. Wir werden daher im weiteren Verlauf der Arbeit stets von dieser Variante ausgehen.

3.2 Architektur des Anbindungsansatzes

Bisher haben wir uns mit dem Aspekt der Datenhaltung des LSD-Baumes mit Hilfe eines RDBMS auseinandergesetzt. In diesem Abschnitt wollen wir nun die Gesamtarchitektur des Ansatzes darstellen. Die Abbildung 3.4 gibt eine Überblick über diese Architektur.

Gemäß dem Ziel, möglichst wenig Eingriffe in das RDBMS vorzunehmen, werden die Moduln des LSD-Baumes als *"Anwendungsprogramm"* implementiert. Auf die im RDBMS abgelegten Daten wird dabei über die Programmschnittstelle des Datenbanksystems zugegriffen.

Alle Anfragen an das System werden von der Integrationsschnittstelle daraufhin untersucht, ob sie nur Standardattribute, nur geometrische Attribute oder beide Attributarten betreffen. In Abhängigkeit von dieser Unterscheidung wird dann die weitere Bearbeitung der Anfrage veranlaßt.

Werden nur Standardattribute berührt, so kann die Anfrage direkt an das Datenbanksystem weitergeleitet werden. Sind in einer Selektionsbedingung nur geometrische Attribute betroffen, so erfolgt die Bearbeitung mit Hilfe des LSD-Baumes und das Datenbanksystem muß lediglich die zu vorgegebenen Bucketnummern gehörenden Tupel bereitstellen. Bei einer gemischten Selektionsbedingung, in der sowohl geometrische Attribute als auch Standardattribute spezifiziert sind, wird zunächst gemäß der geometrischen Bedingung der LSD-Baum durchsucht. Anschließend werden dann für jedes gefundene Bucket die Standardbedingungen durch eine Anfrage an das DBMS überprüft.

Betrachten wir als Beispiel eine Suchanfrage, bei der *alle Städte mit mehr als 50.000 Einwohnern im Umkreis von 150 km um Köln* ermittelt werden sollen, also eine Bereichsanfrage mit einem kreisförmigen Anfragebereich:

```
SELECT Name, Zentrum, Einwohnerzahl
FROM Staedte
WHERE Zentrum IN CIRCLE (Zentrum_von_Koeln, 150)
      AND Einwohnerzahl > 50000
```

Im ersten Schritt wird die geometrische Bedingung *"IN CIRCLE"* an den LSD-Baum übergeben, der die Bereichsanfrage zunächst nur so weit ausführt, daß er anhand des Directory die Nummern der Buckets ermittelt, die Städte enthalten könnten, deren Zentrum weniger als 150 km von Köln entfernt liegt.

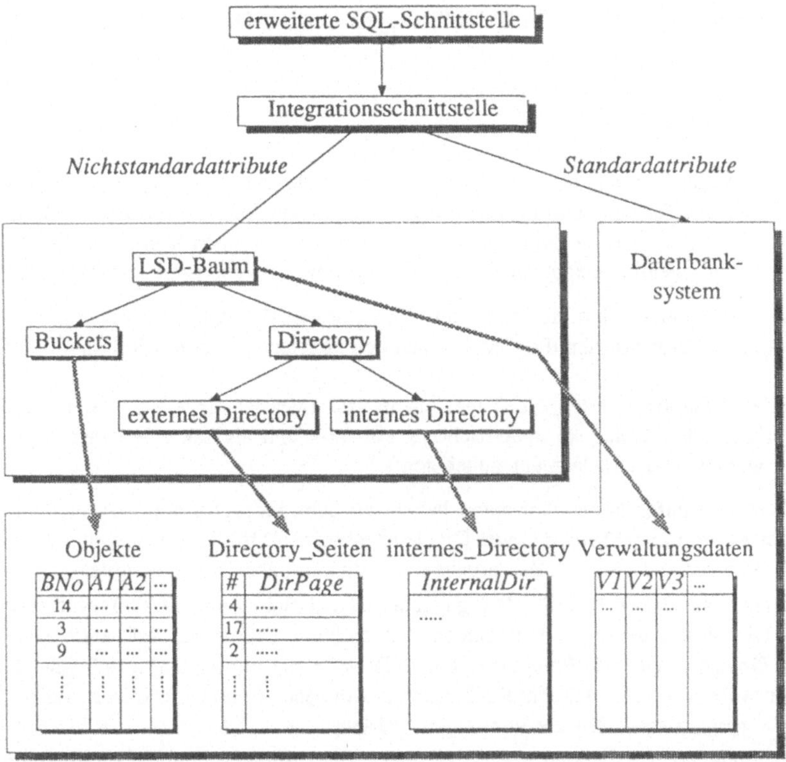

Abbildung 3.4: Gesamtarchitektur der Anbindung einer geometrischen Zugriffsstruktur an ein Standard-Datenbanksystem

Im zweiten Schritt werden dann die Nummern der ermittelten Buckets (hier 5, 10, 3, 54 und 77) als Selektionsbedingung anstelle der geometrischen Bedingung in den Select-Befehl eingefügt, so daß jetzt ein Befehl in SQL-Standardsyntax vorliegt, der an Oracle übergeben wird.

```
SELECT Name, Zentrum, Einwohnerzahl
FROM Staedte
WHERE Bucketnummer IN (5, 10, 3, 54, 77)
    AND Einwohnerzahl > 50000
```

Das von Oracle ermittelte Ergebnis ist jetzt hinsichtlich der Standardbedingung selektiert und bezüglich der geometrischen Bedingung vorselektiert – in den Buckets können sich ja auch Städte befinden, die weiter als 150 km von Köln entfernt sind. In einem dritten Schritt wird dann die endgültige Selektion entsprechend der geometrischen Bedingung durchgeführt und das Ergebnis ausgegeben.

Man beachte, daß es bei Bereichsanfragen mit einer großen Ergebnismenge nicht erforderlich ist, alle Bucketnummern auf einmal zu ermitteln. Statt dessen kann der LSD-Baum z.B. immer 10 Bucketnummern in einem Schritt bestimmen, die dann zunächst weiterverarbeitet werden, bevor die nächsten 10 Bucketnummern bestimmt werden.

Die beschriebene Vorgehensweise stellt natürlich nur eine von mehreren möglichen Vorgehensweisen dar. Sie ist vor allem dann empfehlenswert, wenn die geometrische Bedingung eine hohe Selektivität gewährleistet. Dabei ist auch zu berücksichtigen, daß die Objekte nach räumlichen Gesichtspunkten geclustert sind. Wir wollen aber an dieser Stelle das Problem der Anfrageoptimierung nicht weiter vertiefen.

Auch die Diskussion, ob eine geeignete geometrische Erweiterung von SQL oder eine vollständig neu entwickelte Anfragesprache verwendet werden sollte, ist nicht Gegenstand dieser Arbeit. Ein Beispiel für eine SQL-Erweiterung findet sich in [RFS88] und ein Beispiel für eine vollständige Neuentwicklung in [Güt89].

4. Experimentelle Resultate

Um die Performancevorteile der Kombination aus Oracle und LSD-Baum beurteilen zu können, haben wir verschiedene Versuche durchgeführt, bei denen wir die Ausführungszeit von Bereichsanfragen auf Relationen mit und ohne LSD-Baum gemessen haben. Im einzelnen haben wir drei Relationen mit synthetisch erzeugten zweidimensionalen Rechtecken angelegt, die wie folgt verwaltet wurden:

- In der ersten Relation wurden die Tupel mit Hilfe eines LSD-Baumes verwaltet.
- In der zweiten Relation wurden die Tupel sequentiell abgelegt. Zu dieser Relation wurde kein Index angelegt.
- In der dritten Relation wurden die Tupel ebenfalls sequentiell abgelegt. Hier wurde aber über die Untergrenzen der Rechtecke in X-Richtung ein B*-Baum als Sekundärindex errichtet. (Andere Indexarten werden von Oracle nicht angeboten.)

Zusätzlich zu den aufgeführten Varianten haben wir auch versucht, durch zusätzliche Indexe über weitere Koordinaten den Zugriff mit den von Oracle angebotenen Möglichkeiten weiter zu beschleunigen. Gegenüber der Variante mit einem Index ergaben sich dadurch aber keine Vorteile.

Die Relationen enthielten jeweils den gleichen Datenbestand von 50.000 synthetisch erzeugten Rechtecken. Die Beschränkung auf Rechtecke ist dadurch begründet, daß auch bei komplexeren geometrischen Objekten wie z.B. Polygonen sinnvollerweise die minimalen umschließenden Rechtecke als Schlüssel verwendet werden. Die mit Rechtecken gewonnenen Ergebnisse können daher ohne weiteres auf komplexere geometrische Objekte übertragen werden.

Die Mittelpunkte der betrachteten Rechtecke waren unter Berücksichtigung ihrer Kantenlängen über dem Datenraum gleichverteilt. Die Kantenlängen wurden so gewählt, daß ihre Standardabweichung der halben durchschnittlichen Kantenlänge entsprach und sich eine durchschnittliche Überlappung des Datenraumes durch die Rechtecke von 2,5 ergab.

Die Repräsentation der Rechtecke erfolgte über die Unter- und Obergrenzen in den einzelnen Dimensionen. Als weiteres Attribut enthielt jede Relation für jedes Rechteck einen Bezeichner, der insgesamt 8 Byte umfaßte und bei den unten aufgeführten Messungen jeweils mit selektiert wurde.

Durchgeführt wurden die Versuche auf einer Sun 3/50, die verwendete Oracle Version war 5.1.22.

In Bezug auf Speicherblockgröße, Puffergröße und andere Oracle-Parameter wurden die Defaultwerte belassen. Die Größe eines Oracle-Blocks betrug somit 2048 Byte. Unter Berücksichtigung des Headers für den physischen und den logischen Block belief sich die Bucketgröße auf 2048 − 44 − 32 = 1972 Byte. Die Länge eines Tupels betrug bei der Variante mit LSD-Baum 43 Byte (einschließlich Overhead); die maximale Anzahl der Tupel pro Bucket (= Oracle-Block) wurde auf 35 festgesetzt. Hierdurch ergab sich eine Gesamtzahl von 2499 Buckets bei einer Bucketauslastung von 57,2 %. Bei den Relationen ohne LSD-Baum betrug die Länge eines Tupels 64 Byte (einschließlich Overhead); die maximale Anzahl der Tupel pro Oracle-Block lag somit bei 24, so daß insgesamt 2084 Blöcke benötigt wurden. Die Unterschiede in der Tupellänge ergeben sich dadurch, daß die Rechteckgrenzen bei der Relation mit LSD-Baum in einem Bytestring abgelegt wurden, dessen Semantik nur der LSD-Baum kannte. Bei den anderen Relationen mußte die speicherplatzaufwendigere Oracle-Zahlendarstellung verwendet werden, um Suchanfragen über diesen Attributwerten formulieren zu können. Der Vollständigkeit halber sei erwähnt, daß pro Block in allen Relationen ein gewisser Platz für spätere Update-Operationen freigehalten wurde.

Durch die Orientierung an den Defaultwerten von Oracle ergibt sich noch ein weites Feld für Tuningmaßnahmen. So kann z.B. die Blockgröße bis auf 8 KB erhöht werden. Ebenso ist es möglich, den Plattenspeicher direkt von Oracle verwalten zu lassen, anstatt die Daten über das Betriebssystem in Unix Files ablegen zu lassen.

Auch auf seiten des LSD-Baumes sind weitere Verbesserungen möglich, da es sich hierbei lediglich um einen in keiner Weise optimierten Prototyp handelt. Derartige Optimierungen waren aber nicht unser Ziel, da es uns zunächst weniger um absolute Zeiten, sondern um die Ermittlung des grundsätzlichen Potentials einer Verbindung von geometrischem Index und Oracle ging. Daher wurde auch die Anzahl der Knoten im internen Directory auf 1000 ($\approx$ 28 KB) beschränkt, um die Anlage externer Directoryseiten (insgesamt 75) zu erzwingen.

Messungen wurden sowohl für Objektschnitt- als auch für Objekteinschlußanfragen durchgeführt. Bei den Objektschnittanfragen wurden alle Rechtecke gesucht, die den vorgegebenen Anfragebereich schneiden, und bei den Objekteinschlußanfragen wurden alle Rechtecke gesucht, die im vorgegebenen Anfragebereich enthalten sind. Die Größe der Anfragebereiche wurde dabei derart verändert, daß die Anzahl der gefundenen Objekte zwischen 1 und ca. 2000 variierte. Die Anfragebereiche wurden jeweils an drei verschiedenen Stellen des Datenraumes positioniert. Die verschiedenen Lagearten verdeutlicht Abbildung 4.1. Diese Vorgehensweise wurde gewählt, weil die Performance – wie die untenstehenden Meßergebnisse zeigen werden – stark von der jeweiligen Lage des Anfragebereichs abhängt. Wir werden bei der Diskussion der Meßergebnisse hierauf noch genauer eingehen.

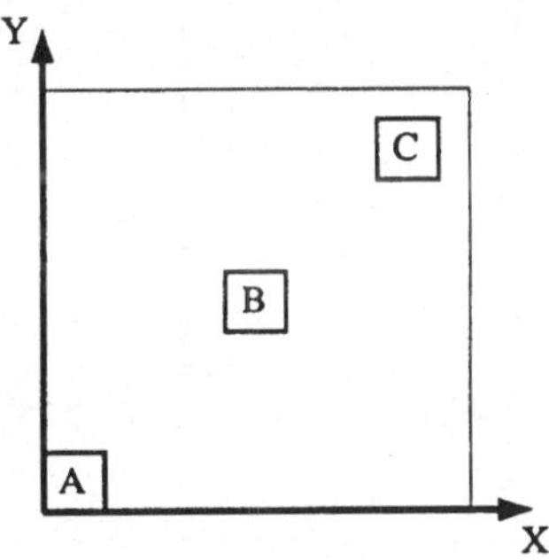

Abbildung 4.1: Lagearten der Anfragebereiche

Für die Relationen ohne LSD-Baum erfolgte die Objekteinschlußanfrage mit Hilfe des folgenden SQL-Befehls. Das Between-Prädikat für die Untergrenzen in X-Richtung wurde verwendet, um Oracle die Möglichkeit zu geben, den Index sinnvoll einzusetzen.

```
SELECT <Attributname1>, ...
FROM <Relationenname>
WHERE (Objekt_X1 BETWEEN Anfrage_X1 AND Anfrage_X2)
      AND (Objekt_X2 <= Anfrage_X2)
      AND (Objekt_Y1 >= Anfrage_Y1)
      AND (Objekt_Y2 <= Anfrage_Y2)
```

Für die Objektschnittanfragen wurde die maximale Ausdehnung der Objekte in X-Richtung mit zur Eingrenzung der Untergrenzen verwendet. Der entsprechende Befehl für eine Objektschnittanfrage lautet dann:

```
SELECT <Attributname1>, ...
FROM <Relationenname>
WHERE (Objekt_X1 BETWEEN Anfrage_X1 - Emax_X AND Anfrage_X2)
      AND (Objekt_X2 >= Anfrage_X1)
      AND (Objekt_Y1 <= Anfrage_Y2)
      AND (Objekt_Y2 >= Anfrage_Y1)
```

Diese Eingrenzung ist aus dem folgenden Grund notwendig: Wenn für die Untergrenze in X-Richtung ein Index besteht, wird dieser Index von Oracle in jedem Fall angewendet. Oracle greift somit bei einer Selektionsbedingung bezüglich dieser Untergrenze auf jedes Tupel, das diese Bedingung erfüllt, über den Index zu. Dies kann aber bei Bedingungen mit einer geringen Selektivität wesentlich länger als ein sequentielles Durchsuchen der Relation dauern, weil bei einem Zugriff über den Index ggf. mehrfach auf den gleichen Block zugegriffen wird. Bei einer Selektionsbedingung 'Objekt_X1 <= Anfrage_X2', die in dem SQL-Befehl für die Objektschnittanfrage bei einem Verzicht auf die Between-Konstruktion verwendet werden müßte, stellt der selektierte Bereich des Datenraums in X-Richtung aber ein halboffenes Intervall dar, dessen Größe sehr stark von der Lage des Anfragebereichs abhängt. Bei einer extrem ungünstigen Lage des Anfragebereichs direkt an der oberen Grenze des Datenraumes in X-Richtung würde also über den Index auf fast alle Tupel der Relation zugegriffen – mit entsprechenden Auswirkungen für die Performance. Durch die Verwendung der maximalen Ausdehnung eines Objektes in X-Richtung (Emax_X) in der oben angegebenen Form ist dagegen gewährleistet, daß der selektierte Bereich nicht größer als die Ausdehnung des Anfragebeiches in X-Richtung plus Emax_X werden kann. (Der Wert von Emax_X betrug bei unseren Messungen 3,2 % der Ausdehnung des Datenraumes.) Die Abbildung 4.2 verdeutlicht die Wirkung von Emax_X.

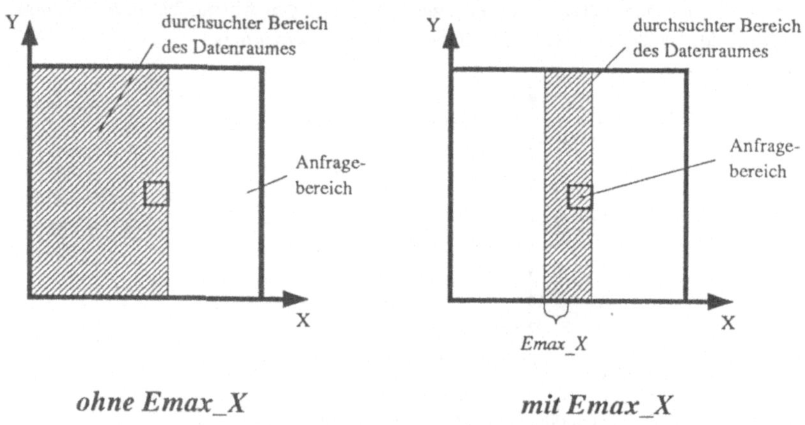

Abbildung 4.2: Anhand des Indexes selektierter Bereich des Datenraumes ohne und mit Berücksichtigung von Emax_X bei einer Objektschnittanfrage

Die Tabellen 4.1 und 4.2 zeigen die ermittelten Laufzeiten.

Betrachten wir zunächst die Auswirkungen der Lage des Anfragebereichs auf die Performance. Wie zu erwarten war, zeigt sich der Einfluß der Lage des Anfragebereichs insbesondere bei Objektschnittanfragen auf der Relation mit Index. Denn bei einer Lage des Anfragebereichs direkt an der unteren Grenze des Datenraumes ist der über den Index selektierte Bereich um Emax_X kleiner als bei einer Lage, die hinreichend weit von dieser unteren Grenze entfernt ist (vgl. Abbildung 4.2). Dieser Unterschied ist relativ gesehen natürlich umso bedeutsamer, je kleiner der Anfragebereich ist, weil in diesem Fall Emax_X ein Mehrfaches der Ausdehnung des Anfragebereichs in X-Richtung umfaßt.

Aber auch bei der Relation mit LSD-Baum zeigen sich deutliche Unterschiede. Die Ursache hierfür liegt darin, daß bei einer Anfrage nur diejenigen Buckets tupelweise untersucht werden, deren Bucketregionen einen Schnitt mit dem Anfragebereich besitzen. Bei einer Lage des Anfragebereichs in der linken unteren Ecke des Datenraumes ist die Anzahl der Buckets, die den Anfragebereich schneiden können, aber von vornherein deutlich eingeschränkt. Dies ist eine Folge des Transformationsansatzes, die aber bei neueren Varianten des LSD-Baumes überwunden ist.

Betrachten wir nun die Performance der gleichen Anfrage auf den verschiedenen Relationen, so wird zunächst deutlich, daß der Indexmechanismus von Oracle nur bei Anfragen mit sehr kleinem Anfragebereich zu Performanceverbesserungen gegenüber einem Scan führt, weil bei dem Umweg über Tupelidentifikatoren – wie bereits oben erwähnt – Oracle-Blöcke, die mehrere Tupel der Ergebnismenge enthalten, u.U. auch mehrfach gelesen werden müssen. Dagegen führt der LSD-Baum in jedem Fall,

Anzahl der gefundenen Objekte (von 50.000)	Lage des Anfragebereichs	Zeitdauer mit LSD-Baum [Sek.]	Zeitdauer ohne LSD-Baum und ohne Oracle-Index [Sek.]	Zeitdauer ohne LSD-Baum aber mit Oracle-Index [Sek.]
ca. 1 gefundenes Objekt				
1	A	1.98	71.20	18.08
2	B	3.52	71.54	19.14
1	C	7.30	78.98	20.68
ca. 10 gefundene Objekte				
12	A	3.52	73.00	34.92
10	B	3.72	72.64	37.68
11	C	7.46	75.32	38.02
ca. 50 gefundene Objekte				
46	A	5.06	70.72	73.64
53	B	7.84	74.36	77.48
56	C	8.68	78.22	76.58
ca. 100 gefundene Objekte				
99	A	11.00	77.54	93.24
103	B	11.04	76.98	108.64
105	C	18.66	81.32	101.20
ca. 500 gefundene Objekte				
520	A	30.96	100.92	217.56
498	B	39.10	111.28	221.54
507	C	34.72	98.54	221.00
ca. 2000 gefundene Objekte				
2080	A	80.66	167.34	463.88
2105	B	116.60	170.07	475.32
1965	C	98.14	165.03	446.38

Tabelle 4.1: Zeitbedarf bei Objekteinschlußanfragen

sowohl gegenüber der Variante ohne Standardindex als auch gegenüber der Variante mit Index, zu erheblichen Performancevorteilen. Gegenüber der Relation ohne Index nimmt dieser Vorteil naturgemäß bei größeren Anfragebereichen ab, ist aber auch bei einer Selektion von ca. 4 % des Datenbestandes noch beachtlich (ca. 100 Sek. gegenüber ca. 170 Sek.).

Abschließend noch einige kurze Anmerkungen zur Performance bei Einfügungen. Hierzu wurden keine gesonderten Meßreihen durchgeführt, für eine ungefähre Einschätzung seien aber die Zeiten wiedergegeben, die zur Anlage der einzelnen Relationen benötigt wurden. Das Einfügen der 50.000 Rechtecke (plus ihrer 'Bezeichner') dauerte bei der Relation ohne jeden Index ca. 45 Minuten. Das Anlegen des zusätzlichen Oracle-Indexes benötigte ca. 5 Minuten. Bei der Relation mit LSD-Baum dauerten die Einfügungen dagegen ca. 4 Std. Dieser Wert ist zwar nahezu um den Faktor 5 schlechter, die durchschnittliche Zeit pro Einfügung von 0,3 Sek. dürfte aber für interaktive Anwendungen noch ausreichend sein. Abgesehen davon könnte für das Einlesen großer Datenbestände ein eigenes Tool bereitgestellt werden, wie dies auch sonst bei Datenbanken üblich ist.

Anzahl der gefundenen Objekte (von 50.000)	Lage des Anfragebereichs	Zeitdauer mit LSD-Baum [Sek.]	Zeitdauer ohne LSD-Baum und ohne Oracle-Index [Sek.]	Zeitdauer ohne LSD-Baum aber mit Oracle-Index [Sek.]
ca. 2 gefundene Objekte				
1	A	1.24	76.38	7.42
2	B	3.04	75.56	59.02
2	C	6.48	72.24	56.84
ca. 10 gefundene Objekte				
9	A	2.04	75.54	19.36
11	B	3.14	75.80	67.20
11	C	6.54	69.04	77.98
ca. 50 gefundene Objekte				
51	A	3.34	79.32	53.94
50	B	7.60	74.90	97.78
51	C	7.68	71.46	94.36
ca. 100 gefundene Objekte				
107	A	9.00	81.78	94.64
104	B	9.32	77.92	133.90
102	C	8.74	76.38	136.00
ca. 500 gefundene Objekte				
487	A	36.26	101.52	197.90
527	B	43.62	103.02	264.70
495	C	40.78	93.74	243.66
ca. 2000 gefundene Objekte				
2019	A	94.46	173.76	445.00
1972	B	102.32	168.98	507.54
1971	C	103.26	173.02	504.48

Tabelle 4.2: Zeitbedarf für Objektschnittanfragen

5. Zusammenfassung

Am Beispiel der Kombination aus Oracle und LSD-Baum haben wir gezeigt, daß die nachträgliche Anbindung einer räumlich clusternden Zugriffsstruktur an ein relationales Datenbanksystem so vorgenommen werden kann, daß erhebliche Performanceverbesserungen bei geometrischen Anfragen erzielt werden, ohne daß Eingriffe in das Datenbanksystem selbst nötig sind. Insbesondere bleiben die Verwaltung der Standardattribute sowie die Datenbankschnittstelle für Standardoperationen unverändert. Darüber hinaus werden die Daten der Zugriffsstruktur vollständig durch das RDBMS verwaltet, so daß die Eigenschaften des RDBMS hinsichtlich Recovery, Rollback, Multi-User-Fähigkeit usw. auf die Daten der Zugriffsstruktur übertragen werden.

Der Anbindungsansatz ist dabei so allgemein gehalten, daß alle Operationen, die durch räumlich clusternde Zugriffsstrukturen unterstützt werden, leicht realisiert werden können. Zu diesen Operationen gehören beispielsweise:

- Bereichsanfragen mit beliebigen Anfragebereichen,
- die Bestimmung des nächsten Objektes zu einem vorgegebenen Punkt und
- das Durchlaufen der Objektmenge in der Reihenfolge zunehmender Enfernung von einem vorgegebenen Punkt.

Andererseits ist der Anbindungsansatz aber auch so unabhängig von den konkreten Ausprägungen der Zugriffsstruktur und des RDBMS, daß für andere Zugriffsstrukturen und RDBMS ähnliche Ergebnisse erwartet werden können.

Literaturverzeichnis

[AbS83] Abel, D.J., Smith, J.L.: 'A Data Structure and Algorithm Based on a Linear Key for a Rectangle Retrieval Problem', Computer Vision, Graphics, and Image Processing, Vol. 24, 1-13, 1983

[AbS84] Abel, D.J., Smith, J.L.: 'A Data Structure and Query Algorithm for a Database of Areal Entities', Australian Computer Journal, Vol. 16, No. 4, 147-154, 1984

[Abe88] Abel, D.J.: 'Relational Data Management Facilities for Spatial Information Systems', Proc. of the 3rd Int. Symposium on Spatial Data Handling, 9-18, 1988

[App85] Appelrath, H.-J.: 'GEO - Konzept eines applikationsneutralen geographischen DB-Systems und seine Implementierung als INGRES-Frontend', in: Blaser, A., Pistor, P. (Hrsg.), Tagungsband Datenbank-Systeme für Büro, Technik und Wissenschaft (GI-Fachtagung, Karlsruhe, März 1985), Informatik Fachbericht Nr. 94, Springer Verlag, 476-486, 1985

[Ben75] Bentley, J.L.: 'Multidimensional Binary Search Trees Used for Associative Searching', Communications of the ACM, Vol. 18, No. 9, 509-517, 1975

[BeS77] Berman, R.R., Stonebraker, M.: 'GEO-QUEL: A System for the Manipulation and Display of Geographic Data', Computer Graphics, Vol. 11, 186-191, 1977

[Güt89] Güting, R.H.: 'Gral: An Extensible Relational Database System for Geometric Applications', Proc. 15th Int. Conf. on VLDB, 33-44, 1989

[GuS82] Guttman, A., Stonebraker, M.: 'Using a Relational Database Management System for Computer Aided Design Data', IEEE Database Engineering, Vol. 5, No. 2, 155-162, 1982

[HSW89] Henrich, A., Six, H.-W., Widmayer, P.: 'The LSD tree: spatial access to multidimensional point and non-point objects', Proc. 15th Int. Conf. on VLDB, 45-53, 1989

[HSW90] Henrich, A., Six, H.-W., Widmayer, P.: 'Paging binary trees with external balancing', Proc. 15th Int. Conf. on Graph-Theoretic Concepts in Computer Science (WG '89), 260-276, 1990

[Hen90] Henrich, A.: 'Der LSD-Baum: eine mehrdimensionale Zugriffsstruktur und ihre Einsatzmöglichkeiten in Datenbanksystemen', eingereichte Dissertation, FernUniversität Hagen, Fachbereich Mathematik und Informatik, 1990

[Hin85] Hinrichs, K.: 'The grid file system: implementation and case studies of applications', Dissertation Nr. 7734, ETH Zürich, 1985

[RFS88] Roussopoulos, N., Faloutsos, C., Sellis, T.: 'An Efficient Pictoral Database System for PSQL', IEEE Transactions on Software Engineering, Vol. 14, No. 5, 639-650, 1988

[SPSW90] Scheck, H.-J., Paul, H.-B., Scholl, M.H., Weikum, G.: 'The DASDBS Project: Objectives, Experiences and Future Prospects', IEEE Transactions on Knowledge and Data Engineering, Vol. 2, No. 1, 25-43, 1990

[SK88] Seeger, B., Kriegel, H.-P.: 'Techniques for Design and Implementation of Efficient Spatial Access Methods', Proc. 14th Int. Conf. on VLDB, 360-371, 1988

[WaH86] Waugh, T.C., Healey, R.G.: 'The GEOVIEW design: a relational database approach to geographical data handling', Proc. of the 2nd Int. Symposium on Spatial Data Handling, 193-212, 1986

Principles of Object-Oriented Query Languages

Andreas Heuer*   Marc H. Scholl[†]

TU Clausthal   ETH Zürich

Abstract

We survey the fundamental problems of designing general purpose, descriptive query languages for object-oriented database systems. Structural aspects of object models are investigated and their implications on the query language capabilities are analyzed and summarized as requirements that should be met by a 'good' object-oriented query language. The type system of an OODB model has to distinguish atomic types (such as basic data types — numbers, strings, ... — or abstract object types) and constructed types (such as sets and tuples). Each of the type constructors should be supported by an adequate set of generic access and manipulation operators. The query language should allow *orthogonal* combination of operators according to the nesting structure of type constructors, the model should be *closed* against its operators, and the language should be *adequate*. The latter criterion ensures, for instance, that queries can be expressed that return objects instead of just data about objects ("object preservation"). Several recent proposals for query languages are evaluated against these criteria.

1   Introduction

Currently, object-oriented database systems (OODBMSs) and object-oriented data models (OODMs) are among the most prominent research areas in the database field. Several attempts have been made to help clarify the notion and to establish a common understanding of terms and concepts [18,5,29,43]. While these papers are written in a rather political style, [10] tries to get some of the basic concepts sorted out. The underlying assumption there is that object-oriented data models should build on the same mathematical foundation (viz., first-order logic) that proved useful in classical data models. Also, as much of the (relational) database theory as possible should carry over to the new models. In [33] it was claimed that object-oriented data models are a contradiction per se, since "data model" means a generic model based on a *few fixed base types* and object-orientedness means an extensible, highly tailorable (behavioral) model. We believe that object-oriented data models in fact have to provide a combination of the generic type system of classical data models, extensibility, and abstract types with type-specific operations (encapsulation, behavioral aspects). In this paper, we analyze the requirements for object-oriented *query languages* resulting from such a combination.

Object-oriented query languages (OOQLs) are often considered nice "add-ons" for adhoc user interfaces, since OODBMSs typically provide a close coupling with, or even a full integration within, some object-oriented programming language (OOPL) to overcome the impedance mismatch. Therefore, users can program their applications in one uniform language, without the need to learn and switch to another one when accessing or manipulating persistent objects. However, since typical OOPLs provide navigational rather than descriptive access to objects, optimizability of operations on database objects is lost in such an approach. To enable a reasonable spectrum for optimization of database operations, they have to be expressed in a set-oriented, descriptive language. Furthermore, an OODBMS that is supposed to optimize queries needs to have the query language as an *integral*

---

*Inst. für Informatik, TU Clausthal, Erzstr. 1, W-3392 Clausthal-Zellerfeld, Germany, E-mail: inah@dcztu1.bitnet

[†]ETH Zürich, Dep. of Computer Science, ETH Zentrum, CH-8092 Zürich, Switzerland, E-mail: scholl@inf.ethz.ch

part of its model in order to "understand" its semantics. Most current OOQLs are rather adhoc also in terms of having hardly any sound basis as far as design issues or underlying theory goes.

In this paper we try to develop a number of criteria for "good" object-oriented query languages. As our basis for the discussion we use the terminology introduced in [10], which is close to the ones used in [20,22,40,39]. Besides type-specific operators (methods), an OODM should have a set of *generic* operators attached to the structuring primitives (type constructors). It is crucial that these are an integral part of the model. The most important properties of the language w.r.t. such generic operators are: descriptiveness, closure, orthogonality, and adequacy (completeness vs. tractability). Particularly noticable is the ability to return classes (i.e., sets of objects) as the result of queries. Several recent languages fall short on this, since they always return relations (i.e., set of data values) as the result of queries. For several reasons, updatability of views being one of them, we argue that making relations a part of the model, while being a trick to establish the closure property, is insufficient to achieve an *adequate* expressive power. Other proposals do return objects by queries, but *new* ones. These languages introduce semantic problems, such as equivalence of query expressions, and implementation overhead for massively generating new objects (or OIDs). What is needed is an *object-preserving* semantics of query language operators. We discuss several proposals for object-oriented query languages and analyze their conformance with our criteria. Interestingly, languages following different paradigms, such as algebraic, SQL-style, and rule-based, share ways of how to attack these problems.

The paper is organized as follows: Section 2 clarifies our underlying terminology and assumptions about object-oriented data models, Section 3 introduces the requirements for OOQLs and analyzes the problems that have to be attacked. In Section 4 we discuss several proposals for OOQLs following the SQL, the algebraic and rule-based language paradigms. Finally, we conclude with a summary and prospects on future work in Section 5.

2 Object-Oriented Data Models

In this section we sketch our approach to object oriented data models. We first briefly review the relevant foundations of the relational data model and then extend them towards object models. In both cases, we emphasize the importance of considering *structural* as well as *operational* aspects.

For the definition of the structures supported by a data model, we take a programming language oriented point of view in this paper: we analyze the primitive or *base types* and the *type constructors* available in the model.

2.1 Principles of the Relational Data Model

2.1.1 Structures

The relational model allows the definition of a single kind of data structure, the relation: Given a (usually very limited) number of base types ("domains"), we can construct new types by only one type constructor, **relation** (i.e., set-of-tuple). This is a well-understood mathematical notion that needs little further explanation. The distinction between the *type* level (intension or schema of the relation) and the *instance* level (its extension or current set of tuples in the database) is important, but usually rather implicit.

A relational schema is denoted by, e.g., *Person(name, addr,...)*, where *name* and *addr* are attributes (names for the tuple components), the domains associated with the attributes are left out when understood or unimportant. The schema together with an extension is displayed as a table where rows represent tuples and columns attributes.

2.1.2 Operations

The major strong-point of the relational model is certainly its simplicity that also led to simple, yet powerful, descriptive and set-oriented query languages. Descriptiveness means to specify what, but not how, to operate on the input. Set-orientation means that the input to an operator is a *set* of tuples, such that the DBMS can decide on the order of application of the operator to the individual tuples. Equivalence rules further enlarge this basic potential for query optimization by allowing to reorder operators. Notice that the set-oriented flavor of relational languages essentially stems from the fact that all constructed types in the relational model are *sets*, namely relations, such that all operands of query operators are necessarily sets.

An important principle is the closure of the model against the operators of the language, that is, the result of every operator again is a relation. Therefore, complex query expressions can be constructed by composing the basic operators. For instance, with the five basic independent operations of the relational algebra, we obtain "relationally" complete expressive power [14]. Besides three standard set operators (union, difference, and product), we need only two special relational operators, selection (to identify a subset of tuples based on a predicate on their attribute values) and projection (to eliminate tuple components that are not relevant), to achieve this expressiveness.

2.2 Principles of Object-Oriented Models

Many authors tried to collect the requirements for object-oriented data models or database systems, for instance [5,6,43,29]. There is a varying degree of consensus on the requirements that we are going to discuss in the sequel. We follow [10] because there we found an attempt to clarify the underlying formal principles using fairly standard logic terms, and because there operations, especially ("adhoc") query language operations, are considered an integral part of the model. We describe object model principles in two stages: first the structural, then the operational aspects. Due to space limitations, "higher-order" aspects such as methods, inheritance of methods, and overriding, are not considered here.

2.2.1 Structures

For the structural part of a data model to be called object-oriented, we need (1) more flexibility in the type system, especially in the application of type constructors, and (2) the inclusion of abstract objects with an inheritance mechanism. This covers the following issues: Complex Objects, Object Identity, Classes, and Class and Type Hierarchies.

Complex Objects. By "Complex Objects" in the sense of [3] we mean data structures that are constructed from primitive types by repeated application of type constructors , **tuple** and **set**. Complex objects are *data* in the sense of [10]. Therefore, others have called them Complex Values [29]. We use the term Complex Objects because we do not restrict the components to be data (values). A special case are nested relations [38], where these two always occur in a pair "set-of-tuple". Object-oriented models are supposed to provide a similar, or even broader, flexibility: The set of base types as well as the set of type constructors should be extensible. That is, particular applications should be able to extend the type system in such a way that no differences between the "core" types and the extensions are visible in the query language. Therefore, a "core" object model could concentrate on a few basic concepts. In order to come up with a set-oriented query language we need the **set** constructor in the core of an object model, we also included **tuple** in this paper, even though we could leave it out in the first place [39].

The crucial issue in extensibility, as well as in a clean (orthogonal, see below) design of the query language, is that all type constructors come along with their specific operators, such as constructors, accessors, or *descriptive iterators*: For example, the **set** constructor includes an operator that applies

another operation (defined on the element type) to all elements of a given set (this could be called
"apply-to-all", or "select" and "project" in the relational case). The **tuple** constructor needs to
include operators for concatenation and component selection, for example.

Objects vs. Data, Object Identity. In order to allow sharing of constructed data, we need
some system enforced means of referring to objects. Two basic approaches towards this goal can be
distinguished: the one is to provide explicit, system generated identifiers (surrogates or Object IDs,
OIDs) as additional components of data structures (see [4] for a formal model taking this approach).
This corresponds to the pointer type in standard programming languages and leads to some additional
operations for pointer manipulation, such as dereferencing.[1] The second alternative is to hide explicit
identifiers from the model by introducing *abstract objects*. This way, the objects themselves may occur
in many places without introducing replication since all data (or objects) are associated with them
via *functions* (cf. ADTs). Such models can be characterized as "Object-Function-Models" [45].

In this paper, we follow [10,20,39] in the second alternative. Consequently, we distingush concrete
types from abstract types. In the terminology of [10], concrete types are *data* types whereas abstract
types are *object* types. The difference is that data items carry their own meaning, that is, they have
a general, application independent interpretation. Examples for data types are numbers, strings,
sets, and tuples. Notice that the latter two are constructed types. In general, all constructed types
are *data* types. Furthermore, data items carry nothing but their own, implicit meaning, that is,
we cannot attach descriptive information to data items. Objects, on the other hand, obtain their
meaning only by association with other objects (and ultimately data items) in the database. In
our model, all these associations are expressed as functions. Typical examples of object types are
Persons, Businesses, or *Vehicles.* The database objects representing these are *abstractions,* that is,
their semantics depends on the context.

In summing up, we have three kinds of types in the object model: base types (*atomic, data*),
constructed types (*non-atomic, data*), and abstract types (*atomic, objects*).

Classes. Since we have abstract object types and the **set** constructor, we can build (typed) collections of objects. If we want to attach further information to such collections, for example in order
to constrain them, we have to "objectify" the collection. This is the *class* concept of object-oriented
systems. A class is an abstract object representing a (typed) set, called its *extension.* The elements
of that set are called the *members* of the class, the type of that set is called the *member type* of the
class. Notice the difference between a set of objects and a class: The former is a (constructed) data
item, or value, the latter is an abstract object.

Class and Type Hierarchies, Inheritance. Two inheritance mechanisms are usually found in
object-oriented systems that are often considered the same: a type hierarchy (semi-lattice) that
supports structural inheritance (reusability of type definitions), and a class hierarchy that supports
the subset constraint among the corresponding extents. Usually the two hierarchies are closely related
or even isomorphic: the member type of a subclass is typically a subtype of the member type of the
superclass. We will, however, give examples showing that the contrary can also be true: a subclass
may have a member type which is a supertype of the member type of the superclass!

The *subtype* relationship ($\preceq$) between a supertype T_1 and a subtype T_2 means that all functions
defined on T_1 are also defined on T_2. Or, expressed differently, each instance t of T_2 is a valid
argument to all functions that expect instances of T_1 ("Substitutability"). Typically, the subtype
will have additional functions defined (and/or further restrict some inherited functions, this is the
"overriding" principle).

---

[1]Dereferencing could be done explicitly by an operator, like in HDBL [35], MQL [34], and EXCESS [12], or implicitly
upon mentioning the name of the pointer, like in SQL/W [31].

The *subclass* relationship between superclass C_1 and subclass C_2 is the standard subset relationship ($\subseteq$) between the extents of the classes. That is, each member of the subclass has to be a member of the superclass too.

If the two notions are parallel, that is, the member type of the subclass is a subtype of that of the superclass, then we could say that the "**is_a**" relationship holds between the two classes. Notice that, due to the hierarchies, objects may be members of multiple classes, as well as instances of multiple types.

2.3   Running Example

In this section we present the schema and a sample collection of instances for the example object database we are going to use throughout the discussion of query language issues. The database contains information about companies, their employees and customers. Employees and customers are both specializations of the more general type of persons. Figure 1 shows an example instantiation for the classes defined by the following statements of an "object definition language". We used a (nested) tabular form to visualize instances and added an "OID" column for explanatory purposes. The interpretation of this "relational" visualization of instances is the following (for the first line in the *Company* "table"): there is an instance of the abstract type *Company*, let us call it c_1. The *name* function applied to c_1 returns the string "Bestbuy Inc."; the *addr* function returns "CLZ"; applying the function *budget* yields "1.000 K" as result; *staff* returns a set of 3 abstract objects of type *employee*, let us call them p_1, p_3, and p_5; *orders* returns a set of two 3-tuples. Each of these has two integer components and one *customer* component. Notice that none of these function values are "part of" or "components of" that company c_1 in any sense. The company object is associated to these data items or object by means of the functions whose values are listed in a tabular form!

Most of the function names are self-evident, for *Customer*, *deladdr* means delivery address for the orders. In the *orders* relation (set of tuples) associated to a *Company*, *cno* is a company-specific customer number.

```
type Company =    name        : string,
                  addr        : string,
                  budget      : int,
                  staff       : SET OF Employee,
                  orders      : SET OF TUPLE(
                                    cno         : int,
                                    balance     : int,
                                    cust        : Customer )
                  subtype of Object;


type Person =     name        : string,
                  address     : string,
                  children    : SET OF Person
                  subtype of Object;


type Employee =   eno         : int,
                  sal         : int,
                  employer    : Company
                  subtype of Person;


type Customer =   deladdr     : string,
                  limit       : int
                  subtype of Person;
```

Company	name	addr	budget	staff	orders
c_1	Bestbuy Inc.	CLZ	1.000K	$\{p_1, p_3, p_5\}$	$\{< 0815, -500, p_2 >,$ $< 0007, -1000, p_5 >\}$
c_2	Money saver AG	ZH	100.000K	$\{p_2, p_6\}$	$\{< 109, 1000, p_5 >,$ $< 573, -300, p_4 >,$ $< 999, -460, p_6 >\}$

Person	name	address	children
p_1	Hacker	CLZ	$\{p_4\}$
p_2	Smith	ZH	$\{p_1\}$
p_3	Maier	HH	$\{\}$
p_4	Jones	HH	$\{p_3, p_6\}$
p_5	Bond	LON	$\{\}$
p_6	Rüti	SH	$\{\}$
p_7	Rüti	SH	$\{\}$

Employee	eno	sal	employer
p_1	3712	50K	c_1
p_2	1109	90K	c_2
p_3	8008	60K	c_1
p_5	007	200K	c_1
p_6	1105	80K	c_2

Customer	deladdr	limit
p_2	ZH	5000
p_4	HH	8000
p_5	LA	∞
p_6	SH	4000

Figure 1: Instances for the running example scheme

class *Person* :	*Person*	**subclass of** *Object*;
class *Employee* :	*Employee*	**subclass of** *Person*;
class *Customer* :	*Customer*	**subclass of** *Person*;
class *Company* :	*Company*	**subclass of** *Object*;

3　Requirements for Query Language Operators

In this section, we discuss the implications of the more powerful structuring capabilities on the operations of the query language. The principal requirement we are faced with is that we have to support *generic operators* in addition to type-specific operators defined for the application-specific object types. Generic operators are those operators that come with the type constructors, such as sets, tuples, arrays, lists, and so on. As these constructors are application-independent, the DBMS 'knows' their semantics and can thus apply optimization strategies. Particularly important is, of course, to provide set-oriented operations. Similarly, we have to provide adequate operators dealing with the other structural aspects of the model, such as type and class hierarchies. For instance, objects may dynamically gain and loose class membership as well as types, we may need type checking predicates, and we might want to distinguish between (value) equality and (object) identity.

Since there is no fixed (standard) list of requirements, we give an extension of the points mentioned in [5] which was discussed in [19]. Our discussion is on the level of a formal base language (such as an algebra) not on a high-level user language (such as SQL). The examples we present are expressed in the object algebras of the OSCAR system [20] and the COCOON model [39].

3.1　Requirements

Descriptiveness. A query language should provide a collection of descriptive, set-of-objects-at-a-time operators instead of navigational, one-object-at-a-time constructs often used in object-oriented programming languages. A good example is the relational algebra for the relational model serving as a basis for higher-level languages such as SQL.

Closure. The result of a query is representable in the database model. It is not sufficient to represent it as a "table on a screen" or some other construct not used in the model itself, such as a picture. The relational model, for instance, is closed against the relational algebra: each operation yields a relation. This is important for a lot of database features such as composite queries, query optimization, and views: query results can be used as the input to other queries.

Example 1 If we select the set of *Persons* located at "HH", the result should be a (sub-)class of *Persons*. In the algebra of the OSCAR system, this query would be expressed as

$$\mathbf{SEL}[address=\text{`HH'}](Person).$$

If we project the class *Persons* onto the attributes *name* and *address*, the result is a class where its member type is a supertype of *Persons*. In the COCOON algebra, the query is formulated as

$$\mathbf{PROJECT}[name, address](Person).$$

In both algebras, the results are sets of *Persons* (i.e., objects) with some functions defined on them and not just relations (i.e., data). Furthermore, the result objects are preexisting *Person* objects, not newly generated instances. Therefore, we call this kind of query operators with "object-preserving" semantics.

Person	name	address	children
p_3	Maier	HH	{}
p_4	Jones	HH	$\{p_3, p_6\}$

Person	name	address
p_1	Hacker	CLZ
p_2	Smith	ZH
p_3	Maier	HH
p_4	Jones	HH
p_5	Bond	LON
p_6	Rüti	SH
p_7	Rüti	SH

Figure 2: Result instances of object-preserving **SEL** and **PROJECT**

name	address
Hacker	CLZ
Smith	ZH
Maier	HH
Jones	HH
Bond	LON
Rüti	SH

Result1	name	address
n_1	Hacker	CLZ
n_2	Smith	ZH
n_3	Maier	HH
n_4	Jones	HH
n_5	Bond	LON
n_6	Rüti	SH

Figure 3: Result of relation-generating (left) and object-generating (right) projection

The result instances for the example database are given in Figure 2. Another possibility (used and proposed in [4,10], among others) to establish closure is to include relations in the database model besides classes. Then, the above projection results in a relation with the *names* and the *addresses* of the *Persons* wanted. In this "relational semantics", the result of the projection is shown in Figure 3. Notice that "duplicates" are eliminated in this projection (see persons p_6, p_7).   □

Simply extending an object-oriented database model by relations makes the query language closed even if we only generate relations as query results. But this kind of language is not adequate to the object model:

Adequacy. If the database model consists of classes and relations, the results of a query should not be restricted to be relations as in the proposals mentioned before. The language should be able to generate sets of objects as a query result and include the new class in the class/type hierarchy. In this sense, adequacy complements closure: closure requires query language operators not to map outside of the model, adequacy requires to map onto all of the model, not just a small part of it. As a consequence of this requirement, objects resulting from a query have to be *typed* (i.e., positioned in the type hierarchy) and *classified* (i.e., positioned in the class hierarchy).

Example 2 In the Orion query language [28], the result of a selection as in Example 1 is a new class included in the class hierarchy as a direct successor of *Object*. However, since we know that this selection yields a subset of *Persons*, these semantics are a bad choice for most applications. In the algebra of OSCAR, while selections always generate subclasses of existing classes, we additionally generate new classes as a direct successor of *Object* by using *object-generating operations*. For example, the object-preserving projection of Example 1 has an object-generating counterpart

$$\widehat{\textbf{PROJ}}[name, address](Person)$$

generating a class with new objects (see Figure 3 for the result). Notice that for the two "duplicate" persons (p_6 and p_7) only one new object was generated. This is because **PROJ** in OSCAR first retrieves a relation (where the duplicates are eliminated), and then generates a new object for each tuple. An alternative would be to generate one new object for each input object, in which case we had seven new objects instead of just six. $\square$

The object-generating operations introduced in the last example are closed even if our data model does not include relations. If we have only object-generating operations, as in the ORION system [28] or in the algebra of [41], our query language is not adequate to the data model. Since we loose the information about existing objects, we cannot use constructs like views, updates of views, and the equivalence of queries for optimization purposes. Therefore, we have to include *object-preserving operations* as in the first example besides object-generating or relational ones.

Orthogonality and Extensibility. The query language should allow for an orthogonal combination of all operators according to the nesting structure of type constructors in the operands of a query. This extends the basic idea of nested relational query languages such as [38,3]. Among others, orthogonality requires the existence of predicates for sets and tuples in the selection condition instead of only having predicates for elementary flat values.

Example 3 As predicates in selections, equality, element, and subset relationships on set types have to be included. For example, in COCOON, we can select all *Companies* having at least the *employees* p_3 and p_5 in their *staff* by (assuming a set variable V holding the two *employee* objects):

$$\textbf{SELECT}[V \subseteq \textit{staff}](\textit{Company}).$$

Instead of using the set variable, we could also use a nested subquery on the *employee* objects returned by the *staff* function. Query languages such as Object SQL of the ONTOS system [1] do not include generic predicates on all types available in the model, nor do they allow nesting of subqueries. $\square$

If we add new types or type constructors, our language should be able to deal with these new constructs as well. For instance, we should be able to integrate arrays or lists as new type constructors. The orthogonality of the language allows for a straightforward extension of the query language: we can use array or list operators in any place where we find arrays or lists.

Other Criteria. Besides the main criteria presented up to now, there are several others equally important but more well-known:

The query language should be **complete**, i.e. should at least have the power of some standard language. As a standard, relational algebra and relational SQL were proposed in [5]. One consequence of this is that object-preserving operations alone are not sufficient in the language: we have to add relational or object-generating operations to produce result tuples or objects not included in the base instances. A similar motivation is given in the Entity-Relationship query language of [11].

The query language should be **safe**, i.e. each query expressible in the language should have a finite result evaluated in a finite amount of time. Infinite loops should not be possible. In some calculus-based approaches, negation yields infinite results because it is defined as the complement to a (possibly infinite) set. A consequence of requiring safety is the restrictedness of the language: a computationally complete language (as claimed essential in [5]) cannot be safe.

The operations of our query language should have a **formal semantics** expressible in first-order calculus. Otherwise, optimization strategies cannot be exact transformations based on equivalence notions. Formal semantics is very important for purely descriptive languages like rule-based ones (see below): a set of rules should define a query result independent of the order the rules are "fired". For a clean formal semantics, restrictedness and orthogonality of the language are prerequisites.

The set of operations should be **optimizable** by algebraic or other conceptual strategies and each operation should be efficiently implementable. If we want to use, e.g., algebraic optimization techniques in an object-oriented language, closure, orthogonality, and restrictedness are important: computationally complete languages are hard to optimize.

As mentioned in Section 2, **genericity** is the central ingredient of a descriptive OOQL. It is the main difference between a "built-in" query language and object-specific methods in object-oriented programming. In the above examples, we introduced generic operators on sets of objects such as **PROJECT** and **SELECT**. Some researchers see a major problem in generic operators, since they are deemed to violate the *encapsulation* principle. In [7] it is argued that encapsulation has to be respected by the query language operations. For example, it is argued that, if the *orders*-attribute is implemented by a set of tuples, the query language should not be aware of this. On *Companies*, there would be an access function to *orders* which results in *order* objects not structured for further use by other query operations. In our view, the point raised is not an issue of the query language but of the object model or its schema definition language: If we decide to encapsulate the implementation of *orders*, we can do this by defining an abstract type (this corresponds to the "private" section in some object-oriented programming languages (Eiffel, C++)). Then, our query language uses *orders* as an atomic type. If we define the scheme in the way we did in Section 2, the structure of *orders* is visible to the queries.

In object-oriented query languages, generic operations should be available on sets, tuples, and all other constructors of the model. Generic predicates like = (equality of values), == (identity of abstract objects) should be available on all kinds of values and objects (especially arbitrarily structured ones). Besides the standard equality predicate, different levels of equality such as *shallow* or *deep equality* [25] should also be available.

Summary of Requirements. Comparing our requirements to the ones listed in the "Manifesto" [5], we tried to completely keep the fundamental advantages of relational query languages and to translate them into data model independent criteria. Both the Manifesto and this article propose (i) descriptiveness, (ii) optimizability and efficiency, (iii) application independence (extended to genericity in our case), and (iv) completeness. Our list additionally includes (v) closure, (vi) adequacy, (vii) safety, (viii) orthogonality and extensibility, and (ix) formal semantics. As we will see below, especially the requirements of adequacy and orthogonality are hard to satisfy in the context of object-oriented languages.

3.2 Semantics of Operations and their Problems

Now, the semantics of some generic operations for object-oriented databases and their problems are discussed in more detail. While the semantics of relational or object-generating operations is fairly straightforward, the semantics of object-preserving operations needs more elaboration. Especially the definition of an adeqaute semantics for positioning the result classes and types in the hierarchies are difficult in some cases.

3.2.1 Relational and Object-Generating Operations

We have already seen that

- viewing the extents of classes as recursively nested relations allows the adaption of query languages for nested relations to the object-oriented model [40]; special operations like the **EXTRACT** of the COCOON algebra can switch from classes to nested relations,

- the semantics of object-generating operations like **PROJ** is "nearly" relational in generating identifiers for the result tuples and viewing the result set as a new class. In the OSCAR

?????	name	balance
c_1	Bestbuy Inc.	-500
c_1??	Bestbuy Inc.	-1000
c_2	Money saver AG	1000
c_2??	Money saver AG	-300
c_2??	Money saver AG	-460

Company	name	orders balance
c_1	Bestbuy Inc.	-500 -1000
c_2	Money saver AG	1000 -300 -460

Figure 4: Object-preserving projection: left version is not possible, right version yields a correct class consisting of *Company* objects

> system, besides the object-generating projection, we have object-generating joins (which in fact are cartesian products of sets of objects) and object-generating restructuring operations (with nest and unnest as special cases).

Relational operations for object-oriented query languages are proposed in [10,2] in general, in [40] for algebraic approaches, and in [23] for a rule-based language. Object-generating operations are introduced in [4,32,27] for logical approaches, and in [41,28]. All these systems lack in having object-preserving operations besides these object-generating ones. Both kinds of operations are discussed in the algebras of COCOON and OSCAR, and the rule-based language LIVING IN A LATTICE [22].

3.2.2 Object-Preserving Operations

If we want to preserve objects in the results of our queries, the semantics of our language becomes more complicated. The following problems have to be solved:

- Since our scheme consists of classes and types organized in a class / type hierarchy, we also have to include classes / types into this hierarchy. The determination of this position must be compatible with the definition of subtype and subclass as given in Section 2.

- If we use generic operations like projections and joins, we have to assure that the result is an extent of a class. As shown in the next example, this might not be the case for arbitrary operations, particularly those involving restructuring.

Example 4 In OSCAR, an object-generating projection with implicit unnesting is allowed:

$$\widehat{\textbf{PROJ}}[name,\ balance](Company).$$

This operation yields five new objects for each *name-balance* tuple. If we wish to apply the object-preserving projection instead of it, this operation

- is either not allowed, since the result cannot be attached to a sub- or superclass of *Companies* (i.e. the *Company*-objects cannot be preserved, as shown in Figure 4),
- or generates a different type for the result consisting of the *name* attribute and the *orders* attribute restricted to the *balance* component; in contrast to the object-generating version where the new type is a tuple of atomic components, the type for the object-preserving version is a tuple of an atomic and a set-valued component, as shown in Figure 4. This semantics is the one applied in the OSCAR algebra. □

The problem in the last example was the attempt to assign multiple values (for the function *balance*) to an object of abstract type *Company*. In this case, it was raised by trying to "unnest" the *orders*

$Person \cup Company$	$addr$
p_1	CLZ
p_2	ZH
p_3	HH
p_4	HH
p_5	LON
p_6	SH
c_1	CLZ
c_2	ZH

Figure 5: Union of *Persons* and *Companies* with their *addresses*

attribute while preserving *Company* objects. In COCOON, projections do not perform implicit unnesting and unnesting is not object-preserving. The next example will show a similar problem in applying binary operations on classes.

Example 5 If we want to see all *Companies* and *Persons* stored in the database together with their addresses, we can apply the following operations of the OSCAR algebra. At first, we can use object-preserving projections of the *Company* and *Person* instances onto the *addr* and *address* attributes, resp.. Afterwards, we rename the *address* attribute of class *Person* to *addr*. Note, that, e.g., the "function" *address* is now overloaded. Finally, we apply the union of these classes yielding a set of *Persons* and *Companies* and the values of the *addr* function (see Figure 5). The resulting class is well-defined.

Now suppose, that we want to apply a similar query to *Person* and *Customer* overloading the function *address* by renaming *deladdr* within the type *Customer*. The union of *Person* and *Customer* objects yields all the *Persons* (since *Customer* is a subclass of *Person*) but the function values (or "implementations") of the *address*-function are different. For instance, object p_5 is attached the value LON and LA by the implementation of *address* in *Person* and *Customer*, resp.. The resulting set of objects is *inconsistent* [22]. □

The problems mentioned in the last example appear in the case of objects being members of several classes (like *Person* objects). Since in object-oriented systems we can apply the principle of overriding, we can sometimes solve the problems: if we override the more general implementation of *address* in *Person* by the one given in *Customer* we would assign the object p_5 the *address*-value LA (the more special information overrides the more general). This conflict resolution is, however, not applicable in general.

Example 6 If we want to see *Employee* objects and their *salary* renamed to *limit* besides *Customer* objects and their *limit*, we have overloaded the function *limit*. Since neither *Employee* nor *Customer* is a subclass of each other in the hierarchy, the conflict between, e.g., the values 90K and 5000 for the object p_2 cannot be resolved automatically. In the OSCAR algebra, the standard technique would be to eliminate the conflicting object from the result. □

The problem in the last example is attacked by some researchers in rule-based languages (e.g., Kifer and Lausen in [26], see also [8]) by introducing a "null value" called *inconsistent* or *overspecified* T. Eliminating objects in the union operation raises a semantic problem in rule-based approaches (non-monotonicity, see Section 4.3). In COCOON, we apply a more restrictive naming scheme for functions: functions may be overridden in subclasses, but no independent classes may have functions with the same name. Therefore, renaming *salary* to *limit* in class *Employee* is an error in the COCOON algebra.

The difficulties described above were caused by the object-preserving semantics of operations, that is, defining a resulting class with existing objects. Another kind of problem that originates in our adequacy requirement is the positioning of the result classes in the type / class hierarchy. As mentioned in Example 1, the selection yields a subclass of the existing class, the projection a supertype of the original type.

Example 7 Combining the two queries of Example 1 into

$$\mathbf{PROJ}[name, address](\mathbf{SEL}[address=\text{`HH'}](Person))$$

the result is the set of $Persons$ $\{p_3, p_4\}$ located at 'HH' and their $name$ and $address$. The result is a subclass of $Person$, but also a supertype of the type $Person$ since we can apply one function ($children$) less. Hence, the result class cannot be included in the original is_a-hierarchy given in the scheme (where subclass and subtype had been defined exactly in parallel) but it can be included in the type / class hierarchy. □

In OSCAR and COCOON, there are possibilities to extend the set of applicable functions to a given class. While projection restricts this set (i.e., results in a supertype), this operation extends it (i.e., creates a subtype). This operator (called **EXTEND** in COCOON) can be used to define derived functions (see the example below), particularly, we can also achieve a join-like result by using **EXTEND** (see [39]). In an object algebra, we have to be careful in defining an object-preserving semantics of "joins". For instance, in OSCAR, the type-extending functionality is established by a new join operation that is "goal-oriented" (extending the functions of a specific class by functions of another class) and not an operation that symmetrically combines two classes having "equal rights".

Example 8 To see whether an $Employee$ earns an adequate amount of money, we have to extend the type of $Employee$ by the budget of the $employer$ which is done in COCOON by:

$$\text{EXT\_EMP}:=\mathbf{EXTEND}[cbudget := budget(employer)] \; (Employee).$$

The result is the same set of objects but is a subtype of $Employee$ by having the extra attribute $cbudget$. This new view on $Employees$ provides a derived function $cbudget$ that can be used just as the other functions. Similarly, we can introduce methods attached to types like the following one computing the reasonable salary which is 50% of the $budget$ divided by the number of $staff$ members.

$$\mathbf{EXTEND}[reas\_sal := (0.5 * cbudget \; / \; \text{count}(staff(employer)))] \; (\text{EXT\_EMP}).$$

□

Here, the positioning of the result is fairly straightforward, since only the type has changed. As a final problem, we show that the exact determination of the result's position in the type / class hierarchy is undecidable in general.

Example 9 If we try to determine the position of the following subclasses of $Customers$

$$\text{S1} := \mathbf{SELECT}[limit < 4000] \; (Customer)$$
$$\text{S2} := \mathbf{SELECT}[limit < 5000] \; (Customer)$$

the information $\text{S1} \subseteq Customer$ and $\text{S2} \subseteq Customer$ is not sufficient since $\text{S1} \subseteq \text{S2}$ also holds. If we add a type-specific method f in the comparison (f(4000) instead of 4000, for instance), we can no longer draw any conclusions, since we know nothing about f.

The problem of determining the exact position of subclasses becomes undecidable if we allow arbitrary predicates and if we want to consider all $possible$ instances of a class. For example,

$$\text{S3} := \mathbf{SELECT}[limit > 1000] \; (Customer)$$

is <u>not</u> the same class as *Customer*. With respect to the actual extent of the database, both results are equal but creating a new *Customer* with *limit* 500 changes the situation and makes S3 a subclass of *Customer*. $\qquad\qquad\qquad\qquad\qquad\qquad\qquad\qquad\qquad\qquad\qquad\qquad\qquad\qquad$ □

Due to these problems, we introduced the separation of type and class hierarchies (see Section 2). The OSCAR system uses a two-level type / class hierarchy [21,22]: each base class is assigned a *cluster* of derived classes the extent of which is a subset of the extent of the base class. The types of these derived classes can be sub- and supertypes of the original type. If we cannot assign a derived class to a base class in this way (as in the Example 5 the derived class *Person ∪ Company*), we introduce a new cluster in the class hierarchy.

4 Proposals for Object-Oriented Query Languages

In this section we review some proposals for object-oriented query languages found in the recent literature. We concentrate on SQL-style, algebraic, and rule-based languages.

4.1 SQL-style Languages

A general critique of SQL, as known from the relational model, is its lack of orthogonality [16]. For example, even though a "SELECT-FROM-WHERE"-block (SFW-block) returns a relation, it is not allowed to use SFW-blocks in all places where a relation name may occur. For example, queries may not be used in the FROM clause, although this would be the natural way to express composite queries. Similarly, there is a large number of further restrictions on the combination of SQL-operators, such as allowing unions only at the outermost level of "nested subqueries", and so on. There have been a number of proposals to clean up SQL such that these basic design problems are avoided. Once we turn SQL into a strict functional language (e.g., [31]), what remains is the SELECT, FROM, WHERE, ...keywords. But essentially then SQL is not that different from an algebra. If we switch from flat relations to Complex Objects, we need another dimension of nesting that can easily be established with an orthogonal language.

We will not discuss SQL-style approaches in detail. However, since SQL is a standard and will certainly stay around in the next generation(s) of DBMSs [43], we very briefly comment on some of the proposed extensions.

Object SQL of ONTOS. One of the first, commercial object-oriented database systems was ONTOS (which was formerly known as VBASE). It incorporates a query language called "Object SQL" [1] that, in general, lacks orthogonality: we cannot nest queries into the FROM-clause, nor can we use predicates on other than "flat" standard types, for instance. That is, complex objects, although supported by the structures, can not be queried appropriately. Additionally, the model is not closed under Object SQL, since the data model of ONTOS represents objects with identity but Object SQL only selects values from the state of the objects. An advantage of Object SQL is the possibility to use path expressions (i.e., composite function calls) in queries. Object SQL is a typical "add-on" query language. The native mode of operation is to program in C++.

HDBL of AIM-P. AIM-P is an enhanced nested relational system developed by IBM Scientific Center in Heidelberg [15]. HDBL is its SQL-like query language [35]. Since AIM-P is a complex object system but no object-oriented system, object identity, class hierarchies, and methods are not included in HDBL (even though some of these issues have been attacked in projects building upon AIM-P). So we only consider the complex object facilities. HDBL is a very orthogonal language that supports sets, tuples, and lists. It is an example of how the inclusion of many constructors and operators, although possible, can make a user language rather complex. Compared to HDBL,

SQL/NF [36], another nested relationnal SQL variant, is easier to handle, which is only partially due to the fact that only nested relations are supported.

SQL-W of LauRel. LauRel is a nested relational system from the University of Waterloo. It incorporates nested relations and an additional REF-type as some kind of external object identity. It is not intended to be an object-oriented system. The query language of LauRel is SQL/W [31]. It is purely value-based, has a strict functional semantics of all SQL concepts, and tries to be a natural, compatible extension of SQL. SQL/W provides nesting capabilities in subqueries, path expressions, automatic unnesting (like the OSCAR algebra) and arbitrary predicates in the WHERE-clause.

MQL of MAD. The MAD model of [34] is a complex object model with object identity (REF-TO-attributes). The SQL-style language MQL provides the corresponding features such as nesting, path expressions, and restructuring. Since no generalization hierarchies are supported, object-preserving operations do not require classification.

OSQL of Iris. Iris is an object-oriented database system of Hewlett-Packard Research Laboratories in Palo Alto. Its SQL-like query language is called OSQL [45,9]. OSQL has the philosophy of being a very natural extension of the standard SQL language. The Iris data model is an object/function model providing set-valued functions. OSQL allows (even nested) function applications (the equivalent of path expressions). OSQL does not provide any complex object features such as nesting of subqueries. As introduced in [9], the OSQL semantics is to deliver data, that is, no object-preserving semantics are provided.

RELOOP of O_2. O_2 is an object-oriented database system developed by Altair, Paris. The SQL-based query language is called RELOOP [13]. O_2 is a "complete" object-oriented database system in providing complex objects, object identity, class hierarchies, methods, and a complete formal semantics. RELOOP has capabilities for handling class hierarchies, and provides an orthogonal design (nesting is possible in the FROM-clause and in the SELECT-clause). Sets are not privileged in RELOOP: results are atomic values, tuples, or sets.

4.2   Object Algebras

The object algebras of OSCAR and COCOON have been introduced in the examples above. Both of them are based on nested relational algebras and distinguish between object-preserving and object-generating (or relational) operators. Furthermore, both approaches separate types and classes and attack the problem of placing the result type/class of a query into the type/class hierarchies. We refer the reader to [21,22,40,39] for more details. In the sequel, we briefly sketch the basic characteristics of other object algebras, in particular w.r.t. the requirements and problems discussed in Section 3.

The ENCORE algebra   developed at Brown University [41,42] works on an object-oriented data model that has "generic tuple and set types" (basically, type constructors), in addition to basic data values and abstract types. Query results are either new objects or relations (that is, sets of tuples). Joins, for instance, result in a set of tuples, the components of which are the participating objects. Therefore, in a way the join is a hybrid between an object-generating and object-preserving operator. A number of equivalences useful for optimization purposes have already been published. These are similar to the corresponding nested relational equivalence rules. Elaborate shallow, deep, and n-deep equality and copy operators are contained in this algebra. The algebra lacks object-preserving projection facilities and contains a large number of operators, not all of which are essential (that is, some can be derived from others). Additionally, the (sometimes complicated) equivalence rules based on different equivalence notions seem to be a consequence of the missing object-preserving semantics.

OODAPLEX is an object-oriented extension of DAPLEX [17]. Consequently, the language paradigm is functional rather than algebraic. Apart from that, however, there are very few differences in the underlying model and operations. Object-preserving operations are not (yet) contained in OODAPLEX.

4.3 Rule-based Query Languages

In this subsection we summarize problems and approaches in rule-based languages for object-oriented data models. Due to space limitations, we assume the reader being familiar with rule languages for the flat relational model (as presented, e.g., in [44]).

The problems in defining semantics of rules are similar to the ones described in Section 3. Some new problems arise due to the purely declarative nature of rule languages and their additional power (recursion):

Semantics: The main strongpoint of relational rule languages is the equivalence of their *model-theoretic* and *fixpoint semantics*. In object-oriented approaches, it is more difficult to give a model-theoretic semantics because we are now dealing with objects and values (instead of only values before) and with more complicated, deep structures like sets which (syntactically) leave the first-order calculus. It is the main aim of most approaches to give an equivalent *first-order semantics* to the higher-order concepts in the rule language [10]. Since there are some problems with the monotonicity of such languages, some approaches use a more straightforward *inflationary semantics* [4] (see also [2]).

Object generation: If we use object-generating rules, often expressed by including a free variable in the head of the rule, problems occur in the case of recursive rules. For example, if we generate new objects for each of the *companies* recursively, we can get 4, 8, 16, ... *Company* objects in each iteration step of the rule evaluation which will loop forever (see [2,22] for the problem and possible solutions).

Monotonicity: In the relational case, negation is a dangerous non-monotonic construct. In object-oriented rule languages, non-monotonicity occurs in assigning objects function values and in the handling of sets. For example, a simple equality test on a set-valued attribute is a non-monotonic construct if we change the set during evaluation. Here, the equality can be satisfied during some evaluation step but can be lost in the following step. As mentioned in Section 3, the occurence of inconsistent objects (objects having multiply defined attribute values) is resolved in some approaches by adding a null value $\top$ [8,26].

Some of the approaches to rule-based languages for object-oriented databases are described now.

LDL. LDL is a rule-based language including sets by a *grouping* construct (nesting). LDL does not support object identity and class / type hierarchies. The semantics of grouping is simulated by special built-in-predicates and is criticized to be unnatural in [37].

LDML. The language proposed in [23] is based on an object model including complex objects, object identity, and class / type hierarchies. It allows access to component objects and into sets, provides also a grouping construct but has only relational semantics.

OIL. The LDL-Extension proposed in [46] introduces object identity into the LDL language and also presents some ideas how to express is_a-relationships. The approach is very pragmatic and gives no formal semantics. The object identity can be preserved by the rules, so object-preserving rules are possible. As shown in [22], this approach has a lot of semantic problems because inconsistencies (assigning one object two different attribute values) are not detected.

O-Logic. The language presented in [32] introduces a semantics for object-generating rules by Skolem functions. Since the presentation has some weaknesses it was revised in [27]. Object-preserving semantics is, however, not considered.

Beeri. In [10], some ideas for object-oriented rule languages based on logic are collected. Beeri also prefers the generation of objects by functions.

IQL. This language [4,2] has a relational and object-generating semantics. Object-generation is introduced by a special treatment of free variables in the head. Some criticism on this and IQLs inflationary semantics are included in [22,37].

F-Logic. The approach of [26] extends the languages presented before by including methods in a logical framework and by doing conflict resolution within a lattice of domain values with top element $\top$. The evaluation by an underlying algebra which proved useful in relational rule languages, was not considered.

LIVING IN A LATTICE. This language presented in [22] is based on an object model including complex objects, object identity, and class / type hierarchies. The object model is exactly the model of the OSCAR system (called EXTREM). In contrast to the approach of [23], object-preserving and object-generating semantics is given to the derived information. Object-generation is controlled by Skolem functions as in the previous approaches. Unlike all other languages, LIVING IN A LATTICE includes all result classes in the class / type hierarchy using the two-levelled approach mentioned at the end of Section 3.

5 Conclusion and Current Research Issues

We tried to collect the essential requirements for a "good" design of an object-oriented query language. Our starting point, as well as one of the requirements, was that, like in the case of relational DBMSs, object-oriented DBMSs should provide a powerful, descriptive, *generic* language. Thus, besides the type-specific operations obviously available in any object-oriented data model, we argue in favor of a standard language that, built into the model, allows set-oriented access to (and manipulation of) the objects in the database. The primary benefit of such a language is a large potential for evolution of the results obtained in standard data models for issues such as: efficient execution strategies, query transformation and optimization, safety criteria, view definition capabilities, and formal foundations in general.

Some of the requirements are fairly general and should apply to any language design, for instance, orthogonality of concepts. Surprisingly, however, this very criterion is often violated in existing OOQL proposals, especially in the case of user-oriented languages. Algebraic, functional, or rule-based languages conform with this more easily due to their modular nature. Other requirements, such as the trade-off beteen completeness, complexity, safety, and optimizability are more specific to our scenario: since OODBMSs are the outcome of merging two technologies, (object-oriented) programming and databases, the right balance still has to be found. As a very important feature of OOQLs we introduced the notion of object-preserving operator semantics. That is, rather than returning relations (i.e., just data about the objects) or generating new objects as the result of a query, we must be able to express queries that return existing objects from the database. Views and then updatability of views are the most evident reason for this requirement, called adequacy. To our knowledge, none of the OOQL proposals found so far deals satisfactorily with this requirement.

In the OSCAR and COCOON projects, we further pursue the issues mentioned here. Currently, the focus in the OSCAR project is on the design of rule-based and SQL-style languages and their mapping onto the object algebra. The algebra as well as the other languages will be implemented as part of the OSCAR system which in turn builds on a nested or flat relational system. In COCOON, view definition capabilities with corresponding update propagation schemes, query transformation and optimization, and the implementation of the COCOON algebra on top of several platforms (relational DBMS, nested relational DBMS (DASDBS), and OODBMS) are the current goals. Prototype implementations of both systems/models are already available as first testbeds.

From a formal foundations point of view, the integration of update semantics, the combination of relational and functional language paradigms, the limitations in the classification of query results, the treatment of higher-order features, and the formal semantics of rule-based OOQL are not still not completely solved, to give an open list. Some of these issues have to be resolved, before we can expect to reach a commonly accepted basis for object-oriented data models, others will probably remain open even after this.

Acknowledgement. The work reported here is based on the OSCAR (TU Clausthal) and COCOON (ETH Zürich) projects. Both projects are part of a major research program (Schwerpunktprogramm "Objektbanken für Experten") sponsored by the German Research Association (DFG) and the Swiss National Research Fund (SNF). The invaluable contributions of our colleagues in Clausthal and Zürich as well as the other project partners, particularly the group of Theo Härder, are gratefully acknowledged. Discussions with the participants of the GI workshop on Foundations of Models and Languages for Data and Objects, held in Aigen (Austria) in September 1989, contributed to the distinction between object-preserving and object-generating semantics (special thanks to Jan van den Bussche). Particular thanks go to the coauthors of our prevous papers on OODB issues, Peter Sander and Hans-Jörg Schek.

References

[1] *Ontos V 1.4: SQL Query Language User's Guide*. Ontologic Corporation, 1989.

[2] S. Abiteboul. Towards a deductive object-oriented database language. In *[30]*, pages 419–438, 1989.

[3] S. Abiteboul and C.Beeri. *On the power of languages for the manipulation of complex objects*. Technical Report Technical Report 846, INRIA, Paris, May 1988.

[4] S. Abiteboul and P.C.Kanellakis. Object identity as a query language primitive. In *Proc. ACM SIGMOD Conference on Management of Data*, pages 159–173, ACM New York, June 1989.

[5] M. Atkinson, F.Bancilhon, D.DeWitt, K.Dittrich, D.Maier, and S.Zdonik. The object-oriented database system Manifesto. In *[30]*, pages 40–57, 1989.

[6] F. Bancilhon. Query languages for object-oriented database systems: analysis and a proposal. In T.Härder, editor, *Proc. of the GI Conference on Database Systems for Office, Engineering, and Scientific Applications, Zürich*, pages 1–18, Springer IFB 204, Heidelberg, March 1989.

[7] F. Bancilhon, S.Cluet, and C.Delobel. A query language for the O_2 object-oriented database system. In *[24]*, pages 122–138, 1989.

[8] F. Bancilhon and S.Khoshafian. A calculus for complex objects. *Journal of Computer and System Sciences*, 38:326–340, 1989.

[9] D. Beech. A foundation for evolution from relational to object databases. In J.W.Schmidt, S.Ceri, and M.Missikoff, editors, *Advances in Database Technology — EDBT 1988*, Springer LNCS 303, Heidelberg, March 1988.

[10] C. Beeri. Formal models for object-oriented databases. In *[30]*, pages 370–395, 1989.

[11] D.M. Campbell, D.W.Embley, and B.Czejdo. Graphical query formulation for an entity-relationship model. *Data and Knowledge Engineering*, 2:89–121, 1987.

[12] M.J. Carey, D.J.DeWitt, and S.L.Vandenberg. A data model and query language for EXODUS. In *Proc. ACM SIGMOD Conference on Management of Data*, pages 413–423, ACM New York, May 1988.

[13] S. Cluet, C.Delobel, C.Lecluse, and P.Richard. RELOOP, an algebra based query language for an object-oriented database system. In *[30]*, pages 294–313, 1989.

[14] E.F. Codd. A relational model for large shared data banks. *Communications of the ACM*, 13(6):377–387, June 1970.

[15] P. Dadam and V.Linnemann. Advanced information management (AIM): database technology for integrated applications. *IBM Systems Journal*, 28(4):661–681, 1989.

[16] C.J. Date. A critique of the SQL database language. *ACM SIGMOD Record*, 14(3):8–54, November 1984.

[17] U. Dayal. Queries and views in an object-oriented data model. In *[24]*, pages 80–102, 1989.

[18] K.R. Dittrich. Object-oriented database systems: the notions and the issues. In *Proc. Int. Workshop on Object-Oriented Database Systems, Pacific Grove, CA*, September 1986.

[19] A. Heuer. Working group report: Operations for complex object / object-oriented database systems. In *Proc. of GI Workshop Foundations of Models and Languages for Data and Objects, Aigen, Austria*, pages 219–238, TU Clausthal, Tech.Rep. 89/2, September 1989.

[20] A. Heuer, J.Fuchs, and U.Wiebking. OSCAR: An object-oriented database system with a nested relational kernel. In *Proc. of the 9th Int. Conf. on Entity-Relationship Approach, Lausanne*, pages 95–110, Elsevier, October 1990.

[21] A. Heuer and P.Sander. Classifying object-oriented query results in a class/type lattice. In *Proc. of the 3rd Symposium on Mathematical Fundamentals of Database and Knowledge-Base Systems, Rostock*, Springer LNCS, May 1991. to appear.

[22] A. Heuer and P.Sander. Preserving and generating objects in the LIVING IN THE LATTICE rule language. In *Proc. of the Int. IEEE Conf. on Data Engineering, Kobe*, April 1991. to appear.

[23] A. Heuer and P.Sander. Semantics and evaluation of rules over complex objects. In *[30]*, pages 439–458, 1989.

[24] R. Hull, R.Morrison, and D.Stemple, editors. *Proc. 2nd International Workshop on Database Programming Languages, Oregon Coast*. Morgan Kaufmann, San Mateo, CA, June 1989.

[25] S. Khoshafian and G.Copeland. Object identity. In *Proc. ACM SIGPLAN Conf. on Object-Oriented Programming Systems and Languages, Portland, OR*, pages 406–416, ACM, New York, September 1986.

[26] M. Kifer and G.Lausen. F-Logic: a higher order language for reasoning about objects, inheritance, and scheme. In *Proc. ACM SIGMOD Conference on Management of Data*, pages 134–146, ACM New York, May 1989.

[27] M. Kifer and J.Wu. A logic for object-oriented logic programming (Maier's O-Logic revisited). In *Proc. ACM SIGACT/SIGMOD Symp. on Principles of Database Systems*, pages 379–393, ACM New York, March 1989.

[28] W. Kim. A model of queries for object-oriented databases. In *Proc. Int. Conf. on Very Large Databases*, pages 423–432, August 1989.

[29] W. Kim. Research directions in object-oriented database systems. In *Proc. ACM SIGACT/SIGMOD Symp. on Principles of Database Systems*, pages 1–15, ACM New York, April 1990.

[30] W. Kim, J.-M.Nicolas, and S.Nishio, editors. *Proc. 1st International Conference on Deductive and Object-Oriented Databases, Kyoto.* Elsevier, December 1989.

[31] P.-A. Larson. The data model and query language of LauRel. *IEEE Database Engineering Bulletin,* 11(3):23–30, September 1988. Special issue on Nested Relations.

[32] D. Maier. *A logic for objects.* Technical Report CS/E-86-012, Oregon Graduate Center, 1986.

[33] D. Maier. *Why isn't there an object-oriented data model?* Technical Report CS/E-89-002, Oregon Graduate Center, 1989.

[34] B. Mitschang. The Molecule-Atom data model. In H.J.Schek, editor, *Proc. GI Conference on Database Systems for Office, Engineering, and Scientific Applications, Darmstadt,* Springer IFB 136, Heidelberg, April 1987. In German.

[35] P. Pistor and R.Traunmüller. A data base language for sets, lists, and tables. *Information systems,* 11(4):323–336, December 1986.

[36] M.A. Roth, H.F.Korth, and D.S.Batory. SQL/NF: a query language for $\not N$F relational databases. *Information systems,* 12(1):99–114, March 1987.

[37] P. Sander, S.Rehm, and J.van den Bussche. Working group report: Negation, functions, and construction in rule-based languages for complex objects. In *Proc. GI-Workshop on Foundations of Models and Languages for Data and Objects, Aigen, Austria,* pages 239–253, TU Clausthal, Informatik-Bericht 89/2, September 1989.

[38] H.-J. Schek and M.H.Scholl. The relational model with relation-valued attributes. *Information systems,* 11(2):137–147, June 1986.

[39] M.H. Scholl and H.-J.Schek. A relational object model. In *Proc. Int. Conf. on Database Theory, Paris,* Springer, LNCS, December 1990.

[40] M.H. Scholl and H.-J.Schek. A synthesis of complex objects and object-orientation. In *Proc. IFIP TC2 Conf. on Object Oriented Databases (DS-4), Windermere, UK,* North-Holland, July 1990.

[41] G.M. Shaw and S.B.Zdonik. Object-oriented queries: Equivalence and optimization. In *[30]*, pages 264–278, 1989.

[42] G.M. Shaw and S.B.Zdonik. An object-oriented query algebra. *IEEE Data Engineering,* 12(3):29–36, September 1989. Special Issue on Database Programming Languages.

[43] M.R. Stonebraker. The 3rd generation database system Manifesto. In *Proc. IFIP TC2 Conf. on Object Oriented Databases (DS-4), Windermere, UK,* North-Holland, July 1990.

[44] J.D. Ullman. *Principles of Database and Knowledge-Base Systems.* Volume 1, Computer Science Press, Rockville,MD, 1988.

[45] K. Wilkinson, P.Lyngbaek, and W.Hasan. The Iris architecture and implementation. *IEEE Trans. on Knowledge and Data Engineering,* 2(1):63–75, March 1990. Special Issue on Prototype Systems.

[46] C. Zaniolo. Object identity and inheritance in deductive databases — an evolutionary approach. In *[30]*, pages 2–19, 1989.

GOM:
A Strongly Typed Persistent Object Model
With Polymorphism

A. Kemper   G. Moerkotte   H-D. Walter   A. Zachmann

Universität Karlsruhe
Fakultät für Informatik
D-7500 Karlsruhe
Netmail: *kemper|moer|walter|zachmann*@ira.uka.de

Abstract

In this paper the persistent object model GOM is described. GOM is an object-oriented data model that provides the most essential object features in a "lean" and coherent syntactical framework. These features include: object identity, object instantiation, subtyping and inheritance, operation refinement, dynamic (late) binding. One of the main goals in the design of GOM was type safety. In order to achieve this we developed a strongly typed language that enables the verification of type safety at compile time. It is shown in this paper how commonly encountered "traps" for strong typing are avoided in GOM by specifying a very clean subtyping semantics on the basis of substitutability and type signatures.

The typing rules that enforce strong typing at compile time somewhat restrain the flexibility of the object model because subtyping and inheritance has to be restricted—in particular—for collection-valued types. The solution to regain the expressiveness that was traded off for safety is by combining inheritance and explicitly controlled operation polymorphism. To make operations polymorphic signatures may contain type variables which are substituted by named types at compile time.

1 Introduction

The object-oriented database area suffers from the lack of a commonly agreed upon object model. Some attempts have been made to identify the most salient features that a database model has to provide in order to be considered object-oriented. The "Manifesto" [1] distinguishes among compulsory features and optional features that have to be incorporated in object-oriented DBMSs. The object model GOM that is discussed in this presentation was designed with the intention to provide a "research vehicle" for investigating object-oriented database systems. As such, GOM incorporates the essential constructs that have emerged in the past decade of work in object-oriented databases in one coherent—yet syntactically lean—framework. By adhering to commonly agreed upon object concepts we hope that our work on particular subjects, e.g., typing and optimization, will be applicable to a broad range of other object models. This should help to overcome the problems of "research transfer" that are due to the diversity of existing object models. Among the features GOM provides are: object identity, object sharing, instantiation, subtyping and (single) inheritance, type-associated operations, operation refinement (overriding), and late dynamic binding of refined operations.

One of the major goals in designing GOM was *type safety*. Until recently, typing was not a "hot" topic in database research: all conventional data models (relational, CODASYL network, and hierarchical model) and their associated database programming languages, e.g., Pascal R [17], uniformly provide static type specificity. The recent emergence of object-oriented data models as the (presumably) next-generation DBMS has led to a relaxation of static typing in favor of increased flexibility and expressiveness. Unfortunately, in most newly developed object models the increase in flexibility had to be paid for dearly: database operations could no longer be guaranteed type safe. In order to achieve a high degree of reusability of built-in database operations and user-defined operations type constraints were either completely or partially abolished for the sake of flexibility:

- In some data models no type information is kept. Objects can be freely created using the built-in type constructors. This approach is typically termed *loose typing*. This approach has its roots in the programming language LISP; one representative data model adhering to this typing philosophy is FAD [2].

- The *dynamically typed* models let the database designer specify the outer level of the objects; but the components (attributes, set elements, etc.) are untyped, i.e., they may refer to any object. The precursor of this approach in the programming language area is Smalltalk-80 [10], which gave rise to some developments in the database area, e.g., GemStone [7] and—to some extent—Orion [14].

The two above mentioned classes of object-oriented data models cannot guarantee type safety of database operations at compile time. We argue that the lack of type safety in object bases constitutes a more severe problem than in object-oriented programming languages: an object base is a highly shared, persistent resource which is modified by a variety of more or less knowledgeable users. Furthermore, many database facilities, e.g., access support, concurrency control, recovery, etc., are inherently more difficult and less efficient and robust under dynamic typing.

Therefore, a third class of object models was designed along the lines of Simula 67 [8] in order to try to reconcile type safety and object-oriented features, such as subtyping, inheritance, operation overriding, and late binding. This approach is typically called *strong* typing: all expressions in the language can be verified type consistent at compile time even though the exact type cannot always be determined statically. However, in all models that we know of there are either some loopholes where dynamic type checking is still required or, the constraints imposed by strong typing severely reduce flexibility. An example of the former is O_2 [15], in which the designers consciously incorporated some features that prevent (complete) static type verification for the sake of expressiveness. These features include (cf. section 3):

- retyping of attributes in a subtype (this, in general, violates strong typing even if the new type is a subtype of the original one)

- exceptional attributes (attributes that are only present in some instances of the type, but not in all)

- subtyping on set- and list-structured object types

Our main contribution in designing GOM is the development of a framework which provides for (complete) static type verification while—at the same time—the flexibility and expressiveness associated with the object-oriented paradigm is retained.

The remainder of this paper is organized as follows. In Section 2 the basic features of the GOM model are described by way of examples: object identity, object sharing, instantiation, subtyping and inheritance, type-associated operations, operation refinement (overriding), and late binding. In Section 3 we discuss the concepts that provide for strong typing. In particular, we identify some commonly encountered loopholes that violate strong typing and describe the way we avoid these problems in GOM. In order to achieve type safety we had, to some degree, sacrifice some flexibility that comes for free in dynamically typed models. This flexibility is regained in GOM by incorporating *bounded polymorphism* which is described in Section 4. Section 5 concludes this paper by describing the status of the GOM project.

2   The Basics of GOM

In this section the basic concepts of the object-oriented data model GOM are described—on an intuitive, somewhat informal basis by way of examples. In essence, GOM provides all the compulsory features identified in the "Manifesto"[1] [1] in one orthogonal syntactical framework.

2.1   Types

Objects incorporate their *structural* and *behavioral* description. Objects with similar properties, i.e., structure and behavior, are classified in types. A new type is introduced using the *type definition frame* which has the following syntactical form:

> [**persistent**] **type** ⟨type name⟩ [**supertype** ⟨supertype name⟩] **is**
>   [**public** ⟨operations list⟩]
>   [**body** ⟨type structure⟩]
>   [**operations**
>   ⟨operation signature⟩;
>   ...
>   ⟨operation signature⟩;]
>   [**implementation**
>   ⟨operation implementation⟩;
>   ...
>   ⟨operation implementation⟩;]
>   **end type** ⟨type name⟩;

A newly defined type has a unique ⟨type name⟩ which must not have been assigned before. The optional keyword **persistent** initiates that the type definition is being stored in the database schema. Currently, GOM supports *single* inheritance, thus the (optional) **supertype** clause may specify the one ⟨super type⟩—if no supertype clause is specified the supertype *ANY* is implicitly assumed. The **public** clause lists all the type associated operations that constitute the interface of the newly defined type. The **body** clause precedes the definition of the structural representation of the type. We distinguish tuple-structured types (cf. Section 2.1.1) and collection types (cf. Section 2.2.1). The behavior of objects (of a type) is specified by a set of type-associated operations. The **operations** clause contains the abstract signatures consisting of a type-wide unique operation name, a list of input parameter types and the result type of the operations that are associated with the type. The implementation of these operations is supplied under the **implementation** clause.

2.1.1   Tuple-Structured Types: An Example

Rather than specifying the precise semantics of GOM type definitions let us illustrate the concepts by way of examples. A tuple consists of a collection of typed attributes. The tuple constructor is denoted as $[a_1 : t_1, \ldots, a_n : t_n]$ for pairwise distinct attribute names a_i and (not necessarily distinct) type names t_i. In Figure 1 our running example type *Cylinder* is introduced as a tuple-structured type with associated, type-specific operations.

Declaration and implementation of the operations are provided in separate sections of the type definition frame. Operations can be implemented in a C like syntax offering all control constructs

---

[1] Albeit the design of GOM was carried out before the "Manifesto" was written.

```
type Cylinder is
    public Center1→, Center2→, create, rotate, scale, translate,
           volume, surface, Radius→, Radius←, Length→
    body
       [Center1: Vertex;
        Center2: Vertex;
        Radius: float;
        Length: float;]
    operations
       declare rotate: float, char → void;
       declare translate: Vertex → void;
       declare scale: Vertex → void;
       declare volume: → float;
       declare surface: → float;
       declare Cylinder: float, Vertex, Vertex → void;
    implementation
       define rotate (Angle, Axis) is
          . . .
       define translate (t) is
          begin
              self.Center1.translate(t);
              self.Center2.translate(t);
              !! assuming that translate is defined on Vertex type
          end define translate;
       define scale (s) is
          . . .
       define volume is
          return self.Radius * self.Radius * 3.14 * self.Length;
       define surface is
          . . .
       define Cylinder (r, c1, c2) is
          begin
              self.Radius := r;
              self.Center1 := c1;
              self.Center2 := c2;
              self.Length := c1.distance(c2)   !! assuming distance is defined in Vertex
          end define Cylinder;
end type Cylinder;
```

Figure 1: The Type Definition Frame for *Cylinder*

that are usual in "normal" programming languages (e.g., assignment, conditional statements, loops, etc.). Due to lack of space we will not discuss this language in further detail. Of particular interest is the operation *Cylinder*, which is used to initialize newly generated instances of the respective type. The more detailed discussion of object instantiation and initialization is given in Section 2.4.3.

Declarations and implementations of operations need not necessarily take place inside the type definition frame. An equivalent way to introduce, e.g., the *weight* operation for the *Cylinder* type at an arbitrary location is the following:

declare weight: Cylinder $\parallel$ $\rightarrow$ float **code** weightCodeForCylinder;

The *receiver* type—here *Cylinder*—is followed by the "$\parallel$" sign to distinguish it from the remaining parameters, if any. This "stand-alone" operation definition is of particular importance if one wants to add an operation to an existing type definition. The **code** clause specifies the name under which the implementation of this operation is to be found. Since GOM allows overloading of operations it is often necessary to specify an implementation name different from the operation name. This may even be needed within the type definition frame for *overloaded*[2] operations.

2.2 Value Returning and Value Receiving Operations

In GOM we distinguish between *value returning* (VTO) and *value receiving* operations (VCO). VTO operations return a value (or an object) upon invocation while VCOs receive a value typically for attribute assignment.

The signature of a VTO operation *op* is as follows,

declare op: $t_1\|t_2,\ldots,t_n \rightarrow t_{n+1}$;

where t_1 is the receiver type, the $t_2,\ldots,t_n$ are additional argument types, and t_{n+1} is the return type.

A VCO operation *op* has the signature

declare op: $t_1\|t_2,\ldots,t_n \leftarrow t_{n+1}$;

where, again, t_1 is the receiver type, $t_2,\ldots,t_n$ are argument types, and t_{n+1} is the type of the value (object) being received within the operation.

For a tuple structured type t with attributes $[A_1 : t_1,\ldots,A_m : t_m]$ the following VTO and VCO operations are implicitly provided for each attribute A_i for $1 \leq i \leq m$:

declare $A_i : t\| \rightarrow t_i$;   !! *value returning operation*
declare $A_i : t\| \leftarrow t_i$;   !! *value receiving operation*

The operations are predefined; but, nevertheless, it is the type designer's choice whether they are made visible by including them in the **public** clause or not. It is remarkable that both operations have the same name—the compiler derives the correct version from the context of the invocation. For example, for an object *o* of corresponding type, the invocation[3]

$o.A_i := o.A_j$;

contains one VCO invocation—namely $o.A_i$—and one VTO invocation—namely $o.A_j$. Thus, the VCO is always invoked to the left of an assignment sign (:=).

In order to distinguish VCO and VTO operations of identical name in, for example, the public clause one suffixes their name by a "$\rightarrow$" or a "$\leftarrow$". For example, to make the VTO *Radius* public, one includes *Radius*$\rightarrow$ in the public clause of *Cylinder*. Analogously, the corresponding VCO is called

---

[2]GOM provides for overloading of operations which is—due to space limitations—not discussed in this paper.
[3]Let us assume that A_i and A_j are of identical type.

Radius←. As an abbrevation for both, the VCO and the VTO we could use *Radius* which implicitly refers to *Radius*→ and *Radius*←.

Aside from the predefined VCOs for attribute assignment it is also possible to define new, customized *value receiving operations*. An example based on our type *Cylinder* should illustrate this:

declare Diameter: Cylinder ‖ ← float **code** DiameterCode;

define DiameterCode **is**
    var d: float;
   begin
      receive d;
      self.Radius := d/2;
  end define DiameterCode;

This operation can then be invoked by

c.Diameter := 10.0;

in order to assign 5.0 to the *Radius* of the *Cylinder* object referred to by c.

2.2.1 Collection Types

Aside from tuple-structures the body of an object type can be defined as *set* or *list* which we will refer to as collection types if the difference between them, i.e., lists or sets, is not significant. A set is denoted as $\{t\}$ where t is a type name. A set of this type may only contain elements of type t or subtypes thereof (cf. Sections 2.3 and 3). As usual for sets no duplicate elements are allowed, i.e., no two elements with the same identity can be elements of one set. A list is denoted as $< t >$. Lists are analogous to sets except that an order is imposed upon the elements and, thus, duplicate elements become possible. We give an example of a set type:

type CylinderSet **is**
    body {*Cylinder*}
  end type CylinderSet;

Objects can, of course, be elements of more than one instance of an appropriate collection type (see also Figure 3 in Section 2.6).

2.3 Subtyping and Inheritance

The set of GOM types can be structured by the super/sub-type relationship where subtypes inherit the properties, i.e., attributes and operations, from their supertype. Currently, GOM supports only single inheritance. As an example we define a type *Pipe* as subtype of *Cylinder*.

type Pipe **supertype** Cylinder **is**
    public InnerRadius, connect   !! InnerRadius→ and InnerRadius←
    body
      [InnerRadius: float;]
    operations
      declare connect: Pipe → Pipe;
      refine volume: → float **code** pipeVolumeCode;
    implementation
      define pipeVolumeCode **is**
        return (**super**.volume −
             self.InnerRadius ∗ **self**.InnerRadius ∗ 3.14 ∗ **self**.Length);

define connect (otherPipe) **is**

   ...

end type Pipe;

We will use this example to describe informally our subtype and inheritance concept.

- If the supertype is a tuple type all attributes are inherited, e.g., *Pipe* inherits the attributes *Center1*, *Center2*, *Radius*, and *Length* of *Cylinder*. Additional attributes, like *InnerRadius* of *Pipe*, can be defined to specialize a subtype. Subtyping of collection types is discussed in Section 3.4.

- All operations are inherited, e.g., the operations *rotate, translate,* etc. of *Cylinder*, are also applicable on *Pipe* instances. Additional operations like *connect* of *Pipe* can be defined to express the special semantics of subtype instances.

- The **public** clause is inherited from the supertype and may be augmented by further, public operations. However, it is not allowed—under strong typing—to exclude an operation from the public clause that was included by some (direct or indirect) supertype.

- Operations inherited from the supertype can be *refined*, i.e., they can be reimplemented. This has been done with the *volume* operation of *Cylinder* in the example above. Note that in the refined implementation we actually utilized the inherited *volume* definition of Cylinder by invoking **super**.*volume*. This invocation returns the computed volume as if the respective instance were a *Cylinder*, i.e., it returns self.*Radius* $*$ self.*Radius* $*$ 3.14 $*$ self.*Length*.

Unlike many type-theoretic approaches that try to model object-orientation with typed lambda calculus, e.g. FUN designed by Cardelli and Wegner [4], subtyping in GOM is explicitly controlled by the user-defined type hierarchy (see also [9] on this topic). In FUN—and some other approaches—subtyping is implicitly controlled by matching the object structures. Therefore, in FUN the two tuple types

<table>
<tr><td>

type Wine **is**
   body [Name: string;
      Age: int;]
  end type Wine;

</td><td>

type Student **is**
   body [Name: string;
      Age: int;
      GPA: float;]
  end type Student;

</td></tr>
</table>

are related in such a way that *Student* is a subtype of *Wine* (since it provides all the attributes of *Wine* and some other). Therefore, any operation on a *Wine* instance is—by inheritance—also applicable on a *Student* instance which may lead to surprising results when, for example, the operation *BestDrinkingTemperature* is invoked on a *Student* instance. Therefore, we see a strong need for user-controlled subtyping which is achieved in GOM by restricting subtyping to the explicit, user-defined supertype-hierarchy.

Note that GOM—like all other well-known object-oriented models—couples subtyping with inheritance. This sometimes leads to anomalies whenever the "inherits-all" semantics of inheritance does not conform to the semantics of the subtyping. An example is as follows: a *Cube* is certainly a specialization of a *Cuboid* and, therefore, should be defined as a subtype of *Cuboid*. However, the modeling of a *Cuboid* requires the attributes *Length, Height,* and *Width* whereas a *Cube* has only one attribute *Length*. In [13] we have devised a formalism, called *constraint inheritance*, that allows to restrict the inherited attributes and, thus, alleviates the problems induced by combining subtyping and inheritance.

2.4 Objects

2.4.1 Distinction between Values and Objects

We agree with Goguen [9] that it is important to distinguish between data (values) and objects. A data value, like the integer number 59, is an *immutable*, unchanging data entity that can never be modified. In this respect the elements of atomic data types, like *integer, boolean, real, char*, etc. are fixed, eternal items in the system.

By contrast, objects are persistent but potentially *mutable*, meaning that they can change their (internal) state. For example, the *Person* object named "Mickey Mouse" may have an attribute *Age* which is associated with the number 59. On his birthday this attribute changes by assigning a new integer value 60 to it. However, note that the integer value 59 did not change its state; rather another of the (eternal) integer values was utilized to replace the 59. In this sense objects are mutable by reassigning some of their attributes. But it is important to point out that the modification, e.g. the aging of a *Person*, does not result in a new object.

2.4.2 Object Identity

A logical consequence of object mutability is the need for *object identity* that is independent of the internal state of an object. In GOM every object is associated with a system-wide unique object identifier (OID) which is generated upon instantiation (birth) of the object and remains invariant throughout its life time. The object identifiers are entirely invisible to the user. They are internally used—by the system—to maintain references to the respective objects. Having an unambiguous identity provides a natural way for "shared subobjects" because the same object can be referenced— via its OID—any number of times.

Thus, a GOM object can be viewed as a triple

$$(\#, type, v)$$

where $\#$ represents the object identifier, *type* the object type of which the object was instantiated, and v denotes the internal representation of the object.

By contrast, atomic values do not require an object identifier because they are immutable. Therefore, their value is sufficient to unambiguously identify them. Consequently, elements of the atomic *data* types *integer, float, char, boolean*, etc. are not associated with an OID.

2.4.3 Object Instantiation

Every object type—except for **virtual** types which exist in GOM but will not be treated in this presentation—contain an implicit (predefined) *create* operation. For a tuple-structured type the predefined *create* operation returns an object where all attributes are set to *NULL*. In order to initialize some (or all) attributes differently one can provide a customized initialization operation of the same name as the object type—as exhibited in the *Cylinder* example. In this example the operation *Cylinder* has three parameters: one *float* value (the *Radius*) and two *Vertex* instances (the *Center1* and *Center2*) of the newly created *Cylinder* instance. The *Length* attribute is not passed as a parameter since it can be computed as the distance between *Center1* and *Center2*. This initialiser is automatically invoked upon creation of a new object—in this case the predefined *create* operation has to be supplied with the corresponding parameter of the initialiser.

2.4.4 Object References

We concur with Beeri [3] that *referencing* and *dereferencing* of object-valued variables (or attributes) should be implicit[4]. There should be no difference in accessing, for instance, an object-valued at-

---

[4]Beeri's critique was aimed at the Extra [6] object model and its **ref** and **own** concepts.

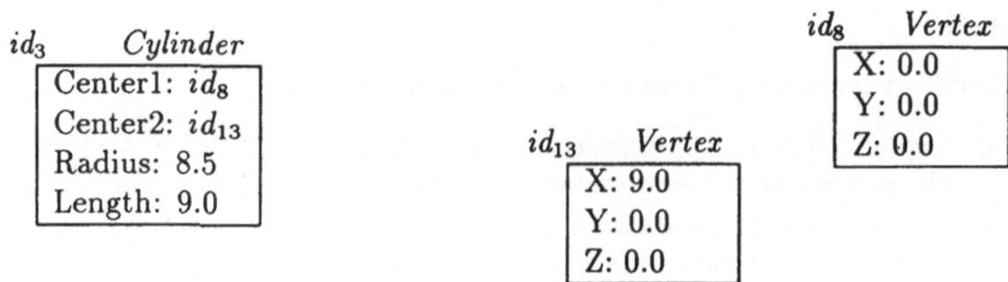

Figure 2: Sample Object Base

tribute or an atomic attribute within some tuple object. Figure 2 shows a sample database occurrence with one *Cylinder* instance (with the OID id_3) and two *Vertex* instances (with OIDs id_{13} and id_8). Thus, the *Cylinder* instance is represented as the triple

$$o = (id_3, Cylinder, v)$$

where v corresponds to the internal representation as shown in the rectangular box on the left-hand side of Figure 2. The *Vertex* instance with OID id_8 is associated with the attribute *Center1* of the *Cylinder* with OID id_3, and the other *Vertex* instance id_{13} is associated with the attribute *Center2*.

2.4.5 Variables

GOM variables are constrained to particular types. Like attributes of tuple-structured types, their type can either be atomic, i.e., if they are associated with a value of type *integer, float*, etc., or they are constrained to an object type. In the latter case variables contain—analogously to the object-valued attributes—the OID of the associated object or *NULL* if no object has been assigned. In this sense object-valued variables are similar to pointer types in conventional programming languages. However, dereferencing is implicit and not controlled by any syntactic construct in GOM.

Before a variable can be used it has to be declared. For example:

> **var** myFavoriteCylinder: Cylinder;

As discussed above, referring to an object-valued variable or attribute—like *Center1* within the *Cylinder* instance id_3—should be identical to accessing an atomic attribute—like *Radius*. Let us assume that the above declared variable *myFavoriteCylinder* refers to the *Cylinder* instance with OID id_3. Then

> myFavoriteCylinder.Radius

returns the value of the *Radius* attribute, i.e., 8.5, and

> myFavoriteCylinder.Center1.X

returns the value of the X-coordinate of the *Cylinder's Center1*. The latter expression is a so-called path expression for which GOM provides particular index structures, called access support relations [11, 12] in order to optimize their evaluation in queries.

2.5 Persistence

One of the key issues of GOM is that objects created in the above cited manner are not only available in the scope of one program. Objects, their type definitions, and also variables that reference objects can be made persistent.

The intention to make a type definition persistent can be expressed by the keyword **persistent**, e.g.,

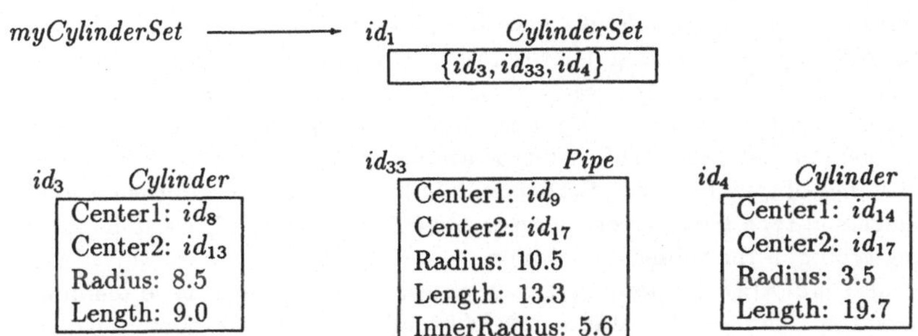

Figure 3: A Collection Example

> **persistent type** Cylinder **is** ...

In an analogous way, variables can be declared as persistent

> **persistent var** myFavoriteCylinder: Cylinder;

Objects must be "told" explicitly that they should become persistent by invoking a second implicitly defined operation *persistent*

> myFavoriteCylinder.persistent

One may argue that this concept is very awkward for database applications where most objects will be persistent. This problem can be overcome by inserting the statement

> **self**.persistent

in the initialization operation that is automatically invoked upon object instantiation. This causes the persistency of all instances of the respective type.

There exist several dependencies among persistency of types, objects, and variables. First, only objects of persistent types can be made persistent since the type information of an object is always needed. (Of course, there may be transient objects of persistent types.) Second, it may cause dangling references if persistent variables reference transient objects. In general, however, it is not forbidden to let persistent variables reference transient objects—it is the programmer's responsibility to maintain the database in a consistent state. Furthermore, persistent object types can only have persistent supertypes.

2.6   Summary

Let us summarize the most important concepts that have been introduced in this section on the following program fragment.

> **persistent var** myCylinderSet: CylinderSet;
> **var** c: Cylinder;
> ...
> **foreach** c **in** myCylinderSet   !! assume *myCylinderSet* refers to id_1
>   TotalVolume := TotalVolume + c.volume;

A sample extension of *myCylinderSet* is shown in Figure 3.

As mentioned in Section 2.2.1 *myCylinderSet* may contain not only *Cylinder* instances but also *Pipe* instances (e.g., id_{33} in Figure 3) because *Pipe* is a subtype of *Cylinder*. In the general case this is referred to as *substitutability* in object-oriented systems. From the user's point of view, substitutability means that an instance of a subtype can occur wherever an instance of the supertype is required. An instance of type *Pipe*, i.e., the one with OID id_{33} is included in the set *myCylinderSet* that requires elements of type *Cylinder* or subtypes thereof. Substitutability will be revisited under the ligth of strong typing in the subsequent section.

The example also indicates the need that each object carries its own type identification. For the element id_3 of the *CylinderSet* instance *myCylinderSet* the *volume* operation as defined for *Cylinder* has to be executed. But, for the element id_{33} the *refined volume* operation of *Pipe* has to be dynamically bound. Dynamic binding, however, is only possible if the object instances "know" to which type they belong, such that—according to the actual type—the most specific operation can be selected.

Subtyping and refinement of operations together with dynamic binding of the most specialized operation is a powerful instrument in object-oriented models. In many object models, however, subtyping violates strong typing of the programs. Also, refinement of operations cannot be allowed in an arbitrary manner. Therefore, we have to reconsider both issues in the light of strong typing in the subsequent section.

3 Strong Typing

Strong typing ensures that all expressions can be verified type consistent at compile time. Contrary to *strictly* typed languages, like Pascal, *strongly* typed languages do not always facilitate the static determination of the types of expressions at compile time. An example for this was already given in the previous section. Looping through the *CylinderSet* instance with OID id_1 may yield a *Cylinder* instance or a *Pipe* instance—or any other subtype of *Cylinder*. However, in any case—whether *Cylinder* or *Pipe* instance—the expressions inside the **foreach** loop can be verified type safe at compile time. For this it had to be assured at compile time that whatever element can legally be in a *CylinderSet* instance it has to provide an operation *volume* that returns a floating point number. This—intuitively—is exactly what strong typing assures.

Strong typing requires fewer run-time checks as opposed to *dynamically typed* models—as, e.g., Smalltalk—and, thus, provides for faster programs. Also, errors can be detected at an earlier stage in the design of an application. On the other hand, the source code of programs is often larger than without strong typing. To overcome this disadvantage, we have introduced polymorphic operations (cf. Section 4) into GOM.

The main goal of this section is to explore the possibilities of subtyping and inheritance in strongly typed object-oriented languages. In the first subsection we introduce the *substitutability property* which, as we will see, is equivalent with strong typing. We then discuss the consequences of the substitutability property by relating it to the *refinement property* via *type signatures*. The result is that it is equivalent whether a language fulfills the substitutability property or all the subtypes expressible in the language fulfill the refinement property. The refinement property has three immediate, subsequently discussed, consequences for subtyping and inheritance. The summary of these relationships is given in Figure 5, and discussed in Section 3.5. These consequences together with user-specified subtyping then also lead to the design of the subtype and inheritance specifications obeyed in GOM.

Since the argumentation in this section concerns strongly typed languages in general forget for a moment about GOM types and GOM subtyping. A type will be seen as any collection of objects all with "similar" properties. Further assume that the types are ordered by a partial ordering denoted by $\leq$. For two types t_1 and t_2, $t_1 \leq t_2$ means that t_1 is a subtype of t_2. We require that the

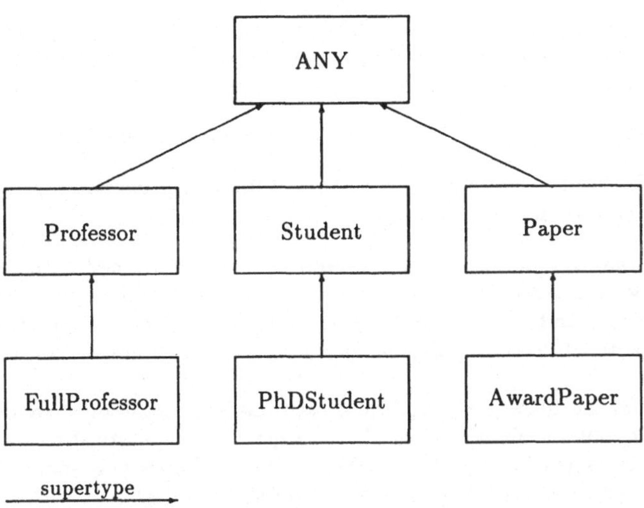

Figure 4: University Type Hierarchy

(programming or database) language provides in some sense the set of all possible types together with the $\leq$ relationship.

3.1 Substitutability

Consider the case where within a given language $\mathcal{L}$ the two types t and t' are related by any reflexive and transitive partial ordering such that $t' \leq t$. The *substitutability property* then states that wherever an object of type t is legally placed in some expression, e.g., in an operation invocation, the replacement of it by an object of type t' results again in a legal expression. We define *legal* as *well-typed* and require that the execution of a well-typed expression does not result in a type error.[5] Consequently, we call a language specifying types and the $\leq$ relationship on types to guarantee the *substitutability property* if and only if

for any objects o_i of type t_i, o_i' of type t_i' where $t_i' \leq t_i$ $(1 \leq i \leq n)$, and for any n-ary operation op the expression $o_1.op(o_2, \ldots, o_n)$ is well-typed and the result is of type t_{n+1} then the expression $o_1'.op(o_2', \ldots, o_n')$ is well-typed and the result is of type t_{n+1}' with $t_{n+1}' \leq t_{n+1}$.

Let us assume that we can derive types for any expression occurring in a program written in the language under consideration but we are unable to derive at compile time which objects are held in certain variables or returned by certain expressions, e.g., retrieve statements in a database language. Then it is easy to see that the substitutability property is equivalent to strong typing which is defined such that type safety can be guaranteed at compile time.

Example Let us illustrate the principle of substitutability on an example that could be taken from a common situation at the "University of the Future" where papers can be written at the fingertips of their authors sitting at their workstations and invoking the appropriate type specific operation. Figure 4 shows a sample type hierarchy. The three major types *Professor*, *Student*, and

---

[5]We do not consider illegal array boundaries, division by zero etc. as type errors

Paper that are direct subtypes of root type *ANY* are specialized by *FullProfessor*, *PhDStudent*, and *AwardPaper*, respectively. However, we will not show the complete definition of these types in detail. Instead we will concentrate on one central operation whose declaration is as follows:

    declare writePaper: Professor || PhDStudent → Paper **code** writePaperCode;

Since we have *FullProfessor* $\leq$ *Professor* the substitutability property states that any *FullProfessor* can write a paper with any *PhDStudent*.

Note, however, that the notion of substitutability is not concerned with the semantics of the operations. As long as the operations are compatible concerning their syntactical representation, i.e., name, input types, and result type, they are considered substitutable even if the respective operations are semantically totally different. Semantical compatibility is not accounted for in our typing framework.

In order to discuss the consequences of the substitutability requirement we define for every type t its signature Σ_t. It contains all operations that are specified in the **public** clause. Remember that for attributes $A_i : t_i$ defined for type t—or inherited from a supertype—none, one, or both of the two operations $A_i :\to t_i$ and $A_i :\leftarrow t_i$ may be made public. The last construct indicates that A_i is a value receiving operation and, hence, can only occur on the left hand side of an assignment. For our *Cylinder* type we then have (see Section 2.1.1):

$$\Sigma_{Cylinder} \equiv [\text{Radius: } \to \text{float, Radius: } \leftarrow \text{float,}$$
$$\text{Diameter: } \leftarrow \text{float, Length: } \to \text{float,}$$
$$\text{Center1: } \to \text{Vertex, Center2: } \to \text{Vertex,}$$
$$\text{rotate: float, char } \to \textbf{void}\text{, translate: Vertex } \to \textbf{void,}$$
$$\text{scale: Vertex } \to \textbf{void}\text{, volume: } \to \text{float,}$$
$$\text{surface: } \to \text{float }]$$

The type signatures are—in the next subsection—used to define legal substitutability of an object type t_2 for t_1 based on comparing the type signatures Σ_{t_1} and Σ_{t_2}.

3.2   Refinement of Operations

We now define the *refinement property* which is equivalent to the substitutability property. Two types t and t' with the signatures Σ_t and $\Sigma_{t'}$ can legally be related as subtypes, i.e., $t' \leq t$, if and only if for every value returning operation $op: s_1, \ldots, s_n \to s_{n+1}$ in Σ_t there exists an operation $op: s'_1, \ldots, s'_n \to s'_{n+1}$ in $\Sigma_{t'}$ such that

1. $s_i \leq s'_i$ for $1 \leq i \leq n$ (i.e., the input parameter types must be supertypes)

2. $s'_{n+1} \leq s_{n+1}$ (i.e., the result type must be a subtype)

and for every value receiving operation $op: s_1, \ldots, s_n \leftarrow s_{n+1}$ in Σ_{t_1} there exists a value receiving operation $op: s'_1, \ldots, s'_n \leftarrow s'_{n+1}$ in Σ_{t_2} such that

1. $s_i \leq s'_i$ for $1 \leq i \leq n+1$ (all parameters can be viewed as input parameters)

An example for legal refinement is as follows. In our University it takes a *Professor* and a *PhDStudent* to write a *Paper*. However, if a *FullProfessor* is going to write down his or her thoughts only a "general" *Student* is necessary to create one that is even awarded (*AwardPaper*). Therefore, *writePaper* is being refined within type *FullProfessor* as follows:

    refine writePaper: FullProfessor || Student → AwardPaper
        code writeAwardPaper;

As can be seen *FullProfessors* are "better" than "normal" *Professors* since they are able to produce "better" output, i.e., *AwardPapers*, with "less good" input, i.e., "general" *Students*. Thus, whenever a "normal" *Professor* shall write a *Paper* one can substitute him by a *FullProfessor* without any loss.

Obviously, a language specifying types and the type ordering $\leq$ fulfills the substitutability property if and only if the refinement property holds for any two types related by $\leq$ within the language.

The refinement property has three important consequences for the subtyping rules in strongly typed object models:

- inheritance must follow the *"inherit all"* paradigm, that is, the subtype inherits *all* the attributes and operations of the supertype. It is—however—possible to refine some operations in accordance to the two refinement rules stated above. An example is the refinement of the inherited *volume* operation in *Pipe* or the refinement of the *writePaper* operation in *FullProfessor*.

- retyping of attributes must be forbidden

- collection types cannot be subtyped in the usual way by subtyping the element type

It is obvious that the inherit all paradigm is necessary to guarantee the refinement property. We illustrate the other two consequences by means of examples.

3.3 Retyping of Attributes is Illegal

Strong typing imposes a severe restriction on subtyping of tuple types. It is not allowed to redefine attribute types without violating type consistency. This will be shown by way of an example. Reconsider the type hierarchy of Figure 4 and let us sketch the two type definitions of *Paper* and *AwardPaper*:

```
type Paper is [author: Professor];
type AwardPaper is [refine author: FullProfessor];   !! ILLEGAL attribute refinement
```

As outlined in Section 3 all instances of type *AwardPaper* must be substitutable for all instances of type *Paper* wherever they appear in some program. Unfortunately, the example types above do not warrant this. Consider the following program fragment.

```
var p: Paper;
    prof: Professor;
    ap: AwardPaper
    ...
(1)      p.author := prof;    !! okay
(2)      p := ap;             !! okay by substitutability
(3)      p.author := prof;    !! potential type violation
```

The principle of substitutability demands that the statement (2) is correct since the variable *p* can legally be associated with an *AwardPaper* instance. However, then the statement (3) may lead to a type violation since the variable *prof* could refer to an "ordinary" *Professor* which is then assigned as the author of the *AwardPaper* instance—a clear type violation.

More formally the contradiction of attribute retyping and strong typing can be expressed by giving the type signatures of both types.

$$\Sigma_{Paper} \equiv [\![\text{author:} \rightarrow \text{Professor, author:} \leftarrow \text{Professor,} \dots]\!]$$

$\Sigma_{AwardPaper} \equiv$ [author: $\rightarrow$ FullProfessor, author: $\leftarrow$ FullProfessor, ...]

The value receiving operation *author*$\leftarrow$ of *AwardPaper* is not a legal refinement of the respective operation of *Paper*. Furthermore, the type signatures show that attributes must not be retyped by supertypes of the original attribute types either, e.g., typing the attribute *author* of *AwardPaper* with *Person* which is a supertype of *Professor* would lead to a type conflict, too.

3.4 Subtyping of Collection Types

Many people are tempted to view a collection type with element type t_1 as a subtype of collection type with elements of type t_2 if $t_1 \leq t_2$ holds. For instance, one is tempted to treat the type *PipeSet* as a subtype of *CylinderSet* (cf. Section 2.2.1), where *PipeSet* may be defined as follows:

type PipeSet **is** {Pipe};

We will now prove that the intuitive—and tempting—attempt of treating *PipeSet* as a (substitutable) subtype of *CylinderSet* is wrong. Suppose we have the following (persistent) variable declarations:

var ManyPipes: PipeSet;
var ManyCylinders: CylinderSet;

If *PipeSet* were a subtype of *CylinderSet* the assignment

ManyCylinders := ManyPipes;

would be valid and result in the sharing of the set object referred to by *ManyPipes*.

The dilemma is, that over the variable *ManyCylinders*, one could insert *Cylinder* instances into the set object of type *PipeSet*, e.g.:

ManyCylinders.insert(SomeCylinder);

This has the catastrophic side effect that the object to which *ManyPipes* and *ManyCylinders* refer is no longer properly typed.

Again, we will consider the type signatures to give a more formalized explanation of the relationship between strong typing and subtyping of collection types. The types *CylinderSet* and *PipeSet* have the following signatures if we assume that the operation *insert* is defined on sets:

$\Sigma_{CylinderSet} \equiv$ [insert: Cylinder $\rightarrow$ **void**]

$\Sigma_{PipeSet} \equiv$ [insert: Pipe $\rightarrow$ **void**]

The signatures of *insert* in the two type signatures are not valid refinements because the *insert* operation of *PipeSet* requires an instance $\leq$ *Pipe* whereas *CylinderSet* is "happy" dealing with instances $\leq$ *Cylinder*. Thus, *PipeSet* instances cannot safely be substituted for *CylinderSet* instances.

In summary of this section we can state that subtyping of collection types need not be forbidden generally; however, only collections with *identical* element types can possibly be valid subtypes of each other. Refining operations of a collection type in the appropriate way and adding new ones to a collection type leads to legal subtypes with compatible type signatures. But—to stress it again—the subtyping of collection types of different element types—even if one is the subtype of the other—is illegal.

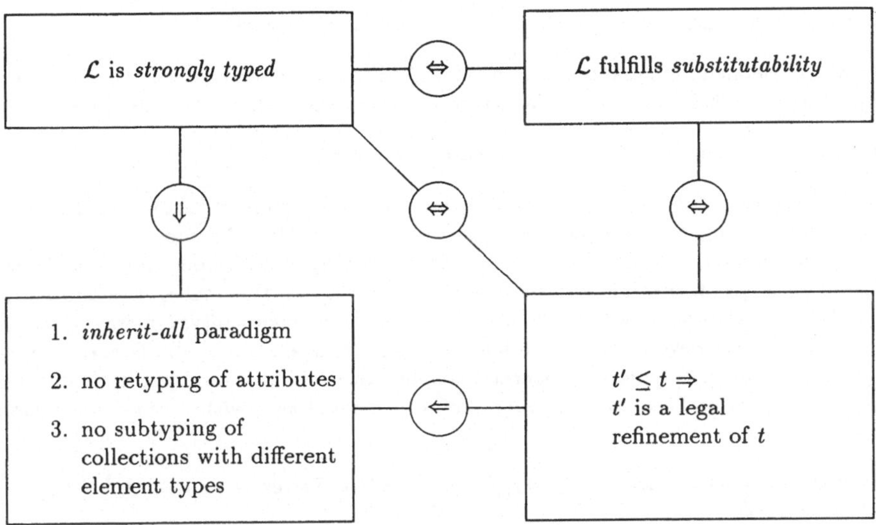

Figure 5: Equivalences to and Consequences of Strong Typing

3.5 Summary

Figure 5 summarizes the interdependences worked out in this section. As we have (intuitively) illustrated it is equivalent for a language $\mathcal{L}$ to be strongly typed or to fulfill the substitutability property. Further the substitutability property is equivalent to the property that any two types related by the subtype relationship define a legal refinement.

However, the reader should bear in mind that in GOM not every legal refinement—from the type safety point of view—is actually allowed. In order to avoid unintended inheritance substitutability is still restricted by the explicit user-defined supertype hierarchy, that is, only instances of explicit subtypes can be substituted for instances of a supertype. This way we avoid the problems—discussed in Section 2.3—concerning unintended subtyping of, e.g., *Wine* and *Student*.

4 Polymorphism

Inheritance on tuple-structured types provides a high degree of flexibility on the use of operations: all operations are automatically applicable on subtypes of t. Furthermore, refinement allows for specialized behavior of operations when applied to instances of a subtype.

Unfortunately, the outruling of subtyping on collection types implies that the inheritance-based polymorphism is not applicable for collections, e.g., lists and sets. Strictly speaking, even such basic operations as *insert* and *delete* would have to be defined monomorphically for each individual set type:

declare $insert_C$: CylinderSet $\|$ Cylinder $\rightarrow$ **void code** $insertCode_C$;
declare $insert_P$: PipeSet $\|$ Pipe $\rightarrow$ **void code** $insertCode_P$;

By overloading, the two operations could still have the same name, i.e., *insert*, because from the statically determined receiver type the "correct" version of *insert* could be deduced.

While such operations as *insert* and *delete* could automatically be generated by the system upon definition of a new set type the problem becomes worse when considering application-specific operations. For example, the operation *translate* for translating all elements of a set containing *Cylinder* objects that is declared as follows

> **declare** translate$_C$: CylinderSet $\|$ Vertex $\rightarrow$ **void code** translateCode$_C$;

is monomorphically defined for the receiver type *CylinderSet*. This operation is not applicable on an object of type *PipeSet*. Therefore, the operation would have to be reintroduced for *PipeSet* as

> **declare** translate$_P$: PipeSet $\|$ Vertex $\rightarrow$ **void code** translateCode$_P$;

Exactly this problem, that no operations can be defined for more than one set type, will be mitigated by incorporating *bounded polymorphism* [4] in our model. In addition, polymorphism extends the expressiveness of the language in such a way that polymorphic operations may be defined which are based on a specified minimal structure of the arguments; this makes it possible to apply the same operation on arguments which are not related by the explicit subtype hierarchy and, thus, extends the expressiveness beyond other well-known object models, e.g., Smalltalk and GemStone.

Our concept of bounded polymorphic operations allow the declaration and implementation of exactly one *translate* operation for all set types containing element objects with a well-defined operation *translate* of their own:

> **polymorph declare** translate $(\backslash t_1 \leq \{\backslash t_2\}, \backslash t_2 \leq$ (translate: Vertex $\rightarrow$ **void**)): $\backslash t_1\|$ Vertex$\rightarrow$ **void**
>   **code** translateCode;

The $\backslash t_1$ and $\backslash t_2$ denote type variables. From the signature it follows that *translate* is applicable on objects of all types that hold the type bounds specified within the parenthesis:

1. $\backslash t_1$ is a set type with elements of type $\backslash t_2$

2. the element type $\backslash t_2$ has an appropriate *translate* operation in its signature.

Although the operation notation of attributes—consisting of associated VCO and VTO pairs—can be used if a polymorphic operation requires the existence of a distinguished attribute, GOM offers a special notation for this. Consider an operation computing the average length of all elements of a set:

> **polymorph declare** avgLength $(\backslash t_i \leq \{\backslash t_2\}, \backslash t_2 \leq$ [Length: float]): $\backslash t_1\| \rightarrow$ float
>   **code** avgLengthCode;

The declaration of an operation does not make any sense unless an appropriate implementation can be provided. Here is the polymorphic implementation of the *translate* operation that also uses type variables to constrain local variables. As can been seen, this implementation works on all objects that own a *translate* operation and, therefore, is a correct implementation for all types on which *translate* is applicable.

```
define translateCode (t)
    var element: \t₂;
    begin
        foreach (element in self)
            element.translate (t);
    end define translateCode;
```

We use polymorphic operations to define elementary built-in operations for set and list types like *insert*, *delete*, *nextElement*, and so on in our prototype implementation of GOM.

Using polymorphic operations also facilitates to expand operations on tuple-structured types across the explicit type hierarchy. We revisit our *Wine* and *Student* example. There are some operations that may very well be suitable for instances of either kind, e.g., the operation *IncreaseAge* which could thus be defined as:

> **declare** increaseAge ($\backslash t_1 \leq$ [Age:int]): $\backslash t_1 \|$ int $\rightarrow$ **void**
>   **code** increaseAgeCode;

The signature makes the operation *increaseAge* applicable on any tuple structured instance that provides an *Age* attribute of type *int*. On the other hand, the operation

> **declare** oldOne ($\backslash t_1 \leq$ Student): $\backslash t_1 \| \rightarrow$ bool
>   **code** oldOneCode;

is only applicable on *Student* instances—or instances of a subtype of *Student*, e.g., *PhDStudent*. The above declaration is actually equivalent to

> **declare** oldOne: Student $\| \rightarrow$ bool
>   **code** oldOneCode;

because the substitutability of subtype instances is implicitly faciliated in GOM.

5 Conclusion

In this paper it was shown that one can achieve both, a maximum of flexibility and statically verifiable type safety—without loopholes—in an object-oriented data model. It was illustrated that inheritance alone, under the constraint of strong typing, restricts the expressiveness of the model in particular for operations based on collection types. Therefore, we developed a framework that unifies inheritance and bounded polymorphism. For this purpose an ordering on types was introduced that combines explicit (user-defined) subtype ordering for inheritance with an order based on the structural type representation for controlled polymorphism.

We have developed a type checking algorithm for GOM that is based on unification, similarly to the type checking algorithm devised by Milner for ML in [16].

The persistent object model GOM has been developed by utilizing the EXODUS "database generator" system that was realized at the University of Wisconsin [5]. The architecture of the GOM prototype is shown in figure 6. As can be seen, GOM is realized as a cross-compiler translating GOM types and operations into equivalent C structures and routines. The *schema manager* was—by utilizing a bootstrap strategy—already implemented as a GOM application. GOM will be used in several non-standard database applications from mechanical engineering, e.g., logistics control, shop floor planning, material flow simulation, etc.

Acknowledgement

P. C. Lockemann's continuous support of our research is gratefully acknowledged. Our colleague C. Kilger carefully read a preliminary draft of this paper. Further, we would like to thank our students U. Degel, W. Häfelinger, A. Horder, D. Kossmann, K. Leberer, A. Lopes de Lima, U. Oetken, H. Ott, A. Papapostolou, K. Peithner, A. Saad, B. Sobottke, H. Spies, M. Steinbrunn, A. Tetzner, and R. Waurig for their help in "getting the prototype running".

This work was partly supported by a grant from the Deutsche Forschungsgemeinschaft (DFG; German Research Council) within the interdisciplinary cooperation project SFB 346, sub-project A1 "Cooperation in Distributed Object Bases".

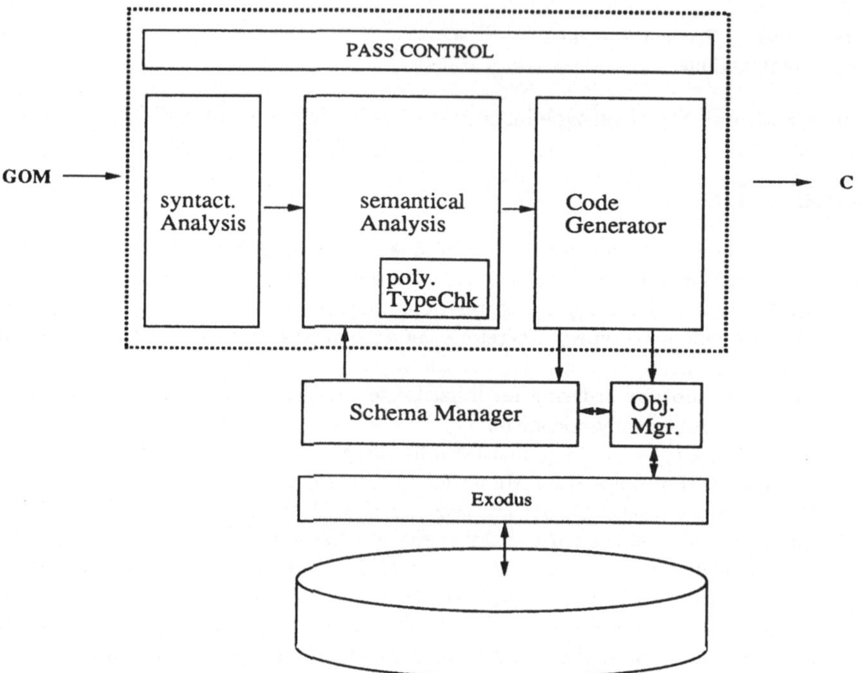

Figure 6: The architecture of the GOM-system

References

[1] M. Atkinson, F. Bancilhon, D. J. DeWitt, K. R. Dittrich, D. Maier, and S. Zdonik. The object-oriented database system manifesto. In *Proc. of the DOOD Conference*, pages 40–57, Kyoto, Japan, Dec 1989.

[2] F. Bancilhon, T. Briggs, S. Khoshafian, and P. Valduriez. FAD, a powerful and simple database language. In *Proc. of The Conf. on Very Large Data Bases (VLDB)*, pages 97–105, Brighton, U.K., Sep 1987.

[3] C. Beeri. Formal models for object-oriented databases. In *Proc. of the DOOD (Deductive and Object-Oriented Databases) Conference*, pages 370–395, Kyoto, Japan, Dec 1989.

[4] L. Cardelli and P. Wegner. On understanding types, data abstraction, and polymorphism. *ACM Computing Surveys*, 17(4):471–522, Dec 1985.

[5] M. Carey and D. J. DeWitt. An overview of the EXODUS project. *IEEE Database Engineering*, 10(2):47–53, Jun 1987.

[6] M. J. Carey, D. J. DeWitt, and S. L. Vandenberg. A data model and query language for EXODUS. In *Proc. of the ACM SIGMOD Conf. on Management of Data*, pages 413–423, Chicago, Il., Jun 1988.

[7] G. Copeland and D. Maier. Making Smalltalk a database system. In *Proc. of the ACM SIGMOD Conf. on Management of Data*, pages 316–325, 1984.

[8] O. Dahl and K. Nygaard. Simula, an Algol-based simulation language. *CACM*, 9:671–678, 1966.

[9] J. A. Goguen and D. Wolfram. On types and FOOPS. In *Proc. IFIP TC-2 Conf. on Object-Oriented Databases*, Windermere, UK, Jun 90.

[10] A. Goldberg and D. Robson. *Smalltalk-80: The Language and its Implementation*. Addison-Wesley, 1983.

[11] A. Kemper and G. Moerkotte. Access support in object bases. In *Proc. of the ACM SIGMOD Conf. on Management of Data*, pages 364–374, Atlantic City, NJ, May 1990.

[12] A. Kemper and G. Moerkotte. Advanced query processing in object bases using access support relations. In *Proc. of The Conf. on Very Large Data Bases (VLDB)*, pages 290–301, Brisbane, Australia, Aug 1990.

[13] A. Kemper and G. Moerkotte. Correcting anomalies of standard inheritance—a constraint based approach. In *Proc. Intl. Conf. on Database and Expert Systems Applications*, pages 49–55, Wien, Austria, Aug 90.

[14] W. Kim, H. T. Chou, and J. Banerjee. Operations and implementation of complex objects. *IEEE Trans. Software Eng.*, 14(7):985–996, Jul 1988.

[15] C. Lécluse and P. Richard. The O_2 database programming language. In *Proc. of The Conf. on Very Large Data Bases (VLDB)*, pages 411–422, Amsterdam, NL, Sep 1989.

[16] R. Milner. A theory of type polymorphism. *Journal of Computer and System Sciences*, 17:378–375, 1978.

[17] J. Schmidt. Some high level language constructs for data of type relation. *ACM Trans. Database Systems*, 2(3), Sep 1977.

Auswertung komplexer Anfragen
an hierarchisch strukturierte Objekte
mittels Pfadindexen

Ullrich Keßler[*], Peter Dadam

Universität Ulm
Fakultät für Informatik
Abt. Betriebliche Informationssysteme/CIM
Postfach 4066, D-7900 Ulm

Zusammenfassung

Die Diskussion über die Verwendung von Indexen zur Anfrageauswertung in objekt-orientierten Datenbanksystemen wird immer noch relativ weit am Rande geführt. Insbesondere dem für die Konzeption eines Datenbanksystems wichtigen Aspekt der Abgrenzung der Funktionalität des Indexmanagers gegen die Auswertungsstrategien wurde bisher wenig Beachtung geschenkt. In diesem Beitrag wird gezeigt, wie mehrfach geschachtelte Anfragen zum Zugriff auf komplexe hierarchisch strukturierte Objekte, die komplexen Tupeln in NF^2-Relationen ähneln, formuliert und unter Verwendung von Pfadindexen ausgewertet werden können. Dabei werden die Operationen auf Indexen und deren Verwendung zur Auswertung von Anfragen klar gegeneinander abgegrenzt. Dazu wird zuerst die Funktionalität eines Indexmanagers für Pfadindexe beschrieben, die zum Teil erheblich von derjenigen abweicht, die von relationalen Systemen her bekannt ist. Auf der Basis dieses Indexmanagers wird dann gezeigt, wie auch komplexe Anfragen, die gleichzeitig Objekte aus mehreren Klassen selektieren, unter Ausnutzung der Möglichkeiten, die Pfadindexe bieten, geeignet ausgewertet werden können. Ein wichtiges Konzept hierbei ist die Zerlegung von Anfragen in sogenannte unabhängige und abhängige Teilanfragen, für die jeweils unabhängige alternative Auswertungsstrategien entwickelt werden.

1. Einleitung

In den letzten Jahren ist immer deutlicher geworden, daß es notwendig ist, in Datenbanken komplex strukturierte Daten und nicht nur Tupel in erster Normalform wie in relationalen Systemen zu verwalten. Aus dieser Erkenntnis entstanden viele Systeme, in denen komplexe Daten direkt gespeichert werden können. Zu nennen sind einmal Systeme wie AIM-P [Dada86] und DASDBS [ScWe87], in denen die komplexen Daten in NF^2-Relationen abgelegt werden. Zum anderen gibt es Systeme, die komplexe Daten in miteinander verbundenen einzelnen Objekten speichern. Typische Vertreter sind GemStone, Orion und O_2 [MaSt87], [Kim89], [Banc88]. Außer einem geeigneten Datenmodell wird auch eine auf die Struktur der gespeicherten Daten abgestimmte Anfragesprache benötigt. Mit ihr müssen die komplexen Daten zugegriffen und verwaltet werden können. Dazu wurden u.a. in [RoKS88],

---

[*] Teile dieser Arbeit entstanden während des Aufenthalts als Gastwissenschaftler am Wissenschaftlichen Zentrum Heidelberg der IBM Deutschland GmbH

[ScSc86], [PiTr86] der Relationenkalkül, die Relationenalgebra und SQL so erweitert, daß diese Sprachen für NF^2-Relationen anwendbar werden. Zum Zugriff auf beliebig strukturierte Objekte wurde z. B. in [MaSt87] die Sprache Opal vorgestellt.

Ein Datenbanksystem für komplexe Daten wird letztlich jedoch nur dann auf breiter Basis akzeptiert werden, wenn die Anfragen mit einer genügenden Effizienz ausgewertet werden. Hierzu wird man in der Regel Indexe in die Auswertung der Anfragen mit einzubeziehen haben. Wesentlich hierbei ist, daß die Indexe bei der Auswertung von Anfragen automatisch ausgewählt und in die Auswertung integriert werden können. Dies wiederum verlangt Auswertungsstrategien, die auch dann noch automatisch vom System ausgewählt und eingesetzt werden können, wenn komplexe Anfragen gestellt werden.

An dieser Stelle setzt die vorliegende Arbeit auf. In ihr wird ein Konzept vorgestellt, das im Zusammenhang zeigt, wie komplexe Anfragen mit Pfadindexen ausgewertet werden können. Die darin betrachteten komplexen Anfragen selektieren aus einer Menge von komplexen hierarchisch strukturierten Objekten in einer einzelnen Anfrage ganze Substrukturen dieser Objekte. Die dazu notwendige gezielte Betrachtung komplexer Objekte mit einer hierarchischen Struktur erscheint aus Effizienzgründen angemessen, da solch strukturierte Objekte eine wichtige praktische Bedeutung haben. Mit ihnen lassen sich in einer objekt-orientierten Datenbank die in nicht unerheblichem Maße auftretenden 1:n Beziehungen zwischen Einzelobjekten modellieren. Außerdem können sie, im Gegensatz zu beliebig strukturierten komplexen Objekten, effizient durch Pfadindexe invertiert werden. In diesem Konzept setzt sich ein komplexes hierarchisch strukturiertes Objekt - im folgenden kurz als hierarchisches Objekt bezeichnet -, ähnlich wie ein komplexes Tupel einer NF2-Relation, aus einem Wurzelobjekt und davon direkt und indirekt abhängigen Subobjekten zusammen. Hierarchische Objekte können hierbei beliebig tief strukturiert sein.

Zur Formulierung der Anfragen verwenden wir eine Kalkülschreibweise, in der komplexe Anfragen aus sogenannten unabhängigen und abhängigen Teilanfragen aufgebaut werden. Dabei ist die Syntax dieser Kalkülschreibweise (verglichen z.B. mit [RoKS88]) so gewählt, daß sich der für die folgenden Ausführungen wichtige Unterschied zwischen unabhängigen und abhängigen Teilanfragen direkt widerspiegelt. Mit dieser Kalkülschreibweise lassen sich komplexe Anfragen formulieren, die gleichzeitig Wurzelobjekte und deren direkt und indirekt abhängigen Subobjekte selektieren. Diese Anfragen führen dann in einem einzigen Datenbankaufruf beliebige Selektionen und Projektionen auf hierarchischen Objekten aus. Hierin unterscheidet sich die verwendete Kalkülschreibweise von den derzeit diskutierten typischen Anfragesprachen für objekt-orientierte Datenbanksysteme, wie z.B. Opal [MaSt87] oder die in [KeMo90],[KeMo90a] zugrunde gelegte Sprache, in denen solche Selektionen nur schrittweise durch Formulierung von Einzelanfragen mit entsprechend vielen Datenbankaufrufen ausgeführt werden können.

Die Auswertung solcher komplexen Anfragen kann sehr gut durch Indexe unterstützt werden, die Attribute einzelner Objektklassen invertieren und gleichzeitig die hierarchischen Abhängigkeiten zwischen den einzelnen Objekten enthalten. Solche Indexe lassen sich entweder als Pfadindexe oder als eine Kombination aus normalen und Link-Indexen realisieren. Pfadindexe, die ein Attribut einer Subobjektklasse indexieren, speichern für jedes invertierte Subobjekt den gesamten hierarchischen Identifier-Pfad. Dieser beginnt bei dem Wurzelobjekt, von dem das Subobjekt direkt oder indirekt abhängt, und endet bei dem Subobjekt selbst. Pfadindexe ähneln damit den für NF^2-Relationen in [ScSc83] oder [Dada86] beschriebenen Indexen. Bei der Kombination aus normalen und Link-Indexen wird ein normaler Index über das indexierte Attribut einer Subobjektklasse aufgebaut. Dieser liefert bei Aufruf nur Identifier der indexierten Subobjekte zurück. Die Identifier der zugehörigen Wurzelobjekte und der Subobjekte, die auf dem Pfad von den Wurzelobjekten zu den indexierten Subobjekten liegen, werden durch Anfragen an die Link-Indexe ermittelt. Diese enthalten, ähnlich wie die in [Vald87] beschriebenen Join-Indexe, den Zusammenhang zwischen Objekten und ihren Subobjekten. In [MaSt86] und [BeKi89] werden beide Varianten diskutiert. Das Ergebnis dieser Diskussion ist, daß die einzelnen Indexe einer Kombination aus normalen und Link-Indexen stets mit akzeptablen Kosten gewartet werden können, auch wenn beliebig komplex strukturierte Objektstrukturen zu invertieren sind. Dahingegen kann die Wartung von Pfad-indexen in solchen Situationen, besonders wenn dabei auch noch beliebige Update-Operationen zugelassen werden, praktisch unmöglich werden. Der Nachteil der Kombination aus normalen und Link-Indexen ist dabei jedoch, daß mehr Indexe aufgebaut und gewartet werden müssen, als wenn Pfadindexe eingesetzt werden. Außerdem verlangen die durch diese Indexe bedingten und in [MaSt86] und [BeKi89] beschriebenen Auswertungsstrategien, daß zur Auswertung eines Prädikates auf mehrere Indexe zugegriffen werden muß. Pfad-indexe hingegen erfordern zur Auswertung eines Prädikates einer Anfrage jeweils nur einen Indexzugriff, da sie genau die benötigte Identifier-Menge - und nicht lediglich eine Ober-menge davon - zurückliefern. Berücksichtigt man, daß jeder Indexzugriff zu festen Verwal-tungskosten, wie Öffnen des Indexes und Anlegen eines Kontrollblocks, führt, ist eine Lösung, die weniger Indexe benötigt, erstrebenswert. Deshalb bietet es sich an, die Verwendung von Pfadindexen, dort wo es möglich ist, zu bevorzugen. Dies ist zum Beispiel der Fall, wenn Mengen von hierarchischen Objekten invertiert werden sollen, insbesondere wenn diese stets, wie in diesem Beitrag angenommen, von den Wurzelobjekten aus zugegriffen werden (siehe dazu auch Abschnitt 3.1). In diesem Fall tritt das in [MaSt86] diskutierte Problem, daß Pfadindexe nur mit hohen Kosten zu aktualisieren sind, nicht auf.

Will man Pfadindexe für hierarchische Objekte effizient einsetzen, so genügt es nicht, den Indexmanager wie in relationalen Systemen [Seli79], [JaKo84] zu implementieren und beim ersten Zugriff auf einen Index den ersten Eintrag zu suchen, der dem auszuwertenden Prädi-kat entspricht, und dann bei jedem weiteren Zugriff einen beliebigen nächsten Eintrag zu liefern, der dem Prädikat entspricht. Vielmehr ist es notwendig, daß der Indexmanager die Menge der gefundenen Indexeinträge aufbereitet und die Einträge in einer Form zurückliefert, die der Struktur der hierarchischen Objekte entspricht. Dazu wird nachfolgend eine Schnitt-stelle für einen Indexmanager vorgeschlagen, die - inspiriert von der Idee in [ScSc83], Pfad-indexe als NF^2-Relationen zu repräsentieren - die Ergebnisse von Indexanfragen in Form von virtuellen NF^2-Relationen zurückliefert. Einhergehend damit wird explizit beschrieben, welche Funktionalität und Freiheitsgrade der Indexmanager anbieten sollte.

Allein das Vorhandensein eines mächtigen Indexmanagers ist jedoch noch kein Garant für eine effiziente Anfrageauswertung. Bei der Anfrageauswertung muß vielmehr von den Mög-lichkeiten, die ein Indexmanager bietet, auch sinnvoll Gebrauch gemacht werden. Ob und wie ein Index sinnvoll eingesetzt werden kann, hängt von dem Typ einer Anfrage und der Daten-verteilung ab. Für verschiedene Anfragetypen und Datenverteilungen müssen demzufolge unterschiedliche Strategien vorgesehen werden. Da es jedoch unmöglich ist, für jede denk-bare Kombination ein spezielles Auswertungsverfahren vorzusehen, werden allgemeingül-tige Verfahren benötigt, mit denen beliebige komplexe Anfragen ausgewertet werden können. Ein solches Verfahren wird im zweiten Teil der Arbeit entwickelt. Bei diesem werden komplexe Anfragen in sogenannte unabhängige und abhängige Teilanfragen zerlegt, für die dann, bei Beachtung eines ebenfalls beschriebenen Sonderfalls, unabhängig voneinander die am besten geeigneten Zugriffsmethoden gewählt werden können. Anschließend werden die dabei erzeugten Teilpläne zu einem Gesamtplan zusammengefügt. Bei diesem Vorgehen werden nur noch alternative Auswertungsstrategien für die wesentlich einfacher strukturierten Teilanfragen benötigt.

Der Rest dieses Papiers gliedert sich wie folgt: In Abschnitt 2 werden die betrachteten hierar-chischen Objekte und die Anfragesprache genauer beschrieben. Daran schließt sich in Abschnitt 3 die Beschreibung der Funktionalität des Indexmanagers an. Dieser Abschnitt ent-hält auch die Ergebnisse einiger typischer Indexanfragen, auf die dann in den Abschnitten 4 und 5 Bezug genommen wird. Abschnitt 4 zeigt, wie beliebig strukturierte Anfragen mit und ohne Indexe ausgewertet werden können. Abschnitt 5 behandelt abschließend einen Sonderfall, der bedingt, daß die Teilanfragen nicht in jedem Fall vollkommen unabhängig behandelt werden sollten. Abschnitt 6 faßt das Geschriebene noch einmal kurz zusammen und gibt einen kleinen Ausblick.

2. Objektstruktur und Anfragesprache

2.1. Komplexe hierarchisch strukturierte Objekte

Ein komplexes hierarchisch strukturiertes Objekt setzt sich - ähnlich wie komplexe Tupel im NF^2-Relationenmodell - aus einem Wurzelobjekt und direkt und indirekt hierarchisch abhängigen Subobjekten zusammen. Als Wurzelobjekte werden die Objekte bezeichnet, die keinen Vater haben. Dagegen hat jedes Subobjekt genau ein Vaterobjekt. Dies kann entweder ein Wurzelobjekt oder ein anderes Subobjekt sein, so daß sich Objekthierarchien beliebig tief schachteln lassen. Wie im NF^2-Relationenmodell kann ein Subobjekt weder zwei Väter haben, noch kann es ohne Vater existieren.

Jedes Wurzelobjekt und jedes Subobjekt gehört genau einer Objektklasse an, wobei alle Objekte einer Klasse die gleiche Struktur haben. Die Attribute können entweder einen skalaren Typ wie Integer oder String oder sie können Mengen von Subobjekten als Wert haben, wobei dann alle Subobjekte einer Menge der gleichen Klasse angehören müssen. Damit werden Beziehungen zwischen Objekt- und Subobjektklassen über typgebundene Attribute der Vaterobjekte realisiert.

Jedes Wurzelobjekt und jedes Subobjekt soll wie jedes Objekt eines objekt-orientierten Datenbanksystems einen eindeutigen, systemverwalteten Identifier haben, der für den Anwender allerdings unsichtbar bleibt.

Ein Beispiel für die Struktur eines hierarchischen Objektes ist in Abbildung 1 dargestellt (K_ID, A_ID, S_ID und E_ID seien die oben beschriebenen Identifier). Drei Beispielobjekte mit dieser Objektstruktur sind in Abbildung 2 gegeben.

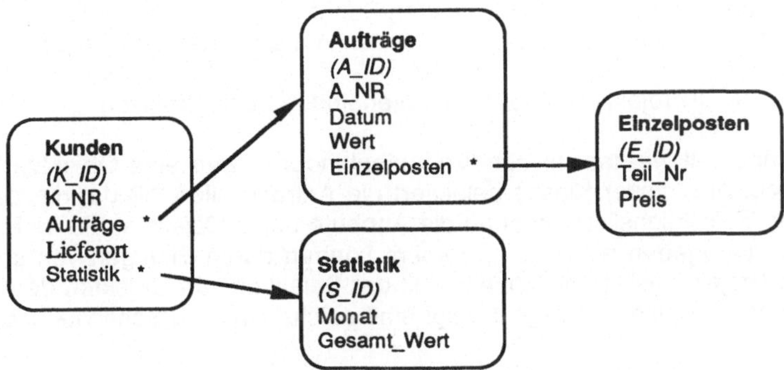

Abb. 1: Beispiel für einen komplexen hierarchisch strukturierten Objekttyp

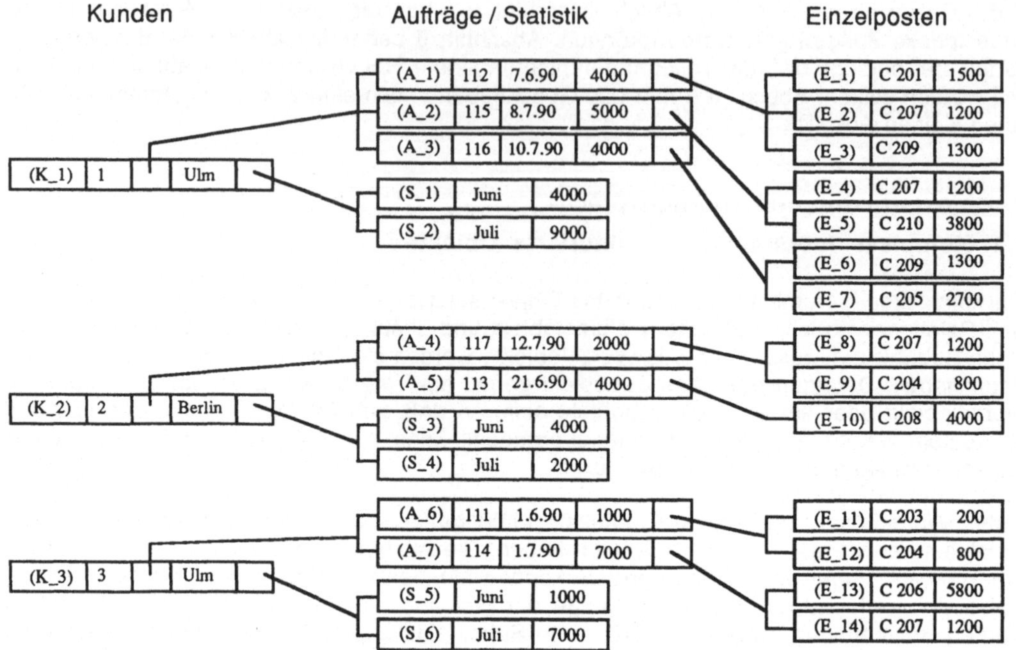

Abb. 2: Mögliche Ausprägungen des hierarchischen Objekttyps in Abbildung 1

2.2. Anfragesprache

In der Anfragesprache können gleichzeitig mit der Selektion von Wurzelobjekten deren direkt oder indirekt abhängigen Subobjekte mit selektiert werden. Es ist nicht notwendig, daß der Benutzer oder ein von ihm geschriebenes Anwendungsprogramm, wie bei einigen objektorientierten Systemen üblich (siehe z.B. [MaSt87]), zuerst Wurzelobjekte aus einer Klasse selektieren muß, um dann erst in einem zweiten Schritt für jedes selektierte Objekt einzeln die benötigten Subobjekte zu bestimmen. Dazu können Anfragen des Grundtyps

{[Projektionsliste] | Variablenbindung und Prädikat}

ineinandergeschachtelt werden. In der "Variablenbindung" wird eine Objektvariable an eine Klasse gebunden. Aus dieser Klasse selektiert die Anfrage alle Objekte, die dem "Prädikat" genügen. In der "Projektionsliste" können die Attribute eines Objektes, die im Ergebnis sichtbar sein sollen, angegeben werden. Außerdem können durch Einfügen von geschachtelten Anfragen in die Projektionsliste gleichzeitig mit der Selektion von Objekten deren Subobjekte mit selektiert werden. Beispielanfrage 1 zeigt eine solche typische Schachtelung.

Beispielanfrage 1:

Zur Vorbereitung einer Werbeaktion werden alle Kunden benötigt, die aus Ulm beliefert werden. Von diesen Kunden sollen die Aufträge, die einen Wert zwischen 2000 und 4000 haben, mit ausgewählt werden. Dabei werden bewußt auch die Kunden mit ausgegeben, die keinen Auftrag zwischen 2000 und 4000 haben.

```
{[  K_Nr:      K.K_Nr,
    Aufträge:  {A | A in K.Aufträge and 2000 ≤ A.Wert ≤ 4000},
    Lieferort: K.Lieferort,
    Statistik: K.Statistik ]

    | K in Kunden and K.Lieferort = 'Ulm'}
```

In dieser Anfrage werden beide Arten der Variablenbindung verwendet, die benötigt werden, um beliebige Selektionen auf komplexen Objekten, wie sie hier definiert sind, auszudrücken. In der äußeren Anfrage wird die Variable an eine Wurzelobjektklasse (hier: Kunden) gebunden. In der inneren Anfrage werden Subobjekte (hier: Aufträge) in Abhängigkeit ihrer Vaterobjekte selektiert.

Anfragen von dem äußeren Typ werden im folgenden als **unabhängige Anfragen** bezeichnet. Sie zeichnen sich dadurch aus, daß Objekte aus solchen Klassen selektiert werden, in denen die Objekte keine Väter haben. Syntaktisch sind diese Anfragen daran zu erkennen, daß kein Vaterobjekt in der Anfrage spezifiziert wird.

Beispiel für die Syntax einer unabhängigen Anfrage:

```
{[ ... ]  |  K in Kunden and ... }
```

Anfragen von dem inneren Typ werden als **abhängige Anfragen** bezeichnet. Sie selektieren Subobjekte aus Subobjektklassen. Da Subobjekte stets von Vaterobjekten abhängen, muß auf diese in der Anfrage Bezug genommen werden. Syntaktisch zeigt sich das daran, daß in diesen Anfragen eine Variable angegeben wird, die das Vaterobjekt enthält, von dem die Subobjekte abhängen.

Beispiel für die Syntax einer abhängigen Anfrage:

```
{[ ... ]  |  A in K.Aufträge and ... }
```

Diese beiden Anfragetypen reichen aus, um hierarchische Objekte zu selektieren und dabei gleichzeitig gezielt Subobjekte auszuwählen. Abhängige Anfragen können dabei beliebig tief geschachtelt werden, so daß sich beliebig tief strukturierte hierarchische Objekte bearbeiten lassen.

3. Architektur des Datenbanksystems

Wie in vielen objekt-orientierten Systemen wird auch im folgenden zwischen dem Objekt- und dem Indexmanager unterschieden. Der Objektmanager speichert die komplexen Objekte persistent, während der Indexmanager die zusätzlichen Zugriffspfade verwaltet.

3.1. Objektmanager

Eine typische systeminterne, funktionale Schnittstelle eines Objektmanagers bietet zum sequentiellen Lesen einzelner Objekte einer Klasse Funktionen der folgenden Art an:

- get_first_object (object_class, projection, out: cursor): object
- get_next_object (object_class, projection, in_out: cursor): object

Nachdem ein Objekt gelesen wurde, steht der zurückgelieferte Cursor noch auf dem Objekt. Er kann anschließend in weiteren Funktionsaufrufen, z. B. von get_next_object, verwendet werden.

Für den direkten Zugriff auf Objekte benötigt man eine Funktion der folgenden Art:

- get_object_by_id (object_class, projection, out: cursor): object

Zusätzlich werden noch Funktionen zum Lesen von Subobjekten in Abhängigkeit zu ihren Vaterobjekten angenommen:

- get_first_subobject   (parent_object_cursor, sub_object_class, projection, out: cursor):
                    subobject
- get_next_subobject (parent_object_cursor, sub_object_class, projection, in_out: cursor):
                    subobject
- get_subobject_by_id   (parent_object_cursor, sub_object_class, projection, out:cursor):
                    subobject

Wie an den Parametern zu erkennen, soll auf Subobjekte nur zugegriffen werden können, nachdem das zugehörige Vaterobjekt gelesen wurde. Hierdurch wird sichergestellt, daß Pfadindexe auf hierarchischen Objekten leicht zu warten sind, da stets ausgehend von einem Wurzelobjekt auf ein Subobjekt zugegriffen wird. Der Pfad eines veränderten Subobjektes, der in einen Index einzutragen ist, ist damit stets bekannt.

Diese Funktionen werden natürlich nicht von einem Anwender oder seinem Programm aus aufgerufen, sondern nur systemintern zur Auswertung der Anfragen verwendet.

3.2. Indexmanager

Im Gegensatz zum Objektmanager, dessen Aufgaben nur angedeutet wurden, muß die Funktionalität des Indexmanagers etwas ausführlicher beschrieben werden, damit die in den Abschnitten 4 und 5 behandelten Auswertungsstrategien verständlich bleiben.

3.2.1. Pfadindexe

Wie in der Einleitung ausgeführt, sind Pfadindexe zur Invertierung von komplexen hierarchisch strukturierten Objekten besonders interessant, da in ihnen auch die Abhängigkeiten zwischen den einzelnen Objekten gespeichert werden. Hierdurch können Anfragen mit wenigen Indexzugriffen ausgewertet werden. Ein Pfadindex, aufgebaut über einem Attribut einer Subobjektklasse, speichert im Gegensatz zu einfachen Indexen nicht nur den Identifier eines indexierten Subobjektes, sondern den ganzen Identifier-Pfad von dem Wurzelobjekt des Subobjektes bis hin zu dem Subobjekt selbst.

Viele Indexstrukturen sind geeignet, Pfadindexe zu implementieren. Und obwohl das Nachfolgende weitestgehend für alle Indexstrukturen gilt, sei hier angenommen, daß B*-Bäume verwendet werden, so daß Annahmen über die Reihenfolge der Indexeinträge in den Indexen gemacht werden können.

Graphisch können Pfadindexe durch Tabellen oder auch als NF^2-Relationen repräsentiert werden. Als Beispiel ist in Abbildung 3 ein Pfadindex für das Attribut "Wert" der Subobjekt-klasse "Aufträge" sowohl als Tabelle wie auch als NF^2-Relation dargestellt.

Wert_Index		
Wert	K_ID	A_ID
1000	K_3	A_6
2000	K_2	A_4
4000	K_1	A_1
4000	K_1	A_3
4000	K_2	A_5
5000	K_1	A_2
7000	K_3	A_7

Wert_Index		
Wert	K_ID	{A_IDs} A_ID
1000	K_3	A_6
2000	K_2	A_4
4000	K_1	A_1
		A_3
	K_2	A_5
5000	K_1	A_2
7000	K_3	A_7

Abb. 3: Pfadindex, dargestellt als Tabelle und NF^2-Relation

Natürlich werden auch Indexe für atomare Attribute einer Wurzelobjektklasse benötigt, wie etwa für das Attribut "Lieferort" der Wurzelobjektklasse "Kunden". Obwohl solche Indexe für Wurzelobjektklassen keine Pfadindexe im eigentlichen Sinne sind, können sie wie in Abbildung 4 als Pfadindexe mit einer Pfadlänge 1 aufgefaßt und ebenfalls als Tabelle oder NF^2-Relation dargestellt werden.

Lieferort_Index	
Lieferort	K_ID
Berlin	K_2
Ulm	K_1
Ulm	K_3

Lieferort_Index	
Lieferort	{K_IDs} K_ID
Berlin	K_2
Ulm	K_1
	K_3

Abb. 4: Index für eine Wurzelobjektklasse

3.2.2. Ergebnis einer Indexanfrage

Bevor der erste Indexeintrag gelesen werden kann, muß dem Indexmanager bekanntgegeben werden, auf welchen Index zuzugreifen und welches Prädikat auszuwerten ist. Der Indexmanager öffnet daraufhin den Index und bereitet das Lesen der Identifier vor. Für das Lesen der Identifier gibt es zwei mögliche Vorgehensweisen. Bei der einen wird bei jedem Aufruf des Indexmanagers der erste bzw. nächste Identifier entsprechend dem vorgegebenen Prädikat bestimmt. Bei der anderen Vorgehensweise werden bereits beim ersten Aufruf des Indexmanagers gleich alle relevanten Identifier ermittelt und zwischengespeichert. Man sagt, das Ergebnis der Indexanfrage wird "materialisiert". Die erste Variante hat den Vorteil, daß das Ergebnis eines Indexzugriffs nicht materialisiert zu werden braucht, wodurch sich die Auswertungskosten reduzieren. Sie wird daher nach Möglichkeit eingesetzt. Die effiziente

Auswertung von Bereichsprädikaten und die in den Abschnitten 4.1.3 und 4.2.3 diskutierten speziellen Auswertungstechniken erfordern jedoch, daß das Ergebnis einer Indexanfrage auch materialisiert werden kann, sollen diese Strategien nicht von vornherein ausgeschlossen werden. Deshalb sollten beide Varianten in einem System vorgesehen werden.

Um die Auswertungsstrategien aber nicht unnötig zu komplizieren, sollte außerhalb des Indexmanagers nicht unterschieden werden müssen, ob ein Indexergebnis materialisiert ist oder nicht. Deshalb wird hier vorgeschlagen, daß der Indexmanager das Ergebnis beide Male in Form einer **virtuellen Relation** zur Verfügung stellt. Hierzu eignen sich insbesondere NF^2-Relationen, da sich in ihnen die Identifier-Pfade bezüglich gemeinsamer Präfixe gruppieren lassen. Damit spiegelt sich in ihnen automatisch auch die Objektstruktur wider. Die NF^2-Relationen, die nach einem Indexzugriff die gefundenen Identifier-Pfade enthalten, werden im folgenden als **Indexergebnisrelationen** (index access result) bezeichnet. Eine virtuelle Indexergebnisrelation könnte nach Zugriff auf den Index für das Attribut "Wert" wie folgt aussehen:

index_access result	
K_ID	{A_IDs}
	A_ID
K_1	A_1
	A_3
K_2	A_5

Abb. 5: Beispiel einer Indexergebnisrelation

Eine Indexergebnisrelation kann sequentiell mit Funktionen wie "get_first_object_id", "get_next_object_id", "get_first_subobject_id" und "get_next_subobject_id" gelesen werden. Sofern die Indexergebnisrelation nicht materialisiert zu werden braucht, simuliert der Indexmanager die NF^2-Ergebnisstruktur durch Verschieben entsprechender Zeiger im Index. Zusätzlich verlangen die in den Abschnitten 4.1.3 und 4.2.3 beschriebenen Auswertungsstrategien die assoziative Suche in einer Indexergebnisrelation. Es bietet sich daher an, diese gegebenenfalls hauptspeicherresident in einer Hashtabelle zu materialisieren, so daß eine zusätzliche Funktion "find_identifier" effizient implementiert werden kann.

3.2.3. Parameter einer Indexanfrage

Um einen Pfadindex voll auszunutzen, reicht es nicht aus, beim Zugriff auf einen Index nur ein einfaches Vergleichsprädikat angeben zu können. Die später entwickelten Strategien setzen voraus, daß auch Adreßprädikate angegeben und die Struktur der Indexergebnisrelationen explizit beeinflußt werden können. Hierzu kann, wie in [ScSc83], eine systeminterne Algebra zur Manipulation von NF^2-Relationen verwendet werden. Mit ihr läßt sich jeder beliebige komplexe Indexzugriff spezifizieren. Die Mächtigkeit des Indexmanagers ist damit allerdings auch wesentlich größer als benötigt.

Um die Funktionalität des Indexmanagers möglichst exakt auf die Bedürfnisse der Auswertungsstrategien abzustellen, wird in diesem Beitrag eine funktionale Schreibweise verwendet. Dazu wird die Funktion **index_access** definiert, deren Parameter so gewählt sind, daß sich durch sie alle Indexergebnisrelationen, die eine der im folgenden beschriebenen Auswertungsstrategien verwenden, beschreiben lassen. Durch diese kompakte Schnittstellendefinition wird erreicht, daß im Indexmanager genau die tatsächlich benötigten Operationen effizient implementiert werden können.

Die Parameter der Funktion "index_access" sind:

```
index_access ( index:              zugegriffener Index,
               predicate:          auzuwertendes Prädikat,
               address_predicate:  zusätzliches Adreßprädikat,
               path_projection:    (Projektion des Adreßpfades),
               associative_access: assoziativer Zugriff auf die Indexergebnisrelation)
```

Ihre Bedeutung wird nun an kurzen Beispielen beschrieben, welche die wichtigsten Anwendungsfälle repräsentieren. Dabei kann ihre Verwendung jedoch teilweise erst gezeigt werden, wenn diskutiert wird, wie Anfragen ausgewertet werden. Gleichzeitig wird noch gezeigt, warum eine Indexergebnisrelation bei Angabe eines Bereichsprädikats materialisiert werden muß.

Der Standardzugriff auf einen Index, bei dem nur ein Prädikat sepzifiziert wird, ohne dabei ein Adreßprädikat anzugeben oder den Identifier-Pfad zu verkürzen, wird mit Indexanfragen des Typs I formuliert.

Indexanfragetyp Ia: Zugriff auf einen einfachen Index mit einfachem Prädikat

Beispielindexanfrage 1:

Es werden alle Identifier der Objekte der Klasse "Kunden" gesucht, die in dem Attribut "Lieferort" den Wert "Ulm" besitzen.

```
index_access ( index:              Lieferort_Index,
               predicate:          Lieferort = Ulm,
               address_predicate:  nil,
               path_projection:    (K_ID),
               associative_access: no);
```

index_access result
K_ID
K_2
K_3

Indexanfragetyp Ib: Zugriff auf einen Pfadindex mit einfachem Prädikat

Beispielindexanfrage 2:

Es werden aus der Subobjektklasse "Aufträge" alle Aufträge gesucht, die einen Wert von 4000 haben. Dabei soll der gesamte Adreßpfad der Subobjekte ausgegeben werden.

```
index_access ( index:              Wert_Index,
               predicate:          Wert = 4000,
               address_predicate:  nil,
               path_projection:    (K_ID, A_ID),
               associative_access: no);
```

index_access result	
K_ID	{A_IDs}
	A_ID
K_1	A_1
	A_3
K_2	A_5

In Indexanfragen des Typs Ib wird von jedem Indexeintrag der gesamte Adreßpfad ausgegeben. Dazu wird in dem Parameter "path_projection" der gesamte Identifier-Pfad spezifiziert. Wird hingegen bei der Anfrageauswertung nur ein Teil des Identifier-Pfades benötigt, weil z.B. ein Existenzprädikat ausgewertet wird, brauchen nur die benötigten Teile des Adreßpfades angegeben zu werden. Insbesondere wenn das Indexergebnis materialisiert werden muß, kann dadurch Speicherplatz eingespart werden.

Indexanfragen vom Typ Ia und Ib können vom Indexmanager, sofern die gefundenen Identifier wie in den Beispielindexanfragen 1 und 2 nur sequentiell gelesen werden sollen (dies wurde durch den Parameter "associative_access: no" angegeben), bearbeitet werden, ohne die Indexergebnisse zu materialisieren. Es reicht aus, wenn der Indexmanager den B*-Baum vorwärts durchläuft und bei jedem Zugriff auf das Indexergebnis interne Positionszeiger in dem B*-Baum vorwärts schiebt. Soll auf das Indexergebnis jedoch assoziativ zugegriffen werden, um z.B. einen Hash-Merge zwischen zwei Indexergebnissen oder eine im folgenden vorgestellte spezielle Technik zur Auswertung von abhängigen Anfragen zu verwenden, erzwingt der Parameter "associative_access: yes", daß der Indexmanager die Indexergebnisrelation in einer Hashtabelle materialisiert. Damit kann auf die Indexergebnisrelation auch mit der oben erwähnten Funktion "find_identifier" zugegriffen werden.

Es gibt auch Fälle, in denen der Indexmanager die Indexergebnisrelationen automatisch materialisieren muß. Dies ist immer dann nötig, wenn die Indexeinträge beim einfachen Durchlaufen des Indexes nicht entsprechend der Präfixe der Identifier-Pfade gruppiert werden können. Diese Situation ist beispielsweise gegeben, wenn Pfadindexe als B*-Bäume realisiert werden und mit ihnen, wie in Beispielindexanfrage 3, ein Bereichsprädikat ausgewertet werden soll. In dem Ergebnis dieser Beispielanfrage müssen die Identifier-Pfade (K_1, A_1), (K_1, A_3) und (K_2, A_4), (K_2, A_5) jeweils zu einer Gruppe zusammengefaßt werden. Beim einfachen Vorwärtsdurchlaufen des B*-Baumes ist dies jedoch nicht möglich, da zwischen den Indexeinträgen (2000, K_2, A_4) und (4000, K_2, A_5) die Indexeinträge (4000, K_1, A_1) und (4000, K_1, A_3) liegen.

Beispielindexanfrage 3:

Es werden alle Auftragssubobjekte mit einem Wert zwischen 2000 und 4000 gesucht. Wie bei Indexanfragen vom Typ I üblich, wird der gesamte Adreßpfad ausgegeben.

```
index_access ( index:              Wert_Index,
               predicate:          2000 ≤ Wert ≤ 4000,
               address_predicate:  nil,
               path_projection:    (K_ID, A_ID),
               associative_access: no);
```

index_access result	
K_ID	{A_IDs}
	A_ID
K_1	A_1
	A_3
K_2	A_4
	A_5

Als letztes ist noch der Parameter "address_predicate" zu behandeln. Dieser wird in Indexanfragen vom Typ II verwendet. Pfadindexe sind über ganze Subobjektklassen aufgebaut. Damit werden bei der Suche mit einem einfachen Prädikat die Identifier aller Subobjekte, die dem Prädikat genügen, gefunden, und zwar unabhängig davon, welches Vaterobjekt sie haben. Werden die Identifier von Subobjekten eines bestimmten Vaters benötigt, muß nach diesen anschließend im Indexergebnis assoziativ gesucht werden. Alternativ kann auch bei der Eröffnung des Indexes die Suche gleich auf die Subobjekte eingeschränkt werden, die diesen Vater haben. Dazu wird in dem Parameter "address_predicate" der Identifier des Vaterobjektes spezifiziert.

Indexanfragetyp II: Zugriff auf einen Index mit zusätzlichem Adreßprädikat

Beispielindexanfrage 4:

Gesucht werden alle Auftragssubobjekte, die Sohn des Kundenobjektes mit dem Identifier "K_1" sind und einen Wert zwischen 2000 und 4000 haben.

index_access (index:	Wert_Index,	index_access result
predicate:	$2000 \leq \text{Wert} \leq 4000$,	
address_predicate:	K_ID = K_1,	A_ID
path_projection:	(A_ID),	A_1
associative_access:	no);	A_3

Da bei Anfragen dieses Typs die Identifier der Vaterobjekte bekannt sind, wird der Identifier-Pfad entsprechend verkürzt. Dazu wird der benötigte Teil des Identifier-Pfades in dem Parameter "path_projection" spezifiziert.

4. Prinzip der Auswertung geschachtelter Anfragen

Nachdem im vorigen Abschnitt der Indexmanager diskutiert wurde, werden nun Auswertungsstrategien, die diesen Indexmanager nutzen, vorgestellt. Dazu wird gezeigt, wie beliebige komplexe Anfragen ausgewertet werden können. Das Grundprinzip ist, jede Anfrage in die unabhängigen und abhängigen Teilanfragen, aus denen sie aufgebaut ist, zu zerlegen und für diese jeweils einzelne Auswertungspläne zu erzeugen. Dabei wird für jede Teilanfrage, egal ob unabhängig oder abhängig, eine Programmschleife konstruiert. Die so erzeugten Programmschleifen werden anschließend entsprechend der Struktur der Gesamtanfrage ineinandergeschachtelt.

Bei der Bestimmung der Strategie, mit der eine konkrete Anfrage ausgewertet werden soll, sind im konkreten Fall natürlich auch Kostenabschätzungen anzustellen. Dazu werden im folgenden jedoch nur einige allgemeine Überlegungen angestellt, aber keine expliziten Kostenformeln entwickelt, da diese insbesondere von den gewählten Speicherungsstrukturen für die Objekte und Indexe beeinflußt werden, von denen hier bewußt abstrahiert wurde.

4.1. Auswertung unabhängiger Anfragen

Die Strategien zur Auswertung unabhängiger Anfragen sind dem Prinzip nach von relationalen Systemen her bekannt [Seli79], [JaKo84].

Eine typische unabhängige Anfrage ist in der Beispielanfrage 1 aus Abschnitt 2.2 gegeben:

```
{[ K_Nr:      K.K_Nr,
   Aufträge:  ... ,
   Lieferort: K.Lieferort,
   Statistik: K.Statistik ]

 | K in Kunden and K.Lieferort = 'Ulm'}
```

Diese Anfrage besitzt ein einfaches Prädikat, das durch einen Index, soweit vorhanden, ausgewertet werden kann. Prinzipiell gibt es drei Möglichkeiten vorzugehen.

4.1.1. Sequentielle Suche

Die sequentielle Suche kommt ohne einen Index aus. In einer Schleife werden alle Objekte einer Objektklasse gelesen und geprüft, ob sie das angegebene Prädikat erfüllen. Dazu werden die beiden Funktionen "get_first_object" und "get_next_object", wie in Abschnitt 3.1 beschrieben, verwendet. Diese Methode ist angemessen, wenn nur Prädikate mit geringer Selektivität spezifiziert wurden oder kein Index vorhanden ist.

4.1.2. Index Scan

Ist ein passender Index vorhanden und soll das Prädikat in der Anfrage mit diesem ausgewertet werden, so wird eine entsprechende Indexanfrage vom Typ Ia spezifiziert. In dem Beispiel würde die Funktion "index_access" wie in Beispielindexanfrage 1 aufgerufen werden. Anschließend werden die Identifier sequentiell aus der Indexergebnisrelation gelesen, und parallel dazu wird mit der Funktion "get_object_by_id" auf die Wurzelobjekte zugegriffen. Sofern das Prädikat es nicht erfordert, wird bei diesem Verfahren das Indexergebnis nicht materialisiert. Dieses Verfahren bietet sich insbesondere bei selektiven Prädikaten an.

4.1.3. Indexzwischenergebnis

Enthält die Anfrage zwei oder mehr Prädikate, die durch Indexe ausgewertet werden sollen, so werden alle Indexergebnisrelationen bis auf eine materialisiert. Dazu wird in den entsprechenden Indexanfragen der Parameter "associative_access" auf "yes" gesetzt. Anschließend werden die Identifier in dem nicht materialisierten Indexergebnis sequentiell gelesen und durch assoziativen Zugriff auf die übrigen Indexergebnisse getestet, ob der Identifier auch in ihnen auftritt. Verschränkt dazu wird auf die Objekte direkt zugegriffen.

4.1.4. Auswertung von Existenzprädikaten

Bis hierhin wurden stets einfache Vergleichsprädikate, die durch Indexe ausgewertet werden sollen, betrachtet. Daneben gibt es noch eine zweite Prädikatsklasse, die Existenzprädikate, die sich ebenfalls sehr gut durch Indexe auswerten lassen. Ein typisches Existenzprädikat wird in Beispielanfrage 2 verwendet.

Beispielanfrage 2:

Zeige alle Kunden, die mindestens einen Auftrag mit einem Wert zwischen 2000 und 4000 erteilt haben.

$\{K \mid K$ in Kunden and $\exists$ (A in K.Aufträge)$: 2000 \leq A.Wert \leq 4000\}$

Hierbei werden alle Objekte gesucht, die mindestens ein Subobjekt mit einer bestimmten Eigenschaft besitzen. Ist ein Index über die entsprechende Subobjektklasse aufgebaut, kann dieser verwendet werden, um eben die Subobjekte mit der Eigenschaft zu selektieren. Zur Auswertung dieser Anfrage kann das Ergebnis der Beispielindexanfrage 3 verwendet werden. Dieses enthält die Identifier aller Kundenobjekte zusammen mit den Auftragssubobjekten, die einen Wert zwischen 2000 und 4000 haben. Die weitere Bearbeitung kann dann mittels des Index-Scans, wie oben beschrieben, erfolgen.

Da bei der Auswertung eines Existenzprädikats mit einem Pfadindex nicht auf die Subobjekte zugegriffen werden muß, bietet es sich an, die Indexergebnisrelation durch Angabe eines entsprechenden Projektionsvektors zu verkleinern. Dies ist insbesondere dann sinnvoll, wenn das Indexergebnis wegen Angabe eines Bereichsprädikats in dem Existenzausdruck materialisiert werden muß. Aus diesem Grund wird ein Existenzprädikat besser mit einer Indexanfrage vom Typ III ausgewertet. Zur Auswertung der Anfrage 2 würde dann die Beispielindexanfrage 5 verwendet werden.

Indexanfragetyp III: Zugriff auf einen Pfadindex mit Verkürzung der Identifier-Pfade

Beispielindexanfrage 5:

Es werden alle Kundenobjekte mit mindestens einem Auftragssubobjekt, das einen Wert zwischen 2000 und 4000 hat, gesucht.

<table>
<tr><td>index_access (index:</td><td>Wert_Index,</td><td>index_access
result</td></tr>
<tr><td>predicate:</td><td>$2000 \leq$ Wert ≤ 4000,</td><td>K_ID</td></tr>
<tr><td>address_predicate:</td><td>nil,</td><td>K_1</td></tr>
<tr><td>path_projection:</td><td>(K_ID),</td><td>K_2</td></tr>
<tr><td>associative_access:</td><td>no);</td><td></td></tr>
</table>

Selbstverständlich lassen sich auch Indexanfragen vom Typ III mit dem Parameter "associative_access: yes" formulieren. Dann kann auf diese Indexergebnisrelationen ebenfalls assoziativ zugegriffen werden, so daß sie bei der Auswertung von mehreren Prädikaten mit mehreren Indexen, wie sie in Abschnitt 4.1.3 beschrieben wurde, orthogonal verwendet werden können.

4.2. Auswertung abhängiger Anfragen

Es folgt nun die Diskussion des wesentlich interessanteren Falls, und zwar die Auswertung abhängiger Anfragen. Diese selektieren stets Subobjekte aus Subobjektklassen in Abhängigkeit von Vater(sub)objekten. Eine typische abhängige Anfrage ist in der Beispielanfrage 1 in Abschnitt 2.2 enthalten:

{A | A in K.Aufträge and $2000 \leq$ A.Wert ≤ 4000}

Die Anfrage selektiert zu einem gegebenen Vaterobjekt K alle Subobjekte A, die ein bestimmtes Prädikat erfüllen. Da das Vaterobjekt durch eine Variable spezifiziert ist, hängt es von der Treffermenge der äußeren Anfrage ab, wie oft die innere (abhängige) Anfrage auszuwerten ist.

Es werden wieder 3 Strategien zur Auswertung einer abhängigen Anfrage vorgestellt. Welche auszuwählen ist, hängt von der Selektivität des Prädikates in der abhängigen Anfrage ab. Zusätzlich ist aber bei Auswahl der zweiten und dritten Strategie auch die jeweilige Anzahl der qualifizierten Vaterobjekte zu beachten.

Die einfachste Strategie ist wieder die sequentielle Suche ohne Verwendung eines Indexes.

4.2.1. Sequentielle Suche

Jedesmal wenn bei Auswertung der äußeren Anfrage ein Objekt K gefunden wurde, wird die abhängige Anfrage ausgewertet. Dazu werden in einer Schleife alle von K abhängigen Subobjekte A sequentiell gelesen und das Prädikat ausgewertet. Implementiert wird diese Schleife unter Verwendung der Funktionen "get_first_subobject" und "get_next_subobject". Nachdem ein Cursor auf das Vaterobjekt K gesetzt wurde, können die Subobjekte mit diesen

Funktionen sequentiell gelesen werden. Dieses Verfahren sollte angewendet werden, wenn in der abhängigen Anfrage ein wenig selektives Prädikat angegeben ist oder kein Index zur Verfügung steht.

Ist das Prädikat in der abhängigen Anfrage hingegen sehr selektiv und existiert ein Pfadindex, der das entsprechende Attribut indexiert, so sollte dieser eingesetzt werden. Dazu kann eine der beiden folgenden Strategien verwendet werden.

4.2.2. Indexzugriff mit Adreßprädikat

Um die nachfolgend beschriebene Strategie besser zu motivieren, werden zunächst zwei äquivalente Schreibweisen für die abhängige Anfrage aus Beispielanfrage 1 in Abschnitt 2.2 gegeben. Diese führen dann unmittelbar zu der beschriebenen Auswertungsstrategie.

(1) $\quad$ {A | A in K.Aufträge and 2000 $\leq$ A.Wert $\leq$ 4000}

(2) $\quad$ <=> {A | A in Aufträge and parent(A) = K and 2000 $\leq$ A.Wert $\leq$ 4000}

(3) $\quad$ <=> {A | A in Aufträge and parent(A).K_ID = K.K_ID and 2000 $\leq$ A.Wert $\leq$ 4000}

In Zeile (1) ist die abhängige Anfrage in der Kalkülschreibweise, wie sie in diesem Beitrag verwendet wird, wiedergegeben. Das Vaterobjekt K, von dem die selektierten Subobjekte A abhängen sollen, wird dabei in einem Term "A in K.Subobjektklasse" spezifiziert. Es ist stets in einer äußeren Anfrage gebunden. In der zweiten und dritten Darstellungsform ist dieser Zusammenhang zwischen dem Vaterobjekt und seinen Subobjekten explizit als Prädikat ausgedrückt. Diese Darstellungen implizieren, daß Subobjekte unabhängig von ihrem Vaterobjekt aus Subobjektklassen gelesen werden, wobei dann beide Prädikate explizit überprüft werden müssen.

Nach diesem Prinzip wird vorgegangen, wenn die Auswertungsstrategie **Indexzugriff mit Adreßprädikat** verwendet wird. In dieser Strategie wird eine Indexanfrage vom Typ II verwendet. In ihr wird neben dem normalen Prädikat zusätzlich der Identifier des Vaterobjektes, für das die abhängige Anfrage aktuell auszuwerten ist, als Adreßprädikat mit angegeben. Beispielsweise würde zur Auswertung der obigen abhängigen Anfrage für das Vaterobjekt "K_1" die Beispielindexanfrage 4 formuliert werden. Diese Indexanfrage selektiert genau die Identifier der Subobjekte, die dem Prädikat genügen und die das Vaterobjekt "K_1" haben. Die Verwendung des Identifiers des Vaters als zusätzliches Prädikat ist notwendig, da Pfadindexe über ganze Subobjektklassen aufgebaut sind. Daher liefern die Indexe prinzipiell die Identifier aller Subobjekte zurück, die das angegebene Prädikat erfüllen, unabhängig davon, welchen Vater die Subobjekte haben.

Hier zeigt sich der entscheidende Vorteil von Pfadindexen gegenüber solchen Indexen, die nur den Attributwert und den Identifier eines Subobjektes speichern. Da in diesen Indexen der Zusammenhang zwischen den Subobjekten und ihren Vaterobjekten verlorengeht, muß nach einem Indexzugriff noch geprüft werden, welche der gefundenen Subobjekte den Vater besitzen, für den gerade die abhängige Anfrage ausgewertet wird. Hier gibt es entweder die Möglichkeit, einen weiteren Link-Index zu führen, der den Zusammenhang zwischen Objekt und Subobjekt enthält, oder explizit durch Zugriff auf das Vaterobjekt oder die Subobjekte zu prüfen, ob die entsprechende Beziehung besteht. Im Regelfall ist dabei davon auszugehen, daß die Mehrzahl der gefundenen Subobjekte nicht dem Vater angehören, für den die abhängige Anfrage ausgewertet wird. Dadurch kommt es zu vielen negativen Tests.

Der Vorteil der Strategie **Indexzugriff mit Adreßprädikat** unter Verwendung eines Pfadindexes ist, daß eine abhängige Anfrage, die für ein Vaterobjekt K ausgewertet werden soll, mit einem Zugriff auf einen Index ausgewertet werden kann. Der Index liefert genau die Identifier der Subobjekte zurück, die das Prädikat erfüllen und die Subobjekte des Vaters sind, für den die Anfrage ausgewertet wird. Es ist nicht nötig, das Ergebnis der Indexanfrage weiter aufzuarbeiten. Der Nachteil ist, daß der Index für jedes Vaterobjekt K, für das die abhängige Anfrage auszuwerten ist, einzeln angefragt werden muß. Dies ist insbesondere dann unökonomisch, wenn sich in der äußeren Anfrage viele oder gar alle Objekte qualifizieren, also dort ein wenig selektives Prädikat verwendet wird. In diesem Fall kommt es zu sehr vielen Indexaufrufen. Deshalb sollte dieses Verfahren nur dann eingesetzt werden, wenn sich in der übergeordneten Anfrage wenige Vaterobjekte qualifizieren und damit die abhängige Anfrage nicht zu häufig auszuwerten ist.

Qualifizieren sich in der äußeren Anfrage hingegen viele Objekte, ist es besser, die als nächstes beschriebene Strategie zu verwenden.

4.2.3. Indexauswertung mit Indexzwischenergebnis

Diese Methode verwendet wieder Indexanfragen vom Typ I. Der Pfadindex wird nur mit dem normalen Prädikat ohne das Adreßprädikat aufgerufen. Er liefert dann die Identifier-Pfade aller Subobjekte zurück, die das normale Prädikat erfüllen, und zwar unabhängig davon, welchem Vaterobjekt die Subobjekte angehören. Für die betrachtete abhängige Anfrage würde der Indexmanager entsprechend Beispielindexanfrage 3 aufgerufen werden. Allerdings muß der Parameter "associative_access" mit "yes" initialisiert werden.

Soll nun die abhängige Anfrage für ein bestimmtes Vaterobjekt K ausgewertet werden, müssen in der Indexergebnisrelation die Subobjekte, deren Vater K ist, gesucht werden. Dieser Suchvorgang ist sehr schnell, wenn die Indexergebnisrelation in einer Hashtabelle materialisiert wurde. Sofern diese eine NF^2-Struktur hat, werden mit einem assoziativen Zugriff alle Identifier der Subobjekte gefunden, die einen gemeinsamen Vater haben.

Der Vorteil dieses Verfahrens ist, daß der Pfadindex nur einmal vor der ersten Auswertung der abhängigen Anfrage angefragt werden muß. Danach muß zur Auswertung der abhängigen Anfragen nur noch assoziativ auf die Indexergebnisrelation zugegriffen werden. Der Nachteil ist, daß die Indexergebnisrelation auch Identifier solcher Subobjekte enthält, deren Väter sich in der äußeren Anfrage nicht qualifizieren. Es ist daher insbesondere dann sinnvoll einzusetzen, wenn sich in der äußeren Anfrage viele oder alle Objekte der angefragten Klasse qualifizieren.

4.3. Transformation komplexer Anfragen

Nachdem in den Abschnitten 4.1 und 4.2 Strategien zur Auswertung unabhängiger und abhängiger Anfragen beschrieben wurden, wird nun gezeigt, wie für die einzelnen Teilanfragen, aus denen komplexe Anfragen aufgebaut sind, schrittweise Strategien ausgewählt werden können. Dazu betrachten wir eine Erweiterung der Beispielanfrage 1.

Beispielanfrage 3:

Von den Kunden, die aus Ulm beliefert werden, sollen die Aufträge mit einem Wert zwischen 2000 und 4000 und die bei diesen Aufträgen bestellten Teile "C 207" ausgegeben werden. Außerdem werden von diesen Kunden nur die Statistiken des Monats Juli benötigt.

```
{[  K_Nr:       K.K_Nr,
    Aufträge:   {[  A_Nr:        A.A_Nr,
                    Datum:       A.Datum,
                    Wert:        A.Wert,
                    Einzelposten:  {E | E in A.Einzelposten and E.Teil_Nr = 'C 207'}⁴]
                 |  A in K.Aufträge and 2000 ≤ A.Wert ≤ 4000}²,
    Lieferort:  K.Lieferort,
    Statistik:  {S | S in K.Statistik and S.Monat = 'Juli'}³]

 |  K in Kunden and K.Lieferort = 'Ulm'}¹
```

Diese Beispielanfrage ist aus der äußeren unabhängigen Teilanfrage 1 und den drei abhängigen Teilanfragen 2, 3 und 4 aufgebaut. Entsprechend wird die Auswertungsstrategie für die Gesamtanfrage in vier Schritten festgelegt.

Schritt 1: Auswahl einer Strategie für die unabhängige Teilanfrage 1 entsprechend Abschnitt 4.1.

Schritt 2: Auswahl einer Strategie für die abhängige Teilanfrage 2 entsprechend Abschnitt 4.2.

Schritt 3: Auswahl einer Strategie für die abhängige Teilanfrage 3. Dabei stehen die Strategien "Indexzugriff mit Adreßprädikat" und "Indexauswertung mit Indexzwischenergebnis" nur zur Verfügung, wenn ein weiterer Pfadindex für das Attribut "Monat" der Statistikobjekte existiert.

Schritt 4: Bestimmung einer Strategie für Teilanfrage 4. Auch zur Auswertung von Teilanfragen in der zweiten und jeder weiteren Schachtelungstiefe können die drei Strategien für abhängige Anfragen eingesetzt werden, und zwar unabhängig davon, welche Strategien für die übergeordneten Teilanfragen gewählt wurden. In dem Beispiel erfordert dies einen Pfadindex auf dem Attribut "Teil_Nr" der Einzelpostenobjekte, soll nicht nur die sequentielle Suche eingesetzt werden können. Wird die Teilanfrage 4 schließlich mit der Strategie "Indexzugriff mit Adreßprädikat" ausgewertet, wird in den entsprechenden Indexanfragen vom Typ II neben dem normalen Prädikat noch der Identifier des Auftragssubobjektes A, für das die Teilanfrage 4 aktuell auszuwerten ist, angegeben. Wird hingegen für die Teilanfrage 4 die Strategie "Indexauswertung mit Indexzwischenergebnis" gewählt, wird einmal eine Indexanfrage vom Typ I ausgewertet. Bei der anschließenden Auswertung der Teilanfrage 4 für ein konkretes Auftragsobjekt A wird ganz normal in dem Indexergebnis assoziativ nach den Identifiern der Einzelpostenobjekte gesucht, die von dem Auftragsobjekt A abhängen. Dabei braucht das Kundenobjekt, von dem das Auftragsobjekt wiederum abhängt, nicht spezifiziert zu werden. Da Subobjekte stets nur einen Vater haben, ist die assoziative Suche in dem Ergebnis eindeutig. Analoges gilt auch bei Auswertung der Teilanfrage mit der Strategie "Indexauswertung mit Adreßprädikat".

5. Hierarchische Selektion

In Abschnitt 4 wurde beschrieben, wie sich komplexe Anfragen mit und ohne Pfadindexen auswerten lassen. Dabei konnte unabhängig für jede Teilanfrage einer Gesamtanfrage eine Auswertungsstrategie gewählt werden. Erst nachdem für alle Teilanfragen Strategien gewählt wurden, wird der Auswertungsplan für die Anfrage erzeugt. Der Vorteil dieses Vorgehens ist, daß es auch beim Vorliegen komplexer Anfragen angewendet werden kann. Ein Spezialfall wird dabei jedoch nicht hinreichend gut behandelt. Es kann passieren, daß ein Index zur Auswertung von zwei ineinandergeschachtelten Anfragen zweimal unabhängig voneinander mit dem gleichen Prädikat zugegriffen wird. Dies ist immer dann der Fall, wenn in der äußeren von beiden Anfragen ein Existenzprädikat verwendet wird, welches das gleiche Vergleichsprädikat wie die innere Anfrage enthält. Ein typisches Beispiel hierfür ist die Beispielanfrage 4:

Beispielanfrage 4:

Zeige alle Kunden mit mindestens einem Auftrag mit einem Wert zwischen 2000 und 4000. Von diesen Kunden zeige genau die Aufträge mit einem Wert zwischen 2000 und 4000.

```
{[  K_Nr:     K.K_Nr,
    Aufträge:  {A | A in K.Aufträge and 2000 ≤ A.Wert ≤ 4000},
    Lieferort: K.Lieferort,
    Statistik: K.Statistik ]

 | K in Kunden and ∃ (A' in K.Aufträge): 2000 ≤ A'.Wert ≤ 4000 }
```

Dieser Anfragetyp sei hier als hierarchische Selektion bezeichnet. Syntaktisch ist die hierarchische Selektion leicht daran zu erkennen, daß in der äußeren Anfrage ein Existenzprädikat

$$\exists (A' \text{ in } K.Subobjektklasse): P(A')$$

benutzt wird, in dem das gleiche Prädikat "P" wie in der inneren abhängigen Anfrage

$$\{A \mid A \text{ in } K.Subobjektklasse \text{ and } P(A)\}$$

verwendet wird, wobei die Subobjektvariablen A und A' an die gleichen Subobjektklassen gebunden sind.

Diese Anfragen können entsprechend den Strategien aus Abschnitt 4 ausgewertet werden. Zur Auswertung der äußeren Anfrage würde dann die Beispielindexanfrage 5 vom Typ I formuliert werden. Die innere Anfrage würde mit dem Ergebnis von Beispielindexanfrage 3 oder 4 ausgewertet werden. Dieses Vorgehen ist allerdings insofern ungeschickt, da sich die Beispielindexanfrage 5 und die Beispielindexanfrage 3 bzw. 4 nur in den Projektionsvektoren und eventuell dem Adreßprädikat unterscheiden, nicht aber in dem eigentlichen auszuwertenden Prädikat. Zur Auswertung der beiden Indexanfragen muß der Indexmanager zweimal auf die gleichen Indexeinträge zugreifen.

Die bessere Strategie ist im Fall der hierarchischen Selektion, das Existenzprädikat und das Prädikat in der inneren Anfrage mit einem einzigen Indexzugriff vom Typ I auszuwerten. In dem Beispiel wäre vor Auswertung der äußeren Anfrage der Index entsprechend Beispielindexanfrage 3 zuzugreifen. Das Ergebnis der Indexanfrage enthält genau die Identifier der Wurzel- und Subobjekte, die zur Auswertung der gesamten Anfrage benötigt werden. Die äußere Anfrage wird bei diesem Vorgehen entsprechend dem Index-Scan-Verfahren ausgewertet. Nachdem ein Kundenobjekt-Identifier gelesen wurde, wird auf das Kundenobjekt zugegriffen. Die innere Anfrage muß jeweils ausgewertet werden, nachdem ein Kundenobjekt gelesen wurde. Hierbei wird entsprechend dem Prinzip "Indexauswertung mit Indexzwischenergebnis" vorgegangen. Es ist jedoch nicht nötig, assoziativ auf die Indexergebnisrelation zuzugreifen, da durch das Lesen des Kunden-Identifiers bereits bekannt ist, welche Auftrags-Identifier in der Indexergebnisrelation zu verwenden sind. An dieser Stelle wird ein weiterer Vorteil dieses Vorgehens deutlich. Da auf die Indexergebnisrelation nicht assoziativ zugegriffen wird, braucht diese, sofern es das auszuwertende Prädikat erlaubt, nicht materialisiert zu werden.

6. Zusammenfassung und Ausblick

Sollen objekt-orientierte Datenbanksysteme in der Praxis akzeptiert werden, müssen komplexe Anfragen, die beliebige Teile komplexer Objekte selektieren, formuliert und dann vom System automatisch transformiert und effizient ausgewertet werden können. Dazu wurde in diesem Beitrag ein abgestimmtes Zusammenspiel zwischen dem Indexmanager, der Pfadindexe verwaltet, und geeigneten Auswertungsstrategien, die diesen Indexmanager effizient nutzen, vorgestellt.

In dem vorgestellten Konzept spielt die Funktionalität des Indexmanagers eine wesentlich größere Rolle als in relationalen Systemen. Der Indexmanager sucht nicht nur Indexeinträge, die einem einfachen Prädikat genügen, sondern wertet auch Adreßprädikate aus und stellt das Resultat einer Indexanfrage in einer situationsabhängigen, internen NF^2-Repräsentation dar, die bei Bedarf neben dem sequentiellen auch den assoziativen Zugriff auf Indexergebnisse erlaubt.

Darauf aufbauend wurde dann gezeigt, wie komplexe Anfragen unter Verwendung des Indexmanagers effizient ausgewertet werden können. Das Prinzip ist, komplexe Anfragen in die wesentlich einfacher strukturierten unabhängigen und abhängigen Teilanfragen zu zerlegen und für diese jeweils separat Auswertungsstrategien auszuwählen. So ist sichergestellt, daß bei der Anfragetransformation automatisch erkannt werden kann, welche der diskutierten Strategien in den einzelnen Fällen eingesetzt werden können. Dabei konnten zur Auswertung unabhängiger Anfragen Strategien aus relationalen Systemen übernommen werden. Zur Auswertung von Existenzprädikaten und abhängigen Anfragen wurden neue Strategien wie "Indexzugriff mit Adreßprädikat" und "Indexauswertung mit Indexzwischenergebnis" vorgestellt. Das Ergebnis dieses Gesamtkonzepts ist, daß auch für komplexe Anfragen Auswertungspläne, die Indexe verwenden, vom System automatisch erzeugt werden können.

Ziel der weiteren Arbeiten ist die Entwicklung geeigneter Kostenformeln in Abhängigkeit der gewählten Speicherungsstrukturen für Objekte und Indexe für die Bestimmung der optimalen Ausführungsstrategie im Kontext allgemeiner, objekt-orientierter Datenmodelle.

Danksagung

Wichtige Vorarbeiten für diesen Beitrag entstanden während der Mitarbeit von U. Keßler als Gastwissenschaftler im AIM-Projekt des Wissenschaftlichen Zentrums Heidelberg der IBM Deutschland GmbH. In diesem Zusammenhang sei allen Mitarbeitern dieser Abteilung für die gute Zusammenarbeit und die vielen Anregungen gedankt. Ein ganz besonderer Dank gilt Herrn K. Küspert für die vielen fruchtbaren Diskussionen und guten Ideen, die halfen, das beschriebene Konzept zu entwickeln.

Literatur

[Banc88]   F. Bancilhon, G. Barbedette, V. Benzaken, C. Delobel, S. Gamerman, C. Lécluse, P. Pfeffer, P. Richard, F. Velez: *The Design and Implementation of O2, an Object-Oriented Database System.* Proc. of 2nd Int. Workshop on Object-Oriented Database Systems, Bad Münster, September, in: Advances in Object-Oriented Database Systems, (K. R. Dittrich, Ed.), Springer-Verlag, Lecture Notes in Computer Science 334, pp. 1-22, 1988.

[BeKi89]   E. Bertino, W. Kim: *Indexing Techniques for Queries on Nested Objects.* IEEE Transactions on Knowledge and Data Engineering, June, Vol. 1, No. 2, pp. 196-214, 1989.

[Dada86]   P. Dadam, K. Küspert, F. Andersen, H. Blanken, R. Erbe, J. Günauer, V. Lum, P. Pistor, G. Walch: *A DBMS Prototype to Support Extended NF^2-Relations: An Integrated View on Flat Tables and Hierarchies.* ACM SIGMOD Proc. of Int. Conference on Management of Data, Washington, May 28 - 30, pp. 356-367, 1986.

[JaKo84]   M. Jarke, J. Koch: *Query Optimization in Database Systems.* ACM Computing Surveys, Vol. 16, No. 2, June, pp. 111-152, 1984.

[KeMo90]   A. Kemper, G. Moerkotte: *Access Support in Object Bases.* ACM SIGMOD Proc. of Int. Conference on Management of Data, Atlantic City, May 23 - 25, pp. 364-374, 1990.

[KeMo90a] A. Kemper, G. Moerkotte: *Advanced Query Processing in Object Bases Using Access Support Relations.* Manuskript Universität Karlsruhe.

[Kim89]   W. Kim, N. Ballou, H.-T. Chou, J.F. Garza, D. Woelk: *Features of the Orion Object-Oriented Database.* Object-Oriented Concepts, Databases, and Applications, Addison-Wesley Publishing Company, (W. Kim, F. H. Lochovsky, Eds.), pp. 251-282, 1989.

[MaSt86]   D. Maier, J. Stein: *Indexing in an Object-Oriented DBMS.* Proc. of Int. Workshop on Object-Oriented Database Systems, (K. Dittrich, U. Dayal, Eds.), California, September, pp. 171-182, 1986.

[MaSt87]   D. Maier, J. Stein: *Development and Implementation of an Object-Oriented DBMS.* Research Directions in Object-Oriented Programming, MIT Press, (B. Shriver, P. Wegner, Eds.), pp. 355-392, 1987.

[PiTr86]   P. Pistor, R. Traunmüller: *A Database Language for Sets, Lists and Tables.* Information Systems, Vol. 11, No. 4, pp. 323-336, 1986.

[RoKS88]   M.A. Roth, H.F. Korth, A. Silberschatz: *Extended Algebra and Calculus for Nested Relational Databases.* ACM Transactions on Database Systems, Vol. 13, No. 4, pp. 389-417, 1988.

[ScSc83]   H.-J. Schek, M. Scholl: *Die NF^2-Relationenalgebra zur einheitlichen Manipulation externer, konzeptueller und interner Datenstrukturen.* Sprachen für Datenbanken, (J. W. Schmidt, ed.), Springer-Verlag, Informatik-Fachberichte 72, pp. 113-133, 1983.

[ScSc86]   H.-J. Schek, M. H. Scholl: *The Relational Model with Relation-Valued Attributes.* Information Systems, Vol. 11, No. 2, pp. 137-147, 1986.

[ScWe87]   H.-J. Schek, G. Weikum: *DASDBS Konzepte und Architektur eines neuartigen Datenbanksystems.* Informatik Forschung und Entwicklung, (A. Endres, Ed.), Springer Verlag, No. 2, pp. 105-121, 1987.

[Seli79]   P.G. Selinger, M.M. Astrahan, D.D. Chamberlin, R.A. Lorie, T.G. Price: *Access Path Selection in a Relational Database Management System.* ACM SIGMOD Proc. of Int. Conference on Management of Data, Boston, May 30 - June 1, pp. 23-34, 1979.

[Vald87]   P. Valduriez: *Join Indices.* ACM Transactions on Database Systems, Vol. 12, No. 2, pp. 218-246, 1987.

PADKOM
Ein objektorientiertes, verteiltes Datenmodell für medizinische Anwendungen

Ralf-Detlef Kutsche[1]
Projektgruppe Medizin Informatik
am Deutschen Herzzentrum Berlin und an der Technischen Universität Berlin
Voltastraße 5, Geb. 10, Aufg. 1
D-1000 Berlin 65

Zusammenfassung

Dieser Bericht gibt einen Überblick über die derzeitige Entwicklung eines Patientendatenverwaltungs- und Kommunikationssystems (PADKOM) am Deutschen Herzzentrum Berlin. Den Schwerpunkt bildet hier der Entwurf eines objektorientierten, verteilten Datenmodells, das den spezifischen Belangen komplexer medizinischer Applikationen Rechnung trägt, speziell der Integration verschiedener multimedialer Daten in eine einheitliche Arbeitsumgebung. Wir unterstützen dabei eine offene Systemarchitektur und nutzen die Vorteile objektorientierten Designs aus. Für die Strukturierung unserer Objektwelt entwickeln wir die klassischen objektorientierten Begriffsbildungen konsequent weiter und ermöglichen damit größere Allgemeinheit bzgl. der Klassenbildung und Vererbungskonzepte wie auch weitere Strukturierungsmöglichkeiten. Für diese Ansätze geben wir eine mathematische Präzisierung an.

Abstract

This paper describes the development of a software system at the Deutsches Herzzentrum Berlin, in order to organize and communicate clinical patient data. Our main topic is the design of an object oriented and distributed data model which integrates the different kinds of multimedia data into a uniform environment, and thus supports the clinical staff in complex medical applications. Our design supplies an open systems architecture and incorporates the advantages of the object oriented software paradigm. In structuring our object world, we have to develop the classical concepts towards greater abstractness, because we need more general concepts of classification and inheritance. We introduce a mathematical definition of some of our ideas.

---

[1] Diese Arbeit entstand im Rahmen des PADKOM-Projekts (PAtientenDaten-KOMmunikation) in der Projektgruppe Medizin Informatik (PMI) am Deutschen Herzzentrum Berlin (DHZB) und der Technischen Universität Berlin (TUB). Das PADKOM-Projekt wird als Teil des BERKOM-Projekts (BERliner KOMmunikationssystem) gefördert von der Deutschen Telepost Consulting GmbH (DETECON).

This work was performed as part of the PADKOM project (*PAtientenDaten-KOMmunikation*) in the *Projektgruppe Medizin Informatik* (PMI) of the *Deutsches Herzzentrum Berlin* (DHZB) and the *Technische Universität Berlin* (TUB). Being part of the BERKOM project (*BERliner KOMmunikationssystem*), PADKOM is supported by the *Deutsche Telepost Consulting GmbH* (DETECON).

Übersicht

1   Einleitung

1.1   Das PADKOM-Projekt am Deutschen Herzzentrum Berlin

Das Deutsche Herzzentrum Berlin ist eine Spezialklinik für alle Arten schwerer Herzerkrankungen. Herztransplantationen oder Bypässe an Blutgefäßen werden hier im chirurgischen Bereich ebenso durchgeführt wie Katheterisierungen und Ballon-Dilatationen in der kardiologischen Abteilung des Hauses. Inmitten dieses hochspezialisierten medizinischen Apparates gibt es eine Reihe intelligenter und elaborierter, jedoch voneinander isolierter und stark heterogener Computerlösungen für spezielle Aufgaben (vgl. auch die PADKOM-Arbeitsberichte [OP 89] und [FO 89]), beispielsweise

- die Patientendatenverwaltung (ein Softwaresystem namens BAIK)
- die Patienten-Intensivpflege-Überwachung (ein anderes System, GISY)
- die digitale Nachbehandlung von Herzkatheterfilmen.

Es gibt jedoch (fast) keinen Datentransfer zwischen diesen Systemen und viele typische Daten (wie etwa Name, Alter oder Aufnahmedatum eines Patienten) werden mehrfach aufgezeichnet. Die meisten Informationen über Patienten – etwa Protokolle, Anforderungs- und Befundformulare, Ausdrucke medizinischer Geräte – existieren derzeit noch immer in Papierform und werden durch Transport dieser Unterlagen oder in einigen Fällen sogar mündlich von einem Ort zum anderen übertragen und in den Patientenakten gesammelt und archiviert.

Ziel des PADKOM-Projekts ist die Entwicklung eines Software-Systems, das auf der Basis leistungsfähiger Workstations und geeigneter Kommunikationsnetzwerke die Integration aller Arten von benötigten Daten und deren Kommunikation sowohl innerhalb der Herzzentrums als auch mit anderen Spezialkliniken ermöglicht. Dies schließt unter anderem gewöhnliche Texte, Datentabellen, Diagramme, Bitmap-Graphiken, Filme und akustische Signale – kurz: alle in *Multimedia-Dokumenten* üblichen Informationstypen – in einem einheitlich organisierten System ein.

Für die Entwicklung eines solchen Systems von der abstrakten Modellierungsebene bis hin zur konkreten Rechner-Implementierung von Dokumenten und assoziierten Bearbeitungsmethoden sowie von komplexer Verwaltungsfunktionalität bietet sich ein objektorientiertes Design an. Die Gründe dafür liegen sowohl in der medizinischen Organisationsstruktur dieser Dokumente – deren logischer Zuordnung zu Patienten, Untersuchungen etc. – als auch in den außerordentlichen Datenschutzanforderungen bzgl. solcher hochsensiblen Personendaten. In diesem Sinne ist im Jahre 1989 von der Projektgruppe Medizin Informatik mit Unterstützung zahlreicher Mitarbeiter/innen des Herzzentrums eine dokumentenorientierte Systemanalyse durchgeführt worden [Eim et al. 89a, 89b], die den Ist-Zustand der zentralen Bereiche wiedergibt und ansatzweise Soll-Konzepte entwirft.

1.2   Objektorientiertes Design: der klassische Ansatz

Objektorientierte Konzepte sowohl auf der Modellierungsebene wie auch auf der Ebene von Rechnersystemen und Programmiersprachen sind in den vergangenen Jahren in der wissenschaftlichen Literatur ausführlich unter Betonung verschiedenster Aspekte diskutiert worden, vgl. etwa [GR 83], [Cox 87], [SW 87], [Pok 88], [BGM 89], [REX 90] und [RK 90]. Wir stellen hier nur kurz einige für uns wesentliche Grundsätze und Aspekte des klassischen objektorientierten Ansatzes dar, um später dann unsere Modellierung daran erläutern bzw. davon abgrenzen zu können. Folgende Grundprinzipien charakterisieren den Kern eines objektorientierten Systems:

- Modularisierung durch Objekte als Einheit von Daten und Funktionen
- Daten-Abstraktion (*Data Abstraction, Information Hiding, Encapsulation*)
- Wiederverwendbarkeit von Programmcode (*Re-Usability / Sharing of code*)

Wegner – vgl. etwa [Weg 86] und [Weg 87] – gibt eine heutzutage weitgehend anerkannte und relativ präzise Charakterisierung der Begriffe in diesem Bereich mit seinen *Dimensionen beim Entwurf objektbasierter Sprachen*:

- Objekte
- Klassen
- Vererbung
- Daten-Abstraktion
- strikte Typisierung von Daten
- Nebenläufigkeit von Prozessen
- Persistenz von Objekten

Diese "Dimensionen" spannen für Wegner den Raum objektbasierter Sprachen auf. Wegner führt aus, daß jede Dimension in Relation zu einem unterschiedlichen Aspekt des operationalen Verhaltens eines

Software-Systems steht: *Objekte* sind autonome Einheiten, die auf Nachrichten oder Operationen reagieren und einen *Zustand* besitzen, der vollständig durch ihre *privaten Daten* charakterisiert ist und nur durch ihre eigenen Funktionen (*Methoden*) verändert werden kann. *Klassen* gruppieren Objekte nach ihren gemeinsamen Methoden. *Vererbung* dient der Klassifizierung von Klassen durch ihr gemeinsames Verhalten und der Wiederverwendbarkeit von Programmcode. *Daten-Abstraktion* verbirgt die objektinterne Darstellung der Daten und die Implementierung der Operationen. Die *strikte Typisierung* von Daten unterwirft die Anwendbarkeit von Methoden statischen Beschränkungen, sowohl innerhalb als auch zwischen Objekten. Die *Nebenläufigkeit* von Prozessen ermöglicht Objekten, neben anderen Objekten zu arbeiten und auch interne Parallelität zu haben. *Persistenz* erlaubt Objekten über Applikationen hinaus zu existieren.

2   Objekte und die Objektwelt: der PADKOM-Ansatz

Wegners Charakterisierung objektorientierter Systeme trifft auch auf den PADKOM-Ansatz in wesentlichen Punkten zu. Eine adäquate und hinreichend allgemeine Modellierung der PADKOM-Objekte zwingt uns aber an einer zentralen Stelle, einen allgemeineren Objektbegriff zugrundezulegen als dies im klassischen Ansatz getan wird:

Objektklassen werden typischerweise identifiziert durch eine Menge von Methoden assoziiert mit Datenvariablen. Diese Klassen dienen als Muster zur Erzeugung von *Objekten als Instanzen einer Klasse*, in denen die Datenvariablen dann mit konkreten Werten instantiiert werden. Die abstrakte Beschreibung des Datenmodells vollzieht sich auf der Klassenebene. Dort werden Unterklassen eingeführt und Vererbung von Methoden beschrieben. Konkrete Objekte können dann nur noch Instanzen einer solchen Klasse sein, d. h. die dynamische Veränderung des Bestandes an Objekten muß sich grundsätzlich im vergleichsweise statischen Rahmen des gegebenen Klassensystems abspielen. Dieser zweidimensionale Ansatz *Klasse – Unterklasse* vs. *Klasse – Instanz* ist für unsere Zwecke unzureichend und wird bei uns durch eine Modellierungsdimension *Objekt – Objektspezialisierung* ersetzt, die wesentlich allgemeiner ist und den zuvor zitierten Ansatz als Spezialfall abwirft.

2.1   Ein Objektbeispiel

Wir erläutern unser Objektmodell anhand der Struktur eines einfachen Geschäftsbriefes, der später weiter spezialisiert wird. Dieser Brief möge beispielsweise eine Struktur sein, die aus den in der Abbildung 1 skizzierten Komponenten besteht. Manche von diesen Komponenten sind wiederum unterstrukturiert in weitere Komponenten, usw.

Für das Objekt als Ganzes werden bestimmte Funktionalitäten bereitgestellt wie etwa

- Drucken,
- (elektronisch) Versenden,
- Archivieren

und noch weitere, für seine einzelnen Komponenten ebenfalls:

So wird für das *Datum* beispielsweise automatisch das aktuelle Tagesdatum eingesetzt, sprich: es besteht eine *Referenz* auf ein System-Datumsobjekt, gleichzeitig werden aber Funktionalitäten zur (textuellen) Änderung oder Wahl des Datumformats bereitgehalten.

Absender und *Ansprechpartner* nebst *Telefon-Nummer* werden in ähnlicher Weise aus den Informationen über den aktuellen System-Benutzer automatisch generiert mit entsprechenden Modifikationsmöglichkeiten, falls die Sekretärin für ihren Chef einen Brief schreibt.

Die Komponente *Adresse* stellt eine Funktionalität zur Suche in einem Adress-Verzeichnis zur Verfügung, unter Verwendung bereits eingetragener Inhalte der Komponenten Name und Institution. Die Komponente *Straße bzw. Postfach* ermöglicht wahlweise die Adressierung per Straße oder per Postfach-Nummer.

Alle textuellen Komponenten beinhalten komfortable Text- und Style-Editoren, der *Briefinhalt* und die *Anlageliste* spezielle Methoden zur Integration von Graphik- und Bild-Dokumenten und viele andere nützliche Features.

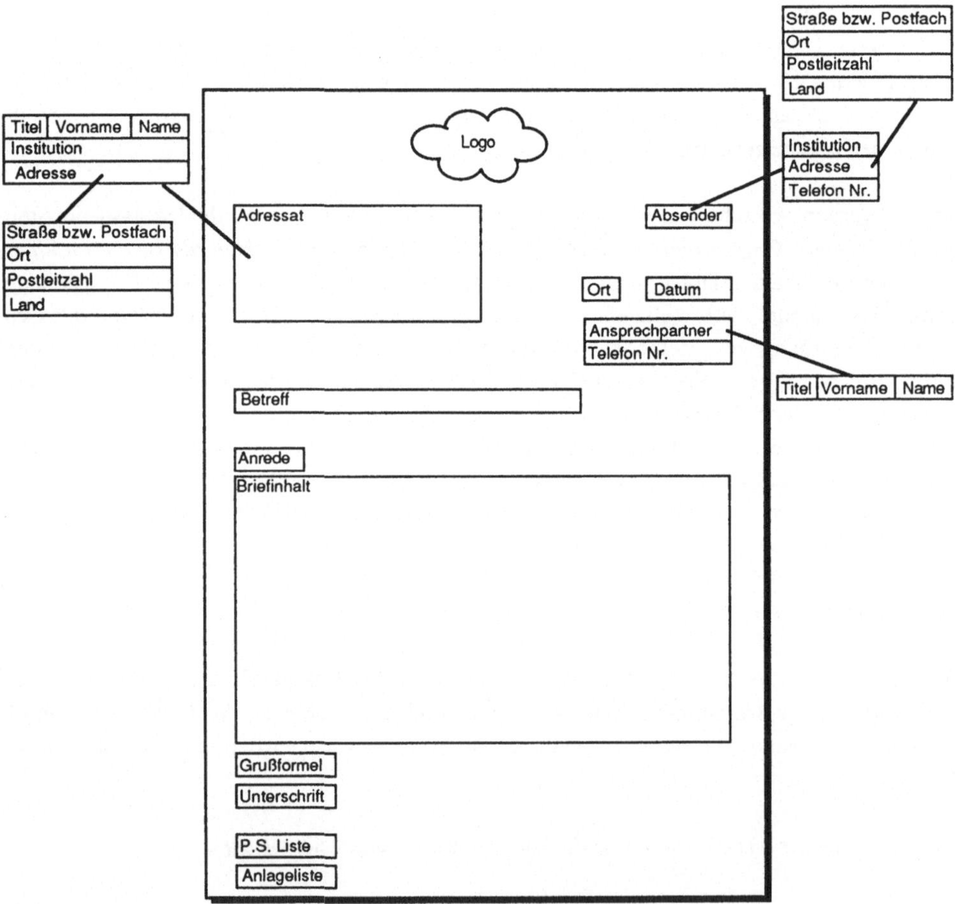

Abb. 1   Der Standard-Geschäftsbrief

Bei der Gestaltung der PADKOM-Objektwelt werden nun bestimmte Komponenten vordefiniert, etwa das Logo des Deutschen Herzzentrums Berlin, das der TU Berlin und das der Projektgruppe Medizin Informatik. Damit entsteht eine erste Stufe von (Daten-) *Spezialisierungen* des Objekts Brief, die nunmehr den gleichen Formularcharakter besitzen wie der ursprüngliche Brief:

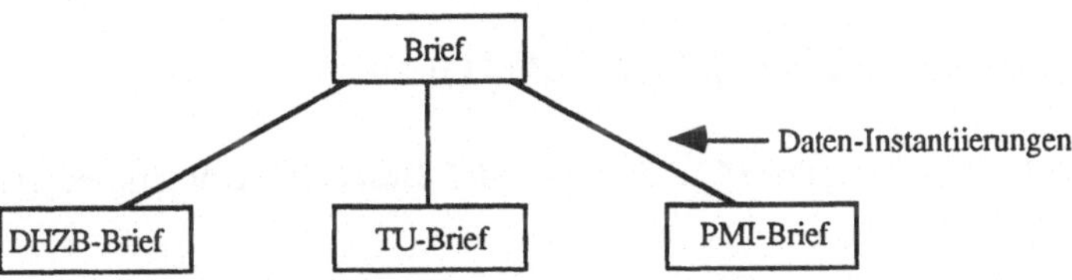

<u>Abb. 1a   Spezialisierung des Standard-Geschäftsbriefs</u>

Diese Spezialfälle können für weitere Aufgaben weiter spezialisiert werden, etwa benutzt Dr. Meier im DHZB immer einen gleichlautenden Einleitungstext in seinen Briefinhalten – eine weitere Daten-spezialisierung – , Dr. Müller besitzt als einziger ein Telefaxgerät und benötigt als weitere Methode "Versenden als Telefax" – eine Spezialisierung des DHZB-Briefs durch Hinzufügen einer weiteren Methode – , Dr. Schulze als Assistent von Dr. Müller benutzt auch dessen Faxgerät, bevorzugt aber den Einleitungstext von Dr. Meier:

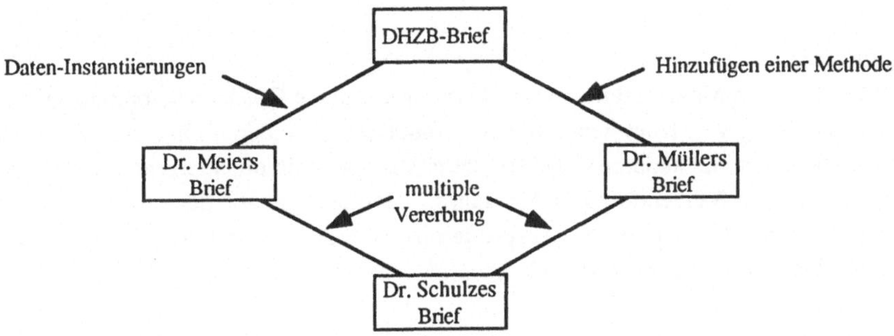

<u>Abb. 1b   Spezialisierungen des DHZB-Briefs</u>

Auf diese Weise baut sich in natürlicher Weise eine (Multi-)Hierarchie von Spezialisierungen zahlreicher Objekte auf, wobei wir als Konzepte festhalten

- Spezialisierung nach Methoden,
- Spezialisierung nach Daten

und zusätzlich

- Spezialisierung nach Attributen, vgl. Abschnitt 2.2.

Aus dem Beispiel wird offenkundig, daß die Grenzziehung zwischen "DHZB-Brief ist eine Unterklasse von Brief" und "Dr. Schulzes Brief ist Instanz von Brief" fließend ist. Offensichtlich treten bei der

Modellierung unserer Objektwelt Folgen von Subklassenbildungen und von Dateninstantiierungen in beliebiger Reihenfolge auf. Wir lösen sie konsequent und einheitlich in dem Begriff *Spezialisierung* auf, der in den folgenden Abschnitten mathematisch präzisiert wird. Zunächst geben wir jedoch unsere Definition des Objektbegriffs.

2.2   Konzeption und Struktur von PADKOM-Objekten

Jedes Objekt läßt sich konzeptionell in die folgenden Bestandteile untergliedern, die damit unseren Modellierungsrahmen bilden:

* *Daten*

Unter den (privaten) Daten eines Objekts verstehen wir die Datenwerte , die den (zeitlich veränderlichen) Zustand des Objekts repräsentieren. Diese Daten können sowohl persistente als auch transiente Daten beinhalten. Charakteristisch für sie ist die Daten-Abstraktion im Sinne von Wegner, d. h. die interne Repräsentation ist nach außen hin verborgen. Zugriffe auf die Daten und ggf. Veränderungen sind nur über die Methoden des Objekts möglich.

* *Methoden*

Die Methoden bilden die Schnittstelle eines Objekts zu den anderen Objekten: Objekte senden einander Messages, mit denen sie die Ausführung von Methoden anstoßen, d. h. der Funktionalitäten, die das Verhalten eines Objekts charakterisieren. Die *Signatur* der Methoden eines Objekts legt die Typisierung dieser Schnittstelle fest.

* *Objektprogramm*

Jedes Objekt besitzt einen Message-Interpreter, um mit den anderen Objekten kommunizieren zu können. Er dient zur Herstellung von Kommunikationsverbindungen zu anderen Objekten, zur Interpretation ankommender Messages von anderen Objekten, zum Anstoßen von objekteigenen Methoden und zum syntaktischen korrekten Versenden von Messages. Gemeinsam mit den Implementierungen der Methoden des Objekts kann man den Message-Interpreter als das zu einem Objekt gehörige lauffähige Programm (*Objektprogramm*, *object body*) betrachten.

* *Attribute*

Im Unterschied zu den (privaten) Daten handelte es sich bei den (öffentlichen) Attributen eines Objekts um Datenwerte, die für die Organisation des PADKOM-Systems zu Verfügung stehen[2]. In diesem Sinne bilden sie eine Erweiterung des Objekt-Interfaces[3]. Die Attribute untergliedern sich in:
* *Standard-Attribute*, die zu jedem Objekt gehören müssen:
  * vom System definierte und unter dessen ausschließlicher Kontrolle,
  * vom Objekt-Entwickler bzw. Benutzer festzulegende (ggf. Default-Werte vom System);
* *objektspezifische Attribute*, die bei der jeweiligen Objektdefinition beschrieben werden.

---

[2]   Was das genau bedeutet, wird in Kapitel 3 über die Objektmaschine und die verschiedenen Verwaltungsobjekte beschrieben.

[3]   Die Attribute werden in der eigens dafür entwickelten Objekt-Interface-Definitionssprache DIDO-IF definiert, vgl. [Kut 90]. Diese Sprache erlaubt die Definition von Attributen in der Gestalt *Name : Typ = Wert* , wobei das DIDO-Typsystem sehr allgemeine Typdefinitionen gestattet, u. a. komplex strukturierte Datentypen, Funktionstypen, rekursive Typen, *dependent types* und andere. Die Entwicklung von DIDO-IF zu einer vollen Objektspezifikationssprache DIDO-SPEC ist gerade in Arbeit.

Speziell bildet die (Methoden-) Signatur des Objekts eines der Standard-Attribute. Um eine bessere Einsicht in die Intention der Standard-Attribute und damit die Organisation des PADKOM-Systems zu geben, führen wir die PADKOM-Standard-Attribute mit einer kurzen Beschreibung im Anhang auf.

2.3 Klassifizierung und Ordnung von Objekten: ein mathematischer Ansatz

Wir haben bereits erläutert, warum die klassische objektorientierte Aufteilung in Klassen und Instanzen nicht unseren Erfordernissen genügt. In diesem Abschnitt stellen wir die mathematischen Grundlagen bereit, mit denen die logischen Zusammenhänge in Objektwelten sehr allgemein und auf der Basis eines einheitlichen Objektbegriffs beschrieben werden können:

- eine dynamische Klassifizierung von Objekten auf der Basis elementarer Äquivalenzrelationen,
- die Möglichkeit zur Bildung von Substrukturen in der Objektwelt auf der Basis von Ordnungsrelationen.

Wir beginnen daher (zunächst) schlicht mit einer Menge von Objekten, der *Objektwelt* Ω. Jedes Objekt $\omega \in \Omega$ besitzt eine endliche Menge von *Attributen*. Die Attribute eines Objekts werden bei uns gemeinhin als Tripel der Gestalt *(Name, Typ, Wert)* dargestellt, vgl. Abschnitt 2.2 bzw. den Anhang. Mathematisch lassen sich die Attribute folgendermaßen präzisieren:

Es mögen $\mathcal{N}$, $\mathcal{T}$ und $\mathcal{V}$ Mengen bezeichnen, die für den Namensraum der Attribute, die Menge der möglichen Typen und die der mit $\mathcal{T}$ strikt getypten Attribut-Werte stehen sollen. Ferner sei I ein weiterer Datenbereich, der die Zeit modelliert[4]. Über diesen vier Mengen definieren wir in naheliegender Weise folgende Abbildungen:

$$\tau \ : \ \mathcal{N} \to \mathcal{T} \qquad\qquad \text{ordnet jedem Attributnamen einen Typ zu,}$$

$$\nu \ : \ \mathcal{N} \times \Omega \times I \to \mathcal{V} \qquad\qquad \text{ordnet jedem Attributnamen, in Abhängigkeit vom betrachteten}$$
$$\text{Objekt und Zeitpunkt, einen Wert zu.}$$

Zur Vereinfachung des Formalismus identifizieren wir für jedes $a \in \mathcal{N}$ den Attributnamen a mit der Auswertungsfunktion ν eingeschränkt auf a, d.h. $a(\omega, i) := \nu(a, \omega, i)$.

Mit dieser mengentheotischen und funktionalen Beschreibung der Attribute können wir nun bequem die Objektwelt (zeitabhängig) in *Äquivalenzklassen* bzgl. jeder beliebigen Menge $\mathcal{A} \subseteq \mathcal{N}$ von Attributen und jedem Zeitpunkt $i \in I$ zerlegen. Wir definieren dazu

$$\sim_{\mathcal{A}, i} \ := \ \{ (\omega_1, \omega_2) \in \Omega^2 \mid a(\omega_1, i) = a(\omega_2, i) \text{ für alle } a \in \mathcal{A} \} \ .$$

Offensichtlich ist $\sim_{\mathcal{A}, i}$ eine Äquivalenzrelation für jedes $\mathcal{A}$ und i. Wir bezeichnen $(\Omega, \sim_{\mathcal{A}, i})$ bzw. kurz $\sim_{\mathcal{A}, i}$, falls die betrachtete Objektmenge Ω festliegt, als *Klassifizierung* von Ω bzgl. $\mathcal{A}$ zum Zeitpunkt i. Falls zeitliche Aspekte nicht interessieren, etwa bei allen zeitlich unveränderbaren Attributen, so erlauben wir, den Index i einfach wegzulassen.

---

4 Da die Zeitmodellierung an dieser Stelle hier eine untergeordnete Rolle spielt, beschränken wir uns auf diese einfache Art der Modellierung. Wie man im Umfeld von Objekten und Prozessen mit der Zeit umgehen kann, ist u.a. in der Dissertation von Saake [Saa 88] sehr gut untersucht. Dort finden sich auch weitere Literatur-Angaben.

Als Spezialfall erhalten wir beispielsweise die übliche Klassenbildung, indem wir die (zeitunabhängige) Signatur Σ als Attribut zugrundelegen: $\sim_\Sigma$ ist gerade die Relation, die die Objektwelt in Klassen gleicher Methoden-Deklaration zerlegt.

Die Leistungsfähigkeit unseres Ansatzes liegt insbesondere darin, daß diese allgemeine Art der Klassifizierung – sowohl statisch als auch dynamisch – die Organisation des Objektsystems optimal unterstützen kann. So kann beispielsweise im Sinne abstrakter Datentypen oder strikt getypter (auch objektorientierter) Programmierung statisches Type-Checking durchgeführt werden, aber auch dynamisch im Sinne von Selektion, Projektion etc. bei (Objekt-) Datenbanken Konsistenz geprüft werden[5].

Wir erweitern nun unseren Kalkül um Ordnungsrelationen, um die gesamte Objektwelt mit beliebigen Ordnungs- und Substrukturen ausstatten zu können. (Aus Gründen der leichteren Lesbarkeit lassen wir im folgenden den Zeitaspekt gänzlich unberücksichtigt!)

Sei wiederum ein Attribut $a : \Omega \rightarrow \mathcal{V}_a \subseteq \mathcal{V}$ gegeben und zudem der Wertebereich $\mathcal{V}_a$ mit einer Ordnungsrelation[6] $\leq$ bzw. $<$ versehen. Gilt für zwei Objekte $\omega_1 , \omega_2 \in \Omega$ die Beziehung $a(\omega_1) \leq a(\omega_2)$ bzw. $a(\omega_1) < a(\omega_2)$, so schreiben wir kurz $\omega_1 <_a \omega_2$ für die durch $(\mathcal{V}_a, \leq)$ bzw. $(\mathcal{V}_a, <)$ auf Ω induzierte Ordnung und nennen ω_1 (echtes) *Präobjekt* für ω_2 bzgl. a .

Bei mengenwertigen Attributen wird häufig die Teilmengenrelation als Ordnung verwendet werden. Wir bezeichnen dann ω_2 auch als eine (echte) *Verfeinerung* von ω_1 bzgl. a . Numerische Werte können mit den üblichen Ordnungen auf Zahlen oder Listenstrukturen wie etwa Strings mit lexikographischen Ordnungen geordnet werden[7].

Soll die Objektwelt bezüglich mehrerer Attributen, etwa $a_1 , \dots , a_n$, durch Fortsetzung der Ordnungen $(\mathcal{V}_1 , <_1), \dots , (\mathcal{V}_n , <_n)$ auf die Objekte geordnet werden, so gilt $\omega_1 <_{a_1, \dots, a_n} \omega_2$, falls das n-stellige Wertetupel $(a_1(\omega_1), \dots , a_n(\omega_1))$ lexikographisch kleiner als das korrespondierende Tupel $(a_1(\omega_2), \dots , a_n(\omega_2))$ ist.

Legen wir beispielsweise wieder die Signatur Σ als Attribut zugrunde, so erhalten wir die übliche *multiple Vererbungsrelation* bzgl. der Methoden als Spezialfall, wobei es gleichgültig ist, ob wir vorher die Äquivalenzklassenbildung durchführen oder nicht :
Ist $\Sigma(\omega_1) \leq \Sigma(\omega_2)$, so heißt ω_2 *Spezialisierung* von ω_1 bzgl. der Methoden-Signatur. Stehen ω_1 und ω_2 hier bereits für die entsprechenden Äquivalenzklassen, so kann man ω_2 auch als *Subtyp* oder *Subklasse* von ω_1 bezeichnen. Bezüglich anderer Attribute verfahren wir entsprechend.

Unabhängig von den durch Attribute implizit definierten Ordnungen auf der Objektwelt kann man weitere Ordnungsrelationen und andere Relationen auf der Objektwelt definieren, indem für jedes Objekt explizit

---

5   Für die Anwendung im PADKOM-System sind eine Reihe weiterer Klassifizierungen wichtig, etwa bzgl. der Zugriffsrechte, bzgl. der Zuordnung zu einer bestimmten Objektmaschine (vgl. Abschnitt 3.3) und viele weitere, die in speziellen Applikationskontexten ausgenutzt werden können.

6   Unter einer Ordnung verstehen wir eine antisymmetrische und transitive Relation. Eine *strenge* Ordnung muß zusätzlich noch irreflexiv sein.

7   Aus technischen Gründen kann es vorteilhaft sein, einen geordneten Wertebereich $(\mathcal{V}_a, <)$ künstlich mit einem kleinsten Element $\perp_a$ (sprich: *bottom, root, undefined* oder *empty* je nach Kontext) zu vervollständigen, so daß $\perp_a < x$ gilt für alle $x \in \mathcal{V}_a$. Über Mengen mit der Teilmengenrelation kann die leere Menge als kanonisches kleinstes Element verwendet werden, über Listen mit einer lexikographischen Ordnung die leere Liste etc.

festgelegt wird, in welcher Relation es mit welchen anderen Objekten steht und welche Eigenschaften die Relation besitzen soll. (Deren Verifikation ist dann natürlich ebenfalls explizit notwendig, bei zeitlich abhängigen Relationen sogar zur Laufzeit des Systems.)

2.4 Strukturierung der PADKOM-Objektwelt

In Abschnitt 2.1 wurde bereits am Beispiel erläutert, welche Relationen zur Strukturierung der PADKOM-Objektwelt vorrangig gebraucht werden. Wir führen diese hier etwas detaillierter aus:

- *Komponenten*

Die zweistellige Relation *Besitzt-Komponente* (*has part*) ist eine strenge Ordnung und legt fest, wie ein Objekt unterstrukturiert ist. Die Umkehrrelation bezeichnen wir mit *Ist-Teil-von* (*is part*).

Diese Komponenten-Relation erlaubt uns eine Art Modularisierung der Objekte, die sich im Widerspruch zu manchen Auffassungen über Objektorientiertheit befindet. Unsere Sicht steht dem klar entgegen : das Ansprechen von Objektkomponenten kann und sollte auf dem üblichen Weg über Messages erfolgen; es kann hierbei jedoch eine effizientere Implementierung unterstützt werden. Zudem wird die Präsentation der Komponenten-Struktur eines Objekts die Benutzerfreundlichkeit und Überschaubarkeit des Systems stets steigern.

Die Untergliederung von Objekten in Komponenten wird durch eine Vielzahl von Typ-Konstruktoren ermöglicht wie *record*, *set*, *list*, *array*, *choice* und andere, die das PADKOM-Typsystem bereitstellt. Diese Struktur eines Objekts wird im Standard-Attribut STRUCTURE definiert, wobei durch die Art der Konstruktion auch *shared components* gestattet sind.

- *Spezialisierungen*

Die zweistellige Relation *Besitzt-Spezialisierung* (*has specialization*) bzw. ihre Umkehrrelation *Ist-Spezialisierung-von* (*is specialization of*) ist eine strenge Ordnung. Ein Attribut legt genau fest, wie im konkreten Fall für jede einzelne Methode, für jedes Attribut und für die Gesamtheit der Daten die *Vererbung* entlang dieser Relation vorgenommen wird.

Es gibt dafür mehrere Konzepte in unserem Objektmodell, eine detaillierte Diskussion aller Möglichkeiten findet sich im PADKOM-Arbeitsbericht [Eim 90] :

- Vererbung *by lookup*, konzipiert für die Vererbung von Methoden: Existiert in einem Objekt eine gewünschte Methode nicht, so werden automatisch dessen Generalisierungen daraufhin untersucht.

- Vererbung *by reference*, im wesentlichen konzipiert für die Vererbung von Komponenten: In einer Spezialisierung wird nicht eine Kopie dieser Komponente angelegt, sondern eine Komponenten-Referenz auf die entsprechende Generalisierung. Das Vererbungs-Attribut legt dabei fest, wie mit Änderungen in der entsprechenden Komponente der Generalisierung verfahren werden soll, d.h. ob diese immer noch per Referenz übernommen wird oder eine Kopie der alten Komponente in der Spezialisierung festgeschrieben wird.

- Vererbung *by value*, der Normalfall für Komponenten, die nicht by reference vererbt werden sollen, sowie für Daten und Attribute. Hier werden in einer Spezialisierung bereits zum Zeitpunkt der Erzeugung Kopien der betroffenen Daten, Attribute oder Komponenten angelegt.

Ausgehend von einer Menge von PADKOM-Basisobjekten (*root objects*) wird die gesamte Objektwelt derart aufgebaut, daß jedes Objekt die Spezialisierung eines bereits existierenden Objekts (oder im Sinne einer Multihierarchie mehrerer Objekte) entworfen wird.

- *Referenzen*

Von der dritten Relation im PADKOM-Modell, *Besitzt-Referenz-auf* (*has reference to*), fordern wir als einziges Irreflexivität. Referenzen erlauben, logische Verbindungen (*Bekanntschaften*) zwischen Objekten explizit zu machen und damit die Objektmaschine – siehe Abschnitt 3 – bei ihrer Organisation zu unterstützen.

3 Objekte und Objektmaschinen

Die Realisierung des PADKOM-Systems wirft eine Reihe von harten Anforderungen auf, die bislang von existierenden Systemen nicht erfüllt werden:

- Umsetzung von Datenmodellen hinreichend hoher Abstraktion, vgl. Kapitel 2
- Handhabung komplex strukturierter Objekte
- Umgang mit Objekten extrem unterschiedlicher Art und Granularität[8]
- Räumliche und organisatorische Verteilung des Datenaufkommens
- Integration bestehender und nicht ohne weiteres zu ersetzender alter Softwaresysteme
- Heterogenität der verwendeten Hard- und Software

Hoffnungsträger im Hinblick auf die ersten drei Punkte könnten längerfristig objektorientierte Datenbanksysteme sein, vgl. etwa [Dit 88], [DK 89] oder den kurzen Überblick in [Dit 89]. Dort herrschen intensive Aktivitäten sowohl bei Systementwicklungen als auch in der Forschung bei der mathematischen Modellierung und semantischen Fundierung von parallel agierenden persistenten Objekten, vgl. etwa [REX 90], [RK 90] oder [JSS 90].

Auch in punkto Verteiltheit in heterogenen Rechner-Implementierungen gibt es interessante Entwicklungen, als Beispiel sei hier die Dissertation von Jablonski [Jab 90] genannt; dort finden sich auch Hinweise auf die Leistungsmerkmale bereits existierender Produkte.

Die Kombination von objektorientierter Modellierung mit heterogenen, verteilten Umgebungen ist jedoch noch ein relativ neuer Forschungsgegenstand.[9]

Im folgenden beschreiben wir eine abstrakte Sicht der Realisierung des PADKOM-Systems vermittels unseres Konzepts Objektmaschine. Viele der dabei verwendeten Begriffe und Funktionalitäten können dabei aber in eine reale Rechnerumgebung direkt umgesetzt werden.

3.1 Spezielle Objekte

Wir führen hier explizit einige Arten von Objekten auf, die sich zwar auch in das allgemeine Objektsystem eingliedern, aufgrund ihrer besonderen Bedeutung für den Systemablauf eine eigen-

---

[8] Hier möge sich jeder vergegenwärtigen, daß sowohl das (rein textuelle) Protokoll einer persönlichen Befragung eines Patienten durch seinen Arzt als auch die im Laufe eines Tages erfaßten Intensivüberwachungsdaten als auch der digitalisierte Röntgenfilm einer Herzkatheter-Untersuchung mit einem Aufkommen von ca. 50 MByte/sec. valide Dokumente in der Patientenakte sind.

[9] Jablonski führt dazu aus: "Verteilte Systeme, die komplexe Datenobjekte zur Verfügung stellen, sind bis dato nicht bekannt."

ständige Erwähnung verdienen. Die "normalen" Objekte innerhalb des Systems, d.h. einfache Dokumente wie Formulare, Arztbriefe oder Röntgenbilder, komplexe Multimedia-Dokumente, medizinische Anwendungssysteme und andere Programme bezeichnen wir oft auch als *Daten-* oder *Aktionsobjekte*.

Im Zusammenhang mit der im nächsten Abschnitt behandelten Systemorganisation besitzt das PADKOM-System eine Reihe von *Verwaltungsobjekten*, sog. *Manager* oder *Services*. Darunter verstehen wir Objekte, die spezielle Daten und Funktionalitäten zur unmittelbaren Objektverwaltung bereithalten. Hierzu gehören u.a. der *Objektmanager*, der *Namensraummanager*, der *Versionsmanager*, der *Zugriffsrechtemanager*, der *Attributmanager* und der *Vererbungsmanager*.

Um Benutzer gegenüber dem System adäquat repräsentieren zu können, werden *User-Objekte* verwendet, s. Abschnitt 4.1.

Für Geräte (*devices*) bzw. Geräteklassen im System werden – analog zu den User-Objekten – *Device-Objekte* verwendet. Sie stellen die für das entsprechende Gerät verfügbaren Methoden zur Verfügung und beschreiben dessen Eigenschaften.

Interaktions-Objekte dienen zur Präsentation der Daten- oder Aktions-Objekte nach außen und vermitteln zwischen diesen Objekten und dem interaktiv damit arbeitenden Benutzer, s. Abschnitt 4.1.

3.2   Verwaltung von Objekten

Die Objekte des PADKOM-Systems und die von ihnen initiierten Prozesse, insbesondere ihre Kommunikation untereinander, werden von einer sog. *Objektmaschine* verwaltet. Diese besteht aus dem Objektmaschinenkern (für die Prozeßverwaltung) in Zusammenarbeit mit den in 3.1 eingeführten Verwaltungsobjekten, vgl. auch Abb. 2.

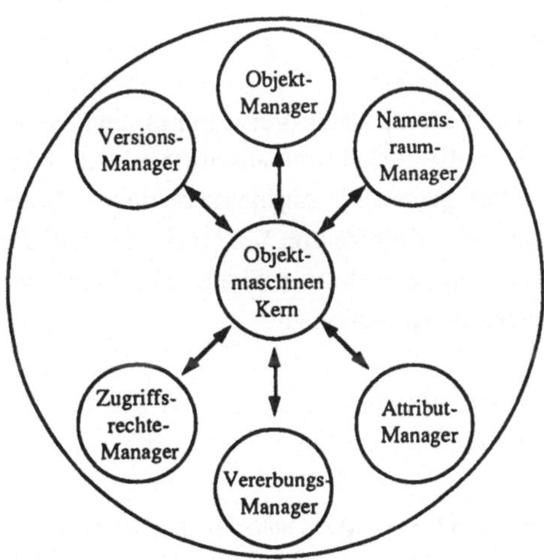

Abb. 2   Die Objektmaschine

Speziell ist die Objektmaschine zuständig für die Funktionen, die die Existenz von Objekten an sich betreffen:

- *Erzeugen* eines Objekts durch Vergabe einer Objekt-ID und deren Zuordnung zu der Objekt-spezifikation mit Methoden, Objektprogramm, Daten und Attributen. Gleichzeitig legt sie die von ihr kontrollierten Standard-Attribut-Werte fest. Im Normalfall wird ein Objekt als *Spezialisierung* eines bereits existierenden Objekts erzeugt.
- *Löschen* eines Objekts.

Für ihre Verwaltungsaufgaben benötigt die Objektmaschine die Information aus den Standard-Attributen. Dabei ist die Identifikation von besonderer Bedeutung:

- Identifikation des Objekts
Jedes Objekt besitzt eine (PADKOM-) systemweit eindeutige Identifikation (*Objekt-ID*). Diese wird bei der Erzeugung des jeweiligen Objekts von der Objektmaschine generiert und ermöglicht ihr stets eindeutigen Zugriff auf jedes Objekt im System.

Für alle anderen wichtigen Aufgaben des Systems gibt es jeweils einen Manager / Service, der in den meisten Fällen mit einem Standard-Attribut korreliert ist. Beispielsweise gibt es für die Steuerung der Vererbung, für die Verwaltung von Versionen von Objekten oder für die im Medizin-Bereich besonders sensible Überprüfung von Zugriffsberechtigungen jeweils einen Manager, zu dem in jedem Objekt ein entsprechendes Standardattribut existiert, vgl. auch den Anhang.

Um die Kommunikation zwischen den Objekten von der Objektmaschine semantisch noch sinnvoller unterstützen zu lassen, kann sie noch weitere Information über die Struktur und Aufgaben eines Objekts erhalten. Diese Information wird die objektspezifischen Attribute eines Objekts zur Verfügung gestellt. So können für bestimmte Objekte spezifische Services geschaffen werden, die genau auf solche Zusatz-information abgestimmt sind[10].

3.3 Verteilung von Objekten

Die Aufgabenstellung eines klinischen Patientendaten-Verwaltungs- und Kommunikations-Systems legt es von vornherein nahe, von einer verteilten Objektwelt auszugehen. Aus rein pragmatischen wie auch aus Gründen des Datenschutzes sollten personenbezogene medizinische Daten stets in der Nähe ihres Entstehungsortes[11] gespeichert werden. Zugriffe von "externen" Stellen, sei es innerhalb der Klinik oder von berechtigten Außenstellen, müssen diverse Sicherungs-Mechanismen durchlaufen. Das PADKOM-System sieht dafür folgende Konstruktion vor:

---

[10] Timing-Information für Video- oder Audio-Signale ist ein hübsches Beispiel dafür. Offensichtlich benötigt nur ein kleiner Teil der Objektwelt Realzeit-Verarbeitung; dort aber muß deren Einhaltung auf jedem (OSI-) Level der Objekt-kommunikation gesichert werden.

[11] Dieser etwas schwammige Begriff ist dabei sowohl räumlich als auch logisch zu verstehen und abhängig von dem jeweiligen klinischen Kontext zu präzisieren, dann geeignet zu modellieren und schließlich hard- und/oder software-mäßig zu realisieren.

Die Objektwelt des PADKOM-Systems ist in Objekt-Gesellschaften (*object societies*)[12] untergliedert, die jeweils von einer Objektmaschine verwaltet werden. Jedes Objekt im PADKOM-System liegt somit im Verantwortungsbereich einer Objektmaschine. Diese Objektmaschinen kommunizieren ihrerseits miteinander über den Standard-Objekt-Kommunikationsmechanismus und ermöglichen dadurch beliebige Objekt-Kommunikation quer durch das gesamte System. Dabei ist für den Benutzer, aber auch für beliebige Objekte, der Zugriff transparent – ähnlich zu herkömmlichen Netzwerk-File-Systemen, vgl. etwa das SUN®-NFS [SUN 88] – , d.h. sie brauchen nicht zu wissen, wo im System ein bestimmtes Objekt tatsächlich gelagert wird. Ein Objekt muß lediglich den Zugang zu seiner Objektmaschine kennen.

Bestimmte *generische Objekte*, d.h. Objekte, die in der Spezialisierungs-Hierarchie als Wurzeln oder hochrangige Objekte eingeordnet sind und damit für zahlreiche andere Objekte Methoden, Daten oder komplexe Attribute zur Verfügung stellen, können dabei entweder ganz normal unter Kontrolle einer dieser Objektmaschinen liegen oder aber aus Effizienzgründen – unter Bereitstellung entsprechender Update-, Synchronisations- und Sperr-Mechanismen – als Duplikate an mehreren Objektmaschinen exisitieren.

3.4 Aktivität und Kommunikation von Objekten

Die Kommunikation zwischen den einzelnen Objekten wird verbindungsorientiert über Standard-Kommunikationsprotokolle abgewickelt, wobei logisch nach dem Client-Server-Modell vorgegangen wird: Ein Objekt (*client*), das eine Methode eines anderen Objekts (*server*) benötigt, erfragt von der (seiner) Objektmaschine dessen Kommunikationsadresse. Dazu werden die verschiedenen Dienste dieser – falls notwendig, auch noch weiterer – Objektmaschine(n) angestoßen, d.h. das gewünschte Objekt wird lokalisiert, ggf. aktiviert, die Zugriffsrechte geprüft etc. und nach erfolgreicher Abwicklung dem Clienten die Adresse des Servers mitgeteilt. Daraufhin bittet der Client den Server um eine Verbindung, und die Objekte bauen ihre Kommunikationsbeziehung direkt miteinander auf. Soll die Verbindung deaktiviert werden, so senden die Objekte entsprechende Nachrichten an die Objektmaschine.
Wir unterscheiden dabei verschiedene Typen von Aktivitätszyklen und Kommunikationsmechanismen:

* **single call objects**

Ein *single call object* wird für genau eine Anfrage aktiviert, die Verbindung aufgebaut, die Message interpretiert, die entsprechende Methode ausgeführt, die Antwort zurückgesandt, die Verbindung wieder abgebaut und das Objekt deaktiviert.

<u>Zielgruppe:</u> Selten aufgerufene Objekte.

Folgende Variante dieses Typs ist im PADKOM-System vorgesehen: Geht während des Aktivitätszyklus noch eine Anfrage bei diesem Objekt ein, so wird sequentiell nach der laufenden auch noch diese Anfrage beantwortet und erst danach die Verbindung abgebaut und der Message-Interpreter beendet.

---

12 Eine Objekt-Gesellschaft $\Gamma \subseteq \Omega$ ist gerade die Menge der Objekte, die in eine Äquivalenzklasse fallen, wenn man die Objektwelt nach der Eigenschaft "verantwortliche Objektmaschine" faktorisiert. Die Begriffsbildung *Objekt-Gesellschaft* ist uns zuerst in den Arbeiten unserer Braunschweiger Kollegen um Prof. Ehrich begegnet, vgl. etwa [JSS 90]. Wir benutzen sie leicht abgewandelt für unsere Zwecke.

* *perpetual objects*

Ein *perpetual object* wird zu einem beliebigen Zeitpunkt, beispielsweise beim Systemstart, zu Beginn einer PADKOM-Sitzung oder aber auf eine explizite Anforderung der Objektmaschine aktiviert und eine Kommunikationsverbindung zur Objektmaschine aufgebaut. Eingehende Messages werden solange erwartet und interpretiert, die entsprechenden Methoden ausgeführt, die Antworten zurückgesandt, bis das Objekt eine Aufforderung zur Deaktivierung erhält. Dies kann entsprechend der zuvor definierten Aktivierung oder aber aus eigenem Antrieb, etwa nach Ablauf einer Zeitspanne geschehen. Erst danach wird die Verbindung wieder abgebaut und das Objekt deaktiviert.

<u>Zielgruppe:</u> Häufig aufgerufene Objekte oder Objekte mit Daueraufgaben, beispielsweise Objekte mit Verwaltungsaufgaben.

Varianten bei diesem Typus ergeben sich durch den unterschiedlichen Umgang mit mehreren noch nicht verarbeiteten Messages von einem oder von verschiedenen Objekten. Dabei gibt es verschiedene zum Teil miteinander kombinierbare Konzepte:

* eigene Warteschlangenverwaltung oder "busy"-Meldung,
* Warteschlange mit oder ohne Prioritäten bzgl. anfragender Objekte,
* sequentielle oder parallele Abarbeitung von Objekten aus der Queue.
* Warteschlange mit oder ohne Prioritäten bzgl. Anfragen,
* sequentielle oder parallele Abarbeitung von Anfragen aus der Queue.

4 Objekte und Interaktion

4.1 Aktions- und Interaktions- und User-Objekte

Die Objekte im PADKOM-Modell dienen zwei zentralen Aufgaben: zum einen der Speicherung eines wesentlichen Teils der medizinisch und verwaltungstechnisch relevanten Dokumente des Herzzentrums, zum anderen der Bereitstellung von vielfältigen Funktionalitäten, wie sie für die klinische Routine und Forschung benötigt werden. Soll der erste Aspekt besonders betont werden, so sprechen wir manchmal auch von *Daten-Objekten*, typischerweise aber nennen wir unsere normalen Objekte *Aktions-Objekte* – gleichgültig, ob sie in erster Linie den Charakter von Dokumenten besitzen und nur die dafür benötigten Methoden bereitstellen oder ob es sich um komplexe Software-Systeme wie etwa BAIK oder GISY handelt, die über ein Objekt in das PADKOM-System eingebunden werden. Die Mehrzahl dieser Aktions-Objekte wird Daten und Funktionalitäten beinhalten, die menschliche Interaktion erfordern. Um hier eine modulare Struktur zu erhalten, untergliedern wir ein Objekt in seinen eigentlichen Kern, das Aktions-Objekt, und das oder die dazugehörige(n) *Interaktions-Objekt(e)*.

Die *Interaktions-Objekte* dienen zur Präsentation der Objekte nach außen. Sie können in unterschiedlichen Arbeitsumgebungen, z.B. für unterschiedliche Rollen des Klinikpersonals, unterschiedliche Sichten des Objekts vermitteln. Jedes Objekt kann ein oder mehrere Interaktions-Objekte besitzen. Die in den Interaktions-Objekten enthaltene Information ist nach den verschiedenen Möglichkeiten der Interaktion gegliedert:

- Zur Definition der visuellen Darstellung der Inhalte eines Objekts auf einem (beliebigen) Output-Device (z.B. Bildschirm oder Drucker) dient die *Layout-Komponente* eines Interaktions-Objekts. Ihre Aufgabe ist es, Sichten – im logischen (*views*) wie im geometrischen Sinn – auf die im zugehörigen Objekt definierte Struktur der Objektinhalte und auf die Inhalte selbst zu vermitteln[13].

- Zur Definition der direkten Benutzer-Interaktion dient die *Dialog-Komponente* eines Interaktions-Objekts. In ihr wird festgelegt, in welcher Form die Funktionalitäten des Objekts dem Benutzer zur Verfügung gestellt werden und umgekehrt, wie die Benutzer-Interaktion an das zugehörige Objekt weitergeleitet wird.

- Die Präsentation der Objekte im Rahmen von Informations- und Verwaltungsfunktionen, die der Systembenutzer durchführen kann, wird mittels der *Info-Komponente* festgelegt und speziell dem Objektmanager für seine Informations-Dienste zur Verfügung gestellt.

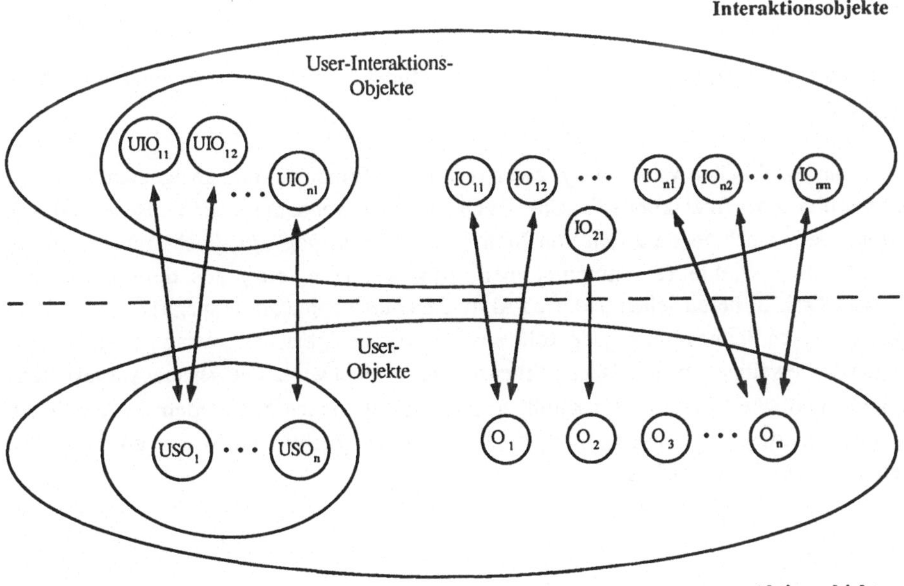

Abb. 3 Aktions- und Interaktionsobjekte

Um einen Benutzer bzw. eine Rolle (d. h. eine nach funktionalen Gesichtspunkten gebildete Gruppe von Benutzern) gegenüber dem System adäquat repräsentieren zu können, werden *User-Objekte* verwendet. User-Objekte besitzen spezielle Attribute bzgl. ihrer Veränderbarkeit, Zugriffsrechte usw., die nach klar festgelegten Kriterien – speziell unter dem Gesichtspunkt des Datenschutzes – nur von bestimmten dazu berechtigten Objekten bzw. der Objektmaschine im Dialog mit einem Systemverwalter definiert und modifiziert werden können.

---

13 vgl. hierzu etwa die ISO-Standardisierung einer Dokumenten-Architektur (*ODA*), siehe [ISO 88]

Das User-Objekt ermöglicht den Systembenutzern den Zugang zu den Objekten im System und speichert benutzerspezifische Informationen. Umgekehrt repräsentiert es die Benutzer (genauer: deren persistente Voreinstellungen (*user preferences*) und einen Teil der aktuellen Dialogdaten) gegenüber den übrigen Systemteilen.

Ein User-Objekt hat folgende Aufgaben:

- Vermittlung des Zugriffs auf Aktionsobjekte im PADKOM-System. Dazu erlaubt das Interaktionsobjekt des User-Objekts die Darstellung von deren Interaktionsobjekten.
- Vermittlung des Zugriffs auf Verwaltungsobjekte und deren Funktionalitäten wie etwa Browsing, Selektieren und Fokussieren von Objekten mit Hilfe des Objektmanagers.
- Speicherung und Modifikation von benutzerspezifischen Voreinstellungen, etwa das Festhalten einer Menge von Objekten, die aktuell betrachtet werden sollen, im *Fokus*.
- Zugriff auf frühere Teile des User-Dialoges.

4.2   Benutzeroberflächen

Entsprechend dem objektorientierten Design des PADKOM-Modells wird auch die Benutzeroberfläche objektorientiert gestaltet :

Auf der Basis von handelsüblichen Window-Systemen (etwa X11-Windows) und geeigneten Window-Toolkits werden vermittels der Interaktions-Objekte die Objekte in anwendungsnaher Weise visualisiert. Durch Interaktion über verschiedene Arten von Menüs (pull-down, pop-up), Push-Buttons, die in ikonifizierter Form die Objekte (Dokumente, med. Applikationen, etc.) aus dem Fokus des entsprechenden User-Objekts bereitstellen und nach Aktivieren durch applikationsspezifische Windows präsentieren, wird für jeden Benutzer bzw. jede Rolle eine spezifische Arbeitsumgebung geschaffen, die den Anforderungen des jeweiligen medizinischen Arbeitsplatzes gerecht wird. Die genaue Ausgestaltung dieser – für unterschiedliche Rollen in der Klinik sehr unterschiedlichen[14], trotzdem konzeptionell einheitlich zu gestaltenden – Umgebungen ist derzeit unter fachlichen wie ergonomischen Gesichtspunkten noch stark in der Diskussion.

Anhang: PADKOM-Standard-Attribute

Da die Standard-Attribute einen besonders wichtigen und speziell für die Objektmaschine und den Ablauf der PADKOM-Prozesse notwendigen Bestandteil eines Objekts beschreiben, führen wir hier unsere Liste von Standard-Attributen – soweit nicht selbsterklärend oder schon im Text behandelt – mit einer kurzen Beschreibung auf:

---

[14] Es ist offensichtlich, daß die Erfassung von Personenmerkmalen in der Verwaltung, die Eingabe von Meßwerten durch eine MTA oder die Begutachtung und gleichzeitige schriftliche Beurteilung eines digitalen Angiogramm-Films und seiner quantitativen Auswertung durch einen Kardiologen ganz unterschiedliche Anforderungen an den Arbeitsplatz stellen.

- Objektname (NAME : <u>string</u>)
- Typdefinitionen (TYPEDEFS : <u>set of</u> <u>typedef</u>)
- Logische Objektstruktur (STRUCTURE : <u>type</u>)
- Methoden-Signatur (METHODS : <u>set of</u> <u>method</u>)
- Generalisierungen (GENERALIZATIONS : <u>set of</u> <u>object</u>)
- Objektreferenzen (ACQUAINTANCES : <u>set of</u> <u>object</u>)
- Vererbungssteuerung (INHERITANCE : <u>list of</u> <u>inheritance</u>)
  Dieses Attribut legt fest, in welcher Weise die Vererbung der einzelnen Bestandteile auf die Speziali-sierungen dieses Objekts vorgenommen wird (u.a. auch der Attribute, speziell der Vererbungs-steuerung[15]).
- Objektidentifikation (ID : <u>obid</u>)
- Verantwortliche Objektmaschine (LOCATION : <u>obmachine</u>)
- Version des Objekts (VERSION : <u>list of</u> <u>version</u>)
- Erzeuger des Objekts (CREATOR : <u>object</u>)
- Erzeugungszeitpunkt (CREATION TIME : <u>time</u>)
- Veränderbarkeit (MODIFIABILITY : <u>enumeration</u> (free, fixed, archived))
  Ein Objekt kann *fixiert* bzw. *archiviert*, d.h. zeitweilig bzw. für alle Zeiten unveränderbar sein.
- Besitzer des Objekts (OWNER : <u>object</u>)
- Zugriffsrechte für das Objekt (ACCESS RIGHTS : <u>list of</u> <u>access right</u>)
  Die Zugriffsberechtigungen werden funktionalen Rollen bzw. Individuen zugeordnet:
  - Berechtigungen zum Lesen, Ändern, Ergänzen, Kopieren, Archivieren oder Löschen dieses Objekts,
  - Berechtigungen für das Erzeugen von Spezialisierungen oder Duplikaten,
  - Berechtigungen für das Ausführen von Methoden,
  - Berechtigungen für das Lesen, Schreiben, Kopieren, Löschen von Datenwerten,
  - Berechtigungen für das Lesen, Schreiben, Kopieren, Löschen bestimmter Attribute (unter anderem auch der Zugriffsrechte !).
- Authentifikation (OK-STATUS : <u>list of</u> <u>ok-status</u>)
  Jedes PADKOM-Objekt besitzt digitale, fälschungssichere Authentifikationen all derjenigen, die es als "in Ordnung" freigegeben haben[16].
- Verursacher der letzten Änderung des Objekts (LAST MODIFIER : <u>object</u>)
- Zeitpunkt der letzten Änderung (MODIFICATION TIME : <u>time</u>)
- Zustand des Objekts (ACTIVITY STATE : <u>enumeration</u> (active, passive))
  Ein Objekt kann zu einem Zeitpunkt im Systemablauf *aktiv* oder *passiv* sein, vgl. Abschnitt 3.4
- Journal / Logbuch (HISTORY : <u>list of</u> <u>history</u>)
  Im Journal werden alle an das Objekt zur Ausführung übergebenen Ereignisse protokolliert; dabei kann differenziert werden nach Arten von Ereignissen, Zeitpunkten, Zeiträumen, Benutzern, Rollen, absendenden Objekten u.v.a.m.

---

15 Attribute, die Aussagen über Attribute treffen – in unserem Fall die Zugriffsrechte oder eben die Vererbungssteuerung – werden oft auch als *Meta-Attribute* bezeichnet.

16 Bei wichtigen Dokumenten – etwa dem Arztbrief – wird gefordert, daß das Dokument von dem/den dafür verant-wortlichen Benutzer(n) explizit unterschrieben wird; bei anderen Objekten kann die Unterschrift (automatisch) beim Schließen des Objekts aus dem Benutzernamen erzeugt werden.

Danksagung

Der vorliegende Artikel steht in engem Zusammenhang mit den Arbeiten der übrigen Wissenschaftler und Wissenschaftlerinnen der Projektgruppe Medizin Informatik. Ihnen allen sei an dieser Stelle für ihre wertvollen Diskussionsbeiträge und Vorarbeiten gedankt. Ein ganz besonderer Dank gilt unserem Projektleiter, Dr. Horst Hansen, der das Grundgerüst des PADKOM-Systems entworfen hat.

Literatur

[Dit 88]   K. R. Dittrich (Hrsg.), *Advances in Object-Oriented Database Systems*, LNCS 334, Springer 1990.

[Dit 89]   K. R. Dittrich, *Objektorientierte Datenbanksysteme*, Informatik-Spektrum Vol. 12, Heft 4, S. 215 – 218.

[DK 89]   K. R. Dittrich, A. M. Kotz, *Objektorientierte Datenbanksysteme*, Handbuch der modernen Datenverarbeitung, vol. 26, Heft 145, S. 94 – 105, 1989.

[BGM 89]   G. S. Blair, J. J. Gallagher, J. Malik, *Genericity vs. Inheritance vs. Delegation vs. Conformance*, Journal of Object Oriented Programming, Vol. 24, No. 3, Sept./Oct. 1989.

[Cox 87]   Brad J. Cox, *Object Oriented Programming*, Addison Wesley, 1987.

[EHK 89]   M. Eimermacher, H. Hansen, R. Kutsche, *Entwurfsspezifikation des Datenmodells und der Objektmaschine*, Interner Arbeitsbericht 89-16, Deutsches Herzzentrum Berlin, Projektgruppe Medizin Informatik, Dezember 1989.

[Eim 90]   M. Eimermacher, *Prototypischer Entwurf für das PADKOM-Vererbungsmodell*, Deutsches Herzzentrum Berlin, Projektgruppe Medizin Informatik, i. Vorb.

[Eim et al. 89a]   M. Eimermacher, H. Ogrodowczyk, Ch. Ohm, D. Paparoditis, Ch. Strzyz, *Ist-Analyse der Informationsflüsse im DHZB*, Interner Arbeitsbericht 89-10, Deutsches Herzzentrum Berlin, Projektgruppe Medizin Informatik, Juni 1989.

[Eim et al. 89b]   M. Eimermacher, H. Hansen, R. Kutsche, H. Ogrodowczyk, Ch. Ohm, D. Paparoditis, C. Rost, Ch. Strzyz, *Auswertung der Systemanalyse*, Interner Arbeitsbericht 89-17, Deutsches Herzzentrum Berlin, Projektgruppe Medizin Informatik, Dezember 1989.

[FO 89]   E. Fleck, H. Oswald, *System zu Auswertung von Koronar-Stenosen*, Interner Arbeitsbericht 89-02, Deutsches Herzzentrum Berlin, Projektgruppe Medizin Informatik, Januar 1989.

[GR 83]   Adele Goldberg, David Robson, *SMALLTALK-80: The Language and its Implementation*, Addison Wesley, 1983.

[HKM 89]   H. Hansen, R. Kutsche, B. Mahr, *Die Objektmaschine*, Interner Arbeitsbericht 89-13, Deutsches Herzzentrum Berlin, Projektgruppe Medizin Informatik, Juni 1989.

[ISO 88]   ISO 8613, *Information Processing — Text and Office Systems — Office Document Architecture (ODA) and Interchange Format (Part 1...8)*, ISO/IEC JTC 1/SC 18, 1988.

[Jab 90]   S. Jablonski, *Datenverwaltung in verteilten Systemen*, Informatik-Fachberichte 233, Springer 1990.

[JSS 90]   R. Jungclaus, G. Saake, C. Sernadas, *Using Active Objects for Query Processing*, Proc. IFIP Working Conf. on Object-Oriented Databases, Windermere (UK) 1990.

[Kut 90]   R. Kutsche, *DIDO-IF — A Distributed Data Object Interface Language*, Interner Arbeitsbericht 90-05, Deutsches Herzzentrum Berlin, Projektgruppe Medizin Informatik, Dezember 1990.

[OP 89]   H. Ogrodowczyk, D. Paparoditis, *Patientendatenverarbeitung im Deutschen Herzzentrum Berlin*, Interner Arbeitsbericht 89-01, Deutsches Herzzentrum Berlin, Projektgruppe Medizin Informatik, Januar 1989.

[Pok 88]   B. P. Pokkunuri, *Object Oriented Programming*, SIGPLAN Notices, Vol. 24, No. 11, p. 96 - 101, 1988.

[REX 90]   J. W. de Bakker, W. P. de Roever, G. Rozenberg (eds.), *Proc. of the REX – Workshop on Foundations of Objekt-Oriented Languages,* Noordwijkerhout,1990.

[RK 90]   J. Rosenberg, D. Koch, *Persistent Object Systems*, Proc. 3rd Int. Workshop, Newcastle (Australia) 1989, Springer 1990.

[RS 87]   L. A. Rowe, M. R. Stonebraker, *The POSTGRES Data Model*, Proc. 13th Conf. on Very Large Data Bases, pp. 83 – 96, Brighton 1987.

[Saa 88]   G. Saake, *Spezifikation, Semantik und Überwachung von Objektlebensläufen in Datenbanken*, Dissertation, Informatik-Skript Nr. 20, TU Braunschweig, 1988.

[SUN 88]   *Network-Programming*, Ref. Man. Rev. A, SUN® Microsystems, May 1988.

[SW 87]   B. Shriver, P. Wegner (eds.), *Research Directions in Object-Oriented Programming*, MIT Press, 1987.

[Weg 86]   P. Wegner, *Classification in Object-Oriented Systems*, SIGPLAN Notices Vol. 21 No. 10, Oct. 1986; appears also in [SW 87].

[Weg 87]   P. Wegner, *Dimensions of Object-Based Language Design*, SIGPLAN Notices, Vol. 22, No. 12, (OOPSLA '87 proceedings), Oct. 1987.

Hypertext and Object-Orientation:
The Dual Approach

Stefan M. Lang   *Martin Dürr*

Fakultät für Informatik
Universität Karlsruhe
D–7500 Karlsruhe

e-mail: [lang|mduerr]@ira.uka.de
phone: [49] (721) 608-4065
fax: [49] (721) 697760

Abstract

The wide interest that the hypertext paradigm of data recently gained has lead to the development of many prototype systems. Most of these systems are built on top of object-oriented systems. They regard, however, hypertext as the only modeling paradigm rather than using or including the underlying models' advanced information structuring capabilities. The main contribution of this paper is the demonstration that hypertext can be regarded as a special interpretation of object-oriented data which requires no changes to existing object structures. In general, each single object within the object system might be interpreted as a hypertext node. Collections are suggested to play the role of links in this view. The user is allowed to freely switch between the original view on objects and the hypertext view established by our interpretation, so that the notion of a "dual approach" is justified.

1   Introduction and Overview

The emphasis of today's *object-oriented data models* is on providing the means for modeling complex application data structures and associated behavior. The usability of these models has been successfully shown by their application to "non-standard" domains, e.g., CAD/CAM. Navigational aspects and information retrieval aspects on object structures have — at least so far — often been neglected. The *hypertext approach* on data fills this gap. It has been explicitly designed to support information retrieval in a special explorative way, i.e., by providing navigation facilities that allow users to move through an information net consisting of information nodes connected by links. The compromises that have been made to well support this functionality primarily concern the hypertext data model. Today's hypertext structures often consist of only two basic concepts, i.e., nodes and links. The expressiveness of such models is, of course, not a serious competition to object-oriented models.

Considering this situation, the idea to undertake a symbiosis of these two approaches is quite natural since both approaches are dedicated to different problems of information administration. However, there have been only few efforts of a combination in the past. Instead, people build hypertext system prototypes on top of object-oriented systems in which the characteristics of the underlying object model are generally not preserved. Such hypertext implementations provide limited modeling features only, despite the powerful capabilities of the original object model.

The thesis of this paper is that a combination of hypertext and object-oriented systems is possible and valuable. There is no inherent mutual exclusion of the two models. While object-oriented systems have advantages with respect to information modeling, hypertext systems mainly contribute to the navigation approach in data retrieval. In this paper, we envision a symbiosis where the advantages of both approaches are utilized:

- *Hypertext structures* shall not be explicitly manifested. Rather, the node and link model that hypertext provides shall be regarded as a special view on object structures. Therefore, one does *not* need to modify or extend existing object structures in order to achieve hypertext structures.

- *Hypertext functionality* can be implemented by establishing navigation operations. These operations have knowledge of the interpretation rules that generate the hypertext view on objects.

In other words, we regard hypertext as (navigation) functionality on a special interpretation of existing object structures. This paper is dedicated to the aspects of this interpretation, which includes a motivation that demonstrates its need and advantages as well as a realization of an interpretation mechanism. The remainder of this paper is organized as follows. Section 2 shortly summarizes the important capabilities of object-oriented data models as well as the lacks of current object-oriented models in the field of navigation-oriented information retrieval facilities. To clarify the aspects of hypertext, section 3 then introduces our hypertext model. This model is an accumulation of existing hypertext models with some generalizations that improve the semantic expressiveness of the model over many existing ones. In section 4 we show that the hypertext model of information matches an interpretation of structures which are available in object-oriented models. The notion of a "dual approach" gets justified here. Section 5 then discusses the realization of the interpretation mechanism. Practical experiences with an implementation of our approach are presented in section 6. Section 7 concludes this paper and gives an outlook to future work.

2 Object-Oriented Models

Numerous papers have been published in the past reporting on the dimensions that object-orientation span (e.g., [10]), and the minimal set of features that an object-oriented database system shall provide (e.g., [2, 3]). We do neither repeat all the proposed and well-known concepts at this place, nor do we restart discussions about the contribution of the proposed concepts to object-orientation here, i.e., concepts being required or optional. For this paper, we assume that the reader is sufficiently familiar with the notion of *objects* and the *encapsulation* paradigm, *types* or *classes*, *inheritance*, and the *message passing* communication concept. While the majority of the published works concentrates on the modeling expressiveness that object-oriented data models provide, two "higher-level" requirements of object models are often neglected:

- *Casual user support.* Object-oriented models are dedicated to powerful data description facilities which allow to structure applications with complex objects. This is very useful for application modelers and specialists of the actual universe of discourse. Casual users not very familiar with the application field, however, are often not supported in their need of a basic information model and an easy-to-use mechanism to get an overview of the available information structures.

- *Navigation functionality.* Many object models lack built-in facilities to navigate through object structures. Often, the explorative aspect of information retrieval is not at all supported. Solutions for the requirement in the area of information retrieval are dominated by proposals for declarative, i.e., nonprocedural query languages.

In contrast, Hypertext explicitly provides facilities for the navigation through information networks, an information retrieval technique appropriate for the casual user. In order to provide a remedy for some of the lacks of object-oriented models, hypertext can contribute in this way.

3   Our Hypertext Model

Hypertext as originally introduced is considered as being a model where (atomic) information *nodes* are connected by *links*. Application of this structuring concept to an information base leads to an information network. It has been pointed out in a very informal way that "the structure of the network shall symbolize semantic relationships between the nodes" [5]. Hypertext nets are often designed for end-user purposes. To tackle the upcoming questions of information retrieval mechanisms for such users, *navigation and browsing capabilities* have been claimed as significant contribution to this field [1]. Many existing hypertext systems mainly focus on the problem of user interfaces and attempt to provide attractive solutions in this field, rather than trying to first clearly identify and conceptualize the underlying notions and data modeling issues. Hypertext is therefore — at least so far — more an agreement of features than a properly defined standard model. This section is dedicated to our notion of hypertext and presents the essential concepts of our hypertext model.

3.1   Hypertext Nodes

Nodes are generally referred to as the basic information containers in a hypertext net. While an exact node definition is often lacking, there is an agreement of many approaches (e.g., [5, 11]) which consider nodes as being some kind of independent document units, carrying public information that can be retrieved. The notion of hyper*text* suggests that the supported media type is restricted to text information. In many practical environments, this is not the case; an information unit can then be of an arbitrary medium, e.g., text or graphics. The definition of hypertext nodes we present here does not collide with the view generally taken on hypertext nodes, but includes all existing approaches and generalizes them with respect to aspects of object-orientation:

Node. A hypertext node is an information object of an arbitrary type or class. Nodes are encapsulated in a manner such that they have an internal structure invisible from the outside. Dependent on the node's class or type, there is a well-defined set of operations available. Thus, nodes shall be regarded as isolated units.

The similarity of the node definition to the definition of an *object* in object-oriented systems is no accident, but carefully planned. As nodes have (potentially) the same properties and capabilities as objects, a very homogeneous approach can be achieved when using object-oriented models to implement hypertext. The classical hypertext view on nodes differs from the object notion only in the sense that there must be a guaranteed mechanism to retrieve information that is assumed to be stored within the node. A node is in the hypertext sense a container of public information. As an example for hypertext nodes, consider figure 1.

EC and **EFTA** are defined as instances of class **BusinessOrganization** and denote the well known "European Community" and "European Free Trade Association". They are independent from each other (in our information world), but possess the same internal structure framework that the class suggests. The information that they actually carry may be of arbitrary complex structure; because of object encapsulation, the external user considers the objects as being indivisible units. He can request information items by using retrieval operations that are predefined in class **BusinessOrganization** or in the superclasses of it, provided that a class hierarchy and inheritance are available. Analogously, we introduce class **Country** with example instances **France**, **Germany**, and **Sweden**. To

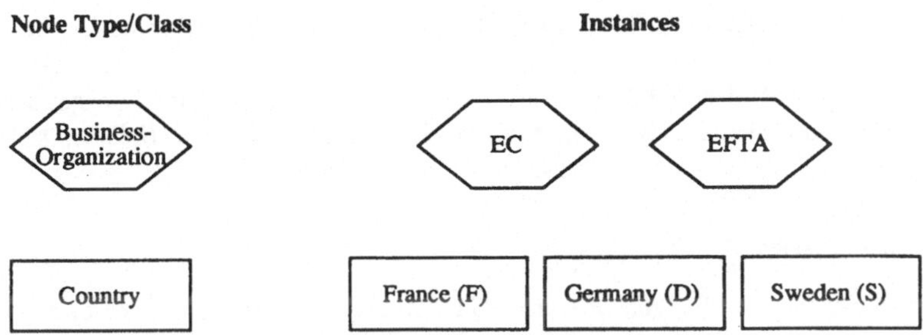

Figure 1: Independent Information Nodes

better distinguish instances of different classes, different graphical symbols have been assigned to them.

3.2 Multi-Source Multi-Destination Links

Classically, *links* are referred to as connection paths between information nodes. Links shall explicitly manifest associations between the nodes. Our hypertext model supports exactly one — very general — kind of link, the *multi-source multi-destination link* (MSMD link for short). This is a link concept generic enough to capture the link notions commonly used throughout the hypertext literature. It is an explicit expression of relationships between hypertext nodes. In such a relationship expressed by a link, we distinguish *source nodes* and *destination nodes*:

Link. A link is a full-fledged object which implements a relationship between nodes. Each link connects an arbitrary number of source nodes to an arbitrary number of destination nodes. In contrast to an (m, n) relationship formulated in the ER semantic modeling process, for one MSMD link the source (destination) nodes can belong to different classes, i.e., entity types in the ER model.

MSMD links can often better express the semantics of a relationship than binary links do. Consider the situation that the node EC shall be connected to all its member countries by linking. With MSMD links available, one can model this relationship as 1SMD link (one-source multi-destination link, a special case of a MSMD link) rather than establishing several binary links. Figure 2 shows the application of a 1SMD link.

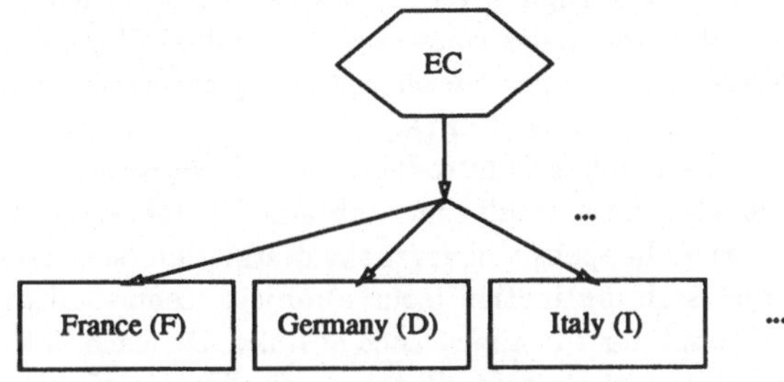

Figure 2: 1SMD Link Application Example

The EC node possesses a link to all the nodes which represent the member countries of the organization. For simplicity, only three of the country nodes are explicitly shown. Obviously, the semantics of the presented link can be much better represented as a 1SMD link than as binary links. Besides this improved expressiveness, the 1SMD link helps to avoid potential update anomalies and often results in a significantly reduced number of links in a hypertext system. In the example, one 1SMD link replaces 12 binary links.

In general, the concept of MSMD links proposes a link taxonomy that is organized due to the cardinality of sources and destinations, i.e., distinguishing *1S1D links*, *MS1D links*, *1SMD links*, and *MSMD links*.

3.3   Links to Links

We have defined links as "full-fledged objects". The strong similarity of nodes and objects implies that links possess all capabilities that nodes have. Naturally, this must hold for the aspect of "connectivity" too, i.e., the property of links to be themselves connected to other information objects by links. This dimension of links is neglected by the majority of the current hypertext approaches but significantly contributes to the expressiveness of the model. The nested structure which is derived by application of this concept can be regarded as an abstraction mechanism providing for information layers.

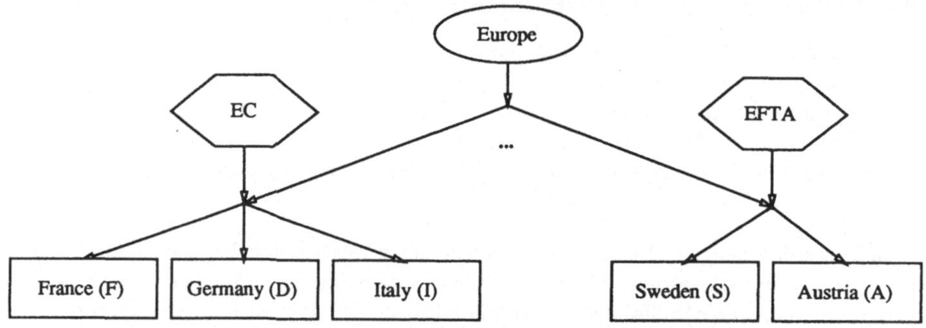

Figure 3: Link to Link Application Example

For an application example, consider the situation that is shown in figure 3. The Europe object shall be linked to the objects representing European countries. These countries are either members of the EC or EFTA, or to other business organizations which we leave out for simplicity. Europe possesses a 1SMD link. Its destinations are the links connecting the business organization nodes to the member countries, not EC and EFTA themselves.

Navigation functionality has to be slightly redefined to adequately include links to links into our model. In our model, retrieval of the nodes connected to a link shall yield "true" nodes only. For example, following the link from the Europe node should ideally collect the country nodes themselves, not the two 1SMD links connected to EC and EFTA.

We achieve these navigation semantics by introduction of a *link expansion concept*. Link expansion prevents links from being included in the result that is obtained by requesting the destination (source) nodes for a given link. Expansion happens whenever the destination (source) nodes are retrieved for a link: The system first collects all destination (source) objects connected to the link. Afterwards, this collection is searched through for the appearance of links. For each link found by this process, the request to yield the nodes is started again. Recursive application of this expansion concept will finally provide a result which does contain "true" nodes only.

4   Hypertext as Interpretation

4.1   Problems of Hypertext System Implementations

Many hypertext prototype systems have been implemented successfully on top of object-oriented systems in the past, so many implementation experience reports already exist for hypertext systems. Yet, this is not the point we want to outline here: We do not want to present just another implementation of some hypertext model. Instead, we want to establish a totally new view on hypertext in general.

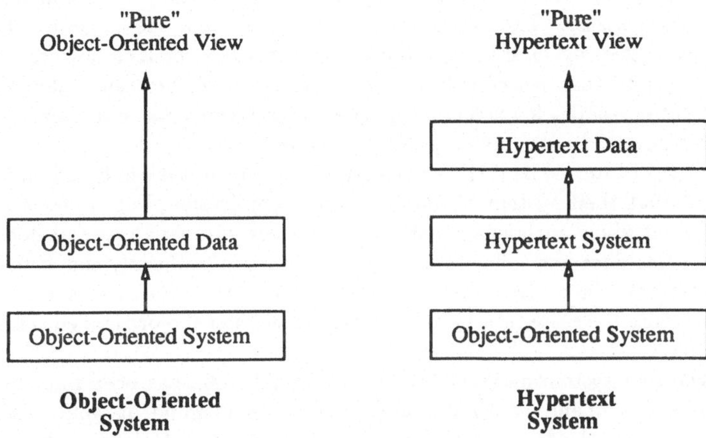

Figure 4: Current Architectural Layout for Object-Oriented and Hypertext Systems

The view that object-oriented systems to the user can be generally characterized in a way that is shown as the left part of figue 4. Based on an object-oriented system kernel, the object world is captured as a layer above. Hypertext systems — which are often built on top of object-oriented systems — have an architectural layout that is shown in figure 4 on the right side. This leads to isolated approaches to hypertext systems in the way that the hypertext model is considered as being unique. The modeling features of the underlying implementation object model are hidden from the user. In other words, the current approaches to hypertext systems yield "closed worlds". Such an isolation approach is undesirable for us for the following reasons:

- With hypertext, people are left with a simplistic approach to model their application data, compared to the expressiveness of object-oriented data models. In essence, most state-of-the-art hypertext models provide nodes and (binary) links only, which is not at all sufficient in the case of modeling complex application domains.

- Since there is normally no access to the expressiveness of the underlying object systems available, a lot of resources are spent by newly designing and implementing support systems totally dedicated to hypertext. Specialized hypertext database servers (e.g., in [4]) are only one enterprise that has been undertaken in the past. Declarative query languages, complex objects or the support of versions are other issues that have been claimed to be incorporated into the "next generation" of hypertext systems [8]. Many of these issues, however, have been sufficiently well solved by the object-oriented database system community in the past. Thus, the reinvention of such solutions is unnecessary.

According to the isolation of hypertext systems, current hypertext implementors have recognized this problem of their approaches very well. One solution is the development of mechanisms which (semi)automatically map data of existing information systems to the node-and-link format that hypertext models require. This will be no longer required with an approach at hand that directly combines the advantages of object-orientation and the hypertext view on objects.

4.2 Current Hypertext Approaches

There is much work on hypertext reported in the literature. We concentrate on the better-known approaches and show how the isolation problems we just analyzed manifest themselves in these systems.

NoteCards [8] is a hypertext system implemented on top of a Lisp environment which is aimed at the field of idea processing. The navigational functionality and the capability to link arbitrary objects can be advantageously used in this domain. However, it remains unclear whether the four basic hypertext concepts that NoteCards provides (cards, links, browsers, and fileboxes) are an adequate representation model for structuring ideas in problem and application domains of high complexity where a powerful data model is clearly required.

The implementors of Intermedia [11] — an electronic document system based on hypertext object structures — insist that their system "is not a separate application, but rather a framework for a collection of tools that allow authors to make links between standard types of documents". They promise a solution that does not suffer from isolation, but that uniformly connects documents in a (global) information net. In contrast to these requirements, their link concept is hard-coded into Intermedia and prevents the system to be used in any other than the predefined semantics, let alone concept extensibility.

Neptune, a hypertext system designed for use within CAD [6], has been implemented on top of an object-oriented environment. With this application field in mind, it would have been a quite natural approach to merge the features of their hypertext model with the object modeling power of the underlying object-oriented system, Smalltalk-80 [7] in this case. The implementors do, however, not explicitly provide for such an access.

A similar case is the hypertext system Concorde [9]. It is implemented on top of the Smalltalk-80 environment, too. Concorde shall provide a model and related facilities for usage within the expert system domain. But rather than allowing to (re)use the original expressiveness of the Smalltalk object model from the beginning and thus simplifying the modeling process in an application domain of such complexity, Concorde establishes hypertext node and link definitions as new administration classes.

4.3 The Dual Approach

Our approach to hypertext differs substantially from the related work that we have analyzed:

Hypertext/Object-Orientation Dual Approach. We regard hypertext as an interpretation on (existing) object-oriented information structures. The objects of the object system are either interpreted as nodes or as (MSMD) links, thus matching the structural requests of hypertext. This way, a "dual" view is established which is not isolated, but lets the user freely switch between the unfiltered, "original" view on object-oriented data, and the hypertext view on the other hand. There are no inherent limits in the application of the views, e.g., different users can have different views on the same data at the same time, as well as users can switch the views back and forth any time.

A schematic architectural layout of our approach is presented in figure 5. There is a significant difference to the situation shown in figure 4 where object-oriented systems and hypertext systems are regarded as environments that have nothing in common. While the hypertext view provides for a the navigation functionality that is lacking in many object models, its node-and-link model is probably

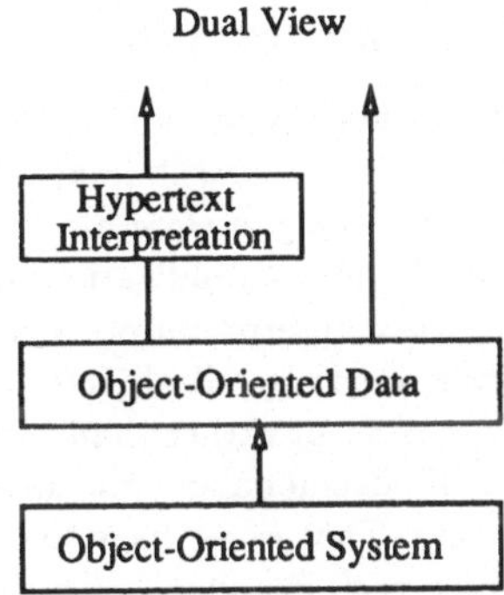

Figure 5: The Dual Approach for Hypertext

less powerful than the expressiveness of the underlying object model. To have adequate access to this original model, its properties and its capabilities have to be strictly preserved which spans two dimensions. First, the object *structures* have to be left unchanged. Furthermore, the whole set of original *functionality* on these objects must be still available. Applications based on the information objects must continue to run without requiring any attention to the capabilities according to the hypertext paradigm.

One important implication of leaving existing object structure and functionality unchanged is related to potential realizations of the dual approach: An implementation of the hypertext view must adhere to the principles of object encapsulation and therefore be method-based. It is not allowed to elude the encapsulation paradigm, i.e., to directly interpret the internal state of objects for retrieving node or link information from the objects. Rather, the hypertext interpretation mechanism and the related navigation functionality have to be implemented as an extension of the objects' message protocol, i.e., as a set of methods.

5 The Hypertext Interpretation Mechanism

There are two tasks in defining a sufficient hypertext interpretation mechanism. First, one has to define an adequate structural interpretation of objects in the hypertext sense, i.e., identifying appropriate classes with their instances being node and link candidates. Second, there is need to provide for the hypertext navigation functionality that relies on a given structural interpretation. While this section is dedicated to the definition of a structural interpretation, a subset of navigation functionality will be presented in section 6.

5.1 Nodes

As we have described before, potentially any object of an object-oriented system might be considered to be a node in a hypertext net:

Node Interpretation. Nodes are encapsulated information objects (of the underlying object system) that contain information valuable enough to be regarded independent from other objects.

Node objects may independently exist from each other, i.e., they need not be connected. It is in the freedom of a hypertext modeler to identify objects within an object system as nodes; the interpretation mechanisms does not make any limitations in this way.

5.2 Multi-Source Multi-Destination Links

Since all objects might principally serve as nodes of a hypertext system, we have to distinguish some of them which will generally be regarded as hypertext links. We have stated that our approach must adhere to the encapsulation paradigm and therefore has to be based on object operations, i.e., methods. As one basic operation we clearly need an indication whether an information object serves as hypertext node or as link for the hypertext interpretation. For this distinction, we introduce *check messages* which are recognized (and answered) by all objects in an object system. Because many existing object models implement a class concept rather than being instance-based, the choice taken in an implemented check message normally decides about the appearance of all instances of the class, rather than being valid for one object only. That is, we have to indicate classes whose instances then generally serve as MSMD links. Now, for each instance l of such a class the following requirements exist:

- l must have some *source relationship* to objects which serve as source nodes. It should be possible to naturally regard this relationship as directed from the source nodes to the link object l.

- l must possess *destination relationships* to objects which can serve as destination nodes. These relationships shall naturally be considered as directed from the link object to the destinations.

- While nodes span a somewhat static dimension in hypertext systems, links often take the dynamic part. In the case of an MSMD link, they can change their cardinality over time, i.e., the number of source and destination objects may be changed due to the link semantics.

With respect to these requirements within a class-based environment, we have found *collections*, combined with a utilization of the *aggregation concept*, to be appropriate candidates for an interpretation of link objects:

MSMD Link Interpretation. All collection objects (i.e., instances of collection classes) serve as links by default. Such objects comprise an arbitrary number of elements which are considered as being destination nodes. That is, the collection semantics is utilized to model the destination relationship of the link. Furthermore, there are objects which aggregate the collections, i.e., are super-objects of the collections. For a collection object o interpreted as MSMD link, we interpret all superobjects of o as being source nodes of o. This way, aggregation represents the concept to model the source relationship of the link.

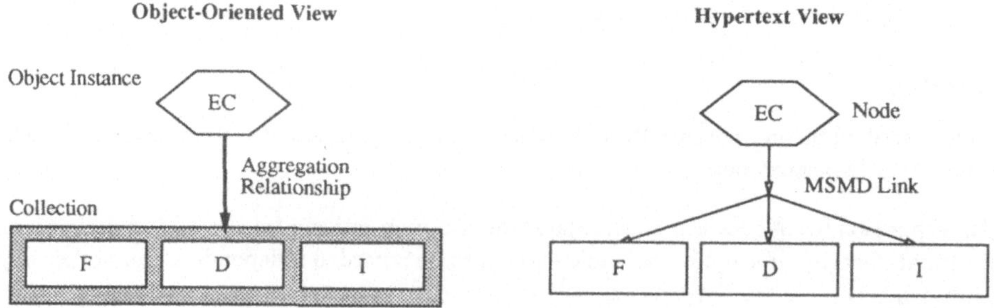

Figure 6: Collections interpreted as Links

To get a graphical impression of this interpretation, consider figure 6 where the interpretation is shown with our `BusinessOrganization` example. The left part of the figure shows the "pure" object-oriented view. Object instance EC aggregates a collection that contains Country objects whose names are abbreviated for reasons of space. In the hypertext view, the collection is interpreted as one MSMD link (here: 1SMD link) that connects the source EC to three destinations.

In order to implement our interpretation of links, the underlying object model must fulfill the following requirements:

- *Shared subobjects.* For adequate expressiveness, we require an object model that provides for shared subobjects. Without shared subobjects it is not possible for the hypertext net to be an arbitrary graph; only tree structures can be achieved. For hypertext purposes, such a limitation significantly reduces the expressiveness and restricts the generation of realistic hypertext structures.

- *Weak typing.* While strong typing is generally regarded as advantage for means of object modeling, it causes some problems according to our hypertext view on objects. With strong typing, it is not possible that one link (i.e., collection) connects (i.e., contains) nodes (i.e., instances) that belong to different classes or types. For example, a MSMD link could not simultaneously possess both text nodes and graphics nodes as destinations. This would be a serious restriction for the hypertext user who does not expect limitations of his choice to connect arbitrary nodes via links.

5.3   Links to Links

We have explicitly introduced the concept of links to links, i.e., link sources and destinations to be links themselves, to improve the expressiveness of our hypertext model. The link structures that can be created this way cause no collisions with our basic assumption to interpret collections as links, because many models consider collections as an aggregation of their aggregates, and most object models allow a nesting of collections.

Link to Link Interpretation. Nested collection structures are interpreted as links to links. This interpretation requires no changes or extensions of semantics to the interpretation of MSMD links.

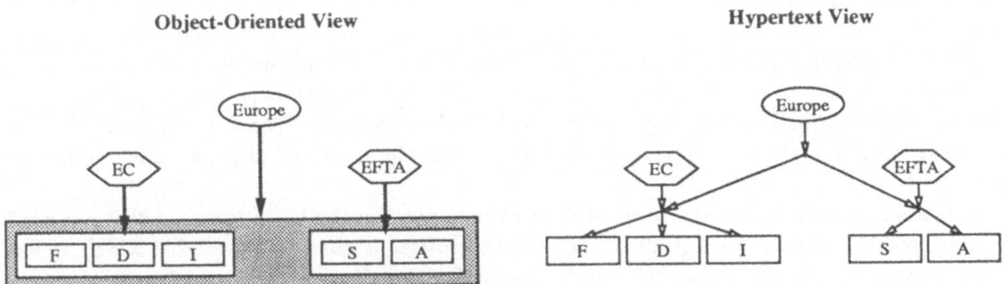

Figure 7: Nested Collections Interpreted as Links to Links

An example is shown in figure 7. The goal is to show the interpretation of the link-to-link example that we previously introduced for demonstration of our hypertext model. The hypertext view of links to links (on the right side) can be established since there are nested collections in the object-oriented view, shown as the left part of the figure.

6   A Prototype Implementation

We implemented the dual approach presented in this paper on top of Smalltalk-80 [7]. Smalltalk-80 is a class-based object-oriented environment that provides a weakly typed object model, a procedural programming language with late binding, and a graphical user environment which is implemented in the Smalltalk model and language itself.

Following our interpretation proposal, we did not change existing object structures or introduced a large amount of special classes into the system, but rather implemented hypertext as a view on objects. We were able to include all necessary functionality in only a couple of methods which were carefully incorporated into existing classes. This was an extension process, no redefinition or change of existing structure or functionality. The minimal model of hypertext functionality enabled us to provide a small kernel of basic functions that is completely separated from utilities and tools.

The hypertext view is basically provided to programmers by a set of operations, i.e., Smalltalk messages. The operations are organized as two categories. The first category provides check operations that test the hypertext status of objects. This includes messages such as `hyperIsNode` or `hyperIsLink` to check whether an object regards itself as hypertext node or link. Operations of the second category implement navigation functionality. For example, each hypertext object will respond to the message `hyperWhichLinks` with the links it is currently connected to. For collection objects serving as hypertext links, messages such as `hyperSources` or `hyperDestinations` return the nodes connected to the link as source objects (or destination objects, respectively).

```
Italy := EC hyperWhichLinks collect:
            [:link | link hyperDestinations detect:
                [:node | (node class = Country) & (node name = 'Italy')]].
```

Figure 8: A Small Navigation Program Example

An impression of the programming style for navigation that is achieved with our operations can be glanced from figure 8. The shown Smalltalk program code performs a navigation, starting from the `EC` object across a MSMD link to `Italy`. The program first utilizes the operation `hyperWhich-Links` to collect all links `EC` is connected to. For each of these links, the destinations are searched for nodes that have class `Country` and name `'Italy'`, which returns the desired object.

Note that this programming example does not only show the application of the navigation functions, but also shows a mixing of hypertext-related and "normal" operations. For example, `collect:`, `detect:`, `name` are Smalltalk messages understood by the objects in their original view. Thus, even within one Smalltalk statement it is possible to change the views of objects with our hypertext approach.

Application modelers and end users will, of course, not use the basic functionality provided by the navigation operations: one graphical hypertext browser is currently available which visualizes the hypertext structure and allows the user to interactively navigate across the information net using menus and mouse interaction. Another — text-oriented — browser allows to modify the hypertext net, i.e., inserting, updating, and deleting nodes and links. Of course, newly generated hypertext objects are not isolated application objects, but "normal" Smalltalk object themselves.

7   Conclusions and Future Work

Our approach is new in the way that it considers hypertext not as an isolated data model with navigation functionality, but as an interpretation of existing data. First experiences are promising: We generated information nets for test purposes that contain several hundred nodes and links. For means of persistent storage for our data, we could utilize an object server prototype originally designed and implemented to store and fetch Smalltalk objects. Such reusability is a result of our efforts to not structurally incorporate any changes to object structures, but to regard hypertext as interpretation on existing objects. An "in-the-large" evaluation of our approach is planned for the near future; we are currently designing a hypertext information net related to geographic and business aspects of the European Community which we expect to be running at the end of the year. Here, we expect serious results for issues such as how the look-and-feel of our approach differs from "true" (isolated) hypertext systems, and whether this affects the acceptance of users. For our hypertext model itself, we want to measure the applicability of the MSMD link concept.

We will further concentrate on efficiency which is a very important issue that has to be investigated with respect to our implementation of the hypertext interpretation mechanism. Most hypertext applications communicate through editors and browsers with the end user and require real-time performance for the majority of the navigation operations. The navigation operations that these tools utilize (i.e., our basic programming operation set) must therefore show good performance. Finally, we will experiment with changes to the interpretation semantics that have been presented in this paper.

Acknowledgments. We gratefully acknowledge the work of our students. Thomas Schramm implemented the hypertext interpretation mechanism and two browsers. A graphical hypertext net visualization tool was developed by Dietmar Kottmann and Peter-Josef Meisch.

References

[1] R. M. Akscyn, D. L. McCracken, and E. A. Yoder. KMS: A distributed hypermedia system for managing knowledge in organizations. *Communications of the ACM*, 31(7):820–835, July 1988.

[2] M. Atkinson, F. Bancilhon, D. DeWitt, K. Dittrich, D. Meier, and S. Zdonik. The object-oriented database system manifesto. In W. Kim, J.-M. Nicolas, and S. Nishio, editors, *Proc. 1st Intl. Conf. on Deductive and Object-Oriented Databases*, pages 40–57, Kyoto, Japan, December 1989. Elsevier Science Publishers B.V.

[3] F. Bancilhon. Object-oriented database systems. In *Proc. ACM SIGMOD/SIGACT Conf. on Principles of Database Systems (PODS)*, pages 152–162, Austin, Tx., USA, 1988.

[4] B. Campbell and J. M. Goodman. HAM: A general purpose hypertext abstract machine. *Communications of the ACM*, 31(7):856–861, July 1988.

[5] J. Conklin. Hypertext: An introduction and survey. *IEEE Computer*, 20(9):17–41, September 1987.

[6] N. Delisle and M. Schwartz. Neptune: A hypertext system for CAD applications. In *Proc. ACM SIGMOD Intl. Conf. on Management of Data*, pages 132–139, Washington D.C., USA, May 1986.

[7] A. Goldberg and D. Robson. *Smalltalk-80: The Language and its Implementation*. Addison-Wesley, Reading, Ma., USA, 1983.

[8] F. G. Halasz. Reflection on NoteCards: Seven issues for the next generation of hypermedia systems. *Communications of the ACM*, 31(7):836–852, July 1988.

[9] H. Langendörfer and M. Hofmann, editors. *Das Hypertextsystem CONCORDE*. Institut für Betriebssysteme und Rechnerverbund, Technische Universität Braunschweig, December 1989. In German.

[10] P. Wegner. Dimensions of object-based language design. In *Proc. ACM Conf. on Object-Oriented Programming Systems and Languages (OOPSLA)*, pages 168–182, Orlando, Fl., USA, October 1987.

[11] N. Yankelovich, N. Meyrowitz, and A. van Dam. Reading and writing the electronic book. *IEEE Computer*, 18(10):15–30, October 1985.

Query Processing in LILOG-DB: What It Is and Where It Goes

Thomas Ludwig
University of Trier   FB 4
P.O Box 3825   D-5500 Trier

Abstract

LILOG-DB is a deductive database system for the support of knowledge-based systems, and many aspects of its theory([7,13]), architecture([15,11]), conceptual background([14]) and implementation([6,10]) have already been discussed.

However, one of our goals when we started was to work out principles, algorithms, and an architecture for deductive query processing with heterogeneously structured complex objects, and to show their practical relevance and feasibility by implementing a full-scale ("non-toy") query-processor that relies on them.

This paper briefly reviews the data model and query languages we started from, in order to then discuss the basic design rationales of the *LILOG-DB* query processor.

Most importantly, we evaluate our experiences. Our results suggest some major revisions and extensions of the concepts we started from; these are are discussed at the end of the paper.

We will keep our presentation on a rather high level, partially because we do not want to bargain structural coherence for algorithmic detail, partially because a systematic evaluation and benchmarking of our system is still on its way.

Nevertheless, the experiences discussed here are justified by observations and preliminary measurements on our first prototype, which has been completed in late 1989.

1   Background

LILOG-DB has two formalisms which constitute the background of our discussion of its query-processor: the first-order logic database language *FLL* and the database-algebra *EFTA*. These are discussed in this first section.

The second section of this paper will then present the architecture and the most important features of (the current state of) the *LILOG-DB* query-processor.

In the concluding section, we will critically review the basic design decisions and discuss directions of further work.

1.1   FLL

FLL has not primarily been designed to introduce new concepts into the world of deductive databases. What we wanted was a homogeneous and complete front-end covering the features we considered necessary to implement in a full-fledged deductive database system. Some of them are: support of complex objects, the full power of recursion, multi-level nesting of sets, support of open attributed structures, strong typing, and powerful schema modeling capabilities. The following highlights how these concepts are integrated in *FLL*.

1.1.1   Complex Objects

In *DATALOG* we cannot express the structure of a stored object except by flattening it and storing the components into auxiliary base predicates. For a number of reasons it seems better to use function symbols as non-atomic arguments and e.g. write

$$authors('The\ TeX\ Bible', [david, leslie, knuth]).$$
$$\ldots$$
$$coauthors(X) : -authors(Y, X).$$

instead of

$author('The\ TeX\ Bible', david).$
$author('The\ TeX\ Bible', leslie).$
$author('The\ TeX\ Bible', knuth).$
$...$

$coauthors(X) : -author(Y, X).$

especially when all *coauthors* are accessed simultaneously.

Besides reasons of compact storage and fast access of complex objects as a whole, for reasons of cognitive adequacy it seems convenient not to force a user to artificially decompose objects which (s)he sees as a whole.

The complex objects supported by our front-end query language *FLL* (Feature Logic Language) are lists, functors, and sets as in

$authors('The\ TeX\ Bible', \{david, leslie, knuth\})$

1.1.2 Operational Aspects

The most important operational aspects of *FLL* shall now be briefly overviewed, mainly in comparison with *DATALOG* .

Recursion: The need for recursion in first-order databases has often been stressed in the literature (see [3,20]). E.g. we may want to compute the set of all cities reachable from each other, using the predicate

$reachable(X, Y) :- way(X, Y).$
$reachable(X, Y) :- way(X, Z), reachable(Z, Y).$

With the extensional predicate

$way($a-town, b-ville$).$
$way($b-ville, c-burg$).$
$way($c-burg, d-city$).$

the answer to

$? - reachable(X, Y).$

is the table

X	Y
a-town	b-ville
a-town	c-burg
a-town	d-city
b-ville	c-burg
b-ville	d-city
c-burg	d-city

In *FLL*, as in *DATALOG* , we have the possibility to write arbitrary recursive programs, i.e. there are no restrictions to linear recursion or whatever else.

Set-Grouping: *DATALOG* does not distinguish different levels of *set-grouping* [20,19]. So, what can we do if we want a table like

X	Y
a-town	b-ville,c-burg,d-city
b-ville	c-burg,d-city
c-burg	d-city

instead of the answer above? For *FLL*, we introduce a set-grouping operator as in [19] and state the query

$? - reachable(X, < Y >).$

which means that our answers are to be grouped by Y.

Built-In Predicates: In the context of sets, *FLL*'s built-in predicate *in* is of special importance. As the rule

$child\_of(X, Y) :-$
$\quad father(Y, CHILDREN),$
$\quad X\ in\ CHILDREN.$

illustrates, it performs an un-grouping of sets.

Other built-in predicates include arithmetics and comparison, as illustrated by the self-explaining rules

$sum(X, Y, Z) \quad :- \quad Z\ is\ X + Y.$
$max(X, Y, X) \quad :- \quad X > Y.$
$max(X, Y, Y) \quad :- \quad X \leq Y.$

Negation: Another aspect of the missing expressive power of *DATALOG* for our purposes of knowledge-processing is that we cannot handle negation. We are not able to state predicates like

$$single(X) :\text{-} person(X), not(married(X)).$$

Thus we introduce *stratified negation* [20,17,18] into *FLL*. That means that we allow predicates like the one defined above with negated literals on the right-hand side of a rule if this negation is not part of a recursive cycle.

1.1.3 Feature-Tuples

From the point of view of a database programmer, tuples are a very convenient data-structure for expressing roles of objects. This is because for tuples, in contrast to previously introduced structures like lists or functors, these roles can be addressed by name.

It appears more natural to model the information on a book by a tuple

$$\langle author : 'Hammett', title : 'RedHarvest' \rangle$$

and refer to the author via the attribute name *author* than to represent it as a functor

$$book('Hammett', 'RedHarvest')$$

and address the author by the position number 1.

Additionally, tuples match the intuition of a table in which the human user often imagines knowledge.

So, it is a natural idea to extend *DATALOG* by tuple-aggregation to achieve greater ease and intuitiveness of database programming. E.g. a program like

$$bookinfo(\langle author : X, title : Y, isbn : Z \rangle) :\text{-}$$
$$writer(\langle author : X, title : Y \rangle),$$
$$book(\langle title : Y, isbn : Z \rangle).$$

would be much simpler to read and maintain then

$$bookinfo(X, Y, Z) :\text{-} writer(X, Y), book(Y, Z).$$

since the user would not be forced to remember the semantics of argument positions. This argument is of great practical importance when one writes large scale applications on a logic database. Similar arguments for the introduction of tuple-like structures into logic-based languages can be found in [1,4].

So far, we have freed the programmer from the need to express roles via position numbers. But if we interpret tuples as usual, (s)he still has to specify irrelevant information. E.g. if the schema of the base-relation expressed by *book* were

$$\langle author : .., title : .., subject : .., keywords : .. \rangle$$

a program would have to look like[1]

$$bookinfo(\langle author : X, title : Y, isbn : Z \rangle) :\text{-}$$
$$writer(\langle author : X, title : Y, subject : \_, keywords : \_ \rangle),$$
$$book(\langle title : Y, isbn : Z \rangle).$$

to obtain the required information, although *subject* and *keywords* are completely irrelevant for *bookinfo*.

The reason for this is that ordinary tuples are interpreted as *closed structures*:

> *a tuple can only be matched by a tuple that contains exactly the same attributes, if all these values match*

To overcome this deficiency, in the *Feature Term Data Model(FTDM)* underlying *FLL* we introduce the concept of **feature-tuples**. Their name stems from the origin of feature-tuples in the *feature-structures* of knowledge representation and the tuples of Relational Algebra:

> *A feature-tuple t_1 can be matched by any feature-tuple t_2 if all their common attributes (called features) can be matched.*

With feature-tuples, we can write

$$bookinfo(\langle author : X, title : Y, isbn : Z \rangle) :\text{-}$$
$$writer(\langle author : X, title : Y \rangle),$$
$$book(\langle title : Y, isbn : Z \rangle).$$

simply ignoring the irrelevant features *subject* and *keywords*.

Using variables ranging over feature-tuples, we can now very conveniently express the *collection of information in open structures*. A feature-tuple variable X in the head of a rule is instantiated to a tuple collecting all features of all instances of X in the rule-body. E.g. if we have

$$writer(\langle\ authorname : agatha\_christie,$$
$$nationality : british\ \rangle).$$

and

---

[1] $\_$ stands for the anonymous variable.

```
        book( ⟨   title :  'TheRedKimono',
                  authorname : agatha_christie   ⟩ ). ,
```
for the rule
```
    bookinfo(W) :- writer(W), book(W).
```
and the query
```
    ?- bookinfo(X).
```
we obtain
```
    X = ⟨   title : 'TheRedKimono',
            authorname : agatha_christie,
            nationality : british⟩.
```

So, the basic paradigm of computation for feature-tuples is <u>compatibility</u> of information, instead of <u>equality</u> of information for closed tuples: the processing of tuples continues until their information grows inconsistent, i.e. contradicting values for a feature are detected.

We claim that the reliance on the more flexible notion of compatibility instead of equality allows a simpler, more convenient and more natural description of the deduction of knowledge from a database.

1.1.4 Sorts

The necessity to incorporate taxonomic information in next-generation DBMS has often been stressed in the literature (a survey on taxonomies in semantic data-models can be found in [16]).

Expressing taxonomies is a requirement of adequate modeling, since most relevant mini-worlds are not flat-structured, but divided into concepts and sub-concepts.

E.g. the field of *logic database languages* is a part of *query languages*, which is a discipline of *databases*, which itself is a subdiscipline of *computer science*.

In *FLL*, we can model this as follows:
```
    sort logic_database_languages  isa query_languages
    sort query_languages           isa databases
    sort databases                 isa computer_science
```
Supposing the taxonomy described above, we can write the rule
```
    database_researcher( ⟨name : X⟩ ) :-
      researcher( ⟨name : X, topic : Y.databases⟩ ).
```
filtering out the names of all researchers working on database systems.

Since we want to use our sort-concept for purposes like strong typing and the provision of conceptual schemas for sets, we now need a means of expressing the structure assumed for the terms belonging to a sort.

So, we introduce *sort-descriptions* for the structure of terms belonging to a sort.

In the following example, we represent some coloured geometric objects: circles are described by colour and radius, rectangles by the lengths of their sides, and colours are one of *red, blue* etc.
```
    sort colours    =  {red, blue, yellow, green}
                       isa atom
    sort circle     =  tuple (radius : real,
                              colour : colours)
                       isa tuple
    sort rectangle  =  tuple (side1 : real,
                              side2 : real,
                              colour : colours)
                       isa tuple
```

The example illustrates that sorts can be described by enumerations of terms or by structural descriptions. E.g. the members of the sort *rectangle* are tuples whose features *side1, side2* are restricted to the (built-in) sort *real* [2], and *colour* has to be one of *colours*.

Supposing we got a predicate *object* representing a set of geometric objects, we can retrieve all circles which fit into a rectangle of the same colour by

---

[2]The predefined, built-in sorts and their denotations are

term	the whole *FTDM*-universe	*tuple*	the set of feature-tuples
nil	the empty set	*functor*	all functors
integer	the set of integers	*list*	the set of lists
real	the set of real numbers	*set*	all sets
atom	the set of atoms, i.e. names		

```
inner circle(X) :-
    object( (side1 : S₁, side2 : S₂, colour : C ).rectangle ),
    object( X.circle ),
    X = (radius : R, colour : C ),
    D is 2 * R,
    S₁ ≥ D, S₂ ≥ D.
```

A full sort-specification of the *FTDM* is of the form

> *sort* SORTNAME = SORTDESCRIPTION
> *with* CONSTRAINT
> *isa* SORTNAMELIST

In the CONSTRAINT-part, semantic constraints can be imposed on the terms of the sort. We can e.g. describe squares by

> *sort square* = *tuple* (*side1 : real*
>   *side2 : real*
>   *colour : colours*)
> *with*   *side1 = side2*
> *isa*   *rectangle*

Constraints allow us to incorporate semantic knowledge into the description of sorts.

In the above example, the sort *square* is a specialization of the sort *rectangle*. Nevertheless, in its description we repeated the whole description of *rectangle*, only specializing it by the constraint *side1 = side2*.

This inconvenience is unnecessary, since a sort inherits all properties of its supersorts. So, without loss of information we could have written

> *sort square* *with* *side1 = side2*
> *isa*   *rectangle*

simply omitting the repeated sort-description. Note that a sort can have multiple supersorts, so that we obtain *multiple inheritance*.

1.2 EFTA

In *LILOG-DB*, *FLL*-programs are compiled to *EFTA* (*Extended Feature Term Algebra*, see [8]), the language of the *LILOG-DB* query-processor. We restrict our presentation to the basic differences between *EFTA* and *Relational Algebra* (*RA*).

(1) Basic Operations on Terms

Since *RA* relies on first normal-form while *EFTA* allows arbitrarily complex objects, we have to generalize the concept of an attribute by the concept of the application t/p of *paths p* (of arbitrary length) to terms t. A path is a sequence of feature-names and position-numbers, finished by a □. E.g.

> *person*((*age* : 20))/1.*age*.□ = 20

The *conditions* that can be checked for terms in *EFTA* extend *RA* in that they allow type- and structure-inspection of terms (see [8]).

To compose arbitrary complex objects, we have to replace the tuple-aggregation by the application $cons(c, t)$ of *constructors c* to terms t. E.g.

> *cons*(*person*((*age* : □)), 20)

constructs the term *person*((*age* : 20)).

In addition, we allow the application $apply(cc, t)$ of *conditional constructors cc* which perform construction-operations dependent on the evaluation of conditions, so that e.g. the application of

> *if* 2.□ < 30 *then person*(1.□, *young*)
>   *else person*(1.□, *middle-aged*)

to *person*(*john*, 20) yields *person*(*john*, *young*). *RA* has no equivalent for this.

(2) Sets instead of Relations

Feature-term sets (*ft-sets*), the data-containers of *EFTA*, are sets of (arbitrary) terms instead of relations structured by columns as in *RA*. The decision for sets instead of relations is based on the insight that in the general case of knowledge-bases with incomplete information it is not appropriate to force the information into relations by flattening since this requires too much effort for decomposition and produces too many small "intermediate" and "secondary" relations which are expensive to update.

(3) Cross-Product, Union and Difference

The cross-product $A \times B$ of two sets $A = \{a_1, \ldots, a_n\}$ and $B = \{b_1, \ldots, b_m\}$ in *EFTA* is the set of all binary tuples[3] $\{\langle a_1, b_1 \rangle, \ldots, \langle a_n, b_m \rangle\}$. In contrast to the union-compatibility-restrictions of RA, we can define union $A \cup B$ and difference $A \setminus B$ in a pure set-theoretic manner.

(4) The γ-Operator

The γ-operator $\gamma_{cc} S$ comprises the capabilities of $EFTA$ for single scans of sets: a conditional constructor cc can be applied to each element of a given set S, the set of the resulting terms is the result of the γ-application. We can now write "selections" and "projections" informally as

(i) $\quad \sigma_c R \;=\; \gamma_{if\ c\ then\ \square}\ R$

(ii) $\quad \pi_p R \;=\; \gamma_{if\ true\ then\ p}\ R$

Thus the γ-operator is an abstraction of selection and projection in RA including constructive capabilities as they are needed for deductive retrieval.

An example: For

$$R = \{(name : john, job : waiter, salary : 20000),$$
$$(name : peter, job : waiter, salary : 30000),$$
$$(name : geoff, job : teacher, salary : 45000)\},$$

the query

$$\gamma_{if\ job=waiter\ then\ (name:name.\square, income:salary.\square)}\ R$$

will have the answer

$$R = \{(name : john, income : 20000),$$
$$(name : peter, income : 30000)\},$$

(5) Nesting and Unnesting

nest and *unnest* are needed for (dis-)aggregation of ft-sets. $unnest_p F$ decomposes an element of F with a set-valued attribute s at path p into a set of terms with the elements of s at position p:

$$unnest_{1.\square}\ \{f(\{1, 2\}),\ f(\{2, 3\})\} = \{f(1), f(2), f(3)\}$$

nest works in the opposite direction (but isn't inverse):

$$nest_{1.\square}\ \{f(1),\ f(2),\ f(3)\} \;=\; \{f(\{1, 2, 3\})\}$$

(6) The Closure-Operator

By the operators given so far, we do not yet have enough power to cope with recursive queries. Thus we include a closure-operator Φ. This enables us to process an arbitrary (recursive) FLL-query.

The closure-operator mimics what is called in the literature a *naive machine* ([2], [3]): When evaluating $\Phi_{\langle e_1, \ldots, e_n \rangle}\langle I_1, \ldots, I_n \rangle$, a vector (syntactically represented as a tuple) $\langle e_1, \ldots, e_n \rangle$ of n $EFTA$-expressions is iteratively applied to a vector $\langle I_1, \ldots, I_n \rangle$ of n initializing arguments until no more terms are generated. The terms generated in each iteration are added to the intermediate result. E.g. for

$$R = \{way(a\_village, b\_burg), way(b\_burg, c\_town),$$
$$way(b\_burg, c\_city), way(c\_city, d\_ville)\}$$

the sample query

$$\Phi_{\langle \gamma_{if\ (1.2.\square = 2.1.\square)\ then\ way(1.1.\square, 2.2.\square)}\ (1 \times 1) \rangle}\langle R \rangle \qquad (1)$$

yields

$$
\begin{aligned}
imr_0 \;&=\; \{way(a\_village, b\_burg), way(b\_burg, c\_town), way(b\_burg, c\_city), way(c\_city, d\_ville)\} \\
imr_1 \;&=\; \{way(a\_village, c\_town), way(a\_village, c\_city), way(b\_burg, d\_ville)\} \\
&\quad \cup\ imr_0 \\
imr_2 \;&=\; \{way(a\_village, d\_ville)\} \\
&\quad \cup\ imr_1 \\
RESULT \;&=\; \{imr_2\}
\end{aligned}
$$

---

[3] The feature-names are omitted in this example.

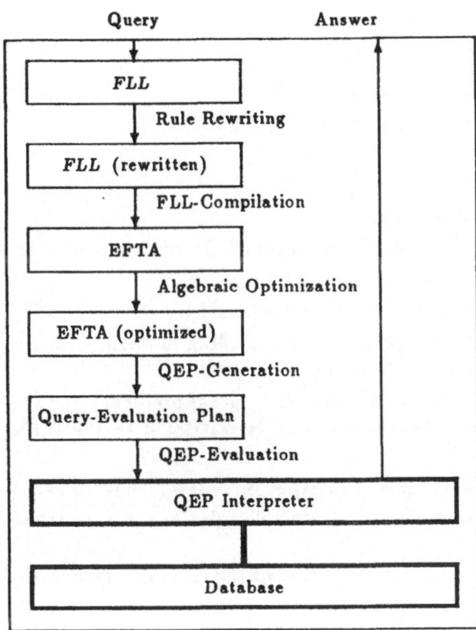

Figure 1: Processing of *FLL*-Queries

2 The Query Processor: What it is

Although there are multiple front-ends of *LILOG-DB*, for reasons of simplicity we discuss only the scenario that a user works in an *FLL*-environment.

FLL-queries are compiled to our database algebra *EFTA*. This *compilation* of *FLL*-queries is an important part of query processing in *LILOG-DB*, which shall now be described in some detail.

Architecture

The main steps of query-processing are illustrated in Fig. 1.

The Query-Processor receives an *FLL*-query and optimizes the recursive structure of the corresponding program using *Rule Rewriting*. The Rule-Rewriter returns a *modified query*.

This modified *FLL*-query and the rewritten program are used by the *FLL*-Compiler to generate an equivalent *EFTA*-query.

After an algebraic optimization of the *EFTA*-query, a query-evaluation plan (*QEP*) is generated, i.e. the best algorithms implementing the algebra operations and the order of their application are selected. This *QEP* is then evaluated against the database.

Rule Rewriting

Rule Rewriting techniques for global optimization of first-order database programs written in languages like *DATALOG* or *LDL* have been investigated by many authors in recent years (see [21]).

Their main application is the field of recursive query processing. Let us use the most simple of the well known methods for illustration. The *Magic Sets* technique, for a given query $?- anc(john, X).$, rewrites the program

$$anc(X,Y) :- \quad par(X,Y).$$
$$anc(X,Y) :- \quad par(X,Z), anc(Z,Y).$$

to the program

$$m\_anc^{bf}(john)$$
$$m\_anc^{bf}(Z) :- \quad m\_anc^{bf}(X),\ par(X,Z).$$

$$anc^{bf}(X,Y) :- \quad m\_anc^{bf}(X),\ par(X,Y).$$
$$anc^{bf}(X,Y) :- \quad m\_anc^{bf}(Z),\ par(X,Z),\ anc^{bf}(Z,Y).$$

and modifies the query to
$$?\text{-}\ anc^{bf}(john,X).$$

So, what Magic Sets do is the following:

1. The binding pattern[4] of the query is determined. In our case, it is bf since in the query
   $$?\text{-}\ anc(john,X).$$
   the first argument is *bound* and the second one is *free*.

2. Then, from the original rules for anc and this binding pattern, a *magic predicate* m_anc^{bf} is computed. This predicate derives all *possible* ancestors of john.

3. The predicate m_anc^{bf} is used to modify the original predicate anc so that at any stage of the bottom-up computation the join of *parent* and anc is restricted to the tuples that are possible ancestors of *john*.

So, the aim of Magic Sets — and Rule Rewriting in general — is to restrict the search space of recursive rule applications by precomputing the set of possible solutions in a *restriction predicate* and insert this into the original rules.

The essence of Rule Rewriting is the optimization of the recursive structure of an FLL-program with respect to a given query.

In the following, we will show how standard Rule Rewriting techniques can be enhanced to cope with the order-sortedness of *FLL*.

We will do this by first performing a *type rewriting step* for type restrictions of the variables of a program, and then performing a *rule rewriting step* as described above.

The *type rewriting step* basically employs two rules:

1. Reject rules with incompatible sort-restrictions.
2. For rules with multiple (compatible) sort-restrictions, select the strongest one.

A simple example for a rule with inconsistent sort-restrictions is
$$transatlantic\_country(X) \quad :- \quad country(X.european),$$
$$country(X.american).$$

From the information that the sorts *european* and *american* (if adequately defined) are disjoint, we can conclude that the rule is inconsistent and should be rejected or (at least!) not evaluated.
For the rule
$$p(X) :\text{-}\ q(X.european), r(X.eurasian).$$
we know that *eurasian* is a subsort of *european* and can replace $q(X.european)$ by $q(X.eurasian)$ and push the sort-restriction into the head of the rule:
$$p(X.eurasian) :\text{-}\ q(X.eurasian), r(X.eurasian).$$

Both the rejection of rules inconsistent with the sort-declarations and the selection of the strongest possible sort-restrictions avoid the incorporation of irrelevant terms in intermediate results, thereby speeding up query-processing. Details of our rule rewriting regime can be found in [12].

Compilation of FLL-Programs to EFTA

Our query-compiler from *FLL* to *EFTA* will use a two-phase approach: in a first phase, we will compile the *FLL*-program as a whole to a set of query-independent *EFTA-templates*; the second phase only consists of searching the relevant templates for a query and pushing the constants into them.

Only the second phase has to be performed at runtime, i.e. it is query-dependent. That means that we do as much as possible only once at compile-time of the *FLL*-programs (instead of doing it again for every query) and as less as possible at query-evaluation-time.

Our motivational remarks suggest that an *EFTA-template* is just a template of an operator-tree for *EFTA*-query-evaluation into which possible constants can be inserted at runtime. Thus, when a query is read, only two operations will have to be performed in the second phase of our algorithm:

---

[4] Mostly called *adornment* in the literature.

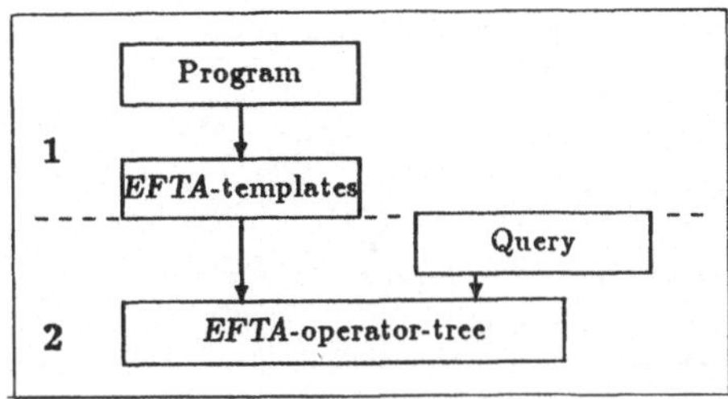

Figure 2: Schema of Two-Phase Compilation

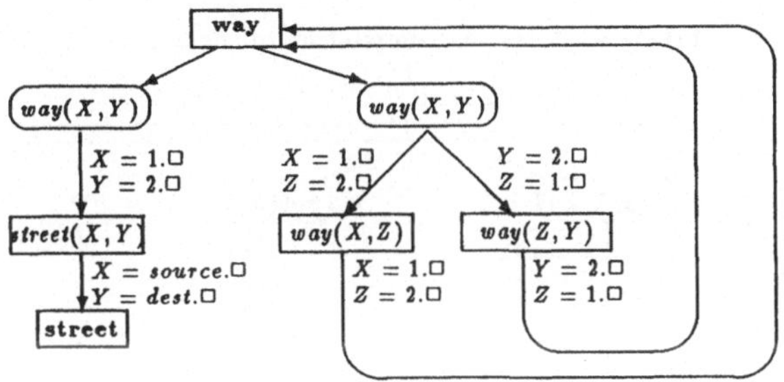

Figure 3: An LPRGG with variable-path equations

- The relevant parts of the *EFTA*-templates have to be fetched.
- The constants of the query have to be pushed into the template to obtain a plan for *efficient* query evaluation.

A schema of compilation can be visualized as in Fig. 2.

The precompilation-phase reads an *FLL*-program, and translates it into an *EFTA-Template-Graph*. The second phase uses this graph and a given query to construct an *EFTA-operator-tree*, which can then be submitted to the *LILOG-DB*-query-processor for evaluation against the database.

Decomposition of Programs: Since our system compiles stratified programs ("no negation through recursion"), we can thus see an FLL-program as a set of *layers* (or strata), where each layer is a set of one or more partitions (a *partition* is the set of clauses with the same name and arity defining a predicate). For the sample program

```
/* base-predicate: street */
street(X, Y) :- (source : X, dest : Y) in_ft_set STREET

/* derived-predicate: way */
way(X, Y) :- street(X, Y).
way(X, Y) :- way(X, Z), way(Z, Y).
```

we can give a graphic representation of this structure as a *layered partitioned rule-goal-graph (LPRGG)*. In the *LPRGG*, so-called *partition-IDs* are visualized as pointers from subgoals to partitions (see Fig. 3).

Partitions are there represented by small rectangles, the name of the partition printed in **boldface**. There are links from a partition-node to each node (depicted by an oval) representing one of its rules, and pointers from each rule to each of its subgoal-nodes.

We will now briefly sketch how the first phase of the *FLL*-compiler converts an *LPRGG* to an *EFTA-Template-Graph*.

Phase 1 – Constructing an EFTA-Template-Graph: The main operational difference between the evaluation of *FLL*-programs and the interpretation of *EFTA*-expressions is that the control-flow of *FLL*-

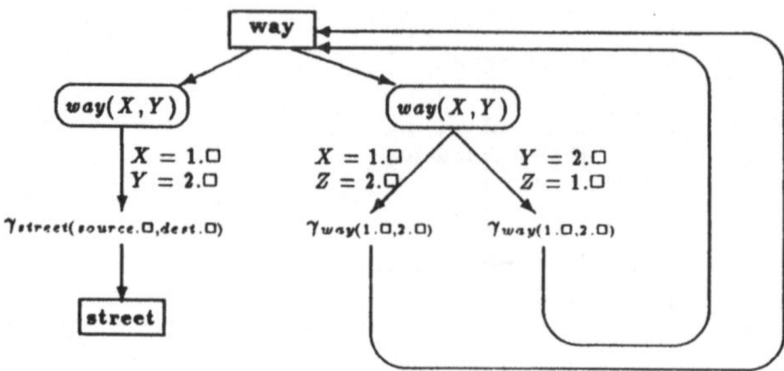

Figure 4: After the compilation of the single subgoals

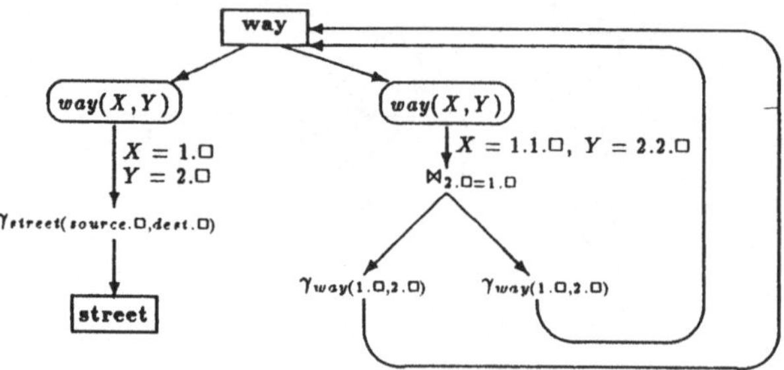

Figure 5: After the join of the subgoals in the rule

programs is implicitly described by variables, while it is explicitly encoded in *EFTA*-expressions by the use of paths.

So, the main task of the *FLL*-compiler is to map a control-flow managed via variables to a control-flow directed by paths.

As can be seen in Fig. 3, we label the rule-goal links and the goal-rule links of the *LPRGG* by equations of the form

$$VARIABLE = PATH$$

which contain information on which variable corresponds to which path in the accessed node.

Phase 1 first translates each subgoal of each rule separately, converting it to a γ-expression in which each variable of the subgoal is replaced by its corresponding path (see Fig. 4).

As depicted in Fig. 5, the compiled subgoals of each rule are then joined. As can be seen there, a rule now is no more linked to each of its subgoals, but to the result of constructing a join including all compiled subgoals.

The final step of phase 1 is that the rule-heads are compiled to γ-expressions. The resulting *EFTA*-Template-Graph is depicted in Fig. 6.

It contains incomplete *EFTA*-expressions, since not all their arguments are given by *EFTA*-expressions: some of them are encoded as references to partitions. They will be resolved in phase 2 of *FLL*-compilation.

Phase 2 – Query-Compilation: While the first phase of compilation is performed only once for an *FLL*-program, the second phase is activated for each new query. As depicted in Fig. 2, phase 1 of *FLL*-compilation constructs an *EFTA*-Template-Graph from an *FLL*-program. This graph and the query are the input for phase 2, which constructs an *EFTA*-operator-tree.

This construction basically cuts the parts which are irrelevant for the query out of the *EFTA*-Template-Graph and inserts the constants of the query into the remaining templates.

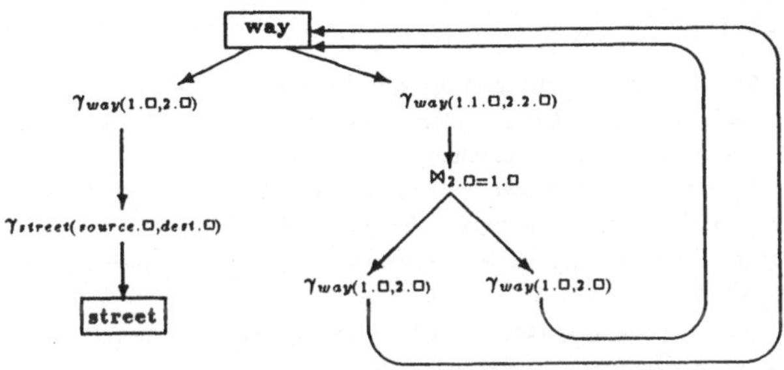

Figure 6: The resulting EFTA-Template-Graph

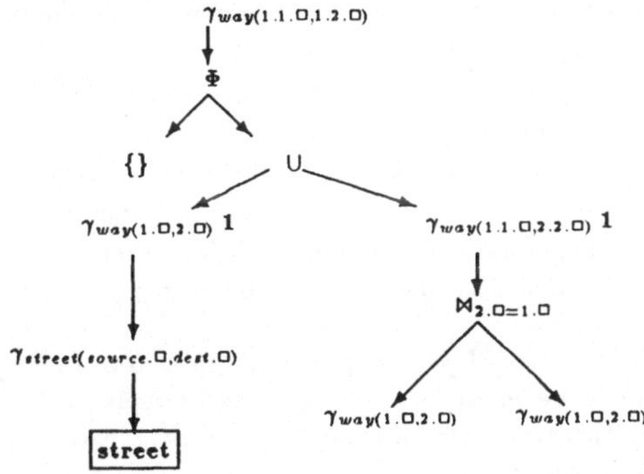

Figure 7: The resulting EFTA-operator-tree for the query ?- $way(X, Y)$

Roughly speaking, a template is *irrelevant* for a query iff it belongs to a partition that is never reached during the traversal of the *EFTA*-Template-Graph which is initiated by the query, or if it has a constant at a position where the query has a different constant.

The query-compilation then inserts the constants of a query at the right places, and links the *relevant* *EFTA*-templates together to a single *EFTA*-operator-tree, using union- and closure-operators as "glue".

Details of the construction can be found in [10], they shall not be given here.

Fig. 7 shows the *EFTA*-operator-tree that is constructed for the *EFTA*-Template-Graph of Fig. 6 when the query

   ?- $way(X, Y)$.

arises.

The compiler does not perform any optimization. The reason is that the compiler is embedded into two optimizers. On the top-level, a Rule-Rewriting Component performs the global semantic optimization, while conventional local optimization is performed on EFTA-operator-trees.

Our approach has two major advantages: A speed-up of query-processing can be achieved by performing the query-independent part of compilation only once and minimizing the work that has to be done at runtime for a given query.

The other basic advantage is that it allows for incremental compilation. In other words: there is a very simple correspondence between Rule-Goal-Graphs (the input of precompilation) and EFTA-Template-Graphs, so that updates of the input-program can be easily translated to updates of the *EFTA*-Template-Graph.

Algebraic Optimization

In the Rule Rewriting phase of query processing, we optimize the recursive structure of an *FLL*-program with respect to a given query. The *FLL*-compiler then generates an *EFTA* -operator-tree for the query, where recursion in *FLL* is mapped to the closure-operator Φ.

The experience with relational systems shows that such a tree, even if parsed from a relational query directly supplied by the user, normally is far from being the best (and often is not even a good) operator tree for the query. In other words: there usually exist semantically equivalent operator trees for a query which can be more efficiently evaluated.

This argument is even stronger for operator trees that are not directly parsed but automatically generated by a compiler, as in our case. However, research for relational systems has shown that this problem can be overcome by intelligent use of algebraic transformations.

In [9], we have shown that this holds for *EFTA* too. Since we have optimized the recursive structure in the Rule Rewriting phase, the task of algebraic optimization reduces to the efficiency oriented transformation of the nonrecursive part of the query, i.e. we do not further optimize the closure-operator Φ, but restrict ourselves to equivalence transformations of its arguments.

These equivalence transformations implement some basic principles that should guarantee effective query processing:

- eliminate redundant operations
- evaluate common subexpressions only once
- perform operations that decrease the sizes of intermediate results as early as possible
- combine multiple operations to one single operation wherever possible

These principles yield a number of techniques that should be briefly sketched in the following.

Exploitation of Transitivities in Conditions: For a γ-operator $\gamma_{if\ c\ then\ ..\ else\ ..}$ we can exploit transitivities in the condition-part c in two ways.

Constant propagation reduces the number of path-applications that have to be performed during the evaluation of c. A path that is known to be equal to a constant can be replaced by that constant.

Let $op \in \{=, <, >, \dots\}$ be a valid operator inside a condition and $path, path' \in P$ be paths. Then

$$(path\ op\ path')\ and\ (path' = const)$$
$$\Leftrightarrow\ (path\ op\ const)\ and\ (path'\ =\ const)$$

If θ is a transitive binary condition-operator such as $>$, $=$, $\leq$ etc., this transitivity can be exploited to eliminate redundant conditions:

$$A\,\theta\,B\ and\ B\,\theta\,C\ and\ A\,\theta\,C\ \Leftrightarrow\ A\,\theta\,B\ and\ B\,\theta\,C$$

Pushing γ-Expressions down: Possibly the most important thing in optimizing Relational Algebra or *EFTA*-queries is the downward propagation of selections, following the rule: the earlier the selections are performed, the smaller are the intermediate results and the faster is the execution.

Some sample equations show how to push a γ through the binary operators of *EFTA* . Let c be a condition, then:

$$\gamma_c\,(\,A \cup B\,)\ \Leftrightarrow\ \gamma_c\,(A) \cup \gamma_c\,(B)$$
$$\gamma_c\,(\,A - B\,)\ \Leftrightarrow\ \gamma_c\,(A) - B$$
$$\gamma_c\,(\,A - B\,)\ \Leftrightarrow\ \gamma_c\,(A) - \gamma_c\,(B)$$

Combining γ-Applications: In Relational Algebra, chains of selections (resp. projections) can be combined to one single selection (resp. projection). A main design aim for *EFTA* was to preserve this property in its whole strength for the γ-operator because of its important potential for optimization. We will illustrate how such a combine-transformation for the γ-operator can be performed. The benefit of these combine-transformations is that two scans of sets can be replaced by one more complex scan, saving disk-accesses. The example

$$\gamma_{if\ 1.\square > 2.\square\ then\ f(1.\square)\ else\ f(2.\square)}\ \gamma_{<3.\square, 4.\square, 5.\square>}\ R$$
$$\Leftrightarrow\ \gamma_{if\ 3.\square > 4.\square\ then\ f(3.\square)\ else\ f(4.\square)}\ R$$

illustrates that the basic task to perform here is the replacement of the paths in the outer γ-expression.

Elimination of Redundant Operations: One of the standards of Relational Algebra optimization is that a (lossless) join followed by projections only on non-join-attributes can be dropped.

Similar eliminations of redundant operations generating informations that will soon be "forgotten" by the following steps of evaluation are given in the following.

Cross-products followed by non-trivial projections are redundant and can be eliminated.

$$\pi_{1.p}\,(f_1 \times f_2) \Leftrightarrow \pi_p(f_1)$$
$$\pi_{2.p}\,(f_1 \times f_2) \Leftrightarrow \pi_p(f_2)$$

A set-difference diminishing A by a restriction of A can be transformed to an application of the negated restriction to A.

$$A - (\gamma_c\, A) \Leftrightarrow \gamma_{not\ c}\, A$$

If A has n entries and the implementation of the difference operator cannot use indexes or a sorting of A, this rule decreases the effort for the difference-computation from $O(n^2)$ to $O(n)$ (see below).

For the elimination of redundant unions and differences we can use the equivalences

$$A \cup A \Leftrightarrow A$$
$$A \cup (B - A) \Leftrightarrow A \cup B$$
$$A - (A \cup B) \Leftrightarrow \emptyset$$

A Cost-Oriented Ordering of EFTA-Operations: We conclude our considerations with a summarizing table of $EFTA$ -operators and their costs[5]:

Operator	execution time	size of result
γ	n	n
$-$	$n \times m$	n
$nest$	n^2	n
$unnest$	n	n
$\cup$	$n \times m$	$n + m$
$\bowtie$	$n\,log\,n + m\,log\,m$	$n \times m$

Operations of a retrieval-algebra are normally performed bottom-up. Thus the size of the result of the evaluation of the current operator is the dominating criterion in our cost-model because it determines the speed and the size of results of upper-level operator-evaluations while the speed of the evaluation of the current operator determines nothing at all on upper level.

Intuitively we can expect that $nest$ and "$-$" produce results that are smaller than their input-sets while $unnest$ and $\cup$ expand them.

Considering that fact, we split our table in four different levels and choose an optimization-strategy that (if possible) pushes operations of level i through operations of level j iff $i < j$, using the rules given above (and many more !):

Level	Operator	execution time	size of result
0	γ	n	n
1	$-$	$n \times m$	n
	$nest$	n^2	n
2	$unnest$	n	n
	$\cup$	$n \times m$	$n + m$
3	$\bowtie$	$n\,log\,n + m\,log\,m$	$n \times m$

More material about optimization rules and the strategy of the optimizer can be found in [9].

Query Evaluation

Some sketchy remarks on main storage query evaluation[6] shall conclude our survey of *LILOG-DB* query processing.

The query evaluator employs a pointer-based representation of terms. For the sample term

$$(\,name : anne,\ age : 39,\ children : \{(name : karen), (name : mark\,)\})$$

we give a depiction in Fig. 8, where boxes represent *structures* of our implementation language C and arcs stand for pointers. Our term-representation is a structure-sharing one, i.e. multiply accessed subterms are stored only once, term-copies are made only when inavoidable.

For each *EFTA*-operator, we have one or more corresponding algorithms which implement it on this data structure.

---

[5] n, m are the sizes of the involved FT-Sets. Note that this is only a rough estimate of the operator costs. Full cost-oriented reordering relying on data-dictionary information is done in the Query Evaluation Phase.

[6] The secondary storage interface, called Fact Manager, of *LILOG-DB* is not discussed here, see [6].

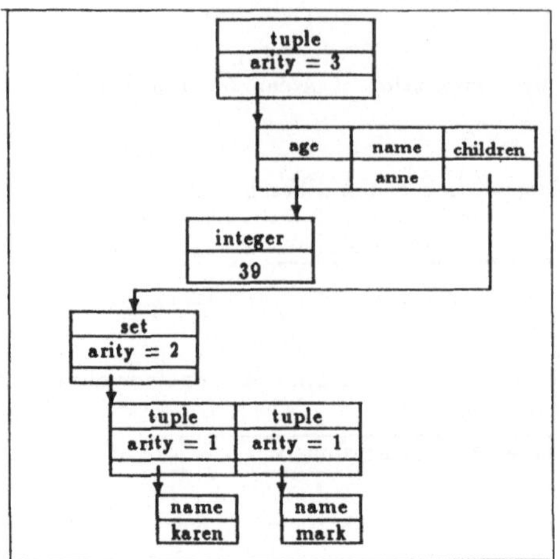

Figure 8: Internal Representation of FTDM terms

The current list of *EFTA*-operators and algorithms implementing them is given in the following table:

EFTA-Operator	Algorithm
γ	ft-set scan
nest	hybrid-hash nest
	naive nest
unnest	naive unnest
union	sequential union
×	nested loop cross product
⋈	nested loop join
	sort merge join
	hybrid hash join
−	nested loop difference
	hybrid hash difference
Φ	naive closure algorithm
	semi-naive closure algorithm
	hybrid hash closure

In the query evaluation phase, a cost-oriented reordering of operations (based on information of the data dictionary) is performed, decisions are made where and when a pipelined or materialized execution mode is chosen, and duplicate-elimination or sort-operations are inserted where appropriate (see [5] for details).
Most of this stuff could be implemented in an architectural framework similar to that of relational query evaluators.
However, some extensions had to be made to efficiently compute with complex objects. We want to illustrate the nature of these extensions by discussing the concept of a *path-tree*:
Suppose that during the evaluation of a γ-operator we evaluate the conditional constructor

> *if* 1.2.1.□ *hassort functor and* 1.3.□ *hasarity* 2
> *then* [1.2.□, 1.3.1.□, 1.3.2.□]

against the term

> $f(g(a, h(k(b)), l(4, 5)), d)$.

To evaluate each (sub-)path only once, we memo the results of already evaluated paths in a path-tree as depicted in Fig. 9.

This avoids duplicate work during the evaluation of conditional constructors. In the average, the evaluation of γ-operators becomes 2 to 3 times faster when naive path-evaluation is replaced by path-tree driven evaluation.

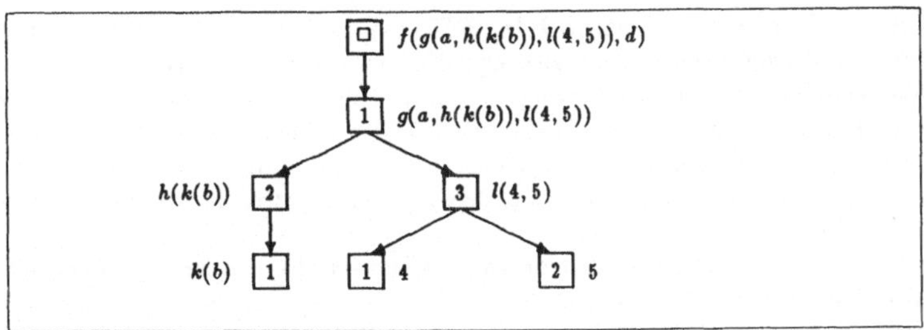

Figure 9: An Evaluated Path-Tree

3 Conclusion: Where It Goes

Although we are in general quite satisfied with our initial design, some aspects of *LILOG-DB* query processing give rise to critical considerations.

EFTA: On the previous pages, we have presented a front-end language of *LILOG-DB*, *FLL*, and the algebra of the query processor, *EFTA*, to which *FLL*-queries are compiled.

From our current point of view, the design of *EFTA* has proved useful in many respects. Possibly the most important one is that the powerful scan facilities given by the γ-operator facilitate easy and direct compilation of complex queries since one doesn't have to worry about limitations of the target machine.

However, there is a major design error to report: *The algebra is non-recursive!* That means that e.g. inside a γ-operator, we cannot state sub-queries accessing nested *ft-sets* occuring as arguments of complex terms. Instead, we have to employ the explicit restructuring-operations of *nesting* and *unnesting* to "draw these sets to the surface", where we can process them with the full power of *EFTA*.

For the query-processor, this e.g. means that we have no concept of hierarchical scans which can be generated by the *FLL*-compiler. Instead, a lot of superfluous *nests* and *unnests* is generated. To overcome these deficiencies, a recursive variant of *EFTA* is currently being implemented.

Architecture: Our main experience with the *layered-compilation* architecture of the query processor employing different explicit levels of intermediate code (*LPRGGs*, *EFTA-Template Graphs*, operator trees, ..) is positive: it allowed for easy distributed implementation of the system, and multiple front-ends can use the same software.

But we made the (conceptual, not technical!) error of not defining proper communication protocols between the components. E.g. it has proven that some data of the Rule Rewriter – for example whether a recursion is linear or not – should be passed to the algorithm selection component of the Query Evaluator since for such special cases specially tuned closure algorithms can be selected.

We are well aware of the fact that a layered information passing regime for the *LILOG-DB* query processor still requires much work.

Rule Rewriting: In general, the placement of a rule-rewriting component for source-level optimization on top of the query processor has had a positive impact: optimization of recursion for a logic program is much simpler on source level where the recursive structure is given by explicit links between literals and variables are explicitly represented, than it is on the level of algebraic expressions. Especially, the *LPRGGs* used in Rule Rewriter and *FLL*-compiler showed to be a very flexible and powerful data structure for the manipulation of *DATALOG*-style programs.

The main criticism w.r.t. the Rule Rewriter is that its exploitation of type information is still too naive since it almost completely ignores *sideways information passing*. This leads to duplicate work since often the same term is multiply checked for containment in the same sort. We are currently working on this problem.

FLL-Compiler: The advantages of the *FLL*-compiler – minimization of work at query-evaluation time and potential for incremental compilation – have already been mentioned. But the compiler is still not complete, the two most important extensions to be implemented are the inclusion of built-in predicates like $=$, $<$ etc. into the compilation (this task is comparable to making an ordinary programming language compiler learn the concept of a runtime library) and the incorporation of a safety-check. While the first task is relatively simple, the second one will require some more conceptual work.

Algebraic Optimizer: Our basic problem with the *EFTA*-optimizer is that it relies on optimization-*rules*, but has a hand-coded and fixed optimization strategy. If the strategy were given by rules, too, it could be much easier adapted to different query processing scenarios. For us that is important since we are no more sure that our optimization strategy is so very good at all, and need a tool to find out what a good strategy is. We conjecture that a good semantic query optimization can be built on the concept of a *context* which determines when an optimization rule can fire, and has to have a notion of *precedence* of rules. Our work in that area is still in very early stages.

Another problem is a more general one, affecting all lower layers of our query processor which rely on the concept of *EFTA*-operator-trees: the tree structure is very inconvenient because it conceptually does not support the notion of common subexpressions, and thus common subexpression elimination is a weak point of our query processor. We therefore plan to abstract our structure to *EFTA*-operator-dags.

We expect this dag-structure to be useful, too, when multiple-query-optimization problems are considered. This is because it allows to factor out common parts used in more than one query, and evaluate them only once.

Query Evaluation: The algorithms of query-evaluation work well, we are quite contented with our algorithm selection component, and we are now improving our cost-oriented reordering component (see [5]). Additionally, we are incorporating specially tuned closure algorithms and indexed join algorithms. So far, so good.

The problem with all this is that even the best query evaluation algorithms cannot guarantee efficient query processing when working on an inappropriate term representation. Our pointer-based structure-sharing term-representation turned out to be a burden for effective query-processing since the most frequent and important low-level operations during query processing are not well-supported: E.g. a test for equality of two terms is a complex process of navigating through chains of nodes and comparing their contents, and set-membership test in our representation is linear where it could be logarithmic or quasi-constant time with better suited representations.

So, we have designed a new term representation for query processing which encodes terms as byte streams. This representation makes term comparison an efficient byte-level operation; and because sets and tuples are stored with adaptive main-storage access-paths, set-membership test becomes logarithmic in the worst-case. Additionally, the avoidance of pointers makes the representation of terms relocatable in main-memory, thereby opening more options for effective memory management. Finally, it needs only half as much space as our current term representation. Details will follow in a subsequent report.

From my point of view, a closer consideration shows that major design errors occured where we too naively tried to impose "relational" solutions on complex-object problems, ignoring the specialities of logic databases and complex objects.

But that is still an open discussion, even in our group there are very different opinions on that point. Nevertheless, I want to thank my colleagues Erich Gehlen, Michael Ley, Albert Maier and Bernd Walter for various important contributions that made this work possible.

References

[1] H. Ait-Kaci, R.Nasr :
LOGIN: A Logic Programming Language with Built-In Inheritance .
Journal of Logic Programming, 3/1986, pp. 185-215

[2] F. Bancilhon:
Naive Evaluation of Recursively Defined Relations.
In: On Knowledge Base Management Systems, Eds. M. Brodie, J. Mylopoulos, Springer, 1986, pp.165–178

[3] F. Bancilhon, R. Ramakrishnan:
An Amateur's Introduction to Recursive Query Processing Strategies.
Proceedings ACM SIGMOD Conference, 1986, pp. 16-52

[4] C. Beeri, R. Nasr, Sh. Tsur:
Embedding ψ-terms in a Horn-Clause Logic Language.
Proc. 3rd Int. Conf. on Data and Knowledge Bases, Jerusalem, 1988

[5] E. Gehlen:
EFTA Query Processing in LILOG-DB.
IBM Germany, IWBS-Report 98, 1989

[6] M. Ley :
Der LILOG-DB Fact Manager: Ein Datenbankkern zur Speicherung variabel strukturierter komplexer Objekte.
Informatik Forschung und Entwicklung, 5/1990, Springer, in German

[7] T. Ludwig:
FLL: A First-Order Language for Deductive Retrieval of Feature Terms.
IBM Germany, IWBS-Report 57, 1988

[8] T. Ludwig:
EFTA : An Algebra for Deductive Retrieval of Feature Terms.
IBM Germany, IWBS-Report 58, 1988

[9] T. Ludwig:
Algebraic Optimization of EFTA-Expressions.
IBM Germany, IWBS-Report 59, 1988

[10] T. Ludwig:
Compilation of Complex Datalog with Stratified Negation.
Proceedings BNCOD '90, York

[11] T. Ludwig:
A Brief Survey of LILOG-DB.
Proceedings Data Engineering Conf. 1990, Los Angeles

[12] T. Ludwig, A. Pott:
Rule Rewriting Methoden zur effizienten Abarbeitung von FLL-Programmen.
IBM Germany, IWBS Report Nr. 105, 1989, in German

[13] T. Ludwig, B. Walter:
EFTA: An Algebra for Deductive Retrieval of Feature Terms.
Journal of Data and Knowledge Engineering, 5/1990

[14] T. Ludwig, B. Walter:
Database Concepts for the Support of Knowledge Based Systems.
to appear in: Proc. GI Workshop on Artificial Intelligence and Databases, 1990, Springer

[15] T. Ludwig, B. Walter, M. Ley, A. Maier, E. Gehlen:
LILOG-DB : Database-Support for Knowledge-Based Systems.
Proceedings BTW '89, LNCS 204, 1989, Springer

[16] J. Peckham, F. Maryanski:
Semantic Data Models.
ACM Computing Surveys, Vol.20, No.3, Sept. 1988

[17] T. Przymusinski:
On the Declarative Semantics of Deductive Databases and Logic Programs.
In: Foundations of Deductive Databases and Logic Programming, Ed.: J. Minker, Morgan Kaufmann, 1988, 193–216

[18] J. C. Shepherdson:
Negation in Logic Programming.
In: Foundations of Deductive Databases and Logic Programming, Ed.: J. Minker, Morgan Kaufmann, 1988, 19–88

[19] O. Shmueli, S. Naqvi:
Set Grouping and Layering in Horn-Clause Programs.
4th International Conference on Logic Programming, Melbourne, 1987, 152–177

[20] S. Tsur, C. Zaniolo:
LDL: A Logic-Based Data Language.
12th VLDB, Kyoto, 1986, 33–41

[21] C. Zaniolo, D. Sacca:
Rule Rewriting Methods for Efficient Implementations of Horn Logic.
MCC Technical Report DB-084-87, 1987

Technisches Modellieren - Ein Zugang zur integrierten Produktdatenverwaltung

Rolf Paul[1], Bernd Sutter[2]

[1]TU Magdeburg, Sektion Informatik
Postfach 124, O - 3010 Magdeburg

[2]Universität Kaiserslautern, Fachbereich Informatik
Postfach 3049, W - 6750 Kaiserslautern
Email: sutter@informatik.uni-kl.de

Überblick

Zur Durchführung der Konstruktion und der technologischen Fertigungsvorbereitung eines technischen Erzeugnisses (Produkts) wird zunehmend die Entwicklung von integrierten Ingenieursystemen gefordert, deren Zielstellung durch eine homogene, durchgängige Rechnerunterstützung für den gesamten Entwurfsvorgang vorgegeben ist. Als Basis für einen derartigen Integrationsansatz wird eine gemeinsame Datenhaltung angesehen. Das erfordert die Definition und Verwaltung der benötigten Produktdaten in einem integrierten Produktmodell. Dies bedeutet zum einen die Bereitstellung einer zugeschnittenen Beschreibungsmethodik für das Produktmodell, in dem nicht nur die eigentlichen Entwurfsdaten, sondern auch die damit assoziierten Konsistenzbedingungen (als technisch funktionale Abhängigkeiten bezeichnet) beschrieben werden können. Zum anderen ist die Entwicklung von neuen Modellierungssystemen für den Einsatz während der Konstruktionsphase notwendig, die eine Erfassung der relevanten Produktdaten aus dem Konstruktionsprozeß ermöglichen.

Das in diesem Beitrag vorgestellte technische Modellieren stellt einen Zugang zum Aufbau eines integrierten Produktmodells dar. Wir werden die hierbei auftretenden Objekte und Operationen sowie die inhärenten technisch funktionalen Abhängigkeiten einführen und einen Vorschlag zur DB-seitigen Modellierung der Informationsstrukturen aufzeigen. Zum Schluß wollen wir einen von uns derzeit entwickelten Prototypen vorstellen.

1. Einleitung

Betrachtet man die Arbeitswerkzeuge eines Ingenieurs, so ist eine zunehmende Rechnerunterstützung seiner Aufgaben festzustellen. Dabei werden bislang spezielle, auf einen bestimmten Problembereich zugeschnittene und optimierte CAD- oder CAP/CAM-Systeme eingesetzt, die meist als Einzelsysteme erstellt werden (sog. Insellösungen) und daher überhaupt nicht oder nur beschränkt untereinander in Verbindung gebracht werden können. Unter dem Begriff **integrierte Ingenieursysteme** werden neuere Entwicklungen verstanden, die eine durchgängige, integrierte Unterstützung beim Entwurf, der Planung und der Fertigung eines Produkts ermöglichen sollen /AGPR88, Hä89, We88/.

Grundlage für die Entwicklung derartiger Systeme ist zum einen die adäquate Beschreibung aller anfallenden Produktdaten in einem Produktmodell, zum anderen müssen neuartige Modellierungssysteme entwickelt werden, die eine ganzheitliche Erfassung der im Entwurfsprozeß anfallenden Produktdaten ermöglichen. In einem **Produktmodell** werden alle Daten zusammengefaßt, die während des konstruktiven Entwurfs und in der technologischen Fertigungsvorbereitung entstehen und zur Dokumentation und Fertigung des Produkts benötigt werden. Die Bildung eines solchen integrierten Produktmodells muß schrittweise erfolgen, da zunächst die in den Teilprozessen anfallenden Daten allgemein beschrieben und in **Partialmodellen** zusammengefaßt werden. Solche Partialmodelle sind beispielsweise /An89/:

- **Technisches Modell**
  Hier ist die Gestaltung des Entwurfsobjekts von der Baugruppe bis hin zum Einzel- und Normteil und deren Beziehungen untereinander durch die technische Objektstruktur spezifiziert.

- **Geometrisches Modell**
  Dieses Modell enthält alle Geometrie- und Topologieinformationen der darzustellenden Objekte bzw. die Struktur des Gesamtobjektes.

- **Technologisches Modell**
  In diesem Modell sind die technologischen Objekte (Arbeitsplanstammkarte, NC-Programme, Fertigungsaufträge usw.) definiert.

Der auf diesen Partialmodellen gestützte Konstruktions- und Fertigungsprozeß macht eine Datentransformation zwischen den einzelnen Teilmodellen nötig. Ein integriertes Produktmodell kann diesen Transformationsvorgang wesentlich erleichtern. Dazu müssen die funktionalen Abhängigkeiten, die zwischen den Objekten in den verschiedenen Partialmodellen existieren, erkannt und explizit in dem Modell beschrieben werden, so daß beim Übergang in ein anderes Partialmodell die dort vorherrschenden Objekte (weitgehend) automatisch über die beschriebenen Abhängigkeiten abgeleitet werden können /HPS90/.

Wie in diesem Beitrag verdeutlicht wird, kommt dem **technischen Partialmodell** eine zentrale Bedeutung innerhalb des Produktmodells zu, weil von diesem Partialmodell ausgehend über die eingeführten Abhängigkeiten das geometrische und das technologische Modell ableitbar sind. Daher ist die Frage entscheidend, welche Modellierungssysteme in der Konstruktionsphase eingesetzt werden müssen, um das technische Partialmodell eines Entwurfsobjektes als Teil einer integrierten Produktdatenverwaltung aufzubauen.

Mit den heute am weitesten verbreiteten Werkzeugen zur Bauteilmodellierung erstellt der Konstrukteur in erster Linie die Geometrie eines Bauteils. Die Basisobjekte sind dabei Linien, Kreisbogen, Ellipsen usw. oder räumliche Primitive (Quader, Zylinder usw.), die über einen gegebenen Operationsvorrat zu einem Modell für das Bauteil zusammengesetzt werden. Die technischen Randbedingungen werden nicht erfaßt und müssen vom Konstrukteur in einem zweiten Schritt bereitgestellt werden. Wegen der vorherrschenden Diskrepanz zwischen dem internen (geometrischen) Modell und den in den Konstruktionsprozeß eingehenden technischen Objekten ist eine Zuordnung der technischen Information zu den geometrischen Objekten i. allg. nicht möglich.

Ein möglicher Lösungsweg ist die Entwicklung und der Einsatz von technischen Modellierungssystemen. **Technisches Modellieren** bedeutet, daß der Konstrukteur beim Entwurf eines Bauteils mit technischen Objekten (d.h., die Basisobjekte sind jetzt Paßfeder, Lager, Stift, Fase etc.) arbeitet, die über objektspezifische Operationen (etwa Erzeugen oder Positionieren) manipuliert und in einer technischen Objektstruktur angeordnet werden. Diese Objektstruktur ist der zentrale Bestandteil des technischen Partialmodells. Somit sind dem System Objekte und Operationen mit einer stärker anwendungsorientierten Semantik bekannt, so daß die zeitliche Abfolge und die Zusammenhänge zwischen den Operationen sowie die Beziehungsstrukturen zwischen den Objekten ebenfalls im System explizit erfaßt und kontrolliert werden können. Diese werden im folgenden als **technisch funktionale Abhängigkeiten** bezeichnet.

Um dem Ziel einer integrierten Produktdatenverwaltung näher zu kommen, sind zunächst Lösungsmöglichkeiten gesucht, die eine durchgängige, uniforme und nichtredundante Produktdatenmodellierung erlauben. Der Einsatz von Datenbanksystemen (DBS) vollzieht sich nur langsam, was hauptsächlich durch die bekannten Unzulänglichkeiten konventioneller DBS hinsichtlich einer geeigneten Modellierung und Verarbeitung der Daten sowie durch das schlechte Leistungsverhalten begründet ist. In diesem Beitrag wollen wir die Modellierung der Informationsstrukturen, die beim technischen Modellieren auftreten, und deren Abbildung auf ein strukturell objektorientiertes DBS /Di86/ aufzeigen, das eine ganzheitliche Beschreibung und Handhabung komplexer Objektstrukturen ermöglicht. Neben den eigentlichen Produktdaten müssen auch die technisch funktionalen Abhängigkeiten in geeigneter Weise beschrieben werden.

Im nächsten Kapitel werden wir zunächst die Vorgehensweise beim technischen Modellieren konkretisieren. Dazu werden die technischen Objekte und Operationen sowie die daran geknüpften technisch funktionalen Abhängigkeiten vorgestellt. Ein ausführliches Entwurfsbeispiel, das den Baugruppen- und Einzelteilentwurf bei der Getriebekonstruktion aufzeigt, macht die Bedeutung der technisch funktionalen Abhängigkeiten während des Entwurfsvorgangs deutlich und zeigt gleichzeitig deren Vielfältigkeit auf. Im darauffolgenden Kapitel werden schließlich Fragen der Modellierung der Informationsstrukturen (einschließlich der Abhängigkeiten) für eine ausgewählte Teileklasse (Entwurf einer Welle) behandelt. Im letzten Kapitel werden wir die Architektur eines von uns entwickelten Prototypen eines technischen Modellierers sowie dessen DB-seitige Datenverwaltung vorstellen.

2. Technisches Modellieren

Der Konstruktionsprozeß stellt einen Lösungsprozeß dar, der den Entwurf von technischen Erzeugnissen, das Ermitteln ihres funktionalen und strukturellen Aufbaus und die Erzeugnisdokumentation einschließt /An85/. Beim Durchlauf der einzelnen Phasen der Konstruktion (Prinziperarbeitung, Funktionsfindung, Gestaltung (Entwurfsphase bzw. Baugruppenentwurf) und Detaillierung (Einzelteilkonstruktion)) erfolgt eine zunehmende Konkretisierung und Verfeinerung des zu konstruierenden Objektes, bis alle benötigten Informationen vorliegen, die die Ausprägungen eines zu konstruierenden Bauteils in einem vorgegebenen Produktmodell repräsentieren. Beim heutigen Erkenntnisstand ist es möglich, rechnerunterstützte Lösungen für die Phase der Einzelteilkonstruktion und teilweise des Baugruppenentwurfs bereitzustellen. Das hier vorgestellte technische Modellieren bietet eine Unterstützung für diese beiden Konstruktionsphasen.

Der Begriff **technisches Modellieren** impliziert das Manipulieren von Objekten in einer technischen Objektstruktur mit anwendungsorientierten Operationen unter Berücksichtigung der einem Entwurfsprozeß inhärenten technisch funktionalen Abhängigkeiten. Die **technischen Objekte** beim Baugruppenentwurf sind Baugruppen und Einzelteile. **Baugruppen** sind Teilgruppen einer Maschine oder Anlage, die eine Teilfunktion erfüllen und wieder aus Baugruppen oder Einzelteilen bestehen können. **Einzelteile** sind Teile einer Baugruppe und werden entweder aus einer Menge vorgefertigter Teile ausgewählt (Normteile, Kaufteile) oder für einen speziellen Zweck angefertigt (Zeichnungsteile). Ein Einzelteil ist aus Haupt-, Funktions- und Nebenelementen aufgebaut (vgl. Bild 1). Ein **Hauptelement** (z.B. Absatz, siehe auch Bild 2) bezeichnet ein rotationssymmetrisches oder prismatisches Formelement zur Modellierung eines Bereichs eines Einzelteils mit den dazugehörenden Informationen (Werkstoff, Oberflächengüte, Wärmebehandlung, Toleranzen u.ä.). Ein **Funktionselement** (z.B. Lager, Paßfeder) repräsentiert den Bereich eines Einzelteils, durch den dessen Funktion (z.B. Übertragung eines Drehmoments durch eine Paßfeder) realisiert wird. **Nebenelemente** (z.B. Fase, Freistich) werden aus einer möglichen Anzahl von Varianten ausgewählt und einem Hauptelement zugeordnet, das damit näher beschrieben wird. So

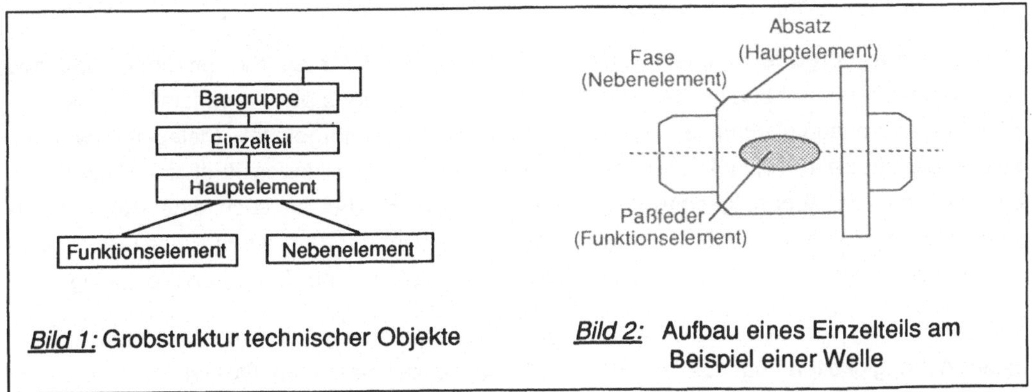

Bild 1: Grobstruktur technischer Objekte

Bild 2: Aufbau eines Einzelteils am Beispiel einer Welle

wird beispielsweise eine Fase an einem Absatz angeordnet, damit in der späteren Fertigung etwa ein Zahnrad auf den Absatz geschoben werden kann.

Aus dem Konstruktionsvorgang bzw. der gegebenen Begriffsklärung läßt sich ableiten, daß der Einstieg in eine Konstruktionsaufgabe immer von einer Maschine bzw. Anlage ausgehend über die Definition von Baugruppen hin zum Einzelteil verläuft. Nur durch diese hierarchische Vorgehensweise ist es möglich, Zusammenhänge in der Funktion und Geometrie zu überblicken und daraus Aufgabenstellungen für Einzelteile abzuleiten.

Diese Vorgehensweise verdeutlicht, daß der Konstrukteur die technischen Objekte über ihre Funktion bzw. Teilfunktion bestimmt. Dabei ist die Konstruktionsaufgabe für den Baugruppenentwurf über die Beschreibung der *funktionalen Zielstellung* und der *Umgebungsrestriktionen* gegeben /Gr88/. Im Prozeß des Baugruppenentwurfs wird aus dem Gesamtentwurf die Aufgabenstellung (Abhängigkeiten) für die Unterbaugruppen bzw. für die Einzelteile in Form von technischen und geometrischen Vorgaben sowie geometrischen Umgebungsbedingungen abgeleitet. Für die Phase der Einzelteildetaillierung gilt dann nach dem Prinzip der hierarchischen Zerlegung die gleiche Aussage, indem aus der Teilfunktion des Einzelteils ebenfalls die funktionale Zielstellung und die Umgebungsrestriktionen für die Haupt-, Funktions- und Nebenelemente festgelegt werden.

Technisches Modellieren impliziert daher die Berücksichtigung der Beziehungen zwischen den technischen Objekten, d.h. eine formale Beschreibung der funktionalen Zielstellung und der Umgebungsrestriktionen. In unserem Ansatz erfolgt das in den sogenannten **technisch funktionalen Abhängigkeiten**, im folgenden auch kurz Abhängigkeiten genannt.

In Anlehnung an den Entwurfsprozeß kann man zunächst zwischen zwei Arten von Abhängigkeiten unterscheiden:

• allgemeingültige Abhängigkeiten; sie ergeben sich aus der allgemeinen Konstruktionslogik und sind durch physikalische Wirkprinzipien und allgemeingültige Funktionen bestimmt.

• spezielle Abhängigkeiten; sie sind über die spezielle Funktionsbeschreibung für ein Einzelteil oder eine Baugruppe definiert.

Die Top-Down-Entwurfsvorgehensweise ist in unserem Ansatz so zu verstehen, daß aus den (allgemeinen) Abhängigkeiten der übergeordneten Baugruppe die speziellen funktionsorientierten Abhängigkeiten an eine Unterbaugruppe weitergeleitet (delegiert) werden, welche die spezielle Teilfunktion erfüllt. Bei der Einzelteildetaillierung läuft der Prozeß des Weiterleitens von Abhängigkeiten in gleicher Form ab. Hierbei ist auch eine Rückdelegierung möglich. So werden z.B. durch eine vollständige Detaillierung eines Einzelteils funktionale und geometrische Restriktionen für ein anderes Einzelteil einer Baugruppe festgelegt.

Die Betrachtung von technischen Objekten im Zusammenhang mit ihren technisch funktionalen Abhängigkeiten legt die auf den Objekten zu definierenden Operationen fest. Das technische Objekt "Bohrung" wird beispielsweise nach gewissen funktionalen Vorgaben und gegebenen Standard- und Kataloginformationen bestimmt, die wiederum als Abhängigkeiten darstellbar sind. Generell werden im konstruktiven Entwicklungsprozeß allgemeine bzw. bauteilbezogene Methoden (Berechnungsverfahren, Dimensionierungsverfahren, Auswahlverfahren etc.) benutzt, um die technische und geometrische Gestalt eines Bauteils zu bestimmen. Daraus ist zu erkennen, daß die technischen Operationen im Entwurfsprozeß eine objektbezogene funktionale Semantik tragen müssen. Diese Semantik läßt sich durch folgende Anforderungen an **technische Operationen** charakterisieren:

- Manipulation komplexer Objektstrukturen
  So muß beim Positionieren eines Lagers entsprechend eines ausgewählten Lagerinnendurchmessers der Absatzdurchmesser geändert werden.

- Berücksichtigung gegebener Abhängigkeiten
  Zum Positionieren eines Lagers (Funktionselement) an einer Welle muß beispielsweise der aktuelle Absatz (Hauptelement) im Belastungsmodell (das sind die technisch funktionalen Abhängigkeiten für das Einzelteil Welle aus dem Baugruppenentwurf) als Lagerstelle vorgesehen sein.

- Anschluß von Berechnungsalgorithmen
  (z.B. Festigkeit-, Dimensionierungs- oder Lebensdaueralgorithmen).

- Anschluß von Normteilkatalogen bzw. anderer Standards
  (z.B. Wälzlagerkatalog, Werkstoffkatalog, DIN-Normen).

Aus diesen Überlegungen wird deutlich, daß sowohl die **Objekt-** als auch die **Operationssemantik** in den Abhängigkeiten beschrieben ist. Das bedeutet, daß die Ausführung von Operationen auf technischen Objekten immer mit der Überprüfung der dazugehörigen Abhängigkeiten verknüpft ist.

3. Beispiele für technisch funktionale Abhängigkeiten im Getriebeentwurf

Nachdem im vorhergehenden Abschnitt das technische Modellieren vorgestellt wurde, wollen wir jetzt an einem konkreten Entwurfsvorgang vom Baugruppenentwurf bis zur Einzelteildetaillierung Beispiele für technisch funktionale Abhängigkeiten herausarbeiten und deren Bedeutung innerhalb des Entwurfsvorgangs näher untersuchen sowie deren Komplexität und Heterogenität deutlich machen. Wir betrachten hier als Beispiel den Prozeß des Getriebeentwurfs.

In Bild 3 ist eine mögliche Vorgehensweise für einen Getriebeentwurf dargestellt. Ein Getriebe hat die Aufgabe, eine Antriebsdrehzahl mit einem gegebenen Antriebsmoment in eine Abtriebsdrehzahl mit zugehörigem Abtriebsmoment unter Berücksichtigung der Nennleistung zu transformieren. Die Aufgabenstellung gliedert sich in die Beschreibung von Zielkri-

---

1. Festlegung der Aufgabenstellung für einen Getriebeentwurf

2. Aufteilung der Gesamtübersetzung in Teilübersetzungen; Erstellen eines Getriebeplans
   --> Funktionaler Baugruppenentwurf

3. Bearbeitung der einzelnen Getriebestufen; Positionieren der Stufen
   --> Baugruppenentwurf

4. Verbindung von Getriebestufen (Verbindungselement Welle); Erstellung eines Belastungsmodells und Entwurf der Welle
   --> Einzelteilentwurf

Bild 3: Vorgehensweise beim Getriebeentwurf (vereinfacht)

---

terien und die Spezifikation von Umgebungsrestriktionen (vgl. Kapitel 2). Sie ist in Bild 4 beschrieben. In dem durch die Aufgabenstellung bestimmten Entwurfsrahmen entwickelt der Konstrukteur iterativ seine Lösung und legt Teilentwurfsaufgaben für weitere Mitarbeiter fest. Dabei hält sich der Entwerfer an die generelle Konstruktionslogik und an das spezifische Entwurfswissen des Betriebes, in dem er tätig ist.

Aus der Aufgabenstellung wird der Getriebeplan entwickelt, in dem das Getriebe in einzelne Getriebestufen aufgeteilt und für jede Getriebestufe die Getriebeart festgelegt wird. Bild 5 zeigt einen Getriebeplan mit einem Stirnrad- und einem Planetenradgetriebe. In dieser Phase der Funktionsfindung arbeitet der Konstrukteur mit sogenannten Funktionsbildern (z.B. Getriebeplan, Belastungsmodell), in denen wiederum die Zielkriterien (z.B. Aufteilung in Teilübersetzungen) und Umgebungsbedingungen (Gehäuseabmessungen) für die einzelnen Getriebestufen festgelegt werden. Dies entspricht auch der allgemeinen Top-Down-Vorgehensweise im Konstruktionsprozeß.

Zielkriterien (technische Daten):	**Umgebungsrestriktionen** (Spezifikation) :
Nennleistung P_n	• max. Abmessungen des Gehäuses/Einbaubedingungen
Antriebsdrehzahl n_1
Antriebsnenntorsionsmoment M_{t1}	• Abstand Antriebs-/Abtriebswelle bzw. Lage zu Bezugspunkten des Gehäuses
Nennübersetzung i_{nenn}	• Umwelteinflüsse/Verwendungszweck des Gehäuses
Abtriebsnenntorsionsmoment M_{t2}

Bild 4: Aufgabenstellung für einen Getriebeentwurf

Der Top-Down-Entwurf wird auch beim Übergang zur Auslegung einer Getriebestufe bzw. des Verbindungselements Welle deutlich. Aus den Vorgaben des Getriebeplans wird eine Getriebestufe ausgelegt, indem die entsprechenden Zahnräder berechnet und aus einem Normteilkatalog ausgewählt werden. Dadurch wird die funktionale Darstellung zur geometrischen und technischen Auslegung einer Getriebestufe verfeinert. Durch das Positionieren

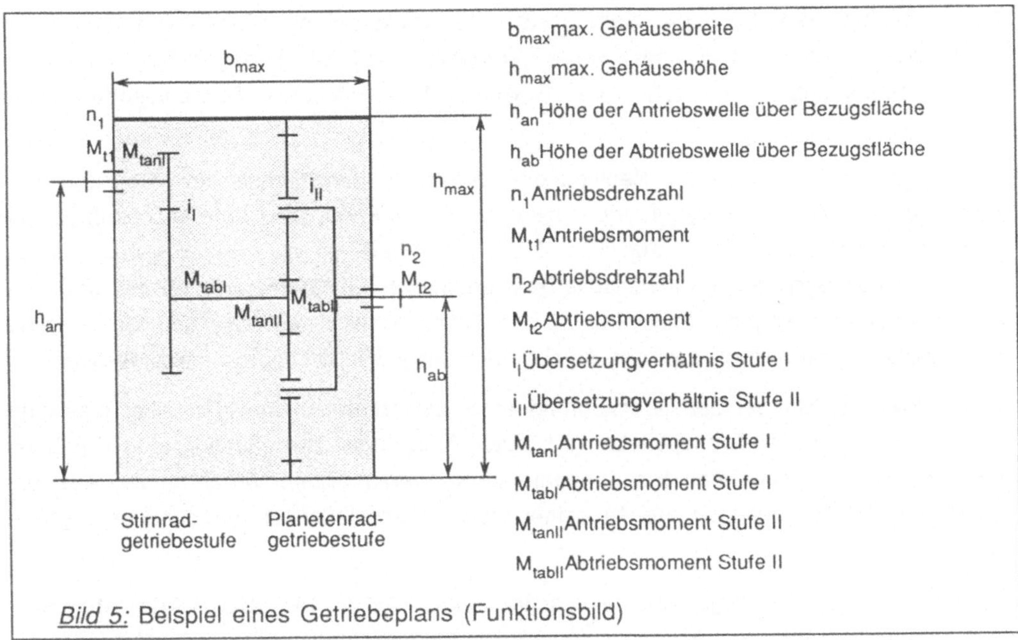

Bild 5: Beispiel eines Getriebeplans (Funktionsbild)

der Getriebestufe werden geometrische (Achsabstand, Zahnraddurchmesser) und technische (Moment, Drehzahl) Vorgaben für die gesamte Baugruppe definiert, die unbedingt einzuhalten sind. Für die anderen Getriebebaugruppen werden zu diesem Zeitpunkt die geometrischen Vorgaben für ihre Positionierung im Gesamtgetriebe durch die Definition von Anschlußpunkten realisiert, ebenso wie für das Verbindungselement Welle, was in Bild 6 dargestellt ist. Im Einzelteilentwurf wird die Welle in ihrer technischen und geometrischen Gestalt bestimmt, d.h. insbesondere, daß die Krafteinleitungsstellen (Einleitung der Kraft durch ein Zahnrad über eine Paßfeder auf eine Welle) und die Lagerstellen gestaltet werden. Die Daten zur Bestimmung einer Paßfeder werden aus Vorgaben der Aufgabenstellung berechnet, um danach eine Auswahl nach einem Normteilkatalog zu treffen. Beim Positionieren der Paßfeder erfolgt eine komplexe Konsistenzüberprüfung, um eine Kollision mit anderen Funktionselementen zu vermeiden.

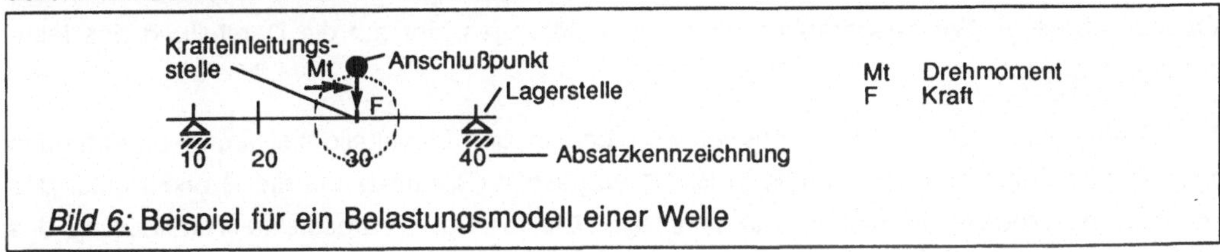

Bild 6: Beispiel für ein Belastungsmodell einer Welle

Der bisher beschriebene Entwurfsprozeß nennt eine Vielzahl von Beziehungen zwischen den Entwurfsobjekten und Bedingungen bei der Durchführung einer Operation, für die nachfolgende Unterteilung möglich ist:

- Abhängigkeiten, die durch die hierarchische Zerlegung bei der Top-Down-Entwurfsvorgehensweise bestimmt sind; damit werden Vorgaben und Restriktionen in Form einer Aufgabenbeschreibung für die technischen Objekte auf der nächsten Hierarchiestufe festgelegt.

- Abhängigkeiten, die logische Bedingungen zwischen den technischen Objekten beschreiben; so wird beim Baugruppenentwurf über die Festlegung von Anschlußpunkten zwischen Baugruppen deren räumliche Zuordnung fixiert. Beim Einzelteilentwurf werden über logischen Bedingungen technische bzw. geometrische Parameter bestimmt, bzw. deren Wertebereich eingeschränkt. Z.B. ist der Durchmesser eines Absatzes, für den eine Lagerstelle vorgesehen ist, durch die Abmaße des ausgewählten Lagers implizit festlegt.

- Abhängigkeiten, die bei der Durchführung einer Operation zu beachten sind; dies sind sowohl physikalische Grundgesetze als auch funktionale Beziehungen zur Ergebnisbestimmung aus gegebenen Eingabeparametern. Hierzu zählen Verfahren zur Auswahl eines technischen Objektes aus Katalogen sowie verschiedenste Berechnungsprogramme.

Es erhebt sich nun die Frage, welche Beschreibungsmittel zur Modellierung der Abhängigkeiten notwendig sind, wie sie in das technische Modell einbezogen werden können und wie schließlich die Ausführung bzw. Überprüfung während des Entwurfsprozesses durchzuführen ist.

4. Informationsmodellierung der technischen Objektstruktur und der technisch funktionalen Abhängigkeiten

Eine Repräsentation der Datenstrukturen für das technische Modellieren umfaßt hauptsächlich die technische Objektstruktur, die im technischen Partialmodell abgelegt wird. In diesem Modell sind neben der Strukturinformation und den technischen Eigenschaften der Objekte auch geometrische Eigenschaften (z.B. Länge und Durchmesser eines Absatzes) beschrieben /Al90/. Im geometrischen Partialmodell wird die geometrische Repräsentation der Objekte abgelegt. Wir beschränken unsere Ausführungen hier auf die Darstellung des technischen Modells.

Die Grobstruktur der im Baugruppenentwurf und in der Einzelteildetaillierung auftretenden technischen Objekte wurde bereits in Bild 1 vorgestellt. Sie bestimmt die Grundstruktur des technischen Modells (in Bild 7 grau unterlegt). Die in Bild 7 dargestellte Verfeinerung des technischen Modells beschränkt sich auf die technischen Objekte, die beim Einzelteilentwurf einer Welle von Bedeutung sind. Die Strukturierung des Modells wurde so festgelegt, daß eine Erweiterung zur Erfassung der technischen Objekte, die beim Entwurf weiterer Einzelteile zu berücksichtigen sind, auf einfache Weise möglich ist. Zur Modelldarstellung in Bild 7 wurde eine ER-Diagramm-ähnliche Notation gewählt. Durch die Rechtecke werden

Entity-Typen repräsentiert, und die Verbindungen zwischen Entity-Typen, die durch eine Raute gekennzeichnet sind, zeigen benutzerdefinierte Beziehungen. Zur Beschreibung des technischen Modells reichen binäre Relationships aus. Von besonderem Interesse sind die mit einem Pfeil dargestellten Beziehungen. Damit wird eine Generalisierung bzw. Spezialisierung repräsentiert. In der Literatur wird hierfür auch der Begriff des varianten Beziehungstyps benutzt /Eb84/.

Das zentrale technische Objekt des technischen Modells in Bild 7 ist das Bauteil. Dies kann ein Einzelteil oder eine Baugruppe sein. Zur Repräsentation der Baugruppenstruktur ist darauf eine n:m-Beziehung definiert. Ein Bauteil, bei dem es sich um ein Einzelteil handelt, kann ein Normteil, ein Kaufteil oder ein Zeichnungsteil, d.h. ein noch zu entwerfendes Einzelteil, sein. Ein Zeichnungsteil ist wie beschrieben aus Hauptelementen aufgebaut, und jedem Hauptelement kann ein Funktionselement und mehrere Nebenelemente zugeordnet sein. Die Funktionselemente selbst werden wiederum aus den Normteilen ausgewählt. Die durchgeführte Spezialisierung der Haupt-, Funktions- und Nebenelemente ist hier auf den betrachteten Wellenentwurf zugeschnitten. Hauptelemente untergliedern sich zunächst in rotationssymmetrische und prismatische Formelemente, wobei das Element Absatz zur ersten Gruppe gehört. Ebenso sind bei den Funktions- und Nebenelementen nur die für den Wellenentwurf relevanten Objekte eingeführt. Sie werden durch jeweils einen eigenen Entity-Typ repräsentiert.

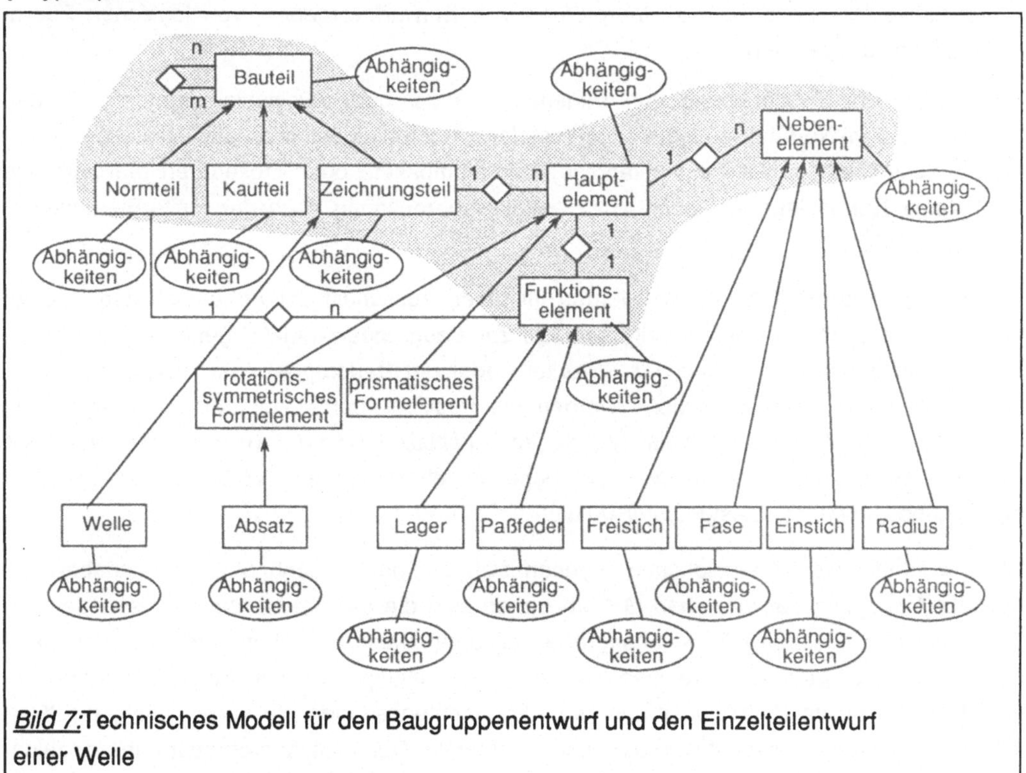

*Bild 7:*Technisches Modell für den Baugruppenentwurf und den Einzelteilentwurf einer Welle

In Kapitel 3 wurden Beispiele für die Abhängigkeiten in den verschiedenen Phasen des Entwurfsprozesses vorgestellt. Sie haben gezeigt, daß der Begriff technisch funktionale Abhängigkeiten ein sehr breites, heterogenes Spektrum von Beziehungen einschließt, die in ihrer Gesamtheit einen Teil der Semantik eines Entwurfsobjektes im Entwurfsprozeß widerspiegeln. Wie die Analyse der in Kapitel 3 beschriebenen Vorgehensweise zur Getriebekonstruktion zeigte, ist die Erfassung und formale Beschreibung des "Entwurfs-Know-Hows" schwierig und konnte bisher nur für Teilbereiche durchgeführt werden. Wir wollen nun die aufgeführten Abhängigkeiten explizit im technischen Modell abbilden, was eine sehr flexible und erweiterbare Beschreibung der Abhängigkeiten erlaubt. Darüber hinaus ist durch eine Zuordnung der Abhängigkeiten zu den Objekten in der technischen Objektstruktur in einfacher Weise eine Organisation und Strukturierung der Abhängigkeiten möglich. Aus den bisherigen Überlegungen lassen sich folgende Beschreibungsformen für technisch funktionale Abhängigkeiten unterscheiden:

- attributierte oder tabellarische Beschreibung von Aufgabenstellungen bzw. von Baugruppenzusammensetzungen.

- Beschreibung der Beziehungen zwischen Attributen verschiedener technischer Objekte in einer formelhaften Darstellung, z.B. die Festlegung, daß der Innendurchmesser eines Lagers den Außendurchmesser des zugehörigen Absatzes bestimmt.

- prädikative Beschreibung zur Überprüfung von Entwurfsvorgaben, von logischen Zuordnungsbedingungen usw.

- Methoden zur Beschreibung von Dimensionierungs- oder Auswahlalgorithmen, für den Anschluß von Normteilkatalogen, für komplexe Kontrollalgorithmen usw. Im allgemeinen sind diese Methoden als eigenständige Programmpakete oder Prozeduren realisiert, wie z.B. eine Normteilauswahl oder eine Festigkeitsberechnung nach der Finite-Element-Methode.

Bild 8 zeigt eine mögliche Formalisierung für einen Ausschnitt der Abhängigkeiten in einer Getriebebaugruppe. In einer Tabelle sind die zur Baugruppe Getriebe gehörenden Bauteile durch ihren Identifikator (Name des Einzelteils oder der Baugruppe) gekennzeichnet. Durch das Positionieren einer Baugruppe werden die Positionskoordinaten und die Orientierung durch die Angabe eines Winkels angegeben. Zusätzlich werden weitere Anschlußpunkte (z.B. für die spätere Montage der Baugruppe, funktionsbezogene Verbindungen zwischen den Getriebestufen, etc.) festgelegt /SIAHL89/.

Weitere funktionale Abhängigkeiten ergeben sich bei der Auslegung einer Getriebewelle. Aus der Auslegung der einzelnen Getriebestufen sind die geometrischen Abmessungen der Zahnräder und bestimmte Belastungsgrößen bekannt. Diese Vorgaben werden in das Belastungsmodell eingetragen, welches die Aufgabenstellung für das Einzelteil Welle beschreibt (Bild 6). Im Belastungsmodell sind koordinatenbezogen die Lagerstellen, die Krafteinleitungsstellen, Werkstoffvorgaben und bestimmte Durchmesservorgaben gekennzeich-

Einzelteil/Baugruppe	Koordinaten	Orientierung	Anschlußpunkte
Gehäuse_Oberteil	$x_{K1}y_{K1}z_{K1}$	w_1	$x_{A11}y_{A11}z_{A11}, x_{A12}y_{A12}z_{A12}$
Gehäuse_Unterteil	$x_{K2}y_{K2}z_{K2}$	w_2	$x_{A2}y_{A2}z_{A2}$
Getriebewelle 1	$x_{K3}y_{K3}z_{K3}$	w_3	$x_{A3}y_{A3}z_{A3}$
Getriebewelle 2	$x_{K4}y_{K4}z_{K4}$	w_4	$x_{A4}y_{A4}z_{A4}$
Zahnrad 1	$x_{K5}y_{K5}z_{K5}$	w_5	$x_{A5}y_{A5}z_{A5}$

Bild 8: Funktionale Abhängigkeiten einer Baugruppe (Ausschnitt)

net. Eine formale Beschreibung für das Belastungsmodell zeigt Bild 9. Den Lagerstellen, Krafteinleitungsstellen und der Werkstoffkennzeichnung sind bestimmte Koordinaten zugeordnet. Die Angabe der Kräfte und Momente erfolgt in x-, y- und z-Richtung. Im dargestellten Beispiel ist desweiteren in Koordinate 60 eine Werkstoffänderung zu erkennen, womit für die technologische Fertigungsvorbereitung die Information verknüpft ist, daß es sich um eine reibgeschweißte Welle handelt.

Koordinaten	Lagerstelle	Krafteinleitungsstelle	Werkstoff
10	ja	-	St50
40	-	Kräfte, Momente	St50
60	-	-	St60
80	-	Kräfte, Momente	St60
100	ja	-	St60

Bild 9: Funktionale Abhängigkeiten des Einzelteils Welle (Ausschnitt)

In Bild 7 ist zur Repräsentation der Abhängigkeiten eine eigene Symbolik eingeführt. Einem technischen Objekt werden stets die für diesen Objekttyp definierten Abhängigkeiten zugeordnet. Das Objekt Abhängigkeiten der Paßfeder enthält z.B. die spezifischen Auswahlalgorithmen zur Bestimmung einer Paßfeder und das Objekt Abhängigkeiten, das dem Entity Funktionselement zugeordnet ist, enthält einen Kollisionsprüfungsalgorithmus, der beim Positionieren eines Funktionselements, also auch einer Paßfeder, durchgeführt werden muß. Neben einer geeigneten Repräsentation der Abhängigkeiten ist zu klären, wie die Überprüfung der Abhängigkeiten durchgeführt wird. Die Überprüfung von Abhängigkeiten ist stets an die Ausführung von Operationen auf technischen Objekten gebunden. Ferner existieren Abhängigkeiten, deren Überprüfung am Ende einer Folge von Benutzeroperationen durchgeführt wird (verzögerte Überprüfung), da erst zu diesem Zeitpunkt die Abhängigkeiten erfüllt sein können. Für den Ablauf einer Operation läßt sich die nachfolgende allgemeine Vorgehensweise feststellen /Pa89/:

• Übernahme von Abhängigkeiten übergeordneter technischer Objekte, etwa die Aufgabenstellung oder einzuhaltende Umgebungsrestriktionen

- Überprüfen von komplexen logischen Beziehungen zwischen den technischen Objekten

- Anstoßen von Methoden und deren Datenversorgung

- (Rück-) Delegieren von Abhängigkeiten zu in Beziehung stehenden technischen Objekten.

Die Art der Modellierung der Abhängigkeiten und deren Überprüfung ist von den in einem konkreten System angebotenen Konzepten abhängig. In Wissensbankverwaltungssystemen (WBVS) können beispielsweise Dämonen, Methoden oder Regeln zur Modellierung der Abhängigkeiten benutzt werden. In /DHMS90/ ist ein Ansatz zur Modellierung der Abhängigkeiten für die Auswahl und das Positionieren einer Paßfeder mit einem WBVS beschrieben. In diesem Beitrag verfolgen wir jedoch den Ansatz einer DB-seitigen Modellierung der Abhängigkeiten, was im nächsten Kapitel näher ausgeführt wird.

5. Die Entwicklung des DB-gestützten technischen Modellierers TechMo

Im letzten Kapitel soll nun die Konzeption unseres Prototypsystems eines DB-gestützten technischen Modellierers, TechMo, vorgestellt werden. Die Modellierung und Verwaltung der Produktdaten und der Abhängigkeiten ist die Aufgabe des zugrundeliegenden DBS. Der Einsatz von Datenbanksystemen zur Produktdatenverwaltung in Ingenieuranwendungen wurde in der Literatur schon ausführlich behandelt, wenngleich der praktische Einsatz von DBS wegen der bekannten Unzulänglichkeiten nur zögernd erfolgt.

5.1 DB-seitige Modellierung und Verwaltung des technischen Modells

Wir wollen hier unsere Überlegungen zur DB-seitigen Modellierung und Verwaltung der Informationsstrukturen des technischen Modells beschreiben. Dabei soll untersucht werden, inwiefern ein strukturell objektorientiertes DBS zur Unterstützung dieses Anwendungsbereichs geeignet ist.

In den folgenden Ausführungen stützen wir uns auf die DBS-Prototypentwicklung PRIMA /Hä88/ und auf das dort realisierte Molekül-Atom-Datenmodell (MAD) /Mi88/. MAD erlaubt die ganzheitliche Handhabung dynamisch definierbarer, komplexer Objektstrukturen und gehört somit zur Klasse der strukturell objektorientierten Datenmodelle. Atomtypen (Atome) sind die Grundbausteine des MAD-Modells und entsprechen den Relationen (Tupel) im Relationenmodell. Beziehungen werden im MAD-Modell über spezielle Referenzattribute der Atome abgebildet, die eine direkte Darstellung von n:m-Beziehungen erlauben. Komplexe Objekte im MAD-Modell, Moleküle genannt, werden aus dem Atomnetzwerk, das sich durch die Darstellung aller Beziehungen ergibt, dynamisch abgeleitet. Neben der Datenmodellierung hat auch die Datenverarbeitung wesentlichen Anteil an einer adäquaten Unterstützung von Ingenieuranwendungen. Hier sind Konzepte erforderlich, die eine Bearbeitung der meist heterogenen und komplex-strukturierten Verarbeitungsgegenstände auf einfache und direkte Weise ermöglichen. Dies wird durch eine anwendungsnahe Pufferung der Datenstrukturen in einem sog. Objektpuffer /HHMM88/ erreicht, der oberhalb der eigentlichen DB-Schnittstelle mit Daten versorgt wird. Die Verarbeitung der Daten im Objektpuffer erfolgt dann über eine zugeschnittene Programmierschnittstelle /HS89/ (siehe auch Bild 12).

Bei einer Umsetzung der Modelldarstellung aus Bild 7 in das MAD-Modell werden die Rechtecke auf Atomtypen und die benutzerdefinierten Beziehungen auf Referenzattribute abgebildet. Da die n:m-Beziehung des Entity-Typs Bauteil informationstragend ist (sie enthält z.B. Mengenangaben über die Zusammensetzung einer Baugruppe), kann sie nicht direkt über die Referenzattribute des MAD-Modells abgebildet werden. Daher wird, ähnlich wie bei einer Abbildung von n:m-Beziehungen im Relationenmodell, ein weiterer Atomtyp neben dem Atomtyp Bauteil eingeführt. Die Generalisierungs- bzw. Spezialisierungsbeziehung ist im MAD-Modell nicht vorhanden und mußte daher auf eine einfache Beziehung zwischen Atomtypen abgebildet und durch die Anwendung gewartet werden. In der gewählten Abbildung muß für jede Ausprägung eines Atomtyps, der über einen varianten Beziehungstyp mit einem zweiten Atomtyp verbunden ist, auch eine Ausprägung des zweiten Atomtyps erzeugt werden, die über die definierte Beziehung der beiden Atomtypen im DB-Schema mit der ersten Ausprägung verbunden ist.

Wir wollen nun unseren Ansatz zur Modellierung der Abhängigkeiten und deren Überprüfung anhand eines konkreten Beispiels vorstellen. Dazu betrachten wir den Entwurfsschritt zum Grobentwurf einer Welle, in dem ausgehend vom Belastungsmodell die grobe Aufteilung einer Welle in Absätze vorgenommen wird, für die Innen- und Außendurchmesser sowie eine Längenvorgabe festgelegt wird /Pa89/.

In Bild 10 sind die Arbeitsschritte zur Durchführung des Grobentwurfs vereinfacht aufgelistet. Als Abhängigkeiten werden in dem Beispiel das Belastungsschema, die logischen Bedingungen, die über dem Absatzdurchmesser definiert sind (sie lassen sich als Formeln be-

---

Wiederholtes Erzeugen eines Absatzes:

(1) Benutzereingabe über Länge und Durchmesser eines Absatzes

(2) Ist für den Absatz im Belastungsmodell eine Krafteinleitungs- oder Lagerstelle vorgesehen?

(3) Überprüfen von Bedingungen: Ist der Innen- bzw. Außendurchmesser in den vorgegebenen Grenzen

nach dem Erzeugen aller Absätze:

(1) Prozedur zur Überprüfung der Festigkeit der Welle

(2) Bestimmen der Gesamtlänge der Welle

Bild 10: Arbeitsschritte zum Grobentwurf einer Welle (vereinfacht)

schreiben), eine Prozedur zur Festigkeitsüberprüfung sowie eine Bedingung zur Bestimmung der Gesamtlänge der Welle aufgeführt. Die Modellierung der Abhängigkeiten erfolgt nun über die in Bild 11 eingeführten Atomtypen Abh-<techn. Elemente>. Dabei steht <techn. Elemente> für den Namen des zugehörigen technischen Elements. Dieser Atomtyp hat allgemeine, d.h. sämtlichen Typen zur Beschreibung der Abhängigkeiten gemeinsame Attribute und spezielle Attribute zur Beschreibung der Abhängigkeiten des spezifischen technischen Elements. Zu den allgemeinen Attributen gehört ein Identifikator, Attribute zur Beschreibung der Methoden (vom Typ 'CODE', vgl. dazu /Mi88/) und der dazugehörenden Parameter sowie ein Attribut zur Repräsentation von Formeln bzw. Prädikaten (vom Typ 'LIST'). In dem Atomtyp Abh-Welle ist auch das Belastungsmodell dargestellt, wozu die speziellen Attribute Koordinate, Werkstoff, Lagerstelle, Kraft und Moment eingeführt werden.

Zur Überprüfung und Auswertung der Abhängigkeiten müssen diese während der Abarbeitung einer Operation aus der Datenbank gelesen werden. Eine Ausführung der Formeln, Prädikate und Methoden kann in unserem Fall nicht DB-seitig erfolgen, da das MAD-Modell derartige Operationen nicht vorsieht. Vielmehr muß eine Zusatzkomponente eingeführt werden, die die Datenversorgung und die Ausführung dieser Abhängigkeiten übernimmt. Hierzu existieren bislang jedoch nur konzeptionelle Überlegungen.

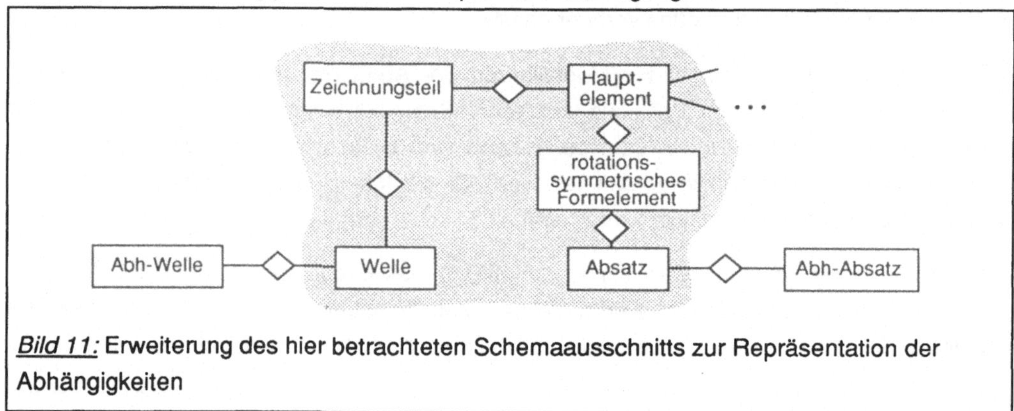

Bild 11: Erweiterung des hier betrachteten Schemaausschnitts zur Repräsentation der Abhängigkeiten

Eine Bewertung des hier vorgestellten Modellierungsansatzes führt zu zwei Kritikpunkten. Eine Einführung der Generalisierung in das Datenmodell würde die Modellierung in mehrfacher Hinsicht vereinfachen:

- Entlang den Objekten, die über einen varianten Beziehungstyp verknüpft sind, wäre eine Attributvererbung möglich.

- Durch die Einführung der Generalisierung ist eine explizite Trennung zwischen Klassen- und Instanzobjekten möglich. Dies hat zur Folge, daß für ein technisches Element (z.B. eine Paßfeder) genau eine Atomausprägung (nämlich als Instanz des Atomtyps Paßfeder) erzeugt wird.

Die Modellierung der Abhängigkeiten geschieht hier über eigene Attribute bzw. über die Einführung weiterer Atomtypen. Damit ist eine adäquate Modellierung der Aufgabenstellung möglich. Eine Beschreibung der Formeln bzw. Prädikate in einem 'STRING'-Typ oder der Methoden über den Datentyp 'CODE' erlaubt zwar deren DB-seitige "Ablage", aber die Aktivierung bzw. Ausführung dieser Abhängigkeiten muß von einer Zusatzkomponente oberhalb der DBS-Schnittstelle organisiert werden.

5.2 Architektur des technischen Modellierers TechMo

Zur Durchführung der Konstruktion kann der Konstrukteur das Entwurfsobjekt nur über die an der Benutzerschnittstelle angebotenen technischen Operationen manipulieren. Zur Visualisierung des Entwurfsobjekts wird aus der technischen Objektstruktur intern ein geometrisches Modell aufgebaut. Das bedeutet, daß die geometrische Darstellung des Objektes an der Benutzerschnittstelle lediglich dazu dient, dem Entwerfer den aktuellen Objektzustand anzuzeigen, über diese Darstellung jedoch keine Änderungsoperationen ausgeführt werden können.

In TechMo werden Operationen für den Baugruppenentwurf sowie für die Einzelteildetaillierung zur Konstruktion einer Welle angeboten. Die hierbei zu berücksichtigenden Abhängigkeiten werden ebenfalls erfaßt. Darüber hinausgehende Bedingungen zur vollständigen Durchführung der technischen Operation (etwa der Anschluß von Normteilkatalogen) werden in der Basisversion nicht erfüllt. Bild 12 zeigt die Systemarchitektur von TechMo.

Die Benutzerschnittstelle bildet den Zugang zu dem technischen Modellierer. Es wird eine graphische Oberfläche für den Baugruppenentwurf und für die Einzelteildetaillierung angeboten. Die Oberfläche für den Baugruppenentwurf enthält eine Operationsmenüleiste, eine Darstellung des Konstruktionsbaums, der im wesentlichen die aufgebaute Baugruppenstruktur repräsentiert sowie ein Ablagefenster, in dem Baugruppenstrukturen zwischengespeichert werden können. Die Oberfläche für die Einzelteildetaillierung sieht ebenfalls drei Arbeitsfenster vor. Im Konstruktionsbaum wird hier die aktuelle technische Objektstruktur repräsentiert. Dem Anwender stehen Bewegungs- und Zoom-Operationen zum Traversieren des Baumes zur Verfügung. Im Visualisierungsfenster wird das Entwurfsobjekt graphisch dargestellt. Für die gegenwärtige Prototypanwendung wurde auf bestimmte Schnittdarstellungen, weitere Ansichten und ähnliches verzichtet. Im Menüfenster werden die zur Verfügung stehenden Operationen angeboten. Der Anwender kann über den Konstruktionsbaum ein technisches Objekt auswählen, auf dem eine Operation ausgeführt werden soll, und die neue geometrische Gestalt wird dann im Visualisierungsfenster dargestellt.

Zwei weitere Komponenten realisieren die eigentlichen Operationen für den Baugruppen- und Einzelteilentwurf. Für den Baugruppenentwurf ist die Anbindung der Operationen an den NDBS-Kern genauer dargestellt. Über die Query-Sprache des MAD-Modells an der Kern-Schnittstelle wird der in den Objektpuffer einzulagernde Verarbeitungsgegenstand

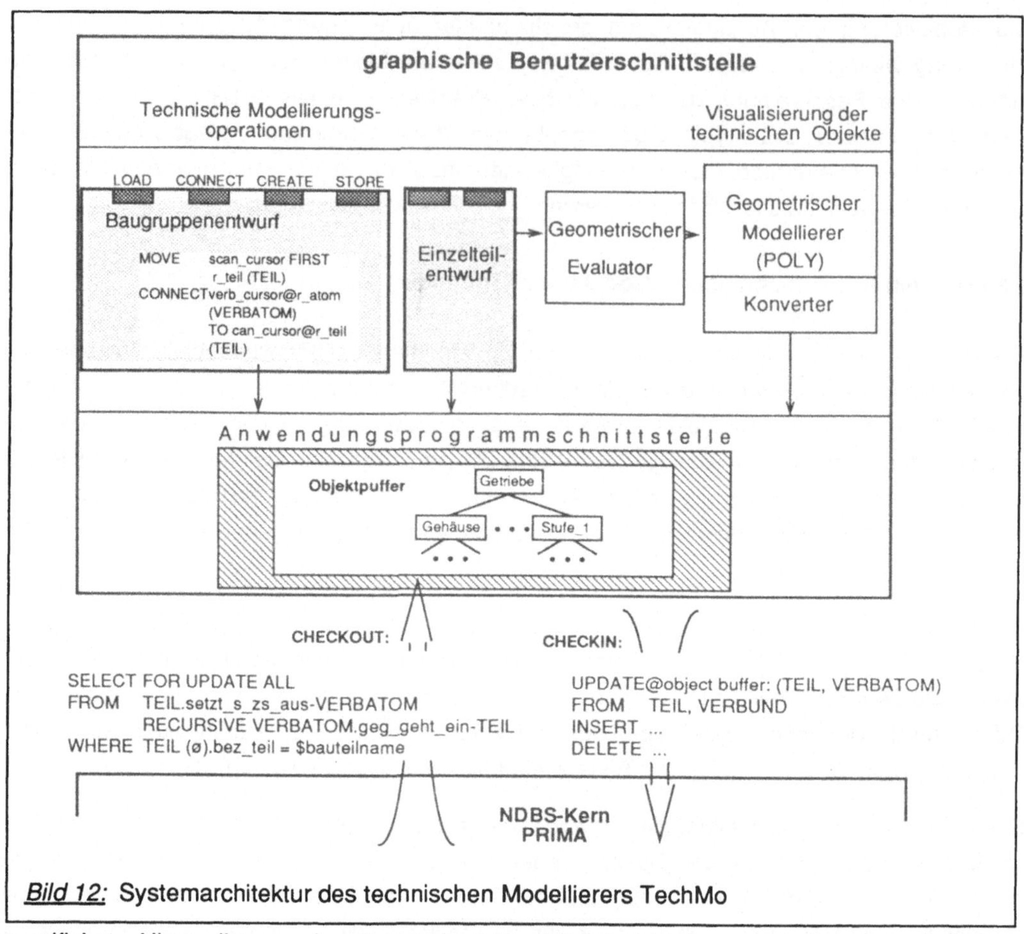

Bild 12: Systemarchitektur des technischen Modellierers TechMo

spezifiziert. Uber die an der Anwendungsmodell-Schnittstelle angebotenen technischen Operationen wird dann der Baugruppenentwurf durchgeführt und die internen Datenstrukturen im Objektpuffer aufgebaut. Nach Beendigung der Verarbeitung werden schließlich die Modifikationen in den NDBS-Kern PRIMA eingebracht.

Das Geometriemodell unseres Modellierers ist zweigeteilt: es besteht aus einer CSG-Struktur (Constructive Solid Geometry), aus der eine Begrenzungsflächendarstellung (BREP, Boundary Representation) abgeleitet werden kann /RV84/. Die Verwaltung und Handhabung der geometrischen Objektbeschreibung liegt im Aufgabengebiet des Geometriemodellierers POLY, einem Softwareprodukt der ETH Zürich /LM87/, der über einen Koppelbaustein (Konverter) an die zentrale Datenhaltung angeschlossen ist. Intern wird das Objekt in einer CSG- und einer BREP-Struktur abgelegt. Die Benutzerschnittstelle des geometrischen Modellierers ist ins Visualisierungsfenster integriert. Die interne POLY-Schnittstelle ist durch die Funktionalität des CSG-Modells bestimmt. Die bekannten CSG-Operationen (Vereinigung, Schnitt, Differenz, Verschiebung, Skalierung und Rotation) beziehen sich dabei stets auf das (die) oberste(n) Element(e) eines POLY-internen Objekt-Stacks, der über eine Reihe von Stack-Operationen mit geometrischen Objekten ver- bzw. entsorgt werden kann.

Die Aufgabe des geometrischen Evaluators ist es nun, durch Interpretation der technischen Objektbeschreibung eine Sequenz von POLY-Operationen zu erzeugen, durch die dann eine korrespondierende geometrische Objektbeschreibung erstellt wird. Desweiteren hat der geometrische Evaluator die Aufgabe, eine durch die technischen Operationen bewirkte Veränderung der Teilegeometrie unmittelbar auf der geometrischen Struktur nachzuvollziehen. Durch eine explizite Beschreibung der den technischen Basiselementen (Haupt-, Funktions- bzw. Nebenelemente) zugeordneten geometrischen Repräsentation sowie den durch die technischen Operationen bewirkten Änderungen einer Teilegeometrie kann die Aufgabe des geometrischen Evaluators sehr flexibel gelöst werden. Die Objekte im technischen Modell besitzen Parameter, die neben den technischen Eigenschaften ihre geometrische Gestalt bestimmen. Der geometrische Evaluator nutzt die geometrische Information und baut daraus eine geometrische Beschreibung auf. Aus pragmatischen Gründen (POLY besitzt eine CSG-Schnittstelle) ist diese als parametrisiertes CSG-Modell realisiert. Anhand einer aktuellen Parameterbelegung kann der geometrische Evaluator eine konkrete Teilegeometrie ableiten. Eine detaillierte Beschreibung dieser Komponente ist in /En90/ zu finden.

6. Zusammenfassung

In diesem Beitrag haben wir uns mit einem anwendungsorientierten Modellierungsverfahren zur Unterstützung des Konstruktionsprozesses, dem technischen Modellieren, und der Modellierung der dabei anfallenden Informationsstrukturen beschäftigt. Der vorgestellte Ansatz zeigt einen Zugang für eine durchgängige Entwurfsunterstützung und eine integrierte Produktdatenverwaltung auf, womit ein wesentlicher Schritt in Richtung der angestrebten CAD/CAP-Integration erreicht wird.

Das hier vorgestellte technische Modellieren unterstützt den Konstrukteur bei der Durchführung des Entwurfsprozesses durch Objekte und Operationen, die sich an den im Entwurfsvorgang vorherrschenden Objektstrukturen und Vorgehensweisen orientieren. Technisches Modellieren ermöglicht damit, die Beziehungen zwischen den Entwurfsobjekten und die Semantik des Entwurfsablaufs zu erfassen und dem Konstrukteur somit eine anwendungsspezifische Unterstützung zu bieten. Zur Beschreibung von Aspekten der Entwurfssemantik wurden die technisch funktionalen Abhängigkeiten eingeführt und deren Korrelation zum Konstruktionsprozeß an einem ausführlichen Entwurfsbeispiel dargelegt. Gleichzeitig wurden an dem Beispiel die vielfältigen heterogenen Typen von Abhängigkeiten deutlich. Schließlich haben wir einen Weg zur Modellierung des technischen Partialmodells sowie der technisch funktionalen Abhängigkeiten, die die Objekt- und Prozeßsemantik beschreiben und Bestandteil dieses Partialmodells sind, mittels eines strukturell objektorientierten DBS (dem PRIMA-System) aufgezeigt und die auftretenden Problempunkte beschrieben.

Das vorgestellte Modellierungssystem TechMo, das derzeit in einer Basisversion implementiert wird, bietet an seiner Benutzerschnittstelle anwendungsbezogene technische Operationen und Objekte zur Unterstützung des Baugruppenentwurfs und zur Einzelteildetaillierung von rotationssymmetrischen Teilen (Wellen) an. TechMo ist auf einer DB-gestützten Datenverwaltung des technischen und geometrischen Partialmodells aufgebaut. Weiterführende Arbeiten werden sich mit einer Verbesserung des Konzepts zur Überprüfung der Abhängigkeiten bei der Durchführung einer technischen Operation sowie einer Anbindung der technologischen Fertigungsvorbereitung an den technischen Modellierer beschäftigen. Daneben werden wir eine vergleichende Bewertung zu anderen Modellierungsansätzen (insbesondere zu objektorientierten Systemen und Wissensbankverwaltungssystemen) durchführen.

Danksagung

Wir möchten unserem Kollegen, Herrn Dipl.-Inform. C. Hübel, für die intensiven Diskussionen während der Entwicklung des technischen Modellierers und Herrn Prof. Dr. T. Härder für die hilfreichen Anmerkungen während der Konzeption des Papiers danken.

7. Literatur

Al90 Albert, G.: Konzeption und Realisierung von Operationen für den Baugruppen- und Einzelteilentwurf eines DB-gestützten technischen Modellierers, Diplomarbeit, Universität Kaiserslautern, 1990.

AGPR88 Anderl, R., Grabowski, H., Pätzold, B., Rude, S.: The Development of Advanced Modelling Techniques - Meeting the Challenge of CAD/CAM-integration, in: Proc. 4th CIM Europe Conference, May 1988.

An85 Anderl, R.: Fertigungsplanung durch Simulation von Arbeitsvorgängen auf der Basis von 3D-Produktmodellen, VDI-Forschungsberichte, Reihe 10: Angewandte Informatik, Nr. 40, 1985.

An89 Anderl, R.: Integriertes Produktmodell, in: Zeitschrift für wirtschaftliche Fertigung, Vol. 12, 1989.

DHMS90 Deßloch, S., Hübel, C., Mattos, N., Sutter, B.: KBMS Support for Technical Modeling in Engineering Systems, in: Proc. of the third International Conf. on Industrial & Engineering Applications of Artifical Intelligence & Expert Systems, Vol. II, pp. 790-799, Charleston, SC, July 1990.

Di86 Dittrich, K.R.: Object-Oriented Database Systems: The Notion and the Issues; in: Proc. Int. Workshop on Object-Oriented Database Systems, pp. 2-6, Pacific Grove, Ca., 1986.

Eb84 Eberlein, W.: Architektur technischer Datenbanken für integrierte Ingenieursysteme, Dissertation, Erlangen, 1984.

En90   Englesos, P.: Konzeption und Realisierung eines geometrischen Evaluators in dem Modellierer TechMo, Projektarbeit, Universität Kaiserslautern, 1990.

Gr88   Grabowski, H.: Integrierte Produktmodelle als Basis intelligenter CAD-Systeme, Symposium "Erneuerung von Prozessoren und Erzeugnissen durch Schlüsseltechnologien", Magdeburg, 1988.

Hä88   Härder, T. (ed.): The PRIMA-Project - Design and Implementation of a Non-Standard Database System, Forschungsbericht 26/88 des SFB 124, Universität Kaiserslautern, 1988.

Hä89   Härder, T.: Die Rolle von Datenbanksystemen in CIM; in: CIM-Management - Produkte, Strategien, Entscheidungshilfen 6/89, Oldenbourg-Verlag, 1989.

HHMM88   Härder, T., Hübel, Ch., Meyer-Wegener, K., Mitschang, B.: Processing and Transaction Concepts for Cooperation of Engineering Workstations and a Database Server, in: Data and Knowledge Engineering, 3(1988), pp. 87-107, 1988.

HPS90   Hübel, Ch., Paul, R., Sutter, B.: Datenbank-gestützte technische Modellierung - ein Ansatz für die CAD/CAP-Integration; in: CIM-Management - Produkte, Strategien, Entscheidungshilfen 2/90, Oldenbourg-Verlag, 1990.

HS89   Hübel, Ch., Sutter, B.: Aspekte der Datenbankanbindung in workstation-orientierten Ingenieuranwendungen, in: Proc. der 19. Jahrestagung der Gesellschaft für Informatik, München 1989.

LM87   Loacker, H., Meier, A.: POLY - Computergeometrie für Informatiker und Ingenieure, McGraw-Hill, Hamburg, 1987.

Mi88   Mitschang, B.: Eine Molekül-Atom-Datenmodell für Non-Standard-Anwendungen - Anwendungsanalyse, Datenmodellentwurf, Implementierung, Dissertation, Universität Kaiserslautern, 1988.

Pa89   Paul, R.: Ein Beitrag zur Produktmodellierung einer abgegrenzten Objektklasse, Dissertation, Technische Universität Magdeburg, DDR, 1989.

RV84   Requicha, A.A.G., Voelcker, H.B.: Boolean Operations in Solid Modelling: Boundary Evaluation and Merging Algorithms, Technical Memorandum, No. 26, Production Automation Project, University of Rochester, New York, 1984.

SIAHL89   Spur, G., Imam, M., Armbrust, P., Haipter, J., Loske, P.: Baugruppenmodelle als Basis der Montage- und Layoutplanung, in: Zeitschrift für wirtschaftliche Fertigung und Automatisierung, Nr. 5, S. 232-237, München, 1989.

We88   Wedekind, H.: Die Problematik des Computer Integrated Manufacturing (CIM) - Zu den Grundlagen eines strapazierten Begriffs, in: Informatik-Spektrum, Vol. 11, 1988, S.22-39.

Eine APL2-Programmschnittstelle für ein Datenbanksystem mit erweiterten NF^2-Relationen

M. Rösner, K. Küspert, P. Pistor[1]

IBM Wiss. Zentrum Heidelberg
Tiergartenstr. 15
D-6900 Heidelberg

Zusammenfassung

Heutige Datenbanksysteme weisen Schnittstellen sowohl für den Ad-hoc-Zugriff vom Bildschirm als auch für den Zugriff aus Anwendungsprogrammen auf. Programmiersprachen großer Mächtigkeit, wie etwa APL2, bieten für den Anwendungsprogrammzugriff gewichtige Vorteile, da Datenmodell und Operatoren der Programmiersprache und des Datenbanksystems nicht allzuweit voneinander entfernt liegen. In dem Beitrag wird auf die Konzepte und Realisierung einer APL2-Programmschnittstelle für ein NF^2-Datenbanksystem eingegangen. Sowohl APL2 als auch das Datenbanksystem sind in der Verarbeitung mengenorientiert *und* unterstützen komplexe, geschachtelte Objektstrukturen. Im folgenden wird aufgezeigt, wie eine Schema- und Datenabbildung zwischen APL2 und dem erweiterten NF^2-Datenmodell (eNF^2) erfolgen kann, wie mit komplexen eNF^2-Datenbankobjekten in der Programmiersprache umgegangen wird und wie sich ein effizienter APL2-Zugriff auf die Datenbank in einer Workstation-Server-Umgebung realisieren läßt.

1. Einleitung

Datenbanksysteme können meist über zwei verschiedenartige Schnittstellen benutzt werden: Zum einen über eine **Bildschirmschnittstelle**, die die Eingabe von Datenbankanweisungen im Ad-hoc-Modus vom Bildschirm aus gestattet („on-line interface"), wobei Anfrageergebnisse, Fehlermeldungen usw. ebenfalls am Bildschirm angezeigt werden; zum anderen über eine **Programmschnittstelle** („application program interface"), die es erlaubt, aus Anwendungsprogrammen heraus mit dem Datenbanksystem zu kommunizieren, Daten auszutauschen und Daten zu verändern.

Für die **Bildschirmschnittstelle** gibt es eine Vielfalt an Optionen, Varianten und Erweiterungen. Diese reichen von der einfachen Eingabe von SQL-Kommandos über Query-by-Example (QbE) und „prompted query" bis hin zu recht „luxuriösen" Benutzeroberflächen, wo eine Interaktion mit dem Datenbanksystem über natürliche Sprache oder über graphisch-interaktive Manipulation von Objekten am Bildschirm erfolgen kann. Manches hiervon befindet sich derzeit noch im Stadium der Forschung und Prototyp-Entwicklung.

Auch bei den **Programmschnittstellen** von Datenbanksystemen ist in den letzten Jahren viel Forschungs- und Entwicklungsarbeit geleistet worden. Für die ersten, hierarchischen oder netzwerkartigen Datenbanksysteme der 60er und frühen 70er Jahre war die Programmschnittstelle *die* Schnittstelle des Datenbanksystems; eine Benutzung dieser Systeme vom Bildschirm aus war zunächst nicht möglich. Der Anwendungsprogrammierer mußte mit Hilfe der Programmiersprache und eingebetteten Datenbanksystemaufrufen über seine Daten „navigieren". Das Datenbanksystem übernahm die Übertragung von Datensätzen („records") zwischen der Datenbank und dem Programm in beiden Richtungen. Hier herrschte in der Verarbeitungslogik somit noch klar ein „one record at a time"-Mechanismus vor.

---

[1] z.Zt. IBM Database Technology Institute (DBTI), Santa Teresa, Cal.

Der Übergang zu relationalen Datenbanksystemen und Sprachen wie SQL [Ch76] oder QUEL [St76] führte dann Ende der 70er Jahre - bei allen Vorteilen, die relationale Datenbanksysteme mit sich bringen - zu der neuen Problematik, die deskriptive, mengenorientierte Datenbanksprache (etwa SQL) einerseits und die prozedurale, satzorientierte Programmiersprache (Cobol, Fortran, PL/1, C ...) andererseits geeignet zu verknüpfen.

Eine Richtung, die hierbei verfolgt wird, ist die vollständige **Integration** von Datenbankobjekten in die Programmiersprache; man kommt hier zu **Datenbankprogrammiersprachen**, wie sie etwa ausgehend von Pascal, Modula und anderen Sprachen entwickelt wurden [Sc77, SM80, SMD83, Re83]. Datenbankobjekte (Tabellen, ...) unterscheiden sich hierbei von Programmvariablen gleicher Struktur lediglich durch die Eigenschaft der Persistenz; diese Eigenschaft schlägt sich idealerweise nicht in den Operationen auf diesen Strukturen nieder. Die strikte Trennung zwischen Programmiersprachenwelt und Datenbankwelt ist weitgehend aufgehoben; der Anwendungsprogrammierer muß sich nur noch in *eine* solche Welt eindenken und einarbeiten.

Von der einfacheren Implementierung und auch von der (oftmals bewußt gewünschten) Trennung zwischen der Programmiersprachenumgebung und der Datenbankumgebung her - etwa, um die getrennte, unabhängige Weiterentwicklung der jeweiligen Konzepte zu ermöglichen - bietet jedoch auch ein anderer Ansatz Vorteile: Er läßt die Programmiersprache selbst völlig unverändert (und damit auch den Compiler) und bettet Datenbankanweisungen und Steueranweisungen in das Programm ein, wobei mit Hilfe eines Vorübersetzers (Precompilers) eine Umsetzung der eingebetteten Anweisungen in normale, mit dem Programmiersprachenübersetzer verarbeitbare Quellprogrammanweisungen erfolgt. Ein Vorteil dieser eher **losen Kopplung** zwischen Datenbanksystem und Programmiersprache ist auch, daß eine Einbettung in viele verschiedene Sprachen leicht möglich ist, etwa von Assembler auf der einen bis Ada auf der anderen Seite, indem lediglich ein neuer Precompiler entwickelt und bereitgestellt wird.

Ein wesentlicher Gedanke bei dieser Art der Einbettung ist das **Cursor-Konzept**, das von der Programmiersprachenumgebung aus die tupelorientierte (satzweise) Verarbeitung von Anfrageergebnissen inklusive der Veranlassung von Datenbankänderungen gestattet. Das Cursor-Konzept bildet somit die Brücke zwischen der prozeduralen Programmiersprache und der deskriptiven Datenbanksprache.

Auch für jene Programmiersprachen, die selbst schon eine mächtige, mengenorientierte Verarbeitungslogik aufweisen, so etwa für **APL** [Iv62, FI70], das Anfang der 60er Jahre entwickelt wurde und häufig im technisch-wissenschaftlichen Bereich, aber auch im kaufmännischen Umfeld, etwa im Finanzwesen, eingesetzt wird[2], ergab sich sehr bald die Notwendigkeit zur Bereitstellung eines Datenbankanschlusses, um große Datenmengen auf Hintergrundspeicher sicher und bequem verwalten zu können. Bei einer Sprache wie APL war es naheliegend, die programmierspracheninhärente **Mengenorientierung** auch beim Datenbankanschluß voll auszunutzen: Zur Spezifikation der Datenübertragung von der Datenbank ins Programm werden wie üblich SQL-Anweisungen benutzt; im Programm selbst erfolgt aber **keine cursor-orientierte Verarbeitung** der Daten, sondern es werden die mächtigen Strukturen (etwa laufzeitdefinierte Vektoren) und mengenorientierten Operatoren der Programmiersprache benutzt. Dies ermöglicht dem Anwendungsprogrammierer eine deutlich einfachere Handhabung seiner Daten. Ein Datenbankanschluß zwischen APL - bzw. der Weiterentwicklung **APL2** [Br84, Br85, IBM87a, IBM87b] - und SQL-Datenbanksystemen ist bereits seit langem verfügbar und wurde in vielen Anwendungen praktisch erprobt [IBM85].

---

[2] Besondere Bedeutung hat APL in jüngster Zeit durch die Einführung von Vektor-Einrichtungen („vector facilities") im Großrechnerbereich, etwa IBM 3090 VF, erlangt. Die Vektor- und Matrix-Operatoren von APL bieten dem APL-Interpreter hervorragende Möglichkeiten zur Nutzung entsprechend mächtiger Maschineninstruktionen, während bei herkömmlichen prozeduralen Programmiersprachen (Fortran usw.) erst in aufwendiger Weise nach vektorisierbarem Code gesucht werden muß oder gar ein Benutzereingriff hierfür notwendig ist.

In der Datenbankforschung hat man sich in den letzten Jahren verstärkt mit **Weiterentwicklungen des relationalen Datenmodells** beschäftigt, um u.a. komplexe Objekte der Anwendung im Datenbanksystem adäquat darstellen und einfach und effizient handhaben zu können. Das erweiterte NF^2-Datenmodell (kurz **eNF²-Modell**), wie es im „Advanced Information Management Prototype (AIM-P)" realisiert ist, stellt einen solchen Ansatz dar [Da86, Pi87, DL89]. Auch für das eNF^2-Modell und AIM-P war die Problematik der Programmiersprachenanbindung zu lösen, wobei man sich zunächst auf den Anschluß prozeduraler Sprachen (wie etwa Pascal) mit Hilfe eines hierarchischen Cursor-Konzepts konzentrierte [ES88, ESW88].

Daneben wurde auch eine Schnittstelle entwickelt, mit deren Hilfe **APL2-Programme** auf eine eNF^2-Datenbank zugreifen können. APL2 weist in seinem eigenen Datenmodell bereits Strukturen auf (etwa beliebig geschachtelte Vektoren ohne fest vorgegebene Obergrenze für die Zahl der Elemente), die eine recht große Ähnlichkeit mit dem NF^2- und eNF^2-Modell besitzen, wenngleich sich die Datenmodelle doch in wesentlichen, noch zu diskutierenden Punkten unterscheiden. Eine **APL2-eNF²-Kopplung** bringt in zweierlei Hinsicht interessante Aspekte und Fragestellungen mit sich:

- Wie kann die **Mengenorientierung** von APL2 für eNF^2-Objekte geeignet ausgenutzt werden?
- Wie können die Möglichkeiten der **Objektdarstellung** in APL2 für eNF^2-Objekte sinnvoll eingesetzt werden?

Neben einer Antwort auf diese Fragen muß auf der Implementierungsebene der APL2-eNF^2-Kopplung eine Lösung gefunden werden, um externe komplexe Objekte - also Datenbankobjekte in einem datenbankspezifischen Format - möglichst einfach in die APL2-Umgebung mit der dortigen Datendarstellung zu transferieren (**Datentransferproblematik** in der Workstation-Server-Umgebung des Datenbanksystems).

Im folgenden wird zunächst in den **Kapiteln 2 und 3** kurz auf eNF^2-Konzepte (Datenmodell) und APL2-Strukturen und -Funktionen eingegangen. Die Kapitel 4 und 5 bilden den Hauptteil des Papiers: In **Kapitel 4** wird die Daten- und Schemaabbildung zwischen dem eNF^2-Modell und APL2 diskutiert, und in **Kapitel 5** wird auf den Zugriff aus APL2-Programmen auf eNF^2-Datenbanken in einer Workstation-Server-Umgebung eingegangen, also auf Fragen des Datenaustauschs, der Datentransformation usw. In **Kapitel 6** folgen einige Schlußbemerkungen und eine Darstellung des aktuellen Stands der Konzeptentwicklung und Implementierung.

2. eNF²-Konzepte und -Datenmodell

Das „strikte" **NF²-Datenmodell** [JS82, SP82, SS86] unterscheidet sich vom herkömmlichen relationalen Datenmodell erster Normalform (1NF) dadurch, daß Relationen mit relationswertigen (nichtatomaren) Attributen unterstützt werden. Geschachtelte Relationen ist ein weiterer gebräuchlicher Begriff zur Charakterisierung des NF^2-Modells (NF^2 = Non First Normal Form). In **Abbildung 1 b und c** sind das relationale Modell erster Normalform und das NF^2-Modell einander gegenübergestellt; man sieht, daß es *konzeptionell* eigentlich nur ein kleiner Schritt ist von der ersten Normalform zum NF^2-Modell, wenngleich es auf der Ebene der Modellrealisierung, der internen Objektdarstellung und der effizienten Anfragebearbeitung doch großer Anstrengungen bedarf, um NF^2-Relationen adäquat zu implementieren. **Abbildung 2** zeigt ein (bekanntes) Beispiel einer NF^2-Relation, das auch in den folgenden Kapiteln zur Erläuterung der Datenabbildung $NF^2 \Rightarrow APL2$ herangezogen wird.[3]

---

[3] Die DEPARTMENTS-Tabelle ist ein Beispiel für eine strikte Hierarchie. Nichthierarchische Beziehungen (n:m) könnten etwa durch ein zusätzliches Referenz- und zugehöriges Sprachkonzept modelliert werden [PHH83].

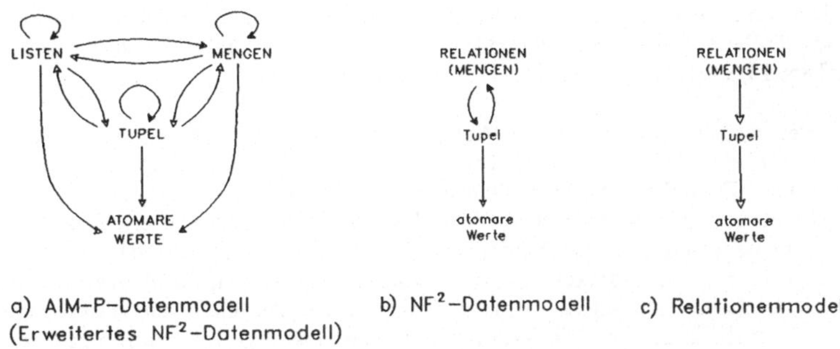

Abbildung 1: Datenmodelle im Vergleich.

Im **erweiterten NF²-Modell (eNF²-Modell, Abbildung 1 a)** sind gegenüber dem strikten NF²-Modell Listen, also mit einer Ordnung versehene Mengen, als zusätzliche Basiselemente erlaubt. Listen gestatten die in vielen Anwendungsgebieten, etwa in der Technik, erforderliche Aufrechterhaltung einer vorgegebenen Ordnung auf den Daten in viel einfacherer und natürlicherer Weise, als dies unter Benutzung „normaler" Relationen möglich ist. Dort muß man etwa ein zusätzliches, vom Benutzer selbst zu verwaltendes „Sequenzattribut" definieren, um eine solche Ordnung zu realisieren. Im eNF²-Modell sind zudem alle Basiselemente frei miteinander kombinierbar: Listen können sich wiederum aus Listen zusammensetzen ($\rightarrow$ Matrizen), Mengen aus Mengen ($\rightarrow$ Potenzmengen), Tupel aus Tupeln usw. Die Sequenz des strikten NF²-Modells Relation$\rightarrow$Tupel$\rightarrow$Relation$\rightarrow$Tupel$\rightarrow$Relation$\rightarrow$ ... $\rightarrow$Tupel$\rightarrow$atomare Werte wird somit aufgehoben. Außerdem sind im eNF²-Modell alle Basiselemente auch als eigenständige Datenbankobjekte zulässig: Der Anwender kreiert nicht mehr notwendigerweise stets eine Relation als Menge von Tupeln (1NF, NF²), sondern kann ebenso etwa ein einzelnes Tupel, eine Liste oder Menge von atomaren Werten oder bei Bedarf auch einen einzelnen atomaren Wert („Lichtgeschwindigkeit c") als eigenständiges Datenbankobjekt erzeugen. Dies wird in Abbildung 1 durch Großschreibung des jeweiligen Basiselements (Datenbankobjekts) ausgedrückt.

{ DEPARTMENTS }								
DNO	MGRNO	{ PROJECTS }				BUDGET	{ EQUIP }	
		PNO	PNAME	{ MEMBERS }			QU	TYPE
				EMPNO	FUNCTION			
314	56194	17	CGA	39582	Leader	320000	2	3278
				56019	Consultant		3	PC/AT
				69011	Secretary		1	PC
		23	HPAR	58912	Staff			
				90011	Leader			
				78218	Secretary			
				98902	Staff			
218	71349	25	LEXI	72227	Staff	440000	2	3278
				89211	Staff		2	PC/AT
				92100	Leader		1	3179
				89921	Consultant		1	PC/GA
				99025	Secretary			
				44512	Consultant			

Abbildung 2: **Beispiel einer NF²-Tabelle. Teile der PROJECTS-Subtabelle sind fett gedruckt. Spätere Beispiele werden auf den Daten dieser Subtabelle aufbauen.**

Das eNF²-Datenmodell liegt dem am Wiss. Zentrum der IBM in Heidelberg entwickelten „Advanced Information Management Prototype (AIM-P)" zugrunde [Da86, Pi87, DL89]. AIM-P unterstützt eine deskriptive, SQL-artige Sprache zum Zugriff auf eNF²-strukturierte Daten (HDBL = Heidelberg Data-

Base Language). Die Sprache an sich und ihre genauen Eigenschaften spielen für die weitere Diskussion keine entscheidende Rolle; auf eine weitergehende Einführung soll deshalb hier verzichtet werden (mehr dazu in [PA86, PT86, LPS90]).

AIM-P basiert in der Architektur auf einem **Workstation-Server-Konzept**, wobei ein zentraler Datenbank-Server mehrere dezentrale Workstations bedient [KDG87]. Im Gegensatz zur bekannten Client-Server-Architektur vieler Datenbanksysteme bietet das Workstation-Server-Konzept die Möglichkeit einer wesentlichen Steigerung der **Autonomie** in der Abwicklung der dezentralen Verarbeitung auf Anwenderseite: Die lokal benötigten Daten werden in AIM-P zunächst per HDBL-Sprachausdruck vom Server extrahiert und dann „als ein Paket" zur Workstation übertragen; die Anfrageergebnisse werden dazu in einer **Resultatstabelle**[4] („result file") materialisiert. Dies ermöglicht ein weitgehend lokales Arbeiten mit der Resultatstabelle auf der Workstation ohne eine ständige Interaktion mit dem Server-Datenbanksystem (**Workstation-Autonomie**). Erst wenn lokal weitere Daten benötigt werden, die noch nicht auf der Workstation vorhanden sind, oder aber wenn lokal geänderte Daten wieder in die Server-Datenbank eingebracht werden sollen, ist eine erneute Interaktion zwischen Server und Workstation erforderlich. Weitere Details zu den Mechanismen der Workstation-Server-Kooperation in AIM-P finden sich u.a. in [KDG87, Pi87, KG89, GM90]. Die erwähnte Resultatstabelle ist, wie noch in Kapitel 5 genauer gezeigt wird, auch ein wesentlicher Zwischenschritt bei der Umsetzung von Datenbankinhalten in eine APL2-Programmierumgebung. Die Repräsentation komplexer Objekte in der Resultatstabelle ist in AIM-P identisch für

- die **Darstellung** von Anfrageergebnissen in der Workstation-Server-Umgebung,
- die **Übertragung** von Anfrageergebnissen in alle möglichen Programmiersprachen, gleichgültig, ob dort satz- oder mengenorientiert gearbeitet wird (die programmiersprachenspezifische Transformation und Typabbildung erfolgt erst danach in einem zweiten Schritt),
- die **Rückübertragung** von Datenänderungen von der Workstation zum Server mit anschließender Materialisierung in der Server-Datenbank.

Das Workstation-Server-Konzept von AIM-P existiert derzeit in einer Systemumgebung unter dem Betriebssystem VM/CMS; dort wurde es auch für die Zwecke des APL2-Anschlusses eingesetzt (Kapitel 5). Eine Übertragung in eine AIX-Betriebssystemumgebung auf Rechnern des Typs RS/6000 findet zur Zeit gerade statt [GM90].

3. APL2-Datenmodell und -Funktionen

Die Grundlagen von **APL** wurden bereits Anfang der 60er Jahre von K.E. Iverson geschaffen [Iv62]. Die erste Version von APL wurde ebenfalls von K.E. Iverson zusammen mit A.D. Falkoff auf Rechnern der IBM /360-Serie entwickelt [FI70]. APL ist eine der ersten **funktionalen Programmiersprachen**. Sie bietet einen reichen Vorrat an vordefinierten Funktionen und unterstützt das Konzept höherer Funktionen (Operatoren in der Terminologie von APL). Der Funktionsvorrat kann durch benutzerdefinierte Funktionen und Operatoren (allerdings erst in APL2) erweitert werden.

Eine Weiterentwicklung von APL stellt **APL2** [Br84, Br85, IBM87a, IBM87b] dar. Die wichtigste neue Konzeption war die Weiterentwicklung der APL-Datenstrukturen. In APL2 werden erstmals heterogene Datenstrukturen zugelassen. In APL waren nur homogene Vektoren, Matrizen und Strukturen höherer Dimensionen zugelassen, d.h. alle Elemente dieser Strukturen müssen vom selben Typ sein. In APL2 dagegen kann zum Beispiel das erste Element eines Vektors ein INTEGER sein, das zweite Element ein STRING usw. Datentypen sind in APL2 beliebig schachtelbar. Die Größe der Struktur wird einzig und allein durch den APL2-Workspace begrenzt. Der **APL2-Workspace** ist die Laufzeitumgebung von APL2, der die Sitzung kontrolliert und steuert. Merkmale von APL2 sind u.a. [BPP89]:

---

[4] Der Begriff Resultatstabelle steht für eine beliebige eNF^2-Struktur als Ergebnis einer Datenbankanfrage.

- Wenige Regeln
- Mächtige Datenstrukturen
- Großer Vorrat allgemeiner Funktionen, die auf die gesamte Struktur wirken
- Benutzergeschriebene Funktionen, die in ihrem formalen Verhalten nach außen genau dem Verhalten der Grundfunktionen angepaßt sind (monadisch oder dyadische Syntax)

Das Anwendungsspektrum von APL2 ist vielfältig. Die Anwendungen lassen sich unterteilen in problemorientierte Anwendungen, die z.B. mit einer Makrosprache [EF75] bestehend aus APL2-Funktionen arbeiten, bis hin zu Anwendungen des Systemspezialisten [IBM87a, IBM87c]. Auch im Bereich der KI-Forschung wird APL2 eingesetzt [BECG86]. Traditionell wird APL2 u.a. im Bereich der Simulation eingesetzt [EF75]. Grund dafür ist, daß ein wesentlicher Vorteil von APL2 seine „Rapid-Prototyping-Fähigkeit" ist, die in der neueren Entwicklung des Software Engineering zunehmend an Bedeutung gewonnen hat. Zur weiteren Vertiefung wird auf [EF75, Br84, BECG86] sowie [BPP89] verwiesen.

Im folgenden werden die APL2-Datenstrukturen und einige APL2-Funktionen kurz vorgestellt. APL2-Funktionen werden nur soweit eingeführt, wie es zum Verständnis der folgenden Kapitel notwendig ist. Eine Beschreibung sämtlicher APL2-Funktionen sowie der Systemumgebung, um einen vollständigen Einblick in die APL2-Welt zu bekommen, kann und soll hier nicht das Ziel sein. Hierfür kann auf spezielle APL2-Bücher wie z.B. [BPP89, Lo89] verwiesen werden.

APL2 unterscheidet folgende Grunddatentypen: BOOLEAN, INTEGER, REAL, COMPLEX und CHARACTER. Die Grunddatentypen bezeichnet man auch als atomare Datentypen oder in APL2 als **Skalare**. Der einzige strukturierte Datentyp ist das **Array**. Jede beliebige Dimension (z.B. Vektoren, Matrizen) ist zugelassen, wobei die Struktur der Array-Elemente unterschiedlich sein darf.

```
A ← 3456 '1. ZEICHENKETTE' ( 2 2 ρ 'UND' 1 'ODER' 0 )

.+------------------------------------------------------.
|      .+------------------.   .+----------------.  |
| 3456 |1. ZEICHENKETTE|   +  .+--.              | |
|      '------------------'   | |UND|    1     | |
|                             | '---'           | |
|                             | .+---.          | |
|                             | |ODER|   0     | |
|                             | '----'          | |
|                             ' ε----------'    |
'ε------------------------------------------------------'
```

Abbildung 3: Beispiel einer APL2-Vektorstruktur.

In **Abbildung 3** werden der Variablen A durch den Pfeil Daten einer bestimmten Struktur zugewiesen. Die Struktur ist hier ein Vektor mit drei Elementen. Strukturen werden in APL2 mit der Standardfunktion DISPLAY sichtbar gemacht. So auch in Abbildung 3 nach der Zuweisung der Variablen A. Zur Unterscheidung von Strukturen auf den verschiedenen Ebenen wird bei der DISPLAY-Darstellung jede Struktur mit einer bestimmten **Wicklung** umgeben. Jeder APL2-Typ, mit Ausnahme der Skalare, besitzt eine solche Wicklung. Auf eine Erläuterung der einzelnen Darstellungssymbole (→, ~, +, ↓, ε...) wird hier verzichtet. Der Leser wird auf [BPP89] verwiesen. In Abbildung 3 entspricht die äußerste Wicklung einem Vektor, das dritte Element des Vektors ist ein Beispiel für eine Matrix-Wicklung. Skalare besitzen keine Wicklung, wie man dem ersten Element des Vektors (3456) entnehmen kann.

Wie man gesehen hat, kann eine APL2-Variable eine beliebige Struktur repräsentieren. Um mit der Struktur arbeiten zu können, muß es möglich sein, die Struktur einer Variablen zu erkennen, um die richtigen Operationen mit ihr ausführen zu können oder um bestimmte Teile zu selektieren, neu zu bestimmen etc. APL2 stellt dafür spezielle Funktionen zur Verfügung.

Im folgenden sollen zwei APL2-Funktionen vorgestellt werden, deren Ergebnisse Rückschlüsse auf eine unbekannte APL2-Struktur zulassen. Die Datenmanipulationsfunktionen werden im Anschluß nur kurz vorgestellt. Zuerst werden zwei Beispiel-Datenstrukturen festgelegt. In **Abbildung 4** sind jeweils ein Vektor und eine Matrix deklariert.

```
VEKTOR ← '34567' 'SONNE' '98765' 'STERN'

    .+----------------------------------------.
    |  .+----.  .+----.  .+----.  .+----.     |
    |  |34567|  |SONNE|  |98765|  |STERN|     |
    |  '-----'  '-----'  '-----'  '-----'     |
    'ε---------------------------------------'


MATRIX ← 2 2 ρ 'FRITZ' ('HUGO' 3456) 'WALTER' ( 2 2 ρ 1 2 3 4)

    .+---------------------------------.
    ↓  .+----.  .+--------------.  |   |
    |  |FRITZ|  |  .+---.       |  |   |
    |  '-----'  |  |HUGO| 3456  |  |   |
    |           |  '----'       |  |   |
    |           'ε------------'  |   |
    |  .+------.  .+--.          |   |
    |  |WALTER|  ↓1  2|          |   |
    |  '------'  |3  4|          |   |
    |            '~--'           |   |
    'ε-------------------------------'
```

Abbildung 4: Deklaration eines APL2-Vektors und einer APL2-Matrix.

Um die Eigenschaften der Struktur zu bestimmen, ohne die Wicklungen mit der DISPLAY[5] -Funktion sichtbar zu machen, gibt es folgende Funktionen: mit einem monadischen Aufruf der Funktion ≡[6] wird die (maximale) Tiefe der Struktur bestimmt.

```
≡ VEKTOR    ←→  2

≡ MATRIX    ←→  3
```

Mit der Funktion ρ kann die Dimension der Struktur auf oberster Ebene bestimmt werden. Als Ergebnis liefert ρ eine Reihe von Zahlen. Dabei bestimmt die Anzahl der gelieferten Zahlen die Dimension des Objekts. Jede Zahl steht für die Anzahl der Elemente der entsprechenden Dimension.

```
ρ VEKTOR    ←→  4
ρ MATRIX    ←→  2 2
```

ENCLOSE, DISCLOSE, RAVEL und ENLIST sind die vier wichtigsten Datenmanipulationsfunktionen in APL2. Sie werden durch folgende Symbole repräsentiert: (⊂⊃,ε). Alle soeben aufgeführten APL2-Funktionen ändern die Struktur einer APL2-Variablen. ENCLOSE „nested" die Elemente einer Struktur in einer bestimmten Richtung, DISCLOSE „entnested" die Struktur, ist also die inverse Funktion zu ENCLOSE. RAVEL generiert einen Vektor aus der Eingabestruktur. Dabei werden die Elemente zeilenweise der alten Struktur entnommen, und der Vektor wird in dieser Reihenfolge aus den Elementen gebildet. Die Funktion ENLIST bildet aus *jeder* Struktur einen einfachen Vektor, d.h. im Unterschied zu RAVEL werden hier alle Substrukturen komplett aufgelöst. Beispiele hierzu finden sich z.B. in [BPP89, Lo89].

Wichtig für das Verständnis des folgenden Kapitels ist noch die Funktion PICK.[7] Sie selektiert aus einer APL2-Struktur ein bestimmtes Feld.

---

[5] Die DISPLAY-Funktion ist für den interaktiven Betrieb gedacht. Bei der automatischen Erkennung, z.B. der Übergabestruktur einer Funktion, werden dann entsprechende APL2-Funktionen verwendet.

[6] Die Funktion kann bei einem dyadischen Aufruf überprüfen, ob es sich um gleiche Objekte handelt. Sowohl Struktur- als auch Datengleichheit werden geprüft.

[7] dyadische Verwendung des Symbols (⊃)

PICK
```
( ⊃ )
    FELD ← ( ⊂1 1 ) ⊃ MATRIX

    .+----.
    |FRITZ|
    '-----'
```

In dem Beispiel wird durch die PICK-Funktion aus der Matrix-Struktur in Abbildung 4 das Element der ersten Zeile und der ersten Spalte selektiert. Die PICK-Funktion erlaubt auch einen Zugriff auf Felder tieferer Ebene einer geschachtelten APL2-Struktur.

4. Die Datenabbildung eNF^2⇒APL2

eNF^2- und APL2-Datenmodell unterstützen, wie in den vorhergehenden Kapiteln beschrieben, beide die Bildung von komplexen Objekten. Die Datenmodelle sind jedoch nicht „deckungsgleich", sondern jedes Datenmodell unterstützt komplexe Objekte auf seine Weise. Bei der Abbildung der Daten von einem auf das andere Datenmodell sollte neben der adäquaten Abbildungsvorschrift auch berücksichtigt werden, ob durch die Abbildung Informationen verloren gehen, um diese gegebenenfalls zu ersetzen. Im folgenden Abschnitt wird diese Problematik aufgegriffen.

Ausgehend vom eNF^2-Datenmodell soll eine entsprechende Darstellung in APL2 gefunden werden.[8] Dabei muß berücksichtigt werden, daß nicht nur die „reinen" Datenbankdaten, etwa die Daten (siehe Abbildung 2) der Abteilung 314 (314, 56194, 17, CGA, ...) abgebildet werden, sondern auch die Schemainformation aus der Datenbank. Unter Schemainformation, oder Metadaten, werden die Datentypen und Attributnamen verstanden. Attributnamen werden dem Benutzer für weitere Anwendungen bereitgestellt. Information über Datentypen muß deshalb bereitgestellt werden, da APL2, wie in Kapitel 3 schon erwähnt, nur eine recht kleine Menge von Typen besitzt. Eine Abbildung der eNF^2-Typen auf entsprechende APL2-Typen ist darum nicht injektiv.

4.1 Schemaabbildung

Für die Abbildung der Schemainformation gibt es verschiedene Alternativen, deren Vor- und Nachteile kurz erläutert werden sollen. Eine Möglichkeit, die Schemainformation abzubilden, ist die **gemischte Darstellung** von Daten und Schemainformation in *einer* Struktur. Die Schemainformation wird dabei dem entsprechenden Datenfeld direkt vor- oder nachgestellt. Vorteil dieser Darstellung ist die leichte Zuordnung von Datenfeld und Schemainformation, dagegen lassen sich als Nachteile folgende Punkte aufführen:

- Es liegt eine hohe Redundanz durch wiederholte Darstellung von Schemainformation vor.
- Durch die Verquickung von Daten und Schemainformation müssen die Daten zur weiteren Anwendung auf nicht-triviale Weise aus der Struktur gefiltert werden.

Für die APL2-eNF^2-Kopplung wurde deshalb beschlossen, Schemainformation und Daten zu trennen. Die **getrennte Darstellung** von Schemainformation und Daten kann wiederum alternativ gestaltet werden. Eine Möglichkeit wäre eine **1:1-Abbildung** der Daten und der Schemainformation, d.h. zu jedem Datenfeld wird ein Schemainformationsfeld separat angelegt, wobei eine völlig gleiche Struktur von Daten und Schemainformation entsteht. Dadurch entfällt der Nachteil der Verquickung von Daten und Schemainformation, der Nachteil der hohen Redundanz bleibt jedoch bestehen.

---

[8] Es geht also primär darum, eNF^2-Daten im APL2-Format darzustellen. Die Gegenrichtung, beliebige APL2-Datenstrukturen (etwa heterogene Vektoren und Matrizen) in das eNF^2-Format zu überführen, ist nicht Gegenstand der Diskussion.

Die zweite Möglichkeit ist die **katalogähnliche Darstellung** der Schemainformation. Die Redundanz vorangegangener Alternativen läßt sich hier wie folgt vermeiden: Alle Elemente einer Menge (Liste) besitzen im eNF²-Datenmodell denselben Typ (Homogenität dieser Strukturen). Also wird für alle Ausprägungen einer Menge (Liste) der Datentyp nur einmal in die Schemastruktur aufgenommen. Dieses Verfahren wird auf allen Ebenen eines komplexen Objekts durchgeführt. Die entstandene Struktur der Schemainformation und die Struktur der Daten stimmen in ihrer Tiefe überein. In **Abbildung 5** ist der Datenbaum mit seinen Ausprägungen und der dazugehörige Typbaum der PROJECTS-Subtabelle zu sehen.

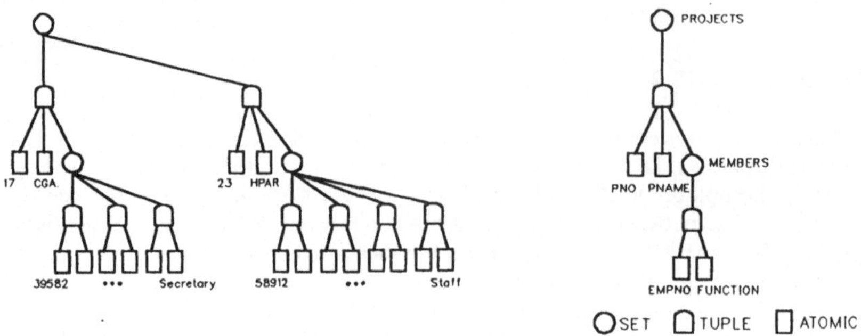

Abbildung 5: **Abbildung eines Daten- und Typbaums. Auf der linken Seite ist der Datenbaum der PROJECTS-Subtabelle zu sehen, auf der rechten Seite der zugehörige Typbaum.**

Ein Problem der getrennten Darstellung liegt in der Zuordnung Datenfeld → Schemainformation. Die Lösung hängt von der gewählten Darstellung der Daten und Schemainformation ab. Hierauf wird im Kapitel 4.3 eingegangen, nachdem zuvor die Schema- und Datendarstellung festgelegt worden ist.

```
.+------------------------------------------.
| .+--------.                               |
| |SET/LIST|      SET/LIST-ELEMENT-TYP      |
| '--------'                                |
'€-----------------------------------------'
```

a. MENGEN/LISTEN-Typ-Darstellung

```
.+-------------------------------------------.
| .+----.  .+---------------------------.  |
| |TUPLE| + | .+-----.  .+-----.      .+-----. |  |
| '-----' | |NAME 1|  |NAME 2|  ...  |NAME N| |  |
|         | '------'  '------'      '------' |  |
|         |                                 |  |
|         |  TYP 1    TYP 2   ...   TYP N   |  |
|         | €-------------------------------' |
'€----------------------------------------'
```

b. TUPEL-Typ-Darstellung

```
.+-----------------------------------------.
| .+-------.  .+------------------------.  |
| | BASIC |  | STRING,INTEGER,REAL,BOOL...| |
| '-------'  '------------------------' |
'€----------------------------------------'
```

c. ATOM-Typ-Darstellung

Abbildung 6: **Schemainformations-Darstellung für die verschiedenen eNF²-Typen. Die APL2-Darstellung eines jeden eNF²-Typs besteht aus 2 Teilen, dem Kopf (Feld 1) und dem Rumpf (Feld 2). Der Kopf legt die Struktur der Rumpfinformation fest.**

Wie **Abbildung 6** zeigt, läßt sich die baumartige Typ-Darstellung in Abbildung 5 unmittelbar in 2-elementige APL2-Strukturen umsetzen, die alle den gleichen „Kopf-Rumpf"-Aufbau haben. Atomare Datentypen werden durch 2 Bezeichner, z.B. 'BASIC' 'INTEGER', dargestellt (Abbildung 6c). Bei listen- und mengenwertigen Typen (Abbildung 6a) ist der Rumpf wiederum ein Kopf-Rumpf-Paar, das den Element-Typ darstellt. Der Rumpf zu einem TUPEL-Kopf ist eine 2-zeilige Matrix, bei der jede Spalte ein Paar (Feldname, Feldtyp) beschreibt (Abbildung 6b).

Auf der Ebene der komplexen Typ-Darstellung kann für jeden Element- oder Tupeltyp (in Abbildung 6a und 6b mit TYP gekennzeichnet) wieder ein beliebiger eNF^2-Typ stehen. Die Darstellung gewährleistet also die volle Unterstützung des eNF^2-Modells. Ein Beispiel für eine Schema-Darstellung findet sich in **Abbildung 7**.

4.2 Datenabbildung

Wiederum von der Datenbankdarstellung ausgehend, muß für jeden Datentyp, den das eNF^2-Modell unterstützt, die entsprechende **APL2-Darstellung** gefunden werden. In APL2 existieren, wie in Kapitel 3 beschrieben, auf atomarer Ebene folgende Typen: INTEGER, REAL, COMPLEX, BOOLEAN und CHARACTER. Auf höherer Ebene existieren VEKTOR und MATRIX und Arrays höherer Dimension. Bei der Abbildung ist es sinnvoll, komplexe eNF^2-Typen (SET, LIST, TUPLE) auf APL2-Typen höherer Ebene abzubilden. Die Abbildung der atomaren Datentypen ist klar.

Die eNF^2-Typen SET, LIST und TUPLE sind selbst eindimensional. Daher bietet sich eine Abbildung auf die eindimensionale APL2-Struktur VEKTOR an. Dies gilt auch für Tupel-Typen, da in APL2-Vektoren mit heterogenen Elementen zugelassen sind.[9] Natürlich wäre eine Abbildung von SET, LIST und TUPLE auf APL2-Strukturen höherer Dimension grundsätzlich möglich. So könnte man daran denken, Mengen von Tupeln (d.h. Tabellen) durch 2-dimensionale Matrizen darzustellen. Dies bringt aber keine Vorteile, da die Darstellung von Tupeln zu sehr vom Kontext abhängen würde.

eNF^2-TYP	APL2-TYP
SET	VEKTOR
LIST	VEKTOR
TUPLE	VEKTOR
BOOL	BOOLEAN
INTEGER	INTEGER
REAL	REAL
DATE	CHARACTER
CHAR	CHARACTER
STRING	CHARACTER
TEXT	CHARACTER

Tabelle 1: Abbildungs-Tabelle der eNF^2-Typen[10] auf die APL2-Typen

Es wurde die in **Tabelle 1** gezeigte Daten-Abbildung festgelegt. Als Beispiel für eine Abbildung soll der Inhalt der PROJECTS-Subtabelle dargestellt werden. In **Abbildung 8** werden die Daten der PROJECTS-Subtabelle in die entsprechenden APL2-Datentypen transformiert.

---

[9] ausführlicher beschrieben in Kapitel 3

[10] siehe [LPS90]

CREATE-Anweisung für die DEPARTMENTS-Tabelle:

```
CREATE DEPARTMENTS
    {[ DNO      :   STRING(4),
       MGRNO    :   STRING(6),
       PROJECTS : {[ PNO      :   STRING(2 FIX),
                     PNAME    :   STRING(20),
                     MEMBERS  :  {[ EMPNO    : INTEGER,
                                    FUNCTION : STRING(20)
                                 ]}
                  ]}
       BUDGET   :   INTEGER,
       EQUIP    :  {[ QU   :   INTEGER02,
                      TYPE :   TEXT(10)
                   ]}
    ]}
END
```

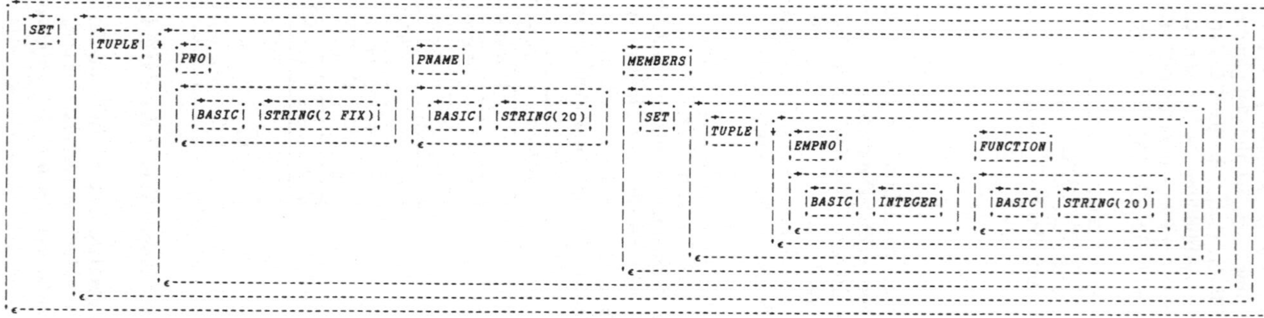

Abbildung 7: Darstellung der Schemainformation in APL2. Die Abbildung zeigt die Typen der PROJECTS-Subtabelle von DEPARTMENTS (siehe Abbildung 2). Zum Vergleich ist auch die CREATE-Anweisung für diese Tabelle wiedergegeben (Hinweis: Geschweifte und eckige Klammern sind Typkonstruktoren für Mengen bzw. Tupel).

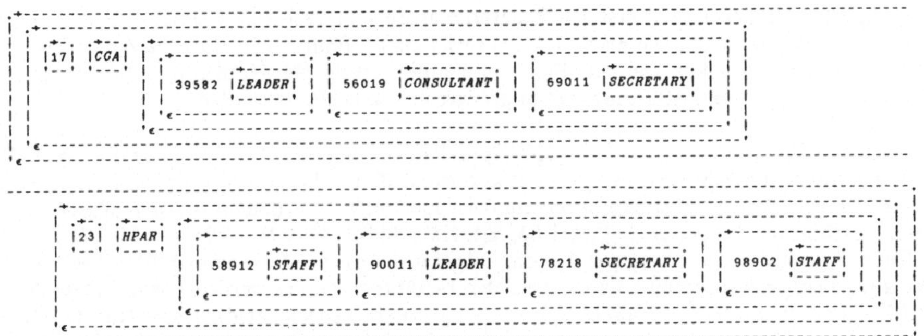

Abbildung 8: **APL2-Repräsentation von eNF²-Strukturen.** **Beispiel anhand der PROJECTS-Subtabelle.**

Mengen, Listen und Tupel werden auf APL2-Vektoren abgebildet. Die zugehörigen eNF²-Typen können, wie bereits in Kapitel 4.1 erläutert, nicht aus dieser Darstellung erschlossen werden. Aus diesem Grund ergänzt die Datenbankschnittstelle die APL2-Darstellung standardmäßig durch die erforderliche Schema-Information. Ihre Übertragung kann allerdings unterdrückt werden, da sie nicht für alle Anwendungen notwendig ist.

4.3 Zuordnung Datenfeld → Schemainformation

Vergleicht man die Typ- und Daten-Repräsentation (siehe Abbildung 5) auf abstrakter Ebene, dann läßt sich jedem Knoten im Datenbaum auf einfache Weise ein Knoten im Typbaum zuordnen; die Abbildung zwischen den jeweiligen Pfaden ist trivial. Die konkrete Repräsentation, die wir in APL2 gewählt haben, kompliziert diese Abbildung etwas. Betrachten wir zum Beispiel den Feldwert 'CONSULTANT' der Struktur PROJECTS (vgl. Abbildung 8). Der PICK-Ausdruck (vgl. Kapitel 3)

```
1 3 2 2 ⊃ PROJECTS
```

liefert den gesuchten Wert. Wenn wir annehmen, daß die Variable PROJECTTYPE die Schema-Information zu PROJECTS enthält, dann erhalten wir die Typinformation von 'CONSULTANT' (STRING(20)) über

```
2 2 (2 3) 2 2 (2 2) 2 ⊃ PROJECTTYPE
```

Es ist jedoch ohne große Schwierigkeit möglich - wie ein Vergleich der Abbildungen 7 und 8 zeigt - den linken Operanden („Pfadbeschreibung") aus dem Wert

```
1 3 2 2
```

herzuleiten. Einzelheiten hierzu finden sich in [Rö90].

5. APL2-Datenbankzugriff in der Workstation-Server-Umgebung

Die für den APL2-Datenbankzugriff benötigten Daten müssen per Anforderung (HDBL-Sprachanweisung) aus der Server-Datenbank extrahiert, zur Workstation übertragen und in die APL2-seitig intern erforderliche Struktur (*APL2-Workspace-Format*) überführt werden. Das Vorgehen ist schematisch in **Abbildung 9** dargestellt.

Alle dort gezeigten Aktionen laufen erst zur Programmausführungszeit („run time") ab; eine Vorübersetzung etwa zur „compile time", wie man sie sonst meist kennt, findet nicht statt, da APL2-Programme *interpretiert* und nicht kompiliert werden. Eine Datenanforderung per HDBL-Sprachanweisung kann somit auch erst zur Programmausführungszeit analysiert und ausgeführt werden.

In **Schritt 1** (siehe Abbildung 9) wird eine HDBL-Sprachanweisung (SELECT ... FROM ... WHERE ...) aus dem APL2-Anwendungsprogramm per Funktionsaufruf an das Workstation-DBVS übergeben. Dessen genaue interne Struktur (Subkomponenten) ist hier nicht von Bedeutung und wurde schon an anderer Stelle ausführlich beschrieben [DGK86, KDG87, Pi87]. Das Workstation-DBVS schickt die HDBL-Anfrage ohne weitere Analyse per Kommunikationsdienst an das Server-DBVS (**Schritt 2**), wo die Anfrage analysiert und ausgeführt wird. Die dabei benötigten Daten werden aus der Datenbank gelesen (**Schritt 3**) und in die Resultatstabellendarstellung überführt (**Schritt 4**). Diese Resultatstabellendarstellung ist *anwendungs- und programmiersprachenneutral*, also unabhängig vom Anwendungsprogramm und der gewählten Programmiersprache auf der Workstation (APL2, Pascal ...). Die Resultatstabelle wird - wiederum per Kommunikationsdienst - zur Workstation übertragen (**Schritt 5**). Dort stellt sich nun die Frage, wie der Inhalt der Resultatstabelle in den APL2-Workspace übertragen und in das APL2-interne Format umgesetzt werden kann. Dieses interne Format von (komplexen) Objekten im APL2-Workspace ist für den Anwender normalerweise „unsichtbar", da er stets über APL2-Funktionen und -Operatoren darauf zugreift, die Daten also nicht auf der Bit-Ebene selbst interpretiert. APL2 bietet jedoch zwei „offizielle" Möglichkeiten, externe Daten, die nicht im APL2-Workspace-Format vorliegen, in den Workspace einzubringen und die Daten damit APL2-Anwendungsprogrammen zur Verfügung zu stellen.

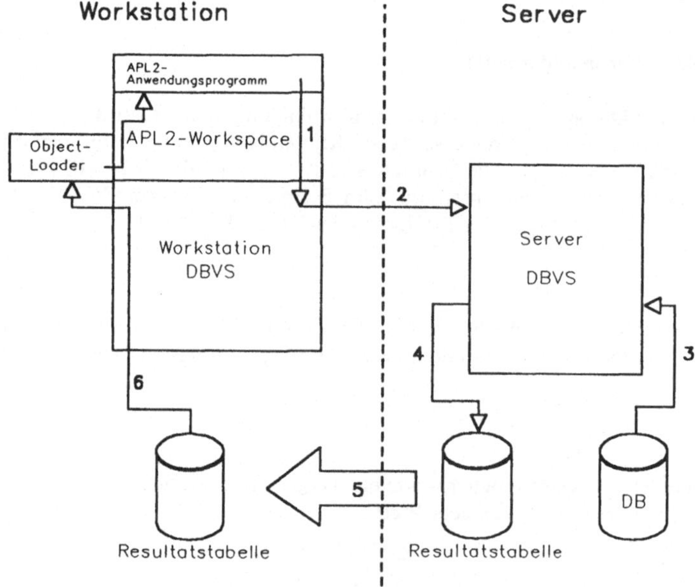

Abbildung 9:   Schematischer Ablauf einer APL2-Anfrage an das Datenbanksystem in einer Workstation-Server-Umgebung.

5.1 Das Transferdatei-Format

Die erste Möglichkeit besteht darin, die externen Daten in ein sogenanntes **Transferdatei-Format** [IBM87b] umzusetzen. Sie können dann mit einer einfachen APL2-Anweisung „*)IN*" aus jener Datei in den Workspace geladen werden. **Abbildung 10** zeigt als Beispiel zwei komplexe Objekte aus der DE-PARTMENTS-Tabelle (alle Daten der Abteilungen 314 und 218 mit den zugehörigen Unterstrukturen) im Transferdatei-Format.

```
ADEPARTMENTS←('314' '56194'(('17' 'CGA'((39582 'LEADER')(56019 'CONSULT
ANT')(69011 'SECRETARY')))('23' 'HPAR'((58912 'STAFF')(90011 'LEADER')(
78218 'SECRETARY')(98902 'STAFF'))))'320,000'((2 '3278')(3 'PC/AT')(1 '
PC')))('218' '71349'('25' 'LEXI'((72227 'STAFF')(89211 'STAFF')(90011 '
LEADER')(89921 'CONSULTANT')(99025 'SECRETARY')(44512 'CONSULTANT')))'4
X40,000'((2 '3278')(2 'PC/AT')(1 '3179')(1 'PC/GA')))
```

Abbildung 10: Die Transferdatei-Darstellung.   Die Daten sind der DEPART-MENTS-Tabelle entnommen.

Wie man sieht, weist dieses Format einen recht einfachen und direkt „lesbaren", also nicht weiter kodierten Inhalt auf. Die Struktur der Daten wird durch eine Klammerdarstellung repräsentiert. Diese Klammerdarstellung wird von der *)IN*-Anweisung interpretiert und zur inhaltlich korrekten Überführung in die APL2-Workspace-Darstellung benutzt. Das APL2-spezifische Transferdatei-Format entspricht natürlich nicht 1:1 dem Format der neutralen Resultatstabelle in AIM-P, die in den Schritten 4 und 5 der Abbildung 9 erstellt und zur Workstation übertragen wurde. Es wäre somit Aufgabe eines auf der Workstation anzusiedelnden *Transformationsprogramms*, die Resultatstabellendarstellung in die Transferdateidarstellung zu überführen. Ein mögliches (Performance-)Problem dabei ist, daß die bereits in einer Datei befindliche Resultatstabelle somit zunächst in eine andere Dateidarstellung überführt werden müßte (sozusagen Schritt 6a), bevor dann in Schritt 6b die nochmalige Transformation und das Einladen in den APL2-Workspace stattfinden kann. Aufgrund dieses recht hohen Aufwands (zweimaliges Erstellen einer Datei, Schritt 5 und Schritt 6a) wurde auf die Verwendung des Transferdatei-Formats im hier vorliegenden Anwendungsfall verzichtet.

5.2 Das CDR-Format

Das CDR-Format (**Common Data Representation**) [IBM87c] ist - neben dem Transferdatei-Format - eine weitere Möglichkeit, externe Daten in ein APL2-Programm einzubringen, d.h. den Schritt 6 in Abbildung 9 zu realisieren. Im Gegensatz zum Transferdatei-Format, das einen Aufbau der Daten in einer Datei auf Platte erfordert, stellt das CDR-Format eine **Hauptspeicher-Übergabestruktur** zur Verfügung, die Daten müssen also nicht erst auf Platte geschrieben werden. Die Datendarstellung im CDR-Format ist, wie auch jene im Transferdatei-Format, komplett selbstbeschreibend, d.h. es sind alle Informationen über die Daten *und* über ihre Struktur in diesem Format repräsentiert. Im Unterschied zum Transferdatei-Format, das die Daten und die Strukturinformation in lesbarer Form enthält (Abbildung 10), beinhaltet das CDR-Format eine intern kodierte Datendarstellung, die nur von einem Programm aufgebaut und vom APL2-Prozessor interpretiert werden kann. **Abbildung 11** gibt einen Ausschnitt aus der CDR-Darstellung wieder, und zwar für Teile der Daten des Projekts 17 in Abteilung 314 (vergleiche Abbildung 2). Auf eine detaillierte Beschreibung dieser Struktur und ihres Inhalts soll hier verzichtet werden. Man sieht jedoch unmittelbar eine strukturelle Aufteilung der Art, daß zwischen

- einem Kopfsegment,
- einem Beschreibungssegment
- und einem Datensegment

unterschieden wird. Das *Kopfsegment* enthält einige allgemeine Beschreibungen zur aktuell vorliegenden CDR-Ausprägung, so u.a. deren Gesamtlänge. Das *Beschreibungssegment* beschreibt die *Struktur* des (komplexen) Objekts samt Individuallängenfeldern, Datentypinformationen usw. Die eigentlichen zu übergebenden Daten befinden sich dann im *Datensegment*.

Das CDR-Format wird für die Zwecke des **APL2-Datenbank-Anschlusses** wie folgt benutzt: Die zur Workstation übertragene Resultatstabelle wird vom Workstation-DBVS mit Hilfe der sogenannten *Result-Walk-Funktionen* [Kü87] abgearbeitet (Abbildung 9, Schritt 6).

0	1	2	3	4 Bytes	
	X'80'	Längenfeld			KOPFSEGMENT
S	2				
	'G'	0	1		
	2				BESCHREIBUNGS–SEGMENT
T	3				
	'G'	0	1		
	3				
	2				A11 ('17')
	'C'	1	1		
	2				
	3				A12 ('CGA')
	'C'	1	1		
	3				
S	3				
	'G'	0	1		
	3				
T	2				
	'G'	0	1		
	2				
	1				A1311 (39582)
	'I'	4	0		
	6				A1312 ('LEADER')
	'C'	0	1		
	6				
	. . .				
	5				A2342 ('STAFF')
	'C'	0	1		
	5				
	'17' 'CG'				4 Bytes p. Zeile
	'A' 9A9				DATENSEGMENT
	E 'LEA'				
	. . .				
	'STAF'				
	'F'				

Abbildung 11: Die CDR-Datendarstellung. Für die CDR-Datendarstellung sind die Daten der PROJECTS-Subtabelle verwendet worden.

Bei den Result-Walk-Funktionen handelt es sich um einen mit hierarchischen Cursor-Operationen versehenen, navigierenden Operationsvorrat. Im Zuge jener Abarbeitung der Resultatstabelle wird die CDR-Darstellung der Daten im Speicher aufgebaut. Dies ist Aufgabe des „**Object Loader**" (ebenfalls Abbildung 9) als APL2-spezifische Erweiterung des Workstation-DBVS. Der „Object Loader", der vom APL2-Anwendungsprogramm aufgerufen wird, kennt die Struktur des zu erzeugenden CDR-Formats und weiß ebenso über die Resultatstabellendarstellung Bescheid. Diese ist selbstbeschreibend indem sie die **Typbeschreibung** („**Katalog**") des Anfrageergebnisses enthält. Der Katalog wird zur Steuerung des Transformationsprozesses von der eNF^2-Darstellung (Resultatstabelle) in die CDR-Darstellung benutzt. Von den APL2-Typen her werden die Daten im CDR-Format so erzeugt, wie dies in Kapitel 4 im Detail beschrieben wurde. Sobald das CDR-Format, das eine *Menge* komplexer Objekte enthalten kann, fertig aufgebaut ist, wird es über festgelegte Registerkonventionen (u.a. Verweis auf den Beginn der CDR-Ausprägung) an den APL2-Prozessor übergeben. Dieser übernimmt dann die Abbildung in den APL2-Workspace und die endgültige Bereitstellung der Daten in einer APL2-Programmvariable. Bei dieser Art der Übergabe sind systemintern einige „unkonventionelle" Schritte erforderlich. Details hierzu finden sich in [Rö90].

Grundsätzlich hätte zu der somit gewählten Transformation Resultatstabelle → CDR-Format auch noch die Alternative zur Verfügung gestanden, die Daten gleich im Server-DBVS in der CDR-Darstellung zu erzeugen und dann zu übertragen, also nicht mehr den „Umweg" über die Resultatstabellendarstellung zu nehmen. Die Konsequenz hiervon wäre jedoch gewesen, daß schon server-seitig eine Festlegung auf die APL2-Darstellung (CDR) hätte erfolgen müssen. Dies ist als unerwünscht anzusehen, da das Server-DBVS unabhängig von der auf der Workstation benutzten Programmiersprache sein sollte. Dieses Ziel wurde wie beschrieben durch Beibehaltung der Resultatstabellendarstellung auf dem Server und eine lokale, programmiersprachenspezifische (APL2-)Transformation auf der Workstation erreicht.

6. Zusammenfassung und Ausblick

In diesem Beitrag wurden die Konzepte einer APL2-Programmschnittstelle für ein erweitertes NF^2-Datenbanksystem dargestellt. Die Implementierung wurde am Beispiel der APL2-Programmanbindung des „Advanced Information Management Prototype (AIM-P)" diskutiert, wobei speziell auf die Themen Daten- und Schemaabbildung, Workstation-Server-Einbindung und Übertragung der Daten aus der Datenbankdarstellung in die APL2-Darstellung eingegangen wurde.

Der **Realisierungsstand** der Konzepte stellt sich wie folgt dar: Der beschriebene Anschluß von APL2-Anwendungsprogrammen an AIM-P liegt implementiert und lauffähig vor. Der Hauptaufwand bei der Realisierung lag im Bereich des „Object Loader" (Abbildung 9) und in der Implementierung des Anschlusses vom APL2-Anwendungsprogramm über den „Object Loader" zu den Result-Walk-Funktionen. Erste konkrete Anwendungsbeispiele haben gezeigt, daß sich eine Programmiersprache wie APL2 aufgrund ihrer großen Mächtigkeit hervorragend zur Verarbeitung komplexer Datenbankobjekte eignet. Dieser Effekt dürfte noch deutlicher zu Tage treten, wenn man den APL2-eNF^2-Anschluß in solchen Anwendungen einsetzt, wo APL2 heute schon eine Domäne hat, etwa im Bereich mathematischer Berechnungen im Finanz- und Versicherungswesen. Dort hat man es sehr häufig mit Vektoren und Matrizen zu tun, mit denen im APL2-Programm Rechenschritte durchgeführt werden und die vor und nach der Bearbeitung in einer Datenbank abgelegt sind. Wenn das auf SQL-Basis geschehen muß, so erfordert dies eine unnatürliche Abbildung auf eine Tupel- und Tabellendarstellung, während sich im eNF^2-Modell eine unmittelbare 1:1-Darstellung für diese Daten anbietet. Der Programmier- und Transformationsaufwand für die Daten verringert sich durch eine solche anwendungsadäquate Darstellung deutlich. Eine konkrete Erprobung des APL2-eNF^2-Anschlusses in einer derartigen Umgebung ist geplant.

Der Anschluß wurde bislang ausschließlich für das **Lesen** von Daten aus der eNF^2-Datenbank in die APL2-Umgebung realisiert. Es ist jedoch vorgesehen, die Kopplung auch auf die Durchführung von Änderungsoperationen im APL2-Programm und die Rückübertragung dieser Änderungen aus dem Programm in die Datenbank auszudehnen. Die Grundlagen hierfür existieren bereits, da über den vorhandenen Pascal-eNF^2-Anschluß [DKSE88, ESW88, ES88] Datenbankänderungen durchgeführt und diese Änderungen in die Server-Datenbank eingebracht werden können. Darüber hinaus ist es auch jetzt schon möglich, von APL2 aus ändernde HDBL-Anweisungen im APL2-Programm zu erzeugen und sie per Kommunikation dem Server-DBVS zur Ausführung zu übergeben. Dies ist aber nur ein Teil dessen, was man sich zu dem Thema **Datenbankänderungen aus der APL2-Umgebung** an Funktionalität vorstellen kann.

Danksagung

Wir danken Herrn R. Erbe für die sorgfältige Durchsicht des Manuskripts. Herrn D. Lattermann gilt unser Dank für die Unterstützung und Beratung in APL2-Fragen.

7. Literatur

BECG86 J.A. Brown, E.V. Eusebi, J. Cook, L. Groner: Algorithms for Artificial Intelligence in APL2. IBM Santa Teresa Technical Report, TR 03.281, 1986

BPP89 J.A. Brown, S. Pakin, R.P. Polivka: APL2 - Ein erster Einblick. Deutsche Übersetzung, Springer-Verlag Berlin Heidelberg New York, 1989

Br84 J.A. Brown: The Principles of APL2. IBM Santa Teresa Technical Report, TR 03.247, 1984

Br85 J.A. Brown: A Development of APL2 Syntax. IBM Journal of Research and Development, Bd. 29, Nr. 1, 1985

Ch76 D.D. Chamberlin et al.: SEQUEL2: A Unified Approach to Data Definition, Manipulation and Control. IBM Journal of Research and Development, 1976, S. 560-575

Da86 P. Dadam, K. Küspert, F. Andersen, H. Blanken, R. Erbe, J. Günauer, V. Lum, P. Pistor, G. Walch: A DBMS Prototype to Support Extended NF2 Relations: An Integrated View on Flat Tables and Hierarchies. Proceedings ACM SIGMOD International Conference on Management of Data, Washington D.C., 1986, S. 356-367

DGK86 U. Deppisch, J. Günauer, K. Küspert, V. Obermeit, G. Walch: Überlegungen zur Datenbank-Kooperation zwischen Server und Workstations. Tagungsband der 16.GI-Jahrestagung, Berlin, Oktober 1986, erschienen als: Informatik-Fachberichte 126 (Hrsg.: G. Hommel, S. Schindler), Heidelberg, 1986, S. 565-580

DL89 P. Dadam, V. Linnemann: Advanced Information Management (AIM): Advanced Database Technology for Integrated Applications. IBM Systems Journal, 1989

DKSE88 P. Dadam, K. Küspert, N. Südkamp, R. Erbe, V. Linnemann, P. Pistor, G. Walch: Managing Complex Objects in R^2D^2. Tagungsband des HECTOR-Kongresses, Bd. II, (Hrsg.: G. Krüger, G. Müller), Karlsruhe, 1988, Springer-Verlag, S. 304-331

EF75 T. Eckardt, J. Fuchs: APL im Spiegel seiner Anwendungen - eine Dokumentation von APL-Anwendungsprogrammen für Wirtschaft, Wissenschaft und Technik. IBM Deutschland, Stuttgart, 1975

ES88 R. Erbe, N. Südkamp: An Application Program Interface for a Complex Object Database. Proceedings 3rd International Conference on Data and Knowledge Bases, Jerusalem, 1988, S. 211-226

ESW88 R. Erbe, N. Südkamp, G. Walch: Advanced Information Management Prototype - Application Program Interface User Manual. IBM Wiss. Zentrum Heidelberg, Technical Note TN88.03, 1988

FI70 A.D. Falkoff, K.E. Iverson: APL \360 User's Manual, IBM Cooperation, GH20-0683-1, 1970

GM90 J. Günauer, W. Manus: Austausch komplexer Datenbank-Objekte in einer heterogenen Workstation-Server-Umgebung, BTW Tagungsband, Springer-Verlag, 1991

IBM85 IBM: APL2 Programming: Using Structured Query Language (SQL) Release 2. IBM Program Product, San Jose, CA, 1985

IBM87a IBM: APL2 General Information. IBM Licensed Program, San Jose, CA, 1987

IBM87b IBM: APL2 Programming: Language Reference Release 3. IBM Licensed Program, San Jose, CA, 1987

IBM87c IBM: APL2 Programming: Processor Interface Reference Release 3. IBM Licensed Program, San Jose, CA, 1987

Iv62 K.E. Iverson: A Programming Language. Wiley, New York, 1962

JS82 G. Jaeschke, H.-J. Schek: Remarks on the Algebra of Non First Normal Form Relations. Proceedings ACM SIGACT-SIGMOD Symp. on Principles of Data Base Systems, Los Angeles, Cal., 1982, S. 124-138

KDG87 K. Küspert, P. Dadam, J. Günauer: Cooperative Object Buffer Management in the Advanced Information Management Prototype. Proceedings 13th International Conference on Very Large Data Bases, Brighton, 1987, S. 483-492

KG89 K. Küspert, J. Günauer: Workstation-Server-Datenbanksysteme für Ingenieuranwendungen: Anforderungen, Probleme, Lösungsmöglichkeiten. Tagungsband der 19. GI-Jahrestagung „Computergestützter Arbeitsplatz", München, 1989, Springer-Verlag, Informatik-Fachberichte, Bd. 222 (Hrsg.: M. Paul), S. 274-286

Kü87 K. Küspert: Result Walk: External Interface Description Release 1.1. IBM Wiss. Zentrum Heidelberg, Technical Note TN87.01, 1987

LPS90 V. Linnemann, P. Pistor, N. Südkamp: User Manual of the AIM-P Online Interface. IBM Wiss. Zentrum Heidelberg, Technical Note TN90.01, 1990

Lo89 H. Lochner: APL2 Handbuch. Springer-Verlag Berlin Heidelberg New York, 1989

PA86 P. Pistor, F. Andersen: Designing a Generalized NF^2 Data Model with an SQL-type Language Interface. Proceedings 12th International Conference on Very Large Data Bases, Kyoto, 1986, S. 278-288

PHH83 P. Pistor, B. Hansen, M. Hansen: Eine sequelartige Sprachschnittstelle für das NF^2-Modell. 13. GI-Jahrestagung, Sprachen für Datenbanken (J. W. Schmidt, ed.), Hamburg, 1983, Informatik-Fachberichte 72, Springer Verlag, Berlin Heidelberg New York Tokyo, S. 134-147

Pi87 P. Pistor: The Advanced Information Management Prototype: Architecture and Language Interface Overview. Proceedings 3. Troisièmes Journées Bases de Données Avancées, France, 1987, S. 1-20

PT86 P. Pistor, R. Traunmüller: A Data Base Language for Sets, Lists and Tables. Information Systems, Bd. 11, Nr. 4, 1986, S. 323-336

Re83   M. Reimer: Implementation of the Database Programming Language Modula/R on the Personal Computer Lilith, ETH Zürich, Institut für Informatik, Report 55, September 1983

Rö90   M. Rösner: Entwurf und Implementierung einer APL2-Schnittstelle für den Zugriff zu einem Datenbanksystem mit erweiterten NF^2-Relationen. Universität Mannheim, IBM Wiss. Zentrum Heidelberg, 1990

Sc77   J.W. Schmidt: Some High Level Language Constructs for Data of Type Relation, ACM Transactions on Database Systems, Bd. 2, Nr. 3, 1977

SM80   J.W. Schmidt, M. Mall: PASCAL/R Report, Universität Hamburg, Report Nr. 66, IFI-HH-B-66/80, 1980

SMD83   J.W. Schmidt, M. Mall, W.H. Dotzek: Feature Analysis of the PASCAL/R Relational System, Relational Database Systems, Springer Verlag Berlin, Heidelberg, New York 1983

SP82   H.-J. Schek, P. Pistor: Data Structures for an Integrated Database Management and Information Retrieval System. Proceedings 8th International Conference on Very Large Data Bases, Mexico, 1982

SS86   H.-J. Schek, M.H. Scholl: The Relational Model with Relation-Valued Attributes. Information Systems, Bd. 11, Nr. 2, 1986

St76   M. Stonebraker et al.: The Design and Implementation of INGRES, ACM Transactions on Database Systems, Bd. 1, Nr. 3, 1976, S.189-222

Konzeptioneller Entwurf von Objektgesellschaften*

Gunter Saake

Ralf Jungclaus

Informatik, Abt. Datenbanken
Technische Universität Braunschweig
Postfach 3329, D–3300 Braunschweig
E-mail: `saake@infbs.uucp` / `jungclau@infbs.uucp`

Zusammenfassung

Die konzeptionelle Modellierung des Weltausschnitts, der durch eine Datenbank oder ein Informationssystem dargestellt werden soll, ist die entscheidende Phase beim Systementwurf, da das konzeptionelle Modell die Grundlage der Implementierung ist. In diesem Papier schlagen wir die Sprache **Oblog**$^+$ zur objektorientierten Spezifikation von Informationssystemen vor. **Oblog**$^+$ ermöglicht die vollständige Darstellung des Weltausschnitts durch integrierte Beschreibung von Daten über Objekte, Manipulationen dieser Daten und der zeitlichen Entwicklung von Objekten sowie der vielfältigen Beziehungen zwischen Objekten. Die Semantik der Sprache ist definiert über einem mathematischen Objektmodell.

Abstract

The conceptual modeling of the Universe of Discourse (UoD) is the most important phase for the development of databases and information systems because the conceptual model forms the basis for system development. In this paper we introduce the **Oblog**$^+$-language for object-oriented specification of information systems. **Oblog**$^+$ supports a complete representation of the relevant aspects of the UoD by integrated description of data about objects, of it's manipulation, of the development of objects through time and of various relationships between objects. The semantics of the language is defined using a rigorous mathematical object model.

1 Einleitung

Beim Entwurf von Datenbanken und Informationssystemen kommt der *konzeptionellen Modellierung* eine zentrale Bedeutung zu [BMS84]. Das Ergebnis der konzeptionellen Modellierung ist eine formale Beschreibung des Weltausschnitts, der durch ein Informationssystem dargestellt werden soll, und wird konzeptionelles Modell genannt [Wie90]. Nach der Anforderungsspezifikation ist das konzeptionelle Modell das erste *formale* Dokument, das das zu implementierende Informationssystem als abstraktes Modell des zu repräsentierenden Weltausschnitts beschreibt. Es bildet daher die Grundlage für die Realisierung des Systems und ist somit die Schnittstelle zwischen Anwendern und Entwicklern.

Traditionelle Formalismen zur konzeptionellen Modellierung weisen den entscheidenden Nachteil der *separaten* Behandlung von Daten und der Manipulation dieser Daten auf. In objektorientierten Modellen werden im Gegensatz dazu Daten zur Beschreibung von Objekten und Manipulation dieser Daten für jedes Objekt lokal und integriert betrachtet. Damit tritt die Unverträglichkeit traditioneller

---

*Die Arbeit wurde teilweise gefördert von der EG unter ESPRIT BRA WG 3023 IS-CORE (Information Systems – COrrectness and REusability). Die Arbeit von Ralf Jungclaus wird von der Deutschen Forschungsgemeinschaft unter Sa 465/1-1 gefördert.

Methoden zum konzeptionellen Entwurf (z.B. ER-Modell [Che76], NIAM [VvB82] oder semantische Datenmodelle [HK87, PM88]) mit objektorientierten Datenbanken [ZM89] und Programmiersprachen [GR83, Str86] zur Implementierung von Informationssystemen immer deutlicher in den Vordergrund.

In objektorientierten Ansätzen werden Objekte als abgeschlossene Einheiten betrachtet. Sie unterstützen damit die Modellierung komplexer Zusammenhänge (wie sie besonders in Nicht-Standard-Anwendungen z.B. im Bürobereich [Tsi85] und bei CIM [KL88] auftreten) durch strukturierte Darstellung in Objekteinheiten und eine leichte Modifikation des konzeptionellen Modells durch Lokalität der Änderungen. Die Erstellung eines konzeptionellen Modells wird durch Sprachen zur objektorientierten konzeptionellen Modellierung vereinfacht, da Objektbeschreibungen Objekte des Weltausschnitts direkt modellieren können. Die bei der objektorientierten konzeptionellen Modellierung spezifizierten Objekte werden in den folgenden Phasen der objektorientierten Systementwicklung ohne Paradigmenwechsel verwendbar [KM90].

Den meisten Ansätzen zur objektorientierten konzeptionellen Modellierung fehlt es bisher an Abstraktionsfähigkeit und einer formalen Semantik. Meyer [Mey88] schlägt die Benutzung der objektorientierten Programmiersprache Eiffel auch zum Systementwurf vor und integriert deklarative Schnittstellenbeschreibungen in Form von Vor- und Nachbedingungen für Methoden. Durch das erforderliche explizite Programmieren der Methoden ist die Sprache jedoch weniger zur Spezifikation von Informationssystemen geeignet. Coad und Yourdon [CY89] wie auch Mellor und Shlaer [MS88] beschreiben Methoden der objektorientierten Anforderungsanalyse für Softwaresysteme ohne jedoch eine formale Semantik anzugeben. Für die Verifikation der Implementierung gegen das konzeptionelle Modell ist eine formale Semantik unerläßlich, insbesondere dann, wenn sicherheitsrelevante Anwendungen modelliert werden [CHJ86].

In diesem Papier stellen wir eine Sprache zur objektorientierten konzeptionellen Modellierung von Datenbanken und Informationssystemen vor. Sie unterstützt neben der integrierten Beschreibung von Daten und Prozessen auch die Beschreibung der zeitlichen Entwicklung von Objekten. Die Sprache wurde auf der Basis eines mathematischen Modells für Objekte [SE90, EGS90] entwickelt.

Nachdem wir im folgenden Abschnitt anhand eines Beispiels die Anforderungen an Spezifikationssprachen darlegen, erläutern wir den Begriff des Objekts im o.g. Modell. Dann werden wir die Sprachmittel zur abstrakten Beschreibung solcher Objekte vorstellen. Ein konzeptionelles Modell enthält eine Ansammlung von Objekten, die in vielfältigen Beziehungen zueinander stehen. Die Beschreibung dieser Objektbeziehungen steht im Mittelpunkt des fünften Abschnitts. Wir schließen mit einem Ausblick, in dem wir aktuelle und zukünftige Arbeiten erwähnen.

2 Anforderungen an die Spezifikationssprache

An einem einfachen Beispiel wollen wir die Anforderungen an Beschreibungsformalismen für konzeptionelle Modelle erläutern. Unsere Beispielwelt, aus der wir auch in den folgenden Abschnitten Teile modellieren wollen, besteht aus Büchern in einer Bibliothek und Benutzern dieser Bibliothek. In der Bibliothek sind Exemplare von Büchern vorhanden, die Bücher selbst sehen wir als abstrakte Objekte an.

Ein Buch wird beschrieben durch seinen Titel, die Liste der Autoren, den Verlag, die Auflage und das Erscheinungsjahr. Bücher werden veröffentlicht und können dann in die Bibliothek aufgenommen werden. Wird ein Buch in die Bibliothek aufgenommen, so wird mindestens ein Exemplar erworben. Das Buch wird in den Katalog aufgenommen und zu jedem Buch werden die in der Bibliothek vorhandenen Exemplare verwaltet.

Für jedes Exemplar soll die Liste der bisherigen Entleiher dieses Exemplars verwaltet werden. Zusätzlich soll für jedes Exemplar ersichtlich sein, ob es gerade ausgeliehen ist und wann es zurückgegeben werden muß. Exemplare können also (nachdem sie angeschafft wurden) ausgeliehen und zurückgegeben werden.

Benutzer der Bibliothek sind entweder studentische Benutzer, die Bücher bis zu 21 Tagen ausleihen können, oder Universitätsmitarbeiter, die Bücher für eine unbegrenzte Zeit entleihen können, ein Buch jedoch spätestens beim Vorliegen einer anderweitigen Anforderung zurückgeben müssen. Für jeden Benutzer werden die gerade entliehenen Bücher notiert. Zum Ausleihen eines Buches gibt ein Benutzer nicht ein spezielles Exemplar an, sondern das Buch, von dem er ein Exemplar ausleihen möchte. Falls noch Exemplare diese Buches in der Bibliothek vorhanden sind, so leiht er eines der vorhandenen Exemplare aus.

Die dargestellte Beispielwelt ist nur ein sehr kleiner Weltausschnitt, doch wird schon hier deutlich, daß ein Formalismus zur Modellierung des Weltausschnitts die integrierte Beschreibung aller strukturellen und dynamischen Aspekte ermöglichen muß, wie es bereits in [vG82] gefordert wurde.

Eine natürliche Beschreibung des Weltausschnitts enthält die relevanten *Objekte*, Beschreibungen ihrer *Eigenschaften* und ihres *Zustands*, Beschreibungen ihres *Verhaltens* und Beschreibungen von *Interaktionen* zwischen Objekten. Objekte selbst können sehr vielfältige Ausprägungen haben. In dem vorgestellten Weltausschnitt kommen spezielle Objektstrukturen wie Spezialisierung (Universitätsmitarbeiter und Studenten sind spezielle Benutzer) oder Rollen bzw. Sichten (Bücher in der Rolle als Bücher in einer Bibliothek) vor. Weiterhin kann man sich einfach Beispiele für zusammengesetzte Objekte (z.B. Bücher zusammengesetzt aus Kapiteln) und Generalisierungen (z.B. Dokumente als Oberbegriff von Büchern und Zeitschriften) vorstellen.

Eine wichtige Anforderung für Beschreibungsformalismen zur konzeptionellen Modellierung ist die Möglichkeit zur Beschreibung der möglichen Entwicklungen von Objekten über der Zeit, also des Verhaltens von Objekten. Die übliche Definition objektorientierter Sprachen [Weg87] und Modelle [ABD+89] vernachlässigt gerade diese Anforderung, indem sie nur die explizite Formulierung von Methoden zur Beschreibung von Zustandsänderungen vorsieht.

Schließlich müssen zur Beschreibung von Wechselwirkungen und Interaktionen zwischen Objekten die entsprechenden Formalismen vorgesehen werden, da erst damit das Verhalten des gesamten Systems beschrieben werden kann.

3   Ein Objektkonzept

Mit dem objektorientierten Entwurfsparadigma werden eine Reihe von Konzepten verbunden, wie etwa Verkapselung von Objektstruktur und -dynamik, die Möglichkeit der Konstruktion von beliebig strukturierten komplexen Objekten, Vererbungshierarchien auf Objekttypen. Viele dieser Konzepte sind nicht unbedingt spezifisch für den objektorientierten Ansatz, sie sind auch in anderen Entwurfsmethoden anzutreffen.

Die Konstruktion beliebig strukturierter Daten ist bereits seit langem auf dem Gebiet der abstrakten Datentypen (*ADT*) untersucht worden [EM85]. Auch die Zuordnung von typspezifischen Operationen zu beliebigen Datenbereichen ist durch das ADT-Konzept abgedeckt. Abstrakte Datentypen beschreiben allerdings nur *Datenwerte* – die Konzepte einer persistenten Speicherung und einer Zustandsentwicklung sind diesem Ansatz prinzipiell fremd.

Auf dem Gebiet der semantischen Datenmodellierung beschäftigt man sich seit langem mit der strukturellen Beschreibung von Objekten der realen Welt. Semantische Datenmodelle wie das Entity-Relationship-Modell [Che76] oder das NIAM-Modell [VvB82] wurden seit ihrer Einführung ständig erweitert und beinhalten inzwischen beliebige Attributtypen, Zusammensetzungen von Objekten und Generalisierungshierarchien mit Vererbung von Struktur [HK87, PM88, HG88, EN89, Hoh90]. Semantische Datenmodelle beinhalten jedoch keine Möglichkeit, Zustandsänderungen von Objekten und Aktionen auf Objekten zu beschreiben.

Als Basiskonzept objektorientierter Ansätze bleibt der zentrale Begriff des *Objekts* als *eingekapselte Einheit von Struktur und dynamischem Verhalten*. Ein Objekt hat einen eingekapselten internen Zustand, der durch Attribute beobachtbar sein kann. Änderungen des internen Zustands erfolgen ausschließlich durch *objektspezifische Ereignisse* (sog. *events*), die Abstraktionen von den in objektorientierten Programmiersprachen bekannten Methoden als Operationen auf Objektzuständen sind.

Aufbauend auf diesem Basiskonzept des Objekts werden mit objektorientierten Ansätzen in der

Regel weitere Modellierungsprinzipien verbunden. Objekte *kommunizieren* ausschließlich durch Versendung von Nachrichten zum Methodenaufruf miteinander. Objekte mit ähnlicher Struktur und Schnittstellen werden zu *Objekttypen* gruppiert. Objekte und Objekttypen können in eine *Spezialisierungshierarchie* eingebunden sein, entlang der Information und Struktur *vererbt* werden kann. Weitere Modellierungskonzepte sind unter anderem aktive Objekte, komplex strukturierte Objekte, parametrisierte Objektkonstruktionen.

Die genannten Konzepte objektorientierter Ansätze lassen sich mit etablierten Entwurfsmethoden (ADTs, semantische Datenmodelle, etc.) nicht adäquat beschreiben. Der Hauptgrund dafür ist, daß die semantische Modellbildung dieser Ansätze die *zeitliche Entwicklung von Objekten* nicht geeignet beschreiben kann.

Im folgenden wollen wir eine semantische Modellbildung darstellen, die zur mathematischen Beschreibung dynamischer Objektsysteme geeignet ist. Die Eigenschaften von Objekten können über Attribute beobachtet werden, deren Werte vom internen Objektzustand abhängen. Der interne Zustand ist von der bisherigen Systementwicklung bestimmt und kann nur durch objektspezifische Ereignisse verändert werden, deren Eintritt wiederum von der Kommunikation zwischen Objekten abhängen kann. Fazit dieser Überlegungen ist die folgende Aussage:

Objekte sind beobachtbare kommunizierende Prozesse

Betrachten wir nun diese semantische Modellbildung etwas genauer. Ein Objekt $ob = (P, V)$ besteht aus einem *Prozeß P* und einer *Beobachtungsstruktur V*. Wir legen dabei ein einfaches Prozeßmodell zugrunde, in dem ein Prozeß durch eine Menge möglicher Lebenszyklen (d.h. endliche oder unendliche Folgen von Ereignissen) charakterisiert wird. Ein Prozeß $P = (X, \Lambda)$ besteht somit aus einem Alphabet X von Ereignissen und einer Menge von zulässigen Lebenszyklen $\Lambda \subseteq X^* \cup X^\omega$, wobei X^* die Menge der endlichen und X^ω die Menge der unendlichen Folgen über X ist. Der leere Lebenszyklus ϵ ist immer in Λ enthalten und modelliert ein noch nicht erzeugtes Objekt.

Die Beobachtungsstruktur V ermöglicht die Beobachtung des internen Objektzustands über Attribute. Die Wertebereiche der Attribute werden aus einer Menge von Datentyp-Algebren ausgewählt, die durch ADTs spezifiziert wurden (z.B. Basiswertebereiche wie **integer** und **bool**). Die Beobachtungsstruktur $V = (A, \alpha)$ besteht aus einer Menge A von *Attributen* vom Typ **type**(a) für $a \in A$ und einer *Attributbeobachtung* α, die endlichen Anfangsstücken von Lebenszyklen eine Menge von Attribut-Wert-Paaren zuordnet. Sei $\mathcal{P}(\Lambda)$ die Menge der endlichen Prefixe der Lebensläufe in Λ. Dann ist α eine Funktion von $\mathcal{P}(\Lambda)$ in die Menge der möglichen Beobachtungen $obs(A)$,

$$\alpha \colon \mathcal{P}(\Lambda) \to obs(A),$$

wobei $obs(A) \subseteq \{(a, d) \mid a \in A, d \in \mathbf{type}(a)\}$. Dem nicht existenten Objekt ϵ ist die leere Beobachtung zugeordnet, also $\alpha(\epsilon) = \emptyset$. Die Attributbeobachtungen realisieren somit auch die Möglichkeit nichtdeterministischer Attributwerte – ein Attribut kann undefiniert sein, genau einen Wert oder auch mehrere Werte aus dem zugehörigen Wertebereich annehmen.

Die dargestellte Modellbildung beschreibt alle möglichen korrekten Entwicklungen eines Objekts – einem in ein konkretes System eingebundenes Objekt ist genau derjenige Lebenszyklus zugeordnet, der sich aus der konkret aufgetretenen Kommunikation mit anderen Objekten im System ergibt.

Objekte können zu Objektklassen zusammengefaßt werden. Die potentiellen Instanzen der Klasse und deren Beschaffenheit sind dabei durch den der Objektklasse zugeordneten Objekttyp beschrieben. Ein Objekttyp besteht aus einem Wertebereich für Bezeichner von Instanzen und einer Menge von Objekten, die als Prototypen für mögliche Exemplare aufgefaßt werden[1]. Bezeichner für Exemplare von Objekttypen sind Elemente der Trägermenge eines beliebigen Datentyps, der in diesem Zusammenhang *Namensraum* genannt wird. Eine Objektklasse ist in der Modellbildung eine Menge von Objekten, die durch Bezeichner eindeutig identifiziert sind und die isomorphe Kopien eines der

---

[1] Objekttypen im herkömmlichen Sinn haben nur ein Prototypobjekt. Objekttypen mit mehreren Prototypobjekten werden u.a. für Generalisierungstypen benötigt.

Prototypobjekte des entsprechenden Objekttyps sind. Auf die Spezifikation von Objekttypen und Objektklassen wird in Abschnitt 4 näher eingegangen.

Der Basismechanismus, um Objekte in Verbindung zu setzen, ist die *Objektinklusion*, deren Semantik durch Objektmorphismen erklärt ist. Ein Objektmorphismus ist eine strukturerhaltende Abbildung zwischen Objekten, die alle Objekteigenschaften (Attributauswertungen, Einschränkungen für Lebenszyklen) nicht verletzt, sie aber eventuell weiter verfeinert. Die Inklusion von Objekten kann als "semantische Vererbung" von Objekten aufgefaßt werden und bildet das Basiskonzept für jede Art der Beziehung zwischen Objekten, z.B. der Konstruktion komplexer Objekte oder von Subtyphierarchien.

Das zweite benötigte Basiskonzept ist der *Ereignisaufruf* (*event calling*). Er ermöglicht eine asymmetrische Kommunikation zwischen zwei Objekten, indem das aufrufende Ereignis das Eintreten des aufgerufenen Ereignisses erzwingt. Eine nützliche Erweiterung ist der Prozeßaufruf, bei dem endliche Folgen von Ereignissen aufgerufen werden. Die Semantik von Ereignisaufrufen ist wiederum durch Objektmorphismen festgelegt [SE90].

4 Abstrakte Beschreibung von Objekten

Die semantische Modellbildung für ein Objekt ist ein Prozeß P mit einer Beobachtungsstruktur V. Um ein derartiges Objekt isoliert formal zu beschreiben, müssen die folgenden Punkte spezifiziert werden :

- Die *Schnittstelle* des eingekapselten Objektes, d.h. die dem Objekt zugeordneten Attribute A und Ereignisse X.

- Die *Datentypen*, die die Wertebereiche für Attribute, Ereignisparameter und Namensräume bilden.

- Die erlaubten *Ausprägungen* der Beobachtungen durch Angabe von Integritätsbedingungen.

- Der *Effekt* der Ereignisse aus X auf die Beobachtungen α.

- Die erlaubten *Lebensläufe*, also die Menge Λ.

Ein isoliertes Objekt wird spezifiziert durch die Zuordnung eines eindeutigen Objektnamens und eine *Objektbeschreibung* (engl. *template*). Eine Objektbeschreibung ist wie folgt aufgebaut :

```
template
    data types importierte Datentypen;
    attributes Attributnamen und -typen;
    events Ereignisnamen und -parameter;
    constraints Integritätsbedingungen;
    valuation Attributänderungen durch Ereignisse;
    Prozeßspezifikation;
```

Ein einzelstehendes Objekt würde wie folgt beschrieben werden :

```
object ObjektName
    template Objektbeschreibung;
end object ObjektName;
```

In unserer Beispielmodellierung sind hauptsächlich Objekte gleicher Struktur vertreten, die zu *Objektklassen* eines bestimmten *Objekttyps* gruppiert sind, wie z.B. Bücher oder Personen. Typische einzelstehende Objekte wären in diesem Szenario die Bibliothek als umfassendes Objekt oder der

Kalender als ein aktives Objekt, das das aktuelle Datum weiterschaltet. Um einen Objekttyp zu beschreiben, müssen wir im einfachsten Fall den Namensraum festlegen sowie eine Objektbeschreibung angeben.

Objekttypen werden in der Regel implizit durch die Spezifikation einer Objektklasse definiert. Eine Objektklasse kann demnach wie folgt beschrieben werden :

```
object class ObjektKlassenName
    data types importierte Datentypen (für Namensraumfestlegung);
    identification Namensraumfestlegung;
    template Objektbeschreibung;
end object class ObjektKlassenName;
```

Objekttypen können auch isoliert spezifiziert werden oder die Typen bereits spezifizierter Objektklassen können wiederverwendet werden. Zu einem Objekttyp können also mehrere Klassen definiert werden:

```
object class ObjektKlassenName
    type is Objekttypname
end object class ObjektKlassenName;
```

Wir werden die einzelnen Spezifikationsbestandteile anhand unserer Beispielmodellierung genauer einführen. Wir beginnen mit der Objektklasse BOOK. Eine Instanz dieser Klasse beschreibt ein abstraktes Buch, d.h. diejenigen Eigenschaften eines Buches wie Autoren und Erscheinungsdatum, die unabhängig von einem konkreten Exemplar des Buches sind. Diese Eigenschaften sind statisch in dem Sinne, daß sie nach einmaligen Erfassen der Daten nicht mehr änderbar sind. Mit der Spezifikation der Objektklasse BOOK wird implizit der Objekttyp BOOK definiert.

```
object class BOOK
    data types string;
    identification
        title: string;
        first_author: string;
    template
        data types nat, string, |PERSON|;
        attributes
            authors: list(|PERSON|);
            publisher: string;
            edition: nat;
            year: nat;
            derived no_authors: nat;
        events
            birth published;
        constraints
            static
                first_author = authors[1];
                year > 1500;
            derivation rules
                no_authors = length(authors);
end object class BOOK;
```

In den Zeilen mit dem Schlüsselwort **data types** werden diejenigen Datentypen aufgeführt, die bei der Objekttypspezifikation benötigt werden. Diese Datentypen können aus den vordefinierten Standarddatentypen wie 'nat' oder 'string' ausgewählt werden oder in einer Spezifikationssprache für abstrakte Datentypen explizit spezifiziert werden (wie z.B. ACT ONE [EM85]). Eine besondere Rolle bilden die Namensräume für Objekttypen (hier |PERSON|), die ebenfalls als Datentypen importiert und benutzt werden können. Die bekannten Typkonstruktoren (**list, set, tuple**, ...) stehen zur Konstruktion komplexerer Datenbereiche zur Verfügung.

Der Namensraum eines Objekttyps wird nach dem Schlüsselwort **identification** festgelegt. Hier kann ein beliebiger Datentyp angegeben werden, dessen Werte als Objektidentifikatoren für den Objekttyp bestimmt sind. Als Schreibkonvention wurde eine der Attributangabe ähnliche Notation gewählt, die der Schlüsselangabe für relationale Datenbankschemata entspricht. Der entsprechende Datentyp ist hier durch eine Tupelkonstruktion festgelegt, also

$$|BOOK| := \textbf{tuple}(\texttt{title: string, first\_author: string}).$$

Die Tupelselektoren derartiger zusammengesetzter Datentypen für Namensräume können in der Spezifikation wie gewöhnliche Attribute verwendet werden.

Die Objektbeschreibung beginnt mit dem Datentypimport, dem die *lokale Objektsignatur* folgt. Die lokale Objektsignatur legt diejenigen Attribute und Ereignisse fest, die nicht von anderen Objektbeschreibungen geerbt worden sind. Für den Objekttyp BOOK haben wir die Attribute Autorenliste authors, Verlag publisher, Auflage edition, Erscheinungsjahr year und als einziges Ereignis die Publikation published. Das Attribut authors hat als Wertebereich den Type **list**(|PERSON|), d.h. Listen von Identifikatoren für Exemplare des Typs |PERSON|. Die Spezifikation des Objekttyps BOOK ist hier unvollständig, da die Initialisierung der Attribute nicht festgelegt ist. Sinnvollerweise wird dies beim Erzeugen eines Objektexemplars durch Parameter des **birth**-Ereignisses geschehen.

In der lokalen Signatur wird in der Regel nur Name und Typ von Attributen und Ereignissen festgelegt. Die Ausnahmen sind die Angaben, ob ein Ereignis ein neues Objekt kreiert (**birth**) bzw. zerstört (**death**), und ob ein Attribut oder Ereignis von anderen Attributen und Ereignissen mittels einer Ableitungsregel abgeleitet wird (**derived**).

Auf die lokale Signatur folgt der eigentliche Spezifikationsteil. Prinzipiell besteht er aus drei Abschnitten, nämlich den Einschränkungen der Attributbeobachtungsfunktion durch Integritätsbedingungen (**constraints**), den Ereigniseffekten (**valuation**) und der Prozeßbeschreibung. Da Instanzen der Klasse BOOK keine dynamische Entwicklung zeigen können (Bücher können nur erzeugt, nicht aber geändert werden), sind hier nur statische Integritätsbedingungen angegeben. Im allgemeinen Fall können auch *temporale* Integritätsbedingungen in temporaler Logik angegeben werden, die die zeitliche Entwicklung der Attributwerte für Objektlebensläufe einschränken [Lip89, Saa88, Saa90]. Bei den Integritätsbedingungen werden auch die *Ableitungsregeln* für die abgeleiteten Attribute angegeben (hier für das abgeleitete Attribut no_authors).

Als Beispiel für die Beschreibung von Objektdynamik haben wir die Objektklasse COPY, die die in der Bibliothek vorhandenen Exemplare von Büchern modelliert. Der Datentyp des Namensraums |COPY| enthält die Menge der möglichen Dokumentennummern, die hier als natürliche Zahlen modelliert wurden. Das Attribut of ist ein konstantes Attribut über einem Namensraum, das anzeigt, von welchem Buch das betreffende Exemplar eine Kopie ist. Konstante Attribute stehen ausserhalb des Templates, da konstante Attribute in die Konstruktion des Namensraumes integriert werden und durch Ereignisse nicht geändert werden dürfen.

```
object class COPY
    data types nat, |BOOK|;
    identification
        doc_no: nat;
    constants
        of: |BOOK|;
    template
        data types bool, date, |USER|, nat;
        attributes
            on_loan: bool;
```

```
        due: date;
        borrowers: list(|USER|);
    events
        birth get_copy;
        death throw_away;
        check_out(|USER|, date, nat);
        return;
    valuation
        variables U: |USER|, d: date, n: nat;
        [get_copy] on_loan = false;
        [get_copy] borrowers = emptylist();
        [check_out(U,d,n)] on_loan = true;
        [check_out(U,d,n)] due = add_days_to_date(d,n);
        [check_out(U,d,n)] borrowers = append(U,borrowers);
        [return] on_loan = false;
    safety
        variables U: |USER|, d: date, n: nat;
        {on_loan = false} check_out(U,d,n);
        {exists(U: |USER|, d: date, n: nat)
            sometime(after(check_out(U,d,n))) since last after(return)} return;
    liveness
        {exists(U: |USER|, d: date, n: nat) after(check_out(U,d,n)) } ⇒ return;
end object class COPY;
```

Der Objekttyp COPY hat als Attribute ein boolesches Attribut on_loan, das den aktuellen Ausleihstatus anzeigt, die Angabe des nächsten Rückgabedatums (due) sowie die Liste aller bisherigen Ausleiher (borrowers). Ereignisse des Objekttyps COPY sind die Anschaffung eines Exemplars (get_copy), die Ausleihe und Rückgabe des Exemplars (check_out bzw. return), sowie die endgültige Entfernung aus der Bibliothek (throw_away). Dem check_out-Ereignis sind die Einzelheiten der Ausleihe als Parameter beigegeben, hier der Ausleiher, das Ausleihdatum, und die Dauer der Ausleihe. Wir interessieren uns hier inbesondere für die dynamische Entwicklung von Exemplaren aus der Objektklasse COPY.

Nach dem Schlüsselwort **valuation** werden die *Auswertungsregeln* für Attribut-Ereignis-Kombinationen aufgeführt. Diese Regeln sind implizit für alle angegebenen Variablen allquantifiziert. Auswerteregeln haben folgende vereinfachte Form :

```
[Event] Attribut = Term;
```

Eine derartige Auswertungregel besagt, daß das Attribut Attribut nach dem Eintreten des Ereignisses Event den Wert des Terms Term annimmt. Die Berechnung des Terms erfolgt im Objektzustand *vor* der Ausführung des Ereignisses. Eine derartige Auswertungsregel entspricht somit im wesentlichen einer Variablenzuweisung in einer imperativen Programmiersprache. Ein Beispiel ist die folgende Auswerteregel, die den Wert des Rückgabedatums nach einem Ausleihvorgang berechnet (mittels einer Funktion des Datentyps 'date'):

```
valuation
    variables U: |USER|, d: date, n: nat;
    [check_out(U,d,n)] due = add_days_to_date(d,n);
```

Der Prozeß P, d.h. die möglichen korrekten Objektentwicklungen ausgedrückt durch eine Menge von Lebenszyklen Λ, kann auf verschiedenste Weise beschrieben bzw. eingeschränkt werden. Der Grund für diese Vielzahl an Beschreibungsformalismen ist die Reichhaltigkeit der Einsatzmöglichkeiten von Objekten bei der Modellierung von Informationssystemen, die typische passive

Datenbankobjekte wie Bücher ebenso umfaßt wie eine aktive Systemuhr, eine Benutzerschnittstelle oder gar Objekte zur Anfragebearbeitung [JSS90].

Wir stellen hier nicht alle in der Sprache **Oblog**$^+$ vorgesehenen Beschreibungsformalismen im Detail vor. Im Moment werden von **Oblog**$^+$ folgende Formalismen unterstützt :

- Die Angabe von *Sicherheitsbedingungen* (**safety**), die Vorbedingungen für das Auftreten von Ereignissen aufstellen.

- *Lebendigkeitsforderungen* (**liveness**), die das Auftreten bestimmter Ereignisse für Objekte fordern.

- Die explizite Spezifikation eines Prozesses in einer CSP-ähnlichen Notation (vgl. [Hoa85]). Auf diese Möglichkeit wird in diesem Papier nicht näher eingegangen.

Für den Objekttyp `COPY` haben wir in erster Linie Sicherheitsbedingungen. Die erste Forderung stellt die Vorbedingung für die Ausleihe, daß das betreffende Exemplar im Moment nicht ausgeliehen ist:

> **safety**
>   **variables** U: |USER|, d: date, n: nat;
>   {on_loan = **false**} check_out(U,d,n);

Die zweite Sicherheitsforderung ist etwas komplexer. Der interne eingekapselte Zustand eines Objektes ist eindeutig bestimmt durch die Sequenz der bisher eingetretenen Ereignisse. Für die Spezifikation der Objektdynamik müssen wir somit auf die gesamte Objekthistorie zugreifen können. Wir benutzen hierfür eine *vergangenheitsgerichtete temporale Logik* mit Operatoren wie **always in the past** oder **sometime ... since last ...**, die analog zu zukunftsgerichteten Operatoren definiert werden können [Ser80]. Auf den Zeitpunkt eines historischen Eintretens eines Ereignisses kann Bezug genommen werden mittels des Prädikates **after**, das genau in den Zuständen nach den Eintreten des Ereignisses den Wert **true** annimmt.

Nach diesen Vorbemerkungen formulieren wir die zweite Sicherheitsbedingung, die besagt, daß ein Buch nur zurückgegeben werden kann, falls es in der Vergangenheit ausgeliehen wurde und noch nicht bereits in der Zwischenzeit zurückgegeben wurde :

> **safety**
>   {**exists**(U: |USER|, d: date, n: nat)
>   **sometime**(**after**(check_out(U,d,n))) **since last** (**after**(return))} return;

Lebendigkeitsforderungen legen Bedingungen fest, die vor einem Löschen des Objektes erfüllt werden müssen. Diese Bedingungen sind im einfachsten Fall das obligatorische zukünftige Auftreten von Ereignissen (eventuell in Abhängigkeit vom aktuellen Zustand). Wir haben eine einzige Lebendigkeitsforderung für den Typ `COPY`, die festlegt, daß ausgeliehene Exemplare auch tatsächlich wieder zurückgegeben werden müssen :

> **liveness**
>   {**exists**(U: |USER|, d: date, n: nat) **after**(check_out(U,d,n))) } $\Rightarrow$ return;

Eine derartige Regel sagt aus, daß immer dann, wenn die Vorbedingung gilt, das Ereignis `return` in die Liste der Erignisse eingefügt wird, die noch auftreten müssen.

Bisher haben wir Objekte nur isoliert betrachtet. Der folgende Abschnitt beschäftigt sich mit den Beziehungen von Objekten untereinander.

5   Objektgesellschaften

Bisher wurden Objekte nur isoliert betrachtet. Objekte eines Informationssystems stehen aber in vielfältigen Beziehungen zueinander – sie kommunizieren miteinander, sie sind Bestandteil komplexer Objekte, sie sind in Generalisierungshierarchien eingebunden und nehmen an weiteren Objektbeziehungen teil. Wir bezeichnen eine derartige Ansammlung von miteinander in vielfältigen Beziehungen stehenden Objekten als *Objektgesellschaft*. Spezielle Objektbeziehungen von besonderen Interesse für die Modellierung von Informationssystemen sind

- die Konstruktion *komplexer Objekte* aus Basisobjekten (*part-of* Beziehung),

- die *Unterklassenbildung* für Objektklassen,

- und *Kommunikation* zwischen Objekten.

Diese drei Arten von Objektbeziehungen können in **Oblog**$^+$ adäquat modelliert werden, wie im folgenden anhand von Beispielen gezeigt werden soll.

Der semantische Basismechanismus für alle Arten von Objektbeziehungen ist der *Objektmorphismus* (bzw. Objekttypmorphismus) [ESS90, FSMS90, SE90]. Wir wollen hier nicht näher auf die formalen Grundlagen derartiger Morphismen eingehen. Ein Objektmorphismus ist eine strukturerhaltende Abbildung zwischen Objekten, die die wesentlichen Eigenschaften von Objekten erhält. Dies bedeutet insbesondere, daß lokale Attribute des eingebetteten Objektes nur von lokalen Ereignissen geändert werden dürfen und daß die Lebenszyklen dieses Objektes nur weiter eingeschränkt werden dürfen.

Der wichtige Spezialfall derartiger Morphismen ist die *Objektinklusion*, bei der ein Objekt als Ganzes in ein anderes Objekt eingeschlossen wird. Die Objektinklusion ist vergleichbar mit dem Import von Modulen in einer Programmiersprache, und analog zu diesem Vorgang erweitert die Objektinklusion die lokale Signatur des importierenden Objektes um die Signatur des importierten Objektes.

Als erstes Beispiel für Objektbeziehungen betrachten wir eine oft auftretende Art der Unterklassenbildung auf Objektklassen, die Definition von *Objektphasen* bzw. *-rollen*. Dies entspricht im Prinzip den bekannten Spezialisierungshierarchien semantischer Datenmodelle (`MANAGER IS_A PERSON`), hat aber in dem vorgestellten Ansatz eine starke dynamische Komponente. Ein Objekt ist eine *Phase* eines anderen Objektes, wenn es dasselbe Objekt in einer anderen (möglicherweise vorübergehenden) Rolle ist, in der es zusätzliche Eigenschaften bzw. ein eingeschränktes Verhalten zeigt. Ein Objekt tritt in eine Phase ein durch das Eintreten von Ereignissen. Für Phasen von Objekttypen wird der Objektidentifikationsmechanismus übernommen.

Als Beispiel haben wir die Objektklasse `LIB_BOOK`, der Bücher in der Rolle als in der Bibliothek vorhandenen Bücher modelliert. Die Phasenkonstruktion wird wie folgt notiert :

```
object class LIB_BOOK
    view of BOOK;
    template
       data types nat;
       attributes
          no_available: nat;
       events
          birth acquire;
          dec_copies;
          inc_copies; ...
       valuation
          {no_available> 0}  ⇒  [dec_copies]no_available = no_available − 1;
          [inc_copies]no_available = no_available + 1;
       ...
end object class LIB_BOOK;
```

Ein Buch tritt in die Phase LIB_BOOK ein durch das Eintreten des Ereignisses aquire. Für jedes in die Bibliothek aufgenommene Buch wird zusätzlich die Anzahl der aktuell zur Verfügung stehenden Exemplare verwaltet. Dies erfordert ein zusätzliches Attribut no_available zur Verwaltung dieser Exemplare, sowie zwei Ereignisse zur Manipulation dieses Zählers (inc_copies und dec_copies).

Die formale Bedeutung der Bildung von Objektphasenklassen kann wie folgt an diesem Beispiel zusammengefaßt werden : Die Phasenkonstruktion beinhaltet eine syntaktische Vererbung der Signatur von BOOK nach LIB_BOOK, eine semantische Inklusion von BOOK-Instanzen in die korrespondierenden LIB_BOOK-Instanzen, und eine Unterklassenbeziehung auf den konkreten Populationen der Objektklassen.

In der Phasenkonstruktion wird jeweils genau ein 'Vaterobjekt' mittels einer Objektinklusion importiert. Eine derartige Objektinklusion ist auch explizit durch ein entsprechendes Sprachkonzept möglich. In **Oblog**$^+$ geschieht das durch die Importangabe in dem **inheriting**-Sprachkonstrukt. Diese Objektinklusion kann sowohl einzelne Objekte betreffen als auch ganze Mengen von Objekten. Als Beispiel betrachten wir die Modellierung, daß jedes Bibliotheksbuch LIB_BOOK die entsprechenden Exemplare als Unterobjekte einbindet :

```
object type LIB_BOOK
   view of BOOK;
   template
      inheriting C in COPY where C.of = SELF.id as COPIES;
      ...
```

Es werden jeweils diejenigen Exemplare C aus COPY in ein Bibliotheksbuch eingeladen, deren (konstantes) Attribut of den Bezeichner des Buches als Wert hat. Der Zugriff auf die Unterobjekte kann durch die explizite Vergabe eines Namens (COPIES) ermöglicht werden, der lokal in diesem Objekt wie eine Objektklasse benutzt werden darf. Zum Beispiel können Variablen an den Namensraum der Unterobjektmenge gebunden werden, wie in der ausführlicheren folgenden Beschreibung der Objektklasse LIB_BOOK. Der Wertebereich |COPIES| bezeichnet die Bezeichner der eingebundenen Objekte, ist also eine Untermenge von |COPY|.

Die vollständige Beschreibung von LIB_BOOK lautet nun :

```
object class LIB_BOOK
   view of BOOK;
   template
      data types nat;
      inheriting C in COPY where C.of = SELF.id as COPIES;
      attributes
         no_available: nat;
      events
         birth acquire;
         dec_copies;
         inc_copies;
         hand_out(|USER|, |COPY|);
         request(|USER|);
         send_message(|STAFF_USER|);
      valuation
         {no_available> 0} ⇒ [dec_copies]no_available = no_available − 1;
         [inc_copies]no_available = no_available + 1;
         [aquire]no_available = 0;
      safety
         variables U: |USER|, C, C1: |COPIES|, SU: |STAFF_USER|
         {no_available > 0 and sometime(after(request(U)))} hand_out(U,C);
         {not(sometime(after(hand_out(U,C))) since last after(COPIES(C).return))}
```

```
                hand_out(U,C1);
            {no_available = 0 and
               sometime(after(request(U))) since last after(hand_out(U,C))}
                  send_message(SU);
         interaction
            variables U: |USER|, C: |COPIES|, d: date, n: nat;
            calling
               COPIES(C).check_out(U,d,n) >> dec_copies;
               COPIES(C).return >> inc_copies;
               COPIES(C).get_copy >> inc_copies;
               hand_out(U,C) >> COPIES(C).check_out(U,d,n);
end object class LIB_BOOK;
```

Das Ereignis hand_out modelliert die Ausgabe eines Buchexemplars an den Entleiher, das Ereignis request stellt den Ausleihwunsch eines Benutzers an das Buch dar. Durch das Auftreten des Ereignisses send_message werden Universitätsmitarbeiter aufgefordert, das von ihnen entliehene Buchexemplar zurückzugeben. Die Sicherheitsbedingungen sagen aus, daß die Ausgabe eines Buchexemplars nur erfolgen kann, wenn mindestens ein Exemplar in der Bibliothek vorhanden ist und ein Ausleihwunsch vorliegt, daß jeder Benutzer nur ein Exemplar eines Buches zur Zeit ausleihen kann und daß Aufforderungen zur Rückgabe des Exemplars nur dann versandt werden können, wenn kein Exemplar mehr in der Bibliothek vorhanden ist und eine Anforderung vorliegt.

In der Objektbeschreibung für LIB_BOOK haben wir das erste Beispiel für *Objektkommunikation*, und zwar hier für eine Kommunikation innerhalb eines komplexen Objektes. Eine solche Vorgehensweise ist zur Gewährleistung der Einkapselung von (Unter-)Objekten notwendig. Als Beispiel betrachten wir die Beziehung zwischen den Ereignissen der Exemplare und den Manipulationen des Zählers der aktuell freien Exemplare :

```
         interaction
            variables U: |USER|, C: |COPY|, d: date, n: nat;
            calling
               COPIES(C).check_out(U,d,n) >> dec_copies;
               COPIES(C).return >> inc_copies;
               COPIES(C).get_copy >> inc_copies;
```

Die erste Zeile erzwingt bei jedem Eintreten eines check_out Ereignisses, daß der Zähler der freien Exemplare um 1 erniedrigt wird indem das dec_copies-Ereignis aufgerufen wird. Analog muß der Zähler bei return und get_copy jeweils um 1 erhöht werden.

Um die Beispielmodellierung zu vervollständigen, definieren wir nun die Objektklasse USER zur Beschreibung der Bibliotheksbenutzer.

```
object class USER
   data types string;
   identification
      uid: string;
   constants
      copies_allowed: {3, 10};
   template
      data types |COPY|, date, nat, |LIB_BOOK|;
      attributes
         borrowed: set(|COPY|);
      events
         birth subscribe;
         death unsubscribe;
```

```
      borrow(|COPY|, date, nat);
      active return(|COPY|);
      active request(|LIB_BOOK|);
   valuation
      variables C: |COPY|, d: date, n: nat;
      [borrow(C,d,n)] borrowed = insert(C, borrowed);
      [return(C)] borrowed = remove(C, borrowed);
   safety
      variables C: |COPY|, d: date, n: nat;
      {not(in(C, borrowed)) and card(borrowed) < copies_allowed} borrow(C,d,n);
      {sometime(after(borrow(C,d,n)))} return(C);
      {empty(borrowed)} unsubscribe;
   initiatives
      variables C: |COPY|, d: date, n: nat;
      {after(borrow(C,d,n))} ⇒ return(C);
end object class USER;
```

Die Objektklasse USER ist konzeptionell als eine Ansammlung *aktiver* Objekte modelliert. Aktive Objekte entsprechen aktiven Systembestandteilen wie der Systemuhr oder Benutzerschnittstellen, die selbsttätig Aktionen ausführen können. Das (optionale) Schlüsselwort **active** deutet an, daß ein Ereignis aktiv vom Objekt hervorgerufen werden kann. In der **initiatives**-Klausel werden Ziele spezifiziert, die ein Objekt aktiv verfolgt – hier haben Bibliotheksbenutzer die Initiative, geliehene Bücher auch wieder zurückzugeben (dies ist sicherlich eine Abstraktion vom Verhalten realer Benutzer ...).

Unter Benutzung des konstanten Attributes `copies_allowed` definieren wir nun zwei Spezialisierungen von USER. Spezialisierungen sind im Prinzip semantisch äquivalent zu Phasen, hängen aber *statisch* von Werten konstanter Attribute (inklusive der Identifikatoren) ab, anstatt daß sie dynamisch durch das Eintreten von Ereignissen erzeugt werden.

Studentische Benutzer sind diejenigen Benutzer, die maximal drei Kopien ausleihen dürfen. Zusätzlich dürfen studentische Benutzer ein Exemplar nur maximal für 21 Tage ausleihen, was durch eine zusätzliche Sicherheitsbedingung garantiert wird.

```
object class STUDENT_USER
   specializing from USER where copies_allowed = 3;
   template
      safety
         variables C: |COPY|, d: date, n: nat;
         { n ≤ 21 } borrow(C,d,n);
end object class STUDENT_USER;
```

Benutzer, die Mitarbeiter am Institut sind, dürfen unbeschränkt ausleihen, müssen aber auf Anforderung (`get_message`) ein ausgeliehenes Buch zurückgeben.

```
object class STAFF_USER
   specializing from USER where copies_allowed = 10;
   template
      data types |LIB_BOOK|;
      events
         get_message(|LIB_BOOK|);
      liveness
         variables LB: |LIB_BOOK|, C: |COPY|;
         { after(get_message(LB))
             and in(C,borrowed) and C.of = LB } ⇒ return(C);
end object class STAFF_USER;
```

Bisher haben wir verschiedene Arten der Beziehungen zwischen Objekten bzw. Objekttypen vorgestellt. In **Oblog**[+] werden diverse weitere Konzepte unterstützt:

- Die *Generalisierung* verschiedener Objekttypen. Dies führt zur Definition *heterogener* Objekttypen, d.h. von Objekttypen, die eine mögliche Klassen von Objekten unterschiedlicher Objektstruktur beschreiben.

- Die Definition von *Objektinterfaces* offeriert eine zusätzliche Möglichkeit der expliziten Einkapselung von Objekten und Objektklassen, die die Definition verschiedener Sichten auf die Objektgesellschaft ermöglicht [SJ90].

- Die *formale Objektimplementierung* ermöglicht die Implementierung von abstrakten Objekten durch andere Objekte, z.B. eines **stack**-Objektes durch ein Array und eine Zeigervariable [ES89, SE90].

Wir haben bisher verschiedene Konzepte kennengelernt, um Objekte in Beziehung zu setzen. Ein komplettes System wird schließlich durch eine *Objektgesellschaft* beschrieben, deren Beschreibung wie folgt aufgebaut wird :

object society SocietyName
    Datentypspezifikationen;
    Objekt- / Objekttyp- / Objektklassen- / Interfacespezifikationen;
    global interaction *Kommunikation unabhängiger Objekte;*
    global constraints *globale Integritätsbedingungen;*
end object society SocietyName.

Nach den Datentyp- und Objektspezifikationen beinhaltet die Beschreibung einer Objektgesellschaft einen *globalen* Teil, in dem die globale Objektkommunikation und objektübergreifende Integritätsbedingungen angegeben werden können. Obwohl insbesondere globale Integritätsbedingungen das objektorientierte Einkapselungsprinzip zu brechen scheinen, haben sie sich als unverzichtbar insbesondere in den frühen Phasen des konzeptionellen Entwurfs gezeigt. Als Beispiel für globale Kommunikation haben wir die folgende Beziehungen, die den Ausleihvorgang sowie die Versendung von Rückgabeanforderungen für ausgeliehene Exemplare modellieren :

global interaction
    variables C: |COPY|, d: date, n: nat, U: |USER|, SU: |STAFF_USER|; LB: |LIB_BOOK|;
        USER(U).request(LB) >> LIB_BOOK(LB).request(U);
        COPY(C).check_out(U,d,n) >> USER(U).borrow(C,d,n);
        LIB_BOOK(LB).send_message(SU) >> STAFF_USER(SU).get_message(LB);
end global interaction;

6 Ausblick

Im diesem Papier haben wir einen formalen Rahmen zum objektorientierten Entwurf von (Nicht-Standard-)Datenbankanwendungen vorgestellt. Objekte werden als beobachtbare Prozesse angesehen. In einer Objektgesellschaft stehen solche Objekten in vielfältiger Beziehung zueinander. Die Dynamik einer Objektgesellschaft wird durch lokale Ereignisse und Kommunikation zwischen Objekten beschrieben. Zur Spezifikation solcher Objektgesellschaften wurde die Sprache **Oblog**[+] vorgestellt.

Im Moment erstellen wir einen vollständigen Sprachentwurf der Sprache **Oblog**[+] und werden die Sprache dann in realistischen Beispielen erproben. Die Sprache soll Bestandteil einer Entwicklungsumgebung für Informationssysteme werden. Dazu werden Grundlagen und Techniken zur formalen Verfeinerung und Implementierung von **Oblog**[+]-Spezifikationen und zur Verifikation von Verfeinerungen untersucht werden. Dies wird die Grundlage für entsprechende Werkzeuge sein.

Danksagung

Wir danken in erster Linie Cristina Sernadas, die mit uns an der Sprachdefinition von **Oblog$^+$** gearbeitet hat, aber auch den übrigen Kollegen im IS-CORE Projekt gebührt Dank. Hier sind insbesondere Hans-Dieter Ehrich, José Fiadeiro und Amílcar Sernadas zu nennen, deren Arbeiten den Sprachentwurf maßgeblich beeinflußt haben.

Literatur

[ABD$^+$89] Atkinson, M.; Bancilhon, F.; DeWitt, D.; Dittrich, K. R.; Maier, D.; Zdonik, S. B.: The Object-Oriented Database System Manifesto. In: Kim, W.; Nicolas, J.-M.; Nishio, S. (Hrsg.): *Proc. Int. Conf. on Deductive and Object-Oriented Database Systems*, Kyoto, Japan, Dezember 1989. S. 40–57.

[BMS84] Brodie, M.; Mylopoulos, J.; Schmidt, J. W.: *On Conceptual Modelling – Perspectives from Artificial Intelligence, Databases, and Programming Languages*. Springer-Verlag, Berlin, 1984.

[Che76] Chen, P.P.: The Entity-Relationship Model – Toward a Unified View of Data. *ACM Transactions on Database Systems*, Band 1, Nr. 1, 1976, S. 9–36.

[CHJ86] Cohen, B.; Harwood, W. T.; Jackson, M. I.: *The Specification of Complex Systems*. Addison-Wesley, Reading, MA, 1986.

[CY89] Coad, P.; Yourdon, E.: *Object-Oriented Analysis*. Yourdon Press/Prentice Hall, Englewood Cliffs, NJ, 1989.

[EGS90] Ehrich, H.-D.; Goguen, J. A.; Sernadas, A.: A Categorial Theory of Objects as Observed Processes. In: *Proc. REX/FOOL Workshop*, Noordwijkerhood (NL), 1990. Springer-Verlag, Berlin, erscheint 1990.

[EM85] Ehrig, H.; Mahr, B.: *Fundamentals of Algebraic Specification I: Equations and Initial Semantics*. Springer-Verlag, Berlin, 1985.

[EN89] Elmasri, R.; Navathe, S. B.: *Fundamentals of Database Systems*. Benjamin/Cummings Publ., Redwood City, CA, 1989.

[ES89] Ehrich, H.-D.; Sernadas, A.: Algebraic Implementation of Objects over Objects. In: deRoever, W. (Hrsg.): *Stepwise Refinement of Distributed Systems: Models, Formalisms, Correctness*, Mood (NL), 1989. LNCS 394, Springer Verlag, Berlin, 1989, S. 239–266.

[ESS90] Ehrich, H.-D.; Sernadas, A.; Sernadas, C.: From Data Types to Object Types. *Journal on Information Processing and Cybernetics EIK*, Band 26, Nr. 1/2, 1990, S. 33–48.

[FSMS90] Fiadeiro, J.; Sernadas, C.; Maibaum, T.; Saake, G.: Proof-Theoretic Semantics of Object-Oriented Specification Constructs. Erscheint in: Meersman, R.; Kent, W. (Hrsg.): *Object-Oriented Databases: Analysis, Design and Construction (Proc. 4th IFIP WG 2.6 Working Conference DS-4)*, Windermere (UK), 1990. North-Holland, Amsterdam.

[GR83] Goldberg, A.; Robson, D.: *Smalltalk-80: The Language and Its Implementation*. Addison-Wesley, Reading, MA, 1983.

[HG88] Hohenstein, U.; Gogolla, M.: A Calculus for an Extended Entity-Relationship Model Incorporating Arbitrary Data Operations and Aggregate Functions. In: *Proc. 7th Int. Conf. on the Entity-Relationship Approach*, Rom, 1988. North-Holland, Amsterdam.

[HK87]   Hull, R.; King, R.: Semantic Database Modeling: Survey, Applications, and Research Issues. *ACM Computing Surveys*, Band 19, Nr. 3, 1987, S. 201–260.

[Hoa85]   Hoare, C. A. R.: *Communicating Sequential Processes*. Prentice-Hall, Englewood Cliffs, NJ, 1985.

[Hoh90]   Hohenstein, U.: *Ein Kalkül für ein erweitertes Entity-Relationship-Modell und seine Übersetzung in einen relationalen Kalkül*. Dissertation, Technische Universität Braunschweig, 1990.

[JSS90]   Jungclaus, R.; Saake, G.; Sernadas, C.: Using Active Objects for Query Processing. Erscheint in: Meersman, R.; Kent, W. (Hrsg.): *Object-Oriented Databases: Analysis, Design and Construction (Proc. 4th IFIP WG 2.6 Working Conference DS-4)*, Windermere (UK), 1990. North-Holland, Amsterdam.

[KL88]   Karl, S.; Lockemann, P. C.: Design of Engineering Databases: A Case for More Varied Semantic Modelling Concepts. *Information Systems*, Band 13, Nr. 4, 1988, S. 335–358.

[KM90]   Korson, T.; McGregor, J. D.: Understanding Object-Oriented: A Unifying Paradigm. *Communications of the ACM*, Band 33, Nr. 9, 1990, S. 40–60.

[Lip89]   Lipeck, U. W.: *Zur dynamischen Integrität von Datenbanken: Grundlagen der Spezifikation und Überwachung*. Informatik-Fachbericht 209. Springer-Verlag, Berlin, 1989.

[Mey88]   Meyer, B.: *Object-Oriented Software Construction*. Prentice-Hall, Englewood Cliffs, NJ, 1988.

[MS88]   Mellor, S. J.; Shlaer, S.: *Object Oriented Systems Analysis : Modelling the World in Data*. Prentice Hall, Englewood Cliffs, NJ, 1988.

[PM88]   Peckham, J.; Maryanski, F.: Semantic Data Models. *ACM Computing Surveys*, Band 20, Nr. 3, 1988, S. 153–189.

[Saa88]   Saake, G.: *Spezifikation, Semantik und Überwachung von Objektlebensläufen in Datenbanken*. Dissertation, TU Braunschweig, 1988.

[Saa90]   Saake, G.: Descriptive Specification of Database Object Behaviour. Erscheint in: *Data & Knowledge Engineering*, Band 5, 1990.

[SE90]   Sernadas, A.; Ehrich, H.-D.: What Is an Object, After All? Erscheint in: Meersman, R.; Kent, W. (Hrsg.): *Object-Oriented Databases: Analysis, Design and Construction (Proc. 4th IFIP WG 2.6 Working Conference DS-4)*, Windermere (UK), 1990. North-Holland, Amsterdam.

[Ser80]   Sernadas, A.: Temporal Aspects of Logical Procedure Definition. *Information Systems*, Band 5, 1980, S. 167–187.

[SJ90]   Saake, G.; Jungclaus, R.: Information about Objects versus Derived Objects. In: Göers, J.; Heuer, A. (Hrsg.): *Second Workshop on Foundations and Languages for Data and Objects*, Aigen (A), 1990. Informatik-Bericht 90/3, Technische Universität Clausthal, S. 59–70.

[Str86]   Stroustrup, B.: *The C++ Programming Language*. Addison-Wesley, Reading, MA, 1986.

[Tsi85]   Tsichritzis, D. (Hrsg.): *Office Automation: Concepts and Tools*. Springer-Verlag, Berlin, 1985.

[vG82]   van Griethuysen, J.:   Concepts and Terminology for the Conceptual Schema and the Information Base. Report N695, ISO/TC97/SC5, 1982.

[VvB82]   Verheijen, G. M. A.; van Bekkum, J.:   NIAM: An Information Analysis Method. In: Olle, T. W.; Sol, H. G.; Verrijn-Stuart, A. A. (Hrsg.): *Information Systems Design Methodologies: A Comparative Review*, Noordwijkerhood (NL), 1982. North-Holland, Amsterdam, 1982, S. 537–589.

[Weg87]   Wegner, P.:   Dimensions of Object-Based Language Design. In: *Proc. OOPSLA '87 Conference*, Orlando, FL, 1987. ACM, New York, 1987, S. 168–182. (Special Issue of SIGPLAN Notices, Vol. 22, No. 12, November 1987).

[Wie90]   Wieringa, R. J.: *Algebraic Foundations for Dynamic Conceptual Models*. Dissertation, Vrije Universiteit, Amsterdam, 1990.

[ZM89]   Zdonik, S. B.; Maier, D. (Hrsg.):   *Readings in Object-Oriented Database Systems*. Morgan-Kaufmann, Palo Alto, CA, 1989.

Parallele Evaluierung von Datalog-Programmen

Jürgen Seib* und Georg Lausen

Universität Mannheim
Fakultät für Mathematik und Informatik
Seminargebäude A5
6800 Mannheim 1

Abstract

Datalog ist eine logikbasierte Sprache für deduktive Datenbanksysteme. Gegenüber relationalen Datenbanksprachen, wie SQL oder QUEL, besteht in Datalog die Möglichkeit zur Formulierung von rekursiven Anfragen. Die Lösung solcher Anfragen erfordert bei einer bottom-up-orientierten Vorgehensweise meist die Durchführung mehrerer Joins. Die Auswertung auf einem Prozessor kann deshalb sehr lange dauern. Um das Problem zu überwinden, wird in diesem Artikel ein paralleles Evaluierungsverfahren untersucht. Das Verfahren verallgemeinert eine für Sirups (single rule programs) vorgestellte Technik [WS88] auf Datalog Programme mit beliebig vielen Regeln. Es wird die Klasse der zerlegbaren Programme definiert und eine Strategie beschrieben, wie ein zerlegbares Programm von n Prozessoren parallel berechnet werden kann, ohne daß eine Kommunikation unter den Prozessoren notwendig ist. Hierzu wird die Pivot-Menge eines Programms definiert und gezeigt, daß pivotierende Programme zerlegbar sind. Die Strategie wurde in einem lokalen Netz miteinander verbundener SUN3-60 Workstations implementiert. Nach einer Beschreibung der Implementation werden einige experimentelle Simulationsergebnisse diskutiert.

1 Einleitung

Datalog ist eine logikbasierte Sprache für deduktive Datenbanksysteme. Eine deduktive Datenbank besteht aus einer relationalen Datenbank und einer Menge von Regeln, die auch als Datalog-Programm bezeichnet wird. Datalog erlaubt die Formulierung von rekursiven Anfragen. Damit bietet die Sprache gegenüber relationalen Sprachen, wie SQL oder QUEL, größere Ausdrucksmöglichkeiten.

Aktuelle Datenbankforschung beschäftigt sich mit der Implementierung von deduktiven Datenbanksystemen [MUVG86, NT89]. Dabei wurde deutlich, daß eine Hauptschwierigkeit das Erreichen eines akzeptablen Antwortzeitverhaltens bei der Berechnung von rekursiven Anfragen darstellt. Die Regeln eines Datalog Programms werden in einer Iterationsschleife solange ausgewertet, bis keine neuen Fakten mehr aus den Regeln abgeleitet werden können. Während einer Iteration werden üblicherweise mehrere Joins ausgeführt. Dadurch kann die bottom-up Auswertung eines Programms ein sehr zeitaufwendiger Prozeß sein.

---

*Die Arbeit des Autors wurde durch die Deutsche Forschungsgemeinschaft unter dem Aktenzeichen La 598/2-1 finaziell gefördert.

Neuere Arbeiten befassen sich mit der Parallelisierung von Programmen, um eine Beschleunigung der Berechnungsdauer zu erzielen. Bis jetzt haben die meisten Autoren allerdings nur eine syntaktisch eingeschränkte Klasse von Programmen, die sogenannten Sirups, untersucht. Sirups bestehen aus einer nichtrekursiven und einer rekursiven Regel. Beide Regeln müssen das gleiche Kopfprädikat besitzen. In [Kan86, CK86, AP87, UVG88] werden verschiedene Unterklassen von Sirups bzgl. ihrer Zugehörigkeit zur Komplexitätsklasse NC charakterisiert. Ein Programm P heißt zu der Klasse NC gehörig, falls es einen Algorithmus gibt, der eine polynomielle Anzahl $O(n^k)$ von Prozessoren verwendet und P in polylogarithmischer Zeit $O(log^m n)$ parallel berechnet. Dabei ist n die Anzahl der Eingabetupel für P. Im allgemeinen kommunizieren die Prozessoren eines NC-Algorithmus sehr intensiv, was sich eventuell auf die Berechnungsdauer negativ auswirken kann. Weiterhin ist die Anzahl zur Verfügung stehender Prozessoren meist sehr viel kleiner als $O(n^k)$. NC-Algorithmen sind dann an eine kleine Anzahl von Prozessoren anzupassen, was man dadurch erreichen kann, daß die Arbeit von mehreren Prozessoren einem einzigen Prozessor zugewiesen wird. Die Berechnungsdauer ist nun stark abhängig von der gewählten Zuweisung. Im allgemeinen ist es jetzt unklar, ob in allen Fällen eine Beschleunigung der Auswertung gegenüber einer sequentiellen Vorgehensweise erzielt werden kann.

In den Arbeiten [WS88, Wol88, CW89, WO90, GST90] wird der Fall behandelt, daß für die Berechnung eine konstante Anzahl von Prozessoren zur Verfügung steht, die im allg. sehr viel kleiner als die Anzahl n der Eingabetupel ist. Alle Strategien, die in diesen Arbeiten vorgestellt werden, basieren auf der Idee der Programmreduktion. Ein reduziertes Programm wird aus dem ursprünglichen Programm durch das Anhängen von evaluierbaren Literalen an die Regelrümpfe konstruiert. Jede reduzierte Version wird anschließend an einen Prozessor zur Berechnung verwiesen. Die Strategien unterscheiden sich bzgl. der Erfordernis einer Prozeßkommunikation. [WO90, GST90] betrachten Techniken, die eine Kommunikation benötigen. In [WS88, Wol88, CW89] werden zerlegbare und teilbare Programme behandelt. Zerlegbare Programme sind mit einer Menge von Prozessoren ohne Prozessorkommunikation und -synchronisation parallel evaluierbar.

In [WS88] wird eine hinreichende Bedingung für die Zerlegbarkeit von Sirups angegeben. Die Bedingung beruht auf der Existenz einer Pivot-Menge. Unsere Arbeit ist eine Weiterführung der Ideen aus [WS88]. Es wird eine Verallgemeinerung der Pivot-Bedingung vorgenommen. Die neue Definition erlaubt das Erkennen von zerlegbaren Programmen, die aus mehreren, eventuell gegenseitig rekursiven Regeln bestehen.

Der verallgemeinerte Ansatz der Programmreduktion zur Parallelisierung von Datalog Programmen ist implementiert. Die bottom-up Evaluierung der reduzierten Programme basiert auf dem seminaiven Algorithmus [BR86, Ull88]. Jede Regel wird in einen Ausdruck der Relationenalgebra umgewandelt. Die Anwendung einer Regel entspricht der Auswertung des relationalen Ausdrucks durch ein relationales Datenbanksystem. Wir benutzen hierfür das Datenbanksystem University Ingres [SWH76]. Die parallele Berechnung erfolgt, indem mehrere Datenbankprozesse erzeugt werden, die jeweils ein reduziertes Programm zur Ausführung erhalten.

Die Testumgebung besteht aus mehreren SUN3-60 Workstations. Die Rechner sind durch ein lokales Netz miteinander verbunden. Es wurden drei Beispielprogramme parallel evaluiert. Die Anzahl der verwendeten Prozessoren variierte zwischen 1 und 9. In allen Fällen konnte eine merkliche

Beschleunigung der Berechnung gegenüber der Einprozessorauswertung festgestellt werden.

Die vorliegende Arbeit ist wie folgt gegliedert. In Kapitel 2 werden die benötigten Definitionen vorgestellt. Anschließend wird in Abschnitt 3 die Menge der zerlegbaren Programme charakterisiert. Kapitel 4 beschreibt die Implementierung und in Kapitel 5 geben wir experimentelle Ergebnisse von Untersuchungen wieder, die mit dem System erzielt wurden.

2 Allgemeine Definitionen

Wir stellen zunächst die allgemein übliche Begriffsterminologie in deduktiven Datenbanksystemen vor und verwenden dabei im wesentlichen die Definitionen aus [Ull88]. Unter einer deduktiven Datenbank verstehen wir eine Menge von Hornklauseln ohne Funktionssymbole. Eine *Hornklausel* ist eine disjunktive Verknüpfung von Literalen, wobei höchstens eines der Literale nicht negiert ist. Aufgrund dieser Tatsache lassen sich drei Klassen von Hornklauseln unterscheiden.

- *die Fakten* - Hornklauseln mit genau einem nicht negierten Literal und keinem negierten Literal
- *die Regeln* - Hornklauseln mit genau einem nicht negierten Literal und mindestens einem negierten Literal
- *die Anfragen* - Hornklauseln, die nur aus negierten Literalen bestehen

Syntaktisch beschreiben wir Fakten, Regeln und Anfragen in Prolog-Notation. Ein Fakt hat dann die Form $q(\vec{X})$. Das Symbol q ist ein *Prädikat*. $|q|$ ist die Stelligkeit von q. Die Argumente des Vektors $\vec{X}$ sind entweder Variablen oder Konstanten. Eine Regel besitzt die Form $q(\vec{X_0}) : -p_1(\vec{X_1}), ..., p_m(\vec{X_m})$. Das Literal $q(\vec{X_0})$ heißt der *Kopf* der Regel und die Liste von Literalen $p_1(\vec{X_1}), ..., p_m(\vec{X_m})$ ist der *Rumpf*. Den Kopf einer Regel r bezeichnen wir mit $H(r)$. Ebenso bezeichnet $B(r)$ die Menge der Literale im Rumpf der Regel r. Die Argumente der Vektoren $\vec{X_i}$, $i = 0, ..., m$, sind Variablen oder Konstanten. Ein Literal im Rumpf kann für eine Bedingung stehen. Das Literal wird dann als *evaluierbares Literal* [BR86] bezeichnet. Das zugehörige Prädikat ist ein *evaluierbares Prädikat*. In der Bedingung können interpretierbare Funktionen, wie z.B. Addition, Multiplikation oder Vergleiche, verwendet werden. Meist wird im Regelrumpf die Bedingung selbst an Stelle des evaluierbaren Literals verwendet. Sei z.B. die Regel `p(X,Y) :- q(X,Y), e(X,Y).` gegeben und e ist ein zweistelliges evaluierbares Prädikat, das wie folgt definiert ist.

$$e(X,Y) := \begin{cases} \text{TRUE} & \text{, falls } X + 3 < 2 * Y \\ \text{FALSE} & \text{, sonst} \end{cases}$$

Die Bedingung `X + 3 < 2 * Y` wird dann üblicherweise direkt in den Rumpf der Regel eingesetzt und man verwendet die Regel in der Form `p(X,Y) :- q(X,Y), X + 3 < 2 * Y.`

Eine Anfrage wird durch $? - s_1(\vec{Y_1}), ..., s_k(\vec{Y_k})$. beschrieben. Um zu gewährleisten, daß die Antwortmenge einer Anfrage endlich ist, betrachten wir nur sichere Fakten und Regeln. Ein *Fakt ist sicher*, falls seine Argumente nur Konstanten sind. Man bezeichnet solche Fakten als *Grund-Fakten*. Eine *Regel ist sicher*, falls jede Variable im Kopf und jede Variable eines evaluierbaren Literals in einem nichtevaluierbaren Literal im Rumpf der Regel vorkommt.

Eine endliche Menge von Grund-Fakten und sicheren Regeln bildet eine *deduktive Datenbank*, falls kein Prädikat eines Faktes auch Prädikat eines Regelkopfes ist. Dies erlaubt die Einteilung der

Prädikate in drei disjunkte Mengen, die evaluierbaren, die extensionalen und die intensionalen Prädikate. Die evaluierbaren Prädikate wurden bereits erklärt. Ein *intensionales Prädikat* ist ein Prädikat, das im Kopf einer Regel vorkommt. Jedes andere Prädikat, das weder evaluierbar noch intensional ist, ist ein *extensionales Prädikat*. Das Prädikat p eines Grund-Fakts ist extensional. Deshalb lassen sich alle Grund-Fakten mit Prädikat p als Ausprägung einer Relation p ansehen. Die extensionalen Prädikate, für die keine Fakten existieren, sind leere Relationen. Intensionale Prädikate sind virtuelle Relationen, die durch Regeln definiert sind. Die Menge der Regeln einer deduktiven Datenbank bezeichnen wir als *Datalog-Programm*.

Ein Prädikat q heißt *direkt abhängig* von einem Prädikat p, falls es eine Regel mit dem Kopfprädikat q gibt und p im Rumpf der Regel vorkommt. Ein Prädikat q heißt *abhängig* von p, falls entweder q direkt abhängig von p ist oder ein drittes Prädikat s existiert, so daß q direkt abhängig von s und s abhängig von p ist. Eine Regel r ist *rekursiv*, falls es im Rumpf von r ein Literal mit dem Prädikat p gibt und p abhängig vom Kopfprädikat q der Regel r ist. Die Regel r heißt *linear rekursiv*, falls es im Rumpf von r genau ein solches Literal gibt. Eine Regel, die im Rumpf nur extensionale oder evaluierbare Prädikate besitzt, nennt man *Exit-Regel*. Eine spezielle Klasse von Datalog-Programmen bilden die Sirups (single rule programs). Ein *Sirup* ist ein Programm, das aus genau einer Exit-Regel und genau einer rekursiven Regel besteht, wobei beide Regeln das gleiche Kopfprädikat besitzen.

Eine *Grund-Substitution* ist eine Menge $\Theta = \{v_1/c_1, ..., v_n/c_n\}$ von Paaren. Die v_i sind unterscheidbare Variablen und jedes c_i ist eine Konstante. $\vec{X}\Theta$ ist ein Vektor, in dem jede Variable $x \in \vec{X}$, für die ein Paar $x/y \in \Theta$ existiert, durch y ersetzt ist. Die *Eingabe I* eines Programms P ist eine endliche Menge von Grund-Fakten. Die *Ausgabe $O(P, I)$* von P für eine gegebene Eingabe I ist eine Menge von intensionalen Fakten. Ein intensionaler Fakt $q(\vec{a})$ gehört genau dann zur Ausgabe, falls $q(\vec{a})$ in $k \geq 1$ Schritten *ableitbar* ist. k bezeichnet die *Länge der Ableitung*. $q(\vec{a})$ ist in einem Schritt aus der Eingabe I, einer Grund-Substitution Θ und einer Exit-Regel $r \in P$ ableitbar, falls $H(r) = q(\vec{X})$, $\vec{X}\Theta = \vec{a}$ und für alle Literale $p(\vec{Y}) \in B(r)$ gilt entweder

$p(\vec{Y}\Theta) = $ TRUE, falls p ein evaluierbares Prädikat ist oder

$p(\vec{Y}\Theta) \in I$, falls p ein extensionales Prädikat ist.

$q(\vec{a})$ ist in $k > 1$ Schritten aus der Eingabe I, einer Substitution Θ und einer Regel $r \in P$, die keine Exit-Regel ist, ableitbar, falls $H(r) = q(\vec{X})$, $\vec{X}\Theta = \vec{a}$ und für alle Literale $p(\vec{Y}) \in B(r)$ gilt entweder

$p(\vec{Y}\Theta) = $ TRUE, falls p ein evaluierbares Prädikat ist oder

$p(\vec{Y}\Theta) \in I$, falls p ein extensionales Prädikat ist oder

$\exists \Theta' \ \exists r' \in P : p(\vec{Y}\Theta)$ ist in $m < k$ Schritten aus I, Θ' und r' ableitbar, falls p ein intensionales Prädikat ist.

3 Parallelisierung durch Programmreduktion

3.1 Grundlagen

Rekursive Anfragen erfordern einen großen Rechenaufwand. Für eine effiziente Beantwortung kommt es darauf an, nur die anfrage-relevanten Daten zu ermittelt. Dies kann z.B. durch eine vorgeschaltete

Magic-Sets-Optimierung [BR86] erreicht werden, die ein neues optimiertes Programm liefert. Es ist dann die Ausgabe dieses Programms zu berechnen. Für die parallele Berechnung von Anfragen in deduktiven Datenbanksystemen genügt es also eine parallele Strategie anzugeben, die die Ausgabe von Datalog-Programmen bestimmt.

Wir stellen hier eine solche Strategie vor, die auf dem Prinzip der Programmreduktion beruht. Programmreduktion wurde erstmals in [WS88] vorgeschlagen. Die Berechnung der Lösung wird auf mehrere Prozessoren verteilt, so daß jeder Prozessor nur eine Teilmenge der intensionalen Fakten berechnet. Für diesen Zweck wird jedem Prozessor ein aus dem Originalprogramm abgeleitetes reduziertes Programm zur Evaluierung zugewiesen. Die Disjunktheit der Teilergebnisse ist wünschenswert, um mehrfache Berechnungen von Tupeln auszuschließen. Dieses Ziel kann erreicht werden, wenn es gelingt, die Programmreduktion so zu wählen, daß jeder Prozessor nur Daten "gleichen Typs" berechnet, also Tupel, die gewisse Gemeinsamkeiten verbinden. Betrachten wir zunächst das Programm P_1, das die Idee verdeutlichen soll.

```
P₁:  odd(X,Y) :- edge(X,Y).
     even(X,Y) :- edge(X,Z), odd(Z,Y).
     odd(X,Y) :- edge(X,Z), even(Z,Y).
```

edge ist eine extensionale Relation, die die Kanten eines Graphen enthält. Durch das Programm werden die beiden intensionalen Relationen odd und even definiert. Ein Tupel (X,Y) der Relation odd besagt, daß es einen Weg ungerader Länge von X nach Y gibt. Genauso zeigt ein Tupel (X,Y) der Relation even an, daß es einen Weg gerader Länge von X nach Y gibt. P_1 kann z.B. durch eine beliebige Anzahl n von Prozessoren parallel evaluiert werden, indem jeder Prozessor i, $i = 1, ..., n$, das folgende Teilprogramm P_{1i}

```
P₁ᵢ:  oddᵢ(X,Y) :- edge(X,Y), Y mod n = i - 1.
      evenᵢ(X,Y) :- edge(X,Z), oddᵢ(Z,Y).
      oddᵢ(X,Y) :- edge(X,Z), evenᵢ(Z,Y).
```

berechnet. Der Exit-Regel von P_1 wurde das evaluierbare Literal Y mod n = i - 1 hinzugefügt, das wie ein Filter wirkt. Wir interpretieren hierbei die Binärcodierung des Attributwertes Y als natürliche Zahl. Jeder Prozessor i bestimmt jetzt nur eine Teilmenge der intensionalen Tupel von P_1, nämlich die intensionalen Relationen odd_i und $even_i$. Die Ergebnisrelationen odd und even ergeben sich dann als die Vereinigung der einzelnen odd_i bzw. $even_i$, $i = 1, ..., n$. Die n Prozessoren können unabhängig voneinander ihr jeweiliges Teilprogramm P_{1i} auswerten. Sie brauchen keine Tupel auszutauschen, d.h. es ist keine Kommunikation unter den Prozessoren notwendig. Jeder Prozessor benötigt nur den Zugriff auf die Tupel der Relation edge aber keinen Zugriff auf die von anderen Prozessoren bestimmten Tupel intensionaler Relationen. Da jeder Prozessor i eine Teilmenge odd_i bzw. $even_i$ von odd bzw. even bestimmt, nämlich die Tupel, deren Attributwerte an der zweiten Stelle bei der Modulodivision durch n den Rest $i - 1$ ergeben, ist zu erwarten, daß die Evaluierungsdauer für jedes Programm P_{1i}, $i \in \{1, ..., n\}$, kürzer ist, als die Evaluierungsdauer für das gesamte Programm P_1. Weil die Prozessoren parallel arbeiten, wird die Auswertungsdauer also verkürzt. Wir geben nun einige Definitionen an, die im wesentlichen aus [WS88] übernommen wurden, um diese Art der Zerlegung formal beschreiben zu können.

Definition 1

Sei r eine sichere Regel. Eine sichere Regel r' ist eine *reduzierte Regel* von r, falls entweder r' und r identisch sind oder falls sich im Rumpf von r' alle Rumpfliterale von r und mindestens ein zusätzliches evaluierbares Literal befinden. □

Betrachten wir als Beispiel die beiden folgenden Regeln, dann ist r2 eine reduzierte Regel von r1.

```
r1:  q(X,Y,Z) :- p(W,Z), q(W,X,Y).
r2:  q(X,Y,Z) :- p(W,Z), q(W,X,Y), X - Y > 5.
```

Definition 2

Ein Datalog-Programm P' heißt eine *reduzierte Version* von P, falls jede Regel $r' \in P'$ reduzierte Regel einer Regel $r \in P$ ist und umgekehrt jede Regel $r \in P$ eine reduzierte Regel $r' \in P'$ besitzt. □

Vereinfacht ausgedrückt entsteht eine reduzierte Version von P, indem man den Regeln von P evaluierbare Literale anhängt.

Definition 3

Ein Datalog-Programm P heißt *zerlegbar* in eine Menge $\{P_1, ..., P_n\}$, $n > 1$, von reduzierten Versionen von P, falls gilt:

$$\forall I : O(P, I) \subseteq \bigcup_{i=1}^{n} O(P_i, I) \qquad \text{(Vollständigkeit)}$$
$$\forall I : O(P_i, I) \cap O(P_j, I) = \emptyset, \text{ für } i \neq j \qquad \text{(Disjunktheit)}$$
$$\exists I \; \forall i \in \{1, ..., n\} : O(P_i, I) \neq \emptyset \qquad \text{(Nichttrivialität)}$$

$\{P_1, ..., P_n\}$ heißt eine *Zerlegung* von P. □

Ein zerlegbares Programm P wird parallel berechnet, indem die n reduzierten Versionen $P_1, ..., P_n$ von P den zur Verfügung stehenden Prozessoren zugewiesen werden. Jeder Prozessor wertet dann die ihm zugeteilten Programme aus. Durch die Bedingung der Vollständigkeit ist sichergestellt, daß alle intensionalen Tupel bestimmt werden. Die Disjunktheit der Teilergebnisse garantiert, daß jedes intensionale Tupel von genau einem Prozessor berechnet wird. Die Nichttrivialität schließlich gewährleistet, daß es eine Eingabe I gibt, mit der jeder Prozessor ein nichttriviales Ergebnis, also mindestens ein intensionales Tupel berechnet.

Die skizzierte Vorgehensweise vermeidet die drei kritischen Aspekte einer parallelen Auswertung, nämlich Kommunikation, Synchronisation und mehrfache Berechnung gleicher Ergebnisse. Sie sind im allgemeinen der Grund, warum parallele Algorithmen nicht immer effizienter und schneller gegenüber sequentiellen Verfahren sein müssen. Denn durch die Kommunikation zwischen den Prozessoren sind Übertragungsdauern für versendete Daten zu berücksichtigen. Die Synchronisation der Prozessoren kann zu Wartezeiten führen. Die mehrfache Berechnung gleicher Ergebnisse schließlich trägt ebenfalls zur Verlängerung der Auswertungsdauer bei.

Zerlegbarkeit gewährleistet, unter den drei obigen Gesichtspunkten betrachtet, eine "optimale" Parallelität. Die zur Berechnung verwendeten Prozessoren müssen nicht miteinander kommunizieren. Zur Laufzeit werden keine intensionalen Tupel untereinander ausgetauscht. Jeder Prozessor benötigt nur den Zugriff auf die extensionalen Relationen. Falls jeder Prozessor zu Beginn der Auswertung die extensionalen Relationen kopiert, ist auch keine Synchronisation für den Lesezugriff auf die Tupel der extensionalen Relationen notwendig. Aus Speicherplatzgründen werden wir unsere Implementation jedoch so gestalten, daß die extensionalen Relationen in einer Datenbank verwaltet werden und jeder Prozessor die Möglichkeit besitzt, auf die Daten zuzugreifen.

3.2 Eine Verallgemeinerung

In [WS88] wurde der Pivot-Begriff eingeführt. Es wurde gezeigt, daß ein pivotierender Sirup zerlegbar ist. Wir nehmen hier eine nichttriviale Erweiterung des Pivot-Begriffs vor, so daß Datalog-Programme mit beliebig vielen Regeln auf ihre Zerlegbarkeit hin untersucht werden können.

Die Idee zur Erkennung von zerlegbaren Programmen läßt sich am besten mit Hilfe des Äquivalenzbegriffes erklären. Wenn es gelingt, eine Äquivalenzrelation auf den ableitbaren Tupeln eines Programms P und einer Eingabe I derart zu definieren, daß jedes Tupel $q(\vec{a}) \in O(P, I)$ äquivalent zu allen intensionalen Tupeln ist, die in eine Ableitung von $q(\vec{a})$ eingehen, dann haben die Elemente der Äquivalenzklassen die Eigenschaft, daß sie unabhängig von den Tupeln anderer Äquivalenzklassen berechnet werden, denn in eine Ableitung gehen ja nur Tupel der gleichen Äquivalenzklasse und Tupel aus I ein. Da die Äquivalenzklassen außerdem disjunkt sind und jede Klasse nicht leer ist (Nichttrivialität), besitzen sie somit die gleichen Eigenschaften, wie die Ausgaben der reduzierten Versionen eines zerlegbaren Programms.

Für pivotierende Programme ist es möglich, eine derartige Äquivalenzrelation zu definieren. Der Pivot $\vec{v}_q$ eines intensionalen Prädikats q ist ein Vektor von Gewichten für die Attribute von q. Für jedes intensionale Prädikat q wird eine Gewichtsfunktion f_q durch

$$f_q(\vec{a}, \vec{v}_q) := \sum_{i=1}^{|q|} v_q[i] * a[i]$$

erklärt. Ein pivotierendes Programm P garantiert, daß in einen ableitbaren Fakt $q(\vec{a}) \in O(P, I)$ nur intensionale Fakten $p(\vec{b}) \in O(P, I)$ eingehen, die die Gleichung $f_q(\vec{a}, \vec{v}_q) = f_p(\vec{b}, \vec{v}_p)$ erfüllen. Zwei ableitbare Fakten $p_1(\vec{x}_1)$, $p_2(\vec{x}_2) \in O(P, I)$ heißen äquivalent, falls $f_{p_1}(\vec{x}_1, \vec{v}_{p_1}) = f_{p_2}(\vec{x}_2, \vec{v}_{p_2})$. Wir werden später zeigen, daß sich von der Äquivalenzklasse auf das Teilprogramm schließen läßt. Doch zunächst wollen wir darlegen, wie eine automatisierte Bestimmung der Pivots möglich ist. Wir definieren dafür eine Funktion $\prod$, die als Eingabe ein Literal $q(\vec{X})$ und einen Zahlenvektor $\vec{v}_q \in Nat_0^{|q|}$ erhält. $\vec{v}_q$ gibt für jedes Argument eines Literals mit Prädikat q einen Duplizitätsfaktor an. $\prod(q(\vec{X}), \vec{v}_q)$ ist die Multimenge von Werten, die man erhält, wenn man jedes Argument von $q(\vec{X})$ so oft herausprojeziert, wie der entsprechende Faktor aus $\vec{v}_q$ angibt. So ergibt zum Beispiel $\prod(q(W, X, X, Z, 3), \langle 0, 2, 2, 0, 1 \rangle) = \{X, X, X, X, 3\}$. X steht an der zweiten und dritten Stelle von $q(W, X, X, Z, 3)$. Es wird jeweils zweimal herausprojeziert und kommt also insgesamt viermal in der Ergebnismenge vor. Das fünfte Argument ist die Konstante 3. Sie wird nur einmal in die Ergebnismenge übernommen. Alle anderen Argumentwerte gehen in das Ergebnis nicht ein, weil der entsprechende Vektorwert 0 ist.

Definition 4

Sei P ein Programm mit der Menge $Q = \{q_1, ..., q_n\}$ von intensionalen Prädikaten. Eine Regel $r \in P$ mit Kopf $q(\vec{X})$ heißt *pivotierend* mit der Vektormenge $\{\vec{v}_s \mid \vec{v}_s \in Nat_0^{|s|}, \ s \in Q\}$, falls gilt:

$$\forall p(\vec{Y}) \in B(r),\ p \in Q : \prod(q(\vec{X}), \vec{v}_q) = \prod(p(\vec{Y}), \vec{v}_p)$$

Die Menge $\{\vec{v}_s \mid \vec{v}_s \in Nat_0^{|s|},\ s \in Q\}$ heißt eine *Pivot-Menge* von r und jedes Element $\vec{v}_s$ nennen wir einen *Pivot* von s. □

Betrachten wir als Beispiel die Regel r: `f(X,X,B,4) :- f(X,4,C,X),d(C,X,4,B).` mit den beiden intensionalen Prädikaten d und f, dann pivotiert r mit der Menge $\{\langle 0,2,1,0\rangle_d, \langle 1,1,0,1\rangle_f\}$. Wir fragen uns, wie man die Pivot-Menge für eine Regel algorithmisch bestimmen kann. Es zeigt sich, daß man die Berechnung einer Pivot-Menge auf die Lösung eines linearen Gleichungssystems zurückführen kann. Wir bezeichnen den Wert eines Pivots für q an der Stelle i mit x_{qi}. Die Gleichungen ergeben sich aus der syntaktischen Struktur der Regel. Betrachten wir also eine Regel r mit dem Kopfliteral $q(\vec{X})$. Für jede Kombination eines unterschiedlichen Wertes $W \in \vec{X}$ mit einem intensionalen Literal $p(\vec{Y}) \in B(r)$ ist die Gleichung

$$\sum_{i \in S(q(\vec{X}),W)} x_{qi} = \sum_{i \in S(p(\vec{Y}),W)} x_{pi}$$

zu bilden. $S(s(\vec{Z}), W)$ ist eine Menge von Indizes, an denen das Literal $s(\vec{Z})$ den Wert W hat, d.h. $S(s(\vec{Z}), W) := \{j \mid Z[j] = W,\ j = 1, ..., |s|\}$. Falls $S(s(\vec{Z}), W) = \emptyset$, dann definieren wir $\sum_{i \in \emptyset} x_{si} := 0$. Das so entstandene lineare homogene (m,n)-Gleichungssystem ist zu lösen. Es besitzt immer die triviale Lösung, den Nullvektor. Gibt es eine nichttriviale Lösung, so ist die Lösungsmenge ein Untervektorraum der geordneten n-Tupel reeller Zahlen. Weil die Koeffizienten der Gleichungen ganzzahlig sind, gibt es in der Lösungsmenge einen ganzzahligen Lösungsvektor. Die Komponenten dieses Lösungsvektors sind Elemente von Pivots einer möglichen Pivot-Menge. Die Elemente eines Pivots, die durch das Gleichungssystem nicht bestimmt werden, haben den Wert 0.

Unsere obige Regel r hat im Kopf drei unterschiedliche Werte X, B und die Konstante 4. Im Rumpf von r gibt es zwei intensionale Literale. Wir können also die 6 Gleichungen

$$\begin{aligned}
x_{f1} + x_{f2} &= x_{f1} + x_{f4} & x_{f1} + x_{f2} &= x_{d2}\\
x_{f3} &= 0 & x_{f3} &= x_{d4}\\
x_{f4} &= x_{f2} & x_{f4} &= x_{d3}
\end{aligned}$$

aufstellen. Die Lösung des Gleichungssystems ist nicht eindeutig. Es können 2 Variablen frei gewählt werden. Wir wählen $x_{f1} = x_{f2} = 1$. Dann ergeben sich die restlichen Werte zu $x_{f3} = x_{d4} = 0$, $x_{d2} = 2$ und $x_{f4} = x_{d3} = 1$. Der erste Wert des Pivots für das Prädikat d konnte durch das Gleichungssystem nicht bestimmt werden. Es gilt deshalb $x_{d1} = 0$. Wir bekommen somit die bereits oben angegebene Pivot-Menge für die Regel r.

Definition 5

Sei P ein Programm mit den intensionalen Prädikaten $q_1, ..., q_n$. Die Menge von Vektoren $\{\vec{v}_{q_1}, ..., \vec{v}_{q_n}\}$ heißt *Pivot-Menge* von P, falls mindestens einer der Vektoren nicht der Nullvektor ist und jede Regel $r \in P$ mit der Menge $\{\vec{v}_{q_1}, ..., \vec{v}_{q_n}\}$ pivotiert. □

Die Pivot-Menge für ein Programm P wird berechnet, indem man das Gleichungssystem löst, das sich ergibt, wenn man die Gleichungen, die aus jeder Regel von P zu bilden sind, zusammen betrachtet. Besitzt das System nur die triviale Lösung, dann bedeutet dies, daß das Programm keine Pivot-Menge besitzt. Für das even-odd-Programm P_1 ergibt sich das Gleichungssystem

$$x_{even_1} = 0 \qquad\qquad x_{odd_1} = 0$$
$$x_{even_2} = x_{odd_2} \qquad\qquad x_{odd_2} = x_{even_2}$$

Die beiden linken Gleichungen folgen aus der zweiten Regel von P_1 und die rechten Gleichungen wurden aus der dritten Regel von P_1 gebildet. Das System ist unterbestimmt. Wir können entweder den Wert von x_{even_2} oder den Wert von x_{odd_2} frei wählen. Setzen wir z.B. $x_{even_2} = 1$, dann ergibt sich die Pivot-Menge für P_1 zu $\{\langle 0, 1 \rangle_{odd}, \langle 0, 1 \rangle_{even}\}$.

Die Definition einer Pivot-Menge in [WS88] ist ein Speziallfall von Definition 5. In [WS88] werden Sirups behandelt. Damit gibt es genau ein intensionales Prädikat q und die Pivot-Menge besteht dann aus einem Element. Es wird verlangt, daß der Pivot-Vektor für q nur die Werte 0 oder 1 haben darf. Die Menge von Indizes, an denen der Vektor den Wert 1 hat, ist die Pivot-Menge des Sirups im Sinne von [WS88]. Die Einschränkung der Vektorargumente auf die Werte 0 und 1 ist selbst für Sirups eine restriktive Forderung, die die Menge der behandelbaren Programme weiter verkleinert. Man betrachte zum Beispiel den folgenden Sirup, der aus den beiden Regeln

```
q(A,B,C,D,E) :- p(A,B,C,D,E).
q(X,Y,Y,X,Z) :- q(X,X,Y,Y,W),q(X,Y,X,Y,W),q(Y,X,X,X,Z).
```

besteht. Nach der Definition aus [WS88] läßt sich für dieses Programm keine Pivot-Menge finden. Nach unserer Definition ist $\vec{v}_q = \langle 2, 1, 1, 1, 0 \rangle$ aber ein Pivot. Betrachten wir als weiteres Beispiel das Programm P_2 mit den sieben Regeln r1 bis r7.

```
r1:  d(A,B,C,D) :- e(A,B,C,D).
r2:  g(A,B,C,D) :- a(A,B,C,D).
r3:  e(A,B,C,D) :- g(D,C,B,A).
r4:  e(A,B,C,D) :- b(A,X,Y,D),e(Y,B,C,X).
r5:  f(A,B,C,D,E) :- c(A,B,C,D,E).
r6:  f(A,X,X,Y,B) :- f(A,X,Y,X,C),d(C,X,Y,B).
r7:  d(A,X,Y,B) :- f(A,Y,X,X,C),d(C,X,Y,B).
```

Das entsprechende Gleichungssystem besteht aus 28 Gleichungen, die wir aus Platzgründen nicht angeben. Das Gleichungssystem besitzt nichttriviale Lösungen, d.h. das Programm P_2 pivotiert. $\{\langle 0, 2, 1, 0 \rangle_d, \langle 0, 2, 1, 0 \rangle_e, \langle 0, 1, 1, 1, 0 \rangle_f, \langle 0, 1, 2, 0 \rangle_g\}$ ist eine Pivot-Menge für P_2. Der folgende Satz gibt nun an, wie die reduzierten Versionen von P zu bilden sind. Ein Beweis des Satzes findet man im Anhang.

Satz:

Sei P ein Programm mit den intensionalen Prädikaten $q_1, ..., q_m$ und $\{\vec{v}_{q_1}, ..., \vec{v}_{q_m}\}$ eine Pivot-Menge für P. Falls die Exit-Regeln von P keine Konstanten und keine evaluierbaren Literale besitzen, dann ist P zerlegbar. Für $n > 1$ erhält man aus P die i-te reduzierte Version P_i, $1 \leq i \leq n$, durch Anhängen der Selektionsbedingung

$$\left(\sum_{j=1}^{|q|} v_q[j] * X[j] \right) \bmod n = i - 1$$

an jede Exit-Regel von P mit dem Kopfliteral $q(\vec{X})$. $\qquad\qquad\qquad\qquad\square$

Das Programm P_1 besitzt zwei intensionale Prädikate und wie bereits gezeigt ist $\{\langle 0, 1 \rangle_{odd}, \langle 0, 1 \rangle_{even}\}$ eine Pivot-Menge für P_1. Damit ist nun klar, wie die $n > 1$ reduzierten Versionen $P_{11}, ..., P_{1n}$ von P_1

gefunden wurden. Für das pivotierende Programm P_2 sind r2 und r5 die Exit-Regeln. Folglich ist das Programm zerlegbar und die i-te reduzierte Version besitzt die veränderten Exit-Regeln

```
r2ᵢ:  g(A,B,C,D) :- a(A,B,C,D), (B + 2 * C) mod n = i - 1.
r5ᵢ:  f(A,B,C,D,E) :- c(A,B,C,D,E), (B + C + D) mod n = i - 1.
```

4 Eine Architektur für die parallele Evaluierung

Die vorgestellte Strategie zur parallelen Evaluierung von Datalog-Programmen ist unabhängig von einer zugrundeliegenden Hardware-Architektur. Sie kann sowohl zentral auf einem Mehrprozessor-rechner als auch dezentral in einer Umgebung miteinander vernetzter Rechner realisiert werden, die in der Lage sind, untereinander zu kommunizieren. Aufgrund der Gegebenheiten haben wir die zweite Konfiguration als Basis für unsere Implementierung gewählt. Unsere Rechnerkonfiguration besteht aus einer Menge von SUN3-60 Workstations, die durch Ethernet miteinander verbunden sind. Jeder Rechner besitzt eine lokale 300 MBytes Platte.

Eine ähnliche Konfiguration wurde zu Beginn auch für die Realisierung des Datenbanksystems Bubba verwendet [BA90]. Das Bubba Projekt hat die Entwicklung eines Datenbanksystems zum Ziel, das Datenbankanwendungen hochgradig parallel ausführt. Die aktuelle Version von Bubba ist auf einem Multiprozessorrechner mit 40 Knoten implementiert. Wir halten diese Hardware-Architektur für geeigneter um Datalog-Programme parallel auszuführen, weil die Übertragung von Daten in einem Mehrprozessorrechner meist durch einen leistungsfähigen Datenbus erfolgt, so daß die Übertragungs-dauern kürzer als im Netzwerk sind. In unserer Architektur von vernetzten SUN3-60 Workstations wurden aber schon erhebliche Effizienzsteigerungen bei der Auswertung beobachtet.

Die bottom-up Auswertung eines Datalog-Programms erfolgt durch den semi-naiven Algorithmus [BR86]. Jede Regel wird in einen relationalen Ausdruck umgewandelt, der bei der Evaluierung der Regel ausgewertet wird. Für die Berechnung von relationalen Ausdrücken wird das Datenbanksystem University Ingres [SWH76] verwendet. Abbildung 1 soll die Arbeitsweise von Ingres verdeutlichen.

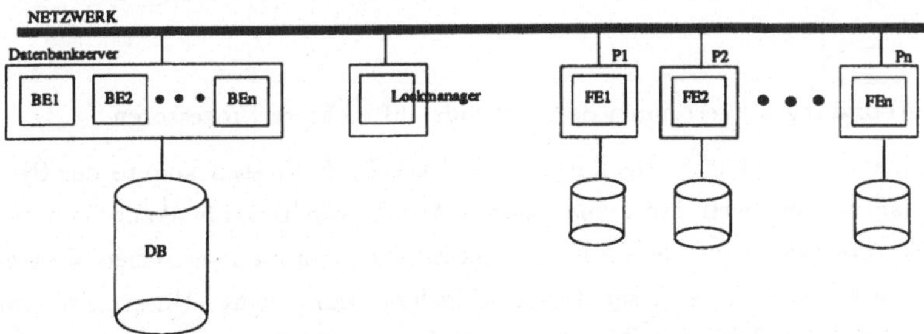

Abbildung 1: Mehrere Ingres-Anwendungen im lokalen Netz

Der Lockmanager ist ein Prozeß, der den konsistenten Zugriff auf die Datenbank regelt. Von ihm holen sich die einzelnen Datenbankanwendungen während ihrer Ausführung die entsprechenden Zu-griffsrechte auf benötigte Datenbankseiten.

Jede Datenbankanwendung in Ingres spaltet sich in zwei Prozesse, das Frontend (FE) und das Back-end (BE). Das Frontend übernimmt die Kommunikation mit dem Benutzer und liest z.B. die Eingabe vom Terminal oder gibt die erhaltenen Tupel einer Anfrage aus. Ein Frontend-Prozeß kann auf einem beliebigen Prozessor gestartet werden. Das Backend ist für die eigentliche Ausführung der Datenbankoperationen zuständig. Benötigt ein Backend-Prozeß den Zugriff auf eine Datenbankseite, so muß zunächst einee Zugriffsberechtigung vom Lockmanager angefordert werden. Erst wenn die Berechtigung erfolgt ist, beginnt das Lesen oder Schreiben der Seite. Alle Backendprozesse müssen auf dem Datenbankserver gestartet werden. Der Datenbankserver ist der Rechner, auf dessen Platte die Datenbank gespeichert ist. Diese Einschränkung muß gefordert werden, damit Schreiboperationen in die Datenbank konsistent ausgeführt werden. Zur Verbesserung des Datendurchsatzes werden nämlich Schreiboperationen von UNIX gepuffert. Dieser Mechanismus gilt auch für Daten, die mit Hilfe von NFS geschrieben werden. Für Backend-Prozesse auf verschiedenen Rechnern kann es durch die Pufferung zum Vertauschen von Schreibzugriffen auf die Datenbank kommen. Die Konsistenz der Datenbank ist nicht mehr gewährleistet.

Eine echte parallele Berechnung ist nicht zu erzielen, falls alle Backend-Prozesse auf einem Rechner laufen. Sie werden durch das Multitasking von UNIX nur simultan abgearbeitet aber nicht wirklich parallel. Für eine echte parallele Berechnung müssen die Backend-Prozesse auf mehrere Rechner verteilt werden. Eine Verteilung wird durch die Einführung eines Systempuffers möglich. Ein zuständiger Systempufferverwalter besitzt als einziger den direkten Lese- bzw. Schreibzugriff auf die Datenbank. Er stellt Datenbankseiten in einem internen Puffer zur Verfügung. Die Backend-Prozesse kommunizieren nun über den Systempufferverwalter mit der Datenbank. Abbildung 2 verdeutlicht die neue Konstellation. Zusammengehörige Frontends und Backends werden dabei auf dem gleichen Rechner gestartet, was eine schnellere Kommunikation unter den beiden Prozessen zur Folge hat.

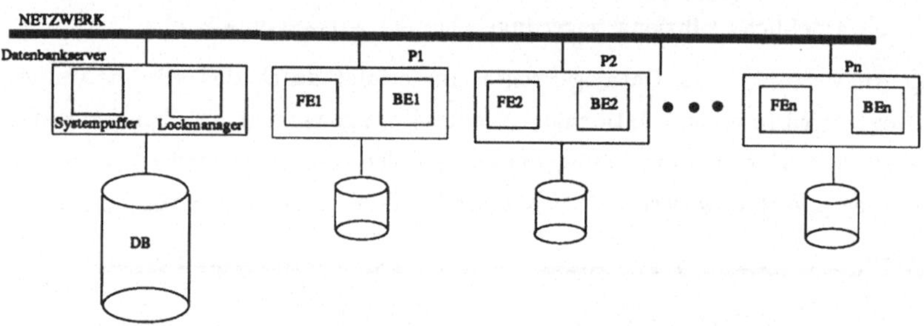

Abbildung 2: Verteilung der Backends auf mehrere Prozessoren

Bei einer großen Anzahl von gleichzeitig arbeitenden Backend-Prozessen könnte der Systempuffer zum Leistungsengpaß werden, weil dann eine erhöhte Anzahl von Datenbankzugriffen zu erwarten ist. Durch eine geeignete Wahl einer Seitenersetzungsstrategie kann man versuchen, diesem Nachteil entgegenzuwirken. In [Eff81] wurde dieser Aspekt eingehend untersucht. Unsere Systempufferverwaltung verwendet den Second-Chance-Algorithmus [Eff81] zur Seitenersetzung. Weiterhin werden bei unserer Implementierung nur die Seiten des Data Dictionary und die Seiten der intensionalen Relationen durch den Systempuffer verwaltet, da dies die einzigen Seiten sind, auf die während der Auswertung eines Datalog Programms alle Prozessoren schreibend zugreifen. Bei den durchgeführten Leistungstests hat sich der Systempuffer nicht als Engpaß erwiesen.

Die Einführung eines Systempuffers erlaubt eine freie Zuordnung von Backend-Prozessen zu Prozessoren. Lockmanager und Systempufferverwalter können ebenfalls auf einem beliebigen Rechner installiert werden. Um die Übertragungsdauer von Datenbankseiten beim Lesen oder Schreiben möglichst klein zu halten, empfiehlt es sich, die Systempufferverwaltung auf dem Datenbankserver zu installieren. Der Datentransfer ist dann um ein Vielfaches schneller, weil die Übertragungsrate zwischen Hauptspeicher und externer Platte größer als die Übertragungsrate über das Netz ist.

Die parallele Auswertung eines Datalog-Programms durch einen Backend-Prozeß erfolgt durch die Erzeugung mehrerer Sub-Backend-Prozesse (SBE). Ein Sub-Backend-Prozeß ist in der Lage, alle für die Evaluierung eines Programms benötigten Datenbankoperationen auszuführen. Gemäß der Zerlegung eines Programms werden n Sub-Backend-Prozesse eingerichtet. Sie sollten verschiedenen Prozessoren zugewiesen werden, um eine größtmögliche Parallelität zu erzielen. Es können aber auch mehrere Sub-Backend-Prozesse auf einem Rechner gestartet werden. Anschließend versendet der Backend-Prozeß die n Teilprogramme, in die das ursprüngliche Programm zerlegt wurde, an die Sub-Backends. Jedes Sub-Backend berechnet das ihm zugeordnete Teilprogramm. Temporäre Relationen, die zur Berechnung nötig sind und die partiellen intensionalen Relationen jedes Sub-Backends werden auf der lokalen Platte des Rechners und nicht in der Datenbank angelegt. Dadurch entsteht ein schnellerer Zugriff auf die Daten. Nach der Terminierung wird die Kontrolle wieder an den übergeordneten Backend-Prozeß zurückgegeben.

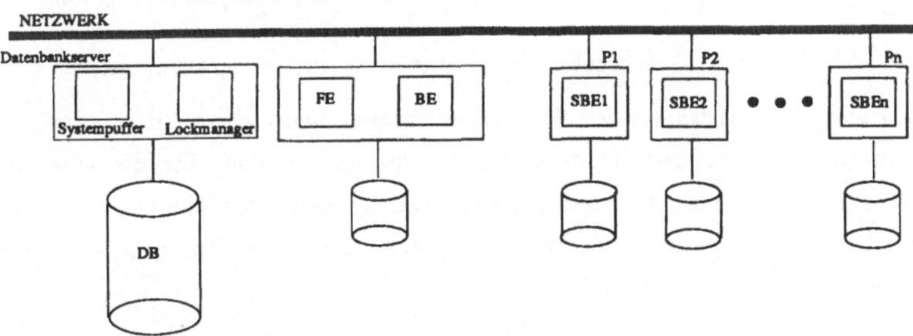

Abbildung 3: Architektur für die parallele Berechnung von Datalog-Programmen

5 Experimentelle Ergebnisse

Um die Effizienz der parallelen Auswertungsstrategie zu demonstrieren, haben wir mehrere Tests durchgeführt. Die Ergebnisse sind in [Isc90] ausführlich beschrieben. Wir stellen hier die Resultate vor, die mit drei Beispielprogrammen erzielt wurden. Die Programme wurden mit jeweils zwei verschiedenen Ausprägungen für die extensionalen Relationen berechnet. Die Anzahl der verwendeten Prozessoren variierte dabei zwischen 1 und 9. Als erstes Testbeispiel dient das Programm P_1 aus Kapitel 1. Wir geben das Datalog-Programm nochmals an.

```
odd(X,Y)  :- edge(X,Y).
even(X,Y) :- edge(X,Z), odd(Z,Y).
odd(X,Y)  :- edge(X,Z), even(Z,Y).
```

Wir haben das Programm mit einem zusammenhängenden Graphen ausgewertet, der aus 180 Knoten bestand. Jeder Knoten hatte durchschnittlich drei Nachfolger. Insgesamt gab es 491 Kanten. Die intensionale Relation **even** enthielt 6930 Tupel und die Relation **odd** 7260 Tupel. Der zweite Test wurde mit einem vollen binären Baum der Höhe 11 durchgeführt. Auf jedem Level i, $i \in \{0, ..., 10\}$, befanden sich 2^i Knoten. Die intensionale Relation **even** enthielt dann 3756 Tupel und odd bestand aus 4438 Tupeln. Die gemessenen Antwortzeiten sind in der Abbildung 4 dargestellt. Es wurde in beiden Fällen eine logarithmische Verkürzung der Antwortzeiten festgestellt. Bei der Verwendung von 6 Prozessoren erhält man im zweiten Fall den Wert 6.37 als maximalen Beschleunigungsfaktor. Den besten Wert von 1.21 für die Effizienzverbesserung wurde aber bereits mit 2 Prozessoren erreicht. Der *Beschleunigungsfaktor* mit n Prozessoren ergibt sich aus der Division der gemessenen Evaluierungsdauer mit n Prozessoren durch die Dauer für eine Einprozessorauswertung. Die *Effizienzverbesserung* ist der Quotient aus Beschleunigungsfaktor und Anzahl verwendeter Prozessoren.

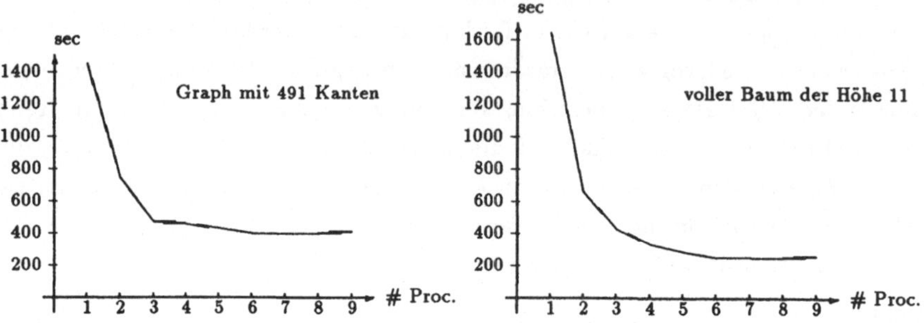

Abbildung 4: Testergebnisse für das even-odd-Programm

Mit 8 Prozessoren wurde ein Ansteigen der Auswertungsdauer beobachtet. Hier scheint ein Punkt erreicht, an dem durch die Zerlegung Teilprogramme entstanden sind, für die eine Mindestauswertungsdauer benötigt wird, die nicht unterschritten werden kann. Der leichte Anstieg kann durch längere Wartezeiten bei der Kommunikation mit der Systempufferverwaltung erklärt werden, deren Auslastung mit steigender Prozessorzahl wächst.

Das nächste Beispiel soll alle Wege in einem Graphen ermitteln, die an bestimmten Knoten starten. Wir legen dabei ein Datalog-Programm zugrunde, das zunächst alle Wege beschreibt. Das Programm besteht aus den beiden Regeln

```
path(X,Y) :- edge(X,Y).
path(X,Y) :- path(X,Z), edge(Z,Y).
```

Die Lösung unseres Problems ist die Antwortmenge auf die Anfrage `?- start(A),path(A,B).` Die extensionale Relation **start** enthält die Startknoten. Um nur die anfrage-relevanten Tupel der Relation **path** zu bestimmen, wenden wir zunächst die Magic-Sets-Optimierung an. Als Ergebnis erhalten wir das neue veränderte Programm

```
path1(X,Y) :- start(X), edge(X,Y).
path1(X,Y) :- path1(X,Z), edge(Z,Y).
```

path1 beschreibt die anfrage-relevanten Tupel der Relation **path**. Unsere parallele Strategie wird auf das neue Programm angewendet. Als Eingabedaten verwenden wir den ersten Graphen, der bereits für das even-odd Beispiel benutzt wurde und einen weiteren Graphen mit 150 Knoten und 409 Kanten, wobei jeder Knoten durchschnittlich drei Nachfolger hat. **start** enthält 32 Tupel. Mit dem ersten Graphen ergeben sich 3174 Tupel für die Relation **path1** und mit dem zweiten Graphen sind es 2289 Lösungen. Die Antwortzeiten sind der Abbildung 5 zu entnehmen.

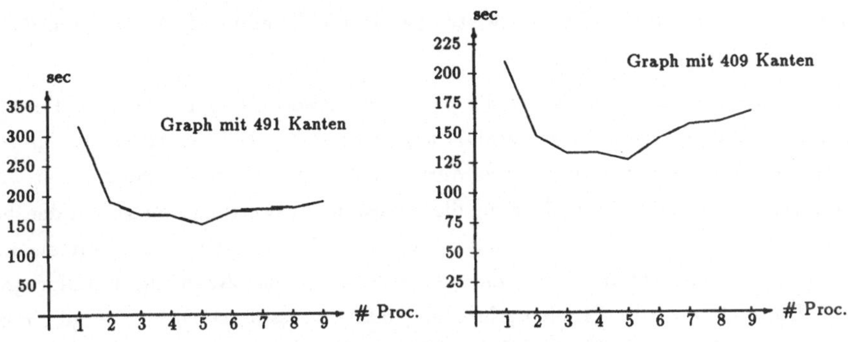

Abbildung 5: Testergebnisse für die Relation path1

Die Berechnung der intensionalen Tupel mit einem Prozessor dauerte hier nicht so lange, wie für P_1. Dies bedeutet, daß die Problemgröße klein ist. Deshalb wurde jeweils mit zwei Prozessoren die größte Effizienzsteigerung erreicht. Die Verwendung von mehr Prozessoren führte zu keiner weiteren Beschleunigung. Es wurde im Gegenteil ab 5 Prozessoren wieder ein Ansteigen der Auswertungsdauer beobachtet, wofür wir die gleiche Erklärung haben, wie im Fall des even-odd Beispiels. Aufgrund der kleinen Problemgröße tritt der Effekt hier schon mit wenigen Prozessoren zu Tage.

Das dritte Programm beschreibt alle einfachen Kantenzüge in einem gewichteten Graphen. Das entsprechende Datalog-Programm lautet

```
path2(X,Y) :- edge(X,Y,1).
path2(X,Y) :- edge(X,Z,1), path2(Z,Y).
```

Die Relation edge enthält die Kanten des gewichteten Graphen. Ein Tupel (A,B,C) der Relation edge besagt, daß es eine Kante von A nach B gibt, die mit dem Wert C gewichtet ist. Kanten mit dem Gewicht 1 heißen einfach gewichtete Kanten. Die intensionale Relation path2 enthält alle Paare (A,B) von Knoten, die über einen Kantenzug aus einfach gewichteten Kanten verbunden sind. Für die beiden Tests wurden zwei zusammenhängende Graphen gewählt, die jeweils 440 Knoten und 16000 Kanten hatten. Jeder Knoten besaß durchschnittlich 3 Nachfolger. Die Kantengewichte wurden durch einen Zufallszahlengenerator erzeugt. Für den ersten Graphen lagen die Zufallszahlen im Bereich zwischen 0 und 28. Für den zweiten Graphen wurden Zufallszahlen im Bereich zwischen 0 und 24 erzeugt. Damit erhielt man für die Relation path2 im ersten Fall 6351 Tupel und im zweiten Fall 9702 Tupel. Abbildung 6 zeigt die gemessenen Resultate.

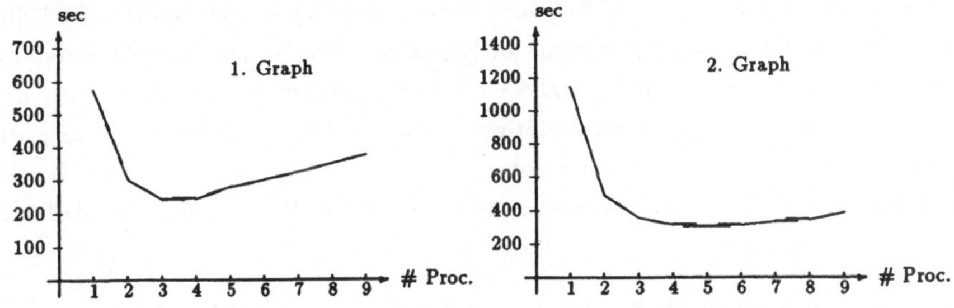

Abbildung 6: Testergebnisse für die Relation path2

Auch hier konnte eine Effizienzverbesserung beobachtet werden. Die schnellste Berechnung wurde im ersten Fall mit 3 Prozessoren erreicht. Im zweiten Fall wurde die minimale Auswertungsdauer bei der Verwendung von 5 Prozessoren erzielt.

In allen unseren Beispielen haben wir durch die parallele Auswertung eine schnellere Berechnung der Programme gegenüber der Einprozessorevaluierung festgestellt. Dabei zeigte sich, daß bei der Verwendung von 2 bis 3 Prozessoren die größten Werte für die Effizienzverbesserung erzielt wurden. Die größten Beschleunigungsfaktoren und damit die kürzesten Auswertungsdauern wurden bei der Verwendung von 3 bis 6 Prozessoren festgestellt. Nach Erreichen des Minimums war ein leichtes Ansteigen der Zeiten zu beobachten. Dies kann mit der Strategie der Zerlegung in Teilprogramme erklärt werden. Dadurch wird die Problemgröße für jeden Prozessor reduziert. Es gibt nun eine Problemgröße, ab der sich eine weitere Reduktion nicht mehr auf die Auswertungsdauer auswirkt. Im ersten Beispiel haben wir z.B. bei der Aufteilung in 6 Teilprogramme eine Reduktion auf diese Problemgröße erhalten. Jede weitere Zerlegung erzeugt dann zwar noch kleinere Teilprobleme, die aber in keiner kürzeren Zeit zu lösen sind. Die längeren Wartezeiten bei der Kommunikation mit dem Systempuffer bewirken schließlich das Ansteigen der Gesamtauswertungsdauer.

6 Zusammenfassung und Ausblick

Für zerlegbare Datalog-Programme haben wir eine parallele Evaluierungsstrategie beschrieben, die keine Kommunikation und Synchronisation unter den verwendeten Prozessoren erfordert. Um zu entscheiden, ob ein Programm zerlegbar ist, wurde der Pivot-Begriff aus [WS88] auf Programme mit beliebig vielen Regeln übertragen. Es wurde gezeigt, daß pivotierende Programme zerlegbar sind. Wir haben einen Algorithmus zur Ermittlung der Pivot-Menge eines Programms vorgestellt.

Es wurde eine Architektur beschrieben, in der die parallele Evaluierungsstrategie implementiert ist. Zur Ausführung von Basisoperationen wird dabei das relationale Datenbanksystem University Ingres eingesetzt. Anhand von drei Beispielprogrammen haben wir die parallele Vorgehensweise experimentell getestet. In allen Fällen wurde eine Leistungssteigerung festgestellt. Es zeigte sich, daß bereits die Verwendung von 2 bis 3 Prozessoren eine erhebliche Verkürzung der Auswertungsdauer gegenüber der Einprozessorauswertung zur Folge hat. Es wurde aber auch beobachtet, daß der Beschleunigungsfaktor mit steigender Anzahl von Prozessoren nicht kontinuierlich zunimmt. Es gibt einen Maximalwert für den Beschleunigungsfaktor, der von vielen verschiedenen Faktoren abhängt.

Die Idee der Programmreduktion kann auf beliebige Programme angewendet werden [GST90]. Für die parallele Evaluierung ist dann im allgemeinen eine Kommunikation unter den verwendeten Prozessoren notwendig. Wir wollen in Zukunft parallele Auswertungsalgorithmen untersuchen, die eine Kommunikation zwischen den Prozessoren benötigen. Wir stellen uns dabei die Frage, wie der Aufwand für die Kommunikation minimiert werden kann. Wir wollen außerdem den bereits implementierten Prototyp auf einen Mehrprozessorrechner portieren. Wir erhoffen uns dadurch eine weitere Leistungssteigerung.

Danksagung: Wir danken Stefan Ischner, der die Zeitmessungen der Beispielprogramme durchführte. Er implementierte ebenfalls Teile der Systempufferverwaltung und der Parallelisierungskomponente des Prototyps.

Literaturliste

[AP87]   F. Afrati and C.H. Papadimitriou. The Parallel Complexity of Simple Chain Queries. In *Proc. of the 6th ACM Symposium on Principles of Database Systems*, pages 210–213, 1987.

[BA90]   H. Boral and W. Alexander. Prototyping Bubba, A Highly Parallel Database System. *ACM Transactions on Knowledge and Data Engineering*, Vol.2(No.1):4–24, 1990.

[BR86]   F. Bancilhon and R. Ramakrishnan. An Amateur's Introduction to Recursive Query Processing Strategies. In *Proc. of ACM SIGMOD Int. Conference on Management of Data*, pages 16–52, 1986.

[CK86]   S.S. Cosmadakis and P.C. Kanellakis. Parallel Evaluation of Recursive Rule Queries. In *Proc. of the 5th ACM Symposium on Principles of Database Systems*, pages 280–293, 1986.

[CW89]   S. Cohen and O. Wolfson. Why a Single Parallelization Strategie is not enough in Knowledge Bases. In *Proc. of the 8th ACM Symposium on Principles of Database Systems*, 1989.

[Eff81]   W. Effelsberg. *Systempufferverwaltung in Datenbanksystemen*. PhD thesis, Technische Hochschule Darmstadt, 1981.

[GST90]   S. Ganguly, A. Silberschatz, and S. Tsur. A Framework for the Parallel Processing of Datalog Queries. In *Proc. of the ACM SIGMOD Int. Conference on Management of Data*, pages 143–152, 1990.

[Isc90]   S. Ischner. Analyse einer parallelen Auswertungsstrategie für Datalog-Programme, 1990. Diplomarbeit an der Universität Mannheim.

[Kan86]   P.C. Kanellakis. Logic Programming and Parallel Complexity. In *Proc. of the ICDT Int. Conference on Database Theory*, pages 1–30. Springer Verlag, 1986. Lecture Notes in Computer Science, 243.

[MUVG86]   K. Morris, J. Ullman, and A. Van Gelder. Design Overview of the NAIL System. In *Proc. of the 3rd Int. Conference on Logic Programming*, pages 554–568, 1986. Lecture Notes in Computer Science, 225.

[NT89]   S. Naqvi and S. Tsur. *A Logical Language for Data and Knowledge Bases*. Computer Science Press, 1989.

[SWH76]   M. Stonebraker, E. Wong, and G. Held. The Design and Implementation of INGRES. *ACM Transactions on Database Systems*, Vol.1(No.3):189–222, 1976.

[Ull88]   J.D. Ullman. *Principles of Database and Knowledgebase Systems*. Computer Science Press, 1988.

[UVG88]   J.D. Ullman and A. Van Gelder. Parallel Complexity of Logical Query Programs. *Algorithmica*, Vol.3:5–42, 1988.

[WO90]   O. Wolfson and A. Ozeri. A New Paradigm for Parallel and Distributed Rule-Processing. In *Proc. of the ACM SIGMOD Int. Conference on Management of Data*, pages 133–142, 1990.

[Wol88]   O. Wolfson. Sharing the Load of Logic Program Evaluation. In *Proc. of the Int. Symposium on Databases in Parallel and Distributed Systems*, pages 46–55, 1988.

[WS88]   O. Wolfson and A. Silberschatz. Distributed Processing of Logic Programs. In *Proc. of the ACM SIGMOD Int. Conference on Management of Data*, pages 329–336, 1988.

Anhang

Lemma:

Sei P ein Programm mit den intensionalen Prädikaten $q_1, ..., q_m$ und $\{\vec{v}_{q_1}, ..., \vec{v}_{q_m}\}$ eine Pivot-Menge für P. Für $n > 1$ sei P_i, $1 \leq i \leq n$, die i-te reduzierte Version von P, die durch Anhängen der Selektionsbedingung

$$(\sum_{j=1}^{|q|} v_q[j] * X[j]) \bmod n = i - 1$$

an jede Exit-Regel von P mit Kopfliteral $q(\vec{X})$ gebildet wird. Für jede Eingabe I gilt nun: Falls $q(\vec{a}) \in O(P, I)$, dann existiert ein $i_0 \in \{1, ..., n\}$, so daß gilt:

$$f_q(\vec{a}, \vec{v}_q) \bmod n = i_0 - 1 \quad \Leftrightarrow \quad q(\vec{a}) \in O(P_{i_0}, I)$$

Beweis:

"$\Rightarrow$": Beweis durch Vollständige Induktion über die Länge einer Ableitung für $q(\vec{a})$.

Induktionsbasis: Sei $q(\vec{a}) \in O(P, I)$ in einem Schritt aus I, Θ und $r \in P$ ableitbar. r ist dann eine Exit-Regel. Betrachte nun das Programm P_{i_0} und die Regel $r' \in P_{i_0}$, die durch Anhängen der Bedingung

$$(\sum_{j=1}^{|q|} v_q[j] * X[j]) \bmod n = i_0 - 1$$

an den Rumpf der Regel r erhalten wird. Es gilt dann $f_q(\vec{a}, \vec{v}_q) \bmod n = i_0 - 1$, d.h. $q(\vec{a})$ ist in einem Schritt aus I, Θ und r' ableitbar, also $q(\vec{a}) \in O(P_{i_0}, I)$.

Induktionsschritt: Sei $q(\vec{a}) \in O(P, I)$ in $k > 1$ Schritten aus I, Θ und $r \in P$ ableitbar. r ist dann keine Exit-Regel und jedes intensionale Teilziel $p(\vec{Y}\Theta)$ im Rumpf von r ist in $m < k$ Schritten ableitbar. Weil P pivotiert gilt für alle $p(\vec{Y}) \in B(r)$, $p \in \{q_1, ..., q_m\} : \prod(q(\vec{X}), \vec{v}_q) = \prod(p(\vec{Y}), \vec{v}_p)$ und damit

$$f_q(\vec{a}, \vec{v}_q) = \sum_{x \in \prod(q(\vec{X}\Theta), \vec{v}_q)} x = \sum_{y \in \prod(p(\vec{Y}\Theta), \vec{v}_p)} y$$

Daraus folgt für alle $p(\vec{Y}) \in B(r)$, $p \in \{q_1, ..., q_m\}$

$$i_0 - 1 = f_q(\vec{a}, \vec{v}_q) \bmod n = (\sum_{y \in \prod(p(\vec{Y}\Theta), \vec{v}_p)} y) \bmod n = f_p(\vec{Y}\Theta, \vec{v}_p) \bmod n$$

Wegen der Induktionsannahme gilt nun: $\forall p(\vec{Y}) \in B(r)$, $p \in \{q_1, ..., q_m\} : p(\vec{Y}\Theta) \in O(P_{i_0}, I)$, d.h. $q(\vec{a})$ ist in k Schritten aus I, Θ und $r \in P_{i_0}$ ableitbar, also $q(\vec{a}) \in O(P_{i_0}, I)$.

"$\Leftarrow$": Beweis durch Vollständige Induktion über die Länge einer Ableitung für $q(\vec{a})$.

Induktionsbasis: Sei $q(\vec{a}) \in O(P_{i_0}, I)$ in einem Schritt aus I, Θ und $r \in P_{i_0}$ ableitbar. r ist dann eine Exit-Regel. Die Bedingung

$$(\sum_{j=1}^{|q|} v_q[j] * X[j]) \; mod \; n = i_0 - 1$$

im Rumpf der Regel r ist mit $\vec{a}$ für $\vec{X}$ erfüllt, d.h. es gilt $f_q(\vec{a}, \vec{v}_q) \; mod \; n = i_0 - 1$.

Induktionsschritt: Sei $q(\vec{a}) \in O(P_{i_0}, I)$ in $k > 1$ Schritten aus I, Θ und $r \in P_{i_0}$ ableitbar. r ist dann keine Exit-Regel und jedes intensionale Literal $p(\vec{Y}) \in B(r)$ ist in $m < k$ Schritten ableitbar, d.h. $\forall p(\vec{Y}) \in B(r)$, $p \in \{q_1, ..., q_m\} : p(\vec{Y}\Theta) \in O(P_{i_0}, I)$. Nach Induktionsvoraussetzung gilt dann für alle intensionalen Teilziele $p(\vec{Y}) \in B(r) : f_p(\vec{Y}\Theta, \vec{v}_p) \; mod \; n = i_0 - 1$. Weil r pivotiert gilt: $\exists p(\vec{Y}) \in B(r)$, $p \in \{q_1, ..., q_m\} : \prod(q(\vec{X}), \vec{v}_q) = \prod(p(\vec{Y}), \vec{v}_p)$. Daraus folgt

$$f_q(\vec{a}, \vec{v}_q) \; mod \; n = (\sum_{x \in \prod(q(\vec{X}\Theta), \vec{v}_q)} x \;) \; mod \; n = (\sum_{y \in \prod(p(\vec{Y}\Theta), \vec{v}_p)} y \;) \; mod \; n = f_p(\vec{Y}\Theta, \vec{v}_p) \; mod \; n = i_0 - 1$$

$\square$

Satz:

Sei P ein Programm mit den intensionalen Prädikaten $q_1, ..., q_m$ und $\{\vec{v}_{q_1}, ..., \vec{v}_{q_m}\}$ eine Pivot-Menge für P. Falls die Exit-Regeln von P keine Konstanten und keine evaluierbaren Literale besitzen, dann ist P zerlegbar. Für $n > 1$ erhält man aus P die i-te reduzierte Version P_i, $1 \leq i \leq n$, durch Anhängen der Selektionsbedingung

$$(\sum_{j=1}^{|q|} v_q[j] * X[j]) \; mod \; n = i - 1$$

an jede Exit-Regel von P mit dem Kopfliteral $q(\vec{X})$.

Beweis:

Wir müssen die Vollständigkeit, die Disjunktheit und die Nichttrivialität der Zerlegung zeigen. Wir nehmen dazu an, daß I eine Eingabemenge von Grund-Fakten ist.

1. Vollständigkeit: Sei $q(\vec{a}) \in O(P, I)$ und q ein intensionales Prädikat, dann existiert ein $i \in \{1, ..., n\}$, so daß $f_q(\vec{a}, \vec{v}_q) \; mod \; n = i - 1$. Mit dem Lemma folgern wir $q(\vec{a}) \in O(P_i, I)$ und schließlich:

$$\forall q(\vec{a}) \in O(P, I) : q(\vec{a}) \in \bigcup_{i=1}^{n} O(P_i, I) \quad \Rightarrow \quad O(P, I) \subseteq \bigcup_{i=1}^{n} O(P_i, I)$$

2. Disjunktheit: Sei $q(\vec{a}) \in O(P_m, I)$ und q ein intensionales Prädikat. Wir nehmen an, daß ein $k \in \{1, ..., n\}$ existiert, mit $m \neq k$ und $q(\vec{a}) \in O(P_k, I)$. Mit Hilfe des Lemmas folgt dann $f_q(\vec{a}, \vec{v}_q) \; mod \; n = m - 1 = k - 1$ und damit $m = k$. Dies ist ein Widerspruch zur Annahme, daß $m \neq k$. Jedes intensionale Tupel wird also von genau einem Prozessor berechnet, d.h. es gilt $\forall I : O(P_i, I) \cap O(P_j, I) = \emptyset$, für $i \neq j$.

3. Nichttrivialität: Beweisskizze: Wähle $n > 1$ und eine Eingabe I so, daß jeder Wert $j \in \{0, ..., n-1\}$ für mindestens eine der Modulofunktionen wenigstens einmal erzeugt wird. Weil die Exit-Regeln keine Konstanten und keine evaluierbaren Literale besitzten, ist für jede reduzierte Version P_i, jeweils mindestens eine Exit-Regel mit I erfüllbar, d.h. $\forall i \in \{1, ..., n\} : O(P_i, I) \neq \emptyset$. $\square$

Applikations-Architektur: Ein Ansatz zur Integration von Informations-Systemen

Helmut Thoma
CIBA-GEIGY AG
Basel / Schweiz

Zusammenfassung: Der Informatik soll in der Wirtschaft strategisch mehr Gewicht beigemessen werden. Dies zwingt uns, implementierte und geplante Informations-Systeme integriert zu betrachten und - wenn möglich - integriert zu nutzen. Diesem Ziel dient der hier beschriebene Top-Down-Ansatz zur Modellierung von Applikations-Architekturen.

1. Einleitung

Als das "Jahrhundertproblem der Informatik" bezeichnet Vetter die Situation vorhandener Datenbestände in der Praxis /Vetter 88/. Und er beschreibt damit Verhältnisse, die es in der Praxis zu überwinden gilt: Das Datenchaos, das durch historisch bedingte und unkontrolliert gewachsene Datenbestände entstanden sei, sei zu bewältigen und es müsse eine Basis für den effizienten Einsatz zukunftsträchtiger Möglichkeiten geschaffen werden. Ähnliche Probleme sind in /Boulanger et al 89/ beschrieben.

Eine 1988 durchgeführte eigene Studie sowie weitere Erfahrungsberichte bestätigen den skizzierten Eindruck im grossen und ganzen. Häufig werden Datenbestände zentralen Interesses (Personal-, Geschäftspartner-, Produkte-Daten, Codes etc.) mit ähnlichem Inhalt redundant für unterschiedliche Applikationen geführt. Solche Daten sind oft derart applikationsspezifisch definiert (Inhalte, Formate) und die Struktur der Datenbasis ist derart applikationsspezifisch performanceorientiert entworfen, dass es beinahe unmöglich wird, Daten unabhängig von denjenigen Applikationen zu nutzen, für die sie entworfen wurden. Neben den Zwängen konventioneller Datenbanktechnik mit verzeigerten Dateneinheiten und navigierenden Zugriffen - wie z. B. bei IMS-Datenbanken - liegt die Ursache hierfür hauptsächlich in der Applikationsentwicklung selbst, die beinahe ohne Koordination mit der Entwicklung anderer Applikationen abläuft und sich somit bezüglich Kosten und Terminen selbst (sub-) optimiert. Eine der ursprünglichen Ziele der Datenbanktechnik, integrierte Datenbanken durch mehrere Applikationen mehrfach zu nutzen, wurde in der Vergangenheit jedenfalls kaum realisiert.

Im Widerspruch hierzu steht die heutige Forderung nach vermehrter Integration von Informations-Systemen: Der Informatik soll strategisch mehr Gewicht beigemessen werden im Wettbewerb um Marktanteile /McFarlan et al 83/. Es ist kein Geheimnis, dass Unternehmen, die flexibel auf Veränderungen des Marktes reagieren können, erfolgreicher sind als andere. Wichtig in diesem Zusammenhang wird das umfassende Wissen um den Werdegang eines Produktes, also die Information über die gesamte Wertschöpfungskette eines Produktes. Die Verfügbarkeit aller benötigten Daten - zusammen mit ihrer Definition (Semantik) - in gewünschtem Aktualitätsgrad am gewünschten Ort zur Erzeugung der Information ist hierfür eine Voraussetzung. Da heute eingesetzte Informations-Systeme üblicherweise für einzelne Aufgabenbereiche einer Wertschöpfungskette und damit orthogonal zu dieser entwickelt wurden, müssen die Grenzen heutiger Applikationen überwunden werden. Hierfür würde sich die gemeinsame Nutzung integrierter Datenbestände in Datenbanksystemen aufdrängen - falls diese vorhanden wären.

Der integrierten Betrachtung und Nutzung von Information haben sich auch Konzepte wie CIM /Scheer 87/ oder CIB /Bullinger et al 87/ verschrieben. Dabei bedeutet CIM (Computer

Integrated Manufacturing) das integrierte Zusammenarbeiten von primär betriebswirtschaftlichen Funktionen wie Produktionsplanung und -steuerung mit primär technischen Funktionen wie Computer Aided Design und Computer Aided Manufacturing. Darüber hinaus bezeichnet CIB (Computer Integrated Business) eine Ausweitung des CIM-Begriffes: CIB umfasst alle Informations- und Kommunikationstechnologien im Unternehmen.

Der vorliegende Beitrag diskutiert ein Konzept zur Verhinderung und - falls technisch realisierbar - zur Überwindung der gegenseitigen Isolierung von Informations-Systemen. Er befasst sich insbesondere mit den Möglichkeiten, den Entwurf von Daten, die von unterschiedlichen Benutzerkreisen resp. Applikationen verwendet werden und die ähnliche Fakten der Realität in einer Datenbasis abbilden, aufeinander abzustimmen und entweder gemeinsam durch die Nutzer zu verwenden oder kontrolliert zu verteilen. Er soll aufzeigen, welche methodischen Hindernisse (neben den technischen für neuartige Typen von Datenbanksystemen) noch zu beseitigen sind, um Konzepten wie CIM und CIB zum Durchbruch zu verhelfen.

Das Blickfeld nachstehender Ausführungen ist jenes von weltweit tätigen grossen Unternehmen mit Informatikern in unterschiedlichen organisatorischen Einheiten und Tochter-Gesellschaften und einem hohen Mass an Eigenverantwortlichkeit für den Einsatz der Informatik-Mittel. Die Kompetenz für Entscheidungen vor Ort wird betont.

Wir führen an dieser Stelle noch kurz einige Begriffe ein, die uns nützlich erscheinen: "Informations-System" und "Applikation" verwenden wir synonym (vgl. /Scheer 88/): Beide umschreiben eine wohldefinierte Menge von Online- oder Batch-Programmen, die Aufgaben organisatorischer Einheiten eines Unternehmens unterstützen und die beispielsweise in Form von Transaktionen benützt werden können. Wenn wir von den "Daten einer Applikation" sprechen meinen wir, dass sich die Daten in der Verfügungsgewalt dieser Applikation befinden (ownership). Den Begriff der "funktionalen Abhängigkeit" dehnen wir auf Datenbasen aus und sagen, dass eine Datenbasis D von einer Datenbasis S funktional abhängig sei, wenn die Werte definierter Datentypen in D aus S unmittelbar übernommen werden.

2. Stufen der Integration

Aus Gründen der Praktikabilität können wir nicht nur die gemeinsame Nutzung integrierter Datenbanken durch mehrere Applikationen als Ziel unserer Integrations-Bemühungen sehen. Wir müssen die Integration von Informations-Systemen wesentlich differenzierter betrachten. Deshalb sei zunächst einmal diskutiert, was wir unter der "Integration von Informations-Systemen" verstehen wollen. Wir verstehen darunter sowohl

- die gemeinsame Nutzung derselben (physischen) Daten durch unterschiedliche Applikationen einerseits als auch

- den Austausch von Daten zwischen unterschiedlichen Applikationen andererseits (innerhalb einer Gesellschaft, zwischen unterschiedlichen Werken derselben Gesellschaft oder zwischen unterschiedlichen Gesellschaften).

Dabei muss der Austausch von Daten rechnergestützt und ohne manuelle Eingriffe für ihre Interpretation und Verarbeitung erfolgen können. Gerade der Datenaustausch zwischen Applikationen zeigt eine steigende Tendenz durch die vielerorts beobachtbaren Aktivitäten für eine Realisierung des Electronic Data Interchange, z. B. mit Hilfe der UN/EDIFACT-Standards /UN/EDIFACT 89/.

In diesem Sinne unterscheiden wir unterschiedliche Stufen der Integration von Informations-Systemen:

- Voll integriert: Applikationen sind voll integriert, wenn sie dieselben gespeicherten Daten verwenden (shared database). Zu jedem beliebigen Augenblick verfügt jede Applikation über den aktuellen Zustand der Datenbasis (maximale Datenkonsistenz).

- Update-getriggert: Wenn Daten der Datenbasis einer Applikation verändert werden, veranlasst diese Applikation die Modifikation der diesen entsprechenden Daten in der funktional abhängigen Datenbasis einer mit ihr mittels Update-Triggerung integrierten Applikation. Die Daten der funktional abhängigen Datenbasis sind nicht aktuell (geringe Verzögerung um die Zeit für die Weitergabe der Modifikation).

- Update-getriggertes Mailing: Wenn Daten der Datenbasis einer Applikation verändert werden, veranlasst diese Applikation einen File Transfer dieser Daten zu einer Mailbox, auf die auch die mit ihr durch update-getriggertes Mailing integrierte Applikation zugreifen kann. Bei Bedarf übernimmt jene Applikation die Veränderungen in ihre funktional abhängige Datenbasis, deren Aktualität vom Zeitpunkt des lesenden Zugriffs in der Mailbox bestimmt wird.

- Zeit-getriggert: Zu definierten Zeitpunkten werden Veränderungen in der Datenbasis einer Applikation in der entsprechenden funktional abhängigen Datenbasis einer anderen Applikation nachgeführt, die mit ersterer zeitgetriggert integriert arbeitet. Die Aktualität der funktional abhängigen Datenbasis wird vom Zeitpunkt der Nachführung bestimmt.

Die letzten drei Integrations-Stufen arbeiten mit dem Austausch von Daten in redundanten Datenbasen. Im folgenden wird, wenn wir eine beliebige dieser drei Integrations-Stufen meinen, von "getriggert integriert" gesprochen.

Die Frage der Eignung einer bestimmten Integrations-Stufe wird massgeblich vom Bedarf beantwortet, den der Benutzer einer Applikation an die Aktualität der von dieser Applikation gelieferten Information hat. Es müssen also bestimmte Integrations-Stufen implementiert sein, um die Anforderungen an die Aktualität der betreffenden funktional abhängigen Datenbasen integrierter Applikationen zu gewährleisten (vgl. Abb.1).

Muss eine Datenbasis aktuelle, d. h. jederzeit gültige Daten aufweisen, darf sie nicht funktional von der Datenbasis einer anderen Applikation abhängen. Hier führt ausschliesslich die volle Integration von Applikationen zu korrekten Resultaten.

Die Aktualität der Daten einer funktional abhängigen Datenbasis nennen wir

- leicht verzögert, wenn bis auf wenige Ausnahmen die Daten aktuell sind,

- bedarfsgesteuert, wenn die Datenbasis (dynamisch) bei Bedarf aktualisiert werden kann,

- zeitgesteuert, wenn die Datenbasis zu definierten Zeitpunkten aktualisiert wird.

Abbildung 1 zeigt, welcherart integrierte Applikationen welche Anforderungen an ihre - gegebenenfalls funktional abhängigen - Datenbasen

- erfüllen können,

- unter bestimmten Bedingungen wie einer geeigneten Ablaufsteuerung der Applikationen oder bei zeitmarkierten Datenbeständen erfüllen können oder

- nicht erfüllen können.

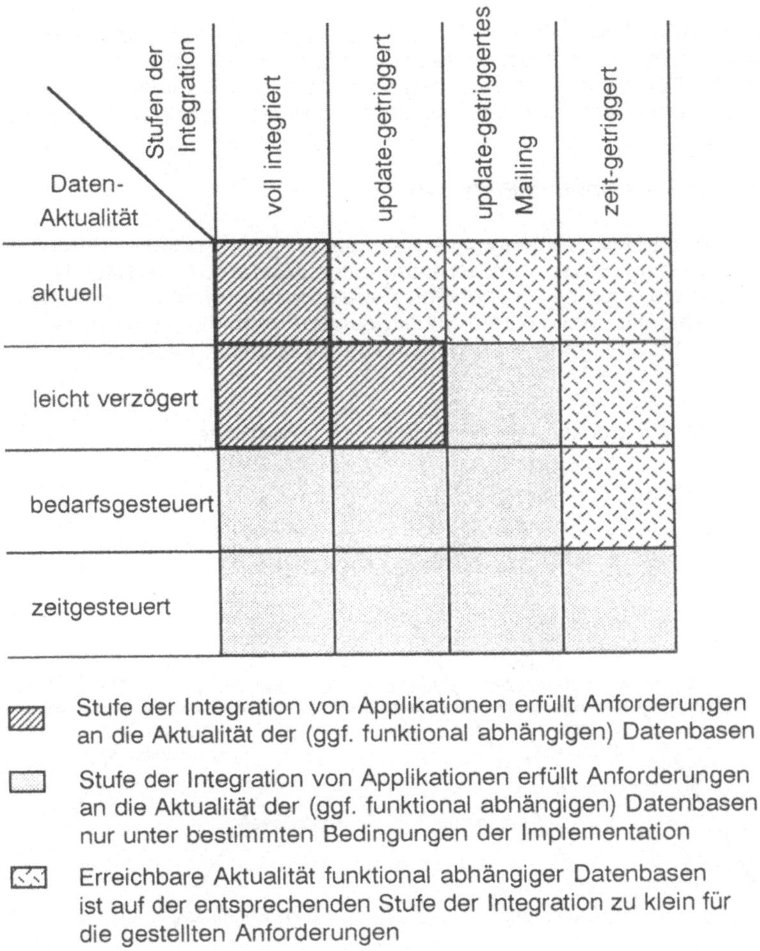

Stufe der Integration von Applikationen erfüllt Anforderungen an die Aktualität der (ggf. funktional abhängigen) Datenbasen

Stufe der Integration von Applikationen erfüllt Anforderungen an die Aktualität der (ggf. funktional abhängigen) Datenbasen nur unter bestimmten Bedingungen der Implementation

Erreichbare Aktualität funktional abhängiger Datenbasen ist auf der entsprechenden Stufe der Integration zu klein für die gestellten Anforderungen

Abb. 1: Integrierte Applikationen auf unterschiedlichen Integrations-Stufen und Erfüllbarkeit von Forderungen an die Aktualität von Datenbasen

Die besondere Aufmerksamkeit verdienen Datenbasen, die getriggert integriert sind mit solchen, die ihrerseits mit Dritten auch getriggert integriert sind etc. Bei derartigen, transitiv funktional abhängigen Datenbasen muss die Verträglichkeit von Aktualitätsbedarf und Implementation der kompletten Sequenz geprüft werden.

3. Applikations-Architektur

Mit unserem in drei Projekten erprobten Ansatz einer Applikations-Architektur sind wir in der Lage, Applikationen als eine Menge von Funktionen sowie gegebenenfalls dazugehörig eine Menge von applikationsspezifischen Daten zu definieren. Wir sind jedoch auch in der Lage, globale Datenbestände für die voll integrierte, gemeinsame Nutzung durch mehrere Applikationen zu beschreiben und existierende Applikationen, gekaufte Standard-Software, geplante Applikationen und zukünftige Anforderungen an Funktionen und Daten zu berücksichtigen. Wir können somit die Integration von Applikationen innerhalb eines (beinahe) beliebig grossen geschäftlichen Wirkungsbereiches modellieren und studieren, dieses in Abhängigkeit des implementierten Umfeldes der Applikationen und der geforderten Datenaktualität.

3.1 Pyramiden der Informations-Einheiten

Wir lassen uns bei der Beschreibung unseres Ansatzes zur Applikations-Architektur von den in Abbildung 2 gezeigten "Pyramiden der Informations-Einheiten" als Begriffs-Schema leiten. Die linke Pyramide steht für die funktionalen Aspekte eines Informations-Modells, die rechte für die Datenaspekte. Der gemeinsame Schnitt beider Pyramiden umfasst das, was wir unter rechnergestützten Informations-Systemen (oder Applikationen) verstehen.

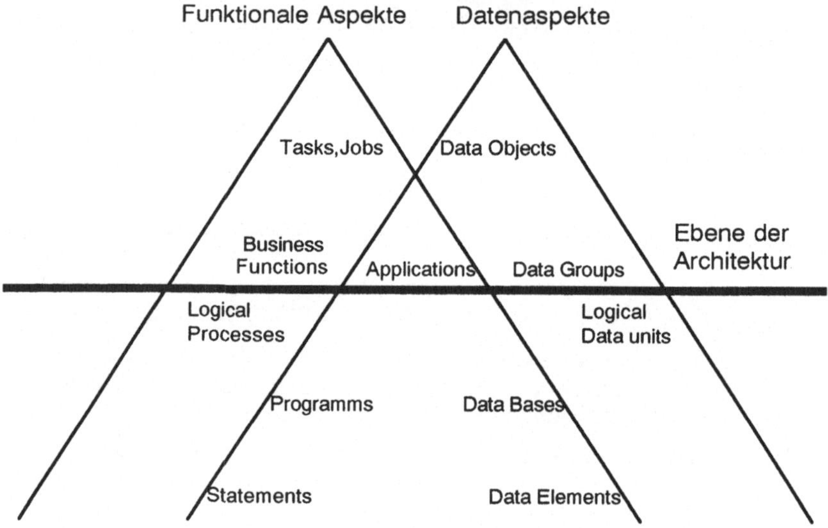

Abb. 2 Pyramiden der Informations-Einheiten und Ebene der Applikations-Architektur

Von den jeweiligen Spitzen ausgehend werden immer detailliertere Einheiten entwickelt. Bei einem Top-Down-Vorgehen bedeutet dies für die funktionalen Aspekte, dass von den gröbsten Einheiten "Task" oder "Job" zunächst "Business Functions" bis zur Ebene der Applikations-Architektur zu entwerfen sind. Einheiten logischer Prozesse wie Operations, Conditions, Synchronisations werden in der Regel dann für eine ausgewählte Applikation und deren Umgebung definiert, was bei der Realisierung dieser Applikation dann zu Programmen und Statements führt. Für die Datenaspekte führt eine Verfeinerung von erkannten "Data Objects" zunächst zu "Data Groups" auf der Ebene der Applikations-Architektur. Für eine definierte Menge Data Groups werden dann logische Daten-Einheiten wie Entity- und Relationship-Typen entworfen, die abhängig von der gewählten System-Software auf Datenbanken und Datenelemente abgebildet werden /Thoma 90/.

3.2 Ermitteln von Business Functions und Data Groups

Ein Ansatz, um in ersten Schritten zu den konzeptionellen Einheiten einer Applikation zu gelangen, ist die Analyse geschriebener Texte. Das Vorgehen nach /De Antonellis et al 83/

führt - ausgehend von einer Sammlung der Anforderungen an Informationen und an deren Verarbeitung in natürlicher Sprache - über die Filterung und Klassifizierung der geschriebenen Sätze zu Daten-, Operations- und Ereignis-Verzeichnissen. Hinweise auf den praktischen Einsatz finden wir in /Mayr et al 87/ und /Ortner et al 89/. Obwohl dieses Vorgehen ursprünglich auf die Entwicklung einer Applikation bis hin zur Ebene der logischen Prozess- und Daten-Einheiten ausgerichtet ist, könnte es - modifiziert bzgl. des Abstraktionsniveaus - zu einer Menge von Business Functions und Data Groups als Startinformation für eine Applikations-Architektur führen.

Wir schlagen einen anderen Ansatz vor: Benutzer tendieren häufig dazu, in organisatorischen Einheiten und den zwischen diesen ausgetauschten Daten zu denken. Dieses Denken kann mit Hilfe eines gerichteten Graphen unterstützt werden, dessen Knoten organisatorische Einheiten und dessen Kanten ausgetauschte Informationen modellieren. Hierbei sollten unbedingt auch die Grenzen und Aktivitäten bestehender organisatorischer Einheiten in Frage gestellt und neue diskutiert werden (Orientierung an zukünftigen Erfordernissen). Weitere Diskussionen, Interviews und Auswertungen von Dokumenten führen über die Aktivitäten organisatorischer Einheiten zu Tasks und Jobs resp. über die Daten ausgetauschter Informationen zu Data Objects als erstem Entwurf für Business Functions resp. Data Groups. Im Mittelpunkt der funktionalen Aspekte stehen - obwohl mit der Betrachtung organisatorischer Einheiten begonnen wird - schlussendlich Aufgaben und Aktivitäten, nicht organisatorische Strukturen.

Diese Business Functions und Data Groups sollten ergänzt werden durch Informationen über

- die Funktionalität und die Datenbasen existierender Applikationen (im eigenen Hause entwickelt oder gekauft),

- die Funktionalität und die Datenbestände geplanter Informations-Systeme,

- strategische Zielsetzungen (was sollte geplant werden).

Business Functions und Data Groups werden dann in einer Tabelle als Zeilen und Spalten zusammengefasst (Abb. 3). Zusammen mit Vertretern der Benutzer wird in Diskussionen festgehalten, in welcher Art - ob erzeugend (create), verändernd (update) oder lesend (read) - eine Business Function Daten einer Data Group benutzen muss. "Create" bedeutet, dass eine Business Function einzelne Exemplare zumindest eines Teiles der betreffenden Data Group erzeugen oder löschen können muss. "Update" heisst, dass eine Business Function beschreibende Eigenschaften der betreffenden Data Group erzeugen oder verändern muss. "Read" markiert diejenige Data Group, von der die entsprechende Business Function Daten lesen muss. Create umfasst auch die Anforderungen und Rechte für Update und Read, Update auch diejenigen für Read. Beispielsweise muss in Abb. 3 Business Function B Daten der Data Group 1 (R) lesen, Business Function A* erzeugt Exemplare der Data Group 3 (C) und Business Function C verändert Eigenschaften der Data Group 1 (U).

In einer Analyse- und Diskussionsphase werden nun zusammen mit den Benutzern die Data Groups genauer betrachtet. Dies ist hauptsächlich dann notwendig, wenn mehrere "creates" und/oder "updates" unterschiedlicher Business Functions auf eine einzige - noch nicht implementierte - Data Group bestehen. Eine genauere Bestimmung des Inhaltes der Data Group kann zu deren Aufteilung in mehrere (Sub-) Data Groups führen, falls nicht tatsächlich Exemplare desselben Daten-Typs (Entity-Typs) erzeugt oder falls nicht tatsächlich Werte derselben Eigenschafts-Typen verändert werden. Dann werden damit auch die "creates" und die "updates" auf mehrere Spalten verteilt.

Ein ähnlicher Prozess kann zu detaillierteren Business Functions führen. Wenn eine Business Function zu grob definiert wurde, spricht sie zu viele Data Groups an. Somit ist eine Business Function, die sehr viele Data Groups anspricht, Kandidat für eine detailliertere Definition und gegebenenfalls für eine Aufspaltung, falls die neu entstehenden (Sub-) Business Functions signifikant weniger und verschiedene Data Groups ansprächen.

Business Functions \ Data Groups	Data Group 1	Data Group 2	Data Group 3	Data Group 4	Data Group 5*	Data Group 6	Data Group 7*	Data Group 8	Data Group 9	Data Group 10	Data Group 11	Data Group 12	Data Group 13*
Bus.Funct.A*	R	C	C	R	C		U	C	C	C	R	C	C
Bus.Funct.B	R	R	R	R	C	R	C				U	R	C
Bus.Funct.C	U					R	C				R		
Bus.Funct.D	C	R			C	R	U				U		
Bus.Funct.E		R				R	C				C		
Bus.Funct.F	R		R	R							C	R	C
Bus.Funct.G		R	U	C							U	U	R

Abb. 3 Tabelle für die Applikations-Architektur (Erfassung der Diskussionen
mit den Benutzern)

In unserem Diskussionsbeispiel - es ist übersichtlicher und deshalb als Beispiel zur Erklärung des prinzipiellen Vorgehens geeigneter als unsere Projekte der Praxis mit gegen je 50 Business Functions und Data Groups - habe nun auch solch eine Analyse stattgefunden. Mit "Hintergrundinformation" - aus der Abbildung 3 nicht ersichtlich - sei das Ergebnis dieser Analyse kritischer Data Groups folgendes:

- Splitting von Data Group 5* in die neuen Data Groups 5 und 15,

- Splitting von Data Group 7* in die neuen Data Groups 7 und 16,

- Splitting von Data Group 13* in die neuen Data Groups 13 und 14.

Desgleichen habe eine genauere Diskussion der "überladenen" Business Function A* zu deren Aufteilung in die neuen Business Functions A und H geführt. Das Ergebnis dieser Analyse- und Diskussionsphase für unser Beispiel fasst Abb. 4 zusammen.

Eine Aufspaltung von Business Functions und Data Groups kann auch durch technische Aspekte induziert werden. Beispiele hierfür sind die Berücksichtigung unterschiedlicher Betriebssysteme oder unterschiedlicher Basis-Software wie z. B. unterschiedlicher Datenbanksysteme für eine bestehende oder geplante Implementation. Oder sie kann durch organisatorische Aspekte ausgelöst werden wie unterschiedliche Verantwortlichkeiten für einzelne Aktivitäten oder Daten durch unterschiedliche organisatorische Einheiten.

Der Prozess der Konkretisierung und Verfeinerung von Business Functions und Data Groups ist nur erfolgreich, wenn beide im Kontext ihrer gegenseitigen Verflechtungen betrachtet werden. Nur so können wir die Daten- und Applikations-Integration in Abhängigkeit des Verwendungsnachweises der Daten durchführen. Eine eindimensionale Betrachtung von Daten oder Funktionen, z. B. um eine möglichst einheitliche Granularität von Data Groups und Business Functions zu erreichen, führt bei dem hier vorgeschlagenen Architektur-Ansatz nicht zum Ziel.

Business Functions \ Data Groups	Data Group 1	Data Group 2	Data Group 3	Data Group 4	Data Group 5	Data Group 6	Data Group 7	Data Group 8	Data Group 9	Data Group 10	Data Group 11	Data Group 12	Data Group 13	Data Group 14	Data Group 15	Data Group 16
Bus.Funct.A		R	C	R							R	U		C	C	R
Bus.Funct.B	R	R	R	R		R					U	R	C	R	C	C
Bus.Funct.C	U					R	C				R					
Bus.Funct.D	C	R			C	R	U				U					
Bus.Funct.E		R			R	C					C					
Bus.Funct.F	R		R	R							C	R	C			
Bus.Funct.G		R	U	C							U	U	R			
Bus.Funct.H	R	C		R			R	C	C	C	R	C	U		R	U

Abb. 4 Tabelle für die Applikations-Architektur nach Verfeinerung
der Data Groups 5*, 7* und 13* (neue DGs: 5, 7, 13 bis 16)
und der Business Function A* (neue BFs: A und H)

Die geschickte Auswahl der beim Entwicklungs-Prozess von Business Functions und Data Groups beteiligten Benutzer-Vertreter ist für den Prozess sehr wichtig. Um eine vollständige und integrierte Sicht über die Bedürfnisse eines Untersuchungs-Bereiches zu erhalten, ist es wichtig, solch eine Runde von Benutzern zu versammeln, die zusammen einen generellen Überblick über die Aufgaben und die bearbeiteten Objekte des betrachteten Bereiches haben. Benutzer mit zu detailliertem Wissen oder zu detaillierten Interessen behindern die integrierte Modellierung in diesen frühen Phasen eher. In diesen Diskussionsrunden ist es zudem zwingend notwendig, Bedeutung und Inhalt aller Business Functions und Data Groups knapp zu beschreiben. Nur so können schier endlose zukünftige Diskussionen um längst Vereinbartes vermieden werden. Der Untersuchungs-Bereich und damit die Benutzer-Runde ist an die zuvor diskutierten neuen organisatorischen Vorstellungen anzugleichen.

3.3 Ermitteln von Applikationen und Datenbasen

Die Identifikation von Applikationen soll beispielsweise folgende Fragen beantworten:

- Welche Daten sollen in globalen Datenbasen verfügbar gemacht werden, um sie von beliebigen, voll integrierten Applikationen aus gemeinsam benutzen zu können?

- Welche Daten sollen spezifisch für welche Applikationen entwickelt werden?

- Welche Daten sollen für eine getriggerte Integration von Applikationen redundant gespeichert werden?

- Welche Aufgaben werden mit welchen Applikationen abgedeckt oder sollen abgedeckt werden?

- Welche Daten sollten für einen Einsatz in welchen Applikationen entwickelt werden?

- Wie sollen neue Applikationen in eine existierende Umgebung eingepasst werden
unter Berücksichtigung ihrer Funktionalität, der angesprochenen Daten und der
verfügbaren technischen Hilfsmittel?

Um solche Fragen zumindest partiell beantworten zu können, gehen wir schrittweise und
iterativ vor, indem wir eine Funktions- und eine Daten-Architektur entwickeln. Die Funktions-
Architektur zeigt, welche Business Functions eine Applikation bilden, wohingegen die Daten-
Architektur diejenigen Data Groups mit denselben Verfügungsrechten durch dieselbe Applikation (ownership) zu Pools zusammenfasst.

Zunächst werden zu existierenden Applikationen und Datenbanken, die nicht verändert werden dürfen, die zu diesen gehörenden Business Functions und Data Groups markiert. Die
auf diese Weise bezeichneten Einheiten werden im nachstehenden Prozess nicht weiter betrachtet. Lassen sich die existierenden Applikationen resp. Datenbanken nicht exakt auf eine
Menge Business Functions resp. Data Groups abbilden, müssen Business Functions oder
Data Groups - eventuell verbunden mit einem Splitting - modifiziert werden. In unserem Beispiel nehmen wir an, dass keine Business Functions und Data Groups ausgegrenzt werden
müssen.

Als nächstes werden Business Functions zu Applikationen vereinigt. Zunächst werden diejenigen zusammengefasst, die als Bestandteile von - aus organisatorischen oder technischen
Gründen - bereits fest eingeplanten Applikationen vorgesehen sind. Die verbliebenen Business Functions werden algorithmisch gruppiert im Sinne eines ersten Vorschlags zur Bildung von Applikationen. Diejenigen Business Functions werden zusammengefasst, die so
viel Data Groups als möglich gemeinsam benutzen. Zu diesem Zweck werden auf der Basis
der Anzahl gemeinsam benutzter Data Groups Affinitäts-Koeffizienten für Paare von Business Functions berechnet.

Wir definieren den _Affinitäts-Koeffizienten_ (AK) für Business Function X gegenüber Business
Function Y folgendermassen:

_AK (X | Y) := (Anzahl der von den Business Functions X und Y gemeinsam benutzten Data
Groups) / (Anzahl der von der Business Function X überhaupt benutzten Data Groups), [falls
Business Function X mindestens eine Data Group benutzt],_

AK (X | Y) := 0, [falls Business Function X keine Data Group benutzt].

Der Affinitäts-Koeffizient AK (X | Y) kann folgendermassen interpretiert werden: Mit der relati-
ven Häufigkeit des Affinitäts-Koeffizienten benutzt Business Function Y auch eine Data
Group, die von Business Function X benutzt wird.

Betrachten wir beispielsweise in Abb. 4 die beiden Business Functions A und B, so erhalten
wir für AK (A | B) und für den dazu inversen Affinitäts-Koeffizienten AK (B | A)

$$AK (A | B) = 8 / 8 = 1 \qquad\qquad AK (B | A) = 8 / 11 = 0,73$$

Weitere Beispiele:

$$AK (E | H) = 2 / 4 = 0,5 \qquad\qquad AK (H | E) = 2 / 12 = 0,17$$

Diejenigen Paare von Business Functions bilden neue (Super-) Business Functions, deren
gegenseitige Affinität besonders hoch ist. Hierzu verwenden wir das Produkt aus Affinitäts-
Koeffizient und seinem inversen Affinitäts-Koeffizienten. Erst wenn dieser Wert, den wir sym-

<u>metrischen Affinitäts-Koeffizienten</u> (SAK) nennen wollen, einen festgelegten Schwellwert überschreitet, werden die beteiligten Business Functions zusammengefasst.

Beispiele:

SAK (A, B) = SAK (B, A) = AK (A | B) x AK (B | A) = 1 x 0,73 = 0,73
SAK (E, H) = 0,5 x 0,17 = 0,09

Die Berechnung aller symmetrischer Affinitäts-Koeffizienten zwischen allen Business Functions von Abb. 4 ergibt, dass ein Schwellwert von SAK_{min} = 0,6 in unserem Beispiel sinnvoll zu sein scheint. Folgende SAKs übersteigen diesen Schwellwert (0,6 ≤ SAK (X, Y) ≤ 1):

SAK (A, B) = 0,73   SAK (C, D) = 0,67
SAK (G, F) = 0,69   SAK (E, D) = 0,67

Somit werden zunächst die Business Functions A und B, C und D sowie G und F zu je einer Super-Business Function zusammengefasst ({A,B}, {C,D}, {F,G}). D und E werden nicht vereinigt, weil D bereits mit C vereinigt wird und weil die gegenseitige Affinität zwischen C und E mit SAK (C, E) = 0,25 doch klein ist. Wäre diese auch über dem Schwellwert gelegen, hätten wir anstelle {C,D} die grössere Super-Business Function {C,D,E} gebildet.

Bezüglich der Benutzungsart der Data Groups durch eine Super-Business Function {X,Y} gilt, dass eine frühere, alleinige Benutzung einer Data Group durch X oder durch Y erhalten bleibt, eine gleichzeitige Benutzung durch X und Y zu dem jeweils umfassenderen Benutzungsrecht für {X,Y} führt (z.B. U von Business Function X bzgl. Data Group n und R von Business Function Y bzgl. Data Group n führt zu U von Business Function {X,Y} bzgl. Data Group n). Wir nennen diesen Prozess "Vereinigung durch Superposition".

Dieser Prozess wird iterativ wiederholt unter Verwendung der im vorhergehenden Schritt neu gebildeten Zusammenfassungen. Der Prozess endet, wenn alle neuen Affinitäts-Koeffizienten unter den Schwellwert fallen oder wenn Plausibilitätsbetrachtungen einen Abbruch angebracht erscheinen lassen.

Was unser Beispiel von Abb. 4 betrifft, haben wir nun in der ersten Iterations-Stufe die symmetrischen Affinitäts-Koeffizienten der Business Functions {A,B}, {C,D}, E, {F,G} und H zu berechnen. Hierbei ergeben sich als grösste vier Werte symmetrischer Affinitäts-Koeffizienten

SAK ({C,D}, E) = 0,67   SAK ({A,B}, {F,G}) = 0,64
SAK ({A,B}, H) = 0,49   SAK ({A,B}, H) = 0,43

Nehmen wir auch hier den Schwellwert von 0,6 für eine Superposition der Business Functions, dann ergeben sich folgende neue Business Functions: {C,D,E}, {A,B,F,G} und H.

Die Ergebnisse einer weiteren Iteration für die Berechnung der symmetrischen Affinitäts-Koeffizienten für diese neuen Business Functions ermuntern nicht zu einer weiteren Zusammenfassung. Der grösste Wert dieser Iteration ist SAK ({A,B,F,G}, H) = 0,49, die beiden anderen Werte liegen bei 0,24.

Somit ergibt sich zunächst folgende Situation: Die Business Functions A, B, F und G werden zusammen als eine Applikation betrachtet, die Business Functions C, D und E als eine zweite und die Business Function H als eine dritte (vgl. Abb. 5).

Die Berechnung der Affinitäts-Koeffizienten kann auch die unterschiedlichen Benutzungsarten von Data Groups (C, R, U) durch unterschiedliche Gewichtung berücksichtigen, was in unserem Beispiel nicht erfolgt ist. Das Resultat dieses Clustering-Prozesses sollte als Entwurf angesehen werden und muss unbedingt einer Plausibilitäts-Prüfung unterzogen werden.

372

Die Zusammenfassung von Data Groups in Pools und deren Zuordnung zu Applikationen ist das Ergebnis der lokalen resp. globalen Bedeutung jeder Data Group für eine resp. mehrere Applikationen und weiterer zusätzlicher Bedingungen wie beispielsweise den technischen Umgebungen. Data Groups mit überwiegend lokaler Bedeutung für eine beliebige Applikation (create und update nur durch die betreffende Applikation) sind Kandidaten für einen applikationsspezifischen Pool mit applikationsspezifischer Verwaltung. Data Groups, die für mehr als eine Applikation von Bedeutung sind, sind Kandidaten für globale Datenbasen mit einer eigenen Stammdatenverwaltung ("Master File Management System" genannt). Globale Datenbasen sind die Basis für voll integrierte Applikationen. Unterschiedliche Implementations-Techniken können zu einer Zuweisung von Data Groups zu mehr als einem Pool führen. In diesem Falle wird eine redundante Datenhaltung bewusst geplant, die dazugehörigen Applikationen sind update-getriggert, mit update-getriggertem Mailing oder zeit-getriggert zu integrieren. Wenn eine Applikation Daten benutzt, die in der Verfügungsgewalt einer anderen Applikation oder eines Master File Management Systems stehen, dann modelliert dies voll integrierte Applikationen. Es können auch Applikationen ohne Daten mit eigener Verfügungsgewalt entstehen, was hauptsächlich auf die Schaffung globaler Datenbasen zurückzuführen ist.

Applikationen	Data Group 1	Data Group 2	Data Group 3	Data Group 4	Data Group 5	Data Group 6	Data Group 7	Data Group 8	Data Group 9	Data Group 10	Data Group 11	Data Group 12	Data Group 13	Data Group 14	Data Group 15	Data Group 16
{C,D,E}	U	R			C	C	C				C					
{A,B,F,G}	R	R	C	C		R					C	U	C	C	C	C
{H}	R	C		R			R	C	C	C	R	C	U		R	U

Abb. 5 Data Groups und deren Benutzung durch die Applikationen

Betrachten wir wieder unser Beispiel. In Abb. 5 erkennen wir, dass lediglich die Data Groups 3, 5, 8, 9 und 10 und 14 in ihrer Benutzung von lokaler Bedeutung für eine einzelne Applikation sind. Diskussionen, welche Datenbestände aus organisatorischen oder technischen Gründen sinnvollerweise globale Datenbasen bilden sollen (Hintergrundinformation, aus der Abbildung nicht ersichtlich), sollen in unserem Beispiel dazu führen, dass die Data Groups 1 und 2 sowie die Data Groups 3, 4, 11, 12 und 13 zwei globale Pools bilden sollen, verwaltet durch je ein Master File Management System mit Aufgaben der Konsistenzsicherung etc. (keine Business Function, weil die Verwaltung von Daten normalerweise nicht primäre Aufgabe eines Unternehmens sein kann). Es wird nicht als sinnvoll erachtet, die Data Groups 6, 7, 15 und 16 global verfügbar zu machen (Hintergrundinformation). Master File Management System I verwalte die Data Groups 1 und 2, Master File Management System II die Data Groups 3,4,11,12 und 13.

Durch die Bildung globaler Pools muss die zuvor erhaltene Zusammenfassung von Business Functions zu Applikationen mit Hilfe der nicht den globalen Pools zugeschlagenen Data Groups überprüft werden, da die Abgrenzung einzelner Applikationen gegeneinander ja gerade deshalb erfolgte, weil Business Functions unterschiedlicher Applikationen mehrheitlich unterschiedliche Data Groups benutzen. Und durch die Bildung globaler Datenbasen können sich neue Affinitäten bzgl. der restlichen Data Groups ergeben haben.

Somit führen wir mit den Business Functions A bis H und den Data Groups 5 bis 10 und 14 bis 16 eine erneute Berechnung symmetrischer Affinitäts-Koeffizienten durch. Dabei ergeben sich

$$\text{SAK (A, B)} = 0{,}75 \qquad \text{SAK (C, D)} = 0{,}67$$
$$\text{SAK (D, E)} = 0{,}67 \qquad \text{SAK (C, E)} = 0{,}25$$

etc. bis hin zu SAK (F, G) = 0, weil F und G keine der verbliebenen, applikationsspezifischen Data Groups mehr benutzen. Nehmen wir an, wir wollen mit den Business Functions F und G trotzdem eine Applikation bilden.

Da eine weitere Iteration zu einem SAK ({C,D}, E) = 0,67 führt und SAK ({A,B}, {F,G}) = 0 ist, ergeben sich für unser Beispiel definitiv folgende <u>Applikationen</u>: {A,B}, {C,D,E}, {F,G} und {H}. Hinzu kommen noch die beiden Master File Management Systeme, für die wir je eine Zeile in der Tabelle der Applikations-Architektur anfügen.

Die Zuordnung von Data Groups zu Business Functions resp. zu Master File Management Systemen markieren wir mit entsprechenden Rechtecken, nachdem wir zuvor durch Umsortierung der Business Functions und der Data Groups eine übersichtlichere Tabelle gewonnen haben. Business Functions, die zusammen eine Applikation bilden, werden benachbart angeordnet und mit der vertikalen Seite eines Rechtecks markiert. Data Groups gleicher Datenbasen werden mit der horizontalen Seite eines Rechtecks markiert; sie können nicht immer benachbart untergebracht werden. Es entstehen somit nicht immer zusammenhängende Rechtecke für eine Applikation mit ihrer Datenbasis.

Business Functions \ Data Groups	Data Group 1	Data Group 2	Data Group 3	Data Group 4	Data Group 5	Data Group 6	Data Group 7	Data Group 8	Data Group 9	Data Group 10	Data Group 11	Data Group 12	Data Group 13	Data Group 14	Data Group 15	Data Group 16	Null Data
Bus.Funct.A	R	C	R								R	U		C	C	R	
Bus.Funct.B	R	R	R	R		R					U	R	C	R	C	C	
Bus.Funct.C	U					R	C				R						
Bus.Funct.D	C	R			C	R	U				U						
Bus.Funct.E		R			R	C					C						
Bus.Funct.F	R		R	R							C	R	C				▨
Bus.Funct.G		R	U	C							U	U	R				▨
Bus.Funct.H	R	C		R			R	C	C	C	R	C	U		R	U	
Master File Man.Syst.I	▨	▨															
Master File Man.Syst.II			▨	▨							▨	▨	▨				

Abb. 6 Tabelle der Applikations-Architektur

In unserem Beispiel haben wir aus dem didaktischen Grund der besseren Verfolgbarkeit der Entwicklung der Tabelle der Applikations-Architektur die Ordnung der Business Functions und der Data Groups von Beginn an in jene Reihenfolge gebracht, die wir am Ende zur übersichtlichen Markierung haben müssen.

Redundante Datenbestände werden derartig angedeutet, dass die betreffende Data Group mit mehr als einem Rechteck zu unterschiedlichen Applikationen resp. Master File Management Systemen markiert ist.

Die Bildung applikationsspezifischer Datenbestände für unser Beispiel erfolgt unter den folgenden Annahmen (Hintergrundinformation): Aus {C,D,E} kann nicht voll integriert auf Master File II zugegriffen werden, desgleichen können die Applikationen {C,D,E} und {H} nicht voll integriert werden (organisatorische resp. technische Gründe). Die restlichen Applikationen und Master File Management Systeme sind gegenseitig voll integrierbar.

Mit dieser Hintergrundinformation ausgestattet, können wir nun die Datenbasen abgrenzen:

Die Zuordnung der Data Groups 1 und 2 zu Master File Management System I ist mit einem entsprechenden Rechteck in Abb. 6 angedeutet, die Daten von Master File Management System II sind durch die beiden Rechtecke in der untersten Zeile markiert. Die Daten von Master File I werden von den Business Functions D resp. H erzeugt, von Business Function C mutiert und von allen Applikationen gelesen. Alle Applikationen greifen voll integriert auf diese Daten zu. Die Daten des Master File Management Systems II werden von den Business Functions A, G, E, F, H, B und nochmals F erzeugt (wobei die Business Functions E und F resp. B und F gemeinsam Data Group 11 resp. 13 erzeugen). Die entsprechenden Applikationen verändern und lesen auch diesen Datenbestand. Die Business Functions der Applikationen {A,B}, {F,G} und {H} sind mit Master File Management System II voll integriert. Nicht so diejenigen von Applikation {C,D,E}. Diese Applikation erzeugt, verändert und liest zwar auch Data Group 11, kann aber gemäss Hintergrundinformation nicht mit Master File Management System II voll integriert werden. Somit ist Data Group 11 applikationsspezifisch für {C,D,E} redundant zu halten und mit Master File II getriggert zu integrieren. Die beiden Datenbestände müssen gegenseitig abgeglichen werden.

Master File II hängt von der Datenbasis der Applikation {C,D,E} funktional ab (create und update von Data Group 11 durch {C,D,E}), die Datenbasis von {C,D,E} hängt von Master File II funktional ab (create und update von Data Group 11 durch {F,G}, update durch {A,B}).

Die Data Groups 5, 6 und 7 bilden zusammen mit (der redundanten) Data Group 11 die applikationsspezifische Datenbasis von Applikation {C,D,E}. Die Applikation {A,B} greift bzgl. Data Group 6 voll integriert auf diese zu (lesen), während Applikation {H} dasselbe bzgl. Data Group 7 nicht kann (Hintergrundinformation). {H} muss Data Group 7 getriggert integriert in ihrer applikationsspezifischen Datenbasis führen, zusammen mit den Data Groups 8, 9 und 10. Die Datenbasis der Applikation {H} hängt bzgl. Data Group 7 von derjenigen von {C,D,E} funktional ab (create und update von Data Group 7 durch {C,D,E}). Die Data Groups 14, 15 und 16 fassen wir zur Datenbasis von {A,B} zusammen. {H} greift ihrerseits auf die Datenbasis von Applikation {A,B} voll integriert zu (bzgl. Data Groups 15 und 16).

Eine Applikation ist nicht Eigentümerin eigener Daten, sondern greift nur auf Daten der Master File Management Systeme zu. Diese Applikation besteht aus den Business Functions F und G und ist mit Hilfe der Spalte "Null Data" markiert.

Eine markierte Tabelle, wie sie Abb. 6 zeigt, dokumentiert auf einer relativ groben Modell-Ebene Applikationen und ihre Funktionalität, Datenbasen und ihre Inhalte, den Verwendungszweck der Datenbestände und die Verbindungen zwischen Applikationen und Datenbeständen. Sie trägt zur Objektivierung von Diskussionen um Applikationen und Datenbanken bei. Wir nennen die Dokumentation dieser Fakten eine Applikations-Architektur. Von ihr kann unter anderem folgendes abgeleitet werden:

- ein integriertes Datenmodell (grobe Übersicht, nicht so detailliert wie bei einem Entity-Relationship-Modell),

- Applikationen und deren Integration,

- globale und applikationsspezifische Datenbasen,

- redundante Daten und Replikate für verteilte Daten.

Mit diesem Ansatz kann der Einfluss gekaufter Standard-Software auf die bereits betriebenen Applikationen genau so studiert werden wie die Konsequenzen, die eine bestimmte technische Umgebung auf die Implementation von Applikationen, Daten und deren Verteilung hat. Voraussetzung hierfür ist, dass die Kommunikationsfähigkeit der entsprechenden technischen Umgebungen bekannt ist.

Verschiedene Erkenntnisse sind momentan noch an anderer Stelle zu dokumentieren, um aus diesem Prozess die beschriebenen Ergebnisse zu erhalten. So kann beispielsweise einer Architektur-Tabelle nur entnommen werden, ob eine betrachtete Integration voll oder lediglich getriggert integriert ist, nicht jedoch die Art der Triggerung. Auch müssen die unterschiedlichen Anforderungen an die Daten-Aktualität woanders festgehalten werden.

Wie soll der Untersuchungsbereich einer Architekturstudie ausgewählt werden? In unseren Projekten war dies immer eine grössere organisatorische Einheit, was aus der Sicht eines Unternehmens wieder nur eine partielle Integration unterstützt. Denkbar wäre auch eine unternehmensweite Betrachtung, die auf einige wenige Datenbereiche beschränkt ist.

Die bisher publizierten Ansätze und die am Markt erhältlichen Werkzeuge für den Entwurf einer Applikations-Architektur können noch nicht befriedigen. Mit "Information Systems Study" (ISS) unterstützt IBM eine systematische Vorgehensweise, um Applikationen derart als Cluster von Funktionen und Daten zu bilden, dass der Datenaustausch zwischen den einzelnen Applikationen minimal wird. Diese Vorgehensweise ist von einem Werkzeug (ISMOD) unterstützt /Hein 85/.

Einen anderen Ansatz diskutiert /Martin 83/, der mit Hilfe einer anderen Affinitäts-Berechnung via Aggregation von Entity-Typen zur Bildung globaler Datenbasen (sog. "Subject Databases") führt. Hierbei spielt die Häufigkeit gemeinsam benutzter Entity-Typen (aus Sicht der Funktionen) die wesentliche Rolle. Die Bildung von Applikationen ist nicht vorgesehen. Mit einer Modifikation der Dateneingabe für die "Planning Workbench" von IEW kann dieser Cluster-Algorithmus anstelle für Entity-Typen für Business Functions benutzt werden, was wir bei unseren Projekten getan haben.

ISS und IEW arbeiten mit detaillierterem Input als wir, berücksichtigen existierende Applikationen nicht und lassen die Modellierung getriggert integrierter Applikationen nicht zu. Aus Ermangelung eines Werkzeugs konnten wir deshalb unsere manuellen Auswertungen lediglich punktuell mit IEW unterstützen.

Natürlich wäre ein Werkzeug zur Unterstützung der Architektur-Diskussionen und zur Dokumentation wünschenswert /Thoma 88/. Unseres Erachtens können jedoch die Versprechungen der Anbieter von Entwicklungs-Werkzeugen momentan die Wünsche ihrer Kunden nur in Einzelfällen befriedigen /Rieche et al 90/.

In /Brancheau et al 89/ wird ein Vorgehen zur Planung von Applikationen diskutiert, das ähnliche Ziele verfolgt wie unser Ansatz einer Applikations-Architektur und das in der Betrachtung der funktionalen Aspekte und der Datenaspekte ähnlich ist. Die Auswertung ist jedoch im wesentlichen an betriebswirtschaftlichen Zielvorstellungen von Informations-Bedürfnissen orientiert, gruppiert Business Functions und Data Groups nicht aufgrund ihrer gegenseitigen Verflechtung und bezieht technische Aspekte nicht in die Diskussion mit ein.

4. Diskussion von Entwurfsansätzen

Der vorgestellte Ansatz stellt eine Datenorientierung im Kontext zum funktionalen Einsatz der Daten und ein Top-Down-Vorgehen für die Planung einer Applikations-Architektur in den Mittelpunkt. Er arbeitet mit groben Informations-Einheiten. In frühen Entwurfsphasen und für grosse Untersuchungsbereiche ist jedoch auch beim Benutzer ein detaillierteres Wissen gar nicht vorhanden. Sinnvoll wird der "Gang in die Tiefe" dann für konkrete Vorhaben, wenn im Rahmen der Entwicklung einer Applikation oder einer globalen Stamm-Datenbank detailliertere Funktions- und Datenmodelle - z.B. Entity-Relationship-Modelle - festgeschrieben werden.

Es gibt jedoch in der Praxis auch noch andere Ansätze. Speziell in der Vergangenheit benutzten System-Entwickler funktionsorientierte Ansätze: Zuerst wurden die Prozesse für eine einzelne Applikation definiert und dann die dafür notwendigen Daten bestimmt und für schnellstmögliche Zugriffe strukturiert (Praxis-Beispiel: etwa 1300 IMS-Datenbanken). Datenbanksysteme wurden quasi als betriebssichere (recovery) und trotzdem schnelle File-Systeme angesehen. Diese Vorgehensweise ist letzten Endes verantwortlich für das "Daten-Chaos" mit umfangreicher Datenredundanz und streng isolierten Applikationen.

Das Verschieben des Betrachtungs-Schwerpunktes von den Funktionen zu den Daten - beispielsweise mit einem Entity-Relationship-Modell - führt zwar zu stabileren Datenmodellen, das Problem der Isolation kann jedoch damit nicht überwunden werden.

Unseres Erachtens können diese Probleme auch nicht alleine mit einer Bottom-Up-Integration überwunden werden. Dabei verstehen wir unter einer Bottom-Up-Integration den Aufbau eines einzigen Datenmodells durch schrittweise Integration unterschiedlicher, applikationsspezifischer Datenmodelle. Basis hierzu wären bereits vorliegende Komponenten verschiedener Modelle gleicher Realitätsausschnitte. Bereits das Erkennen der Bedeutung früher modellierter Komponenten, erst recht das Erkennen der Bedeutung und damit der Redundanz von Datenelementen in historisch gewachsenen Datenbeständen (Praxis-Beispiel: mehr als 50000 Datenelemente) ist jedoch kaum oder nur mit hohem Aufwand möglich, da geeignete Hilfsmittel für die Datendefinition in der Vergangenheit kaum angewandt wurden (vgl. hierzu /Brenner 88/). Doch selbst wenn es gelänge, existierende Datenmodelle zu integrieren, ist der nachträgliche Weg zu voll integrierten Applikationen sehr teuer und langwierig (Praxis-Beispiel einer Aufwands-Schätzung: etwa 200 Mannmonate für eine bestimmte Datenbank). Der einzige Weg zur Migration von Datenbeständen alter Architektur in neue Daten einer neuen Datenarchitektur dürfte ein mehrphasiges, schrittweises Vorgehen sein, das sich über Jahre erstreckt /Data Architecture 89/. Eine grosse Hilfe für eine integrierte Nutzung existierender Datenbestände ist in diesem Fall schon die Implementation einer mit Datenbanken operativer Online-Applikationen zeit-getriggert integrierten, globalen Datenbasis als Übergangslösung wie z. B. das "Data Warehouse" im IBM-Werk Mainz /Brendel 90/.

5. Literatur

/Boulanger et al 89/
      Boulanger, D.; March, S. T.: An approach to analyzing the information content of existing Databases. Data Base 20 (2), 1-8 (1989)

/Brancheau et al 89/
      Brancheau, J. C.; Schuster, L.; March, S. T.: Building and Implementing an Information Architecture. Data Base 20(2), 9-17 (1989)

/Brendel 90/
      Brendel, M.: CIM im IBM-Werk Mainz. Vortrag, 1990.

/Brenner 88/
Brenner, W.: Entwurf betrieblicher Datenelemente. Reihe "Betriebs- und Wirtschaftsinformatik", Band 28. Berlin, Heidelberg: Springer. 1988.

/Bullinger et al 87/
Bullinger, H.-J.; Fähnrich K.-P.; Thines M.: Einbettung von CIM- Konzepten in ein unternehmensweites Informationsmanagement. In: Bullinger, H.-J. (Hrsg.): Tagungsband kommtech 87, Kongress III, Computer Integrated Manufacturing und Unternehmenslogistik. Velbert: ONLINE GmbH. 1987.

/Data Architecture 89/
Give your organization new information capabilities. Data Architecture, Vol. 1, Nr. 3. Atlanta: Data Modelling Group. 1989.

/De Antonellis et al 83/
De Antonellis, V.; Demo, B.: Requirements Collection and Analysis. In: Ceri, S. (Ed.): Methodology and Tools for Data Base Design. Amsterdam: North-Holland. 1983.

/Hein 85/
Hein, K. P.: Information Systems Model and Architecture Generator. IBM Systems Journal 24 (3/4), 213-135 (1985)

/Martin 83/
Martin, J.: Managing the Data-Base Environment. London: Prentice-Hall. 1983.

/Mayr et al 87/
Mayr, H. C.; Dittrich, K. R.; Lockemann, P. C.: Datenbankentwurf. In: Lockemann, P. C.; Schmidt, J. W. (Hrsg.): Datenbank-Handbuch. Berlin, Heidelberg: Springer. 1987.

/McFarlan et al 83/
McFarlan, F. W.; McKenney, J. L.: Corporate Information Systems Management. Homewood: Richard D. Irwin. 1983.

/Ortner et al 89/
Ortner, E; Söllner, B.: Semantische Datenmodellierung nach der Objekttypenmethode. Informatik-Spektrum 12 (1), 31-42 (1989)

/Rieche et al 90/
Rieche, H. J.; Thoma, H.: Hilfsmittel für die Systementwicklung: Erwartung und Realität - ein Erfahrungsbericht. Computer Magazin 19 (3/4), 49-54 (1990)

/Scheer 87/
Scheer, A.-W.: Computer Integrated Manufacturing: CIM = Der computergesteuerte Industriebetrieb.Berlin, Heidelberg: Springer. 1987.

/Scheer 88/
Scheer, A.-W.: Wirtschaftsinformatik: Informationssysteme im Industriebetrieb. Berlin, Heidelberg: Springer. 2. Aufl. 1988.

/Thoma 88/
Thoma, H.: Die Rolle des Data Dictionary bei der Systemintegration. In: Oertly, F. (Hrsg.): Data Dictionaries und Entwicklungswerkzeuge für Datenbank-Anwendungen. Tagungsband DBTA/SI. Zürich: Verlag der Fachvereine. 1988.

/Thoma 90/
 Thoma, H.: Information Analysis: A step by step Clarification of Knowledge and Requirements. In: Karagiannis, D. (Ed.): Information Systems and Artificial Intelligence: Integration Aspects. Lecture Notes in Computer Science, Vol. 474. New York, Heidelberg: Springer. 1990.

/UN/EDIFACT 89/
 UN/EDIFACT Rapporteurs´ Teams: Introduction to UN/EDIFACT with the latest News and Events. United Nations / ECE. April 1989.

/Vetter 88/
 Vetter, M.: Strategie der Anwendungssoftware-Entwicklung: Planung, Prinzipien, Konzepte. Stuttgart: Teubner. 1988.

Die Spezifikation informationsverarbeitender Systeme
mit Abstrakten Objekttypen

Peter Baumann

Fraunhofer Arbeitsgruppe Graphische Datenverarbeitung (FhG-AGD)
D-6100 Darmstadt, Wilhelminenstr. 7
email: baumann @ agd.fhg.de

Kurzfassung

Spricht man in der Datenbankgemeinde heutzutage von Datenmodellierung, denkt man meist an objektorientierte Konzepte. Nach der Ära der semantischen Datenmodelle hat objektorientiertes Gedankengut mittlerweile allgemeine Verbreitung gefunden; erklärtes Ziel sind Datenmodelle, die flexibler und gleichzeitig anwendungsfreundlicher in der Hinsicht sind, daß sie der menschlichen Perzeption "der Welt" näherkommen.

Allerdings fehlt dem objektorientierten Paradigma zur Zeit noch ein allseits akzeptiertes theoretisches Fundament. Einen Ansatz, diese Lücke in der Forschung zu schließen, stellen Abstrakte Objekttypen (AOTs) dar; mit formal ebenso abgesicherten Methoden wie bei Abstrakten Datentypen (ADTs) sollen dabei Populationen von interagierenden Objekten beschrieben werden.

Der vorliegende Beitrag stellt Zwischenergebnisse aus einem laufenden Forschungsvorhaben der FhG-AGD vor, bei dem eine Sprache für AOTs entwickelt werden soll. Die Brauchbarkeit der Konzepte wird anhand einer exemplarischen Miniwelt *CAD_SYSTEM* demonstriert.

1. Einleitung

Objektorientierte Informationssysteme werden aller Voraussicht nach für den Rest dieses Jahrtausends eine dominierende Rolle spielen. Im objektorientierten Ansatz sind Konzepte zusammengefaßt, die nach Auffassung vieler Fachleute zu mächtigeren, flexibleren und gleichzeitig anwenderfreundlicheren Modellen führen. Allerdings bestehen noch viele unterschiedliche Meinungen, sowohl was die konkrete Definition solcher Konzepte angeht als auch wie der optimale Mix auszusehen hat.

Langsam entwickelt sich jedoch ein allgemein akzeptierter Kanon an Eigenschaften, die objektorientierte Datenmodelle auszeichnen sollen [ABDD-89, SRLG-90]. Auf einigen Teilgebieten existieren mittlerweile auch Resultate mit richtungsweisendem Charakter. Im IFO-Modell werden Fragen der Datenstrukturierung behandelt [AbHu-87]; die Auswirkungen des Konzepts Objektidentität auf Datenmodelle sowie Abfrage- und Manipulationssprachen werden in [AbKa-89] untersucht. Ehrich/Sernadas/Sernadas betonen dagegen den ganzheitlichen Aspekt in ihren Arbeiten über Abstrakte Objekttypen (AOTs) und entwickeln ein in sich geschlossenes, konsequent formalisiertes Modell der objektorientierten Informationsverarbeitung [SFSE-89, EhSS-89]. Eine Implementierung der Konzepte wurde unter dem Namen OBLOG vorgestellt [SoSe-88]. Bei diesem Ansatz werden Objekte als Prozesse aufgefaßt, die über Ereignisse als atomare Synchronisationseinheiten miteinander kommunizieren. Ein Objekt *ob* ist charakterisiert durch ein Alphabet X von Ereignissen, eine Menge L von (nicht notwendig endlichen) Ereignissequenzen über X, genannt die Lebensläufe von *ob*, eine endliche Menge A von Attributen sowie eine totale Beobachtungsfunktion α, die endlichen Anfängen von Lebensläufen Attributwerte zuordnet. Attributauswertungen sind durch die vorausgegangenen Ereignisse vollständig bestimmt, werden also von anderen Beobachtungen nicht beeinflußt.

Einen ähnlichen Ansatz verfolgt die FhG-AGD in ihren Arbeiten über Grundlagen der Informationsmodellierung. Ziel ist die Entwicklung einer objektorientierten formalen Beschreibungstechnik, die Populationen kommunizierender Objekte auf der Basis ihres beobachtbaren Verhaltens beschreibt. Die angestrebte Sprache gehört zur AOT-Familie, unterscheidet sich jedoch in zwei wesentlichen Punkten von den Arbeiten um OBLOG.

Der erste Unterschied besteht im Konzept des beobachtbaren Verhaltens [Miln-80]. Betrachten wir dazu ein kleines Beispiel, das [Hogr-89] entnommen ist. Gegeben sei ein Automat, der zuerst den Token (in unserer Sprechweise: das Ereignis) a und danach entweder ein b oder ein c akzeptiert. Ein externer Beobachter, der mit dem Automaten experimentiert, wird dabei nur implizit feststellen, daß es Zustände gibt - nämlich dadurch, daß der Automat zu gewissen Zeitpunkten stabil ist, also ein weiteres Experiment durchgeführt werden kann. Für die Spezifikation des beobachtbaren Verhaltens sind also nur die Zustandsübergänge ausschlaggebend, die Zustände selbst bleiben verborgen.

Das hat Konsequenzen für die Äquivalenz von Prozeßbeschreibungen. Betrachten wir die beiden Prozesse P und Q, deren beobachtbares Verhalten informal durch die Bäume in Abb. 1 gegeben ist. Beide werden durch denselben endlichen Automat beschrieben, der die Wortmenge { ab, ac } erkennt. Die Worte ab und ac entsprechen genau den zulässigen Lebensläufe in OBLOG, mithin gelten P und Q dort als äquivalent. Für einen Beobachter, der mit den Prozessen Experimente durchführt, stellt sich die Situation jedoch anders dar: Mit P ist nach einem Experiment a immer ein Experiment b oder c möglich. Beim Experimentieren mit Prozeß Q wird man jedoch feststellen, daß manchmal nach einem Experiment a kein b mehr möglich ist, manchmal aber auch kein c mehr. Obwohl also beide Prozesse im üblichen Sinne der automatentheoretischen Worterkennung äquivalent sind, unterscheiden sie sich im beobachtbaren Verhalten. Eine Äquivalenzrelation, die auf diesem Konzept beruht, wird in Milners oben zitierter Arbeit vorgestellt.

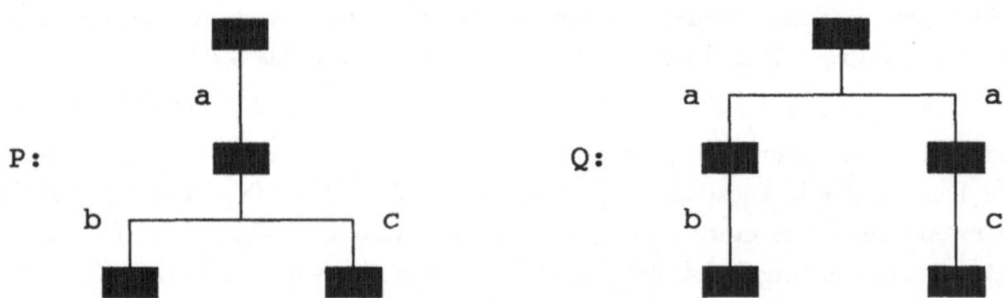

Abb. 1: Zwei unterscheidbare Verhaltensspezifikationen P und Q
als Bäume dargestellt (nach [Hogr-89])

Der zweite große Unterschied zu der oben zitierten Arbeit liegt im Verständnis des Begriffs Beobachtung. In OBLOG hängt der Objektzustand nur von den vorausgegangenen Ereignissen ab -

mit anderen Worten, Beobachtung läßt ein System unbeeinflußt. Wir nennen diesen Ansatz **schwache Einkapselung**; unter **starker Einkapselung** verstehen wir, daß Beobachtung eines Objekts und Kommunikation mit ihm gleichbedeutend sind. Das impliziert einerseits, daß die Kommunikation zwischen zwei Objekten einfach als gegenseitiges Beobachten aufgefaßt werden kann. Andererseits kann ein Objekt nicht beobachtet werden, ohne daß eine Interaktion stattfindet (eine gewisse Analogie zur Quantenphysik drängt sich auf). Insbesondere quantifizierte Anfragen lassen sich nicht mehr in konventioneller Weise stellen: einerseits kann es vorkommen, daß eine Anfrage vorübergehend nicht möglich ist, weil ein Objekt gemäß seiner Spezifikation auf das entsprechende Ereignis gerade nicht reagiert; wenn sie akzeptiert wird, dann kann das andererseits Auswirkungen auf das Folgeverhalten des Objekts haben. Trotzdem sind wir mit Milner der Ansicht, daß starke Einkapselung das Modell einheitlicher und natürlicher macht.

Im folgenden stellen wir einige Konzepte unserer Sprache zur AOT-Spezifikation vor (Abschnitt 2). Anschließend diskutieren wir die Modellierung komplexer Objekte in Abschnitt 3, um in Abschnitt 4 schließlich Zusammenfassung und Ausblick zu geben.

2. Eine Sprache für Abstrakte Objekttypen

Im folgenden wird anhand des stark vereinfachten Beispieluniversums *CAD_SYSTEM* eine vorläufige Version von COISA*, einer Sprache zur Verhaltensbeschreibung von Objektgesellschaften nach den oben beschriebenen Prinzipien, in ihren Grundzügen vorgestellt. Die Sprache gliedert sich in eine *wertbasierte Ebene* zur Spezifikation von Datentypen und eine *objektbasierte Ebene*, auf der Populationen interagierender Objekte modelliert werden. Datentypen etablieren die Trägermengen für die Speicherung von Werten und den Datenaustausch zwischen Objekten. Die Definition von Datentypen geschieht mit den geläufigen Methoden Abstrakter Datentypen und bedarf daher keiner weiteren Erläuterung; die Spezifikation von Objekttypen ist Gegenstand von Kapitel 2.2.

2.1. Die Miniwelt *CAD_SYSTEM*

Unsere Miniwelt ist ein *CAD_SYSTEM*, das dem Konstrukteur einen geometrischen *MODELLIERER*, einen *SIMULATOR* - etwa zur Streßanalyse von Bauteilen - sowie einen *RENDERER* zur graphischen Darstellung des Simulationsresultats zur Verfügung stellt. Diese drei Werkzeuge sind in einen Rahmen eingebettet, der aus einem *USER_INTERFACE* sowie einer *DATENBANK* besteht. Alle Systemkomponenten arbeiten parallel, sodaß beispielsweise der Konstrukteur mit dem *MODELLIERER* arbeiten kann, während "im Hintergrund" der *SIMULATOR* läuft.

Die Kommunikation des Konstrukteurs mit den Werkzeugen erfolgt über die Ereignisse des *USER_INTERFACE*. Den höchsten Grad an Interaktion besitzt naturgemäß der *MODELLIERER*, der nach dem Start durch das Ereignis *modellieren* immer wieder die affinen Transformationen *skalieren*, *rotieren* und *verschieben* des *Geometriemodells* anbietet (der Einfachheit halber wird angenommen, daß das zu transformierende Werkstück bereits vorhanden ist). Die Modellierungssitzung terminiert entweder mit *beenden* - nur dann werden die Änderungen in die *DATENBANK* übernommen - oder mit *abbrechen*. Das *Geometriemodell* dient als Eingabe für den *SIMULATOR*, der durch das Ereignis *simulieren* angestoßen wird. Anschließend lädt er das Modell, führt den Simulationslauf aus und schreibt das *Simulationsergebnis* zurück in die *DATENBANK*. Dieses Ergebnis wiederum kann nach dem Ereignis *rendern* vom *RENDERER* in ein

---

* COISA = <u>C</u>ooperative <u>I</u>nformation <u>S</u>ystems <u>A</u>rchitecture

Rasterbild umgesetzt werden, das mit *anzeigen* auf dem Bildschirm erscheint. Die *DATENBANK* - die diese Bezeichnung eigentlich noch nicht verdient - verwaltet je ein *Geometriemodell* und ein *Simulationsergebnis*; zu beiden Datentypen gibt es die Ereignisse *speichern* und *laden* für die entsprechenden Datenbankzugriffe.

Abb. 2 gibt einen Überblick über die Systemkomponenten und die Ereignisse, über die sie gekoppelt sind. Ein Rechteck bezeichnet dabei einen Objekttyp, der den angegebenen Namen trägt, während eine Verbindungslinie ein Ereignis symbolisiert, an dem die verbundenen Objekttypen partizipieren können.

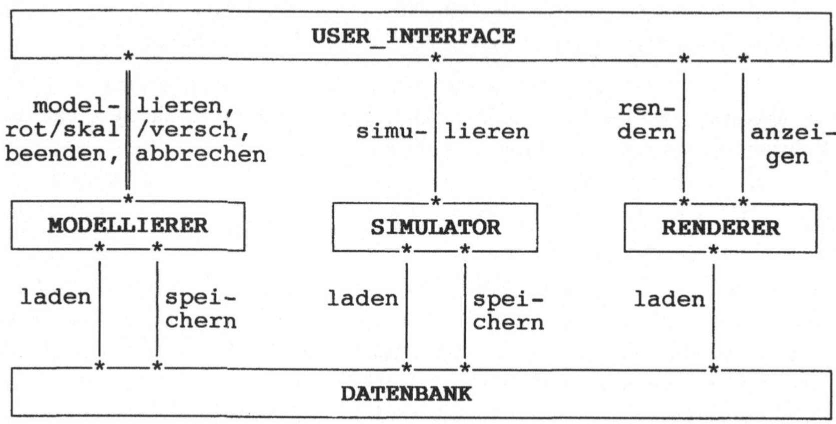

Abb. 2: Übersicht über die Miniwelt *CAD_SYSTEM*

Anhand dieser Miniwelt werden wir im nächsten Kapitel einige ausgewählte Sprachkonstrukte von COISA vorstellen; der interessierte Leser findet die vollständige Spezifikation im Anhang.

2.2. Ereignisbasierte Verhaltensbeschreibung

Das Verhalten von Objekten wird durch sogenannte **Kommunikationsbäume** beschrieben. Ohne auf die formalen Details einzugehen, definieren wir einen Kommunikationsbaum als ungeordneten Wurzelbaum nicht notwendig endlicher Tiefe, dessen Kanten mit Ereignissen markiert sind. Der Baum ist endlich verzweigt, falls alle Ereignisse unparametrisiert sind oder ihre Parametrisierung nur aus endlichen Datentypen besteht; andernfalls treten unendliche Verzweigungen auf. Die Ereignissquenzen, die durch Aufsammeln der Kantenmarkierungen entlang der Pfade von der Wurzel aus entstehen, bilden die möglichen Lebensläufe eines Objekts; jede Instanz durchläuft in ihrem Leben genau einen davon. Welcher Lebenslauf tatsächlich vollzogen wird - also welcher der zulässigen Ereignisse das Objekt wahrnimmt -, hängt von der Objektumgebung sowie von den übergebenen Daten ab.

In der Ereignisdeklaration einer Objekttypdefinition werden alle Ereignisse, an denen Instanzen dieses Typs potentiell teilnehmen können, aufgelistet. Der *SIMULATOR* kennt die Ereignisse
> **events**
>
> simulieren, laden(**in** *Geometriemodell*), speichern(**out** *Simulationsergebnis*)

Bei den Ereignissen *laden* und *speichern* ist zusätzlich eine Parametrisierung mit angegeben. Ein *SIMULATOR* empfängt also beim *laden* einen Wert vom Datentyp *Geometriemodell* und gibt beim *speichern* ein *Simulationsergebnis* weiter. Anstelle von Datentypen sind auch Objekttypen zulässig, sodaß auch Referenzen auf Objekte weitergegeben werden können.

Um Objekte über Ereignisse zu synchronisieren, ist noch die Kompatibilität von Ereignissen zu erklären. Wir wählen den einfachsten Ansatz und definieren, daß zwei Ereignisse kompatibel genau dann sind, wenn ihre Namen übereinstimmen und die Konstituenten beider Parameterlisten paarweise gleiche Typen besitzen. (Man beachte, daß diese Definition das Überladen von Ereignisnamen ermöglicht.) Es gibt weitere interessante Anwendungen für derart parametrisierte Ereignisse, die jedoch den Rahmen dieses Papiers sprengen.

Auf einem derart definierten Alphabet an Ereignissen werden nun Kommunikationsbäume über Verhaltensausdrücke definiert. **Sequentielle Komposition** von Verhaltensausdrücken wird durch ein Semikolon notiert. Die Semantik des Ausdrucks

   rendern; laden(S: Simulationsergebnis); anzeigen(render(S))

im Verhalten des *RENDERER*s ist, daß der Umgebung zuerst das Initialereignis *rendern* und nach dem Eintreten von *rendern* (und nur dann) *laden* angeboten wird; beim *laden* empfängt das Objekt ein Datum des Typs *Simulationsergebnis*, das fortan unter dem **Wertebezeichner** S bekannt ist und im Folgeereignis *anzeigen* verwendet werden kann. Wertebezeichner fungieren als symbolische Namen für Konstanten.

In der *DATENBANK* können Schreibzugriffe auf unabhängige Daten in beliebiger Reihenfolge stattfinden. Wir schreiben dies als

   speichern(G) || *speichern(S)*

wobei G und S unterschiedliche Werte bezeichnen (der Fall, daß G und S Objekte sind, wird in Kapitel 3 diskutiert). Für den Fall, daß anstelle zweier Ereignisse komplexere Aktionen a und b vorliegen, bedeutet die **Verschränkung** von a und b,

   a || b

daß sich a und b beliebig durchdringen können, solange nur die Abfolge der Ereignisse bezüglich jeder Aktion erhalten bleibt. Dies entspricht dem Parallelitätsoperator in Prozessen.

Als nächstes wird der **Auswahloperator** eingeführt. Am Ende des Modelliervorgangs kann der Konstrukteur entweder die Sitzung normal *beenden*, wobei das Resultat abgespeichert wird, oder *abbrechen*, ohne daß ein Rückschreiben in die *DATENBANK* erfolgt. Dies wird aufgeschrieben als

   (beenden; speichern(g)) [] abbrechen

Die Auswahl unter den vom Objekt angebotenen Alternativen wird von der Umgebung, d.h. anderen Objekten, getroffen; ist damit immer noch keine Eindeutigkeit zu erzielen, so erfolgt eine nichtdeterministische Entscheidung. Später werden wir sehen, wie die Auswahl durch die Angabe von Kriterien beeinflußt werden kann.

Das Menü, das den Benutzer führt, wird nach Ausführung der letzten Aktion immer von neuem angeboten. Der **Wiederholungsoperator** ”*” bewirkt dieses wiederholte Anbieten:

   (modellieren [] ... [] anzeigen(R: Rasterbild)) *

Es ist möglich, daß andere Aktionen folgen (dieser Fall tritt z.B. im Verhalten des Objekttyps *MODELLIERER* auf); die Entscheidung zwischen Wiederholung und Fortsetzung trifft wiederum die Umgebung. Es sei noch angemerkt, daß der Repetitionsoperator keine Erweiterung der Ausdrucksmächtigkeit bedeutet; er ist nur eine bequeme Aufschreibung, die durch Verhaltensrekursion ersetzt werden kann.

Wir haben bereits gesehen, daß sich Objekte über Wertbezeichner Daten von einem Ereignis zum nächsten ”merken” können. Vor allem bei rekursiv definierten Verhaltensmustern erfordert jedoch die Verwendung von Wertbezeichnern einige Übung. CoIsA bietet deshalb die Möglichkeit, Objekte mit typisierten Variablen auszustatten. Die Festlegung

vars
    g: Geometriemodell

definiert eine **Objektvariable** *g* vom Typ *Geometriemodell*. Dieser kann später ein Wert zugewiesen werden, und sie kann in Ausdrücken verwendet werden - z.B. zur Skalierung des Modells in den drei Raumkoordinaten durch

    g := skal(g, X, Y, Z)

Eine Zuweisung kann als ein objektinternes Ereignis aufgefaßt werden, das spontan und ohne Interaktion mit der Außenwelt stattfindet.

Ein Boolescher Term, der die zulässigen Parameterwerte des ihm zugeordneten Ereignisses beschränkt, heißt **Auswahlprädikat**. Zum Beispiel soll beim *MODELLIERER* eine Synchronisation über das Ereignis *skalieren* nur dann möglich sein, wenn alle aktuellen Parameterwerte positiv sind. Dies wird notiert als

    skalieren(X: Real, Y: Real, Z: Real) **provided** *X>0 and Y>0 and Z>0*

Damit beschließen wir die Vorstellung der Sprachkonzepte von CoISA. Das nächste Kapitel enthält einen Ausblick auf die Modellierung komplexer Objekte.

3. Komplexe Objekte

Bisher wurde nur der Fall betrachtet, daß Objekte Daten untereinander austauschen - die *DATENBANK* beispielsweise enthält noch echte Daten. Eine objektorientierte Datenbank verwaltet jedoch Objekte, und so ergibt sich die Forderung, Beziehungen zu modellieren. Insbesondere die Komponentenbeziehung als in der Praxis bedeutendste Beziehungsform muß unterstützt werden.

3.1. Analyse der *part_of*-Beziehung

Eine Beziehung enthält nach der üblichen Auffassung eine Sammlung von Referenzen auf aktuell existierende Objekte (referentielle Integrität!). Diese Sammlung zerfällt bei der *part_of*-Beziehung in zwei Teile, nämlich die übergeordneten Objekte (Superobjekte) und ihre Komponenten (Subobjekte). Die *part_of*-Beziehung ist vom Typ *m:n*, da sowohl ein Objekt viele Komponenten besitzen kann als auch ein Subobjekt gleichzeitig Bestandteil mehrerer anderer Objekte sein kann (shared subobject). Im konkreten Fall ist ein Beziehungstyp der Art *part_of* durch die Typen von Super- und Subobjekten, die Kardinalitäten sowie eventuelle Varianten festgelegt, beispielsweise *"Ein Auto besteht aus einem Fahrgestell, entweder einem Diesel- oder einem Ottomotor, zwei bis fünf Türen und eine geraden Anzahl von Rädern, mindestens jedoch deren vier"*.

Neben diesen "lokalen" Eigenschaften, die in ähnlicher Form auch bei anderen Beziehungstypen auftreten, gibt es jedoch noch eine für die *part_of*-Beziehung charakteristische "globale" Konsistenzbedingung: ein Objekt kann nicht Teil seiner selbst sein, oder formal ausgedrückt, der *part_of*-Teilgraph des Objektnetzwerks muß zyklenfrei sein. Eine konkrete Implementierung muß Zyklenfreiheit offensichtlich nur bei rekursiven Typen kontrollieren.

Weiterhin ist das Verhalten von Komponenten in bestimmter Weise mit dem ihrer übergeordneten Objekte verknüpft. Einerseits wirken sich Änderungen in Komponenten im allgemeinen auf das Verhalten des übergeordneten Objekts aus - zum Beispiel hängt das Gesamtfahrverhalten eines Autos dramatisch vom aktuellen Profil seiner Reifen ab. Es ist also erforderlich, daß ein komplexes Objekt Kenntnis davon erhält, wenn mit einem seiner untergeordneten Objekte kommuniziert wird. Andererseits kann die Handlungsfreiheit von Objekten durch die Zusammenfassung zu einem komplexen Objekt eingeschränkt sein: Änderungen in einem Programmodul, der Bestandteil einer Softwarebibliothek ist, sollten nur mit besonderen Sicherheitsmaßnahmen stattfinden dürfen.

3.2. Modellierung der *part_of*-Beziehung

Als Basismechanismen zur Beziehungsmodellierung benötigen wir Ausdrucksmittel zur Weitergabe von Objekten und für ihre Verwaltung in anderen Objekten. Wir lassen dazu in der Ereignis- und Variablendeklaration nicht nur Datentypen, sondern auch Objekttypen zu und verstehen darunter, daß Objektidentifikatoren den Wertebereich bilden (mit anderen Worten, wir führen Zeiger auf Objekte ein). In [Baum-89] wurde mit dem Konzept der Valenzen ein Ansatz vorgeschlagen, um in Beziehungstypen neben den Typen der referenzierten Objekte auch ihre Kardinalitäten einschließlich möglicher Varianten zu spezifizieren.

Zyklenfreiheit ist eine objektübergreifende ("globale") Konsistenzbedingung. Derartige Bedingungen werden in CoISA nach dem Motto *Rules are objects too* [DBM-88] modelliert, die bei den relevanten Ereignissen, nämlich dem Auf- und Abbau von Referenzen, "mithören" und daraus den aktuellen Konsistenzzustand bestimmen.

4. Zusammenfassung und Ausblick

Es wurde eine Sprache vorgestellt, die auf der sich abzeichnenden Theorie Abstrakter Objekttypen fußt. Die Sprache erlaubt die Spezifikation von Objektgesellschaften, die untereinander über synchronisierte, atomare Ereignisse kommunizieren. Als Grundlage der Verhaltensbeschreibung dient das von außen beobachtbare Verhalten der Objekte. Aus Platzgründen konnte nur ein grober Eindruck vermittelt werden, sodaß eine Diskussion weiterer Eigenschaften wie Modularisierung von Spezifikationen, parametrisierte Typen und Strukturierung der Verhaltensbeschreibung (einschließlich Verhaltensrekursion) unterbleiben mußte.

Zur Zeit erfolgt die formale Definition von CoISA über eine Abbildung auf die Spezifikationssprache LOTOS [Loto-87]. Weitere Untersuchungen werden sich auf die Aspekte Vererbung und die Details der Modellierung von Beziehungen, insbesondere komplexer Objekte, konzentrieren. Langfristig sollen die Arbeiten an AOTs zu einem voll objektorientierten Datenbanksystem führen, um APRIL [BaKö-89], das derzeitige "Arbeitspferd" der FhG-AGD, abzulösen, das im Bereich CAD [KöBa-88], Texturarchiv [KöBE-90] und Animation [Haas-90] eingesetzt wird.

Literatur

[ABDD-89] Atkinson, M.; Bancilhon, F.; DeWitt, D.; Dittrich, K.; Maier, D.; Zdonik, S.: *The Object-Oriented Database System Manifesto*. Proc. DOOD '89, Kyoto, December 1989

[AbHu-87] Abiteboul, S.; Hull, R.: *IFO: A Formal Semantic Database Model*. In: ACM ToDS, Vol. 12, No. 4, December 1987, pp. 525 - 565

[AbKa-89] Abiteboul, S.; Kannelakis, P.C.: *Object Identity as a Query Language Primitive*. Proc. ACM SIGMOD 1989, pp. 159 - 173

[BaKö-89] Baumann, P.; Köhler, D.: *APRIL - Another PRODAT Implementation*. FhG Report FAGD-89i007, FhG-AGD Darmstadt, 1990

[Baum-89] Baumann, P.: *Valences: A new Relationship Concept for the Entity-Relationship Model.* Proc. 8th Int. Conf. on Entity-Relationship Approach, (Toronto, Canada, Oktober 1989), pp. 218 - 231

[DBM-88] Dayal, U.; Buchmann, A.; McCarthy, D.: *Rules are Objects Too: A Knowledge Model for an Active Object-Oriented Database System.* LNCS 334, Springer 1988, pp. 129-143

[EhSS-89] Ehrich, H.-D.; Sernadas, A. & C.: *From Data Types to Object Types.* Journ. Inf. Process. Cybern. EIK 26, 1989, pp. 33 - 48

[Haas-90] Haas, S. et al.: *Workshop Datenbanken und Animation.* FhG-Report FAGD-90i002, FhG-AGD Darmstadt, 1990

[Hogr-89] Hogrefe, D.: *Estelle, LOTOS und SDL - Standard-Spezifikationssprachen für verteilte Systeme.* Springer 1988

[KöBa-88] Köhler, D.; Baumann, P.: *Database Schema Design for CAD/CAM Applications.* IFIP TC5 Conference on CAD/CAM Applications, Mexico City, August 1988, pp. 125 - 138

[KöBE-90] Köhler, D.; Baumann, P.; Englert, G.: *Das Texturarchiv als Beispiel für den Einsatz nichtkonventioneller Datenbanktechniken.* Int. Workshop Integrierte, intelligente Informationssysteme, Schloß Tuczno, Polen, September 1990, pp. 156 - 175

[Loto-87] ISO IS 8807: *LOTOS: Language for the Temporal Ordering Specification of Observational Behaviour.* ISO Int. Standard, 1987

[Miln-80] Milner, R.: *A Calculus of Communicating Systems.* LNCS 92, Springer 1980

[SFSE-89] Sernadas, A.; Fiadero, J.; Sernadas, C.; Ehrich, H.-D.: *The Basic Building Blocks of Information Systems.* Proc. IFIP 8.1 Working Conference, Namur 1989

[SoSe-88] Sousa, J,; Sernadas, A.: *Oblog as a Specification Tool for Object-Oriented Graphical Interfaces.* Proc. 1st Portuguese-German Meeting on Comp. Graphics, Eurographics Portuguese Ch., 1988

[SRLG-90] Stonebraker, M.; Rowe, L.; Lindsay, B.; Gray, J.; Carey, M.; Beech, D.: *Third-Generation Data Base System Manifesto.* ISO/IEC JTC1/SC21/ WG3 Document N084

Anhang: CoISA Spezifikation der Miniwelt *CAD_SYSTEM*

```
specification CAD_SYSTEM is
data type CAD_DATEN is
    sorts
        Geometriemodell, Simulationsergebnis, Rasterbild
    opns
        skal:   Geometriemodell, Real, Real, Real -> Geometriemodell,
        rot:    Geometriemodell, Real, Real, Real -> Geometriemodell,
        trans:  Geometriemodell, Real, Real, Real -> Geometriemodell,
        sim:    Geometriemodell -> Simulationsergebnis,
        render: Simulationsergebnis -> Rasterbild
        (* etc. *)
    eqns ...     (* Termersetzungsregeln zur Definition der Semantik *)
endtype
object type USER_INTERFACE is
    events
```

```
            modellieren,
            skalieren( out Real, out Real, out Real ),
            rotieren( out Real, out Real, out Real ),
            verschieben( out Real, out Real, out Real ),
            simulieren, rendern, anzeigen( in Rasterbild ),
            beenden, abbrechen
        behaviour
            ( modellieren [] ... [] anzeigen( R: Rasterbild )  ) *
endtype
object type DATENBANK is
    events
            laden( out Geometriemodell ), speichern( in Geometriemodell ),
            laden( out Simulationsergebnis ), speichern( in Simulationsergebnis ),
    behaviour
                speichern( G:Geometriemodell ); ( laden(G) [] speichern(G) ) *
        ||   speichern( S:Simulationsergebnis ); ( laden(S) [] speichern(S) ) *
endtype
object type MODELLIERER is
    vars
        g: Geometriemodell
    events
        modellieren,
        laden( in Geometriemodell ),
        speichern( out Geometriemodell ),
        skalieren( in Real, in Real, in Real ),
        rotieren( in Real, in Real, in Real ),
        verschieben( in Real, in Real, in Real ),
        beenden, abbrechen
    behaviour
        modellieren; laden( g );
        (    skalieren( X: Real, Y: Real, Z: Real ) provided X>0 and Y>0 and Z>0;
             g : = skal(g,X,Y,Z);
        []   rotieren( X: Real, Y: Real, Z: Real ); g : = rot(g,X,Y,Z);
        []   verschieben( X: Real, Y: Real, Z: Real ); g : = trans(g,X,Y,Z);
        ) * ;
        ( beenden; speichern( g ) ) [] abbrechen
endtype
object type SIMULATOR is
    events
        simulieren, laden( in Geometriemodell ), speichern( out Simulationsergebnis )
    behaviour
        simulieren; laden( G: Geometriemodell ); speichern( sim( G ) )
endtype
object type RENDERER is
    events
        rendern, laden( in Simulationsergebnis ), anzeigen( out Rasterbild )
    behaviour
        rendern; laden( S: Simulationsergebnis ); anzeigen( render( S ) )
endtype
endspec
```

Towards Interoperability:
Vertical Integration of Languages with a KBMS

Wolfgang Benn, Christian Kortenbreer, Xinglin Wu

University of Hagen, Applied Computer Science I
W-5800 Hagen 1, Fed. Rep. of Germany

Abstract

Interoperability of programming languages with persistency requires new concepts to make a single DBMS or KBMS a custom tailored tool for applications of various programming languages and of different programming paradigms. In this paper we appoint a method for the vertical integration of diverse languages with a single KBMS. We propose an extension of the commonly known ADT definition technique from extended RDBMSs and present a convenient method to define a default re-use of concepts for the interoperability of languages on top of the KBMS. The suggested approach is called *language profile* and is a system administrator's interface to an extended KBMS object manager - the so-called Conceptual Object Manager.[1]

Introduction

In current database systems a new trend is to support complex non standard application development and to provide reasoning capabilities on data stored in the database. New types of applications such as CAD/CAM systems, Geographic Information Systems (GIS), etc. require more powerful and flexible Knowledge Base Management Systems (KBMS) than the existing ones.

Such applications often use more than one programming paradigm to solve problems. For instance, in GISs particular data structures are needed to store graphic data while their various data exploitation tools quite probably use different programming languages and thus, follow different programming paradigms as well [1]. To fill the demand of this kind of applications there should be KBMSs which support more than one programming language and which maintain interoperability between them.

We recognize that one important part of interoperability in this particular sense is a combination of parameterized polymorphism, inclusion polymorphism, and schema-sharing. All three should be integrated in a unifying system layer - e.g. in an extended object manager of a semantic database system. Apparently this results in a list of new requirements to databases [2] and demands a solution very similar to [3]. Thus, we comprise these requirements in two short statements about the necessary features to be included in such a KBMS:

---

[1]   This work is carried out under the contract reference 2443 of the ESPRIT programme of the European Community.

① The ability of <u>vertical integration,</u> i.e. the KBMS must enable the integration of programming languages with the system in such a way that a new language can be easily hooked on to it and that the knowledge about language concepts can be included into an internal knowledge base of the extended object manager.

② The ability to perform <u>interoperability</u> as a kind of <u>horizontal integration</u> between languages, i.e. the KBMS provides support of application object re-use by managing private and public parts of schema and data from applications of different languages and programming paradigms.

Within the STRETCH ESPRIT project [4] we are developing such a new KBMS, which embodies the advantages of the common concepts of databases - especially main memory database technology -, demonstrates a solution for application language linking, and shows interoperability support for two languages of the logic programming and the object-oriented paradigm.

To gain a high grade of acceptance from complex non-standard applications, world modeling with the STRETCH KBMS is done through the data models of the application languages. Therefore the language systems are provided with a suitable data manipulation language and not the end-user of the system. The DML includes commands to make application object definitions persistent as well as it includes commands to publish user schemata, to obtain referential access to published schemata, and to copy them. In STRETCH we expect the languages on top of the KBMS to include corresponding language primitives which provide the end-user with these features. It is the language contribution for interoperability support. In other cases where languages can not be modified we propose a pre-processor solution to maintain the concept of an open system.

User defined application objects are managed by an extended object manager - the so-called Conceptual Object Manager (COM) [5]. It can be custom tailored to the individual semantics of different languages by a flexible concept of extensibility: Specific concepts of programming languages and programming paradigms can be integrated via an interface. Differing from the approach of meta-types and disjoint unions of individual concepts in [3], we leave the integration of a language meta schema completely up to a system administrator. Afterwards however, the system acts in important parts like a true semantic DBMS for the data structures of each of the languages on top of it.

The horizontal integration is maintained by the Conceptual Object Manager through an implementation of the polymorphic part of interoperability in accordance to [6]. The result will be a management strategy which can be summarized in the following two processing rules for applying a knowledge base of language concept information:

① If a language concept "A" is represented as a particular KBMS type and if another concept "B" is represented as exactly the same KBMS type then objects of "A" can be used in another context as objects of "B" with agreed different semantics - this is valid for parts of concepts as well.

② If a language concept "B" is internally represented as a sub-concept "A", every object of "B" can be managed as an object of "A". Additional features which specify "B" as a constrained sub-concept of "A" are managed accordingly or - if possible - are omitted.

Moreover, we implement schema-sharing if we allow applications to include or copy parts of previously published user schemata, filtering the particular view upon those re-used schema elements by the mentioned processing rules. Thus, the KBMS performs a view generation between "A"-typed application objects and a requested re-use of them - or of parts of them - as "B"-typed objects.

In this paper we focus to the support of the vertical integration. The paper is organized as follows: next we introduce the concept of the language profile and thereafter we give an example how to use it for the integration of an object-oriented language - which shows its benefits. Conclusions, acknowledgements, and literature complete this paper.

THE LANGUAGE PROFILE

To support applications from different programming languages in exchanging their objects, the extended object manager COM needs the knowledge about the "meta schema" of its applying languages. This is for instance the internal structure of the concept *class* in an object-oriented and *relation* in a rule-based language. For the Conceptual Object Manager, this knowledge is the key for interoperability which is gained through the *language profile*. It is a consequent extension of *define type* and *define operation* statements as they are known from systems like AIM-P, POSTGRES or DASDBS [7, 8, 9] combined with a possibility to define semantic equivalences between the data structures of languages.

In a language profile the concepts of one distinct language are conveniently described in terms of the COM data model following a certain syntax. For instance, the concept *class* of an object-oriented language is described by its structure, the types of its components, and some of its semantics. Such descriptions become part of the COM meta-knowledge base and will be used to "understand" the structures and semantics of application objects.

A language profile consists of four parts, which will be discussed in this chapter. In the next chapter we shall give an example to show, how to write the language profile for a given language.

The so-called *simple type section* consists of mapping information between the fundamental data types of a programming language and those of the COM data model, i.e. integer, character, list, etc. Here the system administrator defines how to represent - and to store - the basic language types in the KBMS. Formally this part is written as a list of map instructions, which look like:

map-instruction ::= **map** *language_type*, *COM_type*, difference, conversion.

The formalism indicates that the *language_type* will be stored as a *COM_type* in the KBMS. The parameter *difference* points out whether the *language_type* can be directly mapped into the *COM_type* or not. If not, two input/output routines must be written by the system administrator as *conversion*, which are stored in the meta knowledge base and which will be executed each time a type mapping is needed.

In the *complex type section* of a language profile the system administrator describes the "high-level" data types or concepts of his programming language - like *class* or *relation*. With these definitions he presents the KBMS a mandatory interpretation instruction for structured application data which shall be managed by the system as such.

If the extension type of a concept differs from its concept definition - like objects differ from classes for instance it has to be indicated. Thus, this part of a language profile consists of a list of language type and/or language operation description instructions. A language type (operation) description instruction has following syntax:

language_type_def ::= language_type_keyword, language_type_id, object_id, attribute_list **end**

where *language_type_keyword* is either "language type" or "language operation". *Language_type_ id* and *object_id* are names of the concept and its instance while *attribute_list* is used to describe the structure of the concept in terms of the COM data model.

The third part of a language profile - the *semantics section* - includes knowledge about special semantics of a language concept, a language itself or a programming paradigm which must be known to the KBMS to perform semantically correct operations upon the schemata or the data. Apparently it comes clear that not all semantics of individual concepts of a language or a paradigm can be supported by a KBMS otherwise the question rises, 'why do we need individual languages if everything is in the KBMS'?

However, this part opens up the opportunity to provide a custom tailored DBMS to users which is much more powerful than previous systems. These special semantics is described in form of operations and the "bind" phrase, which have the following syntax:

semantic_description   ::= **operation** operation_type, operation_name, signature, body **end**

bind_phrase   ::= **bind** operation_name **to** language_type_id, bind_object.

Operation_type can be one of "A", "C" or "S" where "A" stands for ADT operations (e.g. join of relations), "C" denotes paradigm constraint operations (e.g. encapsulation) and "S" stands for language semantics - e.g. inheritance of classes. The parameter *bind_object* can be "type" or "instance", which indicates whether the operation should be performed on the schema or its instance.

While the parts one to three of the language profile form a unit, the fourth part is a separate one. It describes how to map re-usable concepts of other languages and paradigms by default.

To fill this *re-use section* of the language profile there are two alternatives up to now. Either the system administrator looks into the system which concepts of languages are already known - this is supported by a set of browsing operations of the COM data manipulation language - and decides which one can be re-used semantically correct through concepts of his current language or a list of structurally compatible concepts is produced by the so-called COM meta knowledge manager and is proposed to the system administrator to support his decisions. In both cases the system administrator compares the semantics of the - eventually - proposed compatible types and chooses some of them as defaults for re-use in applications of other languages.

These defaults make up the fourth part of the language profile and follow the syntax:

re-use_expr ::= **re-use** language_type_id1 **from** language **as** language_type_id2

which means that the concept *language_type_id1* of *language* will be re-used as concept *language_type_id2*. However, the defaults can be over-written in applications by specifying an additional "re-use as" clause to indicate other than the default language concepts for re-use.

INTEGRATING THE STRETCH OBJECT-ORIENTED LANGUAGE - AN EXAMPLE

In this section we give an example how a new language (SOL, the Stretch Object-Oriented database Language) can be attached to the KBMS and how the default interoperability between two languages - the new one and one which is assumed to be already known to the KBMS (RL, the **Rule-based Language**) - can be defined. SOL has been particularly designed for the STRETCH project as one of two database programming languages under the consideration to provide a vehicle for the definition and experimentation of general mechanisms for interoperability between paradigms and languages.

To attach any language to the STRETCH KBMS the system administrator has to perform three steps.

① Write the language profile in order to introduce the individual language types and concepts to the Conceptual Object Manager of the STRETCH KBMS.
② Write a transformation module, if the internal object representation of the language system differs from the interface format of the Conceptual Object Manager provided to them.
③ Insert a calling mechanism for the COM DML commands into the language compiler - if possible, otherwise write a pre-processor - and the language runtime system (e.g. a call of the COM command "new" if an object shall become persistent).

For the SOL language the system administrator has to perform only the first one of these steps because SOL is still under development and the compiler will be modified in a way that it produces the mandatory COM interface representation of object declarations at schema definition time and of objects itself at data traffic time.

The SOL data model is a typical object-oriented database model with is-a hierarchies and object sharing. The main SOL concepts are objects and values as in most other object-oriented languages currently under design. Any SOL concept has a type and a type expression is built from the elementary types by using of the type constructors of the language. The SOL elementary types are *integer*, *real*, *string*, *boolean* and *text*. Its type constructors are *tuple*, *set*, *multiset* and *list*.

Integer, *real*, *string*, *boolean*, *set*, *tuple*, and *array* can be directly mapped into the corresponding COM types in the *simple type section* of the language profile because they have direct equivalences in the COM data model:

map integer, integer, same;

The types *text* and *multiset* do not have such an equivalent and should be mapped into similar ones of the COM. Although they can be mapped to the COM type *string* and *list*, respectively, but the corresponding conversion routines must be given because their internal representation differ. As example we show how to convert *text* into *string* and vv. *Text* is expressed as a sequence of characters followed by an end-character and *string* is a sequence of characters with its length in the first byte. Thus, the language profile statement changes to:

```
map text, string, differ,
[convert-in (text, IDTB) return IDTB          convert-out (string, IDTB) return IDTB
     var I_DTB : IDTB;                             var I_DTB : IDTB;
             i : integer;                                  i : integer;
     begin                                        begin
        i:= 0;                                        for i:= 1 to IDTB[0] do
        while IDTB[ i ] ≠ "end" do                       I_DTB[ i ] := IDTB[ i ];
           begin                                     I_DTB [i+1] := "end";
                I_DTB[ i+1 ] := IDTB[ i ];           return I_DTB
                i:= i + 1;                        end; ]
           end;
        I_DTB [0] := i;
        return I_DTB
     end;
```

Besides the above elementary types and type constructors SOL allows the users to define *classes*, *methods* and *functions*. From the viewpoint of the COM these are language types, language operations respectively, which must be described in the *complex type section* of the language profile. It starts with the reserved phrase "complex type section" and continues with a listing of language type and language operation statements:

```
language-type class                           language operation function
     instance-name    : object-id;                name         : object-id;
     inheritance      : Δ-links;                   parameters   : signature-in;
     structure        : declaration;               results      : signature-out;
     behaviour        : list of method;            operation    : body;
     constraint       : constraints;               code         : source;
end                                           end

language operation method
     message          : trigger;
     operation        : function;
end
```

Where *object-id, Δ-links, declaration*, and *list of ...* are reserved words for COM data model elements. E.g. *Δ-links* defines a list of type predecessors for types written in delta technique - like an inheritance list for objects. It is a list of object names.

The operations associated with the language types must be defined in the third part of the language profile. For instance, the SOL class supports inheritance of the is-a hierarchies. This must be given here as an operation which is bound to the defined language concept class; but to simplify our example we do not give its lengthy C-code presentation:

```
operation S inheritance parameter-list                bind inheritance to class type
        code
end
```

The next step to complete the language profile is to define the default interoperability between the SOL and the RL languages in its fourth section. To do this the system operator can use the *types(RL)* browsing command of the COM data manipulation language to get a list of the complex type section of the RL language profile. A comparison of the two complex type sections make the re-usable language concepts obvious:

<table>
<tr><td colspan="3">SOL</td><td></td><td colspan="2">RL</td></tr>
<tr><td colspan="2">language-type class</td><td></td><td></td><td colspan="2">language-type relation</td></tr>
<tr><td>instance-name</td><td>: object-id;</td><td>→</td><td></td><td>name</td><td>: object-id;</td></tr>
<tr><td>inheritance</td><td>: Δ-links;</td><td></td><td></td><td></td><td></td></tr>
<tr><td>structure</td><td>: declaration;</td><td>→</td><td></td><td>struct</td><td>: declaration;</td></tr>
<tr><td>behaviour</td><td>: list of method;</td><td></td><td>end</td><td></td><td></td></tr>
<tr><td>constraint</td><td>: constraints;</td><td></td><td></td><td></td><td></td></tr>
<tr><td>end</td><td></td><td></td><td></td><td></td><td></td></tr>
<tr><td colspan="2">language operation function</td><td></td><td></td><td colspan="2">language operation predicate</td></tr>
<tr><td>name</td><td>: object-id;</td><td>→</td><td></td><td>name</td><td>: object-id;</td></tr>
<tr><td>parameters</td><td>: signature-in;</td><td>→</td><td></td><td>bound_ps</td><td>: signature-in;</td></tr>
<tr><td>results</td><td>: signature-out;</td><td>→</td><td></td><td>free_ps</td><td>: signature-out;</td></tr>
<tr><td>operation</td><td>: body;</td><td>→</td><td></td><td>operation</td><td>: body;</td></tr>
<tr><td>code</td><td>: source;</td><td></td><td>end</td><td></td><td></td></tr>
<tr><td>end</td><td></td><td></td><td></td><td></td><td></td></tr>
</table>

The apparent equivalences are indicated by the → in the middle between both language profile sections. The fourth section of the SOL language profile can be defined as follows:

re-use section
    re-use relation **from** RL **as** class   **re-use** predicate **from** RL **as** function

From now on the SOL application programmer can use RL relations as SOL classes and RL predicates as SOL functions.

The actual interoperability - i.e. the validation of the horizontal integration of languages - is supported by three operations of the COM data manipulation language - the *import*, the *copy*, and the *export* command. These commands have to find their equivalences in the application programming languages - as they do in the SOL and the RL languages which mutually provide the application writer with the convenience of interoperability. RL application objects for instance can be made public via an export command similar to the export command of the COM data manipulation language; and such public schemata and data - or even parts of them - can be re-used by SOL applications via an import or copy of them.

CONCLUSION AND ACKNOWLEDGEMENTS

Our concept of a language profile leads to a convenient method to make a single KBMS a custom tailored tool for various application programming languages. Moreover, the method supports the definition of interoperability defaults between these different languages. Opposite to the traditional concept of accessing persistent data via the schema hierarchy our approach is based on a user granted and KBMS controlled access to external user schemata from different applications - a KBMS support of interoperability.

Special thanks is said to Gunter Schlageter for rewarding discussions during the development of the general concept.

LITERATURE

[1] J. Brolio, B. A. Draper, J. R Beveridge, A. R. Hanson: *ISR: A Database for Symbolic Processing in Computer Vision*, Computer, (1989) 12, pp. 22-30

[2] W. Benn: *Modeling Multiple Paradigm Support in a KBMS*, Proc. 2nd International Congress on Terminology and Knowledge Engineering, Trier, FRG, 1990

[3] P. Fankhauser, E.J. Neuhold: *Knowledge Management in Interoperable Databases*, in H. Tanaka, A. Tojo (Eds.): "Interoperable Information Systems ISIIS'88", Proc. of the Int'l. Symposium on Interoperable Information Systems, 11/1988, pp. 329-336

[4] W. Benn, G. Schlageter, N. Christensen, J. Vogedes, G. Junkermann, U. Prädel: *STRETCH - Extensible KBMS for Knowledge Based Applications*, 3. Intern. GI-Kongreß '89, Munich, 1989

[5] W. Benn, G. Junkermann, H. Kalweit, Ch. Kortenbreer, G. Schlageter, X. Wu: *The Conceptual Object Manager Document*, University of Hagen, Computer Science Report Nº 99, 1990

[6] L. Cardelli, P. Wegner: *On Understanding Types, Data Abstraction, and Polymorphism*, ACM Computing Surveys (1985) 4, pp. 471-522

[7] V. Linnemann, K. Küspert, P. Dadam, P. Pistor, R. Erbe, A. Kemper, N. Südkamp, G. Walch, M. Wallrath: *Design and Implementation of an Extensible Database Management System Supporting User Defined Data Types and Functions*, IBM-HSC, TR 87.12.011, Heidelberg, 1987

[8] Sh. Wensel (Ed.): *The POSTGRES Reference Manual*, Memorandum Nº UCB/ERL M88/20, Electronics Research Lab., College of Engineering, University of California, Berkeley, CA 94720

[9] G. Dröge, H.-J. Schek, A. Wolf: *Extensibility in DASDBS*, Informatik Forschung und Entwicklung (1990) 5, pp. 162-176 (in German)

Technische Informationssysteme zur Unterstützung von Entwurfsprozessen

Th. Berkel[1] , Ch. Hübel[2], H. Jansen[3], D. Ruland[4], E. Siepmann[2], W. Wilkes[1]

[1] FernUni-GH Hagen, [2] Universität Kaiserslautern, [3] IPK Berlin, [4] Siemens AG München

Überblick

Die drei Haupt-Arbeitsschritte des GI-Arbeitskreises "Technische Informationssysteme" in der Fachgruppe 4.2.1. "Rechnerunterstütztes Entwerfen und Konstruieren (CAD)" der Gesellschaft für Informatik sind (1) die Aufnahme der Istsituation, (2) die Problemanalyse und (3) die Erarbeitung eines Sollkonzepts. Insgesamt ist ein zentraler und grundlegender Bruch und eine große Lücke zwischen den prinzipiellen Aufgaben und Zielen von technischen Informationssystemen und der bestehenden Istsituation zu erkennen. Es werden die ersten Ansätze für das zu erarbeitende Sollkonzept vorgestellt. Vorangestellt ist eine Gegenstandsbestimmung für das Umfeld des Entwurfs, die für die Definition und Abgrenzung der Funktionalität von technischen Informationssystemen notwendig ist.

1 Einleitung

Das Ziel des GI-Arbeitskreises "Technische Informationssysteme" in der Fachgruppe 4.2.1. "Rechnerunterstütztes Entwerfen und Konstruieren (CAD)" der Gesellschaft für Informatik e.V. ist die Erarbeitung von Konzepten für den Aufbau und den Einsatz von technischen Informationssystemen im Bereich Entwurf unter Verwendung der heute verfügbaren Datenbanktechnologie.

Der Begriff **Entwurf** wird vom Arbeitskreis neutral und unabhängig von konkreten Anwendungsbereichen verstanden. In den verschiedenen Ingenieurdisziplinen, Branchen bzw. Anwendungsbereichen kann der Begriff Entwurf unterschiedliche Ausprägungen besitzen:

Maschinenbau: Entwicklung, Konstruktion

Elektronik: Design

Programmierung: Engineering

Der vorliegende Beitrag stellt einen Zwischenbericht dar, in dem einerseits die bisherigen Ergebnisse vorgestellt und andererseits die Schwerpunkte und die Zielsetzung des Arbeitskreises konkretisiert wird. Ausgehend von einem knappen Hinweis auf die Rolle von technischen Informationssystemen für den Bereich des rechnergestützten Entwerfens und Konstruierens und einigen Anmerkungen zur Istsituation werden im vierten Kapitel erste Ansätze eines Sollkonzeptes vorgestellt. Dabei geht es in erster Linie um die Beschreibung und explizite Erfassung einer realen Entwurfsumgebung in einem Entwurfsmodell.

2 Bedeutung von technischen Informationssystemen

Die stetig steigende Bedeutung von technischen Informationssystemen resultiert aus der steigenden Komplexität und Vielfalt der rechnerunterstützten Werkzeuge (CAD-Systeme), der Verfahren und der entworfenen Produkte. Eine Rechnerunterstützung des Entwurfsprozesses, d.h. der Einsatz leistungsfähiger CAD-Systeme ist heute unumgänglich. Dadurch bedingt ist eine quantitative und qualitative Explosion des Informationsvolumens. Die **Bedeutung der Information als Produktionsfaktor** wird damit in den heutigen Unternehmen und insbesondere für den Entwurfsbereich immer größer. Information muß logistisch optimal verwaltet werden. Durch unnötig mehrfach konstruierte Teile entstehen nicht nur Kosten durch redundante Konstruktions- und Entwicklungszeiten, sondern es entstehen auch Kosten in den nachgelagerten Funktionsbereichen (z.B. Arbeitsvorbereitung, Fertigung, Lagerhaltung etc.). Nicht erfaßte, falsche bzw. verfälschte, ungültige, bedeutungslose oder nicht wieder auffindbare Informationen führen zu einem permanenten Aufwand für Mehrfacharbeiten bei der Informationsbeschaffung und somit zu kostspieligen Fehlentscheidungen. Durch technische Informationssysteme müssen die heute bestehenden Informationsdefizite und Informationsverzögerungen während des Entwurfs (und über die gesamte Wertschöpfungskette hinweg) aufgehoben werden.

Ferner kommt in den meisten Unternehmen eine Vielzahl häufig heterogener, inkompatibler und in sich abgeschlossener CAD-Systeme zum Einsatz. Eine **Integration der CAD-Systeme** kann nur auf der Basis einer integrierten Informationsverwaltung erfolgen. Technische Informationssysteme sind damit zugleich **Informationsdrehscheibe** und **Integrationsvehikel** (vgl. etwa [HaeReu85], [Lo85]).

Schließlich kann die **Komplexität der CAD-Systeme** durch den Einsatz von technischen Informationssystemen reduziert werden, da Komponenten, die allgemein notwendige Funktionen realisieren, aus den CAD-Systemen herausgelöst werden und von generischen technischen Informationssystemen übernommen werden. Damit ist insgesamt die gleiche Entwicklung zu erwarten, die sich historisch in den kommerziell-betriebswirtschaftlichen Anwendungsbereichen durch die Entwicklung und den Einsatz von Datenbanksystemen ergeben hat.

In Hinblick auf die Zielsetzung des Arbeitskreises werden primär technische Informationssysteme für den Entwurfsbereich betrachtet, ohne jedoch die Beziehungen und den Einfluß des Entwurfes auf die anderen Unternehmensbereiche und -funktionen außer Acht zu lassen.

3   Aufnahme der Istsituation

Die Aufnahme der Istsituation und die darauf aufbauende Problemanalyse bildet die Grundlage für die Erarbeitung eines Sollkonzeptes für technische Informationssysteme. Den Arbeiten des Arbeitskreises wurde daher eine gründliche Aufnahme der Istsituation und Problemanalyse vorangestellt. Aus der Aufnahme der Istsituation heraus können die heutigen Schwachstellen und Probleme bei der Informationsverwaltung im Entwurf abgeleitet werden, die in direkter Weise das **Anforderungsprofil** für technische Informationssysteme definieren. Die Probleme und Anforderungen sind dabei primär aus der Sicht des Nutzers, d.h. des Entwerfers zu erfassen bzw. zu spezifizieren. Die Aufnahme der Istsituation erfolgte in mehreren Schritten:

- ❐ Es wurden **Entwurfsprozesse** in verschiedenen Anwendungsbereichen (Maschinenbau, Elektronik, Anlagenbau etc.) insbesondere aus informationstechnischer Sicht analysiert und verglichen.

- ❐ Es wurden die **Organisation von Entwurfsprozessen** hinsichtlich Aufbau- und Ablauforganisation sowie der Auftragsdurchlauf im Entwurf analysiert.

- ❐ Zur Analyse von **Anwendungsbeispielen** wurden mehrere Referenten aus der Praxis eingeladen, die über Erfahrungen und Probleme beim Einsatz und der Realisierung technischer Informationssysteme berichteten.

- ❐ Es wurden heutige Ansätze zum **Einsatz von Datenbanksystemen in CAD-Anwendungen** auf der Grundlage von Vorarbeiten des CADCAM-Labors Karlsruhe analysiert und verglichen (vgl. [CADCAM90]).

- ❐ Es wurde eine **Anwenderbefragung** zum Stand der Rechnerunterstützung und den heute relevanten Problemen bei der Handhabung und Verwaltung von Informationen in Entwurfsprozessen durchgeführt, deren Ergebnisse in [FrMuSch90] zusammengefaßt sind. Die folgenden Themenkomplexe wurden u.a. untersucht: (1) Hardware- und Software-Konfigurationen, (2) CAD-Unterstützung der Entwurfsprozeß-Phasen, (3) funktionale CAD-Einsatzfelder und (4) Daten-Schnittstellen.

Die Aufnahme der Ist-Situation zeigte, daß die Integration der verschiedenen Informationen noch nicht sehr weit fortgeschritten ist, sondern daß vor allem eine Trennung von organisatorischen und eigentlichen Entwurfsdaten zu beobachten ist. Auf der anderen Seite wird gerade der integrative Aspekt als besonders wichtig angesehen, insbesondere auch mit Blick auf die direkte Nutzung der Entwurfsinformationen in der Fertigung. Insgesamt besteht ein zentraler und grundlegender Bruch und eine große Lücke zwischen der Istsituation und den Zielen von technischen Informationssystemen.

4   Sollkonzept

Die primäre Zielsetzung beim Einsatz technischer Informationssysteme im Bereich des Entwurfs ist die rechnerseitige Nachbildung aller relevanten Aspekte eines konkreten **Entwurfsumfeldes**, also in der Modellierung der Entwurfsobjekte, der Entwurfswerkzeuge, der Entwurfsabläufe und der Entwerfer selbst.

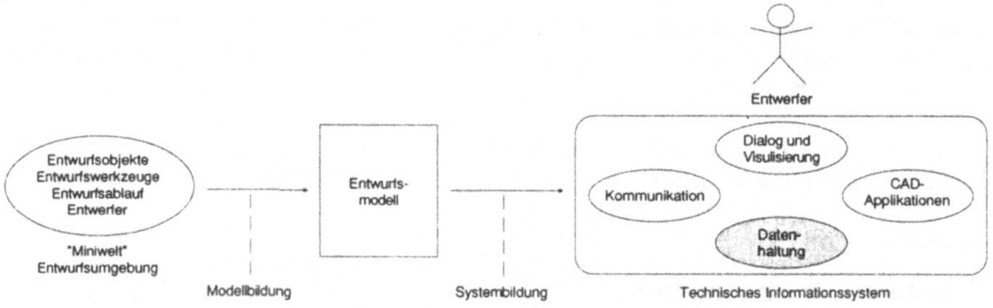

Abbildung 1: Aufgabe und Rolle von technischen Informationssystemen

Entwurfsobjekte bestimmen den Gegenstand des Entwurfsgeschehens, in dessen Verlauf sie zunehmend konkretisiert und vervollständigt werden. Häufig werden die Informationen über Entwurfsobjekte, die für die Beschreibung des Entwurfsablaufs notwendig sind (z.B. Versionsstrukturen, Komponentenbeziehungen, etc.), herausgezogen und als **Entwurfstruktur** seperat modelliert (s.u.). **Entwurfswerkzeuge** sind Hilfsmittel, mit deren Hilfe der Entwurf vorangetrieben wird bzw. die zur Beschreibung und Dokumentation der Entwurfsobjekte verwendet werden. **Entwurfsabläufe** ergeben sich aus einer Vielzahl von Entwurfsschritten, bei denen aufgrund inhaltlicher oder organisatorischer Abhängigkeiten die Einhaltung einer gewissen Reihenfolge gefordert wird. Die **Entwerfer** schließlich sind Konstrukteure und Entwickler, die als die aktiven Komponenten innerhalb einer Entwurfsumgebung den eigentlichen Entwurf durchführen.

Werden alle diese Aspekte in einem rechnerinternen Modell durch das technische Informationssystem nachgebildet, so kann das gesamte Entwurfsgeschehen vollständig rechnergestützt durch ausschließliche Interaktion des Entwerfers mit dem technischen Informationssystem abgewickelt werden. Die einzelnen Entwurfsschritte sind dabei durch entsprechende Systemfunktionen unterstützt. Technische Informationssysteme übernehmen dabei die Rolle eines "Rahmens" für **integrierte Ingenieursysteme**, in dem sämtliche Entwurfsinformationen zusammen mit den entsprechenden Applikationen (Entwurfswerkzeugen) enthalten sind, und durch den Entwurfsabläufe organisiert, Entwurfsschritte validiert und (beispielsweise) Zuständigkeiten von Entwerfern kontrolliert werden können. Im Bereich des VLSI-Design spricht man in diesem Zusammenhang auch von CAD-Frameworks [HaNeSpBa90], wobei diese zwar von der Idee einer Rahmenarchitektur geprägt sind, aber keineswegs den Ansatz einer

Modellierung des konkreten Entwurfsumfeldes verfolgen. Abbildung 1 illustriert die Aufgabe und die Rolle technischer Informationssysteme.

Ausgehend von einem Entwurfsumfeld als "Miniwelt" oder Diskursbereich ist eine Abbildung auf ein reales technisches Informationssystem zu leisten. Als die wichtigsten Komponenten eines technischen Informationssystems sind dabei neben Datenhaltung und CAD-Applikationen, die Kommunikations- und Interaktionskomponente zu nennen.

Die **Kommunikationskomponente** realisiert das Zusammenspiel und den Austausch von Daten zwischen den einzelnen Systembausteinen, wohingegen die **Interaktionskomponente** für den Dialog des Entwerfers mit dem technischen Informationssystem verantwortlich ist. Eine zentrale Bedeutung besitzt die **Datenhaltungskomponente,** da sich nahezu alle Funktionen eines technischen Informationssystems auf die dort verwalteten Daten beziehen.

Die Abbildung einer realen Entwurfsumgebung auf ein technisches Informationssystem geschieht in mindestens zwei Schritten. Ein **erster Schritt** besteht in der Erfassung, Formalisierung und expliziten Beschreibung der relevanten Informationsstrukturen, also in der Bildung eines Modells der betrachteten Entwurfsumgebung (**Modellbildung**). Zur Erstellung eines solchen Entwurfsmodells sind Beschreibungshilfsmittel erforderlich, die in ihrer Gesamtheit eine Art **Modellbaukasten** bilden, der die Bausteine und Verbindungselemente zum Aufbau von Entwurfsmodellen enthält.

In einem **zweiten Schritt** findet die Realisierung, d.h. die Abbildung des erstellten Modells auf ein konkretes System statt. Diese **Systembildung** kann automatisiert erfolgen, wenn die generischen Elemente des Modellbaukastens bereits systemseitig nachgebildet sind. Im allgemeinen sind Zwischenschritte in Form von **Modelltransformationen** erforderlich, durch die das Entwurfsmodell (bzw. Teile davon) in anwendungsunabhängigere Darstellungen überführt wird. So können beispielsweise bestimmte Aspekte auf ein Datenschema abgebildet werden, wobei der sich anschließende Schritt der Systembildung unmittelbar durch ein Datenbankverwaltungssystem unterstützt wird.

Die Entwicklung eines Sollkonzepts für technische Informationssysteme muß sowohl die Modellbildung als auch die Systembildung umfassen. Es muß demnach Aussagen beinhalten über die typischen Informationsstrukturen, also über die Elemente eines erforderlichen Modellbaukastens und über die Architektur, also den Aufbau technischer Informationssysteme aus Basis-Komponenten sowie deren Zusammenwirken.

Insgesamt bestimmen die folgenden **Fragestellungen** den Gegenstand des zu erarbeitenden Sollkonzepts:

1. Welche Beschreibungsmittel sind zur Modellbildung erforderlich? Welche Elemente muß der Modellbaukasten zur Gestaltung von Entwurfsmodellen beinhalten?
   Wie können hierbei die bekannten Methoden und Konzepte aus dem Bereich der Daten- und Wissensmodellierung eingesetzt werden?

2. Welche System-Architektur und welche Basis-Komponenten sind für technische Informationssysteme notwendig?
   Wie können hierbei konventionelle und kommerziell verfügbare Komponenten und Werkzeuge eingesetzt werden bzw. geeignet erweitert werden?

Daneben sind Vorgehensweisen für die **Einführung** und **Migration** von technischen Informationssystemen in realen industriellen Einsatzbereichen zu klären. Dabei geht es vor allem darum, bestehende Teillösungen nicht verwerfen zu müssen, sondern vielmehr einfach in ein Gesamtkonzept zu integrieren.

Im folgenden wird entsprechend dem gegenwärtigen Erkenntnisstand bezüglich des zu erarbeitenden Sollkonzepts auf die Klassifikation und Modellierung der notwendigen Informationsstrukturen eingegangen. Dabei werden die wichtigsten Konzepte und die Strukturierung eines branchenunabhängigen **Entwurfsmodells** vorgestellt und die hierfür grundlegenden Beschreibungsmittel aufgezeigt.

4.1 Entwurfsmodell

Entsprechend der Vorgabe nach Allgemeingültigkeit, Flexibilität und Unabhängigkeit des Sollkonzepts, muß die Klassifikation und Modellierung der Informationsstrukturen weitgehend unabhängig von jeweiligen Branchen und Produkten erfolgen. Ein Entwurfsmodell für technische Informationssysteme muß die folgenden Teilmodelle umfassen:

□ Entwurfsablaufmodell

□ Entwurfswerkzeugmodell

□ Entwurfsstrukturmodell

□ Entwurfsobjektmodell

□ Entwurfssubjektmodell

Dabei wird unterschieden zwischen Teilmodellen zur Beschreibung der Entwurfsmethodik, der zu entwerfenden Objekte oder Produkte und zur Unterstützung des Projektmanagements. In Abbildung 2 sind diese Teilmodelle mit ihren gegenseitigen Abhängigkeiten dargestellt und um Beispiele aus dem VLSI-Entwurf ergänzt.

Unter **Entwurfsmethodik** wird hier nicht eine allgemeine Methodik des Konstruierens verstanden, sondern wie die vorhandenen CAD-Werkzeuge während des Entwurfsvorgangs angewendet werden. So können die gleichen Werkzeuge *top-down* oder *bottom-up* eingesetzt werden: im ersten Fall wird die Gesamtspezifikation durch eine Aufteilung in Teilspezifikationen und eine Verbindungsstruktur realisiert, im zweiten Fall werden vorhandene Funktionsblöcke zusammengebaut. Ebenso können sich Entwurfs-methodiken in der Art und Häufigkeit des Simulierens und Testens oder in der Zahl und Auswahl der erzeugten Varianten unterscheiden.

Die Entwurfsmethodik stellt also die Beschreibung des Entwurfsprozesses als eine Folge von Entwurfs-teilschritten, die durch Aufträge an CAD-Werkzeuge ausgeführt werden. Die Vorteile einer expliziten Beschreibung der Entwurfsmethodik sind

1. den Entwurf vorhersehbar und nachvollziehbar zu gestalten

2. die Entwerfer bei der Durchführung von komplexen Entwurfsprozessen durch Management-Werk-zeuge zu unterstützen, damit z.B. immer bekannt ist, welche CAD-Werkzeuge als nächste angewen-det werden können bzw. welches Werkzeug angewendet werden muß

3. Optimierungsmöglichkeiten nicht nur innerhalb der einzelnen CAD-Werkzeuge oder Algorithmen, sondern global über den gesamten Entwurfsprozeß auszunützen.

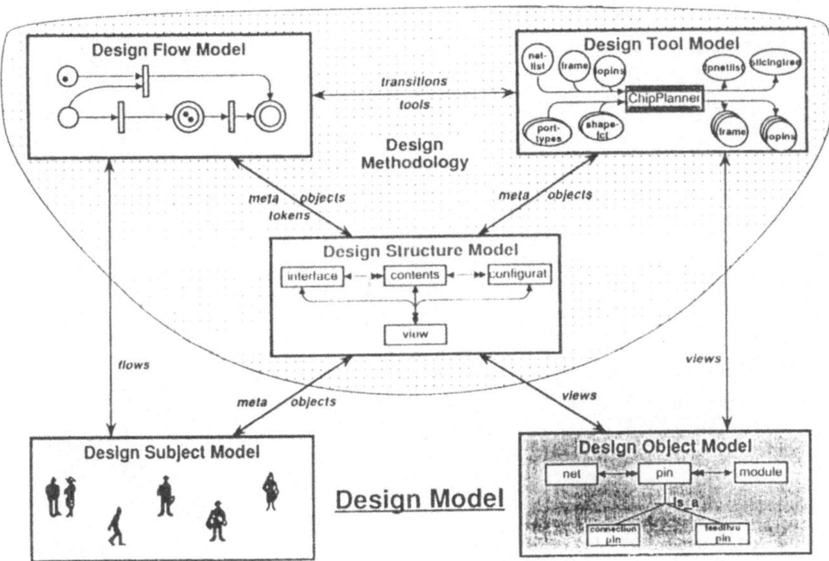

Abbildung 2: Teilmodelle des Entwurfsmodells

Verschiedene Entwurfsmethodiken unterscheiden sich vor allem in dem **Entwurfsablaufmodell,** das in geeigneter Weise die Abfolge der Entwurfsteilschritte spezifiziert und die Darstellung des tatsächlichen Ablaufs unterstützt. Da sich der Entwurfsablauf aus der Anwendung von Entwurfswerkzeugen auf Entwurfsobjekte ergibt, existieren entsprechende Beziehungen zum Entwurfsstrukturmodell bzw. zum Entwurfswerkzeugmodell.

Das **Entwurfswerkzeugmodell** beschreibt die für die Steuerung des Entwurfsprozesses erforderlichen Informationen der CAD-Werkzeuge. Dazu gehören insbesondere eine Beschreibung der benötigten Eingabedaten und der erwarteten Ausgabedaten. Daneben müssen die sonstigen Anforderungen für den Aufruf und den Ablauf eines CAD-Werkzeugs beschrieben werden, wie z.B. Steuerungsparameter, Optionen, Laufzeitumgebungen, Ablaufprotokollierung etc. Ein weiterer Teil des Entwurfswerkzeugmodells beschreibt die Eigenschaften, Wirkprinzipien bzw. Funktionen der eingesetzten CAD-Werkzeugen und ermöglicht damit insbesondere den Einsatz von Methoden der Künstlichen Intelligenz für das Entwurfsmanagement.Wird das Entwurfsablaufmodell z.B. als Petri-Netz dargestellt so entspricht die Anwendung eines oder mehrerer CAD-Werkzeuge den Transitionen oder Zustandsübergängen im Entwurfsablaufmodell. Die Marken dagegen, deren Vorhandensein solche Transitionen auslösen kann, sind durch die Elemente des Entwurfsstrukturmodells bestimmt.

Das **Entwurfsstrukturmodell** beschreibt alle Aspekte bezüglich Varianten, Versionen, Verwendungen (z.B. Instanziierung von Bibliotheksobjekten), Konfigurationen und Hierarchien von Entwurfsobjekten allgemein in den verschiedenen Entwurfsbereichen (Aspekte unter denen die Entwurfobjekte beschrieben werden vgl. Abbildung 2: behavior, structure, floorplan, masklayout, als Beispiel aus dem VLSI-Entwurf). Es beinhaltet damit die aus Sicht der Entwurfsmethodik relevanten Aspekte der Entwurfobjekte.

Die konzeptionelle Grundlage des Entwurfsstrukturmodells ist ein **mehrdimensionaler Entwurfsraum,** dessen voneinander unabhängigen Dimensionen (1) den **Entwurfsbereichen,** (2) den **Hierarchie-Ebenen** und (3) den **Varianten** zugeordnet sind. Damit ist es möglich, jeden Entwurfsprozeß als einen Pfad von einem definierten Ausgangspunkt zu einem spezifizierten Endpunkt in dem Entwurfsraum darzustellen. In Abbildung 3 ist ein Beispiel aus dem VLSI-Bereich für die ersten beiden Dimensionen dargestellt.

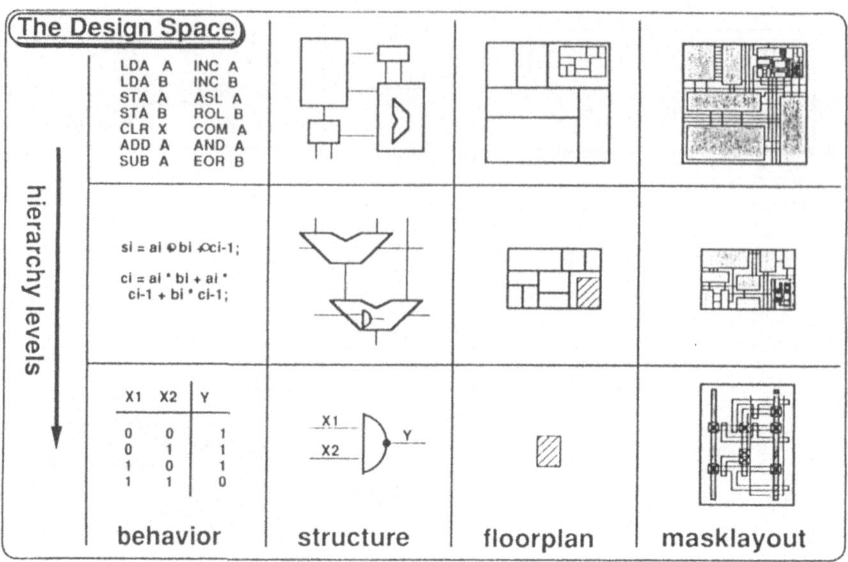

Abbildung 3: Beispiel für einen Entwurfsraum

Die Entwurfsbereiche sollten klar von den Entwurfsphasen unterschieden werden. Während die Entwurfsbereiche eine Beschreibung der **statischen Aspekte** sind, sind **Entwurfsphasen** eine Beschreibung der **dynamischen Aspekte**. So können in einem Entwurfsbereich mehrere Entwurfsphasen stattfinden, z.B. Logiksynthese und Simulation. Ebenso können mehrere Entwurfsmethodiken dasselbe Entwurfsstrukturmodell benutzen, aber kaum dasselbe Entwurfsablaufmodell.

Die drei angeführten Modelle beschreiben zusammen die Entwurfsmethodik: (1) die Entwurfsstruktur die "Datenstruktur", (2) das Entwurfswerkzeugmodell die (statischen) Datenabhängigkeiten und (3) das Entwurfsablaufmodell die (dynamischen) Abläufe.

Dagegen ist das **Entwurfsobjektmodell** von der Entwurfsmethodik weitestgehend unabhängig; aber stark branchen- und produktspezifisch. Es beschreibt die eigentlichen Entwurfsobjekte in allen für den Entwurf erforderlichen Aspekten (z.B. Funktion, Gestalt, Oberfläche, Kosten, physikalische und technische Eigenschaften etc.). Modelle zur Beschreibung dieser Produkteigenschaften werden oftmals als Produktmodelle bezeichnet und sind teilweise Gegenstand von internationalen Normungsbestrebungen (z.B. STEP, EDIF etc.).

Eine Abhängigkeit des Entwurfsobjektmodells von der Entwurfsmethodik ist nur in soweit gegeben, als daß bestimmte Aspekte nicht für alle Entwurfsmethoden benötigt werden. Ansonsten ist es dem fertigen Produkt nicht unbedingt anzusehen, mit welcher Methode es entworfen wurde, deshalb kann die Modellierung für fast alle Entwurfsmethodiken dieselbe sein, sie wird nur von der Art der zu entwerfenden Produkte bestimmt.

Die Schnittstelle zwischen den drei Teilmodellen der Entwurfsmethodik und dem Entwurfsobjektmodell sind die **Views**. Eine *View* enthält die Daten eines Teilaspekts des Entwurfsobjekts, z.B. die Netzliste eines Schaltplans oder dessen Teststimuli oder das Simulationsergebnis. Die Modellierung dieser Daten ist im Entwurfsobjektmodell beschrieben. Die *Views* sind die kleinste Granularität von Entwurfsobjektdaten, die im Entwurfsstruktur- und Entwurfswerkzeugmodell und damit zur Beschreibung der Entwurfsmethodik benötigt werden. Diese Granularität wird natürlich nicht allgemein vorgeschrieben, sondern sie muß in Abhängigkeit von der Entwurfsmethodik und von den verwendeten CAD-

Werkzeugen geeignet gewählt werden, damit einerseits die CAD-Werkzeuge nicht unnötig viele Daten einlesen müssen und damit andererseits nicht unnötig viele *Views* verwaltet werden müssen.

Das **Entwurfssubjektmodell** beschreibt die Entwerfer (also die "Subjekte"), die die aktiven Elemente von Entwurfsprozessen darstellen. Aufgrund der Komplexität von Entwurfsobjekten erfolgt ihr Entwurf i.allg. durch eine Entwerfergruppe, die selbst wiederum den Projekten, als den entsprechenden organisatorischen Einheiten des Entwurfsprozesses und den Objekten des Entwurfsstrukturmodells zugeordnet sind. Der Kooperation innerhalb und zwischen Entwerfergruppen bzw. Projekten kommt also eine besondere Bedeutung zu, sodaß die Beschreibung der Entwerfer durch technische Informationssysteme unterstützt werden muß. Das Entwurfssubjektmodell erlaubt darüber hinaus die Festlegung von Zugriffsrechten und Kooperationsmöglichkeiten und ist eine Basis für das Projektmanagement.

5 Ausblick

Im Rahmen dieses Kurzbeitrags sind die ersten Ergebnisse des Arbeitskreises für das zu erarbeitende Sollkonzept für technische Informationssysteme vorgestellt. Dabei ist die Abbildung einer realen Entwurfsumgebung auf ein technisches Informationssystem auf der Grundlage eines Entwurfsmodell die primäre Zielsetzung. Darauf aufbauend wird in den nächsten Arbeitsschritten ein Architektur-Konzept entwickelt, das insbesondere die heute verfügbare Datenbanktechnik ausnutzt. Erste Ansätze dazu sind in diesem Beitrag bereits angerissen.

Literaturverzeichnis

[BeHeuRu90]   Th. Berkel, Ch. Hübel, D. Ruland, *Technische Informationssysteme*, in: Proc. "Intern. CAD-Kongreß des VDI - SYSTEC '90", 1990.

[CADCAM90]   *Rechnerunterstützte Informationssysteme in der Konstruktion*, KfK-CADCAM-Labor, INFO KOM 17, Karlsruhe, 1990.

[FiKlKoPe90]   K.W. Fiduk, S. Kleinfeldt, M. Kosarchyn, E.B. Perez, *Design Methodology Management - A CAD Framework Initiative Perspective*, in: Proc. Design Automation Conference, 1990.

[FrMuSch90]   R. Fritz, M. Muschiol, G. Schäfer, *Istzustand und Perspektiven der CAD/CAM-Technologien*, in: ZWF-CIM, Vol. 85, No. 9, 1990.

[HaNeSpBa90]   D.S. Harrison, A.R. Newton, R.L. Spickelmier, T.J. Barnes, *Electronic CAD Frameworks*, in: Proc. of the IEEE, Vol. 78, No. 2, Febr. 1990.

[HaeReu85]   Th. Härder, A. Reuter, *Architektur von Datenbanksystemen für Nonstandard-Anwendungen*, in: Proc. "GI-Fachtagung Datenbanksysteme in Büro, Technik und Wissenschaft, Springer", IFB 94, 1985.

[Lo85]   P.C. Lockemann et. al., *Anforderungen technischer Anwendungen an Datenbanksysteme*, in: Proc. "GI-Fachtagung Datenbanksysteme für Büro, Technik und Wissenschaft", IFB 97, Springer, 1985.

[SieZi89]   E. Siepmann, G. Zimmermann, in: Proc. Design Automation Conference, 1989. *An Object-Oriented Datamodel for the VLSI Design System PLAYOUT*, in: Proc. Design Automation Conference, 1989.

Bewertung von Objektmanagementsystemen für Software-Entwicklungsumgebungen*

Sanjay Dewal, Harry Hormann, Lothar Schöpe
Fachbereich Informatik, Universität Dortmund
Postfach 500500, 4600 Dortmund 50

Udo Kelter, Dirk Platz, Michael Roschewski
Fachbereich Mathematik und Informatik, FernUniversität Hagen
Postfach 940, 5800 Hagen

1 Einführung und Übersicht

Unter den Entwicklern von Software-Entwicklungsumgebungen (**SEU**) herrscht inzwischen weitgehende Einigkeit darüber, daß konventionelle Datenbankmanagementsysteme (**DBMS**) nicht zur Verwaltung der komplexen Daten in einer SEU geeignet sind, sondern daß hierzu sog. Nicht-Standard-DBMS, die wir hier als Objektmanagementsysteme (**OMS**) bezeichnen, erforderlich sind.

In den letzten Jahren sind viele, z.T. sehr unterschiedliche OMSe (für SEUen) entwickelt worden [ScH90]. Für einen SEU-Entwickler ist es daher außerordentlich schwierig, diese OMSe zu bewerten und zu vergleichen und das für eine SEU am besten geeignete OMS auszuwählen.

In diesem Papier wird von der ersten Phase eines Projekts berichtet, in dem mehrere OMSe (DAMOKLES Vers. 2.3, GRAS Vers. 4.12, Object-Base Vers. 1.0, PCTE/OMS Vers. 10.4, ProMod/OMS Vers. 1.0) bewertet wurden. Es werden die auftretenden methodischen Pro-

bleme, die Ergebnisse der Bewertungen und die Konsequenzen für das weitere Vorgehen beschrieben. Die wichtigsten Erkenntnisse waren:

- Die etablierten Methoden zur Bewertung konventioneller DBS (i.w. Benchmarks) können wegen der uneinheitlichen Funktionalität und Architektur der OMSe nicht ohne Änderungen zur Bewertung der OMSe verwandt werden.

- Die Definition von OMS-Benchmarks unterscheidet sich sowohl im Abstraktionsniveau als auch im Grad der Komplexität von konventionellen Benchmarks.

Konventionelle Benchmarks werden auf dem Abstraktionsniveau von ausführbaren Programmen (in einer Abfrage- oder Programmiersprache) angegeben, weil die zu bewertenden DBMSe gleiche oder ähnliche Programmierschnittstellen (z.B. SQL-Schnittstellen) zur Verfügung stellen. Da sich noch kein Standard für Schnittstellen von OMSen gebildet hat, der für die Entwicklung eines Benchmarks verwendet werden kann, müssen Benchmarks für OMSe abstrakter spezifiziert werden, so daß sie für eine Vielzahl von OMSen verwendbar sind.

---

*Diese Untersuchung wurde im Rahmen des EUREKA-Projekts ESF gefördert.

Zur Reduzierung der Komplexität eines OMS-Benchmarks empfiehlt sich ein zweistufiges Vorgehen, wobei zunächst elementare OMS-Funktionen implementiert und gemessen werden, um dann komplexere Benchmark-Operationen unter Ausnutzung der gewonnenen Erfahrungen zu implementieren.

- Die praktische Brauchbarkeit der untersuchten OMS (-Prototypen) ist problematisch.

Die Performance der Funktionen der Programmierschnittstelle (auf einer SUN 3/60) ist bei den meisten OMSen nur für einfache Applikationen ausreichend. Deshalb ist der OMS-Anwender gezwungen, sein Werkzeugdatenmodell auf einer groben Granularitätstufe zu modellieren. Hierdurch wird jedoch die Integration von verschiedenen Werkzeugen auf der Basis des OMS erschwert.

Im Bereich der Administrationsfunktionen weisen alle untersuchten OMSe so gravierende Mängel auf, daß sie meist (d.h. bei üblichen Anforderungsprofilen) für ernsthafte Projekte unbrauchbar sind. Die Beseitigung dieser Mängel scheint oft konzeptionelle Änderungen der Datenmodelle und der Implementierung von OMS-Funktionen zu erfordern.

Diese Erkenntnisse werden in den folgenden Abschnitten genauer erläutert.

2 Ziele der Evaluierungen

Die Untersuchungen, von denen hier berichtet wird, wurden im Kontext des Projekts ESF (EUREKA Software Factory) durchgeführt. In dem Projekt ESF sollen existierende OMSe zur Konstruktion von SEU oder SEU-Komponenten verwendet werden. Unsere Evaluierungen verfolgten daher das ganz allgemeine Ziel, OMS-Anwender bei der Auswahl eines OMS zu unterstützen.

Bei der Bewertung von DBMSen (insb. von deren Performance) werden oft andere Ziele verfolgt wie: Vergleich von Implementierungen derselben Schnittstelle, Optimierung und Tuning eines DBMS oder Leistungsvorhersage für konkrete Lasten. Diese Ziele haben wir nicht verfolgt.

Eine Bewertung eines OMS basiert auf mehreren interessierenden Eigenschaften des OMS, für die einzelne Bewertungsergebnisse bestimmt werden können, sowie auf einem Verfahren, das die Einzelergebnisse schließlich zu einem Gesamtergebnis zusammenfaßt. Beispiele für Einzelergebnisse sind Meßwerte oder Noten auf Basis von vorgegebenen Notenskalen bzw. Bewertungskriterien.

Die Eigenschaften, nach denen potentielle SEU-Entwickler ein OMS bewerten, können zunächst grob eingeteilt werden in:

- technische Eigenschaften des OMS (Datenmodell, Architektur, Performance etc.) und

- nicht-technische Eigenschaften (Preis, Vertrauen in den Hersteller, Schulungsangebot, Verfügbarkeit, etc.)

Bei der Auswahl eines OMS sind nach unseren Erfahrungen von den technischen Eigenschaften die architektonischen Eigenschaften und der weite Bereich der Administrationsfunktionen oft wichtiger als das Datenmodell. Die technischen Eigenschaften sind bei der Auswahl wiederum meistens weniger relevant als nicht-technische Eigenschaften (dies mag aus akademischer Sicht bedauert werden, gilt aber paradoxerweise auch für akademische Objektmanagementsystem-Anwender).

Die Bewertung von nicht-technischen Eigenschaften hängt stark von den individuellen Anforderungen der Anwender ab, so daß wir sie nicht berücksichtigt haben.

3 Untersuchte Eigenschaften und Bewertungskriterien

Zunächst müssen mehrere Hauptkomponenten eines Objektmanagementsystems unterschieden werden:

- die Applikationsschnittstelle: ihre Realisierung (Bibliotheksfunktionen, Präprozessor o.ä.) ist beliebig. Die verfügbaren Funktionen können Datenmanipulation, Datendefinition und OMS-Administration betreffen.

- Standard-Browser bzw. Abfragesprachen für interaktive Benutzung

- Administrationswerkzeuge

- Programmierwerkzeuge bei OMSen, die die Definition von Datentypen mit typspezifischen Operationen erlauben

Untersucht haben wir vor allem folgende für die Brauchbarkeit eines OMS in einer SEU relevanten Eigenschaften:

1. Architektur, insb. Funktionsschichten, interne Schnittstellen, Verteilungskonzept, Erweiterbarkeit

2. Funktionalität der Applikationsschnittstelle, insb. das in ihr realisierte Datenmodell, Transaktionen, Zugriffsschutz, externe Sichten etc.

3. Performance der wichtigsten Datenmanipulationsoperationen

4. Funktionalität der Standard-Browser und der Administrationswerkzeuge

Für die Bereiche (1) bis (3) gibt es keine einheitlichen Bewertungskriterien. Dies ergibt sich daraus, daß ein OMS die Rolle der (bzw. einer) Datenhaltungskomponente innerhalb der Architektur einer SEU hat. Die Anforderungen, die ein OMS in dieser Rolle zu erfüllen hat, hängen stark von der SEU ab, in der das OMS eingesetzt werden soll. Dies erklärt zugleich, warum die Anforderungsdefinitionen für OMSe (es existiert rund ein Dutzend derartiger Dokumente,

z.B. [GPI88]) und die vorhandenen OMSe derart unterschiedlich sind [ScH90]. Die wichtigsten relevanten Merkmale einer SEU bzgl. eines OMS sind:

- Relevante "äußere" (Leistungs-) Merkmale einer SEU:

  - Größenklasse der Projekte, z.B. anhand der Klassifikation in [PeK88] (Die Größenklasse hat großen Einfluß auf die folgenden Merkmale, ferner auf das Volumen der zu verwaltenden Daten.)

  - Anzahl der abzudeckenden Entwicklungsphasen bzw. Tätigkeiten, Anzahl der unterschiedlichen Methoden für einzelne Phasen

  - angestrebter Grad der Datenintegration aus Benutzersicht

  - Verteilung (keine, lokal oder weit)

- Relevante Architektur-Merkmale einer SEU:

  - angestrebte Form der Datenunabhängigkeit der Werkzeuge

  - angestrebte Form der Datenintegration (Integration über den Werkzeugentwurf, z.B. in SEUen, die i.w. aus Spezifikationen generiert werden, oder Integration über das OMS)

  - Granularität der Daten an der OMS-Schnittstelle

  - Offenheit, Erweiterbarkeit der SEU

Die einzelnen Merkmale können in einer Beziehung zueinander stehen. So kommen je nach den äußeren Merkmalen nur bestimmte Architekturen für SEUen in Frage.

Allgemeingültige Maßstäbe für die o.a. Eigenschaften (1) bis (3) gibt es also nicht; eine Bewertung ist höchstens auf Basis von Anforderungen, die durch SEU-Entwickler vorgelegt werden, möglich. Für die Eigenschaften der OMSe in diesen 3 Bereichen wurden daher keine absoluten Werturteile vergeben. Stattdessen wurde informell beschrieben, für welche Arten von SEU die einzelnen OMS geeignet erscheinen. Bei dem Bereich (4) hingegen können relativ allgemeingültige Kriterien aufgestellt werden. Hierzu wurden die Administrationsfunktionen, die in konventionellen DBMS und Dateisystemen vorhanden sind, anhand von Rollen analysiert und auf OMSe übertragen [DeK89, Ro89].

4 Benchmarks für Objektmanagementsysteme

"Abstrakte" Benchmarks. Benchmarks für Dateisysteme oder konventionelle DBMSe werden möglichst als Quellprogramm (z.B. in C oder SQL) angegeben. Dieses Vorgehen ist für OMS nicht anwendbar, weil deren Datenmodelle, Schnittstellen und Gastsprachen zu unterschiedlich sind. Benchmarks für Objektmanagementsysteme müssen stattdessen in dem Sinne abstrakt sein, daß sie eine Datenhaltungsaufgabe auf einem so hohen Abstraktionsniveau beschreiben, daß der Benchmark auf verschiedenartigen Objektmanagementsystemen implementierbar ist.

"Einfache" versus "komplexe" Benchmarks. Eine SEU wird typischerweise auf großen komplexen Datenbeständen arbeiten und über viele verschiedene OMS-Funktionen darauf zugreifen. Idealerweise sollte ein Benchmark für OMSe dieses Verhalten simulieren, also viele verschiedene komplexe (Anwendungs-) Operationen auf komplexen Datenstrukturen durchführen. Ein Beispiel für einen derartigen "komplexen" Benchmark ist der HyperModel Benchmark [BeAM88, BeAM90].

Komplexe Benchmarks sind aber insofern problematisch, als die Implementierung eines komplexen Benchmarks, insbesondere die Wahl der Datenstrukturen, für verschiedene Entwickler oder verschiedenene OMSe nicht immer reproduzierbar ist. Meistens existieren mehrere Alternativen für die Implementierung eines Benchmarks, die völlig verschiedene Laufzeiteigenschaften aufweisen. Deshalb kann nicht eine beliebige Implementierung gewählt werden, sondern die Implementierung muß optimiert werden, indem besonders geeignete Funktionalitäten des OMS ausgenutzt und die Performance der verschiedenen Funktionen berücksichtigt wird. Letzteres führt zu dem *Paradoxon, daß man Informationen über die Performance eines OMS benötigt, um die Benchmarks zu implementieren, mit denen man derartige Informationen eigentlich erst gewinnen möchte.*

Zur Lösung dieses Optimierungsproblems empfiehlt sich ein zweistufiges Vorgehen, wobei zunächst die Performance von elementaren OMS-Funktionen an sehr einfachen Datenstrukturen gemessen wird. Wir benutzten hierzu einen "einfachen Benchmark" [De&90]. Anschließend werden komplexere Benutzeroperationen implementiert und gemessen.

Der "einfache" Benchmark. Die Datenstruktur des einfachen Benchmarks besteht aus drei verschiedenen Objekttypen (DIR, SMALL, BIG). Für die zwei Objekttypen SMALL und BIG sind jeweils drei Attribute vom Typ STRING definiert. Durch diese Attribute können Werte (d.h. Zeichenketten) mit einer maximalen Länge von 10 Byte, 80 Byte bzw. 160 Byte gespeichert werden ("kleine" Attributwerte). Zusätzlich ist für den Objekttyp BIG ein weiteres Attribut von Typ STRING definiert. Durch dieses zusätzliche Attribut können Werte (d.h. Zeichenketten) mit einer maximalen Länge von 10 KByte bzw. 128 KByte ("große" Attributwerte) gespeichert werden. Für den Objekttyp DIR sind keine Attribute definiert.

Für die Paare von Objekttypen DIR/BIG, DIR/SMALL und SMALL/BIG ist jeweils ein Beziehungstyp definiert worden. Für diese Beziehungstypen sind ebenfalls jeweils drei Attribute vom Typ STRING zur Speicherung von "kleinen" Attributwerten definiert.

Für die Ausführung des einfachen Benchmark wurde eine initiale Datenbank, die 3000

Objekten vom Typ SMALL und 400 Objekten vom Typ BIG enthält, erzeugt, so daß die Datenbank ca. 5 MB Nutzdaten enthält.

Die Operationen des einfachen Benchmarks umfassen sowohl Operationen auf Objekten mit "kleinen" Attributwerten als auch auf Objekten mit "großen" Attributwerten. Die Operationen des Benchmarks können wie folgt klassifiziert werden:

- Initialisieren, Öffnen und Schließen der DB

- Erzeugen und Löschen von Objekten ohne Initialisieren eines Attributwerts

- Schreiben und Lesen eines "kleinen" Attributwerts eines Objekts

- Schreiben und Lesen eines "großen" Attributwerts eines Objekts

- Schreiben und Lesen aller "kleinen" Attributwerte eines Objekts

- Erzeugen und Löschen von Beziehungen

- Schreiben und Lesen eines "kleinen" Attributwerts einer Beziehung

Erfahrungen. Die Erkenntnisse, die wir aus mehreren Implementierungen des einfachen Benchmarks und des HyperModel Benchmarks gewonnen haben [De&90, Ho&90], sind:

- Die Implementierung eines komplexen Benchmarks ist sehr aufwendig, z.B. für den HyperModel Benchmark sind ca. 2 - 4 Personenmonate pro OMS zu veranschlagen.

- Die Verwendbarkeit eines OMS in einer bestimmten SEU kann normalerweise schon anhand der Ergebnisse des einfachen Benchmarks entschieden werden. Der wesentlich höhere Implementierungsaufwand für einen komplexen Benchmark ist daher nur selten gerechtfertigt.

- Bei komplexen Benchmarks stellt die Vertrautheit der Implementierer mit dem OMS und die von ihnen erzielte Optimierung einen erheblichen Unsicherheitsfaktor dar.

- Die kontrollierte Durchführung der Messungen (gleiche Bedingungen für die Durchführung aller Benchmarks) und der damit verbundenen Konfigurierung der Rechner (Betriebssystem, Sekundär- und Hauptspeicher) ist häufig sehr aufwendig.

- Selbst beim einfachen Benchmark verursacht die kontrollierte Durchführung der Messungen einen erheblichen Aufwand; Werkzeuge zur Auswertung der Rohdaten sind unerläßlich.

Vergleich mit anderen Quellen. Bisher gibt es nur sehr wenig Literatur über Methoden zur Bewertung von OMSen und über konkrete Benchmarks für OMSe. Methoden zur Bewertung von (konventionellen) DBMSen oder Dateisystemen (z.B. [BiDT83, Tu87]) sind nicht ohne weiteres auf OMSe übertragbar. Diese Methoden beruhen wesentlich darauf, daß die Abfragesprachen und die Architektur dieser Datenverwaltungssysteme ähnlich oder sogar normiert sind; diese Voraussetzung ist bei OMSen nicht erfüllt.

Mit bisherigen Benchmarks für OMSe werden zwar auch elementare Funktionen gemessen werden [RuKC87, Ca88]. Diese Benchmarks sind allerdings stark durch relationale Systeme geprägt, d.h. der Aufbau der DB und die Art der Operationen sind völlig untypisch für viele Arten von Werkzeugen einer SEU: so fehlen Operationen zur Manipulation von Beziehungen (Beziehungen in konventionellen DBMSen werden durch Referenzen in Feldern eines Tupels modelliert) sowie Operationen zur Manipulation von langen Feldern.

Der schon erwähnte HyperModel Benchmark [BeAM88, BeAM90] wurde von einem Hypertext-System abgeleitet. Er ist als komplexer Benchmark einzuordnen und ist unseres Wissens nach der einzige bisher publizierte. Leider sind sowohl die Struktur der Daten wie auch viele der Operationen nicht typisch für viele Werkzeuge einer SEU.

5 Ergebnisse der Performance-Messungen

Für die Messungen wurden unterschiedliche Kombinationen der folgenden Bedingungen gewählt:

- mit und ohne Transaktionsschutz

- im "kalten" Zustand der DB (d.h. Lesen und Manipulation der Objekte jeweils direkt nach Öffnen der Datenbank) und "warmen" Zustand der DB (d.h. Lesen und Manipulation der Objekte jeweils sofort, nachdem das jeweilige Objekt gelesen wurde)

- mit verschieden großen DB-Inhalten.

Detaillierte Meßergebnisse können hier aus Platzgründen nicht wiedergegeben werden. Stattdessen werden die wichtigsten Ergebnisse exemplarisch beschrieben.

Die Operationen zur Manipulation von Objekten mit "kleinen" Attributen dauern meistens etwa 10 - 30 Millisekunden (Realzeit). Mit Transaktionsschutz erhöht sich diese Zeit z.T. beträchtlich. Nur das System GRAS, welches allerdings ein extrem einfaches Datenmodell hat, war deutlich schneller, allerdings auch nur bei kleinen Datenbanken, die komplett im Hauptspeicher gehalten werden können.

Operationen zur Manipulation von Objekten mit "großen" Attributen dauern im Vergleich zu äquivalenten Operationen auf Dateien [EmK89] der gleichen Größe zwischen 2 und 20 Mal länger. Nur bei dem System PCTE/OMS zeigte sich keine signifikante Verlängerung.

Die Performance der untersuchten OMSe differiert bei manchen Operationen um mehrere Größenordnungen. Es ergibt sich allerdings kein einheitliches Bild zugunsten eines OMS; stattdessen sind unterschiedliche Ausrichtungen auf Architekturen und Optimierungen für Lastprofile erkennbar.

Die untersuchten OMSe sind für unterschiedliche Arten von Applikationen einsetzbar. OMSe mit "schwergewichtigen" Objekten (d.h. Objekte mit zusätzlichen Verwaltungs-

informationen über sich selbst, wie z.B. Zugriffsrechte, letzte Zugriffszeiten, etc.) eignen sich z.B. eher für Konfigurationsmanagement-Werkzeuge in großen Projekten [PeK88], OMSe mit "leichtgewichtigen" Objekten (Objekte ohne Zusatzinformationen) eher für Syntaxeditoren in Programmierumgebungen.

Der Anwender eines OMS wird bei den meisten untersuchten OMSen gezwungen, sein Werkzeugdatenmodell auf einer groben Granularitätsstufe zu modellieren. Hierdurch wird die Integration verschiedener Werkzeuge auf der Basis eines OMS erschwert, da die Struktur der Daten in nichtstrukturierten Objekten verborgen bleibt und ein Abgleich der Objekte bzw. deren Strukturen nicht oder schwer möglich ist.

Keines der hier untersuchten OMSe ist auch nur annähernd schnell genug, um Objekte für Werkzeuge mit erheblichen Performance-Anforderungen (z.B. Petri-Netz-Simulatoren) zu verwalten. Für derartige Applikationen ist z.B. pro Sekunde die Ausführung von 10.000 oder mehr OMS-Operationen erforderlich (ähnliche Beobachtungen für CAD-Applikationen finden sich in [Ca88]). Es ist fraglich, ob derartige Leistungssteigerungen mit herkömmlichen Architekturen und Implementierungsmethoden erzielbar sind.

6 Ergebnisse der Bewertung der Administrationsfunktionen

Wie schon oben erwähnt treten hier generell gravierende Mängel auf. Die Beseitung dieser Mängel scheint oft Änderungen der Datenmodelle der OMSe zu erfordern. Dieser Abschnitt skizziert einige der Schwachpunkte und zeigt notwendige Weiterentwicklungen der OMSe auf.

Werkzeuge und Dokumentation. Die meisten OMSe verfügen über kein Administrationskonzept. Administrationshandbücher oder die Administration unterstützende Werkzeuge mit guten Benutzerschnittstellen sind die Ausnahme. Lediglich die Systeme DAMOKLES und PCTE/OMS unterstützen die Administration in ausreichendem Umfang.

Die Administrationswerkzeuge müssen in die SEU integrierbar sein. Eine der wichtigsten Regeln zur Konstruktion offener und erweiterbarer SEU lautet, die Funktionalität der Werkzeuge über eine Programmierschnittstelle verfügbar zu machen. Gegen diese Regel wird teilweise gröblichst verstoßen, indem sehr wichtige Funktionen nur über ein Benutzerinterface eines Programms verfügbar sind.

Recovery und Archivierung. In einer SEU hat man vor allem mit drei Arten von Datenverlusten zu rechnen:

1. Medienfehler

2. Inkonsistente DB infolge Systemabsturz

3. vom Benutzer versehentlich gelöschte oder zerstörte Objekte

Die meisten der untersuchten OMSe bieten nur rudimentäre Hilfen für die beiden ersten und keine Unterstützung für die letzte Fehlerart. Typischerweise kann nur die gesamte DB oder ein ganzes Segment auf eine Datei kopiert und somit auf Archivierungsmedien übertragbar gemacht werden. Dies ist viel zu grob und führt zu sehr großen Mengen von Backup-Daten. Lediglich eines der von uns untersuchten OMSe ermöglicht einen inkrementellen Dump, wie er in Dateisystemen üblich ist.

Erforderlich sind zusätzlich Funktionen, die es gestatten, aus Benutzersicht "sinnvolle" Einheiten des Backup bzw. der Archivierung zu definieren und diese auf entsprechende Medien und zurück zu übertragen. Diese Funktionen sollten mit dem Versionskonzept des OMS integriert sein. Besondere Probleme treten bei der späteren Wiedereinlagerung einer solchen Einheit in die Datenbank auf, weil sich die Umgebung, in der die Einheit früher existierte und mit der sie Beziehungen hatte, inzwischen verändert haben kann.

In der Praxis ist es unbedingt erforderlich, daß alle Recovery-Daten entweder automatisch oder durch einen (zentralen) Operator erzeugt werden können und daß Benutzer der SEU hiermit nicht belästigt werden (dies ist bei konventionellen DBMS und Dateisystemen völlig selbstverständlich). Die untersuchten OMSe erlauben dies nicht, weil z.B. Schema-Informationen von außen nicht zugänglich sind (keine Meta-DB) oder weil sie eine eigene Benutzer- und Rechteverwaltung haben, die mit derjenigen des unterliegenden Betriebssystems nicht konsistent ist.

Ein spezielles Problem bei OMSen entsteht durch die Typisierung von Objekten und durch die vergleichsweise dynamische Entwicklung der Typen (bzw. Schemata). Es muß möglich sein, zusammen mit Daten die zugehörigen Schemata zu restaurieren. Diese Anforderung wird von keinem der untersuchten OMSe erfüllt.

Standard-Browser. Leistungsfähige Browser sind völlig unerläßlich und fehlen bei fast allen OMSen. Es sollte wenigstens je ein Browser für alphanumerische und graphische Terminals angeboten werden. Da man sich bei navigierenden Datenmodellen leicht in der Datenbank "verläuft", sollte man durch einen Browser geeignet unterstützt werden.

Datenaustausch. Man ging vor einigen Jahren von der Vorstellung aus, daß ein OMS das einzige Datenverwaltungssystem in einer SEU sein würde. Dies wird wahrscheinlich eine Illusion bleiben. Hieraus ergibt sich die Notwendigkeit, OMSe mit Dateisystemen und konventionellen DBMSen zu integrieren. Diese Aufgabe wird von den heutigen OMSen noch nicht unterstützt.

7 Ausblick

In der nächsten Projektphase sollen weitere OMSe bewertet werden. Ferner wird der einfache Benchmark überarbeitet. Die bisherigen

Erfahrungen zeigen, daß einige darin definierte Operationen entfernt werden können, ohne daß dies die Aussagekraft der Ergebnisse der Benchmarks wesentlich einschränkt.

Zusätzlich wird an einem komplexen Benchmark im Hinblick auf die Modellierung von komplexen Objekten und den Zugriff auf komplexe Objekte oder Teile eines komplexen Objekts gearbeitet, der die oben erwähnten Nachteile des HyperModel Benchmarks nicht aufweist.

Literatur

[BeAM88] Berre, A.J.; Anderson, T.L.; Mallison, M.: VBase and the HyperModel Benchmark; Oregon Graduate Center, Dep. Computer Science and Engineering, Technical Report No. CS/E-88-031; 1988

[BeAM90] Berre, A.J.; Anderson, T.L.; Mallison, M.: The HyperModel Benchmark; p. 317-331 in: Bancilhon, F. et. al. (ed.): Database Technology EDTB 90; LNiCS 416, Springer; 1990

[BiDT83] Bitton, D.; DeWitt, D.J.; Turbyfill, C.: Benchmarking database systems - A systematic approach; p.8-19 in: Proc. VLDB 83; 1983/11

[Ca88] Cattell, R.G.G.: Object-oriented DBMS performance measurement; p.364-367 in: Dittrich, K.R. (ed.): Advances in object-oriented database systems; LNiCS 334, Springer; 1988

[De&90] Dewal, S.; et.al.: Evaluation of object management systems; SWT-Memo 44, Universität Dortmund, ISSN 0933-7725; 1990

[DeK89] Dewal, S.; Kelter, U.: Role-based requirement definition for software factories using reusable requirement packages; p. 351- 370 in: Bennet, K.H. (ed.): Software Engineering Environments: Research and Pratice; Ellis Horwood Limited; 1989

[EmK89] Emmerich, W.; Kelter, U.: File system benchmarks on workstations; SWT-Memo 41, Universität Dortmund, ISSN 0933- 7725; 1989

[GPI88] German PCTE Initiative: Requirements for the enhancement of PCTE/OMS, Version 2.0; 1988/09

[Ho&90] Hormann, H.; Platz, D.; Roschewski, M; Schöpe, L.: The HyperModel Benchmark: description, execution and results; SWT-Memo 53, Universität Dortmund, ISSN 0933-7725; 1990

[PeK88] Perry, D.E.; Kaiser, G.E.: Models of software development environments; p.60-68 in: Proc. IC Software Engineering 88; 1988

[Ro89] Roschewski, M.: Anforderungsanalyse und Bewertung von Administrationsfunktionen in Objektmanagementsystemen; Diplomarbeit, Universität Dortmund; 1989

[RuKC87] Rubenstein, W.B.; Kubicar, M.S.; Cattell, R.G.G.: Benchmarking simple database operations; p.387-394 in: Proc. SIGMOD 87; 1987

[ScH90] Schöpe, L.; Hormann, H.: Übersicht über Nicht-Standard-Datenbanksysteme; SWT-Memo 42, Universität Dortmund, ISSN 0933- 7725; 1990

[Tu87] Turbyfill, C.: Comparative benchmarking of relational database systems; Dissertation, Dep. Computer Science, Cornell Univ., TR 87-871; 1987/09

Anwendungen eines Nicht-Standard Datenverwaltungssystems

P. Dupont D. Garling R. Harke
Institut für Informatik und
Rechentechnik
Rudower Chaussee 5
Berlin - O 1199

St. Lösch
Carl Zeiss JENA GmbH

Carl Zeiss Straße 1
Jena - O 6900

1. Einleitung

Das Nicht-Standard Datenverwaltungssystem (NS-DVS) PLUS ist für Nicht-Standard Anwendungen konzipiert und dient der operativen Verwaltung vorwiegend technischer Daten in CAD/CAM/CIM-Systemen ([GARLING 89]).

Für das NS- DVS PLUS bot sich die Datenbankkernsystemarchitektur an, bei der auf einem Kern aufsetzend anwendungsspezifische Komponenten realisiert werden. Damit steht dem Nutzer auf der Basis des Datenmodells des Kerns ein mit mehr Semantik ausgestattetes Datenmodell zur Verfügung.

Nach einer einführenden Darstellung von PLUS werden im folgenden vier spezifische Erweiterungen beschrieben. Zwei davon sind anwendungsinvariant, zwei weitere sind konkrete CAD-Applikationen.

2. Das Nicht-Standard Datenverwaltungssystem PLUS

Im NS- DVS PLUS werden alle Daten einer speziellen Anwendung in einem Speicherkomplex verwaltet. Dieser umfaßt sowohl die physische Gesamtmenge aller Daten als auch deren logische Gliederung. Ein Speicherkomplex wird in einen oder mehrere Segmentspeicher, letztere in ein oder mehrere Segmente unterteilt. Ein Segment ist die Zusammenfassung von Sätzen. Ein Satz als kleinste von PLUS verwaltete Dateneinheit ist eine unstrukturierte Byte-Folge variabler Länge.

Von PLUS wird eine Netzstruktur zwischen Sätzen innerhalb eines Segmentes verwaltet (Abb.). Verbindungen sind gerichtet und geordnet, d. h. alle Vorgängersätze und auch alle Nachfolgersätze sind von eins beginnend numeriert. Zwischen zwei Sätzen sind mehrere Verbindungen zugelassen, die sich durch ihre Position unterscheiden.

Für die Verwaltung und Manipulation der Sätze bietet PLUS vielfältige Funktionen (Schreiben, Einfügen, Lesen von Daten innerhalb eines Satzes, Finden von Mustern, Erweitern / Verkürzen von Sätzen). Der Zugriff erfolgt über Identifikation (Name oder Schlüssel) sowie über Navigation in Auswertung der Beziehungen. Strukturfunktionen ermöglichen den Aufbau, die Manipulation und die Analyse der Netzstrukturen.

Um die referentielle Integrität zu sichern, werden existentielle Abhängigkeiten automatisch überprüft. Beim Streichen eines Satzes löscht das System alle existierenden Verbindungen zu bzw. von anderen Sätzen.

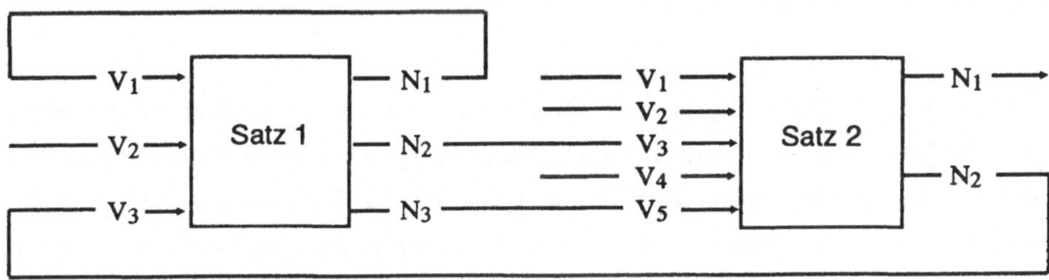

V_i / N_j - Vorgänger / Nachfolger eines Satzes

Abbildung: Ausprägung einer PLUS-Struktur

Die hierarchische Gliederung der Daten in Speicherkomplex, Segmentspeichern und Segmenten mit jeweils eigenständig festlegbaren Zugriffsrechten unterstützt eine Datenorganisation entsprechend administrativer Nutzungsformen.

Der Zugriff auf die gespeicherten Daten ist in PLUS an Bedingungen geknüpft. Zugriffsrechte, die permanente Bedingungen zur Gewährleistung des Datenschutzes bestimmen, können nur durch die pro Speichereinheit eingesetzten Administratoren verändert werden (Zugriff zum Segment gesperrt, nur Lesen erlaubt, Schreiben und Lesen erlaubt, alles erlaubt).

Der Parallelzugriff wird mit temporären Bedingungen gesteuert. Sie folgen aus dem gleichzeitigen Zugriff mehrerer Nutzer auf gleiche Dateneinheiten. Gibt ein Nutzer die benutzte Dateneinheit zu Transaktionsende frei, ist die Einschränkung für andere wieder aufgehoben.

Für die Transaktionssteuerung in NS-DVS stellt die Schachtelung von Umgebungen eine Lösungsmöglichkeit dar. Voraussetzungen dafür sind nach [KELTER 88]:
- Funktionen zum Deklarieren der Struktur von Teilprojekten und Arbeitsgruppen sowie der Zugehörigkeit einzelner Designer,
- Funktionen zum Starten, Beenden, Unterbrechen und Fortsetzen von Teilprojekt-, Gruppen-, Workstation- oder Design-Transaktionen innerhalb von nächstübergeordneten Transaktionen.

Die Funktionen sind in PLUS vorhanden oder durch Nutzung des Betriebssystems realisierbar. Transaktionskonzepte können deshalb mit Mitteln von PLUS und einer anwendungseigenen Technologie gestaltet werden.

3. Erweiterungen des PLUS - Kernsystems

3.1. Charakteristische Datenstrukturen für Kernerweiterungen

Zwei sich bedingende Anforderungen an die Modellierung von Daten der Nicht-Standard Anwendungen sind die Erfassung der Semantik und die Manipulation komplexer Datenobjekte. Zu den verschiedenen Aspekten der Semantikbeschreibung gehören die Darstellung von Objekttypen, strukturierenden Beziehungstypen (Anwendung von Abstraktionsmechanismen, wie Generalisierung, Aggregation, Gruppierung, Klassifizierung), anwendungsspezifischen inhaltlichen Beziehungstypen sowie von statischen und dynamischen Integritätsbedingungen. Hierfür sind die vom PLUS-Kern angebotenen Datenstrukturen zu universell und es empfiehlt sich, durch Kernerweiterungen komplexere Datenstrukturen zu realisieren.

Die Darstellung komplexer Objekte beinhaltet die Möglichkeit der variablen Anordnung von Teilobjekten unterschiedlicher Komplexität und die Zugreifbarkeit auf das Objekt als Ganzes sowie auf beliebige Teilstrukturen. Entsprechend der Art ihrer Konfiguration klassifiziert man komplexe Objekte in Mengenobjekte, Listenobjekte, Tupelobjekte und molekulare Objekte.

Die **atomare Aggregation** stellt die Abstraktion von atomaren Objekten, die durch einfache Beziehungen miteinander verbunden sind, zu einem Objekt höheren Abstraktionsniveaus dar. Sie kann auch mit Mengen- und Tupelobjekttypen realisiert werden. Bei der Bildung von Objekten durch Aggregation, Generalisierung und Gruppierung entstehen hierarchische Objekte (z. B. [PAUL 87]).

Die **molekulare Aggregation** ist die Abstraktion einer Menge von atomaren und molekularen Objekten und ihrer unterschiedlichen Beziehungen untereinander zu einem Objekt höheren Abstraktionsniveaus. Die molekulare Aggregation wird auch mit Objekttypen und Beziehungstypen realisiert. Es entstehen u. a. rekursive, nicht disjunkte Objekte ([HÄRDER 88]).

In [GERNERT 90] wird ein **komplexer Objekttyp** definiert (siehe auch [BATORY 84]):

1. Grundelemente sind atomare Objekttypen ot_i;

2. Komplexe Objekttypen sind:

   - Mengenobjekttyp $\{ot_1, ..., ot_n\}$, wobei die Objekttypen gleich sind (Kollektion);

   - Listenobjekttyp $<ot_1, ..., ot_n>$, wobei die Objekttypen gleich sind (geordnete Menge, geordnete Kollektion);

   - Tupelobjekttyp $[a_1:ot_1, ..., a_n:ot_n]$ besteht aus Attributen. Ein Attribut wird durch den Attributnamen a_i und den Attributtyp definiert. Als Attributtypen sind die definierten Objekttypen ot_i zulässig (Nomination, Sammlung benannter Gebilde verschiedenen Typs);

- Molekularer Objekttyp $\{\{ot_1, ..., ot_n\}, \{l_1, ...,l_k\}\}$, wobei ot_i, ggf. unterschiedliche, Objekttypen und l_j Beziehungstypen sind.

Für das NS-DVS PLUS wurden Erweiterungen bereitgestellt, die die bequeme Verwaltung von Mengen- und Listenobjekten (Modul zur Realisierung von Mengenoperationen) und von molekularen Objekten (Modul zur Verwaltung komplexer Objekte) ermöglichen.

3.2. Modul zur Realisierung von Mengenoperationen

Der Modul zur Realisierung der Mengenoperationen ist eine Erweiterung des PLUS-Systemkerns. Er bietet Funktionen zur Bearbeitung geordneter Mengen, deren Elemente Sätze eines Segmentes sind. Funktionen sind:

- Hinzufügen eines Satzes zu, bzw. Streichen aus einer Menge,
- Bestimmen der Position eines Satzes in einer Menge oder des Satzes an einer gegebenen Position,
- Bestimmen aller Mengen, denen ein gegebener Satz angehört,
- Bestimmen der Kardinalität einer Menge,
- Vereinigung, Durchschnitt und Differenz zweier Mengen.

Mengen von Sätzen können als Ergebnis komplizierter Funktionen entstehen, z. B. Suchoperationen. Eine Weiterarbeit erfolgt dann mit dem Mengenidentifikator und ggf. einem Cursor über der geordneten Menge von Sätzen (Listenoperationen).

Realisierung mit dem PLUS-Kern

Für jede definierte Menge wird ein Mengensatz angelegt, der die Schlüssel aller Elementsätze enthält. Ein Kopfsatz verwaltet die Mengensätze.

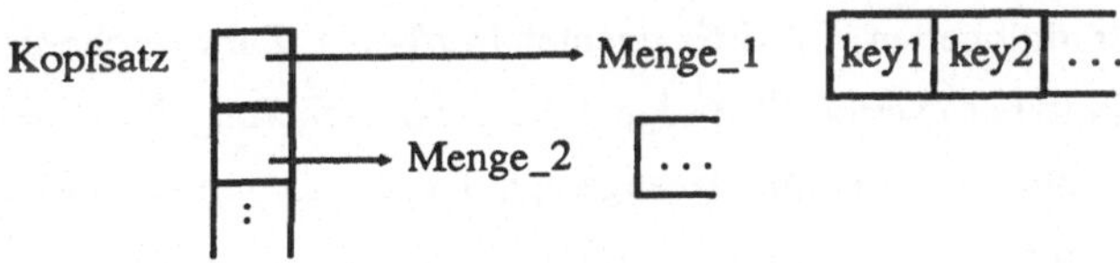

Abbildung: Interne Realisierung der Mengenfunktionen

Diese Realisierung bietet den Vorteil, daß bei Operationen auf Mengen die Sätze selbst nicht berührt werden. Das System übernimmt die Sicherung der Konsistenz (z. B. beim Streichen eines Satzes).

3.3. Modul zur Verwaltung komplexer Objekte (MK-Modul)

Die Vorteile des PLUS-Kerns liegen u. a. in der hierarchischen Datenorganisation und der Verwaltung von Beziehungen zwischen Sätzen. Ziel der Erweiterung von PLUS durch den MK-Modul ist die Funktionalität der direkten Realisierung verschiedener Objekt- und Beziehungstypen. Zum einen wird die Bildung komplexer Objekte durch Operationen wie

- definiere Atomtyp,
- definiere Molekültyp (Eingabe u. a.: Molekül- und Atomtypen),
- definiere Atom (Eingabe u. a.: Atomtyp) und
- definiere Molekül (Eingabe u. a.: Molekültyp, Moleküle, Atome)

ermöglicht, zum anderen werden Beziehungstypen, die durch die molekulare Aggregation und durch die Klassifizierung (Typ - Ausprägung) begründet werden, mittels erweiterter Strukturfunktionen adäquat abgebildet.

Die Struktur von Objekten wird als Metainformation gespeichert. Objekte mit gleicher Struktur werden dann in einer Objektklasse zusammengefaßt, die durch einen Objekttyp beschrieben wird. Außerdem hat der Nutzer die Möglichkeit, in seiner Anwendung weitere semantische Strukturierungsprinzipien (z. B. Generalisierung und Gruppierung) durch verschiedene Verbindungstypen zu implementieren.
Atome und Moleküle sowie Atom- und Molekültypen können umbenannt und gelöscht werden. Zu gegebenem Objekt kann der Typ ermittelt werden. Weitere Funktionen für Objekte und Objekttypen ermöglichen die Zuordnung zwischen den Identifikatoren (Name, Schlüssel). Aufgebaute Dateneinheiten und Strukturen können analysiert werden.

Realisierung mit dem PLUS-Kern

Durch den MK-Modul werden innerhalb eines Segmentspeichers Segmente zur Verwaltung komplexer Objekte neben traditionellen PLUS-Segmenten bearbeitet. Zur Speicherung der Objekttypen (Atom- und Molekültypen) werden Typsegmente, zur Speicherung der Objekte (Atome und Moleküle) Objektsegmente im Systemmodus angelegt, d. h. sie sind mit den PLUS-Funktionen des Nutzers nicht zugreifbar.
Nach der Einrichtung eines Typsegmentes können Atomtypen und Molekültypen definiert werden. Die Schlüssel der dabei erzeugten Atomtyp- bzw. Molekültypsätze werden in Systemsätzen

abgelegt. Auf diese Systemsätze hat der Nutzer keinen Zugriff, während der Inhalt der Atomtyp- und Molekültypsätze vom Nutzer belegt werden kann.

Nach der Definition der Objekttypen können Ausprägungen, d. h. Atome und Moleküle, definiert werden. Dazu sind u. a. der jeweilige Atom- bzw. Molekültyp anzugeben. Zur Definition eines Moleküls sind außerdem die Atome und Moleküle gefragt, die Komponenten des neuen Moleküls werden sollen. Die erzeugten Atom- und Molekülsätze werden in einem Objektsegment gespeichert. Außerdem wird in diesem Segment für jeden Atom- bzw. Molekültyp, der Ausprägungen hierin hat, eine Menge angelegt, deren Elemente die Atom- bzw. Molekülsätze sind.

Zur Realisierung der Molekültypstruktur und Molekülstruktur wird ein vom System verwalteter Verbindungstyp verwendet. Die Molekültypsätze beispielsweise enthalten Verbindungen zu den Komponenten, d. h. weiteren Atomtyp- und Molekültypsätzen. Diese Verbindungen generiert das System automatisch bei Molekültypdefinition durch den Nutzer.

Die Funktionalität insbesondere der Strukturfunktionen im PLUS-Kern ermöglicht die Arbeit des MK-Moduls.

4. PLUS Anwendungen

4.1. Die MEOS-Datenbasis

In der Carl Zeiss JENA GmbH wird im "Programmsystem zur Modellierung elektronenoptischer Systeme" (MEOS) innerhalb des Projektes zur "Entwicklung von Elektronenstrahlbelichtungsanlagen" das NS-DVS PLUS eingesetzt. Durch Elektronenstrahlbelichtungsanlagen werden in der Bildebene Strukturen belichtet. Der dazu erzeugte Strahl wird in der elektronenoptischen Säule durch magnetische und elektrische Felder entsprechend geformt und positioniert. Als Resultat entstehen u. a. Schablonen, die zur Produktion von Halbleiterbauelementen verwendet werden.

Eine elektronenoptische Säule besteht aus mehreren Baugruppen, die wiederum aus weiteren Komponenten zusammengesetzt sind. Zur Bestimmung der magnetischen und elektrischen Felder sowie zur Berechnung der optischen Eigenschaften der elektronenoptischen Säule dienen spezielle Module des Programmsystems MEOS. Zwischen den einzelnen MEOS-Modulen muß ein umfangreicher und schneller Datenaustausch erfolgen. Dies geschieht durch die Nutzung einer einheitlichen Datenbasis, auf die alle MEOS-Module zugreifen können.

Die MEOS-Datenbasis befindet sich in einem Segment des Datenverwaltungssystems PLUS, das zu Beginn einer MEOS-Sitzung unter Zuhilfenahme eines Datenbeschreibungsfiles (ASCII-Format) erzeugt wird. Das Datenbeschreibungsfile enthält die gewünschten Parameter für die Simulation der Baugruppen der elektronenoptischen Säule. Die Datenbasis ist so konzipiert, daß in ihr eine Säule modelliert werden kann. Sinnvoll ausgenutzt wird das Rücksetzen der MEOS-Datenbasis zum Stand zu Beginn der Bearbeitung, wenn unerwünschte Zustände eintreten.

Die konkreten Daten einer elektronenoptischen Säule, insbesondere ihr komponentenweiser Aufbau, erfordern für die Modellierung ein hierarchisches Datenmodell. Zwischen den PLUS-Sätzen, die die elektronenoptischen Baugruppen und Elemente repräsentieren, werden durch Verwendung der Strukturfunktionen Verbindungen aufgebaut. Das ermöglicht eine navigierende Suche zwischen den Wurzel-, Verzweigungs- und Endknoten zu benötigten Daten. Die Hierarchietiefe der aufgebauten Datenbäume liegt bei ca. acht bis zehn. Neben der Baumstruktur werden netzwerkartige Verbindungen aufgebaut und verwaltet. Diese entstehen durch verschiedene, technologisch bzw. konstruktiv begründete Sichten auf die Daten, die damit über mehrere Pfade zugreifbar werden.
Die Länge der Daten in den Endknoten kann 1 Byte, aber auch bis zu 20000 Byte und mehr betragen. Hier nutzt MEOS aus, daß PLUS Sätze, deren Länge auch während der Laufzeit verändert werden kann, anbietet.

Aus der Sicht der MEOS-Module arbeiten auf PLUS aufgesetzte Operationen auf der Datenbasis, wie beispielsweise das Lesen von Daten aus bzw. das Schreiben von Daten in Endknoten der Datenbasis, die durch Navigation über der Struktur ermittelt oder erzeugt wurden. Eine weitere Funktion ist das Kopieren des augenblicklichen Standes eines vom Nutzer mit Hilfe der PLUS-Mengenfunktionen definierten Teils der Datenbasis.
Die semantische Integrität der Datenstruktur wird durch die Verwendung einer festen Modellstruktur gesichert, die dem zulässigen strukturellen Aufbau der vollständigen Datenbasis entspricht. Die Modellstruktur ist in einem weiteren PLUS-Segment abgelegt, in dem für die Mitglieder der Bearbeitergruppe durch Ausnutzung der Zugriffsbedingungen nur das Lesen erlaubt ist.

Zur graphischen Darstellung der elektronenoptischen Säule und ihrer Bauteile - einschließlich der magnetischen und elektrischen Felder - ist eine Kopplung von MEOS mit dem graphischen Kernsystem GKS-1600 geplant. Die damit notwendige Bearbeitung auf 16-bit Technik wird durch das Vorhandensein von 16-bit und 32-bit Versionen von PLUS ermöglicht.

4.2. Der Geometriespeicher GOLIM

Ein Geometriespeicher dient als Hilfsmittel zur Integration von Produktdaten. Separate CAD-, CAM- u. a. Systeme können durch ihn unter Ausnutzung eines systemneutralen Interfaces zu einer komplexen Lösung verschmolzen werden.

Der Geometriespeicher GOLIM (im Rahmen von PRODABAS, [BLENCKE 89]) unterstützt als geometrieorientiertes Datenverwaltungssystem die Speicherung, die Suche und die Manipulation dreidimensionaler Beschreibungen von technischen Objekten.

Über ein Dialog- und ein Sprachinterface bietet GOLIM die Möglichkeit der Modellierung von Körpern mit der Methode der konstruktiven Körpergeometrie (CSG) und der Randflächendarstellung (BRep). Um spezielle Eigenschaften Körpern, bzw. Teilen von Körpern zuzuordnen, ist die parallele Haltung geometrischer und nichtgeometrischer Daten notwendig.

An der externen CSG - Schnittstelle erfolgt die Beschreibung von Objekten mittels Formeln auf der Grundlage der Verknüpfung ihrer geometrischen Teilobjekte. Möglich ist dann das Speichern und Lesen sowohl von fest als auch von variabel definierten 3D-Objekten (Parametrisierung der Objekte und Operationen), die Einbeziehung nichtgeometrischer Problemdaten (technologische Informationen, Eigenschaften) und die Manipulation von Strukturen (Einfügen, Streichen, Erweitern, Substituieren) auf bereits gespeicherten Objekten.

An der BRep - Schnittstelle erfolgt die Beschreibung der geometrischen Objekte durch Angabe der orientierten Begrenzungsflächen, die wiederum durch Angabe der sie begrenzenden Randkontur(en) beschrieben werden.

Zu den fortgeschrittenen Möglichkeiten von GOLIM zählen die verteilte Modellierung, die Möglichkeit der Einbindung in eine Produktdatenbank, die Suche nach geometrisch ähnlichen Teilen, die Modelltransformation (CSG nach BRep) und die Einbindung von Features.

Für die Datenverwaltung benutzt GOLIM das NS-DVS PLUS. Als vorteilhafte Eigenschaften des PLUS-Kerns für die interne Datenverwaltung in GOLIM erwiesen sich beispielsweise:

- Die hierarchische Gliederung des Datenbestandes ermöglicht eine leichte Verwaltung verschiedener Varianten, Versionen oder paralleler Darstellungsformen (CSG, BRep) aller bearbeiteten 3D-Objekte.

- Die angebotenen Strukturfunktionen gestatten eine übersichtliche Speicherung der geometrischen Strukturen mit Berücksichtigung unterschiedlicher Objektniveaus (z. B. Maschine, Baugruppe, Einzelteil) ohne Einschränkungen. Das Schlüsselkonzept von PLUS macht jedes Strukturelement einzeln identifizierbar.

- Die Länge der Formeln zur Speicherung geometrischer Objekte ist stark dynamisch. Die variablen Satzlängen in PLUS stellen ein adäquates Mittel für deren Ablage dar.

- GOLIM verwendet u. a. bei der Benutzung allgemein verfügbarer Datenbereiche für Elementarkörper die durch PLUS angebotenen Möglichkeiten des Mehrnutzerbetriebes und der Zugriffskontrolle.

- Die für geometrieverarbeitende Prozesse typischen langen Bearbeitungszeiten erfordern spezielle Mechanismen zum Schutz vor Dateninkonsistenzen. Hierfür wird ein Transaktionskonzept angeboten, das es gestattet, Transaktionen auf Segmentniveau zurückzusetzen.

5. Schlußbemerkung

Nicht-Standard Anwendungen benötigen die adäquate Darstellung semantischer Strukturierungsprinzipien. Auf der Basis des NS-DVS PLUS wurden mittels zusätzlicher Zugriffsstrukturen in
anwendungsinvarianten und in speziellen anwendungsorientierten Erweiterungen geeignete Modellierungsmittel bereitgestellt, die die Verarbeitung komplexer Objekte als Mengenobjekte und
Listenobjekte sowie molekularer Objekte gestatten.

PLUS' funktionelle Charakteristika sind auf die Realisierung von Anforderungen ausgerichtet,
die mit kommerziell verfügbaren Systemen nur unzureichend erfüllt werden können. Konventionelle Datenbankbetriebssysteme werden durch PLUS sinnvoll ergänzt, aber nicht ersetzt. Es ist
insbesondere als Basisdatenverwaltung für Aufgaben mit einem hohen Aufwand der Manipulation großer Datenmengen mit stark variierender Struktur und ausgeprägten Verknüpfungen der
Datenlemente geeignet.

Implementierungen von PLUS, die auf Rechnern mit den Betriebssystemen MS-DOS, VMS, AE-
GIS und SUN-OS existieren, sind schnittstellen-, aber nicht datenbasiskompatibel. Die Programmierung in einer höheren Programmiersprache und eine zentrale Schnittstelle zum Betriebssystem gewährleisten die Portabilität von PLUS.

Schwerpunkt der weiteren Arbeit wird die funktionelle Verifikation der realisierten Konzepte in
weiteren Anwendungen sein.

6. Literatur

[BATORY 84] D. S. Batory, A. P. Buchmann: Molecular Objects, Abstract Data Types and Data
Models: A Framework;
Proc. of the 10th Conf. on VLDB, 1984, pp. 172 - 184

[BLENCKE 89] L. Blencke: Produktdatenbank im Maschinenbau - Konzepte für die Architektur und
Anwendung; in: E. Häußler (ed.): ONLINE '89, 12. Europäische Kongreßmesse für
Technische Kommunikation, Hamburg 1989, S. V- 6- 01 bis V- 6- 29

[GARLING 89] D. Garling, R. Harke, P. Dupont: Non-Standard Database Management for CIM;
International Conference on CAD & CG; 10th to 12th August 1989, Beijing;
International Academic Publisher, Beijing 1989, pp. 390 - 394

[GERNERT 90] R. Gernert, N. Greif: Modelling of Complex Objects and Semantic Integrity Constraints
in Product Databases;
iir, Inform., Inf. Rep., Berlin 6(1990)2

[HÄRDER 88] T. Härder (ed.): The PRIMA Project - Design and Implementation of a Non-Standard
Database System;
University Kaiserslautern, Sonderforschungsbereich 124, Report No. 26/88, 1988

[KELTER 88] U. Kelter: Transaktionskonzepte für Non-Standard-Datenbanksysteme;
Informationstechnik it 30(1988)1, S. 17 - 27

[PAUL 87] H.-B. Paul et al.: Architecture and Implementation of the Darmstadt Database Kernel System;
ACM SIGMOD record, 1987

Objektstrukturen in Datenbanksystemen
oder: Auf der Suche nach voller Objektorientierung

Andreas Geppert, Klaus R. Dittrich
Institut für Informatik, Universität Zürich
Winterthurerstr. 190, CH-8057 Zürich

Kurzfassung

Während die meisten heute kommerziell angebotenen objektorientierten Datenbanksysteme die Modellierung des Verhaltens von Objekten, Typhierarchien u.a.m. recht gut unterstützen, ist die sachgerechte Darstellung von Objektstrukturen häufig entgegen anderslautender Bekundungen nur unzureichend möglich. Die Emulation entsprechender Konzepte durch andere ist problembehaftet und befriedigt nicht, so daß die Lösung nur im Einbringen von Objektstrukturierungsmitteln als explizite Datenmodellkonzepte bestehen kann.

Zielsetzung dieses Papiers ist es, die von den Protagonisten (verhaltensmäßig) objektorientierter Datenmodelle meist übergangenen Probleme mit Objektstrukturen herauszuarbeiten und für die Aufnahme geeigneter Konzepte in entsprechende Datenmodelle zu plädieren.

1 Einführung

Datenmodelle stellen Mechanismen zur Verfügung, mit denen sich Eigenschaften, Verhalten und Struktur von Sachverhalten eines Umweltausschnittes sowie zugehörige Konsistenzbedingungen beschreiben lassen. Wichtigste Anforderung an ein Datenmodell ist, daß es die präzise, vollständige und möglichst problemnahe Repräsentation von Umweltsemantik erlaubt.

Objektorientierte Datenmodelle (ooDM; [2]) als Grundlage objektorientierter Datenbanksysteme (ooDBS) versprechen in besonderer Weise, dieser Forderung gerecht zu werden; sie erweitern konventionelle Datenmodelle um objektorientierte Konzepte wie Objektidentität, benutzerdefinierbare Typen, Einkapselung, Typhierarchien mit Vererbung, usw. Als wesentliches Konzept ist auch die Unterstützung "komplexer" ("zusammengesetzter", "strukturierter", "molekularer") Objekte verlangt. Grob gesprochen geht es hierbei darum, Modellierungsmittel für ihrerseits aus weiteren Objekten gebildete Objekte sowie für Strukturen von Objekten (und damit für Interobjektbeziehungen) zur Verfügung zu stellen.

Aus Anwendungssicht ist die Forderung nach komplexen Objekten im Datenmodell alt-

bekannt [11], da die intendierten "Non-Standard"-Einsatzgebiete - aber keineswegs nur diese! - gerade solche Möglichkeiten benötigen. Zudem wurden in mehreren Prototypen strukturell objektorientierter Datenbanksysteme[1] (z.B. [1, 8, 13]) verschiedene Ausprägungen entsprechender Konzepte bereits erfolgreich erprobt.

Umso mehr muß es erstaunen, daß viele der heute propagierten ooDBS trotz gegenteiliger Bekundungen keineswegs über befriedigende Konzepte für komplexe Objekte verfügen.

Das "Erbe", das viele objektorientierte Datenmodelle von entsprechenden Programmiersprachen übernommen haben, sieht lediglich bescheidene Strukturierungsmöglichkeiten vor. Mithilfe der Objektidentität können sich Objekte durch die Angabe der Identität auf andere Objekte "beziehen", Objektstrukturen können durch Referenzen gebildet werden. Benutzer sind damit gezwungen, Objektstrukturen jeglicher Art ausschließlich durch Referenzen zum Ausdruck zu bringen. Das ist zwar gegenüber der Strukturbildung durch Wertgleichheit à la Relationenmodell sicher ein Fortschritt, jedoch zu wenig, um den Anwendungsforderungen gerecht zu werden. Als Konsequenz kann weniger Semantik der realen Welt im Schema dargestellt werden, Strukturen werden nicht durch entsprechende Operatoren verarbeitet, implizite und modellinhärente Konsistenzbedingungen sind nur unzureichend formulierbar bzw. eingebaut, und die Effizienz des Datenbanksystembetriebes kann beeinträchtigt werden.

In der Konsequenz sind die meisten heute als "objektorientiert" angepriesenen (kommerziellen) Datenbanksysteme (noch) nicht voll, sondern lediglich verhaltensmäßig objektorientiert. Es stellt

---

1. Ein Datenbanksystem wird *strukturell objektorientiert* genannt [7], wenn es komplexe Objekte unterstützt, während solche, die benutzerdefinierbare Typen unterstützen, *verhaltensmäßig objektorientiert* heissen. Beide Eigenschaften zusammen mit den restlichen Eigenschaften aus [2] führen zur *vollen Objektorientierung.*

sich allerdings die Frage, ob strukturelle Konzepte nicht durch ein verhaltensmäßig objektorientiertes DBS "emuliert" - d.h. durch die dort vorhandenen objektorientierten Techniken realisiert - werden können. Damit fielen verhaltensmäßige und volle Objektorientierung mehr oder minder zusammen.

Das restliche Papier ist folgendermaßen gegliedert: zunächst soll geklärt werden, was genauer unter "Objektstrukturen" zu verstehen ist und welche Anforderungen sie stellen. Anschließend wird ein Überblick über Objektstrukturen in existierenden DBS gegeben. Kapitel 4 analysiert die Probleme, die sich aus fehlenden Möglichkeiten zur Objektstrukturierung ergeben. In Kapitel 5 werden Möglichkeiten und Nachteile der Emulation von Objektstrukturen in verhaltensmäßig objektorientierten Datenbanksystemen beschrieben und die Implementierung von Objektstrukturen als eigenständige Konzepte des DBMS befürwortet.

2 Objektstrukturen

Objekte sind Abbilder von (physischen oder logischen) "Dingen" oder Sachverhalten der realen Welt. Ein Objekt besitzt eine Identität (die es von allen anderen Objekten unterscheidet) [9] sowie einen (zeitlich veränderlichen) *Zustand* oder *Wert*. Objekte mit gleich strukturierten Werten werden zu *Objekttypen* zusammengefaßt[2]. Durch den Objekttyp ist auch festgelegt, welche (im System eingebauten oder benutzerdefinierten) Operatoren auf seinen Objekten (Instanzen) ausführbar sind. Eine *Datenbasis* ist eine Menge von Objekten. In aller Regel sind interessante Umweltsachverhalte nicht völlig voneinander unabhängig, sondern in vielfältiger Weise miteinander verbunden. Entsprechend müssen auch *Assoziationen* zwischen Objekten in einem Datenmodell repräsentierbar sein. Arten solcher Assoziationen sind zum Beispiel

- Objekt-Unterobjekt-Assoziationen ("Unterobjektbeziehungen"),

- einseitige gerichtete Assoziationen ("Referenzen"), oder

- symmetrische Assoziationen ("Beziehungen" schlechthin im Sinne des ER-Modells [4]).

Wiewohl weitere spezielle Assoziationsarten denkbar und häufig auch wünschenswert sind (z.B. für Objektversionen), wollen wir die folgende Diskussion auf die genannten, besonders markanten und weit verbreiteten beschränken. Man beachte in der nachfolgenden Argumentation weiterhin, daß mit "Objekt", "Assoziation" etc. wie auch umgangssprachlich üblich sowohl Sachverhalte der Umwelt als auch deren entsprechende Repräsentation in einer Datenbank gemeint sein können. Wo eine scharfe Unterscheidung notwendig ist und nicht aus dem Kontext hervorgeht, schreiben wir genauer "Umweltobjekt" usw.

Ein Objekt heißt *komplex, strukturiert, zusammengesetzt* oder *molekular*, wenn es aus "einfacheren" Objekten zusammengesetzt ist, d.h. als Bestandteil seines Wertes mindestens eine Komponente besitzt, die selbst wiederum als Objekt aufgefaßt wird. Davon zu unterscheiden sind beschreibende Merkmale von Objekten im Sinne "gewöhnlicher Attribute, die ebenfalls zum Wert eines Objektes beitragen, aber nicht eigenständig (sondern ausschließlich über das Objekt selbst) identifizierbar sind.

In einem strukturierten Objekt als Komponente enthaltene Objekte werden *Unterobjekte* genannt. Objekte werden als *überlappend* bezeichnet, wenn sie mindestens ein Unterobjekt gemeinsam besitzen und nicht wechselseitig Ober- bzw. Unterobjekt voneinander sind. Die Semantik der Unterobjektbeziehung kommt in der Existenz von Operatoren zum Ausdruck, die komplexe Objekte samt ihren Unterobjekten als Einheit behandeln, d.h. eine kaskadierende Semantik (z.B. beim Löschen, Lesen, Kopieren oder Auslagern von Objekten in einer Entwurfstransaktion) haben. Benutzerdefinierte Operatoren können ebenfalls eine transitive Wirkung vorsehen, d.h. zu den Komponenten eines Objektes propagieren. Ferner werden Operatoren zur Manipulation von Unterobjektbeziehungen benötigt; sie ermöglichen das Etablieren oder Löschen einer Unterobjektbeziehung oder das Navigieren entlang einer solchen Beziehung. Die Struktur eines Objektes ist somit dynamisch änderbar, insbesondere ist bei Objekten, die Instanzen ihres eigenen Typs als Unterobjekte besitzen, die "Tiefe" nicht vorherbestimmbar. Schließlich ist hinsichtlich des Zusammenwirkens von komplexen Objekten und Einkapselung zu beachten, daß Unterobjekte während der Dauer ihrer Zugehörigkeit zu einem eingekapselten Objekt wie dessen gesamter Wert nicht unmittelbar sichtbar sind.

---

2. In diesem Papier werden "Typ" und "Klasse" als Synonyme verwendet.

Mit [10] können verschiedene Varianten von Unterobjektbeziehungen unterschieden werden:

- *teilbare* vs. *exklusive* Unterobjekte. Teilbare Unterobjekte können Unterobjekt mehrerer (disjunkter) komplexer Objekte sein, exklusive dagegen nicht.
- *abhängige* vs. *unabhängige* Unterobjekte. Die Existenz abhängiger Objekte hängt von der Existenz des Oberobjektes ab.

Die durch Kombinationen entstehenden vier möglichen Eigenschaften einer Unterobjektbeziehung können als Konsistenzbedingungen aufgefaßt werden. Die Unterobjektbeziehung ist im übrigen "generisch" in dem Sinne, daß sie prinzipiell zwischen Objekten *beliebiger* Typen eingerichtet werden kann; Näheres ist im jeweiligen Schema festzulegen.

Referenzen sind gerichtete (d.h. asymmetrische) Assoziationen, sie verweisen von einem Objekt auf ein anderes, in der Regel durch Angabe von Identität oder Namen des referenzierten Objektes. Der Unterschied zu Unterobjekten besteht darin, daß diese als zum Oberobjekt gehörend aufgefaßt werden, was sich in entsprechenden Operationen niederschlägt und auch Konsequenzen bei Einkapselung der Oberobjekte hat. Bei einer Referenz bleibt hingegen das assoziierte Objekt selbständig; es werden keine speziellen Operatoren benötigt: Referenzen können wie andere Werte gelesen und geschrieben werden, nach dem Lesen einer Referenz kann mit dem referenzierten Objekt verfahren werden, wie es dessen Operatoren zulassen.

Allgemeine Beziehungen assoziieren eine beliebige Anzahl *n* von Objekten, die bestimmte Rollen darin einnehmen. Sie können wie Objekte eine Identität und Attribute zu ihrer Beschreibung besitzen. Beziehungen mit (komponenten-weise) Objekten gleichen Typs werden zu *Beziehungstypen* zusammengefaßt. *Kardinalitäten* spezifizieren, an wievielen Beziehungen eines Beziehungstyps ein Objekt eines gegebenen Typs teilnehmen darf bzw. muß (implizite Konsistenzbedingungen).

Während Unterobjekte und Referenzen gewissermaßen zu den jeweiligen Ausgangsobjekten "gehören", stehen Beziehungen selbständig neben den durch sie assoziierten Objekten. Allerdings hat ihre Existenz nur Sinn, solange die beteiligten Objekte existieren ("referentielle Integrität"). Beziehungen sind im Gegensatz zu Unterobjektbeziehungen ungerichtet, d.h. symmetrische Assoziationen zwischen gleichberechtigten Objekten.

Zu allgemeinen Beziehungen gehören Operatoren, die Beziehungsinstanzen erzeugen oder löschen, die beteiligten Rollen sowie eventuell vorhandene Attribute lesen oder verändern, vor allem aber die "Navigation" entlang einer allgemeinen Beziehung (wegen der Symmetrie "in allen Richtungen") ermöglichen..

Objektstrukturen bestehen, wenn zwischen den betrachteten Objekten Assoziationen einer oder mehrerer der genannten Arten existieren.

Als kleines Beispiel für die drei Arten von Assoziationen mag ein Ausschnitt aus einem Firmeninformationssystem dienen. Dabei können Firmen u.a. aus Abteilungen bestehen, letztere sind somit Unterobjekte von Firmen. Weiterhin besitzen Personen Anteile von Firmen. Dies wird durch eine allgemeine Beziehung zwischen Personen und Firmen dargestellt. Schließlich ist es von Interesse, welche Personen Abteilungen leiten, was durch eine Referenz von Abteilungen zu Personen ausgedrückt wird. Abbildung 1 skizziert einen entsprechenden Datenbasisausschnitt. Dabei repräsentieren Rechtecke Objekte und Rauten Beziehungen. Unterobjektbeziehungen werden durch Schachtelung von Rechtekken, Referenzen durch Pfeile zum Ausdruck gebracht.

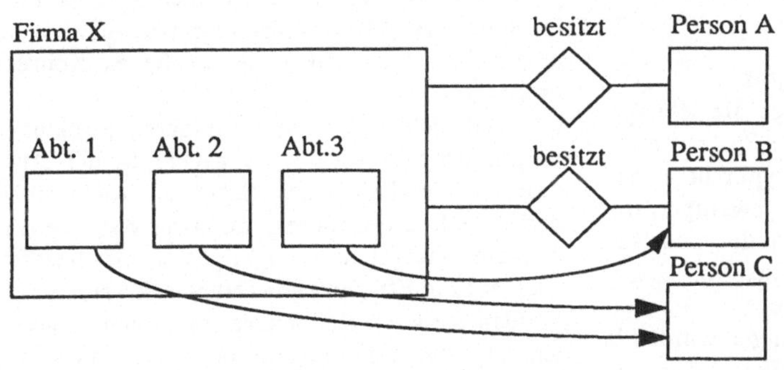

Abbildung 1: Objektstrukturen

3 Objektstrukturen in existierenden DBS

In diesem Abschnitt wird ein kurzer repräsentativer

Überblick gegeben, welche Mittel zur Darstellung von Objektstrukturen in existierenden (Prototypen von) DBS angeboten werden. Wir beschränken uns dabei auf die verschiedenen Ansätze in ooDBS, da die Unzulänglichkeit der klassischen, satzorientierten DBS auf diesem Sektor allgemein anerkannt ist ([6, 18]).

3.1 Strukturierte Objekte

In ORION [10] kann für Instanzvariable einer Klasse angegeben werden, ob sie als Unterobjekte aufgefaßt werden sollen. Weiterhin kann angegeben werden, ob diese Unterobjekte abhängig/unabhängig sowie teilbar/exklusiv sein sollen. Das System überprüft die Einhaltung dieser Konsistenzbedingungen.

In den Prototypen MAD und Damokles werden ebenfalls strukturierte Objekte unterstützt. Das Datenmodell MAD [13] unterscheidet atomare und molekulare Objekte. Atomare Objekte sind vergleichbar mit Tupeln im Relationenmodell; ihre Werte können unter anderem Surrogate und Referenzen zu anderen atomaren Objekten enthalten. Molekültypen werden dynamisch durch die Angabe der beteiligten Atomtypen und Referenzen definiert.

In DAMOKLES [1] werden für Objekttypen einfache Attribute ("deskriptive Sicht") und eine Menge von Unterobjektbeziehungen ("strukturelle Sicht") definiert. Objekte können überlappend sein. DAMOKLES unterstützt sowohl generische Operatoren zur Manipulation von Ober-/Unterobjektbeziehungen als auch Operatoren, die strukturierte Objekte als eine Einheit behandeln.

Weitere Ansätze sind XSQL [8] und NF^2 [17], auf die jedoch aus Platzgründen nicht näher eingegangen werden kann. In beiden Fällen werden jedoch überlappende und rekursive Objekte nicht unterstützt.

3.2 Allgemeine Beziehungen

[16] beschreibt ein explizites Beziehungskonzept für eine objektorientierte Programmiersprache. Zu jedem Beziehungstyp gibt es ein mengenwertiges Objekt, das die jeweiligen Beziehungsexemplare enthält. Methoden zum Lesen, Einfügen, Ändern und Löschen von Beziehungen werden automatisch erzeugt.

Auch für allgemeine Beziehungen wurden in einigen Forschungsprototypen Vorschläge gemacht. In DAMOKLES werden allgemeine Be-

ziehungen als explizites Konzept unterstützt. Beziehungstypen werden getrennt von den beteiligten Objekttypen definiert. Kardinalitäten von Beziehungen können spezifiziert werden. Weiterhin haben Beziehungen eine eigene Identität, können auch Attribute besitzen und in strukturierten Objekten enthalten sein. Sie sind damit Objekten in manchen Aspekten sehr ähnlich, haben hinsichtlich der Operatoren aber die verlangte Spezialsemantik.

ADAM [5] unterstützt ebenfalls allgemeine Beziehungen. Die Angabe von Kardinalitäten ist möglich, und Beziehungen können attributiert sein. Ferner können Auswirkungen von Änderungen an Objekten auf Beziehungen, in denen sie teilnehmen, sowie Auswirkungen neuer Beziehungen auf Objekte spezifiziert werden. Bei der Definition eines Beziehungstyps werden gleichzeitig entsprechende Methoden zum Einfügen, Lesen, Löschen etc. einer Beziehung erzeugt. Beziehungen in ADAM sind wiederum Objekte, und Beziehungstypen stehen in einer Typhierarchie.

3.3 Referenzen

Die meisten objektorientierten Datenbanksysteme unterstützen Referenzen ([3, 10, 14, 15]), meist als das einzige Konzept für Objektstrukturen überhaupt. In MAD wird zu jeder Referenz eine Gegenreferenz gibt verlangt.

4 Modellierung von Objektstrukturen

Der kurze Überblick zeigt, daß komplexe Objekte zwar eine weithin akzeptierte Forderung an objektorientierte Datenbanksysteme sind [2], daß es jedoch kaum eines gibt, das sowohl die Modellierung des Verhaltens von Objekten als auch komplexe Objekte unterstützt. Ferner gibt es kein DBS, das sowohl voll objektorientiert ist, als auch allgemeine Beziehungen als explizites Konzept unterstützt.

Das Fehlen von reichhaltigeren Strukturierungskonzepten wirkt sich nachteilig auf Ausdrucksmächtigkeit eines Schemas, Adäquatheit der Datenbankoperatoren, implizite oder spezifizierbare Konsistenzbedingungen sowie letztlich auch auf die Effizienz des Datenbanksystems aus. Werden lediglich Referenzen im System angeboten, so müssen die anderen benötigten Assoziationsarten damit modelliert werden. Die dabei auftretenden Probleme werden nun sowohl für allgemeine als auch für Unterobjektbeziehungen präzisiert und illustriert.

Werden allgemeine Beziehungen nicht explizit unterstützt, sondern den Benutzern deren Realisierung durch Referenzen aufgebürdet, ergeben sich folgende Probleme ([7, 16]):

- Rein logische Aspekte einerseits und bereits in Richtung implementierungstechnischer Fragen gehende Aspekte andererseits werden vermischt. Anstatt beschreiben zu können, was die logische Struktur eines Umweltausschnittes ist, müssen Benutzer gleichzeitig über das "wie" der Implementierung entscheiden. Die Information über Beziehungen wird dann über mehrere (Objekt-) Typdefinitionen verstreut und die Semantik in der Implementierung der Methoden versteckt.

- Soll ein neuer Beziehungstyp nachträglich zu einem Schema hinzugefügt werden, so müssen die Definitionen der beteiligten Objekttypen verändert werden; neue Attribute müssen hinzugefügt werden, die die Referenzen aufnehmen können. Bei einem expliziten Beziehungskonzept ist die nachträgliche Definition eines Beziehungstyps problemlos möglich.

- Oft gehören Attribute zu einem Beziehungstyp, nicht aber zu einem der beteiligten Objekttypen. Hier ist eine semantisch ungerechtfertigte "zwangsweise" Zuordnung erforderlich.

- Wird ein spezieller Objekttyp definiert, dessen Instanzen zur Repräsentation aller vorhandenen Beziehungen verwendet werden sollen (und dem dann auch etwaige Beziehungsattribute zugeordnet werden können), so ergeben sich Konsistenzprobleme. Wird ein Objekt gelöscht, das an einer Beziehung teilhat, so müßte auch das diese Beziehung repräsentierende Objekt gelöscht werden; Kardinalitäten von Beziehungen können nicht zum Ausdruck kommen; die Entdeckung von Kardinalitätsverstößen, die beim Löschen oder Verändern einer Beziehung auftreten können, bleibt dem Benutzer überlassen.

- Beziehungen werden auch von der DML nicht unterstützt. Der logischen Operation "etabliere Beziehung" entspricht eine Folge von Operationen auf den verschiedensten Objekttypen. Beim Etablieren einer n-stelligen Beziehung müssen entweder n Botschaften an Objekte geschickt werden, oder den einzelnen Objekten ist es erlaubt, Werte der anderen beteiligten

Objekte zu verändern (um Referenzen zu setzen), was jedoch die Einkapselung von Objekten verletzt.

Das bereits erwähnte Beispiel verdeutlicht diese Probleme. Personen, Firmen und Abteilungen werden zunächst definiert, wobei ausschließlich Referenzen Verwendung finden. In einer an das Datenmodell O_2 [14] angelehnten Notation würden die Definitionen wie folgt lauten:

```
class3 Person
        type tuple ( name: string, ...
                     leitet: Abteilung)
class Firma
        type tuple ( name: string,
                     Abteilungen:
                     sct(Abteilung) )
class Abteilung
        type tuple ( name: string, ...
                     Leiter: Person)
```

Zunächst ist nicht ersichtlich, daß es eine Beziehung *leitet* zwischen *Abteilung* und *Person* gibt; diese Information ist nur aus den Definitionen der beteiligten Objekttypen ersichtlich. Nun soll <u>nachträglich</u> eine Beziehung *besitzt* definiert werden, die die Besitzverhältnisse von Personen an Firmen modelliert. Dies erfordert die Hinzunahme von Attributen

```
besitzt: set(Firma)
```

in der Definition von *Person* sowie von

```
besitzer: set(Person)
```

in *Firma*. Weiterhin soll zum Ausdruck gebracht werden, wieviele Anteile eine Person an einer Firma hält. *Anteil* ist weder Attribut von Firmen noch von Personen, sondern eine Eigenschaft der jeweiligen Kombinationen - *Anteil* ist ein Beziehungsattribut. Mit Referenzen gibt es folgende Möglichkeiten der Definition der Besitzverhältnisse:

Das Attribut

```
besitz: set( tuple ( anteil: float,
                     firma: Firma)
```

wird als weitere Komponente zu *Person* hinzugefügt. Ferner wird

```
besitzer: set( tuple ( anteil: float,
                       person: Person)
```

als weitere Komponente von *Firma* definiert.

---

3. In der O_2-Notation gibt die *type*-Klausel den Definitionsbereich für die Werte der Instanzen der entsprechenden Klasse an.

Möglich ist auch die Definition eines neuen Objekttyps, der dann das Attribut aufnimmt:

```
class besitzt
      type tuple ( anteil: float,
                   firma: Firma,
                   person: Person)
```

Damit wurde ein eigener "Beziehungstyp" definiert, der allerdings vom System nicht durch generische Operatoren unterstützt wird. Zusätzlich müssen Referenzen auf das Beziehungsexemplar in *Person* und *Firma* hinzugefügt werden. Das Etablieren einer neuen Beziehung zwischen einer Person und einer Firma ist damit aufwendig (und fehleranfällig): nach dem Erzeugen einer *besitzt*-Instanz muß eine Botschaft an das *Besitzt*-Exemplar geschickt werden sowie je eine an die beteiligten Objekte.

Ähnliche Probleme wie im Fall der allgemeinen Beziehungen ergeben sich auch bei der Modellierung von Unterobjektbeziehungen durch Referenzen. Diese Probleme betreffen Ausdrucksmächtigkeit eines Schemas, operationale Semantik, formulierbare Konsistenzbedingungen und Effizienz:

- Analog zu allgemeinen Beziehungen finden Benutzer ein entsprechendes logisches Konzept nicht in der DDL wieder. Zusammengesetzte Gegenstände der Umwelt, die als eine Einheit betrachtet werden, sind durch das Datenmodell nicht mehr als eine zusammengehörige Einheit darstellbar. Sie werden abgebildet auf eine Menge prinzipiell voneinander unabhängiger Objekte, die lediglich durch entsprechende Referenzen "lose" miteinander gekoppelt sind. Ferner wird die Semantik der Unterobjektbeziehungen auf die Implementierung der beteiligten Objekttypen verteilt: um die gewünschte Semantik zu erreichen, müssen Benutzer evtl. Operatoren neu implementieren und die vom System angebotenen überschreiben. Dieser Aufwand ist für jede gewünschte Beziehung zu leisten. Die jeweils gewählte Variante von Unterobjektbeziehung ist dann aus der Implementierung der benutzerdefinierten Operatoren ersichtlich.

- In der Regel ist Minimalität der angebotenen Konzepte eine positive Eigenschaft; sie wirkt jedoch kontraproduktiv, wenn verschiedene Sachverhalte durch dasselbe Konzept dargestellt werden müssen. Die Folge ist mehr Implementierungsaufwand für Benutzer und geringere Verständlichkeit des Schemas.

- DML-Operatoren können nicht auf komplexe Objekte als eine Einheit angewendet werden, z.B. das Lesen oder Auslagern (Checkout [8]) eines Objektes mit all seinen Unterobjekten. Weiterhin wird vom System keine "kaskadierende Semantik" unterstützt. Würde man nämlich Propagierung an Referenzen knüpfen, so wäre die Wirkung auch für die Fälle nicht zu vermeiden, wo Propagierung gar nicht zur Semantik gehört (allgemeine Beziehungen, "reine" Referenzen): das System kann zwischen diesen Fällen nicht unterscheiden.

- Konsistenzbedingungen wie Teilbarkeit oder Exklusivität bzw. Abhängigkeit oder Unabhängigkeit von Unterobjekten können nicht zum Ausdruck gebracht werden. Die Einhaltung dieser Bedingungen wird nicht vom System unterstützt und bleibt dem Benutzer überlassen.

- Das System kann versuchen, Unterobjekte zusammen mit ihrem Oberobjekt abzuspeichern (Clusterung, [1]), um so den Zugriff auf ganze strukturierte Objekte effizienter zu gestalten. Unterstützt das System jedoch keine Unterobjektbeziehungen, bleiben die Clusterregeln ebenfalls dem Benutzer überlassen, z.B. mit Hilfe einer SSL[4] (z.B. LDL in [13]).

Im Beispiel sind *Abteilungen* als Unterobjekte von *Firmen* intendiert, während *leitet* eine allgemeine Beziehung darstellt. Anhand der Typdefinitionen ist nicht ersichtlich, daß es sich im ersten Fall (logisch) um eine Unterobjektbeziehung handelt, im zweiten jedoch nicht. Schließlich ist die Abhängigkeit einer Abteilung von ihrer Firma nur aus der Implementierung von *Firma* ersichtlich. Weiterhin ist es nicht möglich, z.B. eine Firma zusammen mit ihren abhängigen Unterobjekten zu löschen. Dazu müssen erst alle Unterobjekte dieser Firma ermittelt werden, ebenso deren möglicherweise vorhandene Komponenten; an all diese Objekte ist eine entsprechende Botschaft zu senden.

Zusammenfassend ist zu sagen, dass Objektstrukturen ohne explizite Konzepte nur unzureichend zu modellieren sind. Allgemeine und Unterobjektbeziehungen sollten deshalb explizit als Konzepte eines ooDM zusätzlich zu den sonst geforderten angeboten werden. Dabei stellt sich die Frage, warum gerade diese beiden Beziehungskonzepte unterstützt werden sollten und nicht noch mächtigere. Unterobjekt- und allgemeine Beziehungen stellen dabei einen Kompromiss dar: sie

---

4. Storage Structure Language

erlauben es, mehr Semantik zum Ausdruck zu bringen, als es z.B. mit Referenzen allein möglich ist und sind zugleich verständlich und problemnah. Referenzen dagegen können durch allgemeine Beziehungen dargestellt werden, können also entfallen, wenn letztere angeboten werden.

Im nächsten Kapitel werden einige Implementierungsalternativen für diese beiden Beziehungsarten im Kontext eines verhaltensmäsig objektorientierten Datenmodells verglichen.

5 Realisierungsmöglichkeiten für leistungsfähige Objektstrukturkonzepte

Werden allgemeine und Unterobjektbeziehungen als explizite Konzepte in einem DBS unterstützt, so gibt es mehrere Realisierungsmöglichkeiten, von denen einige wiederum objektorientierte Techniken oder Erweiterungen davon verwenden. Die einfachste Möglichkeit, die Implementierung durch den Benutzer, ist zwar für das DBS die "einfachste" Lösung, für den Benutzer hingegen nicht akzeptabel. Weitere Alternativen sind

- Realisierung durch Vererbung/Spezialisierung,
- Realisierung durch parametrisierte Typen oder generische Klassen,
- Realisierung durch Metaklassen,
- Realisierung von Unterobjektbeziehungen durch allgemeine Beziehungen,
- Implementierung als eigenständiges Konzept des Datenbanksystems.

Unterobjektbeziehungen können nicht ohne weiteres durch Vererbung definiert werden. Es ist nicht möglich, etwa einen Typ *complex_object* zu definieren, der das Verhalten komplexer Objekte generisch implementiert. Hierfür müßte der Typ *complex_object* "wissen", wie die Struktur der abgeleiteten (Sub-) Typen aussieht, ob also etwa der Wert eines Objektes Mengen oder Listen von Unterobjekten enthält, oder einzelne Unterobjekte Komponenten eines Tupels sind (von denen *complex_object* dann den Komponentennamen kennen muß).

Möglich ist jedoch eine Implementierung von Beziehungen (Unterobjekt- als auch allgemeine Beziehungen fester Stelligkeit), wenn der Vererbungsmechanismus zugleich Verfeinerung unterstützt. In diesem Ansatz werden Beziehun-

gen zwischen (zwei) Objekten des allgemeinsten Typs *object* (der üblicherweise an der Wurzel der Typhierarchie steht und von dem alle sonst gewünschten Objekttypen als Untertypen abzuleiten sind) definiert und in konkreten Fällen zu den beteiligten Typen verfeinert. Die "allgemeine" Unterobjektbeziehung hätte damit das Aussehen

```
class complex_relation
      type tuple ( super: object,
                   sub: object).
```

Im konkreten Fall einer Unterobjektbeziehung zwischen *Firma* und *Abteilung* kann dann angegeben werden, daß *super* in *complex_relation* zu *Firma* sowie *sub* zu *Abteilung* verfeinert werden sollen:

```
class complex_firma
      inherits complex_relation
      refines super: firma,
              sub: abteilung
```

Entsprechende Methoden können dann für *complex_relation* definiert werden. Da die vom Benutzer definierten Beziehungstypen (hier *complex_firma*) Subtypen von *complex_relation* sind, können Methoden zur Manipulation von Beziehungen vererbt werden. Gleichzeitig ist gewährleistet, daß Beziehungen nur zwischen Objekten der vom Benutzer spezifizierten Typen etabliert werden können.

Problematisch ist an diesem Ansatz jedoch, daß für die verschiedenen Varianten von Unterobjektbeziehungen (Kapitel 2) jeweils eigene Typen mit verschiedenen Methoden implementiert werden müssen. Weiterhin ist es nicht möglich, Unterobjekte direkt in den Wert ihres Oberobjektes aufzunehmen, die Unterobjektbeziehung wird vielmehr durch ein eigenes Objekt repräsentiert. Schließlich können allgemeine Beziehungen beliebiger Stelligkeit oder attributierte Beziehungen nur schwer definiert werden.

Allgemeine Beziehungen oder Unterobjektbeziehungen können weiterhin mit parametrisierten Typen oder generischen Klassen wie z.B. in Eiffel [12] definiert werden. Dabei treten Typen wiederum als Parameter auf, d.h. es wird eine Menge von Typen definiert. Konkrete Typen erhält man, indem für die formalen Typparameter aktuelle, existierende Typen eingesetzt werden. Somit ist es möglich, einen parametrisierten Typ aller Unterobjekt- oder allgemeiner Beziehungen bestimmter Stelligkeit zu definieren. Beispielsweise erzeugt

```
class complex_relation [OT, UT]
      type tuple ( super: OT,
                   sub: UT)
```

eine generische Klasse von Unterobjektbeziehungen mit *OT* als Ober- und *UT* als Unterobjekttyp. Ein konkreter Unterobjektbeziehungstyp zwischen *Firma* und *Abteilung* wird dann wie folgt definiert:

```
class complex_firma:
    complex_relation [firma, abteilung]
```

Nachteilig ist hier, daß die Information, welche Unterobjekte ein komplexes Objekt besitzt, nicht beim Objekt selbst gespeichert ist, sondern in einer eigenen Instanz. Ferner müssen mehrere (parametrisierte) Typen definiert werden, um die verschiedenen Varianten von Unterobjektbeziehungen zum Ausdruck zu bringen. Schließlich ist auch hier die Frage, wie Attribute von Beziehungen definiert werden können.

Metaklassen sind Klassen, deren Instanzen ebenfalls Klassen sind. Das Senden der *new*-Methode zu einer Metaklasse erzeugt also eine neue Klasse. Somit kann eine Metaklasse *Relationship* definiert werden, deren *new*-Botschaft nicht nur neue Klassen erzeugt, sondern auch die Methoden dieser Klassen. Dieser Ansatz wird in [5] verwendet, um Beziehungen zu definieren und entsprechende Operatoren zu erzeugen.

Vorteilhaft an diesem Ansatz ist, daß im Vergleich zu den beiden vorherigen mehr Semantik von allgemeinen Beziehungen zum Ausdruck gebracht werden kann und sie attributiert sein können.

Sind allgemeine Beziehungen definiert und kann die Abhängigkeit von Beziehungen von Objekten und umgekehrt spezifiziert werden [5], so können damit u.a. auch Unterobjektbeziehungen "implementiert" werden. Der Benutzer legt dann zum Definitionszeitpunkt fest, um welche Art von Beziehung es sich handelt. Kaskadierende Semantik zumindest beim Löschen kann erzielt werden. Allerdings werden Unterobjektbeziehungen auch hier durch eigene Beziehungsinstanzen repräsentiert, Unterobjekte können nicht direkt in Oberobjekte eingebaut werden. Weiterhin ist es schwierig, die Exklusivität von Unterobjekten zu überwachen, da diese sich auf mehrere Beziehungstypen bezieht, d.h. ein exklusives Unterobjekt höchstens in einer Unterobjektbeziehung stehen, aber an beliebig vielen allgemeinen Beziehungen teilnehmen darf.

Ein Vorteil obiger Ansätze ist die Erweiterbarkeit um weitere Beziehungsarten durch den Benutzer. Problematisch bei der Realisierung durch Metaklassen oder parametrisierte Typen

sowie durch die Anwendung von Typverfeinerung ist jedoch, daß diese selbst Erweiterungen klassischer objektorientierter Techniken darstellen (und in der Regel von objektorientierten Datenbanksystemen nicht unterstützt werden).

Weiterhin ist allen diesen Ansätzen gemeinsam, daß sie die diskutierten Beziehungskonzepte nach wie vor nicht als eigene Konzepte des Datenmodells enthalten, sondern durch andere Konzepte darstellen. Somit kennt das DBS die spezielle Semantik von Beziehungen nicht. Sind Beziehungen dagegen als eigene Konzepte des Datenmodells implementiert, so kann das DBS von der Kenntnis ihrer Semantik profitieren. Das betrifft vor allem auch die Effizienz, da Operatoren komplexe Objekte dann als eine Einheit bearbeiten. In diesem Fall ist auch für kaskadierende Operatoren nur eine DML-Operation notwendig und benutzerdefinierte Operationen können leicht in kaskadierender Weise realisiert werden. Die Überprüfung von Konsistenzbedingungen anhand der internen Datenstrukturen des Systems ist möglich, die Überprüfung durch mehrere DML-Operationen ist nicht notwendig. Schließlich können komplexe Objekte mithilfe eines Clusterungsmechanismus effizienter abgespeichert werden.

Ein weiteres Problem obiger Alternativen (und auch aller existierenden ooDBS-Prototypen) ist, daß sie Einkapselung von strukturierten Objekten nicht unterstützen. Da Unterobjekte Eigenschaften ihres Oberobjektes beschreiben, ist es naheliegend, daß auf die Unterobjekte eines vollständig eingekapselten Objektes nur durch die Methoden des Oberobjektes zugegriffen werden darf, d.h. daß die betroffenen Unterobjekte einen Teil ihrer Eigenständigkeit verlieren, sobald sie Komponenten eines anderen Objektes werden. Im Beispiel kann z.B. verlangt werden, daß *Abteilungen* nur über *Firmen* zugänglich sind. Einkapselung von strukturierten Objekten ist durch Emulation nur schwer zu lösen. Sind strukturierte Objekte allerdings spezielle Konzepte des DBMS, so kann Einkapselung (z.B. durch einen Sperr- oder Zugriffskontrollmechanismus) ebenfalls "eingebaut" werden.

Ein weiteres Problem, das ohne System-Kenntnis von Unterobjektbeziehungen schwer zu lösen ist, betrifft die Parallelität bzw. die Synchronisation mehrerer Benutzer, die gleichzeitig auf identische Objekte (oder Teile davon) zugreifen. So sollte es nicht erlaubt sein, daß ein Benutzer ein Unterobjekt löscht, während ein anderer Benutzer mit einem dieses Objekt enthaltenden Objekt arbeitet. Komplexe Objekte sind hier die naheliegenden Einheiten des Sperrens ([8, 10]) und müssen damit dem System bekannt sein.

6 Zusammenfassung

Die meisten (verhaltensmäßig) objektorientierten Datenbanksysteme unterstützen strukturierte Objekte und allgemeine Beziehungen nicht. Die Modellierung von Objektstrukturen durch Referenzen ist eine unzureichende Alternative für viele intendierte Anwendungen. Die explizite Aufnahme von Objektstrukturierungskonzepten in das Datenmodell ist damit erforderlich. Die Emulation dieser Strukturierungskonzepte durch bekannte objektorientierte Techniken ist möglich, jedoch (je nach Alternative) mit mehr oder weniger Nachteilen behaftet. Die Implementierung von Beziehungskonzepten als eigenständiges Konzept ist erforderlich.

Ziel dieses Papiers war es nicht, neue Konzepte vorzuschlagen. Vielmehr sollte darauf hingewiesen werden, daß bei vielen kommerziellen Systemen wesentliche, aus Prototypen strukturell objektorientierter DBS bereits bekannte Möglichkeiten "vergessen" worden sind. Die Systemhersteller von ooDBS sind aufgefordert, hier noch "nachzubessern".

Literatur

[1] K. Abramowicz, K.R. Dittrich, W. Gotthard, R. Längle, P.C. Lockemann, T. Raupp, S. Rehm, T. Wenner: *Datenbankunterstützung für Software-Produktionsumgebungen*. Proc. BTW 1987.

[2] M. Atkinson, F. Bancilhon, D. DeWitt, K. Dittrich, D. Maier, S. Zdonik: *The Object-Oriented Database Manifesto (A Political Pamphlet)*. Proc. DOOD 1989.

[3] M.J. Carey, D.J. DeWitt, S.L. Vandenberg: *A Data Model and Query Language for EXODUS*. Proc. SIGMOD 1988.

[4] P.P. Chen: *The Entity-Relationship Model - Towards a Unified View of Data*. Transactions on Database Systems 1(1), 1976.

[5] O. Diaz, P.M.D. Gray: *Semantic-rich User-defined Relationships as a Main Constructor in Object-Oriented Databases*. IFIP DS-4 Workshop on Object-Oriented Databases.

[6] K.R. Dittrich, A.M. Kotz, J.A. Mülle, P.C. Lockemann: *Datenbankunterstützung für den ingenieurwissenschaftlichen Entwurf*. Informatik-Spektrum 8, 1985.

[7] K.R. Dittrich: *Object-Oriented Database Systems: The Next Miles of the Marathon*. Information Systems 15(1), 1990.

[8] R.L. Haskin, R.L. Loric: *On Extending the Functions of a Relational Database System*. Proc. SIGMOD 1982.

[9] S. Khoshafian, G. Copeland: *Object Identity*. Proc. OOPSLA 1986.

[10] W. Kim, E. Bertino, J.F. Garza: *Composite Objects Revisited*. Proc. SIGMOD 1989.

[11] P.C. Lockemann, M. Adams, M. Bever, K. Dittrich, B. Ferkinghoff, W. Gotthard, A. Kotz, R.-P. Liedtke, P. Lüke, J.A. Mülle: *Anforderungen technischer Anwendungen an Datenbanksysteme*. Proc. BTW 1985.

[12] B. Meyer: *Object-Oriented Software Construction*. Prentice Hall, New York 1988.

[13] B. Mitschang: *Ein Molekül-Atom-Datenmodell für Non-Standard-Anwendungen*. Informatik Fachberichte 185, Springer, Heidelberg 1988.

[14] *The O_2 Programmer's Manual*. Altaïr, 1989.

[15] *Release 1.0 89-9*. EDventure Holdings Inc., New York 1989.

[16] J. Rumbaugh.: *Relations as Semantic Constructs in an Object-Oriented Language*. Proc. OOPSLA 1987.

[17] H.-J. Schek, M.H. Scholl: *The Relational Model With Relation-Valued Attributes*. Information Systems 11(2), 1986.

[18] T. Sidle: *Weaknesses of Commercial Data Base Management Systems in Engineering Applications*. Proc. Design Automation 1980.

<u>OBJEKTORIENTIERTE DATENVERWALTUNG FÜR EIN ASIC-ENTWURFSSYSTEM</u>

G. Hänsel
Zentrum Mikroelektronik Dresden GmbH
O-8080 Dresden, Grenzstraße

1. Einleitung

Immer mehr EDV-Anwendungen handhaben Informationen auf eine Weise, die sich nicht mehr nur durch große Datenmengen (traditionelle kommerzielle EDV-Projekte) oder hohen Verarbeitungsaufwand (traditionelle wissenschaftlich-technische Berechnungen), sondern vor allem auch durch komplizierte innere und äußere Zusammenhänge sowie eine dynamische Wechselwirkung mit dem Benutzer auszeichnet. Dazu gehört der Entwurf von ASIC's (Application Specific Integrated Circuits) als Spezialfall des VLSI-Entwurfs. Für derartige Anwendungen werden seit mehreren Jahrzehnten komplexe Hardware-Software-Systeme entwickelt, bei denen i. a. mehrere Benutzer sowohl schöpferisch als auch durch Abarbeitung von Problemprogrammen (Werkzeugen, tools) auf das Entwurfsobjekt einwirken. Durch den schöpferischen Charakter der zu lösenden Aufgaben, die Parallelität der Bearbeitung und die Freiheitsgrade in der Methodik wird es zunehmend schwerer, den korrekten Ablauf des Gesamtprozesses und die richtige Zuordnung der Datenbestände zu jeder Einzel-Operation zu überwachen. Die dadurch entstehenden Fehlerrisiken sind enorm.

Da der fehlerfreie Erstentwurf von Schaltkreisen mit Hunderttausenden von Transistoren gefordert ist, wird die Schaffung *integrierender Software* für die weitere Entwicklung leistungsfähiger Ingenierarbeitsstationen wesentlich. Deren Entwicklung vollzog sich schrittweise, indem zunächst Speziallösungen zur Systemintegration geschaffen wurden, die als geschlossene Entwurfssysteme charakterisiert werden können, da die Einbindung von Werkzeugen aus anderen Quellen nur schwer möglich ist. Ein einheitliches System integrierender Software, das demgegenüber flexibel erweitert und an die Erfordernisse einer speziellen Entwurfsmethodik angepaßt werden kann, wird als **Framework** bezeichnet. Ein Framework steuert das Zusammenwirken von Nutzern, Werkzeugen und Daten für eine größere Aufgabenklasse und ist daher ein Datenverwaltungssystem im weitesten Sinn, wobei auch Operationen (tools, Prozeduren, "agents", etc.) als Daten aufgefaßt werden:

- **Nutzerinterface** (Formwandel der Daten zwischen menschlichem Denken und maschineller Verarbeitung),

- **Ablaufsteuerung** (Zuordnung der Datenobjekte zu den Operationen und Überwachung ihrer wechselseitigen Beziehungen während des Verarbeitungsprozesses),

- **Datenorganisation** (Strukturierung und Speicherung der Daten entsprechend den Zugriffserfordernissen von Benutzern und Problemprogrammen).

Ein Framework verwaltet grundsätzlich alle Daten eines Entwurfssystems, jedoch hängt die Granularität vom verwendeten Datenmodell ab. Leistungsfähige Frameworks unterstützen flexible Datenstrukturen für die Neuentwicklung von Werkzeugen, gewährleisten jedoch auch die Verwaltung von Datenobjekten, deren innere Struktur nur bestimmten Werkzeugen bekannt ist. Das ist eine entscheidende Voraussetzung für den Aufbau offener Entwurfssysteme.

2. Lösungskonzeption für die Objektverwaltung STATUS

In einem offenen Entwurfssystem kann nicht vorausgesetzt werden, daß sich alle Problemprogramme an standardisierte Datenschnittstellen halten oder standardisierte Dateioperationen benutzen. Daher wurde nicht der bekannte Ansatz gewählt, von einer einheitlichen Organisation von Records bzw. Tupeln auszugehen, diese dann bottom-up zu Netzen, Hierarchien oder Relationen zusammenzufassen und das entsprechende Datenmodell an den Diskursbereich anzupassen. Vielmehr wurde die Modellierung top-down vorgenommen, indem das Gesamtentwurfsobjekt schrittweise in einfachere Objekte zerlegt wurde. Auf jeder Stufe der Zerlegung bleibt die innere Struktur der Objekte verborgen (encapsulation [Cox86]); die Objekte sind nur über die durch ihren Typ festgelegten Operationen zugänglich. In STATUS wird die Zerlegung nur bis zur Ebene der Bestände (files) durchgeführt, denen als Operationen genau die Problemprogramme (tools) entsprechen. In Übereinstimmung mit [KBCGT87], [GaSu87] wird davon ausgegangen, daß sich die für die Beherrschung der Entwurfstechnologie wesentlichen Beziehungen weitgehend durch ein solches *Makro*-Modell (vgl. auch [SiZi89]) widerspiegeln lassen. Auf dieser Makro-Ebene sind in der vorgestellten Lösung die meisten der z. Z. stark diskutierten Kriterien für objektorientierte Datenbanksysteme (vgl. [ABWDMZ89], [Ditt 90]) erfüllt (zusammengesetzte Objekte, nutzerdefinierbare Typen, Objekt-Identität, Kapselung, Dauerhaftigkeit, Sekundärspeicherkontrolle) oder vom Ansatz her vorgesehen (Typen-/Klassen-Hierarchien, Vererbung, Parallelität, Recovery). Zu einem späteren Zeitpunkt kann das Makro-Modell durch ein *Mikro*-Modell ergänzt werden, das die innere Struktur der Bestände modelliert und damit vor allem für eine rationelle Werkzeug-Entwicklung von Bedeutung ist (Datenzugriff, aufwärtskompatible Schnittstellen, Redundanzarmut).

Ausgangspunkt bei der Entwicklung der Objekt-Verwaltung war das Bestreben, dem Entwerfer möglichst weitgehende Freiheit bei der schöpferischen Gestaltung des Entwurfs zu geben, ihn jedoch gleichzeitig sowohl von der Vielfalt an rechentechnischen Ressourcen (Problem- und Hilfsprogramme, Betriebssysteme, Prozessoren und Dateien) abzuschirmen, als auch von der routinemäßigen Überwachung einer Vielzahl durch die jeweilige Entwurfsmethodik gegebener Abhängigkeiten (Integritätsbedingungen) zu entlasten. Der Entwerfer sollte auch in der interaktiven Arbeit am Rechner überwiegend in Entwurfskategorien und -operationen denken. Dazu wurde das sog. **Status-Prinzip** formuliert. Es beinhaltet, den Bearbeitungszustand des Gesamtentwurfs in Attributen widerzuspiegeln, die den verschiedenen Teilobjekten des Entwurfs während des gesamten Entwurfsprozesses dynamisch zugeordnet werden. Die Datentypen dieser Attribute und ihre Semantik sollen dabei frei definierbar sein, um die Anwendbarkeit auf unterschiedliche Entwurfstechnologien zu gewährleisten. Einem Layoutbestand könnte z. B. ein Attribut DESIGN_RULE_CHECK mit den Werten {"ungeprüft", "fehlerfrei", "fehlerhaft"} zugeordnet werden. Diese Zustands-Attribute sind nicht mit den Attributen zu verwechseln, die in einem Mikro-Modell den Inhalt der Bestände darstellen. Mit Hilfe dieser Attribute können in einer geeigneten Kommandosprache komplexe Entwurfsoperationen für die jeweilige Entwurfstechnologie programmiert werden, die dem Nutzer dann über eine Kommandoschnittstelle und/oder ein dazu äquivalentes Grafik-Interface zur Verfügung stehen. Innerhalb jeder Entwurfsoperation ist es dann möglich, den Ausgangsstatus aller an der Operation beteiligten Bestände abzufragen, alle Voraussetzungen für die jeweilige Operation zu prüfen bzw. automatisch herzustellen, den Ablauf der Operation selbst parametrisch zu steuern und den neuen Bearbeitungsstatus zu registrieren.

Auf diese Weise wird die **dynamische Datenintegrität** gesichert, die sich von der in traditionellen Datenbanksystemen üblichen statischen Datenintegrität unterscheidet. Letztere geht von einem bestimmten Satz von Integritätsbedingungen aus, der durch das DBMS ständig überwacht wird. Dieses Konzept stößt für Entwurfssysteme auf die Schwierigkeit, daß die Erfüllung <u>aller</u> Integritätsbedingungen ja gerade das Ziel des Entwurfs ist, also stets nur bei Fertigstellung einer produzierbaren Fassung erreicht wird, so daß eine im statischen Sinne inkonsistente Datenbasis nicht die Ausnahme, sondern den Normalfall im Entwurfsprozeß darstellt. Andererseits liefert die fortschreitende Automatisierung des Entwurfsprozesses neue Möglichkeiten zur Integritätskontrolle:

- komplizierte anwendungsspezifische Integritätsbedingungen (z. B. elektrische und geometrische Entwurfsregeln oder die Übereinstimmung von Soll- und Ist-Verhalten) werden durch spezielle Werkzeuge geprüft.

- automatisierte Syntheseschritte erhöhen den Anteil der Daten, die als "correct by construction" angesehen werden können.

Dadurch verlagert sich der Anteil des DBMS an der Integritätskontrolle von der direkten Überwachung eines Satzes von Integritätsbedingungen (statische Datenintegrität) auf die Kontrolle des *Prozesses*, der zur Erfüllung der Integritätsbedingungen hinführt (dynamische Datenintegrität). Dem entspricht, daß die Integritätsbedingungen nicht mehr *deskriptiv* (Beziehungen zwischen Daten), sondern *prozedural* sind (Vorschriften für den Bearbeitungsablauf). Wesentliche Elemente dabei sind:

- Steuerung der Reihenfolge der Operationen in Übereinstimmung mit der jeweiligen Entwurfsmethodik (z. B. hierarchische Netzlistenauflösung vor Logiksimulation),

- Einbettung der notwendigen Prüf-Algorithmen in den Entwurfsprozeß (z. B. elektrische und geometrische Entwurfsregelprüfung eines Moduls vor dessen Verwendung für eine Simulation),

- Prüfung aller Voraussetzungen für die korrekte Ausführung jeder Operation, insbesondere der Gültigkeit aller durch diese benutzten Daten.

Diese Operationen sind i. a. *long transactions* und können geschachtelt sein. Jede Operation stellt nur einen Teil der statischen Integritätsbedingungen her. Nach *globalen* Operationen, z. B. der abschließenden Datenträgerausgabe, wird die volle statische Datenintegrität erreicht. Für den Nutzer wird der Unterschied zwischen statischer und dynamischer Datenintegrität dadurch sichtbar, daß er statische Integritätsbedingungen als *Regeln* (z. B. geometrische Entwurfsregeln) in einer durch das jeweilige Werkzeug bestimmten Fachsprache, dynamische Integritätsbedingungen hingegen als *Abläufe* in einer auf Betriebssystem- oder Framework-Ebene implementierten Kommandosprache formulieren muß.

Die Realisierung des Status-Prinzips für ein Entwurfssystem umfaßt i. a. drei Stufen:

- Implementierung von *Grundfunktionen* der Objektverwaltung als Paket von Status-Routinen, das mit einer eigenen, von den Problemprogrammen unabhängigen Statusdatei arbeitet, die alle strukturellen Informationen und Attribute enthält,

- Einbettung der Status-Routinen in ein *Framework-System*,

- Realisierung einer konkreten *Entwurfstechnologie* im Rahmen dieses
  Frameworks durch Auswahl und Einbettung der zu benutzenden Problem-Programme, die Definition der durch Nutzer und Problem-Programme benötigten Beschreibungsformen und Datentypen, die Formulierung von Abläufen und Abhängigkeiten, sowie die Definition der
  hierfür benötigten Attribute.

Die durch die Status-Routinen zu realisierenden Grundfunktionen umfassen:

- Anlegen einer oder mehrerer *Statusdateien*,

- Definition von *Nutzern* und Nutzergruppen und Regelung des Mehrnutzerzugriffs,

- Anlegen von *Objekttypen, Objekten und Objektversionen* sowie Definition von *strukturellen Beziehungen* zwischen diesen,

- Definition von *Attributen* und Lesen/Schreiben von Attribut-Werten
  für einfache und zusammengesetzte Objekte,

- *Namensverwaltung* zur Verbindung der Objektverwaltung mit dem Nutzerinterface,

- *Organisationshilfen* zum Umgang mit der Verwaltungsinformation, wie
  Suchroutinen und strukturangepaßtes ("intelligentes") Purge.

Die einfachste Form der Einbettung dieser Funktionen in ein Framework
besteht in der Definition funktionell gleichwertiger Kommandos im benutzten Betriebssystem. Damit können die auch bisher schon verwendeten
Kommandodateien zur Programmierung komplexer Entwurfsabläufe um die
Ausdrucksmöglichkeiten der Objektverwaltung erweitert werden. In Vorbereitung ist die Entwicklung einer betriebssystemunabhängigen Fachsprache für den gleichen Zweck. Damit soll nicht nur der Framework-Entwickler, sondern auch der Endnutzer in die Lage versetzt werden, Entwurfstechnologien zu programmieren oder zu modifizieren. Ein leistungsfähiges Framework erfordert darüberhinaus den Einbau der Statusroutinen in
wesentliche Komponenten des Nutzerinterfaces (z. B. Text- und
Grafik-Editoren) sowie die Bereitstellung leistungsfähiger Dienstprogramme zur Objektverwaltung (Anzeige, Dokumentation, Nachweisführung,
Überleitung, Archivierung, Sicherung u. a.).

3. Modellierung

Die mit dem vorgestellten Konzept erreichbare Leistungsfähigkeit wird
durch die Ausdrucksfähigkeit des benutzten *Datenmodells* begrenzt, das
demzufolge eine zentrale Rolle in der Entwicklung der Objektverwaltung
spielt. In der ersten Fassung STATUS6 der Status-Routinen, die gegenwärtig noch im Einsatz ist, wurde das in Abb. 1 dargestellte ad-hoc-Modell benutzt.

Das Modell lehnt sich an das *hierarchische Datenmodell* an, benutzt jedoch die hierarchischen Beziehungen in fest vorgegebener Bedeutung.
Hierarchiespitze ist der Gesamtschaltkreis. Diesem können Teilschaltkreise nachgeordnet werden, wodurch die Schaltkreishierarchie entsteht.
Jedem Teilschaltkreis werden weiterhin die ihn beschreibenden Bestände

nachgeordnet, die untereinander durch ihren Typ unterschieden werden.
Sowohl den Teilschaltkreisen als auch den Beständen können frei wählba-
re Attribute zugeordnet werden, die den Bearbeitungsstatus dieser Objekte beschreiben. Wird ein Teilschaltkreis innerhalb der Hierarchie
mehrfach verwendet, so wird dies durch eine zusätzliche Beziehung
(Identring) ausgedrückt. Bestände und Attribute mehrfach benutzter
Teilschaltkreise werden nur einmal gespeichert. Alle hierarchischen Beziehungen werden durch einen Pointer auf einen Repräsentanten und eine
Ringstruktur in jeder Hierarchieebene dargestellt. Durch eine dem hierarchischen Aufbau folgende *Namenskonvention* können alle Elemente des
Modells durch Verkettung von Schaltkreisnamen, Typnamen und Attributnamen charakterisiert werden. Da die Namen als Schlüssel benutzt werden, ist das Modell mit dieser Namenskonvention verknüpft.

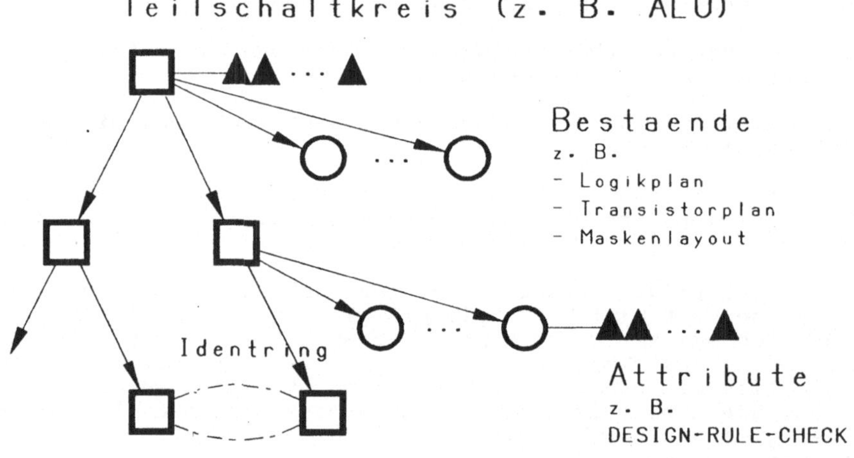

Abb. 1: Datenmodell für die erste Ausbaustufe (STATUS6)

Die auf diesem Modell beruhenden Status-Routinen STATUS6 werden im Entwurfssystem ENSIC für das Standardzellen-System U 1600 seit mehreren
Jahren praktisch eingesetzt. Zur Testung ihrer Universalität wurden sie
auch in der Experimental-Fassung eines Software-Entwicklungs-Systems
(FORMAC 2.1) verwendet. Bei der Konzipierung eines neuen ASIC-Entwurfs-
systems, das bei einem Integrationsgrad von ca. 500000 Transistoren und
Nutzung von Beschreibungsformen oberhalb des Logik-Gatter-Niveaus sowohl Gate-Array- als auch Standardzellen-Entwürfe unterstützen sollte,
ergaben sich jedoch neue Anforderungen an die Modellierung:

- *Verwaltung der Entwurfsgeschichte* als Grundlage für die Nachweisführung.

- *Unterstützung des Blockkonzepts.* Ein Block (üblicherweise auch als
  Zelle bezeichnet) ist ein frei benutzbarer Baustein, der im Unterschied zum Modul noch nicht an eine konkrete Hierarchie gebunden
  ist. Ein Modul entsteht aus einem Block durch Fixierung einer konkreten Konfiguration für alle direkt und indirekt nachgeordneten
  Block-Versionen.

- *Dynamischer Umgang mit der Hierarchie.* Im Zusammenhang mit dem Block-Konzept wird es zunehmend typisch, Bausteine zunächst außerhalb eines bestimmten Schaltkreises zu bearbeiten und erst später zu einer oder mehreren Hierarchien zusammenzufassen.

- *Unterschiedliche Hierarchien* für verschiedene Beschreibungsniveaus (Entwurfsbereiche).

Um diese Forderungen erfüllen zu können, mußte das Datenmodell wesentlich flexibler gestaltet werden, um die für *Versionierung, Alternativenbildung und Konfigurierung* notwendigen Zusammenhänge ausdrücken zu können. KATZ et al. [KBCGT87] folgend wurden drei Grundbeziehungen definiert, die orthogonal sind, d. h. unabhängig voneinander und unabhängig von der Namensverwaltung gesetzt werden können (STATUS8):

- Die **Entwicklung** bildet für jedes Objekt einen Baum, dessen Knoten die Versionen sind, die das Objekt im Entwurfsprozeß durchläuft. Jede gerichtete Kante bedeutet, daß der Nachfolger den Vorgänger im Entwurfsprozeß ablöst. Dieser *Versionsbaum* bildet auch die Grundlage für die redundanzarme Speicherung von Versionen mit Hilfe von File-Differenzen, die jedoch erst im Zusammenhang mit dem Mikromodell implementiert werden kann.

- Die **Äquivalenz** verbindet Bestände, die unterschiedliche Beschreibungsformen (Abstraktionsniveaus) desselben Bausteins (Block, Zelle) darstellen. Damit ist zugleich der Block als komplexes Objekt charakterisiert, das durch eine Form der Abstraktion (*Assoziation*) aus einer Menge äquivalenter Bestände gebildet wird.

- Die **Zusammensetzung** entsteht durch Konkretisierung aller von einem Spitzenblock ausgehenden Aufrufbeziehungen als gerichteter azyklischer Graph (DAG), der alle beteiligten Blockversionen zu einem funktionsfähigen Entwurfsobjekt, einem Modul, verbindet. Daraus läßt sich die konkrete Aufrufhierarchie als Baum ableiten, indem Mehrfachaufrufe vereinzelt und alle nachgeordneten Blöcke durch ihre konkreten Instanzen ersetzt werden. Damit ist zugleich der Modul als komplexes Objekt charakterisiert, das durch eine weitere Form der Abstraktion (*Aggregation*) aus den hierarchisch zusammengesetzten Blöcken gebildet wird.

Der Benutzung dreier orthogonaler Beziehungen entspricht ein dreistufiger Aufbau des Datenmodells, indem *Moduln* aus *Blöcken* und diese wiederum aus *Beständen* zusammengesetzt sind. Auf diesen Beziehungen baut folgender Vorschlag für ein grundlegendes Verständnis von Versionierung, Alternativenbildung und Konfigurierung auf:

- **Versionen** sind feste und unterscheidbare Ausprägungen ein- und desselben Objekts, und zwar unabhängig von Zeitpunkt und Geschichte ihrer Entstehung sowie Art und Dauer ihrer Speicherung.

- **Konfigurationen** sind eineindeutige Abbildungen zwischen jeweils einer Version eines komplexen Objektes und der zugehörigen Menge von Versionen seiner Komponenten. Die Konfigurationsverwaltung wird dadurch gesichert, daß die Beziehungen der Äquivalenz und der Zusammensetzung stets zwischen konkreten Versionen der beteiligten Objekte registriert werden.

- **Alternativen** sind unterschiedliche Fortsetzungsmöglichkeiten in einer konkreten Situation des Entwurfsprozesses. Für jedes einzelne Objekt wird der Entwurfsprozeß durch seinen Versionsbaum, eine konkrete Situation durch einen seiner Knoten repräsentiert. Alternati-

ven können dann durch die von diesem Knoten ausgehenden Kanten oder
- allgemeiner - durch ein über diesen Kanten definiertes *Prädikat*
charakterisiert werden. Die Benutzung entwurfsmethodisch sinnvoller
Prädikate, z. B. LIBRARY für die benutzte Blockbibliothek oder
SPEICHER für die gewählte Speichertechnik (s. Abb. 2), erleichtert
einerseits die Formulierung von Alternativentscheidungen durch den
Endnutzer und dient andererseits zur Beschreibung von Korrelationen
zwischen Versionen unterschiedlicher Objekte, die von der gleichen
Alternativentscheidung betroffen sind. An einem konkreten Modell
zur Beschreibung solcher Korrelationen wird gearbeitet.

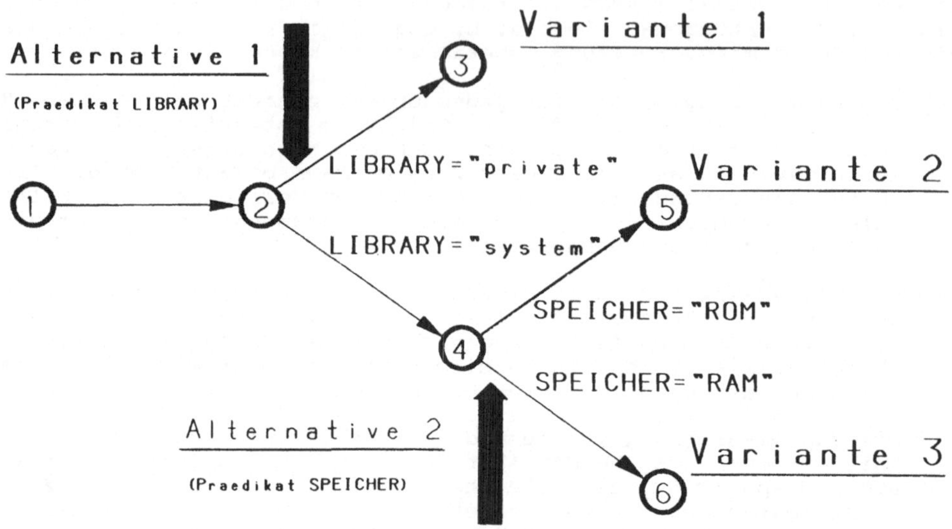

Abb. 2: Alternativen und Varianten am Beispiel
eines Versionsbaumes für ein einzelnes Objekt

- **Varianten** sind vollständige Entwurfsabläufe ohne Verzweigungen, die
  sich in wenigstens einer Alternative voneinander unterscheiden. Für
  jedes einzelne Objekt bildet eine Variante einen Pfad durch den
  Versionsbaum vom Wurzelknoten (Ausgangsversion) zu einem der Blattknoten (aktuelle Version). Variante 2 im Beispiel der Abb. 2 ist
  durch die Alternativentscheidungen (Prädikatbelegungen) LIBRARY =
  "System" und SPEICHER = "ROM" charakterisiert. Die Aufgabe einer
  Variantenverwaltung besteht darin, die aktuellen Versionen aller
  Objekte, ggfs. auch deren Geschichte, bereitzustellen, wobei der
  Nutzer lediglich die gewünschten Prädikatbelegungen anzugeben
  braucht.

Theoretisch führt jede neue Version eines Elementarobjekts (Bestandes)
auch zu neuen Versionen aller komplexen Objekte (Blöcke, Moduln), in
die es eingeht. Da die meisten dieser temporären Versionen unvollstän-
dig, inkonsistent oder überflüssig wären, ist es für die praktische Implementierung wichtig, die Konfigurierung eines komplexen Objektes solange zu verzögern, bis es für eine bestimmte Entwurfsoperation tatsächlich benötigt wird. In STATUS8 wird daher die Konfigurierung von
Blöcken und Moduln weitgehend implizit und automatisch durchgeführt,
wenn sie referiert werden.

4. Zusammenfassung

Es wurde ein Ansatz vorgestellt, der sich von früheren Konzepten vor allem dadurch unterscheidet, daß nicht die Speicherung und der Zugriff zu den Daten, sondern die Beherrschung des Entwurfsprozesses als dominierende Zielstellung gewählt wurde. Dadurch erhielt das Konzept der dynamischen Datenintegrität Vorrang vor der statischen Datenintegrität, deren Gewährleistung weitgehend auf spezielle Werkzeuge (Prüf- und Simulationsprogramme) delegiert wird. Dieses Vorgehen wiederum bedingte eine leistungsfähige Kontrolle des Bearbeitungs-Status, deren Kernstück die Versions- Konfigurations- und Variantenverwaltung ist, die in anderen Konzepten oftmals nachgeordnet gegenüber der inhaltlichen Modellierung behandelt wird. Die Unabhängigkeit von einem konkreten Mikro-Modell wirkt sich darin aus, daß die für die Status-Verwaltung entwickelten Algorithmen als eigenständiges Prozedurpaket implementiert werden können, das für ein breites Spektrum von Framework-Systemen - auch außerhalb des VLSI-Bereichs - geeignet erscheint.

Während die produktionsreife und praktisch genutzte STATUS6-Fassung für modernere Systeme nicht geeignet sein dürfte, liegt eine Experimental-Fassung der STATUS8-Routinen vor, die die Versions- und Konfigurationsverwaltung gemäß dem vorgestellten Modell realisiert und gegenwärtig durch Umstellung auf UNIX und C zur Produktionsreife geführt wird. Für die volle Variantenverwaltung wird eine Neufassung erforderlich.

5. Literatur

[Cox86]   Brad J. Cox: "Object Oriented Programming",
            Addison Wesley, Reading, MA, 1986

[KBCGT87]   R. H. Katz, R. Bhateja, E. Chang, D. Godye
            and T. Trijanto: "Design Version Management",
            IEEE Design and Test of Computers, Febr. 1987, pp. 13-22

[GaSu87]   J. D. Gabbe and P. A. Subrahmanyam: "An Object-Based
            Representation for the Evolution of VLSI designs",
            Intern. Journal for Artificial Intelligence in
            Engineering, 1987, Vol. 2, No. 4, pp. 204-223

[SiZi89]   E. Siepmann, G. Zimmermann: "An Object-Oriented Datamodel
            for the VLSI Design System PLAYOUT", 26th ACM/IEEE Design
            Automation Conference, Paper 45.4, 1989, pp. 814-817

[ABWDMZ89] M. Atkinson, F. Bancilhon, D. DeWitt, K. Dittrich,
            D. Maier, S. Zdonik: "The Object-Oriented Database System
            Manifesto", Proc. 1st DOOD'89, Kyoto December 1989

[Ditt 90]   Klaus R. Dittrich: "Object-Oriented Database Systems:
            The Next Miles of the Marathon", Information Systems,
            Vol. 15, No. 1, pp. 161-167, 1990

Ein Ansatz zur Informationsstrukturierung in durchgängigen Entwurfsumgebungen

Christoph Hübel, Joachim Reinert, Bernd Sutter
Universität Kaiserslautern, Fachbereich Informatik

1. Einleitung und Motivation

Mit der zunehmenden Komplexität von Entwurfsaufgaben und dem steigenden Bedürfnis nach einer flexiblen Produkterstellung werden rechnergestützte Entwurfsumgebungen, die dem Entwerfer eine homogene, durchgängige Unterstützung während des Konstruktionsvorganges anbieten, zu einer unverzichtbaren Grundlage im Entwurfsgeschehen. Die zukünftige Entwicklung von Ingenieursystemen wird daher in fast allen Ingenieurbereichen von der Idee einer durchgängigen, integrierten Systemlösung geprägt. Viele der in solchen integrierten Ingenieursystemen zu realisierenden Funktionen besitzen allgemeinen Charakter. Dies gilt insbesondere für die Funktionen der Datenhaltung, der Ablaufkontrolle sowie der Entwurfsorganisation. Es bietet sich an, existierende Basiskomponenten (z.B. Datenbanksysteme, Kommunikationssysteme) für die erforderlichen Teilfunktionen unmittelbar einzusetzen, oder sie in einer möglichst allgemeinen Form so zu erweitern, daß sie in unterschiedlichen Ingenieurbereichen effizient genutzt werden können. Diese Idee führt zunächst zur Konzeption einer Rahmenarchitektur für integrierte Ingenieursysteme, die eine Einbettung anwendungsspezifischer Komponenten (z.B. spezieller Entwurfswerkzeuge) in einen anwendungsneutralen Systemrahmen vorsehen /DD89, Sm89/.

Ein stärkerer Zuschnitt auf die spezifischen Eigenschaften eines Anwendungsbereiches wird durch eine schematische, formalsprachliche Beschreibung des jeweiligen Anwendungsumfeldes ermöglicht. Ein solcher Ansatz kann als *Modellansatz* bezeichnet werden, da durch die formale Beschreibung ein rechnerinternes Modell einer konkreten Entwurfsumgebung entsteht. Die Abbildung eines solchen Modells auf ein reales Entwurfssystem kann dann durch allgemeine anwendungsunabhängige Mechanismen erfolgen, so daß dieser Ansatz eine hohe Flexibilität und eine leichte Erweiterbarkeit des entstehenden Entwurfssystems verspricht. *Ziel der Entwicklung einer Entwurfsumgebung ist also eine durchgängige Unterstützung des gesamten Entwurfsvorganges*, was eine integrierte Beschreibung der zu entwerfenden *Objekte*, der dabei eingesetzten *Entwurfswerkzeuge*, der jeweils einzuhaltenden *Entwurfsabläufe* sowie der *Entwerfer* selbst, als den eigentlich aktiven Komponenten der Entwurfsumgebung, in *einem Modell* notwendig macht und schließlich deren integrierte Repräsentation in einem Entwurfssystem erfordert.

In Verbindung mit dem Modellansatz sind nun zwei Fragestellungen weiter zu diskutieren:

- Welche Aspekte sind in einem Entwurfsumfeld relevant, und mit welchen Mitteln können diese beschrieben werden? Mit anderen Worten, wie kann ein Modell für eine Entwurfsumgebung, also ein **Entwurfsumgebungsmodell**, gestaltet sein?

- Die zweite Fragestellung betrifft die Abbildung bzw. die Umsetzung eines solchen Entwurfsumgebungsmodells auf ein konkretes Entwurfssystem. Insbesondere interessiert hierbei, welche allgemeinen Hilfsmittel als Basiskomponenten sinnvoll und effizient eingesetzt werden können?

In diesem Beitrag wollen wir ein von uns entwickeltes Entwurfsumgebungsmodell vorstellen. Insbesondere die Frage der Systemabbildung und der technischen Ausgestaltung eines Entwurfssystems werden wir in diesem Beitrag nur am Rande berührt. Dies ist in der Komplexität und dem enormen Umfang, den die Entwicklung derartiger Systeme einnimmt, begründet (vgl. etwa /FKKP90, HS90/). Allerdings werden wir einen möglichen Weg anhand eines ersten von uns entwickelten Prototypsystems näher beleuchten.

2. Ein Ansatz zur Modellbildung von Entwurfsumgebungen

In einem Entwurfsumgebungsmodell sind sowohl der Gegenstand des Entwurfs als auch der Entwurfsvorgang geeignet zu repräsentieren. Die Entwurfsobjekte können i. allg. als komplexe technische Objekte verstanden werden, bei denen es sich je nach Disziplin beispielsweise um eine Getriebeeinheit, eine Elektronikbaugruppe oder ein Gebäude handelt. Eine Beschreibung eines Entwurfsobjekts umfaßt alle relevanten Informationsstrukturen während des gesamten Entwurfsvorganges. Aufgrund der internen komplexen Struktur bietet sich für die Darstellung der Entwurfsobjekte eine Aufgliederung entsprechend den in einem Anwendungsbereich vorherrschenden **Entwurfsaspekten** an. Die Gesamtheit der Entwurfsaspekte ergibt eine umfassende Beschreibung des zu entwerfenden Objekts. Desweiteren gibt es typischerweise mehrere Beschreibungsformen (**Repräsentationen**), in denen ein Entwurfsaspekt dargestellt wird.

Die Struktur der Entwurfsobjekte wird wesentlich durch die einem Entwurfsvorgang inhärenten **Entwurfsprinzipien** bestimmt. Darunter sind Lösungsstrategien und Entwurfsmethodiken zu verstehen, die in jedem ingenieurmäßigen Entwurf vorzufinden sind und deshalb in einem allgemeinen Modell berücksichtigt werden sollten. Um Aufgaben in strukturierter Form zu bearbeiten, wird häufig das Konzept der Hierarchiebildung eingesetzt. Eine komplexe Aufgabe wird in mehrere Teilaufgaben zerlegt, die untereinander in Beziehung stehen und zusammen eine Lösung für die Gesamtaufgabe bilden. Desweiteren ist zu beachten, daß der Entwurf und die Entwicklung eines technischen Objektes ein evolutionärer Vorgang ist, der in der Regel eine längere Zeitspanne in Anspruch nimmt. Im Verlauf eines solchen Entwurfsprozesses wird die Objektbeschreibung zunehmend konkreter gefaßt und die Teilergebnisse, die bereits gewisse Anforderungen und Bedingungen erfüllen und auf die sich ein Entwerfer zu einem späteren Zeitpunkt ggf. nochmals beziehen möchte, als Objektversion benannt. Der Einsatz unterschiedlicher Entwurfsphilosophien oder die Verwendung verschiedener Technologien führen oftmals dazu, daß von einem Entwurfsobjekt mehrere alternative Lösungen, sog. Alternativen, nebeneinander konstruiert werden. Die Ausgestaltung eines zusammengesetzten technischen Objektes aus einfacheren Komponenten erfordert für jede Komponente die Auswahl einer konkreten Version und Alternative. Die so bestimmte Zusammensetzung wird i. allg. als Konfiguration des Entwurfsobjektes bezeichnet. Eine detaillierte Beschreibung der eingeführten Begriffe findet sich in /HK89/.

Die Struktur des Entwurfsvorgangs kann als eine Folge von Zustandsübergängen verstanden werden, wobei mit den *Zuständen der Entwurfsobjekte* bzw. mit den entsprechenden Übergängen jeweils bestimmte Zusicherungen verbunden sind. Die Einhaltung dieser Zusicherungen und damit die Kontrolle über den Entwurfsvorgang ist die Aufgabe der *Ablaufsteuerung*. Um den Entwurfsvorgang in einem Modell zu repräsentieren, muß daher die Ablaufsteuerung in geeigneter Weise beschrieben werden können. Die Ablaufsteuerung ist eng mit dem Einsatz der *Entwurfswerkzeuge*, mit denen der Entwurfsvorgang vorangetrieben wird, verknüpft. Wesentlicher Bestandteil einer Beschreibung der Werkzeuge ist die mittels der Werkzeuge durchgeführte Transformation der Entwurfsobjekte. Die Ablaufsteuerung hat desweiteren einen engen Bezug zur innerbetrieblichen Organisation, die ebenfalls in dem Modell zu berücksichtigen ist. Die Beschreibung der organisatorischen Aspekte wird im wesentlichen durch die Entwerfer und deren Zuordnung zu Entwerfergruppen und zu Projekten bestimmt und bildet damit die Grundlage für eine kontrollierte projektbezogene Kooperation der Entwerfer.

Es stellt sich nun die Frage, wie die aufgeführten Aspekte, die eine Entwurfsumgebung bestimmen, in einem Entwurfsumgebungsmodell integriert werden können. Bei dem Aufbau eines solchen Modells hat sich in unserem Fall eine Unterscheidung in ein abstraktes Strukturmodell und ein anwendungsorientiertes Bereichsmodell angeboten. Das Strukturmodell beschreibt in allgemeiner, anwendungsunabhängiger Form die Struktur von Entwurfsumgebungen, während das Bereichsmodell die konkrete Ausgestaltung der zu modellierenden Entwurfsumgebung (etwa der VLSI-Chip-Entwurf) abbildet. Das Bereichsmodell ist also eine "Instanziierung" bzw. Konkretisierung des Strukturmodells für einen gegebenen Entwurfsbereich. Desweiteren wird eine Unterscheidung in ein Objekt-, ein Entwurfs- und ein Organisationsmodell vorgenommen. Das Objektmodell beschreibt die Entwurfsobjekte unter Berücksichtigung der oben erwähnten Entwurfsprinzipien. Das Entwurfsmodell ist zur Beschreibung der Entwurfswerkzeuge und des Entwurfsablaufs gedacht. Im Rahmen des Organisationsmodells wird dann die betriebliche Organisationsform der für das gesamte Entwurfsgeschehen verantwortlichen aktiven Elemente, nämlich der Entwerfer selbst sowie der Projekte, für die diese tätig sind, beschrieben. Bild 1 gibt einen Überblick über den Modellaufbau. Entsprechend den aufgeführten Unterscheidungen in Struktur- und Bereichsmodell bzw. Objekt-, Entwurfs- und Organisationsmodell ist unser Entwurfsumgebungsmodell in ein **Objektstruktur-**, ein **Objektbereichs-**, ein **Entwurfsstruktur-**, ein **Entwurfsbereichs-** und schließlich ein **Organisationsstruktur-** und **Organisationsbereichsmodell** untergliedert.

	Strukturmodell	Bereichsmodell	
Objektmodell	Objektstrukturmodell	Objektbereichsmodell	Entwurfsobjekt
Entwurfsmodell	Entwurfsstrukturmodell	Entwurfsbereichsmodell	Entwurfsablauf
Organisationsmodell	Organisationsstrukturmodell	Organisationsbereichsmodell	Entwurfsprojekt/ Entwerfer

Bild 1: Überblick über den Modellaufbau zur Beschreibung von Entwurfsumgebungen

Die für die Entwurfsumgebung bedeutendsten Aspekte (die Objekte und die Operatoren) sind offensichtlich durch das Objekt- und das Entwurfsmodell abgedeckt. In Bild 2 ist ihr interner Aufbau vereinfacht dargestellt und an einem Beispiel verdeutlicht. Das Objektstrukturmodell in Bild 2a stellt die anwendungsunabhängige Struktur eines Entwurfsobjektes dar. Demnach ist ein Entwurfsobjekt in mehrere Entwurfsaspekte untergliedert, die selbst in verschiedenen Repräsentationsformen dargestellt werden können. Das Objektbereichsmodell (Bild 2b) zeigt nun eine Ausgestaltung der Entwurfsobjektstruktur, hier für die Darstellung eines Einzelteils "Welle". In dem Objektbereichsmodell werden der geometrische, der technische und der technologische Aspekt berücksichtigt, wobei für den geometrischen Aspekt zwei Repräsentationsformen (BREP- und CSG-Darstellung) eingeführt werden. In der hier gewählten Darstellung wurden die oben angesprochenen Entwurfsprinzipien noch nicht berücksichtigt. Die Struktur der eigentlichen Entwurfsobjekte ist durch das Ob-

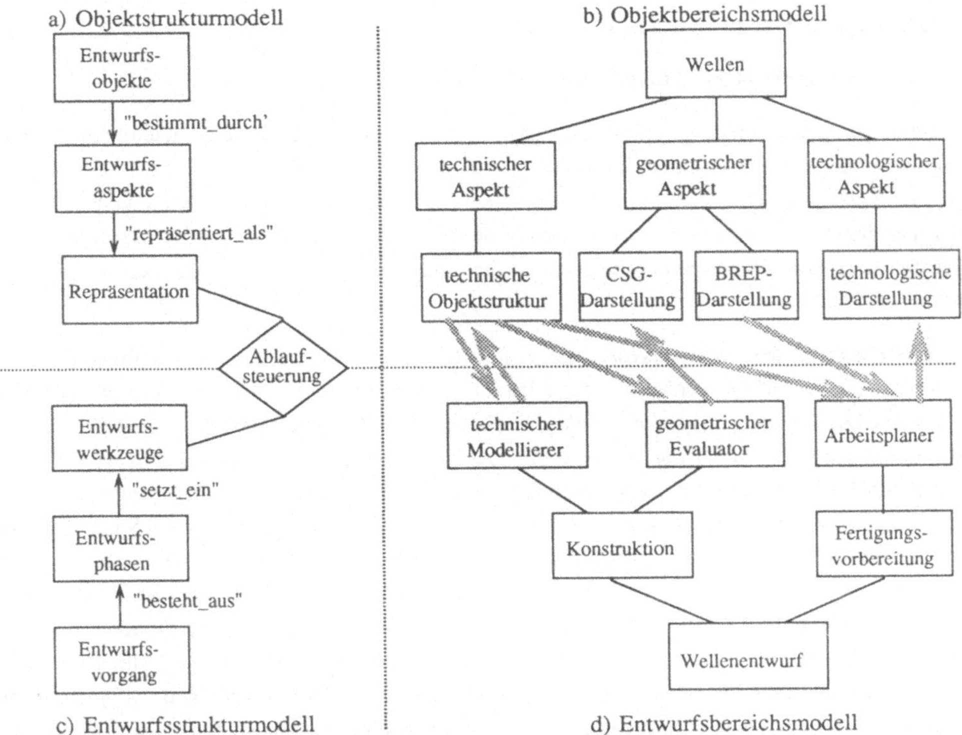

Bild 2: Beispiel eines Struktur- und Bereichsmodells für eine Entwurfsumgebung aus dem mechanischen CAD-Bereich

jektbereichsmodell bestimmt, d.h., sie werden über eine weitere "Instanziierung" des Objektbereichsmodells abgebildet.

Das Entwurfsstrukturmodell (Bild 2c) beschreibt in allgemeiner Form die Strukturierung eines Entwurfsvorgangs, der in mehrere Entwurfsphasen aufgeteilt ist. In jeder Entwurfsphase werden spezifische Entwurfswerkzeuge eingesetzt. Zwischen den Entwurfswerkzeugen und den Repräsentationen der Entwurfsobjekte besteht eine Beziehung, die über die Ein- und Ausgabedaten der Werkzeuge bestimmt ist. Die Abfolge der Entwurfsphasen obliegt ebenso wie der Ablauf in einer Entwurfsphase der Ablaufsteuerung. Sie hat somit wesentlichen Einfluß auf die Flexibilität der Abfolge der einzelnen Entwurfsschritte. Das Entwurfsbereichsmodell (Bild 2d) zeigt nun ein Beispiel für eine Entwurfsumgebung zur Konstruktion von Wellen. Es werden nur die Entwurfsphasen "Konstruktion" und "Fertigungsvorbereitung" betrachtet und die Werkzeuge "technischer Modellierer", "geometrischer Evaluator" und "Arbeitsplaner" eingesetzt. Der geometrische Evaluator beispielsweise erwartet als Eingabe eine technische Objektstruktur und generiert daraus eine CSG-Struktur für das Entwurfsobjekt.

Damit haben wir unseren Ansatz zum Aufbau eines Entwurfsumgebungsmodells kurz vorgestellt, wenngleich eine Reihe von Detailpunkten aus Platzgründen noch offen bleiben mußte. Eine detailliertere Beschreibung findet sich in /Re90/. Das nächste Kapitel beschäftigt sich nun mit der Fragestellung, welche Beschreibungsmittel zur Darstellung des Entwurfsumgebungsmodells geeignet sind und wie diese in unserer Prototypentwicklung realisiert werden.

3. Prototypentwicklung eines Entwurfssystems

3.1 Beschreibungsmittel zur Abbildung des vorgestellten Modells

Die bisherige Charakterisierung des Entwurfsumgebungsmodells macht die Heterogenität und die Komplexität der vorherrschenden Informationsstrukturen deutlich und legt es nahe, eine Beschreibung der verschiedenen Modellaspekte auf unterschiedlichen Abstraktionsebenen und mit den jeweils geeigneten Mechanismen anzustreben. Die Notwendigkeit, verschiedene Beschreibungsmittel einzusetzen, wird offensichtlich, wenn man die auftretenden Informationsarten etwas genauer betrachtet /WL88/.

Zur Modellierung des Entwurfsvorganges müssen dessen funktionalen Zielstellungen und die Entwurfswerkzeuge erfaßt werden. In der Literatur werden eine Vielzahl von Ansätzen zur Modellierung des Entwurfsvorganges vorgeschlagen, die in /HNST90/ übersichtlich dargestellt werden. In den meisten Ansätzen bildet die Information über den Zustand bzw. über die Eigenschaften eines Entwurfsobjektes eine entscheidende Grundlage zur Steuerung des Entwurfsvorganges. Die Spezifikation solcher Objektzustände kann i. allg. einfach mit Hilfe einer prädikativen Sprache erfolgen. Die prädikative Zustandserfassung bietet darüber hinaus den Vorteil, daß sie unabhängig von einer detaillierten Repräsentation der betroffenen Entwurfsobjekte ist, solange die Auswertbarkeit der formulierten Zustandsprädikate sichergestellt ist. Die Auswertung kann beispielsweise über spezielle Test- und Prüfmethoden erfolgen. Insgesamt kann damit die Steuerung und die Kontrolle des Entwurfsprozesses über die Zustandsprädikate auf einer abstrakten Ebene und weitgehend unabhängig von der konkreten Detaildarstellung der Entwurfsobjekte erfolgen. Ebensowenig müssen die Entwurfswerkzeuge vollständig erfaßt werden; vielmehr müssen lediglich diejenigen funktionalen Aspekte, die die Zustandsprädikate der Entwurfsobjekte ändern, hinreichend genau beschrieben werden.

An den Entwurfsvorgang und damit an die Entwurfsobjektzustände und deren durch den Einsatz der Entwurfswerkzeuge bedingten Zustandsübergänge sind somit Zusicherungen in Form von komplexen Integritäts- und Konsistenzbedingungen geknüpft, zu deren automatischen Überprüfung und Einbeziehung in den Entwurfsvorgang geeignete Beschreibungsmittel erforderlich sind /DHMS90/. Der von uns verfolgte prädikatenorientierte Ansatz ist in Kapitel 3.2 näher beschrieben.

Zur Darstellung der umfangreichen Informationsstrukturen auf der Detailebene der Entwurfsobjekte sind meist komplexe netzwerkartige Datenstrukturen erforderlich /Mi88/. Die strukturellen Beziehungen der Datenstrukturen lassen sich i. allg. durch Referenzen zwischen den Basiselementen beschreiben. Die Verarbeitung der Detaildaten durch die jeweiligen Entwurfswerkzeuge stellt besondere Anforderungen an die Funktionen zur Datenhaltung und Datenbereitstellung. So müssen in der Regel sehr große Datenmengen komplexen Anwendungsalgorithmen verfügbar gemacht werden, was sehr effizient und flexibel erfolgen muß, da viele Entwurfswerkzeuge interaktiv arbeiten und eine ineffiziente Datenversorgung unmittelbar die Akzeptanz des gesamten Entwurfssystems gefährden würde /HS89/.

3.2 Entwicklung eines Prototypsystems

Im Rahmen der bisherigen Arbeiten wurde ein erster Prototyp für eine eng begrenzte Entwurfsumgebung entwickelt. Wir haben ein Beispiel aus dem mechanischen 3D-CAD-Bereich gewählt (vgl.

Bild 3). Die Entwurfsumgebung besteht aus einem geometrischen Modellierungssystem (POLY, /LM87/) und einem Berechnungsprogramm zur Volumenbestimmung von geometrischen Körpern. Bis jetzt werden im Prototypen nur einfache Entwurfsobjekte behandelt und die oben erwähnten Entwurfsprinzipien (etwa Hierarchiesierung oder Versionierung) noch nicht berücksichtigt (d.h. er realisiert ein stark vereinfachtes Objektstrukturmodell). Auch das Entwurfsbereichsmodell wurde im Prototyp vereinfacht realisiert. Der Schwerpunkt wurde auf die Anwendbarkeit der Entwurfswerkzeuge auf die Entwurfsobjekte (Auswertung der Zustandsinformation) gelegt.

Um in diesem Prototypen die oben erwähnten Anforderungen zu realisieren, wurde eine hybride Systemarchitektur verwirklicht. Von dem vorgestellten Entwurfsumgebungsmodell wurde schwerpunktmäßig die Realisierung des Entwurfsprozesses verfolgt. Zur Handhabung der Detaildaten von Entwurfsobjekten, das sind in der betrachteten Anwendung in erster Linie die geometrischen Datenstrukturen, konnte das Non-Standard-Datenbanksystem (NDBS) PRIMA /Hä88/ vorteilhaft eingesetzt werden. Es erfüllt aufgrund der strukturellen Objektorientierung des zugrundeliegenden Datenmodells (MAD, /Mi88/) die oben angesprochenen Forderungen, insbesondere nach einer angemessenen Strukturmodellierung und einer effizienten Datenversorgung. Um jedoch das gesamte Entwurfsumgebungsmodell geeignet zu unterstützen, müssen Repräsentationsmechanismen, wie z.B. prozedurale Beschreibungsmittel, flexible Mechanismen der Integritätskontrolle (z.B. Trigger oder Dämonen) sowie Mechanismen zur Handhabung und zur Verwendung von prädikatenlogischen Ausdrücken in einer integrierten Weise bereitgestellt werden. In dem hier skizzierten Prototypsystem wurde daher zur Modellierung und Abbildung des Entwurfs- und des Objektbereichs das Wissensbankverwaltungssystem (WBVS) KRISYS eingesetzt /Ma88/.

Die Struktur des Objektbereichsmodell ist mit der in Bild 2 dargestellten Struktur vergleichbar. Im WBVS selbst werden die Entwurfsdaten jedoch nicht explizit abgespeichert, vielmehr findet sich ein Verweis auf die Objekte in der Entwurfsdatenbank.

Der zentrale Punkt des Prototypsystems ist die Steuerung des Entwurfsprozesses. Der Entwurfsprozeß wird in unserem System als Folge von Zustandsübergängen der einzelnen Entwurfsobjekte dargestellt. Dazu sind die Aspekte der Entwurfswerkzeuge, die die Manipulation der Entwurfsobjekte betreiben, in der Abbildung des Entwurfswerkzeuges im WBVS durch sogenannte Vor- und Nachbedingungen dargestellt. Diese Bedingungen beziehen sich auf den Zustand der Entwurfsobjekte, wobei die Vorbedingung angibt, in welchem Zustand das Werkzeug angewendet werden kann, und die Nachbedingung beschreibt, wie sich dieser Zustand verändert. Um vom Zustand eines Entwurfsobjektes alle notwendigen Einzelheiten zu erfassen, werden Teile der Zustandsinformation im WBVS in einer Entwurfsobjektrepräsentation (EOR) explizit erfaßt. Der Umfang dieser Zustandsrepräsentation hängt davon ab, welche Zustandsinformation mit Hilfe der konkreten Entwurfsdaten bestimmt werden kann und für welche dies nicht oder nur auf wenig effiziente Weise möglich ist. Für den Teil der Zustandsinformation, der nicht im EOR erfaßt wird, müssen innerhalb des WBVS Funktionen definiert werden, die es erlauben, diese Zustandsinformation zu testen. Zur Beschreibung der Vor- und Nachbedingungen benutzen wir eine prädikatenlogische Sprache, wobei es für die Formulierung der jeweiligen Bedingungen unerheblich ist, ob die referenzierte Zustandsinformation explizit im EOR enthalten ist oder ob sie über die bereitgestellten Testfunktionen direkt auf dem Entwurfsobjekt ausgewertet wird. Beispielsweise ist die Tatsache, daß ein Objekt X den Zustand "gültig" erreicht hat, durch den String "valid (X)" im EOR des Objektes X angezeigt. Im

Gegensatz dazu sind Aussagen über Entwurfsobjekttypen nicht in den EOR enthalten. Daß ein EOR, und damit das Entwurfsobjekt selbst, vom Typ "geometrisches Objekt" ist, ist nicht im EOR enthalten, sondern kann aus der Tatsache abgeleitet werden, daß das EOR Instanz der Klasse der "geometrischen Objekte" ist. Um nun das Prädikat "is_geometric_object" bezüglich eines konkreten Entwurfsobjektes auszuwerten, muß in der Testfunktion, die für dieses Prädikat formuliert werden muß, nur ausgedrückt werden, daß die Instanzenbeziehung des EOR, das zu dem konkreten Entwurfsobjekt gehört, ausgewertet werden muß. Über diesen Mechanismus lassen sich aber auch externe, bereichsspezifische Konsistenzprüfungen realisieren. Mit diesen Formalismen läßt sich nun als Beispiel das Werkzeug zur Volumenberechnung in der Vorbedingung wie folgt beschreiben: $\forall x$ is_geometric_object(x)$\wedge$valid(x), d.h., das Werkzeug ist auf geometrische Entwurfsobjekte anwendbar, die den Zustand gültig erreicht haben. Ein weiterer wesentlicher Aspekt zur internen Repräsentation der Werkzeuge im Entwurfsmodell ist die Beschreibung des Aufrufs des tatsächlichen Werkzeuges. In unserem Prototypen sind die Entwurfswerkzeuge als eigenständige Prozesse realisiert, die über eine Kooperationskomponente an das Entwurfssystem angeschlossen sind /HKS90/.

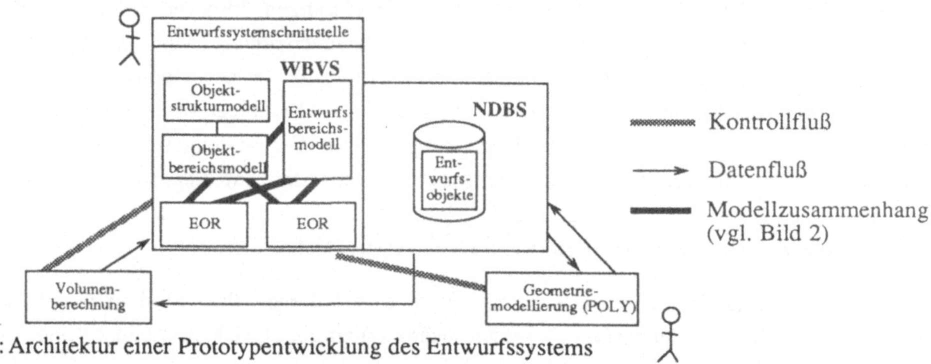

Bild 3: Architektur einer Prototypentwicklung des Entwurfssystems

Im Verlauf einer Arbeitssitzung mit dem System wird zunächst ein zu bearbeitendes Entwurfsobjekt ausgewählt bzw. ein neues Objekt generiert. Danach muß der Entwurfsaspekt, der bearbeitet werden soll, vom Benutzer ausgewählt werden. Nun werden systemseitig alle anwendbaren Werkzeuge ermittelt, indem die jeweiligen Vorbedingungen ausgewertet werden. Der Benutzer wählt eines der Werkzeuge aus und bearbeitet damit das Entwurfsobjekt. Nach erfolgter Bearbeitung werden systemseitig erneut die Werkzeuge ermittelt, die nun auf das geänderte Objekt anwendbar sind.

4. Zusammenfassung und Ausblick

Die Gestaltung von durchgängigen Entwurfsumgebungen, in denen die unterschiedlichsten Entwurfswerkzeuge über gemeinsam genutzte Daten der Entwurfsobjekte integriert sind, bestimmt eine weitreichende Aufgabe der praktischen Informatik, insbesondere jedoch der Datenbanktechnologie. In diesem Beitrag wurde die Idee eines Modellansatzes vorgestellt, der eine Modellierung einer beliebigen Entwurfsumgebung erlauben soll, und damit eine Abbildung auf ein Entwurfssystem entsprechend unterstützt. Im Rahmen einer ersten Prototypentwicklung wurden als Abbildungsvehikel Systeme mit unterschiedlicher, jeweils angepaßter Modellierungsmächtigkeit verwendet: Zur Handhabung der Detaildaten der Entwurfsobjekte wurde ein NDBS mit struktureller Objektorientierung eingesetzt. Zur Repräsentation der abstrakteren Zustandsbeschreibungen, der funktionalen Aspekte des Entwurfsprozesses sowie zur Beschreibung von Zustands- und Übergangsbedingungen, also zur Kontrolle des Entwurfsablaufs, wurde ein WBVS mit seinen hybriden und vielfältigen Darstellungsmitteln verwendet.

Im weiteren Verlauf unserer Arbeiten soll neben einer umfangreicheren Anwendungsmodellierung, in der dann auch die Entwurfsprinzipien berücksichtigt werden, vor allem die Architekturfrage weiter untersucht werden. Den Aspekt der Versionierung, der Alternativenbildung und der Konfiguration werden wir durch eine Versionsverwaltungskomponente realisieren, die eine Zusatzebene auf dem eingesetzten NDBS bildet. Daneben bleibt die Frage nach den Hilfsmitteln und Basiskomponenten für eine Abbildung bzw. Umsetzung des beschriebenen Entwurfsumgebungsmodells auf ein konkretes Entwurfssystem. Zur Klärung dieser Frage muß eine eingehende Analyse der in unserem Prototypen durchgeführten Abbildung vorgenommen werden.

5. Literatur

DD89   Daniell, J., Director, S.W.: An Object Oriented Approach to CAD Tool Control Within a Design Framework, in: 26th ACM/IEEE Design Automation Conference, Las Vegas, June 1989.

DHMS90   Deßloch, S., Hübel, C., Mattos, N., Sutter, B.: KBMS Support for Technical Modeling in Engineering Systems, in: Proc. of the third International Conf. on Industrial & Engineering Applications of Artifical Intelligence & Expert Systems, Vol. II, pp. 790-799, 1990.

FKKP90   Kenneth, W.F., Kleinfeldt, S., Kosarchyn, M., Perez, E.B.: Design Methodology Management - A CAD Framework Initiative Perspective, 27th ACM/IEEE Design Automation Conference, 1990.

Hä88   Härder, T. (ed.): The PRIMA-Project - Design and Implementation of a Non-Standard Database System, Forschungsbericht 26/88 des SFB 124, Universität Kaiserslautern, 1988.

HK89   Hübel, C., Käfer, W.: Modellierung und Handhabung versionierter Objekte, SFB124, Bericht Nr. 26/89, Universität Kaiserslautern, 1989.

HNST90   Harrison, D.S., Newton, R., Spickelmier, R.L., Timothy, J.B.: Electronic CAD Frameworks, in: Proceedings of the IEEE, Vol. 78, No. 2, February 1990.

HS89   Hübel, Ch., Sutter, B.: Verarbeitung komplexer DB-Objekte in Ingenieuranwendungen, Bericht des Zentrums für Rechnergestützte Ingenieursysteme (ZRI), Nr. 5/89, Kaiserslautern, 1989.

HKS90   Hübel, C., Käfer, W., Sutter, B.: Ein Client/Server-System als Basiskomponente für ein kooperierendes Datenbanksystem, in: Tagungsband GI/ITG-Fachtagung Kommunikation in verteilten Systemen, Mannheim, 1991.

HS90   Haabena, J., Steinmueller, B.: The NMP-CADLAB Framework - a Common Framework for Tool Integration and Development, in: Proceedings European Design Automation Conference, March 1990.

LM87   Loacker, H., Meier, A.: POLY-Computergeometrie für Informatiker und Ingenieure, McGraw-Hill, Hamburg, 1987.

Ma88   Mattos, N. : KRISYS - A Multi-layered Prototype KBMS Supporting Knowledge Independence, in: Proc. Int. Computer Science Conf. - Artificical Intelligence: Theorie and Applications, Hongkong, Dec. 1988.

Mi88   Mitschang, B.: Eine Molekül-Atom-Datenmodell für Non-Standard-Anwendungen - Anwendungsanalyse, Datenmodellentwurf, Implementierung, Informatik-Fachberichte, Band 185, Springer-Verlag, Berlin, 1988.

Re90   Reinert, J.: Ein Modellansatz zur Repräsentation statischer und dynamischer Aspekte beim Entwurf, Universität Kaiserslautern, Diplomarbeit, 1990.

Sm89   Smith, W.D. et al.: FACE Core Environment: The Model and its Application in CAE/CAD Tool Development, in 26th ACM/IEEE Design Automation Conference, Las Vegas, June 1989.

WL88   van der Wolf, R., van Leuken, T.G.R.: Object Type Oriented Data Modeling for VLSI Data Management, in: 25th Design Automation Conference, June 1988.

Reorganizing Object Behavior by Behavior Composition - Coping with Evolving Requirements in Office Systems[*]

Gerti Kappel

Institute of Statistics and Computer Science, University of Vienna

Liebiggasse 4/3-4, A-1010 Vienna, Austria

email: a4423dac@awiuni11.bitnet

1   Why office systems need reorganization mechanisms

Office systems are typical representatives of applications with evolving requirements. The functionality of office systems must reflect, for example, organizational changes, new laws, and work flow optimizations. Since an application should not be rebuilt from scratch every time requirements change, reorganization mechanisms and tools supporting application evolution are needed.

The object-oriented approach has received much attention in office system development [Ahls84, BNPS90, NiTs89, Pern90]. It is believed that the object-oriented approach is capable of coping with evolving requirements. Features, like encapsulation, inheritance, polymorphism, and generic types, allow to specify new object types based on existing ones [Nier89]. In this way, object-oriented systems support the evolving character of application development [Tsic89]. These features alone, however, are insufficient if existing types need to be adapted to new requirements. Therefore, several approaches to type evolution have been proposed (for an overview of evolution concepts see [Casa90]). These approaches investigate the effects of changing the structure and the behavior (operations) of object types. In this paper, we address the problem of reorganizing the behavior of types, i.e., of composing their operations differently. We call this concept *behavior composition*.

2   Behavior composition

The *behavior of an object type* refers to the set of operations known by the object type. The operations are the only means to communicate with instances of the object type. *Behavior composition* refers to composing existing operations of one or several object types into a compound operation. Before introducing the concept in detail, we give an intuitive explanation and provide some examples.

Behavior composition consists of the following steps. First, relevant operations are selected. They may belong to different object types. Second, a specific order of execution is defined on them. Third, the selected operations and their order of execution are encapsulated to a new operation. The new operation extends the behavior of an object type. It can be used subsequently by other object instances and applications. No changes need to be propagated to the instances of the object type, as the new operation does not change the existing behavior of the object type and does not conflict with it.

---

[*]This research is supported in part by SIEMENS Austria under grant GR 21/96106/5

What are the benefits of behavior composition for office systems? In offices one can identify basic behavioral units, which may be composed differently to realize office procedures [HNT85] as requested by various clients. To exemplify this, we take a short look at a selected part of the conference organization problem posed by IFIP WG 8.1 [Olle88]. In an object-oriented design the following operations of the object type PAPER may have been identified initially: "accept", "reject", "assignToSession", "sendAccLetter", and "sendSorryLetter" (see also Figure 1). There are now different, but equally meaningful ways of composing these operations together. A specific conference organization may decide to inform an author as early as possible. Once an accepted paper is assigned to a session or once a paper is rejected, its authors are informed immediately. This is achieved by composing the operations "accept", "assignToSession", and "sendAccLetter", as well as the operations "reject" and "sendSorryLetter" to single compound operations. Another conference organization may decide to postpone notifications and handle them together and in a uniform way for authors of accepted and rejected papers. Such an operation can be built by composing a new operation that invokes either "sendAccLetter" or "sendSorryLetter", depending on whether the paper has been accepted or rejected. Both examples show how behavior composition supports different requirements of conference organizers without changing the operations initially designed for the object type PAPER. Note, the examples given in the paper involve operations of only one object type due to readability. With behavior composition, however, operations of several object types may be composed into a compound operation. To which of these object types the compound operation is assigned, i.e., on which object type the compound operation may be invoked, depends on the problem to be solved. It has to be determined individually for each case.

Behavior composition is part of the object-oriented design method under development at the Vienna University of Technology [KaSc90, Schr90]. Working with the underlying diagram technique, Object/Behavior diagrams [KaSc91], is facilitated through a graphical editor, which has been implemented on SUN workstations. The figures shown in this paper have been developed with this editor and illustrate selected parts of the conference organization problem.

2.1 Prerequisite: basic behavior of an object type

A careful initial design of the operations of an object type is necessary in order to exploit the power of behavior composition fully. The following two design rules express the requirements on the initial design:

- every operation of the initial design should encapsulate a single basic function. Complex functions should be realized by composing several existing operations.

- the specification of an operation should include pre- and postconditions. Pre- and postconditions define a contract [Meye88] that must be obeyed when an operation is used.

The first design rule addresses the need to identify *basic operations* which are not decomposable. The effect of a basic operation can not be achieved by composing several other operations. The second design rule addresses the specification of possible orders of execution of basic operations. For example, if an operation t_1 has a postcondition which is stronger than the precondition of another operation t_2, t_2 may be executed after t_1.

The goal of the initial design is to specify the basic behavior, i.e., the set of basic operations of an object type together with their pre- and postconditions. To represent the basic operations of an object type, we introduce *life cycle diagrams*.

Life cycle diagram

A life cycle diagram consists of a set of *basic activities* and *states* representing basic operations and their pre- and postconditions. A state represents a condition on the structure (=

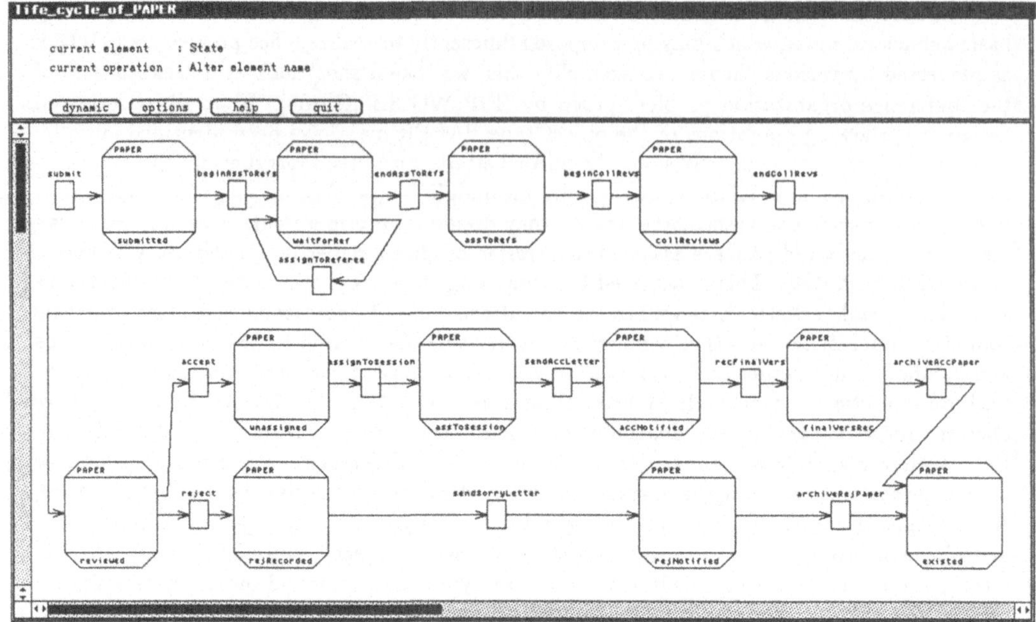

Figure 1: Life cycle diagram for object type PAPER

set of properties) of the instances of the object type. An instance is in a particular state if its structure fulfills the condition. Every instance of an object type is, at any point in time, in one or several states of the object type.

Example: Figure 1 shows the life cycle diagram for object type PAPER of the conference organization example. States are depicted by octagons giving the names of the object type and the state. Basic activities are depicted by named rectangles, which are connected by a set of arcs to pre- and poststates.

Through its basic activities a life cycle diagram identifies the basic operations defined for instances of an object type. In addition, it determines the possible orders in which basic operations may be applied: (1) a basic operation may be applied to an instance, if the instance fulfills its precondition, i.e., it is in every prestate of the corresponding basic activity; (2) if a basic operation on some instance has been executed successfully, the instance fulfills the postcondition, i.e., it is contained in every poststate of the corresponding basic activity, but in no prestate, unless this prestate is also a poststate.

2.2 Compound activities

Compound activities aggregate parts of the life cycles of object types into higher-level behavioral units. A compound activity is built from basic activities and other compound activities of one or several object types by specifying a particular order of execution on them. The same way as basic activities represent basic operations, compound activities represent compound operations. Compound activities, however, do not augment the basic behavior of an object type, and are therefore not shown in the life cycle diagram.

How may compound activities be defined? A compound activity is defined by its interface and its implementation. The interface is depicted in an *activity specification diagram* which specifies the signature and the pre- and poststates of the compound activity. The signature of an activity is defined by the name of the activity, and the types of the formal parameters (input parameters and return value). The implementation is depicted by an *activity composition diagram* which identifies basic and compound activities together with a specific order of execution.

Activity specification diagram

An activity specification diagram depicts the signature of a compound activity as well as its pre- and poststates. The signature is depicted by a named rectangle representing the compound activity, and by a set of input ports and output ports (squares aligned to the inner and outer border of the rectangle) representing formal parameters. Input ports have incoming arcs from prestates, and output ports have outgoing arcs to poststates. The name of the formal parameter is the name of the port, the type of the formal parameter is the object type of the port's pre- and poststates. A port which is both input port and output port is drawn twice, each time carrying the same name. Every activity has a distinguished port, the *primary port*, depicted with black-and-white fills, whose pre- and poststates belong to the object type for which the activity is defined. Non-primary input ports may be specified as *read ports*. They are recognized by incoming read arcs, which are drawn as dashed lines. Read ports represent read-only input parameters. Every activity has a distinguished output port, the *return port*, representing the formal return value. A return port is denoted by a superimposed semicircle. Pre- and poststates of ports represent pre- and postconditions on actual input parameters and the actual return value.

Compound activities may be invoked on instances belonging alternatively to different states. Since several prestates of an activity are interpreted as conjunctive precondition by definition, we need a way to express disjunctive preconditions. We use compound states for that purpose. A *compound state* is defined as union of several other states, referred to as substates of the compound state. An instance is in a compound state, if it belongs to one substate of the compound state.

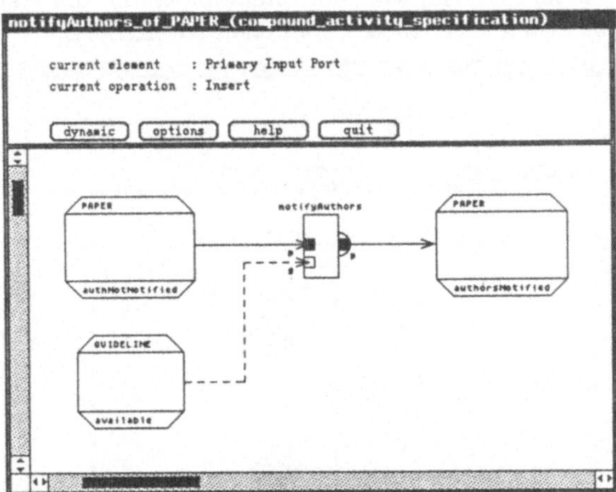

Figure 2: Activity specification diagram for "notifyAuthors" of PAPER

Example: Figure 2 depicts the interface of the compound activity "notifyAuthors", which notifies the authors of a paper whether it has been accepted or rejected. The prestate of the primary port "p" is the compound state "PAPER authNotNotified", whose substates are "PAPER assToSession" and "PAPER rejRecorded" (substates of a compound state are depicted in a separate diagram not shown in this paper). The poststate of port "p" is the compound state "PAPER authorsNotified", whose substates are "PAPER accNotified" and "PAPER rejNotified". The compound activity "notifyAuthors" may be executed on instances of PAPER being either in state "PAPER assToSession" or in state "PAPER rejRecorded". The read input port "g", with prestate "GUIDELINE available", is used to provide guidelines for preparing the final version of accepted papers. These are mailed together with an acceptance letter. The return value of the compound activity "notifyAuthors" is the instance of PAPER on which "notifyAuthors" has been successfully invoked. After the execution of "notifyAuthors" this instance is either in state "PAPER accNotified" or in state "PAPER rejNotified".

Activity composition diagram

Every activity composition diagram belongs to exactly one activity specification diagram and depicts the implementation of the compound activity. It consists of a named rectangle depicting the activity specification. The inside shows activities with their ports, arcs connecting ports, and superimposed structured diagrams.

The *activities* inside an activity composition diagram are depicted by shaded boxes and represent the basic and compound activities which are composed to the new compound activity. *Arcs*, drawn as lines of dashes and dots, specify the assignments of actual port values. An arc pointing to a primary port of an activity provides the instance on which the activity is to be invoked. Arcs pointing to non-primary input ports provide values of the actual input parameters. Arcs originating from the return port of an activity make use of the actual return value. The order in which activities are executed is determined by a superimposed *structured diagram* [NaSh73]. Usually, structured diagrams are to be read top-down. With activity composition diagrams they have to be read from left to right. The control flow blocks supported are *sequence*, *alternative*, *while-iteration*, and *foreach-iteration*. With alternative blocks a conditional expression has to be specified, with while-iteration blocks an iteration condition, and with foreach-iteration blocks an iteration set. For details see [KaSc91].

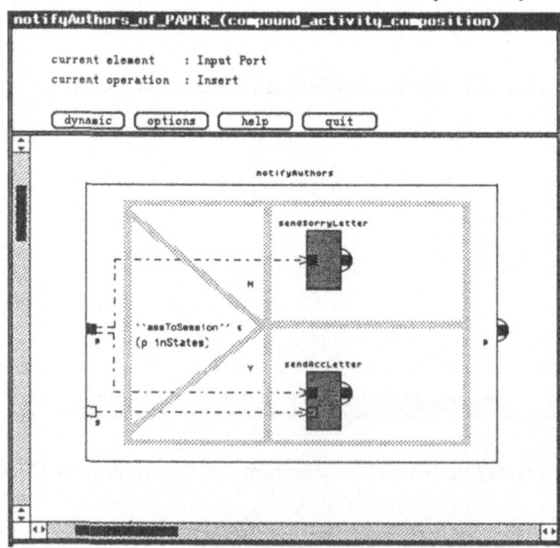

Figure 3: Activity composition diagram for "notifyAuthors" of PAPER

Example: Figure 3 shows the activity composition diagram of the compound activity "notifyAuthors". It invokes the basic activity "sendSorryLetter" or the basic activity "sendAccLetter" depending on whether the conditional expression *"assToSession"* $\in (p\ inStates)$ evaluates to true or false. (To be able to retrieve the states in which an object currently resides every object type has a default operation "inStates".) The expression evaluates to true if the instance on which "notifyAuthors" is executed is in the state "PAPER assToSession". The actual value of the read input port of "sendAccLetter" is provided by the read input port "g" of the compound activity. Since the actual return value of "notifyAuthors" is the instance of PAPER on which the activity has been invoked and since this value is known, no arc is pointing to the return port of "notifyAuthors".

2.3 Rules for specifying compound activities

A compound activity identifies a specific order of execution on basic activities of one or several object types. Note, we assume here that a compound activity consists of basic activities only. Every compound activity, however, can be decomposed recursively into basic activities. The order of execution of basic activities in a compound activity may not conflict with the possible orders of execution induced by the life cycle diagrams. To detect such conflicts in general requires a complex net analysis, which is beyond the scope of this paper. Several conflicts, however, can already be detected by investigating precedence relationships between activities. In the following we investigate the problem: "Does the invocation of an activity t_2 after the activity t_1 in a compound activity conflict with the life cycle(s) in which t_1 and t_2 are defined?" To analyze the problem formally, we introduce several definitions.

Definition: A *life cycle diagram* for an object type O is a tuple $L_O = (S, T, F)$, where S and T are finite sets, $S \cap T = \emptyset$, $S \cup T \neq \emptyset$, $F \subseteq (S \times T) \cup (T \times S)$. The elements of S are *states*, the elements of T are *basic activities*, and the elements of F are *arcs*. The arcs define pre- and poststates of activities: If $(s, t) \in F$ then s is called *prestate* of t; if $(t, s) \in F$ then s is called *poststate* of t. The sets $prestates(t)$ and $poststates(t)$ are finite sets with $prestates(t) = \{s \in S \mid (s, t) \in F\}$ and $poststates(t) = \{s \in S \mid (t, s) \in F\}$.

Definition: A life cycle diagram $L_O = (S, T, F)$ induces the following *precedence relationship* $\prec_b \subseteq T \times T$ between basic activities $t_1, t_2 \in T$:
$t_1 \prec_b t_2 \doteq \exists s : s \in poststates(t_1) \wedge s \in prestates(t_2)$.
We denote by $\prec_b^+$ the *cover* of the precedence relationship $\prec_b$.

Definition: A *precedence graph of a compound activity* c is a tuple $P_c = (T_c, \prec_c)$, where T_c is a finite set, $\prec_c \subseteq (T_c \times T_c)$. T_c is the set of basic activities used to compose the compound activity c. The relationship $\prec_c$ expresses the precedence relationship of basic activities in T_c, as induced by the structured diagram of c. Let $t_1, t_2 \in T_c$. Then, $t_1 \prec_c t_2$ iff t_2 may be invoked immediately after t_1 in some execution of c.
We denote by $\prec_c^+$ the *cover* of the precedence relationship $\prec_c$.

Let $\prec_b$ be the precedence relationship in the basic life cycle L_O and $\prec_c$ be the precedence relationship in the precedence graph P_c of the compound activity c. Let $t_1, t_2 \in T_c$. If t_1 and t_2 are defined in different basic life cycles, i.e., for different object types, there exists no precedence relationship $\prec_b$ between them, thus, t_2 may be invoked after t_1 in c without any restrictions. If t_1 and t_2 are defined in the same basic life cycle L_O, i.e., for the same object type, the following two rules specify necessary conditions which must be true to invoke t_2 after t_1 in c.

1. $t_1 \prec_c t_2 \rightarrow t_1 \prec_b t_2 \vee \neg(t_1 \prec_b^+ t_2)$

t_2 may be invoked immediately after t_1 in c, if either t_1 precedes t_2 in L_O, or t_1 does not precede transitively t_2 in L_O. Let us consider the first case. Since t_2 is an immediate successor of t_1 in L_O, it may be an immediate successor of t_1 in a compound activity. The reason is that in L_O a poststate of t_1 is also a prestate of t_2, hence, the precondition to invoke t_2 is fulfilled (at least partially) by the postcondition of t_1. Now, let us consider the second case. For explanation we consider the opposite. Assume, that t_1 does precede transitively t_2 in L_O. This implies that the precondition (prestate(s)) of t_2 is fulfilled only after the invocation of some t_i, $i \neq \{1,2\}$, and t_i is invoked after t_1 and before t_2. Thus, t_2 can not be invoked immediately after t_1 because its precondition is not fulfilled. Since we want to invoke t_2 immediately after t_1, t_1 may not precede transitively t_2 in L_O.

2. $t_1 \prec_c^+ t_2 \rightarrow t_1 \prec_b t_2 \vee t_1 \prec_b^+ t_2 \vee \neg(t_2 \prec_b t_1 \vee t_2 \prec_b^+ t_1)$

t_2 may be invoked but not immediately invoked after t_1 in c, if either t_1 precedes (transitively) t_2 in L_O, or t_2 does not precede (transitively) t_1 in L_O. Let us consider again the first case. Since t_2 is a successor of t_1 in L_O, it may be a successor of t_1 in a compound activity. Now, let us consider the second case. For explanation we assume the opposite. Then, t_2 does precede (transitively) t_1 in L_O. We further assume, that t_1 does not precede (transitively) t_2 in L_O. Thus, the precondition (prestate(s)) of t_1 is fulfilled only after the invocation of t_2 and optionally some t_i, $i \neq 1$. Since we want to invoke t_1 before t_2, t_2 may not precede (transitively) t_1 in L_O.

3 Ongoing work

In this paper we have presented an approach to cope with evolving requirements in office systems. Based on an object-oriented design, the evolution of object types is supported by reorganizing the behavior of object types. This process is called behavior composition. Behavior composition consists of composing several operations of possibly different object types into compound operations. Behavior composition is part of an object-oriented design method under development based on Object/Behavior diagrams [KaSc91].

We are currently investigating the applicability of the idea of behavior composition to application development in an object-oriented environment. In such an environment a new application should not be built from scratch, but by configuring ("scripting") the behavior of existing objects [Kapp89]. How the behavior of objects may be configured to new applications is defined by rules. Rules specify, for example, possible orders of execution (as discussed in this paper), permissible parameter bindings, and complex preconditions on operations including synchronization constraints.

References

[Ahls84] M. Ahlsen, A. Björnerstedt, S. Britts, C. Hulten and L. Söderlund, "An Architecture for Object Management in OIS," *ACM TOOIS 2(3)*, July 1984.

[BNPS90] E. Bertino, M. Negri, G. Pelagatti and L. Sbatella, "An Object-Oriented Data Model for Distributed Office Applications," *ACM/IEEE Conf. of Office Information Systems*, Cambridge, MA, April 1990, pp. 216-226.

[Casa90] Eduardo Casais, "Managing Class Evolution in Object-Oriented Systems," *Object Management*, ed. D.C. Tsichritzis, Centre Universitaire d'Informatique, University of Geneva, July 1990, pp. 133-195.

[HNT85] J. Hogg, O.M. Nierstrasz and D. Tsichritzis, "Office Procedures," *Office Automation: Concepts and Tools*, ed. D. Tsichritzis, Springer, 1985, pp. 137-165.

[Kapp89] G. Kappel, J. Vitek, O.M. Nierstrasz, B. Junod and M. Stadelmann, "Scripting Applications in the Public Administration Domain", *ACM SIGOIS Bulletin 10(4)*, December 1989, pp. 21-32.

[KaSc90] G. Kappel and M. Schrefl, "Using an Object-Oriented Diagram Technique for the Design of Information Systems," *International Working Conference on Dynamic Modelling of Information Systems*, ed. H.G. Sol, North-Holland (to appear), 1990.

[KaSc91] G. Kappel and M. Schrefl, "Object/Behavior Diagrams," *7th International Conference on Data Engineering*, Kyoto, Japan, April 1991.

[Meye88] B. Meyer, *Object-oriented Software Construction*, Prentice-Hall, 1988.

[NaSh73] I. Nassi and B. Shneiderman, "Flowchart Techniques for Structured Programming," *ACM SIGPLAN Notices 8(8)*, August 1973, pp. 12-26.

[Nier89] O.M. Nierstrasz, "A Survey of Object-Oriented Concepts," *Object-Oriented Concepts, Databases and Applications*, eds. W. Kim and F. Lochovsky, ACM Press and Addison-Wesley, 1989, pp. 3-21.

[NiTs89] O.M. Nierstrasz and D.C. Tsichritzis, "Integrated Office Systems," *Object-Oriented Concepts, Databases and Applications*, eds. W. Kim and F. Lochovsky, ACM Press and Addison-Wesley, 1989, pp. 199-215.

[Olle88] T.W. Olle, "System Design Specifications for a Conference Organization System," *Computerized Assistance During the Information System's Life Cycle*, eds. T.W. Olle, A.A. Verrijn-Stuart and L. Bhabuta, North-Holland, 1988, pp. 497-539.

[Pern90] B. Pernici, "Objects with Roles," *ACM/IEEE Conf. of Office Information Systems*, Cambridge, MA, April 1990, pp. 205-215.

[Schr90] M. Schrefl, "Behavior Modeling by Stepwise Refining Behavior Diagrams," *9th Int. Conf. on Entity Relationship Approach*, Lausanne, Oct. 1990.

[Tsic89] D. Tsichritzis, "Object-Oriented Development for Open Systems," *Information Processing 89 - IFIP World Computer Congress*, ed. G.X. Ritter, North-Holland, 1989, pp. 1033-1040.

Acknowledgement

Thanks are due to M. Schrefl for many fruitful discussions and helpful comments on earlier drafts of this paper and to W. Ginzel for implementing the Object/Behavior diagram editor.

DIE SCHEMABESCHREIBUNGSSPRACHE EXPRESS
DES STEP-STANDARDS UND TECHNISCHE DATENBANKSYSTEME
- EINE ANALYSE -

U. Mehlhaus, S. Schneider
Institut für Prozeßrechentechnik und Robotik,
U. Rembold, R. Dillmann
Fakultät für Informatik, Universität Karlsruhe
7500 Karlsuhe 1, Postfach 6980

Zusammenfassung

Der Produktdatenaustausch zwischen CAD- und CIM Systemen wird z.Zt. bei der internationalen Standardisierungsorganisation (ISO) genormt. STEP (Standard for the exchange of product model data) wird die Schemabeschreibungen künftiger technischer Datenbanksysteme stark beeinflussen. Aus diesem Grund wird die STEP Architektur in einem einführenden Abschnitt vorgestellt. Der neu entwickelten Spezifikationsprache Express gilt der Hauptaugenmerk. Hierbei sind die auftretenden Möglichkeiten und Probleme beim zukünftigen Datenbankentwurf auf der Basis von Express Datenschemata besonders interessant. Eine Liste von Anforderungen an ein STEP Datenbanksystem beschließt die Ausarbeitung.

1   Einleitung

Der neue CAD Standard zum integrierten Produktdatenaustausch (STEP) der ISO eröffnet neue Aspekte bei der Entwicklung technischer Datenbanksysteme. Ziel ist die Entwicklung eines Standards, der den Austausch beliebiger produktdefinierender Daten zwischen CIM Systemen erlaubt. Der Einsatz von Techniken des Datenbankentwurfs zur Definition dieser CAD Schnittstellen ist das eigentlich Interessante an dieser Entwicklung.

Das Spektrum der auszutauschenden Daten soll alle Produktinformationen von der Geometrie, über Materialeigenschaften, bis zu qualitätssichernden Merkmalen umfassen. Das hierfür entworfene Datenschema [WIKE88] enthält über 1000 verschiedene Objektklassen mit Relationen und Randbedingungen. Zur Beschreibung dieses sehr großen und komplexen Datenschemas wurde die Spezifikationsprache Express von der ISO Arbeitsgruppe selbst entwickelt. Die, bis zu einem gewissen Grad objektorientierte, Sprache Express unterstützt die Modellierung technischer Systeme durch spezielle Datentypen und Sprachkonstrukte. Die Eignung der Sprache Express zur Beschreibung von Dateiaustauschformaten ist unbestritten. Bei der geplanten Nutzung von Express als Datenbankbeschreibungssprache in der zweiten Phase der Normierung ergeben sich jedoch Probleme. Eine Diskussion der Sprache Express unter dem Gesichtspunkt des Datenbankentwurfs bildet deshalb den Schwerpunkt dieser Ausarbeitung.

2 STEP: Der Standard für den integrierten Produktdatenaustausch

Klassische CAD Formate wie FEMGEN, IGES [NCIG88] oder VDA/FS [MUND87] sind Dateiaustausch-formate bestimmter Benutzergruppen und erlauben den Austausch von Geometriebeschreibungen in verschiedenen Ausprägungen (Freiformfläche, finite Elemente Beschreibungen, Boundary Representations usw.). Diesen Ansätzen fehlt zum einen die Möglichkeit zur Modellierung neuer Objektklassen, sowie die allgemeine, weltweite Akzeptanz.

Moderne Ansätze, wie sie im CAD*I Projekt [SCHL88, SCHL89] oder PDES [PDES85] verfolgt werden, erlauben die Modellierung beliebiger Entities (Objektklassen) mit Hilfe formaler Spezifikationssprachen. Werden die relevanten Objekte in diesen Spezifikationssprachen modelliert bzw. repräsentiert, so können automatisch oder halbautomatisch konkrete Repräsentationsschemata und die zugehörigen Zugriffsschnitt-stellen erzeugt werden. Dies bedeutet eine automatisierte Ableitung eines neutralen Dateiformats oder eines Datenbankschemas mit Hilfe der Spezifikationssprache. Die Forschungsergebnisse dieser Schnittstellen-entwicklungen fließen jetzt im Standard zum Austausch von Produktmodelldaten (STEP) [STEP88] der internationalen Standardisierungsbehörde (ISO) zusammen. Dieser neue Standard kann als eine CAD Schnittstelle der dritten Generation bezeichnet werden, da STEP die Spezifikationssprache Express [SCHE90] zur Beschreibung der Datenschemata benutzt (siehe Kapitel 3), und die Implementierung der Schnittstelle nicht nur auf Dateiformate beschränkt ist. Der eigentliche Fortschritt von STEP besteht in den vier Implementierungsniveaus, die den Austausch von Produktdaten auch mit Hilfe von Datenbanksystemen oder Wissensbasen ermöglichen sollen.

2.1 Der Partialmodellansatz

Ziel von STEP ist es, den Betreibern von CAD und CIM Systemen, den Austausch aller produktrelevanten Daten zu ermöglichen [GRAN89]. Existierende CAD Schnittstellen erlauben jedoch nur den Austausch von Geometriedaten. Die Erweiterung auf die unterschiedlichsten, produktdefinierenden Daten wurde durch den Einsatz der Spezifikationssprache Express möglich. Alle produktdefinierenden Daten, die mit STEP ausge-tauscht werden, werden zuvor mit Express spezifiziert. Zur Strukturierung dieses riesigen Datenschemas, wird mit disjunkten Teilmodellen gearbeitet, den Partialmodellen.

STEP unterscheidet zwischen allgemeinen Resourcenmodellen und darauf aufbauenden Anwendungs-modellen. Bei den elementaren Resourcenmodellen handelt es sich um branchenunabhängige Bereiche wie

- Geometrie
- Topologie
- Materialeigenschaft
- Form, Gestalt
- Toleranz
- Darstellung, Repräsentation

Objekte dieser Resourcenmodelle benutzen keine Unterobjekte anderer Partialmodelle (z.B. Geometrie) oder sie benutzen Unterobjekte aus den Resourcenmodellen. Unterobjekte aus den Anwendungsmodellen werden von den Resourcenmodellen nicht benutzt.

Aufbauend auf diesen allgemeinen Resourcenmodellen sind spezielle, branchenabhängige Anwendungs-modelle definiert. Bei Implementierungen von Prozessoren oder Datenbanksystemen wird dann jeweils ein Anwendungsmodell und die jeweils benutzten Resourcenmodelle in das zu implementierende Datenschema aufgenommen.

Bei den Anwendungsmodellen, die sich (zur Zeit) im Standardisierungsprozeß befinden, handelt es sich um

- Schiffsbau
- 2D Zeichnung
- Mechanische Konstruktion

- Elektronik, Elektrik
- Finite Elemente
- Architektur, Bauingenieursmodelle

Die Express Schemabeschreibungen dieser Partialmodelle wurden im IPIM Report [WIKE88] veröffentlicht. Neben diesen, im Normierungsprozeß befindlichen Partialmodellen, diskutieren verschiedene Benutzergruppen weitere Anwendungsmodelle, die auf den normierten Ressourcen aufbauen. Bei diesen noch privaten Anwendungsmodellen handelt es sich um Modelle zur Beschreibung von Kinematiken, Qualitätssicherung und Logistik.

2.2 STEP Implementierungstechniken

Die Entwicklung des STEP Standards ist nicht auf die Entwicklung eines Dateiaustauschformats beschränkt. Innerhalb von STEP sollen im Laufe der Zeit Schnittstellen für verschiedene Ansprüche entwickelt werden. STEP unterscheidet je nach Technik zwischen den folgenden vier Kopplungsniveaus:

Dateiaustausch mit sequentiellem Zugriff (STEP Niveau 1): Der Austausch von CAD Modellen mit Hilfe von STEP Dateien [GRSC90, ANSC88] ist das Ziel der Kopplungsniveaus 1 und 2. Für diesen Austausch auf dem Niveau 1 wird ausschließlich das Dateiformat normiert. Die Post- und Präprozessoren, die ein sequentielles Schreiben oder Lesen von STEP Dateien ermöglichen, unterliegen nicht der Normung. Sie müssen nur in der Lage sein die genormten Dateiformate zu akzeptieren bzw. zu generieren.

Das physikalische STEP Dateiformat beschreibt die Syntax der auszutauschenden Daten der Instanzen von Express Entities. Das Format selbst wird durch eine Abbildungsvorschrift aus der Beschreibung des Entities abgeleitet. In einer STEP Datei besitzen alle Instanzen eine laufende Nummer. Die Klassenbezeichnung und die Belegung der Attribute erfolgt in der gleichen Reihenfolge wie im Express Schema. Das zugrunde liegende Prinzip wird am folgenden Beispiel gezeigt :

Express Entity:

STEP Datei (Ausschnitt):

```
    ENTITY beispiel;
        attribut1 : INTEGER;
        attribut2 : STRING;
        attribut3 : LOGICAL;
    END_ENTITY;
```

```
        ...
        @4711 = beispiel(33,'ABC',.T)
        @4712 = beispiel(11,'DEFG',.F)
        ...
```

Dateiaustausch mit wahlfreiem Dateizugriff (STEP Niveau 2): Der unbefriedigende, sequentielle Zugriff auf eine STEP Datei entfällt bei STEP Prozessoren des Niveau 2. Mit Hilfe dieser Prä- und Postprozessoren können die beteiligten CIM Systeme wahlfrei auf die STEP Dateien zugreifen. Dies wird durch eine temporäre Zwischenspeicherung der Daten in den Prozessoren ermöglicht. Ein Mehrbenutzerbetrieb und verschachtelte Lese- und Schreiboperationen sind bei dieser Implementierungstechnik nicht möglich. Eine enge, redundanzfreie Kopplung von CIM Systemen ist erst auf dem Niveau 3 möglich.

Datenbanken mit Mehrbenutzerzugriff (STEP Niveau 3): Eine engere Kopplung zwischen CIM Systemen wird erst durch ein Datenbanksystem ermöglicht. Das Kopplungsniveau 3 fordert hierzu die

Implementierung eines Datenbanksystems mit Mehrbenutzerbetrieb, Integritätsprüfungen und redundanz-freier Datenhaltung. Die Realisierung eines solchen STEP Datenbanksystems gehört nicht zur aktuellen Normierungsbestrebung. Aufgrund des Bedarfs an standardisierten, technischen Datenbanksystemen wird dieses Niveau in einer zweiten Phase genormt werden. Schon jetzt gibt es verschieden Vorschläge für STEP kompatible Datenbanksysteme [PILZ90, DILL90]. Die generellen Probleme einer solchen Implementierung sind der Gegenstand dieser Ausarbeitung.

Wissensbasis (STEP Niveau 4): Auf STEP Wissensbasen soll hier nicht weiter eingegangen werden, da noch keine Spezifikationen für dieses Implementierungsniveau vorliegen. Der Übergang von einem STEP Datenbanksystem mit regelbasierten Mechanismen zu einer STEP Wissensbasis muß als fließend gesehen werden.

3 Die Spezifikationssprache Express

Die Entwicklung der Spezifikationssprache Express begann parallel zur Definition des STEP-Standards. Im Laufe der Zeit wurden immer neue Verbesserungen und Erweiterungen der Syntaxspezifikation vorge-nommen, welche zu der heute aktuellen Version N466 führt [SCHE90]. Hierbei handelt es sich um eine Fassung, die als Commitee Draft der ISO zur Verabschiedung eingereicht wurde.

Im folgenden sollen nun die wichtigsten und interessantesten Sprachkonstrukte von Express in der not-wendigen Kürze vorgestellt werden.

Datentypen: Express bietet eine Reihe von Datentypen, welche in anderen Programmiersprachen nur sehr selten oder gar nicht zu finden sind. Bereits für die "Standarddatentypen" INTEGER, REAL und STRING können Feldlängen spezifiziert werden, deren obere Grenze frei wählbar ist, da Express auch ein Symbol für unendlich besitzt (#). Neben BOOLEAN findet man LOGICAL zur Repräsentation einer dreiwertigen Logik: TRUE, FALSE und UNKNOWN. Als aggregierte Typen stehen neben LIST, ARRAY und SET der Datentyp BAG zur Verfügung, eine Kombination aus LIST und SET. In Prozedur- bzw. Funktionsköpfen sind zudem zwei zusätzliche Typen erlaubt, die zur Übergabe verschiedener Datentypen dienen: NUMBER akzeptiert sowohl REAL als auch INTEGER; GENERIC kann mit allen Datentypen aufgerufen werden.

Attribute: Attribute sind vergleichbar den Komponenten der Verbundtypen in anderen Programmier-sprachen. Attribute bestehen aus einem Namen und einem Datentyp. Sie müssen immer einen Wert besitzen, außer sie wurden mit dem Schlüsselwort OPTIONAL deklariert.

Entities: Zur zentralen Informationsgestaltung dienen in Express Entities, deren Eigenschaften vor allem durch Attribute charakterisiert werden. Durch die vorgegebene Relation SUBTYPE OF bzw. SUPERTYPE OF kann eine Hierarchie entwickelt werden, wobei eine Vererbung aller Attribute an ein untergeordnetes Entity erfolgt. Multiple Vererbung ist möglich, selektive (d.h. die Spezifikation einzelner, ausgewählter Attribute zur Vererbung) jedoch nicht.

Die UNIQUE-Vereinbarung eignet sich sehr gut zur Schlüsseldefinition in (relationalen) Datenbanken. Als Besonderheit sei an dieser Stelle noch die DERIVE-Anweisung erwähnt, welche zur Wertgenerierung während der Laufzeit dient.

Schema: Ein Schema dient als äußerste Klammerung von Informationen. So werden Entities, die zu einem bestimmten Kontext gehören, innerhalb eines Schemas angeordnet. Ein Schema besteht weiterhin aus verschiedenen globalen Typen, Prozeduren, Funktionen und Regeln, welche von den in ihm enthaltenen Entities verwendet werden können.

Prozeduren und Funktionen: Für den algorithmischen Teil der Datenschemata stehen Prozeduren und Funktionen (Unterprogramme) zur Verfügung, die von DERIVE-Anweisungen oder WHERE-Bedingungen aus aufgerufen werden können.

Regeln: Eines der mächtigsten Sprachelemente von Express sind Regeln. Sie bieten dem Modellierer die Möglichkeit, komplexe semantische Zusammenhänge zu beschreiben. Regeln werden zur Anwendungszeit des Datenschemata überprüft und eventuell bei einer Verletzung eine Fehlermeldung ausgegeben.

4 Entwurf von Datenbanken auf der Grundlage von Express

Bei der Erstellung des Datenschemas mit Hilfe von Express kann zwischen einem statischen und einem dynamischen Teil unterschieden werden:

Der **statische Teil** des Schemas entsteht durch die Verwendung der vordefinierten Datentypen. Deren Kombination und Verwendung in einzelnen Entities führt zum Aufbau weiterer, benutzerdefinierter Datentypen, deren Komplexität nicht beschränkt ist. Der statische Teil des Datenschemas erfährt eine relative hohe Redundanzfreiheit durch den Vererbungsmechanismus.

Der **dynamische Teil** umfaßt alle algorithmischen Konstrukte von Express: DERIVE-Anweisungen, Unterprogramme und Regeln. Er kommt zur Anwendungszeit des Schemas zur Ausführung:

* Auf den STEP Niveaus 1 & 2 bedeutet Anwendungszeit den Zeitpunkt, an welchem der Postprozessor die STEP-Datei generiert oder der Präprozessor diese Datei einliest und verarbeitet.

* auf den STEP Niveaus 3 & 4 ist mit Anwendungszeit die Zeitspanne gemeint, in welcher der Benutzer auf die Datenbasis oder die Wissensbasis zugreift.

4.1 Anwendung von Express-Regeln in einem Datenbanksystem

Wenn man die Historie von STEP betrachtet, fällt auf, daß anfänglich die Implementierungsniveaus 1 & 2 den Schwerpunkt der Entwicklung darstellten. Da auch die ersten Versionen von Express aus diesem Zeitraum stammen, wird deutlich, wie Interpretation von Regeln ursprünglich gedacht war: zur Anwendungszeit der STEP-Datei, d.h. beim Abspeichern und beim Einlesen durch den Post- bzw. Präprozessor, sollten die Regeln dazu dienen, die Konsistenz der Datenbasis zu gewährleisten. Für die Datenintegration mittels Datenbanken auf Implementierungsniveau 3 scheinen die Regeln in ihrer aktuellen Form kaum gedacht.

Datenbanken bieten in der Regel bereits eigene Schutzmechanismen zur Konsistenzerhaltung, wie z.B. Transaktionen. Diese atomare Einheit wird vom Anwender festgelegt. Transaktionen gewährleisten die Überführung der Datenbasis von einem konsistenten Zustand in einen anderen. Kann eine Transaktion durch einen Fehler nicht zu Ende geführt werden, so läßt sich auf den letzten konsistenten Zustand zurücksetzen. Gerade in technischen Anwendungen tritt hierbei die Problematik der langen Transaktionszeiten auf. Das Express Reference Manual [SCHE90] gibt keinerlei Hinweise darauf, wann eigentlich Regeln zur Anwendung kommen. Implizit wird angenommen, daß Regeln zu jedem Zeitpunkt gültig sein müssen.

Andererseits müssen Regeln verletzbar sein, da eine Änderung von Attributwerten sequentiell erfolgt und somit eine Regel, die mehrere Werte in einem Term abfragt, sonst eine Fehlermeldung liefert.

Die Kombination von Regeln und Transaktionen führt zu folgender Problematik: ohne Protokollmechanismen liegen am Ende einer Transaktion keinerlei Informationen darüber vor, welche Regeln von den Änderungen innerhalb der Transaktion eigentlich betroffen sind. In diesem Falle müssen prinzipiell alle Regeln untersucht werden. Da u.U. eine komplexe Regelmenge und eine große Datenbasis vorliegt, ist deren Evaluation aufwendig. Die Ermittlung, welche Regeln während der Transaktion durch Werteänderungen betroffen sind, ist nur mit einem hohen Implementierungsaufwand zu realisieren.

Es erscheint daher sinnvoll, Regel- und Transaktionenmanagement voneinander zu trennen und beide Schutzmechanismen für unterschiedliche Aufgaben zu nutzen: der Anwender definiert das Transaktionsende durch eine commit-Anweisung, die Überprüfung der Regeln wird durch einen speziellen Befehl in der Zugriffsschnittstelle der Datenbank ausgelöst.

Dies bedeutet, daß sich der Datenbankanwender nur dann auf die Korrektheit seiner Datenbasis verlassen kann, wenn er diese vorher explizit überprüft hat. Bereits eine Anweisung später können Inkonsistenzen auftreten, obwohl Regel definiert wurden, diese abzufangen.

4.2 Prinzipielle Vorgehensweise zur Generierung einer Datenbankbeschreibung

Die Beschreibung des Datenschemas in Form einer Express-Datei wird von einem Parser gelesen und in ein internes, neutrales Zwischenformat transformiert. Diese Daten werden, abhängig von dem verwendeten Datenmodell, in ein Datenbankschema zur Beschreibung des Datenbank-Layouts und ein Programmteil, der als Datenbankzugriff verwendet werden kann:

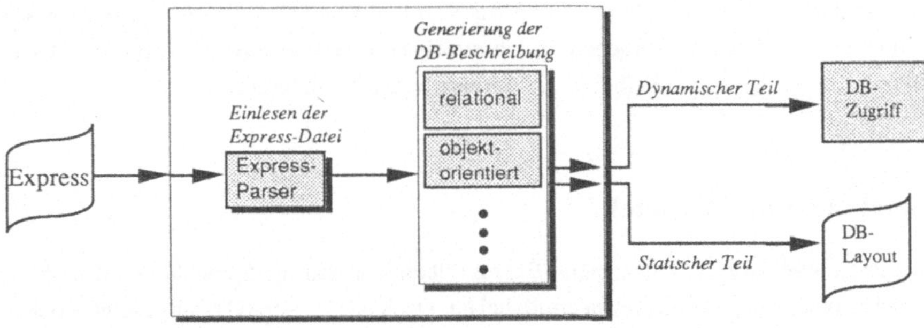

Um diese Aufgabe weitestgehend zu automatisieren, wurden bereits einige Werkzeuge entwickelt, wie z.B. Express-Parser von McDonnell Douglas (USA) oder TNO (NL) zur Syntaxüberprüfung der Express-Modelle und ein Express-SQL-Übersetzer, der direkt das DB-Layout generiert. Der schwierige Schritt ist die (automatische) Generierung der DB-Zugriffsschnittstelle. Diese ist Gegenstand aktueller Forschungen.

4.3 Abbildung von Express auf ein relationales DBMS

Die Umsetzung für die Datentypen INTEGER, REAL, BOOLEAN, STRING und ENTITY bereitet keine Probleme. Auch die Datentypen LOGICAL, LIST, ARRAY, SET und BAG können verlustfrei in das relationale Modell abgebildet werden. Keine Entsprechung finden dagegen die Feldlängen der Basis- und der aggregierten Typen. Bei der Abbildung auf ein relationales System wird die Vererbungshierarchie aufgelöst und ebenfalls transformiert. Eine ausführliche Beschreibung der Umsetzung von Datentypen aus Express nach SQL und der dabei auftretenden semantischen Verluste findet man in [EGGE88,SCSC90].

Die dynamischen Teile des Datenschemas lassen sich nicht in eine SQL/DDL-Beschreibung überführen. Sie müssen auf eine externe Zugriffsschnittstelle abgebildet werden. Die Probleme der automatischen Anfragegenerierung für ein auf SQL basierendes Datenschema wird in [SCHL90] diskutiert.

4.4 Abbildung von Express auf ein objektorientiertes DBMS

Auch die Abbildung auf ein objektorientiertes Datenbanksystem ist Forschungsgegenstand. Der statische Teil des Datenschemas läßt sich ohne großen Aufwand umsetzen. Die Vererbungshierarchie kann dabei naturgemäß beibehalten werden. Aber auch hier liegen die größeren Probleme im dynamischen Teil:

Die Verwaltung von DERIVE-Anweisungen läßt sich, handelt es sich um ein komplexes System, mit Hilfe von Methoden realisieren. Nicht objektgebundene Prozeduren und Funktionen sind Bestandteil objektorientierter Systeme, obwohl dort objektgebundene Methoden verwendet werden sollten. Geradezu ideal wäre eine Erweiterung von Express um dieses Hilfsmittel, weil dann auch die algorithmischen Informationen komplett an ein Entity gebunden und somit vererbt werden könnten.

Die Abbildung und Anwendung von Regeln stellt auch hier wieder die meisten Anforderungen. Da die meisten objektorientierten Datenbanksysteme mit einer ebenfalls objektorientierten Gastsprache ausgestattet sind (z.B. C^{++}), können die Regeln in die Gastsprache übersetzt werden, was aber nicht effizient erscheint. Einen Ausweg aus dem "Regel-Dilemma" bietet letztendlich wohl nur die Verwendung hybrider, wissensbasierter Systeme. Die Datenhaltung müßte objektorientiert organisiert sein, als Sprachen für die Zugriffsschnittstellen müßte C^{++}, Prolog und/oder OPS5 zur Verfügung stehen, letztere als (rückwärts- bzw. vorwärtsverkettende) regelbasierte Sprachen. Solch ein System könnte z.B. aus VBASE+ als Datenbank [VBAS88] und Knowledge Craft [KC88] als intelligente Schnittstelle bestehen.

5 Bewertung und Ausblick

Wie bereits in Kapitel 3 verdeutlicht, bietet Express überaus mächtige Sprachkonstrukte, die eine komfortable Beschreibung der Datenschemata ermöglichen. Doch wie in Kapitel 4 aufgezeigt, existiert zur Zeit zwischen der Spezifikationssprache Express und den gängigen Datenbankbeschreibungssprachen noch eine große Lücke, die nur sehr schwer geschlossen werden kann.

Dies liegt zum einen an den mächtigen Express-Konstrukten. Der Verdacht liegt nahe, daß Express ohne große Berücksichtigung einer späteren Implementierung entwickelt wurde. Im Laufe der verschiedenen Versionen wurde Express ständig erweitert, immer neue Konstrukte integriert. Auch oben genannte Werkzeuge wie der Express-Übersetzer oder die Express-Parser sind z.Zt. in der Lage, nur Teilmengen von Express zu verarbeiten oder aber nur die Syntax der Eingabedatei zu überprüfen.

Zum anderen liegen die Schwierigkeiten auch an dem Sprung vom Dateienaustausch zur Datenbank. Der Express-Regelmechanismus ist für das dynamische Verhalten einer Datenbank ein kaum geeignetes Werkzeug zur Konsistenzüberprüfung.

Nachteilig wirkt sich auch die Tatsache aus, daß bei der Abbildung der statischen Schemateile auf ein Datenbanklayout Semantik verloren geht. Somit muß bereits bei der Express Modellierung berücksichtigt werden, welche Sprachelemente sich prinzipiell nicht, und welche sich nur auf bestimmte Datenmodelle abbilden lassen. Nutzt der Modellierer dagegen nur einfache Konstrukte von Express, so stellt diese Sprache eine klar gegliederte und leicht lesbare textuelle Beschreibungsform dar. Die Repräsentation der Information im Rahmen von Entities, zusammen mit dem Vererbungsmechanismen, ermöglicht eine kompakte, zentralisierte Darstellung. Wünschenswert wäre jedoch eine Erweiterung von Express um Methoden. Dadurch würde Express zu einer objektorientierten Programmiersprache (nicht mehr nur Spezifikationssprache) ausgebaut.

Literatur

[ANSC88]   Anderl, R.; Schilli, B.: STEP-Eine Schittstelle zum Austausch integrierter Modelle; in: CAD-Datenaustausch und Datenverwaltung - Schnittstellen in Architektur, Bauwesen und Maschinenbau; Herausgeber: Weber ZGDV-Zentrum für graphische Datenverwaltung; Springer-Verlag, 1988.

[DILL90]   Dillmann. R, Schneider S. : A STEP based Information Sstem for Robot Assembly Planning Applications; 3rd International Symposium on Robotics and Manufacturing; 18.-20- Juli 1990; Konferenzband

[EGGE88]   Eggers, J.A.: Implementing Express in SQL, ISO TC184/SC4/W61 N292, 1988.

[GRAN89]   Grabowski, H.; Anderl, R.; Schmitt, M.: Produktmodellkonzept von STEP; VDI-Z; Nr.12, 1989.

[GRSC90]   Grabowski, H.; Schilli, B.: Konzepte zur Realisierung genormter Schnittstellen zum Austausch produktdefinierender Daten; Informatik, Forschung und Entwicklung, 1990.

[IGES88]   N. N.: Initial Graphics Exchange Specification (IGES), Version 4.0; National Institute of Standards and Technology; Washington D.C., USA, 1988.

[KC88]   Knowledge Craft CRL Technical Manual, Version 3.2, Carnegie Group Inc, 1988.

[MUND87]   Mund, A.; u.a.: VDA-Flächenschnittstelle (VDAFS), Version 2.0; VDA-Arbeitskreis 'CAD/CAM'; Verband der Automobilindustrie e.V. (VDA) Frankfurt; Januar 1987.

[PDES85]   N. N.: The Content, Plan and Schedule for the First Version of the Product Data Exchange Specification (PDES); National Bureau of Standards Gaithersburg; Maryland, USA; September 1985.

[PILZ90]   Pilz Markus; Rühle Roland : Object-Oriented STEP Data Base, Interfacing Computer Aided Technologies; Rechenzentrum der Universität Stuttgart, Forschungs- und Entwicklungsberichte, ISSN 0934-0602

[SCHE90]   Schenk, Douglas: EXPRESS Language Reference Manual, ISO TC184/SC4/WG1 N466, 1990.

[SCHL88]   Schlechtendahl, E. G.(editor): Specification of a CAD*I Neutral File for CAD Geometry Wireframes, Surfaces, Solids Version 3.3; Third, Revised Edition; Research Reports ESPRIT Project 322, CAD Interfaces (CAD*I); Volume 1; Springer Verlag; Berlin, 1988.

[SCHL89]   Schlechtendahl, E. G. (Editor): CAD Interfaces Results of ESPRIT Project 322 (CAD*I); Volume 1: CAD Data Transfer; Springer Verlag, 1989.

[SCHL90]   Schlaich, Dagmar : Entwicklung eines Express-SQL DML Übersetzers, Studienarbeit, Fakultät für Informatik, Universität Karlsruhe, 1990.

[SCSC90]   Schneider, Stefan; Schlaich, Dagmar : Translation of Express to SQL, ESPRIT Project No. 2165 IMPPACT No. R.IPR-WP4.4120/001, 1990.

[STEP88]   N.N.: STEP Preliminary Design; ISO TC184/SC4/WG1 N 208; May 1988.

[VBAS88]   Vbase+ / Object Database for C++, Functional Specification : Ontologic Inc, 1988.

[WIKE88]   Wilson, P. R.; Kennicott, P. R.: ISO STEP Baseline Requirements Document (IPIM); ISO TC184/SC4/WG1 N284; ISO-Draft Proposal No. 10103, 1988.

Diese Arbeiten wurden am Institut für Prozeßrechentechnik und Robotik, Prof.Dr.-Ing. U. Rembold und Prof. Dr.-Ing. R. Dillmann, Fakultät für Informatik, Universität Karlsruhe, 7500 Karlsruhe 1, durchgeführt. Die Arbeiten wurden im Rahmen des Esprit-Programms (Projekt 2165 IMPPACT) gefördert.

Ein Datenbankserver für ein Planungsunterstützungssystem

Thomas Neumann

Symbolics GmbH

Mergenthalerallee 77-81

6236 Eschborn

Kurzfassung

Im Rahmen des Projekts EXPERT wird ein Flugplanungsunterstützungssystem entwickelt. Ein wichtiger Aspekt eines solchen Systems ist die Unterstützung des Planungsprozesses im Allgemeinen und der Arbeitsteilung und der Kooperation der Planer insbesondere. In diesem Bericht wird ein Plan-Administrator-System vorgestellt, das diesen Aspekt unterstützt. Ein zentrales Konzept dieses Systems ist die Planungstransaktion. Innerhalb einer Planungstransaktion werden Planausschnitte in eine Gruppen-bzw. eine private Datenbank zur Verarbeitung übertragen. Ein Planausschnitt ist die Bearbeitungseinheit der Planer. Er kann als ein dynamisches zusammengesetztes Objekt betrachtet werden. Es wird gezeigt, wie die Planentwicklung durch ein Konzept zur Kooperation der Planer und durch einen geeigneten Versions- und Alternativenmechanismus unterstützt werden kann. Anschließend wird kurz auf die objektorientierte Entwicklungsumgebung des Projekts eingegangen.

1. Problemstellung

Die Aufgabe der Flugplanung

Die zentrale Aufgabe der Kapazitäts- und Flugplanung ist die Erarbeitung, Bewertung und Optimierung von Flugplänen auf der Basis von Vorgaben des Streckenmanagements (Marketingabteilung der Deutschen Lufthansa) in Koordination mit allen betroffenen internen und externen Stellen [1]. Die Planung erfolgt derzeit manuell auf Papier. Erst die fertig erstellten Pläne werden für die interne und externe Nutzung in ein Flugplaninformationssystem eingegeben. Mit dem starken Flottenwachstum wird es immer schwieriger, hinreichend schnell auf die Marktanforderungen zu reagieren. Da die Arbeit an einem Flugplan wegen der hohen Interdependenzen nicht beliebig teilbar ist, kann die Arbeitsbelastung nicht durch personelle Aufstockung bewältigt werden.

Im Rahmen des Projekts EXPERT soll ein Planungsunterstützungssystem entwickelt werden, das es den Planern ermöglicht, die Vorgaben des Streckenmanagements schneller als bisher auf operationelle Durchführbarkeit zu prüfen, Konsequenzen aufzuzeigen und Alternativen zu präsentieren [2]. Das Vorhaben wird gemeinsam durch die Deutsche Lufthansa AG (DLH) und die Firma Symbolics GmbH durchgeführt.

Der Planungsprozeß beginnt mit strategischen Vorgaben des Streckenmanagements etwa 3 Jahre vor der Einsatzperiode. Diese Vorgaben enthalten Strecken, die geflogen werden sollen, sowie die Häufigkeiten der Flüge für jede Strecke. Aus diesen Angaben wird der notwendige Bedarf an Flugzeugen nach Anzahl und Typ ermittelt (Flottenzusammensetzung). Die Aufgabe der Planungsabteilung ist die Realisierung dieser Vorgaben bei optimaler Auslastung der vorhandenen Flugzeugflotte unter Einhaltung von internen und externen Randbedingungen. Zu den internen Randbedingungen zählen:

- Besatzungsplanung

- Wartungsintervalle und Dauer.

Die externen Randbedingungen sind:

- Zeiten für Bodenabfertigung

- Flugzeiten

- Start- und Landeerlaubnisse.

Die Grundlage für den ersten Entwurf eines neuen Planes bildet der jeweils aktuellste Plan, in den die Vorgaben des Streckenmanagements eingearbeitet werden. Anhand dieses Plans wird der Expansionsbedarf der Flotte präzisiert. Dieser Plan wird dann schrittweise zwischen dem Streckenmanagement und den anderen betroffenen Abteilungen (Werft, Besatzungsplanung) verfeinert und bis zur Einsatzperiode modifiziert. Bestimmte wohldefinierte Planstufen müssen aufbewahrt werden, da sie die Grundlage für Buchungen (erster buchbarer Plan) oder für Ertragsrechnung bilden.

Arbeitsteilung und Kooperation

Um die Arbeitsteilung zu optimieren, ist die gesamte Planungsabteilung in zwei Gruppen aufgeteilt:

- Langfristige Planung

- Kurzfristige Planung.

Diese beiden Gruppen bestehen wiederum aus Gruppen für kontinentale und interkontinentale Flüge. Dementsprechend erfolgt die Arbeitsteilung bei der langfristigen Planung auf der Basis von Flotten (interkontinental, kontinental), bei der kurzfristigen Planung zusätzlich auf der Basis von Planperioden (Sommer-, Winterpläne, Ferienpläne etc.).

Die Planer für die kontinentalen und die interkontinentalen Teilflotten können weitgehend unabhängig arbeiten. Da aber manche Flugzeugtypen sowohl für kontinentale als auch für interkontinentale Flüge eingesetzt werden können, wird die nicht ausgenutzte interkontinentale Kapazität bei kontinentalen Flügen eingeplant.

Mit dem Näherkommen der Einsatzperiode werden die Flugpläne immer häufiger überarbeitet. Typische Planungsprobleme dabei sind:

- Neue Verbindungen einführen/streichen

- Abflugzeiten ändern

- Flug mit einem anderen Flugzeugtyp durchführen

- Häufigkeiten der Flüge ändern

- Flugzeuge freistellen

- Neue Flugzeuge integrieren

- Operationelle Reserve erhöhen bzw.kürzen

- Wartungsreserve erhöhen bzw. kürzen.

Um ein Problem zu lösen, werden dem Streckenmanagement gewöhnlich mehrere Alternativen zur Beurteilung vorgelegt.

Im Rest dieses Berichts wird gezeigt, wie im Projekt EXPERT die oben skizzierte Arbeitsweise der Planer unterstützt wird.

2. Das Plan-Administrator-System

Das Gesamtsystem EXPERT besteht aus mehreren Planungsystemen und einem Plan-Administrator-System oder kurz ADMIN. Die wichtigsten Aufgaben des ADMIN-System sind:

1. Unterstützung der Arbeitsteilung

2. Unterstützung der Kooperation der Planer

3. Unterstützung der Planentwicklung in Stufen

4. Unterstützung von Alternativentwicklungen

5. Verwaltung von Benutzern und Zugriffsrechten

6. Kommunikation zu den Planinformationssystemen der DLH.

Unterstützung der Arbeitsteilung und Kooperation in ADMIN

Das ADMIN-System erlaubt, die Organisation der Planungsabteilung nachzubilden. Die Benutzer des ADMIN-Systems können in Gruppen zusammengefaßt werden, die ihrereseits andere Gruppen als Mitglieder enthalten, so daß eine Gruppenhierarchie aufgebaut werden kann. Ein Mitglied einer Gruppe wird gleichzeitig s.g. indirektes Mitglied in allen Gruppen, in denen seine Gruppe direktes oder indirektes Mitglied ist.

Aus der Sicht der Planungssysteme befinden sich alle Pläne in einer logischen globalen Datenbank. Jeder Gruppe und jedem Planer wird eine Gruppen- bzw. eine private Datenbank zugeordnet.

Wie im vorigen Absatz kurz dargestellt wurde, bearbeiten Planer unterschiedliche Planausschnitte des Gesamtplanes. Ein Planausschnitt ist ein Flugplan für eine Teilflotte (z.B. eine Teilflotte bestehend aus DC-10, 747 und A-300) und für eine bestimmte Teilperiode (z.B. Ferienplan).

Um einen Planausschnitt zu verarbeiten, muß er zuvor in eine private Datenbank übertragen werden. Die Verarbeitung erfolgt innerhalb einer Planungstransaktion. Eine Planungstransaktion wird als eine Folge von Planungsoperationen definiert, die einen neuen Flugplan von einem konsistenten Zustand in einen neuen konsistenen Zustand überführt. Eine Planungstransaktion ist persistent, d.h. sie bleibt bestehen, auch wenn der Prozeß, der sie initiiert hat, terminiert wurde, oder wenn das System neu gestartet wird. Das Konzept einer Planungstransaktion ähnelt deshalb den Transaktionskonzepten für Entwurfsdatenbanken, wie sie in der Literatur vorgeschlagen worden sind [3, 4, 5, 6, 8,9].

Eine Planungstransaktion wird mit dem Befehl *check-out-segment* initiiert. Dabei wird ein Planausschnitt in eine Gruppen- bzw. eine private Datenbank übertragen. In der privaten Datenbank werden auf diesen Planausschnitt Planungsoperationen angewendet. Jede Planungsoperation wird wie eine gewöhnliche Transaktion implementiert, so daß bei einem eventuellen Systemabsturz lediglich die letzte Planungsoperation verloren geht. Zwar wird eine Planungstransaktion nie selbständig vom ADMIN-System abgebrochen, doch kann der Benutzer ihre Auswirkungen durch den Befehl *undo-check-out* zurücksetzen.

Eine Planungstransaktion stellt die Synchronisationseinheit des ADMIN-Systems dar. Der in eine private Datenbank übertragene Planausschnitt wird im "Ursprungsspeicher" mit einer persistenten Sperre versehen. Es werden zwei Sperrmodi unterschieden:

- exclusive write (xW)

- consistent read (cR)

Der xW-Modus hat die übliche Semantik. Der cR-Modus garantiert, daß während des Lesens keine Änderung des Planausschnitts vorgenommen wird. Die cR-Sperre wird allerdings freigegeben, sobald der Check-Out-Prozess beendet ist. Die cR-Sperre wird auch dann gewährt, wenn der entsprechende Planausschnitt gerade bearbeitet wird, d.h. in xW-Modus gesperrt ist. Ein bearbeiteter Planausschnitt kann mit dem Befehl *check-in-segment* wieder in den Gesamtplan integriert werden.

Das ADMIN-System unterstützt eine kontrollierte Kooperation der Planer. Zwei Mechanismen stehen den Planern zur Verfügung:

- Austausch der Planausschnitte über eine Gruppendatenbank: Dieses Verfahren eignet sich für eine Kooperation innerhalb einer Gruppe. Ein Planausschnitt wird in eine Gruppendatenbank übertragen. Alle Mitglieder der Gruppe können Unterausschnitte dieses Planausschnitts in ihre private Datenbank zur Verarbeitung übertragen. Nach der Bearbeitung kann der Planausschnitt wieder in den Gruppenausschnitt integriert werden. Ein anderes Mitglied der Gruppe kann den so bearbeiteten Ausschnitt für eine weitere Bearbeitung in seine private Datenbank transferieren. Eine ähnliche Art der Kooperation wurde in [8] vorgeschlagen.

- Direkter Austausch von Planausschnitten. Ein Planer kann einen Planausschnitt einem Kollegen zur Verarbeitung mit *lend-segment* ausleihen oder einfach mit *forward-segment* weitergeben. Ein ausgeliehener Planausschnitt muß nach der Verarbeitung mit der Funktion *return-segment* an den ursprünglichen Bearbeiter zurückgegeben werden. Nur dieser kann ihn in den Gesamtplan integrieren (check-in). Ein weitergegebener Planausschnitt kann nach der Bearbeitung direkt in die ursprüngliche Datenbank übertragen werden. Diese Art der Kooperation unterstützt die im ersten Abschnitt skizzierte Zusammenarbeit der kontinentalen und interkontinentalen Flugplanung. Die Abbildung 1 verdeutlicht die Kooperationsmöglichkeiten.

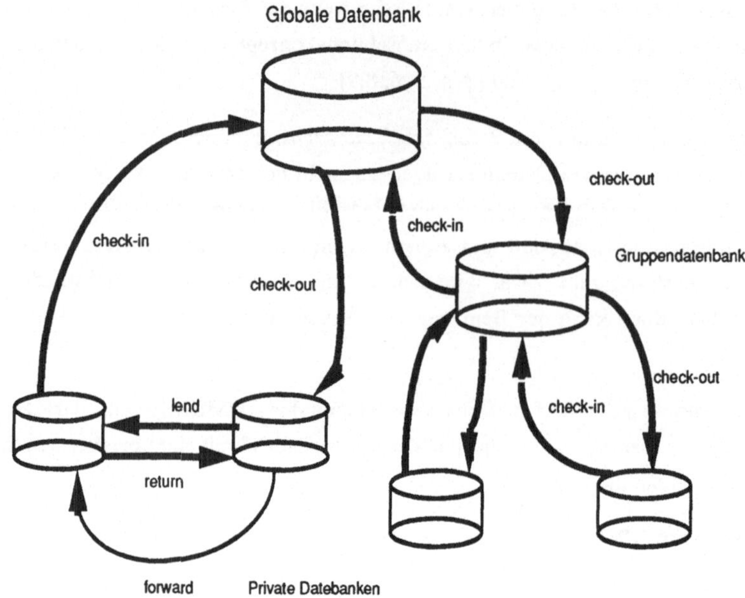

Abb. 1. Kooperationsmöglichkeiten in ADMIN

Dynamische komplexe Objekte

Planausschnitte entsprechen den in der Literatur definierten komplexen Objekten [6,10,11] mit einem wichtigen Unterschied: sie sind dynamisch. Wie bereits erläutert, ist ein Planausschnitt ein Flugplan für eine Unterperiode des Gesamtplans und für eine oder mehrere Teilflotten (eine Teilflotte sind alle Flugzeuge eines Typs). Sowohl die Perioden als auch die Flottenauswahl ändert sich von Planungssitzung zu Planungssitzung. Es ist deshalb nicht möglich, den Aufbau des Planes aus Planteilen beim Datenbankentwurf mit Hilfe einer Teil-von-Beziehung zu definieren.

Planversionen

Ein Flugplan wird in festdefinierten Verfeinerungsstufen entwickelt. Die erste grobe Version eines Plans wird etwa 3 Jahre im voraus erstellt. Dieser Plan wird dann von Stufe zu Stufe weiter verfeinert, bis er beim Erreichen der Einsatzperiode fertiggestellt ist. Wie bereits in Abschnitt 1 erläutert, müssen die Planstufen aufbewahrt werden.

Das ADMIN-System stellt dazu ein Versionenkonzept zur Verfügung, mit dem sich diese Vorgehensweise abbilden läßt. Die Planer erzeugen neue Planversionen, indem sie Planausschnitte aus einer existierenden Version "auschecken" und nach der Bearbeitung zu einer neuen Version zusammenbauen. Zu diesem Zweck wurde ein neuer Check-Out-Modus eingeführt: der Derivation-Modus oder D-Modus.

Dieser Modus signalisiert, daß der ausgecheckte Planausschnitt nach der Bearbeitung in eine neue Version integriert wird. Eine Planversion kann sich in einem der beiden folgenden Zustände befinden: *in-Arbeit* oder *eingefroren*. Eine Version wird eingefroren, sobald ein check-out im D-Modus erfolgt, da eine neue Version vorbereitet wird. Aus einer eingefrorenen Version kann kein check-out inm xW-Modus erfolgen, wohl aber im D-Modus, da dieser zu einer neuen Version führt. Die Unterschiede zu den in der Literatur vorgeschlagenen Konzepten [5,7] liegen darin, daß keine Versionen von Planausschnitten gehalten werden, die zu einem Ganzen konfiguriert werden müssen. Die Planteile werden stets zusammengebaut, und Versionen werden lediglich von den Gesamtplänen gehalten.

Alternativen

Wie im Abschnitt 1 bereits aufgezeigt wurde, bereiten die Planer zu einem Planungsproblem in der Regel mehrere alternative Lösungen vor.

Jede Alternative wird auf ihre Vor- und Nachteile hin untersucht. Das ADMIN-System unterstützt diese Arbeitsweise, indem es erlaubt, von den ausgecheckten Planteilen Alternativen zu erzeugen. Bevor ein *check-in* durchgeführt werden kann, muß eine Alternative ausgewählt werden. Dadurch werden alle übrigen Alternativen verworfen.

Die Abbildung 2. verdeutlicht die Enwicklung eines Planes mit Hilfe von Planversionen, Planungstransaktionen und Alternativen.

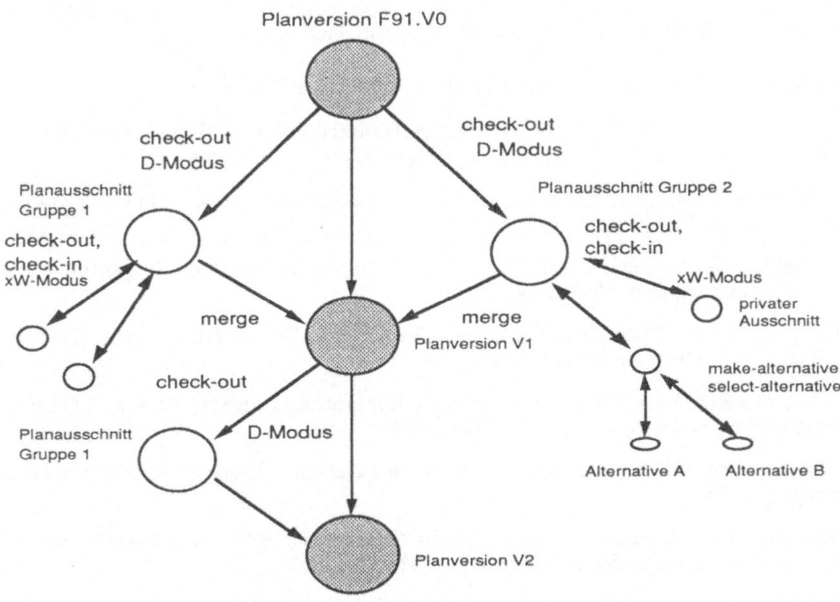

Abb. 2. Entwicklung eines Flugplanes

Hardware- und Software-Plattform

Das ADMIN-System wird auf Symbolics Lisp-Maschinen unter Einsatz der Programmierumgebung GENERA entwickelt. Das gesamte System besteht aus einer Anzahl von Planerarbeitsplätzen, die durch ein lokales Netzwerk mit einem Datenbankserver verbunden sind. Die Programmiersprache ist Lisp mit der objektorientierten Erweiterung CLOS bzw. Flavors. Diese Umgebung wurde gewählt, da sie sich hervorragend für ein prototypisches Vorgehen eignet. Man hat sich für dieses Vorgehen entschieden, da es schwierig ist, das Planungswissen zu formalisieren und die Anforderungen an ein Planungsunterstützungssystem zu Beginn des Projekts festzulegen.

Die Basis des ADMIN-Systems bildet das objekt-orientierte DBMS Statice [12]. Statice fügt sich nahtlos in die Genera-Programmierumgebung ein und unterstützt darüberhinaus das Server-Client-Konzept.

Gegenwärtig wird das Statice-System um eine Versionskomponente erweitert, worauf sich das Konzept der Planungstransaktionen, Versionen und Alternativen stützen wird. Im Verlauf des Projekts wird weiterhin überlegt, welche der in diesem Bericht beschriebenen Merkmale in das Produkt Statice in der Zukunft integriert werden können.

Literatur

1. R. Franken, "Objektorientierte Gestalltung von Planungsunterstützungssystemen für die Produktionsplanung - dargestellt am Beispiel der Kapazitäts- und Flugplanung der Deutschen Lufthansa AG" Wirtschaftsinformatik, 32. Jahrgang, Heft 3, Juni 1990.

2. "Projekt EXPERT Kurzbeschreibung", Lufthansa, Interner Bericht, 1989.

3. W. Kim, R. Lorie, D. McNabb, W. Plouffe, "A Transaction Mechanism for Engineering Design Databases", Proc. 10th Intl. Conf on Very Large Databases, Singapore, 1984.

4. Bancilhon, W. Kim, H. Korth "A Model of CAD Transactions", Proc. 11th Intl. Conf on Very Large Databases, Stockholm, 1985.

5. P. Klahold, G. Schlageter, R. Uhland, W. Wilkes, "A transaction model supporting complex applications in integrated information systems"

6. R. Lorie, W Plouffe, "Complex Objects and Their User in Design Transactions", Proc. SIGMOD Databases for Engineering Design, 1983.

7. K.R. Dietrich R.A. Lorie, "Version Support for Engineering Database Systems", IEEE Transactions on Software Engineering, April 1988.

8. K. Dittrich, "Controlled Cooperation in Engineering Database Systems", IEEE Conf. on Data Engineering, 1987

9. T. Neumann, T.C. Hornung, "Consistency and Transactions in CAD databases", Proc, 8th Intl. Conf. on Very Large Databases, Mexico City, Mexico, 1982.

10. T. Neumann, "On representing the design information in a common database", Proc. SIGMOD Databases for Engineering, Design, 1983.

11. W. Kim, et al, "Composite Object Support in an Object-Oriented Database System", Proc. Object-Oriented Programming Systems, Languages and Applications, Orlando, Florida, 1987.

12. D. Weinreb, N. Feinberg, D. Gerson, C. Lamb, "An Object-Oriented Database System to Support an Integrated Programming Environment", in Data Engineering, IEEE, Computer Society, Vol. 11 No. 2 June 1988

Design eines transportablen natürlichsprachlichen Datenbankzugangssystems

Jörg Noack,[*] Volker Hemmelrath, Mohammed Itani, Sibel Özer
RWTH Aachen
Lehrstuhl für Angewandte Mathematik insbesondere Informatik,
Ahornstr. 55, D-5100 Aachen

Abstract
In dieser Arbeit wird die Konzeption einer natürlichsprachlichen Schnittstelle für relationale Datenbanksysteme vorgestellt. Das System übersetzt nahezu frei formulierbare deutschsprachige Äußerungen in SQL-Statements. Wir skizzieren, wie spezielle Eigenheiten der natürlichen Sprache so behandelt werden können, daß ein Verwendung des Systems in variablen Diskursbereichen bei geringen Akquisitionskosten möglich ist.

1   Einleitung

Im Bereich natürlichsprachlicher Datenbankzugang sind in jüngerer Vergangenheit verschiedene Systeme wie USL (Zoeppritz 84), CO-OP (Kaplan 84), LDC-1 (Ballard et al. 84), ASK (Thompson und Thompson 85), TQA (Damerau 85), HAM-ANS (Hoeppner 86), Q&A (Hendrix 86), TEAM (Grosz et al. 87) oder DATENBANK-DIALOG (Heinz und Matiasek 89) entstanden, die in unterschiedliche Anwendungsbereiche transportiert werden können und damit die Nachteile der dedizierten Systeme aus früheren Jahren vermeiden. Beobachtet man die Entwicklung dieser Systeme, dann lassen sich zwei Tendenzen ausmachen. Zum einen entstehen *transportable Systeme*, die eine Modellierung von variablen Diskursbereichen erlauben. Bei ihnen ist der Typ des Hintergrundsystems festgelegt, d.h. sie dienen nur dem Zweck der natürlichsprachlichen Kommunikation mit Datenbanksystemen (häufig relational). Zum anderen werden *transmutierbare Systeme* (Hoeppner et al. 83) propagiert, die darüber hinaus einen Zugang zu weiteren Hintergrundsystemen (XPS, Büroinformationssystem, etc.) ermöglichen und bei denen das Dialogverhalten dynamisch an die jeweilige Kommunikationssituation angepaßt werden kann.

Da die Techniken, die für spezialisierte Systeme entwickelt wurden, häufig eine automatische Adaption an neue Diskursbereiche ausschließen, ergeben sich bei der Konstruktion von transportablen Systemen vielfältige theoretische und technische Probleme. Die Entwicklung von Architekturen, die eine kostengünstige, konzeptionell einfache und zeitlich begrenzte Akquisition des benötigten Diskursbereichswissens ermöglichen, bildet deshalb einen Schwerpunkt der Forschung in diesem Gebiet. Die zentrale Aufgabe der Übersetzung natürlichsprachlicher Äußerungen in bedeutungsrepräsentierende Strukturen, die auch als *grammatisches Abbildungsproblem* bezeichnet wird (Görz 89), läßt sich nur durch einen komplexen wissensbasierten Prozeß lösen. Neben *allgemeinem Hintergrundwissen* und *diskursbereichsspezifischem Wissen* wird vor allem bei transmutierbaren Systemen auch *dialogbezogenes Wissen* benötigt. Die Schwierigkeiten bei der Entwicklung transmutierbarer Systeme

---

[*]Das Projekt wurde in Teilen vom Landesministerium für Wissenschaft und Forschung in Nordrhein-Westfalen gefördert.

resultieren aus fehlenden Mechanismen zur Repräsentation der Beziehung zwischen Benutzer und System, des Systemverhaltens und der damit verknüpften Konversationsstrategie (Wahlster und Kobsa 89).

In unserem Projekt "Natürlichsprachliche Interaktion mit einem relationalen Datenbanksystem" greifen wir die Forschungsergebnisse in diesen Gebieten auf. Die Arbeit diskutiert in Abschnitt 2 verschiedene repräsentative Probleme des natürlichsprachlichen Datenbankzugangs. In Abschnitt 3 skizzieren wir die Architektur der von uns entwickelten transportablen Schnittstelle NATHAN und gehen dabei auf einzelne Phasen der Übersetzung ein, um die Behandlung dieser Probleme in NATHAN aufzuzeigen.

2 Problemstellung

Die Entwickler natürlichsprachlicher Anfragesysteme sehen sich einer Vielzahl von Problemen ausgesetzt, die aus den inhärenten Differenzen zwischen der pragmatischen Ausrichtung von natürlichsprachlichen und formalen Datenbankanfragen resultieren. Im Gegensatz zu den meisten formalen Sprachen stellt die natürliche Sprache ein breites Spektrum an Ausdrucksmitteln zur Verfügung, um ein bestimmtes Informationsbedürfnis zu formulieren. Wichtig ist deshalb, daß auch eine breite linguistische Überdeckung geboten wird. Sonst wird der Benutzer gezwungen, den eingeschränkten Sprachausschnitt ähnlich wie eine formale Sprache zu erlernen, wodurch die wertvollen Möglichkeiten natürlichsprachlicher Kommunikation verloren gehen. Dasselbe gilt für die semantische Überdeckung, die zudem noch mit der linguistischen in Einklang stehen muß, da es sonst zur *Overshoot/Undershoot-Problematik* (Thompson84) kommt. Wenn das System aufgrund der Unausgewogenheit der Überdeckungen einzelne sinnvolle Fragen nicht beantworten kann, kommt es zur Irritation des Benutzers, die zu einem Vertrauensverlust führt. Als Folge davon stellt der Benutzer nur noch einfache Fragen, die das angebotene Leistungsspektrum der Schnittstelle nicht voll ausschöpfen.

Zu den speziellen Eigenheiten natürlicher Sprache, die sie von den künstlich entstandenen, nach rationalen Gesichtspunkten konstruierten formalen Sprachen abhebt, gehören *Ambiguität* und *Vagheit*. *Ambiguität* liegt vor, wenn ein Wort oder eine Äußerung mehr als eine Interpretation zuläßt. Sie läßt sich nach der sprachlichen Ebene einteilen, in der sie auftritt. So spricht man etwa von *lexikalischer Ambiguität*, wenn ein Wort mehrere Bedeutungen (Polysemie) hat. Ein andere Eigenart von natürlicher Sprache ist das Vorkommen von *Vagheit*. In einer Äußerung liegt Vagheit vor, wenn Aspekte eines Konzepts, das der Sprecher ausdrücken möchte, unspezifiziert bleiben (Kaplan 84). Vagheit in der natürlichen Sprache fokussiert die Diskussion, indem Wichtigeres durch explizite Erwähnung hervorgehoben und Unwichtigeres durch Weglassen in den Hintergrund gestellt wird. Vagheit in Fragen läßt dem Antwortenden oftmals eine gewisse Freiheit bei der Auswahl einer sinnvollen Antwort. Betrachten wir als Beispiel "Wie hoch sind die Nebenkosten in Aachen?". Eine wörtliche Behandlung würde zu einer nutzlosen direkten Antwort führen (hier: Liste von Nebenkosten ohne Information über die jeweils zugehörige Wohnung). Vom Konversationspartner wird Kooperationsbereitschaft erwartet, die sich in einer Angabe von Zusatzinformationen über Wohnungen äußert. Vagheiten in Datenbankfragen werden häufig von diskursbereichsunabhängigen Wörtern wie "in", "von", "mit" oder "haben" verursacht. Diese Wörter liefern zwar auf logischer Ebene eine klare Prädikat-Argumentstruktur, es besteht jedoch Vagheit hinsichtlich ihrer Übersetzung in Datenbankprädikate. Der Gebrauch von Ambiguität und Vagheit ermöglicht eine Reduktion der Wortfülle, er setzt jedoch die Kenntnis des Kontextes beim Zuhörer voraus. Um diese Aspekte in einer natürlichsprachlichen Datenbank-Schnittstelle behandeln zu können, werden Inferenzkomponeten zur automatischen Erschließung der intendierten Lesart benötigt.

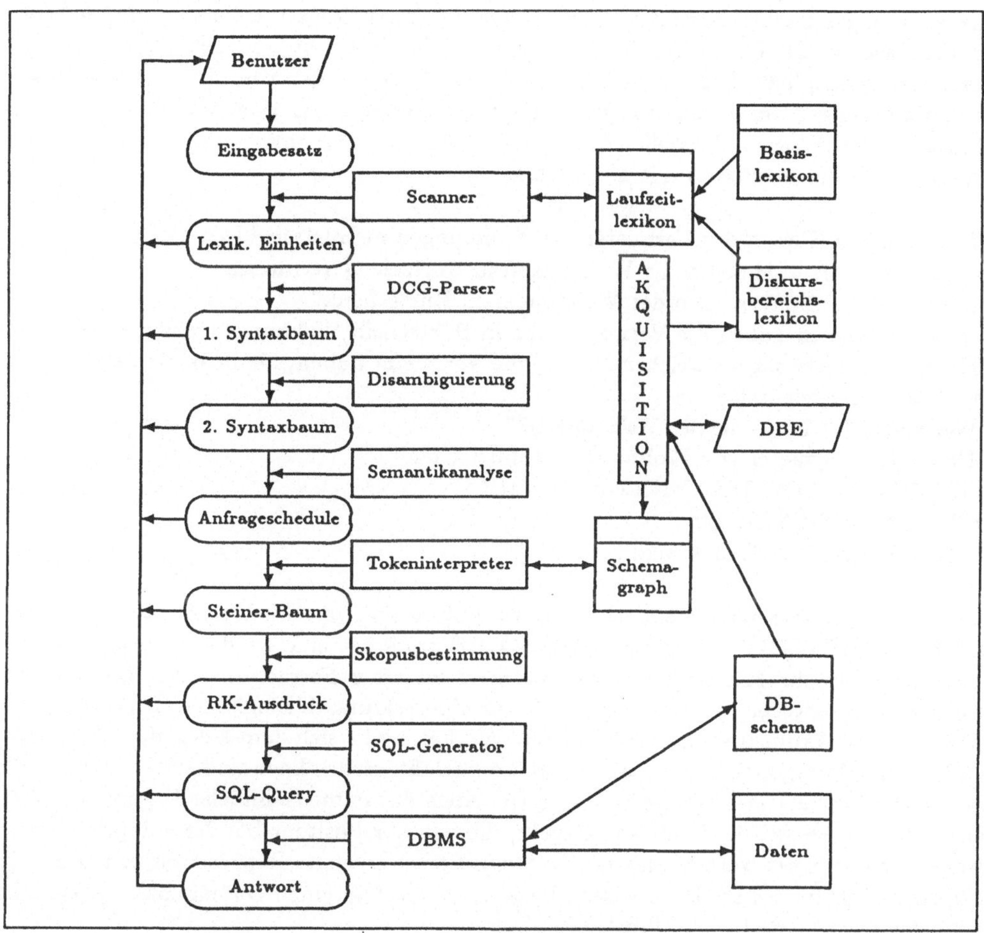

Abb. 1: NATHAN-Systemarchitektur

3   Architektur von NATHAN

Die Systemarchitektur (Abb. 1) des NATürlichsprachlichen Heuristischen ANfragessystems
reflektiert unmittelbar die Zielsetzung der Transportabilität, da während der Akquisition
keine komplexen Übersetzungsregeln definiert werden müssen und da die anwendungsspezifischen Informationen in separaten Dateien isoliert wurden. NATHAN besteht aus zwei Teilen:
der Anfrage- und der Akquisitionskomponente. Bevor NATHAN im Anfragemodus verwendet werden darf, muß das für die Übersetzung benötigte Wissen über den Diskursbereich zur
Verfügung gestellt werden. Hierfür existiert eine menuegesteuerte Akquisitionskomponente,
die mit einem Datenbankexperten (DBE) interagiert. Die Anfragekomponente besteht aus
verschiedenen Modulen, die die Benutzereingabe mit einem sequentiellen Kontrollfluß (Pha-
senmodell) in eine formale SQL-Anfrage transformieren. Nach Einschalten eines Trace-Flags
werden sämtliche Zwischenstufen der Übersetzung präsentiert, so daß das System nicht nur
von laienhaften Benutzern, sondern auch zum Erlernen von SQL verwendet werden kann.

   Die Syntaxanalyse in NATHAN ist als *Definite Clause Grammar* (DCG) (Pereira und
Shieber 87) realisiert. NATHAN behandelt komplexe Nominal- und Präpositionalgruppen,
diskontinuierliche Verbkomplexe (1a), wie sie in deutschen Hauptsätzen auftreten, Rela-

tivsätze, auch in geschachtelter und koordinierter Form, Passivkonstruktionen und freie Wortordnungen, wie sie im Deutschen üblich sind. Hierdurch ergibt sich eine breite Palette an Formulierungsmöglichkeiten. In (1a-g) wird eine Auswahl der von NATHAN verstandenen Formulierungen für einen Informationswunsch gezeigt, der sich durch die einfache SQL-Anfrage in (1h) formal darstellen läßt. Zur Vermeidung von unkooperativen Antworten werden die Werte des Schlüssels mit ausgegeben.

(1a) ”Liste mir die Namen der Vermieter von Wohnungen in Burtscheid auf!”
(1b) ”Wie heißen die Vermieter, die Wohnungen in Burtscheid vermieten?”
(1c) ”Nenne die Vermieternamen der Wohnungen in Burtscheid.”
(1d) ”Welchen Namen haben die Vermieter, die in Burtscheid Wohnungen vermieten?”
(1e) ”Kannst Du bitte sagen, welchen Namen die Vermieter haben, die in Burtscheid
     Wohnungen vermieten ?”
(1f) ”Wer vermietet Burtscheider Wohnungen?”
(1g) ”Name der Vermieter von Wohnungen in Burtscheid!”
(1h) SELECT DISTINCT X0.VNAME, X0.VNR
      FROM VERMIETER X0
      WHERE X0.ORT='Burtscheid';

Für die Komponente der semantischen Interpretation sind verschiedene Ansätze denkbar. So wird bei DB-DIALOG (Heinz und Matiasek 89) zunächst eine an die natürliche Sprache angelehnte logische Form erzeugt, die die Struktur einer Formel über der Sprache der Generalisierten Quantoren hat. Die Vorschrift zur Übersetzung der logischen in Datenbank-Prädikate ist vom Akquisiteur zu spezifizieren. Hierbei ergibt sich zum einen die Schwierigkeit, daß die Abbildung nicht als Isomorphismus aufgefaßt werden kann und zum anderen daß sie von der Struktur der Datenbank abhängig ist. Auch das namensähnliche System NATAN (Eimermacher 85) verwendet komplexe Regeln, die vom Akquisiteur bei der Adaption eines Diskursbereichs definiert werden müssen. Der vom Parser erzeugte Repräsentationsausdruck in der Sprache SRL0 wird in einem wissensbasierten Prozeß in einen Datenbank-orientierten Ausdruck der Sprache SRLq überführt.

Im Gegensatz dazu verzichtet NATHAN auf eine logische Repräsentation, die unabhängig vom Datenbankschema ist. Die Aufgabe des DBE - und damit auch der Transport von NATHAN in neue Anwendungen - vereinfacht sich, da das spezifische Vokabular (Inhaltswörter), das dem Benutzer zur Verfügung gestellt werden soll, direkt auf die elementaren Konzepte des Datenmodells abgebildet wird. NATHAN verlangt vom DBE keine Kenntnisse über die interne Repräsentation von Übersetzungsregeln, sondern lediglich linguistisches Grundwissen und die Kenntnis des konzeptionellen Datenmodells. Zur Adaption neuer Diskurbereiche steht ein menuegesteuertes Werkzeug zur Verfügung, mit dem der DBE bei wechselnder Initiative einen Akquisitionsdialog führen kann.

Die elementaren Konzepte werden durch die internen Bezeichner für Relationen, Attribute und Domains, die auch *Datenbanktoken* heißen, dargestellt. Das Datenbankschema $\mathcal{D}$ wird intern als ein ungerichteter, bewerteter *Schemagraph* $G_{\mathcal{D}} = (V, E, d)$ repräsentiert:

1. Die Knotenmenge V besteht aus der zu $\mathcal{D}$ gehörigen Menge von Datenbanktoken $T_{\mathcal{D}}$.

2. Die Kantenmenge E enthält die Kante $e = \{v_1, v_2\}$, falls entweder
   (a) $v_1 = R_i.A$ ein Attribut und $v_2 = dom(R_i.A)$ der zugehörige Domain ist, oder falls
   (b) $v_1 = R_i.A$ ein Attribut und $v_2 = R_i$ die zugehörige Relation ist. Im Fall (a) heißt
   e *Domainkante* und im Fall (b) *Attributkante*.

3. Die Distanzabbildung $d : E \rightarrow \mathcal{N}$ ordnet einer Attributkante den Wert a und einer Domainkante den Wert μ zu.

Die Inhaltswörter einer natürlichsprachlichen Anfrage markieren bestimmte Knoten dieses Schemagraphen. Die Übersetzung in eine SQL-Anfrage erfordert, daß die beteiligten Attribute, Relationen und Verbindungen bestimmt werden. Da die Knoten, die durch die Inhaltswörter einer Anfrage markiert sind, nicht notwendigerweise eine eindeutige Zusammenhangskomponente innerhalb des Schemagraphen bilden, besteht zum einen das Problem, daß zusätliche Knoten inferiert werden müssen und zum anderen, daß u.U. mehrere Möglichkeiten bestehen, um die markierten Knoten miteinander zu verbinden. Um zusätzliche Interaktionen mit dem Benutzer zu vermeiden, soll bei Existenz mehrerer Verbindungen, eine interne Bewertung vorgenommen werden, wobei nach Möglichkeit diejenigen Teilgraphen priorisiert werden sollen, deren formale SQL-Anfragen, die wenigsten Join-Operationen benötigen. Eine auswählende Bewertung läßt sich dadurch erzielen, daß Domainkanten wesentlich höher als Attributkanten bewertet werden. Es wird also $\mu \gg a$ gewählt. Damit ist das Problem, für die Menge S der markierten Knoten, welche eine Teilmenge der Knotenmenge V des Schemagraphen G ist, eine Verbindungsstruktur minimaler Distanz zu ermitteln, auf das aus der kombinatorischen Optimierung bekannte, NP-vollständige *Steiner-Baum-Problem* zurückgeführt (Karp 72). In NATHAN wird der Algorithmus KMB benutzt, der auf eine Heuristik aus Kou et al. 81 zurückgeht, um einen *Steiner-Baum* zu bestimmen, der die markierten Knoten miteinander verbindet.

Algorithmus KMB
Input: Schemagraph $G_D = (V, E, d)$ und Tokenanfrage S mit $S \subseteq V$
Output: Steiner-Baum B_{KMB}, wobei B_{KMB} Teilgraph von G_D

1. Erzeuge den vollständigen Graphen $G_1 = (V_1, E_1, d_1)$, wobei $V_1 = S$ und $d_1(\{v_i, v_j\})$ für jede Kante $\{v_i, v_j\}$ gleich der Distanz des kürzesten Weges von v_i nach v_j in G_D ist.

2. Berechne einen minimal spannenden Baum G_2 von G_1.

3. Ersetze in G_2 jede Kante $\{v_i, v_j\}$ durch einen kürzesten Weg von v_i nach v_j in G_D und erhalte so G_3.

4. Berechne einen minimal spannenden Baum G_4 für G_3.

5. Streiche in G_4 alle überflüssigen Knoten und Kanten, so daß alle Blattknoten in S vorkommen und erhalte damit $G_5 = B_{KMB}$.

Die einzelnen Typen von Ambiguitäten beeinflussen verschiedene Phasen des Übersetzungsprozesses in NATHAN. Lexikalische Mehrdeutigkeiten, die sich darin äußern, daß ein Wort unterschiedliche Konzepte des Datenmodells referenziert, und syntaktische Mehrdeutigkeiten, wie die Bestimmung des relativischen Anschlusses bei komplexen Nominalgruppen, werden mit Hilfe einer *Schemadistanz-Heuristik* aufzulösen versucht. Das syntaxgesteuerte Verfahren (Noack 89a) vergleicht zunächst die Tokenpaare innerhalb derselben Relation miteinander.

(2) " Zeige den Vermieter von Aachener Wohnungen"

Angenommen die Modellierung des Diskursbereichs sieht in (2) bei "Aachener" vor, daß es sich entweder um einen Wert zum Attribut Vermieterort oder zum Attribut Wohnungsort handelt. Wenn der Abstand im Schemagraphen zwischen den Token für Wohnungsort und

Wohnung kleiner ist als der Abstand zwischen den Token für Vermieterort und Wohnung, weil es sich im ersten Fall um Token derselben Relation und im zweiten Fall um Token unterschiedlicher Relationen handelt, dann kann hier eine automatische Disambiguierung vorgenommen werden.

interne Darstellung   **Determinator-Beispiel**   **Stufe**
all(Ri)   all $i \geq 3$

vorläufige R.K-Formel

ex X_k in $R_k($ J_{Xk} & C_{Xk} & ...

       ex X_i in $R_i(J_{Xi}$ & C_{Xi} & $F_{Xi})$ ...$)$,   wobei

   J_{Xk}: Join-Term, der die Verbindung von R_k nach oben beschreibt

   J_{Xi} : Join-Term, der die Verbindung von R_i zu R_k beschreibt

   C_{Xk} :Konjunktion von Selektionstermen mit Attributen aus R_i

   C_{Xi} : analog für R_i

   F_{Xi} : Konjunktion von Formeln, die mit R_i unterhalb verbunden sind

Ergebnis im RK

$\neg$ ex X_i in $R_i(C_{Xi}$ & F_{Xi} &

     $\neg$ ex X_k in $R_k(J_{Xk}$ & C_{Xk} & ... & J_{Xi} ...$))$

Ergebnis in SQL

```
NOT EXISTS ( SELECT *
        FROM Ri
        WHERE trans(CXi&FXi) AND
            NOT EXISTS ( SELECT *
                    FROM Rk
                    WHERE trans(JXk&CXk&...JXi...) ) ))
```

Abb. 2: Behandlung der Determinatoren in NATHAN

Quantorenambiguitäten, hervorgerufen durch quantifizierende Determinatoren wie z.B. "all" oder "jed", werden in einer späteren Phase der Übersetzung aufzulösen versucht. Neben der syntaktischen Struktur, in der auch die Reihenfolge der aufgetretenen Quantoren festgehalten ist, werden verschiedenene weitere Informationsquellen wie empirisch gewonnene Stärkemaße oder pragmatisches Situationswissen benötigt, um die richtigen Skopus-Entscheidungen zu treffen (Pereira und Shieber 87). Im Gegensatz zu Anfragesystemen wie TEAM (Grosz et al. 87) nutzt NATHAN die Struktur der Datenbank als zusätzliche Informationsquelle bei der Skopusbestimmung aus. Für die quantifizierenden Informationen stehen jeweils mehrere Regeln zur Verfügung, die sukzessive durchlaufen werden. Der Regelinterpreter, der durch PROLOG implementiert ist, arbeitet in Top-Down-Manier. Daher ist es wichtig, daß die plausibelsten Interpretationen zuerst überprüft werden. Verwirft ein Benutzer eine Interpretation, dann wird durch Backtracking nach einer anwendbaren Alternative gesucht. Diese Möglichkeit ist wichtig, weil Quantorenambiguitäten auch vom Menschen häufig nicht eindeutig aufgelöst werden können (VanLehn 78).

(3a) "Welche Wohnungen haben alle Ausstattungsmerkmale ?"

(3b) X1.WNR of X1 in WOHNUNG;

```
      ex X2 in BESITZT( X2.WNR=X1.WNR &
          ex X3 in AUSSTATTUNG( X3.ANR=X2.ANR)) .
(3c)  SELECT DISTINCT X1.WNR
      FROM WOHNUNG X1
      WHERE NOT EXISTS ( SELECT *
                  FROM AUSSTATTUNG X3
                  WHERE NOT EXISTS ( SELECT *
                                  FROM BESITZT X2
                                  WHERE X2.WNR = X1.WNR
                                  AND X2.ANR = X3.ANR ));
```

Die einzelnen Regeln werden auf existentiell quantifizierte Ausdrücke (3b) einer dem mehrsortigen Relationenkalkül (RK) ähnlichen Sprache (Noack 89b) angewendet, die die quantifizierenden Informationen, welche von der semantischen Analyse bestimmt wurden, noch nicht repräsentieren. Die Frage, ob eine Regel feuern kann, hängt u.a. von der Stufe der Verschachtelung ab, auf der sich die quantifizierte Relation im vorläufigen RK-Ausdruck befindet (hier: i=3). Durch Anwendung der Regel in Abb. 2 auf (3b) kann die Datenbankfrage in (3a) zunächst in eine DB-orientierte logische Form übersetzt werden, die schließlich in die formale SQL-Anfrage (3c) überführt werden kann.

4 Testergebnisse und Ausblick

Zur Validierung der verwendeten Konzepte wurde NATHAN in unterschiedliche Diskursbereiche (Abb. 3) transportiert und mit verschiedenen Anfragen, die einerseits linguisitische Phänomene und andererseits komplexe logische Verknüpfungen enthielten, erfolgreich getestet.

Diskursbereich	Wohnungsmarkt	Auftragswesen	Unternehmen
Anzahl der Attribute	50	16	11
Diskursbereichslexikon	240	175	190
Basislexikon	380	380	380
Akquisitionsdauer	8h	5h	6h

Abb. 3: Transportdaten

Eine repräsentative Auswahl an Protokollen, die auch die einzelnen Zwischenstufen der Übersetzung zeigen, befindet sich in Noack 89b. Wir arbeiten momentan an einer Portierung auf eine SUN4/330 unter X-Windows mit Anschluß an INGRES. Dabei ist eine Erweiterung des Systems vorgesehen, um auch Dialoge und natürlichsprachliche Updates behandeln zu können.

5 Literatur

Ballard, B.W., J.C. Lusth, N.L. Tinkham (1984): A Transportable, Knowledge-Based Natural Language Processor for Office Environments, ACM Trans. Office Information Systems, 1–25

Damerau, F.J. (1985): Problems and Some Solutions in Customization of Natural Language Database Front Ends, ACM Trans. Office Information Systems, 3(2), 165-184

Eimermacher, M. (1985): NATAN - Natürlichsprachliche Anfrageschnittstelle für verteilte Datenbanksysteme, KIT-Report 27, TU Berlin

Görz, G. (1989): Wissensrepräsentation und die Verarbeitung natürlicher Sprache, Informationstechnik 31, 155 – 166

Grosz, B.J., D.E. Appelt, P.A. Martin, F.C.N. Pereira (1987): TEAM: An Experiment in the Design of Transportable Natural-Language Interfaces, Artificial Intelligence 32, 173–243

Heinz, W., J. Matiasek (1989): Die Anwendung Generalisierter Quantoren in einem natürlichsprachigen Datenbank-Interface, in J. Retti, K. Leidlmair (Hrsg.): 5.Österreichische Artificial-Intelligence-Tagung, IFB 208, Springer Verlag, 124–133

Hendrix, G.G. (1986): Q&A: Already a Success?, Proc. 11th Conf. Computational Linguistics, Bonn, 164–166

Hoeppner, W., T. Christaller, H. Marburger, K. Morik, B. Nebel, M. O'Leary, W. Wahlster (1983): Beyond Domain-Independence: Experience with the Development of a German Language Access System to Highly Diverse Background Systems, Proc. Int. Joint Conf. Artificial Intelligence, Karlsruhe, 588–594

Hoeppner, W., K. Morik, H. Marburger (1986): Talking it Over: The Natural Language Dialog System HAM-ANS, in L. Bolc, M. Jarke (eds.): Cooperative Interfaces to Information Systems, Springer Verlag, Berlin 1986, 189–258

Kaplan, S.J. (1984): Designing a Portable Natural Language Database Query System, ACM Trans. Database Systems 9(1), 1–19

Karp, R.M. (1972): Reducibility among Combinatorial Problems, in R.E. Miller, J.W. Thatcher (eds.): Complexity of Computer Computations, Plenum Press, New York, 85–103

Kou, L., G. Markowsky, L. Berman (1981): A Fast Algorithm for Steiner Trees, Acta Informatica 15, 141–145

Noack, J. (1989a): Kontextdisambiguierung in natürlichsprachlichen Anfragen an relationale Datenbanken, in H. Burkhardt, K.H. Höhne, B. Neumann (Hrsg.): Mustererkennung 1989, IFB 219, Springer Verlag, 512–517

Noack, J. (1989b): NATHAN: Ein transportables Front-End zur Interpretation deutschsprachiger Anfragen an ein relationales Datenbanksystem, Dissertation, RWTH Aachen

Pereira, F.C.N., S.M. Shieber (1987): PROLOG and Natural-Language Analysis, CSLI Lecture Notes 10, Chicago University Press, Stanford

Thompson, C.W. (1984): Using Menu-Based Natural Language Understanding to Avoid Problems Associated with Traditional Natural Language Interfaces to Databases, Ph.D. Dissertation, Dep. Computer Science, University of Texas, Austin

Thompson, B., F. Thompson (1985): ASK is Transprotable in Half a Dozen Ways, ACM Trans. Office Information Systems 3(2), 185–203

VanLehn, K.A. (1978): Determining the Scope of English Quantifiers, AI-TR-483, AI Lab., MIT

Wahlster, W., A. Kobsa (1989): User Models in Dialog Systems, in W. Wahlster, A. Kobsa (eds.): User Models in Dialog Systems, Springer Verlag, Berlin, 4–34

Zoeppritz, M. (1984): Syntax for German in the User Speciality Language, Niemeyer, Tübingen

Eine funktionale Transformationssprache zur Integration heterogener Datenbestände

Axel Perkhoff

Freie Universität Berlin

e-mail: perkhoff@fubinf.uucp

<u>Zusammenfassung:</u> Daten werden seit Jahren in Datei- und Datenbanksystemen unabhängig verwaltet. In vielen EDV-Anwendungen ist es wünschenswert, über eine logische Sicht auf verschiedene externe Daten zuzugreifen. Wir entwickeln eine integrierende deskriptive Sprache, um weitgehend beliebige Datenbestände in eine funktionale logische Datensicht zu transformieren. Geowissenschaftliche Arbeiten sind ein Beispielanwendungsgebiet für unsere Entwicklungen.

1 Einleitung

Ziel einer logischen Integration ist die Entwicklung einer einheitlichen Schnittstelle zu existierenden heterogenen Datenbeständen. Die vom Anwender sichtbaren Daten sind das Ergebnis einer Folge von Transformationen aus Daten externer Datenbestände. Die räumliche Verteilung, strukturellen Unterschiede (Datenmodelle) und verschiedenen Datenzugriffsoperationen (im Fall eines DBMS Datenmanipulationssprache) unterschiedlicher Datenbestände bleiben dem Anwender verborgen.

Die Entwicklung einer einheitlichen Schnittstelle zu verschiedenen Datenbeständen erfordert ein globales Datenmodell, in dem die verschieden modellierten Datenbestände abgebildet werden. Um Daten weitgehend beliebiger Basisdatenbestände in Daten einer anforderungsbezogenen Sicht zu transformieren, ist die Entwicklung einer Sprache (Transformationssprache) erforderlich. Neben der Datenmodellierung und der Datentransformation (statischer Aspekt) ist die Bearbeitung und Übersetzung von Anfragen in verschiedene Basisanfragesprachen von großer Bedeutung (dynamischer Aspekt).

Dieser Artikel grenzt zunächst bisherige Verfahren der logischen Integrationvon unserem Integrationsansatz ab. Im Kapitel 2 wird das globale Datenmodell vorgestellt. Anschließend wird unser Ansatz zur logischen Integration an einem vereinfachten Geo-Beispiel vorgestellt. Der dynamische Aspekt der Anfragebearbeitung wird im abschließenden Kapitel behandelt.

1.1 Abgrenzung zu bisherigen Arbeiten

Bisherige Transformationssprachen [DaHw 84], [MaEf 84], [Mot 87] lösen vorrangig Modellierungskonflikte zur Beschreibung einer integrierten Sicht aus mehreren meistens zwei lokalen Schemata. Es hat sich jedoch gezeigt, daß eine integrierte Sicht nicht ausschließlich auf der Basis syntaktischer (struktureller) Merkmale herbeigeführt werden kann. Die Transformation von Daten erfordert eine leistungsfähige Transformationssprache zum Verdichten, Abstrahieren und Vereinigen von Datenmengen externer Datenbestände, wie es am Beispielanwendungsgebiet der Geowissenschaften exemplarisch deutlich wird. Die Erweiterung einer existierenden integrierten Sicht um Daten eines zusätzlichen Datenbestandes ist bei bisherigen Sprachen nur mit einer erneuten Sichtendefinition möglich.

Objektorientierte Ansätze [HeNi 89], [CoLy 88], [BNPS 89] besitzen keine Transformationssprache und führen keine Schemaintegration durch. Sie beschreiben Objektklassen, wobei die Daten externer Datenbestände als Objekte dieser Klassen eingebunden werden.

Eine Datensicht in FGD (Funktionales Globales Datenmodell) besteht aus einer Datentypdefinition und aus mehreren voneinander unabhängigen Transformationsdefinitionen zu verschiedenen Datenbeständen, d.h. jede Transformation beschreibt hierbei eine Abbildung von einer Datenrepräsentation eines Datenbestandes in die anforderungsbezogene Sicht. Eine bereits existierende Datensicht ist additiv um zusätzliche Transformationsbeschreibungen zu weiteren Basisdatenbeständen ergänzbar, ohne dabei die bereits vorhandenen Abbildungsbeschreibungen ändern zu müssen. Mit der Trennung der Datentypdefinition von der Transformationsbeschreibung sind Datensichten von der Repräsentation existierender Basisdaten unabhängig. Erst die Transformationsbeschreibung bildet eine Menge von Daten der Basisdatenbestände in Daten der Datensicht ab. Eine Änderung der Basisrepräsentation hat insofern nur ändernden Einfluß auf die Transformationsbeschreibung und nicht auf die Struktur der Datensicht.

2 Grundzüge des Funktionalen Globalen Datenmodells (FGD)

Die Mächtigkeit des Systems zur logischen Integration heterogener Datenbestände ist vom Sprachkonzept der Datentransformationssprache abhängig. Hierbei bieten funktionale Programmiersprachen die Möglichkeit, Datentransformationen deskriptiv mit Funktionen zu beschreiben. Weiterhin sind funktionale Programmiersprachen mit ihren Konzepten geeignet, um Datenbanksprachen homogen einzubetten. Listenverarbeitende Funktionen höherer Ordnung beschreiben Operationen auf Datenmengen, wie sie in Datenbanksystemen vorliegen. Sie sind mit beliebigen benutzerdefinierten Funktionen und Funktionen der Sprache nicht mehr voneinander unterscheidbar (homogen) in einem Anfrageausdruck anwendbar.

2.1 Datentypen und Datentypkonstruktoren

FGD ist ein streng getyptes funktionales Datenmodell und ist an der Arbeit von [AGOP 88] angelehnt. Wir unterscheiden zwischen Basisdatentypen und benutzerdefinierten Datentypen. Als Basisdatentypen werden eine begrenzte Anzahl von Datentypen angeboten (Integer, Real, Bool und String). Als Datentypkonstruktoren gibt es den Listen- und den Recordkonstruktor, die im folgenden mit spitzen Klammern (<...>) bzw. mit eckigen Klammern ([...]) notiert werden. Die Datentypkonstruktoren sind in FGD orthogonal zueinander, d.h. jeder Typkonstruktor kann jeden Datentyp verwenden. Ein Beispiel von Typdefinitionen ist:

```
type punkt      = [ X-Koord : INT , Y-Koord : INT]
type linie      = <punkt>
type karten-typ = [    identifikat  : STR ,
                       bezeichner   : STR ,
                       grenzen      : <linie> ,
                       gr-stellen   : <punkt> ,
                       grenzt-an    : <karten-type> ]
```

Im obigen Beispiel ist *punkt* ein Recorddatentyp mit den Attributen *X-Koord* und *Y-Koord*. Der Datentyp *linie* ist als eine Liste mit dem Listenelementdatentyp *punkt* modelliert. Der Datentyp *karten-type* ist ein Record-Datentyp mit fünf Attributen. Der Datentyp zum Attribut *grenzt-an* ist eine Liste, wobei der Listenelementdatentyp der äußere definierende Datentyp ist.

Die Definition eines Typs mit dem Datentypkonstruktor Record erzeugt eine Struktur und Funktionen zum Attributzugriff. Die Funktionbezeichner sind identisch mit den Attributbezeichnern der Struktur und erwarten als Argument ein Objekt der Recordstruktur.

2.2 Funktionen auf FGD-Datentypen

2.2.1 Basisfunktionen

Wir unterscheiden Funktionen auf Basisdatentypen und auf benutzerdefinierten Datentypen. Funktionen auf Basisdatentypen sind Vergleichsfunktionen beispielsweise '=', '<>', '>' und '<' sowie Logikfunktionen beispielsweise 'AND', 'OR'und 'NOT' und arithmetische Funktionen z.B. 'ADD' und 'SUB'. Funktionen auf Zeichenketten sind beispielsweise 'SUBSTRING' und 'CONCAT'. Desweiteren existieren Standardfunktionen auf Listendatentypen wie 'FIRST', 'LAST', 'APPEND' und 'EMPTY', die nicht näher erläutert zu werden brauchen.

2.2.2 Listenfunktionen höherer Ordnung

Die im folgenden beschriebenen Funktionen auf Listen sind polymorphe Funktionen, d.h. sie arbeiten auf Listen mit beliebigen Elementdatentyp. Zur Spezifikation der Funktionen benutzen wir Datentypvariablen, die Stellvertreter für einen konkreten Datentyp sind. Die Notation der Typvariablen erfolgt mit Buchstaben des griechischen Alphabets (α, β, etc.).

Die *Map*-Funktion hat als Argumente eine Funktion α -> β und eine Liste $<\alpha>$. Sie iteriert über die Eingabeliste, wobei jedes Element der Eingabeliste durch Anwendung der Funktion α -> β in ein Element des Typs β der Ausgabeliste $<\beta>$ transformiert wird.

$$\text{MAP} \quad (\alpha -> \beta) \text{ x } <\alpha> -> <\beta>$$

Die *Filter*-Funktion filtert eine Liste $<\alpha>$ unter Angabe einer boolschen Funktion α -> Bool. Das Ergebnis ist eine Liste mit Listenelementen, die der Restriktion genügen und deren Listenelementdatentyp identisch zum Listenelementdatentyp der Eingabeliste α ist.

$$\text{FILTER} \quad (\alpha -> \text{Bool}) \text{ x } <\alpha> -> <\alpha>$$

Die Funktion *Join* bildet das kartesische Produkt von Elementen mehrerer Listen $<\alpha_1> ... <\alpha_n>$.

$$\text{JOIN} \quad < <\alpha 1>, ..., <\alpha n> > -> <[\alpha 1, ..., \alpha n] >$$

Der Datentyp der Eingabelisten ist beliebig und nicht wie üblich auf Recorddatentypen beschränkt. Das Funktionsergebnis ist eine Liste, wobei die Listenelemente vom Datentyp Record $[\alpha_1, ..., \alpha_n]$ sind. Der Recorddatentyp enthält soviele Attribute, wie Eingabelisten im Join formuliert wurden. Die Attribute des Records haben als Datentyp jeweils den Listenelementdatentyp einer Eingabeliste.

3 Beispiel einer Transformation

Zur Integration verschieden beschriebener Datenbestände ist es notwendig, im ersten Transformationsschritt die Schemata, sofern es sich um DBS-Trägersysteme handelt, im einheitlichen Datenmodell darzustellen. Im zweiten Transformationsschritt findet die Integration statt. Das Ergebnis ist hierbei eine anforderungsbezogene Sicht der Daten. Die Beschreibung einer Transformation besteht in FGD aus Datentyp- und Transformationsdefinitionen.

3.1 Einheitliche Darstellung verschiedener Datenbestände

Datei- und Datenbanksysteme beschreiben ihre Daten mit unterschiedlichen Datentypen. Eine Datei besteht i.d.R. aus einer Menge von Datensätzen gleichen Datentyps. Eine Datenbank in einem DBMS wird mit einer Vielzahl von Datentypen beschrieben. Diese Datenstrukturtypen, seien es Relationen relationaler Datenmodelle oder Segmente hierarchischer Datenmodelle oder auch Objektklassen objektorientierter Datenmodelle beinhalten immer Mengen gleichgetypter Datensätze. Diese Datenmodellierungen müssen im ersten Transformationsschritt in FGD abgebildet werden. Diese erste Phase der Integation wird als Homogenisierung heterogen beschriebener Datenbestände bezeichnet.

Eine einheitliche Darstellung verschiedener Datentypen erfolgt in FGD mit benutzerdefinierten Datentypen und einer Funktionsdefinition, die eine Liste von Elementen des jeweiligen Datenbestands als Ergebnis liefert. In unserem Beispiel ist ein Basisdatenbestand eine relational modellierte Karte mit folgenden Relationen :

```
point       = (p-id, pkt-x, pkt-y, pol-id)
line        = (ln-id, ln-pkt-x, ln-pkt-y)
polygon     = (pol-id, ln-id)
description = (b-id, bezeichner)
```

Jeder Datensatz in der Relation *point* ist ein ausgezeichneter Punkt einer Karte (z.B. Grenzkontrollstelle). Das Attribut *pol-id* in der Relation *point* ist Fremdschlüssel zur Relation *polygon*. Eine Linie besteht aus einer Menge von aneinander grenzenden Punkten, d.h. eine Linie in der Relation *line* ist mit mehreren Datensätzen beschrieben, wobei die X-und Y-Koordinaten jeweils einen Punkt der Linie beschreiben. Zu beachten ist, daß die X- und Y-Koordinaten der Relation *line* keine ausgezeichneten Punkte der Relation *point* sind. Ein Polygon ist mit der Menge von Linien definiert. Für kartenbeschreibende Informationen existiert die Relation *description*. Der Wert einer *b-id* ist entweder eine Punkt-, Linien- oder Polygonidentifikation, der eine textuelle Beschreibung zugeordnet wird. Die relationale Modellierung entspricht der Darstellung in einem existierenden Kartenerstellungs- und -verwaltungssystem.

Für jede Relation wird im ersten Transformationsschritt jeweils ein Datentyp des FGD-Datenmodells definiert. Der Datentyp für die obige Relationen *point* ist :

```
TYPE point = [p-id : STR , pkt-x : INT , pkt-y : INT , pol-id : STR]
```

Für jeden Datentyp wird weiterhin eine Funktion definiert, deren Ergebnis eine Liste von Tupeln der jeweiligen Relation ist. Beispielsweise

```
FUN rel-point ( ) : <point> ::= db-eval (ingres-interface, karte, point)
```

hat als Funktionsergebnis die Menge aller Tupel der Relation *point*, repräsentiert als Liste vom Datentyp *point*. *Db-eval* ist eine Funktion der Sprache FGD, die die operationelle Schnittstelle zu externen Datenbeständen ist. Argumente dieser Funktion sind erstens der Name der jeweiligen DB-Schnittstelle, zweitens der Name der Datenbank und drittens der Name eines externen Datenstrukturtyps (Relationsname). Das Funktionsergebnis ist immer die Datemenge des angegebenen Datenstrukturtyps. Neben dieser Funktion existieren die Funktionen *rel-line*, *rel-polygon* und *rel-description*, deren Ergebnis ebenfalls eine Liste aller Daten der jeweiligen Struktur ist.

Desweiteren existiere ein Datenbestand von Karten, modelliert in einem NF2 -DBMS, beispielsweise mit dem AIM-P Datenbanksystem [Dad 85]. Der Aufbau des Datenstrukturtyps ist in Abb. 1.1. dargestellt.

nf2-karte							
f-id	Bezeichner	Linien			Punkte		
		bez	Koordinaten		p-id	koord-x	koord-y
			X-Koord	Y-Koord			

Abb.1.1. Aufbau der NF2-modellierten Karte

Bei der obigen Kartenmodellierung handelt es sich um einen komplexen Datenstrukturtyp, der sich aus der Schachtelung von Relationen zusammensetzt. Geschachtelte Relationen sind hierbei *Punkte, Linien* und *Koordinaten*, die analog zu der vorherigen relationalen Darstellung modelliert sind. Bei der NF2-Kartenmodellierung wird der Datentyp *nf2-karte* sowie die Funktion *nf2-geo-karte* in FGD definiert. Das Funktionsergebnis der Funktion *nf2-geo-karte* ist eine Liste von Elementen des Datentyps *nf2-karte*.

Mit dem ersten Transformationsschritt sind zum einen die Relationen und die NF2-Kartenmodellierung als Datentypen von FGD abgebildet worden. Zum anderen sind die dazugehörigen Daten als Ergebnis von Funktionen repräsentiert. Im folgenden Transformationsschritt wird die Integration der übersetzten Datenbestände durchgeführt.

3.2 Integration homogenisierter Datenbestände

In unserem Beispiel der relational modellierten Karte wollen wir im folgenden eine anwendungsspezifische, integrierte Sicht der Basisdaten beschreiben. Ausgehend vom ersten Transformationsschritt werden die abgebildeten Daten der Basisdatenbestände in Daten der anforderungsbezogenen Sicht transformiert. Die Struktur der Datensicht ist hierbei mit dem Datentyp (siehe Kap. 2.1) *karten-typ* modelliert. Die Transformation der Daten weist an dieser Stelle eine Datenabstraktion bzgl. der Originaldaten im Attribut *grenzt-an* auf. Die Transformationsbeschreibung der ursprünglichen Daten in Daten vom Datentyp *karten-typ* sieht wie folgt aus:

```
1  FUN rel-karten () : <karten-typ> ::= MAP ( make-karte-obj  set (MAP (pol-id  rel-polygon () )))

2  FUN make-karte-obj (id : STR) : karten-typ ::=
3     [  identifikat  : id ,
4        bezeichner  : first ( karten-beschreib (id) ) ,
5        grenzen     : grenze (id) ,
6        gr-stellen  : grenzstellen (id) ,
7        grenzt-an   : angrenz-flaeche (id) ]

8  FUN karten-beschreib (id : STR) : <STR> ::=
9        MAP (bezeichner FILTER (id = x.b-id x : rel-description () ) )

10 FUN grenze ( id : STR) : <linie> ::=  MAP (make-linie
           MAP (ln-id FILTER (id = x.pol-id x : rel-polygon () ) ) )
```

11 FUN grenzstellen (id : STR):<punkte> ::= MAP (make-pkt FILTER (id = x.pol-id x : rel-point ()))

12 FUN angrenz-flaeche (id : STR) : <karten-type> ::=
13   FILTER ((id <> x.pol-id) AND fl-grenzt-an-fl (grenze (id) grenzen (x.pol-id)
14   x : rel-polygon ())

15 FUN make-linie (id : STR) : linie ::= MAP (make-ln-pkt FILTER (id = x.ln-id x : rel-line ()))

16 FUN make-ln-pkt (l : line) : punkt ::= [X-Koord : l.ln-pkt-x , Y-Koord : l.ln-pkt-y]

17 FUN make-pkt (p : pkt) : punkt ::= [X-Koord : p.pkt-x , Y-Koord : p.pkt-y]

Die erste Transformation (Zeile 1-17) beschreibt die Abbildung der relational modellierten Karte. Ziel ist die mit einer Vielzahl von Datensätzen verschiedener Relationen beschriebene Karte in einen Datensatz des komplexen Datentyps *karten-type* zu transformieren. Neben der Abbildung der relational modellierten Daten, ist die Struktur um das Attribut *grenzt-an* erweitert worden, das nicht explizit als Datum in der Relation festgehalten ist. Die Transformation ist mit neun Funktionen beschrieben, die im folgenden erläutert werden.

Die Funktion *rel-karten* (Zeile 1) hat als Funktionsergebnis eine Liste aller relational modellierten Karten, repräsentiert mit dem Datentyp *karten-type*. Der Rumpf der Funktion besteht aus einer Map-Funktion (Zeile 1), die eine Liste von Polygonidentifikatoren in die Liste der Kartenobjekte mit Hilfe der Funktion *make-karte-obj* transformiert. Die Liste der Polygonidentifikatoren in der Map-Funktion ist das Funktionsergebnis der inneren Map-Funktion (Zeile 1). Die *set*-Funktion (Zeile 1) eleminiert aus einer Liste mehrfach auftretende Listenelemente. Die Funktion *make-karte-obj* (Zeile 2-7) besteht aus einem Recordausdruck (Zeile 3-7). Ein Recordausdruck ist vom Aufbau mit einem Recorddatentypkonstruktor vergleichbar. Die Attribute eines Recordausdrucks werden nicht mit einem Datentyp sondern mit einer Funktion beschrieben (Zeile 3, 4, 5, 6, 7). Diese Funktionen ermitteln den jeweiligen Attributwert eines zu generierenden Elements. Eine Funktion ist hierbei die Funktion *angrenz-flaeche* (Zeile 12-14). Das Funktionsergebnis ist eine Liste aller zu der aktuellen Karte benachbarten Karten. Ein Restriktionskriterium (Zeile 14) ist eine benutzerdefinierte Vergleichsfunktion *fl-grenzt-an-fl*. Sie prüft, ob zwei Polygone aneinander grenzen.

Die zweite Transformation (Zeile 18-30) beschreibt die Abbildung von Daten der NF2-modellierten Karte in Daten des Datentyps *karten-type*.

18 FUN nf2-karten ( ) : <karten-typ> ::= MAP (geo-karte nf2-geo-karte ())

19 FUN geo-karte (k : nf2-karte) : karten-typ ::=
20   [identifikat : k.f-id ,
21   bezeichner : k.bezeichner ,
22   grenzen   : mk-linien (k.linien) ,
23   gr-stellen   : MAP (mk-punkt k.punkte) ,
24   grenzt-an   : nachbarn (k)]

25 FUN mk-linien (linien : <[bez : STR , koordinaten : <[X-Koord : INT , Y-Koord : INT]>]>)
26   : <linie> ::= MAP (koordinaten linien)

```
27  FUN mk-punkt  (p : [p-id : STR ,  koord-x : INT ,  koord-y : INT] ) : punkt ::=
28          [X-Koord  : p.koord-x  ,  Y-Koord  : p.koord-y]


29  FUN  nachbarn  (k : nf2-karte) : <karten-type>  ::= FILTER ( (k.f-id <> x.f-id) AND
30              fl-grenzt-an-fl (mk-linien (k.linien)  mk-linien (x.linien)))
```

Der übersetzte Datenstrukturtyp ist bereits ein komplexer Datentyp. Die Transformationsbeschreibung besteht aus fünf Funktionen. Die Map-Funktion (Zeile 18) transformiert die Liste von Elementen mit der Funktion *geo-karte* in eine Liste von Elementen des Datentyps *karten-typ*. Die Funktion *geo-karte* (Zeile 19-24) besteht aus einem Recordausdruck.

Die Integration von Daten verschiedener autonom verwalteter Datenbestände ist im einfachsten Fall mit Listenverkettungen beschreibbar. Das folgende Beispiel integriert die vorher transformierten Karten.

```
FUN karte  ( ) : <karten-typ> :: =  (APPEND  rel-karten () nf2-karten () )
```

Das Ergebnis der Integration ist eine einheitliche integrierte Sicht der externen Daten durch die Funktion *karte*, die von räumlicher Verteilung und strukturellen Unterschieden (verschiedene Datenmodelle, Datenbankschemata) abstrahiert.

Am obigen Beispiel wird deutlich, daß die zwei Transformationsbeschreibungen (Zeile 1-17 und Zeile 18-30) unabhängig von der Datentypdefinition der anforderungsbezogenen Sicht sind. Weiterhin sind die zwei Transformationsbeschreibungen der Relational- und NF2-modellierten Datenbestände voneinander getrennt. Eine Transformation wird mit Funktionen beschrieben, die i.a. einfach und kurz sind. Es ist offensichtlich, daß weitere Transformationen von zusätzlichen Datenbeständen in Daten der exisitierenden Sicht unabhängig von den bereits vorhandenen Datentransformationen definiert werden können.

Bei den Datentransformationen handelt es sich in den meisten Fällen um Datenabstraktionen, die nicht ausschließlich mit Sprachausdrücken herkömmlicher Datenmanipulationssprachen, in diesem Beispiel SQL oder HDBL, vollzogen werden können. Es wird weiterhin deutlich, daß Funktionen höherer Ordnung, die als Datenbankoperationen verstanden werden, nicht von benutzerdefinierten Funktionen unterscheidbar sind. Es handelt sich somit um eine homogene Einbettung von Sprachkonzepten mengenorientierter Datenmanipulationssprachen mit Sprachkonzepten einer funktionalen Programmierumgebung, die sich beispielsweise als einheitliche logische Schnittstelle zu heterogenen Datenbeständen eignet.

Neben der Definition anforderungsbezogener intergrierter Datensichten sind anwendungsspezifische Funktionen auf Datensichten definierbar. Abschließend wird auf den dynamischen Aspekt der Anfragebearbeitung von Datenanfragen an eine derartige integrierte Datensicht im folgenden Kapitel kurz eingegangen.

4 Ausblick

Anforderungsbezogene Sichten werden i.a. mit einer Vielzahl von Ausdrücken der Transformationssprache gebildet. Eine Anfrage an eine derartige anforderungsbezogene Sicht wird demzufolge im wesentlichen durch Ausdrücke der Transformationssprache ersetzt, die diese Sicht der Daten beschreiben. Es ist offensichtlich, daß derartige 'Programme' nicht vollständig in äquivalente Ausdrücke der Basisanfragesprachen übersetzt werden können. Dies liegt zum einen in der Mächtigkeit der Basissprachen begründet. Zum anderen kann eine Datensicht eine integrierte Darstellung verschiedener Datenbestände sein. Somit muß eine globale Anfrage in mehrere Teilanfragen (globale Anfrageübersetzung) zerlegt werden. Diese globalen Teilanfragen müssen in äquivalente Sprachausdrücke der Basissprachen übersetzt werden (lokale Anfageübersetzung), die auf den verschiedenen externen Datenbeständen ausgeführt werden.

Alle Anfrageauswertungen, die nicht in Ausdrücke der Basissprachen übersetzbar sind, müssen im globalen System ausgewertet werden. Die Ergebnisse der Teilanfragen an verschiedene Datenbestände werden ebenfalls im globalen System zu einem Gesamtergbnis zusammengesetzt.

Eine Anforderung an die Anfrageübersetzung ist eine möglichst maximale Ersetzung von globalen Anfrageausdrücken, im wesentlichen Ausdrücke der Transformationssprache, in äquivalente Anfrageaus-drücke der Basissprachen. Mit einer maximalen Anfrageersetzung werden viele, oftmals aufwendige Anfrageauswertungen unter Ausnutzung der Basisanfragesprachen in den Basisdatenverwaltungssystemen ausgeführt. Das Ergebnis ist eine Minimierung der zu transferierenden Daten und eine Reduzierung der verbleibenden Anfrageauswertungen im globalen System. Vorrangiges Ziel weiterer Arbeiten ist die Entwicklung einer geeigneten Strategie zur Anfragebearbeitung.

5 Literatur

[AGOP 88] A. Albano, F. Giamotti, R. Orsini, D. Pedreschi: The Type System of GALILEO; Topics in Inf. Systems, Data Types and Persistence; M.P. Alkinson, P. Buneman, R. Morrison, Springer verlag 1988

[BGNPS 88] E. Bertino, R. Gagiardi, M. Negri, G. Pelagatti, L. Sbattella: The COMMANDOS Integration system: an object oriented approach to the Interconnection of heterogeneous application; Proc. 2en Int. Workshop on Object-Oriented Databases, Bad Munster am Stein-Ebernburg, FRG, 1988

[CoLy 88] T. Connors, P. Lyngbaek: Providing Uniform Access to heterogeneous Information Bases; Advances in Object-oriented Database Systems, K.R. Dittrich, LNCS 334, Springer Verlag 1988

[Dad 85] P. Dadam: Advanced Information Management Prototype, IBM Deutschland GmbH, TR 86.05.001, 1985

[DaHw 84] U. Dayal, H. Hwang: view definition and generalization for database integration of a multidatabase system, IEEE Trans. Software Eng. Vol.Se-10, 1984

[HeNi 89] M.L. Heytens, R.S. Nikhil: GESTALT An expressive Database Programming System, Sigmod Record, Vol. 18, No. 1, 1989

[LNE 89] J. Larson, S. Navathe, W. Effelsberg: A Theory of Attribute Equivalence in Databases with Application to Schema Integration, IEEE Trans. Soft. Eng., Vol. 15, No. 4, 1989

[MaEf 84] M.V. Mannino, W. Effelsburg: A Methodology for Global Schema Design; UF-CIS Technical Report TR-84-1, Computer and Information Systems Dept. Univ. Florida, September 1984

[Mot 87] A. Motro: Superviews virtual integration of multiple databases, IEEE Trans. Software Eng., Vol. SE-13, No. 7, 1987

Aspekte der Concurrency Control in objektorientierten Datenbanksystemen (Kurzbeitrag)

Thomas Rakow
GMD – Institut für Integrierte Publikations- und Informationssysteme

Post: GMD–IPSI, Dolivostraße 15, 6100 Darmstadt
E-mail: rakow @ darmstadt.gmd.dbp.de

Zusammenfassung

Wir stellen einen Ansatz zur semantischen Concurrency Control in objektorientierten Datenbanksystemen vor, der auf dem Korrektheitskriterium der Serialisierbarkeit basiert. Durch die Nutzung der Informationen des Datenbank-Schemas erreicht unser Ansatz eine weitgehende Adaptierbarkeit der Concurrency Control. Wir nutzen die Verhaltensinformationen, d.h. die Kommutativität von Operationen auf Objekten und die Schachtelung der Aufrufe. Die Information über die Struktur komplexer Objekte wird durch Mehrschichten-Transaktionen und Sperren auf Klassen-Objekten genutzt. Insgesamt ermöglicht unser Ansatz dadurch einen höheren Durchsatz an Transaktionen als vergleichbare Ansätze.

Abstract: Aspects of Concurrency Control in Object-Oriented Database Systems (Short Paper)

We introduce an approach for semantic concurrency control in object-oriented database systems based on the correctness criterion of serializability. An extensive adaptability of concurrency control is enabled by utilizing the information contained in the database schema. We utilize the information about the behavior of operations on objects, i.e. their commutativity and the nesting of activations. Here, a higher degree of parallelism in comparison to more conventional approaches results. We utilize the information about the structure of complex objects using multi-level transactions and locking of class objects. From this, a lower management overhead is achieved. In its whole, our approach provides a higher throughput of transactions than comparable approaches.

1 Einleitung

Ein objektorientiertes Datenbanksystem zeichnet sich durch die Integration eines Datenbanksystems mit einer objektorientierten Programmiersprache aus. Es können Objekte mit komplexen Strukturen und ihre Zugriffsoperationen definiert werden. In konventionellen Datenbanksystemen werden Objekte weitgehend nur mit einfachen Strukturen und Beziehungen beschrieben, und die Art und Weise des Zugriffs ist – über eine generische Datenmanipulationssprache – in den Applikationsprogrammen enthalten. So kann es zur Duplizierung und Inkonsistenz von Zugriffsverfahren kommen. In einem objektorientierten Datenbanksystem wird nicht nur das „*Was*" sondern auch das „*Wie*" beschrieben. Die Objekte der Datenbank werden durch ihre – komplexe – Struktur <u>und</u> die anwendbaren Operationen definiert.

Zur Verwaltung komplexer Objekte wie Dokumente oder Hypertexte wird am Institut für Integrierte Publikations- und Informationssysteme IPSI der GMD das objektorientierte Datenbanksystem VODAK entwickelt. Die VODAK Modeling Language VML [DKT88, Kla90, KNS88] bietet:

- ein objektorientiertes Datenmodell, das Objekte zusammen mit ihren Operationen kapselt,

- Erweiterbarkeit mit Objekttypen, die von den Applikationsprogrammen definierbar sind,

- Konzepte zur Modellierung komplexer Objekte (Tupel, Liste, Menge, Union),

- eine Unterscheidung von Typen zur Vererbung von Struktur und Operationen und von Klassen als Träger semantischer Beziehungen [Neu89],

- Metaklassen zur Anpassung des Modells an spezielle Anforderungen einer Anwendung wie z.B. definierbare semantische Beziehungen zwischen Klassen [Kla90],

- eine einheitliche Datendefinitions-, Datenmanipulations- und Programmiersprache,

Die Concurrency Control sorgt für einen ungestörten und optimalen Ablauf beim gleichzeitigen Zugriff mehrerer Transaktionen auf eine Datenbank. Die Objekte einer objektorientierten Datenbank können aufgrund der applikationsdefinierbaren Struktur relativ groß sein. Daher ist beim gleichzeitigen Zugriff zur Vermeidung vieler Behinderungen ein hoher Parallelitätsgrad erforderlich. Um dieses Ziel zu erreichen, nutzen wir die Semantik des Datenbank-Schemas. Es reicht nicht aus, nur mächtige Modellierungs- und Manipulationskonzepte wie z.B. in Expertensystemen oder semantischen Datenmodellen vorzusehen. Gerade in Datenbanksystemen mit ihrer Vielzahl von Objekten und parallelen Zugriffen kommt es auf ein effizientes Laufzeitverhalten an.

Der hier beschriebene Ansatz zur Concurrency Control nutzt zum einen Information über das Verhalten von Objekten. Durch die Kapselung von Objekten sind die möglichen Operationen eines Objekts bekannt. Die Definition der Kommutativität von Operationen berücksichtigt die für jeden Objekttyp vorhandene semantische Information und führt zu einer geringeren Rate an Behinderungen von Transaktionen. Dieses Prinzip kann wiederum auf die aufgerufenen Operationen angewendet werden. Die Berücksichtigung der Schachtelung der Aufrufe und ihrer Kommutativität führt zu einer gegenüber konventionellen Ansätzen höheren Parallelität. Zum anderen ist die Struktur der komplexen Objekte im Datenbank-Schema beschrieben. Dadurch existieren Restriktionen für die möglichen Zugriffspfade auf die Objekte. Diese Information wird in VODAK durch Mehrschichten-Transaktionen und Sperren auf Klassen-Objekten genutzt und führt zu einem geringeren Verwaltungsaufwand. Unser Ansatz erlaubt eine weitgehende Adaptierbarkeit der Concurrency Control an ein spezielles Datenbank-Schema und ermöglicht dadurch einen höheren Durchsatz an Transaktionen als vergleichbare Ansätze.

Für die Concurrency Control anderer Non-Standard-Datenbanksysteme wird meist nur Strukturinformation genutzt. Einfachstes Beispiel ist die Klassen-Instanzen-Beziehung in Gem-Stone [PeS87] bzw. ORION [KBG89]. AIM-P [Her90] und ORION nutzen zusammengesetzte Objekte für das Einsparen von Sperren. Zum geringeren Teil wird Verhaltensinformation genutzt: durch Erweiterungen der Lese-/Schreibsperren [RRD90, PeS87, UnS89] oder in Verbindung mit Mehrschichten-Transaktionen in DASDBS [Sch90], in einem Ansatz für O2 [CaF90] und im Ansatz von Walter [Wal85]. Eine Concurrency Control für applikationsdefinierte Objekttypen beschreiben [SpS84, Weh89]. Die Schachtelung von Operationen wird in [Weh89] zur Erhöhung der Intra-Transaktionsparallelität berücksichtigt. Unser Ansatz nutzt aus dem Schema eines objektorientierten Datenbanksystems sowohl Struktur- als auch Verhaltensinformation. Zusätzlich erhöht die Berücksichtigung der Schachtelung der Operationen im Gegensatz zu [Weh89] die Inter-Transaktionsparallelität. Der Ansatz ist damit weitergehender als vergleichbare Ansätze für Non-Standard-Datenbanksysteme.

Abschnitt 2 beschreibt die Anforderungen an die Concurrency Control in objektorientierten Datenbanksystemen. In Abschnitt 3 wird unser Ansatz exemplarisch vorgestellt. Abschnitt 4 beschreibt kurz die Entwicklung der Concurrency Control-Komponente von VODAK.

2 Anforderungen

Durch die Eigenschaften objektorientierter Datenbanksysteme ergeben sich neben den bereits in konventionellen Datenbanksystemen bestehenden Anforderungen neue Anforderungen an die Concurrency Control.

Transparenz. Wie bisher in konventionellen Datenbanksystemen sollen die Applikationen vom parallelen Ablauf der Transaktionen abstrahieren können.

Hoher Parallelitätsgrad. Wichtig ist eine möglichst geringe gegenseitige Behinderung der Transaktionen.

Unterstützung des Objektbegriffs. Die Objekte besitzen eine komplexe Struktur und Beziehungen zu anderen Objekten, der Zugriff erfolgt über beim Objekt definierte Operationen. Dies soll die Concurrency Control berücksichtigen.

Adaptierbarkeit. Das Datenbanksystem soll weitgehend an die verschiedenen Datenbank-Schemata adaptierbar sein. Konventionelle Datenbanksysteme nutzen die Semantik von Objekten und Operationen selbst für ihre internen Funktionen, z.B. für die Indexverwaltung von B*-Bäumen. Nun muß aber auch die Berücksichtigung der Semantik von applikationsdefinierten Objekttypen ermöglicht werden. Beispiele für solche Objekttypen sind: Indexe für spezielle Signaturen, Hot Spots [Här88], Klassen-Objekte, Metadaten wie Schema-Beschreibungen, Originale (deren Veränderung nicht erlaubt ist) und Formatierungsbeschreibungen in Textverarbeitungssystemen (die selten geändert werden).

Effizienz. Die Forderung nach Effizienz der Concurrency Control-Komponente des Datenbanksystems besteht auch wie bisher. Es sind jedoch nicht die Maßstäbe wie bei 'high transaction processing'-Systemen anwendbar. Die Tätigkeit des Schreibens von Dokumenten, wie z.B. das Entwickeln von Hypertexten, ist relativ langsam. So kann die Concurrency Control-Komponente für die Erfüllung ihrer Aufgaben, wie z.B. der Erkennung von Konflikten, mehr Zeit beanspruchen als in konventionellen Datenbanksystemen.

3 Ansatz

Serialisierbarkeit ist das Korrektheitskriterium unserer Concurrency Control. Die Begründung dieser Vorgehensweise und die Beschreibung des darauf basierenden Ansatzes bilden den Inhalt dieses Abschnitts.

3.1 Serialisierbarkeit

Eine verzahnte Ausführung der Aktionen mehrerer Transaktionen ist serialisierbar, wenn sie äquivalent zu einer seriellen Folge ist. Äquivalenz bedeutet dabei, daß die Folge sich dort von einer seriellen Folge unterscheiden darf, wo dieser Unterschied keinen merkbaren Effekt verursacht. Dies gilt z.B. für zwei unmittelbar aufeinanderfolgende Lese-Operationen auf einem Objekt oder auch für zwei Increment-Operationen auf einem Zähler [BHG87].

Manche Ansätze zur Concurrency Control in Non-Standard-Datenbanksystemen verzichten auf die Serialisierbarkeit als Korrektheitskriterium, „Nicht-Serialisierbarkeit" wird gefordert [KoS90]. Serialisierbarkeit wird zum einen dabei als zu restriktiv angesehen: auch Objekte, die noch nicht freigegeben sind, sollen für andere Transaktionen sichtbar sein ('uncommitted data'). Zum anderen erlaubt die Serialisierbarkeit keine Synchronisation über Transaktionsgrenzen, z.B. um eine Ausführungsreihenfolge von Transaktionen festzulegen. Konzepte zur *expliziten Synchronisation* sind nicht neu. In parallelen Programmiersprachen können sequentielle Prozesse kooperieren. In Datenbanksystemen konkurrieren jedoch die Transaktionen ohne Kenntnis anderer Transaktionen. Die Konsistenz wird durch *implizite Synchronisation* garantiert.

Wir favorisieren daher Serialisierbarkeit als grundlegendes Korrektheitskriterium: es ist relativ einfach zu definieren und bietet Transparenz vom parallelen Ablauf der Transaktionen. Darauf aufbauend kann ein Modell mit Kooperationsmechanismen entwickelt werden. Auch kooperierende Transaktionen sollen nicht beliebige Zwischenzustände eines Objektes sehen. Welche Zustände eines Objektes sichtbar sein sollen, hängt von Grad der Kooperation ab.

> **Beispiel:** Bei der gemeinsamen Erstellung eines Dokuments durch mehrere Autoren kann das Einfügen von zwei zusammenhängenden Absätzen eine Transaktion bilden. Wenn hingegen über eine Kamera-Verbindung zwischen (zwei) Autoren eine gleichzeitige Absprache der Änderungen möglich ist, kann eine Sicht Buchstabe für Buchstabe sinnvoll sein (*'What you see is what I see'*). Isoliert werden muß diese Art der Kooperation aber beispielsweise von Änderungen Dritter an der Formatierungsbeschreibung des Dokuments.

Unser Serialisierbarkeitsbegriff nutzt die Vorteile, die ein objektorientiertes Datenbanksystem bietet: Verhaltens- und Strukturinformationen. Damit „drehen" wir an zwei „Schrauben" der klassischen Serialisierbarkeitstheorie. Die Annahme, daß keine *Semantik* der Operationen benutzt wird, wird fallengelassen. Die mögliche Parallelität von Operationen beim Zugriff auf komplexe Objekte kann mit der Kommutativität von Operationen definiert werden. Da die Operationen selbst wieder aus (Unter-) Operationen bestehen können, wird auch die Forderung nach der *Ununterbrechbarkeit* der Aktionen aufgegeben. Für die Concurrency Control soll sichtbar sein, daß Transaktionen nicht nur aus unteilbaren Aktionen wie Betriebssystem-Aufrufen bestehen. Die Concurrency Control kann die sich daraus ergebenden Möglichkeiten nutzen, um die Parallelität beim Zugriff innerhalb komplexer Objekte zu erhöhen. Sie muß aber die Atomarität (Isolation) der Aktionen gewährleisten, da sonst dieselben Inkonsistenzen wie bei der Ausführung unsynchronisierter Transaktionen auftreten können. Die Konsistenz der Aktionen kann mit demselben Prinzip erreicht werden wie bei Transaktionen: Serialisierbarkeit.

3.2 Verhaltensinformation

Ein Vorteil der objektorientierten Programmierung liegt in der Kapselung von Objekten. Nur über die beim Typ eines Objektes definierten bzw. ererbten Operationen kann auf dieses Objekt zugegriffen werden. Dieses Wissen erlaubt die Ausführung von im konventionellen Sinn – d.h. nur unter Berücksichtigung der Syntax – nicht-serialisierbaren Operationsfolgen, die aber unter Berücksichtigung der Semantik der Operationen serialisierbar sind.

Beispiel

Eine Liste List besteht aus vier hintereinander verketteten Knoten N1, N2, N3 und N4. List zeigt auf den ersten Knoten der Kette (Abb. 1).

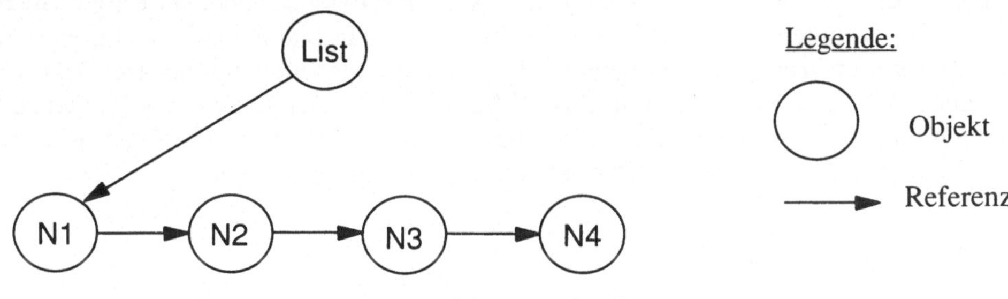

Abb. 1: Liste „vorher".

Folgende drei Transaktionen sollen ausgeführt werden:
- T_1: Ausgeben des letzten Knotens von List.
- T_2: Einfügen von Knoten NM hinter N2 und von NN hinter N3.
- T_3: Ausgeben der ganzen Liste.

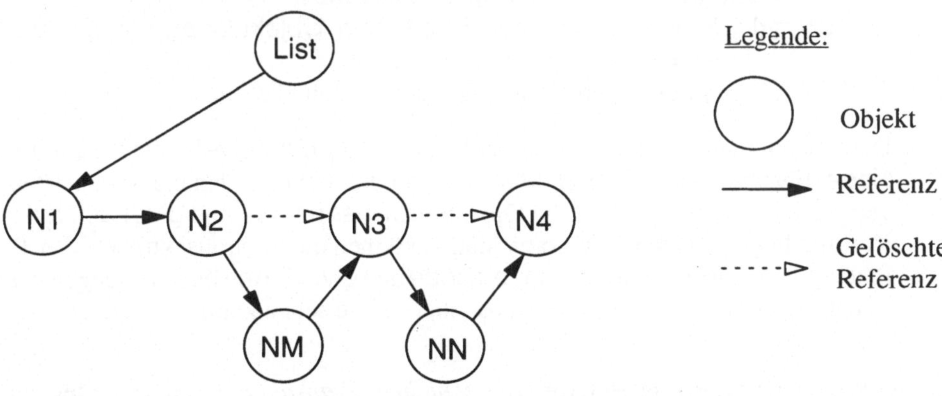

Abb. 2: Liste „nachher".

Abb. 2 zeigt die Liste nach Ausführung der Transaktionen. Die alten Referenzen sind gelöscht, die Knoten NM und NN sind in die Kette eingefügt. Welche Schedules sind nun korrekt? – Für T_3 ist nur der Zugriffspfad über die Liste „vorher" (Abb. 1) oder „nachher" (Abb. 2) möglich. Für T_1 sind aber verschiedene Zugriffspfade auf den letzten Knoten möglich:

{ List → N1 → N2 → NM → N3 oder ...N2 → N3 } und dann weiter
{ N3 → NN → N4 oder N3 → N4 }.

Die Ursache liegt in der Semantik von T_1 begründet, die nur am letzten Knoten interessiert ist. Vermieden werden muß aber, daß T_1 einen inkonsistenten Pfad sieht:

...N2 ─► NM und die Referenz NM ─► N3 ist noch nicht erzeugt.

Dann wird nämlich ein falscher Knoten, hier NM, als letzter Knoten angesehen.

Wir benutzten das Prinzip der *offen geschachtelten Transaktionen* [Wek89]. Eine Transaktion ist ein Folge von Subtransaktionen, die wieder Subtransaktionen aufrufen, bis die Subtransaktionen als Betriebssystem-Aufrufe atomar sind. Bei einer auf einem Sperrverfahren basierten Concurrency Control können Sperren auf einer niederen Abstraktionsebene, die die Konsistenz auf dieser Ebene sicherstellen, am Ende der entsprechenden Subtransaktion freigegeben werden. Auf der höheren Abstraktionsebene werden semantisch „höherwertige" Sperren gehalten. Sie verhindern bei Konflikt den gleichzeitigen Zugriff anderer Transaktionen. Falls die Reihenfolge von in der unteren Ebene erfolgten Änderungen nicht von anderen Transaktionen erkennbar ist , ist der gleichzeitige Zugriff für andere Transaktionen erlaubt. Genau in dem zweiten Fall ergibt sich eine höhere Parallelität als wenn (a) nur Lese-/Schreiboperationen und (b) keine Schachtelung der Operationen berücksichtigt werden.

Beispiel (Fortsetzung)

Ein Ausschnitt der Operationen auf List und N2 soll verdeutlichen, wie ein Sperrverfahren vorgehen kann. Die Transaktionen rufen entsprechende Operationen auf List auf, was wiederum zu Aufrufen auf N2 führt:

T_1 → List.giveLastNode → N2.giveNextNode

T_2 → List.insertNode (N2,NM)* → (N2.giveNextNode; N2.setNextNode)

T_3 → List.giveNodes → N2.giveNextNode

<u>Legende:</u> Syntax für Aktionen: Empfänger-Objekt.Operation (Parameter),

→ = Aufruf einer Subtransaktion,

*) Füge nach Knoten N2 den Knoten NM ein.

Die Operationen auf dem Knoten N2 sind in Konflikt: giveNextNode mit setNextNode. Entsprechende Sperren können somit die Sicht auf den o.a. inkonsistenten Pfad vermeiden. Da aber auf List die Operationen insertNode und giveLastNode nicht in Konflikt liegen – also kommutativ sind –, können die Subtransaktionen von T_1 die o.a. Pfade gehen[1]. Die Operationen insertNode und giveNodes liegen dagegen in Konflikt, so daß T_2 nur die „vorher"- oder „nachher"-Liste sehen kann.

Dieses Prinzip wurde erfolgreich für *Mehrschichten-Transaktionen* angewendet, einem Spezialfall offen geschachtelter Transaktionen [Wal85, Wek87, Wek89, Performance-Untersuchungen in Wek87, BaR90]. Transaktionen bzw. Subtransaktionen sind implementiert durch Aktionen auf einer niedrigeren Abstraktionsschicht. Aufrufe können nur von einer Schicht zur nächsten Schicht erfolgen, insbesondere gehört jedes Objekt zu genau einer Schicht. In einem

---

[1] In *diesem* Falle sind die beiden Operationen nicht in Konflikt. Würde NM nach dem letzten Knoten eingefügt, lägen sie in Konflikt. Die Konfliktdefinition ist in diesem Fall zustandsabhängig.

objektorientierten Datenbanksystem können aber im allgemeinen bestimmte Operationen bzw. Objekte einzelnen Schichten nicht zugeordnet werden. Die Aufruftiefe der Transaktionen kann unterschiedlich sein, und verschiedene Pfade können zu Objekten führen. Die Korrektheit von Schedules in einem objektorientierten Datenbanksystem definiert *objektorientierte Serialisierbarkeit* [RGN90].

3.3 Strukturinformation

VODAK benutzt zur Datenhaltung das Datenbanksystem DAMOKLES [Abr87]. Es besitzt ein um komplexe Objekte und Versionen von Objekten erweitertes Entity-Relationship-Datenmodell. VODAK-Objekte müssen also auf i.d.R. mehrere DAMOKLES-Objekte abgebildet werden. Diese Abbildung erfüllt die o.a. Voraussetzungen für die Benutzung von *Mehrschichten-Transaktionen*. Wird innerhalb von VODAK-Transaktionen ein Objekt aus DAMOKLES benötigt, wird als Subtransaktion eine eigene DAMOKLES-Transaktion aufgerufen. Vorteil ist, daß jede Schicht ihre eigene Concurrency Control-Komponente besitzen kann [Wek89]. So kann die Concurrency Control-Komponente von DAMOKLES verwendet werden. Sie selbst kann wiederum in zwei Schichten aufgeteilt werden: Zugriffe auf DAMOKLES-Objekte und auf Seiten der Pufferverwaltung[2].

Ein anderes Beispiel sind *Klassen und Instanzen*. Klassen sind in VML eigenständige Objekte ('first class objects'), so daß eigene Operationen für Klassen definiert werden können. Oft wird auf alle Objekte einer Klasse zugegriffen, so daß implizite Sperren verwendet werden können. Auch Schema-Evolution (also Änderungen der Klassen-Objekte) kann durch Sperren berücksichtigt werden. Ist sie nicht gewünscht, erzeugt sie aber auch keinen Overhead, da entsprechende Operationen nicht vorhanden sind. Dieses Konzept ist flexibler als z.B. in ORION [KBG89], da dort Schema-Evolution „fest verdrahtet" bei jedem Zugriff auf Klassen-Objekte berücksichtigt wird.

4 Realisierung

Zur Zeit wird VODAK als Prototyp implementiert, eine erste lauffähige Version soll Mitte 1991 verfügbar sein. Die Transaktionsverwaltung mit einem Sperrverwalter realisiert den vorgestellten Ansatz. Eine stufenweise Implementierung wird dabei verfolgt: Lese-/Schreibsperren, operationale Sperren, Berücksichtigung mehrerer Schichten und anderer Strukturinformationen. Diese Vorgehensweise ermöglicht eine vergleichende Untersuchung verschiedener Lösungs- und Implementierungsansätze. Aspekte der Recovery-Problematik in VODAK beschreiben [Wek90, MuR90].

Literatur

[Abr87] Abramovicz, K.; et al.: DAMOKLES – Entwurf und Implementierung eines Datenbanksystems für den Einsatz in Software–Produktionsumgebungen. Software Engineering, S. 2–21 (1987).
[BaR90] Badrinath, B. R.; Ramamritham, K.: Performance Evaluation of Semantics-based Multilevel Concurrency Control Protocols. Proc. SIGMOD 90, 163–172 (1990). In: SIGMOD Record 19, No. 2 (1990).

---

[2]) Diese Aufteilung ist aber für die aktuelle Implementierung nicht vorgesehen.

[BHG87] Bernstein, P. A.; Hadzilacos, V.; Goodman, N.: Concurrency Control and Recovery in Database Systems. Addison-Wesley, Reading, Mass. (1987).

[CaF90] Cart, M.; Ferrié, J.: Integrating Concurrency Control into an Object-Oriented Database System. Proc. EDBT'90. In: LNCS No. 416, Springer, Berlin (1990).

[DE90] Proc. 6th Conf. on Data Engineering, IEEE, Los Alamitos, Ca. (1990).

[DKT88] Duchêne, H.; Kaul, M.; Turau, V.: VODAK Kernel Data Model. Proc. OODBS II. In: LNCS No. 334, Springer, Berlin (1988).

[Här88] Härder, Th.: Handling Hot Spot Data in DB-Sharing Systems. Information Systems 13, No. 2, 155–166 (1988).

[Her90] Herrmann, U.; Dadam, P.; Küspert, K.; Roman, E. A.; Schlageter, G.: A Lock Technique for Disjoint and Non-Disjoint Complex Objects. Proc. EDBT'90. In: LNCS No. 416, Springer, Berlin (1990).

[KBG89] Kim, W.; Bertino, E.; Garza, J. F.: Composite Objects Revisted. Proc. SIGMOD 89, 337–347. In: SIGMOD Record 18, No. 2 (1989).

[Kla90] Klas, W.: A Metaclass System for Open Object-Oriented Data Models. Dissertation, TU Wien, Wien (1990).

[KNS88] Klas, W.; Neuhold, E. J.; Schrefl, M.: On an Object-Oriented Data Model for a Knowledge Base. In: Speth, R. (Ed.): Research into networks and distributed application – EUTECO '88, North-Holland, Brussels, 1163–1175 (1988).

[KoS90] Korth, H. F.; Speegle, G. D.: Long-Duration Transactions in Software Design Projects. In: [DE90], 568–574 (1990).

[Neu89] Neuhold, E. J.; Perl, Y.; Geller, J.;Turau, V.: Separating Structural and Semantic Elements in Object Oriented Knowledge Bases. Proc. of the Advanced Database System Symposium, Kyoto, Japan, 67–74 (1989).

[MuR90] Muth, P.; Rakow, T. C.: Atomic Commitment for Integrated Database Systems. GMD-Arbeitspapiere No. 460, GMD, St. Augustin (1990). Accepted for: Proc. 7th Conf. on Data Engineering, IEEE, Los Alamitos, Ca., (1991).

[PeS87] Penney, D. J.; Stein, J.: Class Modification in the GemStone Object–Oriented DBMS. Proc. OOPSLA 87, 111–117. In: SIGPLAN Notices 22, No. 12 (1987).

[RGN90] Rakow, T. C. ; Gu, J.; Neuhold, E. J.: Serializability in Object-Oriented Database Systems. In: [DE90], 112–120 (1990).

[RRD90] Ranft, M. A.; Rehm, S.; Dittrich, K. R.: How to Share Work on Shared Objects in Design Databases. In: [DE90], 575–583 (1990).

[Sch90] Schek, H.–J.; Paul, H.–B.; Scholl, M. H.; Weikum, G.: The DASDBS Project: Objectives, Experiences, and Future Prospects. IEEE Transactions on Knowledge and Data Engineering 2, No. 1, 25–43 (1990).

[SpS84] Schwarz, P. M.; Spector, A. Z.: Synchronizing Shared Abstract Types. ACM TOCS 2, No.3, 223–250 (1984).

[UnS89] Unland, R.; Schlageter, G.: Ein allgemeines Modell für Sperren in nicht-konventionellen Datenbanken. Proc. BTW'89, 114–118. In: IFB No. 204, Springer, Berlin (1989).

[Wal85] Walter, B.: Multi-level Synchronization and Nested Transactions in Advanced Information Systems. Proc. BTW '85, 336–355. In: IFB No. 94, Springer, Berlin (1985).

[Weh89] Weihl, W. E.: Local Atomicity Properties: Modular Concurrency Control for Abstract Data Types. ACM TOPLAS 11, No. 2, 249–282 (1989).

[Wek87] Weikum, G.: Principles and Realization Strategies of Multi–Level Transaction Management. Technical Report DVSI–1987–T1, TH Darmstadt, FB Informatik (1987). To appear in: TODS.

[Wek89] Weikum, G.: Das aktuelle Schlagwort: Geschachtelte Transaktionen. Informatik-Spektrum 12, No. 4, 102–104 (1989).

[Wek90] Weikum, G.; Hasse, C.; Brössler, P.; Muth, P.: Multi-Level Recovery. Proc. 9th PODS, ACM Press, New York, NY, 109–123 (1990).

Object model query language -
eine objektorientierte Erweiterung des Relationenmodells

D. Ranglack
Hochschule für Architektur und Bauwesen Weimar
Sektion Mathematik und Informatik
Karl-Marx-Platz 2
O-5300 Weimar

Zusammenfassung

Die Arbeit befaßt sich mit det Integration von Daten- und Wissensverwaltungsoperatoren (OMQL) in höhere Programmiersprachen. Über einer Menge von Relationen wird eine netzförmige Struktur definiert, die die Verwaltung komplexer Objekte so unterstützt, daß auf alle Bestandteile eines Objektes, die atomar (ohne Beziehungen zu anderen Objekten) in verschiedenen Relationen abgelegt sein können, gemeinsam zugegriffen werden kann. Damit wird es im Gegensatz zum Relationenmodell möglich, die Struktur komplexer Objekte direkt auf dem Datenmodell abzubilden. Dadurch entfällt die Notwendigkeit, Beziehungen zwischen Objekten durch Prozeduren zu modellieren. Indem die Komplexität von Objekten mit den Mitteln des Datenmodells beschreibbar ist, ergeben sich neue modellinhärente Möglichkeiten für die Überwachung der logischen Intergrität. Dazu werden für jeden Objekttyp Regeln in Form von Transaktions- bzw. Triggerprozeduren vereinbart, die über die Integritätssicherung hinaus auch das Verhalten der Objekte abbilden können.

1. Einleitung

Die Entwicklung leistungsstärkerer, intelligenterer CAD- und CAE-Systeme für das Bauwesen, die auch zur Integration der Prozesse der Bauvorbereitung beizutragen in der Lage sind, wird durch das Fehlen geeigneter Konzepte für die Datenverwaltung gehemmt. Die Kopplung von Systemen über ein zentrales Produktmodell, aus dem heraus diese Programme mit Daten versorgt werden und an das sie gegebenenfalls Daten übergeben, erfordert zum einen die Entwicklung immer neuer Prä- und Postprozessoren und zum anderen Mechanismen zur Sicherung der logischen Integrität des Produktmodells. In /GI89/ wird eine entsprechende Architektur für CAD-Systeme der Zukunft vorgestellt, aus der die zentrale Bedeutung eines gemeinsamen Datenmodells vor allem für die Anpassungs- und Bereitstellungsebene deutlich wird. Auf der Anpassungsebene sind die Voraussetzungen zur Erzeugung privater Datenbasen (Partialmodelle) für die einzelenen Teilprozesse zu schaffen. Auf der Bereitstellungsebene muß ein Werkzeugkasten für die Handhabung komplexstrukturierter Objekte zur Verfügung stehen, der die Anbindung geeigneter Applikationen über deren Produktmodelle ermöglicht.

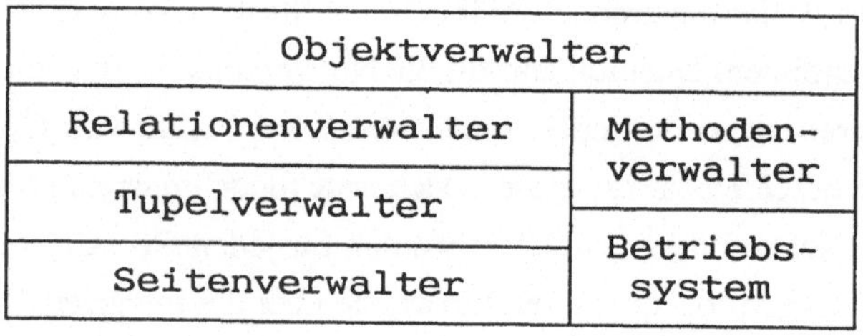

Objektverwalter	
Relationenverwalter	Methoden- verwalter
Tupelverwalter	
Seitenverwalter	Betriebs- system

Abb. 1: Zusatzebenenarchitektur

Aus der in /Ra90/ vorgenommenen Klassifizierung der Planungsdaten in High- und Low-Level-Blöcke wird in dieser Arbeit eine objektorientierte Erweiterung des Relationenmodells entwickelt. Die gegenwärtige Realisierung als Zusatzebene einer relationalen Datenbank (Abb. 1.) entspricht der Intention des Autors auf leistungsfähige Basiswerkzeuge moderner Datenbanktechnologie zurückzugreifen. Mit der Sprache OMQL wird eine Schnittstelle zu diesen Werkzeugen definiert, um auch neue Entwicklungen und Konzepte /Mi88/ der Datenbanktechnologie für OMQL- Anwendungen verfügbar zu machen.

Um den sich im Verlaufe des Planungsprozesses ändernden Anforderungen an die Datenverwaltung Rechnung tragen zu können, unterstützt diese SQL- ähnliche Sprachschnittstelle zum Datenmodell nicht nur die Entwicklung von integritätssichernden Check-out- und Check-in-Prozessoren, sondern auch dynamische Schemamanipulationen.

2. Ein Datenmodell zur Integration der Prozesse der Bauwerksplanung

Ein Bauwerk kann als eine Aggregation vielfältiger Bestandteile (Ziegel, Bewehrungsmatte, Trägeranschluß,..) unterschiedlicher Komplexität interpretiert werden. Zum einen können diese Bestandteile zu Objekten komplizierterer Struktur (Fundament, Stütze, Wand,..) aggregiert werden und zum anderen mit anderen Objekten assoziiert sein (Fluchtweg, Raum, Kostenstelle..). Diese Objekte werden im R-3 positioniert. Es existiert demnach sowohl eine Aggregations- als auch eine Assoziationshierarchie /DHMM/, die in geeigneter Weise auf Datenstrukturen abzubilden ist.

Da sich das Relationenmodell für die Abbildung von in der Regel durch Produktkataloge oder Standards beschriebenen, wenig strukturierten Elementen als geeignet erwiesen hat, wird der Ansatz nach Codd /Co70/ zur Beschreibung dieser Elemente, in /Ra90/ Low-Level-Blöcke (LL-Blöcke) genannt, herangezogen. Gesichert ist außerdem, daß diese Elemente während der Planung keinen Modifikationen unterliegen und nur ihre Position und Anzahl für das konkrete Bauwerk relevant sind. In einer Datenbasis reichen demnach logische Verweise auf diese, aus pragmatischen Gründen atomisierte Elemente aus.

High-Level-Blöcke /Ra90/ (HL-Blöcke) beschreiben die Zusammenhänge und Beziehungen (Aggregationen und Assoziationen) zum einen zwischen den LL-Blöcken und zum anderen zwischen den auf deren Basis aggregierten HL-Blöcken. Diese Strukturinformationen werden in den Tabellen H-BLOCK und **REFERENZ** (Abb. 2) für alle Instanzen aller Klassen einer Datenbasis verwaltet. Außerdem sind alle HL-Blöcke Träger weiterer Informationen in Form von Attributen, die in der Tabelle **ATTRIBUTE** (Abb. 2) gespeichert werden. Deren Vereinigung mit den Strukturinformationen und der Folienzuordnung (siehe unten) des Objektes führt zu den in Abs 4. a) beschriebenen relationenähnlichen Datenstrukturen.

Die komplexe Objektstruktur eines Bauwerkes wird durch ein Netz gerichteter Kanten mit einer Wurzel und N Blättern (LL-Blöcke) repräsentiert. Jeder HL-Block ist sowohl von der Wurzel als auch von jedem Knoten auch entgegen der Kantenausrichtung identifizierbar. Dazu werden die Verweise auf Subobjekte durch das ref_to Konstrukt (Abs. 4. a) bei der Datendefinition vereinbart, während die Rückverweise auf Superobjekte von HL-Blöcken zur Laufzeit verwaltet werden. Gleichartige Knotenobjekte werden zu Knotenklassen (Spezialisierung von HL-Blöcken) und gleichartige Blätter zu Blattklassen (Spezialisierung von LL-Blöcken) generalisiert. Dabei werden die Begriffe Low- und High-Level-Block als Verallgemeinerung zum einen der Klassen der atomisierten Elemente und zum anderen der Klassen der strukturbildenden Objekte verstanden.

Entlang der mit ref_to beschriebenen Objekthierarchie können ausgewählte Attribute vererbt werden (siehe Entitytyp **INHERITED** in Abb. 2). Das heißt, daß nicht alle Attribute eines Objektes automatisch an seine Subobjekte vererbt werden, sondern nur solche, für die im Subobjekt das Erben (siehe GET_FROM im Anhang) explizit definiert wird. Damit kann mehrfache Vererbung widerspruchsfrei beschrieben werden.

Über den Entitytyp **METHODEN** (Abb. 2) kann das Verhalten der Objekte durch Prozeduren beschrieben werden. Standardmäßig stehen für jedes Objekt INSERT-, DELETE-, UPDATE- und SELECT- Prozeduren zur Verfügung,

die jedoch nur klassische Transaktionen unterstützen. Darüberhinaus
können CAD-Transaktionen und Ereignisreaktionen vom Nutzer spezifizirt
werden (siehe Abs. 4. d). Der Methodenmanager (Abb. 1) kann weitere
Prozeduren an eine Objektklasse binden. Eine Vererbung von Methoden ist
im gegenwärtigen Stadium der Arbeit nicht vorgesehen.

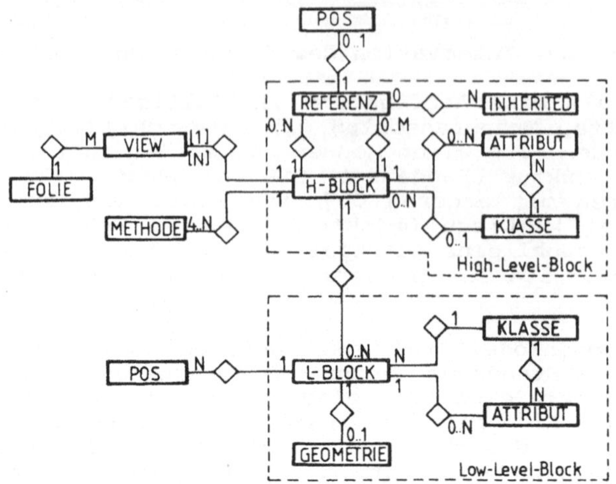

Abb. 2 : Folien, High- und Low-Level-Blöcke

Unabhängig von den Objekten und deren Struktur wird deren Entwurfsgeschichte auf sogenannten Folien /Ra90/ verwaltet, deren Attribute den
Entwurfs- bzw. Konsistenzzustand der assoziierten Objekte charakterisieren (Abb. 2). Auf den Folien werden sowohl kontextbezogene Sichten
auf Teilbereiche der Gesamtdatenbasis, als auch Varianten von Objekten
verwaltet. Die Verwaltung von Sichten erfordert die Implementierung
einer M:N- Beziehung zwischen Folien und Objekten, um Manipulationen
eines Objektes auf allen assoziierten Folien sichtbar machen zu können.
Varianten eines Objektes werden dagegen von einer Kopie des Originals
entwickelt, für die je eine Folie angelegt wird (siehe in Abb. 2 die
Entitytypen **FOLIE** und **VIEW**).

In Abb. 2 wird eine notwendige Erweiterung des Entity-Relationship-
Modells sichtbar. Jedes Objekt ist Instanz einer Klasse, kann darüber
hinaus jedoch auch noch mehrfach an unterschiedlicher Stelle in der
Struktur eines komplexeren Objektes auftreten (siehe Objekt W2 in Abb.
3). Die jeweiligen Entitäten zur Beschreibung einer Instanz eines HL-
bzw. LL-Blockes sind in Abb. 2 gekennzeichnet. Durch den Entitytyp **PO-
SITION** wird das Auftreten je einer Instanz im Gesamtobjekt beschrieben.

3. Navigationskonzept

Zur Identifizierung der Objekte in der Struktur wird zwischen klassen-
bezogenem und objektbezogenem Zugriff unterschieden. Bei objektbezogenem Zugriff werden ausschließlich Objekte, die Ausprägungen einer Klasse sind, spezifiziert, während beim klassenbezogenen Zugriff alle Objekte einer Klasse angesprochen werden, die Ausprägungen der spezifizierten Klasse sind. Die zurückgegebenen Objekte bestehen aus 0..N Subobjekten. Durch die Aggregation von objekt- und klassenbezogenen Spezifikationen zu einem Pfad wird ein Kantenzug, der einen Ausschnitt
aus der Struktur der Objekte bestimmt, definiert. Er verbindet einen
beliebigen Knoten (bzw. die Wurzel) mit einem anderen Knoten (bzw. einem Blatt). Ein Objekt wird durch einen Pfad identifiziert, wenn es auf
jeder Hierarchiestufe ein Superobjekt besitzt, das entweder Ausprägung

der im Pfad spezifizierten Klasse ist oder selbst spezifiziert wurde.

Von jeder Objektspezialisierung ausgehend, kann über einen Pfad, der nicht mit dem Spezialisierungspfad übereinstimmen muß, eine Qualifikation über einen Attributwert oder nur durch den spezifizierten Kantenzug erfolgen. Auf die Attribute können die Vergleichsoperatoren der Programmiersprache angewendet werden. Demnach können beim Zugriff auf die Objekte folgende drei Möglichkeiten unterschieden werden :

- horizontaler Zugriff (auf eine einzelne Tabelle, unabhängig von der Objektstruktur)
- vertikaler Zugriff (auf evtl. mehrere Tabellen unter Berücksichtigung der Objektstruktur)
- Zugriff über Folien.

Die ersten beiden müssen intern in je drei Schritte untergliedert werden. Zuerst ist es notwendig, die Spezialisierung des Anfrageergebnisses durchzuführen. Die Menge dieser Daten wird durch die Auswertung der Qualifikationsklausel auf die gewünschte Anzahl reduziert. Im dritten Schritt kann mit ihnen die Projektion erfolgen. Dementsprechend muß der Anwendungsprogrammierer im Gegensatz zu den üblichen Spracheinbindungen seine Anfrage auch mit der Spezialisierungsklausel beginnen, während die Projektion zuletzt erfolgt.

Der Zugriff über Folien stellt eine Erweiterung der Qualifikationsbedingungen dar. Im Zusammenhang mit dem Objektzugriff lassen sich Sichten und Varianten bequem verwalten. Sollen Sichten aus der Datenbasis abgeleitet werden, wird durch die Selektion der zugehörigen Folien die Gesamtdatenbasis zunächst eingeschränkt, bevor auf die Objekte, die mit diesen Folien assoziiert sind, zugegriffen werden kann. Soll auf Varianten eines Objektes zugegriffen werden, muß zunächst das Objekt aus der Datenbasis selektiert werden, um dann auf alle Varianten über die assoziierten Folien zugreifen zu können. Die Manipulation der Attribute der Folien erfolgt über die Manipulationsoperatoren der Blöcke.

Auf die Menge der Ergebnistupel wird dem Anwendungsprogrammierer eine hierarchische Sicht zur Navigation in der Objektstruktur der Anfrageergebnisse in einem hauptspeicherorientierten Objektpuffer geliefert.
Der Objektpuffer kann sukzessiv gefült werden. Ähnlich dem in /NF87/ vorgestellten Kursorkonzept werden Funktionen zur Positionierung eines Kursors in diesem Objektpuffer (siehe Anhang) zur one-Tupel-in-Time-Verarbeitung bereitgestellt. Sie bilden außerdem die hierarchische Nutzersicht auf das Netzwerk der Objektkomplexe eines Anfrageergebnisses ab. Die Adressen der Host- Variablen der Programmiersprache treten zur Datenübergabe als Parameter der Projektionsprozeduren auf.

4. Beschreibungsmöglichkeiten

a) Blöcke (High- und Low-Level-Blöcke)

Die Beschreibung der Blöcke unterscheidet sich von der Beschreibung einer Tabelle bzw. Relation nur durch die neuen Datentypen **ref_to**, **rep_on** und **ident**. Der Konstruktor der Objektkomplexe ref_to ist eine Wiederholungsgruppe, mit der die Referenzen auf Objekte (Subobjekte) je einer Klasse (Subklasse) definiert werden. Durch die Wiederholungsgruppe rep_on werden die Folien definiert, mit denen die Objekte einer Klasse assoziiert werden sollen. Der vom System vergebene Identifikator ident dient der Identifikation der Objekte.

Zur Unterstützung dynamischer Schemamanipulationen können Blockdefinitionen mit **EXPAND** sowohl um Attribute erweitert, als auch mit **SHRINK** um Attribute verringert werden.

498

```
DEFINE_BLOCK Geschoss
   ident   geschoss ;                        /* Systemidentifikator      */
   float   flaeche (100..10000) ;            /* Wertebereichsdefinition  */
   int     zugang = 2 ;                       /* Defaultwertzuweisung     */
   float   hoehe GET_FROM Haus.norm_hoehe ;  /* Erben eines Attributs    */
   ref_to Segment (1:8) ;                     /* konstante Kardinalit{t   */
   ref_to Raum (1:N) ;                        /* variable obere Schranke  */
   rep_on Ausbau ;                            /* Sichtzugehoerigkeit      */
   rep_on Betoneinsatz ;                      /* Variantenzugehoerigkeit  */
END_BLOCK
```

Die Definitionen der Wertebereiche von Attributen und der Kardinalität
von Beziehungen dienen der Wahrung der Konsistenz bei schreibenden Zugriffsoperationen. Für die Datentypen der Attribute stehen die Typen
der Programmiersprache, in die OMQL eingebettet wird, zur Verfügung.
Insbesondere nutzerdefinierte Typen sind verfügbar. Zur optimalen Unterstützung des Planens, vor allem bei Top-Down-Strategie, ist ein
Default-Wert für die Initialisierung von Variablen sowohl für die
Einspeicherung als auch die Erweiterung (EXPAND) von Blöcken sinnvoll.
Außerdem ist ein nil-Wert erforderlich.

Die Vererbung von Attributen wird über die GET_FROM Klausel so definiert, daß in der erbenden Objektklasse das zu ererbende Attribut unter
der originalen oder einer neuen Bezeichnung eingeführt wird.

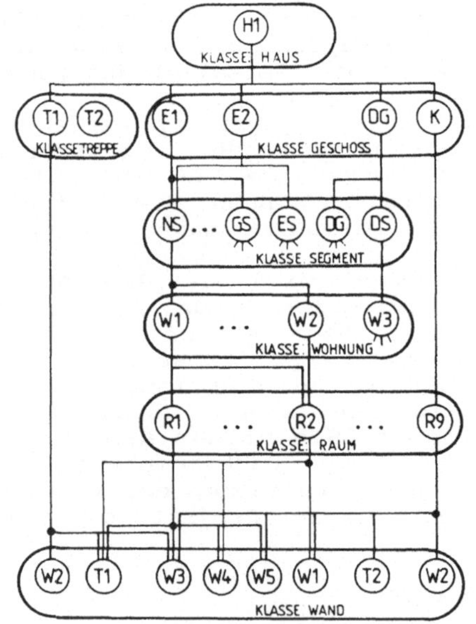

zur Abbildung :

Für die Abbildung der dargestellten instanziierten Datenstruktur auf das
Relationenmodell werden 7 Relationen für die Beschreibung der Entitytypen benötigt, die die Objektstruktur repräsentieren. Außerdem werden 6
Hilfsrelationen für die Abbildung der M:N Beziehungen (angenommen, die
Beziehungen sind derart im Schema definiert) benötigt. Schließlich
können die Daten der im Beispiel betrachteten Elemente, aus denen das
Bauwerk zusammengesetzt ist (Wände), in einer Relation gespeichert werden. Diese eine Relation ist auch für die Beschreibung des Bauwerkes
mittels OMQL erforderlich, während die gesamte Objektstruktur, unabhängig davon wie komplex ein Objekt ist, auf 6 verschiedene Datenstrukturen (siehe Abb. 2) abgebildet werden kann. Der unten beschriebene
Programmausschnitt manipuliert die Art der Treppenhauswände.

```
cursor c_pnt_haus, c_pnt_treppe, c_pnt_wand ;        /* Zeiger auf die */
   /* Haus-, Treppen- bzw. Wand- instanzen des Anfrageergebnises      */

FROM  ("HAUS.H1/TREPPE/WAND") ;        /* Spezialisierung der Anfrage */
WHERE ("WAND.typ", "==", "trenn") ;    /* Qualifikation der Anfrage   */
c_pnt_haus   = NEXT (NULL) ;           /* Root-Pointer initialisieren */
c_pnt_treppe = DOWN (c_pnt_haus) ;     /* Pointer 1. Hierarchiestufe  */
while (c_pnt_treppe) {                  /* Einlesen der qualifizierten */
  SELECT ("Treppe", &t_rec, 1, rc) ;   /* Tupel der 1. Hierarchiestufe */
  c_pnt_wand = DOWN (c_pnt_treppe) ;   /* Pointer 2. Hierarchiestufe  */
  while (c_pnt_wand) {                  /* Einlesen der qualifizierten */
    SELECT ("Wand", &w_rec, 1, rc) ;   /* Tupel der 2. Hierarchiestufe */
                                        /* Berechnungen der Wand */
    UPDATE ("Wand.typ", &w_typ, 1, rc) ;    /* Manipulation Wandtyp */
    c_pnt_wand = NEXT (c_pnt_wand) ;   /* n{chstes Tupel 2. Hierarchie */
  } /* end while */
  c_pnt_treppe= NEXT(c_pnt_treppe) ;   /* n{chstes Tupel 1. Hierarchie */
} /* end while */
```

Abb. 3 : Ausschnitt aus der Rohbaustruktur über Bauelementen (Fertig-
         teilwände in der Klasse Wand) mit Beispielanfrage

b) virtuelle Blöcke als externe Sichten

In /Ap85/ werden virtuelle Relationen definiert. Mit dem Statement
TRANSACTION_SELECT <Name> kann eine solche Relation in OMQL definiert
werden. Auf der Basis der OMQL-Anweisungen werden in der Wirtssprache
die Regeln zur Erzeugung der Relation und die Beschreibung der Relation
spezifiziert. Im Aufruf wird festgelegt, ob die Relation für die
Sitzung temporär erzeugt wird. Auf solche Relationen kann nur lesend
zugegriffen werden.

c) Folien

Eine Folie beschreibt Eigenschaften von Objekten unabhängig von deren
Anordnung in der Objektstruktur. Beziehungen zwischen Objekten werden
nur mittelbar dadurch abgebildet, daß sie mit gleichen Folien assoziiert sind. Die Attribute einer Folie beschreiben vielmehr den Ent-
wurfsfortgang, in dem sie z.B. Informationen über den Status oder die
Repräsentation der Objekte im aktuellen Entwurfsstadium speichern.
Durch die Wiederholungsgruppe rep_is (repräsentiert ist) kann entweder
auf die mit der Folie assoziierten Entitytypen (Sichtdefinition) oder
auf Entities (Variantenbildung) selbst verwiesen werden. Der systemvergebene Identifikator ident dient zu deren Identifikation.

d) konsistenzerhaltende Transaktionen

Durch TRANSACTION_INSERT <Name>, TRANSACTION_DELETE <Name> und
TRANSACTION_UPDATE <Name> können Bedingungen definiert werden, die vor
bzw. nach der Manipulation von Objekten der Klasse <Name> zu
überprüfen sind. Die Formulierung dieser Transaktionen ist nicht
zwingend. Sind sie aber definiert, werden sie bei einer entsprechenden
INSERT-, DELETE- oder UPDATE- Operation automatisch ausgeführt. So ist
es dem Anwendungsprogrammierer gestattet, an jedes Datenobjekt Funktionen zu dessen Manipulation zu binden. Auf Attributebene können TRIGGER-
Prozeduren definiert werden, die nicht nur die Reaktionen auf Verletz-
ungen von Konsistenzbedingungen festlegen, sondern auch das Verhalten
des Objektes beim Auftreten definierter Ereignisse beschreiben können.

e) deduktive Anfragen und Regeln

Durch das Statement TRANSACTION_RULE <Name> können weitere Regeln an
die Objekte der Klasse <Name> gebunden werden. So ist es möglich, in

Abhängigkeit von Ergebnissen einer Aktion weitere Aktionen anzustossen
(deduktive Anfragen /Ap85/). Regeln können aber auch beliebige
Analyse- und Syntheseprogramme repräsentieren, so daß man jeden Appli-
kationsprozess auf der Datenbank als Transaktion definieren kann.

5. Programmierspracheneinbindung

Im Gegensatz zu vielen anderen Datenbanksprachen ist OMQL für die Einbindung in eine Wirtssprache konzipiert. Ein Dialogteil ist nur für den
Anwendungsprogrammierer zur Unterstützung der Applikationsentwicklung
sinnvoll. In /NK87/ werden Vor- und Nachteile bekannter Einbindungen
von Datenverwaltungsoperationen in Programmiersprachen diskutiert. Um
ein möglichst einfaches und homogenes Konzept realisieren zu können,
wird eine Unterprogrammschnittstelle für die DML-Operatoren in Verbindung mit einem Präcompiler zur Analyse der DDL-Statements gewählt. So
können die bekannten Nachteile einer Unterprogrammbibliothek durch einen vorgeschalteten Präcompilerlauf, der sowohl die Analyse der Daten-
definitionsteile als auch der Qualifikationsklauseln und Pfadspezifi-
kationen durchführt, kompensiert werden.

Parallel zu den sich durch eine Anfrage qualifizierenden Entities werden die zugehörigen Methoden dynamisch nachgeladen. Über den Methoden-
verwalter (Abb. 1) werden die Beziehungen zwischen Entitytypen und
Methoden abgebildet. In diesem Zusammenhang stellt das vorgestellte
Modell einen Beitrag zur Lösung der mit der dynamischen Konfiguration
von Prozessen /GI89/ verbundenen Probleme dar.

Eine vergleichende Wertung des vorgestellten Ansatzes würde den Rahmen
dieser Arbeit sprengen. Dazu sei auf /SR91/ verwiesen.

Literatur

/Ap85/   Appelrath, H.J. : Von Datenbanken zu Expertensystemen ; in
          Informatik Fachberichte Springer Verlag 1985
/Co70/   Codd, E.F. : A Relational Model for Large Shared Data Banks ;
          in Communications of the ACM ; Vol. 13, Nr. 6 ; Juni 1970
/DHMM/   Dessloch, D.; Härder, T. ; Mattos, N.; Mitschang, B. : KRYSYS :
          KBMS Support for Better CAD Systems ; in Proc. of the 2nd Int
          Conf. on Data and Knowledge Systems for Manufacturing and
          Engineering, Gaithersburg - Maryland ; Oktober 1989
/GI89/   Gesellschaft   fuer Informatik GI-FG 4.2.1., AK1 - 2/89 ;
          Referenzmodell fuer CAD-Systeme
/Hd90/   Härder, T. : Non-Standard-Datenbanksysteme - Anforderungen,
          Datenmodell- und Architekturkonzepte ; in Datenbanken 1990
          Praxis relationaler Datenbanken Fachtagung Saarbrücken 29./30.
          Mai 1990 Proceedings
/Kr90/   Kram, F. : Objektmodelltransformationen ; Dissertation der HAB
          Weimar 1990 in Vorbereitung
/NF87/   Erbe, R.; Walch, G.: An Application Program Interface for an NF2
          Data Base Language or How to use Complex Object Data into an
          Application Program ; IBM Scientific Center Heidelberg
/NK87/   Noak ; Kuchen : Memopascal ; in Angewandte Informatik 4/87
/Mi88/   Mitschang, B. : Ein Molekül- Atom- Datenmodell für Non- Stan-
          dard- Anwendungen ; in Informatik Fachberichte ; 1988
/Ra90/   Ranglack, D. : Graphischer Datenbankentwurf auf der Grundlage
          eines Ansatzes zur Beschreibung von Objektmodellen des CAE-
          Bereiches ; in XII. IKM Berichte 2 ; Weimar 1990
/SR91/   Stolzenberg, B.; Ranglack, D. : Konzepte objektorientierter Da-
          tenverwaltung und ihre Bedeutung im Bauwesen ; Arbeitstitel ;
          zur Veröffentlichung 1991 vorgesehen in Bauinformatik

Anhang : Sprachbeschreibung

==> Datenbeschreibung

```
DEFINE_BLOCK <klasse>              END_BLOCK


ident     <blockname>
ref_to    <klasse>[.<objekt>] (ug:og)
rep_on    <folienname>
GET_FROM  <erbenklasse>.<ererbtes_attribut>


DELETE_BLOCK <klasse>              RENAME_BLOCK <alt_klasse> <neu_klasse>
EXPAND_BLOCK <attributtyp> <klasse>.<attribut> [= <default>]
SHRINK_BLOCK <klasse>.<attribut>


DEFINE_FOLIE <name>               END_FOLIE


rep_is   <klasse>[.<objekt>]


DELETE_FOLIE <sicht>
RENAME_FOLIE <alt_sicht> <neu_sicht>


TRANSACTION_DELETE <klasse>       TRANSACTION_SELECT <virt.klasse>
TRANSACTION_INSERT <klasse>       TRANSACTION_RULE   <regelname>
TRANSACTION_UPDATE <klasse>       END_TRANSACTION


TRIGGER <klasse>.<attribut>       END_TRIGGER
```


==> Datenmanipulation

```
 FROM       ("<pfad>")
[WHERE      ("<qualifikationsattribut>", "<vergleichsoperator>", wert)]


SELECT     ("<klasse>[.<attribut>]", buf, idx, rc)
INSERT     ("<klasse>[.<attribut>]", buf, idx, rc)
UPDATE     ("<klasse>[.<attribut>]", buf, idx, rc)
DELETE     ("<klasse>[.<objekt>]")


Dabei bedueten buf   : Adresse eines Blockes von Programmvariablen
               idx   : Anzahl der Bloecke von Programmvariabeln, die
                       im Anwenderprogramm bereitstehen
               rc    : Anzahl der uebertragenen Bloecke
               wert  : Pointer auf den zweiten Vergleichsoperanden
               pfad  : <klasse>[.<objekt>]{[/] oder [\]<klasse>}
                       [.] - objektbezogener Zugriff
                       [/] - Zugriff entlang der Objekthierarchie
                       [\] - Zugriff entgegen der Objekthierarchie


GET_FOLIE      <sicht>[.<variante>]
```


==> Cursorfunktionen

```
                        /* Bewegt den Zeiger :                            */
c_pnt = NEXT (c_pnt)    /* -innerhalb einer Hierarchieebene vorwaerts     */
c_pnt = PREV (c_pnt)    /* -innerhalb einer Hierarchieebene rueckwaerts   */
c_pnt = TOP  (c_pnt)    /* -auf das 1. Tupel der naechst hoeheren bzw.    */
c_pnt = DOWN (c_pnt)    /* -auf das 1. Tupel der naechst niedrigeren      */
                        /*  Hierarchiebene                                */


Dabei bedeutet c_pnt : Zeiger auf einen Satz des Objektpuffers
```

Praktische Behandlung von Nullwerten -
Realisierung im Molekül-Atom-Datenmodell

Harald Schöning

Universität Kaiserslautern
Postfach 3049
6750 Kaiserslautern

Überblick

Der folgende Beitrag gibt einen Überblick über den Umgang mit Nullwerten im Molekül-Atom-Datenmodell (MAD-Modell) und dessen Implementierung PRIMA. Zunächst beschreiben wir einige der Lösungen, die im Relationenmodell für die Behandlung von Nullwerten vorgeschlagen wurden, und stellen dann den Umgang mit Nullwerten im MAD-Modell vor, wie wir ihn in PRIMA realisiert haben. Ziel ist es, den Benutzer weitgehend von den komplexen Auswirkungen mehrwertiger Logik zu befreien. Dazu diskutieren wir auch den Umgang mit Nullwerten innerhalb der komplexen Objekte des MAD-Modells, insbesondere im Zusammenhang mit Quantoren.

1. Nullwerte in Datenbanksystemen

Seit vielen Jahren beschäftigt sich die Datenbank-Forschung mit der Darstellung von unvollständiger Information im Relationenmodell. Besonders gut untersucht ist in diesem Zusammenhang die Behandlung von Attributen, deren Wert nicht bekannt ist. Hier kann man unterscheiden zwischen vollständig unbekannten Werten (Nullwerten) und ungenau bekannten Werten, deren Wert man zwar nicht angeben, aber innerhalb des zulässigen Wertebereiches doch einschränken kann (die Farbe ist rot *oder* blau) [Li79]. Im folgenden werden wir nur den Fall des vollständig unbekannten Attributwertes betrachten.

Zunächst stellt sich die Frage, wie man einen unbekannten Attributwert darstellt. Während Date [Da82] vorschlägt, einen speziellen Wert aus dem Wertebereich mit der Semantik "Nullwert" zu belegen, plädiert Codd [Co86] dafür, spezielle "Marken" zur Kennzeichnung von Nullwerten zu verwenden, die nicht zum Wertebereich des Attributes gehören. Der erste Lösungsvorschlag hat den Nachteil, daß die Darstellung von Nullwerten wertebereichsabhängig ist. Damit ist eine einheitlich Behandlung von Nullwerten durch das Datenbanksystem praktisch unmöglich, und jeder Anwendungsprogrammierer muß die Darstellung von Nullwerten für jeden Wertebereich kennen, um Nullwerte entsprechend behandeln zu können. Insbesondere kann natürlich nicht unterschieden werden, ob ein Nullwert dargestellt werden soll, oder wirklich der Wert gemeint ist, der zur Repräsentation von Nullwerten des Wertebereich ausgewählt wurde. Der zweite Ansatz erfordert einige Erweiterungen bei der Auswertung von Ausdrücken. Welches Ergebnis liefert der Vergleich eines Wertes aus einem bestimmten Wertebereich mit einem Wert, der eben nicht aus diesem Wertebereich stammt? Der erste Ansatz zur Behandlung dieser Problematik ordnet dem Vergleich mit einem Nullwert immer einen der Wahrheitswerte TRUE oder FALSE zu (vgl. [DKV89]). Abgesehen davon, daß dies die Semantik des Nullwertes nicht wiedergibt, entstehen dadurch auch Effekte, die den Umgang mit einer solchen Regelung schwierig machen. Ordnet man dem Vergleich mit einem Nullwert z.B. stets FALSE zu, so gilt nicht mehr (NOT (a=5)) $\equiv$ (a≠5). Als Lösungsvorschlag definiert Codd [Co86] einen dritten Wahrheitswert MAYBE (quasi einen Nullwert des Wertebereichs BOOLEAN). Er definiert, daß das Rechnen mit einem Nullwert (+, -, ...) einen Nullwert ergibt, und daß ein Vergleich (=, <, >, ...) mit einem Nullwert MAYBE liefert. Codd führt eine entsprechende dreiwertige Logik ein. Eine Wahrheitstafel für die drei Operatoren AND, OR und NOT zeigt Bild 1.1.

AND	TRUE	MAYBE	FALSE		OR	TRUE	MAYBE	FALSE		NOT	
TRUE	TRUE	MAYBE	FALSE		TRUE	TRUE	TRUE	TRUE		TRUE	FALSE
MAYBE	MAYBE	MAYBE	FALSE		MAYBE	TRUE	MAYBE	MAYBE		MAYBE	MAYBE
FALSE	FALSE	FALSE	FALSE		FALSE	TRUE	MAYBE	FALSE		FALSE	TRUE

Bild 1.1: Wahrheitstafel für dreiwertige Logik [Co86]

Nun löst aber die Einführung eines einzigen Nullwertes noch nicht alle Probleme. Betrachten wir zum Beispiel die Kundenverwaltung eines Versandhandelsunternehmens, das seinen inländischen Kunden den Einzug der Rechnungsbeträge im Lastschriftverfahren anbietet. Nehmen wir an, daß es in der Datenverwaltung des Unternehmens eine Kundenrelation und eine Geldinstituterelation gibt, und daß bei einem Kunden eingetragen ist, von welchem Geldinstitut die monatliche Zahlung abgebucht werden soll:

Kunden (Kunden_Name, ... Geldinstitut_Name);

Geldinstitute (Geldinstitut_Name, ...)

Dann kann es sein, daß ein Kunde das Lastschriftverfahren ablehnt, z.B. weil er kein Girokonto besitzt. In diesem Fall bedeutet ein Nullwert als Wert von Geldinstitut "nicht existent". Enthält die Kartei auch potentielle Kunden (etwa nach einer Kundenwerbung), so daß noch gar nicht bekannt sein kann, ob der Kunde Lastschrifteinzug wünscht, so bedeutet ein Nullwert hier "unbekannt" (*UN*). Bei Kunden im Ausland schließlich, bei denen ein Lastschrifteinzugsverfahren banktechnisch nicht möglich ist, bedeutet ein Nullwert "nicht anwendbar". Wenn wir auch in allen drei Fällen kein betroffenes Geldinstitut angeben können, so bestehen doch Unterschiede zwischen den drei Fällen. So kann z.B. der Nullwert "nicht anwendbar" normalerweise nicht geändert werden, während es bei "unbekannt" möglich ist, daß die Information noch erhoben werden kann, oder bei "nicht existent", daß der Kunde in Zukunft ein Girokonto einrichtet und Lastschrift von diesem wünscht. Stellt man die Frage, ob ein bestimmter Kunde Lastschrifteinzug über ein bestimmtes Geldinstitut wünscht, so muß man die Frage bei "nicht existent" verneinen, während man sie bei "unbekannt" nur mit MAYBE beantworten kann. Natürlich kann man sich außer den drei hier skizzierten Nullwertarten weitere vorstellen; im Rahmen dieses Beitrages sollen die eingeführten Arten jedoch nur als Verdeutlichung dienen, so daß wir es bei diesen bewenden lassen.

Führt man nun mehr als einen Nullwert ein (etwa drei mit den oben skizzierten Bedeutungen), so muß man auch eine entsprechende mehrwertige Logik wählen (eine fünfwertige in unserem Beispiel). Diese ist jedoch einem Normalbenutzer nicht zumutbar. Wir werden im folgenden eine Lösung vorstellen, die wir für unser Datenbanksystem PRIMA gewählt haben, und die den Benutzer von der Beachtung von Nullwerten möglich entlasten soll.

2. Die Bedeutung von Nullwerten für den Benutzer

Wie muß der Anwender eines Datenbanksystems seine Anfragen formulieren, wenn eine mehrwertige Logik unterstützt wird? Zur Illustration der folgenden Überlegungen stützen wir uns auf SQL, die Betrachtungen gelten aber für andere Anfragesprachen analog. Nullwerte, die bei der Projektion von Attributen auftreten, bereiten Benutzer im allgemeinen keine Verständnisschwierigkeiten, da es nur natürlich ist, wenn manche Daten unbekannt sind. Schwierig wird es jedoch, wenn Selektionsbedingungen auf Attribute angewandt werden, deren Wert undefiniert sein kann*. Üblicherweise spezifiziert der Anwender in der WHERE-Klausel eine Bedingung Q. Dabei erwartet er, daß alle Tupel, die diese Bedingung erfüllen, zum Ergebnis gehören, und nur diese. Mit anderen Worten, die Klausel *WHERE Q* ist äquivalent zu *WHERE (Q = TRUE)*. Dies kann offensichtlich bei Verwendung einer mehrwertigen Logik zu unerwarteten Effekten führen, weil nicht mehr gilt: (Q ≠ TRUE) ⇒ (Q = FALSE). So liefert eine Tautologie der zweiwertigen Logik unter Verwendung der Logik aus Bild 1.1 nicht immer TRUE: Falls a Nullwert ist, so gilt (a <=5) OR (a>5) = MAYBE [Co86].

Diese Tatsache kann den Benutzer irreleiten: Ein typisches Zugriffsmuster ist z.B. die Unterteilung der Datenbank in mehrere Klassen, z.B. die Aufteilung in Kunden, deren Auftragsvolumen eine gewissen Wert übersteigt, und andere Kunden. Üblicherweise macht sich hier der Anwender die Tatsache zunutze, daß ein Tupel entweder Q oder NOT Q erfüllt. Er würde zwei Anfragen stellen: ... WHERE Auftragsvolumen > Wert und ... WHERE Auftragsvolumen <= Wert. Dadurch würde er die Anzahlen der jeweiligen Kunden feststellen. Daß diese u.U. gar nicht der Gesamtzahl der Kunden entspricht, weil bei einigen Kunden das Auftragsvolumen undefiniert ist, entgeht einem normalen Anwender meistens. Hier helfen auch die Speziallösungen zur korrekten Auswertung von Tautologien (z.B. [Li79]) nicht, da diese nur greifen, wenn die Tautologie explizit formuliert wird. Andererseits erfüllt auch eine systemseitige Ergänzung der Klausel *WHERE Q* zu *WHERE Q ≠ FALSE* statt *WHERE Q=TRUE* nicht die Erwartungen des Benutzers. Wenn der Benutzer nämlich in unserem Beispiel wissen möchte, zu welchem Kunden eine bestimmte Kontonummer gehört, würde er bei einer Anfrage der Form "WHERE Konto = 08154711" auf jeden Fall alle Kunden erhalten, die nicht am Lastschriftverfahren teilnehmen (weil deren Kontonummer ja undefiniert ist und daher *"Konto = 08154711"* nicht zu FALSE ausgewertet werden kann).

Es bleibt also noch die Möglichkeit, daß der Benutzer bei seiner Anfrage immer explizit den erwarteten Wahrheitswert angibt. Dies wird bei einer mehrwertigen Logik sehr schnell unübersichtlich. Will man z.B. Kunden für die eigene Hausbank werben, so wird man diejenigen Kunden nicht anschreiben, von denen man sicher weiß, daß sie dort schon ein Konto haben. In diesem Fall muß man formulieren: *WHERE ((Geldinstitut = MYBANK) = UN) OR ((Geldinstitut = MYBANK) = FALSE)*, was bei einer dreiwertigen Logik äquivalent ist zu *WHERE ((Geldinstitut = MYBANK) ≠ TRUE)*, in einer fünfwertigen dagegen nicht. Diese Beispiele sollten zeigen, daß es dem Durchschnittsbenutzer kaum zuzumuten ist, den Bereich der ihm doch einigermaßen vertrauten zweiwertigen Logik zu verlassen (vgl. auch [Co87]. Andererseits kann man keine zufriedenstellende allgemeine Abbildung der verschiedenen Wahrheitswerte einer mehrwertigen Logik auf eine zweiwertige Logik finden.

In der Anfragenbearbeitung in PRIMA [HMMS87] favorisieren wir daher eine explizit durch den Benutzer durchgeführte Abbildung. Obwohl diese Lösung für das MAD-Modell entwickelt wurde, das eine Erweiterung des Relationenmodells ist, läßt sie sich auf das Relationenmodell übertragen und an unserem Beispiel demonstrieren. Dem Benutzer ist im allgemeinen bekannt, welche Attribute einen Nullwert annehmen können (ein Primärschlüsselattribut z.B. im allgemeinen nicht). Für diese kann explizit auf das Vorhandensein eines Nullwertes abgefragt werden. Dabei kann er auf einen bestimmten Nullwert prüfen (also z.B. *IS_UN(Geldinstitut)*) oder allgemein auf einen Nullwert (*IS_NULL (Geldinstitut)*)**. Das obige Beispiel würde dann so formuliert: *WHERE IS_NULL (Geldinstitut) OR (Geldinstitut ≠ MYBANK)*. Diese Formulierung kann durchaus in einer mehrwertigen Logik ausgewertet werden, sie wird jedoch immer TRUE oder FALSE liefern, und somit wieder dem Modell des

---

* Wir benutzen die Formulierung "ein Attribut(wert) ist undefiniert", wenn der Wert eines Attributes ein Nullwert ist.

** Wir stellen also Operatoren, die ⊥ und T aus [Bü87] ähneln, dem Benutzer explizit zur Verfügung.

Benutzers von der zweiwertigen Logik entsprechen. Nun stellt sich die Frage, was passiert, wenn der Benutzer es versäumt hat, die Existenz eines Nullwertes zu beachten. In diesem Falle wird die Auswertung der Bedingung unter mehrwertiger Logik in der WHERE-Klausel wieder einen von TRUE und FALSE verschiedenen Wert liefern. Wir behandeln diesen Fall dadurch, daß es für jede Anfrage zwei Ergebnismengen gibt. Die erste enthält alle Ergebnisse, die die WHERE-Klausel erfüllen, für die also Q=TRUE gilt. Die andere, die wir Menge Ω nennen, sollte normalerweise leer sein, denn sie enthält alle Tupel, für die die Auswertung von Q weder TRUE noch FALSE ergibt. Wenn diese Ergebnismenge nicht leer ist, kann der Benutzer erkennen, daß er die Existenz von Nullwerten nicht beachtet hat. Es liegt dann in der Entscheidung des Benutzers, ob er eine korrigierte Anfrage stellt, ob er die zweite Ergebnismenge ignoriert, oder ob sein Ergebnis aus beiden Mengen bestehen soll. In jedem Fall ist er aber über das Auftreten von Nullwerten informiert, so daß Fehlschlüsse, wie sie im vorigen Kapitel angedeutet wurden, nicht auftreten sollten. Nachdem wir nun allgemein den Umgang mit Nullwerten in unserem System beschrieben haben, wollen wir einige spezielle Aspekte besprechen, die das Auftreten von Nullwerten in Komplexobjekten des MAD-Modell betreffen.

3. Nullwertbehandlung im Molekül-Atom-Datenmodell

Operationen des Molekül-Atom-Datenmodells (MAD-Modells) verarbeiten Komplexobjekte, sogenannte Moleküle. Ein Molekül ist ein gerichteter Graph mit Wurzel, dessen Knoten Atome genannt werden. Diese sind mit Tupeln des relationalen Modells vergleichbar. Die Kanten des Graphen sind durch Links zwischen Atomen bestimmt. Ein Link zeigt von einem Atom aus auf $n \geq 0$ Atome eines (möglicherweise gleichen) Atomtyps. Im Gegensatz zum Relationenmodell werden (bekannte) Beziehungen zwischen Tupeln (Atomen) also explizit verwaltet und nicht über Primärschlüssel-Fremdschlüssel-Beziehungen ausgedrückt.

Im MAD-Modell ist es somit auch ohne das Vorhandensein mehrerer Arten von Nullwerten entscheidbar, ob es kein zugehöriges Tupel gibt (leerer Link) oder ob zugehörige Tupel nicht bekannt sind (Link hat undefinierten Wert). Im Relationenmodell würde, wie bereits erwähnt, in beiden Fällen der Fremdschlüssel einen undefinierten Wert haben.

Nullwerte bei Attributen und Links entstehen im MAD-Modell u.U. sehr häufig: es ist möglich, beim Einspeichern eines Atoms nur bestimmte Attributwerte zu spezifizieren. Die anderen Attribute erhalten damit automatisch einen undefinierten Wert. Ferner ist es möglich, durch Schemaänderung allen bereits existierenden Atomen eines Typs weitere Attribute hinzuzufügen. Auch diese erhalten zunächst einen undefinierten Wert. Im Rahmen dieses Kurzbeitrags ist es nicht möglich, näher auf das MAD-Modell einzugehen. Der interessierte Leser sei auf [Mi88] verwiesen.

Anfragen im MAD-Modell liefern eine Menge von Molekülen. Diese wird zum einen durch eine vorgegebene Molekülstruktur bestimmt (**FROM**-Klausel), zum anderen durch Bedingungen eingeschränkt (**WHERE**-Klausel), die bestimmte Eigenschaften der Moleküle fordern. Da ein Molekül aus mehreren Mengen jeweils gleichartiger Atome besteht, spielen Quantoren über diesen Mengen eine große Rolle bei der Formulierung von Anfragen (vgl. Beispiel 3.1). Es können verschiedene Arten von Quantoren benutzt werden, die sich jeweils auf die Atome eines Atomtyps innerhalb eines Moleküls beziehen: EXISTS und FOR_ALL als existentieller bzw. universeller Quantor, sowie EXIST EXACTLY n, EXIST AT LEAST n, EXIST AT MOST n als spezielle Quantoren. Hier stellt sich nun die Frage, wie sich diese Quantoren im Zusammenhang mit Nullwerten verhalten sollen. Nach dem vorher schon erwähnten Prinzip sollte die Auswertung der Quantoren in möglichst wenigen Fällen ein undefiniertes Ergebnis liefern. Beispiel 3.1 illustriert einige Fälle: Für Molekül m1 kann nicht entschieden werden, ob mindestens zwei C-Atome die Bedingung erfüllen; bei m2 kann dies jedoch unabhängig vom Vorhandensein eines Nullwertes entschieden werden. Der EXISTS-Quantor kann analog zu der ODER-Verknüpfung im Zusammenhang mit Nullwerten nur TRUE oder $\emptyset$* ergeben; der FOR ALL Quantor nur $\emptyset$ oder FALSE (analog zur UND-

---

* $\emptyset$ kennzeichnet im folgenden einen Nullwert (auch einen boole'schen Nullwert wie MAYBE)

Verknüpfung, [Co86]). Zur Berechnung der quantifizierten Bedingung Qu (a) : Q(a) ermitteln wir ein Intervall $I(Q)=[min(I),max(I)]$, in dem die Anzahl der Atome, die die Bedingung erfüllen, liegen muß: $min(I)$ = Anzahl der Atome a mit Q(a)=TRUE; $max(I)$ = $min(I)$ + Anzahl der Atome a mit Q(a)=∅. Die Quantoren lassen sich dann auf dem Intervall entscheiden:

Quantor Qu	TRUE	∅	FALSE
EXISTS	$min(I)>0$	$0=min(I)<max(I)$	$max(I)=0$
EXIST AT LEAST n	$min(I)≥n$	$min(I)<n≤max(I)$	$max(I)<n$
EXIST EXACTLY n	$min(I)=max(I)=n$	$min(I)≤n≤max(I)$ UND $min(I)<max(I)$	$min(I)>n$ ODER $max(I)<n$
EXIST AT MOST n	$max(I)≤n$	$min(I)≤n<max(I)$	$min(I)>n$
FOR_ALL	$min(I)=max(I)=g^*$	$max(I)=g$ UND $min(I)<max(I)$	$max(I)≠g$

Auf diese Weise kann man in vielen Fällen, in denen Nullwerte in Molekülen auftreten, dennoch entscheiden, ob sich ein Molekül qualifiziert oder nicht (vgl. Beispiel 3.1). Undefinierte Links passen sich in das Schema ein. Hat ein Link auf dem Weg zu dem betrachteten Atomtyp einen undefinierten Wert (s. der Link von b8 auf C-Atome in m5 in Beispiel 3.1), so wird max(I) auf ∞ gesetzt. Damit wird ausgedrückt, daß noch beliebig viele Atome des betrachteten Typs zum Molekül gehören können. Wie das Molekül m5 in Beispiel 3.1 zeigt, läßt sich somit dasselbe Berechnungsverfahren anwenden. Molekül m3 zeigt weiterhin, daß das Verfahren auch auf Moleküle anwendbar ist, in denen keine Nullwerte auftreten.

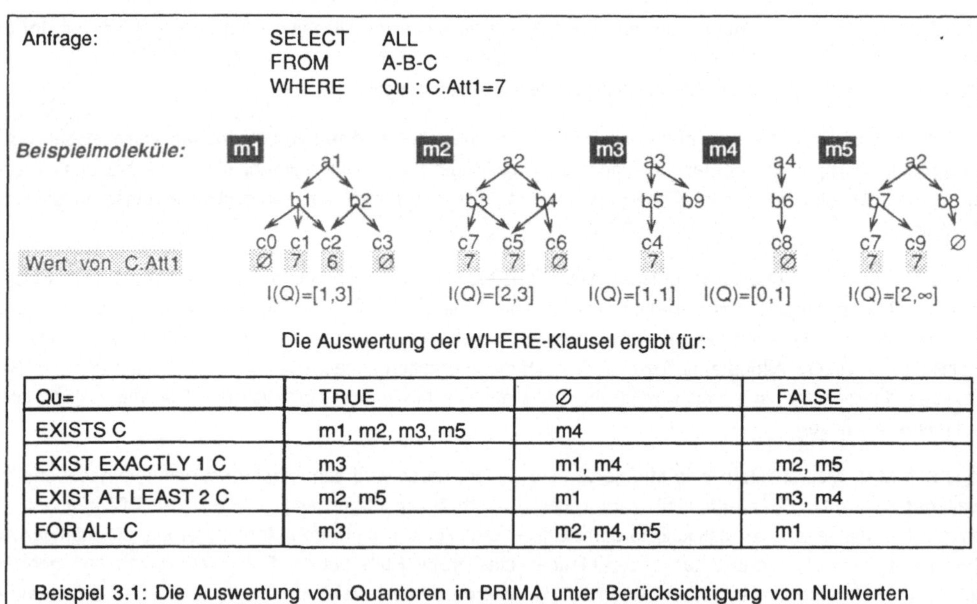

Qu=	TRUE	∅	FALSE
EXISTS C	m1, m2, m3, m5	m4	
EXIST EXACTLY 1 C	m3	m1, m4	m2, m5
EXIST AT LEAST 2 C	m2, m5	m1	m3, m4
FOR ALL C	m3	m2, m4, m5	m1

Beispiel 3.1: Die Auswertung von Quantoren in PRIMA unter Berücksichtigung von Nullwerten

Selbstverständlich ist diese Auswertung für Quantoren mit der im vorigen Kapitel vorgestellten allgemeinen Nullwertbehandlung kombiniert. Sie erhöht aber die Wahrscheinlichkeit, daß bei einem Auftreten von Nullwerten, das der Benutzer nicht berücksichtigt hat, trotzdem eine leere Ergebnismenge Ω entsteht.

---

* g ist die Gesamtzahl der betrachteten Atome

4. Zusammenfassung und Ausblick

Der Umgang mit mehrwertiger Logik ist dem normalen Benutzer nicht zuzumuten. Daher sind Mechanismen erforderlich, die es dem Benutzer so weit wie möglich erlauben, in der ihm bekannten Welt der zweiwertigen Logik zu denken. Zu diesem Zweck haben wir untersucht, wann quantifizierte Ausdrücke über Komplexobjekten des MAD-Modells (Molekülen) trotz des Auftretens von Nullwerten zu TRUE oder FALSE ausgewertet werden können. Ferner erlauben wir es dem Benutzer, eine anfrage- und attributspezifische Abbildung von Nullwerten auf einen der Wahrheitswerte TRUE oder FALSE zu definieren. Tritt wegen unvollständiger Definition dieser Abbildung ein anderer Wahrheitswert als Wert bei der Auswertung der Bedingung in der WHERE-Klausel einer Anfrage auf, so werden alle entsprechenden Moleküle in einer zusätzlichen Ergebnismenge Ω zusammengefaßt. Der Benutzer kann dann die Abbildungsvorschrift vervollständigen, indem er entweder eine neue Anfrage stellt oder die Bedingung für die Elemente von Ω selbst auswertet.

Ein in der Literatur nach meinem Wissen noch nicht behandeltes Thema ist die Aufnahme von Nullwerten in den Wert eines mehrwertigen Attributes, also z.B. das Zulassen einer Liste $\{1,4,\emptyset\}$. Hierbei kann je nach Interpretation ein Nullwert für *ein* unbekanntes Listenelement oder für *eine unbekannte Anzahl* unbekannter Listenelemente stehen; in PRIMA verwenden wir die erste Interpretation, so daß sinnvollerweise auch mehrere Nullwerte in dem Wert eines mehrwertigen Attributes auftreten können. Solche Listen entstehen in PRIMA z.B. durch die Aggregation eines Attributwertes über den Atomen eines Moleküls. Sie lassen sich ebenfalls mit der eingeführten Intervallmethode problemlos behandeln. Analog zu den Links ist für die oben angeführte Liste in der ersten Interpretation das Intervall [2,3].

Die Auswertung von *Integritätsbedingungen* im Zusammenhang mit Nullwerten ist ein komplexes Thema. In PRIMA werden Kardinalitätsrestriktionen mengenwertiger Attribute ignoriert, wenn das Attribut einen Nullwert hat. Es gibt aber die Möglichkeit zu verbieten, daß ein Attribut einen Nullwert annimmt. Für die Überprüfung komplexer Integritätsbedingungen erscheinen diese Maßnahmen nicht als ausreichend.

Referenzen

Bü87   von Bültzingsloewen, G.: Translating and Optimizing SQL Queries Having Aggregates, in: Proc. VLDB 1987, Brighton, UK, S. 235-243.

Co86   Missing Information (Applicable and Inapplicable) in Relational Databases, in: ACM SIGMOD RECORD, Vol. 15, No. 4, 1986, pp. 53-78.

Co87   Codd, E.F.: More Commentary on Missing Information in Relational Databases (Applicable and Inapplicable Information), in: SIGMOD RECORD, Vol. 16, No. 1, 1987, pp. 42-50.

Da82   Date, C.J.: Null Values in Database Management, Proc. 2nd British National Conf. on Databases, July 1982.

DKV89   Danforth, S., Khoshafian, S., Valduriez, P.: FAD - A Database Programming Language, Rev. 3, MCC Technical Report ACA-ST-151-85, Rev. 3, January 1989.

HMMS87   Härder, T., Meyer-Wegener, K., Mitschang, B., Sikeler, A.: PRIMA - A DBMS Prototype Supporting Engineering Applications, in: Proc. VLDB 1987, Brighton, UK, S. 433-442.

Li79   Lipski, W.: On Semantic Issues Connected with Incomplete Information Databases, in: ACM TODS, Vol. 4, No. 3, 1979, pp. 262-296.

Mi88   Mitschang, B.: Ein Molekül-Atom-Datenmodell für Non-Standard-Anwendungen - Anwendungsanalyse, Datenmodellentwurf und Implementierungskonzepte, Springer-Verlag Berlin Heidelberg, 1988.